PROBABILI

Y ESTADISTICA

SEGUNDA EDICIÓN

MORRIS H. DEGROOT
Carnegie-Mellon University

Presentación a la edición española de
JOSÉ M. BERNARDO
Universidad de Valencia

Versión en español de
JOSÉ M. BERNARDO
Universidad de Valencia

y

LELIA MENDOZA B.
Universidad Nacional Autónoma de México

con la colaboración de
RAÚL GOUET
Universidad de Chile

ADDISON-WESLEY IBEROAMERICANA
Argentina • Brasil • Chile • Colombia • Ecuador • España
Estados Unidos • México • Perú • Puerto Rico • Venezuela

Versión en español de la obra *Probability and Statistics, Second edition,* de Morris H. DeGroot, publicada originalmente en inglés por Addison-Wesley Publishing Company, Inc., Reading, Massachusetts, E. U. A.

Impreso en Estados Unidos. *Printed in U.S.A.*

ISBN 0-201-64405-3
3 4 5 6 7 8 9 10–AL–96 95 94 93 92 91

Prefacio a la edición española

En la bibliografía científica de las últimas décadas destaca la presencia de textos de introducción concebidos por distinguidos especialistas: investigadores de primera fila que han dedicado parte de su esfuerzo y de su talento a especificar, de forma elemental pero exacta, los conceptos básicos contenidos en las teorías de su especialidad. No parece necesario argumentar que quien mejor puede describir una teoría científica es uno de sus creadores.

El libro que el lector tiene en las manos es un nuevo ejemplo de esta tendencia. El profesor Morris DeGroot, catedrático de Estadística en la prestigiosa Universidad Carnegie-Mellon, es una autoridad mundial en estadística matemática, con importantes contribuciones originales a la teoría de la decisión y a los métodos estadísticos bayesianos; uno de sus libros anteriores, *Optimal Statistical Decisions*, publicado en 1970 y orientado a alumnos postgraduados, se ha convertido en un clásico de estudio obligado para cualquier profesional interesado en la teoría de la decisión.

Durante muchos años, los libros elementales de estadística matemática se han limitado a exponer los conceptos básicos de inferencia clásica. Sólo recientemente hemos asistido a una progresiva incorporación de los métodos bayesianos a los libros de texto; sin embargo, esta incorporación, muchas veces reducida a un capítulo simbólico, resulta frecuentemente forzada. En el nuevo libro del profesor DeGroot pueden encontrarse tanto los conceptos básicos de inferencia clásica como los de inferencia bayesiana, presentados de forma integrada, y provistos de un lúcido análisis *crítico*, sobre su alcance y sobre sus limitaciones, que constituye una refrescante novedad con relación a la postura, frecuentemente dogmática y casi siempre acrítica, adoptada por numerosos libros de texto de estadística.

Sobre el contenido y alcance del libro no parece procedente extenderse aquí puesto que el propio autor lo hace en su Prefacio. No obstante, con referencia al sistema educativo vigente en las universidades españolas, quiero subrayar su notable adecuación a los programas de *Cálculo de Probabilidades y Estadística* que, con ésta o parecida denominación, constituyen la introducción a la teoría de la probabilidad y a la inferencia estadística para los alumnos de primer ciclo de las distintas carreras universitarias. Quiero asimismo subrayar su relevancia como libro de consulta para cualquier profesional seriamente interesado en un análisis riguroso de la información cuantitativa de que disponga.

Es para mí un honor, y un placer, presentar esta gran obra a los hombres y mujeres de habla castellana.

Valencia, Marzo de 1988 JOSÉ-MIGUEL BERNARDO

Prefacio

Este libro contiene material suficiente para un curso de cálculo de probabilidades y estadística de un año de duración. Para poder seguir este curso es necesario contar con unas nociones básicas de cálculo y estar familiarizado con los conceptos y propiedades elementales de la teoría de vectores y matrices. Sin embargo, no son necesarios conocimientos previos sobre probabilidad o estadística.

El libro ha sido escrito teniendo en mente tanto al estudiante como al profesor. Se ha tenido especial cuidado en asegurarse de que el texto pueda ser leído y entendido sin tropiezos y sin dejar pasajes oscuros. Teoremas y demostraciones se presentan cuando es apropiado, y prácticamente a cada paso, se ofrecen ejemplos ilustrativos. El libro incluye más de 1100 ejercicios, algunos de los cuales proporcionan aplicaciones numéricas de los resultados presentados en el texto, y otros están dedicados a estimular la reflexión sobre estos resultados. Una característica nueva de esta segunda edición es la inclusión de aproximadamente 20 ó 25 ejercicios al final de cada capítulo que complementan los ejercicios propuestos al final de la mayoría de las secciones del libro.

Los cinco primeros capítulos están dedicados a la probabilidad y pueden servir como texto para un curso de un semestre sobre este tema. Los conceptos elementales de probabilidad se ilustran por medio de ejemplos famosos como el problema del cumpleaños, el problema del torneo de tenis, el problema de las coincidencias, el problema del coleccionista y el del juego de dados. El material estándar sobre variables aleatorias y distribuciones de probabilidad se complementa con discusiones acerca de trampas estadísticas, uso de una tabla de dígitos aleatorios, nociones elementales de control de calidad, comparación de las ventajas relativas de la media y de la mediana como predictores, importancia del teorema central del límite y corrección por continuidad. Se incluyen asimismo, como características especiales de estos capítulos, secciones sobre cadenas de Markov, el problema de la ruina del jugador, elección del mejor elemento, utilidad y preferencias entre apuestas y la paradoja de Borel-Kolmogorov. Estos temas se tratan de un modo completamente elemental, pero pueden omitirse sin que el conjunto pierda continuidad, si existen limitaciones de tiempo. Como es tradicional, las secciones del libro que se pueden omitir se indican mediante asteriscos tanto en el índice general como en el texto.

Los cinco últimos capítulos del libro están dedicados a la inferencia estadística, tratada desde una perspectiva moderna. Tanto los métodos estadísticos clásicos como los bayesianos se desarrollan y presentan conjuntamente; ninguna escuela de pensamiento se trata de forma dogmática. Mi propósito es equipar al estudiante con la teoría y metodología que han demostrado ser útiles en el pasado y prometen ser útiles en el futuro.

Estos capítulos contienen un estudio completo pero elemental de estimación, contraste de hipótesis, métodos no paramétricos, regresión múltiple y análisis de la varianza. Las ventajas y los inconvenientes de conceptos básicos tales como estimación máximo verosímil, procedimientos de decisión bayesianos, estimación insesgada, intervalos de confianza y niveles de significación se tratan desde un punto de vista contemporáneo. Como parte especial de estos capítulos se incluyen exposiciones acerca de las distribuciones a priori y a posteriori, estadísticos suficientes, información de Fisher, método delta, análisis bayesiano de muestras de una distribución normal, contrastes insesgados, problemas de decisión múltiple, contrastes de la bondad del ajuste, tablas de contingencia, paradoja de Simpson, inferencia sobre la mediana y otros cuantiles, estimación robusta y medias ajustadas, bandas de confianza para una recta de regresión y la falacia de la regresión. Si el tiempo no permite cubrir totalmente el contenido de estos capítulos, cualquiera de las secciones 7.6, 7.8, 8.3, 9.6, 9.7, 9.8, 9.9 y 9.10 pueden ser omitidas sin pérdida de continuidad.

En resumen, los principales cambios en esta segunda edición son nuevas secciones o subsecciones sobre trampas estadísticas, elección del mejor elemento, paradoja de Borel-Kolmogorov, corrección por continuidad, método delta, contrastes insesgados, paradoja de Simpson, bandas de confianza para una recta de regresión y falacia de la regresión, así como una nueva sección de ejercicios complementarios al final de cada capítulo. El material relativo a variables aleatorias y sus distribuciones ha sido revisado completamente, y a lo largo del texto se han efectuado cambios menores, ampliaciones y supresiones.

Aunque un computador[1] puede ser una ayuda valiosa en un curso de probabilidad y estadística como éste, ninguno de los ejercicios de este libro requiere tener acceso a un computador o conocimientos de programación. Por esta razón, el uso de este libro no está ligado en absoluto al uso de un computador. Sería recomendable, sin embargo, que, en la medida de lo posible, los profesores empleasen computadores en el curso. Una calculadora de bolsillo es una herramienta útil para resolver algunos de los ejercicios numéricos de la segunda mitad del libro.

Cabría destacar un aspecto adicional acerca del estilo en el que está escrito el libro. El pronombre "él" se utiliza sistemáticamente como referencia a la persona que se enfrenta

[1] Utilizaremos sistemáticamente la expresión "computador" como traducción del inglés "computer" en reconocimiento a su divulgación en Latinoamérica, con preferencia a la expresión "ordenador", más frecuente en España. (*N. del T.*).

a un problema estadístico. Este uso, ciertamente, no significa que sólo los hombres calculen probabilidades y tomen decisiones, o que solamente los hombres puedan ser estadísticos. El pronombre "él" se utiliza literalmente en su acepción de "aquel cuyo sexo es desconocido o indiferente" que se incluye en el Tercer Nuevo Diccionario Internacional Webster. Ciertamente, el campo de la estadística debería ser tan accesible a mujeres como a hombres y tanto a miembros de grupos minoritarios como a las mayorías. Es mi sincera esperanza que este libro ayude a crear entre todos los grupos la conciencia de que la probabilidad y la estadística constituyen una rama de la ciencia interesante, animada e importante.

Estoy en deuda con los lectores, instructores y colegas cuyos comentarios han reforzado esta edición. Marion Reynolds, Jr., del Instituto Politécnico de Virginia, y James Stapleton, de la Universidad Estatal de Michigan, revisaron el manuscrito para el editor e hicieron muchas sugerencias valiosas. Estoy agradecido al albacea literario de sir Ronald A. Fisher, F. R. S., al doctor Frank Yates, F. R. S., y al Grupo Longman Ltd., Londres, por permitirme adaptar la tabla III de su libro *Statistical Tables for Biological, Agricultural and Medical Research* (6ª ed., 1974).

El campo de la estadística ha evolucionado desde que escribí un prefacio para la primera edición de este libro en noviembre de 1974, y yo también. La influencia en mi vida y en mi trabajo de aquellos que hicieron posible esa primera edición permanece viva y sin menoscabo; pero con la evolución también han llegado nuevas influencias, tanto personales como profesionales. El amor, calor y apoyo de mi familia y amigos, viejos y nuevos, me han sostenido y estimulado y me han permitido escribir un libro que creo refleja la probabilidad y la estadística contemporáneas.

Pittsburgh, Pennsylvania U.S.A. M.H.D.
Octubre de 1985

Addendum a la edición española

La aparición de la edición en castellano de mi libro me llena de orgullo y de satisfacción. Estoy en deuda, y muy agradecido, al profesor José Miguel Bernardo y a Lelia Mendoza por sus esfuerzos en alumbrar esta traducción. La importancia de los métodos estadísticos en la comprensión y solución de los problemas de la sociedad contemporánea es hoy ampliamente reconocida. Si este libro hace llegar a los lectores de habla castellana una parte del entusiasmo y de la utilidad presentes en el campo, rápidamente creciente, de la estadística, entonces habrá cumplido su propósito. Espero sinceramente, y esto es lo más importante, que en su modesta medida este libro contribuya a ampliar los contactos y mejorar la comprensión mutua entre las distintas naciones y las distintas culturas de nuestro frágil mundo.

Pittsburgh, Pennsylvania U.S.A. M.H.D.
Marzo de 1988

Índice general

1 Introducción a la probabilidad

1.1 Historia de la probabilidad 1
1.2 Interpretaciones de la probabilidad 2
1.3 Experimentos y sucesos 5
1.4 Teoría de conjuntos 6
1.5 Definición de probabilidad 12
1.6 Espacios muestrales finitos 17
1.7 Métodos de conteo 20
1.8 Métodos combinatorios 25
1.9 Coeficientes multinomiales 31
1.10 Probabilidad de la unión de sucesos 35
1.11 Sucesos independientes 41
1.12 Trampas estadísticas 49
1.13 Ejercicios complementarios 51

2 Probabilidad condicional

2.1 Definición de probabilidad condicional 55
2.2 Teorema de Bayes 62
* 2.3 Cadenas de Markov 69
* 2.4 El problema de la ruina del jugador 79
* 2.5 Selección del mejor elemento 83
2.6 Ejercicios complementarios 89

3 Variables aleatorias y distribuciones

3.1 Variables aleatorias y distribuciones discretas 93
3.2 Distribuciones continuas 98
3.3 Función de distribución 104
3.4 Distribuciones bivariantes 110
3.5 Distribuciones marginales 120
3.6 Distribuciones condicionales 129
3.7 Distribuciones multivariantes 136
3.8 Funciones de una variable aleatoria 144
3.9 Funciones de dos o más variables aleatorias 152
* 3.10 La paradoja de Borel-Kolmogorov 163
3.11 Ejercicios complementarios 166

4 Esperanza

4.1 Esperanza de una variable aleatoria 171
4.2 Propiedades de los valores esperados 178
4.3 Varianza 185
4.4 Momentos 189
4.5 La media y la mediana 196
4.6 Covarianza y correlación 202
4.7 Esperanza condicional 208
4.8 Media muestral 214
* 4.9 Utilidad 222
4.10 Ejercicios complementarios 227

5 Distribuciones especiales

5.1 Introducción 231
5.2 Distribuciones de Bernoulli y binomial 231
5.3 Distribución hipergeométrica 235
5.4 Distribución de Poisson 239
5.5 Distribución binomial negativa 246
5.6 Distribución normal 251
5.7 Teorema central del límite 261
5.8 Corrección por continuidad 269
5.9 Distribución gamma 272
5.10 Distribución beta 280
5.11 Distribución multinomial 283
5.12 Distribución normal bivariante 286
5.13 Ejercicios complementarios 292

6 Estimación

6.1 Inferencia estadística 297
6.2 Distribuciones inicial y final 299

6.3 Distribuciones iniciales conjugadas 307
6.4 Estimadores Bayes 315
6.5 Estimadores máximo verosímiles 323
6.6 Propiedades de estimadores máximo verosímiles 331
6.7 Estadísticos suficientes 338
6.8 Estadísticos conjuntamente suficientes 346
6.9 Mejora de un estimador 354
6.10 Ejercicios complementarios 359

7 Distribuciones muestrales de los estimadores

7.1 La distribución muestral de un estadístico 365
7.2 La distribución ji-cuadrado 367
7.3 Distribución conjunta de la media y la varianza 370
7.4 La distribución t 377
7.5 Intervalos de confianza 382
* 7.6 Análisis bayesiano de muestras de una distribución normal 386
7.7 Estimadores insesgados 394
* 7.8 Información de Fisher 402
7.9 Ejercicios complementarios 414

8 Contraste de hipótesis

8.1 Problemas de contraste de hipótesis 417
8.2 Contraste de hipótesis simples 422
* 8.3 Problemas de decisión múltiple 435
8.4 Contrastes uniformemente más potentes 444
8.5 Selección de un procedimiento de contraste 454
8.6 El contraste t 462
8.7 Discusión sobre metodología de contraste de hipótesis 471
8.8 La distribución F 476
8.9 Co paración de las medias de dos distribuciones normales 483
8.10 Ejercicios complementarios 488

9 Datos categóricos y métodos no paramétricos

9.1 Contrastes de bondad de ajuste 495
9.2 Bondad de ajuste para hipótesis compuestas 501
9.3 Tablas de contingencia 509
9.4 Contrastes de homogeneidad 515
9.5 Paradoja de Simpson 521
* 9.6 Contrastes de Kolmogorov-Smirnov 525
* 9.7 Inferencias acerca de la mediana y de otros cuantiles 534
* 9.8 Estimación robusta 537
* 9.9 Observaciones apareadas 543
* 9.10 Rangos para dos muestras 552
9.11 Ejercicios complementarios 558

10 Modelos estadísticos lineales

10.1 El método de mínimos cuadrados 563
10.2 Regresión 573
10.3 Contrastes de hipótesis e intervalos de confianza en regresión lineal simple 581
10.4 La falacia de la regresión 596
10.5 Regresión múltiple 598
10.6 Análisis de la varianza 611
10.7 Dos criterios de clasificación 618
10.8 Dos criterios de clasificación con repeticiones 628
10.9 Ejercicios complementarios 639

Referencias 645

Tablas

Probabilidades binomiales 648
Dígitos aleatorios 651
Probabilidades de Poisson 654
La función de distribución normal tipificada 655
La distribución χ^2 656
La distribución t 658
Cuantiles de orden 0.95 de la distribución F 660
Cuantiles de orden 0.975 de la distribución F 661

Respuestas a los ejercicios con numeración par 663

Índice de materias 685

Introducción a la probabilidad 1

1.1 HISTORIA DE LA PROBABILIDAD

Los conceptos de azar e incertidumbre son tan viejos como la civilización misma. La humanidad siempre ha debido soportar la incertidumbre acerca del clima, de su abastecimiento de alimentos y de otros aspectos de su medio ambiente, y ha tenido que esforzarse por reducir esta incertidumbre y sus efectos. Incluso la idea de juego de azar tiene una larga historia. Aproximadamente por el año 3500 antes de J. C., juegos de azar practicados con objetos de hueso, que podrían ser considerados como los precursores de los dados, fueron ampliamente desarrollados en Egipto y otros lugares. Dados cúbicos con marcas virtualmente idénticas a las de los dados modernos han sido encontrados en tumbas egipcias que datan del año 2000 antes de J. C. Sabemos que el juego con dados ha sido popular desde esa época y que fue parte importante en el primer desarrollo de la teoría de la probabilidad.

Se acepta generalmente que la teoría matemática de la probabilidad fue iniciada por los matemáticos franceses Blaise Pascal (1623–1662) y Pierre Fermat (1601–1665) cuando lograron obtener probabilidades exactas para ciertos problemas relacionados con los juegos de dados. Algunos de los problemas que resolvieron habían permanecido sin solución durante unos 300 años. Sin embargo, probabilidades numéricas para ciertas combinaciones de dados ya habían sido calculadas por Girolamo Cardano (1501–1576) y por Galileo Galilei (1564–1642).

La teoría de la probabilidad ha sido constantemente desarrollada desde el siglo XVII y ampliamente aplicada en diversos campos de estudio. Hoy, la teoría de la probabilidad es una herramienta importante en la mayoría de las áreas de ingeniería, ciencias y administración. Muchos investigadores se dedican activamente al descubrimiento y puesta en práctica de nuevas aplicaciones de la probabilidad en campos como medicina, meteorología, fotografía desde naves espaciales, mercadotecnia, predicciones de terremotos, comportamiento humano, diseño de sistemas de computadores y derecho. En la mayoría de los procedimientos legales relacionados con prácticas monopolísticas o con discriminación laboral, ambas partes presentan cálculos probabilísticos y estadísticos para apoyar sus pretensiones.

Referencias

La historia antigua de los juegos de azar y los orígenes de la teoría matemática de la probabilidad son tratadas por David (1962), Ore (1960) y Todhunter (1865).

Algunos libros de introducción a la teoría de la probabilidad, que analizan muchos de los temas que serán estudiados en este libro son Feller (1968); Hoel, Port y Stone (1971); Meyer (1970), y Olkin, Gleser y Derman (1980). Otros libros de introducción, que incluyen tanto teoría de la probabilidad como estadística, aproximadamente al mismo nivel que este libro son Brunk (1975); Devore (1982); Fraser (1976); Freund y Walpole (1980); Hogg y Craig (1978); Kempthorne y Folks (1971); Larson (1974); Lindgren (1976); Mendenhall, Scheaffer y Wackerly (1981), y Mood, Graybill y Boes (1974).

1.2 INTERPRETACIONES DE LA PROBABILIDAD

Además de las muchas aplicaciones formales de la teoría de la probabilidad, el concepto de probabilidad aparece en nuestra vida y en nuestras conversaciones cotidianas. A menudo oímos y usamos expresiones tales como: "Probablemente lloverá mañana por la tarde", "es muy probable que el avión llegue tarde", o "hay muchas posibilidades de que pueda reunirse con nosotros para cenar esta noche". Cada una de estas expresiones está basada en el concepto de la probabilidad, o la verosimilitud, de la ocurrencia de algún suceso específico.

A pesar de que el concepto de probabilidad es una parte tan común y natural de nuestra experiencia, no existe una única interpretación científica del término probabilidad aceptada por todos los estadísticos, filósofos y demás autoridades científicas. A través de los años, cada interpretación de la probabilidad propuesta por unos expertos ha sido criticada por otros. De hecho, el verdadero significado de la probabilidad es todavía un tema muy conflictivo y surge en muchas discusiones filosóficas actuales sobre los fundamentos de la estadística. Describiremos aquí tres interpretaciones diferentes de la probabilidad. Cada una de estas interpretaciones puede ser útil en la aplicación de la teoría de la probabilidad a problemas prácticos.

La interpretación frecuencialista de la probabilidad

En muchos problemas, la probabilidad de obtener algún resultado específico de un proceso puede ser interpretada en el sentido de la *frecuencia relativa* con la que se obtendría ese resultado si el proceso se repitiera un número grande de veces en condiciones similares. Por ejemplo, la probabilidad de obtener una cara cuando se lanza una moneda es considerada $\frac{1}{2}$ debido a que la frecuencia relativa de caras debería ser aproximadamente $\frac{1}{2}$ cuando la moneda es lanzada un número grande de veces en condiciones similares. En otras palabras, se supone que la proporción de lanzamientos en los que se obtiene una cara sería aproximadamente $\frac{1}{2}$.

Está claro que las condiciones mencionadas en este ejemplo son muy vagas para servir como base de una definición científica de probabilidad. En primer lugar, se menciona un "número grande" de lanzamientos de la moneda, pero no hay una indicación clara del número específico que podría considerarse suficientemente grande. En segundo lugar, se afirma que la moneda debería ser lanzada cada vez "en condiciones similares", pero estas condiciones no se describen con precisión. Las condiciones en las cuales se lanza la moneda no pueden ser completamente idénticas para cada lanzamiento porque entonces los resultados serían todos iguales y se obtendrían sólo caras o sólo cruces. De hecho, una persona experimentada puede lanzar una moneda repetidamente y cogerla de tal manera que obtenga una cara en casi todos los lanzamientos. Consecuentemente, los lanzamientos no deben ser completamente controlados sino que deben tener algunas características "aleatorias".

Se afirma, además, que la frecuencia relativa de caras sería "aproximadamente $\frac{1}{2}$", pero no se especifica un límite para la variación posible respecto al valor $\frac{1}{2}$. Si una moneda fuera lanzada 1 000 000 de veces, no esperaríamos obtener exactamente 500 000 caras. En realidad, nos sorprendería mucho si obtuviéramos exactamente 500 000 caras. Por otro lado, tampoco esperaríamos que el número de caras distara mucho de 500 000. Sería deseable poder hacer una afirmación precisa de las verosimilitudes de los diferentes números posibles de caras, pero estas verosimilitudes dependerían necesariamente del mismo concepto de probabilidad que estamos tratando de definir.

Otro inconveniente de la interpretación frecuencialista de la probabilidad es que sólo puede utilizarse para un problema en el que pueda haber, al menos en principio, un número grande de repeticiones similares de cierto proceso. Muchos problemas importantes no son de este tipo. Por ejemplo, la interpretación frecuencialista de la probabilidad no puede ser aplicada directamente a la probabilidad de que un determinado conocido contraiga matrimonio en los próximos dos años o a la probabilidad de que un proyecto concreto de investigación médica conduzca al desarrollo de un nuevo tratamiento para cierta enfermedad dentro de un periodo de tiempo determinado.

La interpretación clásica de la probabilidad

La interpretación clásica de la probabilidad está basada en el concepto de resultados *igualmente verosímiles.* Por ejemplo, cuando se lanza una moneda existen dos resultados posibles: cara o cruz. Si se puede suponer que la ocurrencia de estos resultados es igualmente verosímil, entonces deben tener la misma probabilidad. Puesto que la suma de las probabilidades debe ser 1, tanto la probabilidad de una cara como la probabilidad de una cruz debe ser $\frac{1}{2}$. Generalizando, si el resultado de algún proceso debe ser uno de n resultados diferentes, y si estos n resultados son igualmente verosímiles, entonces la probabilidad de cada resultado es $\frac{1}{n}$.

Dos dificultades básicas aparecen cuando se intenta desarrollar una definición formal de probabilidad desde la interpretación clásica. En primer lugar, el concepto de resultados igualmente verosímiles se basa en esencia en el concepto de probabilidad que estamos tratando de definir. Afirmar que dos resultados posibles son igualmente verosímiles es lo mismo que afirmar que los resultados tienen la misma probabilidad. En segundo lugar, no se proporciona un método sistemático para asignar probabilidades a resultados que no sean igualmente verosímiles. Cuando se lanza una moneda o se arroja un dado equilibrado o se escoge una carta de una baraja bien mezclada, los diferentes resultados posibles pueden en general ser considerados igualmente verosímiles debido a la naturaleza del proceso. Sin embargo, cuando el problema es predecir si una persona se casará o si un proyecto de investigación tendrá éxito, los resultados posibles no suelen considerarse igualmente verosímiles, y es necesario un método diferente para asignar probabilidades a estos resultados.

La interpretación subjetiva de la probabilidad

De acuerdo con la interpretación subjetiva, o personal, de la probabilidad, la probabilidad que una persona asigna a uno de los posibles resultados de un proceso representa su propio juicio sobre la verosimilitud de que se obtenga el resultado. Este juicio estará basado en las opiniones e información de la persona acerca del proceso. Otra persona, que puede tener diferentes opiniones o información distinta, puede asignar una probabilidad diferente al mismo resultado. Por esta razón, resulta más apropiado hablar de la *probabilidad subjetiva* que asigna cierta persona a un resultado, que de la verdadera *probabilidad* de ese resultado.

Como ilustración de esta interpretación, supongamos que una moneda ha de ser lanzada una vez. Una persona sin información especial acerca de la moneda o de la manera en que se lanza podría considerar cara y cruz como resultados igualmente verosímiles. Esa persona asignaría entonces una probabilidad subjetiva de $\frac{1}{2}$ a la posibilidad de obtener una cara. La persona que realmente lanza la moneda, sin embargo, podría pensar que una cara es mucho más verosímil que una cruz. Con objeto de que esta persona sea capaz de asignar probabilidades subjetivas a los resultados, debe expresar su grado de creencia en términos numéricos. Supongamos, por ejemplo, que considera que la verosimilitud de obtener una cara es la misma que la de obtener una carta roja cuando se escoge una carta de una baraja bien mezclada que contiene cuatro cartas rojas y una negra. Puesto que la persona asignaría una probabilidad de $\frac{4}{5}$ a la posibilidad de obtener una carta roja, debería asignar esa misma probabilidad a la posibilidad de obtener una cara cuando se lanza la moneda.

Esta interpretación subjetiva de la probabilidad puede ser formalizada. En general, si los juicios de una persona acerca de las verosimilitudes relativas a diversas combinaciones de resultados satisfacen ciertas condiciones de consistencia, entonces puede demostrarse que sus probabilidades subjetivas para los diferentes sucesos posibles pueden ser determinadas en forma única. La interpretación subjetiva tiene, sin embargo, dos dificultades. En primer lugar, el requisito de que los juicios de una persona sobre las verosimilitudes relativas a un número infinito de sucesos sean completamente consistentes y libres de contradicciones no parece humanamente posible. En segundo lugar, la interpretación subjetiva no proporciona bases "objetivas" para que dos o más científicos que trabajan juntos obtengan una evaluación conjunta de su estado de conocimientos en un área científica de interés común.

Por otro lado, aceptar la interpretación subjetiva de la probabilidad tiene el efecto positivo de subrayar algunos de los aspectos subjetivos de la ciencia. La evaluación por un determinado científico de la probabilidad de algún resultado incierto debe ser, en última instancia, su propia evaluación, basada en todas las evidencias de que dispone. Esta evaluación puede estar parcialmente basada en la interpretación frecuencialista de la probabilidad, ya que el científico puede tener en cuenta la frecuencia relativa de la ocurrencia de este resultado o de resultados similares en el pasado. También puede basarse en parte en la interpretación clásica de probabilidad, puesto que el científico puede tener en cuenta el número total de resultados posibles que considera igualmente verosímiles. Sin embargo, la asignación final de probabilidades numéricas es responsabilidad del propio científico. La naturaleza subjetiva de la ciencia se manifiesta también en el problema específico que un científico particular elige como objeto de estudio de entre la clase de problemas que podría haber elegido en el experimento que decide desarrollar al llevar a cabo ese estudio y en las conclusiones que deduce de sus datos experimentales. La teoría matemática de la probabilidad y la estadística puede desempeñar un papel importante en estas elecciones, decisiones y conclusiones. Más aún, esta teoría de la probabilidad y la estadística se puede desarrollar, y así será presentada en este libro, sin considerar la controversia en torno a las diferentes interpretaciones del término probabilidad. Esta teoría es correcta y puede ser aplicada útilmente, con independencia de la interpretación de probabilidad que se utiliza en un problema particular. Las teorías y técnicas que serán presentadas en este libro han servido como herramientas y guías valiosas en todos los aspectos del diseño y análisis de la experimentación efectiva.

1.3 EXPERIMENTOS Y SUCESOS

Tipos de experimentos

La teoría de la probabilidad tiene que ver con los diversos resultados posibles que podrían obtenerse y los posibles sucesos que podrían ocurrir cuando se realiza un experimento. El término "experimento" se utiliza en la teoría de la probabilidad para describir virtualmente cualquier proceso cuyos resultados no se conocen de antemano con certeza. A continuación se presentan algunos ejemplos de experimentos:

1. En un experimento en el cual una moneda ha de ser lanzada 10 veces, el experimentador podría estar interesado en determinar la probabilidad de obtener al menos 4 caras.
2. En un experimento en el cual va a seleccionarse una muestra de 1000 transistores de un gran cargamento de artículos similares y en el que se va a inspeccionar cada artículo seleccionado, una persona podría estar interesada en determinar la probabilidad de que no más de uno de los transistores seleccionados sea defectuoso.
3. En un experimento en el cual ha de observarse diariamente la temperatura del aire de cierta localidad al mediodía durante 90 días sucesivos, una persona podría estar interesada en determinar la probabilidad de que la temperatura promedio durante este periodo sea menor que algún valor específico.
4. A partir de información relacionada con la vida de Thomas Jefferson, alguien podría desear establecer la probabilidad de que Jefferson naciera en el año 1741.

5. Al evaluar un proyecto de investigación y desarrollo en un momento dado, una persona podría estar interesada en determinar la probabilidad de que en un cierto número de meses se desarrolle con éxito un nuevo producto.

Por estos ejemplos se puede observar que los resultados posibles de un experimento pueden ser o no aleatorios, de acuerdo con el significado usual de estos términos. La característica interesante de un experimento estriba en que cada uno de sus posibles resultados puede ser especificado antes de realizar el experimento y en que pueden asignarse probabilidades a las diversas combinaciones interesantes de resultados.

La teoría matemática de la probabilidad

Como se explicó en la sección 1.2, existe controversia respecto al significado e interpretación apropiados de algunas de las probabilidades que se asignan a los resultados de muchos experimentos. Sin embargo, una vez que han sido asignadas probabilidades a algunos resultados simples de un experimento, todos los expertos están completamente de acuerdo en que la teoría matemática de la probabilidad proporciona la metodología apropiada para ampliar el estudio de estas probabilidades. Casi todo el trabajo en teoría matemática de la probabilidad, desde los libros de texto más elementales hasta las investigaciones más avanzadas, ha estado relacionado con los dos problemas siguientes: (1) métodos para determinar las probabilidades de ciertos sucesos a partir de las probabilidades especificadas para cada uno de los posibles resultados de un experimento y (2) métodos para revisar las probabilidades de los sucesos cuando se obtiene información adicional relevante.

Estos métodos se basan en unas técnicas matemáticas comunes. El propósito de los cinco primeros capítulos de este libro es presentar estas técnicas que, en conjunto, forman la teoría matemática de la probabilidad.

1.4 TEORÍA DE CONJUNTOS

El espacio muestral

La colección de todos los posibles resultados de un experimento se llama *espacio muestral* del experimento. En otras palabras, el espacio muestral de un experimento puede considerarse como un *conjunto* o colección de diferentes resultados posibles, y cada resultado puede ser considerado como un *punto*, o un *elemento*, del espacio muestral. Debido a esta interpretación, el lenguaje y los conceptos de la teoría de conjuntos proporcionan un contexto natural para el desarrollo de la teoría de la probabilidad. A continuación se revisan las ideas básicas y la notación de la teoría de conjuntos.

Relaciones de la teoría de conjuntos

Sea S el espacio muestral de un experimento. Entonces se dice que cualquier resultado posible s del experimento es un miembro del espacio S o que pertenece al espacio S. La afirmación de que s es un miembro de S se denota simbólicamente por la relación $s \in S$.

Cuando se ha realizado un experimento y se dice que ha ocurrido un *suceso*, significa que el resultado del experimento satisfizo ciertas condiciones que especifican ese suceso.

En otras palabras, algunos resultados del espacio S indican que el suceso ocurrió, y los restantes resultados de S indican que el suceso no ocurrió. De acuerdo con esta interpretación, cualquier suceso puede ser considerado como un subconjunto de posibles resultados del espacio S.

Por ejemplo, cuando se lanza un dado de seis caras puede considerarse que el espacio muestral contiene los seis numeros $1, 2, 3, 4, 5, 6$. Simbólicamente, se escribe

$$S = \{1, 2, 3, 4, 5, 6\}.$$

El suceso A de obtener un número par está definido por el subconjunto $A = \{2, 4, 6\}$. El suceso B de obtener un número mayor que 2 está definido por el subconjunto $B = \{3, 4, 5, 6\}$.

Se dice que un suceso A *está contenido en* otro suceso B si cada resultado que pertenece al subconjunto que define el suceso A pertenece al subconjunto que define el suceso B. Esta relación entre dos sucesos se expresa simbólicamente por la relación $A \subset B$. La relación $A \subset B$ se expresa también diciendo que A es un subconjunto de B. Equivalentemente, si $A \subset B$, puede decirse que B contiene a A y escribir $B \supset A$.

En el ejemplo del dado, supongamos que A es el suceso de obtener un número par y C es el suceso de obtener un número mayor que 1. Puesto que $A = \{2, 4, 6\}$ y $C = \{2, 3, 4, 5, 6\}$, resulta que $A \subset C$. Obsérvese que $A \subset S$ para cualquier suceso A.

Si dos sucesos A y B son tales que $A \subset B$ y $B \subset A$, resulta que A y B deben contener exactamente los mismos puntos. En otras palabras, $A = B$.

Si A, B y C son tres sucesos tales que $A \subset B$ y $B \subset C$, entonces resulta que $A \subset C$. La demostración de este hecho se deja como ejercicio.

El conjunto vacío

Algunos sucesos son imposibles. Por ejemplo, cuando se lanza un dado, es imposible obtener un número negativo. De ahí que el suceso de obtener un número negativo se defina como el subconjunto de S que no contiene resultados. Este subconjunto de S se llama *conjunto vacío*, y se denota por el símbolo $\emptyset$.

Consideremos ahora cualquier suceso arbitrario A. Puesto que el conjunto $\emptyset$ no contiene puntos, es lógicamente correcto decir que cualquier punto que pertenece a $\emptyset$ también pertenece a A, esto es, $\emptyset \subset A$. En otras palabras, para cualquier suceso A es cierto que $\emptyset \subset A \subset S$.

Operaciones de la teoría de conjuntos

Uniones. Si A y B son dos sucesos cualesquiera, la *unión* de A y B se define como el suceso que contiene todos los resultados que pertenecen sólo a A, sólo a B o a ambos, A y B. La notación para la unión de A y B es $A \cup B$. El suceso $A \cup B$ se ilustra en la figura 1.1. Un esquema de este tipo se llama *diagrama de Venn*.

Para cualesquiera sucesos A y B, la unión tiene las siguientes propiedades:

$$A \cup B = B \cup A, \quad A \cup A = A, \quad A \cup \emptyset = A, \quad A \cup S = S.$$

Además, si $A \subset B$, entonces $A \cup B = B$.

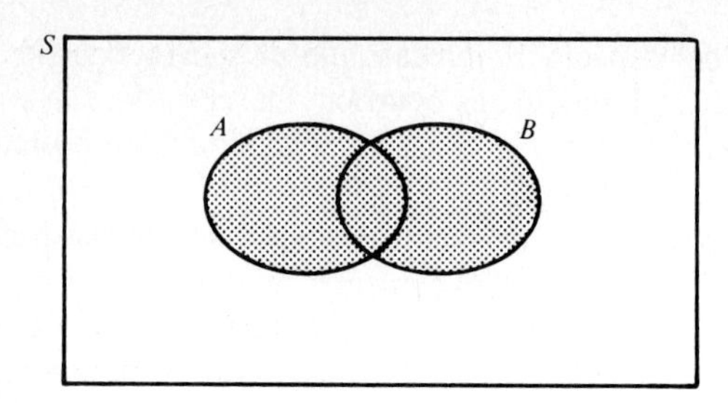

Figura 1.1 El suceso $A \cup B$.

La unión de n sucesos $A_1, \ldots, A_n$ se define como el suceso que contiene todos los resultados que pertenecen al menos a uno de estos n sucesos. La notación para esta unión es $A_1 \cup A_2 \cup \cdots \cup A_n$ o $\cup_{i=1}^{n} A_i$. Análogamente, la notación para la unión de una sucesión infinita de sucesos $A_1, A_2, \ldots$ es $\cup_{i=1}^{\infty} A_i$. La notación para la unión de una colección arbitraria de sucesos A_i, donde los valores del subíndice i pertenecen a un conjunto de índices I, es $\cup_{i \in I} A_i$.

La unión de tres sucesos A, B y C puede ser calculada directamente de la definición de $A \cup B \cup C$ o evaluando primero la unión de dos sucesos cualesquiera y luego formando la unión de esta combinación con el tercer suceso. En otras palabras, se satisfacen las siguientes relaciones *asociativas*:

$$A \cup B \cup C = (A \cup B) \cup C = A \cup (B \cup C).$$

Intersecciones. Si A y B son dos sucesos cualesquiera, la *intersección* de A y B se define como el suceso que contiene todos los resultados que pertenecen a *ambos* A y B. La notación para la intersección de A y B es $A \cap B$. El suceso $A \cap B$ se ilustra en el diagrama de Venn de la figura 1.2. A menudo es conveniente denotar la intersección de A y B por el símbolo AB en lugar de $A \cap B$, y usaremos indistintamente estos dos tipos de notación.

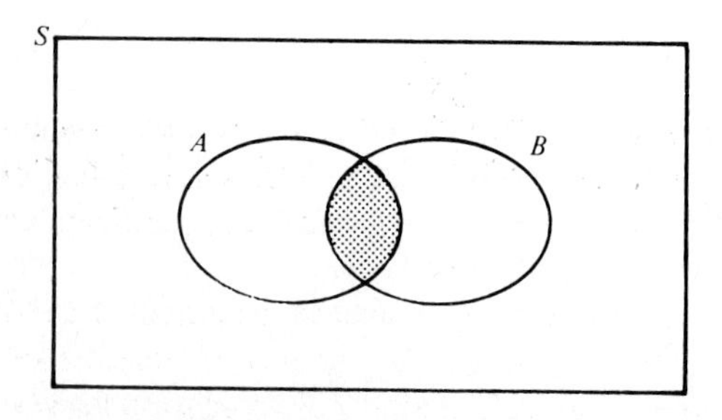

Figura 1.2 El suceso $A \cap B$.

Para sucesos A y B cualesquiera, la intersección tiene las siguientes propiedades:

$$A \cap B = B \cap A, \qquad A \cap A = A,$$
$$A \cap \emptyset = \emptyset, \qquad A \cap S = A.$$

Además, si $A \subset B$, entonces $A \cap B = A$.

La intersección de n sucesos $A_1, \ldots, A_n$ se define como el suceso que contiene los resultados que son comunes a todos estos sucesos. La notación para esta intersección es $A_1 \cap A_2 \cap \cdots \cap A_n$, $\cap_{i=1}^{n} A_i$ o $A_1 A_2 \cdots A_n$. Se utilizan notaciones similares para la intersección de una sucesión infinita de sucesos o para la intersección de una colección arbitraria de sucesos.

Para tres sucesos cualesquiera A, B, y C, se satisfacen las siguientes relaciones asociativas:

$$A \cap B \cap C = (A \cap B) \cap C = A \cap (B \cap C).$$

Complementarios. El suceso *complementario* de un suceso A se define como el suceso que contiene todos los resultados del espacio muestral S que *no* pertenecen a A. La notación para el complementario de A es A^c. El suceso A^c se ilustra en la figura 1.3.

Para cualquier suceso A, el complementario tiene las siguientes propiedades:

$$(A^c)^c = A, \qquad \emptyset^c = S, \qquad S^c = \emptyset,$$
$$A \cup A^c = S, \qquad A \cap A^c = \emptyset.$$

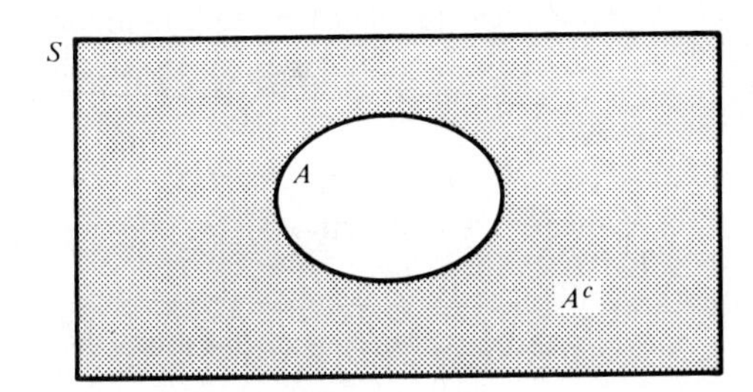

Figura 1.3 El suceso A^c.

Sucesos disjuntos. Se dice que dos sucesos A y B son *disjuntos*, o *mutuamente excluyentes*, si A y B no tienen resultados en común. Entonces, A y B son disjuntos si, y sólo si, $A \cap B = \emptyset$. Se dice que los sucesos en una colección arbitraria son disjuntos si no hay dos sucesos de la colección que tengan resultados en común.

Como ilustración de estos conceptos, en la figura 1.4 se presenta un diagrama de Venn para tres sucesos A_1, A_2 y A_3. El diagrama indica que las diversas intersecciones de A_1, A_2 y A_3 y sus complementarios dividen el espacio muestral S en ocho subconjuntos disjuntos.

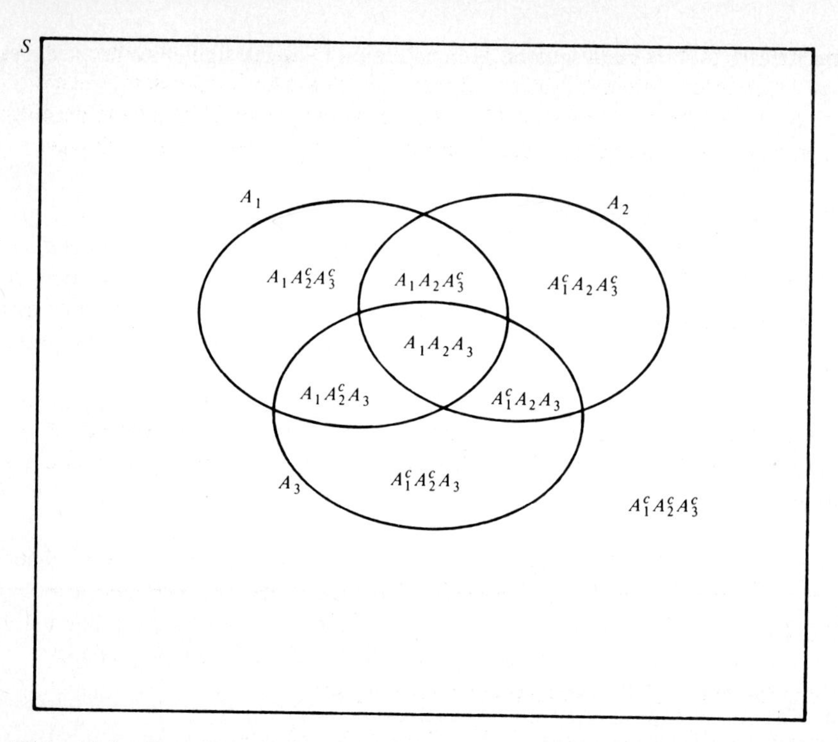

Figura 1.4 Partición de S determinada por tres sucesos A_1, A_2 y A_3.

Ejemplo 1: Lanzamiento de una moneda. Supongamos que se lanza una moneda tres veces. Entonces, el espacio muestral S contiene los ocho resultados posibles siguientes $s_1, \ldots, s_8$:

s_1 : HHH,

s_2 : THH,

s_3 : HTH,

s_4 : HHT,

s_5 : HTT,

s_6 : THT,

s_7 : TTH,

s_8 : TTT.

En esta notación, H indica una cara y T indica una cruz. El resultado s_3, por ejemplo, es el resultado en el cual se obtiene una cara en el primer lanzamiento, una cruz en el segundo lanzamiento y una cara en el tercero.

Para aplicar los conceptos introducidos en esta sección, se definirán cuatro sucesos como sigue: Sea A el suceso de obtener al menos una cara en los tres lanzamientos; sea B el suceso de obtener una cara en el segundo lanzamiento; sea C el suceso de obtener una cruz en el tercer lanzamiento y sea D el suceso de no obtener caras. Así pues,

$$A = \{s_1, s_2, s_3, s_4, s_5, s_6, s_7\},$$

$$B = \{s_1, s_2, s_4, s_6\},$$

$$C = \{s_4, s_5, s_6, s_8\},$$

$$D = \{s_8\}.$$

Se pueden obtener varias relaciones entre estos sucesos. Algunas de éstas son $B \subset A$, $A^c = D$, $BD = \emptyset$, $A \cup C = S$, $BC = \{s_4, s_6\}$, $(B \cup C)^c = \{s_3, s_7\}$ y $A(B \cup C) = \{s_1, s_2, s_4, s_5, s_6\}$. ◁

EJERCICIOS

1. Supóngase que $A \subset B$. Demuéstrese que $B^c \subset A^c$.

2. Para tres sucesos cualesquiera A, B y C, demuéstrese que

$$A(B \cup C) = (AB) \cup (AC).$$

3. Para dos sucesos cualesquiera A y B, demuéstrese que

$$(A \cup B)^c = A^c \cap B^c \quad \text{y} \quad (A \cap B)^c = A^c \cup B^c.$$

4. Para cualquier conjunto de sucesos A_i $(i \in I)$, demuéstrese que

$$\left(\bigcup_{i \in I} A_i\right)^c = \bigcap_{i \in I} A_i^c \quad \text{y} \quad \left(\bigcap_{i \in I} A_i\right)^c = \bigcup_{i \in I} A_i^c.$$

5. Supóngase que se selecciona una carta de una baraja de veinte cartas que contiene diez cartas rojas numeradas del 1 al 10 y diez cartas azules numeradas del 1 al 10. Sea A el suceso de seleccionar una carta con un número par, sea B el suceso de seleccionar una carta azul y sea C el suceso de seleccionar una carta con un número menor que 5. Descríbanse el espacio muestral S y cada uno de los siguientes sucesos en palabras y en subconjuntos de S:

(a) ABC, (b) BC^c, (c) $A \cup B \cup C$, (d) $A(B \cup C)$, (e) $A^cB^cC^c$.

6. Supóngase que un número x se selecciona de la recta real S y sean A, B y C los sucesos representados por los siguientes subconjuntos de S, donde la notación $\{x : ---\}$ expresa el conjunto que contiene todo punto x para el que se satisface la propiedad enunciada después de los dos puntos:

$$A = \{x : 1 \leq x \leq 5\}, \quad B = \{x : 3 < x \leq 7\}, \quad C = \{x : x \leq 0\}.$$

Descríbase cada uno de los siguientes sucesos como un conjunto de números reales:

(a) A^c, (b) $A \cup B$, (c) BC^c, (d) $A^cB^cC^c$, (e) $(A \cup B)C$.

7. Sea S un espacio muestral dado y sea $A_1, A_2, \ldots$ una sucesión infinita de sucesos. Para $n = 1, 2, \ldots$, sea $B_n = \bigcup_{i=n}^{\infty} A_i$ y sea $C_n = \bigcap_{i=n}^{\infty} A_i$.
   (a) Demuéstrese que $B_1 \supset B_2 \supset \cdots$ y que $C_1 \subset C_2 \subset \cdots$.
   (b) Demuéstrese que un elemento de S pertenece al suceso $\bigcap_{n=1}^{\infty} B_n$ si, y sólo si, pertenece a un número infinito de los sucesos $A_1, A_2, \ldots$.
   (c) Demuéstrese que un elemento de S pertenece al suceso $\bigcup_{n=1}^{\infty} C_n$ si, y sólo si, pertenece a todos los sucesos $A_1, A_2 \ldots$ excepto, quizás, un número finito de estos sucesos.

1.5 DEFINICIÓN DE PROBABILIDAD

Axiomas y teoremas básicos

En esta sección se presenta la definición matemática o axiomática de la probabilidad. En un experimento dado es necesario asignar a cada suceso A del espacio muestral S un número $\Pr(A)$ que indique la probabilidad de que A ocurra. Con objeto de satisfacer la definición matemática de probabilidad, el número $\Pr(A)$ asignado debe cumplir tres axiomas específicos. Estos axiomas aseguran que el número $\Pr(A)$ tendrá las propiedades que intuitivamente esperamos que tenga una probabilidad con cualquiera de las interpretaciones descritas en la sección 1.2.

El primer axioma afirma que la probabilidad de todo suceso debe ser no negativa.

Axioma 1. *Para cualquier suceso* A, $\Pr(A) \geq 0$.

El segundo axioma afirma que si un suceso ocurre con certeza, entonces la probabilidad de ese suceso es 1.

Axioma 2. $\Pr(S) = 1$.

Antes de formular el axioma 3, se tratarán las probabilidades de sucesos disjuntos. Si dos sucesos son disjuntos, es natural suponer que la probabilidad de que uno u otro ocurran es la suma de sus probabilidades individuales. De hecho, se supondrá que esta *propiedad aditiva* de la probabilidad es cierta también para cualquier número finito de sucesos disjuntos y aún para cualquier sucesión infinita de sucesos disjuntos. Si suponemos que esta propiedad aditiva es cierta sólo para un número finito de sucesos disjuntos, no podemos entonces estar seguros de que la propiedad sea cierta también para una sucesión infinita de sucesos disjuntos. Sin embargo, si suponemos que la propiedad aditiva es cierta para cualquier sucesión infinita de sucesos disjuntos, entonces (como demostraremos) la propiedad siempre deberá ser cierta para cualquier número finito de sucesos disjuntos. Estas consideraciones conducen al tercer axioma.

Axioma 3. *Para cualquier sucesión infinita de sucesos disjuntos* $A_1, A_2, \ldots,$

$$\Pr\left(\bigcup_{i=1}^{\infty} A_i\right) = \sum_{i=1}^{\infty} \Pr(A_i).$$

La definición matemática de la probabilidad se puede enunciar ahora como sigue: Una *distribución de probabilidad* o, simplemente, una *probabilidad*, sobre un espacio muestral S es una especificación de números $\Pr(A)$ que satisfacen los axiomas 1, 2 y 3.

Se presentarán ahora dos consecuencias importantes del axioma 3. Primero, se demostrará que si un suceso es imposible su probabilidad debe ser cero.

Teorema 1. $\Pr(\emptyset) = 0$.

Demostración. Considérese la sucesión infinita de sucesos $A_1, A_2, \ldots,$ tales que $A_i = \emptyset$ para $i = 1, 2, \ldots,$ de forma que cada uno de los sucesos es exactamente igual al conjunto vacío. Se trata de una sucesión de sucesos disjuntos, puesto que $\emptyset \cap \emptyset = \emptyset$. Además, $\cup_{i=1}^{\infty} A_i = \emptyset$. Por tanto, del axioma 3 resulta que

$$\Pr(\emptyset) = \Pr\left(\bigcup_{i=1}^{\infty} A_i\right) = \sum_{i=1}^{\infty} \Pr(A_i) = \sum_{i=1}^{\infty} \Pr(\emptyset).$$

Esta ecuación afirma que cuando el número $\Pr(\emptyset)$ se suma repetidamente en una serie infinita, la suma de esa serie es simplemente el número $\Pr(\emptyset)$. El único número real con esta propiedad es $\Pr(\emptyset) = 0$. ◁

Se puede demostrar ahora que la propiedad aditiva enunciada en el axioma 3 para una sucesión infinita de sucesos disjuntos es siempre cierta para cualquier número finito de sucesos disjuntos.

Teorema 2. *Para cualquier sucesión finita de n sucesos disjuntos $A_1, \ldots, A_n$,*

$$\Pr\left(\bigcup_{i=1}^{n} A_i\right) = \sum_{i=1}^{n} \Pr(A_i).$$

Demostración. Considérese la sucesión infinita de sucesos $A_1, A_2, \ldots$, en la cual $A_1, \ldots, A_n$ son los n sucesos disjuntos dados y $A_i = \emptyset$ para $i > n$. Entonces los sucesos en esta sucesión infinita son disjuntos y $\cup_{i=1}^{\infty} A_i = \cup_{i=1}^{n} A_i$. Por tanto, por el axioma 3,

$$\begin{aligned}
\Pr\left(\bigcup_{i=1}^{n} A_i\right) = \Pr\left(\bigcup_{i=1}^{\infty} A_i\right) &= \sum_{i=1}^{\infty} \Pr(A_i) \\
&= \sum_{i=1}^{n} \Pr(A_i) + \sum_{i=n+1}^{\infty} \Pr(A_i) \\
&= \sum_{i=1}^{n} \Pr(A_i) + 0 \\
&= \sum_{i=1}^{n} \Pr(A_i). \quad \triangleleft
\end{aligned}$$

Propiedades adicionales de la probabilidad

De los axiomas y teoremas previos, se obtendrán ahora otras cuatro propiedades generales de las distribuciones de probabilidad. Debido a la naturaleza fundamental de estas cuatro propiedades, serán presentadas como cuatro teoremas, todos ellos de fácil demostración.

Teorema 3. *Para cualquier suceso A,* $\Pr(A^c) = 1 - \Pr(A)$.

Demostración. Puesto que A y A^c son sucesos disjuntos y $A \cup A^c = S$, se deduce del teorema 2 que $\Pr(S) = \Pr(A) + \Pr(A^c)$. Puesto que $\Pr(S) = 1$ por el axioma 2, entonces $\Pr(A^c) = 1 - \Pr(A)$. $\triangleleft$

Teorema 4. *Para cualquier suceso A,* $0 \leq \Pr(A) \leq 1$.

Demostración. Se sabe por el axioma 1 que $\Pr(A) \geq 0$. Si $\Pr(A) > 1$, entonces por el teorema 3 resulta que $\Pr(A^c) < 0$. Puesto que este resultado contradice el axioma 1, que afirma que la probabilidad de todo suceso debe ser no negativa, debe ser cierto que $\Pr(A) \leq 1$. $\triangleleft$

Teorema 5. *Si* $A \subset B$, *entonces* $\Pr(A) \le \Pr(B)$.

Demostración. Como se ilustra en la figura 1.5, el suceso B puede ser tratado como la unión de los dos sucesos disjuntos A y BA^c. Por tanto, $\Pr(B) = \Pr(A) + \Pr(BA^c)$. Puesto que $\Pr(BA^c) \ge 0$, entonces $\Pr(B) \ge \Pr(A)$. ◁

Teorema 6. *Para dos sucesos cualesquiera* A *y* B,

$$\Pr(A \cup B) = \Pr(A) + \Pr(B) - \Pr(AB).$$

Demostración. Como se ilustra en la figura 1.6,

$$A \cup B = (AB^c) \cup (AB) \cup (A^cB).$$

Puesto que los tres sucesos de la parte derecha de esta ecuación son disjuntos, se deduce del teorema 2 que

$$\Pr(A \cup B) = \Pr(AB^c) + \Pr(AB) + \Pr(A^cB).$$

Además, en la figura 1.6 se ve que

$$\Pr(A) = \Pr(AB^c) + \Pr(AB) \quad \text{y} \quad \Pr(B) = \Pr(A^cB) + \Pr(AB).$$

El teorema es consecuencia de estas relaciones. ◁

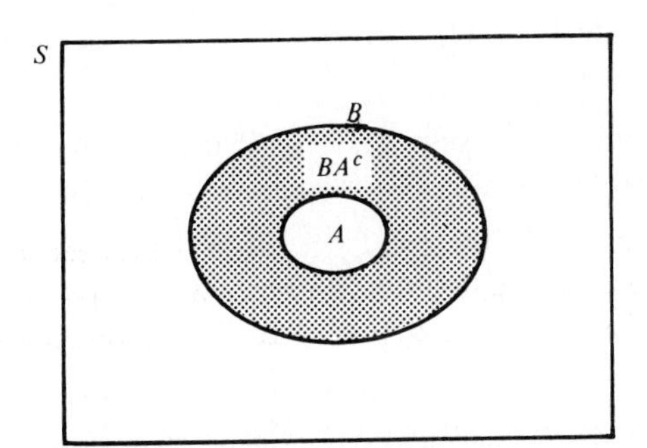

Figura 1.5 $B = A \cup (BA^c)$.

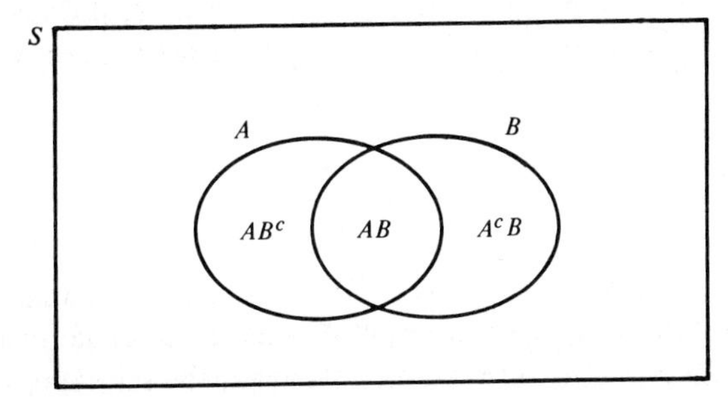

Figura 1.6 Partición de $A \cup B$.

EJERCICIOS

1. Un estudiante seleccionado de una clase puede ser chico o chica. Si la probabilidad de que un chico sea seleccionado es 0.3, ¿cuál es la probabilidad de que sea seleccionada una chica?

2. Se selecciona una bola de una urna que contiene bolas rojas, blancas, azules, amarillas y verdes. Si la probabilidad de seleccionar una bola roja es $\frac{1}{5}$ y la de seleccionar una blanca es $\frac{2}{5}$, ¿cuál es la probabilidad de seleccionar una bola azul, amarilla o verde?

3. Si la probabilidad de que un estudiante A suspenda un cierto examen de estadística es 0.5, la probabilidad de que un estudiante B suspenda el examen es 0.2 y la probabilidad de que ambos estudiantes A y B suspendan el examen es 0.1, ¿cuál es la probabilidad de que al menos uno de estos dos estudiantes suspenda el examen?

4. En las condiciones del ejercicio 3, ¿cuál es la probabilidad de que ni el estudiante A ni el B suspendan el examen?

5. En las condiciones del ejercicio 3, ¿cuál es la probabilidad de que exactamente uno de los dos estudiantes suspenda el examen?

6. Considérense dos sucesos A y B tales que $\Pr(A) = \frac{1}{3}$ y $\Pr(B) = \frac{1}{2}$. Determínese el valor de $\Pr(BA^c)$ para cada una de las siguientes condiciones: (a) A y B son disjuntos; (b) $A \subset B$; (c) $\Pr(AB) = \frac{1}{8}$.

7. Si el 50% de las familias de cierta ciudad están suscritas al periódico matinal, el 65% de las familias al periódico vespertino y el 85% al menos a uno de los dos periódicos, ¿cuál es la proporción de familias que están suscritas a los dos periódicos?

8. Considérense dos sucesos A y B con $\Pr(A) = 0.4$ y $\Pr(B) = 0.7$. Determínense los posibles valores máximo y mínimo de $\Pr(AB)$ y las condiciones en las cuales se consigue cada uno de estos valores.

9. Demuéstrese que para dos sucesos A y B cualesquiera, la probabilidad de que exactamente uno de los dos sucesos ocurra está dada por la expresión

$$\Pr(A) + \Pr(B) - 2\Pr(AB).$$

10. Se selecciona un punto (x, y) del cuadrado S que contiene todos los puntos (x, y) tales que $0 \leq x \leq 1$ y $0 \leq y \leq 1$. Supóngase que la probabilidad de que el punto seleccionado pertenezca a cualquier subconjunto específico de S es igual al área de ese subconjunto. Determínese la probabilidad de cada uno de los siguientes subconjuntos: (a) el subconjunto de puntos tales que $(x - \frac{1}{2})^2 + (y - \frac{1}{2})^2 \geq \frac{1}{4}$; (b) el subconjunto de puntos tales que $\frac{1}{2} < x + y < \frac{3}{2}$; (c) el subconjunto de puntos tales que $y \leq 1 - x^2$; (d) el subconjunto de puntos tales que $x = y$.

11. Sea $A_1, A_2 \ldots$ cualquier sucesión infinita de sucesos y sea $B_1, B_2, \ldots$ otra sucesión infinita de sucesos definida como sigue: $B_1 = A_1$, $B_2 = A_1^c A_2$, $B_3 = A_1^c A_2^c A_3$, $B_4 = A_1^c A_2^c A_3^c A_4, \ldots$ Demuéstrese que

$$\Pr\left(\bigcup_{i=1}^{n} A_i\right) = \sum_{i=1}^{n} \Pr(B_i), \text{ para } n = 1, 2, \ldots,$$

y que

$$\Pr\left(\bigcup_{i=1}^{\infty} A_i\right) = \sum_{i=1}^{\infty} \Pr(B_i).$$

12. Para cualquier colección de sucesos $A_1, \ldots, A_n$, demuéstrese que

$$\Pr\left(\bigcup_{i=1}^{n} A_i\right) \leq \sum_{i=1}^{n} \Pr(A_i).$$

1.6 ESPACIOS MUESTRALES FINITOS

Requisitos de la probabilidad

En esta sección consideraremos experimentos para los cuales sólo existe un número finito de resultados posibles. En otras palabras, consideraremos experimentos para los cuales el espacio muestral S contiene sólo un número finito de puntos $s_1, \ldots, s_n$. En un experimento de este tipo, una distribución de probabilidad en S se especifica asignando una probabilidad p_i a cada punto $s_i \in S$. El número p_i es la probabilidad de que el resultado del experimento sea s_i $(i = 1, \ldots, n)$. Para que se satisfagan los axiomas de la probabilidad, los números $p_1, \ldots, p_n$ deben cumplir las dos condiciones siguientes:

$$p_i \geq 0 \quad \text{para } i = 1, \ldots, n$$

y

$$\sum_{i=1}^{n} p_i = 1.$$

La probabilidad de cualquier suceso A se puede calcular sumando las probabilidades p_i de todos los resultados s_i que pertenecen al suceso A.

Ejemplo 1: Rotura de fibras. Considérese un experimento en el que cinco fibras de distintas longitudes se someten a un proceso de prueba para saber cuál romperá primero. Supóngase que las longitudes de las cinco fibras son $1, 2, 3, 4$ y 5 pulgadas, respectivamente. Supóngase también que la probabilidad de que una fibra concreta sea la primera en romper es proporcional a su longitud. Se establece que la probabilidad de que la longitud de la fibra que rompe primero no mide más de 3 pulgadas.

En este ejemplo, sea s_i el resultado en el cual la fibra de longitud i pulgadas es la que rompe primero ($i = 1, \dots, 5$). Entonces, $S = \{s_1, \dots, s_5\}$ y $p_i = \alpha_i$ para $i = 1, \dots, 5$, donde α es una constante de proporcionalidad. Como se debe cumplir que $p_1 + \cdots + p_5 = 1$, el valor de α debe ser $\frac{1}{5}$. Si A es el suceso de que la longitud de la fibra que se rompe primero no es superior a 3 pulgadas, entonces $A = \{s_1, s_2, s_3\}$. Por tanto,

$$\Pr(A) = p_1 + p_2 + p_3 = \frac{1}{15} + \frac{2}{15} + \frac{3}{15} = \frac{2}{5} \cdot \quad \triangleleft$$

Espacios muestrales simples

Un espacio muestral S que contiene n resultados $s_1, \dots, s_n$ se llama espacio muestral simple si la probabilidad asignada a cada uno de los resultados $s_1, \dots, s_n$ es $\frac{1}{n}$. Si un suceso A de este espacio muestral simple contiene exactamente m resultados, entonces

$$\Pr(A) = \frac{m}{n} \cdot$$

Ejemplo 2: Lanzamiento de monedas. Supóngase que tres monedas equilibradas se lanzan simultáneamente. Se determinará la probabilidad de obtener exactamente dos caras. Independientemente de si el experimentador es o no capaz de distinguir entre las tres monedas, resulta conveniente para describir el espacio muestral suponer que las monedas son distinguibles. Así pues, puede hablarse del resultado de la primera moneda, del de la segunda y del de la tercera. El espacio muestral contiene entonces los ocho resultados enumerados en el ejemplo 1 de la sección 1.4.

Además, debido a la hipótesis de que las monedas son equilibradas, es razonable suponer que este espacio muestral es simple y que la probabilidad asignada a cada uno de los ocho resultados es $\frac{1}{8}$. Como se puede ver en la lista de la sección 1.4, se obtendrán exactamente dos caras en tres de estos resultados. Por tanto, la probabilidad de obtener exactamente dos caras es $\frac{3}{8}$. $\triangleleft$

Debe observarse que si se hubieran considerado únicamente como resultados posibles la obtención de cero caras, una cara, dos caras y tres caras, habría sido razonable suponer que el espacio muestral constaba sólo de estos cuatro resultados. Este espacio muestral no sería simple porque los resultados *no serían igualmente probables.*

Ejemplo 3: Lanzamiento de dos dados. Considérese ahora un experimento que consiste en el lanzamiento de dos dados equilibrados para calcular la probabilidad de cada uno de los posibles valores de la suma de los dos números que pueden aparecer.

Aunque no es necesario que el experimentador sea capaz de distinguir un dado de otro para observar el valor de su suma, la especificación de un espacio muestral simple en este ejemplo será más sencilla si suponemos que los dados son distinguibles. Si se hace esta hipótesis, cada resultado del espacio muestral S se puede representar como un par de números (x, y), donde x es el número que aparece en el primer dado e y es el número que aparece en el segundo. Por tanto, S consta de los 36 resultados siguientes:

$$\begin{array}{cccccc}
(1,1) & (1,2) & (1,3) & (1,4) & (1,5) & (1,6) \\
(2,1) & (2,2) & (2,3) & (2,4) & (2,5) & (2,6) \\
(3,1) & (3,2) & (3,3) & (3,4) & (3,5) & (3,6) \\
(4,1) & (4,2) & (4,3) & (4,4) & (4,5) & (4,6) \\
(5,1) & (5,2) & (5,3) & (5,4) & (5,5) & (5,6) \\
(6,1) & (6,2) & (6,3) & (6,4) & (6,5) & (6,6)
\end{array}$$

Es natural suponer que S es un espacio muestral simple y que la probabilidad de cada uno de estos resultados es $\frac{1}{36}$.

Sea P_i la probabilidad de que la suma de los dos números sea i para $i = 2, 3, \ldots, 12$. El único resultado de S para el que la suma es 2 es el resultado $(1, 1)$. Por tanto $P_2 = \frac{1}{36}$. La suma será 3 para cualquiera de los dos resultados $(1, 2)$ y $(2, 1)$. Entonces, $P_3 = \frac{2}{36} = \frac{1}{8}$. De la misma forma se obtienen las siguientes probabilidades para cada uno de los posibles valores de la suma:

$$P_2 = P_{12} = \frac{1}{36}, \qquad P_5 = P_9 = \frac{4}{36},$$

$$P_3 = P_{11} = \frac{2}{36}, \qquad P_6 = P_8 = \frac{5}{36},$$

$$P_4 = P_{10} = \frac{3}{36}, \qquad P_7 = \frac{6}{36}. \quad \triangleleft$$

EJERCICIOS

1. Una escuela tiene estudiantes de 1°, 2°, 3°, 4°, 5° y 6° grado. Los grados 2°, 3°, 4°, 5° y 6° tienen el mismo número de estudiantes, pero el grado 1° tiene el doble. Si un estudiante es seleccionado al azar de una lista que contiene a todos los estudiantes de la escuela, ¿cuál es la probabilidad de que esté en tercer grado?

2. Según las hipótesis del ejercicio 1, ¿cuál es la probabilidad de que el estudiante seleccionado sea de un grado con un número impar?

3. Si se lanzan tres monedas equilibradas, ¿cuál es la probabilidad de que las tres muestren el mismo resultado?
4. Si se lanzan dos dados equilibrados, ¿cuál es la probabilidad de que la suma de los dos números que aparecen sea impar?
5. Si se lanzan dos dados equilibrados, ¿cuál es la probabilidad de que la suma de los dos números que aparecen sea par?
6. Si se lanzan dos dados equilibrados, ¿cuál es la probabilidad de que la diferencia entre los dos números que aparecen sea menor que 3?
7. Considérese un experimento que consiste en lanzar una moneda equilibrada y un dado equilibrado. (a) Descríbase el espacio muestral para este experimento. (b) Determínese la probabilidad de obtener una cara en la moneda y un número impar en el dado.

1.7 MÉTODOS DE CONTEO

Se ha visto que en un espacio muestral simple S, la probabilidad de un suceso A es el cociente entre el número de resultados contenidos en A y el número total de resultados de S. En muchos experimentos, el número de resultados de S es tan grande que enumerar todos estos resultados es demasiado caro, demasiado lento o demasiado proclive a errores como para ser útil. En ese tipo de experimentos es conveniente disponer de un método para determinar el número total de resultados del espacio S y de diversos sucesos contenidos en S sin tener que enumerar dichos resultados. En esta sección se presentarán algunos de esos métodos.

Regla de la multiplicación

Considérese un experimento que tiene las dos características siguientes:

(1) El experimento se realiza en dos partes.

(2) La primera parte del experimento tiene m resultados posibles $x_1, \ldots, x_m$ e, independientemente del resultado x_i obtenido, la segunda parte del experimento tiene n resultados posibles $y_1, \ldots, y_n$.

Cada resultado del espacio muestral S del experimento será, por tanto, un par de la forma (x_i, y_j), y S constará de los pares siguientes:

$$(x_1, y_1)(x_1, y_2) \cdots (x_1, y_n)$$

$$(x_2, y_1)(x_2, y_2) \cdots (x_2, y_n)$$

$$\ldots\ldots\ldots\ldots\ldots\ldots\ldots\ldots$$

$$(x_m, y_1)(x_m, y_2) \cdots (x_m, y_n)$$

Puesto que cada una de las m filas de esta matriz contiene n pares, se deduce que el espacio muestral S contiene exactamente mn resultados.

Por ejemplo, supóngase que hay tres rutas distintas de la ciudad A a la ciudad B y cinco rutas distintas de la ciudad B a la ciudad C. Entonces, el número de rutas distintas de A a C que pasa por B es $3 \times 5 = 15$. Como otro ejemplo, supóngase que se lanzan dos dados. Puesto que hay seis resultados posibles para cada dado, el número de resultados posibles para el experimento es $6 \times 6 = 36$.

Esta regla de la multiplicación se puede extender a experimentos con más de dos partes. Supóngase que un experimento tiene k partes ($k \geq 2$), que la parte i-ésima del experimento puede tener n_i resultados posibles ($i = 1, \ldots, k$) y que cada uno de los resultados en una cualquiera de las partes puede ocurrir independientemente de los resultados concretos que se hayan obtenido en las otras. Entonces, el espacio muestral S del experimento contendrá todos los vectores de la forma $(u_1, \ldots, u_k)$, donde u_i es uno de los n_i resultados posibles de la parte i, ($i = 1, \ldots, k$). El número de tales vectores contenidos en S será igual al producto $n_1 n_2 \cdots n_k$.

Por ejemplo, si se lanzan seis monedas, cada resultado de S constará de una sucesión de seis caras y cruces, como HTTHHH. Puesto que hay dos resultados posibles para cada una de las seis monedas, el número total de resultados de S será $2^6 = 64$. Si cara y cruz se consideran igualmente verosímiles para cada moneda, entonces S será un espacio muestral simple. Puesto que S sólo contiene un resultado con seis caras y cero cruces, la probabilidad de obtener caras en todas las monedas es $\frac{1}{64}$. Puesto que hay seis resultados en S con una cara y cinco cruces, la probabilidad de obtener exactamente una cara es $\frac{6}{64} = \frac{3}{32}$.

Variaciones y permutaciones

Muestreo sin reemplazamiento. Considérese un experimento en el cual se selecciona una carta de una baraja de n cartas distintas, se selecciona una segunda carta de las restantes $n - 1$ cartas y, finalmente, se selecciona una tercera carta de las restantes $n - 2$ cartas. Un proceso de esta clase se llama *muestreo sin reemplazamiento*, ya que una carta que se extrae no es restituida a la baraja antes de seleccionar la siguiente carta. En este experimento, cualquiera de las n cartas puede ser seleccionada en primer lugar. Una vez que esta carta ha sido separada, cualquiera de las restantes $n - 1$ cartas puede ser seleccionada en segundo lugar. Por tanto, hay $n(n - 1)$ resultados posibles para las dos primeras selecciones. Finalmente, hay $n - 2$ cartas que quizá pudieran ser seleccionadas en tercer lugar. Por tanto, el número total de resultados posibles de las tres selecciones es $n(n-1)(n-2)$. De aquí, que cada resultado del espacio muestral S de este experimento será una configuración constituida por tres cartas distintas de la baraja. Cada configuración distinta se llama una *variación*. El número total de variaciones posibles para el experimento descrito será $n(n - 1)(n - 2)$.

Este razonamiento puede ser generalizado a un número cualquiera de selecciones sin reemplazamiento. Supongamos que k cartas son seleccionadas y separadas de una en una de una baraja de n cartas ($k = 1, 2, \ldots, n$). Entonces cada resultado posible de este experimento será una permutación de k cartas de la baraja, y el número total de estas variaciones será $p_{n,k} = n(n-1)\cdots(n-k+1)$. Este número $P_{n,k}$ se denomina el *número de variaciones de n elementos tomados de k en k.*

Cuando $k = n$, el número de posibles resultados del experimento será el número $P_{n,n}$ de distintas *variaciones* de las n cartas. De la ecuación obtenida se deduce

$$P_{n,n} = n(n-1)\cdots 1 = n!.$$

El símbolo $n!$ se lee *factorial de n*. En general, el número de variaciones de n unidades distintas es $n!$.

La expresión de $P_{n,k}$ se puede reescribir de la forma siguiente para $k = 1,\ldots, n-1$:

$$P_{n,k} = n(n-1)\cdots(n-k+1)\frac{(n-k)(n-k-1)\cdots 1}{(n-k)(n-k-1)\cdots 1} = \frac{n!}{(n-k)!}.$$

En la teoría de probabilidad, es conveniente definir $0!$ mediante la relación

$$0! = 1.$$

Con esta definición resulta que la relación $P_{n,k} = n!/(n-k)!$ será correcta tanto para el valor $k = n$ como para los valores $k = 1, \ldots, n-1$.

Ejemplo 1: Elección de cargos. Supóngase que un club consta de 25 miembros y que se ha de elegir de la lista de miembros un presidente y un secretario. Se determinará el número total de formas posibles en que estos dos cargos se pueden ocupar.

Puesto que los cargos pueden ser ocupados eligiendo uno de los 25 miembros como presidente y eligiendo luego uno de los 24 miembros restantes como secretario, el número posible de elecciones es $P_{25,2} = (25)\,(24) = 600$. ◁

Ejemplo 2: Ordenamiento de libros. Supóngase que se quieren ordenar en una estantería seis libros distintos. El número de variaciones posibles de los libros es igual a $6! = 720$ ◁.

Muestreo con reemplazamiento. Considérese ahora el siguiente experimento: Una urna contiene n bolas numeradas $1, \ldots, n$. En primer lugar, se selecciona al azar una bola de la urna y se anota su número. Esta bola es devuelta a la urna y se selecciona otra (es posible que la misma bola sea seleccionada otra vez). Se pueden seleccionar de esta manera tantas bolas como se desee. Este proceso se denomina *muestreo con reemplazamiento.* Se supone que las n bolas tienen las mismas posibilidades de ser seleccionadas en cada etapa y que cada selección se realiza independientemente de las demás.

Supóngase que hay que realizar un total de k selecciones, donde k es un entero positivo. Entonces el espacio muestral S de este experimento contendrá todos los vectores de la forma $(x_1, \ldots, x_k)$, donde x_i es el resultado de la i-ésima selección $(i = 1, \ldots, k)$. Puesto que hay n resultados posibles para cada una de las k selecciones, el número total de vectores en S es n^k. Además de las hipótesis establecidas resulta que S es un espacio muestral simple. De ahí que la probabilidad asignada a cada vector de S sea $1/n^k$.

Ejemplo 3: Obtención de números distintos. Para el experimento que se acaba de describir se determinará la probabilidad de que las k bolas seleccionadas tengan números distintos.

Si $k > n$, es imposible que los números de las bolas seleccionadas sean distintos, porque sólo hay n números distintos. Supóngase, por tanto, que $k \leq n$. El número de vectores en S cuyas k componentes son distintas es $P_{n,k}$, puesto que la primera componente x_1 de cada vector puede tener n valores posibles, la segunda componente x_2 puede tener cualquiera de los restantes $n - 1$ valores, y así sucesivamente. Como S es un espacio muestral simple que contiene n^k vectores, la probabilidad p de seleccionar k números distintos es

$$p = \frac{P_{n,k}}{n^k} = \frac{n!}{(n-k)!n^k}. \quad \triangleleft$$

El problema del cumpleaños

En el problema siguiente, llamado a menudo el problema del cumpleaños, se trata de determinar la probabilidad p de que al menos dos personas en un grupo de k ($2 \leq$ $\leq k \leq 365$) tengan el mismo cumpleaños, esto es, que hayan nacido el mismo día del mismo mes, pero no necesariamente del mismo año. Para resolver este problema, debe suponerse que los cumpleaños de las k personas no están relacionados (en particular, debe suponerse que no hay gemelos presentes) y que los 365 días del año tienen las mismas posibilidades de ser el cumpleaños de cualquier persona del grupo. Por tanto, debe ignorarse el hecho de que la tasa de natalidad realmente varía durante el año y debe suponerse que para aquellos que en realidad han nacido el 29 de febrero se considerará que su cumpleaños es otro día, por ejemplo el 1 de marzo.

Con las hipótesis establecidas, este problema resulta similar al del ejemplo 3. Puesto que hay 365 cumpleaños posibles para cada una de las k personas, el espacio muestral S constará de 365^k resultados, todos ellos igualmente verosímiles. Además, el número de resultados de S constituidos por k cumpleaños distintos es $P_{365,k}$, ya que el cumpleaños de la primera persona podría ser cualquiera de los 365 días, el de la segunda podría ser cualquiera de los 364 días restantes, y así sucesivamente. Por tanto, la probabilidad de que las k personas tengan cumpleaños distintos es

$$\frac{P_{365,k}}{365^k}.$$

La probabilidad p de que al menos dos personas tengan el mismo cumpleaños es, por tanto,

$$p = 1 - \frac{P_{365,k}}{365^k} = 1 - \frac{(365)!}{(365-k)!365^k}.$$

La tabla 1.1 proporciona valores numéricos de esta probabilidad p para varios valores de k. Estas probabilidades pueden parecer sorprendentemente grandes si no se ha reflexionado antes sobre ellas. Mucha gente apostaría que para obtener un valor de p mayor que $\frac{1}{2}$, el número de personas en el grupo tendría que ser alrededor de 100. Sin embargo, de acuerdo con la tabla 1.1 sólo tendría que haber 23 personas en el grupo. De hecho, para $k = 100$ el valor de p es 0.9999997.

Tabla 1.1
Probabilidad p de que al menos dos personas en un grupo de k personas tengan el mismo cumpleaños

k	p	k	p
5	0.027	25	0.569
10	0.117	30	0.706
15	0.253	40	0.891
20	0.411	50	0.970
22	0.476	60	0.994
23	0.507		

EJERCICIOS

1. Tres clases diferentes tienen 20, 18 y 25 estudiantes, respectivamente, y cada estudiante pertenece a una sola clase. Si se forma un equipo con un estudiante de cada una de estas tres clases, ¿de cuántas maneras distintas se pueden seleccionar los miembros del equipo?

2. ¿De cuántas maneras distintas se pueden ordenar cinco letras a, b, c, d y e?

3. Si un hombre tiene seis camisas distintas y cuatro pares distintos de pantalones, ¿de cuántas formas distintas se puede vestir combinando esas prendas?

4. Si se lanzan cuatro dados, ¿cuál es la probabilidad de que los cuatro números que aparecen sean distintos?

5. Si se lanzan seis dados, ¿cuál es la probabilidad de que cada uno de los seis números posibles aparezcan exactamente una vez?

6. Si se colocan al azar 12 bolas en 20 urnas, ¿cuál es la probabilidad de que ninguna urna contenga más de una bola?

7. El ascensor de un edificio empieza a subir con cinco personas y para en siete pisos. Si la probabilidad de que cualquier pasajero salga del ascensor en un piso concreto es igual para todos los pisos y los pasajeros salen independientemente unos de otros, ¿cuál es la probabilidad de que no haya dos pasajeros que salgan en el mismo piso?

8. Supóngase que tres corredores del equipo A y tres del equipo B participan en una carrera. Si los seis tienen las mismas aptitudes y no hay empates, ¿cuál es la probabilidad de que los tres corredores del equipo A lleguen en primer, segundo y tercer lugar, y de que los tres corredores del equipo B lleguen en cuarto, quinto y sexto lugar?
9. Una urna contiene 100 bolas, de las cuales r son rojas. Supóngase que las bolas son seleccionadas al azar de una en una y sin reemplazo. Determínese (a) la probabilidad de que la primera bola extraída sea roja; (b) la probabilidad de que la quincuagésima bola extraída sea roja, y (c) la probabilidad de que la última bola extraída sea roja.

1.8 MÉTODOS COMBINATORIOS

Combinaciones

Considérese un conjunto formado por n elementos distintos de los cuales se desea seleccionar un subconjunto que contenga k elementos $(1 \leq k \leq n)$. Se determinará el número de subconjuntos distintos que se pueden elegir. En este problema, el orden de los elementos del subconjunto es irrelevante y cada subconjunto es tratado como una unidad. Cada uno de esos subconjuntos se llama *combinación*. Dos combinaciones distintas no constarán de los mismos elementos. Se denotará por $C_{n,k}$ el número de combinaciones de n elementos tomados de k en k. El problema, entonces, consiste en determinar el valor de $C_{n,k}$.

Por ejemplo, si el conjunto contiene cuatro elementos a, b, c y d y si cada subconjunto consta de dos de estos elementos, entonces se pueden obtener las seis combinaciones siguientes:

$$\{a,b\}, \quad \{a,c\}, \quad \{a,d\}, \quad \{b,c\}, \quad \{b,d\}, \quad \text{y} \quad \{c,d\}.$$

Por tanto, $C_{4,2} = 6$. Cuando se consideran combinaciones, los subconjuntos $\{a,b\}$ y $\{b,a\}$ son idénticos y sólo uno de ellos cuenta.

Ahora se deducirá el valor númerico de $C_{n,k}$ para n y k enteros $(1 \leq k \leq n)$. Se sabe que el número de *variaciones* de n elementos tomados de k en k es $P_{n,k}$. Estas $P_{n,k}$ variaciones se podrían construir como sigue: en primer lugar, se selecciona una combinación particular de k elementos. Cada permutación distinta de estos k elementos producirá una variación. Puesto que hay $k!$ variaciones de estos k elementos, esta combinación particular producirá $k!$ variaciones. Si se selecciona una combinación distinta de k elementos, se obtienen otras $k!$ variaciones. Puesto que cada combinación de k elementos produce $k!$ variaciones, el número total de variaciones es $k!C_{n,k}$. De ahí que $P_{n,k} = k!C_{n,k}$, de donde

$$C_{n,k} = \frac{P_{n,k}}{k!} = \frac{n!}{k!(n-k)!}.$$

Ejemplo 1: Selección de un comité. Supóngase que un comité compuesto por ocho personas debe ser seleccionado entre un grupo de 20. El número de grupos distintos de personas que pueden constituir el comité es

$$C_{20,8} = \frac{20!}{8!\,12!} = 125\,970. \quad \triangleleft$$

Coeficientes binomiales

Notación. El número $C_{n,k}$ se representa también por el símbolo $\binom{n}{k}$. Cuando se utiliza esta notación, este número se llama *coeficiente binomial* porque aparece en el *teorema binomial*, que afirma lo siguiente: *Para cualesquiera números x e y y para cualquier entero positivo n,*

$$(x+y)^n = \sum_{k=0}^{n} \binom{n}{k} x^k y^{n-k}.$$

Así, para $k = 0, 1, \ldots, n$,

$$\binom{n}{k} = \frac{n!}{k!(n-k)!}.$$

Puesto que $0! = 1$, el valor del coeficiente binomial $\binom{n}{k}$ para $k = 0$ o $k = n$ es 1. Por tanto,

$$\binom{n}{0} = \binom{n}{n} = 1.$$

A partir de estas relaciones se puede concluir que para $k = 0, 1, \ldots, n$,

$$\binom{n}{k} = \binom{n}{n-k}.$$

Esta ecuación también se puede deducir del hecho de que seleccionar k elementos para formar un subconjunto es equivalente a seleccionar el resto de los $n - k$ elementos para formar el complementario del subconjunto. De ahí que el número de combinaciones que contienen k elementos es igual al número de combinaciones que contienen $n - k$ elementos.

Algunas veces es conveniente utilizar la expresión "n sobre k" para el valor de $C_{n,k}$. Por tanto, las dos notaciones $C_{n,k}$ y $\binom{n}{k}$ representan la misma cantidad y se presentarán de tres formas distintas: como el número de combinaciones de n elementos tomados de k en k, como el coeficiente binomial de n sobre k o, simplemente, como "n sobre k".

Configuración de elementos de dos tipos distintos. Cuando un conjunto contiene solamente elementos de dos tipos distintos se puede utilizar un coeficiente binomial para representar el número de disposiciones distintas de todos los elementos del conjunto. Supóngase, por ejemplo, que se alinean k bolas rojas idénticas y $n - k$ bolas verdes idénticas. Puesto que las bolas rojas ocupan k posiciones en la fila, cada configuración distinta de las n bolas corresponde a una elección distinta de las k posiciones ocupadas por las bolas rojas. De ahí que el número de configuraciones distintas de las n bolas sea igual al número de formas distintas en que se pueden seleccionar las k posiciones para las bolas rojas de las n posiciones disponibles. Puesto que el número de tales selecciones está dado por el coeficiente binomial $C_{n,k}$, el número de configuraciones distintas de las n bolas es siempre $C_{n,k}$. En otras palabras, el número de configuraciones distintas de n objetos de los cuales k son objetos similares de un tipo y $n - k$ son objetos similares de un segundo tipo es $C_{n,k}$.

Ejemplo 2: Lanzamiento de una moneda. Supóngase que una moneda equilibrada va a ser lanzada diez veces y se desea determinar (a) la probabilidad p de obtener exactamente tres caras y (b) la probabilidad p' de obtener a lo sumo tres caras.

(a) El número total de posibles sucesiones distintas de diez caras y cruces es 2^{10} y se puede suponer que todas estas sucesiones son igualmente probables. El número de sucesiones que contienen exactamente tres caras será igual al número de formas distintas en que se pueden ordenar tres caras y siete cruces. Puesto que este número es $\binom{10}{3}$, la probabilidad de obtener exactamente tres caras está dada por

$$p = \frac{\binom{10}{3}}{2^{10}} = 0.1172.$$

(b) Puesto que, en general, el número de sucesiones del espacio muestral que contienen exactamente k caras ($k = 0, 1, 2, 3$) es $\binom{10}{k}$, la probabilidad de obtener 3 o menos caras es

$$p' = \frac{\binom{10}{0} + \binom{10}{1} + \binom{10}{2} + \binom{10}{3}}{2^{10}} = \frac{1 + 10 + 45 + 120}{2^{10}} = \frac{176}{2^{10}} = 0.1719. \quad \triangleleft$$

Ejemplo 3: Muestreo sin reemplazamiento. Supóngase que en una clase hay 15 chicos y 30 chicas, y que se van a seleccionar al azar 10 estudiantes para una tarea especial. Se determinará la probabilidad p de seleccionar exactamente 3 chicos.

El número de combinaciones distintas que se pueden formar con los 45 estudiantes para obtener la muestra de 10 es $\binom{45}{10}$, y la afirmación de que 10 estudiantes van a ser seleccionados al azar significa que todas las $\binom{45}{10}$ combinaciones posibles son igualmente probables. Por tanto, debe hallarse el número de estas combinaciones que contienen exactamente 3 chicos y 7 chicas.

Cuando se forma una combinación de 3 chicos y 7 chicas, el número de combinaciones distintas en que se pueden seleccionar a los 3 chicos de los 15 disponibles es $\binom{15}{3}$, y el número de combinaciones distintas en que se pueden seleccionar las 7 chicas de las 30 disponibles es $\binom{30}{7}$. Puesto que cada una de estas combinaciones de 3 chicos se puede aparear con cada una de las combinaciones de 7 chicas para formar una muestra distinta, el número de combinaciones que contienen exactamente 3 chicos es $\binom{15}{3}\binom{30}{7}$. Por tanto, la probabilidad deseada es

$$p = \frac{\binom{15}{3}\binom{30}{7}}{\binom{45}{10}} = 0.2904. \quad \triangleleft$$

Ejemplo 4: Juego de cartas. Supóngase que se baraja un mazo de 52 cartas que contiene cuatro ases y que las cartas se reparten entre cuatro jugadores, de forma que cada uno recibe 13 cartas. Se determinará la probabilidad de que cada jugador reciba un as.

El número de posibles combinaciones distintas para las cuatro posiciones ocupadas por los ases en la baraja es $\binom{52}{4}$, y se puede suponer que estas $\binom{52}{4}$ combinaciones son igualmente probables. Si cada jugador recibe un as, entonces debe haber exactamente un as entre las 13 cartas que recibirá el primer jugador y un as entre cada uno de los tres grupos restantes de 13 cartas que recibirán los otros tres jugadores. En otras palabras, hay 13 posiciones posibles para el as que recibe el primer jugador, otras 13 posiciones posibles para el as que recibe el segundo jugador, y así sucesivamente. Por tanto, entre las $\binom{52}{4}$ combinaciones posibles que determinan las posiciones de los cuatro ases, exactamente 13^4 de estas combinaciones proporcionarán el resultado deseado. De ahí que la probabilidad p de que cada jugador reciba un as es

$$p = \frac{13^4}{\binom{52}{4}} = 0.1055. \quad \triangleleft$$

El torneo de tenis

Ahora se presentará un problema difícil que tiene una solución sencilla y elegante. Supóngase que n jugadores de tenis participan en un torneo. En la primera ronda, las parejas de contrincantes se forman al azar. El perdedor de cada pareja es eliminado del torneo y el ganador continúa en la segunda ronda. Si el número de jugadores n es impar, entonces un jugador se elige al azar antes de formar las parejas para la primera ronda y automáticamente continúa en la segunda. Todos los jugadores de la segunda ronda son emparejados al azar. De nuevo, el perdedor de cada pareja es eliminado y el ganador continúa en la tercera ronda. Si el número de jugadores de la segunda ronda es impar, entonces uno de estos jugadores se elige al azar antes de que los otros formen parejas y automáticamente continúa en la tercera ronda. El torneo continúa de esta manera hasta que queden sólo dos jugadores en la ronda final. Entonces juegan uno contra otro y el ganador de este encuentro es el ganador del torneo. Se supondrá que los n jugadores tienen las mismas aptitudes y se determinará la probabilidad p de que dos jugadores específicos A y B juegen uno contra otro en cualquier momento del torneo.

Se determinará primero el número total de partidos que serán jugados durante el torneo. Después de cada partido, un jugador —el perdedor del partido— es eliminado del torneo. El torneo termina cuando han sido eliminados todos los jugadores del torneo excepto el ganador del partido final. Puesto que exactamente $n-1$ jugadores deben ser eliminados, resulta que se deben jugar $n-1$ partidos durante el torneo.

El número de posibles parejas de jugadores es $\binom{n}{2}$. Cada uno de los dos jugadores de cualquier encuentro tiene la misma probabilidad de ganar ese encuentro y todas las parejas iniciales se forman de manera aleatoria. Por tanto, antes de que empiece el torneo, cada par posible de jugadores tiene la misma probabilidad de aparecer en cualquiera de los $n-1$ encuentros que se van a jugar durante el torneo. Así pues, la probabilidad de que los jugadores A y B se enfrenten en algún encuentro particular que se especifica por adelantado es $1/C_{n,2}$. Si A y B se enfrentan en ese encuentro particular, uno de ellos perderá y será eliminado. Por tanto, estos mismos jugadores no pueden enfrentarse en más de un encuentro.

De las explicaciones anteriores se deduce que la probabilidad p de que los jugadores A y B se enfrenten durante el torneo es igual al producto de la probabilidad $1/\binom{n}{2}$ de que se enfrenten en un partido concreto y el número total $n-1$ de partidos distintos en los cuales se pueden enfrentar. Por tanto,

$$p = \frac{n-1}{\binom{n}{2}} = \frac{2}{n}.$$

EJERCICIOS

1. ¿Cuál de los dos números siguientes es mayor: $\binom{93}{30}$ o $\binom{93}{31}$?

2. ¿Cuál de los dos números siguientes es mayor: $\binom{93}{30}$ o $\binom{93}{63}$?

3. Una caja contiene 24 bombillas, de las cuales 4 son defectuosas. Si una persona selecciona al azar 4 bombillas de la caja, sin reemplazamiento, ¿cuál es la probabilidad de que las 4 bombillas sean defectuosas?

4. Demuéstrese que el número siguiente es un entero:

$$\frac{4155 \times 4156 \times \cdots \times 4250 \times 4251}{2 \times 3 \times \cdots \times 96 \times 97}.$$

5. Supóngase que n personas se sientan aleatoriamente en una fila de n asientos, ¿cuál es la probabilidad de que dos personas A y B concretas se sienten una junto a la otra?

6. Si k personas se sientan aleatoriamente en una fila de n asientos ($n > k$), ¿cuál es la probabilidad de que ocupen k asientos contiguos en la fila?

7. Si k personas se sientan aleatoriamente en n sillas dispuestas en círculo ($n > k$), ¿cuál es la probabilidad de que ocupen k sillas contiguas del círculo?

8. Si n personas se sientan aleatoriamente en una fila de $2n$ asientos, ¿cuál es la probabilidad de que no haya dos personas sentadas en asientos contiguos?

9. Una caja contiene 24 bombillas, de las cuales 2 son defectuosas. Si una persona selecciona 10 bombillas al azar, sin reemplazamiento, ¿cuál es la probabilidad de seleccionar las 2 bombillas defectuosas?

10. Supóngase que se ha de seleccionar un comité de 12 personas aleatoriamente escogidas entre un grupo de 100. Determínese la probabilidad de que dos personas concretas, A y B, sean seleccionadas.

11. Supóngase que 35 personas se dividen aleatoriamente en dos equipos de manera que uno de los equipos consta de 10 personas y el otro de 25. ¿Cuál es la probabilidad de que dos personas concretas, A y B, estén en el mismo equipo?

12. Una caja contiene 24 bombillas, de las cuales 4 son defectuosas. Si una persona selecciona aleatoriamente 10 bombillas de la caja, y una segunda persona toma entonces las 14 bombillas restantes, ¿cuál es la probabilidad de que la misma persona seleccione las 4 bombillas defectuosas?

13. Demuéstrese que, para cualquier entero positivo n y k ($n \geq k$),

$$\binom{n}{k} + \binom{n}{k-1} = \binom{n+1}{k}.$$

14. (a) Demuéstrese que

$$\binom{n}{0} + \binom{n}{1} + \binom{n}{2} + \cdots + \binom{n}{n} = 2^n.$$

(b) Demuéstrese que

$$\binom{n}{0} - \binom{n}{1} + \binom{n}{2} - \binom{n}{3} + \cdots + (-1)^n\binom{n}{n} = 0.$$

Sugerencia: Utilícese el teorema binomial.

15. El Senado de Estados Unidos está constituido por dos senadores de cada uno de los 50 estados. (a) Si se selecciona aleatoriamente un comité de 8 senadores, ¿cuál es la probabilidad de que contenga al menos uno de los dos senadores de un estado concreto? (b) ¿Cuál es la probabilidad de que un grupo de 50 senadores seleccionados aleatoriamente contenga un senador de cada estado?

16. Una baraja de 52 cartas contiene 4 ases. Si las cartas se barajan y se distribuyen aleatoriamente entre cuatro jugadores, de forma que cada jugador recibe 13 cartas, ¿cuál es la probabilidad de que los 4 ases sean recibidos por el mismo jugador?

17. Supóngase que 100 estudiantes de matemáticas se dividen en cinco clases, conteniendo cada una 20 estudiantes, y que 10 de estos estudiantes van a ser premiados. Si todos los estudiantes tienen la misma probabilidad de recibir el premio, ¿cuál es la probabilidad de que exactamente 2 estudiantes de cada clase reciban premios?

1.9 COEFICIENTES MULTINOMIALES

Supóngase que se van a dividir n elementos diferentes en k grupos distintos ($k \geq 2$) de manera que para $j = 1, \ldots, k$, el j-ésimo grupo contenga exactamente n_j elementos, donde $n_1 + n_2 + \cdots + n_k = n$. Se desea determinar el número de formas distintas en que se pueden distribuir los n elementos en los k grupos. Los n_1 elementos del primer grupo pueden ser seleccionados de los n elementos disponibles de $\binom{n}{n_1}$ formas distintas. Después de haber sido seleccionados los n_1 elementos del primer grupo, pueden seleccionarse los n_2 elementos del segundo grupo de los restantes $n - n_1$ elementos de $\binom{n-n_1}{n_2}$ formas distintas. Por tanto, el número total de formas distintas de seleccionar los elementos del primer y segundo grupos es $\binom{n}{n_1}\binom{n-n_1}{n_2}$. Después de haber seleccionado los $n_1 + n_2$ elementos de los dos primeros grupos, el número de formas distintas de seleccionar los n_3 elementos del tercer grupo es $\binom{n-n_1-n_2}{n_3}$. De ahí que el número total de formas distintas de seleccionar los elementos para los tres primeros grupos es

$$\binom{n}{n_1}\binom{n-n_1}{n_2}\binom{n-n_1-n_2}{n_3}.$$

De la explicación anterior se deduce que, después de haber formado los primeros $k - 2$ grupos, el número de formas distintas en que los n_{k-1} elementos del siguiente grupo se pueden seleccionar de los restantes $n_{k-1} + n_k$ elementos es $\binom{n_{k-1}+n_k}{n_{k-1}}$, y los n_k elementos restantes deben formar entonces el último grupo. Por tanto, el número total de formas distintas de dividir los n elementos en k grupos es

$$\binom{n}{n_1}\binom{n-n_1}{n_2}\binom{n-n_1-n_2}{n_3}\cdots\binom{n_{k-1}+n_k}{n_{k-1}}.$$

Cuando estos coeficientes binomiales se expresan en términos de factoriales, este producto puede escribirse en forma sencilla como

$$\frac{n!}{n_1!n_2!\cdots n_k!}.$$

El número que se acaba de obtener se denomina *coeficiente multinomial* debido a que aparece en el *teorema multinomial,* el cual se puede enunciar como sigue: *Para cualesquiera números* $x_1, \ldots, x_k$ *y cualquier entero positivo* n,

$$(x_1 + \cdots + x_k)^n = \sum \frac{n!}{n_1!n_2! \cdots n_k!} x_1^{n_1} x_2^{n_2} \cdots x_k^{n_k}.$$

En esta ecuación la suma se extiende sobre todas las combinaciones posibles de enteros no negativos $n_1, \ldots, n_k$ tales que $n_1 + n_2 + \cdots + n_k = n$.

Un coeficiente multinomial es una generalización del coeficiente binomial tratado en la sección 1.8. Para $k = 2$, el teorema multinomial es el mismo que el teorema binomial y el coeficiente multinomial se convierte en un coeficiente binomial.

Ejemplo 1: Selección de comités. Supóngase que 20 miembros de una organización van a ser distribuidos en tres comités A, B y C de manera que cada uno de los comités A y B tenga 8 miembros y el comité C tenga 4. Se determinará el número de formas distintas en que pueden ser asignados los miembros de estos comités.

El número que interesa es el coeficiente multinomial para el cual $n = 20$, $k = 3$, $n_1 = n_2 = 8$ y $n_3 = 4$. Por tanto, la solución es

$$\frac{20!}{(8!)^2\, 4!} = 62\,355\,150. \quad \triangleleft$$

Configuraciones de elementos con más de dos tipos distintos. Del mismo modo que el coeficiente binomial puede ser utilizado para representar el número de configuraciones distintas de los elementos de un conjunto que contiene elementos de dos tipos distintos solamente, el coeficiente multinomial se puede utilizar para representar el número de configuraciones distintas de los elementos de un conjunto que contiene elementos de k tipos distintos ($k \geq 2$). Supóngase, por ejemplo, que n bolas de k colores distintos van a ser alineadas y que hay n_j bolas de color j ($j = 1, \ldots, k$), donde $n_1 + n_2 + \cdots + n_k = n$. Entonces, cada configuración distinta de las n bolas corresponde a una forma de dividir las n posiciones disponibles en un grupo de n_1 posiciones que han de ser ocupadas por las bolas de color 1, un segundo grupo de n_2 posiciones que han de ser ocupadas por las bolas de color 2, y así sucesivamente. Por tanto, el número total de configuraciones distintas de las n bolas debe ser

$$\frac{n!}{n_1!\, n_2! \cdots n_k!}.$$

Ejemplo 2: Lanzamiento de dados. Supóngase que se lanzan 12 dados. Se determinará la probabilidad p de que cada uno de los seis números distintos aparezca dos veces.

Cada resultado del espacio muestral S puede ser considerado como una sucesión ordenada de 12 números, donde el i-ésimo número de la sucesión es el resultado del i-ésimo lanzamiento. Por tanto, habrá 6^{12} resultados posibles en S y todos estos resultados pueden ser considerados como igualmente probables. El número de estos resultados que contendrían cada uno de los seis números $1, 2, \ldots, 6$ exactamente dos veces será igual al número de configuraciones posibles distintas de estos 12 elementos. Este número se puede determinar evaluando el coeficiente multinomial para $n = 12$, $k = 6$ y $n_1 = \cdots = n_6 = 2$. Por tanto, el número de tales resultados es

$$\frac{12!}{(2!)^6}$$

y la probabilidad buscada p es

$$p = \frac{12!}{2^6\, 6^{12}} = 0.0034. \qquad \triangleleft$$

Ejemplo 3: Juegos de cartas. Una baraja de 52 cartas contiene 13 corazones. Supóngase que se barajan las cartas y se distribuyen entre cuatro jugadores A, B, C y D de forma que cada jugador recibe 13 cartas. Se determinará la probabilidad p de que el jugador A reciba 6 corazones, el jugador B reciba 4 corazones, el jugador C reciba 2 corazones y el jugador D reciba 1 corazón.

El número total N de formas distintas en que las 52 cartas pueden ser distribuidas entre los cuatro jugadores de manera que cada jugador reciba 13 cartas es

$$N = \frac{52!}{(13!)^4}.$$

Se puede suponer que cada una de estas configuraciones es igualmente probable. Ahora se puede calcular el número M de formas de distribuir las cartas de manera que cada jugador reciba el número de corazones requerido. El número de formas distintas en que se pueden distribuir los corazones a los jugadores A, B, C y D de tal manera que el número de corazones que reciban sea $6, 4, 2$ y 1, respectivamente, es

$$\frac{13!}{6!\,4!\,2!\,1!}.$$

Por otra parte, el número de formas distintas en que las otras 39 cartas se pueden distribuir entre los cuatro jugadores de manera que cada jugador tenga un total de 13 cartas es

$$\frac{39!}{7!\,9!\,11!\,12!}.$$

Por tanto,

$$M = \frac{13!}{6!\,4!\,2!\,1!} \cdot \frac{39!}{7!\,9!\,11!\,12!}.$$

y la probabilidad buscada p es

$$p = \frac{M}{N} = \frac{13!39!(13!)^4}{6!\ 4!\ 2!\ 1!\ 7!\ 9!\ 11!\ 12!\ 52!} = 0.00196.$$

Existe otra forma de abordar este problema siguiendo el procedimiento descrito en el ejemplo 4 de la sección 1.8. El número de combinaciones posibles distintas de las 13 posiciones ocupadas en la baraja por los corazones es $\binom{52}{13}$. Si el jugador A recibe 6 corazones, hay $\binom{13}{6}$ combinaciones posibles de las seis posiciones que ocupan estos corazones entre las 13 cartas que recibe A. Similarmente, si el jugador B recibe 4 corazones, hay $\binom{13}{4}$ combinaciones posibles de sus posiciones entre las 13 cartas que recibe B. Hay $\binom{13}{2}$ combinaciones posibles para el jugador C y hay $\binom{13}{1}$ combinaciones posibles para el jugador D. Por tanto,

$$p = \frac{\binom{13}{6}\binom{13}{4}\binom{13}{2}\binom{13}{1}}{\binom{52}{13}}$$

lo que proporciona el mismo valor que el obtenido con el primer procedimiento. ◁

EJERCICIOS

1. Supóngase que en una cuerda se van a ensartar 18 cuentas rojas, 12 amarillas, 8 azules y 12 negras. ¿ De cuántas formas distintas se pueden ordenar las cuentas?
2. Supóngase que en una organización que tiene 300 miembros se van a formar dos comités. Si un comité va a tener 5 miembros y el otro comité va a tener 8 miembros, ¿de cuántas formas distintas se pueden seleccionar estos comités?
3. Si las letras $a, a, e, i, í, c, d, t, t, s, s$ se ordenan aleatoriamente, ¿cuál es la probabilidad de que formen la palabra "estadística"?
4. Supóngase que se lanzan n dados equilibrados. Determínese la probabilidad de que el número j aparezca exactamente n_j veces $(j = 1, \ldots, 6)$, donde $n_1 + n_2 + \cdots + $ $+ n_6 = n$.
5. Si se lanzan siete dados equilibrados, ¿cuál es la probabilidad de que cada uno de los seis números distintos aparezca al menos una vez?
6. Supóngase que una baraja de 25 cartas contiene 12 cartas rojas. Supóngase también que las 25 cartas se distribuyen aleatoriamente entre tres jugadores A, B y C de manera que el jugador A recibe 10 cartas, el jugador B recibe 8 cartas y el jugador C recibe 7 cartas. Determínese la probabilidad de que el jugador A reciba 6 cartas rojas, el jugador B reciba 2 cartas rojas y el jugador C reciba 4 cartas rojas.

7. Una baraja de 52 cartas contiene 12 figuras. Si las 52 cartas se distribuyen aleatoriamente entre cuatro jugadores de manera que cada jugador reciba 13 cartas, ¿cuál es la probabilidad de que cada jugador reciba 3 figuras?
8. Supóngase que una baraja con 52 cartas contiene 13 cartas rojas, 13 cartas amarillas, 13 cartas azules y 13 cartas verdes. Si las 52 cartas se distribuyen aleatoriamente entre cuatro jugadores de manera que cada jugador recibe 13 cartas, ¿cuál es la probabilidad de que cada jugador reciba 13 cartas del mismo color?
9. Supóngase que 2 niños llamados David, 3 niños llamados Juan y 4 niños llamados Simón se sientan aleatoriamente en una fila de 9 asientos. ¿Cuál es la probabilidad de que los niños que se llaman David ocupen los dos primeros asientos de la fila, los niños que se llaman Juan ocupen los tres asientos siguientes y los niños que se llaman Simón ocupen los cuatro últimos asientos?

1.10 PROBABILIDAD DE LA UNIÓN DE SUCESOS

La unión de tres sucesos

Ahora se tratará de nuevo un espacio muestral arbitrario S que puede contener un número finito o infinito de resultados y se desarrollarán algunas propiedades generales de las diversas probabilidades que se pueden especificar sobre los sucesos contenidos en S. En esta sección, se estudiará en particular la probabilidad de la unión $\cup_{i=1}^{n} A_i$ de n sucesos $A_1, \ldots, A_n$.

Si los sucesos $A_1, \ldots, A_n$ son disjuntos, se sabe que

$$\Pr\left(\bigcup_{i=1}^{n} A_i\right) = \sum_{i=1}^{n} \Pr(A_i).$$

Además, para dos sucesos cualesquiera A_1 y A_2, sean o no sean disjuntos, se sabe por el teorema 6 de la sección 1.5 que

$$\Pr(A_1 \cup A_2) = \Pr(A_1) + \Pr(A_2) - \Pr(A_1 A_2).$$

Se extenderá este resultado, primero a tres sucesos y luego a un número finito arbitrario de sucesos.

Teorema 1. *Para tres sucesos cualesquiera A_1, A_2 y A_3,*

$$\begin{aligned}\Pr(A_1 \cup A_2 \cup A_3) = {} & \Pr(A_1) + \Pr(A_2) + \Pr(A_3) - \\ & - [\Pr(A_1 A_2) + \Pr(A_2 A_3) + \Pr(A_1 A_3)] + \\ & + \Pr(A_1 A_2 A_3).\end{aligned} \tag{1}$$

Esta ecuación indica que el valor de $\Pr(A_1 \cup A_2 \cup A_3)$ se puede obtener sumando las probabilidades de cada uno de los tres sucesos individuales, restando la suma de las probabilidades de las intersecciones de los tres pares posibles de sucesos y sumando finalmente la probabilidad de la intersección de los tres sucesos.

Demostración. En la figura 1.4 se demostró que la unión $A_1 \cup A_2 \cup A_3$ se puede representar como la unión de siete sucesos disjuntos. Las probabilidades de estos siete sucesos disjuntos se denotarán por medio de los valores $p_1, \ldots, p_7$, como se indica en la figura 1.7. Entonces $\Pr(A_1 \cup A_2 \cup A_3) = \sum_{i=1}^{7} p_i$, y debe demostrarse que la parte derecha de la ecuación (1) es también siempre igual a $\sum_{i=1}^{7} p_i$.

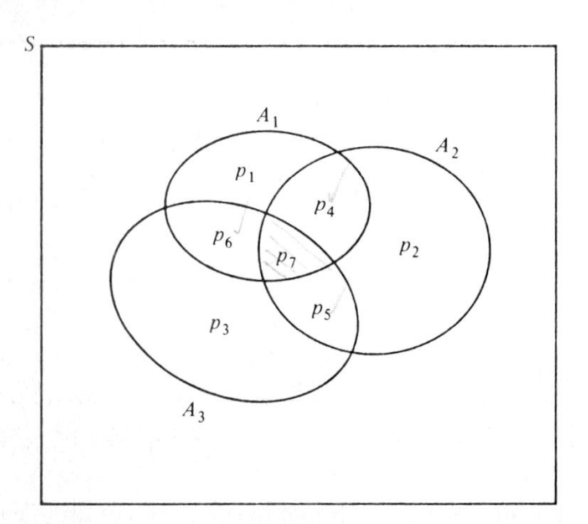

Figura 1.7 Probabilidades de los siete sucesos que forman $A_1 \cup A_2 \cup A_3$.

Como puede comprobarse en la figura 1.7, las tres relaciones siguientes son correctas:

$$\Pr(A_1) + \Pr(A_2) + \Pr(A_3) = (p_1 + p_4 + p_6 + p_7) + (p_2 + p_4 + p_5 + p_7) + + (p_3 + p_5 + p_6 + p_7),$$

$$\Pr(A_1A_2) + \Pr(A_2A_3) + \Pr(A_1A_3) = (p_4 + p_7) + (p_5 + p_7) + (p_6 + p_7),$$

$$\Pr(A_1A_2A_3) = p_7.$$

De estas relaciones se deduce que la parte derecha de la ecuación (1) es igual a $\sum_{i=1}^{7} p_i$. ◁

Ejemplo 1: Inscripción de estudiantes. De un grupo de 200 estudiantes, 137 se inscribieron en una clase de matemáticas, 50 en una clase de historia y 124 en una clase de música. Además, el número de estudiantes inscritos en matemáticas e historia es 33, el número de los inscritos en historia y música es 29 y el número de los inscritos en matemáticas y música es 92. Finalmente, el número de estudiantes inscritos en las tres clases es 18. Se determinará la probabilidad de que un estudiante seleccionado al azar del grupo de 200 esté inscrito al menos en una de las tres clases.

Sea A_1 el suceso de que el estudiante seleccionado esté inscrito en la clase de matemáticas, sea A_2 el suceso de que esté inscrito en la clase de historia y sea A_3 el suceso de que esté inscrito en la clase de música. Para resolver el problema, debe determinarse el valor de $\Pr(A_1 \cup A_2 \cup A_3)$. De los datos anteriores, resulta:

$$\Pr(A_1) = \frac{137}{200}, \qquad \Pr(A_2) = \frac{50}{200}, \qquad \Pr(A_3) = \frac{124}{200},$$

$$\Pr(A_1A_2) = \frac{33}{200}, \qquad \Pr(A_2A_3) = \frac{29}{200}, \qquad \Pr(A_1A_3) = \frac{92}{200},$$

$$\Pr(A_1A_2A_3) = \frac{18}{200}.$$

Haciendo uso de la ecuación (1) resulta $\Pr(A_1 \cup A_2 \cup A_3) = 175/200 = 7/8$. ◁

La unión de un número finito de sucesos

Una ecuación análoga a la (1) se verifica para cualquier número finito arbitrario de sucesos, como se demuestra en el teorema siguiente:

Teorema 2. *Para n sucesos cualesquiera $A_1, \dots, A_n$,*

$$\begin{aligned} \Pr\left(\bigcup_{i=1}^{n} A_i\right) = \sum_{i=1}^{n} \Pr(A_i) - \sum_{i<j} \Pr(A_i\, A_j) + \sum_{i<j<k} \Pr(A_i\, A_j\, A_k) - \\ - \sum_{i<j<k<l} \Pr(A_i\, A_j\, A_k\, A_l) + \cdots + \\ + (-1)^{n+1} \Pr(A_1\, A_2 \cdots A_n). \end{aligned} \tag{2}$$

Los pasos para evaluar $\Pr(\cup_{i=1}^{n} A_i)$ son los siguientes: Primero, se suman las probabilidades de los n sucesos individuales. Segundo, se resta la suma de las probabilidades de las intersecciones de todos los pares posibles de sucesos; en este paso habrá $\binom{n}{2}$ pares diferentes cuyas probabilidades intervienen. Tercero, se suman las probabilidades de las intersecciones de todos los grupos posibles de tres; habrá $\binom{n}{3}$ intersecciones de este tipo. Cuarto, se resta la suma de las probabilidades de las intersecciones de todos los grupos posibles de cuatro sucesos; habrá $\binom{n}{4}$ intersecciones de este tipo. Se procede de esta forma hasta que, finalmente, se suma o resta la probabilidad de la intersección de los n sucesos, dependiendo de si n es un número impar o par.

Demostración. La demostración de la ecuación (2) es similar a la de la (1), pero en este caso no puede utilizarse un diagrama de Venn. Supóngase que $\cup_{i=1}^{n} A_i$ se divide en subconjuntos disjuntos, de forma que cada subconjunto contenga los resultados que son comunes a determinados sucesos entre los $A_1, \dots, A_n$ y que no pertenecen a los restantes sucesos. Entonces la $\Pr(\cup_{i=1}^{n} A_i)$ será la suma de las probabilidades de estos subconjuntos disjuntos. Para demostrar el teorema 2, hay que demostrar que la probabilidad de cada subconjunto se suma exactamente una vez en la parte derecha de la ecuación (2).

Para un valor dado de k $(1 \leq k \leq n)$, se considera primero el subconjunto B de resultados que pertenecen a cada uno de los sucesos $A_1, \ldots, A_k$ pero que no pertenecen a ninguno de los sucesos $A_{k+1}, \ldots, A_n$. Esto es, se considera el suceso

$$B = A_1 \cap \cdots \cap A_k \cap A_{k+1}^c \cap \cdots \cap A_n^c.$$

Puesto que B es un subconjunto de exactamente k de los n sucesos $A_1, \ldots, A_n$, entonces $\Pr(B)$ aparecerá en k términos en la primera suma de la parte derecha de la ecuación (2). Además, puesto que B es un subconjunto de la intersección de cada par de sucesos $A_1, \ldots, A_k$, entonces $\Pr(B)$ aparecerá en $\binom{k}{2}$ términos en la segunda suma de la parte derecha de la ecuación (2). Por tanto, $\Pr(B)$ se restará $\binom{k}{2}$ veces. Análogamente, en la tercera suma, $\Pr(B)$ se sumará $\binom{k}{3}$ veces. Continuando con este razonamiento, se encuentra que $\Pr(B)$ se sumará en la parte derecha de la ecuación (2) el número de veces siguiente:

$$k - \binom{k}{2} + \binom{k}{3} - \binom{k}{4} + \cdots + (-1)^{k+1}\binom{k}{k}.$$

Por el ejercicio 14(b) de la sección 1.8, este número es 1.

Con un razonamiento análogo se puede obtener el mismo resultado para el subconjunto de resultados que pertenecen a cualquier grupo específico de exactamente k sucesos entre $A_1, \ldots, A_n$. Puesto que k es arbitrario $(1 \leq k \leq n)$, este argumento establece que la probabilidad de cada uno de los subconjuntos disjuntos en $\cup_{i=1}^n A_i$ se suma exactamente una vez en la parte derecha de la ecuación (2). ◁

El problema de coincidencias

Considérese una baraja de n cartas diferentes, supóngase que esas cartas se colocan en una fila y que las cartas de otra baraja idéntica se mezclan y colocan en otra fila encima de la anterior. Se desea determinar la probabilidad p_n de que haya al menos una coincidencia entre las cartas correspondientes de las dos barajas. El mismo problema se puede expresar en varios contextos. Por ejemplo, podría suponerse que una persona mecanografía n cartas y las direcciones correspondientes en n sobres, y luego introduce las n cartas en los n sobres aleatoriamente. Se podría desear determinar la probabilidad p_n de que al menos una carta sea introducida en el sobre correcto. Como otro ejemplo, podría suponerse que las fotografías de n famosos actores de cine se emparejan aleatoriamente con n fotografías de los mismos actores tomadas cuando eran bebés. Se podría desear determinar la probabilidad p_n de que al menos la fotografía de un actor sea correctamente emparejada con su propia fotografía de bebé.

Aquí se tratará el problema de las coincidencias en el contexto de cartas que se introducen en sobres. Por tanto, sea A_i el suceso de que la carta i es introducida en el sobre correcto $(i = 1, \ldots, n)$ y se determinará el valor de $p_n = \Pr(\cup_{i=1}^n A_i)$ utilizando la ecuación (2). Puesto que las cartas se introducen en los sobres al azar, la probabilidad

$\Pr(A_i)$ de que una carta concreta sea introducida en el sobre correcto es $\frac{1}{n}$. Por tanto, el valor de la primera suma de la parte derecha de la ecuación (2) es

$$\sum_{i=1}^{n} \Pr(A_i) = n \cdot \frac{1}{n} = 1.$$

Además, puesto que la carta 1 se podría introducir en cualquiera de los n sobres y entonces la carta 2 podría introducirse en cualquiera de los restantes $n-1$ sobres, la probabilidad $\Pr(A_1 A_2)$ de que ambas cartas, 1 y 2, sean introducidas en los sobres correctos es $1/[n(n-1)]$. Análogamente, la probabilidad $\Pr(A_i A_j)$ de que dos cartas específicas i y j $(i \neq j)$ sean introducidas en los sobres correctos es $1/[n(n-1)]$. Por tanto, el valor de la segunda suma de la parte derecha de la ecuación (2) es

$$\sum_{i<j} \Pr(A_i A_j) = \binom{n}{2} \frac{1}{n(n-1)} = \frac{1}{2!}.$$

Mediante un razonamiento análogo se puede determinar que la probabilidad de que tres cartas concretas cualesquiera i, j y k $(i < j < k)$ sean introducidas en los sobres correctos es $\Pr(A_i\ A_j\ A_k) = 1/[n(n-1)(n-2)]$. Por lo tanto, el valor de la tercera suma es

$$\sum_{i<j<k} \Pr(A_i A_j A_k) = \binom{n}{3} \frac{1}{n(n-1)(n-2)} = \frac{1}{3!}.$$

Se puede continuar con este procedimiento hasta encontrar que la probabilidad de que las n cartas sean introducidas en los sobres correctos es $\Pr(A_1\ A_2 \cdots A_n) = 1/(n!)$. Se deduce ahora de la ecuación (2) que la probabilidad p_n de que al menos una carta sea introducida en el sobre correcto es

$$p_n = 1 - \frac{1}{2!} + \frac{1}{3!} - \frac{1}{4!} + \cdots + (-1)^{n+1} \frac{1}{n!}. \tag{3}$$

Esta probabilidad tiene las siguientes propiedades interesantes. A medida que $n \to \infty$ el valor de p_n se aproxima al siguiente límite:

$$\lim_{n \to \infty} p_n = 1 - \frac{1}{2!} + \frac{1}{3!} - \frac{1}{4!} + \cdots.$$

En los libros de cálculo elemental se demuestra que la suma de la serie infinita de la parte derecha de la ecuación es $1 - (1/e)$, donde $e = 2.71828\ldots$. Por tanto, $1 - (1/e) = 0.63212\ldots$. Resulta entonces que para un valor grande de n, la probabilidad p_n de que al menos una carta sea introducida en el sobre correcto es aproximadamente 0.63212.

Los valores exactos de p_n, proporcionados por la ecuación (3), formarán una sucesión oscilante a medida que n crece. A medida que n crece a través de los enteros pares $2, 4, 6, \ldots$, los valores de p_n crecerán hacia el valor límite 0.63212 y a medida que n crece a través de los enteros impares 3, 5, 7,..., los valores de p_n decrecerán hacia este mismo valor límite.

Los valores de p_n convergen al límite muy rápidamente. De hecho, para $n = 7$ el valor exacto de p_7 y el valor límite p_n coinciden hasta la cuarta cifra decimal. Por tanto, independientemente de si siete cartas son introducidas al azar en siete sobres o si siete millones de cartas son introducidas al azar en siete millones de sobres, la probabilidad de que al menos una carta sea introducida en el sobre correcto es 0.6321.

EJERCICIOS

1. En una ciudad se publican tres periódicos A, B y C. Supóngase que el 60% de las familias de la ciudad están suscritas al periódico A, el 40% están suscritas al periódico B y el 30% al periódico C. Supóngase también que el 20% de las familias están suscritas a los periódicos A y B, el 10% a A y C, el 20% a B y C y el 5% a los tres periódicos A, B y C. ¿Qué porcentaje de las familias de la ciudad están suscritas al menos a uno de estos tres periódicos?

2. Según las hipótesis del ejercicio 1, ¿qué porcentaje de familias en la ciudad están suscritas exactamente a uno de los tres periódicos?

3. Supóngase que se sacan tres discos de sus fundas y que después de haberlos escuchado se introducen en las tres fundas vacías aleatoriamente. Determínese la probabilidad de que al menos uno de los discos sea introducido en su propia funda.

4. Supóngase que cuatro clientes dejan sus sombreros en el guardarropa al llegar a un restaurante y que estos sombreros les son devueltos aleatoriamente cuando se van. Determínese la probabilidad de que ningún cliente reciba su propio sombrero.

5. Una urna contiene 30 bolas rojas, 30 blancas y 30 azules. Si se seleccionan 10 bolas al azar, sin reemplazamiento, ¿cuál es la probabilidad de que al menos un color no haya sido extraído?

6. Supóngase que una banda escolar tiene 10 estudiantes de primer curso, 20 de segundo, 30 del penúltimo y 40 del último. Si se seleccionan al azar 15 estudiantes de la banda, ¿cuál es la probabilidad de seleccionar al menos un estudiante de cada curso? *Sugerencia*: Determínese primero la probabilidad de que al menos uno de los cuatro cursos no esté representado en la selección.

7. Si se introducen aleatoriamente n cartas en n sobres, ¿cuál es la probabilidad de que exactamente $n - 1$ cartas sean introducidas en los sobres correctos?

8. Supóngase que n cartas se introducen al azar en n sobres, y sea q_n la probabilidad de que ninguna carta sea introducida en el sobre correcto. ¿Para cuál de los cuatro valores siguientes de n es mayor q_n : $n = 10$, $n = 21$, $n = 53$ o $n = 300$?

9. Si tres cartas se introducen al azar en tres sobres, ¿cuál es la probabilidad de que exactamente una carta sea introducida en el sobre correcto?

10. Supóngase que 10 cartas, 5 rojas y 5 verdes, se introducen al azar en 10 sobres, 5 rojos y 5 verdes. Determínese la probabilidad de que exactamente x sobres contengan una carta de su mismo color ($x = 0, 1, \ldots, 10$).

11. Sea $A_1, A_2, \ldots$ una sucesión infinita de sucesos tales que $A_1 \subset A_2 \subset \cdots$. Demuéstrese que

$$\Pr\left(\bigcup_{i=1}^{\infty} A_i\right) = \lim_{n\to\infty} \Pr(A_n).$$

Sugerencia: Considérese la sucesión $B_1, B_2 \ldots$ definida como en el ejercicio 11 de la sección 1.5 y demuéstrese que

$$\Pr\left(\bigcup_{i=1}^{\infty} A_i\right) = \lim_{n\to\infty} \Pr\left(\bigcup_{i=1}^{\infty} B_i\right) = \lim_{n\to\infty} \Pr(A_n).$$

12. Sea $A_1, A_2, \ldots$ una sucesión infinita de sucesos tales que $A_1 \supset A_2 \supset \cdots$. Demuéstrese que

$$\Pr\left(\bigcap_{i=1}^{\infty} A_i\right) = \lim_{n\to\infty} \Pr(A_n).$$

Sugerencia: Considérese la sucesión $A_1^c, A_2^c, \ldots$ y aplíquese el ejercicio 11.

1.11 SUCESOS INDEPENDIENTES

Supóngase que dos sucesos A y B ocurren independientemente uno de otro en el sentido de que la ocurrencia o no ocurrencia de cualquiera de ellos no tiene relación ni influye sobre la ocurrencia o no ocurrencia del otro. Se demostrará que en estas condiciones es natural suponer que $\Pr(AB) = \Pr(A)\Pr(B)$. Es decir, es natural suponer que la probabilidad de que ambos, A y B, ocurran es igual al producto de sus probabilidades individuales.

Este resultado se puede justificar fácilmente desde el punto de vista de la interpretación frecuencialista de la probabilidad. Por ejemplo, supóngase que A es el suceso de obtener una cara cuando se lanza una moneda equilibrada y B es el suceso de obtener el número 1 o el número 2 al lanzar un dado equilibrado. Entonces, el suceso A ocurrirá con una frecuencia relativa de $\frac{1}{2}$ al lanzar la moneda repetidamente y el suceso B ocurrirá con una frecuencia relativa de $\frac{1}{3}$ al lanzar el dado repetidamente. Por tanto, $\Pr(A) = \frac{1}{2}$ y $\Pr(B) = \frac{1}{3}$.

Considérese ahora un experimento compuesto en el cual la moneda y el dado son lanzados simultáneamente. Si el experimento se realiza repetidamente, entonces la frecuencia relativa del suceso A, en el cual se obtiene una cara, será $\frac{1}{2}$. Puesto que los resultados de la moneda y los resultados del dado no están relacionados, es razonable suponer que de entre los experimentos en los que el suceso A ocurre, el suceso B en el que se obtiene el número 1 o el número 2 tendrá una frecuencia relativa de $\frac{1}{3}$. De aquí que, en una sucesión de experimentos compuestos, la frecuencia relativa con que ocurren A y B simultáneamente será $\frac{1}{2} \cdot \frac{1}{3} = \frac{1}{6}$. Por tanto, en este experimento,

$$\Pr(AB) = \frac{1}{6} = \frac{1}{2} \cdot \frac{1}{3} = \Pr(A)\Pr(B).$$

Estas relaciones se pueden justificar también mediante la interpretación clásica de la probabilidad. Existen dos resultados igualmente probables del lanzamiento de la moneda y seis resultados igualmente probables del lanzamiento del dado. Puesto que el resultado de la moneda y el resultado del dado no están relacionados, es natural suponer también que los $6 \times 2 = 12$ resultados posibles del experimento compuesto en el cual se lanzan la moneda y el dado son igualmente probables. En este experimento compuesto será cierto de nuevo que $\Pr(AB) = \frac{2}{12} = \frac{1}{6} = \Pr(A)\Pr(B)$.

Independencia de dos sucesos

Como resultado del análisis anterior, se establece la definición matemática de la independencia de dos sucesos como sigue: Dos sucesos A y B son independientes si, y solamente si, $\Pr(AB) = \Pr(A)\Pr(B)$.

Si dos sucesos, A y B, se consideran independientes debido a que no están relacionados físicamente y si las probabilidades $\Pr(A)$ y $\Pr(B)$ son conocidas, entonces se puede utilizar esta definición para asignar un valor a $\Pr(AB)$.

Ejemplo 1: Funcionamiento de máquinas. Supóngase que dos máquinas, 1 y 2, de una fábrica funcionan independientemente una de otra. Sea A el suceso de que la máquina 1 se estropee durante un periodo determinado de 8 horas, sea B el suceso de que la máquina 2 se estropee durante el mismo periodo y supóngase que $\Pr(A) = 1/3$ y $\Pr(B) = 1/4$. Se determinará la probabilidad de que al menos una de las máquinas se estropee durante ese periodo.

La probabilidad $\Pr(AB)$ de que ambas máquinas se estropeen durante ese periodo es

$$\Pr(AB) = \Pr(A)\Pr(B) = \left(\frac{1}{3}\right)\left(\frac{1}{4}\right) = \frac{1}{12}.$$

Por tanto, la probabilidad $\Pr(A \cup B)$ de que al menos una de las máquinas se estropee durante ese periodo es

$$\begin{aligned}\Pr(A \cup B) &= \Pr(A) + \Pr(B) - \Pr(AB)\\ &= \frac{1}{3} + \frac{1}{4} - \frac{1}{12} = \frac{1}{2}. \qquad \triangleleft\end{aligned}$$

El ejemplo siguiente muestra que dos sucesos, A y B, que están relacionados físicamente pueden satisfacer, sin embargo, la definición de independencia.

Ejemplo 2: Lanzamiento de un dado. Supóngase que se lanza un dado equilibrado. Sea A el suceso de obtener un número par y sea B el suceso de obtener uno de los números $1, 2, 3$ ó 4. Demostraremos que los sucesos A y B son independientes.

En este ejemplo, $\Pr(A) = \frac{1}{2}$ y $\Pr(B) = \frac{2}{3}$. Además, puesto que AB es el suceso de obtener el número 2 o el número 4, $\Pr(AB) = \frac{1}{3}$. De aquí que $\Pr(AB) = \Pr(A)\Pr(B)$. Resulta pues que los sucesos A y B son independientes, aunque la ocurrencia de cada suceso depende del mismo lanzamiento del dado. ◁

La independencia de los sucesos A y B del ejemplo 2 también se puede interpretar como sigue: Supóngase que una persona debe apostar sobre si el número obtenido al lanzar el dado es par o impar, es decir, sobre si ocurrirá el suceso A. Puesto que tres de los posibles resultados del lanzamiento son pares y los otros tres son impares, en general, esa persona no tendrá preferencia entre apostar por un número par o por uno impar.

Supóngase también que después de haber lanzado el dado, pero antes de que la persona se entere del resultado y antes de que se decida a apostar sobre un resultado par o impar, es informada de que el resultado ha sido uno de los números $1, 2, 3$ ó 4, es decir, que ha ocurrido el suceso B. Esa persona sabe ahora que el resultado ha sido $1, 2, 3$ ó 4. Sin embargo, puesto que dos de estos números son pares y dos son impares, aún no tendrá preferencia entre apostar por un número par o apostar por un número impar. En otras palabras, la información de que el suceso B ha ocurrido no sirve de ayuda a la persona que está tratando de decidir si ha ocurrido el suceso A. Este tema será tratado de una forma más general en el capítulo 2.

En la exposición anterior sobre sucesos independientes se afirmaba que si A y B son independientes, entonces la ocurrencia o la no ocurrencia de A no debería estar relacionada con la ocurrencia o la no ocurrencia de B. Por tanto, si A y B satisfacen la definición matemática de sucesos independientes, entonces también debería ser cierto que A y B^c son sucesos independientes, que A^c y B son sucesos independientes y que A^c y B^c son sucesos independientes. Uno de estos resultados se establece en el siguiente teorema.

Teorema 1. *Si dos sucesos, A y B, son independientes, entonces los sucesos A y B^c también son independientes.*

Demostración. Siempre es cierto que

$$\Pr(AB^c) = \Pr(A) - \Pr(AB).$$

Además, puesto que A y B son sucesos independientes,

$$\Pr(AB) = \Pr(A)\Pr(B).$$

Resulta, pues, que

$$\begin{aligned}\Pr(AB^c) &= \Pr(A) - \Pr(A)\Pr(B) = \Pr(A)\,[1 - \Pr(B)] \\ &= \Pr(A)\Pr(B^c).\end{aligned}$$

Por tanto, los sucesos A y B^c son independientes. ◁

La demostración del resultado análogo para los sucesos A^c y B es similar y la demostración para los sucesos A^c y B^c se pide en el ejercicio 1 del final de esta sección.

Independencia de varios sucesos

La exposición que se acaba de hacer para dos sucesos se puede extender a cualquier número de sucesos. Si k sucesos $A_1, \ldots, A_k$ son independientes en el sentido de que no están relacionados físicamente unos con otros, entonces es natural suponer que la probabilidad $\Pr(A_1 \cap \cdots \cap A_k)$ de que los k sucesos ocurran es el producto $\Pr(A_1) \cdots \Pr(A_k)$. Además, puesto que los sucesos $A_1, \ldots, A_k$ no están relacionados, esta regla de producto debería cumplirse no sólo para la intersección de los k sucesos, sino también para la intersección de dos cualesquiera de ellos, o de tres cualesquiera de ellos o de cualquier otro número de ellos. Estas consideraciones conducen a la siguiente definición: Los k sucesos $A_1, \ldots, A_k$ son *independientes* si para cada subconjunto $A_{i_1}, \ldots, A_{i_j}$ de estos sucesos $(j = 2, 3, \ldots, k)$,

$$\Pr(A_{i_1} \cap \cdots \cap A_{i_j}) = \Pr(A_{i_1}) \cdots \Pr(A_{i_j}).$$

En particular, para que tres sucesos, A, B y C, sean independientes, deben satisfacerse las cuatro relaciones siguientes:

$$\begin{aligned} \Pr(AB) &= \Pr(A)\Pr(B), \\ \Pr(AC) &= \Pr(A)\Pr(C), \\ \Pr(BC) &= \Pr(B)\Pr(C) \end{aligned} \tag{1}$$

y

$$\Pr(ABC) = \Pr(A)\Pr(B)\Pr(C). \tag{2}$$

Es posible que se verifique la ecuación (2), pero que no lo hagan una o más de las tres relaciones (1). Por otro lado, como se muestra en el siguiente ejemplo, también es posible que cada una de las tres relaciones (1) se verifiquen, pero no así la ecuación (2).

Ejemplo 3: Independencia por pares. Considérese un experimento en el cual el espacio muestral S contiene cuatro resultados, $\{s_1, s_2, s_3, s_4\}$ y supóngase que la probabilidad de cada resultado es $1/4$. Considérense los sucesos A, B y C definidos como sigue:

$$A = \{s_1, s_2\}, \qquad B = \{s_1, s_3\} \qquad \text{y} \qquad C = \{s_1, s_4\}.$$

Entonces $AB = AC = BC = ABC = \{s_1\}$. Por tanto,

$$\Pr(A) = \Pr(B) = \Pr(C) = 1/2$$

y

$$\Pr(AB) = \Pr(AC) = \Pr(BC) = \Pr(ABC) = 1/4.$$

Resulta pues que aunque cada una de las tres relaciones (1) se verifica, no se cumple la ecuación (2). Estos resultados se pueden resumir diciendo que los sucesos A, B y C son *independientes por pares*, pero los tres sucesos no son independientes. $\triangleleft$

A continuación se presentan algunos ejemplos que ilustran la potencia y alcance del concepto de independencia en la solución de problemas de probabilidad.

Ejemplo 4: Control de calidad. Supóngase que una máquina produce un artículo defectuoso con probabilidad p $(0 < p < 1)$ y produce un artículo no defectuoso con probabilidad $q = 1 - p$. Supóngase además que se seleccionan aleatoriamente para su control seis de los artículos producidos por la máquina y que los resultados de control son independientes para estos seis artículos. Se determinará la probabilidad de que exactamente dos de los seis artículos sean defectuosos.

Se puede suponer que el espacio muestral S contiene todas las configuraciones posibles de los resultados de control de los seis artículos, cada uno de los cuales puede ser defectuoso o no defectuoso. Para $j = 1, \ldots, 6$, se definirá D_j como el suceso de que el artículo j-ésimo en la muestra sea defectuoso y N_j como el suceso de que este artículo no sea defectuoso. Puesto que los resultados del control de seis artículos distintos son independientes, la probabilidad de obtener cualquier sucesión concreta de artículos defectuosos y no defectuosos será simplemente el producto de las probabilidades individuales de los resultados del control de cada artículo. Por ejemplo,

$$\begin{aligned}\Pr(N_1 D_2 N_3 N_4 D_5 N_6) &= \Pr(N_1)\Pr(D_2)\Pr(N_3)\Pr(N_4)\Pr(D_5)\Pr(N_6)\\ &= qpqqpq = p^2 q^4.\end{aligned}$$

Es fácil ver que la probabilidad de cualquier otra sucesión concreta de S formada por dos artículos defectuosos y cuatro no defectuosos será también p^2q^4. Por tanto, la probabilidad de que en una muestra de seis artículos haya exactamente dos defectuosos se puede obtener multiplicando la probabilidad p^2q^4 de cualquier sucesión concreta que contenga dos defectuosos por el número posible de tales sucesiones. Puesto que hay $\binom{6}{2}$ configuraciones distintas de dos artículos defectuosos y cuatro no defectuosos, la probabilidad de obtener exactamente dos defectuosos es $\binom{6}{2}p^2q^4$. ◁

Ejemplo 5: Obtención de un artículo defectuoso. Partiendo de las hipótesis del ejemplo 4, se determinará ahora la probabilidad de que al menos uno de los seis artículos de la muestra sea defectuoso.

Puesto que los resultados del control de los diferentes artículos son independientes, la probabilidad de que los seis artículos sean no defectuosos es q^6. Por tanto, la probabilidad de que al menos un artículo sea defectuoso es $1 - q^6$. ◁

Ejemplo 6: Lanzamiento de una moneda hasta obtener una cara. Supóngase que se lanza una moneda equilibrada hasta que aparece una cara por primera vez, y supóngase que los resultados de los lanzamientos son independientes. Se determinará la probabilidad p_n de que se necesiten exactamente n lanzamientos.

La probabilidad deseada es igual a la probabilidad de obtener $n - 1$ cruces seguidas y luego obtener una cara en el siguiente lanzamiento. Como los resultados de los lanzamientos son independientes, la probabilidad de esta sucesión concreta de n resultados es $p_n = (1/2)^n$.

La probabilidad de obtener una cara antes o después (es decir, de no obtener siempre cruces) es

$$\sum_{n=1}^{\infty} p_n = \frac{1}{2} + \frac{1}{4} + \frac{1}{8} + \cdots = 1.$$

Puesto que la suma de las probabilidades p_n es 1, resulta que la probabilidad de obtener una sucesión infinita de cruces sin obtener nunca una cara debe ser 0. ◁

Ejemplo 7: Control de artículos de uno en uno. Considérese de nuevo una máquina que produce un artículo defectuoso con probabilidad p y uno no defectuoso con probabilidad $q = 1 - p$. Supóngase que el control se realiza seleccionando artículos al azar y de uno en uno hasta obtener exactamente cinco artículos defectuosos. Se determinará la probabilidad p_n de que deban ser seleccionados exactamente n artículos ($n \geq 5$) para obtener los cinco defectuosos.

El quinto artículo defectuoso será el n-ésimo artículo controlado si, y sólo si, hay exactamente cuatro defectuosos entre los primeros $n - 1$ artículos y el n-ésimo artículo es defectuoso. Siguiendo un razonamiento análogo al utilizado en el ejemplo 4, se puede demostrar que la probabilidad de obtener exactamente 4 artículos defectuosos y $n - 5$ no defectuosos entre los primeros $n - 1$ artículos es $\binom{n-1}{4} p^4 q^{n-5}$. La probabilidad de que el n-ésimo artículo sea defectuoso es p. Puesto que el primer suceso se refiere únicamente a los resultados del control de los primeros $n - 1$ artículos y el segundo suceso se refiere sólo al resultado del control del n-ésimo artículo, estos dos sucesos son independientes. Por tanto, la probabilidad de que ambos sucesos ocurran es igual al producto de sus probabilidades. Resulta por tanto

$$p_n = \binom{n-1}{4} p^5 q^{n-5}. \quad \triangleleft$$

El problema del coleccionista

Supóngase que n bolas se introducen aleatoriamente en r urnas ($r \leq n$). Se supondrá que las n bolas se introducen independientemente unas de otras y que la probabilidad de que una bola concreta sea introducida en una de las r urnas es la misma para todas las urnas. El problema es determinar la probabilidad p de que cada urna contenga al menos una bola. Este problema se puede reformular mediante el problema de un coleccionista como sigue: Supóngase que cada paquete de chicles contiene la fotografía de un jugador de baloncesto; que se van a utilizar las fotografías de r jugadores distintos; que la probabilidad de que un paquete de chicles concreto contenga la fotografía de un jugador es la misma para los r jugadores, y que las fotografías se colocan independientemente en los distintos paquetes. El problema es ahora determinar la probabilidad p de que una persona que compra n paquetes de chicle ($n \geq r$) consiga la colección completa de las r fotografías distintas.

Para $i = 1, \ldots, r$, sea A_i el suceso de que la fotografía del jugador i no aparece en ninguno de los n paquetes. Entonces $\bigcup_{i=1}^{r} A_i$ es el suceso de que falta la fotografía de al menos un jugador. Se calculará $\Pr(\bigcup_{i=1}^{r} A_i)$ aplicando la ecuación (2) de la sección 1.10.

Puesto que las fotografías de cada uno de los r jugadores aparecen con la misma probabilidad en cualquier paquete concreto, la probabilidad de que la fotografía del jugador i no aparezca en un paquete concreto es $(r-1)/r$. Como las fotos se colocan independientemente en los paquetes, la probabilidad de que la fotografía del jugador i no aparezca en ninguno de los n paquetes es $[(r-1)/r]^n$. Por tanto,

$$\Pr(A_i) = \left(\frac{r-1}{r}\right)^n \qquad \text{para } i = 1, \ldots, r.$$

Considérense ahora dos jugadores cualesquiera i y j . La probabilidad de que no aparezca ni la foto del jugador i ni la del jugador j en un paquete concreto es $(r-2)/r$. Por tanto, la probabilidad de que no aparezca ninguna de las dos fotografías en ninguno de los n paquetes es $[(r-2)/r]^n$. Entonces,

$$\Pr(A_i A_j) = \left(\frac{r-2}{r}\right)^n .$$

Si a continuación se consideran tres jugadores cualesquiera i, j y k, se tendría que

$$\Pr(A_i A_j A_k) = \left(\frac{r-3}{r}\right)^n .$$

Siguiendo con este razonamiento, se llega finalmente a la probabilidad $\Pr(A_1 A_2 \cdots A_r)$ de que falten las fotografías de los r jugadores en los n paquetes. Como es lógico, esta probabilidad es 0. Por tanto, por la ecuación (2) de la sección 1.10,

$$\Pr\left(\bigcup_{i=1}^{r} A_i\right) = r\left(\frac{r-1}{r}\right)^n - \binom{r}{2}\left(\frac{r-2}{r}\right)^n + \cdots + (-1)^r \binom{r}{r-1}\left(\frac{1}{r}\right)^n$$
$$= \sum_{j=1}^{r-1} (-1)^{j+1} \binom{r}{j}\left(1 - \frac{j}{r}\right)^n .$$

Puesto que la probabilidad p de obtener un conjunto completo de r fotografías distintas es igual a $1 - \Pr(\bigcup_{i=1}^{r} A_i)$, se deduce del resultado anterior que p se puede escribir de la forma

$$p = \sum_{j=0}^{r-1} (-1)^j \binom{r}{j}\left(1 - \frac{j}{r}\right)^n .$$

EJERCICIOS

1. Supóngase que A y B son sucesos independientes, demuéstrese que los sucesos A^c y B^c son también independientes.

2. Supóngase que A es un suceso tal que $\Pr(A) = 0$ y que B es cualquier otro suceso. Demuéstrese que A y B son sucesos independientes.

3. Supóngase que una persona lanza tres veces dos dados equilibrados. Determínese la probabilidad de que en cada uno de los tres lanzamientos la suma de los dos números que aparecen sea 7.

4. Supóngase que la probabilidad de que el sistema de control utilizado en una nave espacial no funcione en un vuelo concreto es 0.001. Supóngase además que la nave también tiene instalado un segundo sistema de control idéntico, pero completamente independiente del primero, que toma el control cuando el primero falla. Determínese la probabilidad de que en un vuelo concreto la nave espacial esté bajo control, ya sea del sistema original o del sistema duplicado.

5. Supóngase que una lotería consta de 10 000 boletos y que otra lotería consta de 5000. Si una persona compra 100 boletos de cada lotería, ¿cuál es la probabilidad de que gane al menos un primer premio?

6. Dos estudiantes A y B están inscritos en un curso. Si el estudiante A asiste a las clases el 80% de las veces y el estudiante B el 60%, y si las ausencias de los dos estudiantes son independientes, ¿cuál es la probabilidad de que al menos uno de los dos estudiantes esté en clase un día concreto?

7. Si se lanzan tres dados equilibrados, ¿cuál es la probabilidad de que los tres números que aparecen sean iguales?

8. Considérese un experimento en el cual se lanza una moneda equilibrada hasta que aparece una cara por primera vez. Si este experimento se repite tres veces, ¿cuál es la probabilidad de que se necesite exactamente el mismo número de lanzamientos para cada una de las tres repeticiones?

9. Supóngase que A, B y C son tres sucesos independientes tales que $\Pr(A) = \frac{1}{4}$, $\Pr(B) = \frac{1}{3}$ y $\Pr(C) = \frac{1}{2}$. (a) Determínese la probabilidad de que ninguno de estos tres sucesos ocurra. (b) Determínese la probabilidad de que ocurra exactamente uno de estos tres sucesos.

10. Supóngase que la probabilidad de que una partícula emitida por un material radiactivo penetre en cierto campo es 0.01. Si se emiten diez partículas, ¿cuál es la probabilidad de que exactamente una de ellas penetre en el campo?

11. Considérense de nuevo las condiciones del ejercicio 10. Si se emiten diez partículas, ¿cuál es la probabilidad de que al menos una de ellas penetre en el campo?

12. Considérense de nuevo las hipótesis del ejercicio 10. ¿Cuántas partículas tienen que ser emitidas para que la probabilidad de que al menos una partícula penetre en el campo sea al menos 0.8?

13. En la Serie Mundial de Béisbol, dos equipos A y B juegan una serie de partidos uno contra otro y el primer equipo que gana un total de cuatro partidos es el ganador de la Serie Mundial. Si la probabilidad de que el equipo A gane un partido contra el equipo B es $\frac{1}{3}$, ¿cuál es la probabilidad de que el equipo A gane la Serie Mundial?

14. Dos chicos A y B lanzan una pelota a un blanco. Supóngase que la probabilidad de que el chico A dé en el blanco es $\frac{1}{3}$ y que la probabilidad de que el chico B dé en el blanco es $\frac{1}{4}$. Supóngase también que el chico A lanza primero y que los dos chicos se van turnando para lanzar. Determínese la probabilidad de que el primer lanzamiento que dé en el blanco sea el tercero del chico A.

15. Con las hipótesis del ejercicio 14, determínese la probabilidad de que el chico A dé en el blanco antes de que lo haga el chico B.

16. Una urna contiene 20 bolas rojas, 30 blancas y 50 azules. Supóngase que se seleccionan 10 bolas al azar de una en una, con reemplazamiento; es decir, cada bola extraída se devuelve a la urna antes de realizar la siguiente extracción. Determínese la probabilidad de que al menos un color no haya sido extraído.

17. Supóngase que $A_1, \ldots, A_k$ es una sucesión de k sucesos independientes. Considérese otra sucesión $B_1, \ldots, B_k$ de k sucesos tales que para cada valor de j $(j = 1, \ldots, k)$ se tiene que $B_j = A_j$ o $B_j = A_j^c$. Demuéstrese que $B_1, \ldots, B_k$ son siempre sucesos independientes. *Sugerencia*: Utilícese un argumento de inducción basado en el número de sucesos B_j para los cuales $B_j = A_j^c$.

1.12 TRAMPAS ESTADÍSTICAS

Utilización engañosa de la estadística

Mucha gente tiene un concepto muy pobre sobre el área de la estadística debido a que existe una creencia muy difundida de que tanto los datos como su análisis estadístico pueden ser fácilmente manipulados de un modo acientífico y poco ético para demostrar que una conclusión o un punto de vista particular son correctos. Todos hemos oído decir que "existen mentiras, condenadas mentiras y estadísticas" (frase que se atribuye a Mark Twain) y que "se puede demostrar cualquier cosa con estadísticas".

Una ventaja de estudiar probabilidad y estadística es que los conocimientos que se adquieren permiten analizar los argumentos estadísticos que aparecen en periódicos, revistas o en cualquier otro lado. Eso permite juzgar el valor de estos argumentos, en lugar de aceptarlos ciegamente. En esta sección se describen dos procedimientos que han sido utilizados para inducir a los consumidores a enviar dinero a cambio de ciertos tipos de información. Aunque ninguno de estos procedimientos es de naturaleza estrictamente estadística, ambos están muy relacionados con las ideas probabilísticas.

Predicciones perfectas

Supóngase que un lunes por la mañana se recibe en el correo una carta enviada por una firma comercial que no resulta familiar, afirmando que vende predicciones acerca del mercado de valores a precios muy altos. Para demostrar su habilidad predice que determinado valor o cartera de valores subirá durante la próxima semana. No se contesta a esta carta, pero se observa el mercado de valores durante la semana y se comprueba que la predicción era correcta. El lunes siguiente por la mañana se recibe otra carta de la misma forma conteniendo otra predicción, esta vez diciendo que determinado valor bajará durante la próxima semana. La predicción resulta correcta de nuevo.

Esto se repite durante siete semanas. Cada lunes por la mañana se recibe una predicción de la firma por correo, y cada una de estas siete predicciones resulta ser correcta. El octavo lunes por la mañana se recibe otra carta de la firma. Esta carta dice que por un precio alto enviará otra predicción, según la cual presumiblemente se puede ganar gran cantidad de dinero en el mercado de valores. ¿Cómo se debería responder a esta carta?

Puesto que la firma ha hecho siete predicciones consecutivas correctas, parece que debería tener alguna información especial acerca del mercado de valores y que no está simplemente adivinando. Después de todo, la probabilidad de adivinar correctamente los resultados de siete lanzamientos consecutivos de una moneda equilibrada es sólo $(1/2)^7 = 0.008$. Por tanto, si la firma solamente tuviera probabilidad $1/2$ de hacer una predicción correcta cada semana, y si los resultados de predicciones consecutivas fueran independientes, entonces la firma tendría una probabilidad menor que 0.01 de acertar durante siete semanas consecutivas.

La falacia estriba en que se puede haber visto sólo un número relativamente pequeño de las predicciones que la firma hizo durante el periodo de siete semanas. Supóngase, por ejemplo, que la firma empezó el proceso completo con una lista de $2^7 = 128$ clientes potenciales. En el primer lunes la firma podría enviar la predicción de que un valor concreto subirá a la mitad de estos clientes y enviar la predicción de que el mismo valor bajará a la otra mitad. El segundo lunes la firma podría continuar escribiendo a los 64 clientes para los que la primera predicción resultó correcta. De nuevo podría enviar una predicción a la mitad de estos 64 clientes y la predicción contraria a la otra mitad. Al final de las siete semanas, la firma (que generalmente se compone de una sola persona y una máquina de escribir) debe tener necesariamente un cliente (y sólo un cliente) para el que las siete predicciones fueron correctas.

Continuando este procedimiento con varios grupos distintos de 128 clientes, y empezando nuevos grupos cada semana, la firma puede ser capaz de generar suficientes respuestas positivas como para generar beneficios importantes.

Ganadores garantizados

Existe otro procedimiento que está parcialmente relacionado con el que se acaba de describir, pero que debido a su sencillez es aún más elegante. En este procedimiento, una firma comercial ofrece que por un precio fijo, generalmente entre 10 y 20 dólares, enviará al cliente su predicción sobre el ganador de cualquier encuentro interesante de béisbol, fútbol, boxeo o cualquier otro acontecimiento deportivo que el cliente pueda especificar. Además, la firma ofrece la devolución del dinero como garantía de que su predicción será correcta; esto es, si el equipo o persona designada como ganador en la predicción no resulta ser realmente el ganador, la firma devolverá todo el dinero al cliente.

¿Cómo se debería reaccionar ante tal ofrecimiento? A primera vista, parece que la firma debería tener conocimientos especiales acerca de estos acontecimientos deportivos, porque de otra forma no podría proporcionar una garantía de sus predicciones. Sin embargo, una reflexión más profunda revela que la firma, simplemente, no puede perder, debido a que sus únicos gastos son los destinados a publicidad y franqueo. En efecto, cuando se utiliza este procedimiento, la firma retiene el dinero del cliente hasta que se ha decidido el ganador. Si la predicción fue correcta la firma se quedará con la cuota; en otro caso, simplemente devolverá el dinero al cliente.

Por otro lado, el cliente puede perder fácilmente. Seguramente compra la predicción a la firma porque desea apostar en el acontecimiento deportivo. Si la predicción resulta ser equivocada, el cliente no tendrá que pagar nada a la firma, pero habrá perdido todo el dinero que haya apostado al supuesto ganador.

Por tanto, cuando hay "ganadores garantizados", lo único garantizado es la ganancia de la firma. De hecho, la firma sabe que se quedará con el dinero de todos los clientes para los cuales la predicción fue correcta.

Si la firma restringe sus predicciones a un solo partido de fútbol, realmente puede ofrecer devolver incluso más de lo que el cliente pagó. Si la predicción del ganador no es correcta la firma devolverá al cliente lo que pagó más la mitad de ese dinero, y aún así tendrá garantizado un beneficio. En este caso, la firma simplemente enviará a la mitad de sus clientes la predicción de que un equipo concreto será el ganador y enviará a la otra mitad la predicción de que el otro equipo será el ganador. Con independencia del equipo que gane, la firma devolverá a los perdedores sus cuotas más la mitad de las cuotas cobradas a los ganadores, pero retendrá la otra mitad de las cuotas de los ganadores.

1.13 EJERCICIOS COMPLEMENTARIOS

1. Supóngase que se lanza repetidamente una moneda equilibrada hasta que una cara y una cruz hayan aparecido al menos una vez. (a) Descríbase el espacio muestral de este experimento. (b) ¿Cuál es la probabilidad de necesitar tres lanzamientos exactamente?

2. Supóngase que se lanza una moneda siete veces. Sea A el suceso de obtener una cara en el primer lanzamiento y sea B el suceso de obtener una cara en el quinto lanzamiento. ¿Son disjuntos los sucesos A y B?

3. Supóngase que los sucesos A y B son disjuntos y que cada uno tiene probabilidad positiva. ¿Son independientes A y B?

4. (a) Supóngase que los sucesos A y B son disjuntos. ¿En qué condiciones son disjuntos A^c y B^c? (b) Supóngase que los sucesos A y B son independientes. ¿En qué condiciones son independientes A^c y B^c?

5. Si A, B y D son tres sucesos tales que $\Pr(A \cup B \cup D) = 0.7$, ¿cuál es el valor de $\Pr(A^c \cap B^c \cap D^c)$?

6. Supóngase que A, B y C son tres sucesos tales que A y B son disjuntos, que A y C son independientes y que B y C son independientes. Supóngase, además, que

$4\Pr(A) = 2\Pr(B) = \Pr(C) > 0$ y $\Pr(A \cup B \cup C) = 5\Pr(A)$. Determínese el valor de $\Pr(A)$.

7. Supóngase que se cargan dos dados de forma que al lanzar cualquiera de ellos la probabilidad de que el número k aparezca es 0.1 para $k = 1, 2, 5$ ó 6 y es 0.3 para $k = 3$ ó 4. Si se lanzan esos dos dados, ¿cuál es la probabilidad de que la suma de los dos números que aparecen sea 7?

8. Supóngase que la probabilidad de ganar cierto juego es $1/50$. Si se juega 50 veces, independientemente, ¿cuál es la probabilidad de ganar al menos una vez?

9. Supóngase que una zona electoral tiene 350 votantes, de los cuales 250 son demócratas y 100 son republicanos. Si se seleccionan aleatoriamente 30 votantes de la zona, ¿cuál es la probabilidad de que se seleccionen exactamente 18 demócratas?

10. Tres estudiantes A, B y C están inscritos en la misma clase. Supóngase que A asiste a clase el 30% de las veces, B asiste el 50% y C asiste el 80%. Si estos estudiantes asisten a clase independientemente uno de otro, ¿cuál es (a) la probabilidad de que al menos uno de ellos esté en clase un día concreto, y (b) la probabilidad de que exactamente uno de ellos esté en clase un día concreto?

11. Supóngase que se lanza tres veces un dado equilibrado, y sea X_i el número que aparece en el i-ésimo lanzamiento ($i = 1, 2, 3$). Evalúese $\Pr(X_1 > X_2 > X_3)$.

12. Considérese la Serie Mundial de Béisbol, descrita ya en el ejercicio 13 de la sección 1.11. Si existe una probabilidad p de que el equipo A gane cualquier partido, ¿cuál es la probabilidad de que sea necesario jugar siete partidos para determinar el ganador de la Serie?

13. Supóngase que en una baraja de 20 cartas cada una tiene uno de los números 1, 2, 3, 4 ó 5 y hay 4 cartas de cada uno de los números. Si se seleccionan 10 cartas de la baraja al azar y sin reemplazamiento, ¿cuál es la probabilidad de que cada uno de los números 1, 2, 3, 4 y 5 aparezca exactamente dos veces?

14. Supóngase que tres bolas rojas y tres blancas se introducen aleatoria e independientemente en tres urnas. ¿Cuál es la probabilidad de que cada urna contenga una bola roja y una blanca?

15. Si se introducen aleatoria e independientemente cinco bolas en n urnas, ¿cuál es la probabilidad de que ninguna urna tenga más de dos bolas?

16. Los boletos de autobús de una ciudad tienen cuatro números, U, V, W y X. Es igualmente probable que cada uno de estos números sea cualquiera de los diez dígitos $0, 1, \ldots, 9$ y los cuatro números se seleccionan independientemente. Se dice que un pasajero tiene buena suerte si $U + V = W + X$. ¿Qué proporción de pasajeros tiene buena suerte?

17. Supóngase que una urna contiene r bolas rojas y b blancas. Supóngase también que las bolas se extraen de la urna de una en una, al azar y sin reemplazamiento. (a) ¿Cuál es la probabilidad de que las r bolas rojas se extraigan antes de extraer

una bola blanca? (b) ¿Cuál es la probabilidad de que las r bolas rojas se extraigan antes de extraer dos bolas blancas?

18. Supóngase que una urna contiene r bolas rojas, b blancas y a azules. Supóngase también que las bolas se extraen de la urna de una en una, al azar y sin reemplazamiento. ¿Cuál es la probabilidad de que las r bolas rojas se extraigan antes de extraer una bola blanca?

19. Supóngase que 10 tarjetas, de las cuales 7 son rojas y 3 son verdes, se introducen al azar en 10 sobres, de los cuales 7 son rojos y 3 son verdes, de forma que cada sobre contenga una tarjeta. Determínese la probabilidad de que exactamente k sobres contengan una tarjeta de su mismo color ($k = 0, 1, \ldots, 10$).

20. Supóngase que 10 tarjetas, de las cuales 5 son rojas y 5 son verdes, se introducen al azar en 10 sobres, de los cuales 7 son rojos y 3 son verdes, de forma que cada sobre contenga una tarjeta. Determínese la probabilidad de que exactamente k sobres contengan una tarjeta de su mismo color ($k = 0, 1, \ldots, 10$).

21. Cierto grupo tiene ocho miembros. En enero, se seleccionan tres miembros aleatoriamente para colaborar en un comité. En febrero, se seleccionan cuatro miembros aleatoria e independientemente de la primera selección para colaborar en otro comité. En marzo, se seleccionan cinco miembros aleatoria e independientemente de las dos selecciones previas para colaborar en un tercer comité. Determínese la probabilidad de que cada uno de los ocho miembros colabore al menos en uno de los tres comités.

22. Según las hipótesis del ejercicio 21, determínese la probabilidad de que dos miembros concretos A y B colaboren juntos al menos en uno de los tres comités.

23. Supóngase que dos jugadores, A y B, se turnan para lanzar un par de dados equilibrados y que el ganador es el primer jugador que obtenga la suma 7 en un lanzamiento de los dos dados. Si A lanza en primer lugar, ¿cuál es la probabilidad de que B gane?

24. Tres jugadores A, B y C se turnan para lanzar una moneda equilibrada. Supóngase que A lanza la moneda en primer lugar, B en segundo lugar y C en tercer lugar, y el ciclo se repite indefinidamente hasta que alguno gana por ser el primer jugador que obtiene una cara. Determínese la probabilidad de ganar de cada uno de los tres jugadores.

25. Sean A_1, A_2 y A_3 tres sucesos arbitrarios. Demuéstrese que la probabilidad de que ocurra exactamente uno de estos tres sucesos es

$$
\begin{aligned}
&\Pr(A_1) + \Pr(A_2) + \Pr(A_3) - \\
&\qquad - 2\Pr(A_1A_2) - 2\Pr(A_1A_3) - 2\Pr(A_2A_3) + \\
&\qquad + 3\Pr(A_1A_2A_3).
\end{aligned}
$$

26. Sean $A_1, \ldots, A_n$ n sucesos arbitrarios. Demuéstrese que la probabilidad de que ocurra exactamente uno de estos n sucesos es

$$\sum_{i=1}^{n} \Pr(A_i) - 2\sum_{i<j} \Pr(A_i A_j) + 3 \sum_{i<j<k} \Pr(A_i A_j A_k) - \\ - \cdots + (-1)^{n+1} n \Pr(A_1 A_2 \cdots A_n).$$

Probabilidad condicional 2

2.1 DEFINICIÓN DE PROBABILIDAD CONDICIONAL

Supóngase que se realiza un experimento cuyo espacio muestral de resultados es S y también que se han especificado las probabilidades para todos los sucesos de S. Se estudiará ahora la forma en que cambia la probabilidad de un suceso A cuando se sabe que otro suceso B ha ocurrido. Esta nueva probabilidad de A se denomina la *probabilidad condicional del suceso A dado que el suceso B ha ocurrido*. La notación para esta probabilidad condicional es $\Pr(A|B)$. Por conveniencia, esta notación se lee simplemente como la probabilidad condicional de A dado B.

Si se sabe que el suceso B ha ocurrido, entonces se sabe que el resultado del experimento es uno de los incluidos en B. Por tanto, para evaluar la probabilidad de que A ocurra, se debe considerar el conjunto de los resultados incluidos en B que también implican la ocurrencia de A. Como se representa en la figura 2.1, este conjunto es precisamente el conjunto AB. Resulta, por tanto, natural definir la probabilidad condicional $\Pr(A|B)$ como la proporción de la probabilidad total $\Pr(B)$ representada por la probabilidad $\Pr(AB)$. Estas consideraciones conducen a la siguiente definición: Si A y B son dos sucesos cualesquiera tales que $\Pr(B) > 0$, entonces,

$$\Pr(A|B) = \frac{\Pr(AB)}{\Pr(B)}.$$

La probabilidad condicional $\Pr(A|B)$ no esta definida si $\Pr(B) = 0$.

La probabilidad condicional $\Pr(A|B)$ tiene una interpretación sencilla desde el punto de vista de la interpretación frecuencialista de la probabilidad presentada en la sección 1.2. En efecto, de acuerdo con esa interpretación, si un proceso experimental se repite un número grande de veces, entonces la proporción de repeticiones en las cuales el suceso B ocurre es aproximadamente $\Pr(B)$ y la proporción de repeticiones en las cuales el suceso A y el suceso B ocurren es aproximadamente $\Pr(AB)$. Por tanto, entre las repeticiones en que el suceso B ocurre, la proporción de repeticiones en que también ocurre el suceso A es aproximadamente igual a

$$\Pr(A|B) = \frac{\Pr(AB)}{\Pr(B)}.$$

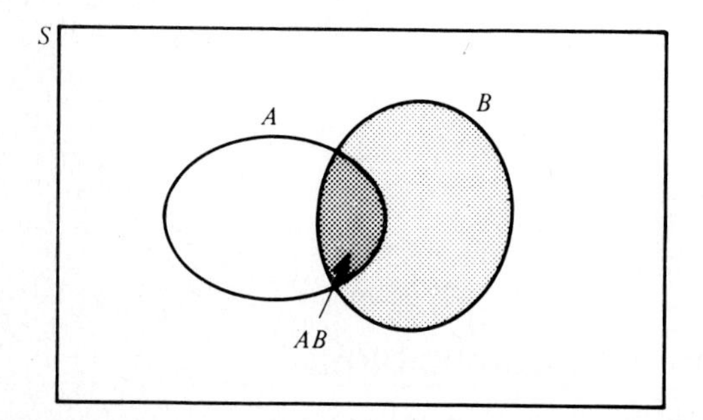

Figura 2.1 Los resultados en B que también pertenecen al suceso A.

Ejemplo 1: Lanzamiento de dados. Supóngase que se han lanzado dos dados y que se ha observado que la suma T de los dos números ha sido impar. Se determinará la probabilidad de que T haya sido menor que 8.

Si se define A como el suceso de que $T < 8$ y B como el suceso de que T es impar, entonces AB es el suceso de que T es 3, 5 ó 7. A partir de las probabilidades obtenidas al final de la sección 1.6 para los resultados del lanzamiento de dos dados, se calcula $\Pr(AB)$ y $\Pr(B)$ como sigue:

$$\Pr(AB) = \frac{2}{36} + \frac{4}{36} + \frac{6}{36} = \frac{12}{36} = \frac{1}{3},$$

$$\Pr(B) = \frac{2}{36} + \frac{4}{36} + \frac{6}{36} + \frac{4}{36} + \frac{2}{36} = \frac{18}{36} = \frac{1}{2}.$$

Por tanto,

$$\Pr(A|B) = \frac{\Pr(AB)}{\Pr(B)} = \frac{2}{3}. \quad \triangleleft$$

Ejemplo 2: Lanzamientos sucesivos de dados. Supóngase que se lanzan dos dados repetidamente y que en cada lanzamiento se observa la suma T de los dos números. Se determinará la probabilidad p de que el valor de $T = 7$ sea observado antes de que se observe el valor $T = 8$.

La probabilidad deseada p se podría calcular directamente como sigue: Se podría suponer que el espacio muestral S contiene todas las sucesiones de resultados que terminan tan pronto como se obtenga la suma $T = 7$ o la suma $T = 8$. Entonces se podría calcular la suma de las probabilidades de todas las sucesiones que terminan cuando se obtiene el valor $T = 7$.

Sin embargo, hay una forma más sencilla de resolver este problema. Se puede considerar el experimento simple consistente en el lanzamiento de dos dados. Si se repite el experimento hasta que se obtenga la suma $T = 7$ o la suma $T = 8$, los resultados del experimento quedan así reducidos a uno de estos dos valores. Consecuentemente, el problema se puede reformular como sigue: Dado que el resultado del experimento es $T = 7$ o $T = 8$, determínese la probabilidad p de que el resultado sea realmente $T = 7$.

Si se define A como el suceso de que $T = 7$ y B como el suceso de que el valor de T sea 7 u 8, entonces $AB = A$ y

$$p = \Pr(A|B) = \frac{\Pr(AB)}{\Pr(B)} = \frac{\Pr(A)}{\Pr(B)}.$$

Utilizando los resultados obtenidos en el ejemplo 3 de la sección 1.6, $\Pr(A) = 6/36$ y $\Pr(B) = (6/36) + (5/36) = 11/36$. Por tanto, $p = 6/11$. ◁

Probabilidad condicional para sucesos independientes

Si dos sucesos A y B son independientes, entonces $\Pr(AB) = \Pr(A)\Pr(B)$. Por tanto, si $\Pr(B) < 0$, de la definición de probabilidad condicional resulta que

$$\Pr(A|B) = \frac{\Pr(A)\Pr(B)}{\Pr(B)} = \Pr(A).$$

En otras palabras, si dos sucesos A y B son independientes, entonces la probabilidad condicional de A cuando se sabe que B ha ocurrido es la misma que la probabilidad incondicional de A cuando no se dispone de información sobre B. El resultado recíproco también es cierto. Si $\Pr(A|B) = \Pr(A)$, entonces los sucesos A y B deben ser independientes.

Análogamente, si A y B son dos sucesos independientes y si $\Pr(A) < 0$, entonces $\Pr(B|A) = \Pr(B)$. A la inversa, si $\Pr(B|A)$, entonces los sucesos A y B son independientes. Estas propiedades de probabilidades condicionales para sucesos independientes refuerzan las interpretaciones del concepto de independencia (véase Cap.1).

Ley multiplicativa para probabilidades condicionales

En un experimento que involucra dos sucesos A y B que no son independientes, a menudo es conveniente calcular la probabilidad $\Pr(AB)$ de que ambos sucesos ocurran utilizando una de las dos ecuaciones siguientes:

$$\Pr(AB) = \Pr(B)\Pr(A|B)$$

$$\Pr(AB) = \Pr(A)\Pr(B|A).$$

Ejemplo 3: Selección de dos bolas. Supóngase que se van a extraer dos bolas aleatoriamente y sin reemplazamiento, de una urna que contiene r bolas rojas y b azules. Se determinará la probabilidad p de que la primera bola sea roja y la segunda sea azul.

Sea A el suceso de que la primera bola sea roja y sea B el suceso de que la segunda sea azul. Obviamente, $\Pr(A) = r/(r+b)$. Además, si el suceso A ha ocurrido, entonces se ha obtenido una bola roja de la urna en la primera extracción. Por tanto, la probabilidad de obtener una bola azul en la segunda extracción será

$$\Pr(B|A) = \frac{b}{r+b-1}.$$

Resulta que

$$\Pr(AB) = \frac{r}{r+b} \cdot \frac{b}{r+b-1}. \qquad \triangleleft$$

El principio que se acaba de aplicar se puede extender a cualquier número finito de sucesos, como se afirma en el siguiente teorema:

Teorema 1. *Supóngase que* $A_1, A_2, \ldots, A_n$ *son sucesos que verifican la condición* $\Pr(A_1A_2\cdots A_{n-1}) > 0$. *Entonces,*

$$\Pr(A_1A_2\cdots A_n) = \Pr(A_1)\Pr(A_2|A_1)\cdots\Pr(A_n|A_1A_2\cdots A_{n-1}). \tag{1}$$

Demostración: El producto de probabilidades en la parte derecha de la ecuación (1) es igual a

$$\Pr(A_1) \cdot \frac{\Pr(A_1A_2)}{\Pr(A_1)} \cdot \frac{\Pr(A_1A_2A_3)}{\Pr(A_1A_2)} \cdots \frac{\Pr(A_1A_2\cdots A_n)}{\Pr(A_1A_2\cdots A_{n-1})}.$$

Puesto que $\Pr(A_1A_2\cdots A_{n-1}) > 0$, cada uno de los denominadores de este producto debe ser positivo. Todos los términos del producto se cancelan excepto el último numerador $\Pr(A_1A_2\cdots A_n)$, que precisamente es la parte izquierda de la ecuación (1). $\triangleleft$

Ejemplo 4: Selección de cuatro bolas. Supóngase que se extraen cuatro bolas de una en una, sin reemplazamiento, de una caja que contiene r bolas rojas y b azules ($r \geq 2, b \geq 2$). Se determinará la probabilidad de obtener la sucesión de resultados rojo, azul, rojo, azul.

Si se denota R_j como el suceso de obtener una bola roja en la j-ésima extracción y B_j como el suceso de obtener una bola azul en la j-ésima extracción ($j = 1, \ldots, 4$), entonces

$$\begin{aligned}\Pr(R_1B_2R_3B_4) &= \Pr(R_1)\Pr(B_2|R_1)\Pr(R_3|R_1B_2)\Pr(B_4|R_1B_2R_3)\\ &= \frac{r}{r+b} \cdot \frac{b}{r+b-1} \cdot \frac{r-1}{r+b-2} \cdot \frac{b-1}{r+b-3}. \qquad \triangleleft\end{aligned}$$

Juego de dados

Se concluye esta sección discutiendo un juego de apuestas popular llamado dados. Una versión de este juego es como sigue: Un jugador lanza dos dados y se observa la suma de los dos números que aparecen. Si la suma del primer lanzamiento es 7 u 11, el jugador gana. Si la suma del primer lanzamiento es 2, 3 ó 12, el jugador pierde. Si la suma del primer lanzamiento es 4, 5, 6, 8, 9 ó 10, entonces se lanzan los dos dados una y otra vez hasta que la suma sea 7 o el valor original. Si el valor original se obtiene por segunda vez antes de obtener el 7, entonces el jugador gana. Si se obtiene la suma 7 antes de obtener el valor original por segunda vez, entonces el jugador pierde.

Se calculará ahora la probabilidad P de que el jugador gane. La probabilidad π_0 de que la suma del primer lanzamiento sea 7 u 11 es

$$\pi_0 = \frac{6}{36} + \frac{2}{36} = \frac{8}{36} = \frac{2}{9}.$$

Si la suma obtenida en el primer lanzamiento es 4, la probabilidad q_4 de que el jugador gane es igual a la probabilidad condicional de que la suma 4 se obtenga de nuevo antes de obtener la suma 7. Como se explicó en el ejemplo 2, esta probabilidad es la misma que la probabilidad de obtener la suma 4 cuando el resultado se reduce a 4 ó 7. Por tanto,

$$q_4 = \frac{(3/36)}{(3/36) + (6/36)} = \frac{1}{3}.$$

Puesto que la probabilidad p_4 de obtener la suma 4 en el primer lanzamiento es $p_4 =$ $= 3/36 = 1/12$, resulta que la probabilidad π_4 de obtener la suma 4 en el primer lanzamiento y ganar entonces el juego es

$$\pi_4 = p_4 q_4 = \frac{1}{12} \cdot \frac{1}{3} = \frac{1}{36}.$$

Análogamente, la probabilidad p_{10} de obtener la suma 10 en el primer lanzamiento es $p_{10} = 1/12$ y la probabilidad q_{10} de ganar el juego cuando se ha obtenido la suma 10 en el primer lanzamiento es $q_{10} = 1/3$. Por tanto, la probabilidad π_0 de obtener la suma 10 en el primer lanzamiento y entonces ganar el juego es

$$\pi_{10} = p_{10} q_{10} = \frac{1}{12} \cdot \frac{1}{3} = \frac{1}{36}.$$

Los valores de p_i, q_i y π_i para $i = 5$, 6, 8 y 9 se pueden definir del mismo modo, obteniendose los valores

$$\pi_5 = p_5 q_5 = \frac{4}{36} \cdot \frac{4/36}{(4/36) + (6/36)} = \frac{2}{45}$$

$$\pi_9 = p_9 q_9 = \frac{2}{45}$$

$$\pi_6 = p_6 q_6 = \frac{5}{36} \cdot \frac{5/36}{(5/36) + (6/36)} = \frac{25}{396}$$

$$\pi_8 = p_8 q_8 = \frac{25}{396}.$$

Puesto que la probabilidad P de que el jugador gane de alguna manera es la suma de las probabilidades que se acaban de calcular, se obtiene

$$P = \pi_0 + (\pi_4 + \pi_{10}) + (\pi_5 + \pi_9) + (\pi_6 + \pi_8)$$

$$= \frac{2}{9} + 2 \cdot \frac{1}{36} + 2 \cdot \frac{2}{45} + 2 \cdot \frac{25}{396} = \frac{244}{495} = 0.493.$$

Convenientemente, la probabilidad de ganar en este juego de dados es ligeramente menor que $1/2$.

EJERCICIOS

1. Si A y B son sucesos disjuntos y $\Pr(B) > 0$, ¿cuál es el valor de $\Pr(A|B)$?

2. Si S es el espacio muestral de un experimento y A es cualquier suceso de ese espacio, ¿cuál es el valor de $\Pr(A|S)$?

3. Si A y B son sucesos independientes y $\Pr(B) < 1$, ¿cuál es el valor de $\Pr(A^c|B)$?

4. Una urna contiene r bolas rojas y b azules. Se extrae una bola al azar y se observa el color. Se devuelve la bola a la urna introduciéndose también k bolas adicionales del mismo color. Se extrae aleatoriamente una segunda bola, se observa el color y se devuelve a la urna junto con k bolas adicionales del mismo color. Cada vez que se extrae una bola, se repite este proceso. Si se extraen cuatro bolas, ¿cuál es la probabilidad de que las tres primeras bolas sean rojas, y la cuarta, azul?

5. Cada vez que un cliente compra un tubo de pasta de dientes, elige la marca A o la marca B. Supóngase que en cada compra después de la primera, la probabilidad de que elija la misma marca que escogió en la compra anterior es $1/3$ y que la probabilidad de que cambie de marca es $2/3$. Si es igualmente verosímil que en su primera compra elija la marca A o la marca B, ¿cuál es la probabilidad de que la primera y segunda compras sean de la marca A, y la tercera y cuarta, de la marca B?

6. Una urna contiene tres cartas. Una carta es roja por ambos lados, otra es verde por ambos lados y la última es roja por un lado y verde por el otro. Se extrae al azar una carta de la urna y se observa el color de uno de sus lados. Si este lado es verde, ¿cuál es la probabilidad de que el otro sea también verde?

7. Considérense de nuevo las condiciones del ejercicio 6 de la sección 1.11. Dos estudiantes A y B se inscriben en un curso determinado. El estudiante A asiste a clases el 80% de las veces, el estudiante B asiste a clases el 60% y las ausencias de ambos estudiantes son independientes. Si un día determinado al menos uno de los dos estudiantes está en clase, ¿cuál es la probabilidad de que A esté en clase ese día?

8. Considérense de nuevo las condiciones del ejercicio 1 de la sección 1.10. Si una familia seleccionada al azar está suscrita al periódico A, ¿cuál es la probabilidad de que esa familia esté también suscrita al periódico B?

9. Considérense de nuevo las condiciones del ejercicio 1 de la sección 1.10. Si una familia seleccionada al azar está suscrita al menos a uno de los tres periódicos A, B y C, ¿cuál es la probabilidad de que la familia esté suscrita al periódico A?

10. Supóngase que una urna contiene una carta azul y cuatro cartas rojas, A, B, C y D. Supóngase también que dos de estas cinco cartas se extraen al azar sin reemplazamiento.

    (a) Si se sabe que se ha extraído la carta A, ¿cuál es la probabilidad de que ambas cartas sean rojas?

    (b) Si se sabe que se ha extraído una carta roja, ¿cuál es la probabilidad de que ambas cartas sean rojas?

11. La probabilidad de que cualquier niño de una familia determinada tenga ojos azules es $1/4$, y esta característica es heredada por cada niño de la familia independientemente de los demás. Si hay cinco niños en la familia y se sabe que al menos uno de estos niños tiene ojos azules, ¿cuál es la probabilidad de que al menos tres de los niños tengan ojos azules?

12. Considérese la familia de cinco niños descrita en el ejercicio 11.

    (a) Si se sabe que el niño más pequeño de la familia tiene los ojos azules, ¿cuál es la probabilidad de que al menos tres de los niños tengan ojos azules?

    (b) Explíquese por qué la respuesta de la parte (a) es diferente de la respuesta del ejercicio 11.

13. Considérese la siguiente versión del juego de dados: El jugador lanza dos dados. Si la suma en el primer lanzamiento es 7 u 11, el jugador gana el juego. Si la suma en el primer lanzamiento es 2, 3 ó 12, el jugador pierde. Sin embargo, si la suma en el primer lanzamiento es 4, 5, 6, 8, 9 ó 10, entonces se lanzan los dos dados una y otra vez hasta que la suma sea 7, 11 o el valor original. Si el valor original se obtiene por segunda vez antes de obtener 7 u 11, entonces el jugador gana. Si se obtiene un total de 7 o de 11 antes de obtener el valor original por segunda vez, entonces el jugador pierde. Determínese la probabilidad de que el jugador gane este juego.

2.2 TEOREMA DE BAYES

Probabilidad y particiones

Sea S el espacio muestral de un experimento y considérense k sucesos $A_1, \ldots, A_k$ de S de forma que $A_1, \ldots, A_k$ sean disjuntos y $\cup_{i=1}^{k} A_i = S$. Se dice que estos sucesos constituyen una *partición* de S.

Si los k sucesos $A_1, \ldots, A_k$ constituyen una partición de S y si B es cualquier otro suceso en S, entonces los sucesos $A_1B, A_2B, \ldots, A_kB$ constituyen una partición de B, como se ilustra en la figura 2.2. Por tanto, se puede escribir

$$B = (A_1B) \cup (A_2B) \cup \cdots \cup (A_kB).$$

Además, puesto que k sucesos del lado derecho de esta ecuación son disjuntos,

$$\Pr(B) = \sum_{j=1}^{k} \Pr(A_jB).$$

Finalmente, si $\Pr(A_j) > 0$ para $j = 1, \ldots, k$, entonces $\Pr(A_jB) = \Pr(A_j)\Pr(B|A_j)$ y resulta que

$$\Pr(B) = \sum_{j=1}^{k} \Pr(A_j)\Pr(B|A_j).$$

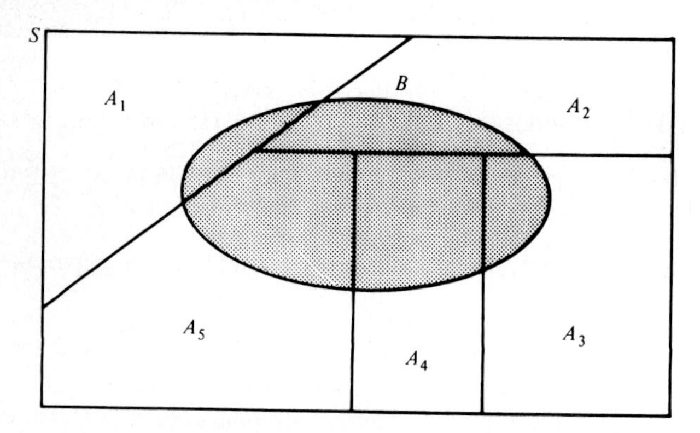

Figura 2.2 Las intersecciones de B con los sucesos $A_1, \ldots, A_5$ de una partición.

En resumen, se ha obtenido el resultado siguiente: Supóngase que los sucesos $A_1, \ldots, A_k$ forman una partición del espacio S y que $\Pr(A_j) > 0$ para $j = 1, \ldots, k$. Entonces, para cualquier suceso B de S,

$$\Pr(B) = \sum_{j=1}^{k} \Pr(A_j) \Pr(B|A_j).$$

Ejemplo 1: Selección de cerrojos. Dos cajas contienen cerrojos grandes y cerrojos pequeños. Supongamos que una caja contiene 60 cerrojos grandes y 40 pequeños y que la otra caja contiene 10 grandes y 20 pequeños. Supóngase también que se selecciona una caja al azar y que se extrae un cerrojo aleatoriamente de la misma. Se determinará la probabilidad de que este cerrojo sea grande.

Sea A_1 el suceso de que se seleccione la primera caja; sea A_2 el suceso de que se seleccione la segunda caja y sea B el suceso de que se seleccione un cerrojo grande. Entonces

$$\Pr(B) = \Pr(A_1)\Pr(B|A_1) + \Pr(A_2)\Pr(B|A_2).$$

Puesto que se selecciona una caja al azar, se sabe que $\Pr(A_1) = \Pr(A_2) = 1/2$. Además, la probabilidad de seleccionar un cerrojo grande de la primera caja viene dada por $\Pr(B|A_1) = 60/100 = 3/5$ y la probabilidad de seleccionar un cerrojo grande de la segunda caja es $\Pr(B|A_2) = 10/30 = 1/3$. Por tanto,

$$\Pr(B) = \frac{1}{2}\cdot\frac{3}{5} + \frac{1}{2}\cdot\frac{1}{3} = \frac{7}{15}. \quad \triangleleft$$

Ejemplo 2: Obtención de una calificación alta. Supóngase que en un juego una persona puede obtener como puntuación uno de los 50 números $1, 2, \ldots, 50$ y que todos estos números son puntuaciones igualmente verosímiles. La primera vez que juega, su puntuación es X. Entonces continua jugando hasta que obtiene otra puntuación Y tal que $Y \geq X$. Se puede suponer que todos los juegos son independientes. Se determinará la probabilidad de que Y sea 50.

Dado cualquier valor x de X, el valor de Y puede ser cualquiera de los números $x, x+1, \ldots, 50$. Puesto que estos $(51 - x)$ valores posibles de Y son igualmente verosímiles, resulta que

$$\Pr(Y = 50|X = x) = \frac{1}{51 - x}.$$

Además, como la probabilidad de que cada uno de los 50 valores posibles de X es $1/50$, resulta que

$$\Pr(Y = 50) = \sum_{x=1}^{50} \frac{1}{50}\cdot\frac{1}{51 - x} = \frac{1}{50}\left(1 + \frac{1}{2} + \frac{1}{3} + \cdots + \frac{1}{50}\right) = 0.0900. \quad \triangleleft$$

Enunciado y demostración del teorema de Bayes

Ahora se puede establecer el siguiente resultado, que es conocido como teorema de Bayes:

Teorema de Bayes. *Supóngase que los sucesos* $A_1, \ldots, A_k$ *constituyen una partición del espacio* S *tal que* $\Pr(A_j) > 0$ *para* $j = 1, \ldots, k$ *y sea* B *cualquier suceso tal que* $\Pr(B) > 0$. *Entonces, para* $i = 1, \ldots, k$,

$$\Pr(A_i|B) = \frac{\Pr(A_i)\Pr(B|A_i)}{\sum_{j=1}^{k} \Pr(A_j)\Pr(B|A_j)}. \tag{1}$$

Demostración. Por la definición de probabilidad condicional,

$$\Pr(A_i|B) = \frac{\Pr(A_iB)}{\Pr(B)}.$$

El numerador de la parte derecha de la ecuación (1) es igual a $\Pr(A_iB)$ y el denominador es igual a $\Pr(B)$. ◁

El teorema de Bayes proporciona una regla sencilla para calcular la probabilidad condicional de cada suceso A_i dado B a partir de las probabilidades condicionales de B dado cada uno de los sucesos A_i y la probabilidad incondicional de cada A_i.

Ejemplo 3: Identificación del origen de un artículo defectuoso. Para la fabricación de un gran lote de artículos similares se utilizaron tres máquinas M_1, M_2 y M_3. Supóngase que el 20% de los artículos fueron fabricados por la máquina M_1, el 30% por la máquina M_2 y el 50% por la máquina M_3. Supóngase además que el 1% de los artículos fabricados por la máquina M_1 son defectusos, que el 2% de los artículos fabricados por la máquina M_2 son defectuosos y que el 3% de los artículos fabricados por la máquina M_3 son defectuosos. Por último, supóngase que se selecciona al azar uno de los artículos del lote y que resulta ser defectuoso. Se determinará la probabilidad de que este artículo haya sido fabricado por la máquina M_2.

Sea A_i el suceso de que el artículo seleccionado haya sido fabricado por la máquina M_i ($i = 1, 2, 3$) y sea B el suceso de que el artículo seleccionado sea defectuoso. Hay que calcular la probabilidad condicional $\Pr(A_2|B)$.

La probabilidad $\Pr(A_i)$ de que un artículo seleccionado al azar haya sido producido por la máquina M_i es, para $i = 1, 2, 3$:

$$\Pr(A_1) = 0.2, \qquad \Pr(A_2) = 0.3, \qquad \Pr(A_3) = 0.5.$$

Además la probabilidad $\Pr(B|A_i)$ de que un artículo producido por la máquina M_i sea defectuoso es:

$$\Pr(B|A_1) = 0.01, \qquad \Pr(B|A_2) = 0.02, \qquad \Pr(B|A_3) = 0.03.$$

Del teorema de Bayes resulta que

$$\begin{aligned}\Pr(A_2|B) &= \frac{\Pr(A_2)\Pr(B|A_2)}{\sum_{j=1}^{3} \Pr(A_j)\Pr(B|A_j)} \\ &= \frac{(0.3)(0.02)}{(0.2)(0.01) + (0.3)(0.02) + (0.5)(0.03)} = 0.26.\end{aligned}$$ ◁

Probabilidades inicial y final

En el ejemplo 3, una probabilidad como $\Pr(A_2)$ se denomina usualmente *probabilidad inicial* de que el artículo seleccionado haya sido producido por la máquina M_2, debido a que $\Pr(A_2)$ es la probabilidad de este suceso antes de que el artículo sea seleccionado y antes de que se sepa si el artículo seleccionado es defectuoso o no defectuoso. Una probabilidad como $\Pr(A_2|B)$ se denomina entonces la *probabilidad final* de que el artículo seleccionado haya sido fabricado por la máquina M_2, debido a que es la probabilidad de este suceso después de saber que el artículo seleccionado es defectuoso.

Por tanto, en el ejemplo 3, la probabilidad inicial de que el artículo seleccionado haya sido fabricado por la máquina M_2 es 0.3. Después de seleccionado un artículo y resultar defectuoso, la probabilidad final de que el artículo haya sido producido por la máquina M_2 es 0.26. Puesto que esta probabilidad final es menor que la probabilidad inicial de que el artículo haya sido fabricado por la máquina M_2, la probabilidad final de que el artículo haya sido fabricado por una de las otras máquinas debe ser mayor que la probabilidad inicial de que haya sido fabricado por una de estas máquinas (véanse Ejercicios 4 y 5 al final de esta sección).

Cálculo secuencial de probabilidades finales

Supóngase que una caja contiene una moneda legal y otra con una cara en cada lado. Supóngase también que se selecciona una moneda al azar y que al lanzarla se obtiene una cara. Se determinará la probabilidad de que sea la moneda legal.

Sea A_1 el suceso de que la moneda es legal; sea A_2 el suceso de que la moneda tiene dos caras y sea H_1 el suceso de que se obtiene una cara al lanzar la moneda. Entonces, por el teorema de Bayes,

$$\Pr(A_1|H_1) = \frac{\Pr(A_1)\Pr(H_1|A_1)}{\Pr(A_1)\Pr(H_1|A_1) + \Pr(A_2)\Pr(H_1|A_2)}$$
$$= \frac{(1/2)(1/2)}{(1/2)(1/2) + (1/2)(1)} = \frac{1}{3}.$$

Por tanto, después del primer lanzamiento, la probabilidad final de que la moneda sea legal es $1/3$.

Supóngase ahora que se lanza de nuevo la misma moneda y que se obtiene otra cara. Existen dos formas para determinar el nuevo valor de la probabilidad final de que la moneda sea equilibrada.

La primera forma es volver al principio del experimento y suponer de nuevo que las probabilidades iniciales son $\Pr(A_1) = \Pr(A_2) = 1/2$. Se define H_1H_2 como el suceso en que se obtienen caras en los dos lanzamientos de la moneda y se calcula la probabilidad final $\Pr(A_1|H_1H_2)$ de que la moneda sea legal después de haber observado el suceso H_1H_2. Por el teorema de Bayes,

$$\Pr(A_1|H_1H_2) = \frac{\Pr(A_1)\Pr(H_1H_2|A_1)}{\Pr(A_1)\Pr(H_1H_2|A_1) + \Pr(A_2)\Pr(H_1H_2|A_2)}$$
$$= \frac{(1/2)(1/4)}{(1/2)(1/4) + (1/2)(1)} = \frac{1}{5}.$$

La segunda forma de determinar esta misma probabilidad final es utilizar la información de que después de obtener una cara en el primer lanzamiento, la probabilidad final de A_1 es $1/3$ y la probabilidad final de A_2 es, por tanto, $2/3$. Estas probabilidades finales pueden servir ahora como probabilidades iniciales para el siguiente paso del experimento, en el que se lanza por segunda vez la moneda. Por tanto, se puede suponer ahora que las probabilidades para A_1 y A_2 son $\Pr(A_1) = 1/3$ y $\Pr(A_2) = 2/3$, y calcular la probabilidad final $\Pr(A_1|H_2)$ de que la moneda sea legal después de haber obtenido una cara en el segundo lanzamiento. De esta forma se obtiene

$$\Pr(A_1|H_2) = \frac{(1/3)(1/2)}{(1/3)(1/2) + (2/3)(1)} = \frac{1}{5}.$$

La probabilidad final del suceso A_1 obtenida de la segunda forma es la misma que la obtenida de la primera. Se puede hacer la afirmación general siguiente: Si un experimento se lleva a cabo secuencialmente, entonces la probabilidad final de cualquier suceso puede también ser calculada secuencialmente. Después de haber realizado cada paso, la probabilidad final del suceso encontrado en ese paso sirve como probabilidad inicial para el paso siguiente.

Supóngase ahora que en el experimento que se considera aquí, la moneda seleccionada se lanza por tercera vez y se obtiene otra cara. Por los cálculos anteriores, las probabilidades iniciales en este paso del experimento son $\Pr(A_1) = 1/5$ y $\Pr(A_2) = 4/5$. Así, la probabilidad final de A_1 después de haber observado la tercera cara será

$$\Pr(A_1|H_3) = \frac{(1/5)(1/2)}{(1/5)(1/2) + (4/5)(1)} = \frac{1}{9}.$$

Finalmente, supóngase que se lanza la moneda por cuarta vez y se obtiene una cruz. En este caso, la probabilidad final de que la moneda sea legal es 1 y nuevos lanzamientos de la moneda no pueden cambiar esta probabilidad.

Combinación de una probabilidad inicial con una observación

Supóngase que paseando por la calle se observa que el Departamento de Salud Pública está realizando gratuitamente una prueba médica para detectar cierta enfermedad. La prueba es fiable al 90% en el siguiente sentido: Si una persona tiene la enfermedad, existe una probabilidad de 0.9 de que la prueba dé un resultado positivo; de igual manera, si una persona no tiene la enfermedad, existe una probabilidad de sólo 0.1 de que la prueba dé resultado positivo.

Los datos indican que las posibilidades de padecer la enfermedad son sólo de 1 en 10 000. Sin embargo, puesto que la prueba no cuesta nada y es rápida e indolora, se decide parar y someterse a ella. Unos días después se sabe que el resultado de la prueba fue positivo. ¿Cuál es ahora la probabilidad de padecer la enfermedad?

Algunos lectores pueden pensar que la probabilidad debería ser aproximadamente 0.9. Sin embargo, están así ignorando por completo la pequeña probabilidad inicial 0.0001 de tener la enfermedad. Se denota A como el suceso de tener la enfermedad y B al suceso de que el resultado de la prueba sea positivo. Entonces, por el teorema de Bayes,

$$\begin{aligned}\Pr(A|B) &= \frac{\Pr(B|A)\Pr(A)}{\Pr(B|A)\Pr(A) + \Pr(B|A^c)\Pr(A^c)} \\ &= \frac{(0.9)(0.0001)}{(0.9)(0.0001) + (0.1)(0.9999)} = 0.00090.\end{aligned}$$

Por tanto, la probabilidad final de padecer la enfermedad es aproximadamente sólo 1 por 1000. Claramente, esta probabilidad final es aproximadamente 10 veces más grande que la probabilidad inicial antes de hacer la prueba, pero la probabilidad final sigue siendo muy pequeña.

Otra forma de explicar este resultado es como sigue: Solamente una persona de cada 10 000 padece realmente la enfermedad, pero la prueba proporciona un resultado positivo para aproximadamente una persona de cada 10. Por tanto, el número de resultados positivos es aproximadamente 1000 veces el número de personas que realmente tienen la enfermedad. En otras palabras, de cada 1000 personas para las cuales la prueba da resultado positivo, únicamente una persona padece realmente la enfermedad.

EJERCICIOS

1. Una caja contiene tres monedas con una cara en cada lado, cuatro monedas con una cruz en cada lado y dos monedas legales. Si se selecciona al azar una de estas nueve monedas y se lanza una vez, ¿cuál es la probabilidad de obtener una cara?

2. Los porcentajes de votantes clasificados como liberales en tres distritos electorales distintos se reparten como sigue: En el primer distrito, 21%; en el segundo distrito, 45% y en el tercero, 75%. Si un distrito se selecciona al azar y un votante del mismo se selecciona aleatoriamente, ¿cuál es la probabilidad de que sea liberal?

3. Considérese de nuevo el comprador descrito en el ejercicio 5 de la sección 2.1. En cada compra, la probabilidad de que elija la misma marca de pasta de dientes que eligió en la compra anterior es $1/3$ y la probabilidad de que cambie de marca es $2/3$. Supóngase que en su primera compra la probabilidad de que elija la marca A es $1/4$ y la de que elija la marca B es $3/4$. ¿Cuál es la probabilidad de que su segunda compra sea de la marca B?

4. Supóngase que k sucesos $A_1, \ldots, A_k$ constituyen una partición del espacio muestral S. Para $i = 1, \ldots, k$, sea $\Pr(A_i)$ la probabilidad inicial de A_i. También, para cualquier suceso B tal que $\Pr(B) > 0$, sea $\Pr(A_i|B)$ la probabilidad final de A_i dado que ha ocurrido el suceso B. Demuéstrese que si $\Pr(A_1|B) < \Pr(A_1)$, entonces $\Pr(A_i|B) > \Pr(A_i)$ para al menos un valor de $(i = 2, \ldots, k)$.

5. Considérense de nuevo las condiciones del ejemplo 3 de esta sección, en el cual un artículo era seleccionado aleatoriamente de un lote de artículos manufacturados y resultaba ser no defectuoso. ¿Para qué valores de i ($i = 1, 2, 3$) es mayor la probabilidad final de que el artículo haya sido fabricado por la máquina M_i que la probabilidad inicial de que el artículo haya sido fabricado por la máquina M_i?

6. Supóngase que en el ejemplo 3 de esta sección el artículo seleccionado al azar del lote resulta ser no defectuoso. Determínese la probabilidad final de que haya sido fabricado por la máquina M_2.

7. Se ha descubierto una nueva prueba para detectar un tipo particular de cáncer. Si se aplica la prueba a una persona que no padece este tipo de cáncer, la probabilidad de que esa persona presente una reacción positiva es 0.05 y la probabilidad de que presente una reacción negativa es 0.95. Supóngase que en la población global, una persona de cada $100\,000$ tiene este tipo de cáncer. Si una persona seleccionada al azar presenta una reacción positiva a la prueba, ¿cuál es la probabilidad de que padezca este tipo de cáncer?

8. En una ciudad determinada, el 30% de las personas son conservadores, el 50% son liberales y el 20% son independientes. Los registros muestran que en unas elecciones concretas, votaron el 65% de los conservadores, el 82% de los liberales y el 50% de los independientes. Si se selecciona al azar una persona de la ciudad y se sabe que no votó en las elecciones pasadas, ¿cuál es la probabilidad de que sea un liberal?

9. Supóngase que cuando una máquina está correctamente ajustada, el 50% de los artículos que produce son de alta calidad y el otro 50% son de calidad media. Supóngase, sin embargo, que la máquina está mal ajustada durante el 10% del tiempo y que, en estas condiciones, el 25% de los artículos producidos por ella son de alta calidad y el 75% de los artículos son de calidad media.

   (a) Supóngase que cinco artículos producidos por la máquina en un tiempo determinado son seleccionados al azar e inspeccionados. Si cuatro de estos artículos son de alta calidad y uno es de calidad media, ¿cuál es la probabilidad de que la máquina estuviera correctamente ajustada durante ese tiempo?

   (b) Supóngase que se selecciona un artículo adicional, que fue producido por la máquina al mismo tiempo que los otros cinco, y resulta ser de calidad media. ¿Cuál es la nueva probabilidad final de que la máquina estuviera correctamente ajustada?

10. Supóngase que una caja contiene cinco monedas y que la probabilidad de obtener cara en un lanzamiento es distinta para cada moneda. Sea p_i la probabilidad de obtener cara al lanzar la i-ésima moneda ($i = 1, \ldots, 5$) y supóngase que $p_1 = 0$, $p_2 = 1/4$, $p_3 = 1/2$, $p_4 = 3/4$ y $p_5 = 1$.

    (a) Supóngase que se selecciona una moneda de la caja al azar y que al lanzarla una vez se obtiene una cara. ¿Cuál es la probabilidad final de que se haya seleccionado la i-ésima moneda ($i = 1, \ldots, 5$)?

(b) Si la misma moneda es lanzada otra vez, ¿cuál será la probabilidad de obtener otra cara?

(c) Si se ha obtenido una cruz en el primer lanzamiento de la moneda seleccionada y se lanza otra vez la misma moneda, ¿cuál es la probabilidad de obtener una cara en el segundo lanzamiento?

11. Considérese de nuevo la caja que contiene las cinco monedas diferentes descritas en el ejercicio 10. Supóngase que se selecciona aleatoriamente una moneda de la caja y que se lanza repetidamente hasta que aparece una cara.

(a) Si se obtiene la primera cara en el cuarto lanzamiento, ¿cuál es la probabilidad final de que la i-ésima moneda haya sido seleccionada ($i = 1, \dots, 5$)?

(b) Si se continúa lanzando la misma moneda hasta que aparece otra cara, ¿cuál es la probabilidad de que se necesiten exactamente tres lanzamientos?

*2.3 CADENAS DE MARKOV

Procesos estocásticos

Supóngase que una oficina de negocios tiene cinco líneas telefónicas y que en un instante de tiempo dado puede haber un número cualquiera de líneas ocupadas. Durante un periodo de tiempo se observan las líneas telefónicas a intervalos regulares de 2 minutos y se anota el número de líneas ocupadas en cada momento. Sea X_1 el número de líneas ocupadas cuando se observan al principio del periodo; sea X_2 el número de líneas ocupadas cuando se observan en el segundo instante de tiempo, 2 minutos más tarde; y en general, para $n = 1, 2, \dots$, sea X_n el número de líneas ocupadas cuando se observan en el instante de tiempo n-ésimo.

La sucesión de observaciones $X_1, X_2, \dots$, se denomina *proceso estocástico*, o *proceso aleatorio*, porque los valores de estas observaciones no se pueden predecir exactamente de antemano, pero se pueden especificar las probabilidades para los distintos valores posibles en cualquier instante de tiempo. Un proceso estocástico como el que se acaba de describir se llama proceso de *parámetro discreto*, ya que las líneas se observan solamente en puntos discretos o separados en el tiempo, en lugar de continuamente en el tiempo.

En un proceso estocástico la primera observación X_1 se denomina *estado inicial* del proceso y para $n = 2, 3, \dots$, la observación X_n se denomina *estado del proceso en el instante de tiempo n*. En el ejemplo anterior, el estado del proceso en cualquier instante de tiempo es el número de líneas que estan siendo utilizadas en ese instante. Por tanto, cada estado debe ser un entero entre 0 y 5. En el resto del capítulo se considerarán únicamente procesos estocásticos para los cuales sólo existe un número finito de estados posibles en cualquier tiempo determinado.

En un proceso estocástico de parámetro discreto, el estado del proceso varía aleatoriamente en cada instante. Para describir un modelo de probabilidad completo para un proceso, es necesario especificar una probabilidad para cada uno de los valores posibles del estado inicial X_1 y especificar también, para cada uno de los sucesivos estados $x_{n+1}(n = 1, 2, \ldots)$, la siguiente probabilidad condicional:

$$\Pr(X_{n+1} = x_{n+1} | X_1 = x_1, X_2 = x_2, \ldots, X_n = x_n).$$

En otras palabras, para cada instante de tiempo n, el modelo de probabilidad debe especificar la probabilidad condicional de que el proceso esté en el estado X_{n+1} en el tiempo $n + 1$, dado que en los instantes de tiempo $1, \ldots, n$ el proceso estaba en los estados $x_1, \ldots, x_n$.

Cadenas de Markov

Definición. Una cadena de Markov es un tipo especial de proceso estocástico, que se puede describir como sigue: En cualquier instante de tiempo n dado, cuando el estado actual X_n y todos los estados previos $X_1, \ldots, X_{n-1}$ del proceso son conocidos, las probabilidades de los estados futuros $X_j (j > n)$ dependen solamente del estado actual X_n y no dependen de los estados anteriores $X_1, \ldots, X_{n-1}$. Formalmente, una cadena de Markov es un proceso estocástico tal que para $n = 1, 2, \ldots$ y para cualquier sucesión posible de estados $x_1, x_2, \ldots, x_{n+1}$,

$$\Pr(X_{n+1} = x_{n+1} | X_1 = x_1, X_2 = x_2, \ldots, X_n = x_n) =$$
$$= \Pr(X_{n+1} = x_{n+1} | X_n = x_n).$$

Utilizando la regla de la multiplicación para probabilidades condicionales presentada en la sección 2.1 se deduce que las probabilidades de una cadena de Markov deben satisfacer la relación

$$\Pr(X_1 = x_1, X_2 = x_2, \ldots, X_n = x_n) =$$
$$= \Pr(X_1 = x_1) \Pr(X_2 = x_2 | X_1 = x_1) \Pr(X_3 = x_3 | X_2 = x_2) \cdots$$
$$\Pr(X_n = x_n | X_{n-1} = x_{n-1}).$$

Cadenas de Markov finitas con probabilidades de transición estacionarias. Se considerará ahora una cadena de Markov para la cual existe sólo un número finito k de estados posibles $s_1, \ldots, s_k$ y en cualquier instante de tiempo la cadena debe estar en uno de estos k estados. Una cadena de Markov de este tipo se denomina *cadena de Markov finita.*

La probabilidad condicional $\Pr(X_{n+1} = s_j | X_n = s_i)$ de que la cadena de Markov esté en el estado s_j en el instante de tiempo $n + 1$ si está en el estado s_i en el instante de tiempo n se denomina *probabilidad de transición.* Si para una cadena de Markov esta probabilidad de transición tiene el mismo valor para todos los instantes de tiempo n $(n = 1, 2, \ldots)$, se dice que la cadena de Markov tiene probabilidades de transición estacionarias. En otras palabras, una cadena de Markov tiene *probabilidades de transición estacionarias* si, para cualquier par de estados s_i y s_j, existe una probabilidad de transición p_{ij} tal que

$$\Pr(X_{n+1} = s_j | X_n = s_i) = p_{ij} \qquad \text{para } n = 1, 2, \ldots$$

Para ilustrar la aplicación de estas definiciones se considerará de nuevo el ejemplo de la oficina con cinco líneas telefónicas. Para que este proceso estocástico sea una cadena de Markov, la probabilidad de cada posible número de líneas ocupadas en cualquier instante de tiempo deben depender solamente del número de líneas que estaban ocupadas cuando el proceso fue observado 2 minutos antes y no debe depender de ninguno de los otros valores observados obtenidos previamente. Por ejemplo, si en el instante de tiempo n había tres líneas ocupadas, entonces la probabilidad especificada para el instante de tiempo $n + 1$ debe ser la misma, con independencia de si estaban ocupadas 0, 1, 2, 3, 4 ó 5 líneas en el instante de tiempo $n - 1$. En realidad, sin embargo, la observación en el instante de tiempo $n - 1$ podría proporcionar información sobre el tiempo que cada una de las tres líneas en uso en el instante de tiempo n había estado ocupada y esta información podría ser útil para determinar la probabilidad en el instante de tiempo $n + 1$. No obstante, se supone que este proceso es una cadena de Markov. Si esta cadena de Markov ha de tener probabilidades de transición estacionarias, debe verificarse que la proporción entre llamadas telefónicas entrantes y salientes y el promedio de duración de las mismas no cambie durante el periodo cubierto por el proceso. Este requisito significa que el periodo completo no puede incluir intervalos de tiempo densos en que se esperan más llamadas o intervalos de tiempo tranquilos en que se esperan pocas llamadas. Por ejemplo, si en un instante de tiempo, sea cual sea, sólo hay una línea ocupada, entonces debe haber una probabilidad específica p_{1j} de que 2 minutos más tarde exactamente j líneas estén en uso.

Matriz de transición

Matriz de transición para un sólo paso. Considérese una cadena de Markov con k estados posibles $s_1, \ldots, s_k$ y probabilidades de transición estacionarias. Para $i = 1, \ldots, k$ y $j = 1, \ldots, k$, se denota de nuevo por p_{ij} la probabilidad condicional de que el proceso esté en el estado s_j en un instante de tiempo si está en el estado s_i en el instante anterior. *La matriz de transición* de la cadena de Markov se define como la matriz $k \times k$ $\boldsymbol{P}$ con elementos p_{ij}. Por tanto,

$$\boldsymbol{P} = \begin{pmatrix} p_{11} \cdots p_{1k} \\ p_{21} \cdots p_{2k} \\ \cdots\cdots\cdots \\ p_{k1} \cdots p_{kk} \end{pmatrix}. \tag{1}$$

Puesto que cada número p_{ij} es una probabilidad, entonces $p_{ij} \geq 0$. Además $\sum_{j=1}^{k} p_{ij} = 1$ para $i = 1, \ldots, k$, porque si en un instante de tiempo la cadena está en el estado s_i, entonces la suma de las probabilidades de que en el instante siguiente esté en cada uno de los estados $s_1, \ldots, s_k$ debe ser 1.

Una matriz cuadrada cuyos elementos son no negativos y en la que la suma de los elementos de cada fila es 1 se denomina *matriz estocástica.* Resulta pues que la matriz de transición $\boldsymbol{P}$ de cualquier cadena de Markov finita con probabilidades de transición estacionarias debe ser una matriz estocástica. Inversamente, cualquier matriz estocástica $k \times k$ puede servir como la matriz de transición de una cadena de Markov con k estados posibles y probabilidades de transición estacionarias.

Ejemplo 1: Matriz de transición para el número de líneas telefónicas ocupadas. Supóngase que en el ejemplo de la oficina con cinco líneas telefónicas los números de líneas que están siendo utilizadas en los instantes de tiempo $1, 2, \ldots$ constituyen una cadena de Markov con probabilidades de transición estacionarias. Esta cadena tiene seis estados posibles $b_0, b_1, \ldots, b_5$, donde b_i es el estado en el que se están utilizando exactamente i líneas en un instante de tiempo determinado ($i = 0, 1, \ldots, 5$). Supóngase que la matriz de transición $\boldsymbol{P}$ es la siguiente:

$$\boldsymbol{P} = \begin{array}{c} \\ b_0 \\ b_1 \\ b_2 \\ b_3 \\ b_4 \\ b_5 \end{array} \begin{array}{c} \begin{array}{cccccc} b_0 & b_1 & b_2 & b_3 & b_4 & b_5 \end{array} \\ \begin{pmatrix} 0.1 & 0.4 & 0.2 & 0.1 & 0.1 & 0.1 \\ 0.2 & 0.3 & 0.2 & 0.1 & 0.1 & 0.1 \\ 0.1 & 0.2 & 0.3 & 0.2 & 0.1 & 0.1 \\ 0.1 & 0.1 & 0.2 & 0.3 & 0.2 & 0.1 \\ 0.1 & 0.1 & 0.1 & 0.2 & 0.3 & 0.2 \\ 0.1 & 0.1 & 0.1 & 0.1 & 0.4 & 0.2 \end{pmatrix} \end{array} \qquad (2)$$

(a) Suponiendo que las cinco líneas están ocupadas en un instante de tiempo concreto, se determinará la probabilidad de que en el siguiente instante de tiempo haya exactamente cuatro líneas ocupadas. (b) Suponiendo que en un instante de tiempo no hay ninguna línea ocupada, se determinará la probabilidad de que en el instante de tiempo siguiente haya al menos una línea ocupada.

(a) Esta probabilidad es el elemento de la matriz $\boldsymbol{P}$ en la fila correspondiente al estado b_5 y la columna correspondiente al estado b_4. Se observa que este valor es 0.4.

(b) Si en un instante de tiempo no hay ninguna línea ocupada, entonces el elemento de la esquina superior izquierda de la matriz $\boldsymbol{P}$ proporciona la probabilidad de que en el instante siguiente no haya ninguna línea ocupada. Se observa que este valor es 0.1. Por tanto, la probabilidad de que en el siguiente instante de tiempo se esté utilizando al menos un línea es $1 - 0.1 = 0.9$. ◁

Matriz de transición para varios pasos. Considérese de nuevo una cadena de Markov arbitraria con k estados posibles $s_1, \ldots, s_k$ y la matriz de transición $\boldsymbol{P}$ de la ecuación (1) y supóngase que la cadena está en el estado s_i en un instante de tiempo n. Se determinará ahora la probabilidad de que la cadena esté en el estado s_j en el instante de tiempo $n+2$. En otras palabras, se determinará la probabilidad de que la cadena pase del estado s_i al estado s_j en dos pasos. La notación para esta probabilidad es $p_{ij}^{(2)}$.

Para $n = 1, 2, \ldots$, sea X_n el estado de la cadena en el instante de tiempo n. Entonces, si s_r representa el estado al que ha pasado la cadena en el instante de tiempo $n + 1$,

$$\begin{aligned} p_{ij}^{(2)} &= \Pr(X_{n+2} = s_j | X_n = s_i) \\ &= \sum_{r=1}^{k} \Pr(X_{n+1} = s_r \text{ y } X_{n+2} = s_j | X_n = s_i) \end{aligned}$$

$$= \sum_{r=1}^{k} \Pr(X_{n+1} = s_r | X_n = s_i) \Pr(X_{n+2} = s_j | X_{n+1} = s_r) = \sum_{r=1}^{k} p_{ir} p_{rj}.$$

El valor de $p_{ij}^{(2)}$ se puede determinar como sigue: Si se eleva al cuadrado la matriz de transición $\boldsymbol{P}$, es decir, si se construye la matriz $\boldsymbol{P}^2 = \boldsymbol{P}\boldsymbol{P}$, entonces el elemento de la fila i-ésima y la columna j-ésima de la matriz $\boldsymbol{P}^2$ será $\sum_{r=1}^{k} p_{ir} p_{rj}$. Por tanto, $p_{ij}^{(2)}$ será el elemento de la fila i-ésima y la columna j-ésima de $\boldsymbol{P}^2$.

Análogamente se puede calcular la probabilidad de que la cadena pase del estado s_i al estado s_j en tres pasos, o $p_{ij}^{(3)} = \Pr(X_{n+3} = s_j | X_n = s_i)$, construyendo la matriz $\boldsymbol{P}^3 = \boldsymbol{P}^2\boldsymbol{P}$. Entonces la probabilidad $p_{ij}^{(3)}$ será el elemento de la fila i-ésima y la columna j-ésima de la matriz $\boldsymbol{P}^3$.

En general, para cualquier valor de m $(m = 2, 3, \ldots)$, la m-ésima potencia $\boldsymbol{P}^m$ de la matriz $\boldsymbol{P}$ proporcionará la probabilidad $p_{ij}^{(m)}$ de que la cadena pase de cualquier estado s_j a cualquier estado s_j en m pasos. Por esta razón, la matriz $\boldsymbol{P}^m$ se denomina *matriz de transición de m pasos* de la cadena de Markov.

Ejemplo 2: Matrices de transición de dos y tres pasos para el número de líneas telefónicas ocupadas. Considérese nuevamente la matriz de transición $\boldsymbol{P}$ de la ecuación (2) para la cadena de Markov basada en cinco líneas telefónicas. Supóngase en primer lugar que en un instante de tiempo hay i líneas ocupadas y se determinará la probabilidad de que dos instantes de tiempo después haya exactamente j líneas ocupadas.

Si se multiplica la matriz $\boldsymbol{P}$ por sí misma, se obtiene la siguiente matriz de transición de dos pasos:

$$\boldsymbol{P}^2 = \begin{array}{c} \\ b_0 \\ b_1 \\ b_2 \\ b_3 \\ b_4 \\ b_5 \end{array} \begin{array}{c} \begin{array}{cccccc} b_0 & b_1 & b_2 & b_3 & b_4 & b_5 \end{array} \\ \begin{pmatrix} 0.14 & 0.23 & 0.20 & 0.15 & 0.16 & 0.12 \\ 0.13 & 0.24 & 0.20 & 0.15 & 0.16 & 0.12 \\ 0.12 & 0.20 & 0.21 & 0.18 & 0.17 & 0.12 \\ 0.11 & 0.17 & 0.19 & 0.20 & 0.20 & 0.13 \\ 0.11 & 0.16 & 0.16 & 0.18 & 0.24 & 0.15 \\ 0.11 & 0.16 & 0.15 & 0.17 & 0.25 & 0.16 \end{pmatrix} \end{array} \qquad (3)$$

A partir de esta matriz se puede calcular cualquier probabilidad de transición de dos pasos de la cadena como sigue:

(1) Si dos líneas están ocupadas en un instante de tiempo concreto, entonces la probabilidad de que dos instantes después haya cuatro líneas ocupadas es 0.17.

(2) Si en un instante de tiempo hay tres líneas ocupadas, entonces la probabilidad de que dos instantes después haya de nuevo tres líneas ocupadas es 0.20.

Supóngase ahora que i líneas están ocupadas en un instante de tiempo concreto y se determinará la probabilidad de que tres instantes después haya exactamente j líneas ocupadas.

Si se calcula la matriz $P^3 = P^2P$, se obtiene la siguiente matriz de transición de tres pasos:

$$P^3 = \begin{array}{c} \\ b_0 \\ b_1 \\ b_2 \\ b_3 \\ b_4 \\ b_5 \end{array} \begin{array}{c} \begin{array}{cccccc} b_0 & b_1 & b_2 & b_3 & b_4 & b_5 \end{array} \\ \begin{pmatrix} 0.123 & 0.208 & 0.192 & 0.166 & 0.183 & 0.128 \\ 0.124 & 0.207 & 0.192 & 0.166 & 0.183 & 0.128 \\ 0.120 & 0.197 & 0.192 & 0.174 & 0.188 & 0.129 \\ 0.117 & 0.186 & 0.186 & 0.179 & 0.199 & 0.133 \\ 0.116 & 0.181 & 0.177 & 0.176 & 0.211 & 0.139 \\ 0.116 & 0.180 & 0.174 & 0.174 & 0.215 & 0.141 \end{pmatrix} \end{array} \quad (4)$$

A partir de esta matriz se puede calcular cualquier probabilidad de transición de tres pasos para la cadena como sigue:

(1) Si las cinco líneas están ocupadas en un instante de tiempo, entonces la probabilidad de que no haya líneas ocupadas tres instantes después es 0.116.

(2) Si una línea está ocupada en un instante de tiempo, entonces la probabilidad de que tres instantes después haya de nuevo exactamente una línea ocupada es 0.207. ◁

Vector de probabilidades iniciales

Supóngase que una cadena de Markov finita con probabilidades de transición estacionarias tiene k estados posibles $s_1, \ldots, s_k$ y que la cadena puede estar en cualquiera de estos k estados en el tiempo de observación inicial $n = 1$. Supóngase también que, para $i = 1, \ldots, k$, la probabilidad de que la cadena esté en el estado s_i al inicio del proceso es v_i, donde $v_i \geq 0$ y $v_1 + \cdots + v_k = 1$.

Cualquier vector $\boldsymbol{w} = (w_1, \ldots, w_k)$ tal que $w_i \geq 0$ para $i = 1, \ldots, k$ y también $\sum_{i=1}^{k} w_i = 1$ se denomina *vector de probabilidades*. El vector de probabilidades $\boldsymbol{v} = (v_1, \ldots, v_k)$, que especifica las probabilidades de diversos estados de la cadena en la observación inicial de tiempo, se denomina *vector de probabilidades iniciales* de la cadena.

El vector de probabilidades iniciales y la matriz de transición determinan la probabilidad de que la cadena esté en un estado en un instante de tiempo. Si $\boldsymbol{v}$ es el vector de probabilidades iniciales de la cadena, entonces $\Pr(X_1 = s_i) = v_i$ para $i = 1, \ldots, k$. Si la matriz de transición de la cadena es la matriz $k \times k$ $\boldsymbol{P}$ de elementos p_{ij} que se indica en la ecuación (1), entonces para $j = 1, \ldots, k$,

$$\begin{aligned} \Pr(X_2 = s_j) &= \sum_{i=1}^{k} \Pr(X_1 = s_i \text{ y } X_2 = s_j) \\ &= \sum_{i=1}^{k} \Pr(X_1 = s_i) \Pr(X_2 = s_j | X_1 = s_i) \\ &= \sum_{i=1}^{k} v_i p_{ij}. \end{aligned}$$

Puesto que $\sum_{i=1}^{k} v_i p_{ij}$ es la componente j-ésima del vector $\boldsymbol{vP}$, resulta que las probabilidades para el estado de la cadena en el segundo instante de tiempo se especifican por el vector de probabilidades $\boldsymbol{vP}$.

En general, supóngase que en un instante de tiempo n la probabilidad de que la cadena esté en el estado s_i es $\Pr(X_n = s_i) = w_i$, para $i = 1, \ldots, k$. Entonces,

$$\Pr(X_{n+1} = s_j) = \sum_{i=1}^{k} w_i p_{ij} \qquad \text{para } j = 1, \ldots, k.$$

En otras palabras, si las probabilidades de los diversos estados en el instante de tiempo n se especifican por el vector de probabilidades $\boldsymbol{w}$, entonces las probabilidades en el instante de tiempo $n+1$ se especifican por el vector de probabilidades $\boldsymbol{wP}$. Resulta pues que si el vector de probabilidades iniciales para una cadena con probabilidades de transición estacionarias es $\boldsymbol{v}$, entonces las probabilidades de los diversos estados en el instante de tiempo $n+1$ se especifican por el vector de probabilidades $\boldsymbol{vP}^n$.

Ejemplo 3: Probabilidades para el número de líneas telefónicas ocupadas. Considérese de nuevo la oficina con cinco líneas telefónicas y la cadena de Markov para la cual la matriz de transición $\boldsymbol{P}$ está dada por la ecuación (2). Supóngase que al inicio del proceso de observación en el instante de tiempo $n = 1$ la probabilidad de que no haya líneas ocupadas es 0.5, la probabilidad de que haya una línea ocupada es 0.3 y la probabilidad de que haya dos líneas ocupadas es 0.2. Entonces el vector de probabilidades iniciales es $\boldsymbol{v} = (0.5, 0.3, 0.2, 0, 0, 0)$. En primer lugar, se determinará la probabilidad de que exactamente j líneas estén ocupadas en el instante de tiempo 2, un instante después.

Por medio de cálculos elementales resulta que

$$\boldsymbol{vP} = (0.13, 0.33, 0.22, 0.12, 0.10, 0.10).$$

Puesto que la primera componente de este vector de probabilidades es 0.13, la probabilidad de que no haya líneas ocupadas en el instante de tiempo 2 es 0.13; puesto que la segunda componente es 0.33, la probabilidad de que exactamente una línea esté ocupada en el instante de tiempo 2 es 0.33 y así sucesivamente.

Se determinará a continuación, la probabilidad de que haya exactamente j líneas ocupadas en el instante de tiempo 3.

Utilizando la ecuación (3), se deduce

$$\boldsymbol{vP}^2 = (0.133, 0.227, 0.202, 0.156, 0.162, 0.120).$$

Puesto que la primera componente de este vector de probabilidades es 0.133, la probabilidad de que no haya líneas ocupadas en el instante de tiempo 3 es 0.133; puesto que la segunda componente es 0.227, la probabilidad de que exactamente una línea esté ocupada en el instante de tiempo 3 es 0.227, y así sucesivamente. $\triangleleft$

EJERCICIOS

1. Supóngase que el clima sólo puede ser soleado o nublado y que las condiciones del clima en mañanas sucesivas forman una cadena de Markov con probabilidades de transición estacionarias. Supóngase también que la matriz de transición es la siguiente:

	Soleado	Nublado
Soleado	0.7	0.3
Nublado	0.6	0.4

   (a) Si un día concreto está nublado, ¿cuál es la probabilidad de que también esté nublado el día siguiente?

   (b) Si un día concreto hace sol, ¿cuál es la probabilidad de que durante los dos días siguientes continúe haciendo sol?

   (c) Si un día concreto está nublado, ¿cuál es la probabilidad de que al menos uno de los tres días siguientes haga sol?

2. Considérese de nuevo la cadena de Markov descrita en el ejercicio 1.

   (a) Si un miércoles hace sol, ¿cuál es la probabilidad de que el sábado siguiente haga sol?

   (b) Si un miércoles está nublado, ¿cuál es la probabilidad de que el sábado siguiente haga sol?

3. Considérense de nuevo las hipótesis de los ejercicios 1 y 2.

   (a) Si un miércoles hace sol, ¿cuál es la probabilidad de que el sábado y domingo siguientes haga sol?

   (b) Si un miércoles está nublado, ¿cuál es la probabilidad de que el sábado y el domingo siguientes haga sol?

4. Considérese de nuevo la cadena de Markov descrita en el ejercicio 1. Supóngase que la probabilidad de que un miércoles haga sol es 0.2 y que la probabilidad de que esté nublado es 0.8.

   (a) Determínese la probabilidad de que esté nublado el jueves siguiente.

   (b) Determínese la probabilidad de que esté nublado el viernes.

   (c) Determínese la probabilidad de que esté nublado el sábado.

5. Supóngase que un estudiante llegará a tiempo o tarde a una clase y que los sucesos de que llegue a tiempo o tarde a clase en días sucesivos forman una cadena de Markov con probabilidades de transición estacionarias. Supóngase también que si llega tarde un día, entonces la probabilidad de que llegue a tiempo el día siguiente es 0.8. Además, si llega a tiempo un día, entonces la probabilidad de que llegue tarde al día siguiente es 0.5.
   (a) Si el estudiante llega tarde un día, ¿cuál es la probabilidad de que llegue a tiempo los tres días siguientes?
   (b) Si el estudiante llega a tiempo un día, ¿cuál es la probabilidad de que llegue tarde los tres días siguientes?
6. Considérese de nuevo la cadena de Markov descrita en el ejercicio 5.
   (a) Si el estudiante llega tarde el primer día de clase, ¿cuál es la probabilidad de que llegue a tiempo el cuarto día?
   (b) Si el estudiante llega a tiempo el primer día de clase, ¿cuál es la probabilidad de que llegue a tiempo el cuarto día?
7. Considérense de nuevo las hipótesis de los ejercicios 5 y 6. Supóngase que la probabilidad de que el estudiante llegue tarde en el primer día de clase es 0.7 y que la probabilidad de que llegue a tiempo es 0.3
   (a) Determínese la probabilidad de que llegue tarde el segundo día de clase.
   (b) Determínese la probabilidad de que llegue a tiempo el cuarto día de clase.
8. Supóngase que una cadena de Markov tiene cuatro estados s_1, s_2, s_3, s_4 y probabilidades de transición estacionarias como se especifica en la matriz de transición siguiente:

$$\begin{array}{c} \\ s_1 \\ s_2 \\ s_3 \\ s_4 \end{array} \begin{array}{c} \begin{array}{cccc} s_1 & s_2 & s_3 & s_4 \end{array} \\ \begin{pmatrix} 1/4 & 1/4 & 0 & 1/2 \\ 0 & 1 & 0 & 0 \\ 1/2 & 0 & 1/2 & 0 \\ 1/4 & 1/4 & 1/4 & 1/4 \end{pmatrix} \end{array}.$$

   (a) Si la cadena está en el estado s_3 en un instante de tiempo n, ¿cuál es la probabilidad de que esté en el estado s_2 en el instante de tiempo $n+2$?
   (b) Si la cadena está en el estado s_1 en un instante de tiempo n, ¿cuál es la probabilidad de que esté en el estado s_3 en el instante de tiempo $n+3$?
9. Sea X_1 el estado inicial en el instante de tiempo 1 de la cadena de Markov con la matriz de transición especificada en el ejercicio 8 y supóngase que las probabilidades iniciales son las siguientes:

$$\Pr(X_1 = s_1) = 1/8, \quad \Pr(X_1 = s_2) = 1/4,$$

$\Pr(X_1 = s_3) = 3/8, \quad \Pr(X_1 = s_4) = 1/4.$

Determínense las probabilidades de que la cadena esté en los estados s_1, s_2, s_3 y s_4 en el instante de tiempo n para cada uno de los siguientes valores de n : (a) $n = 2$; (b) $n = 3$; (c) $n = 4$.

10. Cada vez que un cliente compra un tubo de pasta de dientes, elige la marca A o la marca B. Supóngase que la probabilidad de que elija la misma marca que en la compra anterior es $1/3$ y que la probabilidad de que cambie de marca es $2/3$.
    (a) Si la primera compra es de la marca A, ¿cuál es la probabilidad de que la quinta compra sea de la marca B?
    (b) Si la primera compra es de la marca B, ¿cuál es la probabilidad de que la quinta compra sea de la marca B?

11. Supóngase que tres niños A, B y C se pasan una pelota uno a otro. Cuando A tiene la pelota se la pasa a B con probabilidad 0.2 y a C con probabilidad 0.8. Cuando B tiene la pelota se la pasa a A con probabilidad 0.6 y a C con probabilidad 0.4. Cuando C tiene la pelota es igualmente probable que se la pase a A que a B.
    (a) Considérese este proceso como una cadena de Markov y calcúlese la matriz de transición.
    (b) Si es igualmente verosímil que cada uno de los tres niños tenga la pelota en un tiempo n concreto, ¿qué niño tendrá la pelota con mayor probabilidad en el instante de tiempo $n + 2$?

12. Supóngase que se lanza repetidamente una moneda de forma que en un lanzamiento es igualmente probable que aparezca una cara que una cruz y que los lanzamientos son independientes, con la siguiente excepción: Cuando se han obtenido tres caras o tres cruces en tres lanzamientos sucesivos, entonces el resultado del siguiente lanzamiento es siempre del otro tipo. En el tiempo n ($n \geq 3$), el estado de este proceso es el especificado por los resultados de los lanzamientos $n - 2, n - 1$ y n. Demuéstrese que este proceso es una cadena de Markov con probabilidades de transición estacionarias y calcúlese la matriz de transición.

13. Existen dos urnas A y B, conteniendo cada una bolas rojas y verdes. Supóngase que la urna A contiene una bola roja y dos verdes y que la urna B contiene ocho bolas rojas y dos verdes. Considérese el siguiente proceso: Se extrae aleatoriamente una bola de la urna A y se extrae aleatoriamente una bola de la urna B. La bola extraída de la urna A se introduce en la urna B y la bola extraída de la urna B se introduce en la urna A. Estas operaciones se repiten indefinidamente. Demuéstrese que los números de bolas rojas en la urna A constituyen una cadena de Markov con probabilidades de transición estacionarias y calcúlese la matriz de transición de la cadena de Markov.

*2.4 EL PROBLEMA DE LA RUINA DEL JUGADOR

Planteamiento del problema

Supóngase que dos jugadores A y B juegan uno contra otro. Sea p un número determinado $(0 < p < 1)$ y supóngase que en cada jugada, la probabilidad de que el jugador A le gane un dólar al jugador B es p y la probabilidad de que el jugador B le gane un dólar al jugador A es $q = 1 - p$. Supóngase también que el capital inicial del jugador A es de i dólares y que el del jugador B es de $k - i$ dólares, donde i y $k - i$ son enteros positivos. Entonces, el capital total de los dos jugadores es de k dólares. Finalmente, supóngase que A y B siguen jugando hasta que el capital de uno de ellos se reduce a 0 dólares.

Considérese este juego desde el punto de vista del jugador A. Su capital inicial es de i dólares y en cada jugada su capital aumenta un dólar con probabilidad p o decrece un dólar con probabilidad q. Si $p > 1/2$, el juego le es favorable; si $p < 1/2$, el juego le es desfavorable y si $p = 1/2$, el juego es igualmente favorable para ambos jugadores. El juego termina cuando el capital del jugador A llega a k dólares, en cuyo caso al jugador B no le quedará dinero, o cuando el capital del jugador A se reduce a 0 dólares. El problema es determinar la probabilidad de que el capital del jugador A llegue a k dólares antes de que se reduzca a 0 dólares. Debido a que a uno de los jugadores no le quedará dinero al final del juego, este problema se denomina el *problema de la ruina del jugador*.

Solución del problema

Se continúa suponiendo que el capital total de los jugadores A y B es k dólares y se define a_i como la probabilidad de que el capital del jugador A llegue a k dólares antes de que se reduzca a 0 dólares, dado que su capital inicial es de i dólares. Si $i = 0$, entonces el jugador A está arruinado; y si $i = k$, entonces el jugador A ha ganado el juego. Por tanto, supóngase que $a_0 = 0$ y $a_k = 1$. Ahora se determinará el valor de a_i para $i = 1, \dots, k - 1$.

Sea A_1 el suceso de que el jugador A gane un dólar en la primera jugada; sea B_1 el suceso de que el jugador A pierda un dólar en la primera jugada y sea W el suceso de que el capital del jugador A finalmente ascienda a k dólares antes de que se reduzca a 0 dólares. Entonces

$$\begin{aligned} \Pr(W) &= \Pr(A_1)\Pr(W|A_1) + \Pr(B_1)\Pr(W|B_1) \\ &= p \ \Pr(W|A_1) + q \ \Pr(W|B_1). \end{aligned} \tag{1}$$

Puesto que el capital inicial del jugador A es de i dólares $(i = 1, \dots, k - 1)$, entonces $\Pr(W) = a_i$. Además, si el jugador A gana un dólar en la primera jugada, entonces su capital es de $i + 1$ dólares y la probabilidad $\Pr(W|A_1)$ de que su capital alcance los k dólares es, por tanto, a_{i+1}. Si A pierde un dólar en la primera jugada, entonces su capital es de $i - 1$ dólares y la probabilidad $\Pr(W|B_1)$ de que su capital alcance los k dólares es, entonces, a_{i-1}. Por tanto, por la ecuación (1),

$$a_i = pa_{i+1} + qa_{i-1}. \tag{2}$$

Sea $i = 1, \ldots, k-1$ en la ecuación (2). Entonces, puesto que $a_0 = 0$ y $a_k = 1$, se obtienen las $k-1$ ecuaciones siguientes:

$$
\begin{aligned}
a_1 &= pa_2, \\
a_2 &= pa_3 + qa_1, \\
a_3 &= pa_4 + qa_2, \\
&\cdots\cdots\cdots\cdots\cdots \\
a_{k-2} &= pa_{k-1} + qa_{k-3}, \\
a_{k-1} &= p + qa_{k-2}.
\end{aligned} \tag{3}
$$

Si el valor de a_i en la parte derecha de la i-ésima ecuación se sustituye por $pa_i + qa_i$ y se realizan algunas operaciones sencillas, estas $k-1$ ecuaciones se pueden reescribir como sigue:

$$
\begin{aligned}
a_2 - a_1 &= \frac{q}{p}a_1, \\
a_3 - a_2 &= \frac{q}{p}(a_2 - a_1) = \left(\frac{q}{p}\right)^2 a_1, \\
a_4 - a_3 &= \frac{q}{p}(a_3 - a_2) = \left(\frac{q}{p}\right)^3 a_1, \\
&\vdots \qquad\qquad \vdots \qquad\qquad \vdots \\
a_{k-1} - a_{k-2} &= \frac{q}{p}(a_{k-2} - a_{k-3}) = \left(\frac{q}{p}\right)^{k-2} a_1, \\
1 - a_{k-1} &= \frac{q}{p}(a_{k-1} - a_{k-2}) = \left(\frac{q}{p}\right)^{k-1} a_1.
\end{aligned} \tag{4}
$$

Igualando la suma de las partes izquierdas de estas $k-1$ ecuaciones con las sumas de las partes derechas, se obtiene la relación

$$
1 - a_1 = a_1 \sum_{i=1}^{k-1} \left(\frac{q}{p}\right)^i. \tag{5}
$$

Solución para un juego equilibrado. Supóngase en primer lugar que $p = q = 1/2$. Entonces $q/p = 1$ y por la ecuación (5) resulta que $1 - a_1 = (k-1)a_1$, de donde $a_1 = 1/k$. A su vez, de la primera ecuación de (4) se deduce que $a_2 = 2/k$; de la segunda ecuación de (4) resulta que $a_3 = 3/k$ y así sucesivamente. De esta forma, se obtiene la siguiente solución cuando $p = q = 1/2$:

$$a_i = \frac{i}{k} \qquad para\ i = 1, \ldots, k-1. \tag{6}$$

Ejemplo 1: Probabilidad de ganar un juego equilibrado. Supóngase que $p = q = 1/2$, en cuyo caso el juego es igualmente favorable a ambos jugadores, y supóngase que el capital inicial del jugador A es de 98 dólares y que el capital del jugador B es de solamente 2 dólares. En este ejemplo, $i = 98$ y $k = 100$. Por tanto, de la ecuación (6) se deduce que existe una probabilidad de 0.98 de que el jugador A gane dos dólares al jugador B antes de que el jugador B gane 98 dólares al jugador A. ◁

Solución para un juego desequilibrado. Supóngase ahora que $p \neq q$. Entonces la ecuación (5) se puede reescribir de la forma

$$1 - a_1 = a_1 \frac{\left(\frac{q}{p}\right)^k - \left(\frac{q}{p}\right)}{\left(\frac{q}{p}\right) - 1}. \tag{7}$$

Por tanto,

$$a_1 = \frac{\left(\frac{q}{p}\right) - 1}{\left(\frac{q}{p}\right)^k - 1}. \tag{8}$$

Cada uno de los restantes valores de a_i para $i = 2, \ldots, k-1$ se pueden determinar a su vez a partir de las ecuaciones de (4). De esta forma, se obtiene la siguiente solución:

$$a_i = \frac{\left(\frac{q}{p}\right)^i - 1}{\left(\frac{q}{p}\right)^k - 1} \qquad \text{para } i = 1, \ldots, k-1. \tag{9}$$

Ejemplo 2: Probabilidad de ganar en un juego desfavorable. Supóngase que $p = 0.4$ y $q = 0.6$, en cuyo caso la probabilidad de que el jugador A gane un dólar en cualquier jugada es menor que la probabilidad de que lo pierda. Supóngase también que el capital inicial del jugador A es de 99 dólares y que el capital inicial del jugador B es sólo de un dólar. Se determinará la probabilidad de que el jugador A gane un dólar al jugador B antes de que el jugador B gane 99 dólares al jugador A.

En este ejemplo, la probabilidad a_i resulta de la ecuación (9), para $q/p = 3/2, i = 99$ y $k = 100$. Por tanto,

$$a_i = \frac{\left(\frac{3}{2}\right)^{99} - 1}{\left(\frac{3}{2}\right)^{100} - 1} \approx \frac{1}{\frac{3}{2}} = \frac{2}{3}.$$

De aquí que, aunque la probabilidad de que el jugador A gane un dólar en cualquier jugada sea solamente 0.4, la probabilidad de que gane un dólar antes de que pierda 99 dólares es aproximadamente $2/3$. ◁

EJERCICIOS

1. Considérense las siguientes condiciones posibles para el problema de la ruina del jugador:
   (a) El capital inicial del jugador A es de 2 dólares y la del jugador B es de 1 dólar.
   (b) El capital inicial del jugador A es de 20 dólares y la del jugador B es de 10 dólares.
   (c) El capital inicial del jugador A es de 200 dólares y la del jugador B es de 100 dólares.

   Supóngase que $p = q = 1/2$. ¿Cuál de estas tres condiciones proporciona la mayor probabilidad de que el jugador A gane el capital inicial del jugador B antes de que pierda su propio capital inicial?

2. Considérense de nuevo las condiciones (a), (b) y (c) del ejercicio 1, pero supóngase ahora que $p < q$. ¿Cuál de estas tres condiciones proporciona la mayor probabilidad de que el jugador A gane el capital inicial del jugador B antes de perder su propio capital inicial?

3. Considérense de nuevo las condiciones (a), (b) y (c) del ejercicio 1, pero supóngase ahora que $p > q$. ¿Cuál de estas tres condiciones proporciona la mayor probabilidad de que el jugador A gane el capital inicial del jugador B antes de perder su propio capital inicial?

4. Supóngase que en cada jugada de un juego es igualmente verosímil que una persona gane o pierda un dólar. Supóngase también que su objetivo es ganar 2 dólares en el juego. ¿Qué capital inicial debe tener la persona para que la probabilidad de que alcance su objetivo antes de perder su capital inicial sea al menos 0.99?

5. Supóngase que en cada jugada de un juego, una persona gana un dólar con probabilidad $2/3$ o lo pierde con probabilidad $1/3$. Supóngase también que su objetivo es ganar dos dólares en el juego. ¿Qué capital inicial debe tener la persona para que la probabilidad de alcanzar su objetivo antes de perder su capital inicial sea al menos 0.99?

6. Supóngase que en cada jugada de un juego, una persona gana un dólar con probabilidad $1/3$ o lo pierde con probabilidad $2/3$. Supóngase también que su objetivo es ganar dos dólares en el juego. Demuéstrese que cualquiera que sea su capital inicial, la probabilidad de alcanzar su objetivo antes de perder su capital inicial es menor que $1/4$.

7. Supóngase que la probabilidad de que al lanzar una moneda aparezca una cara es p $(0 < p < 1)$ y supóngase que se lanza la moneda repetidamente. Sea X_n el número total de caras que se han obtenido en los n primeros lanzamientos y sea $Y_n = n - X_n$ el número total de cruces en los n primeros lanzamientos. Supóngase que se deja de lanzar la moneda tan pronto como se alcance un número n tal que $X_n = Y_n + 3$ o $Y_n = X_n + 3$. Determínese la probabilidad de que $X_n = Y_n + 3$ cuando se deja de lanzar la moneda.

8. Supóngase que una urna A contiene 5 bolas y que otra urna B contiene 10 bolas. Se selecciona aleatoriamente una de estas dos urnas, se extrae una bola de esta urna y se introduce en la otra. Si este proceso se repite indefinidamente, ¿cuál es la probabilidad de que la urna A se vacíe antes de vaciarse la B?

*2.5 SELECCIÓN DEL MEJOR ELEMENTO

Selección óptima

En esta sección se describe un problema especial de decisión que ilustra claramente como se pueden aplicar los conceptos de probabilidad desarrollados para alcanzar unos resultados sorprendentemente consistentes. Supóngase que un empresario debe contratar a uno entre n candidatos para ocupar un puesto vacante. Se harán las siguientes hipótesis sobre el proceso de contratación.

Los candidatos se presentarán por orden aleatorio para ser entrevistados. Después de entrevistar a cada candidato, se debe decidir de inmediato si se quiere contratar. Si se decide contratarlo, el proceso termina. Si se decide no contratarlo, entonces se procede a entrevistar a otro. El candidato que acaba de ser entrevistado se va y supóngase que acepta otro empleo. Por tanto, una vez que se ha decidido no contratar a un candidato, no se puede cambiar de opinión más tarde.

Al principio del proceso no se tiene información acerca de la cualificación o habilidad de ninguno de los n candidatos. Sin embargo, después de entrevistar a un candidato puede clasificarse comparándolo con los entrevistados previamente. Puesto que los candidatos llegan en orden aleatorio, la única información que se puede obtener acerca del primer candidato (aún después de haberlo entrevistado) es que es igualmente probable que ocupe cualquiera de los rangos $1, \ldots, n$ entre los n candidatos. En otras palabras, no se tiene información inmediata sobre el rango relativo del primer candidato. Todo lo que se sabe es que es igualmente probable que sea el mejor candidato, el peor candidato o cualquiera entre éstos.

Después de entrevistar al segundo candidato, puede determinarse si es mejor o peor que el primero. Sin embargo, no se sabe con certeza qué posición ocuparían entre los n candidatos. Después de entrevistar al tercer candidato, puede determinarse cuál es el mejor entre los tres primeros candidatos, pero sigue sin saberse qué posición ocuparía el tercero entre los n candidatos. Sólo si no se interrumpe el proceso de entrevistas hasta haber recibido a los n candidatos, se podrán determinar todas las posiciones.

Ahora se introduce un factor de emoción y riesgo en el proceso suponiendo que se debe contratar al mejor de los n candidatos. Si no se consigue contratar al mejor de los n candidatos, no se habrá alcanzado el propósito y entonces no importa cuál de los restantes $n - 1$ candidatos se contrate. Por tanto, al entrevistar a los candidatos uno por uno, se fallará si se detiene el proceso demasiado pronto y se contrata a un candidato mientras que el mejor continúa esperando ser entrevistado, y se fallará también si, sin saberlo, se continúa después de entrevistar al mejor candidato con la esperanza de que haya uno todavía mejor esperando ser entrevistado.

Forma del mejor procedimiento

Según el planteamiento del problema, resulta que no se debería detener el proceso y contratar a un candidato que no es mejor que los entrevistados previamente, puesto que no puede ser el mejor entre los n candidatos. Las únicas veces en que hay que tomar una decisión seria son aquellas en las que se entrevista a un candidato que es mejor que todos los anteriores. Entonces debe decidirse si detener el proceso, debido a la posibilidad de que este candidato sea realmente el mejor entre los n, o continuar debido a la posibilidad de que el mejor aún esté por llegar.

Se denomina contendiente a un candidato que es mejor que los anteriores. Por tanto, después de haber entrevistado a un contendiente, hay que decidir inmediatamente si detener el proceso o seguir adelante. Si el contendiente aparece entre los primeros candidatos entrevistados, no se querrá detener el proceso porque existe una probabilidad muy alta de que el mejor candidato continúe entre los candidatos restantes. Por otro lado, si un contendiente aparece cuando sólo quedan por entrevistar unos cuantos candidatos, se querrá detener el proceso debido a que existe una probabilidad muy baja de que todavía quede por entrevistar un candidato mejor. De estos comentarios se deduce que no se querrá detener el proceso y contratar a un contendiente que aparezca antes de haber alcanzado una etapa crítica en el proceso y se querrá detenerlo y contratar a un contendiente que aparezca después de esa etapa crítica.

A la luz de esta exposición, se considera un procedimiento del siguiente tipo: El proceso nunca se detendrá antes de haber entrevistado r candidatos. Si el r-ésimo candidato es un contendiente, entonces se detendrá el proceso y ese contendiente será contratado. Si el r-ésimo no es un contendiente, el proceso continuará hasta encontrar uno. Entonces se detendrá el proceso y ese contendiente será contratado. Ahora bien, si el proceso continúa más allá del r-ésimo candidato y no se encuentra otro contendiente, se habrá fracasado.

Se puede demostrar por métodos complicados que el procedimiento óptimo, es decir, el procedimiento que maximiza la probabilidad de contratar al mejor candidato, es realmente de la forma descrita. Para poner en práctica esta regla, se debe elegir un valor numérico para r. Ahora se determinará el valor de r para el cual la probabilidad p_r de contratar al mejor candidato sea máxima y se verá que esta probabilidad es sorprendentemente grande.

El mejor procedimiento

Sea A el suceso de contratar realmente al mejor candidato y para $i = 1, \ldots, n$, sea B_i el suceso de que el mejor candidato sea la i-ésima persona entrevistada. Entonces,

$$p_r = \Pr(A) = \sum_{i=1}^{n} \Pr(A|B_i)\Pr(B_i). \tag{1}$$

Puesto que el proceso no se detendrá antes de entrevistar al r-ésimo candidato, no hay posibilidad de contratar al mejor si es uno de los primeros $r-1$ candidatos entrevistados. De aquí que,

$$\Pr(A|B_i) = 0 \qquad \text{para } i = 1, \ldots, r-1. \tag{2}$$

Además, si el mejor candidato es la r-ésima persona entrevistada, entonces es seguro que será un contendiente cuando sea entrevistado. En este caso, el proceso se detendrá correctamente y se contratará. Por tanto,

$$\Pr(A|B_r) = 1. \tag{3}$$

Puesto que los candidatos llegan en orden aleatorio, es igualmente probable que el mejor candidato llegue en cualquier momento del proceso. De aquí que

$$\Pr(B_i) = \frac{1}{n} \qquad \text{para } i = 1, \ldots, n. \tag{4}$$

De la ecuación (1) resulta ahora que

$$p_r = \frac{1}{n}\left[1 + \sum_{i=r+1}^{n} \Pr(A|B_i)\right]. \tag{5}$$

Supóngase ahora que ocurre el proceso B_i, esto es, el mejor candidato es la i-ésima persona entrevistada ($i = r+1, \ldots, n$). En este caso, si no se ha detenido el proceso antes de entrevistar al i-ésimo candidato, se detendrá entonces inmediatamente después de la i-ésima entrevista y se contratará correctamente al mejor candidato. Por tanto, el suceso de que el mejor candidato sea contratado es el mismo que el suceso de que no se detendrá el proceso antes de las primeras $i-1$ entrevistas. Este suceso es el mismo que el suceso de que no existan contendientes entre los candidatos entrevistados en las etapas $r, r+1, \ldots, i-1$. A su vez, este suceso es el mismo que el suceso de que el mejor candidato entre los $i-1$ primeros esté entre los primeros $r-1$ candidatos entrevistados.

Para analizar esta última afirmación, se denomina γ al candidato que es realmente el mejor entre los $i-1$ primeros. En primer lugar, supóngase que γ llega en cualquiera de las etapas $r, r+1, \ldots, i-1$. En este caso, γ es un contendiente cuando es entrevistado y se detendrán las entrevistas para contratarlo. Sin embargo, si se detiene el proceso se habrá fracasado porque el mejor de los n llega hasta la etapa i. Supóngase, en lugar de eso, que γ llega entre los primeros $r-1$ candidatos entrevistados. Entonces no habrá que contratarlo, puesto que no se debe detener el proceso antes de la etapa r y como γ es mejor que cualquiera de los candidatos entrevistados en las etapas $r, r+1, \ldots, i-1$, el proceso no se detendrá después de ninguna de esas etapas. En este caso se logrará seleccionar el mejor candidato en la etapa i.

Puesto que es igualmente probable que el mejor de los $i-1$ primeros candidatos aparezca en cualquiera de las $i-1$ primeras etapas, la probabilidad de que realmente aparezca entre las primeras $r-1$ es $(r-1)/(i-1)$. Por tanto, se establece que

$$\Pr(A|B_i) = \frac{r-1}{i-1} \qquad \text{para } i = r+1, \ldots, n. \tag{6}$$

De la ecuación (5),

$$\begin{aligned} p_r &= \frac{1}{n}\left(1 + \frac{r-1}{r} + \frac{r-1}{r+1} + \cdots + \frac{r-1}{n-1}\right) \\ &= \frac{1}{n} + \frac{r-1}{n}\left(\frac{1}{r} + \frac{1}{r+1} + \cdots + \frac{1}{n-1}\right). \end{aligned} \tag{7}$$

Se debe encontrar el valor de r para el cual p_r es un máximo. De la ecuación (7), después de algunos cáculos resulta que

$$p_{r+1} - p_r = \frac{1}{n}\left(\frac{1}{r} + \frac{1}{r+1} + \cdots + \frac{1}{n-1} - 1\right). \tag{8}$$

Se puede observar en la ecuación (8) que la diferencia $(p_{r+1} - p_r)$ es una función decreciente de r. Mientras esta diferencia sea positiva, p_{r+1} será mayor que p_r. Sin embargo, en cuanto esta diferencia sea negativa para algún valor de r, entonces p_{r+1} será menor que p_r y continuará decreciendo para todos los valores mayores de r. Por tanto, el valor de r para el cual p_r es un máximo será el menor valor de r para el cual $(p_{r+1} - p_r) \leq 0$.

De la ecuación (8) resulta ahora que se debe hallar el menor valor de r tal que

$$\frac{1}{r} + \frac{1}{r+1} + \cdots + \frac{1}{n-1} \leq 1. \tag{9}$$

Tabla 2.1

n	r^*	p_{r^*}
2	1 ó 2	0.5
3	2	0.5
4	2	0.4583
5	3	0.4333
6	3	0.4278
7	3	0.4143
8	4	0.4098
9	4	0.4060
10	4	0.3987
15	6	0.3894
20	8	0.3842
30	12	0.3787
50	19	0.3742
100	38	0.3710
1000	369	0.3682

Se llama a este valor r^*. La tabla 2.1, proporciona los valores de r^* para varios valores de n y también la probabilidad p_{r^*} de contratar realmente al mejor candidato cuando se utiliza el procedimiento basado en r^*.

Los valores de p_{r^*} proporcionados por la tabla 2.1 son sorprendentemente grandes. Cuando hay 10 candidatos, hay un 40% de posibilidades de contratar al mejor. Para 100 candidatos, hay un 37% de posibilidades de contratar al mejor e incluso para 1000 candidatos sigue habiendo un 37% de posibilidades de contratar al mejor.

Se observa que los valores de p_{r^*} de la tabla 2.1 no sólo son sorprendentemente grandes sino que decrecen sorprendentemente despacio cuando n aumenta. Es natural investigar el comportamiento límite de p_{r^*} cuando $n \to \infty$. Se demostrará ahora que p_{r^*} decrece tan despacio que su límite inferior no llega a ser cero, independientemente de lo grande que sea n. De hecho, p_{r^*} converge a un límite muy sencillo e interesante cuando $n \to \infty$.

El sencillo pero interesante valor límite

Puesto que r^* es el menor valor de r para el cual se verifica la ecuación (9), para valores grandes de n se cumplirá aproximadamente que

$$\frac{1}{r^*} + \frac{1}{r^* + 1} + \cdots + \frac{1}{n-1} \approx 1. \tag{10}$$

La suma de la parte derecha de la ecuación (10) es igual a la suma de las áreas de los rectángulos sombreados de la figura 2.3 y puede ser aproximada por la integral siguiente:

$$\int_{r^*}^{n} \frac{1}{x}\, dx = \log n - \log r^* = \log \frac{n}{r^*}\cdot \tag{11}$$

Tanto aquí como en el resto del libro, la abreviatura log se utiliza para representar al logaritmo natural, esto es, el logaritmo con base e.

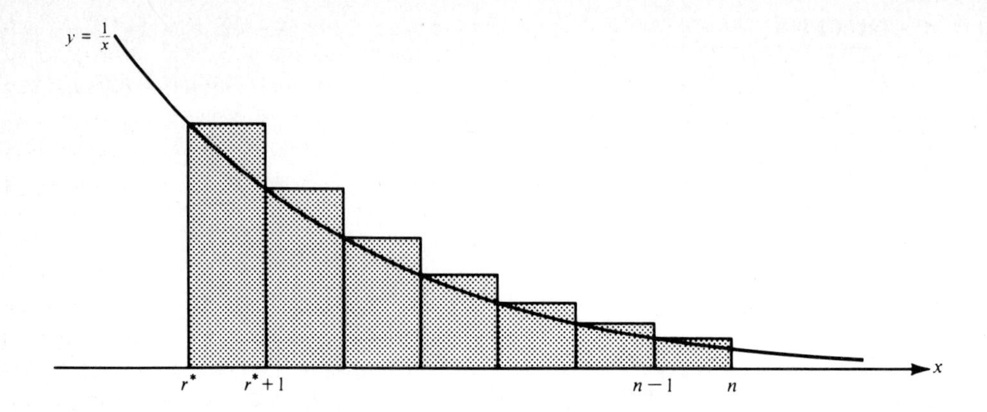

Figura 2.3 Aproximación de la suma por una integral.

De la ecuación (10), resulta entonces que

$$\log \frac{n}{r^*} \approx 1. \tag{12}$$

Por tanto,

$$r^* = \frac{1}{e}(n) = 0.3679\ n. \tag{13}$$

La interpretación de la ecuación (13) es que el mejor procedimiento para valores grandes de n tiene aproximadamente la siguiente forma sencilla: El proceso de entrevista no se detendrá hasta haber encontrado la proporción 0.3679 del total de los candidatos. A partir de aquí, el proceso se detendrá en cuanto aparezca el primer contendiente, el cual será contratado.

Además, de las ecuaciones (10), (7) y (13) resulta que

$$p_{r^*} \approx \frac{r^*}{n} \approx \frac{1}{e} = 0.3679. \tag{14}$$

Entonces, la probabilidad de contratar al mejor candidato es aproximadamente $1/e =$ $= 0.3679$, independientemente del tamaño de n. De hecho, se puede demostrar que $p_{r^*} > 1/e$ para cualquier valor finito de n y que

$$\lim_{n\to\infty} p_{r^*} = \frac{1}{e}. \tag{15}$$

Juegos de salón

Ahora se describen dos juegos en los cuales se pueden verificar los resultados recién expuestos. Uno de los juegos es individual y el otro es para dos personas. Para jugar al primero se escriben los números del 1 al 50 en distintas papeletas que se depositan en una urna. Como se muestra en la tabla 2.1, el valor de r^* para $n = 50$ es 19. Por tanto, se empieza extrayendo de la urna 18 papeletas al azar y sin reemplazamiento y se apuntan sus números. Entonces se sigue extrayendo papeletas de una en una, sin reemplazamiento, hasta obtener una con un número X mayor que el de las previamente extraídas. Se gana si $X = 50$ y se pierde si la papeleta con el número 50 estaba entre las primeras 18 o si $X < 50$. Como se indica en la tabla 2.1, la probabilidad de ganar es aproximadamente 0.37.

En el segundo juego, el primer jugador escribe sin revelar al otro 50 números distintos (no necesariamente enteros) en otras tantas papeletas. Se extraen las papeletas de la urna de una en una, sin reemplazamiento, se observan y se apuntan los números de cada papeleta extraída. Como antes, no se interrumpe el proceso durante las 18 primeras extracciones y entonces, a partir de la papeleta diecinueve, se para al obtener una papeleta con un número X mayor que los previamente extraídos. Se gana si X es el mayor de los 50 números escritos en las papeletas. De nuevo, la probabilidad de ganar es aproximadamente 0.37.

Aunque en cualquiera de estos juegos se empleen 500 ó 50 000 papeletas, la probabilidad de ganar sigue siendo mayor que 0.36. Por tanto, si se juega al segundo juego sucesivas veces con otra persona deberá ganarse aproximadamente una de cada tres veces. Si el contrincante no está enterado de la efectividad del procedimiento, se puede conseguir ganarle algunas apuestas.

2.6 EJERCICIOS COMPLEMENTARIOS

1. Supóngase que A, B y D son tres sucesos cualesquiera tales que $\Pr(A|D) \geq \Pr(B|D)$ y $\Pr(A|D^c) \geq \Pr(B|D^c)$. Demuéstrese que $\Pr(A) \geq \Pr(B)$.

2. Para tres sucesos cualesquiera A, B y D tales que $\Pr(D) > 0$, demuéstrese que $\Pr(A \cup B|D) = \Pr(A|D) + \Pr(B|D) - \Pr(AB|D)$.

3. Supóngase que A y B son sucesos independientes tales que $\Pr(A) = 1/3$ y $\Pr(B) > 0$. ¿Cuál es el valor de $\Pr(A \cup B^c|B)$?

4. Supóngase que A y B son sucesos tales que $\Pr(A) = 1/3$, $\Pr(B) = 1/5$ y $\Pr(A|B) + \Pr(B|A) = 2/3$. Calcúlese $\Pr(A^c \cup B^c)$.

5. Supóngase que A, B y D son sucesos tales que A y B son independientes, $\Pr(ABD) = 0.04$, $\Pr(D|AB) = 0.25$ y $\Pr(B) = 4\Pr(A)$. Calcúlese $\Pr(A \cup B)$.

6. Supóngase que en diez lanzamientos de un dado equilibrado, el número 6 apareció exactamente tres veces. ¿Cuál es la probabilidad de que en los tres primeros lanzamientos aparezca el número 6?

7. Supóngase que un dado equilibrado se lanza repetidas veces hasta que aparece el mismo número en dos lanzamientos sucesivos y sea X el número de lanzamientos necesarios para ello. Determínese el valor de $\Pr(X = x)$ para $x = 2, 3, \ldots$

8. Supóngase que el 80% de los estadísticos son tímidos, mientras que solamente el 15% de los economistas son tímidos. Supóngase también que el 90% de las personas en una reunión son economistas y el otro 10% son estadísticos. Si en la reunión se conoce a una persona tímida, ¿cuál es la probabilidad de que esa persona sea un estadístico?

9. En tres factorías distintas A, B y C se fabrican los coches de una cierta marca. La factoría A fabrica el 20% del total de coches de dicha marca; B fabrica el 50% y C fabrica el 30%. Sin embargo, el 5% de los coches producidos en A son verdes; el 2% de los fabricados en B son verdes y el 10% de los fabricados en C son verdes. Si se compra un coche de esa marca y resulta ser de color verde ¿cuál es la probabilidad de que haya sido fabricado por la factoría A?

10. Supóngase que el 30% de las botellas fabricadas en una planta son defectuosas. Si una botella es defectuosa, la probabilidad de que un controlador la detecte y la saque de la cadena de producción es 0.9. Si una botella no es defectuosa, la probabilidad de que el controlador piense que es defectuosa y la saque de la cadena de producción es 0.2. (a) Si una botella se saca de la cadena de producción, ¿cuál es la probabilidad de que sea defectuosa? (b) Si un cliente compra una botella que no ha sido sacada de la cadena de producción, ¿cuál es la probabilidad de que sea defectuosa?

11. Supóngase que se lanza una moneda equilibrada hasta que aparece una cara y que entonces se raliza este experimento por segunda vez; ¿Cuál es la probabilidad de que en el segundo experimento se necesiten más lanzamientos que en el primero?

12. Supóngase que una familia tiene exactamente n hijos ($n \geq 2$) y que la probabilidad de que uno de ellos sea niña es $1/2$ y que todos los cumpleaños son independientes. Dado que la familia tiene al menos una niña, determínese la probabilidad de que la familia tenga al menos un niño.

13. Supóngase que una moneda equilibrada se lanza independientemente n veces. Determínese la probabilidad de obtener exactamente $n-1$ caras, dado (a) que se obtienen al menos $n-2$ caras y (b) que se obtienen caras en los primeros $n-2$ lanzamientos.

14. Supóngase que se seleccionan 13 cartas aleatoriamente de un mazo de 52 cartas. (a) Si se sabe que ha sido seleccionado al menos un as, ¿cuál es la probabilidad de que hayan sido seleccionados al menos dos ases ? (b) Si se sabe que ha sido seleccionado el as de corazones, ¿cuál es la probabilidad de que hayan sido seleccionados al menos dos ases?

15. Supóngase que se introducen n cartas en n sobres, como en el problema de coincidencias de la sección 1.10, y sea q_n la probabilidad de que ninguna carta sea introducida correctamente en su sobre. Demuéstrese que la probabilidad de que sea introducida exactactamente una carta en el sobre correcto es q_{n-1}.

16. Considérense de nuevo las hipótesis del ejercicio 6 de la sección 1.11. Si exactamente uno de los dos estudiantes A y B está en clase un día concreto, ¿cuál es la probabilidad de que sea A?

17. Considérense de nuevo las hipótesis del ejercicio 6 de la sección 1.11. Si exactamente uno de los dos estudiantes A y B está en clase un día concreto, ¿cuál es la probabilidad de que sea A?

18. Considérense de nuevo las hipótesis del ejercicio 1 de la sección 1.10. Si una familia seleccionada aleatoriamente en la ciudad está suscrita exactamente a uno de los tres periódicos A, B y C, ¿cuál es la probabilidad de que sea al periódico A?

19. Tres prisioneros A, B y C saben que van a ser ejecutados dos de ellos, pero no quiénes. A sabe que el vigilante no le dirá si va a ser él, pero pregunta por el nombre de un prisionero distinto que vaya a ser ejecutado. El vigilante le responde que será B. Con esta respuesta, A razona del modo siguiente: Antes de hablar con el vigilante, la probabilidad de ser él uno de los ejecutados era $2/3$. Después de la consulta al vigilante, sabe que el otro ejecutado será él o C. Así pues, la probabilidad de ser ejecutado es ahora $1/2$. Entonces, gracias a la pregunta, su probabilidad de ser ejecutado se redujo de $2/3$ a $1/2$. Como quiera que podía haber llegado al mismo razonamiento con independencia de la respuesta del vigilante, expóngase dónde está el error en el razonamiento del prisionero.

20. Tres niños, A, B y C, están jugando al tenis. En cada partido, dos de los niños juegan uno contra otro y el tercero no juega. El ganador de cada partido n juega de nuevo en el partido $n+1$ contra el niño que no jugó en el partido n y el perdedor del partido n no juega en el partido $n+1$. La probabilidad de que A venza a B en cualquier partido que jueguen uno contra otro es 0.3; la probabilidad de que A venza a C es 0.6 y la probabilidad de que B venza a C es 0.8. Represéntese este proceso como una cadena de Markov con probabilidades de transición estacionarias definiendo los estados posibles y construyendo la matriz de transición.

21. Considérese de nuevo la cadena de Markov descrita en el ejercicio 20. (a) Determínese la probabilidad de que dos niños que juegan uno contra otro en el primer partido, jueguen uno contra otro en el cuarto partido. (b) Demuéstrese que esta probabilidad no depende de qué dos niños jueguen en el primer partido.

22. Supóngase que cada uno de los jugadores A y B tienen un capital inicial de 50 dólares y que existe una probabilidad p de que el jugador A gane en una jugada al jugador B. Supóngase, también, que un jugador le puede ganar al otro un dólar en cada jugada o que pueden doblar las apuestas y uno puede ganar dos dólares al otro en cada jugada. ¿Para cuál de estas dos condiciones tiene A mayor probabilidad de ganar el capital inicial de B antes de perder su propio capital para alcanzar una de las siguientes condiciones: (a) $p < 1/2$; (b) $p > 1/2$; (c) $p = 1/2$?

Variables aleatorias y distribuciones 3

3.1 VARIABLES ALEATORIAS Y DISTRIBUCIONES DISCRETAS

Definición de variable aleatoria

Considérese un experimento cuyo espacio muestral es el conjunto S. Una función con valores reales que está definida sobre el espacio S recibe el nombre de *variable aleatoria*. En otras palabras, en un experimento concreto, una variable aleatoria X sería una función que asigna un número real $X(s)$ a cada resultado posible $s \in S$.

Ejemplo 1: Lanzamiento de una moneda. Considérese un experimento en el que se lanza una moneda diez veces. En este experimento se puede considerar que el espacio muestral es el conjunto de resultados consistente en las 2^{10} sucesiones distintas posibles de diez caras y cruces y la variable aleatoria X podría ser el número de caras obtenidas en los diez lanzamientos. Para cada sucesión posible s formada por diez caras y cruces, esta variable aleatoria asignaría entonces un número $X(s)$ igual al número de caras en la sucesión. Por tanto, si s es la sucesión HHTTHTTTH, entonces $X(s) = 4$. ◃

Ejemplo 2: Selección de un punto en el plano. Supóngase que se selecciona un punto en el plano xy de acuerdo con una distribución de probabilidad específica. Así cada resultado del espacio muestral es un punto de la forma $s = (x, y)$. Si la variable aleatoria X se define como la coordenada x del punto seleccionado, entonces $X(s) = x$ para cada resultado s. Otra variable aleatoria posible Y para este experimento es la coordenada y

del punto seleccionado. Una posible tercera variable aleatoria Z es la distancia del origen al punto seleccionado. Estas variables aleatorias están definidas por las funciones

$$Y(s) = y \quad \text{y} \quad Z(s) = (x^2 + y^2)^{1/2}. \quad \triangleleft$$

Ejemplo 3: ***Medición de la estatura de una persona.*** Considérese un experimento en el que se selecciona una persona al azar de una población y se mide su estatura en centímetros. Esta estatura es una variable aleatoria. $\triangleleft$

Distribución de una variable aleatoria

Cuando se ha especificado una distribución de probabilidad en el espacio muestral de un experimento, se puede determinar una distribución de probabilidad para los valores posibles de cualquier variable aleatoria X. Sea A cualquier subconjunto de la recta real y sea $\Pr(X \in A)$ la probabilidad de que el valor de X pertenezca al subconjunto A. Entonces $\Pr(X \in A)$ es igual a la probabilidad de que el resultado s del experimento sea tal que $X(s) \in A$. En símbolos,

$$\Pr(X \in A) = \Pr\{s : X(s) \in A\}.$$

Ejemplo 4: ***Lanzamiento de una moneda.*** Considérese de nuevo un experimento en el que se lanza una moneda diez veces y sea X el número de caras que se obtienen. En este experimento, los valores posibles de X son $0, 1, 2, \ldots, 10$ y como se explicó en el ejemplo 2 de la sección 1.8,

$$\Pr(X = x) = \binom{10}{x} \frac{1}{2^{10}} \quad \text{para } x = 0, 1, 2, \ldots, 10. \quad \triangleleft$$

Ejemplo 5: ***Selección de un punto en un rectángulo.*** Considérese un experimento en el que se selecciona aleatoriamente un punto $s = (x, y)$ del rectángulo $S = \{(x, y) : 0 \leq \leq x \leq 2 \text{ y } 0 \leq y \leq 1/2\}$ representado en la figura 3.1. El área del rectángulo S es 1 y supóngase que la probabilidad de que el punto seleccionado esté contenido en cualquier subconjunto concreto de S es igual al área de ese subconjunto. Si la variable aleatoria X es la coordenada x del punto seleccionado, entonces para cualesquiera números x_1 y x_2 tales que $0 \leq x_1 \leq x_2 \leq 2$, resulta que $\Pr(x_1 \leq X \leq x_2)$ será igual al área de la porción sombreada de la figura 3.1. Por tanto,

$$\Pr(x_1 \leq X \leq x_2) = \frac{1}{2}(x_2 - x_1). \quad \triangleleft$$

Distribuciones discretas

Se dice que una variable aleatoria X tiene una *distribución discreta* si X sólo puede tomar un número finito k de valores distintos $x_1, \ldots, x_k$ o, a lo sumo, una sucesión infinita de valores distintos $x_1, x_2, \ldots$ Si una variable aleatoria X tiene una distribución discreta, la *función de probabilidad* (abreviada f.p.) de X se define como la función f tal que para cualquier número real x,

$$f(x) = \Pr(X = x).$$

Para cualquier punto x que no es uno de los valores posibles de X, es evidente que $f(x) = 0$. También, si la sucesión $x_1, x_2, \ldots$ incluye todos los valores posibles de X, entonces $\sum_{i=1}^{\infty} f(x_i) = 1$. En la figura 3.2 está representada una típica f.p. en la que cada segmento vertical representa el valor de $f(x)$ correspondiente a un valor posible x. La suma de las alturas de los segmentos verticales en esa figura debe ser 1.

Si X tiene una distribución discreta, se puede determinar la probabilidad de cualquier subconjunto A de la recta real a partir de la relación

$$\Pr(X \in A) = \sum_{x_i \in A} f(x_i).$$

Se ilustran estos conceptos considerando dos tipos específicos de distribuciones discretas.

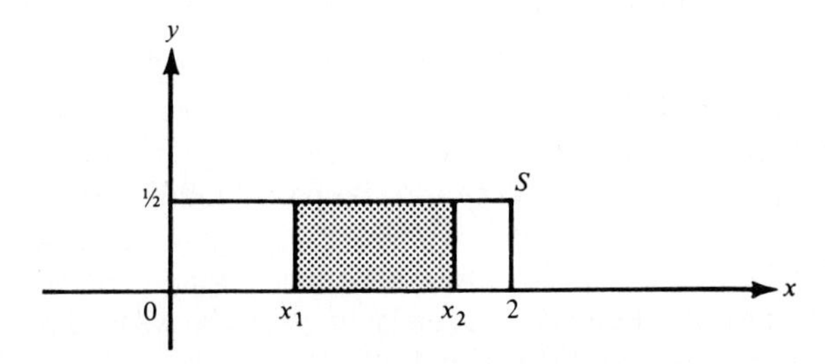

Figura 3.1 Puntos donde $x_1 \le X(s) \le x_2$.

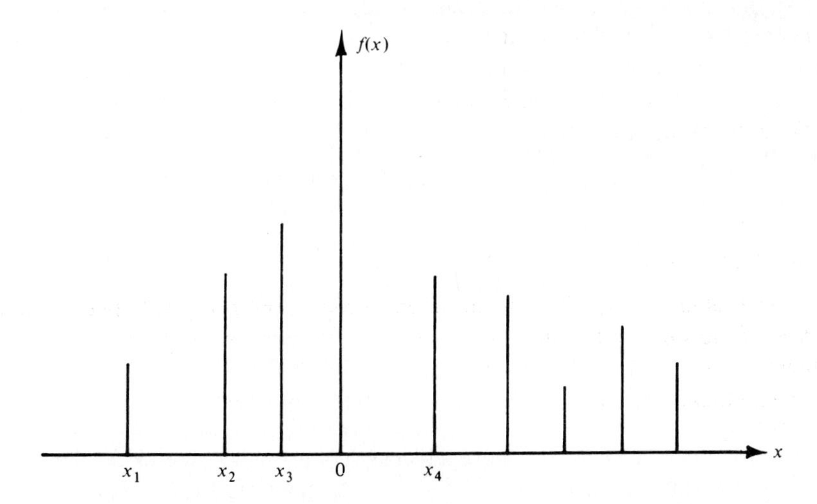

Figura 3.2 Ejemplo de una f.p.

Distribución uniforme sobre enteros

Supóngase que es igualmente verosímil que el valor de la variable aleatoria X sea cualquiera de los k enteros $1, 2, \ldots, k$. Entonces la f.p. de X es la siguiente:

$$f(x) = \begin{cases} \dfrac{1}{k} & \text{para } x = 1, 2, \ldots, k, \\ 0 & \text{en otro caso.} \end{cases}$$

Esta distribución discreta se denomina la *distribución discreta sobre los enteros* 1, 2,..., k. Representa el resultado de un experimento que a menudo se describe diciendo que se *selecciona al azar* uno de los enteros $1, 2, \ldots, k$. En este contexto, la frase "al azar" significa los k enteros tienen la misma probabilidad de ser seleccionados. En este mismo sentido, no es posible seleccionar un entero al azar del conjunto de *todos* los enteros positivos porque no es posible asignar la misma probabilidad a cada uno de los enteros positivos y que la suma de estas probabilidades siga siendo igual a 1. En otras palabras, no se puede asignar una distribución uniforme a una sucesión infinita de valores posibles, pero se puede asignar una distribución de este tipo a cualquier sucesión finita.

Distribución binomial

Supóngase que una máquina produce un artículo defectuoso con probabilidad p ($0 < p < 1$) y produce uno no defectuoso con probabilidad $q = 1 - p$. Supóngase, además, que se examinan n artículos independientes producidos por la máquina y sea X el número de estos artículos que son defectuosos. Entonces, la variable aleatoria X tendrá una distribución discreta y los valores posibles de X serán $0, 1, 2, \ldots, n$.

Este ejemplo es análogo al ejemplo 4 de la sección 1.11. Para $x = 0, 1, \ldots, n$, la probabilidad de obtener cualquier sucesión ordenada concreta de n artículos conteniendo exactamente x defectuosos y $n - x$ no defectuosos es $p^x q^{n-x}$. Puesto que hay $\binom{n}{x}$ sucesiones ordenadas distintas de este tipo, resulta que

$$\Pr(X = x) = \binom{n}{x} p^x q^{n-x}.$$

Por tanto, la f.p. de X será la siguiente:

$$f(x) = \begin{cases} \dbinom{n}{x} p^x q^{n-x} & \text{para } x = 0, 1, \ldots, n, \\ 0 & \text{en otro caso.} \end{cases} \tag{1}$$

La distribución discreta representada por esta f.p. se denomina *distribución binomial con parámetros n y p*. Esta distribución es muy importante en probabilidad y estadística y se discutirá con más detalle en posteriores capítulos de este libro.

Al final de este libro se proporciona una pequeña tabla de valores para la distribución binomial. A partir de esta tabla, se puede obtener, por ejemplo, que si X tiene una distribución binomial con parámetros $n = 10$ y $p = 0.2$, entonces $\Pr(X = 5) = 0.0264$ y $\Pr(X \geq 5) = 0.0328$.

EJERCICIOS

1. Supóngase que una variable aleatoria X tiene una distribución discreta con la siguiente f.p.:

$$f(x) = \begin{cases} cx & \text{para } x = 1, 2, 3, 4, 5, \\ 0 & \text{en otro caso.} \end{cases}$$

Determínese el valor de la constante c.

2. Supóngase que se lanzan dos dados equilibrados y sea X el valor absoluto de la diferencia entre los dos números que aparecen. Determínese y represéntese la f.p. de X.

3. Supóngase que se realizan 10 lanzamientos independientes de una moneda equilibrada. Determínese la f.p. del número de caras que se obtienen.

4. Supóngase que una urna contiene 7 bolas rojas y 3 azules. Si se seleccionan 5 bolas aleatoriamente, sin reemplazamiento, determínese la f.p. del número de bolas rojas que se obtienen.

5. Supóngase que una variable aleatoria X tiene una distribución binomial con parámetros $n = 15$ y $p = 0.5$. Calcúlese $\Pr(X < 6)$.

6. Supóngase que una variable aleatoria X tiene una distribución binomial con parámetros $n = 8$ y $p = 0.7$. Calcúlese la $\Pr(X \geq 5)$ utilizando la tabla que se encuentra al final del libro. *Sugerencia*: Utilícese el hecho de que $\Pr(X \geq 5) = \Pr(Y \leq 3)$, donde Y tiene una distribución binomial con parámetros $n = 8$ y $p = 0.3$.

7. Si el 10% de las bolas de una urna son rojas y se selecciona al azar y con reemplazamiento el 20%, ¿cuál es la probabilidad de que se obtengan más de tres bolas rojas?

8. Supóngase que una variable aleatoria X tiene una distribución discreta con la siguiente f.p.:

$$f(x) = \begin{cases} \dfrac{c}{x^2} & \text{para } x = 1, 2, \ldots, \\ 0 & \text{en otro caso.} \end{cases}$$

Encuéntrese el valor de la constante c.

9. Demuéstrese que no existe un número c tal que la siguiente función sea una f.p.:

$$f(x) = \begin{cases} \dfrac{c}{x} & \text{para } x = 1, 2, \ldots, \\ 0 & \text{en otro caso.} \end{cases}$$

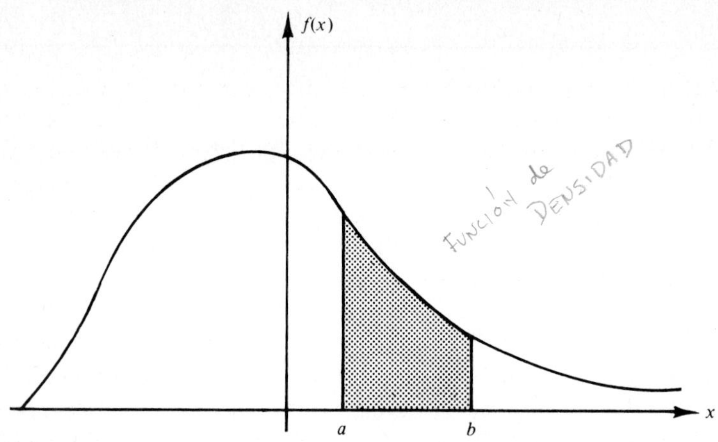

Figura 3.3 Ejemplo de una f.d.p.

3.2 DISTRIBUCIONES CONTINUAS

Función de densidad de probabilidad

Se dice que una variable aleatoria X tiene una *distribución continua* si existe una función no negativa f, definida sobre la recta real, tal que para cualquier intervalo A,

$$\Pr(X \in A) = \int_A f(x)\,dx. \tag{1}$$

La función f se denomina *función de densidad de probabilidad* (abreviada f.d.p.) de X. Entonces, si una variable aleatoria X tiene una distribución continua, la probabilidad de que X pertenezca a cualquier subconjunto de la recta real se puede obtener integrando la f.d.p. de X sobre ese subconjunto. Toda f.d.p. debe satisfacer los dos requisitos siguientes:

$$f(x) \geq 0 \tag{2}$$

y

$$\int_{-\infty}^{\infty} f(x)\,dx = 1. \tag{3}$$

En la figura 3.3 se muestra una f.d.p. típica. En esa figura, el área total bajo la curva debe ser 1 y el valor de $\Pr(a \leq X \leq b)$ es igual al área de la región sombreada.

No unicidad de la f.d.p.

Si una variable aleatoria X tiene una distribución continua, entonces $\Pr(X = x) = 0$ para todo valor individual x. Debido a esta propiedad, los valores de cualquier f.d.p. se pueden modificar en un número finito de puntos, o incluso en una sucesión infinita de puntos, sin alterar el valor de la integral de la f.d.p. sobre cualquier subconjunto A. En otras palabras, los valores de una f.d.p. de una variable aleatoria X se pueden modificar arbitrariamente en una sucesión infinita de puntos sin afectar las probabilidades que involucran a X, esto es, sin afectar la distribución de probabilidad de X.

Precisamente en este sentido, la f.d.p. de una variable aleatoria no es única. En muchos problemas, sin embargo, existirá una versión de la f.d.p. más natural que cualquier otra porque para esta versión la f.d.p. será, en la medida de lo posible, una función continua sobre la recta real. Por ejemplo, la f.d.p. representada en la figura 3.3 es una función continua sobre toda la recta real. Esta f.d.p. podría ser modificada arbitrariamente en unos pocos puntos sin afectar la distribución de probabilidad que representa, pero estos cambios introducirían discontinuidades en la f.d.p. sin introducir ventajas aparentes.

En general, a lo largo de este libro se procede como sigue: Si una variable aleatoria X tiene una distribución continua, se dará sólo una versión de la f.d.p. de X y se hará referencia a esa versión como *la* f.d.p. de X, como si hubiese sido determinada unívocamente. Debería recordarse, sin embargo, que existe cierta libertad en la selección de la versión particular de la f.d.p. que se utiliza para representar cualquier distribución continua.

Ahora se ilustran estos conceptos con algunos ejemplos.

La distribución uniforme sobre un intervalo

Sean a y b dos números reales tales que $a < b$ y considérese un experimento en el que se selecciona un punto X del intervalo $S = \{x : a \leq x \leq b\}$ de forma que la probabilidad de que X pertenezca a cualquier subintervalo de S es proporcional a la longitud de ese subintervalo. Esta distribución de la variable aleatoria X se denomina *distribución uniforme sobre el intervalo* (a, b). Aquí X representa el resultado de un experimento que a menudo se describe diciendo que se selecciona *al azar* un punto del intervalo (a, b). En este contexto, la frase "al azar" significa que tan verosímil es seleccionar el punto de una parte concreta del intervalo como de cualquiera otra.

Puesto que X debe pertenecer al intervalo S, la f.d.p. $f(x)$ de X debe ser 0 fuera de S. Además, puesto que cualquier subintervalo de S de longitud dada es tan verosímil que contenga a X como cualquier otro subintervalo de su misma longitud, independientemente de la localización del subintervalo de S, resulta que $f(x)$ debe ser constante en todo S. También,

$$\int_S f(x)\,dx = \int_a^b f(x)\,dx = 1. \tag{4}$$

Por tanto, el valor constante de $f(x)$ en todo S debe ser $1/(b-a)$ y la f.d.p. de X debe ser la siguiente:

$$f(x) = \begin{cases} \dfrac{1}{b-a} & \text{para } a \leq x \leq b, \\ 0 & \text{en otro caso.} \end{cases} \tag{5}$$

En la figura 3.4 se muestra esta f.d.p.

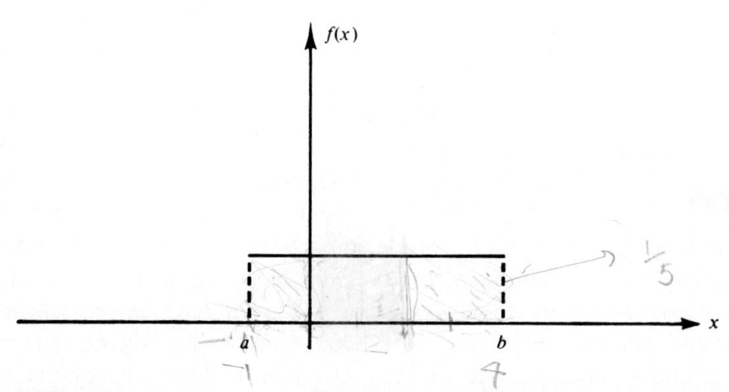

Figura 3.4 La f.d.p. de una distribución uniforme.

De acuerdo con la ecuación (5), la f.d.p. que representa una distribución uniforme en un intervalo concreto es constante en ese intervalo y el valor constante de la f.d.p. es el recíproco de la longitud del intervalo. No es posible definir una distribución uniforme en el intervalo $x \geq a$ porque la longitud de este intervalo es infinita.

Considérese de nuevo la distribución uniforme en el intervalo (a, b). Puesto que la probabilidad de que se seleccione uno de los puntos extremos a o b es 0, es irrelevante la distribución que se considere como una distribución uniforme en el intervalo *cerrado* $a \leq x \leq b$, como una distribución uniforme en el intervalo *abierto* $a < x < b$ o como una distribución uniforme en el intervalo semi abierto (a, b), en el que uno de los extremos se incluye y el otro no.

Por ejemplo, si una variable aleatoria X tiene una distribución uniforme en el intervalo $(-1, 4)$, entonces la f.d.p. de X es

$$f(x) = \begin{cases} \dfrac{1}{5} & \text{para } -1 \leq x \leq 4, \\ 0 & \text{en otro caso.} \end{cases}$$

Además,

$$\Pr(0 \leq X \leq 2) = \int_0^2 f(x)\, dx = \frac{2}{5}.$$

Ejemplo 1: Cálculo de probabilidades a partir de una f.d.p. Supóngase que la f.d.p. de una variable aleatoria X es la siguiente:

$$f(x) = \begin{cases} cx & \text{para } 0 < x < 4, \\ 0 & \text{en otro caso.} \end{cases}$$

donde c es una constante dada. Se determinará el valor de c y también los valores de $\Pr(1 \leq X \leq 2)$ y $\Pr(X \geq 2)$.

Para toda f.d.p. debe ser cierto que $\int_{-\infty}^{\infty} f(x) = 1$. Por tanto, en este ejemplo,

$$\int_0^4 cx\ dx = 8c = 1.$$

De donde $c = 1/8$. Resulta que

$$\Pr(1 \leq X \leq 2) = \int_1^2 \frac{1}{8}x\ dx = \frac{3}{16}$$

y

$$\Pr(X > 2) = \int_2^4 \frac{1}{8}x\ dx = \frac{3}{4} \cdot \qquad \triangleleft$$

Ejemplo 2: Variables aleatorias no acotadas. A menudo es conveniente y útil representar una distribución continua por una f.d.p. que es positiva en un intervalo no acotado de la recta real. Por ejemplo, en un problema práctico, el voltaje X de cierto sistema eléctrico puede ser una variable aleatoria con una distribución continua que se puede representar aproximadamente por la f.d.p.

$$f(x) = \begin{cases} 0 & \text{para } x \leq 0, \\ \dfrac{1}{(1+x)^2} & \text{para } x > 0. \end{cases} \tag{6}$$

Se puede comprobar que las propiedades (2) y (3) requeridas para todas las f.d.p. se satisfacen para $f(x)$.

A pesar de que en la realidad el voltaje X puede estar acotado, la f.d.p. (6) puede proporcionar una buena aproximación para la distribución de X sobre todo su intervalo de valores. Por ejemplo, supóngase que se sabe que el máximo valor posible de X es 1000, en cuyo caso $\Pr(X > 1000) = 0$. Cuando se utiliza la f.d.p. (6), se obtiene que $\Pr(X > 1000) = 0.001$. Si (6) representa adecuadamente la variabilidad de X en el intervalo $(0, 1000)$, entonces puede ser más conveniente utilizar la f.d.p. (6) que la f.d.p. que es análoga a (6) para $x \leq 1000$, salvo por una nueva constante de normalización, y es igual a 0 para $x > 1000$. $\triangleleft$

Ejemplo 3: f.d.p. no acotada. Puesto que un valor de una f.d.p. es una densidad de probabilidad y no una probabilidad, tal valor puede ser mayor que 1. De hecho, los valores de la siguiente f.d.p. no están acotados en el entorno de $x = 0$.

$$f(x) = \begin{cases} \frac{2}{3}x^{-1/3} & \text{para } 0 < x < 1, \\ 0 & \text{en otro caso.} \end{cases} \tag{7}$$

Se puede comprobar que a pesar de que la f.d.p. (7) no está acotada, se satisfacen las propiedades (2) y (3) requeridas para una f.d.p. ◁

Distribuciones mixtas

La mayoría de las distribuciones que se encuentran en problemas prácticos son discretas o continuas. Ahora se demostrará, sin embargo, que algunas veces puede ser necesario considerar una distribución que es una mezcla de una distribución discreta y una continua.

Supóngase que en el sistema eléctrico considerado en el ejemplo 2, el voltaje X se va a medir con un voltímetro que registra el valor real de X si $X \leq 3$, pero si $X > 3$, registra simplemente el valor 3. Si se define Y como el valor registrado por el voltímetro, entonces la distribución de Y se puede obtener como sigue:

En primer lugar, $\Pr(Y = 3) = \Pr(X \geq 3) = 1/4$. Puesto que el valor $Y = 3$ tiene probabilidad $1/4$, resulta que $\Pr(0 < Y < 3) = 3/4$. Además, puesto que $Y = X$ para $0 < X < 3$, esta probabilidad $3/4$ para Y se distribuye sobre el intervalo $0 < Y < 3$ según la misma f.d.p. (6) con que X se distribuye sobre el mismo intervalo. Entonces, la distribución de Y se especifica por la combinación de una f.d.p. sobre el intervalo $0 < Y < 3$ y una probabilidad positiva en el punto $Y = 3$.

EJERCICIOS

1. Supóngase que la f.d.p. de una variable aleatoria X es la siguiente:

$$f(x) = \begin{cases} \frac{4}{3}(1 - x^3) & \text{para } 0 < x < 1, \\ 0 & \text{en otro caso.} \end{cases}$$

Represéntese esta f.d.p. y determínense los valores de las probabilidades siguientes:

(a) $\Pr\left(X < \frac{1}{2}\right)$ (b) $\Pr\left(\frac{1}{4} < X < \frac{3}{4}\right)$ (c) $\Pr\left(X > \frac{1}{3}\right)$.

2. Supóngase que la f.d.p. de una variable aleatoria X es la siguiente:

$$f(x) = \begin{cases} \frac{1}{36}(9 - x^2) & \text{para } -3 \leq x \leq 3, \\ 0 & \text{en otro caso.} \end{cases}$$

Represéntese esta f.d.p. y determínense los valores de las probabilidades siguientes:

(a) $\Pr(X < 0)$ (b) $\Pr(-1 \leq X \leq 1)$ (c) $\Pr(X > 2)$.

3. Supóngase que la f.d.p. de una variable aleatoria X es la siguiente:

$$f(x) = \begin{cases} cx^2 & \text{para } 1 \leq x \leq 2, \\ 0 & \text{en otro caso.} \end{cases}$$

(a) Determínese el valor de la constante c y represéntese la f.d.p.
(b) Determínese el valor de $\Pr(X > 3/2)$.

4. Supóngase que la f.d.p. de una variable aleatoria X es la siguiente:

$$f(x) = \begin{cases} \frac{1}{8}x & \text{para } 0 \leq x \leq 4, \\ 0 & \text{en otro caso.} \end{cases}$$

(a) Determínese el valor de t tal que $\Pr(X \leq t) = 1/4$.
(b) Determínese el valor de t tal que $\Pr(X \geq t) = 1/2$.

5. Sea X la variable aleatoria cuya f.d.p. es la indicada en el ejercicio 4. Después de haber observado el valor de X, sea Y el entero más próximo a X. Determínese la f.p. de la variable aleatoria Y.

6. Supóngase que la variable aleatoria X tiene una distribución uniforme en el intervalo $(-2, 8)$. Determínese la f.d.p. de X y el valor de $\Pr(0 < X < 7)$.

7. Supóngase que la f.d.p. de una variable aleatoria X es la siguiente:

$$f(x) = \begin{cases} ce^{-2x} & \text{para } x > 0, \\ 0 & \text{en otro caso.} \end{cases}$$

(a) Determínese el valor de la constante c y represéntese la f.d.p.
(b) Determínese el valor de $\Pr(1 < X < 2)$.

8. Demuéstrese que no existe un número c tal que la función $f(x)$ siguiente sea una f.d.p.

$$f(x) = \begin{cases} \dfrac{c}{1+x} & \text{para } x > 0, \\ 0 & \text{en otro caso.} \end{cases}$$

9. Supóngase que la f.d.p. de una variable aleatoria X es la siguiente:

$$f(x) = \begin{cases} \dfrac{c}{(1-x)^{1/2}} & \text{para } 0 < x < 1, \\ 0 & \text{en otro caso.} \end{cases}$$

   (a) Determínese el valor de la constante c y represéntese la f.d.p.
   (b) Determínese el valor de $\Pr(X \leq 1/2)$.

10. Demuéstrese que no existe un número c tal que la función $f(x)$ siguiente sea una f.d.p.

$$f(x) = \begin{cases} \dfrac{c}{x} & \text{para } 0 < x < 1, \\ 0 & \text{en otro caso.} \end{cases}$$

3.3 FUNCIÓN DE DISTRIBUCIÓN

Definición y propiedades básicas

La *función de distribución* F de una variable aleatoria X es una función definida para cada número real x como sigue:

$$F(x) = \Pr(X \leq x) \qquad \text{para } -\infty < x < \infty. \tag{1}$$

Debe subrayarse que la función de distribución se define de esta forma para toda variable aleatoria X, independientemente de si la distribución de X es discreta, continua o mixta. La abreviatura de función de distribución es f.d. Algunos autores utilizan el término *función de distribución acumulativa*, en vez de función de distribución y utilizan la abreviatura f.d.a.

De la ecuación (1) se deduce que la f.d. de una variable aleatoria X es una función F definida sobre la recta real. El valor de $F(x)$ para cualquier punto x debe ser un número del intervalo $0 \leq F(x) \leq 1$ porque $F(x)$ es la probabilidad del suceso $\{X \leq x\}$.

Además, resulta de la ecuación (1) que la f.d. de cualquier variable aleatoria X debe tener las tres propiedades siguientes:

Propiedad 1. *La función $F(x)$ es no decreciente a medida que x crece; esto es, si $x_1 < x_2$, entonces $F(x_1) \leq F(x_2)$.*

Demostración. Si $x_1 < x_2$, entonces la ocurrencia del suceso $\{X \leq x_1\}$ también implica que el suceso $\{X \leq x_2\}$ ha ocurrido. De aquí que, $\Pr\{X \leq x_1\} \leq \Pr\{X \leq x_2\}$. ◁

En la figura 3.5 se presenta un ejemplo de una f.d. Se muestra en esa figura que $0 \leq F(x) \leq 1$ sobre toda la recta real. Además, $F(x)$ siempre es no decreciente a medida que x crece, aunque $F(x)$ es constante sobre el intervalo $x_1 \leq x \leq x_2$ y para $x \geq x_4$.

Propiedad 2. $\lim_{x \to -\infty} F(x) = 0$ y $\lim_{x \to \infty} F(x) = 1$.

Demostración. Estos valores límite se deducen directamente del hecho de que $\Pr(X \leq$ $\leq x)$ debe aproximarse a 0 cuando $x \to -\infty$ y $\Pr(X \leq x)$ debe aproximarse a 1 cuando $x \to \infty$. Estas relaciones se pueden demostrar rigurosamente utilizando los ejercicios 11 y 12 de la sección 1.10. ◁

En la figura 3.5 se indican los valores límite especificados en la propiedad 2. En esta figura, el valor de $F(x)$ de hecho toma el valor 1 en el punto $x = x_4$ y permanece con un valor constante 1 cuando $x > x_4$. Por tanto, se puede concluir que $\Pr(X \leq x_4) = 1$ y $\Pr(X > x_4) = 0$. Por otro lado, de acuerdo con la gráfica de la figura 3.5, el valor de $F(x)$ se aproxima a 0 a medida que $x \to -\infty$, pero no toma el valor 0 en ningún punto finito x. De aquí que, para cualquier valor finito de x, por pequeño que sea, $\Pr(X \leq x) > 0$.

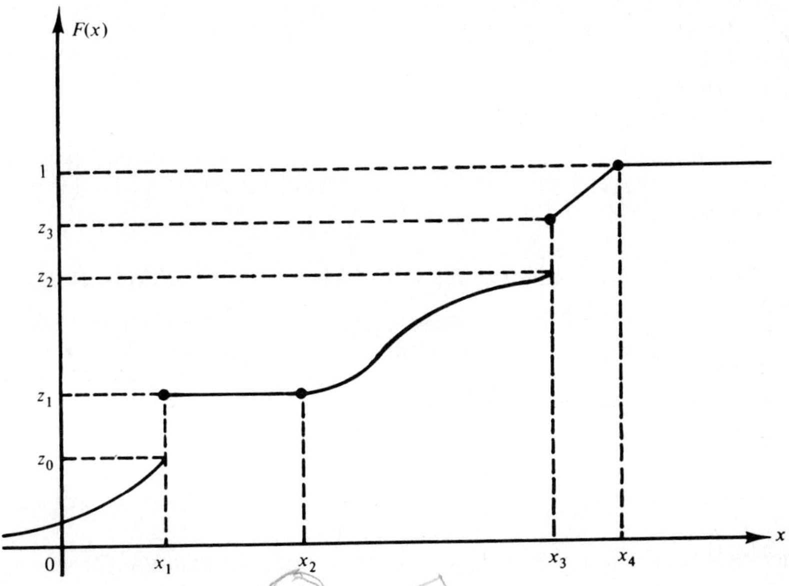

Figura 3.5 Un ejemplo de f.d.

Una f.d. no necesita ser continua. De hecho, $F(x)$ puede tener un número cualquiera de saltos. En la figura 3.5, por ejemplo, tales saltos o puntos de discontinuidad aparecen cuando $x = x_1$ y $x = x_3$. Para cualquier valor fijo x, se define $F(x^-)$ como el límite de los valores de $F(y)$ cuando y tiende a x por la izquierda, esto es, cuando y tiende a x a través de valores menores que x. En símbolos,

$$F(x^-) = \lim_{\substack{y \to x \\ y < x}} F(y).$$

Análogamente, se define $F(x^+)$ como el límite de los valores de $F(y)$ cuando y tiende a x por la derecha. Entonces,

$$F(x^+) = \lim_{\substack{y \to x \\ y > x}} F(y).$$

Si la f.d. es continua en un punto x, entonces $F(x^-) = F(x^+) = F(x)$ en ese punto.

Propiedad 3. *Una f.d. siempre es continua por la derecha; esto es,* $F(x) = F(x^+)$ *en todo punto* x.

Demostración. Sea $y_1 > y_2 > \cdots$ una sucesión decreciente de números tales que $\lim_{n\to\infty} y_n = x$. Entonces, el suceso $\{X \leq x\}$ es la intersección de todos los sucesos $\{X \leq y_n\}$ para $n = 1, 2, \ldots$. Por tanto, por el ejercicio 12 de la sección 1.10,

$$F(x) = \Pr(X \leq x) = \lim_{n\to\infty} \Pr(X \leq Y_n) = F(x^+). \quad \triangleleft$$

Se deduce de la propiedad 3 que para cualquier punto x en el que $F(x)$ da un salto,

$$F(x^+) = F(x) \quad \text{y} \quad F(x^-) < F(x).$$

En la figura 3.5 se ilustra esta propiedad con el hecho de que en los puntos de discontinuidad $x = x_1$ y $x = x_3$, el valor de $F(x_1)$ se considera como z_1 y el valor de $F(x_3)$ se considera como z_3.

Determinación de probabilidades a partir de la función de distribución

Si se conoce la f.d. de una variable aleatoria X, entonces se puede determinar la probabilidad de que X esté en cualquier intervalo de la recta real a partir de la f.d. Se deduce esta probabilidad para cuatro tipos distintos de intervalos.

Teorema 1. *Para cualquier valor* x,

$$\Pr(X > x) = 1 - F(x). \tag{2}$$

Demostración. Puesto que $\Pr(X > x) = 1 - \Pr(X \leq x)$, la ecuación (2) resulta de la ecuación (1). $\triangleleft$

Teorema 2. *Para cualesquiera valores concretos x_1 y x_2 tales que $x_1 < x_2$,*

$$\Pr(x_1 < X \leq x_2) = F(x_2) - F(x_1). \tag{3}$$

Demostración. $\Pr(x_1 < X \leq x_2) = \Pr(X \leq x_2) - \Pr(X \leq x_1)$. Por tanto, la ecuación (3) se deduce directamente de la ecuación (1). ◁

Por ejemplo, si la f.d. de X es como se muestra en la figura 3.5, resulta de los teoremas 1 y 2 que $\Pr(X > x_2) = 1 - z_1$ y que $\Pr(x_2 < X \leq x_3) = z_3 - z_1$. Además, puesto que $F(x)$ es constante sobre el intervalo $x_1 \leq x \leq x_2$, entonces $\Pr(x_1 < X \leq$ $\leq x_2) = 0$.

Es importante distinguir cuidadosamente entre las desigualdades estrictas y las débiles que aparecen en todas las relaciones previas así como en el teorema siguiente. Si existe un salto en $F(x)$ en un punto x concreto, entonces los valores de $\Pr(X \leq x)$ y $\Pr(X < x)$ serán distintos.

Teorema 3. *Para cualquier valor x,*

$$\Pr(X < x) = F(x^-). \tag{4}$$

Demostración. Sea $y_1 < y_2 < \cdots$ una sucesión creciente de números tales que $\lim_{n\to\infty} y_n = x$. Entonces se puede demostrar que

$$\{X < x\} = \bigcup_{n=1}^{\infty} \{X \leq y_n\}.$$

Por tanto, resulta del ejercicio 11 de la sección 1.10 que

$$\begin{aligned} \Pr(X < x) &= \lim_{n\to\infty} \Pr(X \leq y_n) \\ &= \lim_{n\to\infty} F(y_n) = F(x^-). \end{aligned}$$ ◁

Por ejemplo, para la f.d. representada en la figura 3.5, $\Pr(X < x_3) = z_2$ y $\Pr(X < x_4) = 1$.

Finalmente, se demostrará que para cualquier valor x concreto, $\Pr(X = x)$ es igual a la altura del salto que da F en el punto x. Si F es continua en el punto x, esto es, si F no presenta un salto en el punto x, entonces $\Pr(X = x) = 0$.

Teorema 4. *Para cualquier valor x,*

$$\Pr(X = x) = F(x^+) - F(x^-). \tag{5}$$

Demostración. Siempre es cierto que $\Pr(X = x) = \Pr(X \leq x) - \Pr(X < x)$. La relación (5) resulta del teorema 3 y del hecho de que $\Pr(X \leq x) = F(x) = F(x^+)$ para todo punto. ◁

En la figura 3.5, por ejemplo, $\Pr(X = x_1) = z_1 - z_0$, $\Pr(X = x_3) = z_3 - z_2$ y la probabilidad de cualquier otro valor de X es 0.

Función de distribución de una distribución discreta

A partir de la definición y propiedades de una f.d. $F(x)$, resulta que si $\Pr(a < X < b) = 0$ para dos números a y b $(a < b)$, entonces $F(x)$ será constante y horizontal sobre el intervalo $a < x < b$. Además, como se ha visto, en cualquier punto x tal que $\Pr(X = x) > 0$, la f.d. tendrá un salto de altura $\Pr(X = x)$.

Supóngase que X tiene una distribución discreta con f.p. $f(x)$. Las propiedades de una f.d. consideradas conjuntamente implican que $F(x)$ debe tener la siguiente forma: $F(x)$ tendrá un salto de magnitud $f(x_i)$ en cada valor posible x_i de X; y $F(x)$ será constante entre dos saltos sucesivos cualesquiera. La distribución de una variable aleatoria discreta X se puede representar indistintamente por la f.p. o la f.d. de X.

Función de distribución de una distribución continua

Considérese ahora una variable aleatoria X con una distribución continua y sean $f(x)$ y $F(x)$ las f.d.p. y la f.d. de X, respectivamente. Puesto que la probabilidad de cualquier punto de x es 0, la f.d. $F(x)$ no tendrá saltos. Por tanto, $F(x)$ será una función continua sobre toda la recta real. Además, puesto que

$$F(x) = \Pr(X \leq x) = \int_{-\infty}^{x} f(t)\, dt, \tag{6}$$

resulta que, para cualquier punto x en el que $f(x)$ es continua,

$$F'(x) = \frac{dF(x)}{dx} = f(x). \tag{7}$$

Entonces, la distribución de una variable aleatoria continua X se puede representar indistintamente por la f.d.p. o la f.d. de X.

Ejemplo 1: Cálculo de una f.d.p. a partir de una f.d. Supóngase que en cierto sistema eléctrico el voltaje X es una variable aleatoria que tiene la f.d. siguiente:

$$F(x) = \begin{cases} 0 & \text{para } x < 0, \\ \dfrac{x}{1+x} & \text{para } x \geq 0. \end{cases}$$

Esta función satisface las tres propiedades requeridas para toda f.d., según se expone en la sección 3.1. Además, puesto que esta f.d. es continua sobre toda la recta real y es diferenciable en todo punto excepto en $x = 0$, la distribución de X es continua. Por tanto, la f.d.p. de X se puede obtener a partir de la relación (7) en cualquier otro punto distinto de $x = 0$. El valor de $f(x)$ en el punto $x = 0$ se puede asignar arbitrariamente. Cuando se calcula la derivada $F'(x)$, se obtiene que $f(x)$ viene dada por la ecuación (6) de la sección 3.2. Recíprocamente, si la f.d.p. de X está dada por esa ecuación, entonces utilizando la ecuación (6) de esta sección se obtiene que $F(x)$ es como se indica en este ejemplo. ◁

EJERCICIOS

1. Supóngase que una variable aleatoria X puede tomar solamente los valores $-2, 0, 1$ y 4, y que las probabilidades de estos valores son las siguientes: $\Pr(X = -2) = 0.4$, $\Pr(X = 0) = 0.1$, $\Pr(X = 1) = 0.3$ y $\Pr(X = 4) = 0.2$. Represéntese la f.d. de X.

2. Supóngase que se lanza una moneda repetidamente hasta que se obtiene una cara por primera vez, y sea X el número de lanzamientos que se necesitan. Represéntese la f.d. de X.

3. Supóngase que la f.d. F de una variable aleatoria X es como se ilustra en la figura 3.6. Calcúlense las probabilidades siguientes:

(a) $\Pr(X = -1)$	(b) $\Pr(X < 0)$	(c) $\Pr(X \leq 0)$
(d) $\Pr(X = 1)$	(e) $\Pr(0 < X \leq 3)$	(f) $\Pr(0 < X < 3)$
(g) $\Pr(0 \leq X \leq 3)$	(h) $\Pr(1 < X \leq 2)$	(i) $\Pr(1 \leq X \leq 2)$
(j) $\Pr(X > 5)$	(k) $\Pr(X \geq 5)$	(l) $\Pr(3 \leq X \leq 4)$

4. Supóngase que la f.d. de una variable aleatoria X es la siguente:

$$F(x) = \begin{cases} 0 & \text{para } x \leq 0, \\ \frac{1}{9}x^2 & \text{para } 0 < x \leq 3, \\ 1 & \text{para } x > 3. \end{cases}$$

Determínese y represéntese la f.d.p. de X.

5. Supóngase que la f.d. de una variable aleatoria X es la siguiente:

$$F(x) = \begin{cases} e^{x-3} & \text{para } x \leq 3, \\ 1 & \text{para } x > 3. \end{cases}$$

Determínese y represéntese la f.d.p. de X.

6. Supóngase, como en el ejercicio 6 de la sección 3.2, que una variable aleatoria X tiene una distribución uniforme en el intervalo $(-2, 8)$. Determínese y represéntese la f.d. de X.

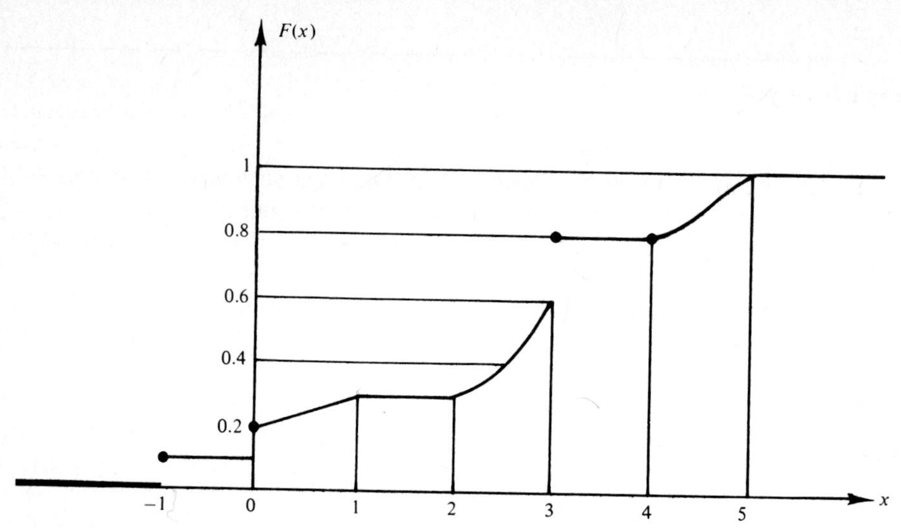

Figura 3.6 Función de distribución para el ejercicio 3.

7. Supóngase que se selecciona al azar un punto en el plano xy del interior del círculo de ecuación $x^2+y^2=1$; y supóngase que la probabilidad de que el punto pertenezca a cualquier región dentro del círculo es proporcional al área de esa región. Sea Z una variable aleatoria que representa la distancia del centro del círculo al punto. Determínese y represéntese la f.d. de Z.

8. Supóngase que X tiene una distribución uniforme sobre el intervalo $(0,5)$ y que la distribución de una variable aleatoria Y es tal que $Y=0$ si $X \leq 1$, $Y=5$ si $X \geq 3$, e $Y=X$ en otro caso. Represéntese la f.d. de Y.

3.4 DISTRIBUCIONES BIVARIANTES

En muchos experimentos es necesario considerar las propiedades de dos o más variables aleatorias simultáneamente. La distribución de probabilidad conjunta de dos variables aleatorias se denomina *distribución bivariante.* En esta sección y en las dos siguientes se considerarán distribuciones bivariantes. En la sección 3.7 estas consideraciones se extenderán a la distribución conjunta de un número finito arbitrario de variables aleatorias.

Distribuciones discretas conjuntas

Supóngase que un experimento involucra dos variables aleatorias X e Y, cada una de las cuales tiene una distribución discreta. Por ejemplo, si se selecciona una muestra de empresarios de teatro, una variable aleatoria podría ser el número X de personas en la muestra que superan los 60 años de edad, y otra variable aleatoria podría ser el número

Y de personas que viven a más de 25 millas del teatro. Si ambas, X e Y, tienen distribuciones discretas con un número finito de valores posibles, entonces existirá un número finito de valores posibles distintos (x, y) para el par (X, Y). Por otro lado, si X o Y pueden tomar un número infinito de valores posibles, entonces también habrá un número infinito de valores posibles para el par (X, Y). En ambos casos, se dice que X e Y tienen una *distribución discreta conjunta.*

La *función de probabilidad conjunta*, o la *f.p. conjunta* de X e Y se define como la función f tal que para cualquier punto (x, y) del plano xy,

$$f(x, y) = \Pr(X = x, Y = y).$$

Si (x, y) no es uno de los valores posibles del par de variables aleatorias (X, Y), entonces está claro que $f(x, y) = 0$. Además, si la sucesión $(x_1, y_1), (x_2, y_2), \ldots$ incluye todos los valores posibles del par (X, Y), entonces

$$\sum_{i=1}^{\infty} f(x_i, y_i) = 1.$$

Para cualquier subconjunto A del plano xy,

$$\Pr[(X, Y) \in A] = \sum_{(x_i, y_i) \in A} f(x_i, y_i).$$

Ejemplo 1: Especificación de una distribución bivariante discreta mediante una tabla de probabilidades. Supóngase que la variable aleatoria X puede tomar solamente los valores 1, 2 y 3; que la variable aleatoria Y puede tomar solamente los valores 1, 2, 3 y 4; y que la f.p. conjunta de X e Y es como especifica la tabla siguiente:

X \ Y	1	2	3	4
1	0.1	0	0.1	0
2	0.3	0	0.1	0.2
3	0	0.2	0	0

Esta f.p. conjunta está representada en la figura 3.7. Se determinarán los valores de $\Pr(X \geq 2, Y \geq 2)$ y $\Pr(X = 1)$.

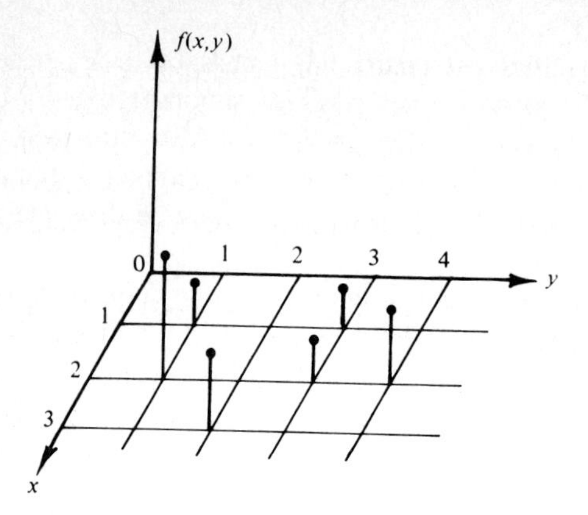

Figura 3.7 Función de probabilidad conjunta de X e Y del ejemplo 1.

Sumando $f(x, y)$ sobre todos los valores de $x \geq 2$ y de $y \geq 2$, se obtiene el valor

$$\begin{aligned}\Pr(X \geq 2,\ Y \geq 2) &= f(2,2) + f(2,3) + f(2,4) + \\ &+ f(3,2) + f(3,3) + f(3,4) = 0.5.\end{aligned}$$

Sumando las probabilidades de la primera fila de la tabla, se obtiene el valor

$$\Pr(X = 1) = \sum_{y=1}^{4} f(1, y) = 0.2. \qquad \triangleleft$$

Distribuciones continuas conjuntas

Se dice que dos variables aleatorias X e Y tienen una *distribución continua conjunta* si existe una función no negativa f definida sobre todo el plano xy tal que para cualquier subconjunto A del plano,

$$\Pr[(X, Y) \in A] = \int_A \int f(x, y)\, dx\, dy.$$

La función f se denomina *función de densidad de probabilidad conjunta*, o *f.d.p. conjunta*, de X e Y. Tal f.d.p. conjunta debe satisfacer las dos condiciones siguientes:

$$f(x, y) \geq 0 \qquad \text{para } -\infty < x < \infty, \ -\infty < y < \infty,$$

$$\int_{-\infty}^{\infty} \int_{-\infty}^{\infty} f(x, y)\, dx\, dy = 1.$$

La probabilidad de que el par (X, Y) pertenezca a cualquier región del plano xy se puede determinar integrando la f.d.p. conjunta $f(x, y)$ sobre esa región.

Si X e Y tienen una distribución continua conjunta, entonces las dos afirmaciones siguientes deben ser ciertas: (1) Cualquier punto, o cualquier sucesión infinita de puntos, en el plano xy tiene probabilidad 0. (2) Cualquier curva unidimensional en el plano xy tiene probabilidad 0. Por tanto, la probabilidad de que (X, Y) pertenezca a cualquier recta en el plano es 0, y la probabilidad de que (X, Y) pertenezca a cualquier círculo en el plano es 0.

En la figura 3.8 se presenta un ejemplo de una f.d.p. conjunta. El volumen total por debajo de la superficie $z = f(x, y)$ y por encima del plano xy debe ser 1. La probabilidad de que el par (X, Y) pertenezca al rectángulo A es igual al volumen de la figura sólida con base A que se muestra en la figura 3.8. La parte superior de esta figura sólida está formada por la superficie $z = f(x, y)$.

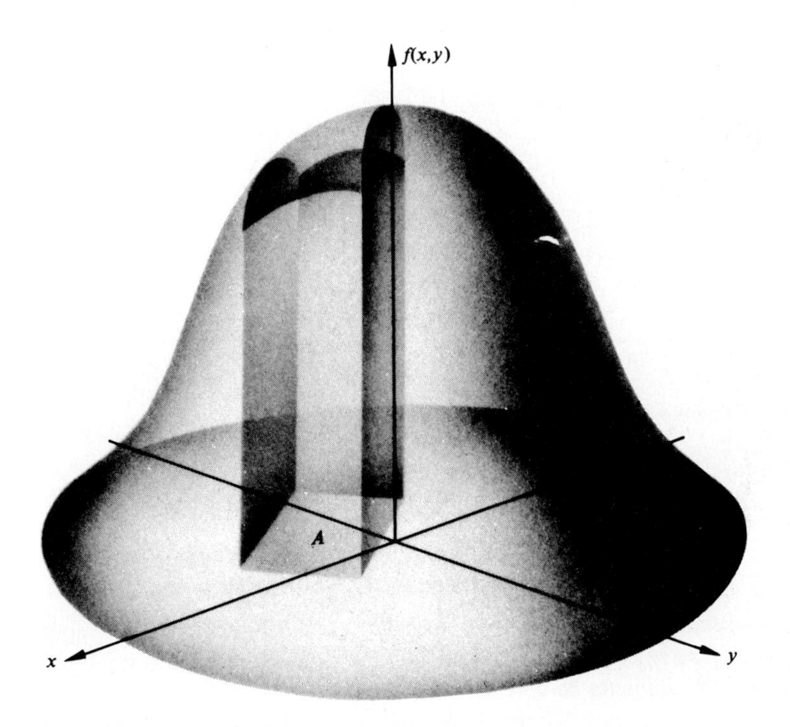

Figura 3.8 Ejemplo de una f.d.p. conjunta.

Ejemplo 2: Cálculo de probabilidades a partir de una f.d.p. conjunta. Supóngase que la f.d.p. conjunta de X e Y es la siguiente:

$$f(x, y) = \begin{cases} cx^2y & \text{para } x^2 \leq y \leq 1, \\ 0 & \text{en otro caso.} \end{cases}$$

Se determinará en primer lugar el valor de la constante c y luego el valor de $P(X \geq Y)$.

El conjunto S de puntos (x, y) para los que $f(x, y) > 0$ está representado en la figura 3.9. Puesto que $f(x, y) = 0$ fuera de S, resulta que

$$\int_{-\infty}^{\infty}\int_{-\infty}^{\infty} f(x, y)\,dx\,dy = \int_S\int f(x, y)\,dx\,dy$$
$$= \int_{-1}^{1}\int_{x^2}^{1} cx^2y\,dy\,dx = \frac{4}{21}c.$$

Puesto que el valor de esta integral debe ser 1, el valor de c debe ser $21/4$.

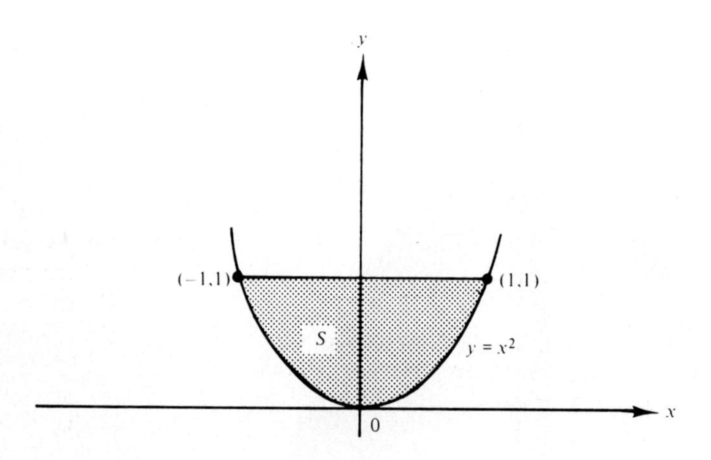

Figura 3.9 Conjunto S donde $f(x, y) > 0$ en el ejemplo 2.

El subconjunto S_0 de S, donde $x \geq y$, está representado en la figura 3.10. Por tanto,

$$\Pr(X \geq Y) = \int_{S_0}\int f(x, y)\,dx\,dy = \int_0^1\int_{x^2}^{x} \frac{21}{4}x^2y\,dy\,dx = \frac{3}{20}. \quad \triangleleft$$

Ejemplo 3: Determinación de la f.d.p. conjunta por métodos geométricos. Supóngase que un punto (X, Y) se selecciona aleatoriamente del interior del círculo $x^2 + y^2 \leq 9$. Se determinará la f.d.p. conjunta de X e Y.

Sea S el conjunto de puntos del círculo $x^2 + y^2 \leq 9$. La afirmación de que el punto (X, Y) se selecciona aleatoriamente del interior del círculo significa que la f.d.p. de X e Y es constante sobre S y es 0 fuera de S. Entonces,

$$f(x, y) = \begin{cases} c & \text{para } (x, y) \in S, \\ 0 & \text{en otro caso.} \end{cases}$$

Se debe tener

$$\int_S\int f(x, y)\,dx\,dy = c \times (\text{área de } S) = 1.$$

Puesto que el área del círculo es 9π, el valor de la constante c debe ser $1/(9\pi)$. $\triangleleft$

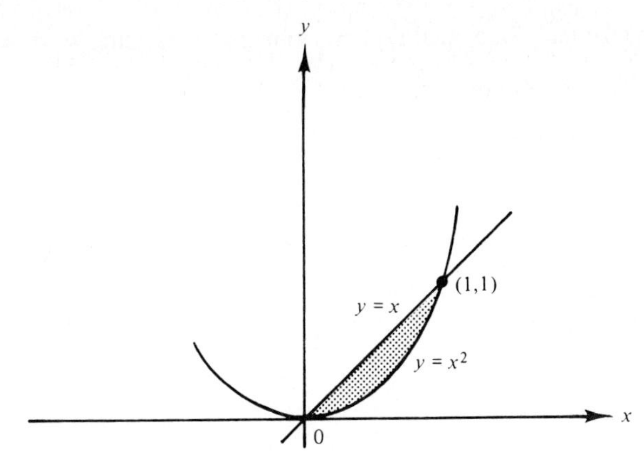

Figura 3.10 Subconjunto S_0 donde $x \geq y$ y $f(x, y) > 0$ en el ejemplo 2.

Distribuciones bivariantes mixtas

En esta sección se han tratado distribuciones bivariantes que son discretas o continuas. En ocasiones, un estadístico debe considerar una distribución bivariante mixta en la cual la distribución de una de las variables aleatorias es discreta y la distribución de la otra variable aleatoria es continua. La probabilidad de que el par (X, Y) pertenezca a una cierta región del plano xy se determina entonces sumando los valores de $f(x, y)$ de una variable e integrando $f(x, y)$ para la otra.

En un problema práctico también puede aparecer un tipo más complicado de distribución mixta. Por ejemplo, supóngase que X e Y son las veces que fallan dos componentes específicos de un sistema electrónico. Podría haber una probabilidad p $(0 < p < 1)$ de que las dos componentes fallaran al mismo tiempo y una probabilidad $1 - p$ de que fallaran en tiempos distintos. Además, si fallan al mismo tiempo, su tiempo común de fallo x podría distribuirse de acuerdo con una f.d.p. $f(x)$; si fallan en tiempos distintos x e y, entonces estos tiempos podrían distribuirse de acuerdo con cierta f.d.p. conjunta $g(x, y)$.

La distribución de X e Y en este ejemplo no es continua por la siguiente razón: Para cualquier distribución continua la probabilidad de que (X, Y) pertenezca a la recta $x = y$ debe ser 0, mientras que en este ejemplo el valor de esta probabilidad es p.

Funciones de distribución bivariantes

La *función de distribución conjunta*, o *f.d. conjunta*, de dos variables aleatorias X e Y se define como la función F tal que para todo valor de x e y $(-\infty < x < \infty,$ $-\infty < y < \infty)$.

$$F(x, y) = \Pr(X \leq x, Y \leq y).$$

Si la f.d. conjunta de dos variables aleatorias arbitrarias X e Y es F, entonces la probabilidad de que el par (X, Y) pertenezca a un rectángulo del plano xy se puede determinar a partir de F como sigue: Para cualesquiera números concretos $a < b$ y $c < d$,

$$\begin{aligned}
&\Pr(a < X \leq b, c < Y \leq d) = \\
&\quad = \Pr(a < X \leq b, Y \leq d) - \Pr(a < X \leq b, Y \leq c) \\
&\quad = [\Pr(X \leq b, Y \leq d) - \Pr(X \leq a, Y \leq d)] - \\
&\qquad - [\Pr(X \leq b, Y \leq c) - \Pr(X \leq a, Y \leq c)] \\
&\quad = F(b,d) - F(a,d) - F(b,c) + F(a,c).
\end{aligned} \tag{1}$$

Por tanto, la probabilidad del rectángulo A representado en la figura 3.11 está dada por la combinación de valores de F que se acaban de deducir. Se debe subrayar que dos lados del rectángulo están incluidos en el conjunto A y los otros dos no. Por tanto, si existen puntos en el perímetro de A que tienen probabilidad positiva, es importante distinguir entre las desigualdades débiles y las desigualdades estrictas de la ecuación (1).

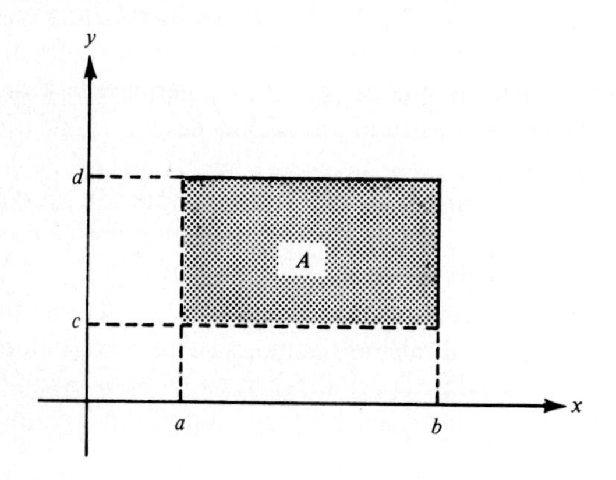

Figura 3.11 Probabilidad de un rectángulo.

La f.d. F_1 de la variable aleatoria X sólo se puede obtener a partir de la f.d. conjunta F como sigue, para $-\infty < x < \infty$:

$$\begin{aligned}
F_1(x) = \Pr(X \leq x) &= \lim_{y \to \infty} \Pr(X \leq x, \ Y \leq y) \\
&= \lim_{y \to \infty} F(x, y).
\end{aligned}$$

Análogamente, si F_2 es la f.d. de Y, entonces para $-\infty < y < \infty$,

$$F_2(y) = \lim_{x \to \infty} F(x, y).$$

En la sección siguiente se presentarán otras relaciones entre la distribución univariante de X, la distribución univariante de Y y su distribución bivariante conjunta.

Finalmente, si X e Y tienen una distribución continua conjunta con f.d.p. conjunta f, entonces la d.f. conjunta para valores cualesquiera de x e y es

$$F(x, y) = \int_{-\infty}^{y} \int_{-\infty}^{x} f(r, s)\, dr\, ds.$$

Aquí, los símbolos r y s se utilizan simplemente como variables mudas de integración. La f.d.p. conjunta se puede obtener a partir de la f.d. utilizando la relación

$$f(x, y) = \frac{\partial^2 F(x, y)}{\partial x\, \partial y}$$

para todo punto (x, y) para el que exista esta derivada de segundo orden.

Ejemplo 4: Determinación de una f.d.p. conjunta a partir de una f.d. conjunta. Supóngase que X e Y son variables aleatorias que solamente pueden tomar valores en los intervalos $0 \leq X \leq 2$, $0 \leq Y \leq 2$. Supóngase también que la f.d. conjunta de X e Y, para $0 \leq x \leq 2$, $0 \leq y \leq 2$, es la siguiente:

$$F(x, y) = \frac{1}{16} xy(x + y). \tag{2}$$

Se determinará en primer lugar la f.d. F_1 de la variable aleatoria X y luego la f.d.p. conjunta f de X e Y.

El valor de $F(x, y)$ en cualquier punto (x, y) del plano xy que no representa un par de valores posibles de X e Y se puede calcular a partir de (2), teniendo en cuenta que $F(x, y) = \Pr(X \leq x,\ Y \leq y)$. Por tanto, si $x < 0$ o $y < 0$, entonces $F(x, y) = 0$. Si $x > 2$, $y > 2$, entonces $F(x, y) = 1$. Si $0 \leq x \leq 2$, $y > 2$ entonces $F(x, y) = F(x, 2)$ y resulta de la ecuación (2) que

$$F(x, y) = \frac{1}{8} x(x + 2).$$

Análogamente, si $0 \leq y \leq 2$, $x > 2$, entonces

$$F(x, y) = \frac{1}{8} y(y + 2).$$

La función $F(x, y)$ queda así definida para todo punto del plano xy.

Haciendo $y \to \infty$, se determina que la f.d. de la variable aleatoria X es

$$F_1(x) = \begin{cases} 0 & \text{para } x < 0, \\ \frac{1}{8} x(x + 2) & \text{para } 0 \leq x \leq 2, \\ 1 & \text{para } x > 2. \end{cases}$$

Además, para $0 < x < 2,\ 0 < y < 2$,

$$\frac{\partial^2 F(x,y)}{\partial x\,\partial y} = \frac{1}{8}(x+y).$$

Mientras que si $x < 0, y < 0, x > 2$ o $y > 2$, entonces

$$\frac{\partial^2 F(x,y)}{\partial x\,\partial y} = 0$$

Por tanto, la f.d.p. conjunta de X e Y es

$$f(x,y) = \begin{cases} \frac{1}{8}(x+y) & \text{para } 0 < x < 2,\ 0 < y < 2, \\ 0 & \text{en otro caso.} \end{cases} \triangleleft$$

EJERCICIOS

1. Supóngase que en un anuncio luminoso hay tres bombillas en la primera fila y cuatro bombillas en la segunda. Sea X el número de bombillas de la primera fila que se funden en un instante de tiempo t y sea Y el número de bombillas de la segunda fila que se funden en el mismo instante de tiempo t. Supóngase que la f.p. conjunta de X e Y está dada en la siguiente tabla:

X \ Y	0	1	2	3	4
0	0.08	0.07	0.06	0.01	0.01
1	0.06	0.10	0.12	0.05	0.02
2	0.05	0.06	0.09	0.04	0.03
3	0.02	0.03	0.03	0.03	0.04

Determínese cada una de las probabilidades siguientes:
(a) $\Pr(X = 2)$ (b) $\Pr(Y \geq 2)$ (c) $\Pr(X \leq 2,\ Y \leq 2)$
(d) $\Pr(X = Y)$ (e) $\Pr(X > Y)$

2. Supóngase que X e Y tienen una distribución discreta conjunta cuya f.p. conjunta se define como sigue:

$$f(x,y) = \begin{cases} c|x+y| & \text{para } x = -2,-1,0,1,2 \text{ e } y = -2,-1,0,1,2, \\ 0 & \text{en otro caso.} \end{cases}$$

Determínese (a) el valor de la constante c; (b) $\Pr(X = 0,\ Y = -2)$; (c) $\Pr(X = 1)$; (d) $\Pr(|X - Y|) \leq 1$.

3. Supóngase que la f.d.p. conjunta de dos variables aleatorias X e Y es la siguiente:

$$f(x,y) = \begin{cases} cy^2 & \text{para } 0 \le x \le 2 \text{ y } 0 \le y \le 1, \\ 0 & \text{en otro caso.} \end{cases}$$

Determínese (a) el valor de la constante c; (b) $\Pr(X + Y > 2)$; (c) $\Pr(Y < 1/2)$; (d) $\Pr(X \le 1)$; (e) $\Pr(X = 3Y)$.

4. Supóngase que la f.d.p. conjunta de dos variables aleatorias X e Y es la siguiente:

$$f(x,y) = \begin{cases} c(x^2 + y) & \text{para } 0 \le y \le 1 - x^2, \\ 0 & \text{en otro caso.} \end{cases}$$

Determínese (a) el valor de la constante c; (b) $\Pr(0 \le X \le 1/2)$; (c) $\Pr(Y \le X+1)$; (d) $\Pr(Y = X^2)$.

5. Supóngase que se selecciona aleatoriamente un punto (X, Y) de la región S en el plano xy que contiene todos los puntos (x, y) tales que $x \ge 0, y \ge 0$ y $4y + x \le 4$.
   (a) Determínese la f.d.p. conjunta de X e Y.
   (b) Supóngase que S_0 es un subconjunto de la región S con área α y determínese $\Pr[(X, Y) \in S_0]$.

6. Supóngase que se selecciona un punto (X, Y) del cuadrado S en el plano xy que contiene todos los puntos (x, y) tales que $0 \le x \le 1$ y $0 \le y \le 1$. Supóngase que la probabilidad de que el punto seleccionado sea el vértice $(0, 0)$ es 0.1; la probabilidad de que sea el vértice $(1, 0)$ es 0.2; la probabilidad de que sea el vértice $(0, 1)$ es 0.4; y la probabilidad de que sea el vértice $(1, 1)$ es 0.1. Supóngase también que si el punto seleccionado no es uno de los cuatro vértices del cuadrado, entonces será un punto interior y se seleccionará de acuerdo con una f.d.p. constante en el interior del cuadrado. Determínese (a) $\Pr(X \le 1/4)$ y (b) $\Pr(X + Y \le 1)$.

7. Supóngase que X e Y son variables aleatorias tales que (X, Y) puede pertenecer al rectángulo del plano xy que contiene todos los puntos (x, y) para los cuales $0 \le x \le 3$ y $0 \le y \le 4$. Supóngase también que la f.d. conjunta de X e Y en cualquier punto (x, y) de este rectángulo es la siguiente:

$$F(x, y) = \frac{1}{156} xy(x^2 + y).$$

Determínese (a) $\Pr(1 \le X \le 2,\ 1 \le Y \le 2)$; (b) $\Pr(2 \le X \le 4,\ 2 \le Y \le 4)$; (c) la f.d. de Y; (d) la f.d.p. conjunta de X e Y; (e) $\Pr(Y \le X)$.

3.5 DISTRIBUCIONES MARGINALES

Obtención de una f.p. marginal o una f.d.p. marginal

En la sección 3.4 se ha visto que si se conoce la f.d. conjunta F de dos variables aleatorias X e Y, entonces se puede obtener la f.d. F_1 de la variable aleatoria X a partir de F. En este contexto, en el que la distribución de X se obtiene a partir de la distribución conjunta de X e Y, F_1 se denomina *f.d. marginal de* X. Análogamente, si se conoce la f.p. f conjunta o la f.d.p. conjunta de X e Y, entonces se puede obtener la *f.p marginal o f.d.p. marginal* de cada variable aleatoria a partir de f.

Por ejemplo, si X e Y tienen distribución discreta conjunta cuya f.p. conjunta es f, entonces se puede determinar la f.p. marginal f_1 de X como sigue:

$$f_1(x) = \Pr(X = x) = \sum_y \Pr(X = x, Y = y) = \sum_y f(x, y). \tag{1}$$

En otras palabras, para cualquier valor x dado de X, el valor de $f_1(x)$ se determina sumando $f(x, y)$ sobre todos los valores posibles y de Y.

Análogamente, la f.p. marginal f_2 se puede determinar a partir de la relación

$$f_2(y) = \sum_x f(x, y). \tag{2}$$

Ejemplo 1: Obtención de una f.p marginal a partir de una tabla de probabilidades. Supóngase que X e Y tienen la f.p. conjunta dada por la tabla del ejemplo 1 de la sección 3.4. La f.p. marginal f_1 de X se puede determinar sumando los valores de cada fila de esta tabla. De esta manera se obtiene que $f_1(1) = 0.2$, $f_1(2) = 0.6$, $f_1(3) = 0.2$, mientras que $f_1(x) = 0$ para los restantes valores de x. $\triangleleft$

Si X e Y tienen una distribución continua conjunta cuya f.d.p. conjunta es f, entonces la f.d.p. marginal de X se determina de nuevo de acuerdo con la ecuación (1), pero reemplazando la suma sobre todos los valores posibles de Y por la integral sobre todos los valores posibles de Y. Por tanto,

$$f_1(x) = \int_{-\infty}^{\infty} f(x, y)\, dy \qquad \text{para } -\infty < x < \infty.$$

Análogamente, la f.d.p. marginal f_2 de Y se determina como en la ecuación (2), pero reemplazando nuevamente la suma por una integral. Por tanto,

$$f_2(y) = \int_{-\infty}^{\infty} f(x, y) dx \qquad \text{para } -\infty < y < \infty.$$

Ejemplo 2: Obtención de una f.d.p. marginal. Supóngase que la f.d.p. conjunta de X e Y es la descrita en el ejemplo 2 de la sección 3.2. Se determinará en primer lugar la f.d.p. marginal f_1 de X y luego la f.d.p. marginal f_2 de Y.

Se puede observar en la figura 3.9 que X no puede tomar ningún valor fuera del intervalo $-1 \leq X \leq 1$. Por tanto, $f_1(x) = 0$ para $x < -1$ o $x > 1$. Además, para $-1 \leq x \leq 1$, se observa en la figura 3.9 que $f(x,y) = 0$, a menos que $x^2 \leq y \leq 1$. Por tanto, para $-1 \leq x \leq 1$,

$$f_1(x) = \int_{-\infty}^{\infty} f(x,y)\,dy = \int_{x^2}^{1} \left(\frac{21}{4}\right) x^2 y\,dy = \left(\frac{21}{8}\right) x^2(1-x^4).$$

Esta f.d.p. marginal de X se encuentra representada en la figura 3.12.

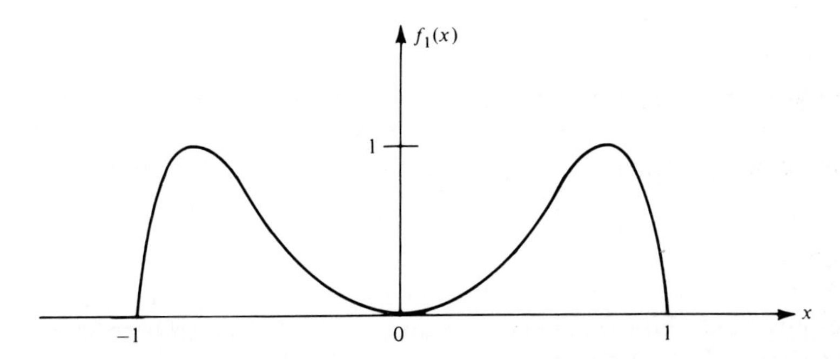

Figura 3.12 F.d.p. marginal de X del ejemplo 2.

Se puede observar en la figura 3.9 que Y no puede tomar ningún valor fuera del intervalo $0 \leq Y \leq 1$. Por tanto, $f_2(y) = 0$ para $y < 0$ o $y > 1$. Además, para $0 \leq y \leq 1$, se observa en la figura 3.9 que $f(x,y) = 0$ a menos que $-\sqrt{y} \leq x \leq \sqrt{y}$. Por tanto, para $0 \leq y \leq 1$,

$$f_2(y) = \int_{-\infty}^{\infty} f(x,y)\,dx = \int_{-\sqrt{y}}^{\sqrt{y}} \left(\frac{21}{4}\right) x^2 y\,dx = \left(\frac{7}{2}\right) y^{5/2}.$$

Esta f.d.p. marginal de Y se encuentra representada en la figura 3.13. ◁

Aunque las distribuciones marginales de X e Y se pueden obtener a partir de su distribución conjunta, no es posible reconstruir la distribución conjunta de X e Y a partir de sus distribuciones marginales sin información adicional. De hecho, las f.d.p. representadas en las figuras 3.12 y 3.13 no proporcionan información acerca de la relación entre X e Y. De hecho, por definición, la distribución marginal de X especifica probabilidades para X sin tener en cuenta los valores de cualesquiera otras variables aleatorias. Esta propiedad de una f.d.p. marginal queda más clara con otro ejemplo.

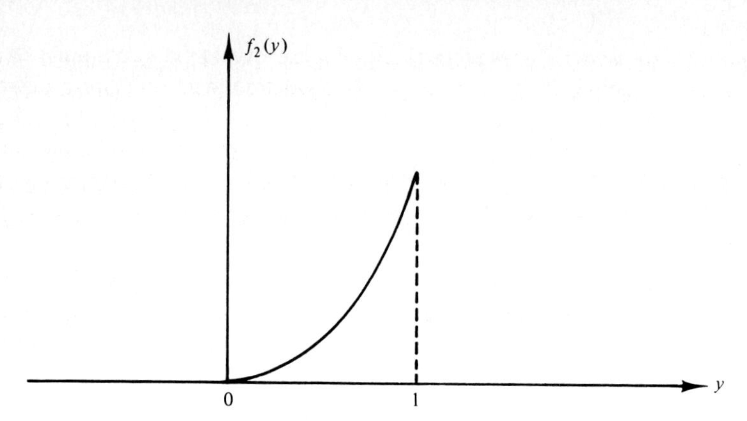

Figura 3.13 F.d.p. marginal del ejemplo 2.

Supóngase que se lanzan un penique y un níquel[1] n veces y considérese las dos definiciones siguientes de X e Y: (1) X es el número de caras obtenidas con el penique mientras Y es el número de caras obtenidas con el níquel. (2) tanto X como Y son el número de caras obtenidas con el penique, así que las variables aleatorias X e Y son realmente idénticas.

En el caso (1), la distribución marginal de X y la distribución marginal de Y son distribuciones binomiales idénticas. El mismo par de distribuciones marginales de X e Y se obtiene también en el caso (2). Sin embargo, la distribución conjunta de X e Y no es la misma en los dos casos. En el caso (1), los valores de X e Y no están relacionados, mientras que en el caso (2) los valores de X e Y deben ser idénticos.

Variables aleatorias independientes

Se dice que dos variables aleatorias X e Y son *independientes* si, para dos conjuntos cualesquiera A y B de números reales,

$$\Pr(X \in A, Y \in B) = \Pr(X \in A)\Pr(Y \in B). \tag{3}$$

En otras palabras, sea A cualquier suceso cuya ocurrencia o no ocurrencia depende solamente del valor de X, y sea B cualquier suceso cuya ocurrencia o no ocurrencia depende solamente del valor de Y. Entonces, X e Y son variables aleatorias independientes si, y sólo si, A y B son sucesos independientes para cualquier par de sucesos A y B de esa forma.

Si X e Y son independientes, entonces para cualquier par de números reales x, y se verifica que

$$\Pr(X \leq x, Y \leq y) = \Pr(X \leq x)\Pr(Y \leq y). \tag{4}$$

[1] Penique: moneda inglesa de un céntimo de libra; níquel: moneda americana de cinco céntimos de dólar (*N. del T.*)

Más aún, puesto que cualquier probabilidad para X e Y del tipo que aparece en la ecuación (3) se puede calcular a partir de probabilidades del tipo que aparece en la ecuación (4), se puede demostrar que si la ecuación (4) se satisface para todos los valores de x e y, entonces X e Y deben ser independientes. La demostración de esta afirmación se omite por estar fuera del alcance de este libro. En otras palabras, dos variables aleatorias X e Y son independientes si, y sólo si, la ecuación (4) se verifica para todos los valores de x e y.

Si la f.d. conjunta de X e Y se denota por F, la f.d. marginal de X por F_1 y la f.d. marginal de Y por F_2, entonces el resultado anterior se puede reafirmar como sigue: *Dos variables aleatorias X e Y son independientes si, y sólo si, para todo par de números reales x, y,*

$$F(x, y) = F_1(x)F_2(y).$$

Supóngase ahora que X e Y tienen distribuciones discretas conjuntas o distribuciones continuas conjuntas, para las cuales la f.p. conjunta o la f.d.p. conjunta es f. Como antes, se denotarán las f.p. marginales o las f.d.p. marginales de X e Y por f_1 y f_2. Entonces, de la relación previamente presentada resulta que X e Y son independientes si, y sólo si, para todo par de números reales x e y se satisface la siguiente factorización.

$$f(x, y) = f_1(x)f_2(y). \tag{5}$$

Como se estableció en la sección 3.2, en una distribución continua los valores de una f.d.p. se pueden cambiar arbitrariamente en cualquier conjunto de puntos que tenga probabilidad 0. Por tanto, para tal distribución sería más preciso decir que las variables aleatorias X e Y son independientes si, y sólo si, es posible elegir versiones de las f.d.p. f, f_1 y f_2 tales que la ecuación (5) se verifique para $-\infty < x < \infty$, $-\infty < y < \infty$.

Ejemplo 3: Cálculo de una probabilidad que involucra variables aleatorias independientes. Supóngase que se toman dos medidas independientes X e Y de la lluvia durante un periodo de tiempo en una localidad y que la f.d.p. g de cada medida es la siguiente:

$$g(x) = \begin{cases} 2x & \text{para } 0 \le x \le 1, \\ 0 & \text{en otro caso.} \end{cases}$$

Se determinará el valor de $\Pr(X + Y \le 1)$.

Puesto que X e Y son independientes y cada una tiene la f.d.p. g, resulta de la ecuación (5) que para cualquier par de valores de x e y la f.d.p. conjunta $f(x, y)$ de X e Y está dada por la relación $f(x, y) = g(x)g(y)$. Por tanto,

$$f(x, y) = \begin{cases} 4xy & \text{para } 0 \le x \le 1 \text{ y } 0 \le y \le 1, \\ 0 & \text{en otro caso.} \end{cases}$$

El conjunto S del plano xy en el que $f(x, y) > 0$ y el subconjunto S_0 en el que $x + y \le 1$ se encuentran representados en la figura 3.14. Por tanto,

$$\Pr(X + Y \le 1) = \int_{S_0}\int f(x, y)\,dx\,dy = \int_0^1 \int_0^{1-x} 4xy\,dy\,dx = \frac{1}{6}. \quad \triangleleft$$

Supóngase ahora que X e Y tienen distribuciones discretas; que X puede tomar los valores $1, 2, \ldots, r$; que Y puede tomar los valores $1, 2, \ldots, s$; y que

$$\Pr(X = i, Y = j) = p_{ij} \qquad \text{para } i = 1, \ldots, r \text{ y } j = 1, \ldots, s.$$

Entonces, para $i = 1, \ldots, r$, sea

$$\Pr(X = i) = \sum_{j=1}^{s} p_{ij} = p_{i+}.$$

También, para $j = 1, \ldots, s$, sea

$$\Pr(Y = j) = \sum_{i=1}^{r} p_{ij} = p_{+j}.$$

Por tanto, X e Y son independientes si, y sólo si, para todos los valores de i y j, se satisfacen las relaciones

$$p_{ij} = p_{i+}p_{+j}. \tag{6}$$

Ejemplo 4: Verificación de la independencia de dos variables aleatorias a partir de una tabla de probabilidades. Supóngase que la f.p. conjunta de X e Y está dada por la tabla presentada en el ejemplo 1 de la sección 3.4. Se determinará si X e Y son independientes.

En la ecuación (6), p_{ij} es la probabilidad en la fila i-ésima y la columna j-ésima de la tabla, p_{i+} es la suma de las probabilidades en la fila i-ésima y p_{+j} es la suma de las probabilidades en la columna j-ésima. A partir de la tabla, resulta que $p_{11} = 0.1$, $p_{1+} = 0.2$ y $p_{+1} = 0.4$. Por tanto, $p_{11} \neq p_{1+}p_{+1}$. Se deduce inmediatamente que X e Y no pueden ser independientes.

Supóngase ahora que la f.p. conjunta de X e Y está dada por la siguiente tabla.

X \ Y	1	2	3	4	Total
1	0.06	0.02	0.04	0.08	0.20
2	0.15	0.05	0.10	0.20	0.50
3	0.09	0.03	0.06	0.12	0.30
Total	0.30	0.10	0.20	0.40	1.00

Puesto que a partir de esta tabla se puede comprobar que la ecuación (6) se cumple para todos los valores i y j, resulta que X e Y son independientes. ◁

Se debe observar a partir del ejemplo 4 que X e Y son independientes si, y sólo si, las filas de la tabla que proporcionan su f.p. conjunta son proporcionales entre sí, o equivalentemente, si, y sólo si, las columnas de la tabla son proporcionales entre sí.

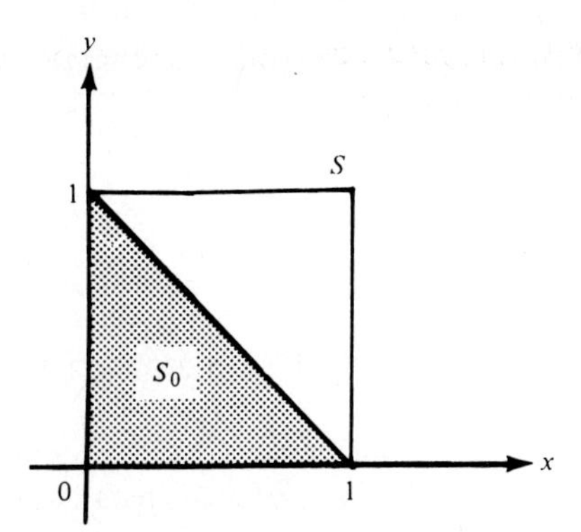

Figura 3.14 Subconjunto S_0 donde $x + y \leq 1$ en el ejemplo 3.

Supóngase ahora que X e Y son variables aleatorias que tienen una distribución continua conjunta cuya f.d.p. es f. Entonces X e Y serán independientes si, y sólo si, f se puede representar de la forma siguiente para $-\infty < x < \infty$ y $-\infty < y < \infty$:

$$f(x, y) = g_1(x)\, g_2(y), \tag{7}$$

donde g_1 es una función no negativa de x solamente y g_2 es una función no negativa de y solamente. En otras palabras, es necesario y suficiente que, para todos los valores de x, y, f se pueda factorizar en el producto de una función no negativa arbitraria de x y una función no negativa arbitraria de y. Sin embargo, se debe resaltar que, al igual que en la ecuación (5), la factorización en la ecuación (7) se debe cumplir para todos los valores de x e y $(-\infty < x < \infty,\ -\infty < y < \infty)$.

Hay un caso especial, cuando $f(x, y) = 0$ para todos los valores de x e y fuera de un rectángulo que tiene lados paralelos al eje x y al eje y, en el cual realmente no es necesario comprobar la ecuación (7) para todos los valores de x e y. Para verificar que X e Y son independientes en este caso, es suficiente comprobar que la ecuación (7) se cumple para todos los valores de x e y dentro del rectángulo. En particular, sean a, b, c y d valores concretos tales que $-\infty \leq a < b \leq \infty,\ -\infty \leq c < d \leq \infty$ y sea S el siguiente rectángulo en el plano xy:

$$S = \{(x, y) : a \leq x \leq b,\ c \leq y \leq d\}. \tag{8}$$

Hay que tener en cuenta que cualquiera de los puntos extremos a, b, c y d puede ser infinito. Supóngase que $f(x, y) = 0$ para todo punto (x, y) fuera de S. Entonces X e Y son independientes si, y sólo si, f se puede factorizar como en la ecuación (7) para todos los puntos de S.

Ejemplo 5: Comprobación de la factorización de una f.d.p. conjunta. Supóngase que la f.d.p. conjunta de X e Y es la siguiente:

$$f(x,y) = \begin{cases} ke^{-(x+2y)} & \text{para } x \geq 0 \text{ e } y \geq 0, \\ 0 & \text{en otro caso.} \end{cases}$$

Se determinará en primer lugar si X e Y son independientes y luego se determinarán sus f.d.p. marginales.

En este ejemplo, $f(x,y) = 0$ fuera de un rectángulo S que tiene la forma especificada en la ecuación (8) y para la cual $a = 0, b = \infty$, $c = 0$ y $d = \infty$. Además, para cualquier punto dentro de S, $f(x,y)$ se puede factorizar como en la ecuación (7), definiendo $g_1(x) = ke^{-x}$ y $g_2(y) = e^{-2y}$. Por tanto, X e Y son independientes.

Resulta que en este caso, $g_1(x)$ y $g_2(y)$ deben ser, salvo factores constantes, las f.d.p. marginales de X e Y para $X \geq 0$ e $Y \geq 0$. Eligiendo constantes que hagan que $g_1(x)$ y $g_2(y)$ integren la unidad, se puede concluir que las f.d.p. marginales f_1 y f_2 de X e Y deben ser como sigue:

$$f_1(x) = \begin{cases} e^{-x} & \text{para } x \geq 0, \\ 0 & \text{en otro caso,} \end{cases}$$

y

$$f_2(y) = \begin{cases} 2e^{-2y} & \text{para } y \geq 0, \\ 0 & \text{en otro caso.} \end{cases} \quad \triangleleft$$

Ejemplo 6: Variables aleatorias dependientes. Supóngase que la f.d.p. conjunta de X e Y tiene la forma siguiente:

$$f(x,y) = \begin{cases} kx^2y^2 & \text{para } x^2 + y^2 \leq 1, \\ 0 & \text{en otro caso.} \end{cases}$$

Se demostrará que X e Y no son independientes.

Es evidente que para cualquier punto dentro del círculo $x^2 + y^2 \leq 1$, $f(x,y)$ se puede factorizar como en la ecuación (7). Sin embargo, esta misma factorización no se satisface en todo punto fuera de este círculo. La característica importante de este ejemplo es que los valores de X e Y están restringidos al interior de un círculo. La f.d.p. conjunta de X e Y es positiva dentro del círculo y es cero fuera de éste. En estas condiciones X e Y no pueden ser independientes, porque para cualquier valor determinado y de Y, los valores posibles de X dependerán de y. Por ejemplo, si $Y = 0$, entonces X puede tomar cualquier valor tal que $X^2 \leq 1$; si $Y = 1/2$, entonces X debe tomar un valor tal que $X^2 \leq 3/4$. $\triangleleft$

EJERCICIOS

1. Supóngase que X e Y tienen una distribución discreta conjunta cuya f.p. conjunta se define como sigue:

$$f(x,y) = \begin{cases} \dfrac{1}{30}(x+y) & \text{para } x = 0,1,2, \text{ y para } y = 0,1,2,3, \\ 0 & \text{en otro caso.} \end{cases}$$

   (a) Determínense las f.p. marginales de X e Y.

   (b) ¿Son independientes X e Y?

2. Supóngase que X e Y tienen una distribución continua conjunta cuya f.d.p. conjunta se define como sigue:

$$f(x,y) = \begin{cases} \left(\dfrac{3}{2}\right) y^2 & \text{para } 0 \le x \le 2 \text{ y } 0 \le y \le 1, \\ 0 & \text{en otro caso.} \end{cases}$$

   (a) Determínense las f.d.p. marginales de X e Y.

   (b) ¿Son independientes X e Y?

   (c) ¿Son independientes los sucesos $\{X < 1\}$ y $\{Y \geq 1/2\}$?

3. Supóngase que la f.d.p. conjunta de X e Y es la siguiente:

$$f(x,y) = \begin{cases} \left(\dfrac{15}{4}\right) x^2 & \text{para } 0 \le y \le 1 - x^2, \\ 0 & \text{en otro caso.} \end{cases}$$

   (a) Determínense las f.d.p. marginales de X e Y.

   (b) ¿Son independientes X e Y?

4. Un establecimiento tiene tres teléfonos públicos. Para $i = 0, 1, 2, 3$, sea p_i la probabilidad de que exactamente i teléfonos estén ocupados un lunes cualquiera a las 8 de la tarde, y supóngase que $p_0 = 0.1$, $p_1 = 0.2$, $p_2 = 0.4$ y $p_3 = 0.3$. Sean X e Y el número de teléfonos ocupados a las 8 de la tarde en dos lunes independientes. Determínese: (a) la f.p. conjunta de X e Y; (b) $\Pr(X = Y)$; (c) $\Pr(X > Y)$.

5. Supóngase que en un medicamento la concentración de una sustancia química particular es una variable aleatoria con distribución continua cuya f.d.p. g es la siguiente:

$$g(x) = \begin{cases} \frac{3}{8}x^2 & \text{para } 0 \leq x \leq 2, \\ 0 & \text{en otro caso.} \end{cases}$$

Supóngase que las concentraciones X e Y de la sustancia química en dos producciones separadas del medicamento son variables aleatorias independientes cada una con f.d.p. g. Determínese (a) la f.d.p. conjunta de X e Y; (b) $\Pr(X = Y)$; (c) $\Pr(X > Y)$; (d) $\Pr(X + Y \leq 1)$.

6. Supóngase que la f.d.p. conjunta de X e Y es la siguiente:

$$f(x, y) = \begin{cases} 2xe^{-y} & \text{para } 0 \leq x \leq 1 \text{ y } 0 < y < \infty, \\ 0 & \text{en otro caso.} \end{cases}$$

¿Son independientes X e Y?

7. Supóngase que la f.d.p. conjunta de X e Y es la siguiente:

$$f(x, y) = \begin{cases} 24xy & \text{para } x \geq 0, y \geq 0 \text{ y } x + y \leq 1, \\ 0 & \text{en otro caso.} \end{cases}$$

¿Son independientes X e Y?

8. Supóngase que se selecciona un punto (X, Y) al azar del rectángulo S definido como sigue:

$$S = \{(x, y) : 0 \leq x \leq 2 \text{ y } 1 \leq y \leq 4\}.$$

   (a) Determínense la f.d.p. conjunta de X e Y, la f.d.p. marginal de X y la f.d.p. marginal de Y.

   (b) ¿Son independientes X e Y?

9. Supóngase que un punto (X, Y) se selecciona al azar en el círculo S definido como sigue:

$$S = \{(x, y) : x^2 + y^2 \leq 1\}.$$

   (a) Determínense la f.d.p. conjunta de X e Y, la f.d.p. marginal de X y la f.d.p. marginal de Y.

   (b) ¿ Son independientes X e Y?

10. Supóngase que dos personas tienen una cita para verse entre las 5 y las 6 de la tarde en un local concreto y se ponen de acuerdo en que ninguna esperará a la otra más de 10 minutos. Si llegan independientemente en tiempos aleatorios entre las 5 y las 6 de la tarde, ¿cuál es la probabilidad de que se vean?

3.6 DISTRIBUCIONES CONDICIONALES

Distribuciones condicionales discretas

Supóngase que X e Y son dos variables aleatorias que tienen una distribución discreta conjunta cuya f.p. conjunta es f. Como antes, se definen f_1 y f_2 como las f.p. marginales de X e Y, respectivamente. Después de haber observado el valor y de la variable aleatoria Y, la probabilidad de que la variable aleatoria X tome cualquier valor particular x, está dado por la siguiente probabilidad condicional:

$$\begin{aligned}\Pr(X = x \mid Y = y) &= \frac{\Pr(X = x, Y = y)}{\Pr(Y = y)} \\ &= \frac{f(x, y)}{f_2(y)}.\end{aligned} \quad (1)$$

En otras palabras, si se sabe que $Y = y$, entonces la distribución de X es una distribución discreta cuyas probabilidades están dadas por la ecuación (1). Esta distribución se denomina *distribución condicional de X dada $Y = y$*. De la ecuación (1) resulta que para cualquier valor y tal que $f_2(y) > 0$, esta distribución condicional de X se puede representar por una f.p. $g_1(x \mid y)$ definida como sigue:

$$g_1(x \mid y) = \frac{f(x, y)}{f_2(y)}. \quad (2)$$

La función g_1 se denomina la *f.p. condicional de X dada $Y = y$*. Para cada valor fijo de y, la función $g_1(x \mid y)$ es una f.p. sobre todos los valores posibles de X porque $g_1(x \mid y) \geq 0$ y

$$\sum_x g_1(x \mid y) = \frac{1}{f_2(y)} \sum_x f(x, y) = \frac{1}{f_2(y)} f_2(y) = 1.$$

Análogamente, si x es cualquier valor concreto de X tal que $f_1(x) = \Pr(X = x) > 0$ y si $g_2(y \mid x)$ es la *f.p. condicional de Y dada $X = x$*, entonces

$$g_2(y \mid x) = \frac{f(x, y)}{f_1(x)}. \quad (3)$$

Para cualquier valor fijo de x, la función $g_2(y \mid x)$ es una f.p. sobre todos los valores posibles de Y.

Ejemplo 1: Obtención de una f.p. condicional a partir de una f.p. conjunta. Supóngase que la f.p. conjunta de X e Y es la dada por la tabla presentada en el ejemplo 1 de la sección 3.4. Se determinará la f.p. condicional de Y dada $X = 2$.

A partir de la tabla de la sección 3.4, $f_1(2) = \Pr(X = 2) = 0.6$. Por tanto, la probabilidad condicional $g_2(y \mid 2)$ de que Y tome cualquier valor particular y es

$$g_2(y \mid 2) = \frac{f(2, y)}{0.6}.$$

Debe observarse que para todos los valores posibles de y, las probabilidades condicionales $g_2(y \mid x)$ deben ser proporcionales a las probabilidades conjuntas $f(2, y)$. En este ejemplo, cada valor de $f(2, y)$ está simplemente dividido por la constante $f_1(2) = 0.6$ para que la suma de los resultados sea igual a 1. Por tanto,

$$g_2(1 \mid 2) = 1/2, \quad g_2(2 \mid 2) = 0, \quad g_2(3 \mid 2) = 1/6, \quad g_2(4 \mid 2) = 1/3. \quad \triangleleft$$

Distribuciones condicionales continuas

Supóngase que X e Y tienen una distribución continua conjunta cuya f.d.p. conjunta es f y las f.d.p. marginales son f_1 y f_2. Supóngase, además, que se ha observado el valor $Y = y$ y se desea especificar las probabilidades para varios conjuntos de valores posibles de X. Debe observarse que, en este caso, $\Pr(Y = y) = 0$ para cada valor de y, y las probabilidades condicionales de la forma $\Pr(A \mid B)$ no han sido definidas cuando $\Pr(B) = 0$. Por tanto, para que sea posible obtener probabilidades condicionales cuando X e Y tienen distribución continua conjunta, el concepto de probabilidad condicional se extenderá considerando la definición de la f.p. condicional de X dada por la ecuación (2) y la analogía entre una f.p. y una f.d.p.

Sea y un valor tal que $f_2(y) > 0$. Entonces la *f.d.p. condicional* g_1 *de* X *dada* $Y = y$, se puede definir como sigue:

$$g_1(x \mid y) = \frac{f(x, y)}{f_2(y)} \qquad \text{para } -\infty < x < \infty. \tag{4}$$

Para cada valor fijo y, la función g_1 es una f.d.p. para X sobre la recta real, puesto que $g_1(x \mid y) \geq 0$ y

$$\int_{-\infty}^{\infty} g_1(x \mid y)\, dx = 1.$$

Debe observarse que las ecuaciones (2) y (4) son idénticas. Sin embargo, la ecuación (2) fue *obtenida* como la probabilidad condicional de que $X = x$ dada $Y = y$, mientras que la ecuación (4) fue *definida* como el valor de la f.d.p. condicional de X dada $Y = y$.

La definición dada por la ecuación (4) tiene una interpretación que se puede entender considerando la figura 3.15. La f.d.p. conjunta define una superficie sobre el plano xy cuya altura $f(x, y)$ para cualquier punto (x, y) representa la verosimilitud relativa de ese punto. Por ejemplo, si se sabe que $Y = y_0$, entonces el punto (x, y) debe pertenecer a la recta $Y = y_0$ del plano xy y la verosimilitud relativa de cualquier punto (x, y_0) de esa recta es $f(x, y_0)$. Por tanto, la f.d.p. condicional $g_1(x \mid y_0)$ de X debe ser proporcional a $f(x, y_0)$. En otras palabras, $g_1(x \mid y_0)$ es esencialmente igual que $f(x, y_0)$, pero incluye un factor constante $1/[f_2(y_0)]$ que se necesita para que la integral de la f.d.p. condicional sobre todos los valores de X sea la unidad.

Análogamente, para cualquier valor x tal que $f_1(x) > 0$, la *f.d.p. condicional de Y dada X = x*, se define como sigue:

$$g_2(y \mid x) = \frac{f(x, y)}{f_1(x)} \qquad \text{para } -\infty < x < \infty. \tag{5}$$

Esta ecuación es idéntica a la ecuación (3) obtenida para distribuciones discretas.

Ejemplo 2: Obtención de una f.d.p. condicional a partir de una f.d.p. conjunta. Supóngase que la f.d.p. conjunta de X e Y es la del ejemplo 2 de la sección 3.4. En primer lugar, se determina la f.d.p. condicional de Y dada $X = x$ y luego se determinan algunas probabilidades para Y dado el valor específico $X = 1/2$.

El conjunto S para el cual $f(x, y) > 0$, se ilustra en la figura 3.9. Además, la f.d.p. marginal se obtuvo en el ejemplo 2 de la sección 3.5 y está representada en la figura 3.12. Se puede observar a partir de la figura 3.12 que $f_1(x) > 0$ para $-1 < x < 1$, pero no para $x = 0$. Por tanto, para cualquier valor concreto de x tal que $-1 < x < 0$ ó $0 < x < 1$, la f.d.p. condicional $g_2(y \mid x)$ de Y es la siguiente:

$$g_2(y \mid x) = \begin{cases} \dfrac{2y}{1 - x^4} & \text{para } x^2 \leq y \leq 1, \\ 0 & \text{en otro caso.} \end{cases}$$

En particular, si se sabe que $X = 1/2$, entonces $\Pr(Y \geq 1/4 \mid X = 1/2) = 1$ y

$$\Pr\left(Y \geq \frac{3}{4} \middle| X = \frac{1}{2}\right) = \int_{3/4}^{1} g_2\left(y \middle| \frac{1}{2}\right) dy = \frac{7}{15}. \qquad \triangleleft$$

Construcción de la distribución conjunta

Relaciones básicas. De la ecuación (4) resulta que para cualquier valor de y tal que $f_2(y) > 0$ y para cualquier valor de x,

$$f(x, y) = g_1(x \mid y) f_2(y). \tag{6}$$

Además, si $f_2(y_0) = 0$ para algún valor y_0, entonces se puede suponer sin pérdida de generalidad que $f(x, y_0) = 0$ para todos los valores de x. En este caso, ambas partes de

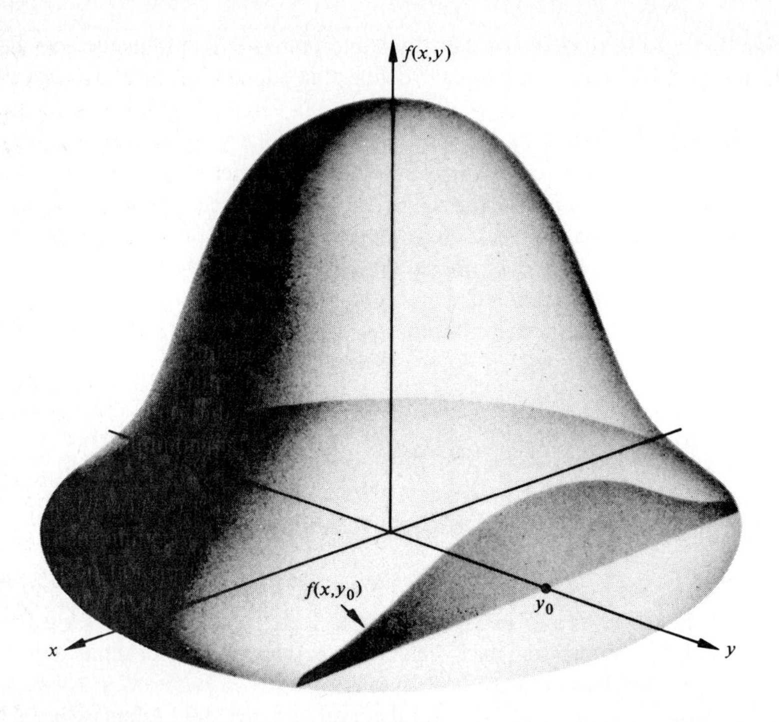

Figura 3.15 La f.d.p. condicional $g_1(x \mid y_0)$ es proporcional a $f(x \mid y_0)$.

la ecuación (6) son 0 y el hecho de que $g_1(x \mid y_0)$ no esté definida resulta irrelevante. Por tanto, la ecuación (6) se verifica para *todos* los valores de x e y.

Análogamente, de la ecuación (5) resulta que la f.d.p. conjunta $f(x, y)$ se puede representar también como sigue para todos los valores de x e y:

$$f(x, y) = f_1(x) g_2(y \mid x). \tag{7}$$

Ejemplo 3: Selección de puntos a partir de distribuciones uniformes. Supóngase que se selecciona un punto X de una distribución uniforme sobre el intervalo $(0, 1)$ y que después de haber observado el valor $X = x (0 < x < 1)$, se selecciona un punto Y de una distribución uniforme en el intervalo $(x, 1)$. Se obtendrá la f.d.p. marginal de Y.

Puesto que X tiene una distribución uniforme, su f.d.p. marginal es la siguiente:

$$f_1(x) = \begin{cases} 1 & \text{para } 0 < x < 1, \\ 0 & \text{en otro caso.} \end{cases}$$

Análogamente, para cualquier valor $X = x$ $(0 < x < 1)$, la distribución condicional de Y es una distribución uniforme en el intervalo $(x, 1)$. Puesto que la longitud de este intervalo es $1 - x$, la f.d.p. condicional de Y, dado que $X = x$, es

$$g_2(y \mid x) = \begin{cases} \dfrac{1}{1 - x} & \text{para } x < y < 1, \\ 0 & \text{en otro caso.} \end{cases}$$

De la ecuación (7) resulta que la f.d.p. conjunta de X e Y es

$$f(x,y) = \begin{cases} \dfrac{1}{1-x} & \text{para } 0 < x < y < 1, \\ 0 & \text{en otro caso.} \end{cases} \tag{8}$$

Por tanto, para $0 < y < 1$, el valor de f.d.p. marginal $f_2(y)$ de Y es

$$f_2(y) = \int_{-\infty}^{\infty} f(x,y)\,dx = \int_0^y \frac{1}{1-x}\,dx = -\log(1-y).$$

Además, puesto que Y no puede estar fuera del intervalo $0 < y < 1$, entonces $f_2(y) = 0$ para $y \leq 0$ o $y \geq 1$. Esta f.d.p. marginal f_2 se encuentra representada en la figura 3.16. Es interesante observar que en este ejemplo la función f_2 no está acotada. ◁

Variables aleatorias independientes. Supóngase que X e Y son dos variables aleatorias que tienen distribución continua conjunta. Como se vió en la sección 3.5, X e Y son independientes si, y sólo si, su f.d.p. conjunta $f(x,y)$ se puede factorizar de la siguiente forma para $-\infty < x < \infty$, $-\infty < y < \infty$:

$$f(x,y) = f_1(x)f_2(y).$$

De la ecuación (6) resulta que X e Y son independientes si, y sólo si, para todo valor de y tal que $f_2(y) > 0$ y para todo valor de x,

$$g_1(x \mid y) = f_1(x). \tag{9}$$

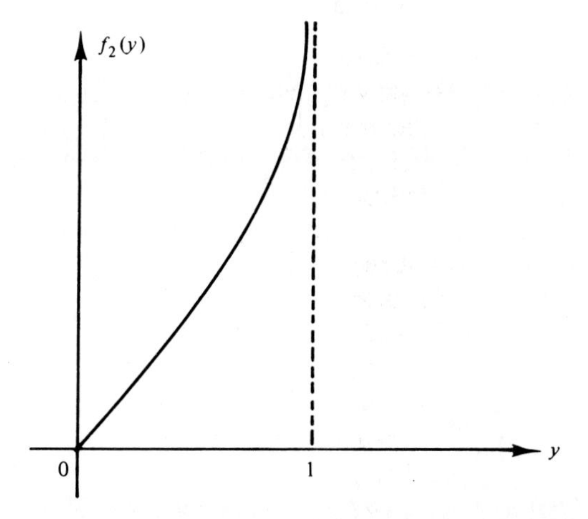

Figura 3.16 La f.d.p. marginal de Y para el ejemplo 3.

En otras palabras, X e Y son independientes si, y sólo si, la f.d.p. de X para cada valor concreto de Y es la misma que la f.d.p. marginal de X.

Análogamente, de la ecuación (7) resulta que X e Y son independientes si, y sólo si, para todo valor de x tal que $f_1(x) > 0$ y para todo valor de y,

$$g_2(y \mid x) = f_2(y). \tag{10}$$

Si la distribución conjunta de dos variables aleatorias X e Y es discreta, entonces la ecuación (9) y la ecuación (10) siguen siendo condiciones suficientes y necesarias para que X e Y sean independientes. En este caso, sin embargo, las funciones f_1, f_2, g_1 y g_2 se deben interpretar como f.p. marginales y condicionales en lugar de como f.d.p.

EJERCICIOS

1. Cada estudiante de una escuela secundaria concreta fue clasificado de acuerdo con su curso escolar (de primero, segundo, penúltimo o último curso) y de acuerdo con el número de veces que había visitado un cierto museo (nunca, una vez o más de una vez). Las proporciones de estudiantes en las distintas clasificaciones son las de la tabla siguiente:

Estudiantes	Nunca	Una vez	Más de una vez
Primer curso	0.08	0.10	0.04
Segundo curso	0.04	0.10	0.04
Penúltimo curso	0.04	0.20	0.09
Ultimo curso	0.02	0.15	0.10

   (a) Si un estudiante seleccionado al azar de la escuela está en penúltimo curso, ¿cuál es la probabilidad de que nunca haya visitado un museo?

   (b) Si un estudiante seleccionado al azar de la escuela ha visitado el museo tres veces, ¿cuál es la probabilidad de que esté en último curso?

2. Supóngase que se selecciona al azar un punto (X, Y) del círculo S definido como sigue:

$$S = \{(x, y) : (x-1)^2 + (y+2)^2 \leq 9\}.$$

   Determínese (a) la f.d.p. condicional de Y para cualquier valor concreto de X y (b) $\Pr(Y > 0 \mid X = 2)$.

3. Supóngase que la f.d.p. conjunta de dos variables aleatorias X e Y es la siguiente:

$$f(x,y) = \begin{cases} c(x+y^2) & \text{para } 0 \leq x \leq 1 \text{ y } 0 \leq y \leq 1, \\ 0 & \text{en otro caso.} \end{cases}$$

Determínese (a) la f.d.p. condicional de X para cualquier valor concreto de Y y (b) $\Pr(X < 1/2 \,|\, Y = 1/2)$.

4. Supóngase que la f.d.p. conjunta de dos puntos X e Y seleccionada mediante el procedimiento descrito en el ejemplo 3, está dada por la ecuación (8). Determínese (a)la f.d.p. condicional de X para cualquier valor de Y y (b) $\Pr(X > 1/2 \,|\, Y = 3/4)$.

5. Supóngase que la f.d.p. conjunta de dos variables aleatorias X e Y es la siguiente:

$$f(x,y) = \begin{cases} c \text{ sen } x & \text{para } 0 \leq x \leq \pi/2, \; 0 \leq y \leq 3, \\ 0 & \text{en otro caso.} \end{cases}$$

Determínese (a) la f.d.p. condicional de Y para cualquier valor dado de X y (b) $\Pr(1 < Y < 2 \,|\, X = 0.73)$.

6. Supóngase que la f.d.p. conjunta de dos variables aleatorias X e Y es la siguiente:

$$f(x,y) = \begin{cases} \dfrac{3}{16}(4 - 2x - y) & \text{para } x > 0, y > 0, \; 2x + y < 4, \\ 0 & \text{en otro caso.} \end{cases}$$

Determínese (a) la f.d.p. condicional de Y para cualquier valor dado de X y (b) $\Pr(Y \geq 2 \,|\, X = 0.5)$.

7. Supóngase que la calificación X de una persona en una prueba de aptitud de matemáticas es un número entre 0 y 1, y que su calificación Y en una prueba de aptitudes musicales es también un número entre 0 y 1. Supóngase, además, que en la población de todos los estudiantes de bachillerato de Estados Unidos, las calificaciones X e Y se distribuyen de acuerdo con la siguiente f.d.p. conjunta:

$$f(x,y) = \begin{cases} \dfrac{2}{5}(2x + 3y) & \text{para } 0 \leq x \leq 1 \text{ y } 0 \leq y \leq 1, \\ 0 & \text{en otro caso.} \end{cases}$$

(a) ¿Qué proporción de estudiantes de bachillerato obtienen una calificación mayor que 0.8 en la prueba de matemáticas?

(b) Si la calificación en la prueba de música de un estudiante es 0.3, ¿cuál es la probabilidad de que su calificación en la prueba de matemáticas sea mayor que 0.8?

(c) Si la calificación en la prueba de matemáticas de un estudiante es 0.3, ¿cuál es la probabilidad de que su calificación en la prueba de música sea mayor que 0.8?

8. Supóngase que para hacer una medida se pueden utilizar dos instrumentos. El instrumento 1 proporciona una medida cuya f.d.p. h_1 es

$$h_1(x) = \begin{cases} 2x & \text{para } 0 < x < 1, \\ 0 & \text{en otro caso.} \end{cases}$$

El instrumento 2 proporciona una medida cuya f.d.p. h_2 es

$$h_2(x) = \begin{cases} 3x^2 & \text{para } 0 < x < 1, \\ 0 & \text{en otro caso.} \end{cases}$$

Supóngase que se selecciona uno de los dos instrumentos al azar y se realiza una medición con él.

(a) Determínese la f.d.p. marginal de X.

(b) Si el valor de la medida es $X = 1/4$, ¿cuál es la probabilidad de que se haya utilizado el instrumento 1?

9. En una gran colección de monedas, la probabilidad X de obtener una cara cuando se lanza una moneda varía de una moneda a otra y la distribución de X en la colección está dada por la f.d.p. siguiente:

$$f_1(x) = \begin{cases} 6x(1-x) & \text{para } 0 < x < 1, \\ 0 & \text{en otro caso.} \end{cases}$$

Supóngase que se selecciona al azar una moneda de la colección, que se lanza una vez y se obtiene una cara. Determínese la f.d.p. de X para esta moneda.

3.7 DISTRIBUCIONES MULTIVARIANTES

Ahora se generalizarán los resultados que se desarrollaron en las secciones 3.4, 3.5 y 3.6 para dos variables aleatorias X, Y a un número finito arbitrario n de variables aleatorias $X_1, \ldots, X_n$. En general, la distribución conjunta de más de dos variables aleatorias se denomina *distribución multivariante.*

Distribuciones conjuntas

Función de distribución conjunta. La *f.d. conjunta* de n variables aleatorias $X_1, \ldots, X_n$ se define como la función F cuyo valor en cualquier punto $(x_1, \ldots, x_n)$ de un espacio n-dimensional R^n está dado por la relación

$$F(x_1, \ldots, x_n) = \Pr(X_1 \le x_1, X_2 \le x_2, \ldots, X_n \le x_n). \tag{1}$$

Toda f.d. multivariante satisface propiedades análogas a las presentadas antes para las f.d. univariantes y bivariantes.

Notación vectorial. En el estudio de la distribución conjunta de n variables aleatorias $X_1, \ldots, X_n$, a menudo es conveniente utilizar la notación vectorial $\boldsymbol{X} = (X_1, \ldots, X_n)$ y referirse a $\boldsymbol{X}$ como a un *vector aleatorio*. En lugar de hablar de la distribución conjunta de las variables aleatorias $X_1, \ldots, X_n$ con una f.d. conjunta $F(x_1, \ldots, x_n)$, se puede hablar simplemente de la distribución del vector aleatorio $\boldsymbol{X}$ con f.d. $F(\boldsymbol{x})$. Cuando se utiliza esta notación vectorial, debe recordarse que si $\boldsymbol{X}$ es un vector aleatorio n-dimensional, entonces su f.d. se define como una función sobre el espacio n-dimensional R^n. Para cualquier punto $\boldsymbol{x} = (x_1, \ldots, x_n) \in R^n$, el valor de $F(\boldsymbol{x})$ está dado por la ecuación (1).

Distribuciones discretas. Se dice que n variables aleatorias $X_1, \ldots, X_n$ tienen una *distribución discreta conjunta* si el vector aleatorio $(X_1, \ldots, X_n)$ puede tomar solamente un número finito o una sucesión infinita de valores distintos posibles $(x_1, \ldots, x_n)$ en R^n. La f.p. conjunta de $X_1, \ldots, X_n$ se define entonces como la función f tal que para cualquier punto $(x_1, \ldots, x_n) \in R^n$,

$$f(x_1, \ldots, x_n) = \Pr(X_1 = x_1, \ldots, X_n = x_n).$$

En notación vectorial, se dice que el vector aleatorio $\boldsymbol{X}$ tiene una distribución discreta y que su f.p. para cualquier punto $\boldsymbol{x} \in R^n$ está dada por la relación

$$f(\boldsymbol{x}) = \Pr(\boldsymbol{X} = \boldsymbol{x}).$$

Para cualquier subconjunto $A \subset R^n$,

$$\Pr(\boldsymbol{X} \in A) = \sum_{\boldsymbol{x} \in A} f(\boldsymbol{x}).$$

Distribuciones continuas. Se dice que n variables aleatorias $X_1, \ldots, X_n$ tienen una distribución conjunta continua si existe una función no negativa f definida sobre R^n tal que para cualquier subconjunto $A \subset R^n$,

$$\Pr\left[(X_1, \ldots, X_n) \in A\right] = \int \cdots \int_A f(x_1, \ldots, x_n) dx_1 \cdots dx_n. \tag{2}$$

La función f se denomina la *f.d.p. conjunta* de $X_1, \ldots, X_n$.

Si la distribución conjunta de $X_1, \ldots, X_n$ es continua, entonces la f.d.p. conjunta f se puede obtener a partir de la f.d. conjunta F utilizando la relación

$$f(x_1, \ldots, x_n) = \frac{\partial^n F(x_1, \ldots, x_n)}{\partial x_1 \cdots \partial x_n}$$

para todos los puntos $(x_1, \ldots, x_n)$ en los que existe la derivada.

En notación vectorial, $f(\boldsymbol{x})$ denota la f.d.p. del vector aleatorio $\boldsymbol{X}$ y la ecuación (2) se puede reescribir más sencillamente de la forma

$$\Pr(\boldsymbol{X} \in A) = \int \cdots \int_A f(\boldsymbol{x})\, dx_1 \cdots dx_n.$$

Distribuciones mixtas. En un problema particular es posible que algunas de las variables aleatorias $X_1, \ldots, X_n$ tengan distribuciones discretas y que las otras tengan distribuciones continuas. La distribución conjunta de $X_1, \ldots, X_n$ se podría representar entonces por una función que podría denominarse la *f.p. – f.d.p. conjunta.* La probabilidad de que $(X_1, \ldots, X_n)$ pertenezca a cualquier subconjunto $A \subset R^n$ se calcularía sumando sobre los valores de algunas componentes e integrando sobre los valores de las otras.

Como se afirmó en la sección 3.4, en problemas prácticos también pueden aparecer tipos de distribuciones conjuntas más complicadas, en donde varias combinaciones de las variables $X_1, \ldots, X_n$ tienen una distribución mixta.

Distribuciones marginales

Obtención de una f.d.p. marginal. Si se conoce la distribución conjunta de n variables aleatorias $X_1, \ldots, X_n$, entonces se puede obtener la distribución marginal de cualquier variable aleatoria X_i a partir de esta distribución conjunta. Por ejemplo, si la f.d.p. conjunta de $X_1, \ldots, X_n$ es f, entonces la f.d.p. marginal f_1 de X_1 para cualquier valor x_1 está dada por la relación

$$f_1(x_1) = \underbrace{\int_{-\infty}^{\infty} \cdots \int_{-\infty}^{\infty}}_{n-1} f(x_1, \ldots, x_n)\, dx_2 \cdots dx_n.$$

Generalizando , la f.d.p. conjunta marginal de cualquier k de las n variables aleatorias $X_1, \ldots, X_n$ se puede determinar integrando la f.d.p. conjunta sobre todos los valores posibles de las $n - k$ variables restantes. Por ejemplo, si f es la f.d.p. conjunta de cuatro variables aleatorias X_1, X_2, X_3 y X_4, entonces la f.d.p. marginal bivariante f_{24} de X_2 y X_4 para cualquier punto (x_2, x_4) está dada por la relación

$$f_{24}(x_2, x_4) = \int_{-\infty}^{\infty} \int_{-\infty}^{\infty} f(x_1, x_2, x_3, x_4)\, dx_1\, dx_3.$$

Si n variables aleatorias $X_1, \ldots, X_n$ tienen una distribución conjunta discreta, entonces la f.p. marginal conjunta de cualquier subconjunto de las n variables se puede obtener mediante relaciones análogas a las anteriores. En las nuevas relaciones, las integrales se reemplazan por las sumas.

Obtención de una f.d. marginal. Considérese ahora una distribución conjunta discreta o continua de $X_1, \ldots, X_n$ cuya f.d. conjunta es F. La f.d. F_1 de X_1 se puede obtener a partir de la siguiente relación:

$$\begin{aligned} F_1(x_1) &= \Pr(X_1 \leq x_1) = \Pr(X_1 \leq x_1, X_2 < \infty, \ldots, X_n < \infty) \\ &= \lim_{\substack{x_j \to \infty \\ j=2,\ldots,n}} F(x_1, x_2, \ldots, x_n). \end{aligned}$$

Generalizando, la f.d. marginal conjunta de cualquier k de las n variables $X_1, \ldots, X_n$ se puede determinar calculando el valor límite de la f.d. n-dimensional F cuando $x_j \to \infty$

para cada una de las restantes $n - k$ variables x_j. Por ejemplo, si F es la f.d. conjunta de cuatro variables aleatorias X_1, X_2, X_3 y X_4, entonces la f.d. marginal bivariante F_{24} de X_2 y X_4 para cualquier punto (x_2, x_4) está dada por la relación

$$F_{24}(x_2, x_4) = \lim_{\substack{x_1 \to \infty \\ x_3 \to \infty}} F(x_1, x_2, x_3, x_4).$$

Variables aleatorias independientes. Se dice que n variables aleatorias $X_1, \ldots, X_n$ son *independientes* si, para n conjuntos cualesquiera $A_1, A_2, \ldots, A_n$ de números reales,

$$\Pr(X_1 \in A_1, X_2 \in A_2, \ldots, X_n \in A_n) =$$

$$= \Pr(X_1 \in A_1) \Pr(X_2 \in A_2) \cdots \Pr(X_n \in A_n).$$

Si se define F como la f.d. conjunta de $X_1, \ldots, X_n$ y F_i como la f.d. marginal univariante de X_i para $i = 1, \ldots, n$, entonces resulta de la definición de independencia que las variables $X_1, \ldots, X_n$ son independientes si, y sólo si, para todos los puntos $(x_1, x_2, \ldots, x_n) \in R^n$,

$$F(x_1, x_2, \ldots, x_n) = F_1(x_1)F_2(x_2) \cdots F_n(x_n).$$

En otras palabras, las variables aleatorias $X_1, \ldots, X_n$ son independientes si, y sólo si, su f.d. conjunta es el producto de sus n f.d. marginales individuales.

Además, si las variables $X_1, \ldots, X_n$ tienen una distribución conjunta continua cuya f.d.p. conjunta es f, y si f_i es la f.d.p. marginal univariante de $X_i (i = 1, \ldots, n)$, entonces $X_1, \ldots, X_n$ son independientes si, y sólo si, para todos los puntos $(x_1, x_2, \ldots, x_n) \in R^n$ se satisface la siguiente relación:

$$f(x_1, x_2, \ldots, x_n) = f_1(x_1)f_2(x_2) \cdots f_n(x_n). \tag{3}$$

Análogamente, si $X_1, \ldots, X_n$ tienen una distribución discreta conjunta cuya f.p. conjunta es f y si la f.p. marginal de X_i es f_i, para $i = 1, \ldots, n$, entonces estas variables son independientes si, y sólo si, se satisface la ecuación (3).

Muestras aleatorias. Considérese una distribución de probabilidad concreta sobre la recta real que puede ser representada por una f.p. o una f.d.p. f. Se dice que n variables aleatorias $X_1, \ldots, X_n$ constituyen una *muestra aleatoria* de esta distribución si estas variables son independientes y la f.p. o la f.d.p. marginal de cada una de ellas es f. En otras palabras, las variables $X_1, \ldots, X_n$ constituyen una muestra aleatoria de la distribución representada por f si su f.p. o su f.d.p. conjunta g para todos los puntos $(x_1, x_2, \ldots, x_n) \in R^n$ se especifica como sigue:

$$g(x_1, \ldots, x_n) = f(x_1)f(x_2) \cdots f(x_n).$$

Entonces, las variables de una muestra aleatoria son *independientes e idénticamente distribuidas*. Esta expresión suele abreviarse como i.i.d.

En estos términos, la afirmación de que $X_1, \ldots, X_n$ constituyen una muestra aleatoria de una distribución con f.d.p. $f(x)$ es equivalente a la afirmación de que $X_1, \ldots, X_n$ son i.i.d. con f.d.p. común $f(x)$. El número n se denomina *tamaño muestral*.

Ejemplo 1: Tiempo de vida de bombillas. Supóngase que los tiempos de vida de las bombillas producidas en una fábrica se distribuyen de acuerdo con la f.d.p. siguiente:

$$f(x) = \begin{cases} xe^{-x} & \text{para } x > 0, \\ 0 & \text{en otro caso.} \end{cases}$$

Se determinará la f.d.p. conjunta de los tiempos de vida de una muestra aleatoria de n bombillas seleccionadas de la producción de la fábrica.

Los tiempos de vida $X_1, \dots, X_n$ de las bombillas seleccionadas constituyen una muestra aleatoria de la f.d.p. f. Por simplicidad tipográfica se utiliza la notación $\exp(v)$ para denotar la exponencial e^v cuando la expresión de v sea complicada. Entonces la f.d.p. conjunta g de $X_1, \dots, X_n$ es como sigue: Si $x_i > 0$ para $i = 1, \dots, n$,

$$\begin{aligned} g(x_1, \dots, x_n) &= \prod_{i=1}^{n} f(x_i) \\ &= \left(\prod_{i=1}^{n} x_i\right) \exp\left(-\sum_{i=1}^{n} x_i\right). \end{aligned}$$

En otro caso, $g(x_1, \dots, x_n) = 0$.

En principio, cualquier probabilidad que involucra los n tiempos de vida $X_1, \dots, X_n$ se puede determinar integrando esta f.d.p. conjunta sobre el subconjunto apropiado de R^n. Por ejemplo, si A es el subconjunto de puntos $(x_1, \dots, x_n)$ tales que $x_i > 0$ para $i = 1, \dots, n$ y $\sum_{i=1}^{n} x_i < a$, donde a es un número positivo, entonces

$$\Pr\left(\sum_{i=1}^{n} X_i < a\right) = \int \cdots \int_A \left(\prod_{i=1}^{n} x_i\right) \exp\left(-\sum_{i=1}^{n} x_i\right) dx_1 \cdots dx_n. \quad \triangleleft$$

La evaluación de la integral presentada al final del ejemplo 1, sin la ayuda de tablas o un ordenador, puede requerir una cantidad de tiempo considerable. Sin embargo, otras probabilidades se pueden evaluar fácilmente a partir de las propiedades básicas de las distribuciones continuas y las muestras aleatorias. Por ejemplo, supóngase que se desea determinar $\Pr(X_1 < X_2 < \cdots < X_n)$ según las condiciones del ejemplo 1. Puesto que las variables $X_1, \dots, X_n$ tienen una distribución conjunta continua, la probabilidad de que al menos dos de estas variables aleatorias tengan el mismo valor es 0. De hecho, la probabilidad de que el vector $(X_1, \dots, X_n)$ pertenezca a cualquier subconjunto de R^n cuyo volumen n-dimensional sea 0, es 0. Además, puesto que $X_1, \dots, X_n$ son independientes e idénticamente distribuidas, todas tienen igual probabilidad de ser el mínimo de los n tiempos de vida, e igual probabilidad de ser el máximo. En general, si los tiempos de vida $X_1, \dots, X_n$ se ordenan de menor a mayor, todas las ordenaciones posibles de $X_1, \dots, X_n$ son igualmente verosímiles. Puesto que hay $n!$ ordenaciones posibles distintas, la probabilidad de la ordenación $X_1 < X_2 < \cdots < X_n$ es $1/n!$. Por tanto,

$$\Pr(X_1 < X_2 < \cdots < X_n) = \frac{1}{n!}.$$

Distribuciones condicionales

Supóngase que n variables aleatorias $X_1, \dots, X_n$ tienen una distribución conjunta continua cuya f.d.p. conjunta es f, y que f_0 denota la f.d.p. conjunta marginal de las $n-1$ variables $X_2, \dots, X_n$. Entonces para cualesquiera valores de $x_2, \dots, x_n$ tales que $f_0(x_2, \dots, x_n) > 0$, la f.d.p. condicional de X_1 dado que $X_2 = x_2, \dots, X_n = x_n$ se define como sigue:

$$g_1(x_1 \mid x_2, \dots, x_n) = \frac{f(x_1, x_2, \dots, x_n)}{f_0(x_2, \dots, x_n)}.$$

En general, supóngase que el vector aleatorio $\boldsymbol{X} = (X_1, \dots, X_n)$ se divide en dos subvectores $\boldsymbol{Y}$ y $\boldsymbol{Z}$, donde $\boldsymbol{Y}$ es un vector aleatorio k-dimensional constituido por k de las n variables aleatorias de $\boldsymbol{X}$, y $\boldsymbol{Z}$ es un vector aleatorio $(n-k)$-dimensional constituido por las restantes $n-k$ variables aleatorias de $\boldsymbol{X}$. Supóngase, además, que la f.d.p. n-dimensional de $(\boldsymbol{Y}, \boldsymbol{Z})$ es f y que la f.d.p. $(n-k)$-dimensional de $\boldsymbol{Z}$ es f_2. Entonces, para cualquier punto $\boldsymbol{z} \in R^{n-k}$ tal que $f_2(\boldsymbol{z}) > 0$, la f.d.p. condicional k-dimensional f_1 de $\boldsymbol{Y}$ cuando $\boldsymbol{Z} = \boldsymbol{z}$ se define como sigue:

$$g_1(\boldsymbol{y} \mid \boldsymbol{z}) = \frac{f(\boldsymbol{y}, \boldsymbol{z})}{f_2(\boldsymbol{z})} \qquad \text{para } \boldsymbol{y} \in R^k. \tag{4}$$

Por ejemplo, supóngase que la f.d.p. conjunta de cinco variables aleatorias $X_1, \dots, X_5$ es f y que la f.d.p. marginal conjunta de X_2 y X_4 es f_{24}. Si se supone que $f_{24}(x_2, x_4) > 0$, entonces la f.d.p. condicional conjunta de X_1, X_3 y X_5, dado que $X_2 = x_2$ y $X_4 = x_4$, es

$$g(x_1, x_3, x_5 \mid x_2, x_4) = \frac{f(x_1, x_2, x_3, x_4, x_5)}{f_{24}(x_2, x_4)} \qquad \text{para } (x_1, x_3, x_5) \in R^3.$$

Si los vectores $\boldsymbol{Y}$ y $\boldsymbol{Z}$ tienen una distribución conjunta discreta cuya f.d. es f y si la f.p. marginal de $\boldsymbol{Z}$ es f_2, entonces la f.p. condicional $g_1(\boldsymbol{y} \mid \boldsymbol{z})$ de $\boldsymbol{Y}$ para cualquier valor concreto $\boldsymbol{Z} = \boldsymbol{z}$ también se puede especificar por la ecuación (4).

Ejemplo 2: Determinación de una f.d.p. marginal conjunta. Supóngase que X_1 es una variable aleatoria cuya f.d.p. f_1 es la siguiente:

$$f_1(x) = \begin{cases} e^{-x} & \text{para } x > 0, \\ 0 & \text{en otro caso.} \end{cases}$$

Supóngase, además, que para cualquier valor concreto $X_1 = x_1$ $(x_1 > 0)$, otras dos variables aleatorias X_2 y X_3 son independientes e idénticamente distribuidas y que la f.d.p. condicional de cada una de estas variables es la siguiente:

$$g(t \mid x_1) = \begin{cases} x_1 e^{-x_1 t} & \text{para } t > 0, \\ 0 & \text{en otro caso.} \end{cases}$$

Se determinará la f.d.p. conjunta marginal de X_2 y X_3.

Puesto que X_2 y X_3 son i.i.d. para cualquier valor dado de X_1, su f.d.p. condicional conjunta cuando $X_1 = x_1$ $(x_1 > 0)$ es

$$g_{23}(x_2, x_3 \mid x_1) = \begin{cases} x_1^2 e^{-x_1(x_2+x_3)} & \text{para } x_2 > 0 \text{ y } x_3 > 0, \\ 0 & \text{en otro caso.} \end{cases}$$

La f.d.p. conjunta f de X_1, X_2 y X_3 será positiva solamente para aquellos puntos (x_1, x_2, x_3) tales que $x_1 > 0$, $x_2 > 0$ y $x_3 > 0$. Resulta ahora que, para cualquiera de estos puntos,

$$f(x_1, x_2, x_3) = f_1(x_1) g_{23}(x_2, x_3 \mid x_1) = x_1^2 e^{-x_1(1+x_2+x_3)}.$$

Para $x_2 > 0$ y $x_3 > 0$, la f.d.p. marginal conjunta $f_{23}(x_2, x_3)$ de X_2 y X_3 se puede determinar como sigue:

$$f_{23}(x_2, x_3) = \int_0^\infty f(x_1, x_2, x_3) dx_1 = \frac{2}{(1 + x_2 + x_3)^3}.$$

A partir de esta f.d.p. marginal conjunta se pueden calcular probabilidades que involucran X_2 y X_3, como $\Pr(X_2 + X_3 < 4)$. Resulta que

$$\Pr(X_2 + X_3 < 4) = \int_0^4 \int_0^{4-x_3} f_{23}(x_2, x_3) dx_2 dx_3 = \frac{16}{25}.$$

Se determinará ahora la f.d.p. condicional de X_1 dado que $X_2 = x_2$ y $X_3 = x_3$ $(x_2 >$ $> 0,\ x_3 > 0)$. Para cualquier valor de x_1,

$$g_1(x_1 \mid x_2, x_3) = \frac{f(x_1, x_2, x_3)}{f_{23}(x_2, x_3)}.$$

Para $x_1 > 0$, resulta que

$$g_1(x_1 \mid x_2, x_3) = \frac{1}{2}(1 + x_2 + x_3)^3 x_1^2 e^{-x_1(1+x_2+x_3)}.$$

Para $x_1 \leq 0, g_1(x_1 \mid x_2, x_3) = 0$.

Por último, se calcula $\Pr(X_1 \leq 1 \mid X_2 = 1, X_3 = 4)$. Resulta que

$$\begin{aligned} \Pr(X_1 \leq 1 \mid X_2 = 1, X_3 = 4) &= \int_0^1 g_1(x_1 \mid 1, 4) dx_1 \\ &= \int_0^1 108 x_1^2 e^{-6x_1}\, dx_1 = 0.938. \end{aligned}$$ ◁

EJERCICIOS

1. Supóngase que tres variables aleatorias X_1, X_2 y X_3 tienen una distribución conjunta continua con la siguiente f.d.p.:

$$f(x_1, x_2, x_3) = \begin{cases} c(x_1 + 2x_2 + 3x_3) & \text{para } 0 \leq x_i \leq 1 (i = 1, 2, 3), \\ 0 & \text{en otro caso.} \end{cases}$$

Determínese (a) el valor de la constante c; (b) la f.d.p. marginal conjunta de X_1 y X_2 y (c) $\Pr(X_3 < 1/2 \,|\, X_1 = 1/4, X_2 = 3/4)$.

2. Supóngase que tres variables aleatorias X_1, X_2 y X_3 tienen una distribución conjunta continua con la siguiente f.d.p. conjunta:

$$f(x_1, x_2, x_3) = \begin{cases} ce^{-(x_1 + 2x_2 + 3x_3)} & \text{para } x_i > 0 \ (i = 1, 2, 3), \\ 0 & \text{en otro caso.} \end{cases}$$

Determínese (a) el valor de la constante c; (b) la f.d.p. conjunta marginal de X_1 y X_3; y (c) $\Pr(X_1 < 1 \,|\, X_2 = 2, X_3 = 1)$.

3. Supóngase que un punto $(X_1, X_2\ X_3)$ es seleccionado al azar, esto es, de acuerdo con una f.d.p. uniforme, del conjunto S siguiente:

$$S = \{(x_1, x_2, x_3) : 0 \leq x_i \leq 1 \qquad \text{para } i = 1, 2, 3\}.$$

Determínese:

(a) $\Pr\left[\left(X_1 - \frac{1}{2}\right)^2 + \left(X_2 - \frac{1}{2}\right)^2 + \left(X_3 - \frac{1}{2}\right)^2 \leq 1/4\right]$

(b) $\Pr(X_1^2 + X_2^2 + X_3^2 \leq 1)$.

4. Supóngase que un sistema electrónico contiene n componentes que funcionan independientemente unos de otros; y que la probabilidad de que el componente i funcione bien es p_i $(i = 1, \dots, n)$. Se dice que los componentes están conectados en *serie* si una condición necesaria y suficiente para que el sistema funcione bien es que todos los n componentes funcionen bien. Se dice que los componentes están conectados en *paralelo* si una condición necesaria y suficiente para que el sistema funcione bien es que al menos uno de los n componentes funcione bien. La probabilidad de que el sistema funcione bien se denomina *fiabilidad* del sistema. Determínese la fiabilidad del sistema, (a) suponiendo que los componentes están conectados en serie y (b) suponiendo que los componentes están conectados en paralelo.

5. Supóngase que n variables aleatorias $X_1, \dots, X_n$ constituyen una muestra aleatoria de una distribución discreta cuya f.p. es f. Determínese el valor de $\Pr(X_1 = X_2 = \\ = \cdots = X_n)$.

6. Supóngase que n variables aleatorias $X_1, \ldots, X_n$ constituyen una muestra aleatoria de una distribución continua cuya f.d.p. es f. Determínese la probabilidad de que al menos k de estas n variables pertenezcan a un intervalo específico $a \leq x \leq b$.

7. Supóngase que la f.d.p. de una variable aleatoria es la siguiente:

$$f(x) = \begin{cases} \dfrac{1}{n!} x^n e^{-x} & \text{para } x > 0, \\ 0 & \text{en otro caso.} \end{cases}$$

Supóngase, además, que para cualquier valor concreto $X = x$ $(x > 0)$, las n variables aleatorias $Y_1, \ldots, Y_n$ son i.i.d. y la f.d.p. condicional g de cada una de ellas es la siguiente:

$$g(y \mid x) = \begin{cases} \dfrac{1}{x} & \text{para } 0 < y < x, \\ 0 & \text{en otro caso.} \end{cases}$$

Determínese (a) la f.d.p. marginal conjunta de $Y_1, \ldots, Y_n$ y (b) la f.d.p. condicional de X para cualesquiera valores concretos de $Y_1, \ldots, Y_n$.

3.8 FUNCIONES DE UNA VARIABLE ALEATORIA

Variable con una distribución discreta

Supóngase que una variable aleatoria X tiene una distribución discreta cuya f.p. es f, y que otra variable aleatoria $Y = r(X)$ está definida como una función determinada de X. Entonces la f.p. g de Y se puede obtener fácilmente a partir de f como sigue: Para cualquier valor y de Y,

$$\begin{aligned} g(y) &= \Pr(Y = y) = \Pr[r(X) = y] \\ &= \sum_{x : r(x) = y} f(x). \end{aligned}$$

Variable con una distribución continua

Si una variable aleatoria X tiene una distribución continua, entonces el procedimiento para obtener la distribución de probabilidad de cualquier función de X es distinto del que se acaba de presentar. Supóngase que la f.d.p. de X es f y que se define otra variable aleatoria $Y = r(X)$. Para cualquier número real y, la f.d. $G(y)$ de Y se puede obtener como sigue:

$$G(y) = \Pr(Y \leq y) = \Pr[r(X) \leq y]$$
$$= \int_{\{x: r(x) \leq y\}} f(x) dx.$$

Si la variable aleatoria Y tiene además una distribución continua, su f.d.p. g se puede obtener a partir de la relación

$$g(y) = \frac{dG(y)}{dy}.$$

Esta relación se verifica para cualquier punto y en el que G es diferenciable.

Ejemplo 1: Obtención de la f.d.p. de X^2 cuando X tiene una distribución uniforme. Supóngase que X tiene una distribución uniforme sobre el intervalo $(-1, 1)$, así que

$$f(x) = \begin{cases} \frac{1}{2} & \text{para } -1 < x < 1, \\ 0 & \text{en otro caso.} \end{cases}$$

Se determinará la f.d.p. de la variable aleatoria $Y = X^2$.

Puesto que $Y = X^2$, entonces Y debe pertenecer al intervalo $0 \leq Y < 1$. Entonces, para cualquier valor de Y tal que $0 < y < 1$, la f.d. $G(y)$ de Y es

$$G(y) = \Pr(Y \leq y) = \Pr(X^2 \leq y)$$
$$= \Pr(-y^{1/2} \leq X \leq y^{1/2})$$
$$= \int_{-y^{1/2}}^{y^{1/2}} f(x)\, dx = y^{1/2}.$$

Para $0 < y < 1$, resulta que la f.d.p. $g(y)$ de Y es

$$g(y) = \frac{dG(y)}{dy} = \frac{1}{2y^{1/2}}.$$

Esta f.d.p. de Y se encuentra representada en la figura 3.17. Debe observarse que aunque Y sea simplemente el cuadrado de una variable aleatoria con distribución uniforme, la f.d.p. de Y es no acotada en el entorno de $y = 0$. ◁

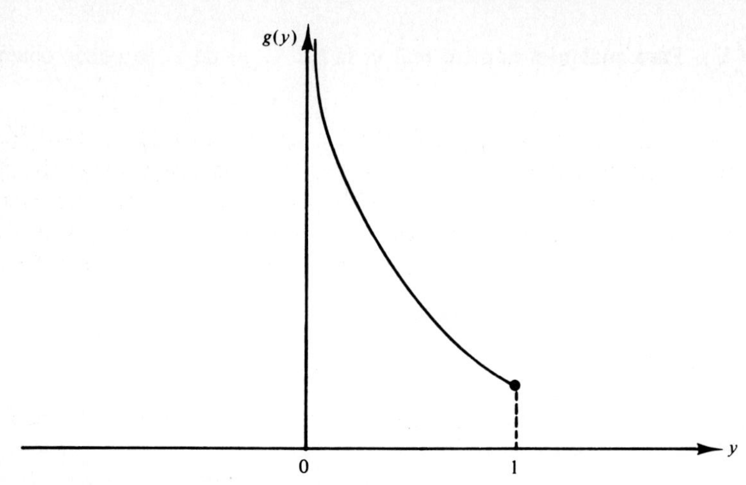

Figura 3.17 La f.d.p. de $Y = X^2$ del ejemplo 1.

Obtención directa de la función de densidad de probabilidad

Si una variable aleatoria X tiene una distribución continua y si $Y = r(X)$, entonces no es necesariamente cierto que Y tenga también una distribución continua. Por ejemplo, supóngase que $r(x) = c$, donde c es una constante, para todos los valores de x en un intervalo $a \leq x \leq b$ y que $\Pr(a \leq X \leq b) > 0$. Entonces $\Pr(Y = c) > 0$. Puesto que la distribución de Y asigna una probabilidad positiva al valor c, esta distribución no puede ser continua. Para derivar la distribución de Y en un caso como este, hay que calcular la f.d. de Y aplicando el método descrito anteriormente. Sin embargo, para ciertas funciones r, la distribución de Y es continua y entonces es posible obtener la f.d.p. de Y directamente sin calcular primero su f.d.

Supóngase que $Y = r(X)$ y que la variable aleatoria X sólo toma valores en un intervalo (a, b) sobre el cual la función $r(x)$ es estrictamente creciente. Este intervalo, con $\Pr(a < X < b) = 1$, podría ser un intervalo acotado, un intervalo no acotado, o la recta real completa. Cuando x varíe en el intervalo $a < x < b$, los valores de $y = r(x)$ variarán en un cierto intervalo $\alpha < y < \beta$. Además, para cada valor de y en el intervalo $\alpha < y < \beta$ existe un único valor x en el intervalo $(a < x < b)$ tal que $r(x) = y$. Si se denota este valor de x como $x = s(y)$, entonces la función s será la función inversa de r . En otras palabras, para cualesquiera valores de x e y en los intervalos $a < x < b$, $\alpha < y < \beta$, será cierto que $y = r(x)$ si, y sólo si, $x = s(y)$. Puesto que se supone que la función r es continua y estrictamente creciente en el intervalo (a, b), la función inversa s también será continua y estrictamente creciente en el intervalo (α, β). Por tanto, para cualquier valor de y tal que $\alpha < y < \beta$,

$$G(y) = \Pr(Y \leq y) = \Pr[r(X) \leq y] = \Pr[X \leq s(y)] = F[s(y)].$$

Si también se supone que s es una función diferenciable en el intervalo (α, β), entonces la distribución de Y será continua y el valor de su f.d.p. $g(y)$ para $\alpha < y < \beta$ será

$$g(y) = \frac{dG(y)}{dy} = \frac{dF[s(y)]}{dy} = f[s(y)]\frac{ds(y)}{dy}. \tag{1}$$

En otras palabras, la f.d.p. $g(y)$ de Y se puede obtener directamente de la fd.p. $f(x)$ reemplazando x por su expresión en función de y y multiplicando el resultado por dx/dy.

Análogamente, si $Y = r(X)$ y se supone que la función r es continua y *estrictamente decreciente* en el intervalo (a, b), entonces Y variará en un intervalo (α, β) al variar X en el intervalo (a, b) y la función inversa s será continua y estrictamente decreciente en el intervalo (α, β). Por tanto, para $\alpha < y < \beta$,

$$G(y) = \Pr[r(X) \leq y] = \Pr[X \geq s(y)] = 1 - F[s(y)].$$

Si se supone de nuevo que s es diferenciable en el intervalo (α, β), entonces resulta que

$$g(y) = \frac{dG(y)}{dy} = -f[s(y)]\frac{ds(y)}{dy}.$$

Puesto que s es estrictamente decreciente, $ds(y)/dy < 0$ y $g(y)$ se puede expresar de la forma

$$g(y) = f[s(y)]\left|\frac{ds(y)}{dy}\right|. \tag{2}$$

Puesto que la ecuación (1) se verifica cuando r y s son funciones estrictamente crecientes y la ecuación (2) se verifica cuando r y s son funciones estrictamente decrecientes, los resultados obtenidos se pueden resumir como sigue:

Sea X una variable aleatoria cuya f.d.p. es f y $\Pr(a < X < b) = 1$. Sea $Y = r(X)$, y supóngase que $r(x)$ es continua y estrictamente creciente o estrictamente decreciente para $a < x < b$. Supóngase, además, que $a < X < b$ si, y sólo si, $\alpha < Y < \beta$ y sea $X = s(Y)$ la función inversa para $\alpha < Y < \beta$. Entonces la f.d.p. g de Y está dada por la relación

$$g(y) = \begin{cases} f[s(y)]\left|\frac{ds(y)}{dy}\right| & \text{para } \alpha < y < \beta, \\ 0 & \text{en otro caso.} \end{cases} \tag{3}$$

Ejemplo 2: Obtención de una f.d.p. por el método directo. Supóngase que X es una variable aleatoria cuya f.d.p. es

$$f(x) = \begin{cases} 3x^2 & \text{para } 0 < x < 1, \\ 0 & \text{en otro caso.} \end{cases}$$

Se obtendrá la f.d.p. de $Y = 1 - X^2$.

En este ejemplo, $\Pr(0 < X < 1) = 1$ e Y es una función continua y estrictamente decreciente de X para $0 < X < 1$. Cuando X varía en el intervalo $(0,1)$, resulta que Y también varía en el intervalo $(0,1)$. Además, para $0 < Y < 1$, la función inversa es $X = (1 - Y)^{1/2}$. Por tanto, para $0 < y < 1$,

$$\frac{ds(y)}{dy} = -\frac{1}{2(1-y)^{1/2}}.$$

De la ecuación (3) resulta que para $0 < y < 1$, el valor de $g(y)$ es

$$g(y) = 3(1-y) \cdot \frac{1}{2(1-y)^{1/2}} = \frac{3}{2}(1-y)^{1/2}.$$

Por último, $g(y) = 0$ para cualquier valor de y fuera del intervalo $0 < y < 1$. ◁

Transformada integral de probabilidad

Supóngase que una variable aleatoria X tiene una f.d. continua F, y sea $Y = F(X)$. Esta transformación de X a Y se denomina *transformada integral de probabilidad.* Se demostrará ahora que la distribución de Y debe ser una distribución uniforme sobre el intervalo $(0,1)$.

En primer lugar, puesto que F es la f.d. de una variable aleatoria, entonces $0 \leq \leq F(x) \leq 1$ para $-\infty < x < \infty$. Por tanto, $\Pr(Y < 0) = \Pr(Y > 1) = 0$. Ahora, para cualquier valor concreto de y en el intervalo $0 < y < 1$, sea x_0 un número tal que $F(x_0) = y$. Si F es estrictamente creciente, existirá un único valor x_0 tal que $F(x_0) = y$. Sin embargo, si $F(x) = y$ sobre un intervalo completo de valores de x, entonces x_0 se puede elegir arbitrariamente en este intervalo. Si G denota la f.d. de Y, entonces

$$G(y) = \Pr(Y \leq y) = \Pr(X \leq x_0) = F(x_0) = y.$$

Por tanto, $G(y) = y$ para $0 < y < 1$. Puesto que esta función es la f.d. de una distribución uniforme sobre el intervalo $(0,1)$, esta distribución uniforme es la distribución de Y.

Supóngase ahora que X es una variable aleatoria con una f.d. continua F; que G es otra f.d. continua en la recta real; y que se necesita construir una variable aleatoria $Z = r(X)$ cuya f.d. sea G.

Para cualquier valor de y en el intervalo $0 < y < 1$, se define $z = G^{-1}(y)$ como cualquier número tal que $G(z) = y$. Se puede entonces definir la variable aleatoria Z como sigue:

$$Z = G^{-1}[F(X)].$$

Para verificar que la f.d. de Z es realmente G, se observa que para cualquier número z tal que $0 < G(z) < 1$,

$$\Pr(Z \leq z) = \Pr\{G^{-1}[F(X)] \leq z\} = \Pr[F(X) \leq G(z)].$$

Como la transformada integral de probabilidad $F(X)$ tiene una distribución uniforme resulta, por tanto, que

$$\Pr\left[F(X) \leq G(z)\right] = G(z).$$

Por tanto, $\Pr(Z \leq z) = G(z)$, lo que significa que la f.d. de Z es G, como se requería.

Tablas de dígitos aleatorios

Utilización de una tabla. Considérese un experimento cuyo resultado debe ser uno de los diez dígitos $0, 1, 2, \ldots, 9$ y en el que cada uno de estos diez dígitos aparece con probabilidad $1/10$. Si este experimento se repite independientemente un gran número de veces y la sucesión de resultados se presenta en forma de tabla, esta tabla se denomina *tabla de dígitos aleatorios* o *tabla de números aleatorios.* Una pequeña tabla de dígitos aleatorios, con 4000 dígitos, se presenta al final de este libro.

Una tabla de dígitos aleatorios puede ser muy útil en un experimento que involucre muestreo. Por ejemplo, cualquier par de dígitos aleatorios seleccionados de la tabla tiene una probabilidad 0.01 de ser igual que cualquiera de los 100 valores $00, 01, 02, \ldots, 99$. Análogamente, cualquier terna de dígitos aleatorios seleccionados de la tabla tiene una probabilidad 0.001 de ser igual que cada uno de los 1000 valores $000, 001, 002, \ldots, 999$. Por tanto, si un experimentador desea seleccionar a una persona al azar de una lista de 645 personas, a cada una de las cuales se le ha asignado un número del 1 al 645, puede simplemente empezar en cualquier lugar de la tabla de dígitos aleatorios, examinar ternas de dígitos hasta localizar una entre 001 y 645, y entonces seleccionar la persona de la lista a la que corresponde ese número.

Generación de valores de una variable aleatoria con distribución uniforme. Una tabla de dígitos aleatorios puede ser utilizada de la siguiente forma para generar valores para una variable aleatoria X con distribución uniforme sobre el intervalo $(0, 1)$. Cualquier terna de dígitos aleatorios se puede considerar como un número entre 0 y 1 con tres cifras decimales. Por ejemplo, la terna 308 se puede asociar con el decimal 0.308. Puesto que todas las ternas de dígitos aleatorios son igualmente probables, los valores de X entre 0 y 1 que son generados de esta forma a partir de la tabla de dígitos aleatorios tendrán una distribución uniforme sobre el intervalo $(0, 1)$. Por supuesto que, en este caso, X se especificará con sólo tres cifras decimales.

Si se desea añadir cifras decimales al especificar los valores de X, entonces el experimentador podría seleccionar dígitos adicionales de la tabla. De hecho, si la lista completa de 4000 dígitos aleatorios proporcionada al final del libro se considera como una única sucesión, entonces la tabla completa se podría utilizar para especificar un valor entre 0 y 1 hasta con 4000 cifras decimales. En la mayoría de los problemas, sin embargo, se puede alcanzar un grado de precisión aceptable utilizando una sucesión de sólo tres o cuatro dígitos aleatorios para cada valor. La tabla, entonces, se puede utilizar para generar varios valores independientes de la distribución uniforme.

Generación de valores de una variable aleatoria que tiene una distribución específica. Una tabla de dígitos aleatorios se puede utilizar para generar valores de una variable aleatoria Y que tiene una f.d. continua específica G. Si una variable aleatoria X tiene una distribución uniforme sobre el intervalo $(0, 1)$ y si la función G^{-1} se define como antes, entonces resulta de la transformada integral de probabilidad que la f.d. de la variable aleatoria $Y = G^{-1}(X)$ será G. Por tanto, si se determina un valor de X a partir de la tabla de dígitos aleatorios por el método previamente descrito, entonces el valor correspondiente de Y tendrá la propiedad deseada. Si se determinan n valores independientes $X_1, \ldots, X_n$ a partir de la tabla, entonces los correspondientes valores $Y_1, \ldots, Y_n$ constituirán una muestra aleatoria de tamaño n de la distribución con la f.d. G.

Ejemplo 3: Generación de valores independientes a partir de una f.d.p. específica. Supóngase que se utiliza una tabla de dígitos aleatorios para generar tres valores independientes de la distribución cuya f.d.p. g es la siguiente:

$$g(y) = \begin{cases} \frac{1}{2}(2 - y) & \text{para } 0 < y < 2, \\ 0 & \text{en otro caso.} \end{cases}$$

Para $0 < y < 2$, la f.d. de G de la distribución dada es

$$G(y) = y - \frac{y^2}{4}.$$

Además, para $0 < x < 1$, la función inversa $y = G^{-1}(x)$ se puede determinar resolviendo la ecuación $x = G(y)$ para y. El resultado es

$$y = 2\left[1 - (1 - x)^{1/2}\right]. \tag{4}$$

El siguiente paso es utilizar la tabla de dígitos aleatorios para especificar tres valores independientes x_1, x_2 y x_3 de la distribución uniforme. Cada uno de estos valores se especifica con cuatro cifras decimales como sigue: Empezando en un punto arbitrario de la tabla de dígitos aleatorios, se seleccionan tres grupos sucesivos de cuatro dígitos cada uno. Tales grupos son:

4 125 0 894 8 302.

Se puede considerar que estos grupos de dígitos especifican los valores

$$x_1 = 0.4125, \qquad x_2 = 0.0894, \qquad x_3 = 0.8302.$$

Cuando se sustituyen sucesivamente estos valores de x_1, x_2 y x_3 en la ecuación (4), los valores de y que se obtienen son $y_1 = 0.47$, $y_2 = 0.09$, e $y_3 = 1.18$. Estos serán tres valores independientes de la distribución cuya f.d. es G. ◁

Construcción de una tabla de dígitos aleatorios. Una tabla de dígitos aleatorios se construye generalmente con la ayuda de un computador grande, utilizando ciertas técnicas numéricas. Un hecho interesante es que los dígitos de una tabla de este tipo se calculan a menudo con métodos que no involucran operaciones aleatorias en absoluto. Sin embargo, muchas de las propiedades de estos dígitos son las mismas que las de los dígitos que se generan realizando repetidas veces experimentos independientes en los que cada dígito ocurre con probabilidad $1/10$.

Existen otros métodos de cálculo para generar valores de distribuciones específicas que son más rápidos y precisos que el anterior, que se basa en la transformada integral de probabilidad. Estos temas se encuentran desarrollados en los libros de Kennedy y Gentle (1980) y de Rubinstein (1981).

EJERCICIOS

1. Supóngase que una variable aleatoria X puede tomar cada uno de los siete valores $-3, -2, -1, 0, 1, 2, 3$ con la misma probabilidad. Determínese la f.p. de $Y = X^2 - X$.

2. Supóngase que la f.d.p. de una variable aleatoria X es la siguiente:

$$f(x) = \begin{cases} \frac{1}{2}x & \text{para } 0 < x < 2, \\ 0 & \text{en otro caso.} \end{cases}$$

Además, supóngase que $Y = X(2 - X)$. Determínense la f.d. y la f.d.p. de Y.

3. Supóngase que la f.d.p. de X es la indicada en el ejercicio 2. Determínese la f.d.p. de $Y = 4 - X^3$.

4. Supóngase que X es una variable aleatoria cuya f.d.p. es f y que $Y = aX + b$ $(a \neq 0)$. Demuéstrese que la f.d.p. de Y es la siguiente:

$$g(y) = \frac{1}{|a|} f\left(\frac{y - b}{a}\right) \qquad \text{para } -\infty < y < \infty.$$

5. Supóngase que la f.d.p. de X es la indicada en el ejercicio 2. Determínese la f.d.p. de $Y = 3X + 2$.

6. Supóngase que una variable aleatoria X tiene una distribución uniforme sobre el intervalo $(0, 1)$. Determínense las f.d.p. de (a) X^2, (b) $-X^3$, y (c) $X^{1/2}$.

7. Supóngase que la f.d.p. de X es la siguiente:

$$f(x) = \begin{cases} e^{-x} & \text{para } x > 0, \\ 0 & \text{para } x \leq 0. \end{cases}$$

Determínese la f.d.p. de $Y = X^{1/2}$.

8. Supóngase que X tiene una distribución uniforme sobre el intervalo $(0, 1)$. Constrúyase una variable aleatoria $Y = r(X)$ cuya f.d.p. sea

$$g(y) = \begin{cases} \frac{3}{8}y^2 & \text{para } 0 < y < 2, \\ 0 & \text{en otro caso.} \end{cases}$$

9. Sea X una variable aleatoria cuya f.d.p. es la indicada en el ejercicio 2. Constrúyase una variable aleatoria $Y = r(X)$ cuya f.d.p. sea la indicada en el ejercicio 8.

10. Utilícese la tabla de dígitos aleatorios que se encuentra al final del libro para generar cuatro valores independientes de una distribución cuya f.d.p. es

$$g(y) = \begin{cases} \frac{1}{2}(2y + 1) & \text{para } 0 < y < 1, \\ 0 & \text{en otro caso.} \end{cases}$$

3.9 FUNCIONES DE DOS O MÁS VARIABLES ALEATORIAS

Variables con una distribución conjunta discreta

Supóngase que n variables aleatorias $X_1, \ldots, X_n$ tienen una distribución conjunta discreta cuya f.p. conjunta es F y que se definen m funciones $Y_1, \ldots, Y_m$, de estas n variables aleatorias como sigue:

$$\begin{aligned} Y_1 &= r_1(X_1, \ldots, X_n), \\ Y_2 &= r_2(X_1, \ldots, X_n), \\ &\vdots \\ Y_m &= r_m(X_1, \ldots, X_n). \end{aligned}$$

Para cualesquiera valores concretos $y_1, \ldots, y_m$ de las m variables aleatorias $Y_1, \ldots, Y_m$, sea A el conjunto de todos los puntos $(x_1, \ldots, x_n)$ tales que

$$\begin{aligned} r_1(x_1, \ldots, x_n) &= y_1, \\ r_2(x_1, \ldots, x_n) &= y_2, \\ &\vdots \\ r_m(x_1, \ldots, x_n) &= y_m. \end{aligned}$$

Entonces el valor de la f.p. conjunta g de $Y_1, \ldots, Y_m$ en el punto $(y_1, \ldots, y_m)$ está dado por la relación

$$g(y_1, \ldots, y_m) = \sum_{(x_1,\ldots,x_n)\in A} f(x_1, \ldots, x_n).$$

Variables con una distribución conjunta continua

Si la distribución conjunta de $X_1, \ldots, X_n$ es continua, entonces se debe utilizar un método distinto del anterior para obtener la distribución de cualquier función de $X_1, \ldots, X_n$ o la distribución conjunta de dos o más funciones de este tipo. Si la f.d.p. conjunta de $X_1, \ldots, X_n$ es $f(x_1, \ldots, x_n)$ y si $Y = r(X_1, \ldots, X_n)$, entonces la f.d. $G(y)$ de Y se puede determinar a partir de algunos principios básicos. Para cualquier valor concreto $y(-\infty < y < \infty)$, sea A_y el subconjunto de R^n que contiene todos los puntos $(x_1, \ldots, x_n)$ tales que $r(x_1, \ldots, x_n) \leq y$. Entonces,

$$\begin{aligned} G(y) &= \Pr(Y \leq y) = \Pr\left[r(X_1, \ldots, X_n) \leq y\right] \\ &= \int \cdots \int_{A_y} f(x_1, \ldots, x_n)\, dx_1 \cdots dx_n. \end{aligned}$$

Si la distribución de Y también es continua, entonces la f.d.p. de Y se puede determinar derivando la f.d. $G(y)$.

Distribución de los valores máximo y mínimo de una muestra aleatoria. Para ilustrar el método descrito antes, supóngase que las variables $X_1, \ldots, X_n$ constituyen una muestra aleatoria de tamaño n de una distribución cuya f.d.p. es f y cuya f.d. es F y se considera la variable aleatoria Y_n definida como sigue:

$$Y_n = \max\{X_1, \ldots, X_n\}.$$

En otras palabras, Y_n es el mayor valor de la muestra aleatoria. Se determinarán la f.d. G_n y la f.d.p. g_n de Y_n.

Para cualquier valor concreto de y $(-\infty < y < \infty)$,

$$\begin{aligned} G_n(y) &= \Pr(Y_n \leq y) = \Pr(X_1 \leq y, X_2 \leq y, \ldots, X_n \leq y) \\ &= \Pr(X_1 \leq y)\Pr(X_2 \leq y) \cdots \Pr(X_n \leq y) \\ &= F(y)F(y) \cdots F(y) = [F(y)]^n. \end{aligned}$$

Entonces, $G_n(y) = [F(y)]^n$.

La f.d.p. g_n de Y_n se puede determinar derivando esta f.d. G_n. El resultado es

$$g_n(y) = n[F(y)]^{n-1} f(y) \qquad \text{para } -\infty < y < \infty.$$

Considérese ahora la variable aleatoria Y_1, definida como sigue:

$$Y_1 = \min\{X_1, \ldots, X_n\}.$$

En otras palabras, Y_1 es el menor valor de la muestra aleatoria.

Para cualquier valor concreto de y $(-\infty < y < \infty)$, la f.d. G_1 de Y_1 se puede obtener como sigue:

$$\begin{aligned}
G_1(y) &= \Pr(Y_1 \leq y) = 1 - \Pr(Y_1 > y) \\
&= 1 - \Pr(X_1 > y, X_2 > y, \ldots, X_n > y) \\
&= 1 - \Pr(X_1 > y)\Pr(X_2 > y)\cdots\Pr(X_n > y) \\
&= 1 - [1 - F(y)][1 - F(y)]\cdots[1 - F(y)] \\
&= 1 - [1 - F(y)]^n.
\end{aligned}$$

Entonces, $G_1(y) = 1 - [1 - F(y)]^n$.

La f.d.p. g_1 de Y_1 se puede determinar derivando esta f.d. G_1. El resultado es

$$g_1(y) = n[1 - F(y)]^{n-1} f(y) \qquad \text{para } -\infty < y < \infty.$$

Por último se demuestra cómo se puede utilizar este método para determinar la distribución conjunta de dos o más funciones de $X_1, \ldots, X_n$ obteniendo la distribución conjunta de Y_1 e Y_n. Si G es la f.d. bivariante conjunta de Y_1 e Y_n, entonces para cualesquiera valores de y_1, y_n $(-\infty < y_1 < y_n < \infty)$,

$$\begin{aligned}
G(y_1, y_n) &= \Pr(Y_1 \leq y_1, Y_n \leq y_n) \\
&= \Pr(Y_n \leq y_n) - \Pr(Y_n \leq y_n, Y_1 > y_1) \\
&= \Pr(Y_n \leq y_n) - \\
&\quad - \Pr(y_1 < X_1 \leq y_n, y_1 < X_2 \leq y_n, \ldots, y_1 < X_n \leq y_n) \\
&= G_n(y_n) - \prod_{i=1}^{n} \Pr(y_1 < X_i \leq y_n) \\
&= [F(y_n)]^n - [F(y_n) - F(y_1)]^n.
\end{aligned}$$

La f.d.p. bivariante conjunta g de Y_1 e Y_n se puede determinar a partir de la relación

$$g(y_1, y_n) = \frac{\partial^2 G(y_1, y_n)}{\partial y_1 \, \partial y_n}.$$

Entonces, para $-\infty < y_1 < y_n < \infty$,

$$g(y_1, y_n) = n(n-1)[F(y_n) - F(y_1)]^{n-2} f(y_1) f(y_n). \tag{1}$$

Además, para los restantes valores de y_1, y_n, $g(y_1, y_n) = 0$. Al final de esta sección se volverá a esta f.d.p. conjunta.

Transformación de una función de densidad de probabilidad multivariante

Se continúa suponiendo que las variables aleatorias $X_1, \ldots, X_n$ tienen una distribución conjunta continua cuya f.d.p. conjunta es f y considérese la f.d.p. conjunta g de n nuevas variables aleatorias $Y_1, \ldots, Y_n$ definidas como sigue:

$$\begin{aligned} Y_1 &= r_1(X_1, \ldots, X_n), \\ Y_2 &= r_2(X_1, \ldots, X_n), \\ &\vdots \\ Y_n &= r_n(X_1, \ldots, X_n). \end{aligned} \tag{2}$$

Se establecerán ciertas hipótesis sobre las funciones $r_1, \ldots, r_n$. En primer lugar, se denotará por S a un subconjunto de R^n tal que $\Pr[(X_1, \ldots, X_n) \in S] = 1$. El subconjunto S podría coincidir con R^n. Sin embargo, si la distribución de probabilidad de $X_1, \ldots, X_n$ se concentra en un subconjunto propio de R^n, entonces este conjunto más pequeño podría seleccionarse para S. Se denotará también por T al subconjunto de R^n que es la imagen de S según la transformación especificada por las n ecuaciones de (2). En otras palabras, a medida que los valores de $(X_1, \ldots, X_n)$ varían en el conjunto S, los valores de $(Y_1, \ldots, Y_n)$ varían en el conjunto T. Supóngase además que la transformación de S a T es una transformación biunívoca. En otras palabras, a cada valor de $(Y_1, \ldots, Y_n)$ en el conjunto T le corresponde un *único* valor de $(X_1, \ldots, X_n)$ en el conjunto S, tal que se satisface las n ecuaciones de (2).

De esta última hipótesis resulta que existe una correspondencia biunívoca entre los puntos $(y_1, \ldots, y_n)$ de T y los puntos $(x_1, \ldots, x_n)$ de S. Por tanto, para $(y_1, \ldots, y_n) \in T$ se pueden invertir las ecuaciones de (2) y obtener nuevas ecuaciones de la siguiente forma:

$$\begin{aligned} x_1 &= s_1(y_1, \ldots, y_n), \\ x_2 &= s_2(y_1, \ldots, y_n), \\ &\vdots \\ x_n &= s_n(y_1, \ldots, y_n). \end{aligned} \tag{3}$$

Supóngase ahora que para $i = 1, \ldots, n$ y $j = 1, \ldots, n$, cada derivada parcial $\partial s_i / \partial y_j$ existe en todo punto $(y_1, \ldots, y_n) \in T$. Según esta hipótesis, se puede construir el determinante J siguiente:

$$J = \det \begin{bmatrix} \dfrac{\partial s_1}{\partial y_1} & \cdots & \dfrac{\partial s_1}{\partial y_1} \\ \vdots & & \vdots \\ \dfrac{\partial s_n}{\partial y_1} & \cdots & \dfrac{\partial s_n}{\partial y_n} \end{bmatrix}$$

Este determinante se denomina *jacobiano* de la transformación especificada por las ecuaciones de (3).

La f.d.p. conjunta g de las n variables aleatorias $Y_1, \ldots, Y_n$ se puede obtener utilizando los métodos de cálculo para cambio de variables en una integral múltiple. La deducción no será desarrollada aquí, pero el resultado es el siguiente:

$$g(y_1, \ldots, y_n) = \begin{cases} f(s_1, \ldots, s_n)|J| & \text{para } (y_1, \ldots, y_n) \in T, \\ 0 & \text{en otro caso.} \end{cases} \tag{4}$$

En la ecuación (4), $|J|$ es el valor absoluto del determinante J. Entonces, la f.d.p. conjunta $g(y_1, \ldots, y_n)$ se obtiene a partir de la f.d.p. conjunta $f(x_1, \ldots, x_n)$, reemplazando en ella cada valor x_i por su expresión $s_i(y_1, \ldots, y_n)$ en función de $y_1, \ldots, y_n$ y multiplicando entonces el resultado por $|J|$.

Ejemplo 1: La f.d.p. conjunta del cociente y el producto de dos variables aleatorias. Supóngase que dos variables aleatorias X_1 y X_2 tienen una distribución conjunta continua cuya f.d.p. conjunta es la siguiente:

$$f(x_1, x_2) = \begin{cases} 4x_1x_2 & \text{para } 0 < x_1 < 1,\ 0 < x_2 < 1, \\ 0 & \text{en otro caso.} \end{cases}$$

Se determinará la f.d.p. conjunta de dos nuevas variables aleatorias Y_1 e Y_2 que se definen por las relaciones

$$Y_1 = \frac{X_1}{X_2} \quad \text{e} \quad Y_2 = X_1X_2. \tag{5}$$

Al resolver las ecuaciones de (5) para X_1 y X_2 en función de Y_1 e Y_2, se obtienen las relaciones

$$X_1 = (Y_1Y_2)^{1/2} \quad \text{y} \quad X_2 = \left(\frac{Y_2}{Y_1}\right)^{1/2}. \tag{6}$$

Si S es el conjunto de puntos (x_1, x_2) tales que $0 < x_1 < 1,\ 0 < x_2 < 1$, entonces $\Pr[(X_1, X_2) \in S] = 1$. Además, se puede observar de las relaciones (5) y (6) que las condiciones $0 < X_1 < 1,\ 0 < X_2 < 1$ son equivalentes a las condiciones $Y_1 > 0, Y_2 > 0, Y_1Y_2 < 1$ y $(Y_2/Y_1) < 1$. Por tanto, a medida que los valores (x_1, x_2) de X_1 y X_2 varían en el conjunto S, los valores (y_1, y_2) de Y_1 e Y_2 variarán en el conjunto T que contiene todos los puntos tales que $y_1 > 0, y_2 > 0$, $(y_1y_2)^{1/2} < 1$ y $(y_2/y_1)^{1/2} < 1$. Los conjuntos S y T se encuentran representados en la figura 3.18.

Las transformaciones definidas por las ecuaciones de (5) o, equivalentemente, por las ecuaciones de (6) especifican una relación biunívoca entre los puntos de S y los puntos de T. Para $(y_1, y_2) \in T$, esta transformación está definida por las relaciones siguientes:

$$x_1 = s_1(y_1, y_2) = (y_1y_2)^{1/2},$$

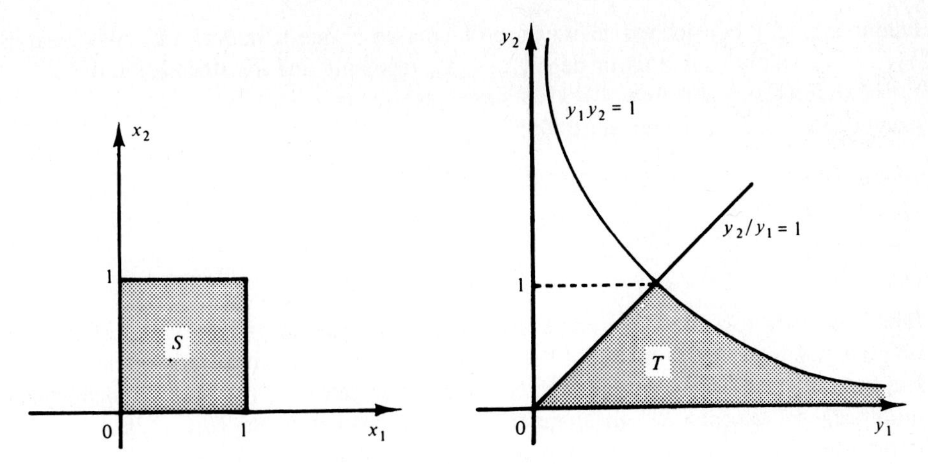

Figura 3.18 Los conjuntos S y T para el ejemplo 1.

$$x_2 = s_2(y_1, y_2) = \left(\frac{y_2}{y_1}\right)^{1/2}.$$

Para estas relaciones,

$$\frac{\partial s_1}{\partial y_1} = \frac{1}{2}\left(\frac{y_2}{y_1}\right)^{1/2}, \qquad \frac{\partial s_1}{\partial y_2} = \frac{1}{2}\left(\frac{y_1}{y_2}\right)^{1/2},$$

$$\frac{\partial s_2}{\partial y_1} = -\frac{1}{2}\left(\frac{y_2}{y_1^3}\right)^{1/2}, \qquad \frac{\partial s_2}{\partial y_2} = \frac{1}{2}\left(\frac{1}{y_1 y_2}\right)^{1/2}.$$

Por tanto,

$$J = \det\begin{bmatrix} \frac{1}{2}\left(\frac{y_2}{y_1}\right)^{1/2} & \frac{1}{2}\left(\frac{y_1}{y_2}\right)^{1/2} \\ -\frac{1}{2}\left(\frac{y_2}{y_1^3}\right)^{1/2} & \frac{1}{2}\left(\frac{1}{y_1 y_2}\right)^{1/2} \end{bmatrix} = \frac{1}{2y_1}.$$

Puesto que $y_1 > 0$ en el conjunto $T, |J| = 1/(2y_1)$.

La f.d.p. conjunta $g(y_1, y_2)$ se puede obtener ahora directamente de la ecuación (4) de la siguiente forma: En la expresión para $f(x_1, x_2)$, se reemplaza x_1 por $(y_1 y_2)^{1/2}$, x_2 por $(y_2/y_1)^{1/2}$ y se multiplica el resultado por $|J| = 1/(2y_1)$. Por tanto,

$$g(y_1, y_2) = \begin{cases} 2\left(\dfrac{y_2}{y_1}\right) & \text{para } (y_1, y_2) \in T, \\ 0 & \text{en otro caso.} \end{cases} \quad \triangleleft$$

Transformaciones lineales

Como ilustración adicional de los resultados presentados aquí, se continúa suponiendo que las n variables aleatorias $X_1, \ldots, X_n$ tienen una distribución conjunta continua cuya f.d.p.

conjunta es f y considérese ahora un problema en el que n nuevas variables aleatorias $Y_1, \ldots, Y_n$ se obtienen a partir de $X_1, \ldots, X_n$ mediante una transformación lineal.

Considérese una matriz $\boldsymbol{A}$ $n \times n$ y supóngase que las n variables aleatorias $Y_1, \ldots, Y_n$ están dadas por la siguiente ecuación:

$$\begin{bmatrix} Y_1 \\ \vdots \\ Y_n \end{bmatrix} = \boldsymbol{A} \begin{bmatrix} X_1 \\ \vdots \\ X_n \end{bmatrix}. \tag{7}$$

Entonces, cada variable Y_i es una combinación lineal de las variables $X_1, \ldots, X_n$. Supóngase, además, que la matriz $\boldsymbol{A}$ es no singular y que, por tanto, existe la matriz $\boldsymbol{A}^{-1}$. Resulta entonces que la transformación dada por la ecuación (7) es una transformación biunívoca del espacio R^n en sí mismo. Para cualquier punto $(y_1, \ldots, y_n) \in R^n$, la transformación inversa se puede representar por la ecuación

$$\begin{bmatrix} x_1 \\ \vdots \\ x_n \end{bmatrix} = \boldsymbol{A}^{-1} \begin{bmatrix} y_1 \\ \vdots \\ y_n \end{bmatrix}. \tag{8}$$

El jacobiano J de la transformación definida por la ecuación (8) es simplemente $J = \det \boldsymbol{A}^{-1}$. Además, se sabe por la teoría de determinantes que

$$\det \boldsymbol{A}^{-1} = \frac{1}{\det \boldsymbol{A}}.$$

Por tanto, en cualquier punto $(y_1, \ldots, y_n) \in R^n$, la f.d.p. conjunta $g(y_1, \ldots, y_n)$ de $Y_1, \ldots, Y_n$ se puede calcular de la siguiente forma: En primer lugar, para $i = 1, \ldots, n$, la componente x_i de $f(x_1, \ldots, x_n)$ se reemplaza por la i-ésima componente del vector

$$\boldsymbol{A}^{-1} \begin{bmatrix} y_1 \\ \vdots \\ y_n \end{bmatrix}.$$

Entonces el resultado se divide por $|\det \boldsymbol{A}|$.

En notación vectorial, resulta que

$$\boldsymbol{x} = \begin{bmatrix} x_1 \\ \vdots \\ x_n \end{bmatrix}, \quad \boldsymbol{y} = \begin{bmatrix} y_1 \\ \vdots \\ y_n \end{bmatrix}.$$

Se denotará también por $f(\boldsymbol{x})$ y $g(\boldsymbol{y})$ a las f.d.p. conjuntas de $X_1, \ldots, X_n$ e $Y_1, \ldots, Y_n$, respectivamente. Entonces

$$g(\boldsymbol{y}) = \frac{1}{|\det \boldsymbol{A}|} f(\boldsymbol{A}^{-1}\boldsymbol{y}) \qquad \text{para } \boldsymbol{y} \in R^n. \tag{9}$$

Suma de dos variables aleatorias

Supóngase que dos variables aleatorias X_1 y X_2 tienen una f.d.p. conjunta f y que se desea determinar la f.d.p. de la variable aleatoria $Y = X_1 + X_2$.

Por conveniencia, se define $Z = X_2$. Entonces, la transformación de X_1 y X_2 a Y y Z será una transformación lineal biunívoca. La transformación inversa está dada por las ecuaciones siguientes:

$$X_1 = Y - Z,$$

$$X_2 = Z.$$

La matriz $\boldsymbol{A}^{-1}$ de coeficientes de esta transformación es

$$\boldsymbol{A}^{-1} = \begin{pmatrix} 1 & -1 \\ 0 & 1 \end{pmatrix}$$

Por tanto,

$$\det \boldsymbol{A}^{-1} = \frac{1}{\det \boldsymbol{A}} = 1.$$

De la ecuación (9) resulta que la f.d.p. conjunta g_0 de Y y Z en cualquier punto (y, z) es

$$g_0(y, z) = f(y - z, z).$$

Por tanto, la f.d.p. marginal g de Y se puede obtener de la relación

$$g(y) = \int_{-\infty}^{\infty} f(y - z, z)\, dz \qquad \text{para } -\infty < y < \infty. \tag{10}$$

Si se hubiera definido inicialmente Z por la relación $Z = X_1$, entonces se habría obtenido la siguiente forma alternativa y equivalente de la f.d.p. g:

$$g(y) = \int_{-\infty}^{\infty} f(z, y - z)\, dz \qquad \text{para } -\infty < y < \infty. \tag{11}$$

Si X_1 y X_2 son variables aleatorias independientes con f.d.p. marginal f_1 y f_2, respectivamente, entonces para todos los valores de x_1 y x_2,

$$f(x_1, x_2) = f_1(x_1)\, f_2(x_2).$$

Por tanto, de las ecuaciones (10) y (11) resulta que la f.d.p. g de $Y = X_1 + X_2$ está dada por cualquiera de las relaciones siguientes:

$$g(y) = \int_{-\infty}^{\infty} f_1(y - z) f_2(z)\, dz \qquad \text{para } -\infty < y < \infty. \tag{12}$$

o

$$g(y) = \int_{-\infty}^{\infty} f_1(z) f_2(y - z)\, dz \qquad \text{para } -\infty < y < \infty. \tag{13}$$

La f.d.p. g determinada por la ecuación (12) o la (13) se denomina *convolución* de f_1 y f_2.

Ejemplo 2: Determinación de la f.d.p. para una convolución. Supóngase que X_1 y X_2 son variables aleatorias i.i.d. y que la f.d.p. de cada una de estas dos variables es la siguiente:

$$f(x) = \begin{cases} e^{-x} & \text{para } x \geq 0, \\ 0 & \text{en otro caso.} \end{cases}$$

Se determinará la f.d.p. g de la variable aleatoria $Y = X_1 + X_2$. A partir de la ecuación(12) o la ecuación (13),

$$g(y) = \int_{-\infty}^{\infty} f(y-z)f(z)\,dz \qquad \text{para } -\infty < y < \infty. \tag{14}$$

Puesto que $f(x) = 0$ para $x < 0$, resulta que el integrando de la ecuación (14) es 0 si $z < 0$ o si $z > y$. Por tanto, para $y \geq 0$,

$$\begin{aligned} g(y) &= \int_0^y f(y-z)f(z)\,dz = \int_0^y e^{-(y-z)}e^{-z}dz \\ &= \int_0^y e^{-y}dz = ye^{-y}. \end{aligned}$$

Además, $g(y) = 0$ para $y < 0$. ◁

El rango

Supóngase ahora que las n variables aleatorias $X_1, \ldots, X_n$ constituyen una muestra aleatoria de una distribución continua cuya f.d.p. es f y cuya f.d. es F. Como anteriormente en esta sección, sean las variables aleatorias Y_1 e Y_n definidas como sigue:

$$Y_1 = \min\{X_1, \ldots, X_n\} \quad \text{e} \quad Y_n = \max\{X_1, \ldots, X_n\}. \tag{15}$$

La variable aleatoria $W = Y_n - Y_1$ se denomina *rango* de la muestra. En otras palabras, el rango W es la diferencia entre el valor más grande y el más pequeño de la muestra. Se determinará la f.d.p. de W.

La f.d.p. conjunta $g(y_1, y_n)$ de Y_1 e Y_n se presentó en la ecuación (1). Si se define $Z = Y_1$, entonces la transformación de Y_1 e Y_n a W y Z será una transformación lineal biunívoca. La transformación inversa está dada por las ecuaciones siguientes:

$$\begin{aligned} Y_1 &= Z, \\ Y_n &= W + Z. \end{aligned}$$

Para esta transformación, $|J| = 1$. Por tanto, la f.d.p. conjunta $h(w,z)$ de W y Z se puede obtener reemplazando y_1 por z e y_n por $w + z$ en la ecuación (1). El resultado, para $w > 0$ y $-\infty < z < \infty$, es

$$h(w,z) = n(n-1)\left[F(w+z) - F(z)\right]^{n-2} f(z)f(w+z). \tag{16}$$

En otro caso, $h(w, z) = 0$.

La f.d.p. marginal $h_1(w)$ del rango W se puede obtener de la relación

$$h_1(w) = \int_{-\infty}^{\infty} h(w, z)\, dz. \tag{17}$$

Ejemplo 3: El rango de una muestra aleatoria de una distribución uniforme. Supóngase que n variables $X_1, \ldots, X_n$ constituyen una muestra aleatoria de una distribución uniforme sobre el intervalo $(0, 1)$. Se determinará la f.d.p. del rango de la muestra.

En este ejemplo,

$$f(x) = \begin{cases} 1 & \text{para } 0 < x < 1, \\ 0 & \text{en otro caso.} \end{cases}$$

Además, $F(x) = x$ para $0 < x < 1$. Por tanto, en la ecuación (16), $h(w, z) = 0$, salvo para $0 < w < 1$ y $0 < z < 1 - w$. Para valores de w y z que satisfagan estas condiciones, de la ecuación (16) resulta que

$$h(w, z) = n(n-1)w^{n-2}.$$

De la ecuación (17) resulta que para $0 < w < 1$, la f.d.p. de W es

$$h_1(w) = \int_0^{1-w} n(n-1)w^{n-2}\, dz = n(n-1)w^{n-2}(1-w).$$

En otro caso, $h_1(w) = 0$. ◁

EJERCICIOS

1. Supóngase que tres variables aleatorias X_1, X_2 y X_3 tienen una distribución conjunta continua cuya f.d.p. conjunta es la siguiente:

   $$f(x_1, x_2, x_3) = \begin{cases} 8x_1x_2x_3 & \text{para } 0 < x_i < 1 \ (i = 1, 2, 3), \\ 0 & \text{en otro caso.} \end{cases}$$

   Supóngase, además, que $Y_1 = X_1, Y_2 = X_1X_2$ e $Y_3 = X_1X_2X_3$. Determínese la f.d.p. conjunta de Y_1, Y_2 e Y_3.

2. Supóngase que X_1 y X_2 son variables aleatorias i.i.d. y que cada una de ellas tiene una distribución uniforme en el intervalo $(0, 1)$. Determínese la f.d.p. de $Y = X_1 + X_2$.

3. Supóngase que X_1 y X_2 tienen una distribución conjunta continua cuya f.d.p. conjunta es la siguiente:

$$f(x_1, x_2) = \begin{cases} x_1 + x_2 & \text{para } 0 < x_1 < 1 \text{ y } 0 < x_2 < 1, \\ 0 & \text{en otro caso.} \end{cases}$$

Determínese la f.d.p. de $Y = X_1 X_2$.

4. Supóngase que la f.d.p. conjunta de X_1 y X_2 es como se indica en el ejercicio 3. Determínese la f.d.p. de $Z = X_1/X_2$.

5. Sean X e Y variables aleatorias cuya f.d.p. conjunta es la siguiente:

$$f(x, y) = \begin{cases} 2(x + y) & \text{para } 0 \leq x \leq y \leq 1, \\ 0 & \text{en otro caso.} \end{cases}$$

Determínese la f.d.p. de $Z = X + Y$.

6. Supóngase que X_1 y X_2 son variables aleatorias i.i.d. y que la f.d.p. de cada una de ellas es la siguiente:

$$f(x) = \begin{cases} e^{-x} & \text{para } x > 0, \\ 0 & \text{en otro caso.} \end{cases}$$

Determínese la f.d.p. de $Y = X_1 - X_2$.

7. Supóngase que $X_1, \ldots, X_n$ constituyen una muestra aleatoria de tamaño n de una distribución uniforme sobre el intervalo $(0, 1)$ y que $Y_n = \max\{X_1, \ldots, X_n\}$. Determínese el valor más pequeño de n tal que

$\Pr\{Y_n \geq 0.99\} \geq 0.95$.

8. Supóngase que las n variables $X_1, \ldots, X_n$ constituyen una muestra aleatoria de una distribución uniforme sobre el intervalo $(0, 1)$ y que las variables aleatorias Y_1 e Y_n están definidas por la ecuación (15). Determínese el valor de $\Pr(Y_1 \leq 0.1, Y_n \leq 0.8)$.

9. Con las condiciones del ejercicio 8, determínese el valor de $\Pr(Y_1 \leq 0.1, Y_n \geq 0.8)$.

10. Con las condiciones del ejercicio 8, determínese la probabilidad de que el intervalo cuyos extremos son Y_1 e Y_n no contenga el punto $1/3$.

11. Sea W el rango de una muestra aleatoria de n observaciones de una distribución uniforme sobre el intervalo $(0, 1)$. Determínese el valor de $\Pr(W > 0.9)$.

12. Determínese la f.d.p. del rango de una muestra aleatoria de n observaciones de una distribución uniforme sobre el intervalo $(-3, 5)$.

13. Supóngase que $X_1, \ldots, X_n$ constituyen una muestra aleatoria de n observaciones de una distribución uniforme sobre el intervalo $(0, 1)$ y sea Y la mayor observación después del máximo. Determínese la f.d.p. de Y. *Sugerencia*: En primer lugar, determínese la f.d. G de Y observando que

$$G(y) = \Pr(Y \leq y) = \Pr(\text{Al menos } n-1 \text{ observaciones } \leq y).$$

14. Demuéstrese que si $X_1, X_2, \ldots, X_n$ son variables aleatorias independientes y si $Y_1 = r_1(X_1)$, $Y_2 = r_2(X_2), \ldots, Y_n = r_n(X_n)$, entonces $Y_1, Y_2, \ldots, Y_n$ también son variables aleatorias independientes.

15. Supóngase que $X_1, X_2, \ldots, X_5$ son cinco variables aleatorias cuya f.d.p. conjunta se puede factorizar para todos los puntos $(x_1, x_2, \ldots, x_5) \in R^5$ de la siguiente forma:

$$f(x_1, x_2, \ldots, x_5) = g(x_1, x_2)\, h(x_3, x_4, x_5),$$

donde g y h son ciertas funciones no negativas. Demuéstrese que si $Y_1 = r_1(X_1, X_2)$ e $Y_2 = r_2(X_3, X_4, X_5)$, entonces las variables aleatorias Y_1 e Y_2 son independientes.

*3.10 LA PARADOJA DE BOREL-KOLMOGOROV

En esta sección se describe una ambigüedad, conocida como *paradoja de Borel-Kolmogorov*, que puede aparecer en el cálculo de una f.d.p. condicional. La paradoja de Borel-Kolmogorov resulta cuando la f.d.p. condicional de una variable aleatoria dada otra se define condicionalmente en un suceso cuya probabilidad es cero. Se presentarán dos ejemplos que ilustran la naturaleza general de la ambigüedad.

Condicionando a un valor particular

Supóngase que X_1 y X_2 son variables aleatorias i.i.d. y que la f.d.p. de cada una de ellas es la siguiente:

$$f_1(x) = \begin{cases} e^{-x} & \text{para } x > 0, \\ 0 & \text{en otro caso.} \end{cases} \tag{1}$$

Entonces la f.d.p. conjunta de X_1 y X_2 es

$$f(x_1, x_2) = \begin{cases} e^{-(x_1+x_2)} & \text{para } x_1 > 0 \text{ y } x_2 > 0, \\ 0 & \text{en otro caso.} \end{cases} \tag{2}$$

Sea la variable aleatoria Z definida por la relación

$$Z = \frac{X_2 - 1}{X_1}. \tag{3}$$

Supóngase que interesa la distribución condicional de X_1 dado que $Z = 0$. Esta f.d.p. condicional se puede determinar fácilmente aplicando los métodos presentados en este capítulo como sigue: Sea $Y = X_1$. Entonces la inversa de la transformación de X_1 y X_2 a Y y Z viene dada por las relaciones

$$x_1 = y,$$

$$x_2 = yz + 1. \tag{4}$$

El jacobiano de esta transformación es

$$J = \det \begin{bmatrix} 1 & 0 \\ z & y \end{bmatrix} = y. \tag{5}$$

Puesto que $y = x_1 > 0$, resulta de la ecuación (4) de la sección 3.9 y de la ecuación (2) de esta sección que la f.d.p. conjunta de Y y Z es

$$g(y, z) = \begin{cases} ye^{-(yz+y+1)} & \text{para } y > 0 \text{ e } yz > -1, \\ 0 & \text{en otro caso.} \end{cases} \tag{6}$$

El valor de esta f.d.p. conjunta en el punto donde $Y = y > 0$ y $Z = 0$ es

$$g(y, 0) = ye^{-(y+1)}.$$

Por tanto, el valor de la f.d.p. marginal $g_2(z)$ en el punto $z = 0$ es

$$g_2(0) = \int_0^\infty g(y, 0)\, dy = e^{-1}.$$

Resulta que la f.d.p. condicional de Y dado que $Z = 0$ es

$$\frac{g(y, 0)}{g_2(0)} = ye^{-y} \qquad \text{para } y > 0. \tag{7}$$

Puesto que $X_1 = Y$, la f.d.p. condicional (7) es también la f.d.p. condicional de X_1 dado que $Z = 0$. Entonces, si A denota el suceso de que $Z = 0$, se puede escribir

$$g_1(x_1 | A) = x_1 e^{-x_1} \qquad \text{para } x_1 > 0. \tag{8}$$

La deducción que conduce a que la ecuación (8) es inmediata y obedece las reglas presentadas para f.d.p. condicionales. Sin embargo, existe una forma aparentemente mucho más sencilla de obtener $g_1(x_1|A)$. Puesto que $X_1 > 0$, resulta de la ecuación (3) que el suceso $Z = 0$ es equivalente al suceso $X_2 = 1$. Por tanto, el suceso A podría precisamente describirse también como el suceso $X_2 = 1$. A partir de este punto de vista, la f.d.p. condicional de X_1 dado A debería ser la misma que la f.d.p. condicional de X_1 dado que $X_2 = 1$. Puesto que X_1 y X_2 son independientes, esta f.d.p. condicional es simplemente la f.d.p. marginal de X_1 dada por la ecuación (1). Entonces, a partir de este punto de vista,

$$g_1(x_1|A) = f_1(x_1) = e^{-x_1} \qquad \text{para } x_1 > 0. \tag{9}$$

Puesto que se han obtenido aquí dos expresiones distintas, (8) y (9), para la misma f.d.p. conjunta $g_1(x_1|A)$, se ha llegado a la paradoja de Borel-Kolmogorov. Ambas expresiones son correctas, pero tienen diferentes interpretaciones. Si se considera el suceso A como un punto en el espacio muestral de la variable aleatoria Z, entonces la ecuación (8) es correcta. Si se considera A como un punto en el espacio muestral de X_2, entonces la ecuación (9) es correcta.

La paradoja de Borel-Kolmogorov aparece porque $\Pr(A) = 0$. Subraya el hecho de que no es posible definir razonablemente una distribución condicional para un único suceso que tiene probabilidad cero. Por tanto, una distribución condicional puede tener sentido únicamente en el contexto de una familia de distribuciones condicionales definidas de forma consistente.

Condicionando la igualdad de dos variables aleatorias

Se concluye esta sección con otro ejemplo basado en la f.d.p. conjunta de X_1 y X_2 dada por (2). Supóngase ahora que se desea calcular la f.d.p. condicional de X_1 dado que $X_1 = X_2$. Una forma de hacerlo es definir $Z = X_1 - X_2$ y determinar la f.d.p. condicional de X_1 dado que $Z = 0$.

Se puede verificar de forma inmediata que la f.d.p. conjunta de X_1 y Z es

$$g(x_1, z) = \begin{cases} e^{-(2x_1 - z)} & \text{para } x_1 > 0, z < x_1, \\ 0 & \text{en otro caso.} \end{cases} \tag{10}$$

Por tanto, para $Z = 0$,

$$g(x_1, 0) = e^{-2x_1} \qquad \text{para } x_1 > 0,$$

y el valor de la f.d.p. marginal $g_2(z)$ en el punto $z = 0$ es

$$g_2(0) = \int_0^\infty e^{-2x_1}\, dx_1 = \frac{1}{2}.$$

Por tanto, si B denota el suceso de que $X_1 = X_2$, es decir, $Z = 0$, entonces

$$g_1(x_1|B) = \frac{g(x_1, 0)}{g_2(0)} = 2e^{-2x_1} \qquad \text{para } x_1 > 0. \tag{11}$$

Otra forma de resolver el mismo problema es considerar $W = X_2/X_1$. Entonces el suceso B es equivalente al suceso de que $W = 1$. De nuevo se puede determinar de forma inmediata que la f.d.p. conjunta de X_1 y W es

$$h(x_1, w) = \begin{cases} x_1 e^{-(x_1 + w x_1)} & \text{para } x_1 > 0 \text{ y } w > 0, \\ 0 & \text{en otro caso.} \end{cases} \tag{12}$$

Por tanto, para $W = 1$,

$$h(x_1, 1) = x_1 e^{-2x_1} \qquad \text{para } x_1 > 0$$

y el valor de la f.d.p. marginal $h_2(w)$ en el punto $w = 1$ es

$$h_2(1) = \int_0^\infty x_1 e^{-2x_1} dx_1 = \frac{1}{4}.$$

Por tanto, con este segundo procedimiento, resulta que

$$g(x_1|B) = \frac{h(x_1, 1)}{h_2(1)} = 4x_1 e^{-2x_1} \qquad \text{para } x_1 > 0. \tag{13}$$

De nuevo se han obtenido dos expresiones distintas, (11) y (13), para la misma f.d.p. condicional, $g_1(x_1|B)$. Nuevamente, la ambigüedad aparece porque $\Pr(B) = 0$.

3.11 EJERCICIOS COMPLEMENTARIOS

1. Supóngase que X e Y son variables aleatorias; que X tiene una distribución uniforme discreta en los enteros $1, 2, 3, 4, 5$; y que Y tiene una distribución uniforme continua en el intervalo $(0, 5)$. Sea Z una variable aleatoria tal que $Z = X$ con probabilidad $1/2$ y $Z = Y$ con probabilidad $1/2$. Represéntese la f.d. de Z.

2. Supóngase que la variable aleatoria X tiene la siguiente f.d.:

$$F(x) = \begin{cases} 0 & \text{para } x \leq 0, \\ \frac{2}{5}x & \text{para } 0 < x \leq 1, \\ \frac{3}{5}x - \frac{1}{5} & \text{para } 1 \leq x \leq 2, \\ 1 & \text{para } x > 2. \end{cases}$$

Verifíquese que X tiene una distribución continua y determínese la f.d.p. de X.

3. Supóngase que la variable aleatoria X tiene una distribución continua con la siguiente f.d.p.:

$$f(x) = \frac{1}{2}e^{-|x|} \qquad \text{para } -\infty < x < \infty.$$

Determínese el valor x_0 tal que $F(x_0) = 0.9$, donde $F(x)$ es la f.d. de X.

4. Supóngase que X_1 y X_2 son variables aleatorias i.i.d. y que cada una tiene una distribución uniforme sobre el intervalo $(0, 1)$. Calcúlese $\Pr(X_1^2 + X_2^2 \leq 1)$.

5. Para cualquier valor de $p > 1$, sea

$$c(p) = \sum_{x=1}^{\infty} \frac{1}{x^p}.$$

Supóngase que la variable aleatoria X tiene una distribución discreta con la siguiente f.p.:

$$f(x) = \frac{1}{c(p)x^p} \qquad \text{para } x = 1, 2, \ldots.$$

(a) Para cualquier entero positivo n, determínese la probabilidad de que X sea divisible por n.
(b) Determínese la probabilidad de que X sea impar.

6. Supóngase que X_1 y X_2 son variables aleatorias i.i.d., cada una de las cuales tiene la f.p. $f(x)$ especificada en el ejercicio 5. Determínese la probabilidad de que $X_1 + X_2$ sea par.

7. Supóngase que un sistema electrónico contiene cuatro componentes y sea X_j el tiempo hasta que el componente j falla $(j = 1, 2, 3, 4)$. Supóngase que X_1, X_2, X_3 y X_4 son variables aleatorias i.i.d., cada una de las cuales tiene una distribución continua con f.d. $F(x)$. Supóngase que el sistema funcionará mientras funcione el componente 1 y al menos uno de los otros tres componentes. Determínese la f.d. del tiempo hasta que el sistema falla.

8. Supóngase que una caja contiene un gran número de tachuelas y que la probabilidad X de que una tachuela caiga con la punta hacia arriba cuando se lanza varía de una a otra de acuerdo con la siguiente f.d.p.:

$$f(x) = \begin{cases} 2(1-x) & \text{para } 0 < x < 1, \\ 0 & \text{en otro caso.} \end{cases}$$

Supóngase que se selecciona una tachuela al azar de la caja y que se lanza tres veces independientemente. Determínese la probabilidad de que la tachuela caiga con la punta hacia arriba en los tres lanzamientos.

9. Supóngase que el radio X de un círculo es una variable aleatoria que tiene la siguiente f.d.p.:

$$f(x) = \begin{cases} \frac{1}{8}(3x+1) & \text{para } 0 < x < 2, \\ 0 & \text{en otro caso.} \end{cases}$$

Determínese la f.d.p. del área del círculo.

10. Supóngase que la variable aleatoria X tiene la siguiente f.d.p.:

$$f(x) = \begin{cases} 2e^{-2x} & \text{para } x > 0, \\ 0 & \text{en otro caso.} \end{cases}$$

Construyase una variable aleatoria $Y = r(X)$ que tenga una distribución uniforme sobre el intervalo $(0, 5)$.

11. Supóngase que las 12 variables aleatorias $X_1, \dots, X_{12}$ son i.i.d. y que cada una de ellas tiene una distribución uniforme sobre el intervalo $(0, 20)$. Para $j = 0, 1, \dots, 19$, sea I_j el intervalo $(j, j+1)$. Determínese la probabilidad de que ninguno de los 20 intervalos disjuntos I_j contenga más de una de las variables aleatorias $X_1, \dots, X_{12}$.

12. Supóngase que la distribución conjunta de X e Y es uniforme en un conjunto A en el plano xy. ¿Para cuál de los siguientes conjuntos A son independientes X e Y?
    (a) Un círculo de radio 1 y con su centro en el origen.
    (b) Un círculo de radio 1 y con su centro en el punto $(3, 5)$.
    (c) Un cuadrado con vértices en los cuatro puntos $(1, 1)$, $(1, -1)$, $(-1, -1)$ y $(-1, 1)$.
    (d) Un rectángulo con vértices en los cuatro puntos $(0, 0)$, $(0, 3)$, $(1, 3)$ y $(1, 0)$.
    (e) Un cuadrado con vértices en los cuatro puntos $(0, 0)$, $(1, 1)$, $(0, 2)$ y $(-1, 1)$.

13. Supóngase que X e Y son variables aleatorias independientes con las siguientes f.d.p.:

$$f_1(x) = \begin{cases} 1 & \text{para } 0 < x < 1, \\ 0 & \text{en otro caso.} \end{cases}$$

$$f_2(x) = \begin{cases} 8y & \text{para } 0 < y < \frac{1}{2}, \\ 0 & \text{en otro caso.} \end{cases}$$

Determínese el valor de $\Pr(X > Y)$.

14. Supóngase que un día concreto dos personas, A y B, llegan a una tienda independientemente una de otra. Supóngase que A permanece en la tienda 15 minutos y B permanece 10 minutos. Si el tiempo de llegada de cada persona tiene una distribución uniforme entre las 9 y las 10 de la mañana, ¿cuál es la probabilidad de que A y B estén en la tienda al mismo tiempo?

15. Supóngase que X e Y tiene la siguiente f.d.p. conjunta:

$$f(x,y) = \begin{cases} 2(x+y) & \text{para } 0 < x < y < 1, \\ 0 & \text{en otro caso.} \end{cases}$$

Determínese (a) $\Pr(X < 1/2)$; (b) la f.d.p. marginal de X; (c) la f.d.p. conjunta de Y dado $X = x$.

16. Supóngase que X e Y son variables aleatorias. La f.d.p. marginal de X es

$$f(x) = \begin{cases} 3x^2 & \text{para } 0 < x < 1, \\ 0 & \text{en otro caso.} \end{cases}$$

Además, la f.d.p. condicional de Y dado que $X = x$ es

$$g(y|x) = \begin{cases} \dfrac{3y^2}{x^3} & \text{para } 0 < y < x, \\ 0 & \text{en otro caso.} \end{cases}$$

Determínese (a) la f.d.p. marginal de Y y (b) la f.d.p. condicional de X dado que $Y = y$.

17. Supóngase que la distribución conjunta de X e Y es uniforme en la región del plano xy acotada por las cuatro rectas $x = -1, x = 1, y = x + 1, y = x - 1$. Determínese (a) $\Pr(XY > 0)$ y (b) la f.d.p. condicional de Y dado que $X = x$.

18. Supóngase que las variables aleatorias X e Y, tienen la siguiente f.d.p. conjunta:

$$f(x,y,z) = \begin{cases} 6 & \text{para } 0 < x < y < z < 1, \\ 0 & \text{en otro caso.} \end{cases}$$

Determínense las f.d.p. marginales univariantes de X, Y y Z.

19. Supóngase que las variables aleatorias X, Y y Z tienen la siguiente f.d.p. conjunta:

$$f(x,y,z) = \begin{cases} 2 & \text{para } 0 < x < y < 1 \text{ y } 0 < z < 1, \\ 0 & \text{en otro caso.} \end{cases}$$

Calcúlese $\Pr(3X > Y \mid 1 < 4Z < 2)$.

20. Supóngase que X e Y son variables aleatorias i.i.d. y que cada una tiene la siguiente f.d.p.:

$$f(x) = \begin{cases} e^{-x} & \text{para } x > 0, \\ 0 & \text{en otro caso.} \end{cases}$$

Defínanse además $U = X/(X+Y)$, $V = X+Y$.

(a) Determínese la f.d.p. conjunta de U y V.

(b) ¿Son independientes U y V?

21. Supóngase que las variables aleatorias X e Y tienen la siguiente f.d.p. conjunta:

$$f(x, y) = \begin{cases} 8xy & \text{para } 0 \leq x \leq y \leq 1, \\ 0 & \text{en otro caso.} \end{cases}$$

Defínanse además $U = X/Y$, $V = Y$.

(a) Determínese la f.d.p. conjunta de U y V.

(b) ¿Son independientes U y V?

22. Supóngase que $X_1, \ldots, X_n$ son variables aleatorias i.i.d., cada una con la siguiente f.d.:

$$F(x) = \begin{cases} 0 & \text{para } x \leq 0, \\ 1 - e^{-x} & \text{para } x > 0. \end{cases}$$

Sea $Y_1 = \min\{X_1, \ldots, X_n\}$ e $Y_n = \max\{X_1, \ldots, X_n\}$. Determínese la f.d.p. condicional de Y_1 dado que $Y_n = y_n$.

23. Supóngase que X_1, X_2 y X_3 constituyen una muestra aleatoria de tres observaciones de una distribución que tiene la siguiente f.d.p.:

$$f(x) = \begin{cases} 2x & \text{para } 0 < x < 1, \\ 0 & \text{en otro caso.} \end{cases}$$

Determínese la f.d.p. del rango de la muestra.

Esperanza 4

4.1 ESPERANZA DE UNA VARIABLE ALEATORIA

Esperanza de una distribución discreta

Supóngase que una variable aleatoria X tiene una distribución discreta cuya f.p. es f. La *esperanza* de X, que se denota por $E(X)$, se define como sigue:

$$E(X) = \sum_x x f(x). \tag{1}$$

Ejemplo 1: Cálculo de una esperanza a partir de una f.p. Supóngase que una variable aleatoria X puede tomar únicamente los valores -2, 0, 1 y 4 y que $\Pr(X = -2) = 0.1$, $\Pr(X = 0) = 0.4$, $\Pr(X = 1) = 0.3$ y $\Pr(X = 4) = 0.2$. Entonces,

$$E(X) = -2(0.1) + 0(0.4) + 1(0.3) + 4(0.2) = 0.9. \quad \triangleleft$$

Se puede observar en el ejemplo 1 que la esperanza $E(X)$ no es necesariamente igual a uno de los valores posibles de X.

Si X puede tomar únicamente un número finito de valores distintos, como en el ejemplo 1, entonces existe únicamente un número finito de términos en la suma de la ecuación (1). Sin embargo, si existe una sucesión infinita de valores posibles distintos de X, entonces la suma de la ecuación (1) es una serie infinita de términos. Tal serie puede no converger para una f.p. concreta. Se dice que la esperanza $E(X)$ *existe* si, y sólo si, la suma de la ecuación (1) es *absolutamente convergente*, esto es, si, y sólo si,

$$\sum_x |x| f(x) < \infty. \tag{2}$$

En otras palabras, si se verifica la relación (2), entonces $E(X)$ existe y su valor está dado por la ecuación (1). Si no se verifica la relación (2), entonces $E(X)$ no existe.

Esperanza de una distribución continua

Si una variable aleatoria X tiene una distribución continua cuya f.d.p. es f, entonces la esperanza $E(X)$ se define como sigue:

$$E(X) = \int_{-\infty}^{\infty} x f(x)\, dx. \tag{3}$$

Ejemplo 2: Cálculo de una esperanza de una f.d.p. Supóngase que la f.d.p. de una variable aleatoria X con una distribución continua es

$$f(x) = \begin{cases} 2x & \text{para } 0 < x < 1, \\ 0 & \text{en otro caso.} \end{cases}$$

Entonces,

$$E(X) = \int_{0}^{1} x(2x)\, dx = \int_{0}^{1} 2x^2\, dx = \frac{2}{3}. \quad \triangleleft$$

Se dice que la esperanza $E(X)$ existe para una distribución continua si, y sólo si, la integral de la ecuación (3) es absolutamente convergente, esto es, si, y sólo si,

$$\int_{-\infty}^{\infty} |x| f(x)\, dx < \infty.$$

Siempre que X sea una variable aleatoria *acotada*, esto es, siempre que existan números a y b $(-\infty < a < b < \infty)$ tales que $\Pr(a \le X \le b) = 1$, como en el ejemplo 2, entonces $E(X)$ debe existir.

Interpretación de la esperanza

El número $E(X)$ se llama también *valor esperado* de X o *media* de X; y los términos esperanza, valor esperado y media pueden ser utilizados indistintamente. El número $E(X)$ se llama también esperanza, valor esperado, o media *de la distribución* de X. De hecho, en el ejemplo 2, el número $2/3$ se puede denominar valor esperado de X o media de la distribución especificada por la f.d.p. f.

Relación de la media con el centro de gravedad. La esperanza de una variable aleatoria también llamada, la media de su distribución, se puede considerar como el centro de gravedad de esa distribución. Para ilustrar este concepto, considérese, por ejemplo, la f.p. representada en la figura 4.1. El eje x se podría considerar como una larga barra sin peso en la que se colocan diversas masas. Si en cada punto x_j de la barra se coloca una masa con un peso igual a $f(x_j)$, entonces la barra permanecerá en equilibrio únicamente si se apoya en el punto $E(X)$.

Considérese ahora la f.d.p. representada en la figura 4.2. En este caso, el eje x se podría considerar como una larga barra a lo largo de la cual la masa varía en forma

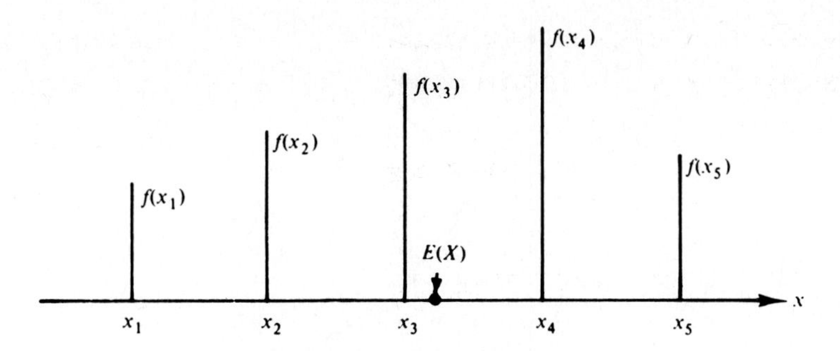

Figura 4.1 La media de una distribución discreta.

continua. Si la densidad de la barra en el punto x es igual a $f(x)$, entonces el centro de gravedad de la barra estará localizado en el punto $E(X)$ y la barra estará en equilibrio si está apoyada en ese punto.

A partir de esta exposición se puede observar que la media de una distribución puede resultar enormemente afectada por un cambio muy pequeño en la masa de probabilidad asignada a un valor grande de x. Por ejemplo, la media de la distribución representada por la f.p. de la figura 4.1 se puede trasladar a cualquier punto específico sobre el eje x, sin importar lo lejos del origen que pueda estar este punto, quitanto una masa de probabilidad arbitrariamente pequeña pero positiva de uno de los puntos x_j y colocando esta masa de probabilidad en un punto suficientemente alejado del origen.

Supóngase ahora que la f.p. o f.d.p. f de una distribución es simétrica con respecto a un punto concreto x_0 en el eje x. En otras palabras, supóngase que $f(x_0+\delta) = f(x_0-\delta)$ para todos los valores de δ. Supóngase también que existe la media $E(X)$ de esta distribución. De acuerdo con la interpretación de que la media es el centro de gravedad, resulta que $E(X)$ debe ser igual a x_0, que es el punto de simetría. El siguiente ejemplo subraya el

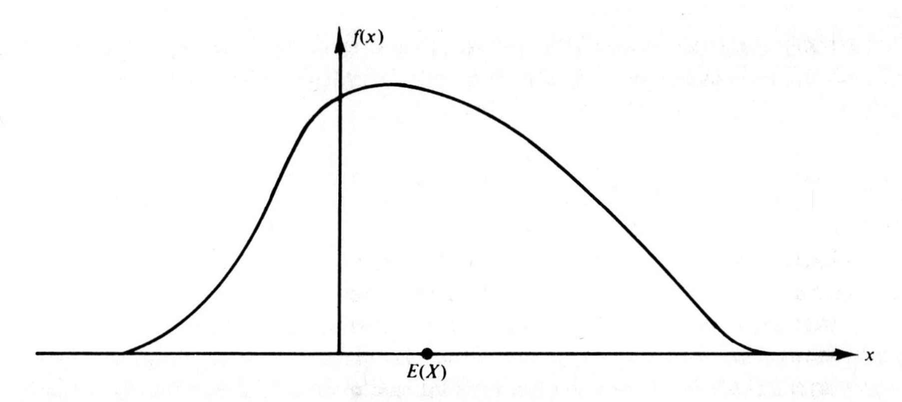

Figura 4.2 La media de una distribución continua.

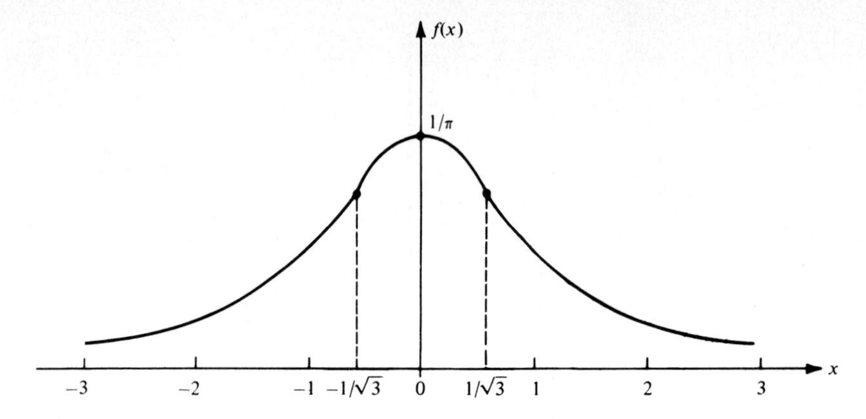

Figura 4.3 La f.d.p. de una distribución de Cauchy.

hecho de que es necesario asegurarse de la existencia de la media $E(X)$ antes de que se pueda concluir que $E(X) = x_0$.

La distribución de Cauchy. Supóngase que la variable aleatoria X tiene una distribución continua cuya f.d.p. es la siguiente:

$$f(x) = \frac{1}{\pi(1+x^2)} \qquad \text{para } -\infty < x < \infty. \tag{4}$$

Esta distribución se denomina *distribución de Cauchy.* Se puede verificar el hecho de que $\int_{-\infty}^{\infty} f(x)dx = 1$ utilizando el siguiente resultado de cálculo elemental:

$$\frac{d}{dx}\tan^{-1} x = \frac{1}{1+x^2} \qquad \text{para } -\infty < x < \infty.$$

La f.d.p. dada por la ecuación (4) se representa en la figura 4.3. Esta f.d.p. es simétrica con respecto al punto $x = 0$. Por tanto, si existiera la media de la distribución de Cauchy, su valor tendría que ser 0. Sin embargo,

$$\int_{-\infty}^{\infty} |x| f(x)\, dx = \frac{2}{\pi}\int_0^{\infty} \frac{x}{1+x^2}\, dx = \infty.$$

Por tanto, la media de la distribución de Cauchy no existe.

La razón de la no existencia de la media de la distribución de Cauchy es la siguiente: Cuando se representa la curva $y = f(x)$ como en la figura 4.3, sus colas se aproximan al eje x lo suficientemente rápido para permitir que el área total bajo la curva sea igual a 1. Por otro lado, si cada valor de $f(x)$ se multiplica por x y se representa la curva

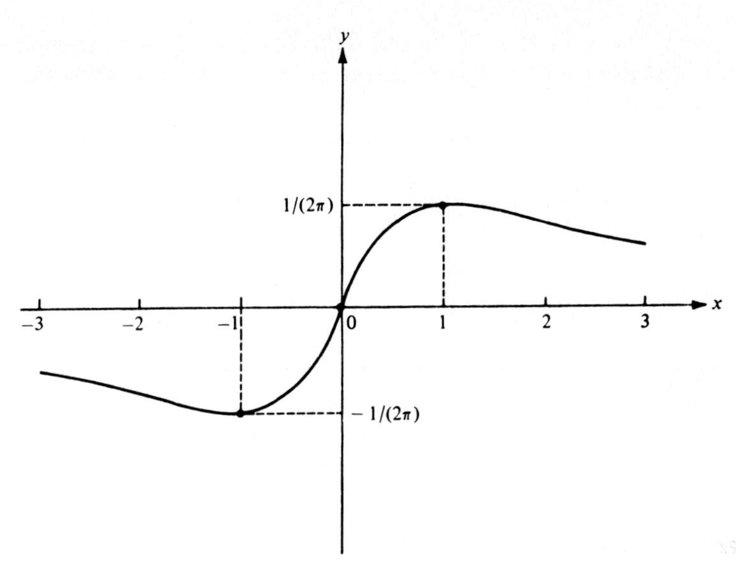

Figura 4.4 La curva $y = xf(x)$ para la distribución de Cauchy.

$y = xf(x)$, como en la figura 4.4, las colas de esta curva se aproximan al eje x tan lentamente que el área total entre el eje x y cada parte de la curva es infinita.

Esperanza de una función

Funciones de una sola variable aleatoria. Si X es una variable aleatoria cuya f.d.p. es f, entonces la esperanza de cualquier función $r(X)$ se puede determinar aplicando la definición de esperanza a la distribución de $r(X)$ como sigue: Se considera $Y = r(X)$; se determina la distribución de probabilidad de Y; y entonces se determina $E(Y)$ aplicando la ecuación (1) o la (3). Por ejemplo, supóngase que Y tiene una distribución continua con la f.d.p. g. Entonces,

$$E\left[r(X)\right] = E(Y) = \int_{-\infty}^{\infty} yg\,(y)\,dy. \tag{5}$$

Sin embargo, no es realmente necesario determinar la f.d.p. de $r(X)$ para calcular la esperanza $E[r(X)]$. De hecho, se puede demostrar que el valor de $E[r(X)]$ siempre se puede calcular directamente a partir de la relación

$$E\left[r(X)\right] = \int_{-\infty}^{\infty} r(x)\,f(x)\,dx. \tag{6}$$

En otras palabras, se puede demostrar que las dos relaciones (5) y (6) deben proporcionar el mismo valor de $E[r(X)]$ y que la esperanza $E[r(X)]$ existe si, y sólo si,

$$\int_{-\infty}^{\infty} |r(x)|\,f(x)\,dx < \infty.$$

Si la distribución de Y fuera discreta, la integral de la ecuación (5) sería reemplazada por una suma. Si la distribución de X fuera discreta, la integral de la ecuación (6) sería reemplazada por una suma.

El alcance de este libro no permite una demostración general de la igualdad de los valores de $E[r(X)]$ determinados a partir de las ecuaciones (5) y (6). Sin embargo, se demostrará esta igualdad para dos casos especiales. En primer lugar, supóngase que la distribución de X es discreta. Entonces la distribución de Y debe ser también discreta. En este caso,

$$\begin{aligned}\sum_y yg(y) &= \sum_y y \Pr[r(X) = y] \\ &= \sum_y y \sum_{x\,:\,r(x)=y} f(x) \\ &= \sum_y \sum_{x\,:\,r(x)=y} r(x)f(x) = \sum_x r(x)f(x).\end{aligned}$$

Por tanto, las ecuaciones (5) y (6) proporcionan el mismo valor.

En segundo lugar, supóngase que la distribución de X es continua. Supóngase, además, como en la sección 3.8, que $r(X)$ es estrictamente creciente o estrictamente decreciente y que la función inversa $s(y)$ es diferenciable. Entonces, si se realiza un cambio de variables en la ecuación (6) de x a $y = r(x)$,

$$\int_{-\infty}^{\infty} r(x)f(x)\,dx = \int_{-\infty}^{\infty} yf\,[s(y)] \left|\frac{ds(y)}{dy}\right| dy.$$

Se deduce ahora a partir de la ecuación (3) de la sección 3.8 que la parte derecha de esta ecuación es igual a

$$\int_{-\infty}^{\infty} yg(y)\,dy.$$

Por tanto, las ecuaciones (5) y (6) dan de nuevo el mismo valor.

Ejemplo 3: Determinación de la esperanza de $X^{1/2}$. Supóngase que la f.d.p. de X es como se indica en el ejemplo 2 y que $Y = X^{1/2}$. Entonces, por la ecuación (6),

$$E(Y) = \int_0^1 x^{1/2}\,(2x)\,dx = \frac{4}{5}\cdot \qquad \triangleleft$$

Funciones de varias variables aleatorias. Supóngase que se conoce la f.d.p. conjunta $f(x_1, \ldots, x_n)$ de n variables aleatorias $X_1, \ldots, X_n$ y que $Y = r(X_1, \ldots, X_n)$. Se puede demostrar que el valor esperado $E(Y)$ se puede determinar directamente a partir de la relación

$$E(Y) = \int \cdots \int_{R^n} r(x_1, \ldots, x_n) f(x_1, \ldots, x_n) dx_1 \cdots dx_n.$$

Por tanto, tampoco en este caso es necesario determinar la distribución de Y para calcular el valor esperado de $E(Y)$.

Ejemplo 4: Determinación de la esperanza de una función de dos variables. Supóngase que se selecciona al azar un punto (X, Y) del cuadrado S que contiene todos los puntos (x, y) tales que $0 \leq x \leq 1$ y $0 \leq y \leq 1$. Se determinará el valor esperado de $X^2 + Y^2$.

Puesto que X e Y tienen una distribución uniforme en el cuadrado S y puesto que el área de S es 1, la f.d.p. conjunta de X e Y es

$$f(x, y) = \begin{cases} 1 & \text{para } (x, y) \in S, \\ 0 & \text{en otro caso.} \end{cases}$$

Por tanto,

$$\begin{aligned} E(X^2 + Y^2) &= \int_{-\infty}^{\infty} \int_{-\infty}^{\infty} (x^2 + y^2) f(x, y)\,dx\,dy \\ &= \int_0^1 \int_0^1 (x^2 + y^2)\,dx\,dy = \frac{2}{3}. \end{aligned}$$ ◁

EJERCICIOS

1. Si se selecciona al azar un entero entre 1 y 100, ¿cuál es el valor esperado?

2. La siguiente tabla presenta el número n_i de estudiantes de edad i en una clase de 50 estudiantes:

Edad i	n_i
18	20
19	22
20	4
21	3
25	1

Si se selecciona al azar un estudiante de la clase, ¿cuál es el valor esperado de su edad?

3. Supóngase que se selecciona al azar una palabra de la oración LA NIÑA SE PUSO SU PRECIOSO SOMBRERO ROJO. Si X es el número de letras de la palabra seleccionada, ¿cuál es el valor de $E(X)$?

4. Supóngase que se selecciona al azar una de las 34 letras de la oración del ejercicio 3. Si Y es el número de letras de la palabra en que aparece la letra seleccionada, ¿cuál es el valor de $E(Y)$?

5. Supóngase que una variable aleatoria X tiene una distribución continua con la f.d.p. dada en el ejemplo 2 de esta sección. Determínese la esperanza de $1/X$.

6. Supóngase que una variable aleatoria X tiene una distribución uniforme sobre el intervalo $0 < x < 1$. Demuéstrese que la esperanza de $1/X$ no existe.

7. Supóngase que X e Y tienen una distribución conjunta continua cuya f.d.p. conjunta es la siguiente:

$$f(x,y) = \begin{cases} 12y^2 & \text{para } 0 \le y \le x \le 1, \\ 0 & \text{en otro caso.} \end{cases}$$

   Determínese el valor de $E(XY)$.

8. Supóngase que se selecciona al azar un punto de un bastón de longitud unidad y que se rompe en dos trozos por ese punto. Determínese el valor esperado de la longitud del trozo más grande.

9. Supóngase que se libera una partícula del origen del plano xy y pasa al semiplano en que $x > 0$. Supóngase que la partícula se mueve en línea recta y que el ángulo entre el semieje x positivo y esta línea es α, el cual puede ser positivo o negativo. Supóngase, por último, que el ángulo α tiene una distribución uniforme sobre el intervalo $(-\pi/2, \pi/2)$. Sea Y la ordenada del punto en que la partícula corta la recta vertical $x = 1$. Demuéstrese que la distribución de Y es una distribución de Cauchy.

10. Supóngase que las variables aleatorias $X_1, \ldots, X_n$ constituyen una muestra aleatoria de tamaño n de una distribución uniforme sobre el intervalo $(0, 1)$. Sea $Y_1 = \min\{X_1, \ldots, X_n\}$ y sea $Y_n = \max\{X_1, \ldots, X_n\}$. Determínense $E(Y_1)$ y $E(Y_n)$.

11. Supóngase que las variables aleatorias $X_1, \ldots, X_n$ constituyen una muestra aleatoria de tamaño n de una distribución continua cuya f.d. es F; y sean las variables aleatorias Y_1 e Y_n definidas como en el ejercicio 10. Determínense $E[F(Y_1)]$ y $E[F(Y_n)]$.

4.2 PROPIEDADES DE LOS VALORES ESPERADOS

Teoremas básicos

Supóngase que X es una variable aleatoria cuya esperanza $E(X)$ existe. Se presentarán varios resultados relacionados con las propiedades básicas de las esperanzas.

Teorema 1. *Si* $Y = aX + b$, *donde* a *y* b *son constantes, entonces*

$$E(Y) = aE(X) + b.$$

Demostración. En primer lugar, supóngase, por conveniencia, que X tiene una distribución continua cuya f.d.p. es f. Entonces,

$$\begin{aligned} E(Y) = E(aX + b) &= \int_{-\infty}^{\infty} (ax + b) f(x)\, dx \\ &= a \int_{-\infty}^{\infty} x f(x)\, dx + b \int_{-\infty}^{\infty} f(x)\, dx \\ &= aE(X) + b. \end{aligned}$$

Se puede hacer una demostración análoga para una distribución discreta o para un tipo de distribución más general. ◁

Ejemplo 1: Cálculo de la esperanza de una función lineal. Supóngase que $E(X) = 5$. Entonces,

$$E(3X - 5) = 3E(X) - 5 = 10$$

$$E(-3X + 15) = -3E(X) + 15 = 0. \quad ◁$$

Por el teorema 1 resulta que para cualquier constante c, $E(c) = c$. En otras palabras, si $X = c$ con probabilidad 1, entonces $E(X) = c$.

Teorema 2. *Si existe una constante* a *tal que* $\Pr(X \geq a) = 1$, *entonces* $E(X) \geq a$. *Si existe una constante* b *tal que* $\Pr(X \leq b) = 1$, *entonces* $E(X) \leq b$.

Demostración. Supóngase de nuevo, por conveniencia, que X tiene una distribución continua cuya f.d.p. es f y supóngase en primer lugar que $\Pr(X \geq a) = 1$. Entonces,

$$\begin{aligned} E(X) &= \int_{-\infty}^{\infty} x f(x)\, dx = \int_{a}^{\infty} x f(x)\, dx \geq \\ &\geq \int_{a}^{\infty} a f(x)\, dx = a \Pr(X \geq a) = a. \end{aligned}$$

La demostración de la otra parte del teorema y la demostración para una distribución discreta o un tipo de distribución más general son análogas. ◁

Por el teorema 2 resulta que si $\Pr(a \leq X \leq b) = 1$, entonces $a \leq E(X) \leq b$. Además se puede demostrar que si $\Pr(X \geq a) = 1$ y si $E(X) = a$, entonces se debe verificar que $\Pr(X > a) = 0$ y $\Pr(X = a) = 1$.

Teorema 3. *Si* $X_1, \ldots, X_n$, *son* n *variables aleatorias cuyas esperanzas* $E(X_i)$ $(i = 1, \ldots, n)$ *existen, entonces*

$$E(X_1 + \cdots + X_n) = E(X_1) + \cdots + E(X_n).$$

Demostración. Supóngase en primer lugar que $n = 2$, y que X_1 y X_2 tienen una distribución conjunta continua cuya f.d.p. es f. Entonces,

$$\begin{aligned} E(X_1 + X_2) &= \int_{-\infty}^{\infty} \int_{-\infty}^{\infty} (x_1 + x_2) f(x_1, x_2)\, dx_1\, dx_2 \\ &= \int_{-\infty}^{\infty} \int_{-\infty}^{\infty} x_1 f(x_1, x_2)\, dx_1\, dx_2 + \int_{-\infty}^{\infty} \int_{-\infty}^{\infty} x_2 f(x_1, x_2) dx_1\, dx_2 \\ &= E(X_1) + E(X_2). \end{aligned}$$

La demostración para una distribución discreta o una distribución conjunta más general es análoga. Por último, el teorema se puede establecer para cualquier entero positivo n con un argumento de inducción. ◁

Debe subrayarse que, de acuerdo con el teorema 3, la esperanza de la suma de varias variables aleatorias debe ser siempre igual a la suma de sus esperanzas individuales, independientemente de si las variables aleatorias sean o no independientes.

Por los teoremas 1 y 3 resulta que para cualesquiera constantes $a_1, \ldots, a_n$ y b,

$$E(a_1 X_1 + \cdots + a_n X_n + b) = a_1 E(X_1) + \cdots + a_n E(X_n) + b.$$

Ejemplo 2: Muestreo sin reemplazamiento. Supóngase que una urna contiene bolas rojas y azules y que la proporción de bolas rojas en la urna es $p (0 \leq p \leq 1)$. Supóngase que se seleccionan al azar y *sin reemplazamiento* n bolas de la urna y sea X el número de bolas rojas seleccionadas. Se determinará el valor de $E(X)$.

Se empieza definiendo n variables aleatorias $X_1, \ldots, X_n$ como sigue: Para $i = 1, \ldots, n$, sea $X_i = 1$ si la i-ésima bola seleccionada es roja y sea $X_i = 0$ si la i-ésima bola seleccionada es azul. Puesto que las n bolas se seleccionan sin reemplazamiento, las variables aleatorias $X_1, \ldots, X_n$ son dependientes. Sin embargo, la distribución marginal de cada X_i se puede deducir fácilmente (ejercicio 9 de la sección 1.7). Se puede imaginar que todas las bolas están ordenadas aleatoriamente en la urna y que se seleccionan las n primeras bolas de este ordenamiento. Debido a la aleatoriedad, la probabilidad de que la i-ésima bola del ordenamiento sea roja es simplemente p. Por tanto, para $i = 1, \ldots, n$,

$$\Pr(X_i = 1) = p \quad \text{y} \quad \Pr(X_i = 0) = 1 - p. \tag{1}$$

De ahí que, $E(X_i) = 1(p) + 0(1 - p) = p$.

A partir de la definición de $X_1, \ldots, X_n$, resulta que $X_1 + \cdots + X_n$ es igual al número total de bolas rojas seleccionadas. Por tanto, $X = X_1 + \cdots + X_n$ y por el teorema 3,

$$E(X) = E(X_1) + \cdots + E(X_n) = np. \quad ◁ \tag{2}$$

Media de una distribución binomial

Supóngase de nuevo que en una urna que contiene bolas rojas y azules, la proporción de bolas rojas es p ($0 \leq p \leq 1$). Supóngase ahora, sin embargo, que una muestra aleatoria de n bolas es seleccionada *con reemplazamiento* de la urna. Si X es el número de bolas rojas en la muestra, entonces X tiene una distribución binomial con parámetros n y p, como se describió en la sección 3.1. Se determinará ahora el valor de $E(X)$.

Como antes, para $i = 1, \ldots, n$, se define $X_i = 1$ si la i-ésima bola seleccionada es roja y $X_i = 0$ en otro caso. Entonces, como antes, $X = X_1 + \cdots + X_n$. En este problema, las variables aleatorias $X_1, \ldots, X_n$ son independientes y la distribución marginal de cada X_i está dada de nuevo por la ecuación (1). Por tanto, $E(X_i) = p$ para $i = 1, \ldots, n$ y por el teorema 3 resulta que

$$E(X) = np. \tag{3}$$

Así pues, la media de una distribución binomial con parámetros n y p es np. La f.d. $f(x)$ de esta distribución binomial está dada por la ecuación (1) de la sección 3.1, la media se puede calcular directamente a partir de la f.p. como sigue:

$$E(X) = \sum_{x=0}^{n} x \binom{n}{x} p^x q^{n-x}. \tag{4}$$

Entonces, por la ecuación (3), el valor de la suma de la ecuación (4) debe ser np.

Se deduce de las ecuaciones (2) y (3) que el número esperado de bolas rojas en una muestra de n bolas es np, independientemente de si la muestra se selecciona con o sin reemplazamiento.

Número esperado de coincidencias

Considérese de nuevo el problema de coincidencias descrito en la sección 1.10. En este problema, una persona mecanografía n cartas, mecanografía las direcciones en n sobres y luego introduce cada carta en un sobre de forma aleatoria. Se determinará el valor esperado del número X de cartas que se introducen en los sobres correctos.

Para $i = 1, \ldots, n$, se define $X_i = 1$ si la i-ésima carta se introduce en el sobre correcto y se define $X_i = 0$ en otro caso. Entonces, para $i = 1, \ldots, n$,

$$\Pr(X_i = 1) = \frac{1}{n} \quad \text{y} \quad \Pr(X_i = 0) = 1 - \frac{1}{n}.$$

Por tanto,

$$E(X_i) = \frac{1}{n} \quad \text{para } i = 1, \ldots, n.$$

Puesto que $X = X_1 + \cdots + X_n$, resulta que

$$\begin{aligned} E(X) &= E(X_1) + \cdots + E(X_n) \\ &= \frac{1}{n} + \cdots + \frac{1}{n} = 1. \end{aligned}$$

Así pues, el valor esperado del número de cartas colocadas en los sobres correctos es 1, independientemente del valor de n.

Esperanza de un producto

Teorema 4. *Si* $X_1, \ldots, X_n$ *son variables aleatorias independientes cuyas esperanzas* $E(X_i)$ $(i = 1, \ldots, n)$ *existen, entonces*

$$E\left(\prod_{i=1}^{n} X_i\right) = \prod_{i=1}^{n} E(X_i).$$

Demostración. Supóngase de nuevo, que $X_1, \ldots, X_n$ tienen una distribución conjunta continua cuya f.d.p. conjunta es f. Además, se define f_i como la f.d.p. marginal de X_i $(i = 1, \ldots, n)$. Entonces, puesto que las variables $X_1, \ldots, X_n$ son independientes, resulta que para cualquier punto $(x_1, \ldots, x_n) \in R^n$,

$$f(x_1, \ldots, x_n) = \prod_{i=1}^{n} f_i(x_i).$$

Por tanto,

$$\begin{aligned}
E\left(\prod_{i=1}^{n} X_i\right) &= \int_{-\infty}^{\infty} \cdots \int_{-\infty}^{\infty} \left(\prod_{i=1}^{n} x_i\right) f(x_1, \ldots, x_n) dx_1 \cdots dx_n \\
&= \int_{-\infty}^{\infty} \cdots \int_{-\infty}^{\infty} \left[\prod_{i=1}^{n} x_i f_i(x_i)\right] dx_1 \cdots dx_n \\
&= \prod_{i=1}^{n} \int_{-\infty}^{\infty} x_i f_i(x_i) dx_i = \prod_{i=1}^{n} E(X_i).
\end{aligned}$$

La demostración para una distribución discreta o para un tipo de distribución más general es análoga. ◁

Debe destacarse la diferencia entre el teorema 3 y el teorema 4. Si se supone que cada esperanza existe, la esperanza de la suma de un grupo de variables aleatorias es *siempre* igual a la suma de sus esperanzas individuales. Sin embargo, la esperanza del producto de un grupo de variables aleatorias *no* siempre es igual al producto de sus esperanzas individuales. Si las variables aleatorias son independientes, entonces también se verifica esta igualdad.

Ejemplo 3: Cálculo de la esperanza de una combinación de variables aleatorias. Supóngase que X_1, X_2 y X_3 son variables aleatorias independientes tales que $E(X_i) = 0$ y $E(X_i^2) = 1$ para $i = 1, 2, 3$. Se determinará el valor de $E[X_1^2(X_2 - 4X_3)^2]$.

Puesto que X_1, X_2 y X_3 son independientes, resulta que las variables aleatorias X_1^2 y $(X_2 - 4X_3)^2$ son también independientes. Por tanto,

$$\begin{aligned}
E[X_1^2(X_2 - 4X_3)^2] &= E(X_1^2)E[(X_2 - 4X_3)^2] \\
&= E(X_2^2 - 8X_2X_3 + 16X_3^2) \\
&= E(X_2^2) - 8E(X_2X_3) + 16E(X_3^2) \\
&= 1 - 8E(X_2)E(X_3) + 16 \\
&= 17. \quad \triangleleft
\end{aligned}$$

Esperanza de distribuciones discretas no negativas

Otra expresión para la esperanza. Sea X una variable aleatoria que puede tomar únicamente los valores $0, 1, 2, \ldots$. Entonces

$$E(X) = \sum_{n=0}^{\infty} n \Pr(X = n) = \sum_{n=1}^{\infty} n \Pr(X = n). \tag{5}$$

Considérese ahora la siguiente configuración triangular de probabilidades:

$$\begin{array}{cccc} \Pr(X=1) & \Pr(X=2) & \Pr(X=3) & \cdots \\ & \Pr(X=2) & \Pr(X=3) & \cdots \\ & & \Pr(X=3) & \cdots \\ & & & \cdots \end{array}$$

Se puede calcular la suma de todos los elementos de esta configuración de dos formas distintas. En primer lugar, se pueden sumar los elementos de cada columna de la configuración y luego sumar estos totales de columna, obteniéndose el valor $\sum_{n=1}^{\infty} n \Pr(X = n)$. En segundo lugar, se pueden sumar los elementos de cada fila de la configuración y luego sumar estos totales de fila. De esta forma se obtiene el valor $\sum_{n=1}^{\infty} \Pr(X \geq n)$. Por tanto,

$$\sum_{n=1}^{\infty} n \Pr(X = n) = \sum_{n=1}^{\infty} \Pr(X \geq n).$$

Resulta ahora por la ecuación (5) que

$$E(X) = \sum_{n=1}^{\infty} \Pr(X \geq n). \tag{6}$$

Número esperado de intentos. Supóngase que una persona intenta repetidamente llevar a cabo cierta tarea hasta realizarla con éxito. Supóngase, ademas, que la probabilidad de éxito en cualquier intento concreto es p $(0 < p < 1)$, que la probabilidad de fracaso es $q = 1 - p$ y que los intentos son independientes. Si X es el número del intento en el que se obtiene el primer éxito, entonces $E(X)$ se puede determinar como sigue:

Puesto que siempre se necesita al menos un intento, $\Pr(X \geq 1) = 1$. Además, para$n = 2, 3, \ldots$, se necesitan al menos n intentos si, y sólo si, cada uno de los primeros $n - 1$ intentos son fracasos. Por tanto,

$$\Pr(X \geq n) = q^{n-1}.$$

De la ecuación (6) resulta que

$$E(X) = 1 + q + q^2 + \cdots = \frac{1}{1-q} = \frac{1}{p}.$$

EJERCICIOS

1. Supóngase que tres variables aleatorias X_1, X_2, X_3 constituyen una muestra aleatoria de una distribución cuya media es 5. Determínese el valor de

$$E(2X_1 - 3X_2 + X_3 - 4).$$

2. Supóngase que tres variables aleatorias X_1, X_2, X_3 constituyen una muestra aleatoria de una distribución uniforme sobre el intervalo $0 < x < 1$. Determínese el valor de

$$E\left[(X_1 - 2X_2 + X_3)^2\right].$$

3. Supóngase que la variable aleatoria X tiene una distribución uniforme sobre el intervalo $(0, 1)$; que la variable aleatoria Y tiene una distribución uniforme sobre el intervalo $(5, 9)$ y que X e Y son independientes. Supóngase, además, que se construye un rectángulo cuyos lados adyacentes tienen longitudes X e Y. Determínese el valor esperado del área del rectángulo.

4. Supóngase que las variables $X_1, \dots, X_n$ constituyen una muestra aleatoria de tamaño n de una distribución continua sobre la recta real cuya f.d.p. es f. Calcúlese la esperanza del número de observaciones de la muestra que caen dentro del intervalo $a \leq x \leq b$.

5. Supóngase que una partícula parte del origen de la recta real y se mueve a lo largo de la recta a saltos de una unidad. En cada salto, la probabilidad de que la partícula salte una unidad a la izquierda es p $(0 \leq p \leq 1)$ y la probabilidad de que esa partícula salte una unidad a la derecha es $1 - p$. Determínese el valor esperado de la posición de la partícula despúes de n saltos.

6. Supóngase que es igualmente verosímil ganar o perder en cada partida de cierto juego. Supóngase que cuando un jugador gana, su capital se dobla; y cuando pierde, su capital se reduce a la mitad. Si empieza jugando con un capital c, ¿cuál es el valor esperado de su capital después de n partidas?

7. Supóngase que una clase contiene 10 chicos y 15 chicas y que se selecciona al azar sin reemplazamiento 8 estudiantes de la clase. Sea X el número de chicos seleccionados, y sea Y el número de chicas seleccionadas. Determínese $E(X - Y)$.

8. Supóngase que la proporción de artículos defectuosos en un gran lote es p, y supóngase que se selecciona una muestra aleatoria de n artículos del lote. Sea X el número de artículos defectuosos en la muestra y sea Y el número de artículos no defectuosos. Determínese $E(X - Y)$.

9. Supóngase que se lanza repetidas veces una moneda equilibrada hasta que se obtiene una cara por primera vez. (a) ¿Cuál es el número esperado de lanzamientos que se necesitan? (b) ¿Cuál es el número esperado de cruces que se obtendrán antes de obtener la primera cara?

10. Supóngase que se lanza repetidas veces una moneda equilibrada hasta que se obtienen exactamente k caras. Determínese el número esperado de lanzamientos que se necesitan. *Sugerencia*: Represéntese el número total de lanzamientos X de la forma $X = X_1 + \cdots + X_k$, donde X_i es el número de lanzamientos que se necesitan para obtener la i-ésima cara después de haber obtenido $i - 1$ cruces.

4.3 VARIANZA

Definiciones de varianza y desviación típica

Supóngase que X es una variable aleatoria con media $\mu = E(X)$. La *varianza de* X, que se denotará por Var(X), se define como sigue:

$$\text{Var}(X) = E\left[(X - \mu)^2\right]. \tag{1}$$

Como Var(X) es el valor esperado de la variable aleatoria no negativa $(X - \mu)^2$, resulta que Var(X) ≥ 0. Se debe recordar que la esperanza de la ecuación (1) puede ser o no finita. Si la esperanza no es finita, se dice que la Var(X) no existe. Sin embargo, si los valores posibles de X están acotados, entonces Var(X) debe existir.

El valor de Var(X) se llama también *varianza de la distribución de* X. Por tanto, en algunos casos se habla de la varianza de X y en otros de la varianza de una distribución de probabilidad.

La varianza de una distribución proporciona una medida de la variación o dispersión de una distribución alrededor de su media μ. Un valor pequeño de la varianza indica que la distribución de probabilidad está muy concentrada alrededor de μ; y un valor grande de la varianza generalmente indica que la distribución de probabilidad tiene una dispersión amplia alrededor de μ. Sin embargo, la varianza de cualquier distribución, así como su media, se pueden hacer arbitrariamente grandes colocando una masa de probabilidad positiva, aunque sea pequeña, suficientemente lejos del origen en la recta real.

La *desviación típica* de una variable aleatoria o de una distribución se define como la raíz cuadrada no negativa de la varianza. La desviación típica, también llamada desviación estándar, de una variable aleatoria se denota usualmente por el símbolo σ y la varianza se denota por σ^2.

Propiedades de la varianza

Se presentarán ahora varios teoremas relacionados con las propiedades básicas de la varianza. En estos teoremas se supone que existe la varianza de todas las variables aleatorias. El primer teorema demuestra que la varianza de una variable aleatoria X no puede ser 0 a menos que la distribución de probabilidad de X se concentre en un sólo punto.

Teorema 1. $\text{Var}(X) = 0$ *si, y sólo si, existe una constante* c *tal que* $\Pr(X = c) = 1$.

Demostración. Supóngase en primer lugar que existe una constante c tal que $\Pr(X = c) = 1$. Entonces, $E(X) = c$ y $\Pr\left[(X - c)^2 = 0)\right] = 1$. Por tanto,

$$\text{Var}(X) = E\left[(X - c)^2\right] = 0.$$

Inversamente, supóngase que $\text{Var}(X) = 0$. Entonces, $\Pr\left[(X - \mu)^2 \geq 0\right] = 1$ pero $E\left[(X - \mu)^2\right] = 0$. Por tanto, de acuerdo con el comentario que sigue a la demostración del teorema 2 de la sección 4.2, se puede observar que

$$\Pr\left[(X - \mu)^2 = 0\right] = 1.$$

Por tanto, $\Pr(X = \mu) = 1$.

Teorema 2. *Para constantes* a *y* b *cualesquiera,*

$$\text{Var}(aX + b) = a^2\text{Var}(X).$$

Demostración. Si $E(X) = \mu$, entonces $E(aX + b) = a\mu + b$. Por tanto,

$$\begin{aligned}\text{Var}(aX + b) &= E\left[(aX + b - a\mu - b)^2\right] = E\left[(aX - a\mu)^2\right]\\ &= a^2 E\left[(X - \mu)^2\right] = a^2\text{Var}(X). \quad \triangleleft\end{aligned}$$

Por el teorema 2 resulta que $\text{Var}(X + b) = \text{Var}(X)$ para cualquier constante b. Este resultado es intuitivamente plausible, puesto que desplazando la distribución de X una distancia de b unidades a lo largo de la recta real, la media de la distribución cambiará en b unidades, pero el desplazamiento no afectará a la dispersión de la distribución alrededor de su media.

Análogamente, del teorema 2 resulta que $\text{Var}(-X) = \text{Var}(X)$. Este resultado también es intuitivamente plausible, puesto que reflejando la distribución de X con respecto al origen de la recta real, resultará una nueva distribución que será la imágen especular de la original. La media cambiará de μ a $-\mu$, pero la dispersión total alrededor de su media no se modificará.

El siguiente teorema proporciona un método alternativo para calcular el valor de $\text{Var}(X)$.

Teorema 3. *Para cualquier variable aleatoria* X, $\text{Var}(X) = E(X^2) - [E(X)]^2$.

Demostración. Sea $E(X) = \mu$. Entonces,

$$\begin{aligned}\text{Var}(X) &= E\left[(X - \mu)^2\right]\\ &= E(X^2 - 2\mu X + \mu^2)\\ &= E(X^2) - 2\mu E(X) + \mu^2\\ &= E(X^2) - \mu^2. \quad \triangleleft\end{aligned}$$

Ejemplo 1: Cálculo de una desviación típica. Supóngase que una variable aleatoria X puede tomar cada uno de los cinco valores $-2, 0, 1, 3$ y 4 con la misma probabilidad. Se determinará la desviación típica de $Y = 4X - 7$.

En este ejemplo,

$$E(X) = \frac{1}{5}(-2 + 0 + 1 + 3 + 4) = 1.2$$

$$E(X^2) = \frac{1}{5}\left[(-2)^2 + 0^2 + 1^2 + 3^2 + 4^2\right] = 6.$$

Por el teorema 3,

$$\text{Var}(X) = 6 - (1.2)^2 = 4.56.$$

Por el teorema 2,

$$\text{Var}(Y) = 16\ \text{Var}(X) = 72.96.$$

Por tanto, la desviación típica σ de Y es

$$\sigma = (72.96)^{1/2} = 8.54. \quad \triangleleft$$

Teorema 4. *Si $X_1, \ldots, X_n$ son variables aleatorias independientes, entonces*

$$\text{Var}(X_1 + \cdots + X_n) = \text{Var}(X_1) + \cdots + \text{Var}(X_n).$$

Demostración. Supóngase en primer lugar que $n = 2$. Si $E(X_1) = \mu_1$ y $E(X_2) = \mu_2$, entonces

$$E(X_1 + X_2) = \mu_1 + \mu_2.$$

Por tanto,

$$\begin{aligned}
\text{Var}(X_1 + X_2) &= E\left[(X_1 + X_2 - \mu_1 - \mu_2)^2\right] \\
&= E\left[(X_1 - \mu_1)^2 + (X_2 - \mu_2)^2 + 2(X_1 - \mu_1)(X_2 - \mu_2)\right] \\
&= \text{Var}(X_1) + \text{Var}(X_2) + 2E\left[(X_1 - \mu_1)(X_2 - \mu_2)\right].
\end{aligned}$$

Como X_1 y X_2 son independientes,

$$\begin{aligned}
E\left[(X_1 - \mu_1)(X_2 - \mu_2)\right] &= E(X_1 - \mu_1)E(X_2 - \mu_2) \\
&= (\mu_1 - \mu_1)(\mu_2 - \mu_2) \\
&= 0.
\end{aligned}$$

Resulta, por tanto, que

$$\text{Var}(X_1 + X_2) = \text{Var}(X_1) + \text{Var}(X_2).$$

El teorema se puede establecer ahora para cualquier entero positivo n utilizando un argumento de inducción. $\triangleleft$

Se debería resaltar que las variables aleatorias del teorema 4 deben ser independientes. La varianza de la suma de variables aleatorias que no son independientes se tratará en la sección 4.6. Combinando los teoremas 2 y 4, se puede obtener ahora el siguiente corolario.

Corolario 1. *Si $X_1, \ldots, X_n$ son variables aleatorias independientes y si $a_1, \ldots, a_n$ y b son constantes arbitrarias, entonces*

$$\text{Var}(a_1X_1 + \cdots + a_nX_n + b) = a_1^2\text{Var}(X_1) + \cdots + a_n^2\text{Var}(X_n).$$

Varianza de la distribución binomial

Ahora considérese de nuevo el método de generación de una distribución binomial presentado en la sección 4.2. Supóngase que una urna contiene bolas rojas y azules y que la proporción de bolas rojas es p $(0 \le p \le 1)$. Supóngase además que se selecciona con reemplazamiento una muestra aleatoria de n bolas de la urna. Para $i = 1, \ldots, n$, sea $X_i = 1$ si la i-ésima bola seleccionada es roja y sea $X_i = 0$ en caso contrario. Si X es el número total de bolas rojas en la muestra, entonces $X = X_1 + \cdots + X_n$, y X tendrá una distribución binomial con parámetros n y p.

Puesto que $X_1, \ldots, X_n$ son independientes, resulta por el teorema 4 que

$$\text{Var}(X) = \sum_{i=1}^{n} \text{Var}(X_i).$$

Además, para $i = 1, \ldots, n$,

$$E(X_i) = 1(p) + 0(1-p) = p$$

y

$$E(X_i^2) = 1^2(p) + 0^2(1-p) = p.$$

Por tanto, por el teorema 3,

$$\begin{aligned}\text{Var}(X_i) &= E(X_i^2) - [E(X_i)]^2 \\ &= p - p^2 = p(1-p).\end{aligned}$$

Resulta ahora que

$$\text{Var}(X) = np(1-p). \tag{2}$$

EJERCICIOS

1. Supóngase que se selecciona una palabra de la oración LA NIÑA SE PUSO SU PRECIOSO SOMBRERO ROJO. Si X es el número de letras de la palabra seleccionada, ¿cuál es el valor de $\text{Var}(X)$?

2. Para cualquier par de números a y b tales que $a < b$, determínese la varianza de la distribución uniforme sobre el intervalo (a, b).

3. Supóngase que X es una variable aleatoria cuyas $E(X) = \mu$ y $\text{Var}(X) = \sigma^2$. Demuéstrese que $E[X(X-1)] = \mu(\mu - 1) + \sigma^2$.

4. Sea X una variable aleatoria cuya $E(X) = \mu$ y $\text{Var}(X) = \sigma^2$ y sea c cualquier constante. Demuéstrese que

$$E\left[(X-c)^2\right] = (\mu - c)^2 + \sigma^2.$$

5. Supóngase que X e Y son variables aleatorias independientes con varianzas finitas tales que $E(X) = E(Y)$. Demuéstrese que

$$E\left[(X-Y)^2\right] = \text{Var}(X) + \text{Var}(Y).$$

6. Supóngase que X e Y son variables aleatorias independientes con $\text{Var}(X) = \text{Var}(Y) = 3$. Determínense los valores de (a) $\text{Var}(X - Y)$ y (b) $\text{Var}(2X - 3Y + 1)$.

7. Constrúyase un ejemplo de una distribución cuya media exista, pero no su varianza.

4.4 MOMENTOS

Existencia de momentos

Para cualquier variable aleatoria X y cualquier entero positivo k, la esperanza $E(X^k)$ se denomina *momento de orden k de X*. En particular, de acuerdo con esta terminología, la media de X es el momento de orden uno de X.

Se dice que el momento de orden k existe si, y sólo si, $E(|X|^k) < \infty$. Si la variable aleatoria X está acotada, esto es, si existen números finitos a y b tales que $\Pr(a \leq X \leq b) = 1$, entonces deben existir necesariamente todos los momentos de X. Es posible, sin embargo, que existan todos los momentos de X aunque X no esté acotada. En el teorema siguiente se demuestra que si existe el momento de orden k de X, entonces deben existir también todos los momentos de orden inferior.

Teorema 1. *Si $E(|X|^k) < \infty$ para un entero positivo k, entonces $E(|X|^j) < \infty$ para cualquier entero positivo j tal que $j < k$.*

Demostración. Se supondrá, que la distribución de X es continua y que la f.d.p. es f. Entonces

$$\begin{aligned}
E(|X|^j) &= \int_{-\infty}^{\infty} |x|^j f(x)\,dx \\
&= \int_{|x|\le 1} |x|^j f(x)\,dx + \int_{|x|>1} |x|^j f(x)\,dx \le \\
&\le \int_{|x|\le 1} 1\cdot f(x)\,dx + \int_{|x|>1} |x|^k f(x)\,dx \le \\
&\le \Pr(|X|\le 1) + E\left(|X|^k\right).
\end{aligned}$$

Por hipótesis, $E(|X|^k) < \infty$. Por tanto, resulta que $E(|X|^j) < \infty$. Para una distribución discreta o un tipo de distribución más general, se aplica una demostración análoga. ◁

Como consecuencia, del teorema 1 resulta que si $E(X^2) < \infty$, entonces existen la media y la varianza de X.

Momentos centrales. Supóngase que X es una variable aleatoria con $E(X) = \mu$. Para cualquier entero positivo k, la esperanza $E[(X-\mu)^k]$ se denomina *momento central de orden k de X o momento respecto a la media de orden k de X*. En particular, de acuerdo con esta terminología, la varianza de X es el momento central de orden dos de X.

Para cualquier distribución, el momento central de orden uno debe ser 0, porque

$$E(X-\mu) = \mu - \mu = 0.$$

Además, si la distribución de X es simétrica respecto a su media μ y si existe el momento central de orden k, $E[(X-\mu)^k]$ para un entero impar k, entonces el valor de $E[(X-\mu)^k]$ debe ser cero, porque los términos positivos y negativos de esta expresión se cancelan unos con otros.

Ejemplo 1: Una f.d.p. simétrica. Supóngase que X tiene una distribución continua cuya f.d.p. tiene la forma siguiente:

$$f(x) = ce^{-(x-3)^2} \qquad \text{para } -\infty < x < \infty.$$

Se determinará la media de X y todos los momentos centrales de orden impar.

Se puede observar que para todo entero positivo k,

$$\int_{-\infty}^{\infty} |x|^k e^{-(x-3)^2} dx < \infty.$$

Por tanto, existen todos los momentos de X. Además, puesto que $f(x)$ es simétrica respecto al punto $x = 3$, entonces $E(X) = 3$. Debido a esta simetría, resulta además que, para todo entero positivo impar k, $E[(X-3)^k] = 0$. ◁

Función generatriz de momentos

Considérese ahora una variable aleatoria X; y para cada número real t se define

$$\psi(t) = E(e^{tX}). \tag{1}$$

La función ψ se denomina *función generatriz de momentos* (en abreviatura, f.g.m.) de X. Si la variable aleatoria X está acotada, entonces para cualquier valor de t debe existir la esperanza de la ecuación (1). En este caso, por tanto, la f.g.m. de X existirá para todos los valores de t. Por otro lado, si X no está acotada, entonces la f.g.m. puede existir para algunos valores de t y no existir para otros. De la ecuación (1) se puede observar, sin embargo, que para cualquier variable aleatoria X, la f.g.m. $\psi(t)$ debe existir en el punto $t = 0$ y en ese punto su valor debe ser $\psi(0) = E(1) = 1$.

Supóngase que existe la f.g.m. de una variable aleatoria X para todos los valores de t en un intervalo alrededor del punto $t = 0$. Entonces se puede demostrar que existe la derivada $\psi'(t)$ en el punto $t = 0$ y que en ese punto la derivada de la esperanza de la ecuación (1) debe ser igual a la esperanza de la derivada. Entonces,

$$\psi'(0) = \left[\frac{d}{dt}E(e^{tX})\right]_{t=0} = E\left[\left(\frac{d}{dt}e^{tX}\right)_{t=0}\right].$$

Pero, puesto que

$$\left(\frac{d}{dt}e^{tX}\right)_{t=0} = (Xe^{tX})_{t=0} = X,$$

resulta que

$$\psi'(0) = E(X).$$

En otras palabras, la derivada de la f.g.m. $\psi(t)$ en el punto $t = 0$ es la media de X.

En general, si la f.g.m. $\psi(t)$ de X existe para todos los valores de t en un intervalo alrededor del punto $t = 0$, entonces se puede demostrar que deben existir todos los momentos $E(X^k)$ de X ($k = 1, 2, \ldots$). Además, se puede demostrar que es posible derivar $\psi(t)$ un número arbitrario de veces en el punto $t = 0$. Para $n = 1, 2, \ldots$, la n-ésima derivada $\psi^{(n)}(0)$ en el punto $t = 0$ satisfará la relación siguiente:

$$\begin{aligned}\psi^{(n)}(0) &= \left[\frac{d^n}{dt^n}E(e^{tX})\right]_{t=0} = E\left[\left(\frac{d^n}{dt^n}e^{tX}\right)_{t=0}\right] \\ &= E\left[(X^n e^{tX})_{t=0}\right] = E(X^n).\end{aligned}$$

Entonces, $\psi'(0) = E(X)$, $\psi''(0) = E(X^2)$, $\psi'''(0) = E(X^3)$, y así sucesivamente.

Ejemplo 2: Cálculo de una f.g.m. Supóngase que X es una variable aleatoria cuya f.d.p. es la siguiente:

$$f(x) = \begin{cases} e^{-x} & \text{para } x > 0, \\ 0 & \text{en otro caso.} \end{cases}$$

Se determinará la f.g.m. de X y además la Var(X).

Para cualquier número real t,

$$\psi(t) = E(e^{tX}) = \int_0^\infty e^{tx} e^{-x} dx$$
$$= \int_0^\infty e^{(t-1)x} dx.$$

La última integral de esta ecuación será finita si, y sólo si, $t < 1$. Por tanto, $\psi(t)$ existe sólo para $t < 1$. Para tales valores de t,

$$\psi(t) = \frac{1}{1-t}.$$

Puesto que $\psi(t)$ es finita para todos los valores de t en un intervalo alrededor del punto $t = 0$, existen todos los momentos de X. Las dos primeras derivadas de ψ son

$$\psi'(t) = \frac{1}{(1-t)^2} \quad \text{y} \quad \psi''(t) = \frac{2}{(1-t)^3}.$$

Por tanto, $E(X) = \psi'(0) = 1$ y $E(X^2) = \psi''(0) = 2$. Resulta ahora que

$$\text{Var}(X) = \psi''(0) - [\psi'(0)]^2 = 1. \quad \triangleleft$$

Propiedades de las funciones generatrices de momentos

Se presentarán ahora tres teoremas básicos relacionados con las funciones generatrices de momentos.

Teorema 2. *Sea X una variable aleatoria cuya f.g.m. es ψ_1; sea $Y = aX + b$, donde a y b son constantes; y sea ψ_2 la f.g.m. de Y. Entonces, para cualquier valor de t tal que existe $\psi_1(at)$,*

$$\psi_2(t) = e^{bt}\psi_1(at).$$

Demostración. Por la definición de una f.g.m.

$$\psi_2(t) = E(e^{tY}) = E\left[e^{t(aX+b)}\right] = e^{bt}E(e^{atX}) = e^{bt}\psi_1(at). \quad \triangleleft$$

Ejemplo 3: Cálculo de la f.g.m. de una función lineal. Supóngase que la distribución de X es la del ejemplo 2. Entonces la f.g.m. de X para $t < 1$ es

$$\psi_1(t) = \frac{1}{1-t}.$$

Si $Y = 3 - 2X$, entonces la f.g.m. de Y existirá para $t > -1/2$ y tendrá el valor

$$\psi_2(t) = e^{3t}\psi_1(-2t) = \frac{e^{3t}}{1+2t}. \qquad \triangleleft$$

El siguiente teorema demuestra que la f.g.m. de la suma de cualquier número de variables aleatorias independientes tiene una forma muy sencilla. Debido a esta propiedad, la f.g.m. es una herramienta importante en el estudio de dichas sumas.

Teorema 3. *Supóngase que $X_1, \ldots, X_n$ son n variables aleatorias independientes; y para $i = 1, \ldots, n$, sea ψ_i la f.g.m. de X_i. Sea $Y = X_1 + \cdots + X_n$ y denótese por ψ la f.g.m. de Y. Entonces, para cualquier valor de t tal que existe $\psi_i(t)$ para $i = 1, \ldots, n$,*

$$\psi(t) = \prod_{i=1}^{n} \psi_i(t). \tag{2}$$

Demostración. Por definición,

$$\psi(t) = E(e^{tY}) = E\left[e^{t(X_1+\cdots+X_n)}\right] = E\left(\prod_{i=1}^{n} e^{tX_i}\right).$$

Puesto que las variables aleatorias $X_1, \ldots, X_n$ son independientes, del teorema 4 de la sección 4.2 resulta que

$$E\left(\prod_{i=1}^{n} e^{tX_i}\right) = \prod_{i=1}^{n} E(e^{tX_i}).$$

Por tanto,

$$\psi(t) = \prod_{i=1}^{n} \psi_i(t). \qquad \triangleleft$$

Función generatriz de momentos de una distribución binomial. Supóngase que una variable aleatoria X tiene una distribución binomial con parámetros n y p. En las secciones 4.2 y 4.3, se determinaron la media y la varianza de X expresando X como la suma de n variables aleatorias independientes $X_1, \ldots, X_n$. La distribución de cada variable X_i es la siguiente:

$$\Pr(X_i = 1) = p \quad \text{y} \quad \Pr(X_i = 0) = q = 1 - p.$$

Se utilizará ahora esta expresión para determinar la f.g.m. de $X = X_1 + \cdots + X_n$.

Puesto que todas las variables aleatorias $X_1, \ldots, X_n$ tienen la misma distribución, tendrán también la misma f.g.m. Para $i = 1, \ldots, n$, la f.g.m. de X_i es

$$\begin{aligned}\psi_i(t) &= E(e^{tX_i}) = (e^t)\Pr(X_i = 1) + (1)\Pr(X_i = 0) \\ &= pe^t + q.\end{aligned}$$

Del teorema 3 resulta que la f.g.m. de X en este caso es

$$\psi(t) = (pe^t + q)^n. \tag{3}$$

Unicidad de las funciones generatrices de momentos. Se enunciará ahora otra importante propiedad de la f.g.m. La demostración se omite por estar fuera del alcance de este libro.

Teorema 4. *Si las f.g.m. de dos variables aleatorias X_1 y X_2 son idénticas para todos los valores de t en un intervalo alrededor del punto $t = 0$, entonces las distribuciones de probabilidad de X_1 y X_2 deben ser idénticas.*

Propiedad aditiva de la distribución binomial. Supóngase que X_1 y X_2 son variables aleatorias independientes; que X_1 tiene una distribución binomial con parámetros n_1 y p; y que X_2 tiene una distribución binomial con parámetros n_2 y p. El valor de p debe ser el mismo para ambas distribuciones, pero no tiene porque ser cierto que $n_1 = n_2$. Se determinará la distribución de $X_1 + X_2$.

Si ψ_i denota la f.g.m. de X_i para $i = 1, 2$, entonces de la ecuación (3) resulta que

$$\psi_i(t) = (pe^t + q)^{n_i}.$$

Si la f.g.m. de $X_1 + X_2$ se denota por ψ, entonces por el teorema 3,

$$\psi(t) = (pe^t + q)^{n_1+n_2}.$$

Se puede observar de la ecuación (3) que esta función ψ es la f.g.m. de una distribución binomial con parámetros $n_1 + n_2$ y p. Por tanto, por el teorema 4, la distribución de $X_1 + X_2$ debe ser esa distribución binomial. Entonces, se ha establecido el siguiente resultado:

Si X_1 y X_2 son variables aleatorias independientes y si X_i tiene una distribución binomial con parámetros n_i y p $(i = 1, 2)$, entonces $X_1 + X_2$ tiene una distribución binomial con parámetros $n_1 + n_2$ y p.

EJERCICIOS

1. Supóngase que X es una variable aleatoria con $E(X) = 1$, $E(X^2) = 2$ y $E(X^3) = 5$. Determínese el valor del momento central de orden tres de X.

2. Si X tiene una distribución uniforme sobre el intervalo (a, b), ¿cuál es el valor del momento central de orden cinco de X?

3. Supóngase que X es cualquier variable aleatoria tal que $E(X^2)$ existe. (a) Demuéstrese que $E(X)^2 \geq [E(X)]^2$. (b) Demuéstrese que $E(X)^2 = [E(X)]^2$ si, y sólo si, existe una constante c tal que $\Pr(X = c) = 1$. *Sugerencia*: $\text{Var}(X) \geq 0$.

4. Supóngase que X es una variable aleatoria con media μ y varianza σ^2 y que existe el momento de orden cuatro de X. Demuéstrese que

$$E\left[(X - \mu)^4\right] \geq \sigma^4.$$

5. Supóngase que X tiene una distribución sobre el intervalo (a, b). Determínese la f.g.m. de X.

6. Supóngase que X es una variable aleatoria cuya f.g.m. es la siguiente:

$$\psi(t) = \frac{1}{4}(3e^t + e^{-t}) \qquad \text{para } -\infty < t < \infty.$$

Determínense la media y la varianza de X.

7. Supóngase que X es una variable aleatoria cuya f.g.m. es la siguiente:

$$\psi(t) = e^{t^2+3t} \qquad \text{para } -\infty < t < \infty.$$

Determínense la media y la varianza de X.

8. Sea X una variable aleatoria con media μ y varianza σ^2 y sea $\psi_1(t)$ la f.g.m. de X para $-\infty < t < \infty$. Sea c una constante positiva y sea Y una variable aleatoria cuya f.g.m. es

$$\psi_2(t) = e^{c[\psi_1(t)-1]} \qquad \text{para } -\infty < t < \infty.$$

Determínense las expresiones de la media y de la varianza de Y en función de la media y la varianza de X.

9. Supóngase que las variables aleatorias X e Y son i.i.d. y que la f.g.m. de cada una es

$$\psi(t) = e^{t^2+3t} \qquad \text{para } -\infty < t < \infty.$$

Determínese la f.g.m. de $Z = 2X - 3Y + 4$.

10. Supóngase que X es una variable aleatoria cuya f.g.m. es la siguiente:

$$\psi(t) = \frac{1}{5}e^{t} + \frac{2}{5}e^{4t} + \frac{2}{5}e^{8t} \qquad \text{para } -\infty < t < \infty.$$

Determínese la distribución de probabilidad de X. *Sugerencia*: Es una distribución discreta simple.

11. Supóngase que X es una variable aleatoria cuya f.g.m. es la siguiente:

$$\psi(t) = \frac{1}{6}(4 + e^{t} + e^{-t}) \qquad \text{para } -\infty < t < \infty.$$

Determínese la distribución de probabilidad de X.

4.5 LA MEDIA Y LA MEDIANA

La mediana

En la sección 4.1 se mencionó que la media de una distribución de probabilidad sobre la recta real estará en el centro de gravedad de esa distribución. En este sentido, la media de una distribución se puede considerar como el *centro* de la distribución. Existe otro punto en la recta que también podría ser considerado como el centro de la distribución. Este es el punto que divide la probabilidad total en dos partes iguales, esto es, el punto m_0 tal que la probabilidad a la izquierda de m_0 es $1/2$ y la probabilidad a su derecha es también $1/2$. Este punto se denomina mediana de la distribución. Debe subrayarse, sin embargo, que para algunas distribuciones discretas no existirá un punto en que la probabilidad total se divida en dos partes que sean exactamente iguales. Por otra parte, para otras distribuciones, que pueden ser discretas o continuas, existirán más de tales puntos. Por tanto, la definición formal de la mediana, que se proporcionará ahora, debe ser suficientemente general para incluir estas posibilidades.

Para cualquier variable aleatoria X, una mediana de la distribución de X se define como un punto m tal que $\Pr(X \leq m) \leq 1/2$ *y* $\Pr(X \geq m) \geq 1/2$.

En otras palabras, una mediana es un punto m tal que satisface los dos requisitos siguientes: En primer lugar, si m está incluida en los valores de X a la izquierda de m, entonces

$$\Pr(X \leq m) \geq \Pr(X > m).$$

En segundo lugar, si m está incluida en los valores de X a la derecha de m, entonces

$$\Pr(X \geq m) \geq \Pr(X < m).$$

De acuerdo con esta definición, toda distribución debe tener al menos una mediana y para algunas distribuciones todo punto en algún intervalo puede ser una mediana. Si existe un punto m tal que $\Pr(X < m) = \Pr(X > m)$, esto es, si el punto m realmente divide la probabilidad total en dos partes iguales, entonces m claramente es una mediana de la distribución de X.

Ejemplo 1: Mediana de una distribución discreta. Supóngase que X tiene la distribución discreta siguiente:

$$\Pr(X = 1) = 0.1, \qquad \Pr(X = 2) = 0.2,$$

$$\Pr(X = 3) = 0.3, \qquad \Pr(X = 4) = 0.4.$$

El valor 3 es una mediana de esta distribución, porque $\Pr(X \leq 3) = 0.6$, que es mayor que $1/2$, y $\Pr(X \geq 3) = 0.7$, que también es mayor que $1/2$. Además, la única mediana de esta distribución es 3. ◁

Ejemplo 2: Una distribución discreta donde la mediana no es única. Supóngase que X tiene la función de distribución siguiente:

$$\Pr(X = 1) = 0.1, \qquad \Pr(X = 2) = 0.4,$$

$$\Pr(X = 3) = 0.3, \qquad \Pr(X = 4) = 0.2.$$

Aquí, $\Pr(X \leq 2) = 1/2$ y $\Pr(X \geq 3) = 1/2$. Por tanto, todo valor de m en el intervalo cerrado $2 \leq m \leq 3$ será una mediana de esta distribución. ◁

Ejemplo 3: Mediana de una distribución continua. Supóngase que X tiene una distribución continua cuya f.d.p. es la siguiente

$$f(x) = \begin{cases} 4x^3 & \text{para } 0 < x < 1, \\ 0 & \text{en otro caso.} \end{cases}$$

La única mediana de esta distribución es el número m tal que

$$\int_0^m 4x^3\,dx = \int_m^1 4x^3\,dx = \frac{1}{2}.$$

Este número es $m = 1/2^{1/4}$. ◁

Ejemplo 4: Una distribución continua cuya mediana no es única. Supóngase que X tiene una distribución continua cuya f.d.p. es la siguiente:

$$f(x) = \begin{cases} \frac{1}{2} & \text{para } 0 \leq x \leq 1, \\ 1 & \text{para } 2.5 \leq x \leq 3, \\ 0 & \text{en otro caso.} \end{cases}$$

Aquí, para cualquier valor de m en el intervalo cerrado $1 \leq m \leq 2.5$, $\Pr(X \leq m) = \Pr(X \geq m) = 1/2$. Por tanto, todo valor de m en el intervalo $1 \leq m \leq 2.5$ es una mediana de esta distribución. ◁

Comparación de la media y la mediana

La media o la mediana de una distribución se pueden utilizar para representar el valor "promedio " de una variable. Algunas propiedades importantes de la media ya han sido descritas en este capítulo y se presentarán más propiedades en el libro. Sin embargo, para muchos propósitos la mediana es una medida del promedio más útil que la media. Como se mencionó en la sección 4.1 la media de una distribución se puede hacer muy grande quitando una masa de probabilidad pequeña, pero positiva, de cualquier parte de la distribución y asignando esta masa a un valor arbitrariamente grande de x. Por otro lado, la mediana puede no resultar afectada por un cambio similar en las probabilidades. Si cualquier masa de probabilidad se traslada de un valor de x mayor que la mediana y se asigna a un valor arbitrariamente grande de x, la mediana de la nueva distribución será la misma que la de la distribución original.

Por ejemplo, supóngase que el ingreso medio anual entre las familias de una cierta comunidad es 30 000 dólares. Es posible que solamente unas pocas familias de la comunidad tengan realmente un ingreso tan grande como 30 000 dólares, pero estas pocas familias tienen ingresos que son muy superiores a 30 000 dólares. Si, sin embargo, la mediana de ingreso anual entre las familias es 30 000 dólares, entonces al menos la mitad de las familias debe tener ingresos de 30 000 dólares o más.

Se considerarán ahora dos problemas específicos en los que se debe predecir el valor de una variable aleatoria X. En el primer problema, la predicción óptima que se puede hacer es la media. En el segundo problema, la predicción óptima es la mediana.

Minimización del error cuadrático medio

Supóngase que X es una variable aleatoria con media μ y varianza σ^2. Supóngase también que se va a observar el valor de X en un experimento, pero este valor se debe predecir antes de hacer la observación. Una base para hacer la predicción es seleccionar un número d para el que el valor esperado del cuadrado del error $X - d$ sea mínimo. El número $E[(X - d)^2]$ se denomina *error cuadrático medio* de la predicción d. La abreviatura E.C.M. se utiliza usualmente para el término error cuadrático medio. Se determinará ahora el número d para el que se minimiza el E.C.M.

Para cualquier valor de d,

$$E\left[(X-d)^2\right] = E(X^2 - 2dX + d^2) \\ = E(X^2) - 2d\mu + d^2. \tag{1}$$

La última expresión de la ecuación (1) es simplemente una función cuadrática de d. Por diferenciación elemental se determina que el valor mínimo de esta función se alcanza cuando $d = \mu$. Por tanto, para minimizar el E.C.M., la predicción de X debe ser su media μ. Además, cuando se utiliza esta predicción, el E.C.M. es simplemente $E[(X-\mu)^2] = \sigma^2$.

Minimización del error absoluto medio

Otra forma posible de predecir el valor de una variable aleatoria X es elegir un número d para el que $E(|X-d|)$ sea mínimo. El número $E(|X-d|)$ se denomina ***error absoluto medio*** de la predicción. Se utilizará la abreviación E.A.M para el término error absoluto medio. Se demostrará ahora que el E.A.M. se minimiza cuando el valor elegido d es una mediana de la distribución de X.

Teorema 1. *Sea m la mediana de la distribución de X y sea d cualquier otro número. Entonces*

$$E(|X-m|) \leq E(|X-d|). \tag{2}$$

Además, habrá igualdad en la relación (2) si, y sólo si, d es también una mediana de la distribución de X.

Demostración. Se supondrá que X tiene una distribución continua cuya f.d.p. es f. La demostración con cualquier otro tipo de distribución es análoga. Supóngase en primer lugar que $d > m$. Entonces,

$$E(|X-d|) - E(|X-m|) = \int_{-\infty}^{\infty} (|x-d| - |x-m|) f(x)\, dx$$

$$= \int_{-\infty}^{m} (d-m) f(x)\, dx + \int_{m}^{d} (d+m-2x) f(x)\, dx + \int_{d}^{\infty} (m-d) f(x)\, dx \geq$$

$$\geq \int_{-\infty}^{m} (d-m) f(x)\, dx + \int_{m}^{d} (m-d) f(x)\, dx + \int_{d}^{\infty} (m-d) f(x)\, dx$$

$$= (d-m)\left[\Pr(X \leq m) - \Pr(X > m)\right]. \tag{3}$$

Puesto que m es una mediana de la distribuciónd de X, resulta que

$$\Pr(X \leq m) \geq 1/2 \geq \Pr(X > m). \tag{4}$$

La última diferencia de la relación (3) es entonces no negativa. Por tanto,

$$E(|X-d|) \geq E(|X-m|). \tag{5}$$

Además, la igualdad de la relación (5) solamente puede existir si las desigualdades de las relaciones (3) y (4) son realmente igualdades. Un análisis cuidadoso demuestra que estas desigualdades serán igualdades sólo si d es también una mediana de la distribución de X.

La demostración para cualquier valor d tal que $d < m$ es análoga. ◃

Ejemplo 5: Predicción del valor de una variable aleatoria discreta. Supóngase que existe la probabilidad de $1/6$ de que una variable aleatoria X tome cada uno de los siguientes seis valores: $0, 1, 2, 3, 5, 7$. Se determinará la predicción con E.C.M. mínimo y la predicción con E.A.M. mínimo.

En este ejemplo,

$$E(X) = \frac{1}{6}(0 + 1 + 2 + 3 + 5 + 7) = 3.$$

Por tanto, el E.C.M. será minimizado por el valor $d = 3$.

Además, cualquier número m en el intervalo cerrado $2 \leq m \leq 3$ es una mediana de la distribución. Por tanto, el E.A.M. será minimizado por cualquier valor d tal que $2 \leq d \leq 3$ y solamente por tales valores de d. ◁

EJERCICIOS

1. Supóngase que una variable aleatoria X tiene una distribución discreta cuya f.p. es la siguiente:

$$f(x) = \begin{cases} cx & \text{para } x = 1, 2, 3, 4, 5, 6, \\ 0 & \text{en otro caso.} \end{cases}$$

Determínense todas las medianas de esta distribución.

2. Supóngase que la variable aleatoria X tiene una distribución continua cuya f.d.p. es la siguiente:

$$f(x) = \begin{cases} e^{-x} & \text{para } x > 0, \\ 0 & \text{en otro caso.} \end{cases}$$

Determínense todas las medianas de esta distribución.

3. En la siguiente tabla se presenta el número de familias que tienen un total de k hijos ($k = 0, 1, 2, \ldots$) entre los que forman parte de una pequeña comunidad de 153 familias:

Número de hijos	Número de familias
0	21
1	40
2	42
3	27
4 o más	23

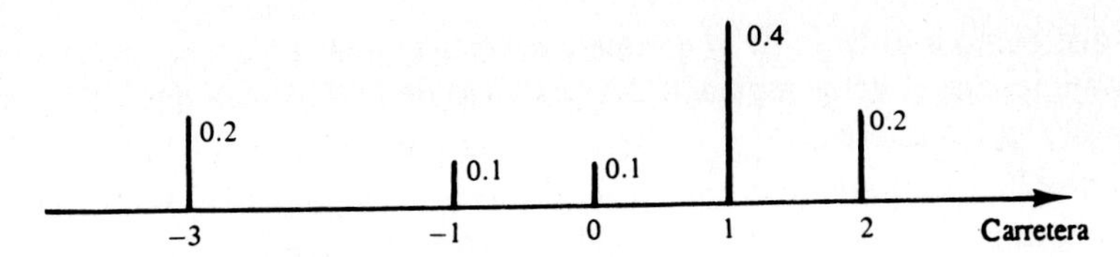

Figura 4.5 Probabilidades para el ejercicio 8.

Determínense la media y la mediana del número de hijos por familia.

4. Supóngase que es igualmente verosímil que un valor observado de X provenga de una distribución continua cuya f.d.p. es f que de una cuya f.d.p. es g. Supóngase que $f(x) > 0$ para $0 < x < 1$ y $f(x) = 0$ en otro caso y supóngase también que $g(x) > 0$ para $2 < x < 4$ y $g(x) = 0$ en otro caso. Determínese: (a) la media y (b) la mediana de la distribución de X.

5. Supóngase que la variable aleatoria X tiene una distribución continua cuya f.d.p. es la siguiente:

$$f(x) = \begin{cases} 2x & \text{para } 0 < x < 1, \\ 0 & \text{en otro caso.} \end{cases}$$

Determínese el valor de d que minimiza (a) $E[(X-d)^2]$ y (b) $E(|X-d|)$.

6. Supóngase que la calificación X de una persona en un examen concreto es un número del intervalo $0 \leq X \leq 1$ y que X tiene una distribución continua cuya f.d.p. es la siguiente:

$$f(x) = \begin{cases} x + \dfrac{1}{2} & \text{para } 0 \leq x \leq 1, \\ 0 & \text{en otro caso.} \end{cases}$$

Determínese la predicción de X que minimiza (a) el E.C.M. y (b) el E.A.M.

7. Supóngase que la distribución de una variable aleatoria X es simétrica respecto al punto $x = 0$ y que $E(X^4) = \quad < \infty$. Demuéstrese que $E[(X-d)^4]$ se minimiza con el valor $d = 0$.

8. Supóngase que puede ocurrir un incendio en cualquiera de cinco puntos a lo largo de una carretera. Estos puntos se localizan en -3, -1, 0, 1 y 2 en la figura 4.5. Supóngase también que la probabilidad de que cada uno de estos puntos sea la localización del próximo incendio que ocurra a lo largo de la carretera es como se representa en la figura 4.5.

(a) ¿En qué punto a lo largo de la carretera debería esperar un coche de bomberos para minimizar el valor esperado del cuadrado de la distancia que debe viajar hasta el siguiente incendio?

(b) ¿Dónde debería esperar el coche de bomberos para minimizar el valor esperado de la distancia que debe viajar hasta el siguiente incendio?

9. Si n casas están localizadas en varios puntos a lo largo de un camino recto, ¿en qué punto a lo largo del camino debería estar localizada una tienda para minimizar la suma de las distancias de las n casas a la tienda?

10. Sea X una variable aleatoria que tiene una distribución binomial con parámetros $n = 7$ y $p = 1/4$, y sea Y una variable aleatoria que tiene una distribución binomial con parámetros $n = 5$ y $p = 1/2$. ¿Cuál de estas dos variables aleatorias se puede predecir con menor E.C.M. ?

11. Considérese una moneda especial con la cual la probabilidad de obtener cara en un lanzamiento es 0.3. Supóngase que la moneda va a ser lanzada 15 veces y sea X el número de caras que se obtienen.

(a) ¿Qué predicción de X tiene E.C.M. mínimo?

(b) ¿Qué predicción de X tiene E.A.M. mínimo?

4.6 COVARIANZA Y CORRELACIÓN

Covarianza

Cuando se considera la distribución conjunta de dos variables aleatorias, las medias, medianas y varianzas de las variables proporcionan información útil acerca de sus distribuciones marginales. Sin embargo, estos valores no proporcionan información acerca de la relación entre las dos variables o acerca de su tendencia a variar juntas más que independientemente. En esta sección y en la siguiente, se introducen nuevas cantidades que permiten medir la asociación entre dos variables aleatorias y predecir el valor de una variable aleatoria utilizando el valor observado de otra variable relacionada.

Sean X e Y variables aleatorias que tienen una distribución conjunta y cuyos primeros momentos y varianzas son $E(X) = \mu_X$, $E(Y) = \mu_Y$, $\text{Var}(X) = \sigma_X^2$ y $\text{Var}(Y) = \sigma_Y^2$. La *covarianza de* X *e* Y, que se denota por $\text{Cov}(X, Y)$, se define como sigue:

$$\text{Cov}(X,Y) = E[(X - \mu_X)(Y - \mu_Y)]. \tag{1}$$

Se puede demostrar (ejercicio 1 que aparece al final de esta sección) que si $\sigma_X^2 < \infty$ y $\sigma_Y^2 < \infty$, entonces existe la esperanza de la ecuación (1) y $\text{Cov}(X, Y)$ será finita. Sin embargo, el valor de $\text{Cov}(X, Y)$ puede ser positivo, negativo o cero.

Correlación

Si $0 < \sigma_X^2 < \infty$ y $0 < \sigma_Y^2 < \infty$, entonces la *correlación de X e Y*, que se denota por $\rho(X,Y)$, se define como sigue:

$$\rho(X,Y) = \frac{\mathrm{Cov}(X,Y)}{\sigma_X \sigma_Y}. \tag{2}$$

Para determinar el rango de valores posibles de la correlación $\rho(X,Y)$, es necesario el siguiente resultado:

Desigualdad de Schwarz. *Para cualesquiera variables aleatorias U y V,*

$$[E(UV)]^2 \leq E(U^2)E(V^2). \tag{3}$$

Demostración. Si $E(U^2) = 0$, entonces $\Pr(U = 0) = 1$. Por tanto, se debe verificar también que $\Pr(UV = 0) = 1$. Entonces, $E(UV) = 0$ y la relación (3) se satisface. Análogamente, si $E(V^2) = 0$, entonces se verificará la relación (3). Se puede suponer, por tanto, que $E(U^2) > 0$ y $E(V^2) > 0$. Más aún, si $E(U^2)$ o $E(V^2)$ es infinita, entonces la parte derecha de la relación (3) será infinita. En este caso, la relación (3) se verificará con certeza.

Consecuentemente, se puede suponer que $0 < E(U^2) < \infty$ y $0 < E(V^2) < \infty$. Para cualesquiera números a y b,

$$0 \leq E\left[(aU + bV)^2\right] = a^2E(U^2) + b^2E(V^2) + 2abE(UV) \tag{4}$$

$$0 \leq E\left[(aU - bV)^2\right] = a^2E(U^2) + b^2E(V^2) - 2abE(UV) \tag{5}$$

Si se define $a = E[(V^2)]^{1/2}$ y $b = E[(U^2)]^{1/2}$, entonces resulta de la relación (4) que

$$E(UV) \geq -\left[E(U^2)E(V^2)\right]^{1/2}.$$

De la relación (5) resulta, además, que

$$E(UV) \leq \left[E(U^2)E(V^2)\right]^{1/2}.$$

Estas dos relaciones juntas implican que se satisface la relación (3). ◁

Si se definen $U = X - \mu_X$ y $V = Y - \mu_Y$, de la desigualdad de Schwarz resulta entonces que

$$[\mathrm{Cov}(X,Y)]^2 \leq \sigma_X^2 \sigma_Y^2.$$

Por otra parte, de la ecuación (2) resulta que $[\rho(X,Y)]^2 \leq 1$ o, equivalentemente, que

$$-1 \leq \rho(X,Y) \leq 1.$$

Se dice que X e Y están *correlacionadas positivamente* si $\rho(X,Y) > 0$, que X e Y están *correlacionadas negativamente* si $\rho(X,Y) < 0$ y que X e Y son *no correlacionadas* si $\rho(X,Y) = 0$. Se puede ver en la ecuación (2) que $\text{Cov}(X,Y)$ y $\rho(X,Y)$ deben tener el mismo signo; esto es, ambos positivos, ambos negativos o ambos cero.

Propiedades de covarianza y correlación

Se presentarán ahora cinco teoremas que involucran las propiedades básicas de covarianza y correlación. El primer teorema proporciona un método alternativo para calcular el valor de $\text{Cov}(X,Y)$.

Teorema 1. *Para cualesquiera variables aleatorias X e Y tales que $\sigma_X^2 < \infty$ y $\sigma_Y^2 < \infty$,*

$$\text{Cov}(X,Y) = E(XY) - E(X)E(Y). \tag{6}$$

Demostración. De la ecuación (1) resulta que

$$\begin{aligned}\text{Cov}(X,Y) &= E(XY - \mu_X Y - \mu_Y X + \mu_X\mu_Y) \\ &= E(XY) - \mu_X E(Y) - \mu_Y E(X) + \mu_X\mu_Y.\end{aligned}$$

Puesto que $E(X) = \mu_X$ y $E(Y) = \mu_Y$, se obtiene la ecuación (6). ◁

El siguiente resultado demuestra que variables aleatorias independientes deben ser no correlacionadas.

Teorema 2. *Si X e Y son variables aleatorias independientes con $0 < \sigma_X^2 < \infty$ y $0 < \sigma_Y^2 < \infty$, entonces*

$$\text{Cov}(X,Y) = \rho(X,Y) = 0.$$

Demostración. Si X e Y son independientes, entonces $E(XY) = E(X)E(Y)$. Por tanto, de la ecuación (6), $\text{Cov}(X,Y) = 0$. También, resulta que $\rho(X,Y) = 0$. ◁

El resultado inverso del teorema 2 no es cierto en general. Dos variables aleatorias dependientes pueden ser no correlacionadas. De hecho, aún considerando que Y sea una función explícita de X, es posible que $\rho(X,Y) = 0$, como en el siguiente ejemplo.

Ejemplo 1: Variables aleatorias dependientes pero no correlacionadas. Supóngase que la variable aleatoria X puede tomar únicamente los tres valores -1, 0 y 1, y que cada uno de estos tres valores tiene la misma probabilidad. Además, sea la variable aleatoria Y definida por la relación $Y = X^2$. Se demostrará que X e Y son dependientes pero no están correlacionadas.

En este ejemplo X e Y son claramente dependientes, puesto que el valor de Y queda completamente determinado por el valor de X. Sin embargo,

$$E(XY) = E(X^3) = E(X) = 0.$$

Puesto que $E(XY) = 0$ y $E(X)E(Y) = 0$, resulta del teorema 1 que $\text{Cov}(X, Y) = 0$ y por tanto que X e Y son no correlacionadas. ◁

El siguiente resultado demuestra que si Y es una función *lineal* de X, entonces X e Y deben estar correlacionadas; concretamente, $|\rho(X, Y)| = 1$.

Teorema 3. *Supóngase que X es una variable aleatoria tal que $0 < \sigma_X^2 < \infty$ y que $Y = aX + b$ para algunas constantes a y b, donde $a \neq 0$. Si $a > 0$, entonces $\rho(X, Y) = 1$. Si $a < 0$, entonces $\rho(X, Y) = -1$.*

Demostración. Si $Y = aX + b$, entonces $\mu_Y = a\mu_X + b$ e $Y - \mu_Y = a(X - \mu_X)$. Por tanto, de la ecuación (1),

$$\text{Cov}(X, Y) = aE\left[(X - \mu_X)^2\right] = a\sigma_X^2.$$

Puesto que $\sigma_Y = |a|\sigma_X$, el teorema se deduce de la ecuación (2). ◁

El valor de $\rho(X, Y)$ proporciona una medida del grado en que dos variables aleatorias X e Y están linealmente relacionadas. Si la distribución conjunta de X e Y en el plano xy está relativamente concentrada alrededor de una recta que tiene pendiente positiva, entonces $\rho(X, Y)$ generalmente estará cerca de 1. Si la distribución conjunta está relativamente concentrada alrededor de una recta que tiene pendiente negativa, entonces $\rho(X, Y)$ generalmente estará cerca de -1. Aquí no se continúa el desarrollo de estos conceptos, pero serán de nuevo considerados al introducir y estudiar la distribución normal bivariante en la sección 5.12.

Se determinará ahora la varianza de la suma de variables aleatorias que no son necesariamente independientes.

Teorema 4. *Si X e Y son variables aleatorias con varianza finita, entonces*

$$\text{Var}(X + Y) = \text{Var}(X) + \text{Var}(Y) + 2\text{Cov}(X, Y). \tag{7}$$

Demostración. Puesto que $E(X + Y) = \mu_X + \mu_Y$, entonces

$$\begin{aligned}
\text{Var}(X + Y) &= E\left[(X + Y - \mu_X - \mu_Y)^2\right] \\
&= E\left[(X - \mu_X)^2 + (Y - \mu_Y)^2 + 2(X - \mu_X)(Y - \mu_Y)\right] \\
&= \text{Var}(X) + \text{Var}(Y) + 2\text{Cov}(X, Y).
\end{aligned}$$ ◁

Se puede demostrar que $\text{Cov}(aX, bY) = ab\ \text{Cov}\ (X, Y)$. Para cualesquiera constantes a y b (véase Ejercicio 4 al final de esta sección). Por tanto, resulta del teorema 4 que

$$\text{Var}(aX + bY + c) = a^2\text{Var}(X) + b^2\text{Var}(Y) + 2ab\,\text{Cov}(X, Y). \tag{8}$$

En particular,

$$\text{Var}(X - Y) = \text{Var}(X) + \text{Var}(Y) - 2\text{Cov}(X, Y). \tag{9}$$

El teorema 4 también se puede extender fácilmente a la varianza de la suma de n variables aleatorias, como sigue:

Teorema 5. *Si* $X_1, \ldots, X_n$ *son variables aleatorias tales que* $\text{Var}(X_i) < \infty$ *para* $i = 1, \ldots, n$, *entonces*

$$\text{Var}\left(\sum_{i=1}^{n} X_i\right) = \sum_{i=1}^{n} \text{Var}(X_i) + 2\sum_{i<j}\sum \text{Cov}(X_i, X_j). \tag{10}$$

Demostración. Para cualquier variable aleatoria $Y, \text{Cov}(Y, Y) = \text{Var}(Y)$. Por tanto, utilizando el resultado del ejercicio 7 al final de esta sección, se puede obtener la siguiente relación:

$$\text{Var}\left(\sum_{i=1}^{n} X_i\right) = \text{Cov}\left(\sum_{i=1}^{n} X_i, \sum_{j=1}^{n} X_j\right) = \sum_{i=1}^{n}\sum_{j=1}^{n} \text{Cov}(X_i, X_j).$$

Se expresará la última suma de esta relación en dos sumas: (1) la suma de aquellos términos para lo que $i = j$ y (2) la suma de aquellos términos para los que $i \neq j$. Entonces, si se utiliza el hecho de que $\text{Cov}(X_i, X_j) = \text{Cov}(X_j, X_i)$, se obtiene la relación

$$\begin{aligned}\text{Var}\left(\sum_{i=1}^{n} X_i\right) &= \sum_{i=1}^{n} \text{Var}(X_i) + \sum_{i\neq j}\sum \text{Cov}(X_i, X_j)\\ &= \sum_{i=1}^{n} \text{Var}(X_i) + 2\sum_{i<j}\sum \text{Cov}(X_i, X_j) \quad \triangleleft\end{aligned}$$

En el teorema 4 de la sección 4.3 se demostró que si $X_1, \ldots, X_n$ son variables aleatorias independientes, entonces

$$\text{Var}\left(\sum_{i=1}^{n} X_i\right) = \sum_{i=1}^{n} \text{Var}(X_i). \tag{11}$$

Este resultado se puede extender como sigue:

Si $X_1, \ldots, X_n$ *son variables aleatorias no correlacionadas entre sí (esto es, si* X_i *y* X_j *no están correlacionadas siempre que* $i \neq j$*), entonces se verifica la ecuación* (11).

EJERCICIOS

1. Demuéstrese que si $\text{Var}(X) < \infty$ y $\text{Var}(Y) < \infty$, entonces $\text{Cov}(X, Y)$ es finita. *Sugerencia*: Considerando la relación $[(X - \mu_X) \pm (Y - \mu_Y)]^2 \geq 0$, demuéstrese que

$$\left|(X - \mu_X)(Y - \mu_Y)\right| \leq \tfrac{1}{2}\left[(X - \mu_X)^2 + (Y - \mu_Y)^2\right].$$

2. Supóngase que X tiene una distribución uniforme en el intervalo $(-2, 2)$ y que $Y = X^6$. Demuéstrese que X e Y son no correlacionadas.

3. Supóngase que la distribución de una variable aleatoria X es simétrica respecto al punto $x = 0$, que $0 < E(X^4) < \infty$ y que $Y = X^2$. Demuéstrese que X e Y son no correlacionadas.

4. Para cualesquiera variables aleatorias X e Y y constantes a, b, c y d, demuéstrese que

$$\text{Cov}(aX + b, cY + d) = ac\,\text{Cov}(X, Y).$$

5. Sean X e Y variables aleatorias tales que $0 < \sigma_X^2 < \infty$ y $0 < \sigma_Y^2 < \infty$. Supóngase que $U = aX + b$ y $V = cY + d$, donde $a \neq 0$ y $c \neq 0$. Demuéstrese que $\rho(U, V) = \rho(X, Y)$ si $ac > 0$ y que $\rho(U, V) = -\rho(X, Y)$ si $ac < 0$.

6. Sean X, Y y Z tres variables aleatorias tales que $\text{Cov}(X, Z)$ y $\text{Cov}(Y, Z)$ existen y sean a, b y c constantes cualesquiera. Demuéstrese que

$$\text{Cov}(aX + bY + c, Z) = a\,\text{Cov}(X, Z) + b\,\text{Cov}(Y, Z).$$

7. Supóngase que $X_1, \ldots, X_m$ y $Y_1, \ldots, Y_n$ son variables aleatorias tales que $\text{Cov}(X_i, Y_j)$ existe para $i = 1, \ldots, m$ y $j = 1, \ldots, n$; y supóngase que $a_1, \ldots, a_m$ y $b_1, \ldots, b_n$ son constantes. Demuéstrese que

$$\text{Cov}\left(\sum_{i=1}^{m} a_i X_i, \sum_{j=1}^{n} b_j Y_j\right) = \sum_{i=1}^{m} \sum_{j=1}^{n} a_i b_j \,\text{Cov}(X_i, Y_j).$$

8. Supóngase que X e Y son dos variables aleatorias, que pueden ser dependientes, y que $\text{Var}(X) = \text{Var}(Y)$. Suponiendo que $0 < \text{Var}(X + Y) < \infty$ y $0 < \text{Var}(X - Y) < \infty$, demuéstrese que las variables aleatorias $X + Y$ y $X - Y$ son no correlacionadas.

9. Supóngase que X e Y están correlacionadas negativamente. ¿$\text{Var}(X + Y)$ es mayor o menor que $\text{Var}(X - Y)$?

10. Demuéstrese que no pueden existir dos variables aleatorias X e Y para las que $E(X) = 3$, $E(Y) = 2$, $E(X^2) = 10$, $E(Y^2) = 29$ y $E(XY) = 0$.

11. Supóngase que X e Y tienen una distribución conjunta continua cuya f.d.p. es la siguiente:

$$f(x, y) = \begin{cases} \frac{1}{3}(x + y) & \text{para} \quad 0 \le x \le 1, \ 0 \le y \le 2, \\ 0 & \text{en otro caso.} \end{cases}$$

Determínese el valor de $\text{Var}(2X - 3Y + 8)$.

12. Supóngase que X e Y son variables aleatorias tales que $\text{Var}(X) = 9$, $\text{Var}(Y) = 4$ y $\rho(X, Y) = -1/6$. Determínese (a) $\text{Var}(X + Y)$ y (b) $\text{Var}(X - 3Y + 4)$.

13. Supóngase que X, Y y Z son tres variables aleatorias tales que $\text{Var}(X) = 1$, $\text{Var}(Y) = 4$, $\text{Var}(Z) = 8$, $\text{Cov}(X, Y) = 1$, $\text{Cov}(X, Z) = -1$ y $\text{Cov}(Y, Z) = 2$. Determínese (a) $\text{Var}(X + Y + Z)$ y (b) $\text{Var}(3X - Y - 2Z + 1)$.

14. Supóngase que $X_1, \ldots, X_n$ son variables aleatorias tales que la varianza de cada variable es 1 y la correlación entre cada par de variables distintas es $1/4$. Determínese $\text{Var}(X_1, \ldots, X_n)$.

4.7 ESPERANZA CONDICIONAL

Definición y propiedades básicas

Supongamos que X e Y son variables aleatorias con una distribución conjunta continua. Sea $f(x, y)$ su f.d.p. conjunta; sea $f_1(x)$ la f.d.p. marginal de X y para cualquier valor de x tal que $f_1(x) > 0$, sea $g(y|x)$ la f.d.p. condicional de Y dado que $X = x$.

La esperanza condicional de Y dada X se denota por $E(Y|X)$ y se define como una función de la variable aleatoria X cuyo valor $E(Y|x)$, cuando $X = x$, está dado por:

$$E(Y|x) = \int_{-\infty}^{\infty} y g(y|x)\, dy.$$

En otras palabras, $E(Y|x)$ es la media de la distribución condicional de Y dado que $X = x$. El valor de $E(Y|x)$ no está definido para los valores de x tales que $f_1(x) = 0$. Sin embargo, puesto que estos valores de x constituyen un conjunto de puntos cuya probabilidad es 0, la definición de $E(Y|x)$ en dicho punto es irrelevante.

Análogamente, si X e Y tienen una distribución conjunta discreta y $g(y|x)$ es la f.p. condicional de Y dado que $X = x$, entonces la esperanza condicional $E(Y|X)$ se define como la función de X cuyo valor $E(Y|x)$, cuando $X = x$, es

$$E(Y|x) = \sum_y y g(y|x).$$

Puesto que $E(Y|X)$ es una función de la variable aleatoria X, es por sí misma una variable aleatoria con su propia distribución de probabilidad, que se puede obtener a partir de la distribución de X. Se demostrará ahora que la media de $E(Y|X)$ debe ser $E(Y)$.

Teorema 1. *Para cualesquiera variables aleatorias X e Y,*

$$E[E(Y|X)] = E(Y). \tag{1}$$

Demostración. Se supondrá, que X e Y tienen una distribución conjunta continua. Entonces,

$$\begin{aligned} E[E(Y|X)] &= \int_{-\infty}^{\infty} E(Y|x) f_1(x)\, dx \\ &= \int_{-\infty}^{\infty}\int_{-\infty}^{\infty} y g(y|x) f_1(x)\, dx\, dy. \end{aligned}$$

Puesto que $g(y|x) = f(x,y)/f_1(x)$, resulta que

$$E[E(Y|X)] = \int_{-\infty}^{\infty}\int_{-\infty}^{\infty} y f(x,y)\, dy\, dx = E(Y).$$

La demostración para una distribución discreta o para un tipo de distribución más general es análoga. ◁

Ejemplo 1: Elección de puntos de una distribución uniforme. Supóngase que se elige un punto X de acuerdo con una distribución uniforme sobre el intervalo $(0, 1)$. Además, supóngase que después de haber sido observado el valor $X = x$ $(0 < x < 1)$, se elige un punto Y de acuerdo con una distribución uniforme sobre el intervalo $(x, 1)$. Se determinará el valor de $E(Y)$.

Para cualquier valor concreto x $(0 < x < 1)$, $E(Y|x)$ es igual al punto medio $(1/2)(x+1)$ del intervalo $(x, 1)$. Por tanto, $E(Y|X) = (1/2)(X+1)$ y

$$E(Y) = E[E(Y|X)] = \frac{1}{2}[E(X)+1] = \frac{1}{2}\left(\frac{1}{2}+1\right) = \frac{3}{4}\cdot \qquad ◁$$

En general, supóngase que X e Y tienen una distribución conjunta continua y que $r(X, Y)$ es cualquier función de X e Y. Entonces la esperanza condicional $E[r(X,Y)|X]$ se define como la función de X cuyo valor $E[r(X,Y)|x]$, cuando $X = x$, es

$$E[r(X,Y)|x] = \int_{-\infty}^{\infty} r(x,y)\, g(y|x)\, dy.$$

Para dos variables aleatorias arbitrarias X e Y, se puede demostrar que

$$E\{E[r(X,Y)|X]\} = E[r(X,Y)]. \tag{2}$$

Se puede definir de forma análoga la esperanza condicional de $r(X,Y)$ dado Y y la esperanza condicional de una función $r(X_1, \ldots, X_n)$ de varias variables aleatorias dadas una o más de las variables $X_1, \ldots, X_n$.

Ejemplo 2: Esperanza condicional lineal. Supóngase que $E(Y|X) = aX + b$ para constantes a y b. Se determinará el valor de $E(XY)$ en términos de $E(X)$ y $E(X^2)$.

Por la ecuación (2), $E(XY) = E[E(XY|X)]$. Además, puesto que X se considera dada y fija en la esperanza condicional,

$$E(XY|X) = XE(Y|X) = X(aX + b) = aX^2 + bX.$$

Por tanto,

$$E(XY) = E(aX^2 + bX) = aE(X^2) + bE(X). \quad \triangleleft$$

Predicción

Considérense ahora dos variables aleatorias X e Y que tienen una distribución conjunta específica y supóngase que después de haber observado el valor de X, se debe predecir el valor de Y. En otras palabras, la predicción de Y puede depender del valor de X. Supóngase que esta predicción $d(X)$ se debe elegir tal que minimice el error cuadrático medio $E\{[Y - d(X)]^2\}$.

De la ecuación (2) resulta que

$$E\{[Y - d(X)]^2\} = E\left(E\{[Y - d(X)]^2 \,|X\}\right). \tag{3}$$

Por tanto, el E.C.M. de la ecuación (3) se minimiza si se elige $d(X)$, para cada valor dado de X, de forma que minimice la esperanza condicional $E\{[Y - d(X)]^2|X\}$ de la parte derecha de la ecuación (3). Después de haber observado el valor de X, se especifica la distribución de Y a partir de la distribución condicional de Y dado que $X = x$. Como se expuso en la sección 4.5, cuando $X = x$ la esperanza condicional de la ecuación (3) se minimiza cuando se elige $d(x)$ igual a la media $E(Y|x)$ de la distribución condicional de Y. Resulta que la función $d(X)$ para la que el E.C.M. de la ecuación (3) se minimiza es $d(X) = E(Y|X)$.

Para cualquier valor concreto x, se define $\text{Var}(Y|x)$ como la varianza de la distribución condicional de Y dado que $X = x$. Esto es,

$$\text{Var}(Y|x) = E\left\{[Y - E(Y|x)]^2|x\right\}.$$

Por tanto, si se observa el valor $X = x$ y se predice el valor $E(Y|x)$ para Y, entonces el E.C.M. de esta predicción es $\text{Var}(Y|x)$. Resulta de la ecuación (3) que si la predicción se determina utilizando la función $d(X) = E(Y|X)$, entonces el E.C.M. global, promediado sobre todos los valores posibles de X, será $E[\text{Var}(Y|X)]$.

Si se debe predecir el valor de Y sin ninguna información acerca del valor de X, entonces, como se demuestra en la sección 4.5, la mejor predicción es la media $E(Y)$ y el E.C.M. es $\text{Var}(Y)$. Sin embargo, si X se puede observar antes de determinar la predicción, la mejor predicción es $d(X) = E(Y|X)$ y el E.C.M. es $E[\text{Var}(Y|X)]$. Por tanto, la reducción que se puede alcanzar en el E.C.M. utilizando la observación X es

$$\text{Var}(Y) - E[\text{Var}(Y|X)]. \tag{4}$$

Esta reducción proporciona una medida de la utilidad de X para predecir Y. Se demuestra en el ejercicio 10 de esta sección que esta reducción también se puede expresar como $\text{Var}[E(Y|X)]$.

Es importante distinguir cuidadosamente entre el E.C.M. global, que es $E[\text{Var}(Y|X)]$ y el E.C.M. de la predicción particular determinada cuando $X = x$, que es $\text{Var}(Y|x)$. *Antes* de haber observado el valor de X, el valor apropiado para el E.C.M. del proceso de observar X y luego predecir Y es $E[\text{Var}(Y|X)]$. *Después* de haber observado un valor particular x de X y haber determinado la predicción $E(Y|x)$, la medida apropiada del E.C.M. de esta predicción es $\text{Var}(Y|x)$.

Ejemplo 3: Predicción del valor de una observación. Supóngase que es igualmente verosímil seleccionar una observación Y de una de las dos poblaciones Π_1 y Π_2. Supóngase además que se hacen las siguientes suposiciones: Si la observación se selecciona de la población Π_1, entonces la f.d.p. de Y es

$$g_1(y) = \begin{cases} 1 & \text{para } 0 \leq y \leq 1, \\ 0 & \text{en otro caso.} \end{cases}$$

Si la observación se selecciona de la población Π_2, entonces la f.d.p. de Y es

$$g_2(y) = \begin{cases} 2y & \text{para } 0 \leq y \leq 1, \\ 0 & \text{en otro caso.} \end{cases}$$

En primer lugar, supóngase que la población de la cual se selecciona Y no es conocida y se determinará la predicción de Y que minimiza el E.C.M. y el valor mínimo del E.C.M. Puesto que no se conoce la población de la que se selecciona Y, la f.d.p. de Y viene dada por $g(y) = (1/2)\,[g_1(y) + g_2(y)]$ para $-\infty < y < \infty$. La predicción de Y con el menor E.C.M. será $E(Y)$, y el E.C.M. de esta predicción será $\text{Var}(Y)$. Se obtienen los valores

$$E(Y) = \int_0^1 yg(y)\,dy = \frac{1}{2}\int_0^1 (y + 2y^2)\,dy = \frac{7}{12}$$

y

$$E(Y^2) = \int_0^1 y^2 g(y)\,dy = \frac{1}{2}\int_0^1 (y^2 + 2y^3)\,dy = \frac{5}{12}.$$

Por tanto,

$$\text{Var}(Y) = \frac{5}{12} - \left(\frac{7}{12}\right)^2 = \frac{11}{144}.$$

Supóngase ahora que antes de tener que predecir el valor de Y es posible conocer la población de la que Y fue seleccionada. Para cada una de las poblaciones, se determinará de nuevo la predicción de Y que minimiza el E.C.M. y también el E.C.M. de esta predicción. Por último, se determinará el E.C.M. global del proceso consistente en determinar de qué población se selecciona la observación Y para luego predecir el valor de Y.

Por conveniencia, se define una nueva variable aleatoria X tal que $X = 1$ si Y va a ser seleccionada de la población Π_1, y $X = 2$ si Y va a a ser seleccionada de la población Π_2. Para $i = 1, 2$, se sabe que si Y va a ser seleccionada de la población Π_i, entonces la predicción de Y con el menor E.C.M. será $E(Y|X = i)$, y el E.C.M. de esta predicción será $\text{Var}(Y|X = i)$.

La f.d.p. condicional de Y dado que $X = 1$ es g_1. Puesto que g_1 es la f.d.p. de una distribución uniforme sobre el intervalo $(0, 1)$, se sabe que $E(Y|X = 1) = 1/2$ y $\text{Var}(Y|X = 1) = 1/12$. Por tanto, si se sabe que Y va a ser seleccionada de la población Π_1, la predicción con el menor E.C.M. es $Y = 1/2$, y el E.C.M. de esta predicción es $1/12$.

Para $X = 2$,

$$E(Y|X = 2) = \int_0^1 y g_2(y)\,dy = \int_0^1 2y^2\,dy = \frac{2}{3}$$

y

$$E(Y^2|X = 2) = \int_0^1 y^2 g_2(y)\,dy = \int_0^1 2y^3\,dy = \frac{1}{2}.$$

Consecuentemente,

$$\text{Var}(Y|X = 2) = \frac{1}{2} - \left(\frac{2}{3}\right)^2 = \frac{1}{18}.$$

Por tanto, si se sabe que Y va a ser seleccionada de la población Π_2, la predicción con el menor E.C.M. es $Y = 2/3$, y el E.C.M. de esta predicción es $1/18$.

Por último, puesto que $\Pr(X = 1) = \Pr(X = 2) = 1/2$, el E.C.M. global de predecir Y a partir de X de esta forma es

$$E\,[\text{Var}(Y|X)] = \frac{1}{2}\text{Var}(Y|X = 1) + \frac{1}{2}\text{Var}(Y|X = 2) = \frac{5}{72}.$$

Como consecuencia de estos resultados si una persona es capaz de observar el valor de X antes de predecir el valor de Y, puede reducir el E.C.M. de $\text{Var}(Y) = 11/144$ a $E[\text{Var}(Y|X)] = 5/72 = 10/144$. ◁

Debe subrayarse que por las condiciones del ejemplo 3, el valor apropiado del E.C.M. global es $10/144$ cuando se sabe que se dispondrá del valor de X para predecir Y, pero antes de haber determinado el valor explícito de X. Después de haber determinado el valor de X, el valor apropiado del E.C.M. es $\text{Var}(Y|X = 1) = \frac{1}{12} = \frac{12}{144}$ o $\text{Var}(Y|X = 2) = \frac{1}{18} = \frac{8}{144}$. Por tanto, si $X = 1$, el E.C.M. de la predicción es realmente mayor que $\text{Var}(Y) = 11/144$. Sin embargo, si $X = 2$, el E.C.M. de la predicción es relativamente pequeño.

EJERCICIOS

1. Supóngase que el 30% de los estudiantes que realizaron cierto examen es de la escuela A y que la media aritmética de las calificaciones en el examen fue 80. Supóngase también que el 30% de los estudiantes es de la escuela B y que el promedio aritmético de las calificaciones fue 76. Supóngase por último que el otro 50% de los estudiantes es de la escuela C y que la media aritmética de las calificaciones fue 84. Si se selecciona un estudiante al azar del grupo completo que realizó el examen, ¿cuál es el valor esperado de su calificación?

2. Supóngase que $0 < \text{Var}(X) < \infty$ y $0 < \text{Var}(Y) < \infty$. Demuéstrese que si $E(X|Y)$ es constante para todo valor de Y, entonces X e Y son no correlacionadas.

3. Supóngase que la distribución de X es simétrica respecto al punto $x = 0$, que existen todos los momentos de X y que $E(Y|X) = aX + b$, donde a y b son constantes. Demuéstrese que X^{2m} e Y no están correlacionadas para $m = 1, 2, \ldots$.

4. Supóngase que se elige un punto X_1 de una distribución uniforme sobre el intervalo $(0, 1)$ y que después de observar el valor $X_1 = x_1$, se elige un punto X_2 de la distribución uniforme sobre el intervalo $(x_1, 1)$. Supóngase, además, que se generan nuevas variables $X_3, X_4, \ldots$ de la misma forma. En general, para $j = 1, 2, \ldots$, después de haber observado el valor $X_j = x_j$, se elige X_{j+1} de una distribución uniforme sobre el intervalo $(x_j, 1)$. Determínese el valor de $E(X_n)$.

5. Supóngase que la distribución conjunta de X e Y es una distribución uniforme sobre el círculo $x^2 + y^2 < 1$. Determínese $E(X|Y)$.

6. Supóngase que X e Y tienen una distribución conjunta continua cuya f.d.p. conjunta es la que sigue:

$$f(x, y) = \begin{cases} x + y & \text{para } 0 \leq x \leq 1 \text{ , } 0 \leq y \leq 1, \\ 0 & \text{en otro caso.} \end{cases}$$

   Determínese $E(Y|X)$ y $\text{Var}(Y|X)$.

7. Considérense de nuevo las condiciones del ejercicio 6. (a) Si se observa que $X = 1/2$, ¿qué predicción de Y tendrá el menor E.C.M.? (b) ¿Cuál será el valor de este E.C.M.?

8. Considérense de nuevo las condiciones del ejercicio 6. Si se va a predecir el valor de Y a partir del valor de X, ¿cuál es el valor mínimo del E.C.M. global?

9. Supóngase que, para las condiciones de los ejercicios 6 y 8, una persona puede pagar un costo c por la oportunidad de observar el valor de X antes de predecir el valor de Y o puede simplemente predecir el valor de Y sin observar primero el valor de X. Si la persona considera que su pérdida total es el costo c más el E.C.M. de su predicción, ¿cuál es el valor máximo de c que debería estar dispuesta a pagar?

10. Si X e Y son dos variables aleatorias cualesquiera cuyas esperanzas y varianzas existen, demuéstrese que

$$\text{Var}(Y) = E\,[\text{Var}(Y|X)] + \text{Var}\,[E(Y|X)]\,.$$

11. Si X e Y son variables aleatorias tales que $E(Y|X) = aX + b$. Supóngase que existe $\text{Cov}(X, Y)$ y que $0 < \text{Var}(X) < \infty$, determínense expresiones para a y b en función de $E(X), E(Y), \text{Var}(X)$ y $\text{Cov}(X, Y)$.

12. Supóngase que la calificación X de una persona en una prueba de aptitudes matemáticas es un número en el intervalo $(0, 1)$ y que su calificación Y en una prueba de aptitudes musicales es también un número en el intervalo $(0, 1)$. Supóngase, además, que en la población de todos los estudiantes de colegio en Estados Unidos, las calificaciones X e Y se distribuyen de acuerdo con la siguiente f.d.p. conjunta:

$$f(x, y) = \begin{cases} \frac{2}{5}(2x + 3y) & \text{para } 0 \leq x \leq 1 \text{ y } 0 \leq y \leq 1, \\ 0 & \text{en otro caso.} \end{cases}$$

   (a) Si un estudiante de colegio se selecciona al azar, ¿qué predicción de su calificación en la prueba de música tiene el menor E.C.M.?

   (b) ¿Qué predicción de su calificación en la prueba de matemáticas tiene el menor E.A.M.?

13. Considérense de nuevo las condiciones del ejercicio 12. Están las calificaciones de los estudiantes de colegio en las pruebas de matemáticas y música correlacionadas positivamente, negativamente o no correlacionadas?

14. Considérense de nuevo las condiciones del ejercicio 12. (a) Si la calificación de un estudiante en la prueba de matemáticas es 0.8, ¿qué predicción de su calificación en la prueba de música tiene el menor E.C.M.? (b) Si la calificación de un estudiante en la prueba de música es $1/3$, ¿cuál es la predicción de su calificación en la prueba de matemáticas que tiene el menor E.M.A.?

4.8 MEDIA MUESTRAL

Desigualdades de Markov y Chebyshev

Esta sección se inicia presentando dos resultados sencillos y generales, conocidos como la desigualdad de Markov y la desigualdad de Chebyshev. Se aplicarán entonces estas desigualdades a muestras aleatorias.

Desigualdad de Markov. *Supóngase que X es una variable aleatoria tal que* $\Pr(X \geq 0) = 1$. *Entonces para cualquier número $t > 0$,*

$$\Pr(X \geq t) \leq \frac{E(X)}{t}. \tag{1}$$

Demostración. Por conveniencia, supóngase que X tiene una distribución discreta cuya f.p. es f. La demostración para una distribución continua o un tipo de distribución mas general es análoga. Para una distribución discreta,

$$E(X) = \sum_{x} xf(x) = \sum_{x<t} xf(x) + \sum_{x \geq t} xf(x).$$

Puesto que X puede tomar únicamente valores no negativos, todos los términos de la suma son no negativos. Por tanto,

$$E(X) \geq \sum_{x \geq t} xf(x) \geq \sum_{x \geq t} tf(x) = t\Pr(X \geq t). \quad \triangleleft$$

La desigualdad de Markov tiene fundamental interés para valores grandes de t. De hecho, cuando $t \leq E(X)$, la desigualdad no tiene interés alguno, puesto que se sabe que $\Pr(X \leq t) \leq 1$. Sin embargo, de la desigualdad de Markov se obtiene que para cualquier variable aleatoria no negativa X cuya media es 1, el valor máximo posible de $\Pr(X \geq 100)$ es 0.01. Además, se puede verificar que este valor máximo es alcanzado por la variable aleatoria X para la cual $\Pr(X = 0) = 0.99$ y $\Pr(X = 100) = 0.01$.

Desigualdad de Chebyshev. *Sea X una variable aleatoria para la cual* Var(X) *existe. Entonces para cualquier número concreto $t > 0$,*

$$\Pr\left(|X - E(X)| \geq t\right) \leq \frac{\text{Var}(X)}{t^2}. \tag{2}$$

Demostración. Sea $Y = [X - E(X)]^2$. Entonces $\Pr(Y \geq 0) = 1$ y $E(Y) = \text{Var}(X)$. Aplicando a Y la desigualdad de Markov, se obtiene el siguiente resultado:

$$\Pr\left(|X - E(X)| \geq t\right) = \Pr\left(Y \geq t^2\right) \leq \frac{\text{Var}(X)}{t^2}. \quad \triangleleft$$

Se puede ver en la demostración que la desigualdad de Chebyshev es simplemente un caso especial de la desigualdad de Markov. Por tanto, los comentarios que siguen a la demostración de la desigualdad de Markov se pueden aplicar también a la desigualdad de Chebyshev. Estas desigualdades son muy útiles debido a su generalidad. Por ejemplo, si $\text{Var}(X) = \sigma^2$ y se define $t = 3\sigma$, entonces la desigualdad de Chebyshev proporciona el resultado

$$\Pr(|X - E(X)| \geq 3\sigma) \leq \frac{1}{9}.$$

En palabras, este resultado afirma que la probabilidad de que cualquier variable aleatoria difiera de su media en más de 3 desviaciones estándar no puede exceder de $1/9$. Esta probabilidad será realmente mucho menor que $1/9$ para muchas de las variables aleatorias y distribuciones que se tratarán en este libro. La desigualdad de Chebyshev es útil debido al hecho de que esta probabilidad debe ser $1/9$ o menos para *toda* distribución. Se puede demostrar también (véase Ejercicio 3 de esta Sec.) que la cota superior de (2) es precisa en el sentido de que no puede tomarse otra cota menor que sirva para *todas* las distribuciones.

Propiedades de la media muestral

Supóngase que las variables aleatorias $X_1, \ldots, X_n$ constituyen una muestra aleatoria de tamaño n de una distribución cuya media es μ y cuya varianza es σ^2. En otras palabras, supóngase que las variables aleatorias $X_1, \ldots, X_n$ son i.i.d. y que cada una tiene media μ y la varianza es σ^2. Se denotará por $\overline{X}_n$ la media aritmética de las observaciones de la muestra. Entonces,

$$\overline{X}_n = \frac{1}{n}(X_1 + \cdots + X_n).$$

Esta variable aleatoria $\overline{X}_n$ se denomina *media muestral*.

La media y la varianza de $\overline{X}_n$ se pueden calcular fácilmente. Resulta directamente de la definición de $\overline{X}_n$ que

$$E(\overline{X}_n) = \frac{1}{n}\sum_{i=1}^{n} E(X_i) = \frac{1}{n} \cdot n\mu = \mu.$$

Además, puesto que las variables $X_1, \ldots, X_n$ son independientes,

$$\begin{aligned} \text{Var}(\overline{X}_n) &= \frac{1}{n^2}\text{Var}\left(\sum_{i=1}^{n} X_i\right) \\ &= \frac{1}{n^2}\sum_{i=1}^{n} \text{Var}(X_i) = \frac{1}{n^2} \cdot n\sigma^2 = \frac{\sigma^2}{n}. \end{aligned}$$

En palabras, la media de $\overline{X}_n$ es igual a la media de la distribución de la que se seleccionó la muestra aleatoria, pero la varianza de $\overline{X}_n$ es sólo $1/n$ veces la varianza de esa distribución. Esto significa que la distribución de probabilidad de $\overline{X}_n$ estará más concentrada alrededor del valor medio μ que la distribución original. En otras palabras, la probabilidad de que la media muestral $\overline{X}_n$ esté cerca de μ es mayor que la probabilidad de que lo esté una observación X_i de la distribución original.

Estas afirmaciones se pueden hacer más precisas aplicando la desigualdad de Chebyshev a $\overline{X}_n$. Puesto que $E(\overline{X}_n) = \mu$ y $\text{Var}(\overline{X}_n) = \sigma^2/n$, de la relación (2) resulta que para cualquier número concreto $t > 0$,

$$\Pr\left(|\overline{X}_n - \mu| \geq t\right) \leq \frac{\sigma^2}{nt^2}. \tag{3}$$

Ejemplo 1: Determinación del número de observaciones necesarias. Supóngase que se va a seleccionar una variable aleatoria de una distribución para la cual no se conoce el valor de la media μ, pero se sabe que la desviación estándar σ es 2 unidades. Se determinará lo grande que debe ser el tamaño muestral para que la probabilidad de que $|\overline{X}_n - \mu|$ sea menor que una unidad, sea al menos 0.99.

Puesto que $\sigma^2 = 4$, de la relación (3) resulta que para cualquier tamaño muestral n,

$$\Pr\left(|\overline{X}_n - \mu| \geq 1\right) \leq \frac{4}{n}.$$

Puesto que n se debe elegir para que $\Pr(|\overline{X}_n - \mu| < 1) \geq 0.99$, resulta que se debe elegir n de forma que $4/n \leq 0.01$. Por tanto, se necesita que $n \geq 400$. ◁

Se debe resaltar que el uso de la desigualdad de Chebyshev en el ejemplo 1 garantiza que una muestra para la que $n = 400$ será suficientemente grande para alcanzar los requisitos de probabilidad especificados, independientemente del tipo particular de distribución de la que selecciona la muestra. Si se dispone de información adicional acerca de esta distribución, entonces se puede demostrar que un valor más pequeño de n es suficiente. Esta propiedad se ilustra en el siguiente ejemplo.

Ejemplo 2: Lanzamiento de una moneda. Supóngase que se realizan n lanzamientos independientes de una moneda equilibrada. Para $i = 1, \ldots, n$, sea $X_i = 1$ si se obtiene cara en el i-ésimo lanzamiento y sea $X_i = 0$ si se obtiene cruz en el i-ésimo lanzamiento. Entonces, la media muestral $\overline{X}_n$ será simplemente igual a la proporción de caras que se obtienen en los n lanzamientos. Se determinará el número de veces que se debe lanzar la moneda para que $\Pr(0.4 \leq \overline{X}_n \leq 0.6) \geq 0.7$. Se determinará este número de dos formas: en primer lugar, utilizando la desigualdad de Chebyshev; en segundo lugar, utilizando las probabilidades exactas para la distribución binomial del número total de caras.

Sea $T = \sum_{i=1}^{n} X_i$ el número total de caras que se obtienen cuando se hacen n lanzamientos. Entonces T tiene una distribución binomial con parámetros n y $p = 1/2$. Por tanto, de la ecuación (3) de la sección 4.2, resulta que $E(T) = n/2$ y de la ecuación (2) de la sección 4.3, resulta que $\text{Var}(T) = n/4$. Puesto que $\overline{X}_n = T/n$, se puede obtener de la desigualdad de Chebyshev la siguiente relación:

$$\begin{aligned}
\Pr(0.4 \leq \overline{X}_n \leq 0.6) &= \Pr(0.4n \leq T \leq 0.6n) \\
&= \Pr\left(\left|T - \frac{n}{2}\right| \leq 0.1n\right) \geq \\
&\geq 1 - \frac{n}{4(0.1n)^2} = 1 - \frac{25}{n}.
\end{aligned}$$

Por tanto, si $n \geq 84$, esta probabilidad será al menos 0.7, como se exigía.

Sin embargo, en las tablas de la distribución binomial proporcionadas al final de este libro, se encuentra que para $n = 15$,

$$\Pr(0.4 \leq \overline{X}_n \leq 0.6) = \Pr(6 \leq T \leq 9) = 0.70.$$

Por tanto, 15 lanzamientos serían suficientes para satisfacer el requisito de probabilidad especificado. ◁

Ley de los grandes números

La exposición del ejemplo 2 indica que la desigualdad de Chebyshev puede no ser una herramienta práctica para determinar el tamaño muestral apropiado en un problema particular, porque puede especificar un tamaño muestral mucho mayor que el realmente necesario para la distribución concreta de donde se ha seleccionado la muestra. Sin embargo, la desigualdad de Chebyshev es una herramienta teórica valiosa y será utilizada aquí para demostrar un resultado importante conocido como *ley de los grandes números.*

Convergencia en probabilidad: Supóngase que $Z_1, Z_2, \ldots$ es una sucesión de variables aleatorias. Hablando sin precisión, se dice que esta sucesión converge a un número b si la distribución de probabilidad de Z_n se concentra más y más alrededor de b cuando $n \to \infty$. Formalmente, se dice que la sucesión $Z_1, Z_2, \ldots$ *converge en probabilidad a* b si para cualquier número dado $\varepsilon > 0$,

$$\lim_{n\to\infty} \Pr(|Z_n - b| < \varepsilon) = 1.$$

En otras palabras, la sucesión converge en probabilidad a b si la probabilidad de que Z_n esté en un intervalo alrededor de b, con independencia de lo pequeño que sea este intervalo, se aproxima a 1 cuando $n \to \infty$.

La afirmación de que la sucesión $Z_1, Z_2, \ldots$ converge en probabilidad a b se representa por la notación

$$\operatorname*{plim}_{n\to\infty} Z_n = b$$

o por la notación

$$Z_n \xrightarrow{p} b.$$

Algunas veces se dice simplemente que Z_n converge en probabilidad a b.

Se demostrará ahora que la media muestral siempre converge en probabilidad a la media de la distribución de la que se seleccionó la muestra aleatoria.

Ley de los grandes números. *Supóngase que* $X_1, \ldots, X_n$ *constituyen una muestra aleatoria cuya media es* μ *y sea* $\overline{X}_n$ *la media muestral. Entonces,*

$$\operatorname*{plim}_{n\to\infty} \overline{X}_n = \mu. \tag{4}$$

Demostración. Para los propósitos de esta demostración, supóngase que la distribución de donde se ha seleccionado la muestra aleatoria tiene una media finita μ y una varianza finita σ^2. De la desigualdad de Chebyshev resulta entonces que para cualquier número dado $\varepsilon > 0$,

$$\Pr\left(|\overline{X}_n - \mu| < \varepsilon\right) \geq 1 - \frac{\sigma^2}{n\varepsilon^2}.$$

Por tanto,

$$\lim_{n \to \infty} \Pr\left(|\overline{X}_n - \mu| < \varepsilon\right) = 1,$$

lo que significa que $\text{plim}_{n\to\infty} \overline{X}_n = \mu$.

Se puede demostrar también que la ecuación (4) se satisface si la distribución de la cual se ha seleccionado la muestra aleatoria tiene una media finita μ pero una varianza infinita. Sin embargo, la demostración para este caso está fuera del alcance de este libro. ◁

Puesto que $\overline{X}_n$ converge en probabilidad a μ, resulta que existe una probabilidad alta de que $\overline{X}_n$ esté cerca de μ si el tamaño muestral n es grande. Por tanto, si una muestra aleatoria grande se selecciona de una distribución cuya media es desconocida, entonces la media aritmética de los valores de la muestra usualmente será una buena estimación de la media desconocida. Este tema se tratará de nuevo en el capítulo 5 después de haber deducido el teorema central del límite. Se podrá entonces presentar una distribución de probabilidad más precisa para la diferencia entre $\overline{X}_n$ y μ.

Leyes débiles y fuertes. Existen otros conceptos de la convergencia de una sucesión de variables aleatorias, además del concepto de convergencia en probabilidad que se ha presentado aquí. Por ejemplo, se dice que una sucesión $Z_1, Z_2, \ldots$ *converge a una constante* b *con probabilidad* 1 *si*

$$\Pr\left(\lim_{n\to\infty} Z_n = b\right) = 1.$$

Una investigación cuidadosa del concepto de convergencia con probabilidad 1 está fuera del alcance de este libro. Se puede demostrar que si una sucesión $Z_1, Z_2, \ldots$ converge a b con probabilidad 1, entonces la sucesión también convergerá en probabilidad a b. Por esta razón, la convergencia con probabilidad 1 usualmente se llama *convergencia fuerte*, mientras que la convergencia en probabilidad se llama *convergencia débil*. Para resaltar la diferencia entre estos dos conceptos de convergencia, el resultado que aquí ha sido llamado simplemente la ley de los grandes números usualmente se llama *ley débil de los grandes números*. La *ley fuerte de los grandes números* puede describirse como sigue: Si $\overline{X}_n$ es la media muestral de una muestra aleatoria de tamaño n de una distribución con media μ, entonces

$$\Pr\left(\lim_{n\to\infty} \overline{X}_n = \mu\right) = 1.$$

La demostración de este resultado no se presentará aquí.

EJERCICIOS

1. Supóngase que X es una variable aleatoria con

$$\Pr(X \geq 0) = 1 \qquad \text{y} \qquad \Pr(X \geq 10) = \frac{1}{5}.$$

Demuéstrese que $E(X) \geq 2$.

2. Supóngase que X es una variable aleatoria para la cual $E(X) = 10$, $\Pr(X \leq 7) = 0.2$ y $\Pr(X \geq 13) = 0.3$. Demuéstrese que $\mathrm{Var}(X) \geq 9/2$.

3. Sea X una variable aleatoria cuya $E(X) = \mu$ y $\mathrm{Var}(X) = \sigma^2$. Constrúyase una distribución de probabilidad para X tal que

$$\Pr(|X - \mu| \geq 3\sigma) = \frac{1}{9}.$$

4. ¿Qué tamaño debe tener una muestra aleatoria seleccionada de una distribución concreta para que la probabilidad de que la media muestral esté entre 2 desviaciones típicas de la media de la distribución sea al menos 0.99?

5. Supóngase que $X_1, \ldots, X_n$ constituyen una muestra aleatoria de tamaño n de una distribución cuya media es 6.5, y su varianza 4. Determínese lo grande que debe ser el valor de n para que se verifique la siguiente relación:

$$\Pr\left(6 \leq \overline{X}_n \leq 7\right) \geq 0.8.$$

6. Supóngase que X es una variable aleatoria para la cual $E(X) = \mu$ y $E[(X - \mu)^4] = \beta_4$. Demuéstrese que

$$\Pr(|X - \mu| \geq t) \leq \frac{\beta_4}{t^4}.$$

7. Supóngase que el 30% de los artículos de un gran lote manufacturado es de poca calidad. Supóngase, además, que se va a seleccionar del lote una muestra aleatoria de n artículos y sea Q_n la proporción de artículos en la muestra que son de poca calidad. Determínese un valor de n tal que $\Pr(0.2 \leq Q_n \leq 0.4) \geq 0.75$ utilizando (a) la desigualdad de Chebyshev y (b) las tablas de la distribución binomial presentadas al final del libro.

8. Sea $Z_1, Z_2, \ldots$ una sucesión de variables aleatorias y supóngase que, para $n = 1, 2, \ldots$, la distribución de Z_n es la siguiente:

$$\Pr\left(Z_n = n^2\right) = \frac{1}{n} \quad \text{y} \quad \Pr\left(Z_n = 0\right) = 1 - \frac{1}{n}.$$

Demuéstrese que

$$\lim_{n \to \infty} E(Z_n) = \infty \quad \text{pero} \quad \operatorname*{plim}_{n \to \infty} Z_n = 0.$$

9. Se dice que una sucesión de variables aleatorias $Z_1, Z_2, \ldots$ *converge a una constante* b *en media cuadrática si*

$$\lim_{n \to \infty} E\left[(Z_n - b)^2\right] = 0.$$

Demuéstrese que se verifica la ecuación (5) si, y sólo si,

$$\lim_{n \to \infty} E(Z_n) = b \quad \text{y} \quad \lim_{n \to \infty} \operatorname{Var}(Z_n) = 0.$$

Sugerencia: Utilícese el ejercicio 4 de la sección 4.3.

10. Demuéstrese que si una sucesión $Z_1, Z_2, \ldots$ converge a una constante b en media cuadrática, entonces la sucesión también converge en probabilidad a b.

11. Sea $\overline{X}_n$ la media muestral de una muestra aleatoria de tamaño n de una distribución cuya media es μ y cuya varianza es σ^2, donde $\sigma^2 < \infty$. Demuéstrese que $\overline{X}_n$ converge a μ en media cuadrática cuando $n \to \infty$.

12. Sea $Z_1, Z_2, \ldots$ una sucesión de variables aleatorias y supóngase que para $n = 1, 2, \ldots$ la distribución de Z_n es la siguiente:

$$\Pr\left(Z_n = \frac{1}{n}\right) = 1 - \frac{1}{n^2} \quad \text{y} \quad \Pr(Z_n = n) = \frac{1}{n^2}.$$

(a) ¿Existe una constante c a la que la sucesión converge en probabilidad?

(b) ¿Existe una constante c a la que la sucesión converge en media cuadrática?

*4.9 UTILIDAD

Funciones de utilidad

Considérese un juego en el cual tendrá lugar uno de los tres resultados siguientes: Una persona ganará 100 dólares con probabilidad 1/5, ganará 0 dólares con probabilidad 2/5 o perderá 40 dólares con probabilidad 2/5. La *ganancia* esperada de este juego es

$$\frac{1}{5}(100) + \frac{2}{5}(0) + \frac{2}{5}(-40) = 4.$$

En general, cualquier juego de este tipo, en el que las posibles ganancias o pérdidas son distintas cantidades de dinero, se puede representar por una variable aleatoria X con una distribución de probabilidad específica. Hay que entender que un valor positivo de X representa una ganancia monetaria real de la persona y que un valor negativo de X representa una pérdida (que se considera como ganancia negativa). La ganancia esperada de un juego X es entonces simplemente $E(X)$.

Aunque dos juegos distintos X e Y pueden tener la misma ganancia esperada, una persona que se ve obligada a elegir uno de los dos, generalmente tendrá preferencia por uno de ellos. Por ejemplo, considérense dos juegos X e Y cuyas ganancias tienen las siguientes distribuciones de probabilidad:

$$\Pr(X = 500) = \Pr(X = -400) = \frac{1}{2} \tag{1}$$

y

$$\Pr(Y = 60) = \Pr(Y = 50) = \Pr(Y = 40) = \frac{1}{3}. \tag{2}$$

Aquí, $E(X) = E(Y) = 50$. Sin embargo, una persona que no desee arriesgarse a perder 400 dólares para tener la oportunidad de ganar 500 generalmente preferiría Y, que proporciona una ganancia segura de al menos 40 dólares.

La *teoría de utilidad* fue desarrollada durante las décadas de 1930 y 1940 para describir las preferencias de una persona entre juegos como los que se acaban de describir. De acuerdo con esta teoría, una persona preferirá un juego X para el que la esperanza de una cierta función $U(X)$ es un máximo, a un juego para el que la ganancia esperada $E(X)$ es simplemente un máximo. La función U se denomina la *función de utilidad* de la persona. Comúnmente hablando, la función de utilidad de una persona es una función que asigna a cada cantidad posible x $(-\infty < x < \infty)$ un número $U(x)$ que representa el valor real para la persona de ganar la cantidad x.

Por ejemplo, supóngase que la función de utilidad de una persona es U y que debe elegir entre los juegos X e Y definidos por las ecuaciones (1) y (2). Entonces,

$$E[U(X)] = \frac{1}{2}U(500) + \frac{1}{2}U(-400) \tag{3}$$

y

$$E[U(Y)] = \frac{1}{3}U(60) + \frac{1}{3}U(50) + \frac{1}{3}U(40). \tag{4}$$

La persona preferiría el juego para el cual la utilidad esperada de ganancia, como se especifica en la ecuación (3) o la ecuación (4), es mayor.

Formalmente, la función de utilidad de una persona se define como una función U que tiene la siguiente propiedad: Cuando la persona debe elegir entre dos juegos X e Y, preferirá X a Y si $E[U(X)] > E[U(Y)]$ y será indiferente a X e Y si $E[U(X)] = E[U(Y)]$. Cuando la persona está eligiendo entre más de dos juegos, elegirá un juego X para el que $E[U(X)]$ sea un máximo.

No se considerará aquí el problema de determinar las condiciones que deben satisfacer las preferencias de una persona entre todos los juegos posibles para garantizar que estas preferencias se puedan representar mediante una función de utilidad. Este problema y otros aspectos de la teoría de utilidad son tratadas por DeGroot (1970).

Ejemplos de funciones de utilidad

Puesto que es razonable suponer que toda persona prefiere una ganancia mayor a una menor, supóngase que toda función de utilidad $U(x)$ es una función creciente de la ganancia x. Sin embargo, la forma de la función $U(x)$ variará de persona a persona y dependerá de la disposición de cada persona a arriesgarse a perder diversas cantidades para intentar aumentar sus ganancias.

Por ejemplo, considérense dos juegos X e Y para los que las ganancias tienen las siguientes distribuciones de probabilidad:

$$\Pr(X = -3) = 0.5, \qquad \Pr(X = 2.5) = 0.4, \qquad \Pr(X = 6) = 0.1. \tag{5}$$

$$\Pr(Y = -2) = 0.3, \qquad \Pr(Y = 1) = 0.4, \qquad \Pr(Y = 3) = 0.3. \tag{6}$$

Supóngase que una persona debe tomar una de las tres decisiones siguientes: (1) aceptar el juego X, (2) aceptar el juego Y, (3) no aceptar ninguno de los dos juegos. Se determinará ahora la decisión que una persona tomaría para tres funciones de utilidad distintas.

Ejemplo 1: Función de utilidad lineal. Supóngase que $U(x) = ax + b$ para constantes a y b, donde $a > 0$. En este caso, para todo juego X, $E[U(X)] = aE(X) + b$. Por tanto, para cualquier par de juegos X e Y, $E[U(X)] > E[U(Y)]$ si, y sólo si, $E(X) > E(Y)$. En otras palabras, una persona que tiene una función de utilidad lineal siempre escogerá un juego para el que la ganancia esperada sea un máximo.

Cuando los juegos X e Y se definen por las ecuaciones (5) y (6),

$$E(X) = (0.5)(-3) + (0.4)(2.5) + (0.1)(6) = 0.1$$

$$E(Y) = (0.3)(-2) + (0.4)(1) + (0.3)(3) = 0.7.$$

Además, puesto que la ganancia de no aceptar ninguno de estos juegos es 0, la ganancia esperada de decidir no aceptar ninguno de los juegos es claramente 0. Puesto que $E(Y) > E(X) > 0$, resulta que una persona que tiene una función de utilidad lineal elegiría aceptar el juego Y. Si el juego Y no estuviera disponible, entonces la persona preferiría aceptar el juego X a no aceptar ningún juego. $\triangleleft$

*Ejemplo 2: **Función de utilidad cúbica.*** Supóngase que la función de utilidad de una persona es $U(x) = x^3$ para $-\infty < x < \infty$. Entonces, para los juegos definidos por las ecuaciones (5) y (6),

$$E[U(X)] = (0.5)(-3)^3 + (0.4)(2.5)^3 + (0.1)(6)^3 = 14.35$$

$$E[U(Y)] = (0.3)(-2)^3 + (0.4)(1)^3 + (0.3)(3)^3 = 6.1.$$

Además, la utilidad de no aceptar ningún juego es $U(0) = 0^3 = 0$. Puesto que $E[U(X)] >$ $> E[U(Y)] > 0$, resulta que la persona elegiría aceptar el juego X. Si el juego X no estuviera disponible, la persona preferiría aceptar el juego Y a no jugar en absoluto. ◁

*Ejemplo 3: **Funciones de utilidad logarítmicas.*** Supóngase que la función de utilidad de una persona es $U(x) = \log(x+4)$ para $x > -4$. Puesto que $\lim_{x\to -4} \log(x+4) = -\infty$, una persona que tiene esta función de utilidad no puede elegir un juego en el que exista alguna posibilidad de que su ganancia sea -4 o menos. Para los juegos X e Y definidos por las ecuaciones (5) y (6),

$$E[U(X)] = (0.5)(\log 1) + (0.4)(\log 6.5) + (0.1)(\log 10) = 0.9790$$

$$E[U(Y)] = (0.3)(\log 2) + (0.4)(\log 5) + (0.3)(\log 7) = 1.4355.$$

Además, la utilidad de no aceptar ningún juego es $U(0) = \log 4 = 1.3863$. Puesto que $E[U(Y)] > U(0) > E[U(X)]$, resulta que la persona elegiría aceptar el juego Y. Si el juego Y no estuviera disponible, la persona preferiría no jugar en absoluto a aceptar el juego X. ◁

Venta de un boleto de lotería

Supóngase que una persona tiene un boleto de lotería del cual recibirá una ganancia aleatoria de X dólares, donde X tiene una distribución de probabilidad específica. Se determinará el número de dólares por el que la persona estaría dispuesta a vender su boleto de lotería.

Sea U la función de utilidad de la persona. Entonces, la utilidad esperada de la ganancia proporcionada por el boleto de lotería es $E[U(X)]$. Si vende el boleto de lotería por x_0 dólares, su ganancia es entonces x_0 dólares y la utilidad de su ganancia es $U(x_0)$. La persona preferirá aceptar x_0 dólares como una ganancia segura a aceptar la ganancia aleatoria X proporcionada por el boleto de lotería si, y sólo si, $U(x_0) > E[U(X)]$. Por tanto, la persona estaría dispuesta a vender el boleto de lotería por una cantidad x_0 tal que $U(x_0) > E[U(X)]$. Si $U(x_0) = E[U(X)]$, le sería indiferente vender el boleto de lotería o aceptar la ganancia aleatoria de X.

*Ejemplo 4: **Función de utilidad cuadrática.*** Supóngase que $U(x) = x^2$ para $x \geq 0$ y supóngase que la persona tiene un boleto de lotería con el cual ganará 36 dólares con probabilidad 1/4 ó 0 dólares con probabilidad 3/4. ¿Por cuántos dólares x_0 estaría dispuesto a vender su boleto de lotería?

La utilidad esperada de la ganancia proporcionada por el boleto de lotería es

$$
\begin{aligned}
E[U(X)] &= \frac{1}{4}U(36) + \frac{3}{4}U(0) \\
&= \frac{1}{4}(36)^2 + \frac{3}{4}(0) = 324.
\end{aligned}
$$

Por tanto, la persona sería capaz de vender su boleto de lotería por cualquier cantidad x_0 tal que $U(x_0) = x_0^2 > 324$. Por tanto, $x_0 > 18$. En otras palabras, aunque la ganancia esperada del boleto de lotería en este ejemplo es únicamente 9 dólares, la persona no vendería su boleto por menos de 18 dólares. ◁

Ejemplo 5: Función de utilidad raíz cuadrada. Supóngase ahora que $U(x) = x^{1/2}$ para $x \geq 0$ y considérese de nuevo el boleto de lotería descrito en el ejemplo 4. La utilidad esperada de la ganancia proporcionada por el boleto de lotería en este caso es

$$
\begin{aligned}
E[U(X)] &= \frac{1}{4}U(36) + \frac{3}{4}U(0) \\
&= \frac{1}{4}(6) + \frac{3}{4}(0) = 1.5.
\end{aligned}
$$

Por tanto, la persona estaría dispuesta a vender el boleto de lotería por cualquier cantidad x_0 tal que $U(x_0) = x_0^{1/2} > 1.5$. Entonces, $x_0 > 2.25$. En otras palabras, aunque la ganancia esperada del boleto de lotería en este ejemplo es 9 dólares, la persona estaría dispuesta a vender el boleto por una cantidad tan pequeña como 2.25 dólares. ◁

EJERCICIOS

1. Considérense tres juegos X, Y y Z para los que las distribuciones de probabilidad de las ganancias son las siguientes:

   $\Pr(X = 5) = \Pr(X = 25) = 1/2,$

   $\Pr(Y = 10) = \Pr(Y = 20) = 1/2,$

   $\Pr(Z = 15) = 1.$

   Supóngase que la función de utilidad de una persona tiene la forma $U(x) = x^2$ para $x > 0$. ¿Cuál de los tres juegos preferiría?

2. Determínese cuál de los tres juegos del ejercicio 1 sería preferido por una persona cuya función de utilidad es $U(x) = x^{1/2}$ para $x > 0$.

3. Determínese cuál de los tres juegos del ejercicio 1 sería preferido por una persona cuya función de utilidad tiene la forma $U(x) = ax + b$, donde a y b son constantes $(a > 0)$.

4. Considérese una función de utilidad U para la que $U(0) = 0$ y $U(100) = 1$. Supóngase que a una persona que tiene esta función de utilidad se muestra indiferente entre aceptar un juego cuya ganancia será 0 dólares con probabilidad 1/3 ó 100 dólares con probabilidad 2/3 y aceptar 50 dólares seguros. ¿Cuál es el valor de $U(50)$?

5. Considérese una función de utilidad U para la que $U(0) = 5$, $U(1) = 8$ y $U(2) = 10$. Supóngase que una persona que tiene esta función de utilidad se muestra indiferente entre dos juegos X e Y para los cuales las distribuciones de probabilidad de las ganancias son como sigue:

$$\Pr(X = -1) = 0.6, \quad \Pr(X = 0) = 0.2, \quad \Pr(X = 2) = 0.2,$$
$$\Pr(Y = 0) = 0.9, \quad \Pr(Y = 1) = 0.1.$$

¿Cuál es el valor de $U(-1)$?

6. Supóngase que una persona debe aceptar un juego X con la forma siguiente:

$$\Pr(X = a) = p \quad \text{y} \quad \Pr(X = 1 - a) = 1 - p,$$

donde p es un número tal que $0 < p < 1$. Supóngase también que la persona puede elegir y fijar el valor de $a (0 \leq a \leq 1)$ utilizado en este juego. Determínese el valor de a que la persona elegiría si su función de utilidad es $U(x) = \log x$ para $x > 0$.

7. Determínese el valor de a que una persona elegiría en el ejercicio 6 si su función de utilidad es $U(x) = x^{1/2}$ para $x \geq 0$.

8. Determínese el valor de a que una persona elegiría en el ejercicio 6 si su función de utilidad es $U(x) = x$ para $x \geq 0$.

9. Considérense cuatro juegos X_1, X_2, X_3 y X_4 para los que las distribuciones de probabilidad de las ganancias son como sigue:

$$\Pr(X_1 = 0) = 0.2, \quad \Pr(X_1 = 1) = 0.5, \quad \Pr(X_1 = 2) = 0.3,$$
$$\Pr(X_2 = 0) = 0.4, \quad \Pr(X_2 = 1) = 0.2, \quad \Pr(X_2 = 2) = 0.4,$$
$$\Pr(X_3 = 0) = 0.3, \quad \Pr(X_3 = 1) = 0.3, \quad \Pr(X_3 = 2) = 0.4,$$
$$\Pr(X_4 = 0) = \Pr(X_4 = 2) = 0.5.$$

Supóngase que la función de utilidad de una persona es tal que prefiere X_1 a X_2. Si la persona se viera obligada a aceptar X_3 o X_4, ¿cuál elegiría?

10. Supóngase que una persona tiene un capital $A > 0$ y puede apostar cualquier cantidad b de su capital en cierto juego $(0 \leq b \leq A)$. Si gana la apuesta, entonces su capital se convierte en $A + b$; si pierde la apuesta, su capital entonces se reduce a $A - b$. En general, sea X su capital después de ganar o perder. Supóngase que la probabilidad de que gane es p $(0 < p < 1)$ y la probabilidad de que pierda es $1 - p$. Supóngase también que su función de utilidad, como función de su capital final x, es $U(x) = \log x$ para $x > 0$. Si la persona desea apostar una cantidad b para la cual la utilidad esperada de su capital $E[U(X)]$ sea un máximo, ¿qué cantidad b deberá apostar?

11. Determínese la cantidad b que la persona debería apostar en el ejercicio 10 si su función de utilidad es $U(x) = x^{1/2}$ para $x \geq 0$.

12. Determínese la cantidad b que la persona debería apostar en el ejercicio 10 si su función de utilidad es $U(x) = x$ para $x \geq 0$.

13. Determínese la cantidad b que la persona debería apostar en el ejercicio 10 si su función de utilidad es $U(x) = x^2$ para $x \geq 0$.

14. Supóngase que una persona tiene un boleto de lotería con el que espera ganar X dólares, donde X tiene una distribución uniforme sobre el intervalo $(0, 4)$. Supóngase también que la función de utilidad de la persona es $U(x) = x^\alpha$ para $x \leq 0$, donde α es una constante positiva dada. ¿Por cuántos dólares x_0 estaría dispuesta la persona a vender este boleto de lotería?

4.10 EJERCICIOS COMPLEMENTARIOS

1. Supóngase que la variable aleatoria X tiene una distribución continua con f.d. $F(x)$. Supóngase también que $\Pr(X \geq 0) = 1$ y que existe $E(X)$. Demuéstrese que

$$E(X) = \int_0^\infty [1 - F(x)]\, dx.$$

Sugerencia: Se puede utilizar el hecho de que si existe $E(X)$, entonces

$$\lim_{x \to \infty} x\,[1 - F(x)] = 0.$$

2. Considérense de nuevo las condiciones del ejercicio 1, pero supóngase ahora que X tiene una distribución discreta con f.d. $F(x)$ en vez de una distribución continua. Demuéstrese que la conclusión del ejercicio 1 sigue siendo válida.

3. Supóngase que X, Y y Z son variables aleatorias no negativas tales que $\Pr(X + Y + Z \leq 1.3) = 1$. Demuéstrese que X, Y y Z no pueden tener una distribución conjunta respecto a la cual cada una de sus distribuciones marginales sea una distribución uniforme sobre el intervalo $(0, 1)$.

4. Supóngase que la variable aleatoria X tiene media μ y varianza σ^2 y que $Y = aX + b$. Determínense los valores de a y b para los que $E(Y) = 0$ y $\text{Var}(Y) = 1$.

5. Determínese la esperanza del rango de una muestra aleatoria de tamaño n de una distribución uniforme sobre el intervalo $(0, 1)$.

6. Supóngase que un comerciante de automóviles paga una cantidad X (en miles de dólares) por un coche usado y lo vende entonces por una cantidad Y. Supóngase que las variables aleatorias X e Y tienen la f.d.p. conjunta siguiente:

$$f(x, y) = \begin{cases} \dfrac{1}{36}x & \text{para } 0 < x < y < 6, \\ 0 & \text{en otro caso.} \end{cases}$$

Determínese la esperanza de la ganancia esperada de la venta del comerciante.

7. Supóngase que $X_1, \ldots, X_n$ constituyen una muestra aleatoria de tamaño n de una distribución continua con la f.d.p. siguiente:

$$f(x) = \begin{cases} 2x & \text{para } 0 < x < 1, \\ 0 & \text{en otro caso.} \end{cases}$$

Sea $Y_n = \max\{X_1, \ldots, X_n\}$. Calcúlese $E(Y_n)$.

8. Si m es una mediana de la distribución de X y si $Y = r(X)$ es una función no decreciente o no creciente de X, demuéstrese que $r(m)$ es una mediana de la distribución de Y.

9. Supóngase que $X_1, \ldots, X_n$ son variables aleatorias i.i.d., cada una de las cuales tiene una distribución continua con mediana m. Sea $Y_n = \max\{X_1, \ldots, X_n\}$. Determínese el valor de $\Pr(Y_n > m)$.

10. Supóngase que una persona va a vender refrescos en partido de fútbol y ha de decidir por adelantado cuántos refrescos debe pedir. Supóngase que la demanda del refresco en el juego, en litros, tiene una distribución continua con f.d.p. $f(x)$. Supóngase que la persona tiene una ganancia de g centavos por cada litro que vende en el partido y una pérdida de c centavos por cada litro que queda sin vender. ¿Cuál es la cantidad óptima de refresco que debe pedir para que se maximice la ganancia neta esperada?

11. Supóngase que el número de horas X que funcionará una máquina antes de fallar tiene una distribución continua con f.d.p. $f(x)$. Supóngase que en el momento en que la máquina empieza a funcionar debe decidirse cuando se regresará para inspeccionarla. Si se vuelve antes de que la máquina haya fallado, se ocasionará un costo de b dólares por haber desperdiciado una inspección. Si vuelve después de que la máquina haya fallado, se ocasionará un costo de c dólares por cada hora que la máquina no haya funcionado después de fallar. ¿Cuál es el número óptimo de horas a esperar antes de regresar a la inspección para minimizar el costo esperado?

12. Supóngase que X e Y son variables aleatorias para las que $E(X) = 3, E(Y) = 1$, $\text{Var}(X) = 4$ y $\text{Var}(Y) = 9$. Sea $Z = 5X - Y + 15$. Determínense $E(Z)$ y $\text{Var}(Z)$ en cada una de las condiciones siguientes: (a) X e Y son independientes; (b) X e Y son no correlacionadas; (c) la correlación de X e Y es 0.25.

13. Supóngase que $X_0, X_1, \ldots, X_n$ son variables aleatorias independientes y que todas tienen la misma varianza σ^2. Sea $Y_j = X_j - X_{j-1}$ para $j = 1, \ldots, n$ y sea $\overline{Y}_n = \frac{1}{n}\sum_{j=1}^{n} Y_j$. Determínese el valor de $\text{Var}(\overline{Y}_n)$.

14. Supóngase que $X_1, \ldots, X_n$ son variables aleatorias para las que $\text{Var}(X_i)$ tiene el mismo valor σ^2 para $i = 1, \ldots, n$ y $\rho(X_i, X_j)$ tiene el mismo valor ρ para todo par de valores i y j tal que $i \neq j$. Demuéstrese que $\rho \geq -(n-1)^{-1}$.

15. Supóngase que la distribución conjunta de X e Y es una distribución uniforme sobre un círculo en el plano xy. Determínese la correlación de X e Y.

16. Supóngase que n cartas se introducen aleatoriamente en n sobres, como en el problema de coincidencias descrito en la sección 1.10. Determínese la varianza del número de cartas que se introducen en los sobres correctos.

17. Supóngase que la variable aleatoria X tiene media μ y varianza σ^2. Demuéstrese que el tercer momento central de X se puede expresar como $E(X^3) - 3\mu\sigma^2 - \mu^3$.

18. Supóngase que X es una variable aleatoria con f.g.m. $\psi(t)$, media μ y varianza σ^2; y sea $c(t) = \log[\psi(t)]$. Demuéstrese que $c'(0) = \mu$ y $c''(0) = \sigma^2$.

19. Supóngase que X e Y tienen una distribución conjunta con medias μ_X y μ_Y, desviaciones típicas σ_X y σ_Y, y correlación ρ. Demuéstrese que si $E(Y|X)$ es una función lineal de X, entonces

$$E(Y|X) = \mu_Y + \rho\frac{\sigma_Y}{\sigma_X}(X - \mu_X).$$

20. Supóngase que X e Y son variables aleatorias tales que $E(Y|X) = 7 - (1/4)X$ y $E(X|Y) = 10 - Y$. Determínese la correlación de X e Y.

21. Supóngase que un palo que tiene una longitud de 3 pies se rompe en dos partes y que el punto por el que se rompe se elige de acuerdo con la f.d.p. $f(x)$. ¿Cuál es la correlación entre la longitud de la pieza más grande y la longitud de la más pequeña?

22. Supóngase que X e Y tienen una distribución conjunta con correlación $\rho > 1/2$ y que $\text{Var}(X) = \text{Var}(Y) = 1$. Demúestrese que $b = -(2\rho)^{-1}$ es el único valor de b tal que la correlación de X y $X + bY$ es también ρ.

23. Supóngase que cuatro fincas A, B, C y D se encuentran situadas a lo largo de una avenida en los puntos $0, 1, 3$ y 5, como se muestra en la siguiente figura. Supóngase también que el 10% de los empleados de cierta empresa vive en la finca A, el 20% vive en B, el 30% vive en C y el 40% vive en D.

    (a) ¿Dónde debería construir la empresa sus nuevas oficinas para minimizar la distancia total que deben viajar sus empleados?

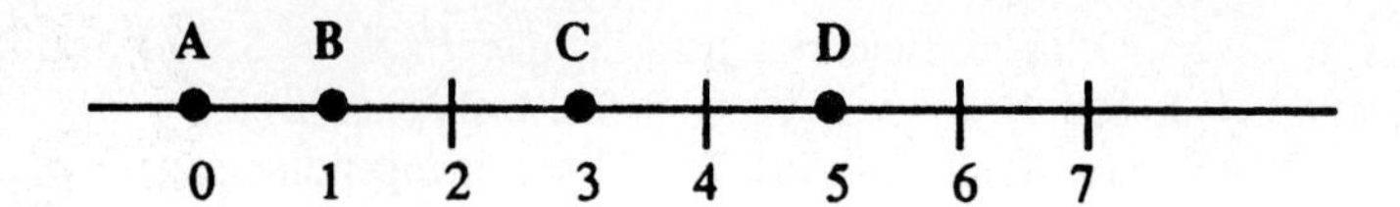

(b) ¿Dónde debería construir la empresa sus nuevas oficinas para minimizar la suma de las distancias al cuadrado que deben viajar sus empleados?

24. Supóngase que X e Y tienen la f.d.p. conjunta siguiente:

$$f(x,y) = \begin{cases} 8xy & \text{para } 0 < y < x < 1, \\ 0 & \text{en otro caso.} \end{cases}$$

Supóngase también que el valor observado de X es 0.2.

(a) ¿Qué predicción de Y tiene el menor E.C.M.?

(b) ¿Qué predicción de Y tiene el menor E.A.M.?

25. Para cualesquiera variables aleatorias X, Y y Z, sea $\text{Cov}(X, Y|z)$ la covarianza de X e Y en su distribución conjunta condicional dado $Z = z$. Demuéstrese que

$$\text{Cov}(X,Y) = E\left[\text{Cov}(X,Y|Z)\right] + \text{Cov}\left[E(X|Z), E(Y|Z)\right].$$

26. Supóngase que X es una variable aleatoria tal que existe $E(X^k)$ y $\Pr(X \geq 0) = 1$. Demuéstrese que para $k > 0$ y $t > 0$,

$$\Pr(X \geq t) \leq \frac{E(X^k)}{t^k}.$$

27. Supóngase que la función de utilidad de una persona es $U(x) = x^2$ para $x \geq$ ≥ 0. Demúestrese que la persona preferirá siempre un juego en el que obtendrá una ganancia aleatoria de X dólares antes que recibir la cantidad $E(X)$ con certeza, donde $\Pr(X \geq 0) = 1$ y $E(X) < \infty$.

28. Una persona recibe m dólares, los cuales debe distribuir entre un suceso A y su complementario A^c. Supóngase que asigna a dólares a A y $m - a$ dólares a A^c. La ganancia de la persona se determina entonces como sigue: Si ocurre A, su ganancia es $g_1 a$; si ocurre A^c, su ganancia es $g_2(m - a)$. Siendo g_1 y g_2 constantes positivas. Supóngase también que $\Pr(A) = p$ y que la función de utilidad de esa persona es $U(x) = \log x$ para $x > 0$. Determínese la cantidad a que maximizará la utilidad esperada de la persona y demúestrese que esta cantidad no depende de los valores de g_1 y g_2.

Distribuciones especiales 5

5.1 INTRODUCCIÓN

En este capítulo se definen y exponen varias distribuciones especiales que son muy utilizadas en aplicaciones de probabilidad y estadística. Las distribuciones que se presentarán aquí incluyen distribuciones discretas y continuas de tipo univariante, bivariante y multivariante. Las distribuciones discretas univariantes son la binomial, de Bernoulli, hipergeométrica, de Poisson, binomial negativa y geométrica. Las distribuciones continuas univariantes son la normal, gamma, exponencial y beta. Otras distribuciones continuas univariantes (introducidas en los ejercicios) son la lognormal, de Weibull y de Pareto. También se exponen la distribución discreta multivariante denominada distribución multinomial y la distribución continua bivariante denominada distribución normal bivariante.

Se describirá brevemente como cada una de estas distribuciones aparecen en problemas aplicados y se demostrará porque cada una podría ser un modelo de probabilidad apropiado para algunos experimentos. Para cada distribución se presentará la f.p. o la f.d.p. y se expondrán algunas de las propiedades básicas de la distribución.

5.2 DISTRIBUCIONES DE BERNOULLI Y BINOMIAL

Distribución de Bernoulli

Un experimento de un tipo particularmente sencillo es aquel en el que hay solamente dos resultados posibles, tales como cara y cruz, éxito o fracaso, defectuoso o no defectuoso.

Es conveniente designar los dos resultados posibles de dicho experimento como 0 y 1. La siguiente definición se puede aplicar entonces a cualquier experimento de este tipo.

Se dice que una variable aleatoria X tiene una *distribución de Bernoulli con parámetro* p $(0 \leq p \leq 1)$ si X puede tomar únicamente los valores 0 y 1 y las probabilidades son

$$\Pr(X = 1) = p \quad \text{y} \quad \Pr(X = 0) = 1 - p. \tag{1}$$

Si se define $q = 1 - p$, entonces la f.p. de X se puede escribir como sigue:

$$f(x|p) = \begin{cases} p^x q^{1-x} & \text{para } x = 0, 1, \\ 0 & \text{en otro caso.} \end{cases} \tag{2}$$

Para verificar que esta f.p. $f(x|p)$ realmente representa la distribución de Bernoulli dada por las probabilidades (1), simplemente es necesario observar que $f(1|p) = p$ y $f(0|p) = q$.

Si X tiene una distribución de Bernoulli con parámetro p, entonces, como se dedujo al final de la sección 4.3,

$$\begin{aligned} E(X) &= 1 \cdot p + 0 \cdot q = p, \\ E(X^2) &= 1^2 \cdot p + 0^2 \cdot q = p, \end{aligned} \tag{3}$$

$$\text{Var}(X) = E(X^2) - [E(X)]^2 = pq. \tag{4}$$

Además, la f.g.m. de X es

$$\psi(t) = E(e^{tX}) = pe^t + q \qquad \text{para} \ -\infty < t < \infty. \tag{5}$$

Pruebas de Bernoulli

Si las variables aleatorias en una sucesión infinita $X_1, X_2, \ldots$ son i.i.d. y si cada variable aleatoria X_i tiene una distribución de Bernoulli con parámetro p, entonces se dice que las variables aleatorias $X_1, X_2, \ldots$ constituyen una *sucesión infinita de pruebas de Bernoulli con parámetro p*. Análogamente, si n variables aleatorias $X_1, \ldots, X_n$ son i.i.d. y cada una tiene una distribución de Bernoulli con parámetro p, entonces se dice que las variables $X_1, \ldots, X_n$ constituyen n *pruebas de Bernoulli con parámetro* p.

Por ejemplo, supóngase que se lanza repetidas veces una moneda equilibrada. Sea $X_i = 1$ si se obtiene una cara en el i-ésimo lanzamiento y sea $X_i = 0$ si se obtiene una cruz $(i = 1, 2, \ldots)$. Entonces las variables aleatorias $X_1, X_2, \ldots$ constituyen una sucesión infinita de pruebas de Bernoulli con parámetro $p = 1/2$. Análogamente, supóngase que el 10% de los artículos fabricados por cierta máquina son defectuosos y que n artículos son seleccionados al azar e inspeccionados. En este caso, sea $X_i = 1$ si el i-ésimo artículo es defectuoso y sea $X_i = 0$ si es no defectuoso $(i = 1, \ldots, n)$. Entonces las variables aleatorias $X_1, \ldots, X_n$ constituyen n pruebas de Bernoulli con parámetro $p = 1/10$.

Distribución binomial

Como se expuso en la sección 3.1, una variable aleatoria X tiene una *distribución binomial con parámetros* n *y* p si X tiene una distribución discreta cuya f.p. es la siguiente:

$$f(x|n,p) = \begin{cases} \binom{n}{x} p^x q^{n-x} & \text{para} \quad x = 0, 1, 2, \ldots, n, \\ 0 & \text{en otro caso.} \end{cases} \tag{6}$$

En esta distribución, n debe ser un entero positivo y p debe pertenecer al intervalo cerrado $0 \leq p \leq 1$.

La distribución binomial tiene una importancia fundamental en probabilidad y estadística debido al siguiente resultado, que fue deducido en la sección 3.1: Supóngase que el resultado de un experimento puede ser éxito o fracaso, que el experimento se realiza independientemente n veces y que la probabilidad de éxito en cualquier realización es p. Si X denota el número total de éxitos en las n realizaciones, entonces X tiene una distribución binomial con parámetros n y p. Este resultado se puede enunciar como sigue:

Si las variables aleatorias $X_1, \ldots, X_n$ *constituyen* n *pruebas de Bernoulli con parámetro* p *y si* $X = X_1 + \cdots + X_n$, *entonces* X *tiene una distribución binomial con parámetros* n *y* p.

Cuando X se representa como la suma de n pruebas de Bernoulli de esta forma, se pueden deducir fácilmente los valores de la media, la varianza y la f.g.m. de X. Estos valores, que se obtuvieron previamente en las secciones 4.2, 4.3 y 4.4, son

$$E(X) = \sum_{i=1}^{n} E(X_i) = np, \tag{7}$$

$$\text{Var}(X) = \sum_{i=1}^{n} \text{Var}(X_i) = npq, \tag{8}$$

y

$$\psi(t) = E(e^{tX}) = \prod_{i=1}^{n} E(e^{tX_i}) = (pe^t + q)^n. \tag{9}$$

Una tabla presentada al final de este libro proporciona probabilidades de la distribución binomial para distintos valores de n y p.

Se utilizará ahora la f.g.m. de la ecuación (9) para enunciar la siguiente extensión sencilla de un resultado que se dedujo en la sección 4.4.

Si $X_1, \ldots, X_k$ *son variables aleatorias independientes y si* X_i *tiene una distribución binomial con parámetros* n_i *y* p $(i = 1, \ldots, k)$, *entonces la suma* $X_1 + \cdots + X_k$ *tiene una distribución binomial con parámetros* $n = n_1 + \cdots + n_k$ *y* p.

Este resultado también se obtiene fácilmente si se representa cada X_i como la suma de n_i pruebas de Bernoulli con parámetro p. Si $n = n_1 + \cdots + n_k$ y si los n ensayos son independientes, entonces la suma $X_1 + \cdots + X_k$ será simplemente la suma de n pruebas de Bernoulli con parámetro p. Por tanto, esta suma debe tener una distribución binomial con parámetros n y p.

EJERCICIOS

1. Supóngase que X es una variable aleatoria tal que $E(X^k) = 1/3$ para $k = 1, 2, \ldots$. Suponiendo que no puede haber más de una distribución con esta misma sucesión de momentos, determínese la distribución de X.

2. Supóngase que una variable aleatoria X puede tomar únicamente los dos valores a y b con las probabilidades siguientes:

   $$\Pr(X = a) = p \quad \text{y} \quad \Pr(X = b) = q.$$

   Exprésese la f.p. de X en una forma análoga a la indicada en la ecuación (2).

3. Supóngase que la probabilidad de que un cierto experimento tenga éxito es 0.4 y sea X el número de éxitos que se obtienen en 15 realizaciones independientes del experimento. Utilícese la tabla de la distribución binomial presentada al final de este libro para determinar el valor de $\Pr(6 \leq X \leq 9)$.

4. Una moneda con probabilidad de cara 0.6 se lanza nueve veces. Utilícese la tabla de la distribución binomial presentada al final del libro para determinar la probabilidad de obtener un número par de caras.

5. Tres hombres A, B y C disparan a un blanco. Supóngase que A dispara tres veces y la probabilidad de que dé en el blanco en un disparo concreto es $1/8$; que B dispara cinco veces y la probabilidad de que dé en el blanco en un disparo concreto es $1/4$; y que C dispara dos veces y la probabilidad de que dé en el blanco en un disparo concreto es $1/2$. ¿Cuál es el número esperado de disparos que darán en el blanco?

6. Con las condiciones del ejercicio 5, ¿cuál es la varianza del número de disparos que darán en el blanco?

7. Un cierto sistema electrónico contiene diez componentes. Supóngase que la probabilidad de que un componente individual falle es 0.2 y que los componentes fallan independientemente unos de otros. Dado que al menos uno de los componentes ha fallado, ¿cuál es la probabilidad de que fallen al menos dos de los componentes?

8. Supóngase que las variables aleatorias $X_1, \ldots, X_n$ constituyen n pruebas de Bernoulli con parámetro p. Determínese la probabilidad condicional de $X_1 = 1$, dado que

   $$\sum_{i=1}^{n} X_i = k \qquad (k = 1, \ldots, n).$$

9. La probabilidad de que un niño dado de cierta familia herede una determinada enfermedad es p. Si se sabe que al menos un niño de una familia de n niños ha heredado la enfermedad, ¿cuál es el número esperado de niños de la familia que han heredado la enfermedad?

10. Para $0 \leq p \leq 1, q = 1 - p$ y $n = 2, 3, \ldots$, determínese el valor de

$$\sum_{x=2}^{n} x(x-1)\binom{n}{x}p^x q^{n-x}.$$

11. Si una variable aleatoria X tiene una distribución discreta cuya f.p es $f(x)$, entonces el valor de x para el que $f(x)$ es máxima se denomina *moda* de la distribución. Si este mismo máximo $f(x)$ se alcanza en más de un valor de x, entonces todos estos valores de x se denominan modas de la distribución. Determínese la moda o modas de la distribución binomial con parámetros n y p. *Sugerencia*: Estúdiese el cociente $f(x+1|n,p)/f(x|n,p)$.

5.3 DISTRIBUCIÓN HIPERGEOMÉTRICA

Definición de la distribución hipergeométrica

Supóngase que una urna contiene A bolas rojas y B azules. Supóngase también que se seleccionan al azar sin reemplazamiento n bolas de la urna y sea X el número de bolas rojas que se obtienen. Lógicamente, el valor de X no puede exceder de n ni de A. Por tanto, se debe verificar que $X \leq \min\{n, A\}$. Análogamente, puesto que el número de bolas azules $n - X$ que se obtienen no puede exceder de B, el valor de X debe ser al menos $n - B$. Puesto que el valor de X no puede ser menor que 0, se debe verificar que $X \geq \max\{0, n - B\}$. Por tanto, el valor de X debe ser un entero en el intervalo

$$\max\{0, n-B\} \leq x \leq \min\{n, A\}. \tag{1}$$

Sea $f(x|A,B,n)$ la f.p. de X. Entonces, para cualquier entero x en el intervalo (1), la probabilidad de obtener exactamente x bolas rojas, como se explicó en el ejemplo 3 de la sección 1.8, es

$$f(x|A,B,n) = \frac{\binom{A}{x}\binom{B}{n-x}}{\binom{A+B}{n}}. \tag{2}$$

Además, $f(x|A,B,n) = 0$ para los restantes valores de x. Si una variable aleatoria X tiene una distribución discreta con esta f.p., entonces se dice que X tiene una *distribución hipergeométrica con parámetros A, B y n.*

Generalización de la definición de coeficientes binomiales

Para simplificar la expresión de la f.p. de la distribución hipergeométrica, es conveniente generalizar la definición de un coeficiente binomial presentada en la sección 1.8. Para cualesquiera enteros r y m, donde $r \leq m$, el coeficiente binomial $\binom{m}{r}$ se definió como

$$\binom{m}{r} = \frac{m!}{r!(m-r)!}. \tag{3}$$

Se puede ver que el valor de $\binom{m}{r}$ dado por la ecuación (3) también se puede escribir de la forma

$$\binom{m}{r} = \frac{m(m-1)\cdots(m-r+1)}{r!}. \tag{4}$$

Para cualquier número real m, que no es necesariamente un entero positivo, y para cualquier entero positivo r, el valor de la parte derecha de la ecuación (4) es un número bien definido. Por tanto, para cualquier número real m y cualquier entero positivo r, se puede generalizar la definición del coeficiente binomial $\binom{m}{r}$ definiendo su valor como el dado por la ecuación (4).

El valor del coeficiente binomial $\binom{m}{r}$ se puede obtener a partir de esta definición para cualesquiera enteros positivos r y m. Si $r \leq m$, el valor de $\binom{m}{r}$ está dado por la ecuación (3). Si $r > m$, resulta que $\binom{m}{r} = 0$. Por último, para cualquier número real m, se define el valor de $\binom{m}{0}$ como $\binom{m}{0} = 1$.

Cuando se utiliza esta definición generalizada de un coeficiente binomial, se puede ver que el valor de $\binom{A}{x}\binom{B}{n-x}$ es 0 para cualquier entero x tal que $x > A$ o $n - x > B$. Por tanto, se puede escribir la f.p. de una distribución hipergeométrica con parámetros A, B y n como sigue:

$$f(x|A, B, n) = \begin{cases} \dfrac{\binom{A}{x}\binom{B}{n-x}}{\binom{A+B}{n}} & \text{para } x = 0, 1, \ldots, n, \\ 0 & \text{en otro caso.} \end{cases} \tag{5}$$

De la ecuación (4) resulta entonces que $f(x|A, B, n) > 0$ si, y sólo si, x es un entero en el intervalo (1).

Media y varianza de una distribución hipergeométrica

Se continúa suponiendo que se seleccionan al azar sin reemplazamiento n bolas de una urna que contiene A bolas rojas y B bolas azules. Para $i = 1, \ldots, n$, sea $X_i = 1$ si la i-ésima bola seleccionada es roja y sea $X_i = 0$ si la i-ésima bola seleccionada es azul. Como se explicó en el ejemplo 2 de la sección 4.2, se puede suponer que las n bolas se seleccionan de la urna, ordenando primero todas las bolas de la urna aleatoriamente y seleccionando entonces las n primeras bolas de este ordenamiento. Se puede observar de esta interpretación que, para $i = 1, \ldots, n$,

$$\Pr(X_i = 1) = \frac{A}{A+B} \quad \text{y} \quad \Pr(X_i = 0) = \frac{B}{A+B}.$$

Por tanto, para $i = 1, \ldots, n$,

$$E(X_i) = \frac{A}{A+B} \quad \text{y} \quad \text{Var}(X_i) = \frac{AB}{(A+B)^2}. \tag{6}$$

Puesto que $X = X_1 + \cdots + X_n$, entonces, como se demostró en el ejemplo 2 de la sección 4.2,

$$E(X) = \sum_{i=1}^{n} E(X_i) = \frac{nA}{A+B}. \tag{7}$$

En otras palabras, la media de una distribución hipergeométrica con parámetros A, B y n es $nA/(A+B)$.

Además, por el teorema 5 de la sección 4.6,

$$\text{Var}(X) = \sum_{i=1}^{n} \text{Var}(X_i) + 2\sum_{i<j}\sum \text{Cov}(X_i, X_j). \tag{8}$$

Debido a la simetría entre las variables $X_1, \ldots, X_n$, cada término $\text{Cov}(X_i, X_j)$ de la última suma de la ecuación (8) tendrá el mismo valor que $\text{Cov}(X_1, X_2)$. Puesto que hay $\binom{n}{2}$ términos en esta suma, de las ecuaciones (6) y (8), resulta que

$$\text{Var}(X) = \frac{nAB}{(A+B)^2} + n(n-1)\text{Cov}(X_1, X_2). \tag{9}$$

Si $n = A + B$, entonces se debe verificar que $X = A$, porque *todas* las bolas de la urna serán seleccionadas sin reemplazamiento. Entonces, para $n = A + B$, $\text{Var}(X) = 0$ y de la ecuación (9) resulta que

$$\text{Cov}(X_1, X_2) = -\frac{AB}{(A+B)^2(A+B-1)}.$$

De la ecuación (9), por tanto

$$\text{Var}(X) = \frac{nAB}{(A+B)^2} \cdot \frac{A+B-n}{A+B-1}. \tag{10}$$

Se utilizará la siguiente notación: $T = A + B$ como el número total de bolas de la urna, $p = A/T$ como la proporción de bolas rojas y $q = 1 - p$ como la proporción de bolas azules. Entonces $\text{Var}(X)$ se puede reescribir como sigue:

$$\text{Var}(X) = npq\frac{T-n}{T-1}. \tag{11}$$

Comparación de métodos de muestreo

Es interesante comparar la varianza de la distribución hipergeométrica dada por la ecuación (11) con la varianza npq de la distribución binomial. Si se seleccionan *con reemplazamiento* n bolas de la urna, entonces el número X de bolas rojas que se obtienen tendrá una distribución binomial con varianza npq. El factor $\alpha = (T - n)/(T - 1)$ de la ecuación (11) representa, por tanto, la reducción en $\text{Var}(X)$ causado por el muestreo sin reemplazamiento de una población finita.

Si $n = 1$, el valor de este factor α es 1, porque no hay distinción entre muestreo con reemplazamiento y muestreo sin reemplazamiento cuando se selecciona una bola. Si $n = T$, entonces (como se mencionó previamente) $\alpha = 0$ y $\text{Var}(X) = 0$. Para valores de n entre 1 y T, el valor de α estará entre 0 y 1.

Para cualquier tamaño muestral fijo n, se puede observar que $\alpha \to 1$ cuando $T \to \infty$. Este límite refleja el hecho de que cuando el tamaño de la población T es muy grande comparado con el tamaño muestral n, la diferencia entre el muestreo con reemplazamiento y el muestreo sin reemplazamiento es muy pequeña. En otras palabras, si el tamaño muestral n representa una fracción despreciable del total de la población $A + B$, entonces la distribución hipergeométrica con parámetros A, B y n será aproximadamente la distribución binomial con parámetros n y $p = A/(A + B)$.

EJERCICIOS

1. Supóngase que una urna contiene cinco bolas rojas y diez azules. Si se seleccionan al azar sin reemplazamiento siete bolas, ¿cuál es la probabilidad de obtener al menos tres bolas rojas?

2. Supóngase que se seleccionan al azar sin reemplazamiento siete bolas de una urna que contiene cinco bolas rojas y diez azules. Si $\overline{X}$ denota la proporción de bolas rojas en la muestra, ¿cuáles son la media y la varianza de $\overline{X}$?

3. Determínese el valor de $\binom{3/2}{4}$.

4. Demuéstrese que para cualesquiera enteros positivos n y k,

$$\binom{-n}{k} = (-1)^k\binom{n+k-1}{k}.$$

5. Si una variable aleatoria X tiene una distribución hipergeométrica con parámetros $A = 8$, $B = 20$ y n, ¿para qué valor de n será máxima $\text{Var}(X)$?

6. Supóngase que se seleccionan al azar sin reemplazamiento n estudiantes de una clase que contiene T estudiantes, de los cuales A son chicos y $T - A$ son chicas. Sea X el número de chicos que se obtienen. ¿Para qué tamaño muestral n será máxima Var(X)?

7. Supóngase que X_1 y X_2 son variables aleatorias independientes, que X_1 tiene una distribución binomial con parámetros n_1 y p y que X_2 tiene una distribución binomial con parámetros n_2 y p, donde p es la misma para X_1 y X_2. Para cualquier valor fijo de k ($k = 1, 2, \ldots, n_1 + n_2$), determínese la distribución condicional de X_1 dado que $X_1 + X_2 = k$.

8. Supóngase que en un gran lote que contiene T artículos manufacturados, el 30% de los artículos son defectuosos y el 70% son no defectuosos. También supóngase que se seleccionan al azar sin reemplazamiento diez artículos del lote. Determínese (a) una expresión exacta para la probabilidad de que no se obtendrá más de un artículo defectuoso y (b) una expresión aproximada para esta probabilidad basada en la distribución binomial.

9. Considérese un grupo de T personas y sean $a_1, \ldots, a_T$ las estaturas de estas T personas. Supóngase que se seleccionan al azar sin reemplazamiento n personas de este grupo y sea X la suma de las estaturas de estas n personas. Determínense la media y la varianza de X.

5.4 DISTRIBUCIÓN DE POISSON

Definición y propiedades de la distribución de Poisson

Función de probabilidad. Sea X una variable aleatoria con una distribución discreta y supóngase que el valor de X debe ser un entero no negativo. Se dice que X tiene una *distribución de Poisson con media* λ ($\lambda > 0$) si la f.p. de X es la siguiente:

$$f(x|\lambda) = \begin{cases} \dfrac{e^{-\lambda}\lambda^x}{x!} & \text{para } x = 0, 1, 2, \ldots, \\ 0 & \text{en otro caso.} \end{cases} \tag{1}$$

Está claro que $f(x|\lambda) \geq 0$ para cada valor de x. Para verificar que la función $f(x|\lambda)$ definida por la ecuación (1) satisface los requisitos de toda f.p., se debe demostrar que $\sum_{x=0}^{\infty} f(x|\lambda) = 1$. Se sabe de cálculo elemental que para todo número real λ,

$$e^{\lambda} = \sum_{x=0}^{\infty} \frac{\lambda^x}{x!}. \tag{2}$$

Por tanto,

$$\sum_{x=0}^{\infty} f(x|\lambda) = e^{-\lambda} \sum_{x=0}^{\infty} \frac{\lambda^x}{x!} = e^{-\lambda} e^{\lambda} = 1. \tag{3}$$

Media y varianza. Se ha afirmado que la distribución cuya f.p. está dada por la ecuación (1) se denomina distribución de Poisson con media λ. Para justificar esta definición, se debe demostrar que λ es, de hecho, la media de esta distribución. La media $E(X)$ está dada por la siguiente serie infinita:

$$E(X) = \sum_{x=0}^{\infty} x f(x|\lambda).$$

Puesto que el término correspondiente a $x = 0$ de esta serie es 0, se puede omitir y empezar la suma con el término para $x = 1$, Por tanto,

$$E(X) = \sum_{x=1}^{\infty} x f(x|\lambda) = \sum_{x=1}^{\infty} x \frac{e^{-\lambda}\lambda^x}{x!} = \lambda \sum_{x=1}^{\infty} \frac{e^{-\lambda}\lambda^{x-1}}{(x-1)!}.$$

Si definimos ahora $y = x - 1$ en esta suma, se obtiene

$$E(X) = \lambda \sum_{y=0}^{\infty} \frac{e^{-\lambda}\lambda^y}{y!}.$$

Por la ecuación (3), la suma de la serie de esta ecuación es 1. Por tanto, $E(X) = \lambda$.

La varianza de la distribución de Poisson se puede determinar mediante una técnica análoga a la que se acaba de describir. Se empezará por considerar la siguiente esperanza:

$$\begin{aligned} E[X(X-1)] &= \sum_{x=0}^{\infty} x(x-1) f(x|\lambda) = \sum_{x=2}^{\infty} x(x-1) f(x|\lambda) \\ &= \sum_{x=2}^{\infty} x(x-1) \frac{e^{-\lambda}\lambda^x}{x!} = \lambda^2 \sum_{x=2}^{\infty} \frac{e^{-\lambda}\lambda^{x-2}}{(x-2)!}. \end{aligned}$$

Si se define $y = x - 2$, resulta que

$$E[X(X-1)] = \lambda^2 \sum_{y=0}^{\infty} \frac{e^{-\lambda}\lambda^y}{y!} = \lambda^2. \tag{4}$$

Puesto que $E[(X(X-1)] = E(X^2) - E(X) = E(X^2) - \lambda$, de la ecuación (4) resulta que $E(X^2) = \lambda^2 + \lambda$. Por tanto,

$$\text{Var}(X) = E(X^2) - [E(X)]^2 = \lambda. \tag{5}$$

Por tanto, para la distribución de Poisson cuya f.p. está definida por la ecuación (1), se ha establecido el hecho de que la media y la varianza son iguales a λ.

Función generatriz de momentos. Se determinará ahora la f.g.m. $\psi(t)$ de la distribución de Poisson cuya f.p. está definida por la ecuación (1). Para cualquier valor real de t $(-\infty < t < \infty)$

$$\psi(t) = E(e^{tX}) = \sum_{x=0}^{\infty} \frac{e^{tx} e^{-\lambda} \lambda^x}{x!} = e^{-\lambda} \sum_{x=0}^{\infty} \frac{(\lambda e^t)^x}{x!}.$$

De la ecuación (2) resulta que, para $-\infty < t < \infty$,

$$\psi(t) = e^{-\lambda} e^{\lambda e^t} = e^{\lambda(e^t - 1)}. \tag{6}$$

La media y la varianza, así como otros momentos, se pueden determinar de la f.g.m. indicada en la ecuación (6). No se obtendrán aquí los valores de otros momentos, pero se utilizará la f.g.m. para obtener la siguiente propiedad de la distribución de Poisson.

Teorema 1. *Si las variables aleatorias $X_1, \ldots, X_k$ son independientes y si X_i tiene una distribución de Poisson con media λ_i $(i = 1, \ldots, k)$, entonces la suma $X_1 + \cdots + X_k$ tiene una distribución de Poisson con media $\lambda_1 + \cdots + \lambda_k$.*

Demostración. Sea $\psi_i(t)$ la f.g.m. de X_i para $i = 1, \ldots, k$ y sea $\psi(t)$ la f.g.m. de la suma $X_1 + \cdots + X_k$. Puesto que $X_1, \ldots, X_k$ son independientes, para $-\infty < t < \infty$ resulta que,

$$\psi(t) = \prod_{i=1}^{k} \psi_i(t) = \prod_{i=1}^{k} e^{\lambda_i(e^t - 1)} = e^{(\lambda_1 + \cdots + \lambda_k)(e^t - 1)}.$$

De la ecuación (6) se puede observar que esta f.g.m. $\psi(t)$ es la f.g.m. de una distribución de Poisson con media $\lambda_1 + \cdots + \lambda_k$. Por tanto, la distribución de $X_1 + \cdots + X_k$ debe ser esa distribución de Poisson. ◁

Al final del libro se presenta una tabla de probabilidades de la distribución de Poisson para distintos valores de la media λ.

Proceso de Poisson

La distribución de Poisson a menudo servirá como una distribución de probabilidad apropiada para variables aleatorias tales como el número de llamadas telefónicas recibidas por una central telefónica durante un periodo de tiempo fijo, el número de partículas atómicas emitidas por una fuente radiactiva que golpean un cierto blanco durante un periodo de tiempo fijo o el número de defectos en una longitud específica de una cinta magnética de grabación. Cada una de estas variables aleatorias representa el número total X de ocurrencias de un fenómeno durante un periodo de tiempo fijo o en una región fija del espacio. Se puede demostrar que si el proceso físico que genera estas ocurrencias satisface tres condiciones matemáticas específicas, entonces la distribución de X debe ser una distribución de Poisson. Se presentará ahora una descripción completa de las tres condiciones que se necesitan. En la siguiente exposición, supóngase que se observa el número de ocurrencias de un fenómeno concreto durante un periodo de tiempo fijo.

La primera condición es que el número de ocurrencias en dos intervalos cualesquiera de tiempo *disjuntos* deben ser independientes entre sí. Por ejemplo, aun cuando se reciba un número muy grande de llamadas telefónicas en una central durante el intervalo concreto, la probabilidad de que se reciba al menos una llamada durante un próximo intervalo permanece inalterada. Análogamente, aun cuando no se han recibido llamadas en la central durante un intervalo muy largo, la probabilidad de que se reciba una llamada durante un próximo intervalo de tiempo más corto permanece inalterada.

La segunda condición es que la probabilidad de una ocurrencia durante cualquier intervalo de tiempo muy pequeño debe ser aproximadamente proporcional a la longitud de ese intervalo. Para expresar esta condición más formalmente, se utilizará la notación matemática estándar $o(t)$ que denota cualquier función de t con la propiedad de que

$$\lim_{t \to 0} \frac{o(t)}{t} = 0. \tag{7}$$

De acuerdo con (7), $o(t)$ debe ser una función que se aproxima a 0 cuando $t \to 0$ y además, esta función debe aproximarse a 0 más rápido que t. Un ejemplo de dicha función es $o(t) = t^{\alpha}$, donde $\alpha > 1$. Se puede comprobar que esta función satisface (7). La segunda condición se puede expresar ahora como sigue: Existe una constante $\lambda > 0$ tal que para cualquier intervalo de tiempo de longitud t, la probabilidad de al menos una ocurrencia durante ese intervalo tiene la forma $\lambda t + o(t)$. Entonces, para cualquier valor muy pequeño de t, la probabilidad de al menos una ocurrencia durante un intervalo de longitud t es igual a λt más una cantidad que tiene una magnitud de orden menor.

Una de las consecuencias de la segunda condición es que el proceso observado debe ser *estacionario* sobre el periodo de observación completo; esto es, la probabilidad de una ocurrencia debe ser la misma sobre el periodo completo. No puede haber intervalos ocupados, durante los cuales se sabe de antemano que es probable que las ocurrencias sean más frecuentes, ni intervalos tranquilos, durante los cuales se sabe de antemano que es probable que las ocurrencias sean menos frecuentes. Esta condición se refleja en el hecho de que la misma constante λ expresa la probabilidad de una ocurrencia en cualquier intervalo durante el periodo completo de observación.

La tercera condición que se debe satisfacer es que la probabilidad de que haya dos o más ocurrencias en cualquier intervalo de tiempo muy pequeño debe tener una magnitud de menor orden que la probabilidad de que haya sólo una ocurrencia. En símbolos, la probabilidad de dos o más ocurrencias en cualquier intervalo de longitud t debe ser $o(t)$. Entonces, la probabilidad de dos o más ocurrencias en cualquier intervalo muy pequeño debe ser despreciable en comparación con la probabilidad de una ocurrencia. Claramente, de la segunda condición resulta que la probabilidad de una ocurrencia en ese mismo intervalo será despreciable por sí misma en comparación con la probabilidad de no ocurrencia.

Si se verifican las tres condiciones anteriores, entonces se puede demostrar por los métodos de ecuaciones diferenciales elementales que el proceso cumplirá las dos propiedades siguientes: (1) El número de ocurrencias en cualquier intervalo de tiempo fijo de longitud t tendrá una distribución de Poisson cuya media es λt. (2) Como se supuso en la primera condición, los números de ocurrencias en dos intervalos cualesquiera de tiempo disjuntos serán independientes. Un proceso para el que se satisfacen estas dos propiedades se llama un *proceso de Poisson.* La constante positiva λ es el número esperado de ocurrencias por unidad de tiempo.

Ejemplo 1: Partículas radiactivas. Supóngase que partículas radiactivas dan en un cierto blanco de acuerdo a un proceso de Poisson a una tasa promedio de 3 partículas por minuto. Se determinará la probabilidad de que 10 o más partículas den en el blanco en un periodo de tiempo de 2 minutos.

En un proceso de Poisson, el número de partículas que dan en el blanco en cualquier periodo particular de un minuto tiene una distribución de Poisson con media λ. Puesto que el número esperado de choques en cualquier periodo de tiempo de 1 minuto es 3, resulta que $\lambda = 3$ en este ejemplo. Por tanto, el número de choques X en cualquier periodo de 2 minutos tendrá una distribución de Poisson con media 6. Se puede determinar a partir de la tabla presentada al final de este libro que $\Pr(X \geq 10) = 0.0838$. ◁

Aproximación de Poisson a la distribución binomial

Se demostrará ahora que cuando el valor de n es grande y el valor de p es cercano a 0, la distribución binomial con parámetros n y p se puede aproximar por una distribución de Poisson con media np. Supóngase que una variable aleatoria X tiene una distribución binomial con parámetros n y p y sea $\Pr(X = x) = f(x|n, p)$ para cualquier valor dado de x. Entonces, por la ecuación (6) de la sección 5.2, para $x = 1, 2, \ldots, n$,

$$f(x|n,p) = \frac{n(n-1)\cdots(n-x+1)}{x!} p^x (1-p)^{n-x}.$$

Si definimos $\lambda = np$, entonces $f(x|n,p)$ se puede reescribir de la siguiente forma:

$$f(x|n,p) = \frac{\lambda^x}{x!}\frac{n}{n} \cdot \frac{n-1}{n} \cdots \frac{n-x+1}{n}\left(1-\frac{\lambda}{n}\right)^n\left(1-\frac{\lambda}{n}\right)^{-x} \tag{8}$$

Supóngase ahora que $n \to \infty$ y $p \to \infty$ de forma que el valor del producto np permanezca igual al valor fijo λ a través de este proceso de límites. Puesto que los valores de λ y x permanecen fijos cuando $n \to \infty$, entonces

$$\lim_{n\to\infty} \frac{n}{n} \cdot \frac{n-1}{n} \cdots \frac{n-x+1}{n}\left(1-\frac{\lambda}{n}\right)^{-x} = 1.$$

Además, se sabe de cálculo elemental que

$$\lim_{n \to \infty} \left(1 - \frac{\lambda}{n}\right)^n = e^{-\lambda}. \tag{9}$$

Por la ecuación (8), resulta ahora que para cualquier entero positivo fijo x,

$$f(x|n, p) \to \frac{e^{-\lambda}\lambda^x}{x!}. \tag{10}$$

Por último, para $x = 0$,

$$f(x|n, p) = (1 - p)^n = \left(1 - \frac{\lambda}{n}\right)^n.$$

Por la ecuación (9) resulta entonces, que la relación (10) se verifica siempre para $x = 0$. De ahí que la relación (10) se verifica para todo entero no negativo x.

La expresión de la derecha de la relación (10) es la f.p. $f(x|\lambda)$ de la distribución de Poisson con media λ. Por tanto, cuando n es grande y p está cerca de 0, el valor de la f.p. $f(x|n, p)$ de la distribución binomial se puede aproximar, para $x = 0, 1, \ldots$, por el valor de la f.p. $f(x|\lambda)$ de la distribución de Poisson para la que $\lambda = np$.

Ejemplo 2: Aproximación de una probabilidad. Supóngase que en una gran población la proporción de personas que tienen una cierta enfermedad es 0.01. Se determinará la probabilidad de que en un grupo aleatorio de 200 personas al menos cuatro tengan la enfermedad.

En este ejemplo, se puede suponer que la distribución exacta del número de personas que tienen la enfermedad entre las 200 personas del grupo aleatorio es una distribución binomial con parámetros $n = 200$ y $p = 0.01$. Por tanto, esta distribución se puede aproximar por una distribución de Poisson cuya media es $\lambda = np = 2$. Si X denota una variable aleatoria que tiene esta distribución de Poisson, entonces se puede encontrar en la tabla de la distribución de Poisson presentada al final de este libro que $\Pr(X \geq 4) = 0.1428$. Por tanto, la probabilidad de que al menos cuatro personas tengan la enfermedad es aproximadamente 0.1428. ◁

EJERCICIOS

1. Supóngase que en un fin de semana concreto el número de accidentes en un cierto cruce tiene una distribución de Poisson con media 0.7. ¿Cuál es la probabilidad de que haya al menos tres accidentes en el cruce durante el fin de semana?

2. Supóngase que el número de defectos en un rollo de tela fabricado con un cierto proceso tiene una distribución de Poisson con media 0.4. Si se inspecciona una muestra aleatoria de cinco rollos de tela, ¿cuál es la probabilidad de que el número total de defectos en los cinco rollos sea al menos 6?

3. Supóngase que en un cierto libro hay, en promedio, λ erratas por página. ¿Cuál es la probabilidad de que no haya erratas en una página concreta?

4. Supóngase que un libro con n páginas contiene, en promedio, λ erratas por página. ¿Cuál es la probabilidad de que al menos haya m páginas que contengan más de k erratas?

5. Supóngase que un cierto tipo de cinta magnética contiene, en promedio, 3 defectos por cada 1000 metros. ¿Cuál es la probabilidad de que una cinta de 1200 metros de longitud no contenga defectos?

6. Supóngase que, en promedio, en una cierta tienda se atienden 15 clientes por hora. ¿Cuál es la probabilidad de que se atiendan más de 20 clientes en un periodo de 2 horas?

7. Supóngase que X_1 y X_2 son variables aleatorias independientes y que X_i tiene una distribución de Poisson con media λ_i $(i = 1, 2)$. Determínese para cualquier valor entero de k, la distribución condicional de X_1 dado que $X_1 + X_2 = k$.

8. Supóngase que el número total de artículos fabricados por cierta máquina tiene una distribución de Poisson con media λ; que todos los artículos se fabrican independientemente unos de otros y que la probabilidad de que cualquier artículo concreto fabricado por la máquina sea defectuoso es p. Determínese la distribución marginal del número de artículos defectuosos fabricados por la máquina.

9. Para el problema descrito en el ejercicio 8, sea X el número de artículos defectuosos fabricados por la máquina y sea Y el número de artículos no defectuosos. Demuéstrese que X e Y son variables aleatorias independientes.

10. La moda de una distribución discreta fue definida en el ejercicio 11 de la sección 5.2. Determínese la moda o modas de la distribución de Poisson con media λ.

11. Supóngase que la proporción de personas daltónicas en cierta población es 0.005. ¿Cuál es la probabilidad de que no haya más de una persona daltónica en un grupo de 600 personas seleccionadas aleatoriamente?

12. La probabilidad de trillizos en nacimientos humanos es aproximadamente de 0.001. ¿Cuál es la probabilidad de que haya exactamente un conjunto de trillizos entre 700 nacimientos en un gran hospital?

13. Una línea aérea vende 200 boletos para un vuelo de un avión que tiene únicamente 198 asientos porque, en promedio, el 1% de los clientes no aparecen en el momento de salida. Determínese la probabilidad de que todos los que acuden a la hora de salida de este vuelo tendrán un asiento.

5.5 DISTRIBUCIÓN BINOMIAL NEGATIVA

Definición de la distribución binomial negativa

Supóngase que en una sucesión infinita de experimentos independientes, el resultado de cada experimento debe ser un éxito o un fracaso. Supóngase, además, que la probabilidad de éxito en cualquier experimento particular es p $(0 < p < 1)$ y la probabilidad de fracaso es $q = 1 - p$. Entonces, estos experimentos constituyen una sucesión infinita de pruebas de Bernoulli con parámetro p. En esta sección se estudiará la distribución del número total de fracasos que ocurrirán antes de que se hayan obtenido exactamente r éxitos, donde r es un entero positivo fijo.

Para $n = r, r+1, \ldots$, se define A_n como el suceso de que el número total de pruebas requeridas para obtener exactamente r éxitos sea n. Como se explicó en el ejemplo 7 de la sección 1.11, el suceso A_n ocurrirá si, y sólo si, ocurren exactamente $r-1$ éxitos entre las primeras $n-1$ pruebas y el r-ésimo éxito se obtiene en la n-ésima prueba. Puesto que todas las pruebas son independientes, resulta que

$$\Pr(A_n) = \binom{n-1}{r-1} p^{r-1} q^{(n-1)-(r-1)} \cdot p = \binom{n-1}{r-1} p^r q^{n-r}. \tag{1}$$

Para cualquier valor de x $(x = 0, 1, 2, \ldots)$, el suceso de obtener exactamente x fracasos antes de obtener el r-ésimo éxito es equivalente al suceso de que el número total de pruebas requeridas para obtener r éxitos es $r + x$. En otras palabras, si X denota el número de fracasos que ocurrirán antes de obtener el r-ésimo éxito, entonces $\Pr(X = x) = \Pr(A_{r+x})$. Si se denota $\Pr(X = x)$ por $f(x|r, p)$, de la ecuación (1) resulta que

$$f(x|r,p) = \begin{cases} \binom{r+x-1}{x} p^r q^x & \text{para } x = 0, 1, 2, \ldots, \\ 0 & \text{en otro caso.} \end{cases} \tag{2}$$

Se dice que una variable aleatoria X tiene una *distribución binomial negativa con parámetros* r y p $(r = 1, 2, \ldots, 0 < p < 1)$ si X tiene una distribución discreta cuya f.p. $f(x|r, p)$ es la que se especifica en la ecuación (2).

Utilizando la definición de coeficientes binomiales dada en la ecuación (4) de la sección 5.3, la función $f(x|r, p)$ se puede considerar como la f.p. de una distribución discreta para cualquier número $r > 0$ (no necesariamente un entero) y cualquier número p en el intervalo $0 < p < 1$. En otras palabras, se puede comprobar que para $r > 0$ y $0 < p < 1$,

$$\sum_{x=0}^{\infty} \binom{r+x-1}{x} p^r q^x = 1. \tag{3}$$

En esta sección, sin embargo, se restringe la atención a las distribuciones binomiales negativas cuyo parámetro r es un entero positivo.

De los resultados presentados en el ejercicio 4 al final de la sección 5.3, se deduce que la f.p. de la distribución binomial negativa se puede escribir de la siguiente forma alternativa:

$$f(x|r,p) = \begin{cases} \binom{-r}{x} p^r(-q)^x & \text{para } x = 0, 1, 2, \ldots, \\ 0 & \text{en otro caso.} \end{cases} \tag{4}$$

Distribución geométrica

Una distribución binomial negativa para la cual $r = 1$ es llamada una distribución geométrica. En otras palabras, se dice que la variable aleatoria X tiene una *distribución geométrica con parámetro* p $(0 < p < 1)$ si X tiene una distribución discreta cuya f.p. $f(x, 1|p)$ es la siguiente:

$$f(x|1,p) = \begin{cases} pq^x & \text{para } x = 0, 1, 2, \ldots, \\ 0 & \text{en otro caso.} \end{cases} \tag{5}$$

Considérese de nuevo una sucesión infinita de pruebas de Bernoulli en donde el resultado de cualquier prueba es un éxito o fracaso y la probabilidad de éxito en cualquier prueba es p. Si se define X_1 como el número de fracasos que ocurren antes de obtener el primer éxito, entonces X_1 tendrá una distribución geométrica con parámetro p.

En general, para $j = 2, 3, \ldots$, se define X_j como el número de fracasos que ocurren después de haber obtenido $j-1$ éxitos, pero antes de obtener el j-ésimo éxito. Puesto que todas las pruebas son independientes y la probabilidad de obtener un éxito en cualquier prueba concreta es p, resulta que cada variable aleatoria X_j tendrá una distribución geométrica con parámetro p y que las variables aleatorias $X_1, X_2, \ldots$ serán independientes. Además, para $r = 1, 2, \ldots$, la suma $X_1 + \cdots + X_r$ será igual al número total de fracasos que ocurren antes de haber obtenido exactamente r éxitos. Por tanto, esta suma tendrá una distribución binomial negativa con parámetros r y p. Así se ha obtenido el siguiente resultado:

Si $X_1, \ldots, X_r$ son variables aleatorias i.i.d. y si cada X_i tiene una distribución geométrica con parámetro p, entonces la suma $X_1 + \cdots + X_r$ tiene una distribución binomial negativa con parámetros r y p.

Otras propiedades de las distribuciones binomial negativa y geométrica

Función generatriz de momentos. Si X_1 tiene una distribución geométrica con parámetro p, entonces la f.g.m. $\psi_1(t)$ es la siguiente:

$$\psi_1(t) = E(e^{tX_1}) = p\sum_{x=0}^{\infty}(qe^t)^x. \tag{6}$$

La serie infinita de la ecuación (6) tendrá un valor finito para cualquier valor de t tal que $0 < qe^t < 1$, esto es, para $t < \log(1/q)$. Por cálculo elemental se sabe que para cualquier número α $(0 < \alpha < 1)$,

$$\sum_{x=0}^{\infty} \alpha^x = \frac{1}{1-\alpha}.$$

Por tanto, para $t < \log(1/q)$,

$$\psi_1(t) = \frac{p}{1-qe^t}. \tag{7}$$

Del teorema 3 de la sección 4.4 se sabe que si las variables aleatorias $X_1, \ldots, X_r$ son i.i.d. y si la f.g.m. de cada una de ellas es $\psi_1(t)$, entonces la f.g.m. de la suma $X_1 + \cdots + X_r$ es $[\psi_1(t)]^r$. Puesto que la distribución de la suma $X_1 + \cdots + X_r$ es una distribución binomial negativa con parámetros r y p, se ha establecido el siguiente resultado:

Si X tiene una distribución binomial negativa con parámetros r y p, entonces la f.g.m. de X es la siguiente:

$$\psi(t) = \left(\frac{p}{1-qe^t}\right)^r \qquad \text{para } t < \log\left(\frac{1}{q}\right). \tag{8}$$

Media y varianza. Si X_1 tiene una distribución geométrica con parámetro p, entonces la media y la varianza de X_1 se pueden determinar derivando la f.g.m. de la ecuación (6). Los resultados son los siguientes:

$$E(X_1) = \psi_1'(0) = \frac{q}{p} \tag{9}$$

y

$$\text{Var}(X_1) = \psi_1''(0) - [\psi_1'(0)]^2 = \frac{q}{p^2}. \tag{10}$$

Supóngase ahora que X tiene una distribución binomial negativa con parámetros r y p. Si X se representa como la suma $X_1 + \cdots + X_r$ de r variables aleatorias independientes, cada una con la misma distribución que X_1, de las ecuaciones (9) y (10) se deduce que la media y la varianza de X deben ser

$$E(X) = \frac{rq}{p} \qquad \text{y} \qquad \text{Var}(X) = \frac{rq}{p^2}. \tag{11}$$

La propiedad de falta de memoria de la distribución geométrica. Se continuará considerando una sucesión infinita de pruebas de Bernoulli donde el resultado de cualquier prueba es un éxito o fracaso y la probabilidad de éxito en cualquier prueba es p. Entonces, la distribución del número de fracasos que ocurrirán antes de que ocurra el primer éxito es una distribución geométrica con parámetro p. Supóngase ahora que ocurre un fracaso en cada una de las 20 primeras pruebas. Entonces, puesto que todas las pruebas son independientes, la distribución de los *nuevos* fracasos que ocurrirán antes de obtener el primer éxito será también una distribución geométrica con parámetro p. De hecho, el proceso empieza de nuevo con la prueba vigésima primera y la larga sucesión de fracasos obtenidos en las primeras 20 pruebas no influyen en los resultados futuros del proceso. Esta propiedad usualmente se llama *propiedad de falta de memoria de la distribución geométrica.*

Al inicio del experimento, el número esperado de fracasos que ocurrirán antes de obtener el primer éxito es q/p, como se indicó en la ecuación (9). Si se sabe que las primeras 20 pruebas fueron fracasos, entonces el número total esperado de fracasos antes del primer éxito es simplemente $20 + (q/p)$. Desde el punto de vista puramente matemático, la propiedad de falta de memoria se puede establecer como sigue:

Si X tiene una distribución geométrica con parámetro p, entonces para cualesquiera enteros no negativos k y t,

$$\Pr(X = k + t | X \geq k) = \Pr(X = t). \tag{12}$$

Se podría dar una demostración matemática sencilla de la ecuación (12) utilizando la f.p. $f(x|1, p)$ dada por la ecuación (5). Esta demostración es el ejercicio 7 al final de esta sección.

EJERCICIOS

1. Supóngase que se realiza una sucesión de lanzamientos independientes con una moneda para la cual la probabilidad de obtener una cara en cualquiera de los lanzamientos es $1/30$.
   (a) ¿Cuál es el número esperado de cruces que se obtendrán antes de que se hayan obtenido cinco caras?
   (b) ¿Cuál es la varianza del número de cruces que se obtendrán antes de que se hayan obtenido cinco caras?

2. Considérese la sucesión de lanzamientos de la moneda descrita en el ejercicio 1.
   (a) ¿Cuál es el número esperado de lanzamientos que se necesitarán para obtener cinco caras?
   (b) ¿Cuál es la varianza del número de lanzamientos que se necesitarán para obtener cinco caras?

3. Supóngase que dos jugadores A y B están tratando de lanzar una pelota a través de un aro. La probabilidad de que el jugador A tenga éxito en cualquier lanzamiento es p y realiza sucesivos lanzamientos hasta obtener r éxitos. La probabilidad de que el jugador B tenga éxito en cualquier lanzamiento es mp, donde m es un entero $(m = 2, 3, \ldots)$ tal que $mp < 1$ y realiza sucesivos lanzamientos hasta obtener mr *éxitos.*

   (a) ¿Para qué jugador es menor el número esperado de lanzamientos?

   (b) ¿Para qué jugador es menor la varianza del número de lanzamientos?

4. Supóngase que las variables aleatorias $X_1, \ldots, X_k$ son independientes y que X_i tiene una distribución binomial negativa con parámetros r_i y p $(i = 1, \ldots, k)$. Demuéstrese que la suma $X_1 + \cdots + X_k$ tiene una distribución binomial negativa con parámetros $r = r_1 + \cdots + r_k$ y p.

5. Supóngase que X tiene una distribución geométrica con parámetro p. Determínese la probabilidad de que el valor de X sea uno de los enteros pares $0, 2, 4, \ldots$.

6. Supóngase que X tiene una distribución geométrica con parámetro p. Demuéstrese que para cualquier entero no negativo k, $\Pr(X \geq k) = q^k$.

7. Demuéstrese la ecuación (12).

8. Supóngase que un sistema electrónico contiene n componentes que funcionan independientemente unos de otros y supóngase que estos componentes están conectados en serie, como se definió en el ejercicio 4 de la sección 3.7. Supóngase también que cada componente funcionará bien durante un cierto número de periodos y luego fallará. Por último, supóngase que para $i = 1, \ldots, n$, el número de periodos en que funcionará bien el componente i es una variable aleatoria discreta que tiene una distribución geométrica con parámetro p_i. Determínese la distribución del número de periodos en que el sistema funciona bien.

9. Sea $f(x|r,p)$ la f.p. de la distribución binomial negativa con parámetros r y p, y sea $f(x|\lambda)$ la f.p. de la distribución de Poisson con media λ, como se definió en la ecuación (1) de la sección 5.4. Supóngase que $r \to \infty$ y $q \to 0$ de forma que el valor de rq permanece constante y es igual a λ durante el proceso. Demuéstrese que para cada entero fijo no negativo x,

$$f(x|r,p) \to f(x|\lambda).$$

5.6 DISTRIBUCIÓN NORMAL

Importancia de la distribución normal

La distribución normal, que se define y explica en esta sección es, con mucho, la distribución de probabilidad más importante en estadística. Existen tres razones principales para la singular importancia de la distribución normal.

La primera razón está directamente relacionada con las propiedades matemáticas de la distribución normal. En esta sección y en otras posteriores se demostrará que si una muestra aleatoria es seleccionada de una distribución normal, entonces suelen obtenerse explicitamente las distribuciones de varias funciones importantes de las observaciones muestrales que además resultan tener una forma sencilla. Por tanto, desde un punto de vista matemático resulta conveniente suponer que la distribución de donde se extrae una muestra aleatoria es una distribución normal.

La segunda razón es que muchos científicos han observado que las variables aleatorias estudiadas en diversos experimentos físicos frecuentemnte tienen distribuciones que son aproximadamente normales. Por ejemplo, una distribución normal será generalmente una buena aproximación a la distribución de las estaturas o los pesos de los individuos de una población homogénea de personas, plantas de maíz; ratones y también a la distribución de la resistencia a la de tensión de piezas de acero fabricadas por un determinado proceso.

La tercera razón de la importancia de la distribución normal es el teorema central del límite, que se enunciará y demostrará en la siguiente sección. Si se selecciona una muestra aleatoria grande de una distribución, entonces, aunque esta distribución no sea ni siquiera aproximadamente normal, una consecuencia del teorema central del límite es que muchas funciones importantes de observaciones muestrales tendrán distribuciones que son aproximadamente normales. En particular, para una muestra aleatoria grande de cualquier distribución con varianza finita, la distribución de la media muestral será aproximadamente normal. Se volverá sobre este tema en la siguiente sección.

Propiedades de la distribución normal

Definición de la distribución. Se dice que una variable aleatoria X tiene una *distribución normal con media* μ *y varianza* σ^2 $(-\infty < \mu < \infty\ ,\ \sigma > 0)$ si X tiene una distribución continua cuya f.d.p. $f(x|\mu,\sigma^2)$ es la siguiente:

$$f(x|\mu,\sigma^2) = \frac{1}{(2\pi)^{1/2}\sigma} \exp\left[-\frac{1}{2}\left(\frac{x-\mu}{\sigma}\right)^2\right] \qquad \text{para } -\infty < x < \infty. \tag{1}$$

Se verificará ahora que la función no negativa definida en la ecuación (1) es una f.d.p. propia demostrando que

$$\int_{-\infty}^{\infty} f(x|\mu,\sigma^2)\, dx = 1. \tag{2}$$

Si se define $y = (x - \mu)/\sigma$, entonces

$$\int_{-\infty}^{\infty} f(x|\mu, \sigma^2)\, dx = \int_{-\infty}^{\infty} \frac{1}{(2\pi)^{1/2}} \exp\left(-\frac{1}{2}y^2\right) dy.$$

Se definirá ahora

$$I = \int_{-\infty}^{\infty} \exp\left(-\frac{1}{2}y^2\right) dy. \tag{3}$$

Entonces se debe demostrar que $I = (2\pi)^{1/2}$.

De la ecuación (3), resulta que

$$\begin{aligned} I^2 = I \cdot I &= \int_{-\infty}^{\infty} \exp\left(-\frac{1}{2}y^2\right) dy \int_{-\infty}^{\infty} \exp\left(-\frac{1}{2}z^2\right) dz \\ &= \int_{-\infty}^{\infty} \int_{-\infty}^{\infty} \exp\left[-\frac{1}{2}(y^2 + z^2)\right] dy\, dz. \end{aligned}$$

Se cambiarán ahora las variables de esta integral de y y z a las coordenadas polares r y θ definiendo $y = r \cos \theta$ y $z = r \operatorname{sen} \theta$. Entonces, puesto que $y^2 + z^2 = r^2$,

$$I^2 = \int_0^{2\pi} \int_0^{\infty} \exp\left(-\frac{1}{2}r^2\right) r\, dr\, d\theta = 2\pi.$$

Por tanto, $I = (2\pi)^{1/2}$ y la corrección de la ecuación (2) queda establecida.

Función generatriz de momentos. En la definición de la distribución normal se afirmó que los parámetros μ y σ^2 son la media y la varianza de la distribución. Para justificar el uso de estos términos, se debe verificar que μ es realmente la media y σ^2 es realmente la varianza de la f.d.p. dada por la ecuación (1). Se obtendrá primero la f.g.m. $\psi(t)$ de esta distribución normal.

Utilizando la definición de una f.g.m.

$$\psi(t) = E(e^{tX}) = \int_{-\infty}^{\infty} \frac{1}{(2\pi)^{1/2}\sigma} \exp\left[tx - \frac{(x-\mu)^2}{2\sigma^2}\right] dx.$$

Completando el cuadrado dentro de los paréntesis, se obtiene la relación

$$tx - \frac{(x-\mu)^2}{2\sigma^2} = \mu t + \frac{1}{2}\sigma^2 t^2 - \frac{[x - (\mu + \sigma^2 t)]^2}{2\sigma^2}.$$

Por tanto,

$$\psi(t) = C \exp\left(\mu t + \frac{1}{2}\sigma^2 t^2\right),$$

donde

$$C = \int_{-\infty}^{\infty} \frac{1}{(2\pi)^{1/2}\sigma} \exp\left\{ -\frac{\left[x - (\mu + \sigma^2 t)\right]^2}{2\sigma^2} \right\} dx.$$

Si se reemplaza ahora μ por $\mu + \sigma^2 t$ en la ecuación (1), resulta de la ecuación (2) que $C = 1$. Por tanto, la f.g.m. de la distribución normal es la siguiente:

$$\psi(t) = \exp\left(\mu t + \frac{1}{2}\sigma^2 t^2\right) \qquad \text{para} - \infty < t < \infty. \tag{4}$$

Si una variable aleatoria X tiene una distribución normal cuya f.d.p. es como se indica en la ecuación (1), de la ecuación (4) resulta que

$$E(X) = \psi'(0) = \mu$$

$$\text{Var}(X) = \psi''(0) - [\psi'(0)]^2 = \sigma^2.$$

Así se ha demostrado que los parámetros μ y σ^2 son efectivamente la media y la varianza de la distribución normal definida en la ecuación (1).

Puesto que la f.g.m. $\psi(t)$ es finita para todos los valores de t, todos los momentos $E(X^k)(k = 1, 2, \ldots)$ serán también finitos.

Gráfica de la distribución normal. De la ecuación (1) se puede ver que la f.d.p. $f(x|\mu, \sigma^2)$ de una distribución normal con media μ y varianza σ^2 es simétrica respecto al punto $x = \mu$. Por tanto, μ es la media y la mediana de la distribución. Además, μ es también la moda de la distribución. En otras palabras, la f.d.p. $f(x|\mu, \sigma^2)$ alcanza su valor máximo en el punto $x = \mu$. Por último, derivando dos veces $f(x|\mu, \sigma^2)$, se puede comprobar que existen puntos de inflexión en $x = \mu + \sigma$ y $x = \mu - \sigma$.

La f.d.p. $f(x|\mu, \sigma^2)$ está representada en la figura 5.1. Se puede observar que la curva tiene "forma de campana". Sin embargo, no es necesariamente cierto que cualquier f.d.p. arbitraria en forma de campana se pueda aproximar por la f.d.p. de una distribución normal. Por ejemplo, la f.d.p. de una distribución de Cauchy, representada en la figura 4.3, es una curva simétrica con forma de campana que aparentemente se asemeja a la f.d.p. representada en la figura 5.1. Sin embargo, puesto que no existen momentos de la distribución de Cauchy —ni siquiera la media—, las colas de la f.d.p. de Cauchy deben ser completamente distintas de las colas de la f.d.p. normal.

Transformaciones lineales. Se demostrará ahora que si una variable aleatoria X tiene una distribución normal, entonces cualquier función lineal de X tendrá también una distribución normal.

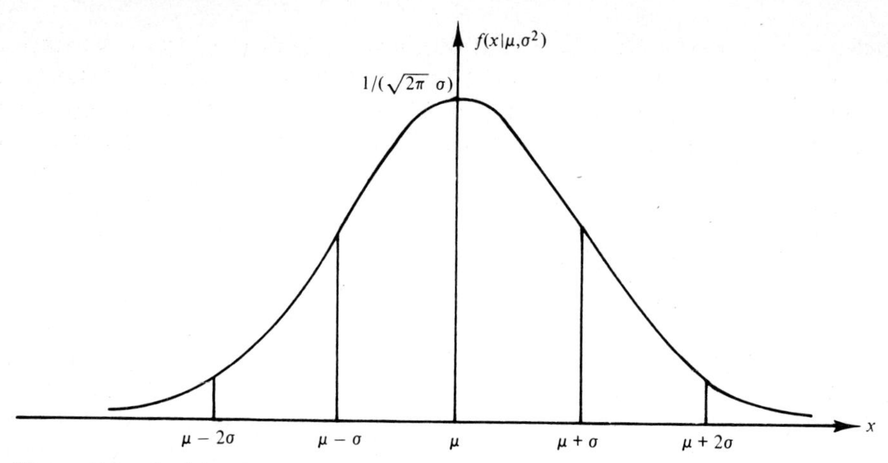

Figura 5.1 La f.d.p. de una distribución normal.

Teorema 1. *Si X tiene una distribución normal con media μ y varianza σ^2 y si $Y = aX + b$, donde a y b son constantes y $a \neq 0$, entonces Y tiene una distribución normal con media $a\mu + b$ y varianza $a^2\sigma^2$.*

Demostración. La f.g.m. ψ de X está dada por la ecuación (4). Si ψ_Y es la f.g.m. de Y, entonces

$$\psi_Y(t) = e^{bt}\psi(at) = \exp\left[(a\mu + b)t + \frac{1}{2}a^2\sigma^2t^2\right] \qquad \text{para } -\infty < t < \infty.$$

Comparando esta expresión para ψ_Y con la f.g.m. de una distribución normal de la ecuación (4), se observa que ψ_Y es la f.g.m. de una distribución normal con media $a\mu + b$ y varianza $a^2\sigma^2$. Por tanto, Y debe tener esta distribución normal. ◁

Distribución normal tipificada

La distribución normal con media 0 y varianza 1 se llama *distribución normal tipificada* o también *distribución normal estándar*. La f.d.p. de la distribución normal tipificada usualmente se denota por el símbolo ϕ y la f.d. se denota por el símbolo Φ. Entonces,

$$\phi(x) = f(x|0,1) = \frac{1}{(2\pi)^{1/2}}\exp\left(-\frac{1}{2}x^2\right) \qquad \text{para } -\infty < x < \infty \tag{5}$$

$$\Phi(x) = \int_{-\infty}^{x} \phi(u)\,du \qquad \text{para } -\infty < x < \infty, \tag{6}$$

donde el símbolo u se utiliza en la ecuación (6) como variable muda de integración.

La f.d. $\Phi(x)$ no se puede expresar en forma cerrada con funciones elementales. Por tanto, solamente se pueden determinar probabilidades para la distribución normal tipificada o para cualquier otra distribución normal por aproximaciones numéricas o utilizando una tabla de valores de $\Phi(x)$, como la proporcionada al final del libro. Ésta sólo proporciona los valores de $\Phi(x)$ para $x \geq 0$. Como la f.d.p. de la distribución normal tipificada es simétrica respecto al punto $x = 0$, resulta que $\Pr(X \leq x) = \Pr(X \geq -x)$ para cualquier número x $(-\infty < x < \infty)$. Como $\Pr(X \leq x) = \Phi(x)$ y $\Pr(X \geq -x) = 1 - \Phi(-x)$, resulta que

$$\Phi(x) + \Phi(-x) = 1 \qquad \text{para} - \infty < x < \infty. \tag{7}$$

Del teorema 1 se deduce que si una variable aleatoria X tiene una distribución normal con media μ y varianza σ^2, entonces la variable $Z = (X - \mu)/\sigma$ tendrá una distribución normal tipificada. Por tanto, las probabilidades para una distribución normal con media y varianza cualesquiera se pueden obtener a partir de una tabla de la distribución normal tipificada.

Ejemplo 1: Obtención de probabilidades de una distribución normal. Supóngase que X tiene una distribución normal con media 5 y desviación típica 2. Se determinará el valor de $\Pr(1 < X < 8)$.

Si se define $Z = (X - 5)/2$, entonces Z tendrá una distribución normal tipificada y

$$\Pr(1 < X < 8) = \Pr\left(\frac{1-5}{2} < \frac{X-5}{2} < \frac{8-5}{2}\right) = \Pr(-2 < Z < 1.5).$$

Además,

$$\begin{aligned}\Pr(-2 < Z < 1.5) &= \Pr(Z < 1.5) - \Pr(Z \leq -2) \\ &= \Phi(1.5) - \Phi(-2) \\ &= \Phi(1.5) - [1 - \Phi(2)]\,.\end{aligned}$$

En la tabla del final del libro, se encuentra que $\Phi(1.5) = 0.9332$ y $\Phi(2) - 0.9773$. Por tanto,

$$\Pr(1 < X < 8) = 0.9105. \qquad \triangleleft$$

Comparaciones de distribuciones normales

En la figura 5.2 se representa la f.d.p. de una distribución normal para un valor fijo μ y tres valores distintos de σ ($\sigma = 1/2, 1$ y 2). Se puede observar en esta figura que la f.d.p. de una distribución normal con un valor pequeño de σ tiene un máximo muy pronunciado y está muy concentrada alrededor de la media μ, mientras que la f.d.p. de una distribución normal con un valor mayor de σ es relativamente plana y más dispersa sobre la recta real.

Un hecho importante es que toda distribución normal contiene la misma probabilidad dentro de una desviación típica de su media, la misma probabilidad para dos desviaciones típicas y la misma para un número cualquiera de desviaciones típicas. En general, si X

tiene una distribución normal con media μ y varianza σ^2 y si Z tiene una distribución normal tipificada, entonces para $k > 0$,

$$p_k = \Pr(|X - \mu| \leq k\sigma) = \Pr(|Z| \leq k).$$

La tabla 5.1 proporciona los valores de esta probabilidad p_k para varios valores de k. Aunque la f.d.p. de la distribución normal es positiva sobre la recta real, en esta tabla se puede observar que la probabilidad fuera de un intervalo centrado en la media y de semilongitud cuatro desviaciones típicas es únicamente 0.00006.

Tabla 5.1

k	p_k
1	0.6826
2	0.9544
3	0.9974
4	0.99994
5	$1 - 6 \times 10^{-7}$
10	$1 - 2 \times 10^{-23}$

Combinaciones lineales de variables normalmente distribuidas

Los siguientes teorema y corolario establecen este importante resultado: Cualquier combinación lineal de variables aleatorias independientes y normalmente distribuidas tendrá también una distribución normal.

Teorema 2. *Si las variables aleatorias $X_1, \dots, X_k$ son independientes y si X_i tiene una distribución normal con media μ_i y varianza $\sigma_i^2 (i = 1, \dots, k)$, entonces la suma $X_1 + \cdots + X_k$ tiene una distribución normal con media $\mu_1 + \cdots + \mu_k$ y varianza $\sigma_1^2 + \cdots + \sigma_k^2$.*

Demostración. Sea $\psi_i(t)$ la f.g.m. de X_i para $i = 1, \dots, k$ y sea $\psi(t)$ la f.g.m. de $X_1 + \cdots + X_k$. Puesto que las variables $X_1, \dots, X_k$ son independientes, entonces

$$\psi(t) = \prod_{i=1}^{k} \psi_i(t) = \prod_{i=1}^{k} \exp\left(\mu_i t + \frac{1}{2}\sigma_i^2 t^2\right)$$

$$= \exp\left[\left(\sum_{i=1}^{k} \mu_i\right)t + \frac{1}{2}\left(\sum_{i=1}^{k} \sigma_i^2\right)t^2\right] \qquad \text{para } -\infty < t < \infty.$$

La f.g.m. de la ecuación (4) se puede identificar como la f.g.m. de una distribución normal cuya media es $\sum_{i=1}^{k} \mu_i$ y cuya varianza es $\sum_{i=1}^{k} \sigma_i^2$. Por tanto, la distribución de $X_1 + \cdots + X_k$ debe ser esa distribución normal. ◁

El siguiente corolario se obtiene ahora combinando los teoremas 1 y 2.

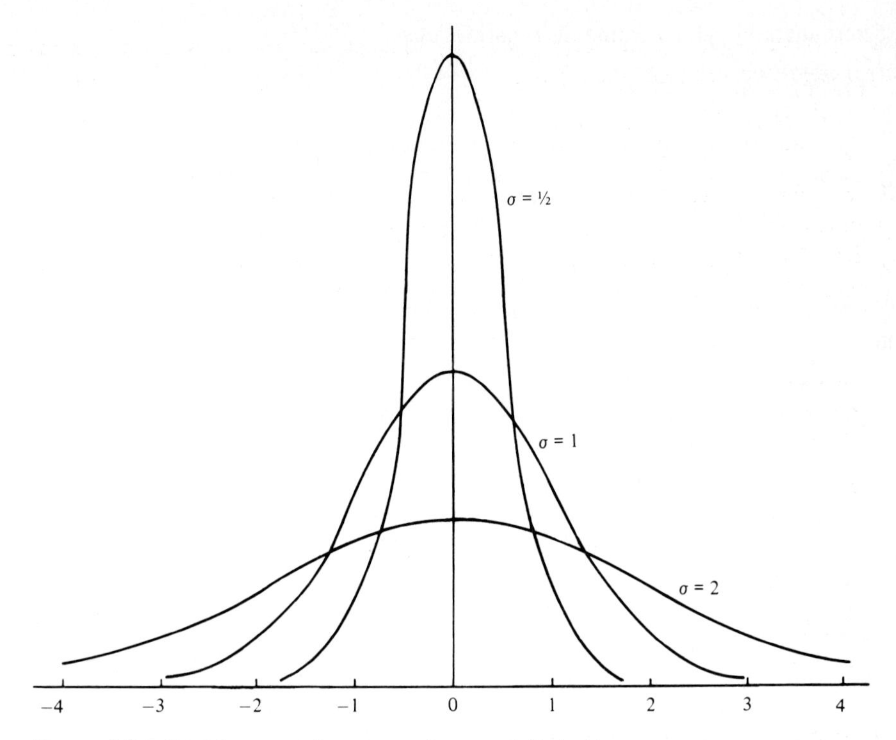

Figura 5.2 La f.d.p. normal para $\mu = 0$ y $\sigma = 1/2, 1, 2$.

Corolario 1. *Si las variables aleatorias $X_1, \ldots, X_k$ son independientes, si X_i tiene una distribución normal con media μ_i y varianza σ_i^2 $(i = 1, \ldots, k)$ y si $a_1, \ldots, a_k$ y b son constantes para las que al menos uno de los valores $a_1, \ldots, a_k$ es distinto de cero, entonces la variable $a_1X_1 + \cdots + a_kX_k + b$ tiene una distribución normal con media $a_1\mu_1 + \cdots + a_k\mu_k + b$ y varianza $a_1^2\sigma_1^2 + \cdots + a_k^2\sigma_k^2$.*

La distribución de la media muestral de una muestra aleatoria de una distribución normal se puede deducir ahora fácilmente.

Corolario 2. *Supóngase que las variables aleatorias $X_1, \ldots, X_n$ constituyen una muestra aleatoria de una distribución normal con media μ y varianza σ^2 y sea $\overline{X}_n$ la media muestral. Entonces $\overline{X}_n$ tiene una distribución normal con media μ y varianza σ^2/n.*

Demostración. Puesto que $\overline{X}_n = (1/n)\sum_{i=1}^{n} X_i$, resulta del corolario 1 que la distribución de $\overline{X}_n$ es normal. Consecuentemente, basta recordar (sección 4.8) que $E(\overline{X}_n) =$ $= \mu$ y que $\text{Var}(\overline{X}_n) = \sigma^2/n$. ◁

Ejemplo 2: Determinación de un tamaño muestral. Supóngase que se va a seleccionar una muestra aleatoria de tamaño n de una distribución normal con media μ y varianza 9.

Se determinará el valor mínimo de n para el cual

$$\Pr(|\overline{X}_n - \mu| \leq 1) \geq 0.95.$$

Del corolario 2 se deduce que la media muestral $\overline{X}_n$ tendrá una distribución normal cuya media es μ y la desviación típica es $3/n^{1/2}$. Por tanto, si se define

$$Z = \frac{n^{1/2}}{3}(\overline{X}_n - \mu),$$

entonces Z tendrá una distribución normal tipificada. En este ejemplo, n se debe seleccionar de forma que

$$\Pr(|\overline{X}_n - \mu) \leq 1) = \Pr\left(|Z| \leq \frac{n^{1/2}}{3}\right) \geq 0.95. \tag{8}$$

Para cualquier número positivo x, será cierto que $\Pr(|Z| \leq x) \geq 0.95$ si, y sólo si, $1 - \Phi(x) = \Pr(Z > x) \leq 0.025$. En la tabla de la distribución normal tipificada del final del libro, se encuentra que $1 - \Phi(x) \leq 0.025$ si, y sólo si, $x \geq 1.96$. Por tanto, la desigualdad de la relación (8) se verificará si, y sólo si,

$$\frac{n^{1/2}}{3} \geq 1.96.$$

Puesto que el mínimo valor permisible de n es 34.6, el tamaño muestral debe ser al menos 35 para que se cumpla la relación especificada. ◁

Ejemplo 3: Estaturas de hombres y mujeres. Supóngase que las estaturas, en pulgadas, de las mujeres de una cierta población siguen una distribución normal con media 65 y desviación típica 1 y que las estaturas de los hombres siguen una distribución normal con media 68 y desviación típica 2. Supóngase también que se selecciona al azar una mujer e, independientemente, se selecciona al azar un hombre. Se determinará la probabilidad de que la mujer sea más alta que el hombre.

Sea W la estatura de la mujer seleccionada y sea M la estatura del hombre seleccionado. Entonces la diferencia $W - M$ tiene una distribución normal con media $65 - 68 = -3$ y varianza $1^2 + 2^2 = 5$. Por tanto, si se define

$$Z = \frac{1}{5^{1/2}}(W - M + 3),$$

entonces Z tiene una distribución normal tipificada. Resulta que

$$\begin{aligned}\Pr(W > M) &= \Pr(W - M > 0)\\ &= \Pr\left(Z > \frac{3}{5^{1/2}}\right) = \Pr(Z > 1.342)\\ &= 1 - \Phi(1.342) = 0.090.\end{aligned}$$

Entonces, la probabilidad de que la mujer sea más alta que el hombre es 0.090. ◁

EJERCICIOS

1. Supóngase que X tiene una distribución normal con media 1 y varianza 4. Determínese el valor para cada una de las probabilidades siguientes:

   (a) $\Pr(X \leq 3)$ (b) $\Pr(X > 1.5)$
   (c) $\Pr(X = 1)$ (d) $\Pr(2 < X < 5)$
   (e) $\Pr(X \geq 0)$ (f) $\Pr(-1 < X < 0.5)$
   (g) $\Pr(|X| \leq 2)$ (h) $\Pr(1 \leq -2X + 3 \leq 8)$.

2. Si la temperatura en grados Fahrenheit de cierta localidad se distribuye normalmente con una media de 68 grados y una desviación típica de 4 grados, ¿cuál es la distribución de la temperatura en grados centígrados en la misma localidad?

3. Si la f.g.m. de una variable aleatoria X es $\psi(t) = e^{t^2}$ para $-\infty < t < \infty$, ¿cuál es la distribución de X?

4. Supóngase que el voltaje medido en cierto circuito eléctrico tiene una distribución normal con media 120 y desviación típica 2. Si se toman tres medidas independientes del voltaje, ¿cuál es la probabilidad de que las tres medidas estén entre 116 y 118?

5. Evalúese la integral $\int_0^\infty e^{-3x^2}\,dx$.

6. Un barra recta se forma conectando tres secciones A, B y C, cada una fabricada con una máquina distinta. La longitud de la sección A, en pulgadas, tiene una distribución normal con media 20 y varianza 0.04. La longitud de la sección B tiene una distribución normal con media 14 y varianza 0.01. La longitud de la sección C tiene una distribución normal con media 26 y varianza 0.04. Como se indica en la figura 5.3, las tres secciones se unen de forma que se superponen 2 pulgadas en cada conexión. Supóngase que la barra se puede utilizar en la construcción del ala de un avión si su longitud total en pulgadas está entre 55.7 y 56.3. ¿Cuál es la probabilidad de que la barra pueda ser utilizada?

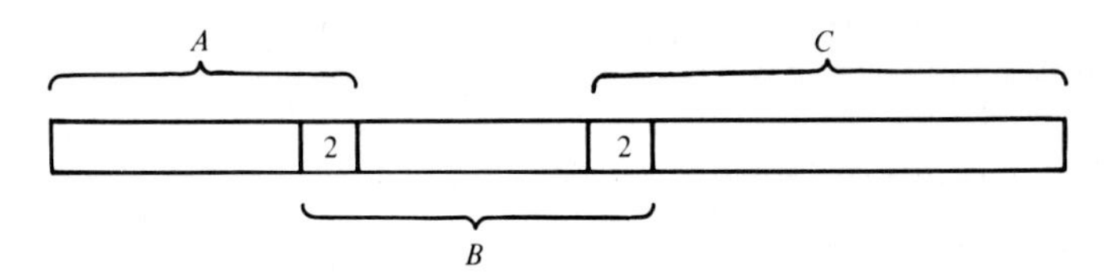

Figura 5.3 Secciones de la barra para el ejercicio 6.

7. Si se selecciona una muestra aleatoria de 25 observaciones de una distribución normal con media μ y desviación típica 2, ¿cuál es la probabilidad de que la media muestral diste de μ menos de una unidad?

8. Supóngase que se va a seleccionar una muestra aleatoria de tamaño n de una distribución normal con media μ y desviación típica 2. Determínese el mínimo valor de n tal que

$$\Pr(|\overline{X}_n - \mu| < 0.1) \geq 0.9.$$

9. (a) Represéntese la f.d. Φ de la distribución normal tipificada a partir de los valores de la tabla del final del libro.

   (b) A partir de la representación de la parte (a) de este ejercicio, represéntese la f.d. de una distribución normal cuya media es -2 y su desviación típica es 3.

10. Supóngase que los diámetros de los pernos de una caja grande siguen una distribución normal con una media de 2 centímetros y una desviación típica de 0.03 centímetros. Además, supóngase que los diámetros de los agujeros de las tuercas de otra caja grande siguen una distribución normal con una media de 2.02 centímetros y una desviación típica de 0.04 centímetros. Un perno y una tuerca ajustarán si el diámetro del agujero de la tuerca es mayor que el diámetro del perno y la diferencia entre estos diámetros no es mayor que 0.05 centímetros. Si se seleccionan al azar un perno y una tuerca, ¿cuál es la probabilidad de que ajusten?

11. Supóngase que en cierto examen de matemáticas avanzadas, los estudiantes de la universidad A alcanzan calificaciones que se distribuyen normalmente con una media de 625 y una varianza de 100 y que los estudiantes de la universidad B alcanzan calificaciones que se distribuyen normalmente con una media de 600 y una varianza de 150. Si dos estudiantes de la universidad A y tres de la universidad B hacen este examen, ¿cuál es la probabilidad de que el promedio de las calificaciones de los dos estudiantes de la universidad A sea mayor que el promedio de las calificaciones de los dos estudiantes de la universidad B? *Sugerencia*: Determínese la distribución de la diferencia entre los dos promedios.

12. Supóngase que el 10% de las personas de una cierta población padece glaucoma. Para personas que padecen glaucoma, la medida de presión ocular X seguirá una distribución normal con una media de 25 y una varianza de 1. Para personas que no tienen glaucoma, la presión X se distribuirá normalmente con una media de 20 y una varianza de 1. Supóngase que se selecciona al azar una persona de la población y se mide su presión ocular X.

    (a) Determínese la probabilidad condicional de que la persona tenga glaucoma dado que $X = x$.

    (b) ¿Para qué valores de x la probabilidad condicional de la parte (a) es mayor que 1/2?

13. Supóngase que la f.d.p. conjunta de dos variables aleatorias X e Y es

$$f(x, y) = \frac{1}{2\pi} e^{-(1/2)(x^2+y^2)} \qquad \text{para } -\infty < x < \infty, \quad -\infty < y < \infty.$$

Determínese $\Pr(-\sqrt{2} < X + Y < 2\sqrt{2})$.

14. Considérese una variable aleatoria para la que $\Pr(X > 0) = 1$. Se dice que X tiene una distribución lognormal si la variable aleatoria $\log X$ tiene una distribución normal. Supóngase que X tiene una distribución lognormal y que $E(\log X) = \mu$ y $\text{Var}(\log X) = \sigma^2$. Determínese la f.d.p. de X.

15. Supóngase que las variables aleatorias X e Y son independientes y que cada una tiene una distribución normal tipificada. Demuéstrese que el cociente X/Y tiene una distribución de Cauchy.

5.7 TEOREMA CENTRAL DEL LÍMITE

Enunciado del teorema

En la sección 5.6 se demostró que si se selecciona una muestra aleatoria de tamaño n de una distribución normal con media μ y varianza σ^2, entonces la media muestral $\overline{X}_n$ tiene una distribución normal con media μ y varianza σ^2/n. En esta sección se expondrá el teorema central del límite, una versión sencilla del cual puede ser como sigue: Siempre que se selecciona una muestra aleatoria de tamaño n de *cualquier* distribución con media μ y varianza σ^2, la media muestral $\overline{X}_n$ tendrá una distribución que es *aproximadamente* normal con media μ y varianza σ^2/n.

Este resultado fue establecido para una muestra aleatoria de una distribución de Bernoulli por A. de Moivre a principios del siglo XVIII. A principios de la década de 1920–1930, J.W. Lindeberg y P. Lévy dieron independientemente la demostración para una muestra aleatoria de una distribución arbitraria. Su teorema se enunciará ahora de forma precisa y más adelante se dará un esquema de la demostración de ese teorema. También se proporcionará aquí otro teorema central del límite concerniente a la suma de variables aleatorias independientes cuya distribución no es necesariamente idéntica y se presentarán algunos ejemplos que ilustran ambos teoremas.

Teorema central del límite (Lindeberg y Lévy) para la media muestral. Como en la sección 5.6, se designará por Φ la f.d. de la distribución normal tipificada.

Teorema 1. *Si las variables aleatorias $X_1, \ldots, X_n$ constituyen una muestra aleatoria de tamaño n de una distribución con media μ y varianza σ^2 $(0 < \sigma^2 < \infty)$, entonces para cualquier número fijo x,*

$$\lim_{n \to \infty} \Pr\left[\frac{n^{1/2}(\overline{X}_n - \mu)}{\sigma} \leq x\right] = \Phi(x). \tag{1}$$

La interpretación de la ecuación (1) es la siguiente: Si se selecciona una muestra aleatoria grande de cualquier distribución con media μ y varianza σ^2, independientemente de si esta distribución es discreta o continua, entonces la distribución de la variable aleatoria $n^{1/2}(\overline{X}_n - \mu)/\sigma$ será aproximadamente una distribución normal tipificada. Por tanto, la distribución de $\overline{X}_n$ es aproximadamente una distribución normal con media μ y varianza σ^2/n o, equivalentemente, la distribución de la suma $\sum_{i=1}^n X_i$ será aproximadamente una distribución normal con media $n\mu$ y varianza $n\sigma^2$.

Ejemplo 1: Lanzamiento de una moneda. Supóngase que se lanza una moneda 900 veces. Se determinará la probabilidad de obtener más de 495 caras.

Para $i = 1, \dots, 900$, sea $X_i = 1$ si se obtiene una cara en el i-ésimo lanzamiento, y sea $X_i = 0$ en caso contrario. Entonces $E(X_i) = 1/2$ y $\text{Var}(X_i) = 1/4$. Por tanto, los valores $X_1, \dots, X_{900}$ constituyen una muestra aleatoria de tamaño $n = 900$ de una distribución con media $1/2$ y varianza $1/4$. Del teorema central del límite se deduce que la distribución del número total de caras $H = \sum_{i=1}^{900} X_i$ será aproximadamente una distribución normal con media $(900)(1/2) = 450$, varianza $(900)(1/4) = 225$ y desviación típica $(225)^{1/2} = 15$. Por tanto, la variable $Z = (H - 450)/15$ tendrá aproximadamente una distribución normal tipificada. Consecuentemente,

$$\begin{aligned}\Pr(H > 495) &= \Pr\left(\frac{H-450}{15} > \frac{495-450}{15}\right)\\ &= \Pr(Z > 3) = 1 - \Phi(3) = 0.0013. \quad \triangleleft\end{aligned}$$

Ejemplo 2: Muestreo de una distribución uniforme. Supóngase que se selecciona una muestra aleatoria de tamaño $n = 12$ de una distribución uniforme sobre el intervalo $(0, 1)$. Se determinará el valor de $\Pr\left(|\overline{X}_n - \frac{1}{2}| \le 0.1\right)$.

La media de la distribución uniforme en el intervalo $(0, 1)$ es $1/2$ y la varianza es $1/12$ (véase Ejercicio 2 de la Sec. 4.3). Puesto que en este ejemplo $n = 12$, se deduce del teorema central del límite que la distribución de $\overline{X}_n$ será aproximadamente una distribución normal con media $1/2$ y varianza $1/144$. Por tanto, la distribución de la variable $Z = 12(\overline{X}_n - 1/2)$ será aproximadamente una distribución normal tipificada. Entonces,

$$\begin{aligned}\Pr\left(\left|\overline{X}_n - \frac{1}{2}\right| \le 0.1\right) &= \Pr\left[12\left|\overline{X}_n - \frac{1}{2}\right| \le 1.2\right]\\ &= \Pr(|Z| \le 1.2) = 2\Phi(1.2) - 1 = 0.7698. \quad \triangleleft\end{aligned}$$

Teorema central del límite (Liapounov) para la suma de variables aleatorias independientes. Se enunciará ahora un teorema central del límite que se aplica a una sucesión de variables aleatorias $X_1, X_2, \dots$ independientes pero que no tienen porqué estar idénticamente distribuidas. Este teorema fue demostrado por primera vez en 1901 por A. Liapounov. Supóngase que $E(X_i) = \mu_i$ y $\text{Var}(X_i) = \sigma_i^2$ para $i = 1, \dots, n$. Además, se define

$$Y_n = \frac{\sum_{i=1}^n X_i - \sum_{i=1}^n \mu_i}{\left(\sum_{i=1}^n \sigma_i^2\right)^{1/2}}. \tag{2}$$

Entonces $E(Y_n) = 0$ y $\text{Var}(Y_n) = 1$. El teorema que se enuncia a continuación proporciona una condición suficiente para que la distribución de esta variable aleatoria Y_n sea aproximadamente una distribución normal tipificada.

Teorema 2. *Supóngase que las variables aleatorias* $X_1, X_2, \ldots$ *son independientes y que* $E(|X_i - \mu_i|^3) < \infty$ *para* $i = 1, 2, \ldots$. *Además, supóngase que*

$$\lim_{n \to \infty} \frac{\sum_{i=1}^{n} E\left(|X_i - \mu_i|^3\right)}{\left(\sum_{i=1}^{n} \sigma_i^2\right)^{3/2}} = 0. \tag{3}$$

Por último, sea Y_n *la variable aleatoria definida en la ecuación* (2). *Entonces, para cualquier número fijo* x,

$$\lim_{n \to \infty} \Pr(Y_n \leq x) = \Phi(x). \tag{4}$$

La interpretación de este teorema es la siguiente: Si se verifica la ecuación (3), entonces para cualquier valor grande de n, la distribución de $\sum_{i=1}^{n} X_i$ será aproximadamente una distribución normal con media $\sum_{i=1}^{n} \mu_i$ y varianza $\sum_{i=1}^{n} \sigma_i^2$. Debe subrayarse que cuando las variables aleatorias $X_1, X_2, \ldots$ están idénticamente distribuidas y existen los momentos de orden tres de las variables, se verifica la ecuación (3) automáticamente y entonces la ecuación (4) se reduce a la ecuación (1).

Habría que resaltar la distinción entre el teorema de Lindeberg y Lévy y el teorema de Liapounov. El teorema de Lindeberg y Lévy se aplica a una sucesión de variables aleatorias i.i.d. Para que este teorema se pueda aplicar, basta solamente con suponer que la varianza de cada variable aleatoria es finita. El teorema de Liapounov se aplica a una sucesión de variables aleatorias independientes que no necesitan estar idénticamente distribuidas. Para poder aplicar este teorema, se debe suponer que el tercer momento de cada variable aleatoria es finito y que satisface la ecuación (3).

Teorema central del límite para variables aleatorias de Bernoulli. Aplicando el teorema de Liapounov, se puede establecer el siguiente resultado:

Teorema 3. *Supóngase que las variables aleatorias* $X_1, \ldots, X_n$ *son independientes y que* X_i *tiene una distribución de Bernoulli con parámetro* $p_i (i = 1, 2, \ldots)$. *Supóngase, además, que la serie infinita* $\sum_{i=1}^{\infty} p_i q_i$ *es divergente y sea*

$$Y_n = \frac{\sum_{i=1}^{n} X_i - \sum_{i=1}^{n} p_i}{\left(\sum_{i=1}^{n} p_i q_i\right)^{1/2}}. \tag{5}$$

Entonces, para cualquier número fijo x,

$$\lim_{n \to \infty} \Pr(Y_n \leq x) = \Phi(x). \tag{6}$$

Demostración Aquí, $\Pr(X_i = 1) = p_i$ y $\Pr(X_i = 0) = q_i$. Por tanto, $E(X_i) = p_i$, $\mathrm{Var}(X_i) = p_i q_i$ y

$$E(|X_i - p_i|^3) = p_i q_i^3 + q_i p_i^3 = p_i q_i (p_i^2 + q_i^2) \leq p_i q_i.$$

Resulta que

$$\frac{\sum_{i=1}^{n} E(|X_i - p_i|^3)}{(\sum_{i=1}^{n} p_i q_i)^{3/2}} \leq \frac{1}{(\sum_{i=1}^{n} p_i q_i)^{1/2}}. \tag{7}$$

Puesto que la serie infinita $\sum_{i=1}^{n} p_i q_i$ es divergente, entonces $\sum_{i=1}^{n} p_i q_i \to \infty$ y se puede observar a partir de la relación (7) que se verifica la ecuación (3). A su vez, del teorema 2 resulta que se verifica la ecuación (4). Puesto que la ecuación (6) es simplemente una versión particular de la ecuación (4) para las variables aleatorias que se consideran aquí, la demostración del teorema queda concluida. ◁

El teorema 3 implica que si la serie infinita $\sum_{i=1}^{n} p_i q_i$ es divergente, entonces la distribución de la suma $\sum_{i=1}^{n} X_i$ de un número grande de variables aleatorias de Bernoulli independientes será aproximadamente una distribución normal con media $\sum_{i=1}^{n} p_i$ y varianza $\sum_{i=1}^{n} p_i q_i$. Se debe recordar, sin embargo, que un problema práctico típico comprenderá tan sólo un número finito de variables aleatorias $X_1, \ldots, X_n$ en lugar de una sucesión infinita de variables aleatorias. En tal problema, no tiene sentido considerar si la serie infinita $\sum_{i=1}^{\infty} p_i q_i$ es o no divergente, porque en el problema sólo se especificará un número finito de valores $p_1, \ldots, p_n$. En cierto sentido, por tanto, la distribución de la suma $\sum_{i=1}^{n} X_i$ se puede aproximar *siempre* por una distribución normal. La pregunta crítica es si esta distribución normal proporciona o no una *buena* aproximación a la verdadera distribución de $\sum_{i=1}^{n} X_i$. La respuesta depende, por supuesto, de los valores de $p_1, \ldots, p_n$.

Puesto que cuando $\sum_{i=1}^{n} p_i q_i \to \infty$ la distribución normal estará cada vez más próxima, la distribución normal proporciona una buena aproximación cuando el valor de $\sum_{i=1}^{n} p_i q_i$ es grande. Además, puesto que el valor de cada término $p_i q_i$ es un máximo cuando $p_i = 1/2$, la aproximación será mejor cuando n sea grande y los valores de $p_1, \ldots, p_n$ sean cercanos a $1/2$.

Ejemplo 3: Preguntas de examen. Supóngase que un examen contiene 99 preguntas ordenadas desde la más fácil hasta la más díficil. Supóngase que la probabilidad de que un estudiante conteste la primera pregunta correctamente es 0.99, la de que conteste la segunda pregunta correctamente es 0.98 y, en general, la probabilidad de que conteste la i-ésima pregunta correctamente es $1 - i/100$ para $i = 1, \ldots, 99$. Se supone que todas las preguntas serán contestadas independientemente y que el estudiante debe contestar al menos 60 preguntas correctamente para aprobar el examen. Se determinará la probabilidad de que el estudiante apruebe.

Sea $X_i = 1$ si la i-ésima pregunta es contestada correctamente, y sea $X_i = 0$ en caso contrario. Entonces $E(X_i) = p_i = 1 - (i/100)$ y $\text{Var}(X_i) = p_i q_i = (i/100)[1 - (i/100)]$. Además,

$$\sum_{i=1}^{99} p_i = 99 - \frac{1}{100} \sum_{i=1}^{99} i = 99 - \frac{1}{100} \cdot \frac{(99)(100)}{2} = 49.5$$

y

$$\sum_{i=1}^{99} p_i q_i = \frac{1}{100}\sum_{i=1}^{99} i - \frac{1}{(100)^2}\sum_{i=1}^{99} i^2$$
$$= 49.5 - \frac{1}{(100)^2}\cdot\frac{(99)(100)(199)}{6} = 16.665.$$

Del teorema central del límite resulta que la distribución del número total de preguntas contestadas correctamente, que es $\sum_{i=1}^{99} X_i$, será aproximadamente una distribución normal con media 49.5 y desviación típica $(16.665)^{1/2} = 4.08$. Por tanto, la distribución de la variable

$$Z = \frac{\sum_{i=1}^{n} X_i - 49.5}{4.08}$$

será aproximadamente una distribución normal tipificada. Resulta que

$$\Pr\left(\sum_{i=1}^{n} X_i \geq 60\right) = \Pr(Z \geq 2.5735) \simeq 1 - \Phi(2.5735) = 0.0050. \quad \triangleleft$$

Efecto del teorema central del límite. El teorema central del límite proporciona una explicación plausible para el hecho de que las distribuciones de muchas variables aleatorias estudiadas en experimentos físicos sean aproximadamente normales. Por ejemplo, la estatura de una persona está influida por muchos factores aleatorios. Si la estatura de cada persona se determina sumando los valores de estos factores individuales, entonces la distribución de las estaturas de un gran número de personas será aproximadamente normal. En general, el teorema central del límite indica que la distribución de la suma de muchas variables aleatorias puede ser aproximadamente normal, aun cuando la distribución de cada variable aleatoria de la suma sea distinta de la normal.

Convergencia en distribución

Sea $X_1, X_2, \ldots$ una sucesión de variables aleatorias, y para $n = 1, 2, \ldots$, sea F_n la f.d. de X_n. Además, sea X^* otra variable aleatoria cuya f.d. es F^*. Supóngase que F^* es una función continua sobre la recta real. Entonces se dice que la sucesión $X_1, X_2, \ldots$ *converge en distribución* a la variable aleatoria X^* si

$$\lim_{n\to\infty} F_n(x) = F^*(x) \qquad \text{para } -\infty < x < \infty. \tag{8}$$

Algunas veces, se dice simplemente que X_n converge en distribución a X^* y la distribución de X^* se llama *distribución asintótica* de X_n. Entonces, de acuerdo con el teorema central del límite de Lindeberg y Lévy, como se indicó en la ecuación (1), la variable aleatoria $n^{1/2}(\overline{X}_n - \mu)/\sigma$ converge en distribución a una variable aleatoria con distribución normal tipificada o, equivalentemente, la distribución de $n^{1/2}(\overline{X}_n - \mu)/\sigma$ es una distribución normal tipificada.

Convergencia de las funciones generatrices de momentos. Las funciones generatrices de momentos son importantes en el estudio de convergencia en distribución debido al siguiente teorema, cuya demostración requiere técnicas demasiado avanzadas para ser presentadas aquí.

Teorema 4. *Sea $X_1, X_2, \ldots$ una sucesión de variables aleatorias, y para cualquier entero n, sea F_n la f.d. de X_n y sea ψ_n la f.g.m. de X_n. Además, sea X^* otra variable aleatoria con f.d. F^* y f.g.m. ψ^*. Supóngase que existen las f.g.m. ψ_n y ψ^* $(n = 1, 2, \ldots)$. Si $\lim_{n\to\infty} \psi_n(t) = \psi^*(t)$ para todos los valores de t en un intervalo alrededor del punto $t = 0$, entonces la sucesión $X_1, X_2, \ldots$ converge en distribución a X^*.*

En otras palabras, la sucesión de f.d. $F_1, F_2, \ldots$ debe converger a la f.d. F^* si la correspondiente sucesión de f.g.m. $\psi_1\ \psi_2, \ldots$ converge a la f.g.m. ψ^*.

Esquema de la demostración del teorema central del límite. Ahora se puede demostrar el teorema 1, que es el teorema central del límite de Linderberg y Lévy. Supóngase que las variables $X_1, \ldots, X_n$ constituyen una muestra aleatoria de tamaño n de una distribución con media μ y varianza σ^2. Supóngase además, por conveniencia, que existe la f.g.m. de esta distribución, aunque el teorema central del límite es cierto aun sin esta suposición.

Para $i = 1, \ldots, n$, sea $Y_i = (X_i - \mu)/\sigma$. Entonces las variables aleatorias $Y_1, \ldots, Y_n$ son i.i.d. y cada una tiene media 0 y varianza 1. Además, sea

$$Z_n = \frac{n^{1/2}(\overline{X}_n - \mu)}{\sigma} = \frac{1}{n^{1/2}} \sum_{i=1}^{n} Y_i.$$

Se demostrará ahora que Z_n converge en distribución a una variable aleatoria con distribución normal tipificada, como se indica en la ecuación (1), demostrando que la f.g.m. de Z_n converge a la f.g.m. de la distribución normal tipificada.

Si $\psi(t)$ denota la f.g.m. de cada variable aleatoria Y_i $(i = 1, \ldots, n)$, entonces del teorema 3 de la sección 4.4 resulta que la f.g.m. de la suma $\sum_{i=1}^{n} Y_i$ será $[\psi(t)]^n$. Además, del teorema 2 de la sección 4.4 resulta que la f.g.m. $\zeta_n(t)$ de Z_n será

$$\zeta_n(t) = \left[\psi\left(\frac{t}{n^{1/2}}\right)\right]^n.$$

En este problema $\psi'(0) = E(Y_i) = 0$ y $\psi''(0) = E(Y_i^2) = 1$. Por tanto, la expansión en serie de Taylor de $\psi(t)$ alrededor del punto $t = 0$ tiene la siguiente forma:

$$\begin{aligned}\psi(t) &= \psi(0) + t\psi'(0) + \frac{t^2}{2!}\psi''(0) + \frac{t^3}{3!}\psi'''(0) + \cdots \\ &= 1 + \frac{t^2}{2} + \frac{t^3}{3!}\psi'''(0) + \cdots.\end{aligned}$$

Además,

$$\zeta_n(t) = \left[1 + \frac{t^2}{2n} + \frac{t^3\psi'''(0)}{3!n^{3/2}} + \cdots\right]^n.$$

En cálculo avanzado se demuestra que si el $\lim_{n\to\infty} a_n = b$ para unos números a_n y b, entonces

$$\lim_{n\to\infty}\left(1 + \frac{a_n}{n}\right)^n = e^b.$$

Pero

$$\lim_{n\to\infty}\left[\frac{t^2}{2} + \frac{t^3\psi'''(0)}{3!n^{1/2}} + \cdots\right] = \frac{t^2}{2}.$$

Por tanto,

$$\lim_{n\to\infty}\zeta_n(t) = \exp\left(\frac{1}{2}t^2\right). \tag{9}$$

Puesto que la parte derecha de la ecuación (9) es la f.g.m. de la distribución normal tipificada, del teorema 4 resulta que la distribución asintótica de Z_n debe ser la distribución normal tipificada.

Con un procedimiento análogo se puede proporcionar también un esquema de la demostración del teorema central del límite de Liapounov, pero en este libro no volverá a considerarse este problema.

EJERCICIOS

1. Supóngase que el 75% de las personas de cierta área metropolitana viven en la ciudad, y el 25%, en los suburbios. Si las 1200 personas que asisten a un concierto representan una muestra aleatoria del área metropolitana, ¿cuál es la probabilidad de que el número de personas que viven en los suburbios y que asisten al concierto sea menor que 270?

2. Supóngase que la distribución del número de defectos en un determinado rollo de tela es una distribución de Poisson con media 5 y que para una muestra aleatoria de 125 rollos se cuenta el número de defectos en cada rollo. Determínese la probabilidad de que el número promedio de defectos por rollo en la muestra sea menor que 5.5.

3. Supóngase que se va a seleccionar una muestra aleatoria de tamaño n de una distribución con media μ y desviación típica 3. Utilícese el teorema central del límite para determinar aproximadamente el menor valor de n para el cual se satisface la siguiente relación:

$$\Pr(|\overline{X}_n - \mu| < 0.3) \geq 0.95.$$

4. Supóngase que la proporción de artículos defectuosos en un gran lote manufacturado es 0.1. ¿Cuál es la menor muestra aleatoria de artículos que se deben seleccionar del lote para que la probabilidad de que la proporción de artículos defectuosos en la muestra sea menor que 0.13 sea al menos 0.99?

5. Supóngase que tres niños A, B y C lanzan bolas de nieve a un blanco. Supóngase también que el niño A lanza 10 veces y la probabilidad de que dé en el blanco en cualquier lanzamiento es 0.3, el niño B lanza 15 veces y la probabilidad de que dé en el blanco en cualquier lanzamiento es 0.2 y el niño C lanza 20 veces y la probabilidad de que dé en el blanco en cualquier lanzamiento es 0.1. Determínese la probabilidad de que al menos 12 lanzamientos den en el blanco.

6. Si se seleccionan 6 dígitos de una tabla de dígitos aleatorios, ¿cuál es la probabilidad de que su promedio esté entre 4 y 6?

7. Supóngase que las personas que asisten a una fiesta sirven bebidas de una botella que contiene 63 onzas de un cierto líquido. Supóngase, además, que el tamaño esperado de cada bebida es 2 onzas, que la desviación típica de cada bebida es 1/2 onza y que todas las bebidas se sirven independientemente. Determínese la probabilidad de que la botella no esté vacía después de haber servido 36 bebidas.

8. Un físico toma 25 medidas independientes de la gravedad específica de cierto cuerpo. Sabe que las limitaciones de su equipo son tales que la desviación típica de cada medición es σ unidades.
   (a) Utilizando la desigualdad de Chebyshev, encuéntrese una cota inferior para la probabilidad de que el promedio de sus mediciones difiera de la verdadera gravedad del cuerpo en menos de $\sigma/4$ unidades.
   (b) Utilizando el teorema central del límite, encuéntrese un valor aproximado para la probabilidad de la parte (a).

9. Se va a seleccionar una muestra aleatoria de n artículos de una distribución con media μ y desviación típica σ.
   (a) Utilícese la desigualdad de Chebyshev para determinar el número mínimo de artículos n que se deben seleccionar para que se cumpla la siguiente relación:

$$\Pr\left(|\overline{X}_n - \mu| \leq \frac{\sigma}{4}\right) \geq 0.99.$$

   (b) Utilícese el teorema central del límite para determinar el número mínimo de artículos n que se deben seleccionar para que se cumpla aproximadamente la relación de la parte (a).

10. Supóngase que, en promedio, los dos padres de una tercera parte de los graduados en un cierto colegio asisten a la ceremonia de graduación, sólo uno de los dos padres de otra tercera parte de estos graduados asiste a la ceremonia y ninguno de los dos padres de la restante tercera parte de estos graduados asiste a la ceremonia. Si en una clase hay 600 graduados, ¿cuál es la probabilidad de que asistan a la ceremonia de graduación más de 650 padres?

5.8 CORRECCIÓN POR CONTINUIDAD

Aproximación de una distribución discreta por una distribución continua

Supóngase que $X_1, \ldots, X_n$ constituyen una muestra aleatoria de una distribución discreta y sea $X = X_1 + \cdots + X_n$. Se demostró en la sección anterior que aunque la distribución de X sea discreta, su función de distribución se puede aproximar por la de la distribución normal, que es distribución continua. En esta sección, se describirá un método estándar para mejorar la calidad de la aproximación que se obtiene cuando se aproxima una probabilidad basada en una distribución discreta por una basada en una distribución continua.

Supóngase, por tanto, que la variable aleatoria X tiene una distribución discreta con f.p. $f(x)$ y se desea aproximar esta distribución por una distribución continua con f.d.p. $g(x)$. Por simplicidad, considérese solamente una distribución discreta para la que todos los valores posibles de X son enteros. Las distribuciones binomial, hipergeométrica, de Poisson y binomial negativa descritas en este capítulo satisfacen esta condición.

Si la f.d.p. $g(x)$ proporciona una buena aproximación a la distribución de X, entonces para cualesquiera enteros a y b se puede aproximar simplemente la probabilidad

$$\Pr(a \leq X \leq b) = \sum_{x=a}^{b} f(x) \tag{1}$$

por la integral

$$\int_a^b g(x)\, dx. \tag{2}$$

De hecho, esta aproximación se utilizó en los ejemplos 1 y 3 de la sección 5.7, donde $g(x)$ era la f.d.p. normal apropiada especificada por el teorema central del límite.

Esta sencilla aproximación tiene el siguiente inconveniente: Aunque $\Pr(X \geq a)$ y $\Pr(X > a)$ en general tendrán valores distintos para la distribución discreta, estas probabilidades serán siempre iguales para la distribución continua. Otra forma de expresar este inconveniente es la siguiente: Aunque $\Pr(X = x) > 0$ para cualquier entero x que es un valor posible de X, esta probabilidad es necesariamente 0 con la f.d.p. aproximada.

Aproximación de un histograma

La f.p. $f(x)$ de X se puede representar por un *histograma*, o *diagrama de barras*, como se ilustra en la figura 5.4. Para cada entero x, la probabilidad de x se representa por el área de un rectángulo cuya base se extiende desde $x - \frac{1}{2}$ hasta $x + \frac{1}{2}$ y cuya altura es $f(x)$.

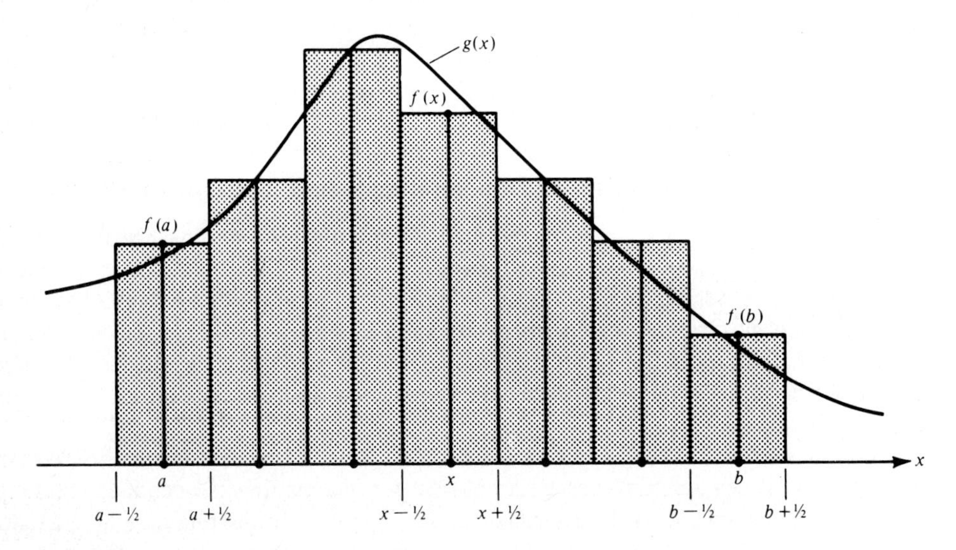

Figura 5.4 Aproximación de un histograma utilizando una f.d.p.

Entonces, el área del rectángulo cuya base está centrada en el entero x es simplemente $f(x)$. En la figura 5.4 se representa también una f.d.p. aproximada $g(x)$.

Desde este punto de vista se puede observar que $\Pr(a \le X \le b)$, como se especifica en la ecuación (1), es la suma de las áreas de los rectángulos de la figura 5.4 que están centrados en $a, a+1, \ldots, b$. Se puede observar también en la figura 5.4 que la suma de estas áreas se aproxima por la integral

$$\int_{a-(1/2)}^{b+(1/2)} g(x)\, dx. \tag{3}$$

El ajuste de la integral (2) a la integral (3) se llama *corrección por continuidad*.

Si se utiliza la corrección por continuidad, se determina que la probabilidad $f(a)$ del entero a se puede aproximar como sigue:

$$\begin{aligned} \Pr(X = a) &= \Pr\left(a - \frac{1}{2} \le X \le a + \frac{1}{2}\right) \\ &\approx \int_{a-(1/2)}^{a+(1/2)} g(x)\, dx. \end{aligned} \tag{4}$$

Análogamente,

$$\begin{aligned}\Pr(X > a) &= \Pr(X \geq a + 1) = \Pr\left(X \geq a + \frac{1}{2}\right) \\ &\approx \int_{a+(1/2)}^{\infty} g(x)\, dx.\end{aligned} \tag{5}$$

Ejemplo 1: Preguntas de examen. Para ilustrar el uso de la corrección por continuidad, considérese de nuevo el ejemplo 3 de la sección 5.7. En ese ejemplo, un examen constaba de 99 preguntas de dificultad variable y se deseaba determinar $\Pr(X \geq 60)$, donde X es el número total de preguntas que un estudiante concreto contesta correctamente. Entonces según las condiciones del ejemplo, del teorema central del límite se deduce que la distribución discreta de X podría aproximarse por una distribución normal con media 49.5 y desviación típica 4.08.

Si se utiliza la corrección por continuidad, se obtiene

$$\begin{aligned}\Pr(X \geq 60) &= \Pr(X \geq 59.5) = \Pr\left(Z \geq \frac{59.5 - 49.5}{4.08}\right) \\ &\approx 1 - \Phi(2.4510) = 0.007.\end{aligned}$$

Este valor se puede comparar con el valor 0.005 obtenido en la sección 5.7 sin la corrección. ◁

Ejemplo 2: Lanzamiento de una moneda. Supóngase que se lanza 20 veces una moneda equilibrada y que todos los lanzamientos son independientes. ¿Cuál es la probabilidad de obtener exactamente 10 caras?

Sea X el número total de caras que se obtienen en los 20 lanzamientos. De acuerdo con el teorema central del límite, la distribución de X será aproximadamente una distribución normal con media 10 y desviación típica $[(20)(1/2)(1/2)]^{1/2} = 2.236$. Si se utiliza la corrección por continuidad,

$$\begin{aligned}\Pr(X = 10) &= \Pr(9.5 \leq X \leq 10.5) \\ &= \Pr\left(-\frac{0.5}{2.236} \leq Z \leq \frac{0.5}{2.236}\right) \\ &\approx \Phi(0.2236) - \Phi(-0.2236) = 0.177.\end{aligned}$$

El valor exacto de $\Pr(X = 10)$ determinado a partir de la tabla de probabilidades binomiales del final del libro es 0.1762. Por tanto, la aproximación normal con la corrección por continuidad es bastante buena. ◁

EJERCICIOS

1. Sea X el número total de éxitos en 15 pruebas de Bernoulli, con probabilidad de éxito $p = 0.3$ en cada prueba.

(a) Determínese el valor aproximado de $\Pr(X = 4)$ utilizando el teorema central del límite con la corrección por continuidad.

(b) Compárese la respuesta obtenida en la parte (a) con el valor exacto de esta probabilidad.

2. Utilizando la corrección por continuidad, determínese la probabilidad requerida en el ejemplo 1 de la sección 5.7.
3. Utilizando la corrección por continuidad, determínese la probabilidad requerida en el ejercicio 1 de la sección 5.7.
4. Utilizando la corrección por continuidad, determínese la probabilidad requerida en el ejercicio 2 de la sección 5.7.
5. Utilizando la corrección por continuidad, determínese la probabilidad requerida en el ejercicio 5 de la sección 5.7.
6. Utilizando la corrección por continuidad, determínese la probabilidad requerida en el ejercicio 6 de la sección 5.7.

5.9 DISTRIBUCIÓN GAMMA

Función gamma

Para cualquier número positivo α, el valor $\Gamma(\alpha)$ se define por la siguiente integral:

$$\Gamma(\alpha) = \int_0^\infty x^{\alpha-1} e^{-x}\, dx. \tag{1}$$

Se puede demostrar que el valor de esta integral será finito para cualquier valor de $\alpha > 0$. La función Γ, cuyos valores se definen por la ecuación (1) para $\alpha > 0$, se denomina *función gamma*. Se deducirán ahora algunas propiedades de la función gamma.

Teorema 1. *Si* $\alpha > 1$, *entonces*

$$\Gamma(\alpha) = (\alpha - 1)\Gamma(\alpha - 1). \tag{2}$$

Demostración. Se aplicará el método de integración por partes a la integral de la ecuación (1). Si se define $u = x^{\alpha-1}$ y $dv = e^{-x}dx$, entonces $du = (\alpha - 1)x^{\alpha-2}dx$ y $v = -e^{-x}$. Por tanto,

$$\begin{aligned}\Gamma(\alpha) &= \int_0^\infty u\, dv = [uv]_0^\infty - \int_0^\infty v\, du \\ &= \left[-x^{\alpha-1}e^{-x}\right]_0^\infty + (\alpha - 1)\int_0^\infty x^{\alpha-2}e^{-x}\, dx \\ &= 0 + (\alpha - 1)\Gamma(\alpha - 1). \quad \triangleleft\end{aligned}$$

Del teorema 1 resulta que para cualquier entero $n \geq 2$,

$$\begin{aligned}\Gamma(n) &= (n-1)\Gamma(n-1) = (n-1)(n-2)\Gamma(n-2) \\ &= (n-1)(n-2)\cdots 1 \cdot \Gamma(1) \\ &= (n-1)!\Gamma(1).\end{aligned}$$

Además, por la ecuación (1),

$$\Gamma(1) = \int_0^\infty e^{-x}\, dx = 1.$$

Por tanto, $\Gamma(n) = (n-1)!$ para $n = 2, 3, \ldots$. Más aún, puesto que $\Gamma(1) = 1 = 0!$, se ha establecido el siguiente resultado:

Teorema 2. *Para cualquier entero positivo* n,

$$\Gamma(n) = (n-1)!. \tag{3}$$

En muchas aplicaciones estadísticas se debe evaluar $\Gamma(\alpha)$ cuando α es un entero positivo o de la forma $\alpha = n + (1/2)$ para algún entero positivo n. De la ecuación (2) resulta que para cualquier entero positivo n,

$$\Gamma\left(n + \frac{1}{2}\right) = \left(n - \frac{1}{2}\right)\left(n - \frac{3}{2}\right)\cdots\left(\frac{1}{2}\right)\Gamma\left(\frac{1}{2}\right). \tag{4}$$

Por tanto, se podrá determinar el valor de $\Gamma\left(n + \frac{1}{2}\right)$ si se puede evaluar $\Gamma\left(\frac{1}{2}\right)$.

Por la ecuación (1),

$$\Gamma\left(\frac{1}{2}\right) = \int_0^\infty x^{-1/2} e^{-x}\, dx.$$

Si se define $x = (1/2)y^2$ en esta integral, entonces $dx = y\, dy$ y

$$\Gamma\left(\frac{1}{2}\right) = 2^{1/2} \int_0^\infty \exp\left(-\frac{1}{2}y^2\right) dy. \tag{5}$$

Puesto que la integral de la f.d.p. de la distribución normal tipificada es igual a 1, resulta que

$$\int_{-\infty}^\infty \exp\left(-\frac{1}{2}y^2\right) dy = (2\pi)^{1/2}.$$

Por tanto,

$$\int_0^\infty \exp\left(-\frac{1}{2}y^2\right) dy = \frac{1}{2}(2\pi)^{1/2} = \left(\frac{\pi}{2}\right)^{1/2}$$

De la ecuación (5) resulta ahora que

$$\Gamma\left(\frac{1}{2}\right) = \pi^{1/2}. \tag{6}$$

Por ejemplo, de las ecuaciones (4) y (6) se deduce que

$$\Gamma\left(\frac{7}{2}\right) = \left(\frac{5}{2}\right)\left(\frac{3}{2}\right)\left(\frac{1}{2}\right)\pi^{1/2} = \frac{15}{8}\pi^{1/2}.$$

Distribución gamma

Se dice que una variable aleatoria X tiene una *distribución gamma con parámetros* α *y* β ($\alpha > 0$ y $\beta > 0$) si X tiene una distribución continua cuya f.d.p. $f(x|\alpha, \beta)$ se especifica como sigue:

$$f(x|\alpha,\beta) = \begin{cases} \dfrac{\beta^\alpha}{\Gamma(\alpha)} x^{\alpha-1} e^{-\beta x} & \text{para } x > 0, \\ 0 & \text{para } x \leq 0. \end{cases} \tag{7}$$

La integral de esta f.d.p. es 1, puesto que de la definición de la función gamma resulta que

$$\int_0^\infty x^{\alpha-1} e^{-\beta x}\, dx = \frac{\Gamma(\alpha)}{\beta^\alpha}. \tag{8}$$

Si X tiene una distribución gamma con parámetros α y β, entonces los momentos de X se determinan fácilmente a partir de las ecuaciones (7) y (8). Para $k = 1, 2, \ldots$, resulta que

$$\begin{aligned} E(X^k) &= \int_0^\infty x^k f(x|\alpha,\beta)\, dx = \frac{\beta^\alpha}{\Gamma(\alpha)} \int_0^\infty x^{\alpha+k-1} e^{-\beta x}\, dx \\ &= \frac{\beta^\alpha}{\Gamma(\alpha)} \cdot \frac{\Gamma(\alpha+k)}{\beta^{\alpha+k}} = \frac{\Gamma(\alpha+k)}{\beta^k \Gamma(\alpha)} \\ &= \frac{\alpha(\alpha+1)\cdots(\alpha+k-1)}{\beta^k}. \end{aligned}$$

En particular, por tanto,

$$E(X) = \frac{\alpha}{\beta}$$

$$\text{Var}(X) = \frac{\alpha(\alpha+1)}{\beta^2} - \left(\frac{\alpha}{\beta}\right)^2 = \frac{\alpha}{\beta^2}.$$

La f.g.m. ψ de X se puede obtener análogamente, como sigue:

$$\psi(t) = \int_0^\infty e^{tx} f(x|\alpha,\beta)\,dx = \frac{\beta^\alpha}{\Gamma(\alpha)} \int_0^\infty x^{\alpha-1} e^{-(\beta-t)x}\,dx.$$

Esta integral será finita para cualquier valor de t tal que $t < \beta$. Por tanto, de la ecuación (8) resulta que

$$\psi(t) = \frac{\beta^\alpha}{\Gamma(\alpha)} \cdot \frac{\Gamma(\alpha)}{(\beta-t)^\alpha} = \left(\frac{\beta}{\beta-t}\right)^\alpha \qquad \text{para } t < \beta. \tag{9}$$

Se puede demostrar ahora que la suma de variables aleatorias independientes que tienen distribuciones gamma con un valor común del parámetro β tendrán también una distribución gamma.

Teorema 3. *Si las variables aleatorias $X_1, \ldots, X_k$ son independientes y si X_i tiene una distribución gamma con parámetros α_i y β $(i = 1, \ldots, k)$, entonces la suma $X_1 + \cdots + X_k$ tiene una distribución gamma con parámetros $\alpha_1 + \cdots + \alpha_k$ y β.*

Demostración: Si ψ_i denota la f.g.m. de X_i, entonces de la ecuación (9) resulta que para $i = 1, \ldots, k$,

$$\psi_i(t) = \left(\frac{\beta}{\beta-t}\right)^{\alpha_i} \qquad \text{para } t < \beta.$$

Si ψ denota la f.g.m. de la suma $X_1 + \cdots + X_k$, entonces por el teorema 3 de la sección 4.4,

$$\psi(t) = \prod_{i=1}^k \psi_i(t) = \left(\frac{\beta}{\beta-t}\right)^{\alpha_1+\cdots+\alpha_k} \qquad \text{para } t < \beta.$$

La f.g.m. ψ se puede reconocer ahora como la f.g.m. de una distribución gamma con parámetros $\alpha_1 + \cdots + \alpha_k$ y β. Por tanto, la suma $X_1 + \cdots + X_k$ debe tener esta distribución gamma. ◁

Distribución exponencial

Se dice que una variable aleatoria X tiene una *distribución exponencial con parámetro* β $(\beta > 0)$ si X tiene una distribución continua cuya f.d.p. $f(x|\beta)$ se especifica como sigue:

$$f(x|\beta) = \begin{cases} \beta e^{-\beta x} & \text{para } x > 0, \\ 0 & \text{para } x \leq 0. \end{cases} \tag{10}$$

Se puede observar en la ecuación (10) que una distribución exponencial con parámetro β es una distribución gamma con parámetros $\alpha = 1$ y β. Por tanto, si X tiene una distribución exponencial con parámetro β, de las expresiones deducidas para la distribución gamma resulta que

$$E(X) = \frac{1}{\beta} \quad \text{y} \quad \text{Var}(X) = \frac{1}{\beta^2}.$$

Análogamente, de la ecuación (9) resulta que la f.g.m. de X es

$$\psi(t) = \frac{\beta}{\beta - t} \qquad \text{para } t < \beta.$$

Una distribución exponencial se utiliza a menudo en un problema práctico para representar la distribución del tiempo que transcurre antes de la ocurrencia de un suceso. Por ejemplo, esta distribución ha sido utilizada para representar periodos de tiempo tales como el periodo que una máquina o un componente electrónico funcionarán sin estropearse, el periodo requerido para atender a un cliente en un servicio y el periodo entre las llegadas de dos clientes sucesivos a un servicio.

Si se considera que los sucesos ocurren de acuerdo con un proceso de Poisson, definido en la sección 5.4, entonces el tiempo de espera hasta que ocurre un suceso y el periodo de tiempo entre dos sucesos consecutivos cualesquiera tendrán distribuciones exponenciales. Este hecho proporciona el soporte teórico para el uso de la distribución exponencial en muchos tipos de problemas.

La distribución exponencial tiene una propiedad de falta de memoria análoga a la descrita en la sección 5.5 para la distribución geométrica. Esta propiedad se puede deducir como sigue: Si X tiene una distribución exponencial con parámetro β, entonces para cualquier número $t > 0$,

$$\Pr(X \geq t) = \int_t^{\infty} \beta e^{-\beta x} dx = e^{-\beta t}. \tag{11}$$

Por tanto, para $t > 0$ y cualquier otro número $h > 0$,

$$\begin{aligned} \Pr(X \geq t + h | X \geq t) &= \frac{\Pr(X \geq t + h)}{\Pr(X \geq t)} \\ &= \frac{e^{-\beta(t+h)}}{e^{-\beta t}} = e^{-\beta h} = \Pr(X \geq h). \end{aligned} \tag{12}$$

Para ilustrar la propiedad de falta de memoria, supóngase que X representa el número de minutos que transcurren antes de que ocurra un suceso. De acuerdo con la ecuación (12), si el suceso no ha ocurrido en t minutos, entonces la probabilidad de que el suceso no ocurra durante los h minutos siguientes es simplemente $e^{-\beta h}$. Esta probabilidad es la misma que la de que no ocurra el suceso durante un intervalo de h minutos a partir del tiempo 0. En otras palabras, independientemente de la longitud de tiempo que haya transcurrido sin que ocurra el suceso, la probabilidad de que el suceso ocurra durante los h minutos siguientes siempre tiene el mismo valor. Teóricamente, por tanto, no es necesario considerar ocurrencias pasadas de un suceso para calcular sus probabilidades de ocurrencia futura.

Esta propiedad de falta de memoria no se verificará estrictamente en todos los problemas prácticos. Por ejemplo, supóngase que X es la cantidad de tiempo que una bombilla permanece encendida hasta que falle. La cantidad de tiempo que se puede esperar que la bombilla continue encendida en el futuro dependerá de la cantidad de tiempo que ha estado encendida en el pasado. Sin embargo, la distribución exponencial ha sido utilizada efectivamente como una distribución aproximada para variables tales como la duración de diversos productos.

Pruebas de duración

Supóngase que en una prueba se encienden n bombillas simúltaneamente para determinar su duración. Supóngase que las n bombillas funcionan independientemente unas de otras y que el tiempo de vida de cada bombilla tiene una distribución exponencial con parámetro β. En otras palabras, si X_i denota la duración de la bombilla i para $i = 1, \ldots, n$, entonces se supone que las variables aleatorias $X_1, \ldots, X_n$ son i.i.d. y que cada una tiene una distribución exponencial con parámetro β. Se determinará ahora la distribución del tiempo Y_1 hasta que falle una de las n bombillas.

Puesto que el tiempo Y_1 en que falla la primera bombilla será igual al menor de los n tiempos de vida $X_1, \ldots, X_n$, se puede escribir $Y_1 = \min\{X_1, \ldots, X_n\}$. Para cualquier número $t > 0$,

$$\begin{aligned}
\Pr(Y_1 > t) &= \Pr(X_1 > t, \ldots, X_n > t) \\
&= \Pr(X_1 > t) \cdots \Pr(X_n > t) \\
&= e^{-\beta t} \cdots e^{-\beta t} = e^{-n\beta t}.
\end{aligned}$$

Comparando este resultado con la ecuación (1), se puede observar que la distribución de Y_1 debe ser una distribución exponencial con parámetro $n\beta$.

En resumen, se ha establecido el siguiente resultado:

Teorema 4. *Supóngase que las variables $X_1, \ldots, X_n$ constituyen una muestra aleatoria de una distribución exponencial con parámetro β. Entonces la distribución de $Y_1 = \min\{X_1, \ldots, X_n\}$ será una distribución exponencial con parámetro $n\beta$.*

Se determinará ahora, la distribución del intervalo de tiempo Y_2 entre el fallo de la primera bombilla y el fallo de la segunda.

Después de fallar una bombilla, continúan encendidas $n - 1$ bombillas. Además, independientemente de cuando falló la primera bombilla, por la propiedad de falta de memoria de la distribución exponencial resulta que la distribución de los restantes tiempos de vida de cada una de las restantes $n - 1$ bombillas continúa siendo una distribución exponencial con parámetro β. En otras palabras, la situación es la misma que si se empezara de nuevo la prueba a partir del instante de tiempo $t = 0$ con $n - 1$ bombillas. Por tanto, Y_2 será igual a la menor de las $n-1$ variables aleatorias, cada una de las cuales tiene una distribución exponencial con parámetro β. Del teorema 4 resulta que Y_2 tendrá una distribución exponencial con parámetro $(n - 1)\beta$.

Continuando de esta forma, se deducirá que la distribución del intervalo de tiempo Y_3 entre el fallo de la segunda bombilla y la tercera será una distribución exponencial con parámetro $(n - 2)\beta$. Por último, después de haber fallado todas las bombillas excepto una, la distribución del intervalo de tiempo adicional hasta que falle la última bombilla será una distribución exponencial con parámetro β.

EJERCICIOS

1. Supóngase que X tiene una distribución gamma con parámetros α y β y que c es una constante positiva. Demuéstrese que cX tiene una distribución gamma con parámetros α y β/c.

2. Represéntese la f.d.p. de la distribución gamma para cada uno de los siguientes pares de valores de los parámetros α y β: (a) $\alpha = 1/2$ y $\beta = 1$, (b) $\alpha = 1$ y $\beta = 1$, (c) $\alpha = 2$ y $\beta = 1$.

3. Determínese la moda de la distribución gamma con parámetros α y β.

4. Represéntese la f.d.p. de la distribución exponencial para cada uno de los siguientes valores del parámetro β: (a) $\beta = 1/2$, (b) $\beta = 1$ y (c) $\beta = 2$.

5. Supóngase que $X_1, \ldots, X_n$ constituyen una muestra aleatoria de tamaño n de una distribución exponencial con parámetro β. Determínese la distribución de la media muestral $\overline{X}_n$.

6. Supóngase que el número de minutos necesarios para atender a un cliente en la caja registradora de un supermercado tiene una distribución exponencial cuya media es 3. Utilizando el teorema central del límite, determínese la probabilidad de que el tiempo total requerido para atender una muestra aleatoria de 16 clientes sea superior a una hora.

7. Supóngase que las variables aleatorias $X_1, \ldots, X_k$ son independientes y que X_i tiene una distribución exponencial con parámetro igual a β_i $(i = 1, \ldots, k)$. Sea $Y = \min\{X_1, \ldots, X_k\}$. Demuéstrese que Y tiene una distribución exponencial con parámetro $\beta_1 + \cdots + \beta_k$.

8. Supóngase que cierto sistema contiene tres componentes que funcionan independientemente unos de otros y que están conectados en serie, como se definió en el ejercicio 4 de la sección 3.7, de forma que el sistema falla tan pronto como uno de los componentes falla. Supóngase que el tiempo de vida del primer componente, medido en horas, tiene una distribución exponencial con parámetro $\beta = 0.001$; el tiempo de vida del segundo componente tiene una distribución exponencial con parámetro $\beta = 0.003$ y que el tiempo de vida del tercer componente tiene una distribución exponencial con parámetro $\beta = 0.006$. Determínese la probabilidad de que el sistema no falle antes de 100 horas.

9. Supóngase que un sistema electrónico contiene n componentes similares que funcionan independientemente unos de otros y que están conectados en serie, de forma que el sistema falla tan pronto como uno de los componentes falla. Supóngase también que el tiempo de vida de cada componente, medido en horas, tiene una distribución exponencial con media μ. Determínese la media y la varianza del tiempo de espera hasta que falle el sistema.

10. Supóngase que n artículos van a ser probados simúltaneamente, que los artículos son independientes y que la duración de cada artículo tiene una distribución exponencial con parámetro β. Determínese el tiempo de espera hasta que fallen tres artículos. *Sugerencia*: El valor requerido es $E(Y_1 + Y_2 + Y_3)$.

11. Considérese de nuevo el sistema electrónico descrito en el ejercicio 9, pero supóngase ahora que el sistema continúa funcionando hasta que fallan dos componentes. Determínense la media y la varianza del tiempo de espera que falla el sistema.

12. Supóngase que cinco estudiantes van a realizar un examen independientemente unos de otros y que el número de minutos que cualquier estudiante necesita para terminar el examen tiene una distribución exponencial con media 80. Supóngase que el examen empieza a las nueve de la mañana Determínese la probabilidad de que al menos uno de los estudiantes termine el examen antes de las diez menos veinte de la mañana.

13. Supóngase de nuevo que cinco estudiantes van a realizar el examen del ejercicio 12 y que el primer estudiante termina el examen a las nueve y veinticinco de la mañana. Determínese la probabilidad de que al menos otro estudiante termine el examen antes de las diez de la mañana.

14. Supóngase de nuevo que cinco estudiantes van a realizar el examen del ejercicio 12. Determínese la probabilidad de que ningún par de estudiantes termine el examen con una diferencia de más de diez minutos uno de otro.

15. Se dice que una variable aleatoria X tiene una *distribución de Pareto con parámetros* x_0 *y* α ($x_0 > 0$ y $\alpha > 0$) si X tiene una distribución continua cuya f.d.p. $f(x|x_0, \alpha)$ es la siguiente:

$$f(x|x_0, \alpha) = \begin{cases} \dfrac{\alpha x_0^{\alpha}}{x^{\alpha+1}} & \text{para } x \geq x_0, \\ 0 & \text{para } x < x_0. \end{cases}$$

Demuéstrese que si X tiene una distribución de Pareto, entonces la variable aleatoria $\log(X/x_0)$ tiene una distribución exponencial con parámetro α.

16. Supóngase que una variable aleatoria X tiene una distribución normal con media μ y varianza σ^2. Determínese el valor de $E[(X-\mu)^{2n}]$ para $n = 1, 2, \ldots$.

17. Considérese una variable aleatoria X para la que $\Pr(X > 0) = 1$ y cuya f.d.p. es f y cuya f.d. es F. Considérese además la función h definida como sigue:

$$h(x) = \frac{f(x)}{1 - F(x)} \qquad \text{para } x > 0.$$

La función h se denomina *tasa de fracaso* o *función de azar* de X. Demuéstrese que si X tiene una distribución exponencial, entonces la tasa de fracaso $h(x)$ es constante para $x > 0$.

18. Se dice que una variable aleatoria X tiene *una distribución de Weibull con parámetros* a *y* b ($a > 0$ y $b > 0$) si X tiene una distribución continua cuya f.d.p. $f(x|a, b)$ es la siguiente:

$$f(x|a,b) = \begin{cases} \dfrac{b}{a^b} x^{b-1} e^{-(x/a)^b} & \text{para } x > 0, \\ 0 & \text{para } x \leq 0. \end{cases}$$

Demuéstrese que si X tiene esta distribución de Weibull, entonces la variable aleatoria X^b tiene una distribución exponencial con parámetro $\beta = a^{-b}$.

19. Se dice que una variable aleatoria X tiene una *tasa de fracaso creciente* si la tasa de fracaso $h(x)$ definida en el ejercicio 17 es una función creciente de x para $x > 0$, y se dice que X tiene una *tasa de fracaso decreciente* si $h(x)$ es una función decreciente de x para $x > 0$. Supóngase que X tiene una distribución de Weibull con parámetros a y b, como se definió en el ejercicio 18. Demuéstrese que X tiene una tasa de fracaso creciente si $b > 1$ y que X tiene una tasa de fracaso decreciente si $b < 1$.

5.10 DISTRIBUCIÓN BETA

Definición de la distribución beta

Se dice que una variable aleatoria X tiene una *distribución beta con parámetros* α y β ($\alpha > 0$ y $\beta > 0$) si X tiene una distribución continua cuya f.d.p. $f(x|\alpha, \beta)$ es la siguiente:

$$f(x|\alpha,\beta) = \begin{cases} \dfrac{\Gamma(\alpha+\beta)}{\Gamma(\alpha)\Gamma(\beta)} x^{\alpha-1}(1-x)^{\beta-1} & \text{para } 0 < x < 1, \\ 0 & \text{en otro caso.} \end{cases} \tag{1}$$

Para comprobar que el valor de la integral de esta f.d.p. sobre la recta real es 1, se debe demostrar que para $\alpha > 0$ y $\beta > 0$,

$$\int_0^1 x^{\alpha-1}(1-x)^{\beta-1}dx = \frac{\Gamma(\alpha)\Gamma(\beta)}{\Gamma(\alpha+\beta)}. \tag{2}$$

De la definición de la función gamma, resulta que

$$\begin{aligned}\Gamma(\alpha)\Gamma(\beta) &= \int_0^\infty u^{\alpha-1}e^{-u}du \int_0^\infty v^{\beta-1}e^{-v}\,dv \\ &= \int_0^\infty \int_0^\infty u^{\alpha-1}v^{\beta-1}e^{-(u+v)}du\,dv.\end{aligned} \tag{3}$$

Se definirá ahora

$$x = \frac{u}{u+v} \qquad \text{e} \qquad y = u+v.$$

Entonces, $u = xy$ y $v = (1-x)\,y$, y se puede determinar que el valor del jacobiano de esta transformación inversa es y. Además, como u y v varían sobre todos los valores positivos, x variará en el intervalo $(0,1)$ e y variará sobre todos los valores positivos. De la ecuación (3), se obtiene ahora la relación

$$\begin{aligned}\Gamma(\alpha)\Gamma(\beta) &= \int_0^1 \int_0^\infty x^{\alpha-1}(1-x)^{\beta-1}y^{\alpha+\beta-1}e^{-y}\,dy\,dx \\ &= \Gamma(\alpha+\beta)\int_0^1 x^{\alpha-1}(1-x)^{\beta-1}\,dx.\end{aligned}$$

Por tanto, se ha verificado la ecuación (2).

En la ecuación (1) se puede verificar que la distribución beta con parámetros $\alpha = 1$ y $\beta = 1$ es simplemente la distribución uniforme sobre el intervalo $(0,1)$.

Momentos de la distribución beta

Cuando la distribución de una variable aleatoria X está dada por la ecuación (1), los momentos de X se calculan fácilmente. Para $k = 1, 2, \ldots$,

$$\begin{aligned}E(X^k) &= \int_0^1 x^k f(x|\alpha,\beta)\,dx \\ &= \frac{\Gamma(\alpha+\beta)}{\Gamma(\alpha)\Gamma(\beta)}\int_0^1 x^{\alpha+k-1}(1-x)^{\beta-1}dx.\end{aligned}$$

Por tanto, de la ecuación (2),

$$\begin{aligned}E(X^k) &= \frac{\Gamma(\alpha+\beta)}{\Gamma(\alpha)\Gamma(\beta)}\cdot\frac{\Gamma(\alpha+k)\Gamma(\beta)}{\Gamma(\alpha+k+\beta)} \\ &= \frac{\alpha(\alpha+1)\cdots(\alpha+k-1)}{(\alpha+\beta)(\alpha+\beta+1)\cdots(\alpha+\beta+k-1)}.\end{aligned}$$

Resulta que

$$E(X) = \frac{\alpha}{\alpha + \beta}$$

$$\begin{aligned}\text{Var}(X) &= \frac{\alpha(\alpha+1)}{(\alpha+\beta)(\alpha+\beta+1)} - \left(\frac{\alpha}{\alpha+\beta}\right)^2 \\ &= \frac{\alpha\beta}{(\alpha+\beta)^2(\alpha+\beta+1)}.\end{aligned}$$

EJERCICIOS

1. Determínese la moda de la distribución beta con parámetros α y β, suponiendo que $\alpha > 1$ y $\beta > 1$.

2. Represéntese la f.d.p. de la distribución beta para cada una de las siguientes parejas de valores de los parámetros:

   (a) $\alpha = 1/2$ y $\beta = 1/2$, (b) $\alpha = 1/2$ y $\beta = 1$,
   (c) $\alpha = 1/2$ y $\beta = 2$, (d) $\alpha = 1$ y $\beta = 1$,
   (e) $\alpha = 1$ y $\beta = 2$, (f) $\alpha = 2$ y $\beta = 2$,
   (g) $\alpha = 25$ y $\beta = 100$, (h) $\alpha = 100$ y $\beta = 25$.

3. Supóngase que X tiene una distribución beta con parámetros α y β. Demuéstrese que $1 - X$ tiene una distribución beta con parámetros β y α.

4. Supóngase que X tiene una distribución beta con parámetros α y β, y sean r y s enteros positivos. Determínese el valor de $E[X^r(1-X)^s]$.

5. Supóngase que X e Y son variables aleatorias independientes, que X tiene una distribución gamma con parámetros α_1 y β, y que Y tiene una distribución gamma con parámetros α_2 y β. Sean $U = X/(X+Y)$ y $V = X + Y$. Demuéstrese (a) que U tiene una distribución beta con parámetros α_1 y α_2 y (b) que U y V son independientes.

6. Supóngase que X_1 y X_2 constituyen una muestra aleatoria de dos observaciones de una distribución exponencial con parámetro β. Demuéstrese que $X_1/(X_1 + X_2)$ tiene una distribución uniforme sobre el intervalo $(0, 1)$.

7. Supóngase que la proporción X de artículos defectuosos en un gran lote es desconocida y que X tiene una distribución beta con parámetros α y β.

   (a) Si se selecciona al azar un artículo del lote, ¿cuál es la probabilidad de que sea defectuoso?

(b) Si se seleccionan al azar dos artículos del lote, ¿cuál es la probabilidad de que ambos sean defectuosos?

5.11 DISTRIBUCIÓN MULTINOMIAL

Definición de la distribución multinomial

Supóngase que una población contiene artículos de k tipos distintos ($k \geq 2$) y que la proporción de artículos del tipo i en la población es p_i ($i = 1, \ldots, k$). Se supone que $p_i > 0$ para $i = 1, \ldots, k$ y que $\sum_{i=1}^{k} p_i = 1$. Además, supóngase que se seleccionan al azar con reemplazamiento n artículos de la población y sea X_i el número de artículos seleccionados que son del tipo i ($i = 1, \ldots, k$). Se dice entonces que el vector aleatorio $\boldsymbol{X} = (X_1, \ldots, X_k)$ tiene una *distribución multinomial con parámetros* n y $\boldsymbol{p} = (p_1, \ldots, p_k)$. Se deducirá ahora la f.p. de $\boldsymbol{X}$.

Se puede imaginar que los n artículos se seleccionan de la población de uno en uno, con reemplazamiento. Puesto que las n selecciones se realizan independientemente unas de otras, la probabilidad de que el primer artículo sea del tipo i_1, el segundo artículo, del tipo i_2 y así sucesivamente es simplemente $p_{i_1} p_{i_2} \cdots p_{i_n}$. Por tanto, la probabilidad de que la sucesión de n resultados conste de exactamente x_1 artículos del tipo $1, x_2$ artículos del tipo 2, y así sucesivamente, seleccionados en un *orden preespecificado*, es $p_1^{x_1} p_2^{x_2} \cdots p_k^{x_k}$. Resulta que la probabilidad de obtener exactamente x_i artículos del tipo $i (i = 1, \ldots, k)$ es igual a la probabilidad $p_1^{x_1} p_2^{x_2} \cdots p_k^{x_k}$ multiplicada por el número total de formas distintas en que se puede especificar el orden de los n artículos.

Como se demostró en la sección 1.9, el número total de formas diferentes en que se pueden disponer n artículos cuando hay x_i artículos del tipo i ($i = 1, \ldots, k$) viene dado por el coeficiente multinomial

$$\frac{n!}{x_1! x_2! \cdots x_k!}.$$

Por tanto,

$$\Pr(X_1 = x_1, \ldots, X_k = x_k) = \frac{n!}{x_1! \cdots x_k!} p_1^{x_1} \cdots p_k^{x_k}. \tag{1}$$

Para cualquier vector $\boldsymbol{x} = (x_1, \ldots, x_k)$, la f.p. $f(\boldsymbol{x}|n, \boldsymbol{p})$ de $\boldsymbol{X}$ está definida por la siguiente relación:

$$f(\boldsymbol{x}|n, \boldsymbol{p}) = \Pr(\boldsymbol{X} = \boldsymbol{x}) = \Pr(X_1 = x_1, \ldots, X_k = x_k).$$

Si $x_1, \ldots, x_k$ son enteros no negativos tales que $x_1 + \cdots + x_k = n$, entonces de la ecuación (1) resulta que

$$f(\boldsymbol{x}|n, \boldsymbol{p}) = \frac{n!}{x_1! \cdots x_k!} p_1^{x_1} \cdots p_k^{x_k}. \tag{2}$$

Además, $f(\boldsymbol{x}|n, \boldsymbol{p}) = 0$ para cualquier otro vector $\boldsymbol{x}$.

Ejemplo 1: Asistencia a un partido de béisbol. Supóngase que el 23% de las personas que asisten a un cierto partido de béisbol viven a menos de 10 millas del estadio, el 59% viven entre 10 y 50 millas del estadio y el 18% viven a más de 50 millas del estadio. Supóngase también que se seleccionan 20 personas al azar entre los asistentes al partido. Se determinará la probabilidad de que siete de las personas seleccionadas vivan a menos de 10 millas del estadio, ocho de ellas vivan entre 10 y 50 millas del estadio y cinco de ellas vivan a más de 50 millas del estadio.

Supóngase que el número de espectadores que asisten al partido es tan grande que es irrelevante si las 20 personas se seleccionan con o sin reemplazamiento. Se puede, por tanto, suponer que se seleccionan con reemplazamiento. De la ecuación (1) o de la ecuación (2), resulta entonces que la probabilidad requerida es

$$\frac{20!}{7!\,8!\,5!}(0.23)^7(0.59)^8(0.18)^5 = 0.0094. \quad \triangleleft$$

Relación entre la distribución multinomial y la binomial

Cuando la población de la que se extrae la muestra contiene únicamente dos tipos distintos de artículos, esto es, cuando $k = 2$, la distribución multinomial se reduce a la distribución binomial. La comprobación de esta relación se puede demostrar como sigue: Supóngase que, para $k = 2$, el vector aleatorio $\boldsymbol{X} = (X_1, X_2)$ tiene una distribución multinomial con parámetros n y $\boldsymbol{p} = (p_1, p_2)$. Entonces se debe cumplir que $\boldsymbol{X}_2 = n - X_1$ y $p_2 = 1 - p_1$. Por tanto, el vector aleatorio $\boldsymbol{X}$ queda en realidad determinado por la variable aleatoria X_1 y la distribución de X_1 depende únicamente de los parámetros n y p_1. Además, puesto que X_1 denota el número total de artículos del tipo 1 que se seleccionan en n pruebas de Bernoulli, cuando la probabilidad de selección de cada prueba es p_1, resulta que X_1 tiene una distribución binomial con parámetros n y p_1.

En general, para cualquier valor concreto de k ($k = 2, 3, \ldots$), supóngase que el vector aleatorio $\boldsymbol{X} = (X_1, \ldots, X_k)$ tiene una distribución multinomial con parámetros n y $\boldsymbol{p} = (p_1, \ldots, p_k)$. Puesto que X_i se puede considerar como el número total de artículos del tipo i que se seleccionan en n pruebas de Bernoulli, cuando la probabilidad de selección de cada prueba es p_i, resulta que la *distribución marginal* de cada variable X_i $(= 1, \ldots, k)$ debe ser una distribución binomial con parámetros n y p_i.

Medias, varianzas y covarianzas

Supóngase que un vector aleatorio $\boldsymbol{X}$ tiene una distribución multinomial con parámetros n y $\boldsymbol{p}$. Puesto que la distribución marginal de cada componente X_i es una distribución binomial con parámetros n y p_i, resulta que

$$E(X_i) = np_i \quad \text{y} \quad \text{Var}(X_i) = np_i\,(1 - p_i) \qquad \text{para } i = 1, \ldots, k. \tag{3}$$

Se puede utilizar un argumento análogo para deducir el valor de la covarianza de dos componentes distintas cualesquiera X_i y X_j. Puesto que la suma $X_i + X_j$ se puede considerar como el número total de artículos del tipo i o del tipo j que se seleccionan en

n pruebas de Bernoulli, cuando la probabilidad de selección en cada prueba es $p_i + p_j$, resulta que $X_i + X_j$ tiene una distribución binomial con parámetros n y $p_i + p_j$. Por tanto,

$$\text{Var}(X_i + X_j) = n\,(p_i + p_j)\,(1 - p_i - p_j). \tag{4}$$

Sin embargo, tanbién se verifica que

$$\begin{aligned}\text{Var}(X_i + X_j) &= \text{Var}(X_i) + \text{Var}(X_j) + 2\,\text{Cov}(X_i, X_j) \\ &= np_i(1 - p_i) + np_j(1 - p_j) + 2\,\text{Cov}(X_i, X_j).\end{aligned} \tag{5}$$

Igualando las partes derechas de (4) y (5), se obtiene el siguiente resultado:

$$\text{Cov}(X_i, X_j) = -np_ip_j. \tag{6}$$

Las ecuaciones (3) y (6) especifican los valores de las medias, las varianzas y las covarianzas para la distribución multinomial con parámetros n y $\mathbf{p}$.

EJERCICIOS

1. Supóngase que F es una f.d. continua en la recta real, y sean α_1 y α_2 números tales que $F(\alpha_1) = 0.3$ y $F(\alpha_2) = 0.8$. Si se seleccionan al azar 25 observaciones de la distribución cuya f.d. es F, ¿cuál es la probabilidad de que seis de los valores observados sean menores que α_1, diez de los valores observados estén entre α_1 y α_2 y nueve de los valores observados sean mayores que α_2?

2. Si se lanzan cinco dados equilibrados, ¿cuál es la probabilidad de que el número 1 y el número 4 aparezcan el mismo número de veces?

3. Supóngase que se carga un dado de tal forma que los números $1, 2, 3, 4, 5$ y 6 tienen distinta probabilidad de aparecer cuando se lanza el dado. Para $i = 1, \ldots, 6$, sea p_i la probabilidad de obtener el número i, y supóngase que $p_1 = 0.11$, $p_2 = 0.30$, $p_3 = 0.22$, $p_4 = 0.05$, $p_5 = 0.25$ y $p_6 = 0.07$. Supóngase también que se lanza el dado 40 veces. Sea X_1 el número de lanzamientos en los que aparece un número par y sea X_2 el número de lanzamientos en los que aparece el número 1 o el número 3. Determínese el valor de $\Pr(X_1 = 20 \text{ y } X_2 = 15)$.

4. Supóngase que el 16% de los estudiantes de cierta escuela son de primer grado, el 14% son de segundo grado, el 38% son de penúltimo grado y el 32% son de último grado. Si se seleccionan al azar 15 estudiantes del colegio, ¿cuál es la probabilidad de que al menos 8 estudiantes sean de primero o segundo grado?

5. En el ejercicio 4, sea X_3 el número de estudiantes de penúltimo grado en la muestra aleatoria de 15 estudiantes, y sea X_4 el número de estudiantes de último grado en la muestra. Determínense los valores de $E(X_3 - X_4)$ y el valor de $\text{Var}(X_3 - X_4)$.

6. Supóngase que las variables aleatorias $X_1, \ldots, X_k$ son independientes y que X_i tiene una distribución de Poisson con media λ_i $(i = 1, \ldots, k)$. Demuéstrese que para cualquier entero positivo fijo n, la distribución condicional del vector aleatorio $X = (X_1, \ldots, X_k)$, dado que $\sum_{i=1}^k X_i = n$ es una distribución multinomial con parámetros n y $p = (p_1, \ldots, p_k)$, donde

$$p_i = \frac{\lambda_i}{\sum_{j=1}^k \lambda_j} \qquad \text{para } i = 1, \ldots, k.$$

5.12 DISTRIBUCIÓN NORMAL BIVARIANTE

Definición de la distribución normal bivariante

Supóngase que Z_1 y Z_2 son variables aleatorias independientes cada una de las cuales tiene una distribución normal tipificada. Entonces la f.d.p. conjunta $g(z_1, z_2)$ de Z_1 y Z_2 para cualesquiera valores de z_1 y z_2 está dada por la ecuación

$$g(z_1, z_2) = \frac{1}{2\pi} \exp\left[-\frac{1}{2}(z_1^2 + z_2^2)\right]. \tag{1}$$

Para cualesquiera constantes $\mu_1, \mu_2, \sigma_1, \sigma_2$ y ρ tales que $-\infty < \mu_i < \infty$ $(i = 1, 2)$, $\sigma_i > 0$ $(i = 1, 2)$ y $-1 < \rho < 1$, se definen ahora dos nuevas variables aleatorias X_1 y X_2 como sigue:

$$\begin{aligned} X_1 &= \sigma_1 Z_1 + \mu_1, \\ X_2 &= \sigma_2 \left[\rho Z_1 + (1 - \rho^2)^{1/2} Z_2\right] + \mu_2. \end{aligned} \tag{2}$$

Se deducirá ahora la f.d.p. conjunta $f(x_1, x_2)$ de X_1 y X_2.

La transformación de Z_1 y Z_2 a X_1 y X_2 es una transformación lineal y se verificará que el determinante Δ de la matriz de coeficientes de Z_1 y Z_2 tiene el valor $\Delta =$ $= (1 - \rho^2)^{1/2}\sigma_1\sigma_2$. Por tanto, como se explicó en la sección 3.9, el jacobiano J de la transformación inversa de X_1 y X_2 a Z_1 y Z_2 es

$$J = \frac{1}{\Delta} = \frac{1}{(1 - \rho^2)^{1/2}\sigma_1\sigma_2}. \tag{3}$$

Puesto que $J > 0$, el valor de $|J|$ es igual al valor de J. Si se resuelven las relaciones (2) para Z_1 y Z_2 en función de X_1 y X_2, entonces la f.d.p. conjunta $f(x_1, x_2)$ se puede obtener reemplazando z_1 y z_2 en la ecuación (1) por sus expresiones en función de x_1 y x_2

y multiplicando luego por $|J|$. Se puede demostrar que el resultado para $-\infty < x_1 < \infty$ y $-\infty < x_2 < \infty$, es

$$f(x_1, x_2) = \frac{1}{2\pi(1-\rho^2)^{1/2}\sigma_1\sigma_2} \exp\left\{ -\frac{1}{2(1-\rho^2)} \left[\left(\frac{x_1-\mu_1}{\sigma_1}\right)^2 - 2\rho\left(\frac{x_1-\mu_1}{\sigma_1}\right)\left(\frac{x_2-\mu_2}{\sigma_2}\right) + \left(\frac{x_2-\mu_2}{\sigma_2}\right)^2 \right] \right\}. \tag{4}$$

Cuando la f.d.p. conjunta de dos variables aleatorias X_1 y X_2 es de la forma de la ecuación (4) se dice que X_1 y X_2 tienen una *distribución normal bivariante.* Las medias y las varianzas de la distribución normal bivariante especificada por la ecuación (4) se pueden deducir fácilmente de las definiciones de la ecuación (2). Puesto que Z_1 y Z_2 son independientes y cada una tiene media 0 y varianza 1, resulta que $E(X_1) = \mu_1, E(X_2) = \mu_2$, $\text{Var}(X_1) = \sigma_1^2$ y $\text{Var}(X_2) = \sigma_2^2$. Además, se puede demostrar utilizando la ecuación (2) que la $\text{Cov}(X_1, X_2) = \rho\sigma_1\sigma_2$. Por tanto, la correlación de X_1 y X_2 es simplemente ρ. En resumen, si X_1 y X_2 tienen una distribución normal bivariante cuya f.d.p. está dada por la ecuación (4), entonces

$$E(X_i) = \mu_i \quad \text{y} \quad \text{Var}(X_i) = \sigma_i^2 \quad \text{para } i = 1, 2.$$

Además,

$$\rho(X_1, X_2) = \rho.$$

Ha resultado conveniente introducir la distribución normal bivariante como la distribución conjunta de ciertas combinaciones lineales de variables aleatorias independientes que tienen distribución normal tipificada. Debe subrayarse, sin embargo, que la distribución normal bivariante aparece directa y naturalmente en muchos problemas prácticos. Por ejemplo, para muchas poblaciones, la distribución conjunta de dos características físicas como las estaturas y pesos de los individuos de una población será aproximadamente una distribución normal bivariante. Para otras poblaciones, la distribución conjunta de las calificaciones de los individuos de la población en dos pruebas relacionadas será aproximadamente una distribución normal bivariante.

Distribuciones marginales y condicionales

Distribuciones marginales. Se continuará suponiendo que las variables aleatorias X_1 y X_2 tienen una distribución normal bivariante y su f.d.p. conjunta está dada por la ecuación (4). En el estudio de las propiedades de esta distribución, será conveniente representar X_1 y X_2 como en la ecuación (2), donde Z_1 y Z_2 son variables aleatorias independientes con distribución normal tipificada. En particular, puesto que X_1 y X_2 son combinaciones lineales de Z_1 y Z_2, de esta representación y del corolario 1 de la sección 5.6, resulta que las distribuciones marginales de X_1 y X_2 son también distribuciones normales. Entonces, para $i = 1, 2$, la distribución marginal de X_i es una distribución normal con media μ_i y varianza σ_i^2.

Independencia y correlación. Si X_1 y X_2 no están correlacionadas, entonces $\rho = 0$. En este caso, se puede observar de la ecuación (4) que la f.d.p. conjunta $f(x_1, x_2)$ se factoriza en el producto de la f.d.p. marginal de X_1 y la f.d.p. marginal de X_2. Por tanto, X_1 y X_2 son independientes y se ha establecido el siguiente resultado:

Dos variables aleatorias X_1 y X_2 que tienen una distribución normal bivariante son independientes si, y sólo si, no están correlacionadas.

Se ha visto ya en la sección 4.6 que dos variables aleatorias X_1 y X_2 con una distribución conjunta arbitraria pueden estar no correlacionadas sin que sean independientes.

Distribuciones condicionales. La distribución condicional de X_2, dado que $X_1 = x_1$, se puede deducir también de la representación de la ecuación (2). Si $X_1 = x_1$, entonces $Z_1 = (x_1 - \mu_1)/\sigma_1$. Por tanto, la distribución condicional de X_2, dado que $X_1 = x_1$, es la misma que la distribución condicional de

$$(1-\rho^2)^{1/2}\sigma_2 Z_2 + \mu_2 + \rho\sigma_2\left(\frac{x_1-\mu_1}{\sigma_1}\right). \tag{5}$$

Puesto que Z_2 tiene una distribución normal tipificada y es independiente de X_1, de (5) resulta que la distribución condicional de X_2, dado que $X_1 = x_1$, es una distribución normal cuya media es

$$E(X_2|x_1) = \mu_2 + \rho\sigma_2\left(\frac{x_1-\mu_1}{\sigma_1}\right) \tag{6}$$

y su varianza $(1-\rho^2)\sigma_2^2$.

La distribución condicional de X_1, dado que $X_2 = x_2$, no se puede deducir tan fácilmente de la ecuación (2) debido a que Z_1 y Z_2 intervienen en forma distinta en la ecuación (2). Sin embargo, de la ecuación (4) se observa que la f.d.p. conjunta $f(x_1, x_2)$ es simétrica en las dos variables $(x_1 - \mu_1)/\sigma_1$ y $(x_2 - \mu_2)/\sigma_2$. Por tanto, resulta que la distribución condicional de X_1, dado que $X_2 = x_2$, se puede determinar de la distribución condicional de X_2, dado que $X_1 = x_1$ (esta distribución acaba de ser deducida), simplemente intercambiando x_1 y x_2, intercambiando μ_1 y μ_2, e intercambiando σ_1 y σ_2. Entonces, la distribución condicional de X_1, dado que $X_2 = x_2$, debe ser una distribución normal cuya media es

$$E(X_1|x_2) = \mu_1 + \rho\sigma_1\left(\frac{x_2-\mu_2}{\sigma_2}\right) \tag{7}$$

y la varianza es $(1-\rho^2)\sigma_1^2$.

Se ha demostrado que cada distribución marginal y cada distribución condicional de una distribución normal bivariante es una distribución normal univariante.

Se deben resaltar algunas características particulares de la distribución condicional de X_2, dado que $X_1 = x_1$. Si $\rho \neq 0$, entonces $E(X_2|x_1)$ es una función lineal del valor concreto x_1. Si $\rho > 0$, la pendiente de esta función lineal es positiva. Si $\rho <$ < 0, la pendiente de la función es negativa. Sin embargo, la varianza de la distribución condicional de X_2, dado que $X_1 = x_1$, es $(1-\rho^2)\sigma_2^2$ y su valor no depende del valor concreto x_1. Además, esta varianza de la distribución condicional de X_2 es menor que la varianza σ_2^2 de la distribución marginal de X_2.

Ejemplo 1: ***Predicción del peso de una persona.*** Sea X_1 la estatura de una persona seleccionada al azar de cierta población, y sea X_2 el peso de la persona. Supóngase que estas variables aleatorias tienen una distribución normal bivariante cuya f.d.p. está dada por la ecuación (4) y que se debe predecir el peso de la persona X_2. Se comparará el menor E.C.M. que se puede alcanzar cuando se debe predecir el peso de la persona si se conoce su estatura con el menor E.C.M. que se puede alcanzar si su estatura no es conocida.

Si la estatura de la persona no es conocida, entonces la mejor predicción de su peso es la media $E(X_2) = \mu_2$ y el E.C.M. de esta predicción es la varianza σ_2^2. Si se sabe que la estatura de la persona es x_1, entonces la mejor predicción es la media $E(X_2|x_1)$ de la distribución condicional de X_2 dado que $X_1 = x_1$, y el E.C.M. de esta predicción es la varianza $(1-\rho^2)\sigma_2^2$ de esta distribución condicional. Por tanto, cuando se conoce el valor de X_1, el E.C.M. se reduce de σ_2^2 a $(1-\rho^2)\sigma_2^2$. ◁

Puesto que la varianza de la distribución condicional del ejemplo 1 es $(1-\rho^2)\sigma_2^2$, independientemente de la estatura conocida x_1 de la persona, resulta que la dificultad de predecir el peso de la persona es la misma para una persona alta, una persona baja o una persona de estatura mediana. Además, puesto que la varianza $(1-\rho^2)\sigma_2^2$ decrece a medida que $|\rho|$ crece, resulta que es fácil predecir el peso de una persona a partir de su estatura cuando se selecciona la persona de una población en la que la estatura y el peso están muy correlacionadas.

Ejemplo 2: ***Determinación de una distribución marginal.*** Supóngase que una variable aleatoria X tiene una distribución normal con media μ y varianza σ^2 y que para cualquier número x, la distribución condicional de otra variable aleatoria Y dado $X = x$ es una distribución normal con media x y varianza τ^2. Se determinará la distribución marginal de Y.

Se sabe que la distribución marginal de X es una distribución normal y que la distribución condicional de Y dado $X = x$ es una distribución normal cuya media es una función lineal de x y cuya varianza es constante. Resulta que la distribución conjunta de X e Y debe ser una distribución normal bivariante. Por tanto, la distribución marginal de Y es también una distribución normal, cuya media y varianza deben ser determinadas.

La media de Y es

$$E(Y) = E[E(Y|X)] = E(X) = \mu.$$

Además, por el ejercicio 10 de la sección 4.7,

$$\begin{aligned}\text{Var}(Y) &= E[\text{Var}(Y|X)] + \text{Var}[E(Y|X)]\\ &= E(\tau^2) + \text{Var}(X)\\ &= \tau^2 + \sigma^2.\end{aligned}$$

Resulta, por tanto, que la distribución de Y es una distribución normal con media μ y varianza $\tau^2 + \sigma^2$. ◁

Combinaciones lineales

Supóngase de nuevo que dos variables aleatorias X_1 y X_2 tienen una distribución normal bivariante cuya f.d.p. está dada por la ecuación (4). Considérese ahora la variable aleatoria $Y = a_1X_1 + a_2X_2 + b$, donde a_1, a_2 y b son constantes arbitrarias concretas. Tanto, X_1 como X_2 pueden representarse, como en la ecuación (2), mediante una combinación lineal de variables aleatorias normales independientes Z_1 y Z_2. Puesto que Y es una combinación lineal de X_1 y X_2, resulta que Y se puede representar también como una combinación lineal de Z_1 y Z_2. Entonces, por el corolario 1 de la sección 5.6, la distribución de Y será también una distribución normal. Por tanto, ha sido establecida la siguiente importante propiedad.

Si dos variables aleatorias X_1 y X_2 tienen una distribución normal bivariante, entonces cualquier combinación lineal $Y = a_1X_1+a_2X_2+b$ tendrá una distribución normal.

La media y la varianza de Y son las siguientes:

$$\begin{aligned} E(Y) &= a_1E(X_1) + a_2E(X_2) + b \\ &= a_1\mu_1 + a_2\mu_2 + b \end{aligned}$$

$$\begin{aligned} \text{Var}(Y) &= a_1^2\text{Var}(X_1) + a_2^2\text{Var}(X_2) + 2a_1a_2\text{Cov}(X_1, X_2) \\ &= a_1^2\sigma_1^2 + a_2^2\sigma_2^2 + 2a_1a_2\,\rho\,\sigma_1\sigma_2. \end{aligned}$$

Ejemplo 3: Estaturas de matrimonios. Supóngase que se selecciona al azar un matrimonio de una población de matrimonios y que la distribución conjunta de la estatura de la mujer y la de su marido es una distribución normal bivariante. Supóngase que las estaturas de las mujeres tienen una media 66.86 pulgadas y una desviación típica de 2 pulgadas, que las estaturas de los maridos tienen una media de 70 pulgadas y una desviación típica de 2 pulgadas, y que la correlación entre estas dos estaturas es 0.68. Se determinará la probabilidad de que la mujer sea más alta que su marido.

Si se denota por X la estatura de la mujer y por Y la estatura de su marido, entonces se debe determinar el valor de $\Pr(X - Y > 0)$. Puesto que X e Y tienen una distribución normal bivariante, resulta que la distribución de $X - Y$ tendrá una distribución normal cuya media es

$$E(X - Y) = 66.8 - 70 = -3.2$$

y la varianza es

$$\begin{aligned} \text{Var}(X - Y) &= \text{Var}(X) + \text{Var}(Y) - 2\,\text{Cov}(X, Y) \\ &= 4 + 4 - 2(0.68)\,(2)\,(2) = 2.56. \end{aligned}$$

Por tanto, la desviación típica de $X - Y$ es 1.6.

La variable aleatoria $Z = (X - Y + 3.2)/(1.6)$ tendrá una distribución normal tipificada. En la tabla del final del libro se puede comprobar que

$$\begin{aligned} \Pr(X - Y > 0) &= \Pr(Z > 2) = 1 - \Phi(2) \\ &= 0.0227. \end{aligned}$$

Por tanto, la probabilidad de que la mujer sea más alta que su marido es 0.0227. ◁

EJERCICIOS

1. Supóngase que un estudiante seleccionado al azar de una población concreta va a realizar dos pruebas distintas A y B. Supóngase, además, que la media de la calificación de la prueba A es 85 y la desviación típica es 10, que la media de la calificación de la prueba B es 90 y la desviación típica es 16, que las calificaciones de las dos pruebas tienen una distribución normal bivariante y que la correlación de las dos calificaciones es 0.8. Si la calificación del estudiante en la prueba A es 80, ¿cuál es la probabilidad de que su calificación en la prueba B sea mayor que 90?

2. Considérense de nuevo las dos pruebas A y B descritas en el ejercicio 1. Si se selecciona al azar un estudiante, ¿cuál es la probabilidad de que la suma de sus calificaciones en las dos pruebas sea mayor que 200?

3. Considérense de nuevo las dos pruebas A y B descritas en el ejercicio 1. Si se selecciona al azar un estudiante, ¿cuál es la probabilidad de que su calificación en la prueba A sea mayor que su calificación en la prueba B?

4. Considérense de nuevo las dos pruebas A y B descritas en el ejercicio 1. Si se selecciona al azar un estudiante y su calificación en la prueba B es 100, ¿qué predicción de su calificación en la prueba A tiene el menor E.C.M. y cuál es el valor de este E.C.M. mínimo?

5. Supóngase que las variables aleatorias X_1 y X_2 tienen una distribución normal bivariante cuya f.d.p. está dada por la ecuación (4). Determínese el valor de la constante b para la cual $\text{Var}(X_1 + bX_2)$ es mínima.

6. Supóngase que X_1 y X_2 tienen una distribución normal bivariante tal que $E(X_1|X_2) =$ $= 3.7 - 0.15\ X_2$, $E(X_2|\ X_1) = 0.4 - 0.6X_1$ y $\text{Var}(X_2|X_1) = 3.64$. Determínense la media y la varianza de X_1, la media y la varianza de X_2 y la correlación de X_1 y la de X_2.

7. Sea $f(x_1, x_2)$ la f.d.p. de la distribución normal bivariante especificada en la ecuación (4). Demuéstrese que el valor máximo de $f(x_1, x_2)$ se alcanza en el punto $x_1 = \mu_1$ y $x_2 = \mu_2$.

8. Sea $f(x_1, x_2)$ la f.d.p. de una distribución normal bivariante dada por la ecuación (4), y sea k una constante tal que

$$0 < k < \frac{1}{2\pi(1-\rho^2)^{1/2}\sigma_1\sigma_2}.$$

Demuéstrese que los puntos (x_1, x_2) tales que $f(x_1, x_2) = k$ pertenecen a un círculo si $\rho = 0$ y $\sigma_1 = \sigma_2$ y que en otro caso esos puntos pertenecen a una elipse.

9. Supóngase que dos variables aletorias X_1 y X_2 tienen una distribución normal bivariante y que otras dos variables aleatorias Y_1 e Y_2 se definen como sigue:

$$Y_1 = a_{11}X_1 + a_{12}X_2 + b_1,$$

$$Y_2 = a_{21}X_1 + a_{22}X_2 + b_2,$$

donde

$$\begin{vmatrix} a_{11} & a_{12} \\ a_{21} & a_{22} \end{vmatrix} \neq 0.$$

Demuéstrese que Y_1 e Y_2 también tienen una distribución normal bivariante.

10. Supóngase que dos variables aleatorias X_1 y X_2 tienen una distribución normal bivariante y que $\text{Var}(X_1) = \text{Var}(X_2)$. Demuéstrese que la suma $X_1 + X_2$ y la diferencia $X_1 - X_2$ son variables aleatorias independientes.

5.13 EJERCICIOS COMPLEMENTARIOS

1. Supóngase que X, Y y Z son variables aleatorias i.i.d. y que cada una tiene una distribución normal tipificada. Evalúese $\Pr(3X + 2Y < 6Z - 7)$.
2. Supóngase que X e Y son variables aleatorias independientes de Poisson tales que $\text{Var}(X) + \text{Var}(Y) = 5$. Evalúese $\Pr(X + Y < 2)$.
3. Supóngase que X tiene una distribución normal tal que $\Pr(X < 116) = 0.20$ y $\Pr(X < 328) = 0.90$. Determínense la media y la varianza de X.
4. Supóngase que se selecciona una muestra aleatoria de cuatro observaciones de una distribución de Poisson con media λ y sea $\overline{X}$ la media muestral. Demuéstrese que

$$\Pr\left(\overline{X} < \frac{1}{2}\right) = (4\lambda + 1)e^{-4\lambda}.$$

5. La duración X de un componente electrónico tiene una distribución exponencial tal que $\Pr(X \leq 1000) = 0.75$. ¿Cuál es la duración esperada del componente?
6. Supóngase que X tiene una distribución normal con media μ y varianza σ^2. Exprésese $E(X^3)$ en términos de μ y σ^2.

7. Supóngase que se selecciona una muestra aleatoria de 16 observaciones de una distribución normal con media μ y desviación típica 12 y que se selecciona independientemente otra muestra aleatoria de 25 observaciones de una distribución normal con la misma media μ y desviación típica 20. Sean $\overline{X}$ e $\overline{Y}$ las medias muestrales de las dos muestras. Evalúese $\Pr(|\overline{X} - \overline{Y}| < 5)$.

8. Supóngase que los hombres que llegan a un despacho de billetes lo hacen de acuerdo con un proceso de Poisson a una tasa de 120 por hora y que las mujeres llegan de acuerdo con un proceso de Poisson independiente a una tasa de 60 por hora. Determínese la probabilidad de que no lleguen más de cuatro personas en un periodo de un minuto.

9. Supóngase que $X_1, X_2, \ldots$ son variables aleatorias i.i.d. cada una de las cuales tiene f.g.m. $\psi(t)$. Sea $Y = X_1 + \cdots + X_N$, donde el número de términos N en esta suma es una variable aleatoria que tiene una distribución de Poisson con media λ. Supóngase que N y $X_1, X_2, \ldots$ son independientes y que $Y = 0$ si $N = 0$. Determínese la f.g.m. de Y.

10. Cada domingo por la mañana, dos niños, Mario y Fernando, tratan independientemente de hacer volar sus aviones de aeromodelismo. Cada domingo, Mario tiene una probabilidad de hacer volar su avión con un éxito de $1/3$ y Fernando tiene una probabilidad de hacer volar su avión con un éxito de $1/5$. Determínese el número esperado de domingos requeridos hasta que al menos uno de los dos niños logre un vuelo con éxito.

11. Supóngase que se lanza una moneda equilibrada hasta que hayan aparecido al menos una cara y una cruz. Sea X el número de lanzamientos que se necesitan. Determínese la f.p. de X.

12. Supóngase que se lanza un par de dados equilibrados 120 veces y sea X el número de lanzamientos en los que la suma de los dos números es 7. Utilícese el teorema central del límite para determinar un valor de k tal que $\Pr(|X - 20| \leq k)$ sea aproximadamente 0.95.

13. Supóngase que $X_1, \ldots, X_n$ constituyen una muestra aleatoria de una distribución uniforme sobre el intervalo $(0, 1)$. Sea $Y_1 = \min\{X_1, \ldots, X_n\}, Y_n = \max\{X_1, \ldots, X_n\}$ y $W = Y_n - Y_1$. Demuéstrese que cada una de las variables Y_1, Y_n y W tienen una distribución beta.

14. Supóngase que ocurren sucesos de acuerdo con un proceso de Poisson a una tasa de cinco sucesos por hora.

    (a) Determínese la distribución del tiempo esperado T_1 hasta que ocurre el primer suceso.

    (b) Determínese la distribución del tiempo total esperado T_k hasta que han ocurrido k sucesos.

    (c) Determínese la probabilidad de que ninguno de los primeros k sucesos ocurran con una diferencia de 20 minutos uno de otro.

15. Supóngase que cinco componentes están funcionando simultáneamente que los tiempos de vida de los componentes son i.i.d. y que cada tiempo de vida tiene una distribución exponencial con parámetro β. Sea T_1 el tiempo desde inicio del proceso hasta que falla uno de los componentes y sea T_5 el tiempo total hasta que han fallado los cinco componentes. Evalúese $\text{Cov}(T_1, T_5)$.

16. Supóngase que X_1 y X_2 son variables aleatorias independientes y que X_i tiene una distribución exponencial con parámetro β_i $(i = 1, 2)$. Demuéstrese que para cualquier constante $k > 0$,

$$Pr(X_1 > kX_2) = \frac{\beta_2}{k\beta_1 + \beta_2}.$$

17. Supóngase que 15 000 personas de una ciudad con una población de 500 000 están viendo cierto programa de televisión. Si se entrevistan al azar 200 personas de la ciudad, ¿cuál es la probabilidad aproximada de que menos de cuatro de ellas estén viendo el programa?

18. Supóngase que se desea estimar la proporción de personas en una población grande que tiene cierta característica. Se selecciona sin reemplazamiento una muestra aleatoria de 100 personas y se observa la proporción $\overline{X}$ de personas en la muestra que tienen la característica. Demuéstrese que, independientemente de lo grande que sea la población, la desviación típica de $\overline{X}$ es a lo sumo 0.05.

19. Supóngase que X tiene una distribución binomial con parámetros n y p y que Y tiene una distribución binomial negativa con parámetros r y p, donde r es un entero positivo. Demuéstrese que $\Pr(X < r) = \Pr(Y > n - r)$ probando que ambas partes, izquierda y derecha, de esta ecuación se pueden considerar como la probabilidad del mismo suceso en una sucesión de pruebas de Bernoulli con probabilidad de éxito p.

20. Supóngase que X tiene una distribución de Poisson con media λt y que Y tiene una distribución gamma con parámetros $\alpha = k$ y $\beta = \lambda$, donde k es un entero positivo. Demuéstrese que $\Pr(X \geq k) = \Pr(Y \leq t)$ mostrando que ambas partes, izquierda y derecha, de esta ecuación se puede considerar como la probabilidad del mismo suceso en un proceso de Poisson en que el número esperado de ocurrencias por unidad de tiempo es λ.

21. Supóngase que X tiene una distribución de Poisson con una media muy grande λ. Explíquese por qué la distribución de X se puede aproximar por una distribución normal con media λ y varianza λ. En otras palabras, explíquese por qué $(X - \lambda)/\lambda^{1/2}$ converge en distribución, cuando $\lambda \to \infty$, a una variable aleatoria que tiene distribución normal tipificada.

22. Supóngase que X tiene una distribución de Poisson con media 10. Utilícese el teorema central del límite, con y sin corrección por continuidad, para determinar un valor aproximado para $\Pr(8 \leq X \leq 12)$. Utilícese la tabla de probabilidades de Poisson del final del libro para evaluar la calidad de estas aproximaciones.

23. Supóngase que X es una variable aleatoria que tiene una distribución continua con f.d.p. $f(x)$ y f.d. $F(x)$ y para la cual $\Pr(X > 0) = 1$. Sea la tasa de fracaso $h(x)$ como se definió en el ejercicio 17 de la sección 5.9. Demuéstrese que

$$\exp\left[-\int_0^x h(t)\,dt\right] = 1 - F(x).$$

24. Supóngase que el 40% de los estudiantes de una gran población son estudiantes de primer grado, el 30% son de segundo grado, el 20% son de penúltimo grado y el 10% son de último grado. Supóngase que se seleccionan al azar 10 estudiantes de la población y sean X_1, X_2, X_3 y X_4 los números obtenidos de estudiantes de primero, segundo, penúltimo y último grado, respectivamente.
   (a) Determínese $\rho(X_i, X_j)$ para cada par de valores i y $j (i < j)$.
   (b) ¿Para qué valores de i y j $(i < j)$ es más negativa $\rho(X_i, X_j)$?
   (c) ¿Para qué valores de i y j $(i < j)$ está $\rho(X_i, X_j)$ más cerca de 0?

25. Supóngase que X_1 y X_2 tienen una distribución normal bivariante con medias μ_1 y μ_2, varianzas σ_1^2 y σ_2^2 y correlación ρ. Determínese la distribución de $X_1 - 3X_2$.

26. Supóngase que X tiene una distribución normal tipificada y que la distribución condicional de Y dado X es una distribución normal con media $2X - 3$ y varianza 12. Determínese la distribución marginal de Y y el valor de $\rho(X, Y)$.

27. Supóngase que X_1 y X_2 tienen una distribución normal bivariante con $E(X_2) = 0$. Evalúese $E(X_1^2 X_2)$.

Estimación 6

6.1 INFERENCIA ESTADÍSTICA

Naturaleza de la inferencia estadística

En los cinco primeros capítulos de este libro se expusieron la teoría y los métodos de la probabilidad. En los cinco capítulos restantes se expondrán la teoría y los métodos de la *inferencia estadística.* Un problema de inferencia estadística o, más simplemente, un problema de estadística es un problema en el cual se han de analizar datos que han sido generados de acuerdo con una distribución de probabilidad desconocida y en el que se debe realizar algún tipo de inferencia acerca de tal distribución. En otras palabras, en un problema de estadística existen dos o más distribuciones de probabilidad que podrían haber generado algunos datos experimentales. En la mayoría de los problemas reales, existe un número infinito de distribuciones posibles distintas que podrían haber generado los datos. Analizando los datos, se intenta conocer la distribución desconocida, para realizar inferencias acerca de ciertas propiedades de la distribución y determinar la verosimilitud relativa que cada distribución posible tiene de ser la correcta.

Parámetros

En muchos problemas de estadística, la distribución de probabilidad que generó los datos experimentales es completamente conocida excepto por los valores de uno o más parámetros. Por ejemplo, se podría saber que la duración de cierto tipo de marcapasos nuclear tiene una distribución exponencial con parámetro β, como se definió en la sección 5.9, pero el valor exacto de β podría ser desconocido. Si se puede observar la duración de varios marcapasos de este tipo, entonces, a partir de estos valores observados y de cualquier otra información relevante de la que se pudiera disponer, es posible producir una inferencia acerca del valor desconocido del parámetro β. Por ejemplo, podría interesar producir la mejor estimación del valor de β o especificar un intervalo en el cual se piensa que probablemente se encuentre el valor de β, o decidir si β es menor que un valor específico. Comúnmente, no es posible determinar el valor exacto de β.

Como un ejemplo más, supóngase que se sabe que la distribución de las estaturas de los individuos de cierta población es una distribución normal con media μ y varianza σ^2, pero que los valores exactos de μ y σ^2 son desconocidos. Si se pueden observar las estaturas de los individuos de una muestra aleatoria seleccionada de dicha población, entonces, a partir de esas estaturas observadas y de cualquier otra información que se pueda tener acerca de la distribución de estaturas, se puede realizar una inferencia acerca de los valores de μ y de los de σ^2.

En un problema de inferencia estadística, cualquier característica de la distribución que genera los datos experimentales que tenga un valor desconocido, como la media μ o la varianza σ^2 en el ejemplo anterior, se llama *parámetro* de la distribución. El conjunto Ω de todos los valores posibles del parámetro θ o de un vector de parámetros $(\theta_1, \ldots, \theta_k)$ se llama *espacio paramétrico.*

En el primer ejemplo presentado, el parámetro β de la distribución exponencial debe ser positivo. Por tanto, a menos que ciertos valores positivos de β se puedan excluir explícitamente como posibles valores de β, el espacio paramétrico Ω será el conjunto de todos los números positivos. En el segundo ejemplo presentado, la media μ y la varianza σ^2 de la distribución normal se pueden considerar como un par de parámetros. Aquí el valor de μ puede ser un número real y σ^2 debe ser positiva. Por tanto, el espacio paramétrico se puede considerar como el conjunto de todos los pares (μ, σ^2) tales que $-\infty < \mu < \infty$ y $\sigma^2 > 0$. Más concretamente, si la distribución normal en este ejemplo representa la distribución de las estaturas en pulgadas de los individuos de una población concreta, se podría tener la seguridad de que $30 < \mu < 100$ y $\sigma^2 < 50$. En este caso, el espacio paramétrico Ω se podría considerar como el conjunto, más reducido, de todos los pares (μ, σ^2) tales que $30 < \mu < 100$ y $0 < \sigma^2 < 50$.

La característica importante del espacio paramétrico Ω es que debe contener todos los valores posibles de los parámetros de un problema concreto, para tener la seguridad de que el valor verdadero del vector de parámetros sea un punto de Ω.

Problemas de decisión estadística

En muchos problemas de estadística, después de haber analizado los datos experimentales, se debe tomar una decisión de entre una clase disponible de decisiones, con la propiedad de que las consecuencias de cada decisión disponible dependen del valor desconocido de cierto parámetro. Por ejemplo, se podría tener que estimar el valor desconocido de un parámetro θ cuando las consecuencias dependen de lo cerca que se encuentra nuestra estimación del valor correcto de θ. Otro ejemplo, podría consistir en qué decidir si el valor desconocido de θ es mayor o menor que una constante específica cuando las consecuencias dependen de si la decisión es correcta o incorrecta.

Diseño de experimentos

En algunos problemas de estadística, se tiene cierto control sobre el tipo o la cantidad de datos experimentales que se recogerán. Por ejemplo, considérese un experimento para determinar la resistencia a la tensión media de cierto tipo de aleación como una función de la presión y la temperatura a las que se fabrica la aleación. Es posible, dentro de los límites de ciertas restricciones de presupuesto y tiempo, que el experimentador pueda elegir los niveles de presión y temperatura a los que se fabricarán ciertos especímenes experimentales de la aleación y también especificar el número de especímenes que se fabricarán en cada uno de estos niveles.

Tal problema, en el que el experimentador puede elegir (al menos hasta cierto grado) el experimento concreto que se va a llevar a cabo, se llama problema de *diseño de experimentos*. Indudablemente, el diseño de un experimento y el análisis estadístico de los datos experimentales están estrechamente relacionados. No se puede diseñar adecuadamente un experimento sin considerar el análisis estadístico que se realizará con los datos que se obtendrán, y no se puede llevar a cabo un análisis estadístico correcto de datos experimentales sin considerar el tipo concreto de experimento del cual se obtienen los datos.

Referencias

En el resto de este libro se considerarán muchos problemas diferentes de inferencia estadística, decisión estadística y diseño de experimentos. Algunos libros que tratan la teoría y métodos estadísticos al mismo nivel que se tratarán en este libro se mencionan al final de la sección 1.1. Algunos libros de estadística de nivel más avanzado son Cramér (1946), Rao (1973), Zacks (1971) y (1981), DeGroot (1970), Ferguson (1967), Lehmann (1959, 1983), Bickel y Doksum (1977) y Rohatgi (1976).

6.2 DISTRIBUCIONES INICIAL Y FINAL

Distribución inicial

Especificación de una distribución inicial. Considérese un problema de inferencia estadística en el que se van a seleccionar observaciones de una distribución cuya f.d.p. o f.p. es $f(x|\theta)$, donde θ es un parámetro de valor desconocido. Se supone que el valor desconocido del parámetro θ debe pertenecer a un espacio paramétrico Ω. El problema de inferencia estadística introducido en la sección 6.1 se puede describir, en términos generales, como el problema de intentar determinar dónde es probable que se encuentre el verdadero valor de θ en el espacio paramétrico Ω, partiendo de las observaciones de la f.d.p. o la f.p. $f(x|\theta)$.

En muchos problemas, antes de disponer de observaciones de $f(x|\theta)$, el experimentador o estadístico podrá resumir su información y conocimiento previos acerca de dónde es probable que se encuentre el valor de θ en el espacio paramétrico Ω construyendo una distribución de probabilidad para θ en el conjunto Ω. En otras palabras, antes de haber obtenido u observado datos experimentales, la experiencia e información acumuladas por el experimentador le conducirán a la creencia de que es más probable que θ se encuentre en una cierta región de Ω que en otras. Supóngase que las verosimilitudes relativas de las distintas regiones se pueden expresar en función de una distribución de probabilidad sobre Ω. Esta distribución se denomina *distribución inicial* de θ porque representa la verosimilitud relativa de que el verdadero valor de θ se encuentre en cada una de las diversas regiones de Ω antes de obtener observaciones de $f(x|\theta)$.

Naturaleza controvertida de las distribuciones iniciales. El concepto de distribución inicial es muy controvertido en estadística. Esta controversia está estrechamente ligada a la relacionada con el significado de probabilidad, que se trató en la sección 1.2. Algunos estadísticos creen que en todo problema estadístico se puede elegir una distribución inicial para el parámetro θ. Creen que esta distribución es una distribución de probabilidad subjetiva en el sentido de que representa la información y creencias subjetivas de un experimentador individual acerca de dónde es probable que se encuentre el verdadero valor de θ. Creen también, sin embargo, que una distribución inicial no es distinta de ninguna otra distribución de probabilidad utilizada en el campo de la estadística, y que todas las reglas de teoría de la probabilidad se aplican a una distribución inicial. Se dice que estos estadísticos se adhieren a la filosofía bayesiana de la estadística.

Otros estadísticos piensan que en muchos problemas no es apropiado hablar de una distribución de probabilidad de θ, porque el verdadero valor de θ no es una variable aleatoria, sino más bien un cierto número fijo cuyo valor es desconocido para el experimentador. Estos estadísticos piensan que se puede asignar una distribución inicial al parámetro θ únicamente cuando existe una extensa información previa acerca de las frecuencias relativas con las que θ ha tomado cada uno de sus valores posibles en el pasado. Sería así posible, entonces, para dos científicos distintos estar de acuerdo en la distribución inicial correcta que se debe utilizar. Por ejemplo, supóngase que la proporción θ de artículos defectuosos en un gran lote manufacturado es desconocida. Supóngase, además, que el mismo fabricante ha producido muchos lotes de artículos de este tipo en el pasado y que se conservan registros detallados de las proporciones de artículos defectuosos de lotes anteriores. Las frecuencias relativas para lotes anteriores podrían entonces ser utilizadas para construir una distribución inicial para θ.

Ambos grupos de estadísticos están de acuerdo en que siempre que se elija una distribución inicial apropiada, la teoría y métodos descritos en esta sección son aplicables y útiles. En esta sección, y en las secciones 6.3 y 6.4, se procede según la suposición de que se puede asignar una distribución inicial a θ que representa la probabilidad de que el valor desconocido de θ se encuentra en distintos subconjuntos del espacio paramétrico. La sección 6.5 se inicia considerando técnicas de estimación que no están basadas en la asignación de una distribución inicial.

Distribuciones iniciales discretas y continuas. En algunos problemas, el parámetro θ puede tomar únicamente un número finito de valores distintos o, como máximo, una sucesión infinita de valores distintos. La distribución inicial de θ será, por tanto, una distribución discreta. La f.p. $\xi(\theta)$ de esta distribución se denomina *f.p. inicial* de θ. En otros problemas, el parámetro θ puede tomar cualquier valor en la recta real o en un intervalo de la recta real y se asigna una distribución inicial continua a θ. La f.d.p. $\xi(\theta)$ de esta distribución se llama *f.d.p. inicial* de θ.

Ejemplo 1: Moneda equilibrada o moneda con dos caras. Sea θ la probabilidad de obtener una cara cuando se lanza cierta moneda y supóngase que se sabe que la moneda es equilibrada o tiene una cara en cada lado. Por tanto, los únicos valores posibles de θ son $\theta = 1/2$ y $\theta = 1$. Si la probabilidad inicial de que la moneda sea equilibrada es p, entonces la f.p. inicial de θ es $\xi(1/2) = p$ y $\xi(1) = 1 - p$. ◁

Ejemplo 2: Proporción de artículos defectuosos. Supóngase que la proporción θ de artículos defectuosos en un gran lote manufacturado es desconocida y que la distribución inicial asignada a θ es una distribución uniforme sobre el intervalo $(0, 1)$. Entonces, la f.d.p. inicial de θ es

$$\xi(\theta) = \begin{cases} 1 & \text{para } 0 < \theta < 1, \\ 0 & \text{en otro caso.} \end{cases} \tag{1}$$ ◁

Ejemplo 3: Parámetro de una distribución exponencial. Supóngase que se va a observar la duración de cierto tipo de lámparas fluorescentes y que la distribución de la duración de cualquier lámpara concreta es una distribución exponencial con parámetro β, como se definió en la sección 5.9. Supóngase, también, que el valor exacto de β es desconocido y que, por la experiencia previa, la distribución inicial de β se considera como una distribución gamma cuya media es 0.0002 y cuya desviación típica es 0.0001. Se determinará la f.d.p. inicial de β.

Supóngase que la distribución inicial de β es una distribución gamma con parámetros α_0 y β_0. Se demostró en la sección 5.9 que la media de esta distribución es α_0/β_0 y la varianza es α_0/β_0^2. Por tanto, $\alpha_0/\beta_0 = 0.0002$ y $\alpha_0^{1/2}/\beta_0 = 0.0001$. Se puede determinar ahora que $\alpha_0 = 4$ y $\beta_0 = 20\,000$. De la ecuación (7) de la sección 5.9 resulta que la f.d.p. inicial de β para $\beta_0 > 0$ es la siguiente:

$$\xi(\beta) = \frac{(20\,000)^4}{3!}\beta^3 e^{-20\,000\beta}. \tag{2}$$

Además, $\xi(\beta) = 0$ para $\beta \leq 0$. ◁

Distribución final

Supóngase ahora que las n variables aleatorias $X_1, \ldots, X_n$ constituyen una muestra aleatoria de una distribución cuya f.d.p. o f.p. es $f(x|\theta)$. Supóngase también que el valor del parámetro θ es desconocido y que la f.d.p. inicial o f.p. inicial de θ es $\xi(\theta)$. Por simplicidad, supóngase que el espacio paramétrico Ω es un intervalo de la recta real o la recta real completa, que $\xi(\theta)$ es una f.d.p. inicial sobre Ω, en lugar de una una f.p. inicial, y que $f(x|\theta)$ es una f.d.p., en lugar de una f.p. Sin embargo, la exposición que se hará aquí se puede adaptar fácilmente a un problema en donde $\xi(\theta)$ o $f(x|\theta)$ sea una f.p.

Puesto que las variables aleatorias $X_1, \ldots, X_n$ constituyen una muestra aleatoria de una distribución cuya f.d.p. es $f(x|\theta)$, de la sección 3.7 resulta que su f.d.p. conjunta $f_n(x_1, \ldots, x_n|\theta)$ está dada por la ecuación

$$f_n(x_1, \ldots, x_n|\theta) = f(x_1|\theta) \cdots f(x_n|\theta). \tag{3}$$

Si se utiliza la notación vectorial $\boldsymbol{x} = (x_1, \ldots, x_n)$, entonces la f.d.p. conjunta de la ecuación (3) se puede escribir simplemente como $f_n(\boldsymbol{x}|\theta)$.

Puesto que se supone que el parámetro θ tiene una distribución cuya f.d.p. es $\xi(\theta)$, la f.d.p. conjunta $f_n(\boldsymbol{x}|\theta)$ se debería considerar como la f.d.p. conjunta condicional de $X_1, \ldots, X_n$ para un valor dado de θ. Si se multiplica esta f.d.p. conjunta condicional por la f.d.p. $\xi(\theta)$, se obtiene la f.d.p. conjunta $(n+1)$-dimensional de $X_1, \ldots, X_n$ y θ de la forma $f_n(\boldsymbol{x}|\theta)\xi(\theta)$. La f.d.p. conjunta marginal de $X_1, \ldots, X_n$ se puede obtener ahora integrando esta f.d.p. conjunta sobre todos los valores de θ. Por tanto, la f.d.p. conjunta marginal n-dimensional $g_n(\boldsymbol{x})$ de $X_1, \ldots, X_n$ se puede escribir de la forma

$$g_n(\boldsymbol{x}) = \int_{\Omega} f_n(\boldsymbol{x}|\theta)\xi(\theta)\, d\theta. \tag{4}$$

Además, la f.d.p. condicional de θ dado $X_1 = x_1, \ldots, X_n = x_n$, que se denota por $\xi(\theta|\boldsymbol{x})$, debe ser igual a la f.d.p. conjunta de $X_1, \ldots, X_n$ y θ dividida por la f.d.p. conjunta marginal de $X_1, \ldots, X_n$. Por tanto, resulta que

$$\xi(\theta|\boldsymbol{x}) = \frac{f_n(\boldsymbol{x}|\theta)\xi(\theta)}{g_n(\boldsymbol{x})} \qquad \text{para } \theta \in \Omega. \tag{5}$$

La distribución de probabilidad sobre Ω representada por la f.d.p. condicional de la ecuación (5) se llama *distribución final* de θ porque es la distribución de θ después de que se han observado los valores de $X_1, \ldots, X_n$. Análogamente, la f.d.p. condicional de θ de la ecuación (5) se denomina *f.d.p. final* de θ. Se puede decir que una f.d.p. inicial $\xi(\theta)$ representa la verosimilitud relativa, antes de haber observado los valores $X_1, \ldots, X_n$, de que el verdadero valor de θ se encuentra en cada una de las diversas regiones de Ω y que la f.d.p. final $\xi(\theta|\boldsymbol{x})$ representa esta verosimilitud relativa después de haber observado los valores $X_1 = x_1, \ldots, X_n = x_n$.

Función de verosimilitud

El denominador de la parte derecha de la ecuación (5) es simplemente la integral del numerador sobre todos los valores posibles de θ. Aunque el valor de esta integral depende de los valores observados $x_1, \ldots, x_n$, no depende de θ y se puede tratar como una constante cuando la parte derecha de la ecuación (5) se considera como una f.d.p. de θ. Se puede reemplazar entonces la ecuación (5) por la siguiente relación:

$$\xi(\theta|\boldsymbol{x}) \propto f_n(\boldsymbol{x}|\theta)\xi(\theta). \tag{6}$$

El símbolo de proporcionalidad $\propto$ se utiliza aquí para indicar que la parte izquierda es igual a la parte derecha excepto, posiblemente, por un factor constante, el valor del cual puede depender de las observaciones $x_1, \ldots, x_n$, pero que no depende de θ. El factor constante apropiado que establecerá la igualdad de las dos partes de la relación (6) se puede determinar en cualquier momento utilizando el hecho de que $\int_\Omega \xi(\theta|\boldsymbol{x})d\theta = 1$, puesto que $\xi(\theta|\boldsymbol{x})$ es una f.d.p. de θ.

Cuando la f.d.p. conjunta o la f.p. conjunta $f_n(\boldsymbol{x}|\theta)$ de las observaciones de una muestra aleatoria se considera como una función de θ para valores dados de $x_1, \ldots, x_n$, se llama *función de verosimilitud*. En esta terminología, la relación (6) afirma que la f.d.p. final de θ es proporcional al producto de la función de verosimilitud y la f.d.p. inicial de θ.

Utilizando la relación proporcional (6), generalmente es posible determinar la f.d.p. final de θ sin resolver explícitamente la integral de la ecuación (4). Si se puede reconocer la parte derecha de la relación (6) como una de las f.d.p. específicas introducida en el capítulo 5 o cualquier otra parte de este libro, excepto, posiblemente, por un factor constante, entonces se puede determinar con facilidad el factor apropiado que convierte la parte derecha de (6) en una f.d.p. propia de θ. Se ilustrarán estas ideas considerando de nuevo los ejemplos 2 y 3.

Ejemplo 4: Proporción de artículos defectuosos. Supóngase de nuevo, como en el ejemplo 2, que la proporción θ de artículos defectuosos en un gran lote manufacturado es desconocida y que la distribución inicial de θ es una distribución uniforme sobre el intervalo $(0, 1)$. Supóngase, además, que se selecciona una muestra aleatoria de n artículos del lote y para $i = 1, \ldots, n$, sea $X_i = 1$ si el i-ésimo artículo es defectuoso, y sea $X_i = 0$ en otro caso. Entonces $X_1, \ldots, X_n$ constituyen n pruebas de Bernoulli con parámetro θ. Se determinará la f.d.p. final de θ.

De la ecuación (2) de la sección 5.2 resulta que la f.p. de cada observación X_i es

$$f(x|\theta) = \begin{cases} \theta^x(1-\theta)^{1-x} & \text{para } x = 0, 1, \\ 0 & \text{en otro caso.} \end{cases} \tag{7}$$

Por tanto, si se define $y = \sum_{i=1}^n x_i$, entonces la f.p. conjunta de $X_1, \ldots, X_n$ se puede escribir de la siguiente forma para $x_i = 0$, 1 $(i = 1, \ldots, n)$:

$$f_n(\boldsymbol{x}|\theta) = \theta^y(1-\theta)^{n-y}. \tag{8}$$

Puesto que la f.d.p. inicial $\xi(\theta)$ está dada por la ecuación (1), resulta que para $0 < \theta < 1$,

$$f_n(\boldsymbol{x}|\theta)\xi(\theta) = \theta^y(1-\theta)^{n-y}. \tag{9}$$

Cuando se compara esta expresión con la ecuación (1) de la sección 5.10, se puede observar que excepto por un factor constante, la parte derecha de la ecuación (9) tiene la misma forma que la f.d.p. de una distribución beta con parámetros $\alpha = y + 1$ y $\beta = n - y + 1$. Puesto que f.d.p. final $\xi(\theta|\boldsymbol{x})$ es proporcional a la parte derecha de la ecuación (9), resulta que $\xi(\theta|\boldsymbol{x})$ debe ser la f.d.p. de una distribución beta con parámetros $\alpha = y + 1$ y $\beta = n - y + 1$. Por tanto, para $0 < \theta < 1$,

$$\xi(\theta|\boldsymbol{x}) = \frac{\Gamma(n+2)}{\Gamma(y+1)\Gamma(n-y+1)}\theta^y(1-\theta)^{n-y}. \quad \triangleleft \tag{10}$$

Ejemplo 5: Parámetro de una distribución exponencial. Supóngase de nuevo, como en el ejemplo 3, que la distribución de la duración de lámparas fluorescentes de cierto tipo es una distribución exponencial con parámetro β y que la distribución inicial de β es una distribución gamma concreta cuya f.d.p. $\xi(\beta)$ es la dada por la ecuación (2). Supóngase, además, que se observan las duraciones $X_1, \ldots, X_n$ de una muestra aleatoria de n lámparas de este tipo. Se determinará la f.d.p. final de β dado que $X_1 = x_1, \ldots, X_n = x_n$.

Por la ecuación (10) de la sección 5.9, la f.d.p. de cada observación X_i es

$$f(x|\beta) = \begin{cases} \beta e^{-\beta x} & \text{para } x > 0, \\ 0 & \text{en otro caso.} \end{cases} \tag{11}$$

Por tanto, si se define $y = \sum_{i=1}^{n} x_i$, entonces la f.d.p. conjunta de $X_1, \ldots, X_n$ se puede escribir de la siguiente forma, para $x_i > 0$ $(i = 1, \ldots, n)$:

$$f_n(\boldsymbol{x}|\beta) = \beta^n e^{-\beta y}. \tag{12}$$

Puesto que la f.d.p. inicial $\xi(\beta)$ está dada por la ecuación (2), resulta que para $\beta > 0$,

$$f_n(\boldsymbol{x}|\beta)\xi(\beta) \propto \beta^{n+3} e^{-(y+20\,000)\beta}. \tag{13}$$

Se ha omitido en la parte derecha de la relación (13) un factor constante que no involucra a β.

Cuando se compara esta expresión con la ecuación (7) de la sección 5.9, se puede ver que, excepto por un factor constante, tiene la misma forma que la f.d.p. de una distribución gamma con parámetros $n + 4$ e $y + 20\,000$. Puesto que la f.d.p. final $\xi(\beta|\boldsymbol{x})$ es proporcional a $f_n(\boldsymbol{x}|\beta)\xi(\beta)$, resulta que $\xi(\beta|\boldsymbol{x})$ debe ser la f.d.p. de la distribución gamma con parámetros $n + 4$ e $y + 20\,000$. Por tanto, para $\beta > 0$,

$$\xi(\beta|\boldsymbol{x}) = \frac{(y + 20\,000)^{n+4}}{(n+3)!} \beta^{n+3} e^{-(y+20\,000)\beta}. \quad \triangleleft \tag{14}$$

Observaciones secuenciales

En muchos experimentos, las observaciones $X_1, \ldots, X_n$ que constituyen una muestra aleatoria se deben obtener secuencialmente, esto es, de una en una. En dicho experimento, se observa primero el valor de X_1, luego se observa el valor de X_2, a continuación el valor de X_3 y así sucesivamente. Supóngase que la f.d.p. inicial del parámetro θ es $\xi(\theta)$. Después de haber observado el valor x_1 de X_1, se puede calcular la f.d.p. final $\xi(\theta|x_1)$ de la forma usual a partir de la relación

$$\xi(\theta|x_1) \propto f(x_1|\theta)\xi(\theta). \tag{15}$$

Esta f.d.p., se utiliza como la f.d.p. inicial de θ cuando se va a observar el valor de X_2. Por tanto, después de haber observado el valor x_2 de X_2, la f.d.p. final $\xi(\theta|x_1, x_2)$ se puede calcular de la relación

$$\xi(\theta|x_1, x_2) \propto f(x_2|\theta)\xi(\theta|x_1). \tag{16}$$

Se puede continuar de esta forma, calculando una f.d.p. final de θ actualizada después de cada observación y utilizando esa f.d.p. como la f.d.p. inicial de θ para la siguiente observación. La f.d.p. final $\xi(\theta|x_1, \ldots, x_{n-1})$ después de haber observado los valores $x_1, \ldots, x_{n-1}$ será finalmente la f.d.p. inicial de θ para la última observación de X_n. La f.d.p. final después de haber observado los n valores $x_1, \ldots, x_n$, estará dada entonces por la relación

$$\xi(\theta|\boldsymbol{x}) \propto f(x_n|\theta)\xi(\theta|x_1, \ldots, x_{n-1}). \tag{17}$$

Alternativamente, después de haber observado los n valores $x_1, \ldots, x_n$, se puede calcular la f.d.p. final $\xi(\theta|\boldsymbol{x})$ en la forma usual, combinando la f.d.p. conjunta $f_n(\boldsymbol{x}|\theta)$ con la f.d.p. inicial original $\xi(\theta)$, como se indica en la ecuación (5). Se puede demostrar (véase Ejercicio 7) que la f.d.p. final $\xi(\theta|\boldsymbol{x})$ será la misma, independientemente de si se calcula directamente utilizando la ecuación (5) o si se calcula secuencialmente utilizando las ecuaciones (15), (16) y (17). Esta propiedad fue ilustrada en la sección 2.2 para una moneda de la que se sabe que es equilibrada o que tiene una cara en cada lado. Después de cada lanzamiento de la moneda, se actualiza la probabilidad final de que la moneda sea equilibrada.

EJERCICIOS

1. Supóngase que se sabe que la proporción θ de artículos defectuosos en un gran lote manufacturado es 0.1 ó 0.2, y que la f.p. inicial de θ es la siguiente:

   $$\xi(0.1) = 0.7 \quad \text{y} \quad \xi(0.2) = 0.3.$$

   Supóngase también que cuando se seleccionan al azar ocho artículos del lote, se encuentra que exactamente dos de ellos son defectuosos. Determínese la f.p. final de θ.

2. Supóngase que el número de defectos en una cinta magnética de grabación tiene una distribución de Poisson cuya media λ es 1.0 ó 1.5 y que la f.p. inicial de λ es la siguiente:

   $$\xi(1.0) = 0.4 \quad \text{y} \quad \xi(1.5) = 0.6.$$

   Si una cinta seleccionada al azar resulta con tres defectos, ¿cuál es la f.p. final de λ?

3. Supóngase que la distribución inicial de un parámetro θ es una distribución gamma cuya media es 10, y la varianza, 5. Determínese la f.d.p. inicial de θ.

4. Supóngase que la distribución inicial de un parámetro θ es una distribución beta cuya media es $1/3$, y la varianza, $1/45$. Determínese la f.d.p. inicial de θ.

5. Supóngase que la proporción θ de artículos defectuosos en un gran lote manufacturado es desconocida y que la distribución inicial de θ es una distribución uniforme sobre el intervalo $(0, 1)$. Cuando se seleccionan al azar ocho artículos del lote, se encuentra que exactamente tres de ellos son defectuosos. Determínese la distribución final de θ.

6. Considérese de nuevo el problema descrito en el ejercicio 5, pero supóngase ahora que la f.d.p. inicial de θ es la siguiente:

$$\xi(\theta) = \begin{cases} 2(1-\theta) & \text{para } 0 < \theta < 1, \\ 0 & \text{en otro caso.} \end{cases}$$

   Como en el ejercicio 5, supóngase que en una muestra aleatoria de ocho artículos exactamente tres resultan defectuosos. Determínese la distribución final de θ.

7. Supóngase que $X_1, \ldots, X_n$ constituyen una muestra aleatoria de una distribución cuya f.d.p. es $f(x|\theta)$, que el valor de θ es desconocido y que la f.d.p. inicial de θ es $\xi(\theta)$. Demuéstrese que la f.d.p. final $\xi(\theta|\boldsymbol{x})$ es la misma con independencia de si se calcula directamente utilizando la ecuación (5), o si se calcula secuencialmente utilizando las ecuaciones (15), (16) y (17).

8. Considérese de nuevo el problema descrito en el ejercicio 5 y supóngase la misma distribución inicial de θ. Supóngase ahora, sin embargo, que en vez de seleccionar una muestra aleatoria de ocho artículos del lote, se realiza el siguiente experimento: Se seleccionan uno a uno los artículos del lote hasta haber encontrado exactamente tres defectuosos. Si se determina que se debe seleccionar un total de ocho artículos en este experimento, ¿cuál es la distribución final de θ al final del experimento?

9. Supóngase que se va a seleccionar una observación X de una distribución uniforme sobre el intervalo $\left(\theta - \frac{1}{2}, \theta + \frac{1}{2}\right)$, que el valor de θ es desconocido y que la distribución inicial de θ es una distribución uniforme sobre el intervalo $(10, 20)$. Si el valor observado de X es 12, ¿cuál es la distribución final de θ?

10. Considérense de nuevo las condiciones del ejercicio 9 y supóngase la misma distribución inicial de θ. Supóngase ahora, sin embargo, que se seleccionan al azar seis observaciones de la distribución uniforme sobre el intervalo $\left(\theta - \frac{1}{2}, \theta + \frac{1}{2}\right)$ y que sus valores son $11.0, 11.5$, $11.7, 11.1$, 11.4 y 10.9. Determínese la distribución final de θ.

6.3 DISTRIBUCIONES INICIALES CONJUGADAS

Muestreo de una distribución de Bernoulli

Teorema básico. Ciertas distribuciones iniciales son particularmente convenientes para utilizar con muestras de otras distribuciones. Por ejemplo, supóngase que se selecciona una muestra aleatoria de una distribución de Bernoulli con parámetro θ desconocido. Si la distribución inicial de θ es una distribución beta, entonces para cualquier conjunto posible de valores muestrales observados, la distribución final de θ será de nuevo una distribución beta. Específicamente, se puede establecer el siguiente resultado:

> **Teorema 1.** *Supóngase que* $X_1, \dots, X_n$ *constituye una muestra aleatoria de una distribución de Bernoulli con parámetro* θ *desconocido* $(0 < \theta < 1)$. *Supóngase, además, que la distribución inicial de* θ *es una distribución beta con parámetros dados* α *y* β $(\alpha > 0$ *y* $\beta > 0)$. *Entonces, la distribución final de* θ*, dado que* $X_i = x_i$ $(i = 1, \dots, n)$, *es una distribución beta con parámetros* $\alpha + \sum_{i=1}^n x_i$ *y* $\beta + n - \sum_{i=1}^n x_i$.

Demostración. Sea $y = \sum_{i=1}^n x_i$. Entonces la función de verosimilitud, esto es, la f.p. conjunta $f_n(\boldsymbol{x}|\theta)$ de $X_1, \dots, X_n$, está dada por la ecuación (7) de la sección 6.2. Además, la f.d.p. inicial $\xi(\theta)$ satisface la siguiente relación:

$$\xi(\theta) \propto \theta^{\alpha-1}(1-\theta)^{\beta-1} \qquad \text{para } 0 < \theta < 1.$$

Puesto que la f.d.p. final $\xi(\theta|\boldsymbol{x})$ es proporcional al producto $f_n(\boldsymbol{x}|\theta)\xi(\theta)$, resulta que

$$\xi(\theta|\boldsymbol{x}) \propto \theta^{\alpha+y-1}(1-\theta)^{\beta+n-y-1} \qquad \text{para } 0 < \theta < 1.$$

Excepto por un factor constante, la parte derecha de esta ecuación se puede reconocer como igual a la f.d.p. de una distribución beta con parámetros $\alpha + y$ y $\beta + n - y$. Por tanto, la distribución final de θ es como se especificó en el teorema. ◁

Actualización de la distribución final. Una consecuencia del teorema 1 es la siguiente: Supóngase que se desconoce la proporción θ de artículos defectuosos de un gran cargamento, que la distribución inicial de θ es una distribución beta con parámetros α y β y que n artículos del cargamento se seleccionan al azar de uno en uno para inspeccionarlos. Si el primer artículo inspeccionado es defectuoso, la distribución final de θ será una distribución beta con parámetros $\alpha + 1$ y β. Si el primer artículo inspeccionado es no defectuoso, la distribución final será una distribución beta con parámetros α y $\beta + 1$. El proceso puede continuar de la siguiente forma: Cada vez que se inspecciona un artículo, la verdadera distribución final beta de θ se cambia por una nueva distribución beta en la que el valor del parámetro α o el parámetro β se incrementa una unidad. El valor de α se incrementa una unidad cada vez que se encuentra un artículo defectuoso y el valor de β se incrementa una unidad cada vez que se encuentra un artículo no defectuoso.

La familia de distribuciones beta se denomina *familia conjugada de distribuciones iniciales* para muestras de una distribución de Bernoulli. Si la distribución inicial de θ es una distribución beta, entonces la distribución final de cada etapa del muestreo será siempre una distribución beta, independientemente de los valores observados de la muestra. Se dice también que la familia de distribuciones beta es *cerrada bajo muestreo* respecto a una distribución de Bernoulli.

Ejemplo 1: Varianza de la distribución final beta. Supóngase que se desconoce la proporción θ de artículos defectuosos de un gran cargamento, que la distribución inicial de θ es una distribución uniforme sobre el intervalo $(0, 1)$ y que esos artículos del cargamento van a ser seleccionados al azar para ser inspeccionados hasta que la varianza de la distribución final de θ se haya reducido al valor 0.01 o a uno menor. Se determinará el número total de artículos defectuosos y no defectuosos que se deben obtener antes de detener el proceso de muestreo.

Como se afirmó en la sección 5.10, la distribución uniforme sobre el intervalo $(0, 1)$ es una distribución beta con $\alpha = 1$ y $\beta = 1$. Por tanto, después de haber obtenido y artículos defectuosos y z no defectuosos, la distribución final de θ será una distribución beta con $\alpha = y + 1$ y $\beta = z + 1$. Se demostró en la sección 5.10 que la varianza de una distribución beta con parámetros α y β es $\alpha\beta / \left[(\alpha + \beta)^2(\alpha + \beta + 1)\right]$. Por tanto, la varianza V de la distribución final de θ será

$$V = \frac{(y + 1)(z + 1)}{(y + z + 2)^2(y + z + 3)}.$$

El muestreo se detiene tan pronto como el número de defectuosos y y el número de no defectuosos z obtenidos sean tales que $V \leq 0.01$. Se puede demostrar (véase Ejercicio 1) que no será necesario seleccionar más de 22 artículos. ◁

Muestreo de una distribución de Poisson

Cuando se seleccionan muestras aleatorias de una distribución de Poisson, la familia de distribuciones gamma es una familia conjugada de distribuciones iniciales. Esta relación se demuestra en el siguiente teorema.

Teorema 2. *Supóngase que $X_1, \ldots, X_n$ constituye una muestra aleatoria de una distribución de Poisson con media θ desconocida $(\theta > 0)$. Supóngase también que la distribución inicial de θ es una distribución gamma con parámetros α y β $(\alpha > 0$ y $\beta > 0)$. Entonces la distribución final de θ, dado que $X_i = x_i$ $(i = 1, \ldots, n)$, es una distribución gamma con parámetros $\alpha + \sum_{i=1}^n x_i$ y $\beta + n$.*

Demostración. Sea $y = \sum_{i=1}^n x_i$. Entonces la función de verosimilitud $f_n(\boldsymbol{x}|\theta)$ satisface la relación

$$f_n(\boldsymbol{x}|\theta) \propto e^{-n\theta}\theta^y.$$

En esta relación, ha sido eliminado de la parte derecha un factor que involucra $\boldsymbol{x}$ pero que no depende de θ. Además, la f.d.p. inicial de θ tiene la forma

$$\xi(\theta) \propto \theta^{\alpha-1} e^{-\beta\theta} \qquad \text{para } \theta > 0.$$

Puesto que la f.d.p. final $\xi(\theta|\boldsymbol{x})$ es proporcional a $f_n(\boldsymbol{x}|\theta)\xi(\theta)$, resulta que

$$\xi(\theta|\boldsymbol{x}) \propto \theta^{\alpha+y-1} e^{-(\beta+n)\theta} \qquad \text{para } \theta > 0.$$

Excepto por un factor constante, la parte derecha de esta relación se puede reconocer como la f.d.p. de una distribución gamma con parámetros $\alpha + y$ y $\beta + n$. Por tanto, la distribución final de θ es como se especificó en el teorema.

Ejemplo 2: Varianza de la distribución final gamma. Considérese una distribución de Poisson con media θ desconocida y supóngase que la f.d.p. inicial de θ es la siguiente:

$$\xi(\theta) = \begin{cases} 2e^{-2\theta} & \text{para } \theta > 0, \\ 0 & \text{para } \theta \leq 0. \end{cases}$$

Supóngase, además, que las observaciones van a ser seleccionadas al azar de dicha distribución de Poisson hasta que la varianza de la distribución final de θ se haya reducido a un valor menor o igual a 0.01. Se determinará el número de observaciones que se deben seleccionar antes de detener el proceso de muestreo.

La f.d.p. inicial dada de $\xi(\theta)$ es la f.d.p. de una distribución gamma con $\alpha = 1$ y $\beta = 2$. Por tanto, después de haber obtenido n valores observados $x_1, \ldots, x_n$, cuya suma es $y = \sum_{i=1}^n x_i$, la distribución final de θ será una distribución gamma con $\alpha = y + 1$ y $\beta = n + 2$. Se demostró en la sección 5.9 que la varianza de una distribución gamma con parámetros α y β es α/β^2. Por tanto, la varianza V de la distribución final de θ será

$$V = \frac{y+1}{(n+2)^2}.$$

El muestreo se detiene tan pronto como la sucesión de valores observados $x_1, \ldots, x_n$ que se han obtenido es tal que $V \leq 0.01$. ◁

Muestreo de una distribución normal

Cuando se seleccionan muestras de una distribución normal con media θ desconocida, pero con varianza σ^2 conocida, la familia de distribuciones normales es una familia conjugada de distribuciones iniciales, como se demuestra en el siguiente teorema:

Teorema 3. *Supóngase que* $X_1, \ldots, X_n$ *constituye una muestra aleatoria de una distribución normal con media* θ *desconocida* $(-\infty < \theta < \infty)$ *y con varianza* σ^2 *conocida* $(\sigma^2 > 0)$. *Supóngase, además, que la distribución inicial de* θ *es una distribución normal con valores dados de la media* μ *y la varianza* v^2. *Entonces, la distribución final de* θ, *dado que* $X_i = x_i (i = 1, \ldots, n)$, *es una distribución normal cuya media* μ_1 *y varianza* v_1^2 *son las siguientes:*

$$\mu_1 = \frac{\sigma^2 \mu + n v^2 \overline{x}_n}{\sigma^2 + n v^2} \tag{1}$$

y

$$v_1^2 = \frac{\sigma^2 v^2}{\sigma^2 + n v^2}. \tag{2}$$

Demostración. La función de verosimilitud $f_n(\boldsymbol{x}|\theta)$ tiene la forma

$$f_n(\boldsymbol{x}|\theta) \propto \exp\left[-\frac{1}{2\sigma^2}\sum_{i=1}^{n}(x_i - \theta)^2\right].$$

Aquí se ha eliminado un factor constante de la parte derecha. Para transformar esta expresión, se utiliza la identidad

$$\sum_{i=1}^{n}(x_i - \theta)^2 = n\,(\theta - \overline{x}_n)^2 + \sum_{i=1}^{n}(x_i - \overline{x}_n)^2,$$

y se omite un factor que involucra $x_1, \ldots, x_n$, pero que no depende de θ. Como resultado, se puede reescribir $f_n(\boldsymbol{x}|\theta)$ de la siguiente forma:

$$f_n(\boldsymbol{x}|\theta) \propto \exp\left[-\frac{n}{2\sigma^2}(\theta - \overline{x}_n)^2\right].$$

Puesto que la f.d.p. inicial $\xi(\theta)$ tiene la forma

$$\xi(\theta) \propto \exp\left[-\frac{1}{2v^2}(\theta - \mu)^2\right],$$

resulta que la f.d.p. final $\xi(\theta|\boldsymbol{x})$ satisface la relación

$$\xi(\theta|\boldsymbol{x}) \propto \exp\left\{-\frac{1}{2}\left[\frac{n}{\sigma^2}(\theta - \overline{x}_n)^2 + \frac{1}{v^2}(\theta - \mu)^2\right]\right\}.$$

Si μ_1 y v_1^2 son las dadas por las ecuaciones (1) y (2), se puede comprobar ahora la siguiente identidad:

$$\frac{n}{\sigma^2}(\theta - \overline{x}_n)^2 + \frac{1}{v^2}(\theta - \mu)^2 = \frac{1}{v_1^2}(\theta - \mu_1)^2 + \frac{n}{\sigma^2 + nv^2}(\overline{x}_n - \mu)^2.$$

Puesto que el último término de la parte derecha de esta ecuación no involucra θ, se puede absorber en el factor de proporcionalidad y se obtiene la relación:

$$\xi(\theta|\boldsymbol{x}) \propto \exp\left[-\frac{1}{2v_1^2}(\theta - \mu_1)^2\right].$$

Excepto por un factor constante, la parte derecha de esta ecuación se puede reconocer como la f.d.p. de una distribución normal con media μ_1 y varianza v_1^2. Por tanto, la distribución final de θ es como se especificó en el teorema. ◁

La media μ_1 de la distribución final de θ, dada por la ecuación (1), se puede reescribir como sigue:

$$\mu_1 = \frac{\sigma^2}{\sigma^2 + nv^2}\mu + \frac{nv^2}{\sigma^2 + nv^2}\overline{x}_n. \tag{3}$$

De la ecuación (3) se puede observar que μ_1 es una media ponderada de la media μ de la distribución inicial y la media muestral $\overline{x}_n$. Además, se puede observar que el peso relativo asignado a $\overline{x}_n$ satisface las tres propiedades siguientes: (1) Para valores fijos de v^2 y σ^2, a medida que aumenta el tamaño muestral n, será mayor el peso relativo asignado a $\overline{x}_n$. (2) Para valores fijos de v^2 y n, a medida que aumenta la varianza σ^2 de cada observación de la muestra, será menor el peso relativo asignado a $\overline{x}_n$. (3) Para valores fijos de σ^2 y n, a medida que aumenta la varianza v^2 de la distribución inicial, será mayor el peso relativo asignado a $\overline{x}_n$.

Más aún, de la ecuación (2) se puede observar que la varianza v_1^2 de la distribución final de θ depende del número n de observaciones seleccionadas, pero no depende de las magnitudes de los valores observados. Supóngase, entonces, que se va a seleccionar una muestra aleatoria de n observaciones de una distribución normal con media θ desconocida, varianza conocida y la distribución inicial de θ es una distribución normal específica. Entonces, antes de seleccionar las observaciones, se puede utilizar la ecuación (2) para calcular el verdadero valor de la varianza v_1^2 de la distribución final. Sin embargo, el valor de la media μ_1 de la distribución final dependerá de los valores observados que se han obtenido en la muestra.

Ejemplo 3: Varianza de la distribución final normal. Supóngase que se van a seleccionar observaciones al azar de una distribución normal con media θ desconocida y varianza 1, y que la distribución inicial de θ es una distribución normal cuya varianza es 4. Además, se van a seleccionar observaciones hasta que la varianza de la distribución final de θ se haya reducido a un valor menor o igual que 0.01. Se determinará el número de observaciones que se deben seleccionar antes de detener el proceso de muestreo.

De la ecuación (2) se deduce que después de haber seleccionado n observaciones, la varianza v_1^2 de la distribución final de θ será

$$v_1^2 = \frac{4}{(4n+1)}.$$

Por tanto, la relación $v_1^2 \leq 0.01$ se verificará si, y sólo si, $n \geq 99.75$. Por tanto, la relación $v_1^2 \leq 0.01$ se verificará después de haber seleccionado 100 observaciones, y no antes. ◁

Muestreo de una distribución exponencial

Se concluye esta sección considerando una muestra aleatoria de una distribución exponencial con parámetro θ desconocido. Para este problema, la familia de distribuciones gamma se utiliza como una familia conjugada de distribuciones iniciales, como se demuestra en el siguiente teorema. Debe subrayarse que aquí se ha cambiado la notación utilizada al describir la distribución esponencial por la utilizada al principio del capítulo; en efecto para evitar las confusiones que puedan resultar de los distintos usos del símbolo β en el teorema 4, el parámetro de la distribución exponencial se denota ahora por el símbolo θ en lugar de β.

Teorema 4. *Supóngase que $X_1, \dots, X_n$ constituyen una muestra aleatoria de una distribución exponencial con parámetro θ desconocido $(\theta > 0)$. Supóngase, además, que la distribución inicial de θ es una distribución gamma con parámetros dados α y β $(\alpha > 0$ y $\beta > 0)$. Entonces, la distribución final de θ, dado que $X_i = x_i$ $(i = 1, \dots, n)$, es una distribución gamma con parámetros $\alpha + n$ y $\beta + \sum_{i=1}^{n} x_i$.*

Demostración. De nuevo, sea $y = \sum_{i=1}^{n} x_i$. Entonces la función de verosimilitud $f_n(\boldsymbol{x}|\theta)$ es

$$f_n(\boldsymbol{x}|\theta) = \theta^n e^{-\theta y}.$$

Además, la f.d.p. inicial $\xi(\theta)$ tiene la forma

$$\xi(\theta) \propto \theta^{\alpha-1} e^{-\beta\theta} \qquad \text{para } \theta > 0.$$

Resulta, por tanto, que la f.d.p. final $\xi(\theta|\boldsymbol{x})$ tiene la forma

$$\xi(\theta|\boldsymbol{x}) \propto \theta^{\alpha+n-1} e^{-(\beta+y)\theta} \qquad \text{para } \theta > 0.$$

Excepto por un factor constante, la parte derecha de esta relación se puede reconocer como la f.d.p. de una distribución gamma con parámetros $\alpha + n$ y $\beta + y$. Por tanto, la distribución final de θ es como se especificó en el teorema. ◁

EJERCICIOS

1. Demuéstrese que en el ejemplo 1 se debe verificar que $V \leq 0.01$ después de haber seleccionado 22 artículos.

2. Supóngase que se desconoce la proporción θ de artículos defectuosos de un gran cargamento y que la distribución inicial de θ es una distribución beta cuyos parámetros son $\alpha = 2$ y $\beta = 200$. Si se seleccionan al azar 100 artículos del cargamento y si tres de estos artículos resultan defectuosos, ¿cuál es la distribución final de θ?

3. Considérense de nuevo las condiciones del ejercicio 2. Supóngase que después de que un estadístico ha observado que hay tres artículos defectuosos entre los 100 artículos seleccionados al azar, la distribución final que asigna a θ es una distribución beta de media $2/51$, y varianza $98/[(51)^2(103)]$. ¿Qué distribución inicial asignó a θ el estadístico?

4. Supóngase que el número de defectos en una cinta magnetofónica de 1200 pies tiene una distribución de Poisson con media θ desconocida y que la distribución inicial de θ es una distribución gamma con parámetros $\alpha = 3$ y $\beta = 1$. Cuando se seleccionan cinco cintas al azar y se inspeccionan, se encuentra que el número de defectos en cada cinta son: $2, 2, 6, 0$ y 3. Determínese la distribución final de θ.

5. Sea θ el número promedio de defectos por cada 100 pies de cinta magnetofónica. Supóngase que el valor de θ es desconocido y que la distribución inicial de θ es una distribución gamma con parámetros $\alpha = 2$ y $\beta = 10$. Cuando se inspecciona una cinta de 1200 pies, se encuentran exactamente cuatro defectos. Determínese la distribución final de θ.

6. Supóngase que las estaturas de los individuos de cierta población tienen una distribución normal con media θ desconocida y desviación típica 2 pulgadas. Supóngase, además, que la distribución inicial de θ es una distribución normal cuya media es 68 pulgadas y que la desviación típica es 1 pulgada. Si se seleccionan al azar 10 personas de la población y se encuentra que su estatura promedio es 69.5 pulgadas, ¿cuál es la distribución final de θ?

7. Considérese de nuevo el problema descrito en el ejercicio 6.
   (a) ¿Qué intervalo de longitud 1 pulgada tiene la mayor probabilidad inicial de contener el valor de θ?
   (b) ¿Qué intervalo de longitud 1 pulgada tiene la mayor probabilidad final de contener el valor de θ?
   (c) Determínense los valores de las probabilidades de las partes (a) y (b).

8. Supóngase que se selecciona una muestra aleatoria de 20 observaciones de una distribución normal con media θ desconocida y varianza 1. Después de haber observado los valores de la muestra, se encuentra que $\overline{X}_n = 10$ y que la distribución final de θ es una distribución normal cuya media es 8 y varianza $1/25$. ¿Cuál fue la distribución inicial de θ?

9. Supóngase que se va a seleccionar una muestra aleatoria de una distribución normal con media θ desconocida y desviación típica 2 y que la distribución inicial de θ es una distribución normal cuya desviación típica es 1. ¿Cuál es el menor número de observaciones que se deben incluir en la muestra para reducir la desviación típica de la distribución final de θ al valor 0.1?

10. Supóngase que se va a seleccionar una muestra aleatoria de 100 observaciones de una distribución normal tipificada con media θ desconocida y desviación típica 2 y que la distribución inicial de θ es una distribución normal. Demuéstrese que con independencia de la magnitud de la desviación típica de la distribución inicial, la desviación típica de la distribución final será menor que $1/5$.

11. Supóngase que el tiempo requerido en minutos para atender a un cliente en cierto servicio tiene una distribución exponencial con parámetro θ desconocido y que la distribución inicial de θ es una distribución gamma con media 0.2 y desviación típica 1. Si se observa que el tiempo esperado requerido para atender a una muestra aleatoria de 20 clientes es 3.8 minutos, ¿cuál es la distribución final de θ?

12. Para una distribución con media $\mu \neq 0$ y desviación típica $\sigma > 0$, el *coeficiente de variación* de la distribución se define como $\sigma/|\mu|$. Considérese de nuevo el problema descrito en el ejercicio 11 y supóngase que el coeficiente de variación de la distribución inicial gamma de θ es 2. ¿Cuál es el menor número de clientes que se debe observar para reducir el coeficiente de variación de la distribución final a 0.1?

13. Demuéstrese que la familia de distribuciones beta es una familia conjugada de distribuciones iniciales para muestras de una distribución binomial negativa con un valor conocido del parámetro r y un valor desconocido del parámetro p $(0 < p < 1)$.

14. Sea $\xi(\theta)$ una f.d.p. que se define como sigue para constantes $\alpha > 0$ y $\beta > 0$:

$$\xi(\theta) = \begin{cases} \dfrac{\beta^\alpha}{\Gamma(\alpha)}\theta^{-(\alpha+1)}e^{-\beta/\theta} & \text{para } \theta > 0, \\ 0 & \text{para } \theta \leq 0. \end{cases}$$

   (a) Verifíquese que $\xi(\theta)$ es realmente una f.d.p. demostrando que $\int_0^\infty \xi(\theta)d\theta = 1$.

   (b) Considérese la familia de distribuciones de probabilidad que se puede representar por una f.d.p. $\xi(\theta)$ que tiene la forma dada para todos los pares posibles de constantes $\alpha > 0$ y $\beta > 0$. Demuéstrese que esta familia es una familia conjugada de distribuciones iniciales para muestras de una distribución normal con un valor conocido de la media μ y valor desconocido de la varianza θ.

15. Supóngase que en el ejercicio 14 se considera el parámetro como la desviación típica de la distribución normal, en lugar de la varianza. Determínese una familia conjugada de distribuciones iniciales para muestras de una distribución normal con un valor conocido de la media μ y un valor desconocido de la desviación típica σ.

16. Supóngase que el número de minutos que una persona debe esperar un autobús cada mañana tiene una distribución uniforme sobre el intervalo $(0, \theta)$, donde el valor del punto extremo θ es desconocido. Supóngase, además, que la f.d.p. inicial de θ es la siguiente:

$$\xi(\theta) = \begin{cases} \dfrac{192}{\theta^4} & \text{para } \theta \geq 4, \\ 0 & \text{en otro caso.} \end{cases}$$

Si los tiempos de espera obsrvados durante tres mañanas sucesivas son $5, 3$ y 8 minutos, ¿cuál es la f.d.p. final de θ?

17. La distribución de Pareto con parámetros x_0 y α $(x_0 > 0 \ , \ \alpha > 0)$ está definida en el ejercicio 15 de la sección 5.9. Demuéstrese que la familia de distribuciones de Pareto es una familia conjugada de distribuciones iniciales para muestras de una distribución uniforme sobre el intervalo $(0, \theta)$, donde el valor del punto extremo θ es desconocido.

18. Supóngase que $X_1, \ldots, X_n$ constituyen una muestra aleatoria de una distribución cuya f.d.p. $f(x|\theta)$ es la siguiente:

$$f(x|\theta) = \begin{cases} \theta x^{\theta - 1} & \text{para } 0 < x < 1, \\ 0 & \text{en otro caso.} \end{cases}$$

Supóngase, además, que el valor del parámetro θ es desconocido $(\theta > 0)$ y que la distribución inicial de θ es una distribución gamma con parámetros α y β $(\alpha > 0$ y $\beta > 0)$. Determínense la media y la varianza de la distribución final de θ.

6.4 ESTIMADORES BAYES

Naturaleza del problema de estimación

Supóngase que se va a seleccionar una muestra aleatoria $X_1, \ldots, X_n$ de una distribución cuya f.p. o f.d.p. es $f(x|\theta)$, donde el valor del parámetro θ es desconocido. Supóngase, además, que el valor de θ debe pertenecer a un intervalo concreto Ω sobre la recta real. El intervalo Ω podría ser acotado o no acotado; en particular, podría ser la recta real completa. Por último, supóngase que el valor de θ se debe estimar a partir de los valores observados de la muestra.

Un *estimador* del parámetro θ, basado en las variables aleatorias $X_1, \ldots, X_n$, es una función $\delta(X_1, \ldots, X_n)$ que especifica el valor estimado de θ para cada conjunto de valores posibles de $X_1, \ldots, X_n$. En otras palabras, si los valores observados de $X_1, \ldots, X_n$ son

$x_1, \ldots, x_n$, entonces el valor estimado de θ es $\delta(x_1, \ldots, x_n)$. Puesto que el valor de θ debe pertenecer al intervalo Ω, es razonable pedir que todo valor posible de un estimador $\delta(X_1, \ldots, X_n)$ deba pertenecer también a Ω.

Es conveniente distinguir entre los términos *estimador* y *estimación*. Puesto que un estimador $\delta(X_1, \ldots, X_n)$ es una función de las variables aleatorias $X_1, \ldots, X_n$, y el estimador es una variable aleatoria y su distribución de probabilidad se puede obtener a partir de la distribución conjunta de $X_1, \ldots, X_n$. Por otro lado, una *estimación* es un valor específico $\delta(x_1, \ldots, x_n)$ del estimador que se determina utilizando valores observados específicos $x_1, \ldots, x_n$. A menudo será conveniente utilizar notación vectorial y definir $\boldsymbol{X} = (X_1, \ldots, X_n)$ y $\boldsymbol{x} = (x_1, \ldots, x_n)$. Con esta notación, un estimador es una función $\delta(\boldsymbol{X})$ del vector aleatorio $\boldsymbol{X}$, y una estimación es un valor específico $\delta(\boldsymbol{x})$. A menudo será conveniente denotar un estimador $\delta(\boldsymbol{X})$ simplemente por el símbolo δ.

Funciones de pérdida

El requisito principal de un buen estimador δ es que proporcione una estimación de θ que se aproxime al verdadero valor de θ. En otras palabras, un buen estimador es aquel que tiene una probabilidad alta de que el error $\delta(\boldsymbol{X}) - \theta$ esté cerca de 0. Supóngase que para cada valor posible de $\theta \in \Omega$ y cada estimación posible $a \in \Omega$, existe un número $L(\theta, a)$ que mide la pérdida o el costo para el estadístico cuando el verdadero valor del parámetro es θ y su estimación es a. En general, a medida que aumenta la distancia entre a y θ, será mayor el valor de $L(\theta, a)$.

Como antes, sea $\xi(\theta)$ la f.d.p. inicial de θ sobre el intervalo Ω y considérese un problema en el que el estadístico debe estimar el valor de θ sin observar los valores de una muestra aleatoria. Si el estadístico elige una estimación particular a, entonces su pérdida esperada será

$$E[L(\theta, a)] = \int_{\Omega} L(\theta, a)\xi(\theta)d\theta. \tag{1}$$

Supóngase que el estadístico desea elegir una estimación a donde la pérdida esperada de la ecuación (1) sea un mínimo. En cualquier problema de estimación, una función L cuya esperanza $E[L(\theta, a)]$ va a ser minimizada se denomina función de pérdida.

Definición de un estimador Bayes

Supóngase ahora que el estadístico puede observar el valor $\boldsymbol{x}$ del vector aleatorio $\boldsymbol{X}$ antes de estimar θ, y sea $\xi(\theta|\boldsymbol{x})$ la f.d.p. final de θ sobre el intervalo Ω. Para cualquier estimación a que el estadístico pudiese utilizar, su pérdida esperada vendría dada por

$$E[L(\theta, a)|\boldsymbol{x}] = \int_{\Omega} L(\theta, a)\xi(\theta|\boldsymbol{x})\, d\theta. \tag{2}$$

Por tanto, el estadístico elegirá una estimación a cuya pérdida esperada, dada por la ecuación (2) sea un mínimo.

Para cada valor posible $\boldsymbol{x}$ del vector aleatorio $\boldsymbol{X}$, sea $\delta^*(\boldsymbol{x})$ un valor de a cuya pérdida esperada, dada por la ecuación (2) sea mínima. Entonces la función $\delta^*(\boldsymbol{X})$ cuyos valores están definidos de esta forma será un estimador de θ. Este estimador se denomina *estimador Bayes* de θ. En otras palabras, para cada valor posible $\boldsymbol{x}$ de $\boldsymbol{X}$,el valor $\delta^*(\boldsymbol{x})$ del estimador Bayes se elige de forma que

$$E\left[L(\theta, \delta^*(\boldsymbol{x}))|\boldsymbol{x}\right] = \min_{a \in \Omega} E\left[L(\theta, a)|\boldsymbol{x}\right]. \tag{3}$$

En resumen, se ha considerado un problema de estimación en donde va a ser seleccionada una muestra aleatoria $\boldsymbol{X} = (X_1, \ldots, X_n)$ de una distribución que involucra un parámetro θ que tiene un valor desconocido en un intervalo específico Ω. Para cualquier función de pérdida $L(\theta, a)$ y cualquier f.d.p. inicial $\xi(\theta)$, el estimador Bayes de θ es el estimador $\delta^*(\boldsymbol{X})$ que satisface la ecuación (3) para todo valor posible $\boldsymbol{x}$ de $\boldsymbol{X}$. Debe subrayarse que la forma del estimador Bayes dependerá tanto de la función de pérdida que se utilizó en el problema como de la distribución inicial que se asigna a θ.

Algunas funciones de pérdida

Función de pérdida del error cuadrático. Sin lugar a dudas, la función de pérdida más comúnmente utilizada en problemas de estimación es la función de pérdida del error cuadrático. Esta función se define como sigue:

$$L(\theta, a) = (\theta - a)^2. \tag{4}$$

Cuando se utiliza la función de pérdida del error cuadrático, la estimación Bayes $\delta^*(\boldsymbol{x})$ para cualquier valor observado de $\boldsymbol{x}$ será el valor de a cuya esperanza $E[(\theta - a)^2|\boldsymbol{x}]$ es mínima.

Se demostró en la sección 4.5 que para cualquier distribución de probabilidad de θ, la esperanza de $(\theta - a)^2$ será mínima cuando a se elija igual a la media de la distribución de θ. Por tanto, cuando la esperanza de $(\theta - a)^2$ se calcula repecto a la distribución final de θ, esta esperanza será mínima cuando a se elija igual a la media $E(\theta|\boldsymbol{x})$ de la distribución final. Esta exposición demuestra que cuando se utiliza la función del error cuadrático (4), el estimador Bayes es $\delta^*(\boldsymbol{X}) = E(\theta|\boldsymbol{X})$.

Ejemplo 1: Estimación del parámetro de una distribución de Bernoulli. Supóngase que se va a seleccionar una muestra aleatoria $X_1, \ldots, X_n$ de una distribución de Bernoulli con parámetro θ desconocido que se debe estimar y que la distribución inicial de θ es una distribución beta con parámetros α y β ($\alpha > 0$ y $\beta > 0$). Supóngase, también, que se utiliza la función de pérdida del error cuadrático, dada por la ecuación (4), para $0 < \theta < 1$ y $0 < a < 1$. Se determinará el estimador Bayes para θ.

Para cualesquiera valores observados $x_1, \ldots, x_n$, sea $y = \sum_{i=1}^{n} x_i$. Entonces del teorema 1 de la sección 6.3 resulta que la distribución final de θ será una distribución beta con parámetros $\alpha + y$ y $\beta + n - y$. Puesto que la media de la distribución beta con parámetros α_1 y β_1 es $\alpha_1/(\alpha_1 + \beta_1)$, la media de esta distribución final es $(\alpha + y)/(\alpha+$ $+\beta + n)$. El estimador Bayes $\delta(\boldsymbol{x})$ será igual a este valor para cualquier vector observado $\boldsymbol{x}$. Por tanto, el estimador Bayes $\delta^*(\boldsymbol{X})$ es el siguiente:

$$\delta^*(\boldsymbol{X}) = \frac{\alpha + \sum_{i=1}^{n} X_i}{\alpha + \beta + n}. \quad \triangleleft \tag{5}$$

Ejemplo 2: Estimación de la media de una distribución normal. Supóngase que va a ser seleccionada una muestra aleatoria $X_1, \ldots, X_n$ de una distribución normal con media θ desconocida y varianza σ^2 conocida. Supóngase, además, que la distribución inicial de θ es una distribución normal con media μ y varianza v^2. Supóngase, por último, que se va a utilizar la función de pérdida del error cuadrático, dada por la ecuación (4), para $-\infty < \theta < \infty$ y $-\infty < a < \infty$. Se determinará el estimador Bayes de θ.

Del teorema 3 de la sección 6.3 se deduce que para cualesquiera valores $x_1, \ldots, x_n$, la distribución final de θ será una distribución normal con media μ_1 dada por la ecuación (1) de la sección 6.3. Por tanto, el estimador Bayes $\delta^*(\boldsymbol{X})$ es el siguiente:

$$\delta^*(\boldsymbol{X}) = \frac{\sigma^2\mu + nv^2\overline{X}_n}{\sigma^2 + nv^2}. \quad \triangleleft \tag{6}$$

Función de pérdida del error absoluto. Otra función de pérdida utilizada comúnmente en problemas de estimación es la función de pérdida del error absoluto. Esta función se define como sigue:

$$L(\theta, a) = |\theta - a|. \tag{7}$$

Para cualquier valor observado de $\boldsymbol{x}$, la estimación Bayes $\delta(\boldsymbol{x})$ será ahora el valor de a cuya esperanza $E(|\theta - a|)$ es mínima.

En la sección 4.5 se demostró que para cualquier distribución de probabilidad de θ, la esperanza de $|\theta - a|$ será mínima cuando se elija a igual a la mediana de la distribución de θ. Por tanto, cuando la esperanza de $|\theta - a|$ se calcula respecto a la distribución final de θ, esta esperanza será mínima cuando se elija a igual a la mediana de la distribución final de θ. Cuando se utiliza la función de pérdida del error absoluto (7) resulta que el estimador Bayes $\delta^*(\boldsymbol{X})$ es un estimador cuyo valor siempre es igual a la mediana de la distribución final de θ. Se considerarán ahora los ejemplos 1 y 2 de nuevo, pero se utilizará la función de pérdida del error absoluto en lugar de la función de pérdida del error cuadrático.

Ejemplo 3: Estimación del parámetro de una distribución de Bernoulli. Considérense de nuevo las condiciones del ejemplo 1, pero supóngase ahora que se utiliza la función de pérdida del error absoluto, dada por la ecuación (7). Para cualesquiera valores observados $x_1, \ldots, x_n$, la estimación Bayes $\delta^*(\boldsymbol{x})$ será igual a la mediana de la distribución final de θ, que es una distribución beta con parámetros $\alpha + y$ y $\beta + n - y$. No existe una expresión sencilla para esta mediana. Se debe determinar por medio de aproximaciones numéricas para cada conjunto concreto de valores observados. $\triangleleft$

Ejemplo 4: Estimación de la media de una distribución normal. Considérense de nuevo las condiciones del ejemplo 2, pero supóngase ahora que se utiliza la función de pérdida del error absoluto, dada por la ecuación (7). Para cualesquiera valores observados $x_1, \ldots, x_n$, la estimación Bayes $\delta^*(\boldsymbol{x})$ será igual a la mediana de la distribución normal final de θ. Sin embargo, puesto que la media y la mediana de cualquier distribución normal son iguales, $\delta^*(\boldsymbol{x})$ también es igual a la media de la distribución final. Por tanto, el estimador Bayes respecto a la función de pérdida del error absoluto es el mismo que el estimador respecto a la función de pérdida del error cuadrático; y de nuevo está dado por la ecuación (6). $\triangleleft$

Otras funciones de pérdida. Aunque la función de pérdida del error cuadrático y, en menor grado, la función de pérdida del error absoluto son las más utilizadas en problemas de estimación, es posible que ninguna de estas funciones de pérdida sea apropiada en un problema concreto. En algunos problemas, sería apropiado utilizar una función de pérdida que tenga la forma $L(\theta, a) = |\theta - a|^k$, donde k es un número positivo distinto de 1 ó 2. En otros problemas, la pérdida que resulta cuando el error $|\theta - a|$ tiene una magnitud concreta dependería del verdadero valor de θ. En tal caso, sería apropiado utilizar una función de pérdida que tenga la forma $L(\theta, a) = \lambda(\theta)(\theta - a)^2$ o $L(\theta, a) = \lambda(\theta)|\theta - a|$, donde $\lambda(\theta)$ es una función positiva de θ. En otro tipo de problemas, puede ser más costoso sobreestimar el valor de θ en cierta cantidad que subestimarlo en la misma cantidad. Una función de pérdida específica que refleja esta propiedad es la siguiente:

$$L(\theta, a) = \begin{cases} 3(\theta - a)^2 & \text{para } \theta \leq a, \\ (\theta - a)^2 & \text{para } \theta > a. \end{cases}$$

Otros tipos de funciones de pérdida pueden ser relevantes en otros problemas de estimación. Sin embargo, en este libro se consideran solamente las funciones de pérdida del error cuadrático y del error absoluto.

Estimador Bayes para muestras grandes

Efecto de distintas distribuciones iniciales. Supóngase que se desconoce la proporción θ de artículos defectuosos en un gran cargamento y que la distribución inicial de θ es una distribución uniforme sobre el intervalo $(0, 1)$. Supóngase, además, que se debe estimar el valor de θ y que se utiliza la función de pérdida del error cuadrático. Supóngase, por último, que en una muestra aleatoria de 100 artículos del cargamento se hallaron exactamente diez artículos defectuosos. Puesto que la distribución uniforme es una distribución beta con parámetros $\alpha = 1$ y $\beta = 1$ y puesto que $n = 100$ e $y = 10$ para la muestra dada, de la ecuación (5) resulta que la estimación Bayes es $\delta(\boldsymbol{x}) = 11/102 = 0.108$.

Supóngase ahora que la f.d.p. inicial de θ tiene la forma $\xi(\theta) = 2(1 - \theta)$ para $0 < \theta < 1$, en lugar de tener una distribución uniforme, y que de nuevo se encuentran exactamente diez artículos defectuosos en una muestra aleatoria de 100 artículos. Puesto que $\xi(\theta)$ es la f.d.p. de una distribución beta con parámetros $\alpha = 1$ y $\beta = 2$, de la ecuación (5) se deduce que, en este caso, la estimación Bayes de θ es $\delta(\boldsymbol{x}) = 11/103 = 0.107$.

Las dos distribuciones iniciales consideradas aquí son completamente distintas. La media de la distribución inicial uniforme es $1/2$ y la media de la otra distribución inicial beta es $1/3$. Sin embargo, debido a que el número de observaciones en la muestra es muy grande ($n = 100$), las estimaciones Bayes respecto a las dos distribuciones iniciales distintas son casi iguales. Es más , los valores de ambas estimaciones están muy cerca de la proporción observada de artículos defectuosos en la muestra, que es $\overline{x}_n = 0.1$.

Consistencia del estimador Bayes. Puesto que el valor desconocido de θ es la media de la distribución de Bernoulli de donde se seleccionan las observaciones, de la ley de los grandes números expuesta en la sección 4.8 resulta que $\overline{X}_n$ converge en probabilidad a este valor desconocido cuando $n \to \infty$. Puesto que la diferencia entre el estimador Bayes $\delta^*(\boldsymbol{X})$ y $\overline{X}_n$ converge en probabilidad a 0 cuando $n \to \infty$, se puede concluir, además, que $\delta^*(\boldsymbol{X})$ converge en probabilidad al valor desconocido de θ cuando $n \to \infty$.

Una sucesión de estimadores que converge al valor desconocido del parámetro que se estima, cuando $n \to \infty$, se denomina *sucesión consistente de estimadores.* Así, se ha demostrado que los estimadores Bayes $\delta^*(\boldsymbol{X})$ constituyen una sucesión de estimadores en el problema considerado aquí. La interpretación práctica de este resultado es como sigue: Cuando se selecciona un valor grande de observaciones, existe una probabilidad alta de que el estimador Bayes se encuentre muy cerca del valor desconocido de θ.

Los resultados que se acaban de presentar para estimar el parámetro de una distribución de Bernoulli también son ciertos para otros problemas de estimación. Partiendo de condiciones generales y para una amplia clase de funciones de pérdida, los estimadores Bayes de un parámetro θ constituirán una sucesión consistente de estimadores cuando el tamaño muestral $n \to \infty$. En particular, para muestras aleatorias de cualquiera de las diversas familias de distribuciones, tratadas en la sección 6.3, si se asigna una distribución inicial conjugada al parámetro y se utiliza la función de pérdida del error cuadrático, los estimadores Bayes constituirán una sucesión consistente de estimadores.

Por ejemplo, considérense de nuevo las condiciones del ejemplo 2. En ese ejemplo, se selecciona una muestra aleatoria de una distribución normal con media θ desconocida y el estimador Bayes $\delta^*(\boldsymbol{X})$ dado por la ecuación (6). Por la ley de los grandes números $\overline{X}_n$ convergerá al valor desconocido de la media θ cuando $n \to \infty$. Se puede observar ahora a partir de la ecuación (6) que $\delta^*(\boldsymbol{X})$ también convergerá a θ cuando $n \to \infty$. Consecuentemente, los estimadores Bayes constituirán de nuevo una sucesión consistente de estimadores.

Se proporcionan otros ejemplos en los ejercicios 6 y 10 del final de esta sección.

EJERCICIOS

1. Supóngase que se desconoce la proporción θ de artículos defectuosos de un gran cargamento y que la distribución inicial de θ es una distribución beta cuyos parámetros son $\alpha = 5$ y $\beta = 10$. Supóngase, además, que se seleccionan al azar 20 artículos del cargamento y que exactamente uno de estos artículos resulta defectuoso. Si se utiliza la función de pérdida del error cuadrático, ¿cuál es la estimación Bayes de θ?

2. Considérense de nuevo las condiciones del ejercicio 1. Supóngase que la distribución inicial de θ es como se indica en el ejercicio 1 y supóngase de nuevo que se seleccionan al azar 20 artículos del cargamento.

   (a) ¿Para qué número de artículos defectuosos de la muestra será un máximo el error cuadrático medio del estimador Bayes?

   (b) ¿Para qué número será mínimo el error cuadrático medio del estimador Bayes?

3. Supóngase que se selecciona una muestra aleatoria de tamaño n de una distribución de Bernoulli con parámetro θ desconocido y que la distribución inicial de θ es una

distribución beta con media μ_0. Demuéstrese que la media de la distribución final de θ será un promedio ponderado que tiene la forma $\gamma_n \overline{X}_n + (1 - \gamma_n)\mu_0$ y demuéstrese que $\gamma_n \to 1$ cuando $n \to \infty$.

4. Supóngase que el número de defectos en una cinta magnética de grabación de 1200 pies tiene una distribución de Poisson con media θ desconocida y que la distribución inicial de θ es una distribución gamma con parámetros $\alpha = 3$ y $\beta = 1$. Cuando se seleccionan cinco cintas al azar y se inspeccionan, el número de defectos que resultan son $2, 2, 6, 0$ y 3. Si se utiliza la función de pérdida del error cuadrático, ¿cuál es la estimación Bayes para θ? (véase Ejercicio 4 de la Sec. 6.3)

5. Supóngase que se selecciona una muestra aleatoria de tamaño n de una distribución de Poisson con media θ desconocida y que la distribución inicial de θ es una distribución gamma con media μ_0. Demuéstrese que la media de la distribución final de θ será una media ponderada de la forma $\gamma_n \overline{X}_n + (1 - \gamma_n)\mu_0$ y demuéstrese que $\gamma_n \to 1$ cuando $n \to \infty$.

6. Considérense de nuevo las condiciones del ejercicio 5 y supóngase que se debe estimar el valor de θ utilizando la función de pérdida del error cuadrático. Demuéstrese que los estimadores Bayes para $n = 1, 2, \dots,$ constituyen una sucesión consistente de estimadores de θ.

7. Supóngase que las estaturas de los individuos de una cierta población tienen una distribución normal con media θ desconocida y cuya desviación típica es 2 pulgadas. Supóngase, también, que la distribución inicial de θ es una distribución normal cuya media es 68 pulgadas y cuya desviación típica es 1 pulgada. Supóngase, por último, que se seleccionan al azar diez personas de la población y que resulta que su estatura promedio es 69.5 pulgadas.

   (a) Si se utiliza la función de pérdida del error cuadrático, ¿cuál es la estimación Bayes de θ?

   (b) Si se utiliza la función de pérdida del error absoluto, ¿cuál es la estimación Bayes de θ? (véase Ejercicio 6 de la Sec. 6.3)

8. Supóngase que se selecciona una muestra aleatoria de una distribución normal con media θ desconocida y desviación típica 2, que la distribución inicial de θ es una distribución normal cuya desviación típica es 1, y que se debe estimar el valor de θ utilizando la función de pérdida del error cuadrático. ¿Cuál es el menor tamaño muestral que se debe seleccionar para que la media del error cuadrático del estimador Bayes de θ sea un valor menor de 0.01 o igual? (véase Ejercicio 9 de la Sec. 6.3)

9. Supóngase que el tiempo en minutos que se necesita para atender a un cliente en cierto servicio tiene una distribución exponencial con parámetro θ desconocido, que la distribución inicial de θ es una distribución gamma con media 0.2 y desviación típica 1 y que el promedio del tiempo requerido para atender una muestra aleatoria de 20 clientes es 3.8 minutos. Si se utiliza la función de pérdida del error cuadrático, ¿cuál es la estimación Bayes de θ? (véase Ejercicio 11 de la Sec. 6.3)

10. Supóngase que se selecciona una muestra aleatoria de tamaño n de una distribución exponencial con parámetro θ desconocido, que la distribución de θ es una distribución gamma específica y que se debe estimar el valor de θ utilizando la función de pérdida del error cuadrático. Demuéstrese que los estimadores Bayes, constituyen una sucesión consistente de estimadores de θ para $n = 1, 2, \ldots$.

11. Sea θ la proporción de votantes registrados que están a favor de cierta proposición en una gran ciudad. Supóngase que se desconoce el valor de θ y que dos estadísticos A y B asignan a θ las siguientes f.d.p. iniciales distintas, $\xi_A(\theta)$ y $\xi_B(\theta)$, respectivamente:

$$\begin{aligned} \xi_A(\theta) &= 2\theta \quad \text{para } 0 < \theta < 1, \\ \xi_B(\theta) &= 4\theta^3 \quad \text{para } 0 < \theta < 1. \end{aligned}$$

En una muestra aleatoria de 1000 votantes registrados de la ciudad, se encuentra que 710 están a favor de la proposición.

(a) Determínese la distribución final que asigna cada estadístico a θ.

(b) Determínese la estimación Bayes de cada estadístico basándose en la función de pérdida del error cuadrático.

(c) Demuéstrese que después de haber obtenido las opiniones de 1000 votantes registrados de la muestra aleatoria, las estimaciones Bayes de los dos estadísticos no podrían diferir en más de 0.002, independientemente del número de los que están a favor de la proposición en la muestra.

12. Supóngase que $X_1, \ldots, X_n$ constituyen una muestra aleatoria de una distribución uniforme sobre el intervalo $(0, \theta)$, con θ desconocido. Supóngase, además, que la distribución inicial de θ es una distribución de Pareto con parámetros x_0 y α ($x_0 > 0$, $\alpha > 0$), como se definió en el ejercicio 15 de la sección 5.9. Si se va a estimar el valor de θ utilizando la función de pérdida del error cuadrático, ¿cuál es el estimador Bayes? (véase Ejercicio 17 de la Sec. 6.3)

13. Supóngase que $X_1, \ldots, X_n$ constituyen una muestra aleatoria de una distribución exponencial con parámetro θ desconocido ($\theta > 0$). Sea $\xi(\theta)$ la f.d.p. inicial de θ y sea $\hat{\theta}$ el estimador Bayes para θ respecto a la f.d.p. inicial $\xi(\theta)$ cuando se utiliza la función de pérdida del error cuadrático. Sea $\psi = \theta^2$ y supóngase que en lugar de estimar θ se desea estimar el valor de ψ sujeto a la función de pérdida del error cuadrático siguiente:

$$L(\psi, a) = (\psi - a)^2 \qquad \text{para } \psi > 0\ ,\ a > 0.$$

Sea $\hat{\psi}$ el estimador Bayes de ψ. Explíquese por qué $\hat{\psi} > \hat{\theta}^2$. *Sugerencia*: Utilícese el hecho de que para cualquier variable aleatoria Z que pueda tener dos o más valores, $E(Z^2) > [E(Z)]^2$.

6.5 ESTIMADORES MÁXIMO VEROSÍMILES

Limitaciones de los estimadores Bayes

La teoría de los estimadores Bayes, descrita en las secciones anteriores, proporciona una teoría satisfactoria y coherente para la estimación de parámetros. De hecho, de acuerdo con los estadísticos que se adhieren a la filosofía bayesiana, esta es la única teoría coherente de estimación que puede ser desarrollada. Sin embargo, existen ciertas limitaciones a la aplicabilidad de esta teoría en problemas estadísticos prácticos. Para aplicar la teoría, es necesario especificar una función de pérdida particular como por ejemplo la función del error cuadrático o la función del error absoluto y además una distribución inicial para el parámetro. En principio, pueden existir especificaciones razonables, pero podría resultar muy díficil y llevar mucho tiempo determinarlas. En algunos problemas, el estadístico debe determinar las especificaciones que serían apropiadas para clientes o empresarios a los que no tiene acceso o que, por alguna razón, no pueden comunicar sus preferencias y conocimientos. En otros problemas, puede ser necesario que una estimación se determine conjuntamente por los miembros de un grupo o comité y puede ser difícil para los miembros del grupo llegar a un acuerdo sobre una función de pérdida y una distribución inicial apropiadas.

Otra posible dificultad es que en un problema concreto el parámetro θ puede ser, de hecho, un vector de parámetros reales cuyos valores son desconocidos. La teoría de la estimación Bayes que se ha desarrollado en las secciones anteriores se puede generalizar fácilmente para incluir la estimación de un vector de parámetros $\boldsymbol{\theta}$. Sin embargo, para aplicar esta teoría en un problema de este tipo es necesario especificar una distribución inicial multivariante para el vector $\boldsymbol{\theta}$ y además especificar una función de pérdida $L(\boldsymbol{\theta}, \boldsymbol{a})$ como una función del vector $\boldsymbol{\theta}$ y del vector $\boldsymbol{a}$ que será utilizada para estimar $\boldsymbol{\theta}$. Aun a pesar de que, en un problema concreto, el estadístico puede estar interesado en estimar únicamente una o dos componentes del vector $\boldsymbol{\theta}$ debe, de cualquier manera, asignar una distribución inicial multivariante al vector $\boldsymbol{\theta}$ completo. En muchos problemas estadísticos importantes, algunos de ellos tratados más adelante, $\boldsymbol{\theta}$ puede tener un gran número de componentes. En tales problemas, es especialmente difícil especificar una distribución inicial razonable sobre el espacio multidimensional Ω.

Hay que destacar que no existe una forma sencilla de resolver estas dificultades. Otros métodos de estimación que no están basados en distribuciones iniciales y funciones de pérdida, no sólo suelen tener serios defectos en su estructura teórica, sino también severas limitaciones prácticas. Sin embargo, es útil poder aplicar un método relativamente sencillo para construir un estimador sin tener que especificar una función de pérdida y una distribución inicial. En esta sección se describe un método de estas características que se denomina método de *máxima verosimilitud*. Este método, que fue introducido por R.A. Fisher en 1912, se puede aplicar a la mayoría de los problemas, tiene un fuerte atractivo intuitivo y usualmente proporciona una estimación razonable de θ. Además, si la muestra es grande, el método suele proporcionar un estimador excelente de θ. Por estas razones, el método de máxima verosimilitud es quizás el método de estimación más ampliamente utilizado en estadística.

Definición de un estimador máximo verosímil

Supóngase que las variables aleatorias $X_1, \ldots, X_n$ constituyen una muestra aleatoria de una distribución discreta o una distribución continua cuya f.p. o f.d.p. es $f(\xi|\theta)$, donde el parámetro θ pertenece a un espacio paramétrico Ω. Aquí, θ puede ser un parámetro real o un vector de parámetros. Para cualquier vector observado $\boldsymbol{x} = (x_1, \ldots, x_n)$ de la muestra, el valor de la f.p. conjunta o f.d.p. conjunta, se denotará como de costumbre por $f_n(\boldsymbol{x}|\theta)$. Como antes, cuando $f_n(\boldsymbol{x}|\theta)$ se considera una función de θ para un vector concreto $\boldsymbol{x}$, se denomina la *función de verosimilitud.*

Supóngase, por el momento, que el vector observado $\boldsymbol{x}$ proviene de una distribución discreta. Si se debe elegir una estimación de θ, seguramente no se consideraría un valor de $\theta \in \Omega$ para el que fuese imposible obtener el vector $\boldsymbol{x}$ observado. Es más, supóngase que la probabilidad $f_n(\boldsymbol{x}|\theta)$ de obtener el vector observado real $\boldsymbol{x}$ es muy alta cuando θ tiene un valor particular, por ejemplo, $\theta = \theta_0$ y es muy pequeña para cualquier otro valor de $\theta \in \Omega$. Entonces se estimaría de forma natural el valor de θ con θ_0 (a menos que se dispusiera de información inicial que dominase a la evidencia de la muestra y que apuntara hacia otro valor). Cuando la muestra proviene de una distribución continua, de nuevo sería natural tratar de determinar un valor de θ para el que la densidad de probabilidad $f_n(\boldsymbol{x}|\theta)$ sea grande y utilizar este valor como una estimación de θ. Para cualquier vector observado $\boldsymbol{x}$, este razonamiento nos conduce a considerar un valor de θ cuya función de verosimilitud $f_n(\boldsymbol{x}|\theta)$ es un máximo y a utilizar este valor como una estimación de θ. Este concepto se formaliza en la siguiente definición:

Para cada posible vector observado $\boldsymbol{x}$, sea $\delta(\boldsymbol{x}) \in \Omega$ un valor de $\theta \in \Omega$ cuya función de verosimilitud $f_n(\boldsymbol{x}|\theta)$ es un máximo y sea $\hat{\theta} = \delta(\boldsymbol{X})$ el estimador de θ definido de esta forma. El estimador $\hat{\theta}$ se denomina *estimador máximo verosímil* de θ. La expresión *estimador máximo verosímil* o *estimación máximo verosímil* se abrevia E.M.V.

Ejemplos de estimadores máximo verosímiles

Hay que tener en cuenta que en algunos problemas, para ciertos vectores observados $\boldsymbol{x}$, el valor máximo de $f_n(\boldsymbol{x}|\theta)$ podría no alcanzarse para un punto $\theta \in \Omega$. En tal caso, no existe un E.M.V. de θ. Para otros vectores observados $\boldsymbol{x}$, el valor máximo de $f_n(\boldsymbol{x}|\theta)$ se puede alcanzar en más de un punto del espacio Ω. En tal caso, el E.M.V. no está definido unívocamente y se puede elegir cualquiera de esos puntos como el estimador $\hat{\theta}$. En muchos problemas prácticos, sin embargo, existe el E.M.V. y está unívocamente definido.

Se ilustra ahora el método de máxima verosimilitud y estas posibilidades considerando siete ejemplos. En cada ejemplo se intenta determinar un E.M.V.

Ejemplo 1: Muestreo de una distribución de Bernoulli. Supóngase que las variables aleatorias $X_1, \ldots, X_n$ constituyen una muestra aleatoria de una distribución de Bernoulli con parámetro θ desconocido $(0 \leq \theta \leq 1)$. Para cualesquiera valores observados $x_1, \ldots, x_n$, donde cada x_i es 0 ó 1, la función de verosimilitud es

$$f_n(\boldsymbol{x}|\theta) = \prod_{i=1}^{n} \theta^{x_i}(1-\theta)^{1-x_i}. \tag{1}$$

El valor de θ que maximiza la función de verosimilitud $f_n(\boldsymbol{x}|\theta)$ será el mismo que el valor de θ que maximiza $\log f_n(\boldsymbol{x}|\theta)$. Por tanto, será conveniente determinar el E.M.V. obteniendo el valor de θ que maximiza

$$
\begin{aligned}
L(\theta) = \log f_n(\boldsymbol{x}|\theta) &= \sum_{i=1}^{n} [x_i \log \theta + (1 - x_i) \log(1 - \theta)] \\
&= \left(\sum_{i=1}^{n} x_i\right) \log \theta + \left(n - \sum_{i=1}^{n} x_i\right) \log(1 - \theta).
\end{aligned}
\tag{2}
$$

Si se calcula ahora la derivada $dL(\theta)/d\theta$, se iguala ésta a 0 y se resuelve la ecuación resultante para θ, se obtiene que $\theta = \overline{x}_n$. Se puede comprobar que este valor ciertamente maximiza $L(\theta)$. Por tanto, también maximiza la función de verosimilitud definida por la ecuación (1). Resulta, por tanto, que el E.M.V. de θ es $\hat{\theta} = \overline{X}_n$. ◁

Del ejemplo 1 resulta que si $X_1, \ldots, X_n$ se consideran como n pruebas de Bernoulli, entonces el E.M.V. de la probabilidad desconocida de éxito en cualquier prueba concreta es simplemente la proporción de éxitos observados en las n pruebas.

Ejemplo 2: Muestreo de una distribución normal. Supóngase que $X_1, \ldots, X_n$ constituyen una muestra aleatoria de una distribución normal con media μ desconocida y varianza σ^2 conocida. Para cualesquiera valores $x_1, \ldots, x_n$, la función de verosimilitud $f_n(\boldsymbol{x}|\mu)$ será

$$
f_n(\boldsymbol{x}|\mu) = \frac{1}{(2\pi\sigma^2)^{n/2}} \exp\left[-\frac{1}{2\sigma^2} \sum_{i=1}^{n} (x_i - \mu)^2\right]. \tag{3}
$$

De la ecuación (3) se puede observar que $f_n(\boldsymbol{x}|\mu)$ se maximiza en el valor de μ que minimiza

$$
Q(\mu) = \sum_{i=1}^{n} (x_i - \mu)^2 = \sum_{i=1}^{n} x_i^2 - 2\mu \sum_{i=1}^{n} x_i + n\mu^2.
$$

Si se calcula ahora la derivada $dQ(\mu)/d\mu$, se iguala ésta a 0 y se resuelve la ecuación resultante para μ, se obtiene que $\mu = \overline{x}_n$. Resulta, por tanto, que el EMV de μ es $\hat{\mu} = \overline{X}_n$. ◁

En el ejemplo 2 se puede observar que el estimador $\hat{\mu}$ no depende del valor de la varianza σ^2, que se supuso conocido. El E.M.V. de la media desconocida μ es simplemente la media muestral $\overline{X}_n$, independientemente del valor de σ^2. Se verá esto de nuevo en el siguiente ejemplo, en el que se deben estimar μ y σ^2.

Ejemplo 3: Muestreo de una distribución normal con varianza desconocida. Supóngase de nuevo que $X_1, \ldots, X_n$ constituyen una muestra aleatoria de una distribución normal, pero supóngase ahora que ambas, la media μ y la varianza σ^2 son desconocidas. Para cualesquiera valores observados $x_1, \ldots, x_n$, la función de verosimilitud $f_n(\boldsymbol{x}|\mu, \sigma^2)$ de nuevo está dada por la parte derecha de la ecuación (3). Esta función se debe maximizar ahora sobre todos los valores posibles de μ y de σ^2, donde $-\infty < \mu < \infty$, $\sigma^2 > 0$. En lugar de maximizar la función de verosimilitud $f_n(\boldsymbol{x}|\mu, \sigma^2)$ directamente,es de nuevo más fácil maximizar $\log f_n(\boldsymbol{x}|\mu, \sigma^2)$. Resulta que

$$\begin{aligned} L(\mu, \sigma^2) &= \log f_n(\boldsymbol{x}|\mu, \sigma^2) \\ &= -\frac{n}{2}\log(2\pi) - \frac{n}{2}\log\sigma^2 - \frac{1}{2\sigma^2}\sum_{i=1}^{n}(x_i - \mu)^2. \end{aligned} \tag{4}$$

Se deben obtener los valores de μ y σ^2 para los cuales $L(\mu, \sigma^2)$ sea máxima, determinando los valores de μ y σ^2 que satisfacen las dos ecuaciones siguientes:

$$\frac{\partial L(\mu, \sigma^2)}{\partial \mu} = 0, \tag{5a}$$

$$\frac{\partial L(\mu, \sigma^2)}{\partial \sigma^2} = 0. \tag{5b}$$

De la ecuación (4) se obtiene la relación

$$\frac{\partial L(\mu, \sigma^2)}{\partial \mu} = \frac{1}{\sigma^2}\sum_{i=1}^{n}(x_i - \mu) = \frac{1}{\sigma^2}\left(\sum_{i=1}^{n} x_i - n\mu\right).$$

Por tanto, de la ecuación (5a) se obtiene que $\mu = \overline{x}_n$.

Además, de la ecuación (4),

$$\frac{\partial L(\mu, \sigma^2)}{\partial \sigma^2} = -\frac{n}{2\sigma^2} + \frac{1}{2\sigma^4}\sum_{i=1}^{n}(x_i - \mu)^2.$$

Cuando μ se reemplaza por el valor $\overline{x}_n$ que se acaba de obtener, de la ecuación (5b) se obtiene que

$$\sigma^2 = \frac{1}{n}\sum_{i=1}^{n}(x_i - \overline{x}_n)^2. \tag{6}$$

Así como $\overline{x}_n$ se denomina media muestral, el estadístico de la parte derecha de la ecuación (6) se denomina *varianza muestral*. Es la varianza de una distribución que asigna probabilidad $1/n$ a cada uno de los n valores observados $x_1, \ldots, x_n$ de la muestra.

Se puede comprobar que los valores de μ y σ^2 que satisfacen las ecuaciones (5a) y (5b), efectivamente proporcionan el valor máximo de $L(\mu, \sigma^2)$. Por tanto, los E.M.V. de μ y σ^2 son

$$\hat{\mu} = \overline{X}_n \qquad \text{y} \qquad \widehat{\sigma^2} = \frac{1}{n}\sum_{i=1}^{n}(X_i - \overline{X}_n)^2.$$

En otras palabras, los E.M.V. de la media y la varianza de una distribución normal son la media muestral y la varianza muestral. ◁

Ejemplo 4: Muestreo de una distribución uniforme. Supóngase que $X_1, \ldots, X_n$ constituyen una muestra aleatoria de una distribución uniforme sobre el intervalo (0, θ), con parámetro θ desconocido ($\theta > 0$). La f.d.p. $f(x|\theta)$ de cada observación tiene la siguiente forma:

$$f(x|\theta) = \begin{cases} \dfrac{1}{\theta} & \text{para } 0 \leq x \leq \theta, \\ 0 & \text{en otro caso.} \end{cases} \tag{7}$$

Por tanto, la f.d.p. conjunta $f_n(\boldsymbol{x}|\theta)$ de $X_1, \ldots, X_n$ tiene la forma

$$f_n(\boldsymbol{x}|\theta) = \begin{cases} \dfrac{1}{\theta^n} & \text{para } 0 \leq x_i \leq \theta \; (i = 1, \ldots, n), \\ 0 & \text{en otro caso.} \end{cases} \tag{8}$$

De la ecuación (8) se puede observar que el E.M.V. de θ debe ser un valor de θ tal que $\theta \geq x_i$ para $i = 1, \ldots, n$ y que maximiza $1/\theta^n$. Puesto que $1/\theta^n$ es una función decreciente de θ, la estimación será el menor valor de θ tal que $\theta \geq x_i$ para $i = 1, \ldots, n$. Como este valor es $\theta = \max\{x_1, \ldots, x_n\}$, el E.M.V. de θ es $\hat{\theta} = \max\{X_1, \ldots, X_n\}$. ◁

Hay que resaltar que en el ejemplo 4, el E.M.V. $\hat{\theta}$ no parece ser un estimador apropiado de θ. Puesto que $\max(X_1, \ldots, X_n) < \theta$ con probabilidad 1, resulta obvio que $\hat{\theta}$ tiende a subestimar el valor de θ. De hecho, si se asigna a θ cualquier distribución inicial, entonces el estimador Bayes para θ resultará mayor que $\hat{\theta}$. La magnitud en que el estimador Bayes supera a $\hat{\theta}$, dependerá naturalmente de la distribución inicial que se utiliza y de los valores observados de $X_1, \ldots, X_n$.

Ejemplo 5: No existencia de un E.M.V. Supóngase de nuevo que $X_1, \ldots, X_n$ constituyen una muestra aleatoria de una distribución uniforme sobre el intervalo $(0, \theta)$. Sin embargo, supóngase ahora que en lugar de escribir la f.d.p. $f(x|\theta)$ de la distribución uniforme en la forma dada por la ecuación (7), se escribe de la siguiente forma:

$$f(x|\theta) = \begin{cases} \dfrac{1}{\theta} & \text{para } 0 < x < \theta, \\ 0 & \text{en otro caso.} \end{cases} \tag{9}$$

La única diferencia entre la ecuación (7) y la (9) es que el valor de la f.d.p. en cada uno de los dos puntos 0 y θ se ha cambiado reemplazando las desigualdades débiles de la ecuación (7) por las desigualdades estrictas de la ecuación (9). Por tanto, se puede utilizar cualquiera de las dos ecuaciones como la f.d.p. de la distribución uniforme. Sin embargo, si se utiliza la ecuación (9) como la f.d.p., entonces un E.M.V. de θ será un valor de θ tal que $\theta > x_i$ para $i = 1, \ldots, n$ y que maximiza $1/\theta^n$. Hay que tener en cuenta que los valores posibles de θ no incluyen el valor $\theta = \max(x_1, \ldots, x_n)$, puesto que θ debe ser *estrictamente* mayor que cada valor observado $x_i (i = 1, \ldots, n)$. Puesto que θ se puede elegir arbitrariamente cerca del valor $\max(x_1, \ldots, x_n)$ pero no se puede elegir igual a este valor, resulta que no existe el E.M.V. de θ. ◁

Los ejemplos 4 y 5 ilustran un inconveniente del concepto de un E.M.V. En todas las exposiciones previas sobre las f.d.p., se subraya el hecho de que es irrelevante si se elige la f.d.p. de la distribución uniforme como $1/\theta$ sobre el intervalo abierto $0 < x < \theta$ o sobre el intervalo cerrado $0 \leq x \leq \theta$. Ahora, sin embargo, se observa que la existencia de un E.M.V. depende de esta elección irrelevante y sin importancia. Esta dificultad se elimina fácilmente en el ejemplo 5 utilizando la f.d.p. dada por la ecuación (7), en lugar de la dada por la ecuación (9). En otros muchos problemas también se puede eliminar una dificultad de este tipo relacionada con la existencia de un E.M.V., eligiendo una versión apropiada de la f.d.p. para representar la distribución dada. Sin embargo, como se observa en el ejemplo 7, la dificultad no siempre se puede eliminar.

Ejemplo 6: No unicidad de un E.M.V. Supóngase que $X_1, \ldots, X_n$ constituyen una muestra aleatoria de una distribución uniforme sobre el intervalo $(\theta, \theta+1)$, con parámetro θ desconocido $(-\infty < \theta < \infty)$. En este ejemplo, la f.d.p. conjunta $f_n(\boldsymbol{x}|\theta)$ tiene la forma

$$f_n(\boldsymbol{x}|\theta) = \begin{cases} 1 & \text{para} \quad \theta \leq x_i \leq \theta + 1 \, (i = 1, \ldots, n), \\ 0 & \text{en otro caso.} \end{cases} \tag{10}$$

La condición de que $\theta \leq x_i$ para $i = 1, \ldots, n$, es equivalente a la condición de que $\theta \leq \min\{x_1, \ldots, x_n\}$. Análogamente, la condición de que $x_i \leq \theta + 1$ para $i = 1, \ldots, n$, es equivalente a la condición de que $\theta \geq \max\{x_1, \ldots, x_n\} - 1$. Por tanto, en lugar de escribir $f_n(\boldsymbol{x}|\theta)$ en la forma de la ecuación (10), se puede utilizar la siguiente forma:

$$f_n(\boldsymbol{x}|\theta) = \begin{cases} 1 & \text{para } \max(x_1, \ldots, x_n) - 1 \leq \theta \leq \min(x_1, \ldots, x_n), \\ 0 & \text{en otro caso.} \end{cases} \tag{11}$$

Entonces, es posible seleccionar como un E.M.V. cualquier valor de θ en el intervalo

$$\max(x_1, \ldots, x_n) - 1 \leq \theta \leq \min(x_1, \ldots, x_n). \tag{12}$$

En este ejemplo, el E.M.V. no está especificado unívocamente. De hecho, el método de máxima verosimilitud no proporciona ayuda alguna para elegir un estimador de θ. La verosimilitud de cualquier valor de θ fuera del intervalo (12) es realmente 0. Por tanto, ningún valor de θ fuera de este intervalo podría haber sido estimado y todos los valores dentro del intervalo son E.M.V. ◁

Ejemplo 7: Muestreo de una mezcla de dos distribuciones. Considérese una variable aleatoria X que puede provenir de una distribución normal con media 0 y varianza 1 o de otra distribución con media μ y varianza σ^2 con la misma probabilidad, donde ambas, μ y σ^2, son desconocidas. Bajo estas condiciones, la f.d.p. $f(x|\mu, \sigma^2)$ de X será el promedio de las f.d.p. de las dos distribuciones normales distintas. Entonces,

$$f(x|\mu, \sigma^2) = \frac{1}{2} \left\{ \frac{1}{(2\pi)^{1/2}} \exp\left(-\frac{x^2}{2}\right) + \frac{1}{(2\pi)^{1/2}\sigma} \exp\left[-\frac{(x-\mu)^2}{2\sigma^2}\right] \right\}. \tag{13}$$

Supóngase ahora que $X_1, \ldots, X_n$ constituyen una muestra aleatoria de la distribución cuya f.d.p. está dada por la ecuación (13). Como siempre, la función de verosimilitud $f_n(\boldsymbol{x}|\mu, \sigma^2)$ tiene la forma

$$f_n(\boldsymbol{x}|\mu, \sigma^2) = \prod_{i=1}^{n} f(x_i|\mu, \sigma^2). \tag{14}$$

Para obtener los E.M.V. de μ y σ^2, se deben hallar valores de estos parámetros tales que $f_n(\boldsymbol{x}|\mu, \sigma^2)$ se maximice.

Sea x_k cualquiera de los valores observados $x_1, \ldots, x_n$. Si se define $\mu = x_k$ y $\sigma^2 \rightarrow 0$, entonces el factor $f(x_k|\mu, \sigma^2)$ de la parte derecha de la ecuación (14) crecerá indefinidamente, mientras que el factor $f(x_i|\mu, \sigma^2)$ para $x_i \neq x_k$ se aproximará al valor

$$\frac{1}{2(2\pi)^{1/2}} \exp\left(-\frac{x_i^2}{2}\right).$$

Por tanto, cuando $\mu = x_k$ y $\sigma^2 \rightarrow 0$, se obtiene que $f_n(\boldsymbol{x}|\mu, \sigma^2) \rightarrow \infty$.

El valor 0 no es una estimación correcta de σ^2 porque se sabe de antemano que $\sigma^2 > 0$. Puesto que la función de verosimilitud se puede hacer arbitrariamente grande eligiendo $\mu = x_k$ y eligiendo σ^2 arbitrariamente cerca de 0, resulta que no existen E.M.V.

Si se trata de corregir esta dificultad permitiendo que el valor 0 sea una estimación correcta de σ^2, entonces se encuentra que existen n pares distintos de E.M.V. de μ y σ^2, $\hat{\mu} = x_k$ y $\widehat{\sigma^2} = 0$ para $k = 1, \ldots, n$. Todas estas estimaciones carecen de sentido. Considérese de nuevo la descripción, dada al principio de este ejemplo, de las dos distribuciones normales de las que podría provenir cada observación. Supóngase, por ejemplo, que $n = 1000$ y que se utilizan las estimaciones $\hat{\mu} = x_3$ y $\widehat{\sigma^2} = 0$. Entonces se podría estimar el valor de la varianza desconocida como cero y además, en efecto, se podría concluir que exactamente un valor observado x_3 proviene de la distribución normal desconocida, mientras que los otros 999 valores observados provienen de la distribución normal con media 0 y varianza 1. De hecho, sin embargo, puesto que cada observación proviene de cualquiera de las dos distribuciones con igual probabilidad, es mucho más probable que cientos de valores observados, en lugar de uno sólo, provengan de la distribución normal desconocida. En este ejemplo, el método de máxima verosimilitud, obviamente, no es satisfactorio. ◁

EJERCICIOS

1. No se sabe que proporción p de la compra de cierta marca de cereal es realizada por mujeres y que proporción es realizada por hombres. En una muestra aleatoria de 70 compras de este cereal, se encontró que 58 fueron realizadas por mujeres y 12 por hombres. Determínese el E.M.V. de p.

2. Considérense de nuevo las condiciones del ejercicio 1, pero supóngase, además, que se sabe que $\frac{1}{2} \leq p \leq \frac{2}{3}$. Si las observaciones de una muestra aleatoria de 70 compras son como en el ejercicio 1, ¿cuál es el E.M.V. de p?

3. Supóngase que $X_1, \ldots, X_n$ constituyen una muestra aleatoria de una distribución de Bernoulli con parámetro θ desconocido, pero se sabe que θ pertenece al intervalo abierto $0 < \theta < 1$. Demuéstrese que el E.M.V. de θ no existe si todo valor observado es 0 o si todo valor observado es 1.

4. Supóngase que $X_1, \ldots, X_n$ constituyen una muestra aleatoria de una distribución de Poisson con media θ desconocida ($\theta > 0$).
   (a) Determínese el E.M.V. de θ, suponiendo que al menos uno de los valores observados es distinto de 0.
   (b) Demuéstrese que el E.M.V. de θ no existe si todo valor observado es 0.

5. Supóngase que $X_1, \ldots, X_n$ constituyen una muestra aleatoria de una distribución normal con media μ conocida pero con varianza σ^2 desconocida. Determínese el E.M.V. de σ^2.

6. Supóngase que $X_1, \ldots, X_n$ constituyen una muestra aleatoria de una distribución exponencial con parámetro β desconocido ($\beta > 0$). Determínese el E.M.V. de β.

7. Supóngase que $X_1, \ldots, X_n$ constituyen una muestra aleatoria de una distribución cuya f.d.p. $f(x|\theta)$ es la siguiente:

$$f(x|\theta) = \begin{cases} e^{\theta - x} & \text{para } x > \theta, \\ 0 & \text{para } x \leq \theta. \end{cases}$$

   Además, supóngase que el valor de θ es desconocido ($-\infty < \theta < \infty$).
   (a) Demuéstrese que no existe el E.M.V. de θ.
   (b) Determínese otra versión de la f.d.p. de esta misma distribución para la cual exista el E.M.V. de θ y encuéntrese este estimador.

8. Supóngase que $X_1, \ldots, X_n$ constituyen una muestra aleatoria de una distribución cuya f.d.p. $f(x|\theta)$ es la siguiente:

$$f(x|\theta) = \begin{cases} \theta x^{\theta - 1} & \text{para } 0 < x < 1, \\ 0 & \text{en otro caso.} \end{cases}$$

   Además, supóngase que el valor de θ es desconocido ($\theta > 0$). Determínese el E.M.V. de θ.

9. Supóngase que $X_1, \ldots, X_n$ constituyen una muestra aleatoria de una distribución cuya f.d.p. $f(x|\theta)$ es la siguiente:

$$f(x|\theta) = \frac{1}{2} e^{-|x-\theta|} \qquad \text{para} -\infty < x < \infty.$$

   Además, supóngase que el valor de θ es desconocido ($-\infty < \theta < \infty$). Determínese el E.M.V. de θ.

10. Supóngase que $X_1, \ldots, X_n$ constituyen una muestra aleatoria de una distribución uniforme sobre el intervalo (θ_1, θ_2), donde θ_1 y θ_2 son desconocidos $(-\infty < \theta_1 < < \theta_2 < \infty)$. Determínense los E.M.V. de θ_1 y θ_2.

11. Supóngase que una gran población contiene k tipos de individuos distintos $(k \geq 2)$ y sea θ_i la proporción de individuos del tipo i para $i = 1, \ldots, k$. Aquí, $0 \leq \theta_i \leq 1$ y $\theta_1 + \cdots + \theta_k = 1$. Supóngase, además, que en una muestra aleatoria de n individuos de esta población, exactamente n_i individuos son del tipo i, donde $n_1 + \cdots + n_k = n$. Determínense los E.M.V. de $\theta_1, \ldots, \theta_k$.

12. Supóngase que los vectores bidimensionales $(X_1, Y_1), (X_2, Y_2), \ldots, (X_n, Y_n)$ constituyen una muestra aleatoria de una distribución normal bivariante donde las medias de X e Y son desconocidas pero cuyas varianzas y correlación son conocidas. Determínense los E.M.V. de las medias.

13. Supóngase que los vectores bidimensionales $(X_1, Y_1), (X_2, Y_2), \ldots, (X_n, Y_n)$ constituyen una muestra aleatoria de una distribución normal bivariante cuyas medias de X e Y, varianzas y correlación son desconocidas. Demuéstrese que los E.M.V. de estos cinco parámetros son los siguientes:

$$\hat{\mu}_1 = \overline{X}_n \quad \text{y} \quad \hat{\mu}_2 = \overline{Y}_n,$$

$$\widehat{\sigma_1^2} = \frac{1}{n}\sum_{i=1}^{n}(X_i - \overline{X}_n)^2 \quad \text{y} \quad \widehat{\sigma_2^2} = \frac{1}{n}\sum_{i=1}^{n}(Y_i - \overline{Y}_n)^2,$$

$$\hat{\rho} = \frac{\sum_{i=1}^{n}(X_i - \overline{X}_n)(Y_i - \overline{Y}_n)}{\left[\sum_{i=1}^{n}(X_i - \overline{X}_n)^2\right]^{1/2}\left[\sum_{i=1}^{n}(Y_i - \overline{Y}_n)^2\right]^{1/2}}.$$

6.6 PROPIEDADES DE ESTIMADORES MÁXIMO VEROSÍMILES

Invarianza

Supóngase que las variables $X_1, \ldots, X_n$ constituyen una muestra aleatoria de una distribución cuya f.p. o f.d.p. es $f(x|\theta)$ con parámetro θ desconocido y sea $\hat{\theta}$ el E.M.V. de θ. Entonces, para cualesquiera valores $x_1, \ldots, x_n$, la función de verosimilitud $f_n(\boldsymbol{x}|\theta)$ se maximiza cuando $\theta = \hat{\theta}$.

Supóngase ahora que se cambia el parámetro de la distribución como sigue: En lugar de expresar la f.p. o la f.d.p. $f(x|\theta)$ en función del parámetro θ, se expresa en función de un nuevo parámetro $\tau = g(\theta)$, donde g es una función biunívoca de θ. Se define $\theta = h(\tau)$ como la correspondiente función inversa. Entonces, la f.p. o la f.d.p. de cada valor observado expresada a partir del nuevo parámetro τ, será $f[x|h(\tau)]$ y la función de verosimilitud será $f_n[\boldsymbol{x}|h(\tau)]$.

El E.M.V. $\hat{\tau}$ de τ será igual al valor de τ que maximice $f_n[\boldsymbol{x}|h(\tau)]$. Puesto que $f_n(\boldsymbol{x}|\theta)$ se maximiza cuando $\theta = \hat{\theta}$, resulta que $f_n[\boldsymbol{x}|h(\tau)]$ se maximizará cuando $h(\tau) = \hat{\theta}$. Por tanto, el E.M.V. $\hat{\tau}$ debe satisfacer la relación $h(\hat{\tau}) = \hat{\theta}$ o equivalentemente, $\hat{\tau} = g(\hat{\theta})$. Se ha establecido por tanto, la siguiente propiedad, que se denomina propiedad de *invarianza* de estimadores máximo verosímiles.

Si $\hat{\theta}$ es el estimador máximo verosimil de θ, entonces $g(\hat{\theta})$ es el estimador máximo verosimil de $g(\theta)$.

La propiedad de invarianza se puede extender a funciones de un vector de parámetros $\boldsymbol{\theta}$. Supóngase que $\boldsymbol{\theta} = (\theta_1, \ldots, \theta_k)$ es un vector de k parámetros reales. Si $\tau = g(\theta_1, \ldots, \theta_k)$ es una función real de $\theta_1, \ldots, \theta_k$, entonces τ se puede considerar como una componente de una transformación biunívoca del conjunto de parámetros $\theta_1, \ldots, \theta_k$ a un nuevo conjunto de k parámetros reales. Por tanto, si $\hat{\theta}_1, \ldots, \hat{\theta}_k$ son los E.M.V. de $\theta_1, \ldots, \theta_k$, de la propiedad de invarianza resulta que el E.M.V. de τ es $\hat{\tau} = g(\hat{\theta}_1, \ldots, \hat{\theta}_k)$.

Ejemplo 1: Estimación de la desviación típica y del momento de orden dos. Supóngase que las variables $X_1, \ldots, X_n$ constituyen una muestra aleatoria de una distribución normal con media μ y varianza σ^2 desconocidas. Se determinará el E.M.V. de la desviación típica σ y el E.M.V. del segundo momento de la distribución normal $E(X^2)$. En el ejemplo 3 de la sección 6.5 se encontró que los E.M.V. $\hat{\mu}$ y $\widehat{\sigma^2}$ de la media y la varianza son la media muestral y la varianza muestral, respectivamente. De la propiedad de invarianza, se puede concluir que el E.M.V. de la desviación típica $\hat{\sigma}$ es simplemente la raíz cuadrada de la varianza muestral. En símbolos $\hat{\sigma}^2 = \widehat{\sigma^2}$. Además, puesto que $E(X^2) = \sigma^2 + \mu^2$, el E.M.V. de $E(X^2)$ será $\hat{\sigma}^2 + \hat{\mu}^2$. ◁

Cálculos numéricos

En muchos problemas existe un E.M.V. único $\hat{\theta}$ de un parámetro θ concreto, pero este E.M.V. no se puede expresar como una función algebraica explícita de las observaciones de la muestra. Para un conjunto de valores observados concreto, es necesario determinar el valor de $\hat{\theta}$ mediante cálculos numéricos. Se ilustra esta situación con dos ejemplos.

Ejemplo 2: Muestreo de una distribución gamma. Supóngase que las variables $X_1, \ldots, X_n$ constituyen una muestra aleatoria de una distribución gamma cuya f.d.p. es la siguiente:

$$f(x|\alpha) = \frac{1}{\Gamma(\alpha)} x^{\alpha-1} e^{-x} \qquad \text{para } x > 0. \tag{1}$$

Supóngase, además, que el valor de α es desconocido $(\alpha > 0)$ y que va a ser estimado.

La función de verosimilitud es

$$f_n(\boldsymbol{x}|\alpha) = \frac{1}{\Gamma^n(\alpha)} \left(\prod_{i=1}^{n} x_i \right)^{\alpha-1} \exp\left(-\sum_{i=1}^{n} x_i \right). \tag{2}$$

El E.M.V. de α será el valor de α que satisface la ecuación

$$\frac{\partial \log f_n(\boldsymbol{x}|\alpha)}{\partial \alpha} = 0. \tag{3}$$

Cuando se aplica la ecuación (3) en este ejemplo, se obtiene la siguiente ecuación:

$$\frac{\Gamma'(\alpha)}{\Gamma(\alpha)} = \frac{1}{n}\sum_{i=1}^{n} \log x_i. \tag{4}$$

En diversas colecciones publicadas de tablas matemáticas, se incluyen tablas de la función $\Gamma'(\alpha)/\Gamma(\alpha)$, que se denomina *función digamma.* Para cualesquiera valores concretos $x_1, \ldots, x_n$, el único valor de α que satisface la ecuación (4) se debe determinar consultando estas tablas o realizando un análisis numérico de la función digamma. Este valor será el E.M.V. de α. ◁

Ejemplo 3: Muestreo de una distribución de Cauchy. Supóngase que las variables $X_1, \ldots, X_n$ constituyen una muestra aleatoria de una distribución de Cauchy centrada en el punto desconocido θ $(-\infty < \theta < \infty)$, cuya f.d.p. es la siguiente:

$$f(x|\theta) = \frac{1}{\pi\left[1 + (x-\theta)^2\right]} \qquad \text{para} - \infty < x < \infty. \tag{5}$$

Supóngase que se va a estimar también el valor de θ.

La función de verosimilitud es

$$f_n(\boldsymbol{x}|\theta) = \frac{1}{\pi^n \prod_{i=1}^{n}\left[1 + (x_i - \theta)^2\right]}. \tag{6}$$

Por tanto, el E.M.V. de θ será el valor que minimice

$$\prod_{i=1}^{n}\left[1 + (x_i - \theta)^2\right]. \tag{7}$$

Para cualesquiera valores de $x_1, \ldots, x_n$, el valor de θ que minimiza la expresión (7) se debe determinar por medio de cálculos numéricos. ◁

Consistencia

Considérese un problema de estimación en donde se selecciona una muestra aleatoria de una distribución con un parámetro θ. Supóngase que para todo tamaño muestral n suficientemente grande, esto es, para todo valor de n mayor que un número mínimo concreto, existe un E.M.V. único de θ. Entonces, bajo ciertas condiciones que comúnmente se satisfacen en problemas prácticos, la sucesión de E.M.V. es una sucesión consistente de estimadores de θ. En otras palabras, en la mayoría de los problemas la sucesión de los E.M.V. converge en probabilidad al valor desconocido de θ cuando $n \to \infty$.

En la sección 6.4 se ha subrayado que con ciertas condiciones generales la sucesión de estimadores Bayes para un parámetro θ también es una sucesión consistente de estimadores. Por tanto, para una distribución inicial concreta y un tamaño muestral n suficientemente grande, el estimador Bayes y el E.M.V. de θ generalmente estarán muy cerca uno de otro y ambos estarán muy cerca del valor desconocido de θ.

No se presentarán los detalles formales de las condiciones que se necesitan para demostrar este resultado. Sin embargo, se ilustra el resultado considerando de nuevo una muestra aleatoria $X_1, \ldots, X_n$ de una distribución de Bernoulli con parámetro θ desconocido $(0 \leq \theta \leq 1)$. En la sección 6.4 se demostró que si la distribución inicial de θ es una distribución beta, entonces la diferencia entre el estimador Bayes y la media muestral $\overline{X}_n$ converge a 0 cuando $n \to \infty$. Además, se demostró en el ejemplo 1 de la sección 6.5 que el E.M.V. de θ es $\overline{X}_n$. Consecuentemente, cuando $n \to \infty$, la diferencia entre el estimador Bayes y el E.M.V. convergerá a 0. Finalmente como se mencionó en la sección 6.4, la media muestral $\overline{X}_n$ converge en probabilidad a θ cuando $n \to \infty$. Por tanto, tanto la sucesión de estimadores Bayes como la sucesión de estimadores máximo verosímiles son sucesiones consistentes.

Planes de muestreo

Supóngase que un experimentador desea seleccionar observaciones de una distribución cuya f.p. o f.d.p. es $f(x|\theta)$ para obtener información acerca del valor del parámetro θ. El experimentador podría simplemente seleccionar una muestra aleatoria de un tamaño predeterminado de la distribución. En lugar de esto, sin embargo, podría empezar en primer lugar observando unos cuantos valores al azar de la distribución y anotar el costo y tiempo gastado en seleccionar estas observaciones. Podría decidir entonces observar unos cuantos valores más al azar de la distribución y estudiar todos los valores obtenidos de esta forma. En un momento dado, el experimentador decide detener la selección de observaciones y estimar el valor de θ a partir de todos los valores observados que ha ido obteniendo hasta ese momento. Podría decidir parar porque cree que tiene suficiente información para poder realizar una buena estimación de θ o porque cree que no puede gastar más dinero y tiempo en el muestreo.

En este experimento, el número n de observaciones de la muestra no está fijado de antemano. Es una variable aleatoria cuyo valor puede depender perfectamente de la magnitud de las observaciones que se obtienen.

Independientemente de si el experimentador decide fijar el valor de n antes de seleccionar cualesquiera observaciones o prefiere utilizar otro plan de muestreo, como el que se acaba de describir, se puede demostrar que la función de verosimilitud $L(\theta)$ basada en los valores observados puede tomarse como si fuera

$$L(\theta) = f(x_1|\theta) \cdots f(x_n|\theta).$$

Resulta, por tanto, que el E.M.V. de θ será el mismo, sin importar que tipo de plan de muestreo se utilice. En otras palabras, el valor de θ depende únicamente de los valores $x_1, \ldots, x_n$ que se observan realmente y no depende del plan (si existe alguno) utilizado por el experimentador para decidir cuando detener el muestreo.

Para ilustrar esta propiedad, supóngase que los intervalos de tiempo, en minutos, entre llegadas sucesivas de clientes a un cierto servicio son variables aleatorias i.i.d. Supóngase, además, que cada intervalo tiene una distribución exponencial con parámetro β y que un conjunto de intervalos observados $X_1, \ldots, X_n$ constituyen una muestra aleatoria de esta distribución. Del ejercicio 6 de la sección 6.5 resulta que el E.M.V. de β será $\hat{\beta} = 1/\overline{X}_n$. Además, puesto que la media μ de la distribución exponencial es $1/\beta$, de la propiedad de invarianza de los E.M.V. se deduce que $\hat{\mu} = \overline{X}_n$. En otras palabras, el E.M.V. de la media es el promedio de las observaciones de la muestra.

Considérense ahora los tres planes de muestreo siguientes:

(1) Un experimentador decide de antemano seleccionar exactamente 20 observaciones y el promedio de estas 20 observaciones resulta ser 6. Entonces el E.M.V. de μ es $\hat{\mu} = 6$.

(2) Un experimentador decide seleccionar observaciones $X_1, X_2, \ldots$ hasta obtener un valor mayor que 10. Encuentra que $X_i < 10$ para $i = 1, \ldots, 19$ y que $X_{20} > 10$. Por tanto, el muestreo termina después de 20 observaciones. Si el promedio de estas 20 observaciones es 6, entonces el E.M.V. de nuevo es $\hat{\mu} = 6$.

(3) Un experimentador selecciona observaciones secuencialmente, sin considerar ningún plan, hasta que se ve obligado a detener el muestreo o hasta que cree que ha obtenido suficiente información para realizar una buena estimación de μ. Si detiene el proceso por una de esas dos razones después de haber seleccionado 20 observaciones y si el promedio de las 20 observaciones es 6, entonces el E.M.V. de nuevo es $\hat{\mu} = 6$.

En algunas ocasiones, un experimento de este tipo debe ser llevado a término en un intervalo durante el que el experimentador espera la llegada del siguiente cliente. Si ha transcurrido cierto tiempo desde la llegada del último cliente, este tiempo no debe omitirse de los datos muestrales, aunque no haya sido observado el intervalo de tiempo completo de la llegada del siguiente cliente. Supóngase, por ejemplo, que el promedio de las primeras 20 observaciones es 6, que el experimentador espera otros 15 minutos sin que llegue ningún otro cliente y que termina el experimento en ese momento. En este caso, se sabe que el E.M.V. de μ debería ser mayor que 6, puesto que el valor de la observación 21 debe ser mayor que 15, aun si su valor exacto es desconocido. El nuevo E.M.V. se puede obtener multiplicando la función de verosimilitud de las primeras 20 observaciones por la probabilidad de que la observación 21 sea mayor que 15 y obteniendo el valor de θ que maximiza esta nueva función de verosimilitud (véase Ejercicio 14).

Otras propiedades de los E.M.V. se expondrán más adelante en este capítulo, y en el capítulo 7.

Principio de verosimilitud

Los valores del E.M.V. de un parámetro θ y el estimador Bayes para θ dependen de los valores observados de la muestra únicamente a través de la función de verosimilitud $f_n(\boldsymbol{x}|\theta)$ determinada por estos valores observados. Por tanto, si dos conjuntos distintos de valores observados determinan la misma función de verosimilitud, entonces se obtendrá el mismo valor del E.M.V. de θ para ambos conjuntos de valores observados. De igual manera, para una f.d.p. inicial de θ, se obtendrá el mismo valor del estimador Bayes de θ para ambos conjuntos de valores observados.

Supóngase ahora que dos conjuntos distintos de valores observados $\boldsymbol{x}$ e $\boldsymbol{y}$ determinan funciones de verosimilitud que son proporcionales entre sí. En otras palabras, las funciones de verosimilitud difieren únicamente por un factor que podría depender de $\boldsymbol{x}$ e $\boldsymbol{y}$, pero que no depende de θ. En este caso, se puede comprobar que el E.M.V. de θ será de nuevo el mismo, independientemente de si se considera $\boldsymbol{x}$ o $\boldsymbol{y}$. Además, para cualquier f.d.p. inicial de θ, la estimación Bayes para θ será la misma. Entonces, los E.M.V. y los estimadores Bayes son compatibles con el siguiente principio de inferencia estadística, que se conoce como *principio de verosimilitud.*

Supóngase que dos conjuntos distintos de valores observados $\boldsymbol{x}$ e $\boldsymbol{y}$ que se podrían obtener del mismo experimento o de dos experimentos distintos tienen la propiedad de que determinan la misma función de verosimilitud para un cierto parámetro θ o determinan funciones de verosimilitud que son proporcionales entre sí. Entonces, $\boldsymbol{x}$ e $\boldsymbol{y}$ proporcionan la misma información acerca del valor desconocido de θ y un estadístico obtendrá la misma estimación de θ a partir de $\boldsymbol{x}$ o de $\boldsymbol{y}$.

Por ejemplo, supóngase que un estadístico debe estimar la proporción desconocida θ de artículos defectuosos de un gran lote manufacturado. Supóngase, además, que se informa al estadístico que diez artículos fueron seleccionados al azar del lote y que resultaron exactamente dos defectuosos y ocho no defectuosos. Supóngase, sin embargo, que el estadístico no sabe cuál de los dos siguientes experimentos se ha llevado a cabo: (1) Una muestra fija de diez artículos ha sido seleccionada del lote y se encontró que dos de los artículos fueron defectuosos. (2) Se han seleccionado artículos al azar secuencialmente del lote hasta haber obtenido dos artículos defectuosos y se encontró que hubo que seleccionar un total de diez artículos.

Para cada uno de estos dos experimentos posibles, los valores observados determinan una función de verosimilitud que es proporcional a $\theta^2(1-\theta)^8$ para $0 \leq \theta \leq 1$. Por tanto, si el estadístico utiliza un método de estimación que es compatible con el principio de verosimilitud, no necesita saber cuál de los dos experimentos posibles fue realizado realmente. Su estimación de θ sería igual en cualquier caso.

Se acaba de subrayar que para cualquier distribución inicial de θ y cualquier función de pérdida, la estimación Bayes para θ sería igual para ambos experimentos. Se ha subrayado, además, que el E.M.V. de θ sería igual para ambos experimentos. Sin embargo, en el capítulo 7 se expone un método de estimación llamado *estimación insesgada.* Aunque este método se utiliza ampliamente en problemas estadísticos, viola el principio de verosimilitud y especifica que se debería utilizar una estimación distinta de θ en cada uno de los dos experimentos.

EJERCICIOS

1. Supóngase que las variables aleatorias $X_1, \ldots, X_n$ constituyen una muestra aleatoria de una distribución de Poisson cuya media es desconocida. Determínese el E.M.V.

de la desviación típica de la distribución.

2. Supóngase que las variables aleatorias $X_1, \ldots, X_n$ constituyen una muestra aleatoria de una distribución con parámetro β desconocido. Determínese el E.M.V. de la mediana de la distribución.

3. Supóngase que la duración de un cierto tipo de lámpara tiene una distribución exponencial con parámetro β desconocido. Se prueba una muestra aleatoria de n lámparas durante un periodo de tiempo de T horas y se observa el número X de lámparas que fallan durante este periodo, pero no se observan los tiempos en que ocurren los fallos. Determínese el E.M.V. de β basado en el valor observado de X.

4. Supóngase que $X_1, \ldots, X_n$ constituyen una muestra aleatoria de una distribución uniforme sobre el intervalo (a, b), donde a y b son desconocidos. Determínese el E.M.V. de la media de la distribución.

5. Supóngase que $X_1, \ldots, X_n$ constituyen una muestra aleatoria de una distribución normal con media y varianza desconocidas. Determínese el E.M.V. del cuantil de orden 0.95 de la distribución, esto es, del punto θ tal que $\Pr(X < \theta) = 0.95$.

6. Bajo las condiciones del ejercicio 5, determínese el E.M.V. de $\nu = \Pr(X > 2)$.

7. Supóngase que $X_1, \ldots, X_n$ constituyen una muestra aleatoria de una distribución gamma cuya f.d.p. está dada por la ecuación (1) de esta sección. Determínese el E.M.V. de $\Gamma'(\alpha)/\Gamma(\alpha)$.

8. Supóngase que $X_1, \ldots, X_n$ constituyen una muestra aleatoria de una distribución gamma con parámetros α y β desconocidos. Determínese el E.M.V. de α/β.

9. Supóngase que $X_1, \ldots, X_n$ constituyen una muestra aleatoria de una distribución beta con parámetros α y β desconocidos. Determínense los E.M.V. de α y β que satisfacen la siguiente ecuación:

$$\frac{\Gamma'(\hat{\alpha})}{\Gamma(\hat{\alpha})} - \frac{\Gamma'(\hat{\beta})}{\Gamma(\hat{\beta})} = \frac{1}{n} \sum_{i=1}^{n} \log \frac{X_i}{1 - X_i}.$$

10. Supóngase que $X_1, \ldots, X_n$ constituyen una muestra aleatoria de tamaño n de una distribución uniforme sobre el intervalo $(0, \theta)$, donde el valor de θ es desconocido. Demuéstrese que la sucesión de E.M.V. de θ es una sucesión consistente.

11. Supóngase que $X_1, \ldots, X_n$ constituyen una muestra aleatoria de una distribución exponencial con parámetro β desconocido. Demuéstrese que la sucesión de E.M.V. de β es una sucesión consistente.

12. Supóngase que $X_1, \ldots, X_n$ constituyen una muestra aleatoria de una distribución cuya f.d.p. es como se especifica en el ejercicio 8 de la sección 6.5. Demuéstrese que la sucesión de E.M.V. de θ es una sucesión consistente.

13. Supóngase que un científico desea estimar la proporción p de mariposas monarca que tienen un tipo especial de dibujo en sus alas.
    (a) Supóngase que captura mariposas monarca una por una hasta que encuentra cinco que tienen ese dibujo especial. Si debe capturar un total de 43 mariposas, ¿cuál es el E.M.V. de p?
    (b) Supóngase que al finalizar el día, el científico ha capturado 58 mariposas monarca y ha encontrado sólo 3 con el dibujo especial. ¿Cuál es el E.M.V. de p?
14. Supóngase que se seleccionan al azar 21 observaciones de una distribución exponencial con media μ desconocida ($\mu > 0$), que el promedio de 20 de estas observaciones es 6 y que aunque el valor exacto de la otra observación no se pudo determinar, se sabe que es mayor que 15. Determínese el E.M.V. de μ.
15. Supóngase que cada uno de dos estadísticos A y B deben estimar cierto parámetro θ cuyo valor es desconocido ($\theta > 0$). El estadístico A puede observar el valor de una variable aleatoria X que tiene una distribución gamma con parámetros α y β, donde $\alpha = 3$ y $\beta = \theta$, y el estadístico B puede observar el valor de una variable aleatoria Y que tiene una distribución de Poisson con media 2θ. Supóngase que el valor observado por el estadístico A es $X = 2$ y el valor observado por el estadístico B es $Y = 3$. Demuestrese que las funciones de verosimilitud determinadas por estos valores observados son proporcionales y determínese el valor común del E.M.V. de θ obtenido por cada estadístico.
16. Supóngase que cada uno de dos estadísticos, A y B, deben estimar cierto parámetro p cuyo valor es desconocido ($0 < p < 1$). El estadístico A puede observar el valor de una variable aleatoria X que tiene una distribución binomial con parámetros $n = 10$ y p, y el estadístico B puede observar el valor de una variable aleatoria Y que tiene una distribución binomial negativa con parámetros $r = 4$ y p. Supóngase que el valor observado por el estadístico A es $X = 4$ y el valor observado por el estadístico B es $Y = 6$. Demuéstrese que las funciones de verosimilitud determinadas por estos valores observados son proporcionales y determínese el valor común del E.M.V. de p obtenido por cada estadístico.

6.7 ESTADÍSTICOS SUFICIENTES

Definición de un estadístico

En muchos problemas en los que se debe estimar un parámetro θ, es posible determinar un E.M.V. o un estimador Bayes que sea apropiado. En algunos problemas, sin embargo, es posible que ninguno de estos estimadores sea apropiado. Podría no existir ningún E.M.V. o podría existir más de uno. Aún cuando el E.M.V. sea único, podría no ser un estimador apropiado, como en el ejemplo 4 de la sección 6.5, donde el E.M.V. siempre subestima el valor de θ. Las razones por las cuales puede no existir un estimador Bayes apropiado se presentaron al principio de la sección 6.5. En tales problemas, la búsqueda de un buen estimador se debe realizar con métodos distintos a los presentados hasta aquí.

En esta sección, se definirá el concepto de un estadístico suficiente, que fue introducido por R.A. Fisher en 1922, y se demostrará como se puede utilizar este concepto para facilitar la búsqueda de un buen estimador en muchos problemas. Se supondrá, como de costumbre, que las variables aleatorias $X_1, \ldots, X_n$ constituyen una muestra aleatoria de una distribución discreta o continua, y se definirá $f(x|\theta)$ como la f.p. o la f.d.p. de esta distribución. Por simplicidad, sería conveniente suponer en la mayoría de las exposiciones siguientes que la distribución es continua y que $f(x|\theta)$ es una f.d.p. Sin embargo, se debe recordar que la exposición se aplica igualmente, excepto quizá por algunos cambios obvios, a una distribución discreta cuya f.p. es $f(x|\theta)$. Se supondrá, además, que el valor desconocido de θ debe pertenecer a un determinado espacio paramétrico Ω.

Puesto que las variables aleatorias $X_1, \ldots, X_n$ constituyen una muestra aleatoria, se sabe que su f.d.p. conjunta $f_n(\boldsymbol{x}|\theta)$ tiene la siguiente forma para un valor particular de $\theta \in \Omega$:

$$f_n(\boldsymbol{x}|\theta) = f(x_1|\theta) \cdots f(x_n|\theta). \tag{1}$$

En otras palabras, se sabe que la f.d.p. conjunta de $X_1, \ldots, X_n$ es un elemento de la familia que contiene todas las f.d.p. que tienen la forma (1) para todos los valores posibles de $\theta \in \Omega$. El problema de estimar el valor de θ, por tanto, se puede considerar como el problema de seleccionar por inferencia la distribución particular de esta familia que genera las observaciones $X_1, \ldots, X_n$.

Cualquier función real $T = r(X_1, \ldots, X_n)$ de las observaciones de la muestra aleatoria se llama *estadístico*. Tres ejemplos de estadísticos son la media muestral $\overline{X}_n$, el máximo Y_n de los valores de $X_1, \ldots, X_n$ y la función $r(X_1, \ldots, X_n)$, que tiene el valor constante 3 para todos los valores de $X_1, \ldots, X_n$. En cualquier problema de estimación, se puede decir que un estimador de θ es un estadístico cuyo valor se puede considerar como una estimación del valor de θ.

Para cualquier valor fijo de $\theta \in \Omega$, la distribución de cualquier estadístico concreto T se puede obtener de la f.d.p. conjunta de $X_1, \ldots, X_n$ dada por la ecuación (1). En general, esta distribución dependerá del valor de θ. Por tanto, existirá una familia de distribuciones posibles de T correspondientes a los distintos valores posibles de $\theta \in \Omega$.

Definición de un estadístico suficiente

Supóngase que en un problema de estimación específico, dos estadísticos, A y B, deben estimar el valor del parámetro θ, que el estadístico A puede observar los valores de las observaciones $X_1, \ldots, X_n$ de una muestra aleatoria; y que el estadístico B no puede observar los valores de $X_1, \ldots, X_n$ pero puede saber el valor de cierto estadístico $T = r(X_1, \ldots, X_n)$. En este caso, el estadístico A puede elegir cualquier función de las observaciones $X_1, \ldots, X_n$ como un estimador de θ, mientras que el estadístico B puede utilizar únicamente una función de T. Por tanto, resulta que A generalmente podrá encontrar una mejor estimación que B.

En algunos problemas, sin embargo, B podrá hacerlo tan bien como A. En tal problema, la función $T = r(X_1, \ldots, X_n)$ resumirá, en cierto sentido, toda la información contenida en la muestra aleatoria, y será irrelevante el conocimiento de los valores $X_1, \ldots, X_n$ en la búsqueda de un buen estimador de θ. Un estadístico T que tiene esta propiedad se llama *estadístico suficiente.* Se presentará ahora la definición formal de un estadístico suficiente.

Si T es un estadístico y t es un valor concreto de T, entonces la distribución conjunta condicional de $X_1, \ldots, X_n$, dado que $T = t$, se puede calcular a partir de la ecuación (1). En general, esta distribución conjunta condicional dependerá del valor de θ. Por tanto, para cada valor de t, existirá una familia de distribuciones condicionales posibles que corresponden a los distintos valores posibles de $\theta \in \Omega$. Puede suceder, sin embargo, que para cada valor posible de t, la distribución conjunta condicional de $X_1, \ldots, X_n$, dado que $T = t$, sea la misma para todos los valores de $\theta \in \Omega$ y, por tanto, realmente no depende del valor de θ. En este caso, se dice que T es un *estadístico suficiente para el parámetro* θ.

Antes de describir un método sencillo para encontrar estadísticos suficientes y antes de considerar un ejemplo de un estadístico suficiente, se indicará por qué un estadístico suficiente T que satisface la definición que se acaba de presentar se considera como un resumen de toda la información relevante acerca de θ contenida en la muestra $X_1, \ldots, X_n$. Considérese de nuevo el caso del estadístico B que sólo puede saber el valor del estadístico T y no puede observar los valores $X_1, \ldots, X_n$. Si T es un estadístico suficiente, entonces la distribución conjunta condicional de $X_1, \ldots, X_n$, dado que $T = t$, es completamente conocida para cualquier valor observado t y no depende del valor desconocido de θ. Por tanto, para cualquier valor t que se podría observar, el estadístico B podría, en principio, generar n variables aleatorias $X_1', \ldots, X_n'$ de acuerdo con esta distribución conjunta condicional. El proceso de generar variables aleatorias $X_1', \ldots, X_n'$ que tienen una distribución de probabilidad conjunta específica se llama una *aleatorización auxiliar.*

Cuando utilizamos este proceso de observar primero T y luego generar $X_1', \ldots, X_n'$ de acuerdo con la distribución conjunta condicional específica, resulta que para cualquier valor concreto de $\theta \in \Omega$, la distribución conjunta marginal de $X_1', \ldots, X_n'$ será la misma que la distribución conjunta de $X_1, \ldots, X_n$. Por tanto, si el estadístico B puede observar el valor de un estadístico suficiente T, entonces puede generar n variables aleatorias $X_1', \ldots, X_n'$ que tengan la misma distribución conjunta que la muestra aleatoria original $X_1, \ldots, X_n$. La propiedad que distingue un estadístico suficiente T de un estadístico que no es suficiente se puede describir como sigue: La aleatorización auxiliar utilizada para generar las variables aleatorias $X_1', \ldots, X_n'$ después de que ha sido observado el estadístico T no requiere ningún conocimiento acerca del valor de θ, puesto que la distribución conjunta condicional de $X_1, \ldots, X_n$ dado que el valor de T no depende del valor de θ. Si el estadístico T no fuera suficiente, esta aleatorización auxiliar no podría llevarse a cabo, porque la distribución conjunta condicional de $X_1, \ldots, X_n$ para un valor dado de T involucraría al valor de θ y este valor es desconocido.

Se puede demostrar ahora por qué el estadístico B, que observa únicamente el valor de un estadístico suficiente T, no obstante, puede estimar θ tan bien como puede hacerlo el estadístico A, que observa los valores de $X_1, \ldots, X_n$. Supóngase que A decide utilizar un estimador concreto $\delta(X_1, \ldots, X_n)$ para estimar θ y que B observa el valor de T y genera las variables $X_1', \ldots, X_n'$, que tienen la misma distribución conjunta que $X_1, \ldots, X_n$. Si B utiliza el estimador $\delta(X_1', \ldots, X_n')$, entonces resulta que la distribución de probabilidad del estimador de B será la misma que la distribución de probabilidad del estimador de A. Esta exposición ilustra por qué, cuando se busca un buen estimador, un estadístico puede restringir la búsqueda a estimadores que son funciones de un estadístico suficiente T. Se volverá sobre este punto en la sección 6.9.

Criterio de factorización

Se presentará ahora un método sencillo para obtener un estadístico suficiente que se puede aplicar en muchos problemas. Este método está basado en el siguiente resultado, que fue desarrollado cada vez con más generalidad por R.A. Fisher en 1922, J. Neyman en 1935 y P.R. Halmos y L.J. Savage en 1949.

Criterio de factorización. *Sea $X_1, \ldots, X_n$ una muestra aleatoria de una distribución continua o una distribución discreta cuya f.d.p. o f.p. es $f(x|\theta)$, donde el valor de θ es desconocido y pertenece a un espacio paramétrico Ω concreto. Un estadístico $T = r(X_1, \ldots, X_n)$ es un estadístico suficiente para θ si, y sólo si, la f.d.p. conjunta o la f.p. conjunta $f_n(\boldsymbol{x}|\theta)$ de $X_1, \ldots, X_n$ se puede factorizar como sigue para todos los valores de $\boldsymbol{x} = (x_1, \ldots, x_n) \in R^n$ y todos los valores de $\theta \in \Omega$:*

$$f_n(\boldsymbol{x}|\theta) = u(\boldsymbol{x})v\left[r(\boldsymbol{x}), \theta\right]. \tag{2}$$

Aquí, las funciones u y v son no negativas; la función u puede depender de $\boldsymbol{x}$ pero no de θ y la función v dependerá de θ pero depende del valor observado $\boldsymbol{x}$ únicamente a través del valor del estadístico $r(\boldsymbol{x})$.

Demostración. Se dará la demostración únicamente para el caso en que el vector aleatorio $\boldsymbol{X} = (X_1, \ldots, X_n)$ tiene una distribución discreta, en cuyo caso

$$f_n(\boldsymbol{x}|\theta) = \Pr(\boldsymbol{X} = \boldsymbol{x}|\theta).$$

Supóngase en primer lugar que $f_n(\boldsymbol{x}|\theta)$ se puede factorizar como en la ecuación (2) para todos los valores de $\boldsymbol{x} \in R^n$ y $\theta \in \Omega$. Para cada valor posible t de T, sea $A(t)$ el conjunto de todos los puntos $\boldsymbol{x} \in R^n$ tales que $r(\boldsymbol{x}) = t$. Para cualquier valor concreto de $\theta \in \Omega$, se determinará la distribución condicional de $\boldsymbol{X}$ dado que $T = t$. Para cualquier punto $\boldsymbol{x} \in A(t)$,

$$\Pr(\boldsymbol{X} = \boldsymbol{x}|T = t, \theta) = \frac{\Pr(\boldsymbol{X} = \boldsymbol{x}|\theta)}{\Pr(T = t|\theta)} = \frac{f_n(\boldsymbol{x}|\theta)}{\sum_{\boldsymbol{y} \in A(t)} f_n(\boldsymbol{y}|\theta)}.$$

Puesto que $r(\boldsymbol{y}) = t$ para todo punto $\boldsymbol{y} \in A(t)$ y puesto que $\boldsymbol{x} \in A(t)$, de la ecuación (2) resulta que

$$\Pr(\boldsymbol{X} = \boldsymbol{x}|T = t, \theta) = \frac{u(\boldsymbol{x})}{\sum_{\boldsymbol{y} \in A(t)} u(\boldsymbol{y})}. \tag{3}$$

Por último, para cualquier punto $\boldsymbol{x}$ que no pertenece a $A(t)$,

$$\Pr(\boldsymbol{X} = \boldsymbol{x}|T = t, \theta) = 0. \tag{4}$$

De las ecuaciones (3) y (4) se puede ver que la distribución condicional de $\boldsymbol{X}$ no depende de θ. Por tanto, T es un estadístico suficiente.

A la inversa, supongamos que T es un estadístico suficiente. Entonces, para cualquier valor concreto t de T, cualquier punto $\boldsymbol{x} \in A(t)$ y cualquier valor de $\theta \in \Omega$, la probabilidad condicional $\Pr(\boldsymbol{X} = \boldsymbol{x}|T = t, \theta)$ no dependerá de θ y por tanto tendrá la forma

$$\Pr(\boldsymbol{X} = \boldsymbol{x}|T = t, \theta) = u(\boldsymbol{x}).$$

Si se define $v(t, \theta) = \Pr(T = t|\theta)$, resulta que

$$\begin{aligned} f_n(\boldsymbol{x}|\theta) = \Pr(\boldsymbol{X} = \boldsymbol{x}|\theta) &= \Pr(\boldsymbol{X} = \boldsymbol{x}|T = t, \theta) \Pr(T = t|\theta) \\ &= u(\boldsymbol{x})v(t, \theta). \end{aligned}$$

Por tanto, $f_n(\boldsymbol{x}|\theta)$ se ha factorizado en la forma dada por la ecuación (2).

La demostración para una muestra aleatoria $X_1, \ldots, X_n$ de una distribución continua requiere métodos distintos y no se proporcionará aquí. ◁

Para cualquier valor de $\boldsymbol{x}$ cuya $f_n(\boldsymbol{x}|\theta) = 0$ para todos los valores de $\theta \in \Omega$, el valor de la función $u(\boldsymbol{x})$ de la ecuación (2) se puede elegir como 0. Por tanto, cuando se aplica el criterio de factorización, es suficiente comprobar que una factorización de la forma dada por la ecuación (2) se satisface para todo valor de $\boldsymbol{x}$ tal que $f_n(\boldsymbol{x}|\theta) > 0$ para al menos un valor de $\theta \in \Omega$.

Se ilustrará ahora el uso del criterio de factorización dando cuatro ejemplos.

Ejemplo 1: Muestreo de una distribución de Poisson. Supóngase que $X_1, \ldots, X_n$ constituyen una muestra aleatoria de una distribución de Poisson con media θ desconocida ($\theta > 0$). Se demostrará ahora que $T = \sum_{i=1}^n X_i$ es un estadístico suficiente para θ.

Para cualquier conjunto de enteros no negativos $x_1, \ldots, x_n$, la f.p. conjunta $f_n(\boldsymbol{x}|\theta)$ de $X_1, \ldots, X_n$ es la siguiente:

$$f_n(\boldsymbol{x}|\theta) = \prod_{i=1}^n \frac{e^{-\theta}\theta^{x_i}}{x_i!} = \left(\prod_{i=1}^n \frac{1}{x_i!}\right) e^{-n\theta}\theta^y,$$

donde $y = \sum_{i=1}^n x_i$. Se puede observar que $f_n(\boldsymbol{x}|\theta)$ ha sido expresada, como en la ecuación (2), como el producto de una función que no depende de θ y una función que depende de θ, pero depende del vector observado $\boldsymbol{x}$ solamente a través del valor de y. Resulta que $T = \sum_{i=1}^n X_i$ es un estadístico suficiente para θ. ◁

Ejemplo 2: Aplicación del criterio de factorización a una distribución continua. Supóngase que $X_1, \dots, X_n$ constituyen una muestra aleatoria de una distribución continua con la f.d.p. siguiente:

$$f(x|\theta) = \begin{cases} \theta x^{\theta-1} & \text{para } 0 < x < 1, \\ 0 & \text{en otro caso.} \end{cases}$$

Supóngase que el valor del parámetro θ es desconocido ($\theta > 0$). Se demostrará que $T = \prod_{i=1}^n X_i$ es un estadístico suficiente para θ.

Para $0 < x_i < 1$ ($i = 1, \dots, n$), la f.d.p. conjunta $f_n(\boldsymbol{x}|\theta)$ de $X_1, \dots, X_n$ es la siguiente:

$$f_n(\boldsymbol{x}|\theta) = \theta^n \left(\prod_{i=1}^n x_i \right)^{\theta-1} \tag{5}$$

Además, si al menos un valor de x_i está fuera del intervalo $0 < x_i < 1$, entonces $f_n(\boldsymbol{x}|\theta) = 0$ para todo valor de $\theta \in \Omega$. La parte derecha de la ecuación (5) depende de $\boldsymbol{x}$ únicamente a través del valor del producto $\prod_{i=1}^n x_i$. Por tanto, si definimos $u(\boldsymbol{x}) = 1$ y $r(\boldsymbol{x}) = \prod_{i=1}^n x_i$, entonces $f_n(\boldsymbol{x}|\theta)$ de la ecuación (5) se puede considerar factorizada en la forma dada por la ecuación (2). Del criterio de factorización resulta que el estadístico $T = \prod_{i=1}^n X_i$ es un estadístico suficiente para θ. ◁

Ejemplo 3: Muestreo de una distribución normal. Supóngase que $X_1, \dots, X_n$ constituyen una muestra aleatoria de una distribución normal con media μ desconocida y varianza σ^2 conocida. Se demostrará ahora que $T = \sum_{i=1}^n X_i$ es un estadístico suficiente para μ.

Para $-\infty < x_i < \infty$ ($i = 1, \dots, n$), la f.d.p. conjunta de $X_1, \dots, X_n$ es la siguiente:

$$f_n(\boldsymbol{x}|\mu) = \prod_{i=1}^n \frac{1}{(2\pi)^{1/2}\sigma} \exp\left[-\frac{(x_i - \mu)^2}{2\sigma^2} \right]. \tag{6}$$

Esta ecuación se puede reescribir en la forma

$$f_n(\boldsymbol{x}|\mu) = \frac{1}{(2\pi)^{n/2}\sigma^n} \exp\left(-\frac{1}{2\sigma^2} \sum_{i=1}^n x_i^2 \right) \exp\left(\frac{\mu}{\sigma^2} \sum_{i=1}^n x_i - \frac{n\mu^2}{2\sigma^2} \right). \tag{7}$$

Se puede ver que $f_n(\boldsymbol{x}|\mu)$ se ha expresado ahora como el producto de una función que no depende de μ y una función que depende de $\boldsymbol{x}$ solamente a través del valor de $\sum_{i=1}^n x_i$. Resulta del criterio de factorización que $T = \sum_{i=1}^n X_i$ es un estadístico suficiente para μ.

◁

Puesto que $\sum_{i=1}^n x_i = n\overline{x}_n$, se puede afirmar, equivalentemente, que el último factor de la ecuación (7) depende de $x_1, \dots, x_n$ únicamente a través del valor de $\overline{x}_n$. Por tanto, en el ejemplo 3 el estadístico $\overline{X}_n$ es también un estadístico suficiente para μ. En general (véase Ejercicio 13 al final de esta Sec.), cualquier función biunívoca de $\overline{X}_n$ será un estadístico suficiente para μ.

Ejemplo 4: Muestreo de una distribución uniforme. Supóngase que $X_1, \ldots, X_n$ constituyen una muestra aleatoria de una distribución uniforme sobre el intervalo $(0, \theta)$, donde el valor del parámetro θ es desconocido ($\theta > 0$). Se demostrará que $T = \max(X_1, \ldots, X_n)$ es un estadístico suficiente para θ.

La f.d.p. $f(x|\theta)$ de cada observación X_i es

$$f(x|\theta) = \begin{cases} \dfrac{1}{\theta} & \text{para } 0 \le x \le \theta, \\ 0 & \text{en otro caso.} \end{cases}$$

Por tanto, la f.d.p. conjunta $f_n(\boldsymbol{x}|\theta)$ de $X_1, \ldots, X_n$ es

$$f_n(\boldsymbol{x}|\theta) = \begin{cases} \dfrac{1}{\theta^n} & \text{para } 0 \le x_i \le \theta (i = 1, \ldots, n), \\ 0 & \text{en otro caso.} \end{cases}$$

Se puede observar que si $x_i < 0$ para al menos un valor de i $(i = 1, \ldots, n)$, entonces $f_n(\boldsymbol{x}|\ \theta) = 0$ para todo valor de $\theta > 0$. Por tanto, es necesario considerar únicamente la factorización de $f_n(\boldsymbol{x}|\theta)$ para valores de $x_i \ge 0 (i = 1, \ldots, n)$.

Sea $h\left[\max(x_1, \ldots, x_n), \theta\right]$ definida como sigue:

$$h[\max(x_1, \ldots, x_n), \theta] = \begin{cases} 1 & \text{si } \max(x_1, \ldots, x_n) \le \theta, \\ 0 & \text{si } \max(x_1, \ldots, x_n) > \theta. \end{cases}$$

Además, $x_i \le \theta$ para $i = 1, \ldots, n$ si, y sólo si, $\max(x_1, \ldots, x_n) \le \theta$. Por tanto, para $x_i \ge 0$ $(i = 1, \ldots, n)$, se puede reescribir $f_n(\boldsymbol{x}|\theta)$ como sigue:

$$f_n(\boldsymbol{x}|\theta) = \frac{1}{\theta^n} h\left[\max(x_1, \ldots, x_n), \theta\right]. \tag{8}$$

Puesto que la parte derecha de la ecuación (8) depende de $\boldsymbol{x}$ únicamente a través del valor $\max(x_1, \ldots, x_n)$, resulta que $T = \max(X_1, \ldots, X_n)$ es un estadístico suficiente para θ. ◁

EJERCICIOS

Instrucciones para los ejercicios 1 a 10: En cada uno de estos ejercicios, supóngase que las variables aleatorias $X_1, \ldots, X_n$ constituyen una muestra aleatoria de tamaño n de la distribución que se especifica en ese ejercicio y demuéstrese que el estadístico T es un estadístico suficiente para el parámetro.

1. Una distribución de Bernoulli con parámetro p desconocido $(0 \le p \le 1)$; $T = \sum_{i=1}^{n} X_i$.

2. Una distribución geométrica con parámetro p desconocido $(0 < p < 1)$; $T = \sum_{i=1}^{n} X_i$.

3. Una distribución binomial negativa con parámetros r y p, donde el valor de r es conocido y el valor de p es desconocido $(0 < p < 1)$; $T = \sum_{i=1}^{n} X_i$.

4. Una distribución normal con media μ conocida y varianza σ^2 desconocida; $T = \sum_{i=1}^{n}(X_i - \mu)^2$.

5. Una distribución gamma con parámetros α y β, donde el valor de α es conocido y el de β es desconocido $(\beta > 0)$; $T = \overline{X}_n$.

6. Una distribución gamma con parámetros α y β, donde el valor de β es conocido y el de α es desconocido $(\alpha > 0)$; $T = \Pi_{i=1}^{n} X_i$.

7. Una distribución beta con parámetros α y β, donde el valor de β es conocido y el de α es desconocido $(\alpha > 0)$; $T = \Pi_{i=1}^{n} X_i$.

8. Una distribución uniforme sobre los enteros $1, 2, \ldots, \theta$, como se definióen la sección 3.1, donde el valor de θ es desconocido $(\theta = 1, 2, \ldots)$; $T = \max(X_1, \ldots, X_n)$.

9. Una distribución uniforme sobre el intervalo (a, b), donde el valor de a es conocido y el de b es desconocido $(b > a)$; $T = \max(X_1, \ldots, X_n)$.

10. Una distribución uniforme sobre el intervalo (a, b), donde el valor de b es conocido y el de a es desconocido $(a < b)$; $T = \min(X_1, \ldots, X_n)$.

11. Considérese una distribución cuya f.d.p. o f.p. es $f(x|\theta)$, donde θ pertenece a un espacio paramétrico Ω. Se dice que la familia de distribuciones obtenida al variar θ en Ω es una *familia exponencial*, o una *familia Koopman-Darmois*, si $f(x|\theta)$ se puede escribir como sigue para $\theta \in \Omega$ y para todos los valores de x:

$$f(x|\theta) = a(\theta)b(x)\exp\left[c(\theta)d(x)\right].$$

Aquí, $a(\theta)$ y $c(\theta)$ son funciones arbitrarias de θ y $b(x)$ y $d(x)$ son funciones arbitrarias de x. Suponiendo que las variables aleatorias $X_1, \ldots, X_n$ constituyen una muestra aleatoria de una distribución que pertenece a una familia exponencial de este tipo, demuéstrese que $T = \sum_{i=1}^{n} d(X_i)$ es un estadístico suficiente para θ.

12. Demuéstrese que cada una de las familias de distribuciones siguientes es una familia exponencial, según la definición dada en el ejercicio 11:

    (a) La familia de distribuciones de Bernoulli con parámetro p desconocido.

    (b) La familia de distribuciones de Poisson con media desconocida.

    (c) La familia de distribuciones binomial negativa con r conocida y p desconocida.

    (d) La familia de distribuciones normal con media desconocida y varianza conocida.

    (e) La familia de distribuciones normal con varianza desconocida y media conocida.

    (f) La familia de distribuciones gamma con α desconocida y β conocida.

(g) La familia de distribuciones gamma con α conocida y β desconocida.

(h) La familia de distribuciones beta con α desconocida y β conocida.

(i) La familia de distribuciones beta con α conocida y β conocida.

13. Supóngase que $X_1, \ldots, X_n$ constituyen una muestra aleatoria de una distribución cuya f.d.p. es $f(x|\theta)$, donde el valor del parámetro θ pertenece a un espacio paramétrico concreto Ω. Supóngase que $T = r(X_1, \ldots, X_n)$ y $T' = r'(X_1, \ldots, X_n)$ son dos estadísticos tales que T' es una función biunívoca de T; esto es, el valor de T' se puede determinar a partir del valor de T sin conocer los valores de $X_1, \ldots, X_n$ y el valor de T se puede determinar a partir del valor de T' sin conocer los valores de $X_1, \ldots, X_n$. Demuéstrese que T' es un estadístico suficiente para θ si, y sólo si, T es un estadístico suficiente para θ.

14. Supóngase que $X_1, \ldots, X_n$ constituyen una muestra aleatoria de la distribución gamma del ejercicio 6. Demuéstrese que el estadístico $T = \sum_{i=1}^n \log X_i$ es un estadístico suficiente para el parámetro α.

15. Supóngase que $X_1, \ldots, X_n$ constituyen una muestra aleatoria de una distribución beta con parámetros α y β, con α conocida y β desconocida ($\beta > 0$). Demuéstrese que el siguiente estadístico T es un estadístico suficiente para β:

$$T = \frac{1}{n}\left(\sum_{i=1}^n \log \frac{1}{1 - X_i}\right)^4.$$

6.8 ESTADÍSTICOS CONJUNTAMENTE SUFICIENTES

Definición de estadísticos conjuntamente suficientes

Se continuará suponiendo que las variables $X_1, \ldots, X_n$ constituyen una muestra aleatoria de una distribución cuya f.d.p. o f.p. es $f(x|\theta)$, donde el parámetro θ debe pertenecer a un espacio paramétrico Ω. Sin embargo, se considerará explícitamente la posibilidad de que θ pueda ser un vector de parámetros reales. Por ejemplo, si la muestra proviene de una distribución normal donde la media μ y la varianza σ^2 son desconocidas, entonces θ sería un vector bidimensional cuyas componentes son μ y σ^2. Análogamente, si la muestra proviene de una distribución uniforme sobre el intervalo (a, b) donde ambos puntos extremos, a y b, son desconocidos, entonces θ sería un vector bidimensional cuyas componentes son a y b. Se continuará, por supuesto, incluyendo la posibilidad de que θ es un parámetro unidimensional.

En casi todo problema en el que θ es un vector, al igual que en muchos problemas en los que θ es unidimensional, no existe un único estadístico T que sea suficiente. En tal problema es necesario encontrar dos o más estadísticos $T_1, \ldots, T_k$ que juntos son *estadísticos conjuntamente suficientes* en un sentido que se describirá ahora.

Supóngase que en un problema concreto los estadísticos $T_1, \ldots, T_k$ se definen por k funciones distintas del vector de observaciones $\boldsymbol{X} = (X_1, \ldots, X_n)$. Específicamente, sea $T_i = r_i(\boldsymbol{X})$ para $i = 1, \ldots, k$. En términos generales, los estadísticos $T_1, \ldots, T_k$ son estadísticos conjuntamente suficientes para θ si un estadístico que sabe únicamente los valores de las k funciones $r_1(\boldsymbol{X}), \ldots, r_k(\boldsymbol{X})$ puede estimar cualquier componente de θ, o cualquier función de los componentes de θ, tan bien como puede hacerlo un estadístico que observa los n valores de $X_1, \ldots, X_n$. Desde el punto de vista del criterio de factorización, se puede formular la siguiente versión:

Los estadísticos $T_1, \ldots, T_k$ son estadísticos conjuntamente suficientes para θ si, y sólo si, la f.d.p. conjunta o la f.p. conjunta $f_n(\boldsymbol{x}|\theta)$ se puede factorizar como sigue para todos los valores de $\boldsymbol{x} \in R^n$ y todos los valores de $\theta \in \Omega$:

$$f_n(\boldsymbol{x}|\theta) = u(\boldsymbol{x})v\left[r_1(\boldsymbol{x}), \ldots, r_k(\boldsymbol{x}), \theta\right]. \tag{1}$$

Aquí las funciones u y v son no negativas, la función u puede depender de $\boldsymbol{x}$, pero no depende de θ, y la función v dependerá de θ, pero dependerá de $\boldsymbol{x}$ únicamente a través de las k funciones $r_1(\boldsymbol{x}), \ldots, r_k(\boldsymbol{x})$.

Ejemplo 1: Estadísticos conjuntamente suficientes para los parámetros de una distribución normal. Supóngase que $X_1, \ldots, X_n$ constituyen una muestra aleatoria de una distribución con media μ y varianza σ^2 desconocidas. La f.d.p. conjunta de $X_1, \ldots, X_n$ está dada por la ecuación (7) de la sección 6.7 y se puede observar que esta f.d.p. conjunta depende de $\boldsymbol{x}$ a través de los valores de $\sum_{i=1}^n x_i$ y $\sum_{i=1}^n x_i^2$. Por tanto, por el criterio de factorización, los estadísticos $T_1 = \sum_{i=1}^n X_i$ y $T_2 = \sum_{i=1}^n X_i^2$ son estadísticos conjuntamente suficientes para μ y σ^2. ◁

Supóngase ahora que en un problema concreto los estadísticos $T_1, \ldots, T_k$ son estadísticos conjuntamente suficientes para un vector de parámetros θ. Si otros k estadísticos $T_1', \ldots, T_k'$ se obtienen a partir de $T_1, \ldots, T_k$ mediante una transformación biunívoca, entonces se puede demostrar que $T_1', \ldots, T_k'$ también serán estadísticos conjuntamente suficientes para θ.

Ejemplo 2: Otro par de estadísticos conjuntamente suficientes para los parámetros de una distribución normal. Supóngase de nuevo que $X_1, \ldots, X_n$ constituyen una muestra aleatoria de una distribución normal con media μ y varianza σ^2 desconocidas y sean T_1' y T_2' la media muestral y la varianza muestral, respectivamente. Entonces,

$$T_1' = \overline{X}_n \quad \text{y} \quad T_2' = \frac{1}{n}\sum_{i=1}^n (X_i - \overline{X}_n)^2.$$

Se demostrará ahora que T_1' y T_2' son estadísticos conjuntamente suficientes para μ y σ^2.

Sean T_1 y T_2 los estadísticos conjuntamente suficientes para μ y σ^2 obtenidos en el ejemplo 1. Entonces

$$T_1' = \frac{1}{n}T_1 \quad \text{y} \quad T_2' = \frac{1}{n}T_2 - \frac{1}{n^2}T_1^2.$$

Además, equivalentemente,

$$T_1 = nT_1' \quad \text{y} \quad T_2 = n(T_2' + T_1'^2).$$

Por tanto, los estadísticos T_1' y T_2' se obtienen a partir de los estadísticos conjuntamente suficientes T_1 y T_2 por medio de una transformación biunívoca. Resulta, por tanto, que T_1' y T_2' son estadísticos conjuntamente suficientes para μ y σ^2. ◃

Se ha demostrado ahora que los estadísticos conjuntamente suficientes para la media y varianza desconocidas de una distribución normal se pueden elegir como T_1 y T_2, como se indica en el ejemplo 1, o T_1' y T_2', como se indica en el ejemplo 2.

Ejemplo 3: Estadísticos conjuntamente suficientes para los parámetros de una distribución uniforme. Supóngase que $X_1, \ldots, X_n$ constituyen una muestra aleatoria de una distribución uniforme sobre el intervalo (a, b), donde los valores de ambos puntos extremos, a y b, son desconocidos $(a < b)$. La f.d.p. conjunta $f_n(\boldsymbol{x}|a, b)$ de $X_1, \ldots, X_n$ será 0, a menos que todos los valores observados $x_1, \ldots, x_n$ se encuentren entre a y b; esto es, $f_n(\boldsymbol{x}|a, b) = 0$, a menos que $\min(x_1, \ldots, x_n) \geq a$ y $\max(x_1, \ldots, x_n) \leq b$. Además, para cualquier vector $\boldsymbol{x}$ tal que $\min(x_1, \ldots, x_n) \geq a$ y $\max(x_1, \ldots, x_n) \leq b$, resulta que

$$f_n(\boldsymbol{x}|a, b) = \frac{1}{(b - a)^n}.$$

Para dos números cualesquiera y y z, se define $h(y, z)$ como sigue:

$$h(y, z) = \begin{cases} 1 & \text{para } y \leq z, \\ 0 & \text{para } y > z. \end{cases}$$

Para cualquier valor de $\boldsymbol{x} \in R^n$, se puede escribir

$$f_n(\boldsymbol{x}|a, b) = \frac{h\left[a, \min(x_1, \ldots, x_n)\right] h\left[\max(x_1, \ldots, x_n), b\right]}{(b - a)^n}.$$

Puesto que esta expresión depende de $\boldsymbol{x}$ únicamente a través de los valores de las funciones $\min(x_1, \ldots, x_n)$ y $\max(x_1, \ldots, x_n)$, resulta que los estadísticos $T_1 = \min(X_1, \ldots, X_n)$ y $T_2 = \max(X_1, \ldots, X_n)$ son estadísticos conjuntamente suficientes para a y b. ◃

Estadísticos suficientes minimales

En un problema concreto se trata de obtener un estadístico suficiente, o un conjunto de estadísticos conjuntamente suficientes para θ, porque los valores de tales estadísticos resumen toda la información relevante acerca de θ contenida en la muestra aleatoria. Cuando se conoce un conjunto de estadísticos conjuntamente suficientes, se simplifica la búsqueda de un buen estimador de θ porque sólo es necesario considerar funciones de estos estadísticos como posibles estimadores. Por tanto, en un problema concreto es conveniente encontrar no sólo un conjunto de estadísticos conjuntamente suficientes, sino el conjunto de estadísticos conjuntamente suficientes *más sencillo*. Por ejemplo, es correcto pero completamente inútil decir que en todo problema las n observaciones $X_1, \ldots, X_n$ son estadísticos conjuntamente suficientes.

Se describirá ahora otro conjunto de estadísticos conjuntamente suficientes que existe en todo problema y que es un poco más útil. Supóngase que $X_1, \ldots, X_n$ constituyen una muestra aleatoria de una distribución. Sea Y_1 el valor más pequeño de la muestra aleatoria, sea Y_2 el siguiente valor más pequeño, sea Y_3 el tercero más pequeño y así sucesivamente. De esta forma, Y_n es el valor más grande de la muestra e Y_{n-1} es el valor más grande de los restantes. Las variables aleatorias $Y_1, \ldots, Y_n$ se llaman *estadísticos de orden* de la muestra.

Ahora se definen $y_1 \leq y_2 \leq \cdots \leq y_n$ como los valores de los estadísticos de orden de una muestra concreta. Si se proporcionan los valores de $y_1, \ldots, y_n$, entonces se sabe que esos n valores fueron obtenidos de la muestra. Sin embargo, no se sabe cuál de las observaciones $X_1, \ldots, X_n$ proporcionó realmente el valor de y_1, cuál proporcionó realmente el valor de y_2 y así sucesivamente. Todo lo que se sabe es que el menor de los valores de $X_1, \ldots, X_n$ fue y_1, el más pequeño de los restantes fue y_2 y así sucesivamente.

Si las variables $X_1, \ldots, X_n$ constituyen una muestra aleatoria de una distribución cuya f.d.p. o f.p. es $f(x|\theta)$, entonces la f.d.p. conjunta o f.p. conjunta de $X_1, \ldots, X_n$ tiene la siguiente forma:

$$f_n(\boldsymbol{x}|\theta) = \prod_{i=1}^{n} f(x_i|\theta). \tag{2}$$

Puesto que el orden de los factores en el producto de la parte derecha de la ecuación (2) es irrelevante, la ecuación (2) podría reescribirse también de la forma

$$f_n(\boldsymbol{x}|\theta) = \prod_{i=1}^{n} f(y_i|\theta).$$

Por tanto, $f_n(\boldsymbol{x}|\theta)$ depende de $\boldsymbol{x}$ únicamente a través de los valores de $y_1, \ldots, y_n$. Resulta, por tanto, que los estadísticos de orden $Y_1, \ldots, Y_n$ siempre son estadísticos conjuntamente suficientes para θ. En otras palabras, es suficiente conocer el conjunto de n números que se obtienen de la muestra y no es necesario saber cuál de estos números en particular fue, por ejemplo, el valor de X_3.

En cada uno de los ejemplos que se han dado en esta sección y en la sección 6.7, se consideró que existía una distribución para un estadístico suficiente o dos estadísticos que eran conjuntamente suficientes. Para algunas distribuciones, sin embargo, los estadísticos de orden $Y_1, \ldots, Y_n$ constituyen el conjunto más sencillo que existe de estadísticos conjuntamente suficientes y no es posible una mayor reducción para estadísticos suficientes.

Ejemplo 4: Estadísticos suficientes para el parámetro de una distribución de Cauchy. Supóngase que $X_1, \ldots, X_n$ constituyen una muestra aleatoria de una distribución de Cauchy centrada en un punto desconocido θ $(-\infty < \theta < \infty)$. La f.d.p. $f(x|\theta)$ de esta distribución está dada por la ecuación (5) de la sección 6.6, y la f.d.p. conjunta $f_n(\boldsymbol{x}|\theta)$ de $X_1, \ldots, X_n$ está dada por la ecuación (6) de la sección 6.6. Se puede demostrar que los únicos estadísticos suficientes que existen en este problema son los estadísticos de orden $Y_1, \ldots, Y_n$ u otro conjunto de n estadísticos $T_1, \ldots, T_n$ que se pueden obtener a partir de los estadísticos de orden por medio de una transformación biunívoca. Los detalles del argumento no se darán aquí. $\triangleleft$

Estas consideraciones conducen a los conceptos de estadísticos minimales suficientes y a los conjuntos minimales de estadísticos conjuntamente suficientes. Hablando en términos generales, un estadístico T es un estadístico minimal suficiente si no se le puede reducir más sin violar la propiedad de suficiencia. Alternativamente, un estadístico suficiente T es minimal suficiente si toda función de T, que es en sí mismo un estadístico suficiente, es una función biunívoca de T. Formalmente, se utilizará la siguiente definición, que es equivalente a las definiciones informales que se acaban de dar:

Un estadístico T es un *estadístico minimal suficiente* si T es un estadístico suficiente y es una función de cualquier otro estadístico suficiente.

En cualquier problema donde no exista estadístico suficiente, *los estadísticos minimales conjuntamente suficientes* se definen de forma análoga. Por tanto, en el ejemplo 4, los estadísticos de orden $Y_1, \ldots, Y_n$ son estadísticos minimales conjuntamente suficientes.

Estimadores máximo verosímiles y estimadores Bayes como estadísticos suficientes

Supóngase de nuevo que $X_1, \ldots, X_n$ constituyen una muestra aleatoria de una distribución cuya f.p. o f.d.p. es $f(x|\theta)$, donde el valor del parámetro θ es desconocido y también que $T = r(X_1, \ldots, X_n)$ es un estadístico suficiente para θ. Se demostrará ahora que el E.M.V. $\hat{\theta}$ depende de las observaciones $X_1, \ldots, X_n$ únicamente a través del estadístico T.

Del criterio de factorización presentado en la sección 6.7 resulta que la función de verosimilitud $f_n(\boldsymbol{x}|\theta)$ se puede escribir de la forma

$$f_n(\boldsymbol{x}|\theta) = u(\boldsymbol{x})v\left[r(\boldsymbol{x}), \theta\right].$$

El E.M.V. $\hat{\theta}$ es el valor de θ para el que $f_n(\boldsymbol{x}|\theta)$ es un máximo. Resulta, por tanto, que $\hat{\theta}$ será el valor de θ para el que $v[r(\boldsymbol{x}), \theta]$ es un máximo. Puesto que $v[r(\boldsymbol{x}), \theta]$ depende del vector observado $\boldsymbol{x}$ únicamente a través de la función $r(\boldsymbol{x})$, resulta que $\hat{\theta}$ también dependerá de $\boldsymbol{x}$ únicamente a través de la función $r(\boldsymbol{x})$. Entonces, el estimador $\hat{\theta}$ es una función de $T = r(X_1, \ldots, X_n)$.

Puesto que el estimador $\hat{\theta}$ es una función de las observaciones $(X_1, \ldots, X_n)$ y no es una función del parámetro θ, el estimador es un estadístico. En muchos problemas, $\hat{\theta}$ es realmente un estadístico suficiente. Puesto que $\hat{\theta}$ siempre será una función de cualquier otro estadístico suficiente, se puede enunciar ahora el siguiente resultado:

Si el E.M.V. $\hat{\theta}$ es un estadístico suficiente, entonces es un estadístico minimal suficiente.

Estas propiedades se pueden extender a un vector de parámetros $\boldsymbol{\theta}$. Si $\boldsymbol{\theta} = (\theta_1, \ldots, \theta_k)$ es un vector de k parámetros, entonces los E.M.V. $\hat{\theta}_1, \ldots, \hat{\theta}_k$ dependerán de las observaciones $X_1, \ldots, X_n$ únicamente a través de las funciones de cualquier conjunto de estadísticos conjuntamente suficientes. En muchos problemas, los estimadores $\hat{\theta}_1, \ldots, \hat{\theta}_k$ constituyen un conjunto de estadísticos conjuntamente suficientes. En tal caso, serán *estadísticos minimales conjuntamente suficientes.*

Ejemplo 5: Estadísticos minimales conjuntamente suficientes para los parámetros de una distribución normal. Supóngase que $X_1, \ldots, X_n$ constituyen una muestra aleatoria de una distribución normal con media μ y varianza σ^2 desconocidas. Se demostró en el ejemplo 3 de la sección 6.5 que los E.M.V. $\hat{\mu}$ y $\hat{\sigma}^2$ son la media muestral y la varianza muestral. Además, se demostró en el ejemplo 2 de esta sección que $\hat{\mu}$ y $\hat{\sigma}^2$ son estadísticos conjuntamente suficientes. Por tanto, $\hat{\mu}$ y $\hat{\sigma}^2$ son estadísticos minimales conjuntamente suficientes. $\triangleleft$

El estadístico puede restringir la búsqueda de buenos estimadores de μ y σ^2 a funciones de estadísticos minimales conjuntamente suficientes. Resulta, por tanto, del ejemplo 5 que si los E.M.V. $\hat{\mu}$ y $\hat{\sigma}^2$ no se utilizan como estimadores de μ y σ^2, los únicos otros estimadores que necesitan ser considerados son funciones de $\hat{\mu}$ y $\hat{\sigma}^2$.

La exposición que se acaba de presentar sobre E.M.V. está relacionada también con los estimadores Bayes. Supóngase que se va a estimar un parámetro θ y que se asigna a θ una f.d.p. inicial $\xi(\theta)$. Si un estadístico $T = r(X_1, \ldots, X_n)$ es un estadístico suficiente, entonces de la relación (6) de la sección 6.2 y del criterio de factorización resulta que la f.d.p. final $\xi(\theta|x)$ satisface la siguiente relación:

$$\xi(\theta|x) \propto v\,[r(\boldsymbol{x}), \theta]\,\xi(\theta).$$

De esta relación se puede observar que la f.d.p. final de θ dependerá del vector observado $\boldsymbol{x}$ únicamente a través de los valores de $r(\boldsymbol{x})$. Puesto que el estimador Bayes para θ respecto a cualquier función de pérdida específica se calcula a partir de esta f.d.p. final, el estimador también dependerá del vector observado $\boldsymbol{x}$ únicamente a través del valor de $r(\boldsymbol{x})$. En otras palabras, el estimador Bayes es una función de $T = r(X_1, \ldots, X_n)$.

Puesto que el estimador Bayes es un estadístico y es una función de cualquier estadístico suficiente T, se puede enunciar el siguiente resultado:

Si el estimador Bayes es un estadístico suficiente, entonces es un estadístico minimal suficiente.

EJERCICIOS

Instrucciones para los ejercicios 1 a 4: En cada ejercicio supóngase que las variables aleatorias $X_1, \ldots, X_n$ constituyen una muestra aleatoria de tamaño n de la distribución que se especifica en el ejercicio y demuéstrese que los estadísticos T_1 y T_2 son estadísticos conjuntamente suficientes.

1. Una distribución gamma con parámetros α y β desconocidos $(\alpha > 0, \beta > 0)$; $T_1 = \Pi_{i=1}^n X_i$ y $T_2 = \sum_{i=1}^n X_i$.
2. Una distribución beta con parámetros α y β desconocidos $(\alpha > 0, \beta > 0)$; $T_1 = \Pi_{i=1}^n X_i$ y $T_2 = \Pi_{i=1}^n (1 - X_i)$.
3. Una distribución de Pareto (véase Ejercicio 15 de la Sec. 5.9) con parámetros x_0 y α desconocidos ($x_0 > 0$ y $\alpha > 0$); $T_1 = \min(X_1, \ldots, X_n)$ y $T_2 = \Pi_{i=1}^n X_i$.
4. Una distribución uniforme sobre el intervalo $(\theta, \theta + 3)$ con θ desconocido $(-\infty < \theta < \infty)$; $T_1 = \min(X_1, \ldots, X_n)$ y $T_2 = \max(X_1, \ldots, X_n)$.
5. Supóngase que los vectores $(X_1, Y_1), (X_2, Y_2) \ldots, (X_n, Y_n)$ constituyen una muestra aleatoria de vectores bidimensionales de una distribución normal bivariante cuyas medias, varianzas y correlación son desconocidas. Demuéstrese que los siguientes cinco estadísticos son conjuntamente suficientes: $\sum_{i=1}^n X_i$, $\sum_{i=1}^n Y_i$, $\sum_{i=1}^n X_i^2$, $\sum_{i=1}^n Y_i^2$ y $\sum_{i=1}^n X_i Y_i$.
6. Considérese una distribución cuya f.d.p. o f.p. es $f(x|\theta)$, donde el parámetro θ es un vector k-dimensional que pertenece a un espacio paramétrico Ω. Se dice que la familia de distribuciones indizadas por los valores de θ en Ω es una *familia exponencial de k parámetros*, o una *familia Koopman-Darmois de k parámetros*, si $f(x|\theta)$ se puede escribir como sigue para $\theta \in \Omega$ y para todos los valores de x:

$$f(x|\theta) = a\,(\theta) b\,(x) \exp\left[\sum_{i=1}^{k} c_i\,(\theta) d_i\,(x)\right].$$

Aquí, a y $c_1, \ldots, c_n$ son funciones arbitrarias de θ y b y $d_1, \ldots, d_k$ son funciones arbitrarias de x. Supóngase ahora que $X_1, \ldots, X_n$ constituyen una muestra aleatoria de una distribución que pertenece a una familia exponencial de k parámetros de este tipo y se definen los k estadísticos $T_1, \ldots, T_k$ como sigue:

$$T_i = \sum_{j=1}^{n} d_i(X_j) \qquad \text{para } i = 1, \ldots, k.$$

Demuéstrese que los estadísticos $T_1, \ldots, T_k$ son estadísticos conjuntamente suficientes para θ.

7. Demuéstrese que cada una de las siguientes familias de distribuciones es una familia exponencial de dos parámetros como se definen en el ejercicio 6:
   (a) La familia de todas las distribuciones normales con media y varianza desconocidas.
   (b) La familia de todas las distribuciones gamma con α y β desconocidas.
   (c) La familia de todas las distribuciones beta con α y β desconocidas.
8. Supóngase que $X_1, \ldots, X_n$ constituyen una muestra aleatoria de una distribución de Bernoulli con parámetro p desconocido $(0 \leq p \leq 1)$. ¿Es un estadístico suficiente el E.M.V. de p?
9. Supóngase que $X_1, \ldots, X_n$ constituyen una muestra aleatoria de una distribución uniforme sobre el intervalo $(0, \theta)$, donde el valor de θ es desconocido $(\theta > 0)$. ¿Es un estadístico minimal suficiente el E.M.V. para θ?
10. Supóngase que $X_1, \ldots, X_n$ constituyen una muestra aleatoria de una distribución de Cauchy centrada en un punto desconocido $\theta(-\infty < \theta < \infty)$. ¿Es un estadístico minimal suficiente el E.M.V. para θ?
11. Supóngase que $X_1, \ldots, X_n$ constituyen una muestra aleatoria de una distribución cuya f.d.p. es la siguiente:

$$f(x|\theta) = \begin{cases} \dfrac{2x}{\theta^2} & \text{para} \quad 0 \leq x \leq \theta, \\ 0 & \text{en otro caso.} \end{cases}$$

    Aquí, el valor del parámetro θ es desconocido $(\theta > 0)$. Determínese el E.M.V. de la mediana de esta distribución y demuéstrese que este estimador es un estadístico minimal suficiente para θ.
12. Supóngase que $X_1, \ldots, X_n$ constituyen una muestra aleatoria de una distribución uniforme sobre el intervalo (a, b), donde a y b son desconocidos. ¿Son estadísticos minimales conjuntamente suficientes los E.M.V. de a y b?
13. Para las condiciones del ejercicio 5, los E.M.V. de las medias, las varianzas y la correlación se presentan en el ejercicio 13 de la sección 6.5. ¿Son estadísticos minimales conjuntamente suficientes estos cinco estimadores?
14. Supóngase que $X_1, \ldots, X_n$ constituyen una muestra aleatoria de una distribución de Bernoulli con parámetro p desconocido y que la distribución inicial de p es una distribución beta determinada. ¿Es un estadístico minimal suficiente el estimador Bayes para p respecto a la función de pérdida del error cuadrático?
15. Supóngase que $X_1, \ldots, X_n$ constituyen una muestra aleatoria de una distribución de Poisson con media λ desconocida y la distribución inicial de λ es una distribución gamma específica. ¿Es un estadístico minimal suficiente el estimador Bayes para λ con respecto a la función de pérdida del error cuadrático?

16. Supóngase que $X_1, \ldots, X_n$ constituyen una muestra aleatoria de una distribución normal con media μ desconocida y varianza σ^2 conocida y que la distribución inicial de μ es una distribución normal determinada. ¿Es un estadístico minimal suficiente el estimador Bayes para μ con respecto a la función de pérdida del error cuadrático?

6.9 MEJORA DE UN ESTIMADOR

Error cuadrático medio de un estimador

Supóngase de nuevo que las variables aleatorias $X_1, \ldots, X_n$ constituyen una muestra aleatoria de una distribución cuya f.d.p. o f.p. es $f(x|\theta)$, donde el parámetro θ debe pertener a un espacio paramétrico Ω. Para cualquier variable aleatoria $Z = g(X_1, \ldots, X_n)$ se define $E_\theta(Z)$ como la esperanza de Z calculada respecto a la f.d.p. conjunta o a la f.p. conjunta $f_n(\boldsymbol{x}|\theta)$. Por tanto, si $f_n(\boldsymbol{x}|\theta)$ es una f.d.p.

$$E_\theta(Z) = \int_{-\infty}^{\infty} \cdots \int_{-\infty}^{\infty} g(\boldsymbol{x}) f_n(\boldsymbol{x}|\theta)\, dx_1 \cdots dx_n.$$

En otras palabras, $E_\theta(Z)$ es la esperanza de Z para un valor concreto de $\theta \in \Omega$.

Supóngase, como de costumbre, que el valor de θ es desconocido y se debe estimar, y supóngase que se va a utilizar la función de pérdida del error cuadrático. Además, para cualquier estimador concreto $\delta(X_1, \ldots, X_n)$ y cualquier valor de $\theta \in \Omega$, se define el *riesgo cuadrático* $R(\theta, \delta)$ como el E.C.M. de δ calculado con respecto al valor concreto de θ. Así,

$$R(\theta, \delta) = E_\theta\left[(\delta - \theta)^2\right]. \tag{1}$$

Si no se asigna una distribución inicial a θ, entonces es conveniente encontrar un estimador δ cuyo E.C.M. $R(\theta, \delta)$ sea pequeño para todo valor de $\theta \in \Omega$ o, al menos, para una amplia gama de valores de θ.

Supóngase ahora que $T = r(X_1, \ldots, X_n)$ es un estadístico suficiente para θ y considérese un estadístico A que decide utilizar un estimador particular $\delta\,(X_1, \ldots, X_n)$. En la sección 6.7 se subraya que otro estadístico B que conoce únicamente el valor del estadístico suficiente T puede generar, por medio de una aleatorización auxiliar, un estimador que tendrá exactamente las mismas propiedades que δ y, en particular, tendrá el mismo error cuadrático medio que δ para todo valor de $\theta \in \Omega$. Se demostrará ahora que aun sin utilizar una aleatorización auxiliar, el estadístico B puede encontrar un estimador δ_0 que depende de las observaciones $X_1, \ldots, X_n$ únicamente a través del estadístico suficiente T y que es al menos tan buen estimador como δ en el sentido de que $R(\theta, \delta_0) \leq R(\theta, \delta)$ para todo valor de $\theta \in \Omega$.

Esperanza condicional cuando se conoce un estadístico suficiente

Se definirá el estimador $\delta_0(T)$ mediante la siguiente esperanza condicional:

$$\delta_0(T) = E_\theta\left[\delta(X_1,\ldots,X_n)|T\right]. \tag{2}$$

Puesto que T es un estadístico suficiente, la distribución conjunta condicional de $X_1,\ldots,$ X_n cualquier valor concreto de T es la misma para todo valor de $\theta \in \Omega$. Por tanto, para cualquier valor concreto de T, la esperanza condicional de la función $\delta(X_1,\ldots,X_n)$ será la misma para todo valor de $\theta \in \Omega$. Resulta así que la esperanza condicional de la ecuación (2) dependerá del valor de T, pero no dependerá realmente del valor de θ. En otras palabras, la función $\delta_0(T)$ es ciertamente un estimador de θ porque depende únicamente de las observaciones $X_1,\ldots,X_n$ y no depende del valor desconocido de θ. Por esta razón, se puede omitir el subíndice θ del símbolo de esperanza E de la ecuación (2) y se puede escribir la relación como sigue:

$$\delta_0(T) = E\left[\delta(X_1,\ldots,X_n)|T\right]. \tag{3}$$

Será conveniente escribir esta relación simplemente como $\delta_0 = E(\delta|T)$. Debe subrayarse que el estimador δ_0 dependerá de las observaciones $X_1,\ldots,X_n$ únicamente a través del estadístico T.

Puede demostrarse ahora el siguiente teorema, que fue establecido independientemente por D. Blackwell y por C.R. Rao a finales de la década de 1940.

Teorema 1. *Sea $\delta(X_1,\ldots,X_n)$ cualquier estimador concreto, sea T un estadístico suficiente para θ y sea el estimador $\delta_0(T)$ definido por la ecuación (3). Entonces para todo valor de $\theta \in \Omega$,*

$$R(\theta,\delta_0) \leq R(\theta,\delta). \tag{4}$$

Demostración. Si el riesgo $R(\theta,\delta)$ es infinito para un valor de $\theta \in \Omega$, entonces la relación (3) se cumple automáticamente. Se supondrá, por tanto, que $R(\theta,\delta) < \infty$. Del ejercicio 3 de la sección 4.4 resulta que $E_\theta[(\delta-\theta)^2] \geq [E_\theta(\delta)-\theta]^2$ y se puede demostrar que esta misma relación también debe cumplirse si las esperanzas se reemplazan por esperanzas condicionales dada T. Por tanto,

$$E_\theta\left[(\delta-\theta)^2|T\right] \geq \left[E_\theta(\delta|T)-\theta\right]^2 = (\delta_0-\theta)^2. \tag{5}$$

De la relación (5) resulta que

$$\begin{aligned} R(\theta,\delta_0) &= E_\theta\left[(\delta_0-\theta)^2\right] \leq E_\theta\{E_\theta\left[(\delta-\theta)^2|T\right]\} \\ &= E_\theta\left[(\delta-\theta)^2\right] = R(\theta,\delta). \end{aligned} \tag{6}$$

Por tanto, $R(\theta,\delta_0) \leq R(\theta,\delta)$ para todo valor de $\theta \in \Omega$. ◁

Si $R(\theta, \delta) < \infty$, entonces también se puede demostrar que habrá una desigualdad estricta en la relación (4), a menos que $\delta = \delta_0$, esto es, a menos que δ dependa de $X_1, \ldots, X_n$ únicamente a través del estadístico T.

Un resultado análogo al teorema 1 se cumple cuando $\boldsymbol{\theta}$ es un vector de parámetros reales y los estadísticos $T_1, \ldots, T_k$ son estadísticos conjuntamente suficientes para $\boldsymbol{\theta}$. Supóngase que se desea estimar una función particular $\nu(\boldsymbol{\theta})$ del vector $\boldsymbol{\theta}$, como una componente concreta de $\boldsymbol{\theta}$ o la suma de todas las componentes de $\boldsymbol{\theta}$. Para cualquier valor de $\boldsymbol{\theta} \in \Omega$, el E.C.M. de un estimador $\delta(X_1, \ldots, X_n)$ se define ahora como sigue:

$$R(\boldsymbol{\theta}, \delta) = E_{\boldsymbol{\theta}}\{[\delta(X_1, \ldots, X_n) - \nu(\boldsymbol{\theta})]^2\}. \tag{7}$$

Puesto que los estadísticos $T_1, \ldots, T_k$ son conjuntamente suficientes, la esperanza condicional $E[\delta(X_1, \ldots, X_n)|T_1, \ldots, T_k]$ no dependerá de $\boldsymbol{\theta}$. Por tanto, se puede definir otro estimador $\delta_0(T_1, \ldots, T_k)$ mediante la relación

$$\delta_0(T_1, \ldots, T_k) = E\left[\delta(X_1, \ldots, X_n)|T_1, \ldots, T_k\right]. \tag{8}$$

Resulta ahora por una demostración análoga a la dada para el teorema 1 que

$$R(\boldsymbol{\theta}, \delta_0) \leq R(\boldsymbol{\theta}, \delta) \qquad \text{para } \boldsymbol{\theta} \in \Omega. \tag{9}$$

Si $R(\boldsymbol{\theta}, \delta) < \infty$, existe una desigualdad estricta en la relación (9), a menos que $\delta = \delta_0$.

Además, un resultado análogo al teorema 1 se cumple si $R(\theta, \delta)$ se define como el E.A.M. de un estimador para un valor concreto de $\theta \in \Omega$ en vez del E.C.M. de δ. En otras palabras, supóngase que $R(\theta, \delta)$ se define como sigue:

$$R(\theta, \delta) = E_\theta(|\delta - \theta|). \tag{10}$$

Entonces se puede demostrar (véase Ejercicio 9 de esta Sec.) que el teorema 1 continúa siendo cierto.

Supóngase ahora que $R(\theta, \delta)$ está definido por la ecuación (1) o por la (10). Se dice que un estimador δ es *inadmisible* si existe otro estimador δ_0 tal que $R(\theta, \delta_0) \leq R(\theta, \delta)$ para todo valor de $\theta \in \Omega$ y existe una desigualdad estricta en esta relación para al menos un valor de $\theta \in \Omega$. Partiendo de estas condiciones, se dice también que el estimador δ_0 *domina* al estimador δ. Un estimador es *admisible* si no es dominado por ningún otro estimador.

En esta terminología, el teorema 1 se puede resumir como sigue: Un estimador δ que no es una función del estadístico suficiente T debe ser inadmisible. El teorema 1, además, identifica explícitamente un estimador, $\delta_0 = E(\delta|T)$, que necesariamente domina a δ. Sin embargo, esta parte del teorema no es muy útil en un problema práctico, porque generalmente la probabilidad condicional $E(\delta|T)$ es muy difícil calcular . El teorema 1 es fundamentalmente valioso porque proporciona fuerte evidencia adicional para restringir la búsqueda de un buen estimador de θ a aquellos estimadores que dependen de las observaciones únicamente a través de un estadístico suficiente.

Ejemplo 1: Estimación de la media de una distribución normal. Supóngase que $X_1, \ldots, X_n$ constituyen una muestra aleatoria de una distribución normal con media μ desconocida y varianza σ^2 conocida y sean $Y_1 \leq \cdots \leq Y_n$ los estadísticos de orden de la muestra, tal como fueron definidos en la sección 6.8. Si n es un número impar, entonces la observación $Y_{(n+1)/2}$ se denomina *mediana muestral.* Si n es un número par, entonces cualquier valor entre las dos observaciones centrales $Y_{n/2}$ e $Y_{(n/2)+1}$ es una *mediana muestral*, pero se denomina generalmente *mediana muestral* al valor concreto $\frac{1}{2}[Y_{n/2} + Y_{(n/2)+1}]$.

Puesto que la distribución normal de donde se extrae la muestra es simétrica con respecto al punto μ, la mediana de la distribución normal es μ. Por tanto, se podría considerar el uso de la mediana muestral, o una función sencilla de la mediana muestral, como un estimador de μ. Sin embargo, se demostró en el ejemplo 3 de la sección 6.7 que la media muestral $\overline{X}_n$ es un estadístico suficiente para μ. Del teorema 1 resulta que cualquier función de la mediana muestral que podría ser utilizada como un estimador de μ será dominada por alguna otra función de $\overline{X}_n$. En la búsqueda de un estimador de μ, basta considerar funciones de $\overline{X}_n$. ◁

Ejemplo 2: Estimación de la desviación típica de una distribución normal. Supóngase que $X_1, \ldots, X_n$ constituyen una muestra aleatoria de una distribución normal con media μ y varianza σ^2 conocidas y sean de nuevo $Y_1 \leq \cdots \leq Y_n$ los estadísticos de orden de la muestra. La diferencia $Y_n - Y_1$ se denomina *rango* de la muestra y se podría considerar la utilización de una función sencilla del rango como un estimador de la desviación típica σ. Sin embargo, se demostró en el ejemplo 1 de la sección 6.8 que los estadísticos $\sum_{i=1}^n X_i$ y $\sum_{i=1}^n X_i^2$ son conjuntamente suficientes para los parámetros μ y σ^2. Por tanto, cualquier función del rango que pudiera ser propuesta como un estimador de σ sería dominada por una función de $\sum_{i=1}^n X_i$ y $\sum_{i=1}^n X_i^2$. ◁

Limitaciones en el uso de estadísticos suficientes

Cuando se aplica la teoría de estadísticos suficientes en un problema estadístico, es importante recordar la siguiente limitación. La existencia y la forma de un estadístico suficiente en un problema concreto dependen críticamente de la forma de la función que describe la f.d.p. o la f.p. Una función de los datos que resulta ser un estadístico suficiente cuando se supone que la f.d.p. es $f(x|\theta)$ puede no ser un estadístico suficiente cuando se supone que la f.d.p. es $g(x|\theta)$, aunque $g(x|\theta)$ pueda ser muy similar a $f(x|\theta)$ para todo valor de $\theta \in \Omega$. Supóngase que un estadístico tiene dudas acerca de la forma exacta de la f.d.p. en un problema específico, pero supone, por conveniencia, que la f.d.p. es $f(x|\theta)$ y supone también que el estadístico T es un estadístico suficiente según esta suposición. Debido a la inseguridad del estadístico acerca de la forma exacta de la f.d.p., podría desear utilizar un estimador de θ que funcione razonablemente bien para una amplia variedad de posibles f.d.p., aunque el estimador seleccionado no cumpla con la condición de que debe depender de las observaciones únicamente a través del estadístico T.

Un estimador que funcione razonablemente bien para una amplia variedad de posibles f.d.p., aunque no necesariamente sea el mejor estimador disponible para cualquier familia particular de f.d.p., se denomina a menudo un *estimador robusto*. En el capítulo 9 se considerarán nuevamente los estimadores robustos.

EJERCICIOS

1. Supóngase que las variables aleatorias $X_1, \ldots, X_n$ constituyen una muestra aleatoria de tamaño n ($n \geq 2$) de una distribución uniforme sobre el intervalo $(0, \theta)$, con parámetro θ desconocido ($\theta > 0$) que se debe estimar. Supóngase, además, que para cualquier estimador $\delta(X_1, \ldots, X_n)$, el E.C.M. $R(\theta, \delta)$ está dado por la ecuación (1). Explíquese por qué el estimador $\delta_1(X_1, \ldots, X_n) = 2\overline{X}_n$ es inadmisible.

2. Considérense de nuevo las condiciones del ejercicio 1 y sea el estimador δ_1 como se definió en ese ejercicio. Determínese el valor del E.C.M. $R(\theta, \delta_1)$ para $\theta > 0$.

3. Considérense de nuevo las condiciones del ejercicio 1. Sea $Y_n = \max(X_1, \ldots, X_n)$ y considérese el estimador $\delta_2(X_1, \ldots, X_n) = Y_n$.
   (a) Determínese el E.C.M. $R(\theta, \delta_2)$ para $\theta > 0$.
   (b) Demuéstrese que para $n = 2$, $R(\theta, \delta_2) = R(\theta, \delta_1)$, para $\theta > 0$.
   (c) Demuéstrese que para $n \geq 3$, el estimador δ_2 domina al estimador δ_1.

4. Considérense de nuevo las condiciones de los ejercicios 1 y 3. Demuéstrese que existe una constante c^* tal que el estimador c^*Y_n domina a cualquier otro estimador que tenga la forma cY_n para $c \neq c^*$.

5. Supóngase que $X_1, \ldots, X_n$ constituyen una muestra aleatoria de tamaño n ($n \geq 2$) de una distribución gamma con parámetros α y β, donde el valor de α es desconocido ($\alpha > 0$) y el valor de β es conocido. Explíquese por qué $\overline{X}_n$ es un estimador inadmisible de la media de esta distribución cuando se utiliza la función de pérdida del error cuadrático.

6. Supóngase que $X_1, \ldots, X_n$ es una muestra aleatoria de una distribución exponencial con parámetro β desconocido ($\beta > 0$) y se debe estimar utilizando la función de pérdida del error cuadrático. Sea δ un estimador tal que $\delta\,(X_1, \ldots, X_n) = 3$ para todos los valores posibles de $X_1, \ldots, X_n$.
   (a) Determínese el valor del riesgo $R(\beta, \delta)$ para $\beta > 0$.
   (b) Explíquese por qué el estimador δ debe ser admisible.

7. Supóngase que se selecciona una muestra aleatoria de n observaciones de una distribución de Poisson con media θ desconocida ($\theta > 0$) y que el valor de $\beta = e^{-\theta}$ se debe estimar utilizando la función de pérdida del error cuadrático. Puesto que β es igual a la probabilidad de que una observación de esta distribución de Poisson tenga el valor 0, un estimador natural de β es la proporción $\hat{\beta}$ de observaciones en la muestra aleatoria que tienen el valor 0. Explíquese por qué $\hat{\beta}$ es un estimador inadmisible de β.

8. Para cualquier variable aleatoria X, demuéstrese que $|E(X)| \leq E(|X|)$.

9. Sean $X_1, \ldots, X_n$ una muestra aleatoria de una distribución cuya f.d.p. o f.p. es $f(x|\theta)$, donde $\theta \in \Omega$. Supóngase que el valor de θ se debe estimar y que T es un estadístico suficiente para θ. Sea δ cualquier estimador concreto de θ y sea δ_0 otro estimador definido por la relación $\delta_0 = E(\delta|T)$. Demuéstrese que, para todo valor de $\theta \in \Omega$,

$$E_\theta(|\delta_0 - \theta|) \leq E_\theta(|\delta - \theta|).$$

10. Supóngase que las variables $X_1, \ldots, X_n$ constituyen una muestra aleatoria de una distribución cuya f.d.p. o f.p. es $f(x|\theta)$, donde $\theta \in \Omega$, y sea $\hat{\theta}$ el E.M.V. de θ. Supóngase, además, que el estadístico T es un estadístico suficiente para θ y sea el estimador δ_0 definido por la relación $\delta_0 = E(\hat{\theta}|T)$. Compárense los estimadores $\hat{\theta}$ y δ_0.

11. Supóngase que $X_1, \ldots, X_n$ constituyen una sucesión de n pruebas de Bernoulli con probabilidad p desconocida de éxito en cualquier prueba concreta ($0 \leq p \leq 1$), y sea $T = \sum_{i=1}^{n} X_i$. Determínese la forma del estimador $E(X_1|T)$.

12. Supóngase que $X_1, \ldots, X_n$ constituyen una muestra aleatoria de una distribución de Poisson con media θ desconocida ($\theta > 0$). Sea $T = \sum_{i=1}^{n} X_i$ y para $i = 1, \ldots, n$, sea el estadístico Y_i definido como sigue:

$$Y_i = 1 \quad \text{si} \quad X_i = 0,$$

$$Y_i = 0 \quad \text{si} \quad X_i > 0.$$

Determínese la forma del estimador $E(Y_i|T)$.

13. Considérense de nuevo las condiciones de los ejercicios 7 y 12. Determínese la forma de los estimadores $E(\hat{\beta}|T)$ y $E(\hat{\theta}|T)$

6.10 EJERCICIOS COMPLEMENTARIOS

1. Supóngase que $X_1, \ldots, X_n$ son i.i.d. con $\Pr(X_i = 1) = \theta$ y $\Pr(X_i = 0) = 1 - \theta$, donde θ es desconocida ($0 \leq \theta \leq 1$). Encuéntrese el E.M.V. de θ^2.

2. Supóngase que se desconoce la proporción θ de manzanas podridas en un gran lote y que θ tiene la siguiente f.d.p. inicial:

$$\xi(\theta) = \begin{cases} 60\,\theta^2(1-\theta)^3 & \text{para } 0 < \theta < 1, \\ 0 & \text{en otro caso.} \end{cases}$$

Supóngase que se selecciona una muestra aleatoria de 10 manzanas del lote y se encuentra que tres están podridas. Encuéntrese el estimador Bayes para θ respecto a la función de pérdida del error cuadrático.

3. Supóngase que $X_1, \ldots, X_n$ constituyen una muestra aleatoria de una distribución uniforme con la siguiente f.d.p.:

$$f(x|\theta) = \begin{cases} \dfrac{1}{\theta} & \text{para } \theta \leq x \leq 2\theta, \\ 0 & \text{en otro caso.} \end{cases}$$

Suponiendo que el valor de θ es desconocido ($\theta > 0$), determínese el E.M.V. de θ.

4. Supóngase que X_1 y X_2 son variables aleatorias independientes y que X_i tiene una distribución normal con media $b_i\mu$ y varianza σ_i^2 para $i = 1, 2$. Supóngase, además, que b_1, b_2, σ_1^2 y σ_2^2 son constantes positivas conocidas y que μ es un parámetro desconocido. Determínese el E.M.V. de μ basado en X_1 y X_2.

5. Sea $\psi(\alpha) = \Gamma'(\alpha)/\Gamma(\alpha)$ para $\alpha > 0$ (la función digamma). Demuéstrese que

$$\psi(\alpha + 1) = \psi(\alpha) + \frac{1}{\alpha}.$$

6. Supóngase que se van a probar una bombilla normal, una de larga duración y una de duración extra larga. El tiempo de vida X_1 de la bombilla normal tiene una distribución exponencial con media θ, el tiempo de vida X_2 de la bombilla de larga duración tiene una distribución exponencial con media 2θ y el tiempo de vida X_3 de la bombilla con duración extra larga tiene una distribución exponencial con media 3θ.

   (a) Determínese el E.M.V. de θ basado en las observaciones X_1, X_2 y X_3.

   (b) Sea $\psi = 1/\theta$ y supóngase que la distribución inicial de ψ es una distribución gamma con parámetros α y β. Determínese la distribución final de ψ dadas X_1, X_2 y X_3.

7. Considérese una cadena de Markov con dos estados posibles s_1 y s_2 y con probabilidades de transición estacionarias descritas por la matriz de transición $\boldsymbol{P}$:

$$\boldsymbol{P} = \begin{array}{c} \\ s_1 \\ s_2 \end{array} \begin{array}{c} \begin{array}{cc} s_1 & s_2 \end{array} \\ \begin{pmatrix} \theta & 1-\theta \\ 3/4 & 1/4 \end{pmatrix} \end{array},$$

donde el valor de θ es desconocido ($0 \leq \theta \leq 1$). Supóngase que el estado inicial X_1 de la cadena es s_1 y sean $X_2, \ldots, X_{n+1}$ los estados de la cadena en cada uno de los siguientes n periodos sucesivos. Determínese el E.M.V. de θ basado en las observaciones $X_2, \ldots, X_{n+1}$.

8. Supóngase que se selecciona una observación X de una distribución con la siguiente f.d.p.:

$$f(x|\theta) = \begin{cases} \dfrac{1}{\theta} & \text{para } 0 < x < \theta, \\ 0 & \text{en otro caso.} \end{cases}$$

Supóngase, además, que la f.d.p. inicial de θ es

$$\xi(\theta) = \begin{cases} \theta e^{-\theta} & \text{para } \theta > 0 \\ 0 & \text{en otro caso.} \end{cases}$$

Determínese el estimador Bayes para θ con respecto a: (a) la función de pérdida del error cuadrático y (b) la función de pérdida del error absoluto.

9. Supóngase que $X_1, \ldots, X_n$ constituyen n pruebas de Bernoulli con parámetro θ de la forma $\theta = (1/3)(1 + \beta)$, donde el valor de β es desconocido ($0 \leq \beta \leq 1$). Determínese el E.M.V. de β.

10. El método de *respuesta aleatorizada* se utiliza en algunas ocasiones para llevar a cabo investigaciones sobre temas delicados. Una versión sencilla del método se puede describir como sigue: Una muestra aleatoria de n personas se selecciona de una gran población. Para cada persona de la muestra existe una probabilidad $1/2$ de que se le haga una pregunta estándar y una probabilidad $1/2$ de que se le haga una pregunta delicada. Además, esta selección de la pregunta estándar o delicada se hace independientemente de persona a persona. Si a una persona se le hace una pregunta estándar, entonces existe una probabilidad $1/2$ de que dará una respuesta positiva, pero si se le hace una pregunta delicada, entonces existe una probabilidad desconocida p de que dará una respuesta positiva. El estadístico puede observar únicamente el número total X de respuestas positivas dadas por las n personas de la muestra. No puede observar a cuáles de estas personas se les hizo la pregunta delicada ni saber a cuántas personas de la muestra se les hizo la pregunta delicada. Determínese el E.M.V. de p basado en la observación X.

11. Supóngase que se va a seleccionar una muestra aleatoria de cuatro observaciones de una distribución uniforme sobre el intervalo $(0, \theta)$ y que la distribución inicial de θ tiene la siguiente f.d.p.:

$$\xi(\theta) = \begin{cases} \dfrac{1}{\theta^2} & \text{para } \theta \geq 1, \\ 0 & \text{en otro caso.} \end{cases}$$

Supóngase que los valores de las observaciones de la muestra resultan ser $0.6, 0.4, 0.8$ y 0.9. Determínese el estimador Bayes para θ con respecto a la función de pérdida del error cuadrático.

12. Bajo las condiciones del ejercicio 11, determínese el estimador Bayes para θ con respecto a la función de pérdida del error absoluto.

13. Supóngase que $X_1, \ldots, X_n$ constituyen una muestra aleatoria de una distribución con la siguiente f.d.p.:

$$f(x|\beta, \theta) = \begin{cases} \beta e^{-\beta(x-\theta)} & \text{para } x \geq \theta, \\ 0 & \text{en otro caso,} \end{cases}$$

donde β y θ son desconocidos ($\beta > 0, -\infty < \theta < \infty$). Determínese un par de estadísticos conjuntamente suficientes.

14. Supóngase que $X_1, \ldots, X_n$ constituyen una muestra aleatoria de una distribución de Pareto con parámetros x_0 y α (véase Ejercicio 15 de la Sec. 5.9), donde x_0 es desconocido y α es conocido. Determínese el E.M.V. de x_0.

15. Determínese cuándo es un estadístico minimal suficiente el estimador encontrado en el ejercicio 14.

16. Considérense de nuevo las condiciones del ejercicio 14, pero supóngase ahora que ambos parámetros x_0 y α son desconocidos. Determínense los E.M.V. de x_0 y α.

17. Determínese cuándo son estadísticos minimales conjuntamente suficientes los estimadores encontrados en el ejercicio 16.

18. Supóngase que la variable aleatoria X tiene una distribución binomial con un valor desconocido de n y un valor conocido de p ($0 < p < 1$). Determínese el E.M.V. de n basado en la observación X. *Sugerencia*: Considérese el cociente

$$\frac{f(x|n+1, p)}{f(x|n, p)}.$$

19. Supóngase que se seleccionan al azar dos observaciones X_1 y X_2 de una distribución uniforme con la siguiente f.d.p:

$$f(x|\theta) = \begin{cases} \dfrac{1}{2\theta} & \text{para } 0 \leq x \leq \theta \quad \text{o} \quad 2\theta \leq x \leq 3\theta, \\ 0 & \text{en otro caso,} \end{cases}$$

donde el valor de θ es desconocido ($\theta > 0$). Determínese el E.M.V. de θ para cada uno de los siguientes pares de valores observados de X_1 y X_2:

(a) $X_1 = 7$ y $X_2 = 9$.

(b) $X_1 = 4$ y $X_2 = 9$.

(c) $X_1 = 5$ y $X_2 = 9$.

20. Supóngase que se va a seleccionar una muestra aleatoria $X_1, \ldots, X_n$ de una distribución normal con media desconocida θ y varianza 100 y que la distribución inicial de θ es una distribución normal con media μ y varianza 25. Supóngase que θ va a ser estimada utilizando la función de pérdida del error cuadrático y que el costo del muestreo de cada observación es 0.25 (en las unidades apropiadas). Si el costo total del proceso de estimación es igual a la pérdida esperada del estimador Bayes más el costo de muestreo $(0.25)n$, ¿cuál es el tamaño muestral n para el que el costo total será mínimo?

21. Supóngase que $X_1, \ldots, X_n$ constituyen una muestra aleatoria de una distribución de Poisson con media desconocida θ y que la varianza de esta distribución va a ser estimada utilizando la función de pérdida del error cuadrático. Determínese si la varianza muestral es un estimador admisible.

Distribuciones muestrales de los estimadores

7

7.1 LA DISTRIBUCIÓN MUESTRAL DE UN ESTADÍSTICO

Estadísticos y estimadores

Supóngase que las variables aleatorias $X_1, \dots, X_n$ constituyen una muestra aleatoria de una distribución con parámetro θ de valor desconocido. En la sección 6.7, se definió un *estadístico* como cualquier función real $T = r(X_1, \dots, X_n)$ de las variables $X_1, \dots, X_n$. Puesto que un estadístico T es una función de variables aleatorias, resulta que T es una variable aleatoria y su distribución puede, en principio, ser deducida de la distribución conjunta de $X_1, \dots, X_n$. Esta distribución se denomina usualmente distribución muestral del estadístico T, porque se obtiene de la distribución conjunta de las observaciones de una muestra aleatoria.

Como se mencionó en la sección 6.8, un estimador de θ es un estadístico, puesto que es una función de las observaciones $X_1, \dots, X_n$. Por tanto, en principio, es posible deducir la distribución muestral de cualquier estimador de θ. De hecho, ya se han obtenido las distribuciones de muchos estimadores y estadísticos en capítulos anteriores de este libro. Por ejemplo, si $X_1, \dots, X_n$ constituyen una muestra aleatoria de una distribución normal con media μ y varianza σ^2, entonces se sabe de la sección 6.5 que la media muestral $\overline{X}_n$ es el E.M.V. de μ. Además, en el corolario 2 de la sección 5.6 se determinó que la distribución de $\overline{X}_n$ es una normal con media μ y varianza σ^2/n.

En este capítulo se deducirán, para muestras aleatorias de una distribución normal, la distribución de la varianza muestral y la distribución de varias funciones de la media y de la varianza muestrales. Estas deducciones nos conducirán a las definiciones de algunas distribuciones nuevas que tienen un papel importante en diversos problemas de inferencia estadística. Adicionalmente, se estudiarán algunas propiedades generales de los estimadores y de sus distribuciones muestrales.

Objeto de la distribución muestral

Se puede observar de la exposición del capítulo 6 que en un problema concreto se puede determinar un estimador Bayes o un E.M.V. sin calcular su distribución muestral. Ciertamente, después de que los valores de la muestra han sido observados y se ha encontrado el estimador Bayes del parámetro θ, las propiedades relevantes de esta estimación se pueden determinar a partir de la distribución final de θ. Por ejemplo, la probabilidad de que la estimación no difiera del valor desconocido de θ en más de un número específico de unidades o el E.C.M. de la estimación se pueden determinar a partir de la distribución final de θ.

Sin embargo, antes de seleccionar la muestra, puede ser de interés calcular la probabilidad de que el estimador no difiera de θ en más de un número específico de unidades o calcular el E.C.M. del estimador. En este caso, es generalmente necesario determinar la distribución muestral del estimador para cada valor posible de θ. En particular, si el estadístico debe decidir cuál de dos o más experimentos disponibles se debe desarrollar para obtener el mejor estimador de θ, o si debe elegir el mejor tamaño muestral en un experimento concreto, entonces basará su decisión en las distribuciones muestrales de los diferentes estimadores que se podrían utilizar.

Además, como se mencionó en las secciones 6.2 y 6.5, muchos estadísticos creen que en algunos problemas es inapropiado o muy difícil asignar una distribución inicial al parámetro θ. Por tanto, en un problema de este tipo, no es posible asignar una distribución final al parámetro θ. En tal caso, después de haber observado los valores de la muestra y de haber calculado el valor numérico de la estimación de θ, no sería posible o no sería apropiado considerar la probabilidad final de que esta estimación esté cerca de θ. Antes de seleccionar la muestra, el estadístico puede utilizar la distribución muestral del estimador para calcular la probabilidad de que el estimador esté cerca de θ. Si esta probabilidad es alta para todo valor posible de θ, entonces el estadístico puede concluir que la estimación particular obtenida de los valores observados de la muestra es probable que esté cerca de θ, aun cuando no puedan darse probabilidades finales explícitas.

EJERCICIOS

1. Supóngase que se va a seleccionar una muestra aleatoria de una distribución normal con media θ desconocida y desviación típica 2. ¿Qué tamaño debe tener la muestra aleatoria seleccionada para que $E_\theta(|\overline{X}_n - \theta|^2) \leq 0.1$ para todo valor posible de θ?

2. Bajo las condiciones del ejercicio 1, ¿qué tamaño debe tener la muestra aleatoria seleccionada para que $E_\theta(|\overline{X}_n - \theta|) \leq 0.1$ para todo valor posible de θ?

3. Bajo las condiciones del ejercicio 1, ¿qué tamaño debe tener la muestra aleatoria seleccionada para que $\Pr(|\overline{X}_n - \theta| \leq 0.1) \geq 0.95$ para todo valor posible de θ?

4. Supóngase que se va a seleccionar una muestra aleatoria de una distribución de Bernoulli con parámetro p desconocido. Supóngase también que se cree que el valor de p está cerca de 0.2. ¿Qué tamaño debe tener la muestra aleatoria seleccionada para que $\Pr(|\overline{X}_n - p| \leq 0.1) \geq 0.75$ cuando $p = 0.2$?
5. Bajo las condiciones del ejercicio 4, utilícese el teorema del límite central para encontrar el tamaño aproximado de la muestra aleatoria que se debe seleccionar para que $\Pr(|\overline{X}_n - p| \leq 0.1) \geq 0.95$ cuando $p = 0.2$.
6. Bajo las condiciones del ejercicio 4, ¿qué tamaño debe tener la muestra aleatoria seleccionada para que $E_p(|\overline{X}_n - p|^2) \leq 0.01$ cuando $p = 0.2$?
7. Bajo las condiciones del ejercicio 4, ¿qué tamaño debe tener la muestra aleatoria seleccionada para que $E_p(|\overline{X}_n - p|^2) \leq 0.01$ para todo valor posible de p $(0 \leq p \leq 1)$?

7.2 LA DISTRIBUCIÓN JI-CUADRADO

Definición de la distribución

En esta sección se introducirá y expondrá un tipo particular de distribución gamma conocida como distribución ji-cuadrado (χ^2). Esta distribución, que está estrechamente relacionada con muestras aleatorias de una distribución normal, es muy utilizada en la estadística y en el resto de este libro se verá su aplicación en muchos problemas importantes de inferencia. En esta sección se presentará la definición de la distribución χ^2 y algunas de sus propiedades matemáticas básicas.

La distribución gamma con parámetros α y β se definió en la sección 5.9. Para cualquier entero positivo n, la distribución gamma para la que $\alpha = n/2$ y $\beta = 1/2$ se denomina *distribución χ^2 con n grados de libertad.* Si una variable aleatoria X tiene una distribución χ^2 con n grados de libertad, de la ecuación (7) de la sección 5.9 resulta que la f.d.p. de X para $x > 0$ es

$$f(x) = \frac{1}{2^{n/2}\Gamma(n/2)} x^{(n/2)-1} e^{-x/2}. \tag{1}$$

Además, $f(x) = 0$ para $x \leq 0$.

Al final del libro se incluye una pequeña tabla de probabilidades relativas a la distribución χ^2, para varios valores de n.

De la definición de la distribución χ^2 resulta, como se puede observar en la ecuación (1), que la distribución χ^2 con dos grados de libertad coincide con una distribución exponencial con parámetro $1/2$, o equivalentemente, una distribución exponencial cuya media es 2. Por tanto, las tres distribuciones siguientes son todas la misma: la distribución gamma con parámetros $\alpha = 1$ y $\beta = 1/2$, la distribución χ^2 con dos grados de libertad y la distribución exponencial cuya media es 2.

Propiedades de la distribución

Si una variable aleatoria X tiene una distribución χ^2 con n grados de libertad, resulta de las expresiones para la media y la varianza de la distribución gamma, que se presentaron en la sección 5.9, que

$$E(X) = n \quad \text{y} \quad \text{Var}(X) = 2n. \tag{2}$$

Además, de la función generatriz de momentos dada en la sección 5.9, resulta que la f.g.m. de X es

$$\psi(t) = \left(\frac{1}{1-2t}\right)^{n/2} \quad \text{para } t < \frac{1}{2}. \tag{3}$$

La propiedad aditiva de la distribución χ^2 que se presenta en el siguiente teorema es consecuencia directa del teorema 3 de la sección 5.9.

Teorema 1. *Si las variables aleatorias $X_1, \ldots, X_k$ son independientes y si X_i tiene una distribución χ^2 con n_i grados de libertad $(i = 1, \ldots, k)$, entonces la suma $X_1 + \cdots + X_k$ tiene una distribución χ^2 con $n_1 + \cdots + n_k$ grados de libertad.*

Se establecerá ahora la relación básica entre la distribución χ^2 y la distribución normal. Se empezará por demostrar que si la variable aleatoria X tiene una distribución normal tipificada, entonces la variable aleatoria $Y = X^2$ tendrá una distribución χ^2 con un grado de libertad. Para este propósito, se definen $f(y)$ y $F(y)$ como la f.d.p. y la f.d. de Y. Además, puesto que X tiene una distribución normal tipificada, se denotarán mediante $\phi(x)$ y $\Phi(x)$ a la f.d.p. y la f.d. de X respectivamente. Entonces, para $y > 0$,

$$\begin{aligned} F(y) &= \Pr(Y \leq y) = \Pr(X^2 \leq y) = \Pr(-y^{1/2} \leq X \leq y^{1/2}) \\ &= \Phi(y^{1/2}) - \Phi(-y^{1/2}). \end{aligned}$$

Puesto que $f(y) = F'(y)$ y $\phi(x) = \Phi'(x)$, de la regla de la cadena para la derivación, resulta que

$$f(y) = \phi(y^{1/2})\left(\frac{1}{2}y^{-1/2}\right) + \phi(-y^{1/2})\left(\frac{1}{2}y^{-1/2}\right).$$

Además, puesto que $\phi(y^{1/2}) = \phi(-y^{1/2}) = (2\pi)^{-1/2}e^{-y/2}$, resulta que

$$f(y) = \frac{1}{(2\pi)^{1/2}} y^{-1/2} e^{-y/2} \quad \text{para } y > 0.$$

Comparando esta ecuación con la ecuación (1), se puede observar que la f.d.p. de Y es la f.d.p. de una distribución χ^2 con un grado de libertad.

Se puede combinar ahora este resultado con el teorema 1 para obtener el siguiente teorema, que proporciona la principal razón por la que la distribución χ^2 es importante en estadística.

Teorema 2. *Si las variables aleatorias $X_1, \ldots, X_k$ son i.i.d. y si cada una de estas variables tiene una distribución normal tipificada, entonces la suma de cuadrados $X_1^2 + \cdots + X_k^2$ tiene una distribución χ^2 con k grados de libertad.*

EJERCICIOS

1. Obténgase la moda de la distribución χ^2 con n grados de libertad ($n = 1, 2, \ldots$).

2. Represéntese la f.d.p. de la distribución χ^2 con n grados de libertad para cada uno de los siguientes valores de n. Localícense la media, la mediana y la moda en cada representación. (a) $n = 1$; (b) $n = 2$; (c) $n = 3$; (d) $n = 4$.

3. Supóngase que se va a seleccionar al azar un punto (X, Y) del plano xy, donde X e Y son variables aleatorias independientes y que cada una tiene una distribución normal tipificada. Si se selecciona un círculo del plano xy con centro en el origen, ¿cuál es el radio del menor círculo que se puede seleccionar para que la probabilidad de que el punto (X, Y) esté dentro del círculo sea 0.99?

4. Supóngase que un punto (X, Y, Z) se va a seleccionar al azar del espacio tridimensional, donde X, Y y Z son variables aleatorias independientes y cada una tiene una distribución normal tipificada. ¿Cuál es la probabilidad de que la distancia del origen al punto sea menor que una unidad?

5. Cuando se sigue el movimiento de una partícula microscópica en un líquido o gas, se observa que el movimiento es irregular, porque la partícula colisiona frecuentemente con otras partículas. El modelo de probabilidad para este movimiento, que se denomina movimiento browniano, es como sigue: Se selecciona un sistema de coordenadas en el líquido o gas. Supóngase que la partícula está en el origen de su sistema de coordenadas en un tiempo $t = 0$ y sean (X, Y, Z) las coordenadas de la partícula en cualquier tiempo $t > 0$. Las variables aleatorias X, Y y Z son i.i.d. y cada una de ellas tiene una distribución normal con media 0 y varianza $\sigma^2 t$. Obténgase la probabilidad de que en el tiempo $t = 2$ la partícula se encuentre dentro de una esfera cuyo centro está en el origen y su radio sea 4σ.

6. Supóngase que las variables aleatorias $X_1, \ldots, X_n$ son independientes y que cada variable aleatoria X_i tiene una f.d. continua F_i. Además, sea la variable aleatoria Y definida por la relación $Y = -2\sum_{i=1}^{n} \log F_i(X_i)$. Demuéstrese que Y tiene una distribución χ^2 con $2n$ grados de libertad.

7. Supóngase que $X_1, \dots, X_n$ constituyen una muestra aleatoria de una distribución uniforme sobre el intervalo $(0, 1)$ y sea W el rango de la muestra, tal como fue definido en la sección 3.9. Además, sea $g_n(x)$ la f.d.p. de la variable aleatoria $2n(1 - W)$ y sea $g(x)$ la f.d.p. de la distribución χ^2 con cuatro grados de libertad. Demuéstrese que

$$\lim_{n\to\infty} g_n(x) = g(x) \qquad \text{para } x > 0.$$

8. Supóngase que $X_1, \dots, X_n$ constituyen una muestra aleatoria de una distribución normal con media μ y varianza σ^2. Determínese la distribución de

$$\frac{n(\overline{X}_n - \mu)^2}{\sigma^2}.$$

9. Supóngase que seis variables aleatorias $X_1, \dots, X_6$ constituyen una muestra aleatoria de una distribución normal tipificada y sea

$$Y = (X_1 + X_2 + X_3)^2 + (X_4 + X_5 + X_6)^2.$$

Determínese un valor de c tal que la variable aleatoria cY tenga una distribución χ^2.

10. Si una variable aleatoria X tiene una distribución χ^2 con n grados de libertad, entonces la distribución de $X^{1/2}$ se denomina *distribución ji* (χ) *con* n *grados de libertad.* Determínese la media de esta distribución.

7.3 DISTRIBUCIÓN CONJUNTA DE LA MEDIA Y LA VARIANZA

Independencia de la media y la varianza muestrales

Supóngase que las variables $X_1, \dots, X_n$ constituyen una muestra aleatoria de una distribución normal con media desconocida μ y varianza desconocida σ^2. Entonces, como se demostró en la sección 6.5, los E.M.V. de μ y σ^2 son la media muestral $\overline{X}_n$ y la varianza muestral $(1/n)\sum_{i=1}^n (X_i - \overline{X}_n)^2$. En esta sección se deducirá la distribución conjunta de estos dos estimadores.

Se sabe que la media muestral tiene una distribución normal con media μ y varianza σ^2/n. Se establecerá la notable propiedad de que la media muestral y la varianza muestral son variables aleatorias independientes, aun cuando ambas son funciones de las mismas variables $X_1, \dots, X_n$. Se demostrará, además, que excepto por un factor de escala, la varianza muestral tiene una distribución χ^2 con $n-1$ grados de libertad. Más precisamente, se demostrará que la variable aleatoria $\sum_{i=1}^n (X_i - \overline{X}_n)^2/\sigma^2$ tiene una distribución χ^2

con $n - 1$ grados de libertad. Este resultado constituye, por otra parte, una interesante propiedad de las muestras aleatorias de una distribución normal, como indica la siguiente exposición.

Puesto que las variables aleatorias $X_1, \dots, X_n$ son independientes y puesto que cada una tiene una distribución normal con media μ y varianza σ^2, entonces las variables aleatorias $(X_1 - \mu)/\sigma, \dots, (X_n - \mu)/\sigma$ serán también independientes y cada una de estas variables tendrá una distribución normal tipificada. Del teorema 2 de la sección 7.2, resulta que la suma de sus cuadrados $\sum_{i=1}^{n}(X_i - \mu)^2/\sigma^2$ tendrá una distribución χ^2 con n grados de libertad. Por tanto, la interesante propiedad que se acaba de mencionar es que si la media poblacional μ se reemplaza por la media muestral $\overline{X}_n$ en esta suma de cuadrados, el efecto es simplemente una reducción de los grados de libertad de la distribución χ^2 de n a $n - 1$. En resumen, se establecerá el siguiente teorema:

Teorema 1. *Supóngase que $X_1, \dots, X_n$ constituyen una muestra aleatoria de una distribución normal con media μ y varianza σ^2. Entonces, la media muestral $\overline{X}_n$ y la varianza muestral $(1/n)\sum_{i=1}^{n}(X_i - \overline{X}_n)^2$ son variables aleatorias independientes; $\overline{X}_n$ tiene una distribución normal con media μ y varianza σ^2/n y $\sum_{i=1}^{n}(X_i - \overline{X}_n)^2/\sigma^2$ tiene una distribución χ^2 con $n - 1$ grados de libertad.*

Además, se puede demostrar que la media muestral y la varianza muestral son independientes *únicamente* cuando se selecciona la muestra aleatoria de una distribución normal. No se volverá a tener en cuenta este resultado en este libro, que resalta, sin embargo, el hecho de que la independencia de la media muestral y la varianza muestral es ciertamente una propiedad notable de las muestras de una distribución normal.

La demostración del teorema 1 utiliza propiedades de las matrices ortogonales, que se introducirán ahora.

Matrices ortogonales

Definición. Se dice que una matriz de tamaño $\boldsymbol{A}$ $n \times n$ es *ortogonal* si $\boldsymbol{A}^{-1} = \boldsymbol{A}'$, donde $\boldsymbol{A}'$ es la transpuesta de $\boldsymbol{A}$. Consecuentemente, una matriz $\boldsymbol{A}$ es ortogonal si, y sólo si, $\boldsymbol{A}\boldsymbol{A}' = \boldsymbol{A}'\boldsymbol{A} = \boldsymbol{I}$, donde $\boldsymbol{I}$ es la matriz identidad de tamaño $n \times n$. De esta definición resulta que una matriz es ortogonal si, y sólo si, la suma de los cuadrados de los elementos de cada fila es 1 y la suma de los productos de los elementos correspondientes de dos filas distintas cualesquiera es 0. Alternativamente, una matriz es ortogonal si, y sólo si, la suma de los cuadrados de los elementos de cada columna es 1 y la suma de los productos de los elementos correspondientes de dos columnas distintas cualesquiera es 0.

Propiedades de las matrices ortogonales. Se deducirán ahora dos propiedades importantes de las matrices ortogonales.

Propiedad 1. *Si $\boldsymbol{A}$ es ortogonal, entonces* $|\det \boldsymbol{A}| = 1$.

Demostración. Para demostrar este resultado, ha de recordarse que $\det \boldsymbol{A} = \det \boldsymbol{A}'$ para cualquier matriz cuadrada $\boldsymbol{A}$. Por tanto,

$$\det(\boldsymbol{A}\boldsymbol{A}') = (\det \boldsymbol{A})(\det \boldsymbol{A}') = (\det \boldsymbol{A})^2.$$

Además, si A es ortogonal, entonces $AA' = I$ y resulta que

$$\det(AA') = \det I = 1.$$

Por tanto, $(\det A)^2 = 1$ o, equivalentemente, $|\det A| = 1$. ◁

Propiedad 2. *Considérense dos vectores aleatorios n-dimensionales*

$$X = \begin{bmatrix} X_1 \\ \vdots \\ X_n \end{bmatrix} \qquad Y = \begin{bmatrix} Y_1 \\ \vdots \\ Y_n \end{bmatrix}, \tag{1}$$

y supóngase que $Y = AX$, *donde* A *es una matriz ortogonal. Entonces,*

$$\sum_{i=1}^{n} Y_i^2 = \sum_{i=1}^{n} X_i^2. \tag{2}$$

Demostración. Este resultado se deduce de que $A'A = I$, porque

$$\sum_{i=1}^{n} Y_i^2 = Y'Y = X'A'AX = X'X = \sum_{i=1}^{n} X_i^2. \quad ◁$$

Estas dos propiedades de las matrices conjuntamente ortogonales implican que si un vector aleatorio Y se obtiene de un vector aleatorio X por medio de una transformación lineal *ortogonal* $Y = AX$, entonces el valor absoluto del jacobiano de la transformación es 1 y $\sum_{i=1}^{n} Y_i^2 = \sum_{i=1}^{n} X_i^2$.

Transformaciones lineales ortogonales de una muestra aleatoria. Supóngase que $X_1, \ldots, X_n$ constituyen una muestra aleatoria de una distribución normal tipificada. Entonces, la f.d.p. conjunta de $X_1, \ldots, X_n$ es como sigue, para $-\infty < x_i < \infty$ $(i = 1, \ldots, n)$:

$$f_n(x) = \frac{1}{(2\pi)^{n/2}} \exp\left(-\frac{1}{2}\sum_{i=1}^{n} x_i^2\right). \tag{3}$$

Supóngase, además, que A es una matriz ortogonal $n \times n$ y que las variables aleatorias $Y_1, \ldots, Y_n$ se definen mediante la relación $Y = AX$, donde los vectores X e Y son los de la ecuación (1). De la ecuación (3) y de las propiedades de las matrices ortogonales que se acaban de deducir, resulta ahora que la f.d.p. conjunta de $Y_1, \ldots, Y_n$ es como sigue, para $-\infty < y_i < \infty$ $(i = 1, \ldots, n)$:

$$g_n(y) = \frac{1}{(2\pi)^{n/2}} \exp\left(-\frac{1}{2}\sum_{i=1}^{n} y_i^2\right). \tag{4}$$

Por la ecuación (4) se puede observar que la f.d.p. conjunta de $Y_1, \ldots, Y_n$ es exactamente la misma que la f.d.p. conjunta de $X_1, \ldots, X_n$. Por tanto, se ha establecido el siguiente resultado:

Teorema 2. *Supóngase que las variables aleatorias $X_1, \ldots, X_n$ son i.i.d. y que cada una tiene una distribución normal tipificada. Supóngase, también, que* $\boldsymbol{A}$ *es una matriz ortogonal $n \times n$ y que $\boldsymbol{Y} = \boldsymbol{AX}$. Entonces las variables aleatorias $Y_1, \ldots, Y_n$ son también i.i.d., cada una de ellas tiene una distribución normal tipificada y además $\sum_{i=1}^n X_i^2 = \sum_{i=1}^n Y_i^2$.*

Demostración de la independencia de la media y varianza muestrales

Muestras aleatorias de una distribución normal tipificada. Se empezará por demostrar el teorema 1 con la suposición de que $X_1, \ldots, X_n$ constituyen una muestra aleatoria de una distribución normal tipificada. Considérese el vector n-dimensional $\boldsymbol{u}$, en donde cada una de las n componentes tiene el valor $1/\sqrt{n}$:

$$\boldsymbol{u} = \left[\frac{1}{\sqrt{n}}, \ldots, \frac{1}{\sqrt{n}}\right]. \tag{5}$$

Puesto que la suma de los cuadrados de las n componentes del vector $\boldsymbol{u}$ es 1, es posible construir una matriz ortogonal $\boldsymbol{A}$ tal que las componentes del vector $\boldsymbol{u}$ formen la primera fila de $\boldsymbol{A}$. Esta construcción se describe en libros de texto de álgebra lineal y no se tratará aquí. Supóngase que tal matriz $\boldsymbol{A}$ ha sido construida y que se definen de nuevo las variables aleatorias $Y_1, \ldots, Y_n$ por medio de la transformación $\boldsymbol{Y} = \boldsymbol{AX}$.

Puesto que las componentes de $\boldsymbol{u}$ constituyen la primera fila de $\boldsymbol{A}$, resulta que

$$Y_1 = \boldsymbol{uX} = \sum_{i=1}^n \frac{1}{\sqrt{n}} X_i = \sqrt{n}\,\overline{X}_n. \tag{6}$$

Además, por el teorema 2, $\sum_{i=1}^n X_i^2 = \sum_{i=1}^n Y_i^2$. Por tanto,

$$\sum_{i=2}^n Y_i^2 = \sum_{i=1}^n Y_i^2 - Y_1^2 = \sum_{i=1}^n X_i^2 - n\overline{X}_n^2 = \sum_{i=1}^n (X_i - \overline{X}_n)^2.$$

Se obtiene entonces la relación

$$\sum_{i=2}^n Y_i^2 = \sum_{i=1}^n (X_i - \overline{X}_n)^2. \tag{7}$$

Por el teorema 2 se sabe que las variables aleatorias $Y_1, \ldots, Y_n$ son independientes. Por tanto, las dos variables aleatorias Y_1 y $\sum_{i=2}^n Y_i^2$ serán independientes, y de las ecuaciones (6) y (7) resulta que $\overline{X}_n$ y $\sum_{i=1}^n (X_i - \overline{X}_n)^2$ son independientes. Además, por el teorema 2 se sabe que las $n-1$ variables aleatorias $Y_2, \ldots, Y_n$ son i.i.d. y que cada una de estas variables aleatorias tiene una distribución normal tipificada. Por tanto, del teorema 2 de la sección 7.2, resulta que la variable aleatoria $\sum_{i=2}^n Y_i^2$ tiene una distribución χ^2 con $n-1$ grados de libertad. De la ecuación (7) se sigue que $\sum_{i=1}^n (X_i - \overline{X}_n)^2$ también tiene una distribución χ^2 con $n-1$ grados de libertad.

Muestras aleatorias de una distribución normal cualquiera. En la demostración del teorema 1, se han considerado únicamente muestras aleatorias de una distribución normal tipificada. Supóngase ahora que las variables aleatorias $X_1, \dots, X_n$ constituyen una muestra aleatoria de una distribución normal tipificada con media μ y varianza σ^2.

Si se define $Z_i = (X_i - \mu)/\sigma$ para $i = 1, \dots, n$, entonces las variables aleatorias $Z_1, \dots, Z_n$ serán independientes y cada una tendrá una distribución normal tipificada. En otras palabras, la distribución conjunta de $Z_1, \dots, Z_n$ será la misma que la distribución conjunta de una muestra aleatoria de una distribución normal tipificada. De estos resultados se deduce que $\overline{Z}_n$ y $\sum_{i=1}^{n}(Z_i - \overline{Z}_n)^2$ son independientes y que $\sum_{i=1}^{n}(Z_i - \overline{Z}_n)^2$ tiene una distribución χ^2 con $n - 1$ grados de libertad. Sin embargo, $\overline{Z}_n = (\overline{X}_n - \mu)/\sigma$ y

$$\sum_{i=1}^{n}(Z_i - \overline{Z}_n)^2 = \frac{1}{\sigma^2}\sum_{i=1}^{n}(X_i - \overline{X}_n)^2. \tag{8}$$

Se puede concluir entonces que la media muestral $\overline{X}_n$ y la varianza muestral $(1/n)\sum_{i=1}^{n}(X_i - \overline{X}_n)^2$ son independientes, y que la variable aleatoria de la parte derecha de la ecuación (8) tiene una distribución χ^2 con $n - 1$ grados de libertad. Con esto quedan establecidos todos los resultados enunciados en el teorema 1.

Estimación de la media y de la varianza

Supóngase que $X_1, \dots, X_n$ constituyen una muestra aleatoria de una distribución normal con media μ y varianza σ^2 desconocidas. Además, como es usual, se denotarán los E.M.V. de μ y σ^2 por $\hat{\mu}$ y $\hat{\sigma}^2$. Entonces,

$$\hat{\mu} = \overline{X}_n \quad \text{y} \quad \hat{\sigma}^2 = \frac{1}{n}\sum_{i=1}^{n}(X_i - \overline{X}_n)^2.$$

Como aplicación del teorema 1, se determinará el menor tamaño muestral posible n tal que se satisfaga la siguiente relación:

$$\Pr\left(|\hat{\mu} - \mu| \leq \frac{1}{5}\sigma \quad \text{y} \quad |\hat{\sigma} - \sigma| \leq \frac{1}{5}\sigma\right) \geq \frac{1}{2}. \tag{9}$$

En otras palabras, se determinará el menor tamaño muestral n para el cual la probabilidad de que ni $\hat{\mu}$ ni $\hat{\sigma}$ difieran del valor desconocido que se estima en más de $(1/5)\sigma$, sea al menos 1/2.

Debido a la independencia de $\hat{\mu}$ y $\hat{\sigma}^2$, la relación (9) se puede reescribir como sigue:

$$\Pr\left(|\hat{\mu} - \mu| < \frac{1}{5}\sigma\right)\Pr\left(|\hat{\sigma} - \sigma| < \frac{1}{5}\sigma\right) \geq \frac{1}{2}. \tag{10}$$

Si se define p_1 como la primera probabilidad de la parte izquierda de la relación (10) y U como una variable aleatoria que tiene una distribución normal tipificada, esta probabilidad se puede escribir de la siguiente manera:

$$p_1 = \Pr\left(\frac{\sqrt{n}|\hat{\mu} - \mu|}{\sigma} < \frac{1}{5}\sqrt{n}\right) = \Pr\left(|U| < \frac{1}{5}\sqrt{n}\right).$$

Análogamente, si se define p_2 como la segunda probabilidad de la parte izquierda de la relación (10) y $V = n\hat{\sigma}^2/\sigma^2$, esta probabilidad se puede escribir de la siguiente manera:

$$\begin{aligned} p_2 &= \Pr\left(0.8 < \frac{\hat{\sigma}}{\sigma} < 1.2\right) = \Pr\left(0.64n < \frac{n\hat{\sigma}^2}{\sigma^2} < 1.44n\right) \\ &= \Pr(0.64n < V < 1.44n). \end{aligned}$$

Por el teorema 1, la variable aleatoria V tiene una distribución χ^2 con $n-1$ grados de libertad.

Para cualquier valor de n, se pueden encontrar los valores de p_1 y p_2, al menos aproximadamente, a partir de la tabla de la distribución normal tipificada y de la tabla de la distribución χ^2 que se encuentran al final del libro. En particular, después de haber hecho los cálculos para varios valores de n, se encuentra que para $n = 21$ los valores de p_1 y p_2 son $p_1 = 0.64$ y $p_2 = 0.78$. Por tanto, $p_1 p_2 = 0.50$ y resulta que la relación (9) se satisface para $n = 21$.

EJERCICIOS

1. Determínese si las cinco matrices siguientes son ortogonales o no.

$$\text{(a)} \begin{bmatrix} 0 & 1 & 0 \\ 0 & 0 & 1 \\ 1 & 0 & 0 \end{bmatrix} \qquad \text{(b)} \begin{bmatrix} 0.8 & 0 & 0.6 \\ -0.6 & 0 & 0.8 \\ 0 & -1 & 0 \end{bmatrix} \qquad \text{(c)} \begin{bmatrix} 0.8 & 0 & 0.6 \\ -0.6 & 0 & 0.8 \\ 0 & 0.5 & 0 \end{bmatrix}$$

$$\text{(d)} \begin{bmatrix} -\frac{1}{\sqrt{3}} & \frac{1}{\sqrt{3}} & \frac{1}{\sqrt{3}} \\ \frac{1}{\sqrt{3}} & -\frac{1}{\sqrt{3}} & \frac{1}{\sqrt{3}} \\ \frac{1}{\sqrt{3}} & \frac{1}{\sqrt{3}} & -\frac{1}{\sqrt{3}} \end{bmatrix} \qquad \text{(e)} \begin{bmatrix} \frac{1}{2} & \frac{1}{2} & \frac{1}{2} & \frac{1}{2} \\ -\frac{1}{2} & -\frac{1}{2} & \frac{1}{2} & \frac{1}{2} \\ -\frac{1}{2} & \frac{1}{2} & -\frac{1}{2} & \frac{1}{2} \\ -\frac{1}{2} & \frac{1}{2} & \frac{1}{2} & -\frac{1}{2} \end{bmatrix}$$

2. (a) Constrúyase una matriz ortogonal 2×2 para la cual la primera fila sea:

$$\begin{bmatrix} \frac{1}{\sqrt{2}} & \frac{1}{\sqrt{2}} \end{bmatrix}.$$

(b) Constrúyase una matriz ortogonal 3×3 para la cual la primera fila sea:

$$\begin{bmatrix} \frac{1}{\sqrt{3}} & \frac{1}{\sqrt{3}} & \frac{1}{\sqrt{3}} \end{bmatrix}.$$

3. Supóngase que las variables aleatorias X_1, X_2 y X_3 son i.i.d. y que cada una tiene una distribución normal tipificada. Además, supóngase que

$$Y_1 = 0.8X_1 + 0.6X_2,$$
$$Y_2 = \sqrt{2}(0.3X_1 - 0.4X_2 - 0.5X_3),$$
$$Y_3 = \sqrt{2}(0.3X_1 - 0.4X_2 + 0.5X_3).$$

Determínese la distribución conjunta de Y_1, Y_2 e Y_3.

4. Supóngase que las variables aleatorias X_1 y X_2 son independientes y que cada una tiene una distribución normal con media μ y varianza σ^2. Demuéstrese que las variables aleatorias $X_1 + X_2$ y $X_1 - X_2$ son independientes.

5. Supóngase que $X_1, \ldots, X_n$ constituyen una muestra aleatoria de una distribución normal con media μ y varianza σ^2. Suponiendo que el tamaño muestral n es 16, determínense los valores de las siguientes probabilidades:

(a) $$\Pr\left[\frac{1}{2}\sigma^2 \leq \frac{1}{n}\sum_{i=1}^{n}(X_i - \mu)^2 \leq 2\sigma^2\right],$$

(b) $$\Pr\left[\frac{1}{2}\sigma^2 \leq \frac{1}{n}\sum_{i=1}^{n}(X_i - \overline{X}_n)^2 \leq 2\sigma^2\right].$$

6. Supóngase que $X_1, \ldots, X_n$ constituyen una muestra aleatoria de una distribución normal con media μ y varianza σ^2 y sea $\hat{\sigma}^2$ la varianza muestral. Determínense los valores más pequeños de n para los cuales se satisfacen las siguientes relaciones:

(a) $$\Pr\left(\frac{\hat{\sigma}^2}{\sigma^2} \leq 1.5\right) \geq 0.95;$$

(b) $$\Pr\left(|\hat{\sigma}^2 - \sigma^2| \leq \frac{1}{2}\sigma^2\right) \geq 0.8.$$

7. Supóngase que X tiene una distribución χ^2 con 200 grados de libertad. Explíquese por qué se puede utilizar el teorema central del límite para determinar el valor aproximado de $\Pr(160 < X < 240)$ y obténgase este valor aproximado.

8. Supóngase que dos estadísticos, A y B, seleccionan independientemente muestras aleatorias de 20 observaciones de una distribución normal cuya media μ es desconocida y cuyo valor de la varianza es 4. Supóngase también que el estadístico A encuentra que la varianza muestral de su muestra aleatoria es 3.8 y que el estadístico B encuentra que la varianza muestral de su muestra aleatoria es 9.4. ¿ Para qué muestra aleatoria es más probable que la media muestral esté cercana al valor desconocido de μ?

7.4 LA DISTRIBUCIÓN *t*

Definición de la distribución

En esta sección se introducirá y expondrá otra distribución, denominada distribución t, que está estrechamente relacionada con muestras aleatorias de una distribución normal. La distribución t, como la distribución χ^2, ha sido ampliamente aplicada en problemas importantes de inferencia estadística. La distribución t es conocida también como distribución de Student en honor de W.S. Gosset, quien publicó sus estudios de esta distribución en 1908 con el seudónimo "Student". La distribución se define como sigue:

Considérense dos variables aleatorias independientes Y y Z, tales que Y tenga una distribución normal tipificada y Z tenga una distribución χ^2 con n grados de libertad. Supóngase que la variable aleatoria X se define por la ecuación

$$X = \frac{Y}{\left(\dfrac{Z}{n}\right)^{1/2}}. \tag{1}$$

Entonces, la distribución de X se denomina la *distribución t con n grados de libertad.*

Obtención de la f.d.p. Se deducirá ahora la f.d.p. de la distribución t con n grados de libertad. Supóngase que la distribución conjunta de Y y Z es como se indica en la definición de la distribución t. Entonces, puesto que Y y Z son independientes, su f.d.p. conjunta es igual al producto $f_1(y)f_2(z)$, donde $f_1(y)$ es la f.d.p. de la distribución normal tipificada y $f_2(z)$ es la f.d.p. de la distribución χ^2 con n grados de libertad. Sea X definida por la ecuación (1) y, como variable auxiliar conveniente, sea $W = Z$. En primer lugar, se determinará la f.d.p. conjunta de X y W.

De las definiciones de X y W,

$$Y = \frac{1}{n^{1/2}} X W^{1/2} \quad \text{y} \quad Z = W. \tag{2}$$

El jacobiano de la transformación (2) de X y W a Y y Z es $(W/n)^{1/2}$. La f.d.p. conjunta $f(x, w)$ de X y W se puede obtener de la f.d.p. conjunta $f_1(y)f_2(z)$ reemplazando y y z

por las expresiones en (2) y luego multiplicando el resultado por $(w/n)^{1/2}$. El valor de $f(x, w)$ para $-\infty < x < \infty$ y $w > 0$, resulta ser:

$$f(x, w) = cw^{(n-1)/2} \exp\left[-\frac{1}{2}\left(1 + \frac{x^2}{n}\right) w\right], \tag{3}$$

donde

$$c = \left[2^{(n+1)/2}(n\pi)^{1/2}\Gamma\left(\frac{n}{2}\right)\right]^{-1}.$$

La f.d.p. marginal $g(x)$ de X se puede obtener de la ecuación (3) utilizando la relación

$$g(x) = \int_0^\infty f(x, w)\, dw.$$

Se obtiene así que

$$g(x) = \frac{\Gamma\left(\dfrac{n+1}{2}\right)}{(n\pi)^{1/2}\Gamma\left(\dfrac{n}{2}\right)} \left(1 + \frac{x^2}{n}\right)^{-(n+1)/2} \qquad \text{para } -\infty < x < \infty. \tag{4}$$

Por tanto, si X tiene una distribución t con n grados de libertad, entonces la f.d.p. de X está dada por la ecuación (4).

Relación con la distribución de Cauchy y con la distribución normal. Se puede observar de la ecuación (4) que la f.d.p. $g(x)$ es una función simétrica con forma de campana que alcanza su valor máximo en $x = 0$. Por tanto, su forma general es similar a la de la f.d.p. de una distribución normal con media 0. Sin embargo, cuando $x \to \infty$ o $x \to -\infty$, las colas de la f.d.p. $g(x)$ se aproximan a 0 mucho más lentamente que las colas de la f.d.p. de una distribución normal. De hecho, se puede comprobar de la ecuación (4) que cuando $n = 1$, la distribución t es la distribución de Cauchy descrita en la sección 4.1 y cuya f.d.p. se presentó en la figura 4.3. Se demostró en la sección 4.1 que la media de la distribución de Cauchy no existe, porque la integral que especifica el valor de la media no es absolutamente convergente. Se deduce así que aunque la f.d.p. de la distribución t con un grado de libertad es simétrica respecto al punto $x = 0$, no existe la media de esta distribución.

También se puede demostrar a partir de la ecuación (4) que, cuando $n \to \infty$, la f.d.p. $g(x)$ converge a la f.d.p. $\phi(x)$ de la distribución normal tipificada para cada valor de x $(-\infty < x < \infty)$. Por tanto, cuando n es grande, la distribución t con n grados de libertad se puede aproximar por la distribución normal tipificada.

Al final del libro se proporciona una pequeña tabla de probabilidades relativas a la distribución t para varios valores de n. Las probabilidades en la primera fila de la tabla, que corresponden a $n = 1$, son las de la distribución de Cauchy. Las probabilidades de la última fila de la tabla, que corresponden a $n = \infty$, son las de la distribución normal tipificada.

Momentos de la distribución t

Aunque la media de la distribución t no exista cuando $n = 1$, existe la media para cualquier valor de $n > 1$. Desde luego, cuando existe la media, su valor es 0 debido a la simetría de la distribución t.

En general, si una variable aleatoria X tiene una distribución t con n grados de libertad $(n > 1)$, entonces se puede demostrar que $E(|X|^k) < \infty$ para $k < n$ y que $E(|X|^k) = \infty$ para $k \geq n$. En otras palabras, los primeros $n-1$ momentos de X existen, pero no existen momentos de orden superior. Se deduce, por tanto, que la f.g.m. de X no existe.

Se puede demostrar (véase Ejercicio 2 de esta sección) que si X tiene una distribución t con n grados de libertad $(n \geq 2)$, entonces $\text{Var}(X) = n/(n-2)$.

Relación con muestras aleatorias de una distribución normal

Supóngase de nuevo que $X_1, \ldots, X_n$ constituyen una muestra aleatoria de una distribución normal con media μ y varianza σ^2. Como es usual, se define $\overline{X}_n$ como la media muestral, y sea

$$S_n^2 = \sum_{i=1}^{n}(X_i - \overline{X}_n)^2.$$

Si se definen las variables aleatorias Y y Z mediante las relaciones $Y = n^{1/2}(\overline{X}_n - \mu)/\sigma$ y $Z = S_n^2/\sigma^2$, entonces del teorema 1 de la sección 7.3 resulta que Y y Z son independientes, que Y tiene una distribución normal tipificada y que Z tiene una distribución χ^2 con $n-1$ grados de libertad. Considérese ahora otra variable aleatoria U, definida por la relación

$$U = \frac{Y}{\left(\dfrac{Z}{n-1}\right)^{1/2}}.$$

De la definición de la distribución t se deduce que U tiene una distribución t con $n-1$ grados de libertad. Es fácil observar que la expresión para U se puede reescribir de la siguiente manera:

$$U = \frac{n^{1/2}(\overline{X}_n - \mu)}{\left(\dfrac{S_n^2}{n-1}\right)^{1/2}}. \tag{5}$$

La primera demostración rigurosa de que U es una distribución t con $n-1$ grados de libertad se debe a R.A. Fisher en 1923.

Un aspecto importante de la ecuación (5) es que ni el valor de U ni la distribución de U dependen del valor de la varianza σ^2. Ya se ha mencionado que la variable aleatoria $Y = n^{1/2}(\overline{X}_n - \mu)/\sigma$ tiene una distribución normal tipificada. Si la desviación típica σ es reemplazada ahora en esta expresión por un estimador de σ calculado a partir de la muestra $X_1, \ldots, X_n$, entonces la distribución de Y cambiará. En particular, si se reemplaza σ por su E.M.V. $\hat{\sigma} = (S_n^2/n)^{1/2}$, entonces se obtiene la variable aleatoria Y', que se define como sigue:

$$Y' = \frac{n^{1/2}(\overline{X}_n - \mu)}{\hat{\sigma}} = \left(\frac{n}{n-1}\right)^{1/2} U. \tag{6}$$

Puesto que Y' difiere de U únicamente por un factor constante, la distribución de Y' se puede deducir fácilmente de la distribución de U, que se acaba de obtener es una distribución t con $n-1$ grados de libertad. Así pues, si la desviación típica σ se reemplaza por su E.M.V. $\hat{\sigma}$, la variable aleatoria resultante Y' y su distribución ya no dependerán de la varianza σ^2 de la distribución normal. La importancia práctica de este hecho se demostrará más adelante en esta sección y en otras secciones del libro.

En relación a la variable aleatoria U se puede hacer una afirmación similar. En la expresión para Y, se reemplazará la desviación típica σ por su estimador

$$\sigma' = \left[\frac{S_n^2}{n-1}\right]^{1/2} = \left(\frac{n}{n-1}\right)^{1/2} \hat{\sigma}. \tag{7}$$

Entonces, la variable aleatoria Y será reemplazada por la variable aleatoria U. De la ecuación (7) se puede observar que para valores grandes de n los estimadores σ' y $\hat{\sigma}$ estarán muy cerca uno de otro. El estimador σ' se tratará en la sección 7.7.

Si el tamaño muestral n es grande, la probabilidad de que el estimador σ' esté cerca de σ es alta. Por tanto, la sustitución de σ por σ' en la variable aleatoria Y no modificará demasiado la distribución normal tipificada de Y. Por esta razón, como se acaba de mencionar, la f.d.p. de la distribución t converge a la f.d.p. de la distribución normal tipificada cuando $n \to \infty$.

EJERCICIOS

1. Represéntense, en una sola gráfica, la f.d.p. de la distribución t con un grado de libertad, la f.d.p. de la distribución t con cinco grados de libertad y la f.d.p. de la distribución normal tipificada.

2. Supóngase que X tiene una distribución t con n grados de libertad ($n > 2$). Demuéstrese que $\text{Var}(X) = n/(n-2)$. *Sugerencia*: Para evaluar $E(X^2)$, calcúlese la integral en la mitad positiva de la recta real y substituyase la variable x por

$$y = \frac{\dfrac{x^2}{n}}{1 + \dfrac{x^2}{n}}.$$

Compárese, entonces, la integral resultante con la f.d.p. de una distribución beta.

3. Supóngase que $X_1, \ldots, X_n$ constituyen una muestra aleatoria de una distribución normal cuya media es μ y cuya desviación típica es σ desconocidas, y sean $\hat{\mu}$, $\hat{\sigma}$ los correspondientes E.M.V. Para el tamaño muestral $n = 17$, encuéntrese un valor de k tal que

$$\Pr(\hat{\mu} > \mu + k\hat{\sigma}) = 0.95.$$

4. Supóngase que las cinco variables aleatorias $X_1, \ldots, X_5$ son i.i.d. y que cada una tiene una distribución normal tipificada. Determínese una constante c tal que la variable aleatoria

$$\frac{c(X_1 + X_2)}{(X_3^2 + X_4^2 + X_5^2)^{1/2}}$$

tenga una distribución t.

5. Utilizando la tabla de la distribución t al final de este libro, determínese el valor de la integral

$$\int_{-\infty}^{2.5} \frac{dx}{(12 + x^2)^2}.$$

6. Supóngase que las variables aleatorias X_1 y X_2 son independientes y que cada una tiene una distribución normal con media 0 y varianza σ^2. Determínese el valor de

$$\Pr\left[\frac{(X_1 + X_2)^2}{(X_1 - X_2)^2} < 4\right].$$

$$\textit{Sugerencia}: (X_1 - X_2)^2 = 2\left[\left(X_1 - \frac{X_1 + X_2}{2}\right)^2 + \left(X_2 - \frac{X_1 + X_2}{2}\right)^2\right].$$

7.5 INTERVALOS DE CONFIANZA

Intervalos de confianza para la media de una distribución normal

Se continuará suponiendo que $X_1, \ldots, X_n$ constituyen una muestra aleatoria de una distribución normal con media μ y varianza σ^2 desconocidas. Sea $g_{n-1}(x)$ la f.d.p. de la distribución t con $n-1$ grados de libertad y sea c una constante tal que

$$\int_{-c}^{c} g_{n-1}(x)\,dx = 0.95. \tag{1}$$

Para cualquier valor de n, el valor de c se puede encontrar a partir de la tabla de la distribución t incluida al final de este libro. Por ejemplo, si $n = 12$ y si $G_{11}(x)$ denota la f.d. de la distribución t con 11 grados de libertad, entonces

$$\begin{aligned}\int_{-c}^{c} g_{11}(x)\,dx &= G_{11}(c) - G_{11}(-c) = G_{11}(c) - [1 - G_{11}(c)] \\ &= 2G_{11}(c) - 1.\end{aligned}$$

Por tanto, de la ecuación (1) resulta que $G_{11}(c) = 0.975$. A partir de la tabla se tiene que $c = 2.201$.

Puesto que la variable aleatoria U definida en la ecuación (5) de la sección 7.4 tiene una distribución t con $n-1$ grados de libertad, de la ecuación (1) puede deducirse que $\Pr(-c < U < c) = 0.95$. Además, de las ecuaciones (5) y (7) de la sección 7.4 resulta que esta relación se puede reescribir como sigue:

$$\Pr\left(\overline{X}_n - \frac{c\sigma'}{n^{1/2}} < \mu < \overline{X}_n + \frac{c\sigma'}{n^{1/2}}\right) = 0.95. \tag{2}$$

Por tanto, la ecuación (2) establece que, independientemente del valor desconocido de σ, la probabilidad de que μ esté entre las variables aleatorias $A = \overline{X}_n - (c\sigma'/n^{1/2})$ y $B = \overline{X}_n + (c\sigma'/n^{1/2})$ es 0.95.

En un problema práctico, la ecuación (2) se utiliza como sigue: Después de haber observado los valores de las variables $X_1, \ldots, X_n$ de la muestra aleatoria, se calculan los valores de A y B. Si estos valores son $A = a$ y $B = b$, entonces el intervalo (a, b) se denomina *intervalo de confianza para* μ *con un coeficiente de confianza de* 0.95. Por tanto, se puede afirmar que el valor desconocido de μ está en el intervalo (a, b) con una confianza de 0.95.

Para un coeficiente de confianza dado, es posible construir muchos intervalos de confianza distintos para μ. Por ejemplo, si el coeficiente de confianza es 0.95, cualquier par de constantes c_1 y c_2 tales que $\Pr(c_1 < U < c_2) = 0.95$ conduce a un intervalo de confianza para μ con los extremos

$$a = \overline{x}_n - \frac{c_2\sigma'}{n^{1/2}} \quad \text{y} \quad b = \overline{x}_n - \frac{c_1\sigma'}{n^{1/2}}.$$

Sin embargo, se puede demostrar que entre dichos intervalos de confianza con coeficiente de confianza 0.95, el intervalo definido por la ecuación (2), que es simétrico respecto al valor $\bar{x}_n$, es el de menor longitud.

Intervalos de confianza para un parámetro arbitrario

Como caso general, supóngase que $X_1, \ldots, X_n$ constituyen una muestra aleatoria de una distribución con parámetro θ cuyo valor es desconocido. Supóngase, también, que se pueden encontrar dos estadísticos $A(X_1, \ldots, X_n)$ y $B(X_1, \ldots, X_n)$ tales que,

$$\Pr\left[A(X_1, \ldots, X_n) < \theta < B(X_1, \ldots, X_n)\right] = \gamma, \tag{3}$$

donde γ es una probabilidad fija $(0 < \gamma < 1)$. Si los valores observados de $A\ (X_1, \ldots, X_n)$ y $B\ (X_1, \ldots, X_n)$ son a y b, entonces se dice que el intervalo (a, b) es *un intervalo de confianza para θ con un coeficiente de confianza* γ o, en otras palabras, que θ está en el intervalo (a, b) con una *confianza* γ.

Debe subrayarse que *no* es correcto afirmar que θ está en el intervalo (a, b) con *probabilidad* γ. Se explicará este punto con detalle. *Antes* de observar los valores de los estadísticos $A\ (X_1, \ldots, X_n)$ y $B\ (X_1, \ldots, X_n)$, estos estadísticos son variables aleatorias. Por tanto, de la ecuación (3) resulta que θ está en el intervalo aleatorio que tiene extremos $A\ (X_1, \ldots, X_n)$ y $B\ (X_1, \ldots, X_n)$ con probabilidad γ. *Después* de haber observado los valores específicos de los estadísticos $A\ (X_1, \ldots, X_n) = a$ y $B(X_1, \ldots, X_n) = b$, no es posible asignar una probabilidad al suceso de que θ esté en el intervalo específico (a, b) sin considerar a θ como una variable aleatoria con su correspondiente distribución de probabilidad. En otras palabras, en primer lugar es necesario asignar una distribución inicial a θ y luego utilizar la distribución final resultante para calcular la probabilidad de que θ esté en el intervalo (a, b). En lugar de asignar una distribución inicial al parámetro θ, muchos estadísticos prefieren afirmar que existe una confianza γ, en lugar de una probabilidad γ, de que θ esté en el intervalo (a, b). Debido a esta diferencia entre confianza y probabilidad, el significado y relevancia de los intervalos de confianza en la práctica estadística es un tema controvertido.

Inconveniente de los intervalos de confianza

De acuerdo con la exposición anterior, la interpretación de un coeficiente de confianza γ para un intervalo de confianza es como sigue: Antes de tomar una muestra, hay una probabilidad γ de que el intervalo que se va a construir a partir de la muestra incluya el valor desconocido de θ. Este concepto tiene el siguiente inconveniente: Aunque los valores de la muestra particular que se observan den mayor información al experimentador sobre si el intervalo construido a partir de estos valores particulares realmente incluye a θ, no existe un método estándar para ajustar el coeficiente de confianza γ partiendo de esta información.

Por ejemplo, supóngase que se seleccionan dos observaciones X_1 y X_2 de una muestra aleatoria de una distribución uniforme sobre el intervalo $(\theta - \frac{1}{2}, \theta + \frac{1}{2})$, donde el valor de θ es desconocido $(-\infty < \theta < \infty)$. Si se definen $Y_1 = \min(X_1, X_2)$ e $Y_2 =$ $= \max(X_1, X_2)$, entonces

$$\begin{aligned}\Pr(Y_1 < \theta < Y_2) &= \Pr(X_1 < \theta < X_2) + \Pr(X_2 < \theta < X_1) \\ &= \Pr(X_1 < \theta)\Pr(X_2 > \theta) + \Pr(X_2 < \theta)\Pr(X_1 > \theta) \\ &= (1/2)(1/2) + (1/2)(1/2) = 1/2.\end{aligned} \tag{4}$$

De la ecuación (4) resulta que si se observan los valores $Y_1 = y_1$ e $Y_2 = y_2$, entonces el intervalo (y_1, y_2) será un intervalo de confianza para θ con un coeficiente de confianza $1/2$. Sin embargo, el análisis se puede ampliar.

Puesto que ambas observaciones X_1 y X_2 deben ser mayores que $\theta-(1/2)$ y menores que $\theta+(1/2)$, se sabe con certeza que $y_1 > \theta-(1/2)$ e $y_2 < \theta+(1/2)$. En otras palabras, se sabe con certeza que

$$y_2 - (1/2) < \theta < y_1 + (1/2). \tag{5}$$

Supóngase ahora que $(y_2 - y_1) \geq 1/2$. Entonces $y_1 \leq y_2 - (1/2)$ y de la ecuación (5) resulta que $y_1 < \theta$. Más aún, puesto que $y_1 + (1/2) \leq y_2$, también de la ecuación (5) resulta que $\theta < y_2$. Por tanto, si $(y_2 - y_1) \geq 1/2$, entonces $y_1 < \theta < y_2$. En otras palabras, si $(y_2 - y_1) \geq 1/2$, entonces se sabe con certeza que el intervalo de confianza (y_1, y_2) incluye el valor desconocido de θ, aun cuando el coeficiente de confianza de este intervalo sea únicamente $1/2$.

De hecho, aun cuando $(y_2 - y_1) < 1/2$, cuanto más cercano sea el valor de $(y_2 - y_1)$ a $1/2$, más certeza habrá de que el intervalo (y_1, y_2) incluya a θ. En forma similar, cuanto más cercano sea el valor de $(y_2 - y_1)$ a cero, más certeza habrá de que el intervalo (y_1, y_2) no incluya a θ. Sin embargo, el coeficiente de confianza necesariamente permanece igual a $1/2$ y no depende de los valores observados de y_1 e y_2.

En la sección siguiente se expondrán métodos bayesianos para analizar una muestra aleatoria de una distribución normal para la cual la media μ y la varianza σ^2 son desconocidas. Se asignará una distribución conjunta a μ y a σ^2 y entonces se calculará la probabilidad final de que μ pertenezca a cualquier intervalo (a, b). Se puede demostrar [véase, por ejemplo, DeGroot (1970)] que si la f.d.p. inicial conjunta de μ y σ^2 es suficientemente suave y no concentra una probabilidad alta en un particular conjunto reducido de valores de μ y σ^2 y el tamaño muestral n es grande, entonces el coeficiente de confianza asignado a un intervalo de confianza (a, b) para la media μ será aproximadamente igual a la probabilidad final de que μ pertenezca al intervalo (a, b). Un ejemplo de esta aproximación se incluye en la siguiente sección. Por tanto, con estas condiciones, las diferencias entre los resultados obtenidos por la aplicación práctica de métodos basados en intervalos de confianza y métodos basados en probabilidades iniciales serán pequeñas. Sin embargo, las diferencias filosóficas entre estos métodos persistirán.

EJERCICIOS

1. Supóngase que se toma una muestra aleatoria de ocho observaciones de una distribución normal con media μ y varianza σ^2 desconocidas, y que los valores observados son $3.1, 3.5, 2.6, 3.4, 3.8, 3.0, 2.9$ y 2.2. Encuéntrese el intervalo de confianza de menor longitud para μ con los siguientes coeficientes de confianza: (a) 0.90, (b) 0.95 y (c) 0.99.

2. Supóngase que $X_1, \ldots, X_n$ constituyen una muestra aleatoria de una distribución normal con media μ y varianza σ^2 desconocidas y sea la variable aleatoria L la longitud del intervalo de confianza más pequeño que se puede construir para μ a partir de los valores observados de la muestra. Determínese el valor de $E(L^2)$ para los siguientes valores del tamaño muestral n y coeficiente de confianza γ:

   (a) $n = 5, \quad \gamma = 0.95.$ (d) $n = 8, \quad \gamma = 0.90.$
   (b) $n = 10, \quad \gamma = 0.95.$ (e) $n = 8, \quad \gamma = 0.95.$
   (c) $n = 30, \quad \gamma = 0.95.$ (f) $n = 8, \quad \gamma = 0.99.$

3. Supóngase que $X_1, \ldots, X_n$ constituyen una muestra aleatoria de una distribución normal cuya media μ es desconocida y cuya varianza σ^2 es conocida. ¿Qué tamaño de muestra aleatoria se debe seleccionar para poder construir un intervalo de confianza para μ con un coeficiente de confianza 0.95 y una longitud menor que 0.01σ?

4. Supóngase que $X_1, \ldots, X_n$ constituyen una muestra aleatoria de una distribución normal cuya media μ y varianza σ^2 son desconocidas. Descríbase un método para construir un intervalo de confianza para σ^2 con un coeficiente de confianza específico γ $(0 < \gamma < 1)$. *Sugerencia*: Determínense constantes c_1 y c_2 tales que

$$\Pr\left[c_1 < \frac{\sum_{i=1}^{n}(X_i - \overline{X}_n)^2}{\sigma^2} < c_1\right] = \gamma.$$

5. Supóngase que $X_1, \ldots, X_n$ constituyen una muestra aleatoria de una distribución exponencial con media desconocida μ. Descríbase un método para construir un intervalo de confianza para μ con un coeficiente de confianza específico γ $(0 < \gamma < 1)$. *Sugerencia*: Determínense constantes c_1 y c_2 tales que $\Pr[c_1 < (1/\mu)\sum_{i=1}^{n} X_i <$ $< c_2] = \gamma$.

*7.6 ANÁLISIS BAYESIANO DE MUESTRAS DE UNA DISTRIBUCIÓN NORMAL

Precisión de una distribución normal

Supóngase que las variables $X_1, \dots, X_n$ constituyen una muestra aleatoria de una distribución normal con media μ y varianza σ^2 desconocidas. En esta sección se considerará la asignación de una distribución inicial conjunta a los parámetros μ y σ^2 y se estudiará la distribución final que se obtiene de los valores observados en la muestra.

La *precisión* τ de una distribución normal se define como el recíproco de la varianza; esto es, $\tau = 1/\sigma^2$. En un análisis bayesiano del tipo que se tratará en esta sección, es conveniente especificar una distribución normal por medio de su media μ y su precisión τ, en lugar de utilizar su media y su varianza. Por tanto, si una variable aleatoria tiene una distribución normal con media μ y precisión τ, entonces su f.d.p. $f(x|\mu, \tau)$ para $-\infty < x < \infty$, se especifica como sigue:

$$f(x|\mu, \tau) = \left(\frac{\tau}{2\pi}\right)^{1/2} \exp\left[-\frac{1}{2}\tau(x-\mu)^2\right]. \tag{1}$$

Análogamente, si $X_1, \dots, X_n$ constituyen una muestra aleatoria de una distribución normal con media μ y precisión τ, entonces su f.d.p. conjunta $f_n(\boldsymbol{x}|\mu, \tau)$ para $-\infty < x_i <$ $< \infty$ $(i = 1, \dots, n)$ es como sigue:

$$f_n(\boldsymbol{x}|\mu, \tau) = \left(\frac{\tau}{2\pi}\right)^{n/2} \exp\left[-\frac{1}{2}\tau\sum_{i=1}^{n}(x_i-\mu)^2\right]. \tag{2}$$

Familia conjugada de distribuciones iniciales

Se describirá ahora una familia conjugada de distribuciones iniciales conjuntas de μ y τ. Se especificará la distribución conjunta de μ y τ mediante la distribución condicional de μ dada τ y la distribución marginal de τ. En particular, se supondrá que la distribución condicional de μ para cualquier valor dado de τ es una distribución normal para la cual la precisión es proporcional al valor dado de τ, y además que la distribución marginal de τ es una distribución gamma. La familia de todas las distribuciones conjuntas de este tipo es una familia conjugada de distribuciones iniciales conjuntas. Si la distribución inicial conjunta de μ y τ pertenece a esta familia, entonces, para cualquier conjunto posible de valores observados de la muestra aleatoria, la distribución final conjunta de μ y τ pertenecerá también a la familia. Este resultado se enuncia en el siguiente teorema.

Teorema 1. *Supóngase que* $X_1, \ldots, X_n$ *constituyen una muestra aleatoria de una distribución normal con media* μ *y precisión* τ *desconocidas* $(-\infty < \mu < \infty$ *y* $\tau > 0)$. *Supóngase también que la distribución inicial conjunta de* μ *y* τ *es como sigue: La distribución condicional de* μ *dada* τ *es una distribución normal con media* μ_0 *y precisión* $\lambda_0 \tau$ $(-\infty < \mu_0 < \infty$ *y* $\lambda_0 > 0)$, *y la distribución marginal de* τ *es una distribución gamma con parámetros* α_0, β_0 $(\alpha_0 > 0$ *y* $\beta_0 > 0)$. *Entonces, la distribución final conjunta de* μ *y* τ, *dado que* $X_i = x_i$ $(i = 1, \ldots, n)$, *es como sigue: La distribución condicional de* μ *dado* τ *es una distribución normal con media* μ_1 *y precisión* $\lambda_1 \tau$, *donde*

$$\mu_1 = \frac{\lambda_0 \mu_0 + n\overline{x}_n}{\lambda_0 + n} \qquad y \qquad \lambda_1 = \lambda_0 + n, \tag{3}$$

y la distribución marginal de τ *es una distribución gamma con parámetros* α_1 *y* β_1, *donde*

$$\alpha_1 = \alpha_0 + \frac{n}{2} \quad y \quad \beta_1 = \beta_0 + \frac{1}{2}\sum_{i=1}^{n}(x_i - \overline{x}_n)^2 + \frac{n\lambda_0(\overline{x}_n - \mu_0)^2}{2(\lambda_0 + n)}. \tag{4}$$

Demostración. La f.d.p. inicial conjunta $\xi(\mu, \tau)$ de μ y τ se puede encontrar multiplicando la f.d.p. condicional $\xi_1(\mu|\tau)$ de μ dada τ por la f.d.p. marginal $\xi_2(\tau)$ de τ. Por las condiciones del teorema, para $-\infty < \mu < \infty$ y $\tau > 0$ resulta que

$$\xi_1(\mu|\tau) \propto \tau^{1/2} \exp\left[-\frac{1}{2}\lambda_0 \tau (\mu - \mu_0)^2\right] \tag{5}$$

y

$$\xi_2(\tau) \propto \tau^{\alpha_0 - 1} e^{-\beta_0 \tau}. \tag{6}$$

De la parte derecha de cada una de estas relaciones se ha omitido un factor constante que no involucra ni a μ ni a τ.

La f.d.p. final conjunta $\xi(\mu, \tau|\boldsymbol{x})$ de μ y τ satisface la relación

$$\xi(\mu, \tau|\boldsymbol{x}) \propto f_n(\boldsymbol{x}|\mu, \tau)\xi_1(\mu|\tau)\xi_2(\tau). \tag{7}$$

Si se utiliza la definición de μ_1 dada en la ecuación (3), entonces se puede establecer la siguiente identidad:

$$\begin{aligned}\sum_{i=1}^{n}(x_i - \mu)^2 + \lambda_0(\mu - \mu_0)^2 = (\lambda_0 + n)(\mu - \mu_1)^2 + \sum_{i=1}^{n}(x_i - \overline{x}_n)^2 + \\ + \frac{n\lambda_0(\overline{x}_n - \mu_0)^2}{\lambda_0 + n}.\end{aligned} \tag{8}$$

De (2), (5) y (6) resulta ahora que la f.d.p. final $\xi(\mu, \tau|\boldsymbol{x})$ se puede escribir de la forma

$$\xi(\mu, \tau|\boldsymbol{x}) \propto \left\{\tau^{1/2} \exp\left[-\frac{1}{2}\lambda_1 \tau(\mu - \mu_1)^2\right]\right\} (\tau^{\alpha_1 - 1} e^{-\beta_1 \tau}), \tag{9}$$

donde λ_1, α_1 y β_1 están definidas por las ecuaciones (3) y (4).

Cuando la expresión que está entre paréntesis en la parte derecha de la ecuación (9) se considera como una función de μ para un valor fijo de τ, esta expresión se puede identificar (excepto por un factor constante) como la f.d.p. de una distribución normal con media μ_1 y precisión $\lambda_1 \tau$. Puesto que la variable μ no aparece ninguna otra vez en la parte derecha de la ecuación (9), se deduce que esta f.d.p. debe ser la f.d.p. condicional final de μ dada τ. Resulta entonces que la expresión que está fuera de los paréntesis de la parte derecha de la ecuación (9) debe ser proporcional a la f.d.p. marginal final de τ. Esta expresión se puede identificar (excepto por un factor constante) como la f.d.p. de una distribución gamma con parámetros α_1 y β_1. Por tanto, la distribución final conjunta de μ y τ es como se indica en el teorema. ◁

Si la distribución de μ y τ pertenece a la familia conjugada descrita en el teorema 1, entonces se dice que μ y τ tienen una distribución conjunta normal-gamma. Seleccionando valores apropiados de $\mu_0, \lambda_0, \alpha_0$ y β_0, es generalmente posible en cada problema concreto encontrar una distribución normal-gamma que aproxima suficientemente bien la verdadera distribución inicial del experimentador para μ y τ. Debe subrayarse, sin embargo, que si la distribución conjunta de μ y τ es una distribución normal-gamma, entonces μ y τ no son independientes. Así, no es posible utilizar una distribución normal-gamma como una distribución inicial conjunta de μ y τ en un problema donde la información inicial del experimentador acerca de μ y su información inicial acerca de τ sean independientes y se desee asignar una distribución inicial conjunta según la cual μ y τ sean independientes. Sin embargo, a pesar de que esta característica de la familia de distribuciones normal-gamma es una deficiencia, no es una deficiencia importante debido al siguiente hecho: Aun si se selecciona una distribución inicial conjunta fuera de la familia conjugada según la cual μ y τ sean independientes, se encontrará que después de haber observado un valor de X, μ y τ tendrán una distribución final en la que ya no son independientes. En otras palabras, no es posible que μ y τ continuen siendo independientes si se obtiene al menos una observación de la distribución normal.

Distribución marginal de la media

Cuando la distribución conjunta de μ y τ es una distribución normal-gamma del tipo descrito en el teorema 1, entonces la distribución condicional de μ para un valor dado de τ es una distribución normal y la distribución marginal de τ es una distribución gamma. No está claro en esta afirmación, sin embargo, cuál será la distribución marginal de μ. Se deducirá ahora esta distribución marginal.

Supóngase que la distribución conjunta de μ y τ es la distribución normal-gamma descrita en el teorema 1 y especificada por las constantes $\mu_0, \lambda_0, \alpha_0$ y β_0. Se definirá de nuevo $\xi(\mu, \tau)$ como la f.d.p. conjunta de μ y τ, sea $\xi_1(\mu|\tau)$ la f.d.p. condicional de μ

dado τ y sea $\xi_2(\tau)$ la f.d.p. marginal de τ. Entonces, si $\xi_3(\mu)$ denota la f.d.p. marginal de μ para $-\infty < \mu < \infty$,

$$\xi_3(\mu) = \int_0^\infty \xi(\mu, \tau)\, d\tau = \int_0^\infty \xi_1(\mu|\tau)\xi_2(\tau)\, d\tau. \tag{10}$$

Si se hace uso del símbolo de proporcionalidad, entonces de las ecuaciones (5) y (6) resulta que, para $-\infty < \mu < \infty$,

$$\xi_3(\mu) \propto \int_0^\infty \tau^{\alpha_0 - \frac{1}{2}} e^{-[\beta_0 + \frac{1}{2}\lambda_0(\mu-\mu_0)^2]\tau}\, d\tau. \tag{11}$$

Esta integral fue evaluada en la ecuación (8) de la sección 5.9. Eliminando un factor que no involucra a μ, se obtiene la relación

$$\xi_3(\mu) \propto \left[\beta_0 + \frac{1}{2}\lambda_0(\mu - \mu_0)^2\right]^{-(\alpha_0 + \frac{1}{2})} \tag{12}$$

o

$$\xi_3(\mu) \propto \left[1 + \frac{1}{2\alpha_0}\frac{\lambda_0\alpha_0}{\beta_0}(\mu - \mu_0)^2\right]^{-(2\alpha_0+1)/2} \tag{13}$$

Se definirá ahora una nueva variable aleatoria Y mediante la relación

$$Y = \left(\frac{\lambda_0\alpha_0}{\beta_0}\right)^{1/2}(\mu - \mu_0). \tag{14}$$

De esta relación,

$$\mu = \left(\frac{\beta_0}{\lambda_0\alpha_0}\right)^{1/2} Y + \mu_0. \tag{15}$$

Entonces, la f.d.p. $g(y)$ de Y se describirá por la siguiente ecuación:

$$g(y) = \left(\frac{\beta_0}{\lambda_0\alpha_0}\right)^{1/2} \xi_3\left[\left(\frac{\beta_0}{\lambda_0\alpha_0}\right)^{1/2} y + \mu_0\right] \quad \text{para } -\infty < y < \infty. \tag{16}$$

De la ecuación (13) resulta, por tanto, que

$$g(y) \propto \left(1 + \frac{y^2}{2\alpha_0}\right)^{-(2\alpha_0+1)/2} \tag{17}$$

La f.d.p. de la distribución t con n grados de libertad fue dada por la ecuación (4) de la sección 7.4. La f.d.p. de la ecuación (17) se puede identificar ahora (excepto por un factor constante) con la f.d.p. de una distribución t con $2\alpha_0$ grados de libertad. Así, se acaba de establecer el hecho de que la distribución de Y, que es la función lineal de μ dada por la ecuación (14), es una distribución t con $2\alpha_0$ grados de libertad. En otras palabras, la distribución de μ se puede obtener de la distribución t trasladando la distribución t de forma que su centro esté en μ_0 en lugar de en 0 y también cambiando el factor de escala.

La media y la varianza de la distribución marginal de μ se pueden obtener fácilmente de la media y la varianza de la distribución t que se dieron en la sección 7.4. Puesto que Y tiene una distribución t con $2\alpha_0$ grados de libertad, de la sección 7.4 resulta que $E(Y) = 0$ si $\alpha_0 > 1/2$ y la $\text{Var}(Y) = \alpha_0/(\alpha_0 - 1)$ si $\alpha_0 > 1$. Por tanto, se pueden obtener los siguientes resultados de la ecuación (15). Si $\alpha_0 > 1/2$, entonces $E(\mu) = \mu_0$. Además, si $\alpha_0 > 1$, entonces

$$\text{Var}(\mu) = \frac{\beta_0}{\lambda_0(\alpha_0 - 1)}. \tag{18}$$

Además, la probabilidad de que μ esté en cualquier intervalo específico, puede obtenerse, en principio, de una tabla de la distribución t. Hay que observar, sin embargo, que cuando se introdujo la distribución t en la sección 7.4, el número de grados de libertad tenía que ser un entero positivo. En este problema, el número de grados de libertad es $2\alpha_0$. Puesto que α_0 puede tener cualquier valor positivo, $2\alpha_0$ puede ser cualquier número positivo y no necesariamente un entero.

Cuando la distribución inicial conjunta de μ y τ es una distribución normal-gamma en donde las constantes son $\mu_0, \lambda_0, \alpha_0$ y β_0, se estableció en el teorema 1 que la distribución final conjunta de μ y τ es también una distribución normal-gamma en donde las constantes $\mu_1, \lambda_1, \alpha_1$ y β_1 están dadas por las ecuaciones (3) y (4). Resulta, por tanto, que la distribución final marginal de μ también se puede reducir a una distribución t utilizando una transformación lineal, como la de la ecuación (14), con las constantes de la distribución final. Por tanto, la media y la varianza de esta distribución final marginal y también la probabilidad de que μ esté en cualquier intervalo específico, se puede obtener de nuevo de la correspondiente distribución t.

Ejemplo numérico

Procedimiento general. Para ilustrar los conceptos que se acaban de desarrollar en esta sección, considérese de nuevo una distribución normal cuya media μ y precisión τ son desconocidas. Supóngase ahora que se desea asignar una distribución inicial conjunta normal-gamma a μ y τ de manera que $E(\mu) = 10$, $\text{Var}(\mu) = 8$, $E(\tau) = 2$ y $\text{Var}(\tau) = 2$.

En primer lugar, se determinarán los valores de las constantes $\mu_0, \lambda_0, \alpha_0$ y β_0, para los cuales la distribución inicial cumplirá estas condiciones. Puesto que la distribución marginal de τ es una distribución gamma con parámetros α_0 y β_0, se sabe que $E(\tau) = \alpha_0/\beta_0$ y $\text{Var}(\tau) = \alpha_0/\beta_0^2$. De estas condiciones resulta que $\alpha_0 = 2$ y $\beta_0 = 1$. Se sabe, además, que $E(\mu) = \mu_0$ y que el valor de $\text{Var}(\mu)$ está dado por la ecuación (18). De estas condiciones resulta que $\mu_0 = 10$ y $\lambda_0 = 1/8$. La distribución inicial conjunta normal-gamma de μ y τ está completamente especificada por estos valores de $\mu_0, \lambda_0, \alpha_0$ y β_0.

Se determinará ahora un intervalo para μ centrado en el punto $\mu_0 = 10$ tal que la probabilidad de que μ esté en este intervalo sea 0.95. Puesto que la variable aleatoria Y definida por la ecuación (14) tiene una distribución t con $2\alpha_0$ grados de libertad, resulta que para los valores numéricos que se acaban de obtener, la variable aleatoria $(1/2)(\mu - 10)$ tiene una distribución t con 4 grados de libertad. De la tabla de la distribución t se encuentra que

$$\Pr\left[-2.776 < \frac{1}{2}(\mu - 10) < 2.776\right] = 0.95. \tag{19}$$

Una afirmación equivalente es que

$$\Pr(4.448 < \mu < 15.552) = 0.95. \tag{20}$$

Por tanto, partiendo de la distribución inicial asignada a μ y τ, existe una probabilidad 0.95 de que μ esté en el intervalo $(4.448, 15.552)$.

Supóngase ahora que se selecciona una muestra aleatoria de 20 observaciones de la distribución normal dada y que para los 20 valores observados, $\overline{x}_n = 7.5$ y $\sum_{i=1}^n (x_i - \overline{x}_n)^2 = 28$. Entonces, del teorema 1 resulta que la distribución final conjunta de μ y τ es una distribución normal-gamma especificada por los siguientes valores:

$$\mu_1 = 7.516, \quad \lambda_1 = 20.125, \quad \alpha_1 = 12, \quad \beta_1 = 15.388. \tag{21}$$

Por tanto, los valores de las medias y las varianzas de μ y τ, a partir de esta distribución final conjunta, son:

$$\begin{aligned} E(\mu) &= \mu_1 = 7.516, & \text{Var}(\mu) &= \frac{\beta_1}{\lambda_1(\alpha_1 - 1)} = 0.070, \\ E(\tau) &= \frac{\alpha_1}{\beta_1} = 0.780, & \text{Var}(\tau) &= \frac{\alpha_1}{\beta_1^2} = 0.051. \end{aligned} \tag{22}$$

De la ecuación (3) resulta que la media μ_1 de la distribución final de μ es un promedio ponderado de μ_0 y $\overline{x}_n$. En este ejemplo numérico, se puede ver que μ_1 está cerca de $\overline{x}_n$.

Se determinará ahora la distribución final marginal de μ. Sustituyendo los valores de (21) en la ecuación (14), se obtiene que $Y = (3.962)(\mu - 7.516)$. Además, la distribución final de Y será una distribución t con $2\alpha_1 = 24$ grados de libertad. De la tabla de la distribución t se encuentra que

$$\Pr(-2.064 < Y < 2.064) = 0.95. \tag{23}$$

Una afirmación equivalente es que

$$\Pr(6.995 < \mu < 8.037) = 0.95. \tag{24}$$

En otras palabras, partiendo de la distribución final de μ y τ, la probabilidad de que μ esté en el intervalo $(6.995, 8.037)$ es 0.95.

Debe observarse que el intervalo de la ecuación (24) determinado a partir de la distribución final de μ es mucho menor que el intervalo de la ecuación (20) determinado a partir de la distribución inicial. Este resultado refleja el hecho de que la distribución final de μ está mucho más concentrada alrededor de la media de lo que estaba la distribución inicial. La varianza de la distribución inicial de μ era 8 y la varianza de la distribución final es 0.07.

Comparación con intervalos de confianza. Utilizando los datos muestrales que se han adoptado en este ejemplo, se construirá ahora un intervalo de confianza para μ con un coeficiente de confianza 0.95 y se comparará este intervalo con el intervalo de la ecuación (24) con probabilidad final 0.95. Puesto que el tamaño muestral n en este ejemplo es 20, la variable aleatoria U definida en la ecuación (5) de la sección 7.4 tiene una distribución t con 19 grados de libertad. De la tabla de la distribución t se encuentra que

$$\Pr(-2.093 < U < 2.093) = 0.95.$$

De las ecuaciones (1) y (2) de la sección (7.5), resulta ahora que los extremos del intervalo de confianza para μ con un coeficiente de confianza 0.95 serán

$$\overline{x}_n - 2.093\left[\frac{\sum_{i=1}^n (x_i - \overline{x}_n)^2}{n(n-1)}\right]^{1/2}$$

y

$$\overline{x}_n + 2.093\left[\frac{\sum_{i=1}^n (x_i - \overline{x}_n)^2}{n(n-1)}\right]^{1/2}.$$

Cuando se utilizan aquí los valores numéricos de $\overline{x}_n$ y $\sum_{i=1}^n (x_i - \overline{x}_n)^2$, se obtiene que este intervalo de confianza para μ es el intervalo (6.932, 8.068).

Este intervalo es semejante al intervalo (6.995, 8.037) de la ecuación (24), para el cual la probabilidad final es 0.95. La similitud de los dos intervalos ilustra la veracidad de la afirmación del final de la sección 7.4. En este problema y en muchos otros que involucran la distribución normal, el método de intervalos de confianza y el método de utilizar probabilidades iniciales proporcionan resultados similares, aun cuando las bases filosóficas de los dos métodos son distintas.

EJERCICIOS

1. Supóngase que una variable aleatoria X tiene una distribución normal con media μ y precisión τ. Demuéstrese que la variable aleatoria $Y = aX + b$ $(a \neq 0)$ tiene una distribución normal con media $a\mu + b$ y precisión τ/a^2.

2. Supóngase que $X_1, \ldots, X_n$ constituyen una muestra aleatoria de una distribución normal cuyo valor de la media es desconocido $(-\infty < \mu < \infty)$ y el valor de la precisión τ es conocido $(\tau > 0)$. Supóngase, también, que la distribución inicial de μ es una distribución normal con media μ_0 y precisión λ_0. Demuéstrese que la distribución final de μ, dado que $X_i = x_i$ $(i = 1, \ldots, n)$, es una distribución normal con media

$$\frac{\lambda_0\mu_0 + n\tau\overline{x}_n}{\lambda_0 + n\tau}$$

y cuya precisión es $\lambda_0 + n\tau$.

3. Supóngase que $X_1, \ldots, X_n$ constituyen una muestra aleatoria de una distribución normal cuyo valor de la media es conocido y el valor de la precisión τ es desconocido ($\tau > 0$). Supóngase también que la distribución de τ es una distribución gamma con parámetros α_0 y $\beta_0 (\alpha_0 > 0$ y $\beta_0 > 0)$. Demuéstrese que la distribución final de τ, dado que $X_i = x_i$ $(i = 1, \ldots, n)$, es una distribución gamma con parámetros $\alpha_0 + (n/2)$ y

$$\beta_0 + \frac{1}{2}\sum_{i=1}^{n}(x_i - \mu)^2.$$

4. Supóngase que dos variables aleatorias μ y τ tienen una distribución conjunta normal-gamma tal que $E(\mu) = -5$, Var$(\mu) = 1, E(\tau) = 1/2$ y Var$(\tau) = 1/8$. Encuéntrense los valores de $\mu_0, \lambda_0, \alpha_0$ y β_0 que especifican la distribución normal-gamma.

5. Demuéstrese que dos variables aleatorias μ y τ no pueden tener una distribución conjunta normal-gamma tal que $E(\mu) = 0$, Var$(\mu) = 1$, $E(\tau) = 1/2$ y Var$(\tau) = 1/4$.

6. Demuéstrese que dos variables aleatorias μ y τ no pueden tener una distribución conjunta normal-gamma tal que $E(\mu) = 0, E(\tau) = 1$ y Var$(\tau) = 4$.

7. Supóngase que dos variables aleatorias μ y τ tienen una distribución conjunta normal-gamma especificada por los valores $\mu_0 = 4, \lambda_0 = 0.5, \alpha_0 = 1$ y $\beta_0 = 8$. Encuéntrense los valores de (a) Pr$(\mu > 0)$ y (b) Pr$(0.736 < \mu < 15.680)$.

8. Utilizando los datos del ejemplo numérico presentado al final de esta sección, encuéntrese (a) el intervalo de menor longitud posible tal que la probabilidad final de que μ pertenezca al intervalo sea 0.90 y (b) el menor intervalo de confianza posible para μ para el cual el coeficiente de confianza sea 0.90.

9. Supóngase que $X_1, \ldots, X_n$ constituyen una muestra aleatoria de una distribución normal con media μ y precisión τ desconocidas, y también que la distribución inicial conjunta de μ y τ es una distribución normal-gamma que satisface las siguientes condiciones: $E(\mu) = 0, E(\tau) = 2, E(\tau^2) = 5$ y Pr$(|\mu| < 1.412) = 0.5$. Determínense los valores de $\mu_0, \lambda_0, \alpha_0$ y β_0 que especifican la distribución normal-gamma correspondiente.

10. Considérese de nuevo las condiciones del ejercicio 9. Supóngase, además, que en una muestra aleatoria de tamaño $n = 10$, se encuentra que $\overline{x}_n = 1$ y $\sum_{i=1}^{n}(x_i - \overline{x}_n)^2 = 8$. Determínese el intervalo de menor longitud posible tal que la probabilidad final de que μ pertenezca al intervalo sea 0.95.

11. Supóngase que $X_1, \ldots, X_n$ constituyen una muestra aleatoria de una distribución normal cuya media μ y cuya precisión τ son desconocidas y también que la distribución inicial conjunta de μ y τ es una distribución normal-gamma que satisface las siguientes condiciones: $E(\tau) = 1$, Var$(\tau) = 1/3$, Pr$(\mu > 3) = 0.5$ y Pr$(\mu > 0.12) =$ $= 0.9$. Determínense los valores de $\mu_0, \lambda_0, \alpha_0$ y β_0 que especifican la distribución normal-gamma correspondiente.

12. Considérense de nuevo las condiciones del ejercicio 11. Supóngase, además, que en una muestra aleatoria de tamaño $n = 8$ se encontró que $\sum_{i=1}^{n} x_i = 16$ y $\sum_{i=1}^{n} x_i^2 =$ $= 48$. Determínese el intervalo de menor longitud posible tal que la probabilidad final de que μ pertenezca al intervalo sea 0.99.

7.7 ESTIMADORES INSESGADOS

Definición de un estimador insesgado

Considérese de nuevo un problema en el que las variables $X_1, \ldots, X_n$ constituyen una muestra aleatoria de una distribución con parámetro θ cuyo valor es desconocido y se debe estimar. En un problema de este tipo es deseable utilizar un estimador $\delta(X_1, \ldots, X_n)$ que, con alta probabilidad, esté cerca de θ. En otras palabras, es deseable utilizar un estimador δ cuyo valor cambie con el valor de θ de manera que, sin importar cual es el verdadero valor de θ, la distribución de probabilidad de θ esté concentrada alrededor de este valor.

Por ejemplo, supóngase que $X_1, \ldots, X_n$ constituyen una muestra aleatoria de una distribución normal cuya media θ es desconocida y cuya varianza es 1. En este caso, el E.M.V. de θ es la media muestral $\overline{X}_n$. El estimador $\overline{X}_n$ es un estimador razonablemente bueno de θ, porque su distribución de probabilidad es una distribución normal con media θ y varianza $1/n$, y esta distribución está concentrada alrededor del valor desconocido de θ, sin importar lo grande o pequeño que sea ese valor.

Estas consideraciones conducen a la siguiente definición: Un estimador $\delta(X_1, \ldots,$ $X_n)$ es un *estimador insesgado* de un parámetro θ si $E_\theta[\delta(X_1, \ldots, X_n)] = \theta$ para todo valor posible de θ. En otras palabras, un estimador de un parámetro θ es insesgado si su esperanza es igual al verdadero valor desconocido de θ.

En el ejemplo que se acaba de mencionar, $\overline{X}_n$ es un estimador insesgado de la media desconocida θ de una distribución normal, porque $E_\theta(\overline{X}_n) = \theta$ para $-\infty < \theta < \infty$. De hecho, si $X_1, \ldots, X_n$ constituyen una muestra aleatoria de cualquier distribución arbitraria para la cual la media μ es desconocida, la media muestral $\overline{X}_n$ siempre será un estimador insesgado de μ porque siempre es cierto que $E(\overline{X}_n) = \mu$.

Si un estimador δ de algún parámetro θ es insesgado, entonces la distribución de δ ciertamente debe cambiar con el valor de θ, puesto que la media de esta distribución es θ. Hay que resaltar, sin embargo, que esta distribución podría estar concentrada alrededor de θ o tener una variación muy grande. Por ejemplo, un estimador que con la misma probabilidad subestima θ en $1\,000\,000$ unidades o sobreestima θ en $1\,000\,000$ unidades, sería un estimador insesgado, pero nunca proporcionaría un estimador cercano a θ. Por tanto, el hecho de que un estimador sea insesgado no implica necesariamente que el estimador sea bueno, o ni siquiera razonable. Sin embargo, si un estimador insesgado de θ tiene además varianza pequeña, resulta que la distribución del estimador necesariamente estará concentrado alrededor de su media θ y existirá una alta probabilidad de que el estimador esté cerca de θ.

Por las razones que se acaban de mencionar, el estudio de estimadores insesgados en un problema particular está básicamente orientado a la búsqueda de un estimador insesgado de varianza pequeña. Sin embargo, si un estimador δ es insesgado, entonces su E.C.M. $E_\theta[(\delta - \theta)^2]$ es igual a su varianza $\text{Var}_\theta(\delta)$. Por tanto, la búsqueda de un estimador insesgado con varianza pequeña es equivalente a la búsqueda de un estimador insesgado con un E.C.M. pequeño.

Estimación insesgada de la varianza

Muestreo de una distribución arbitraria. Ya se ha indicado que si $X_1, \ldots, X_n$ constituyen una muestra aleatoria de una distribución cualquiera cuya media μ es desconocida, entonces la media muestral $\overline{X}_n$ es un estimador insesgado de μ. Supóngase ahora que la varianza σ^2 de la distribución es también desconocida y se determinará un estimador insesgado de σ^2.

Puesto que la media muestral es un estimador insesgado de la media μ, es más o menos natural considerar en primer lugar la varianza muestral $S_0^2 = (1/n)\sum_{i=1}^{n}(X_i - \overline{X}_n)^2$ e intentar determinar si se trata de un estimador insesgado de la varianza σ^2. Se utilizará la identidad

$$\sum_{i=1}^{n}(X_i - \mu)^2 = \sum_{i=1}^{n}(X_i - \overline{X}_n)^2 + n(\overline{X}_n - \mu)^2. \tag{1}$$

Resulta así que

$$\begin{aligned} E(S_0^2) &= E\left[\frac{1}{n}\sum_{i=1}^{n}(X_i - \overline{X}_n)^2\right] \\ &= E\left[\frac{1}{n}\sum_{i=1}^{n}(X_i - \mu)^2\right] - E\left[(\overline{X}_n - \mu)^2\right]. \end{aligned} \tag{2}$$

Puesto que cada observación X_i tiene media μ y varianza σ^2, entonces $E\left[(X_i - \mu)^2\right] = \sigma^2$ para $i = 1, \ldots, n$. Por tanto,

$$E\left[\frac{1}{n}\sum_{i=1}^{n}(X_i - \mu)^2\right] = \frac{1}{n}\sum_{i=1}^{n}E\left[(X_i - \mu)^2\right] = \frac{1}{n}n\,\sigma^2 = \sigma^2. \tag{3}$$

Además, la media muestral $\overline{X}_n$ tiene media μ y varianza σ^2/n. Por tanto,

$$E\left[(\overline{X}_n - \mu)^2\right] = \text{Var}(\overline{X}_n) = \frac{\sigma^2}{n}. \tag{4}$$

De las ecuaciones (2), (3) y (4) resulta que

$$E(S_0^2) = \sigma^2 - \frac{1}{n}\sigma^2 = \frac{n-1}{n}\sigma^2. \tag{5}$$

De la ecuación (5) se puede observar que la varianza muestral S_0^2 no es un estimador insesgado de σ^2, porque su esperanza es $[(n-1)/n]\sigma^2$, en lugar de σ^2. Sin embargo, si S_0^2 se multiplica por el factor $n/(n-1)$ para obtener el estadístico S_1^2, entonces la esperanza de S_1^2 será ciertamente σ^2. Por tanto, S_1^2 será un estimador insesgado de σ^2 y se ha establecido el siguiente resultado:

Si las variables aleatorias $X_1, \ldots, X_n$ constituyen una muestra aleatoria de una distribución cualquiera cuya varianza σ^2 es desconocida, entonces el estimador

$$S_1^2 = \frac{1}{n-1} \sum_{i=1}^{n} (X_i - \overline{X}_n)^2$$

será un estimador insesgado de σ^2.

En otras palabras, aunque S_0^2 no es un estimador insesgado de σ^2, el estimador S_1^2 obtenido al dividir la suma de los cuadrados de las desviaciones $\sum_{i=1}^{n}(X_i - \overline{X}_n)^2$ por $n - 1$, en lugar de n, será siempre un estimador insesgado. Por esta razón, en muchos libros de texto la varianza muestral se define inicialmente como S_1^2, en lugar de como S_0^2.

Muestreo de una familia específica de distribuciones. Cuando se puede suponer que $X_1, \ldots, X_n$ constituyen una muestra aleatoria de una familia específica de distribuciones, como la familia de distribuciones de Poisson, será deseable en general considerar no sólo S_1^2 sino también otros estimadores insesgados de la varianza. Por ejemplo, supóngase que la muestra proviene realmente de una distribución de Poisson con media θ desconocida. Ya se ha visto que $\overline{X}_n$ será un estimador insesgado de la media θ. Es más, puesto que la varianza de la distribución de Poisson siempre es igual a θ, resulta que $\overline{X}_n$ es también un estimador insesgado de la varianza. En este ejemplo, entonces, tanto $\overline{X}_n$ como S_1^2 son estimadores insesgados de la varianza desconocida θ. Además, cualquier combinación de $\overline{X}_n$ y S_1^2 que tenga la forma $\alpha\overline{X}_n + (1 - \alpha)S_1^2$, donde α es una constante dada $(-\infty < \alpha < \infty)$, también será un estimador insesgado de θ, porque su esperanza será

$$E\left[\alpha\overline{X}_n + (1-\alpha)S_1^2\right] = \alpha E(\overline{X}_n) + (1-\alpha)\, E\left(S_1^2\right) = \alpha\theta + (1-\alpha)\,\theta = \theta.$$

También se pueden construir otros estimadores insesgados de θ.

Si se va a utilizar un estimador insesgado, el problema es determinar cuál de los estimadores insesgados posibles tiene la menor varianza o, equivalentemente, el menor E.C.M. No se deducirá la solución de este problema ahora. Sin embargo, se demostrará en la sección 7.8 que en este ejemplo, para todo valor posible de θ, el estimador $\overline{X}_n$ tiene la menor varianza de todos los estimadores insesgados de θ. Este resultado no es sorprendente. Se sabe por el ejemplo 1 de la sección 6.7 que $\overline{X}_n$ es un estadístico suficiente para θ y se arguyó en la sección 6.9 que se puede restringir nuestra atención a estimadores que son funciones únicamente del estadístico suficiente. (Véase también el Ejercicio 12 de esta sección).

Estimación de la varianza de una distribución normal

Supóngase ahora que $X_1, \ldots, X_n$ constituyen una muestra aleatoria de una distribución normal cuya media μ y varianza σ^2 son desconocidas y considérese el problema de estimar σ^2. Se sabe por la exposición de esta sección que el estimador S_1^2 es un estimador insesgado de σ^2. Más aun, se sabe de la sección 6.5 que la varianza muestral S_0^2 es el

E.M.V. de σ^2. Se desea determinar si el E.C.M. $E[(S_i^2 - \sigma^2)^2]$ es menor para el estimador S_0^2 o para el estimador S_1^2 y también si existe un estimador de σ^2 que tenga un E.C.M. menor que los de S_0^2 y S_1^2.

Ambos estimadores, el S_0^2 y el S_1^2, tienen la siguiente forma:

$$T^2 = c\sum_{i=1}^{n}(X_i - \overline{X}_n)^2, \tag{6}$$

donde $c = 1/n$ para S_0^2, y $c = 1/(n-1)$ para S_1^2. Se calculará ahora el E.C.M. para un estimador arbitrario que tenga la forma de la ecuación (6) y se determinará entonces el valor de c para el cual este E.C.M. sea mínimo. Se demostrará la peculiar propiedad de que el mismo valor de c minimiza el E.C.M. de todos los valores posibles de los parámetros μ y σ^2. Por tanto, entre todos los estimadores que tengan la forma de la ecuación (6), existe sólo uno que tiene el menor E.C.M. para todos los valores posibles de μ y σ^2.

Se demostró en la sección 7.3 que cuando $X_1, \dots, X_n$ constituyen una muestra aleatoria de una distribución normal, la variable aleatoria $\sum_{i=1}^{n}(X_i - \overline{X}_n)^2/\sigma^2$ tiene una distribución χ^2 con $n-1$ grados de libertad. Por la ecuación (2) de la sección 7.2, la media de esta variable es $n-1$, y la varianza, $2(n-1)$. Por tanto, si T^2 se define por la ecuación (6), entonces

$$E(T^2) = (n-1)c\sigma^2 \quad \text{y} \qquad \text{Var}(T^2) = 2(n-1)c^2\sigma^4. \tag{7}$$

Por tanto, por el ejercicio 4 de la sección 4.3, el E.C.M. de T^2 se puede obtener como sigue:

$$\begin{aligned} E\left[(T^2 - \sigma^2)^2\right] &= \left[E(T^2) - \sigma^2\right]^2 + \text{Var}(T^2) \\ &= \left[(n-1)c - 1\right]^2\sigma^4 + 2(n-1)c^2\sigma^4 \\ &= \left[(n^2-1)c^2 - 2(n-1)c + 1\right]\sigma^4. \end{aligned} \tag{8}$$

El coeficiente de σ^4 de la ecuación (8) es una función cuadrática de c. Por tanto, se encuentra, mediante diferenciación elemental, que para cualquier valor de σ^4 el valor de c que minimiza el E.C.M. es $c = 1/(n+1)$.

En resumen, se han establecido los siguientes hechos: Entre todos los estimadores de σ^2 que tienen la forma de la ecuación (6), el estimador que tiene el menor E.C.M. para todos los valores posibles de μ y σ^2 es $T_0^2 = [1/(n+1)]\sum_{i=1}^{n}(X_i - \overline{X}_n)^2$. En particular, T_0^2 tiene un E.C.M. menor que ambos, el E.M.V. S_0^2 y el estimador insesgado S_1^2. Por tanto, los estimadores S_0^2 y S_1^2, al igual que otros estimadores que tienen la forma de la ecuación (6) con $c \neq 1/(n+1)$, son inadmisibles. Además, C. Stein demostró en 1964 que incluso el estimador T_0^2 está dominado por otros estimadores y que, por tanto, T_0^2 es también inadmisible.

Los estimadores S_0^2 y S_1^2 se comparan en el ejercicio 5 de esta sección. Como es obvio, cuando el tamaño muestral n es grande, la diferencia de utilizar $n, n-1$ o $n+1$

como divisor en el estimador de σ^2 es pequeña; los tres estimadores S_0^2, S_1^2 y T_0^2 serán entonces aproximadamente iguales.

Discusión del concepto de estimación insesgada

Cualquier estimador que no sea insesgado se denomina *estimador sesgado*. La diferencia entre la esperanza de un estimador sesgado y el parámetro θ que se estima se llama *sesgo* del estimador. Puesto que ningún científico desea ser sesgado o ser acusado de ser sesgado, la terminología de la teoría de estimación insesgada parece hacer muy deseable el uso de estimadores insesgados. De hecho, el concepto de estimación insesgada ha jugado un papel importante en el desarrollo histórico de la estadística, y la idea de que debería preferirse un estimador insesgado a un estimador sesgado es frecuente en la práctica estadística actual.

Sin embargo, como se explicó en esta sección, la calidad de un estimador insesgado se debe evaluar en función de su varianza o su E.C.M. Se ha demostrado que cuando se estima la varianza de una distribución normal, y también en muchos otros problemas, existe un estimador sesgado que tiene un E.C.M. menor que cualquier estimador insesgado para todo valor posible del parámetro. Además, se puede demostrar que un estimador Bayes, que hace uso de toda la información inicial relevante acerca del parámetro y que minimiza el E.C.M. global, únicamente es insesgado en problemas triviales, en los que el parámetro puede ser estimado perfectamente.

Se procederá a describir ahora otras características no deseables de la teoría de estimación insesgada.

Inexistencia de un estimador insesgado. En la mayoría de los problemas no existe un estimador insesgado del parámetro, o de alguna función particular del parámetro que se debe estimar. Por ejemplo, supóngase que $X_1, \ldots, X_n$ constituyen n pruebas de Bernoulli donde el parámetro p es desconocido $(0 \leq p \leq 1)$. Entonces, la media muestral $\overline{X}_n$ es un estimador insesgado de p, pero puede demostrarse que no existe un estimador insesgado de $p^{1/2}$. (Véase Ejercicio 6 de esta sección). Se sabe además en este ejemplo que p debe estar en el intervalo $\frac{1}{3} \leq p \leq \frac{2}{3}$, entonces no hay estimador insesgado de p cuyos valores posibles pertenezcan a ese mismo intervalo.

Estimadores insesgados inapropiados. Considérese una sucesión infinita de pruebas de Bernoulli donde el parámetro p es desconocido $(0 < p < 1)$ y sea X el número de fallos que ocurren antes de obtener el primer éxito. Entonces X tendrá una distribución geométrica con f.p. dada por la ecuación (5) de la sección 5.5. Si se desea estimar el valor de p a partir de la observación X, entonces se puede demostrar (véase Ejercicio 7) que el *único* estimador insesgado de p proporciona la estimación 1 si $X = 0$ y proporciona la estimación 0 si $X > 0$. Este estimador parece inapropiado. Por ejemplo, si el primer éxito se obtiene en la segunda prueba, esto es, si $X = 1$, entonces estimar que la probabilidad de éxito p es 0 no tiene objeto.

Se escribe a continuación un ejemplo de un estimador insesgado inapropiado. Supóngase que la variable aleatoria X tiene una distribución de Poisson cuya media λ es desconocida $(\lambda > 0)$ y supóngase también que se desea estimar el valor $e^{-2\lambda}$. Se puede demostrar (véase Ejercicio 8) que el *único* estimador de $e^{-2\lambda}$ conduce al valor estimado 1 si X es un entero par y al valor estimado -1 si X es un entero impar. Este estimador es inapropiado por dos razones. En primer lugar, proporciona la estimación 1 ó -1 para un parámetro $e^{-2\lambda}$ que debe estar entre 0 y 1. En segundo lugar, el valor de la estimación depende de si el valor de X es par o impar, en lugar de si X es grande o pequeño.

Violación del principio de verosimilitud. Una crítica final al concepto de estimación insesgada se basa en el hecho de que utilizar siempre un estimador insesgado para un parámetro θ viola el principio de verosimilitud introducido en la sección 6.6. Por ejemplo, supóngase que en una sucesión de n pruebas de Bernoulli, donde el parámetro p es desconocido $(0 < p < 1)$, hay x éxitos $(x \geq 2)$ y $n - x$ fallos. Si el número de pruebas n ha sido fijado de antemano, entonces un estimador insesgado de p sería la media muestral x/n. Por otro lado, si el número de éxitos x ha sido fijado de antemano y el muestreo ha continuado hasta obtener exactamente x éxitos, entonces se puede demostrar (véase Ejercicio 9) que x/n no es un estimador insesgado de p, mientras que $(x-1)/(n-1)$ es insesgado. Sin embargo, como se explicó en la sección 6.6, cualquier método de estimación que sea consistente con el principio de verosimilitud proporciona la misma estimación de p, independientemente del método de muestreo utilizado para generar pruebas de Bernoulli.

Considérese otro ejemplo de cómo el concepto de estimación insesgada viola el principio de verosimilitud. Supóngase que el voltaje promedio θ de cierto circuito eléctrico es desconocido, que este voltaje va a ser medido por un voltímetro para el cual la lectura X tiene una distribución normal con media θ y varianza σ^2 conocida y que la lectura observada en el voltímetro es 205 voltios. Puesto que X es un estimador insesgado de θ en este ejemplo, un científico que quisiera utilizar un estimador insesgado podría estimar el valor de θ como 205 voltios.

Sin embargo, supóngase además que después de que el científico da el valor 205 como estimación de θ, descubre que el voltímetro no funcionaba adecuadamente al tomar la lectura. Verifica que la lectura del voltímetro era exacta para cualquier voltaje menor que 280 voltios, pero que no se registraría con precisión un voltaje mayor que 280 voltios. Puesto que la lectura fue de 205 voltios, no le afectó el defecto del voltímetro. Sin embargo, la lectura observada ya no será un estimador insesgado de θ, porque la distribución de X cuando se tomó la lectura no era una distribución normal con media θ. Por tanto, si el científico aún desea utilizar un estimador insesgado, tendría que cambiar su estimación para θ de 205 voltios a un valor distinto.

Esta violación del principio de verosimilitud parece inaceptable. Puesto que la lectura observada fue sólo 205 voltios, la función de verosimilitud del científico no se alteró al saber que el voltímetro podría no tener un funcionamiento adecuado si la lectura fuese mayor. Puesto que la lectura observada es correcta, parecería que la información de que podría haber habido lecturas erróneas es irrelevante para la estimación de θ. Sin embargo, puesto que esta información cambia el espacio muestral de X y su distribución de probabilidad, esta información cambiará también la forma del estimador insesgado de θ.

EJERCICIOS

1. Supóngase que X es una variable aleatoria cuya distribución es totalmente desconocida, pero de la que se sabe que todos los momentos $E(X^k)$, para $k = 1, 2, \dots$, son finitos. Supóngase, además, que $X_1, \dots, X_n$ constituyen una muestra aleatoria de esta distribución. Demuéstrese que para $k = 1, 2, \dots$, el k-ésimo momento muestral $(1/n)\sum_{i=1}^{n} X_i^k$ es un estimador insesgado de $E(X^k)$.

2. Bajo las condiciones del ejercicio 1, determínese un estimador insesgado de $[E(x)]^2$. *Sugerencia*: $[E(X)]^2 = E(X^2) -$ Var(X).

3. Supóngase que una variable aleatoria X tiene una distribución geométrica, definida en la sección 5.5, cuyo parámetro p es desconocido $(0 < p < 1)$. Encuéntrese un estadístico $\delta(X)$ que sea un estimador insesgado de $1/p$.

4. Supóngase que una variable aleatoria X tiene una distribución de Poisson cuya media λ es desconocida $(\lambda > 0)$. Determínese un estadístico $\delta(X)$ que sea un estimador insesgado de e^λ. *Sugerencia*: Si $E[\delta(X)] = e^\lambda$, entonces

$$\sum_{x=0}^{\infty} \frac{\delta(x)e^{-\lambda}\lambda^x}{x!} = e^\lambda.$$

Multiplíquense ambos lados de esta ecuación por e^λ, desarróllese la parte derecha en serie de potencias en λ y luego iguálense los coeficientes de λ^x de ambos lados de la ecuación para $x = 0, 1, 2, \dots$.

5. Supóngase que $X_1, \dots, X_n$ constituyen una muestra aleatoria de una distribución normal cuya media μ y varianza σ^2 son desconocidas. Sean S_0^2 y S_1^2 los estimadores de σ^2 que se definen como sigue:

$$S_0^2 = \frac{1}{n}\sum_{i=1}^{n}(X_i - \overline{X}_n)^2 \quad \text{y} \quad S_1^2 = \frac{1}{n-1}\sum_{i=1}^{n}(X_i - \overline{X}_n)^2.$$

Demuéstrese que el E.C.M. de S_0^2 es menor que el E.C.M. de S_1^2 para todos los valores posibles de μ y σ^2.

6. Supóngase que $X_1, \dots, X_n$ constituyen n pruebas de Bernoulli cuyo parámetro p es desconocido $(0 \leq p \leq 1)$. Demuéstrese que la esperanza de cualquier función $\delta(X_1, \dots, X_n)$ es un polinomio en p cuyo grado no excede de n.

7. Supóngase que una variable aleatoria X tiene una distribución geométrica cuyo parámetro p es desconocido $(0 < p < 1)$. Demuéstrese que el único estimador insesgado de p es el estimador $\delta(X)$ tal que $\delta(0) = 1$ y $\delta(X) = 0$ para $X > 0$.

8. Supóngase que una variable aleatoria X tiene una distribución de Poisson cuya media λ es desconocida ($\lambda > 0$). Demuéstrese que el único estimador insesgado de $e^{-2\lambda}$ es el estimador $\delta(X)$ tal que $\delta(X) = 1$ si X es un entero par y $\delta(X) = -1$ si X es un entero impar.

9. Considérese una sucesión infinita de pruebas de Bernoulli cuyo parámetro p es desconocido ($0 < p < 1$) y supóngase que el muestreo continúa hasta obtener exactamente k éxitos, donde k es un entero fijo ($k \geq 2$). Sea N el número total de pruebas que se necesitan para obtener los k éxitos. Demuéstrese que el estimador $(k-1)/(N-1)$ es un estimador insesgado de p.

10. Supóngase que se va a administrar cierta droga a dos tipos de animales distintos, A y B. Se sabe que la respuesta media de los animales del tipo A es la misma que la respuesta media de los animales del tipo B, pero el valor común θ de esta media es desconocido y se debe estimar. Se sabe también que la varianza de la respuesta de los animales del tipo A es cuatro veces más grande que la varianza de la respuesta de los animales del tipo B. Sean $X_1, \ldots, X_m$ las respuestas de una muestra aleatoria de m animales del tipo A y sean $Y_1, \ldots, Y_n$ las respuestas de una muestra aleatoria independiente de n animales del tipo B. Finalmente, considérese el estimador $\hat{\theta} = \alpha\overline{X}_m + (1-\alpha)\overline{Y}_n$.

    (a) ¿Para qué valores de α, m y n es $\hat{\theta}$ un estimador insesgado de θ?

    (b) Para valores fijos de m y n, ¿qué valor de α proporciona un estimador insesgado con varianza mínima?

11. Supóngase que cierta población de individuos consta de k estratos distintos ($k \geq 2$) y que para $i = 1, \ldots, k$ la proporción de individuos en la población total que pertenecen al estrato i es p_i, donde $p_i > 0$ y $\sum_{i=1}^{k} p_i = 1$. Interesa estimar el valor medio μ de cierta característica entre la población total. Entre los individuos en el estrato i esta característica tiene media μ_i y varianza σ_i^2, donde el valor de μ_i es desconocido y el valor de σ_i^2 es conocido. Supóngase que se selecciona de la población una *muestra estratificada* como sigue: De cada estrato i, se selecciona una muestra aleatoria de n_i individuos y se mide la característica de cada uno de estos individuos. Las muestras de los k estratos se seleccionan independientemente unas de otras. Sea $\overline{X}_i$ el promedio de las n_i mediciones de la muestra del estrato i.

    (a) Demuéstrese que $\mu = \sum_{i=1}^{k} p_i\mu_i$, y demuéstrese que $\hat{\mu} = \sum_{i=1}^{k} p_i\overline{X}_i$ es un estimador insesgado de μ.

    (b) Sea $n = \sum_{i=1}^{k} n_i$ el número total de observaciones en las k muestras. Para un valor fijo de n, determínense los valores de $n_1, \ldots, n_k$ para los que la varianza de $\hat{\mu}$ sea mínima.

12. Supóngase que $X_1, \ldots, X_n$ constituyen una muestra aleatoria de una distribución cuya f.d.p. o f.p. es $f(x|\theta)$, donde el valor del parámetro θ es desconocido y el estadístico $T = r(X_1, \ldots, X_n)$ es un estadístico suficiente para θ. Sea $\delta(X_1, \ldots, X_n)$ un estimador insesgado de θ y sea $\delta_0(T)$ otro estimador que está definido por la ecuación (3) de la sección 6.9.

(a) Demuéstrese que $\delta_0(T)$ es también un estimador insesgado de θ.

(b) Demuéstrese que $\text{Var}_\theta(\delta_0) \leq \text{Var}_\theta(\delta)$ para todo valor posible de θ.

Sugerencia: Utilícese el teorema 1 de la sección 6.9.

13. Supóngase que $X_1, \ldots, X_n$ constituyen una muestra aleatoria de una distribución uniforme sobre el intervalo $(0, \theta)$, donde el valor del parámetro θ es desconocido y sea $Y_n = \max(X_1, \ldots, X_n)$. Demuéstrese que $[(n+1)/n]Y_n$ es un estimador insesgado de θ.

14. Supóngase que una variable aleatoria X puede tomar solamente los cinco valores $x = 1, 2, 3, 4, 5$ con las siguientes probabilidades:

$$f(1|\theta) = \theta^3, \qquad f(2|\theta) = \theta^2(1-\theta), \qquad f(3|\theta) = 2\theta(1-\theta),$$

$$f(4|\theta) = \theta(1-\theta)^2, \qquad f(5|\theta) = (1-\theta)^3.$$

Donde el valor del parámetro θ es desconocido $(0 \leq \theta \leq 1)$.

(a) Verifíquese que la suma de las cinco probabilidades dadas es 1 para cualquier valor de θ.

(b) Considérese un estimador $\delta_c(X)$ que tenga la siguiente forma:

$$\delta_c(1) = 1, \quad \delta_c(2) = 2 - 2c, \quad \delta_c(3) = c, \quad \delta_c(4) = 1 - 2c, \quad \delta_c(5) = 0.$$

Demuéstrese que para cualquier constante específica $c, \delta_c(X)$ es un estimador insesgado de θ.

(c) Sea θ_0 un número tal que $0 < \theta_0 < 1$. Determínese una constante c_0 tal que cuando $\theta = \theta_0$, la varianza de $\delta_{c_0}(X)$ sea menor que la varianza de $\delta_c(X)$ para cualquier otro valor de c.

*7.8 INFORMACIÓN DE FISHER

Definición y propiedades de la información de Fisher

Información de Fisher en una variable aleatoria. En esta sección se introducirá un concepto llamado información de Fisher, que se relaciona con varios aspectos de la teoría de inferencia estadística y se describirán algunos usos de este concepto.

Considérese una variable aleatoria X cuya f.p. o f.d.p. es $f(x|\theta)$. Se supone que $f(x|\theta)$ depende de un parámetro θ cuyo valor es desconocido, pero debe estar en un intervalo abierto Ω de la recta real. Además, se supone que X toma valores en un espacio muestral específico S y que $f(x|\theta) > 0$ para cada valor de $x \in S$ y de $\theta \in \Omega$.

Esta suposición excluye el caso de la distribución uniforme sobre el intervalo $(0, \theta)$, con θ desconocido, porque para esa distribución $f(x|\theta) > 0$ únicamente cuando $x < \theta$, y $f(x|\theta) = 0$ cuando $x > \theta$. La suposición no excluye ninguna distribución donde el conjunto de valores de x, para los cuales $f(x|\theta) > 0$, sea un conjunto fijo que no depende de θ.

Se definirá ahora $\lambda(x|\theta)$ como sigue:

$$\lambda(x|\theta) = \log f(x|\theta). \tag{1}$$

Se supone que para cada valor de $x \in S$, la f.p. o la f.d.p. $f(x|\theta)$ es una función diferenciable dos veces de θ y sea

$$\lambda'(x|\theta) = \frac{\partial}{\partial\theta}\lambda(x|\theta) \qquad \text{y} \qquad \lambda''(x|\theta) = \frac{\partial^2}{\partial\theta^2}\lambda(x|\theta). \tag{2}$$

La *información de Fisher* $I(\theta)$ *de la variable aleatoria* X se define como sigue:

$$I(\theta) = E_\theta\left\{[\lambda'(X|\theta)]^2\right\}. \tag{3}$$

Por tanto, si $f(x|\theta)$ es una f.d.p., entonces

$$I(\theta) = \int_S [\lambda'(x|\theta)]^2 f(x|\theta)\, dx. \tag{4}$$

Si $f(x|\theta)$ es una f.p., la integral de la ecuación (4) se reemplaza por una suma sobre los puntos en S. En la siguiente exposición, supóngase, por conveniencia, que $f(x|\theta)$ es una f.d.p. Sin embargo, todos los resultados son válidos también cuando $f(x|\theta)$ es una f.p.

Se sabe que $\int_S f(x|\theta)\, dx = 1$ para todo valor de $\theta \in \Omega$. Por tanto, si la integral de la parte izquierda de esta ecuación es diferenciable respecto a θ, el resultado será 0. Supóngase que se puede cambiar el orden en que se realiza la integración respecto a x y la diferenciación respecto a θ y que se sigue obteniendo el valor 0. En otras palabras, supóngase que se puede tomar la derivada "bajo el signo integral" y obtener

$$\int_S f'(x|\theta)\, dx = 0 \qquad \text{para } \theta \in \Omega. \tag{5}$$

Supóngase, además, que se puede tomar una segunda derivada respecto a θ "bajo el signo integral" y obtener

$$\int_S f''(x|\theta)\, dx = 0 \qquad \text{para } \theta \in \Omega. \tag{6}$$

Se pueden proporcionar ahora dos formas adicionales para la información de Fisher $I(\theta)$. En primer lugar, puesto que $\lambda'(x|\theta) = f'(x|\theta)/f(x|\theta)$, entonces

$$E_\theta[\lambda'(X|\theta)] = \int_S \lambda'(x|\theta) f(x|\theta)\, dx = \int_S f'(x|\theta)\, dx.$$

Por tanto, de la ecuación (5) resulta que

$$E_\theta\left[\lambda'(X|\theta)\right] = 0. \tag{7}$$

Puesto que la media de $\lambda'(X|\theta)$ es 0, de la ecuación (3) resulta que

$$I(\theta) = \mathrm{Var}_\theta\left[\lambda'(X|\theta)\right]. \tag{8}$$

Además, se debe observar que

$$\begin{aligned}\lambda''(x|\theta) &= \frac{f(x|\theta)f''(x|\theta) - [f'(x|\theta)]^2}{[f(x|\theta)]^2} \\ &= \frac{f''(x|\theta)}{f(x|\theta)} - [\lambda'(x|\theta)]^2.\end{aligned} \tag{9}$$

Por tanto,

$$E_\theta[\lambda''(X|\theta)] = \int_S f''(x|\theta)\,dx - I(\theta). \tag{10}$$

De las ecuaciones (10) y (6) resulta que

$$I(\theta) = -E_\theta\left[\lambda''(X|\theta)\right]. \tag{11}$$

En muchos problemas es más fácil determinar el valor de $I(\theta)$ mediante la ecuación (11) que a través de la ecuación (3).

Ejemplo 1: Distribución de Bernoulli. Supóngase que X tiene una distribución de Bernoulli cuyo parámetro p es desconocido $(0 < p < 1)$. Se determinará la información de Fisher $I(p)$ en X.

En este ejemplo, X puede tomar únicamente dos valores 0 y 1. Para $x = 0$ ó 1,

$$\lambda(x|p) = \log f(x|p) = x\log p + (1-x)\log(1-p).$$

Por tanto,

$$\lambda'(x|p) = \frac{x}{p} - \frac{1-x}{1-p}$$

$$\lambda''(x|p) = -\left[\frac{x}{p^2} + \frac{1-x}{(1-p)^2}\right].$$

Puesto que $E(X) = p$, la información de Fisher es

$$I(p) = -E\left[\lambda''(X|p)\right] = \frac{1}{p} + \frac{1}{1-p} = \frac{1}{p(1-p)}.$$

En este ejemplo se puede verificar rápidamente que se satisfacen las suposiciones indicadas en las ecuaciones (5) y (6). De hecho, puesto que X únicamente puede tomar los dos valores 0 y 1, las integrales de las ecuaciones (5) y (6) se reducen a la suma sobre los dos valores $x = 0$ y $x = 1$. Puesto que siempre es posible tomar una derivada "dentro de una suma finita" y derivar la suma término a término, las ecuaciones (5) y (6) deben cumplirse. ◁

Ejemplo 2: Distribución normal. Supóngase que X tiene una distribución normal cuya media μ es desconocida $(-\infty < \mu < \infty)$ y la varianza σ^2 es conocida. Se determinará la información de Fisher $I(\mu)$ en X.

Para $-\infty < x < \infty$,

$$\lambda(x|\mu) = -\frac{1}{2}\log(2\pi\sigma^2) - \frac{(x-\mu)^2}{2\sigma^2}.$$

Por tanto,

$$\lambda'(x|\mu) = \frac{x-\mu}{\sigma^2} \quad \text{y} \quad \lambda''(x|\mu) = -\frac{1}{\sigma^2}.$$

De la ecuación (11) resulta ahora que la información de Fisher es

$$I(\mu) = \frac{1}{\sigma^2}.$$

En este ejemplo, se puede verificar directamente (véase Ejercicio 1 de esta sección) que se cumplen las ecuaciones (5) y (6). ◁

Hay que señalar que el concepto de información de Fisher no se puede aplicar a una distribución, como la uniforme sobre el intervalo $(0, \theta)$, para la que no se cumplen las hipótesis necesarias.

Información de Fisher en una muestra aleatoria. Supóngase que las variables aleatorias $X_1, \ldots, X_n$ constituyen una muestra aleatoria de una distribución cuya f.d.p. es $f(x|\theta)$, donde el valor del parámetro θ debe estar en un intervalo abierto Ω de la recta real. Como es usual, se define $f_n(\boldsymbol{x}|\theta)$ como la f.d.p. de $X_1, \ldots, X_n$. Además, sea

$$\lambda_n(\boldsymbol{x}|\theta) = \log f_n(\boldsymbol{x}|\theta). \tag{12}$$

Entonces, análogamente a la ecuación (3), la *información de Fisher* $I_n(\theta)$ *en la muestra aleatoria* $X_1, \ldots, X_n$ se define como sigue:

$$I_n(\theta) = E_\theta\left\{ [\lambda_n'(\boldsymbol{X}|\theta)]^2 \right\}. \tag{13}$$

Por tanto, la información de Fisher $I_n(\theta)$ en la muestra completa está dada por la siguiente integral n-dimensional:

$$I_n(\theta) = \int_S \cdots \int_S [\lambda_n'(\boldsymbol{x}|\theta)]^2 f_n(\boldsymbol{x}|\theta) dx_1 \cdots dx_n. \tag{14}$$

Además, si se supone de nuevo que se satisfacen las ecuaciones (5) y (6) cuando $f(x|\theta)$ se reemplaza por $f_n(\boldsymbol{x}|\theta)$, entonces se puede expresar $I_n(\theta)$ de cualquiera de las dos formas siguientes:

$$I_n(\theta) = \text{Var}_\theta\,[\lambda_n'(\boldsymbol{X}|\theta)] \tag{15}$$

o

$$I_n(\theta) = -E_\theta\left[\lambda''_n(\boldsymbol{X}|\theta)\right]. \tag{16}$$

Se demostrará ahora que existe una relación sencilla entre la información de Fisher $I_n(\theta)$ en la muestra completa y la información de Fisher $I(\theta)$ en una sola observación X_i. Puesto que $f_n(\boldsymbol{x}|\theta) = f(x_1|\theta)\cdots f(x_n|\theta)$, resulta que

$$\lambda_n(\boldsymbol{x}|\theta) = \sum_{i=1}^{n} \lambda(x_i|\theta).$$

Por tanto,

$$\lambda''_n(\boldsymbol{x}|\theta) = \sum_{i=1}^{n} \lambda''(x_i|\theta). \tag{17}$$

Como cada observación X_i tiene una f.d.p. $f(x|\theta)$, la información de Fisher en cada X_i es $I(\theta)$. De las ecuaciones (11) y (16) resulta que tomando esperanzas en ambos lados de la ecuación (17) se obtiene el resultado

$$I_n(\theta) = nI(\theta). \tag{18}$$

En otras palabras, la información de Fisher en una muestra aleatoria de n observaciones es simplemente n veces la información de Fisher en una sola observación.

Desigualdad de la información

Como aplicación de los resultados que se acaban de deducir, se demostrará ahora la utilización de la información de Fisher para determinar una cota inferior para la varianza de un estimador arbitrario del parámetro θ en un problema concreto. Supóngase de nuevo que $X_1, \ldots, X_n$ constituyen una muestra aleatoria de una distribución cuya f.d.p. es $f(x|\theta)$ y también que siguen siendo válidas todas las suposiciones que se han considerado hasta ahora en esta sección acerca de $f(x|\theta)$.

Sea $T = r(X_1, \ldots, X_n) = r(\boldsymbol{X})$ un estimador arbitrario de θ para el cual la varianza es finita y considérese la covarianza entre T y la variable aleatoria $\lambda'_n(\boldsymbol{X}|\theta)$. Puesto que $\lambda'_n(\boldsymbol{x}|\theta) = f'_n(\boldsymbol{x}|\theta)/f_n(\boldsymbol{x}|\theta)$, se deduce como en el caso de una sola observación, que

$$E_\theta\left[\lambda'_n(\boldsymbol{X}|\theta)\right] = \int_S \cdots \int_S f'_n(\boldsymbol{x}|\theta)\,dx_1 \cdots dx_n = 0.$$

Por tanto,

$$\begin{aligned}\operatorname{Cov}_\theta\left[T, \lambda'_n(\boldsymbol{X}|\theta)\right] &= E_\theta\left[T\lambda'_n(\boldsymbol{X}|\theta)\right]\\ &= \int_S \cdots \int_S r(\boldsymbol{x})\lambda'_n(\boldsymbol{x}|\theta) f_n(\boldsymbol{x}|\theta)\,dx_1 \cdots dx_n\\ &= \int_S \cdots \int_S r(\boldsymbol{x}) f'_n(\boldsymbol{x}|\theta)\,dx_1 \cdots dx_n.\end{aligned} \tag{19}$$

Sea ahora $E_\theta(T) = m(\theta)$ para $\theta \in \Omega$, entonces

$$\int_S \cdots \int_S r(\boldsymbol{x}) f_n(\boldsymbol{x}|\theta)\, dx_1 \cdots dx_n = m(\theta) \qquad \text{para } \theta \in \Omega. \tag{20}$$

Finalmente, supóngase que cuando ambos lados de la ecuación (20) se derivan respecto a θ, la derivada se puede tomar "bajo el signo de las integrales" en la parte izquierda. Entonces,

$$\int_S \cdots \int_S r(\boldsymbol{x}) f_n'(\boldsymbol{x}|\theta)\, dx_1 \cdots dx_n = m'(\theta) \qquad \text{para } \theta \in \Omega. \tag{21}$$

De las ecuaciones (19) y (21), resulta que

$$\text{Cov}_\theta \left[T, \lambda_n'(\boldsymbol{X}|\theta)\right] = m'(\theta) \qquad \text{para } \theta \in \Omega. \tag{22}$$

En la sección 4.6 se demostró que

$$\left\{\text{Cov}_\theta \left[T, \lambda_n'(\boldsymbol{X}|\theta)\right]\right\}^2 \leq \text{Var}_\theta(T)\text{Var}_\theta \left[\lambda_n'(\boldsymbol{X}|\theta)\right]. \tag{23}$$

Por tanto, de las ecuaciones (15), (18), (22) y (23), se deduce que

$$\text{Var}_\theta(T) \geq \frac{[m'(\theta)]^2}{nI(\theta)}. \tag{24}$$

La desigualdad (24) se denomina *desigualdad de la información*. Se conoce también como *desigualdad de Cramér-Rao*, en honor a los estadísticos H. Cramér y C.R. Rao que desarrollaron independientemente esta desigualdad durante la década de 1940.

Como ejemplo del uso de la desigualdad de la información, supóngase que T es un estimador insesgado de θ. Entonces, $m(\theta) = \theta$ y $m'(\theta) = 1$ para todo valor de $\theta \in \Omega$. Por tanto, por la desigualdad (24), $\text{Var}_\theta(T) \geq 1/[nI(\theta)]$. En otras palabras, la varianza de cualquier estimador insesgado de θ no puede ser menor que el recíproco de la información de Fisher en la muestra.

Estimadores eficientes

Se dice que un estimador T es un *estimador eficiente de su esperanza* $m(\theta)$ si se da igualdad en la desigualdad de la información (24) para todo valor de $\theta \in \Omega$. Una dificultad con esta definición es que, en un problema dado, puede no existir un estimador de una función particular $m(\theta)$ cuya varianza alcance la cota inferior de la desigualdad de la información. Por ejemplo, si la variable aleatoria X tiene una distribución normal cuya media es 0 y cuya desviación típica σ es desconocida ($\sigma > 0$), entonces se puede demostrar que la varianza de cualquier estimador insesgado de σ basado en una sola observación X es estrictamente mayor que $1/I(\sigma)$ para todo valor de $\sigma > 0$ (véase Ejercicio 8).

Por otro lado, en muchos problemas estándar de estimación existen estimadores eficientes. Como es lógico, el estimador que es idénticamente igual a una constante es un estimador eficiente de esa constante, puesto que la varianza de este estimador es 0. Sin embargo, como se demostrará ahora, también hay estimadores eficientes de funciones más interesantes de θ.

Habrá igualdad en la desigualdad (23), por lo que habrá igualdad en la desigualdad de la información (24) si, y sólo si, el estimador T es una función lineal de $\lambda_n'(\boldsymbol{X}|\theta)$. En otras palabras, T será un estimador eficiente si, y sólo si, existen funciones $u(\theta)$ y $v(\theta)$ que dependan de θ, pero que no dependan de las observaciones $X_1, \ldots, X_n$ y que satisfagan la relación

$$T = u(\theta)\lambda_n'(\boldsymbol{X}|\theta) + v(\theta). \tag{25}$$

Es posible que los únicos estimadores eficientes en un problema concreto sean constantes. La razón es la siguiente: Puesto que T es un estimador, no puede involucrar el parámetro θ. Por tanto, para que T sea eficiente, debe ser posible encontrar funciones $u(\theta)$ y $v(\theta)$ tales que el parámetro θ realmente se cancele en la parte derecha de la ecuación (25) y el valor de T dependa únicamente de las observaciones $X_1, \ldots, X_n$ y no de θ.

Ejemplo 3: Muestreo de una distribución de Poisson. Supóngase que $X_1, \ldots, X_n$ constituyen una muestra aleatoria de una distribución de Poisson cuya media θ es desconocida $(\theta > 0)$. Se demostrará que $\overline{X}_n$ es un estimador eficiente de θ.

La f.p. conjunta de $X_1, \ldots, X_n$ se puede escribir de la forma

$$f_n(\boldsymbol{x}|\theta) = \frac{e^{-n\theta}\theta^{n\overline{x}_n}}{\prod_{i=1}^{n}(x_i!)}.$$

Por tanto,

$$\lambda_n(\boldsymbol{X}|\theta) = -n\theta + n\overline{X}_n \log\theta - \sum_{i=1}^{n}\log(X_i!)$$

$$\lambda_n'(\boldsymbol{X}|\theta) = -n + \frac{n\overline{X}_n}{\theta}. \tag{26}$$

Si se define ahora $u(\theta) = \theta/n$ y $v(\theta) = \theta$, entonces de la ecuación (26) resulta que

$$\overline{X}_n = u(\theta)\lambda_n'(\boldsymbol{X}|\theta) + v(\theta).$$

Puesto que el estadístico $\overline{X}_n$ ha sido representado como una función lineal de $\lambda_n'(\boldsymbol{X}|\theta)$, resulta entonces que $\overline{X}_n$ será un estimador eficiente de su esperanza θ. En otras palabras, la varianza de $\overline{X}_n$ alcanzará la cota inferior de la desigualdad de la información, que en este ejemplo será θ/n (véase Ejercicio 2). Este hecho también se puede verificar directamente. ◁

Estimadores insesgados de varianza mínima

Supóngase que en un problema concreto un estimador particular T es un estimador eficiente de su esperanza $m(\theta)$ y sea T_1 cualquier otro estimador de $m(\theta)$. Entonces, para todo valor de $\theta \in \Omega$, $\text{Var}_\theta(T)$ será igual a la cota inferior proporcionada por la desigualdad de la información y $\text{Var}_\theta(T_1)$ será al menos tan grande como la cota inferior. Por tanto, $\text{Var}_\theta(T) \leq \text{Var}_\theta(T_1)$ para $\theta \in \Omega$. En otras palabras, si T es un estimador eficiente de $m(\theta)$, T tendrá la menor varianza para todo valor posible de θ.

En particular, se demostró en el ejemplo 3 que $\overline{X}_n$ es un estimador eficiente de la media θ de una distribución de Poisson. Por tanto, para todo valor de $\theta > 0, \overline{X}_n$ tiene la menor varianza entre todos los estimadores insesgados de θ. Esta exposición establece un resultado que se había enunciado sin demostración en la sección 7.7.

Propiedades de los estimadores máximo verosímiles para muestras grandes

Supóngase que $X_1, \ldots, X_n$ consituyen una muestra aleatoria de una distribución cuya f.d.p. o f.p. es $f(x|\theta)$ y supóngase también que $f(x|\theta)$ satisface condiciones similares a aquellas que se necesitan para derivar la desigualdad de la información. Para cualquier tamaño muestral n, sea $\hat{\theta}_n$ el E.M.V. de θ. Se demostrará que, si n es grande, entonces la distribución de $\hat{\theta}_n$ será aproximadamente una distribución normal con media θ y varianza $1/[nI(\theta)]$.

Distribución asintótica de un estimador eficiente. Considérese en primer lugar la variable aleatoria $\lambda'_n(\boldsymbol{X}|\theta)$. Puesto que $\lambda_n(\boldsymbol{X}|\theta) = \sum_{i=1}^n \lambda(X_i|\theta)$, entonces

$$\lambda'_n(\boldsymbol{X}|\theta) = \sum_{i=1}^{n} \lambda'(X_i|\theta). \tag{27}$$

Además, puesto que las n variables aleatorias $X_1, \ldots, X_n$ son i.i.d., las n variables aleatorias $\lambda'(X_1|\theta), \ldots, \lambda'(X_n|\theta)$ también serán i.i.d. Por las ecuaciones (7) y (8) se sabe que la media de cada una de estas variables es 0 y la varianza de cada una es $I(\theta)$. Por tanto, del teorema central del límite de Lindeberg y Lévy resulta que la distribución asintótica de la variable aleatoria $\lambda'_n(\boldsymbol{X}|\theta)/[nI(\theta)]^{1/2}$ será una distribución normal tipificada.

Supóngase ahora que un estimador T es un estimador eficiente de θ. Entonces $E_\theta(T) = \theta$ y $\text{Var}_\theta(T) = 1/[nI(\theta)]$. Además, deben existir funciones $u(\theta)$ y $v(\theta)$ que satisfacen la ecuación (25). Puesto que la variable aleatoria $\lambda'_n(\boldsymbol{X}|\theta)$ tiene media 0 y varianza $nI(\theta)$, de la ecuación (25) resulta que $E_\theta(T) = v(\theta)$ y $\text{Var}_\theta(T) = [u(\theta)]^2 nI(\theta)$. Cuando estos valores de la media y la varianza de T se comparan con los valores anteriores, se encuentra que $v(\theta) = \theta$ y $|u(\theta)| = 1/[nI(\theta)]$. Para ser específicos, supóngase que $u(\theta) = 1/[nI(\theta)]$, aunque se obtendrían las mismas conclusiones si $u(\theta) = -1/[nI(\theta)]$.

Cuando los valores $u(\theta) = 1/[nI(\theta)]$ y $v(\theta) = \theta$ se sustituyen en la ecuación (25), se obtiene

$$[nI(\theta)]^{1/2}(T - \theta) = \frac{\lambda'_n(\boldsymbol{X}|\theta)}{[nI(\theta)]^{1/2}}. \tag{28}$$

Se acaba de demostrar que la distribución asintótica de la variable aleatoria de la parte derecha de la ecuación (28) es una distribución normal tipificada. Por tanto, la distribución asintótica de la variable aleatoria de la parte izquierda de la ecuación (28) es también una distribución normal tipificada.

Distribución asintótica de un E.M.V. Del resultado anterior se deduce que si el E.M.V. $\hat{\theta}_n$ de θ es un estimador eficiente de θ para cada valor de n, entonces la distribución asintótica de $[nI(\theta)]^{1/2}(\hat{\theta}_n - \theta)$ será una distribución normal tipificada. Sin embargo, se puede demostrar que aun en un problema arbitrario en donde $\hat{\theta}_n$ no es un estimador eficiente, $[nI(\theta)]^{1/2}(\hat{\theta}_n - \theta)$ tendrá, bajo ciertas condiciones, esta misma distribución asintótica. Sin presentar todas las condiciones requeridas detalladamente, se puede enunciar el siguiente resultado.

Supóngase que en un problema arbitrario el E.M.V. $\hat{\theta}_n$ se determina resolviendo la ecuación $\lambda'_n(\boldsymbol{x}|\theta) = 0$ y supóngase además que la segunda y la tercera derivadas $\lambda''_n(\boldsymbol{x}|\theta)$ y $\lambda'''_n(\boldsymbol{x}|\theta)$ existen y satisfacen ciertas condiciones de regularidad. Entonces, la distribución asintótica de $[nI(\theta)]^{1/2}(\hat{\theta}_n - \theta)$ será una distribución normal tipificada. La demostración de este resultado está fuera de los límites de este libro y no se proporcionará aquí.

En la práctica, este resultado afirma que en la mayoría de los problemas en los que el tamaño muestral n es grande y el E.M.V. $\hat{\theta}_n$ se encuentra diferenciando la función de verosimilitud $f_n(\boldsymbol{x}|\theta)$ o su logaritmo, la distribución de $[nI(\theta)]^{1/2}(\hat{\theta}_n - \theta)$ será aproximadamente una distribución normal tipificada. Consecuentemente, la distribución de $\hat{\theta}_n$ será aproximadamente una distribución normal con media θ y varianza $1/[nI(\theta)]$. Bajo tales condiciones se dice que $\hat{\theta}_n$ es un *estimador asintóticamente eficiente.*

Ejemplo 4: Estimación de la desviación típica de una distribución normal. Supóngase que $X_1, \ldots, X_n$ constituyen una muestra aleatoria de una distribución normal cuya media es 0 y desviación típica σ es desconocida ($\sigma > 0$). Se puede demostrar que el E.M.V. de σ es

$$\hat{\sigma} = \left[\frac{1}{n}\sum_{i=1}^{n} X_i^2\right]^{1/2}$$

Además, se puede demostrar (véase Ejercicio 3) que la información de Fisher en una sola observación es $I(\sigma) = 2/\sigma^2$. Por tanto, si el tamaño muestral n es grande, la distribución de $\hat{\sigma}$ será aproximadamente una distribución normal con media σ y varianza $\sigma^2/(2n)$.

◁

Punto de vista bayesiano. Otra propiedad general de los E.M.V. $\hat{\theta}_n$ esta relacionada con la realización de inferencias acerca de un parámetro θ desde el punto de vista bayesiano. Supóngase que la distribución inicial de θ se representa por una f.d.p. positiva y diferenciable en el intervalo Ω y que el tamaño muestral n es grande. Entonces, en condiciones de regularidad similares a las necesarias para asegurar la normalidad asintótica de la distribución de $\hat{\theta}_n$, se puede demostrar que la distribución final de θ, después de haber observado los valores de $X_1, \ldots, X_n$, será aproximadamente una distribución normal con media $\hat{\theta}_n$ y varianza $1/[nI(\hat{\theta}_n)]$.

Ejemplo 5: Distribución final de la desviación típica. Supóngase de nuevo que $X_1, \ldots, X_n$ constituyen una muestra aleatoria de una distribución normal cuya media es 0 y cuya desviación típica σ es desconocida. Supóngase, además, que la f.d.p. inicial de σ es una función positiva y diferenciable para $\sigma > 0$ y que el tamaño muestral n es grande. Puesto que $I(\sigma) = 2/\sigma^2$, resulta que la distribución final de σ será aproximadamente una distribución normal con media $\hat{\sigma}$ y varianza $\hat{\sigma}^2/(2n)$, donde $\hat{\sigma}$ es el E.M.V. de σ, calculado a partir de los valores observados de la muestra. ◁

Método delta

Supóngase que $X_1, \ldots, X_n$ constituyen una muestra aleatoria de una distribución cuya f.d.p. o f.p. es $f(x|\theta)$, donde el parámetro θ pertenece de nuevo a un determinado intervalo Ω de la recta real. Supóngase que T_n es un estimador de θ que está basado en las observaciones $X_1, \ldots, X_n$ y que tiene la siguiente propiedad: Para alguna función positiva $b(\theta)$, la distribución asintótica de $[nb(\theta)]^{1/2}(T_n - \theta)$ es una distribución normal tipificada. En otras palabras, supóngase que para una muestra grande, la distribución de T_n es aproximadamente normal con media θ y varianza $[nb(\theta)]^{-1}$.

Supóngase ahora, que se desea estimar la función $\alpha(\theta)$, donde α es una función diferenciable de θ tal que $\alpha'(\theta) \neq 0$ para todo $\theta \in \Omega$. Es natural considerar el uso del estimador $\alpha(T_n)$. Se determinará la distribución asintótica de este estimador por un método conocido en estadística como *método delta.*

De la distribución asintótica de T_n se deduce que, para una muestra grande, T_n estará cerca de θ con una probabilidad alta. Así, $T_n - \theta$ será pequeño con alta probabilidad. Por tanto, se representará la función $\alpha(T_n)$ como una serie de Taylor en $T_n - \theta$ y se ignorarán todos los términos que involucran $(T_n - \theta)^2$ y potencias de mayor orden. Por tanto,

$$\alpha(T_n) \approx \alpha(\theta) + \alpha'(\theta)(T_n - \theta) \tag{29}$$

$$\frac{[nb(\theta)]^{1/2}}{\alpha'(\theta)} [\alpha(T_n) - \alpha(\theta)] \approx [nb(\theta)]^{1/2} (T_n - \theta). \tag{30}$$

Se puede concluir que la distribución asintótica de la parte izquierda de la ecuación (30) será una distribución normal tipificada, puesto que esta es la distribución asintótica de la parte derecha. En otras palabras, para una muestra grande, la distribución de $\alpha(T_n)$ será aproximadamente normal con media $\alpha(\theta)$ y varianza $[\alpha'(\theta)]^2/[nb(\theta)]$.

EJERCICIOS

1. Supóngase que una variable aleatoria X tiene una distribución normal cuya media μ es desconocida $(-\infty < \mu < \infty)$ y cuya varianza σ^2 es conocida. Sea $f(x|\mu)$

la f.d.p. de X y sea $f'(x|\mu)$ y $f''(x|\mu)$ la primera y segunda derivadas parciales respecto a μ. Demuéstrese que

$$\int_{-\infty}^{\infty} f'(x|\mu)\, dx = 0 \quad \text{y} \quad \int_{-\infty}^{\infty} f''(x|\mu)\, dx = 0.$$

2. Supóngase que una variable aleatoria X tiene una distribución de Poisson cuya media θ es desconocida ($\theta > 0$). Determínese la información de Fisher $I(\theta)$ en X.

3. Supóngase que una variable aleatoria X tiene una distribución normal cuya media es 0 y cuya desviación típica σ es desconocida ($\sigma > 0$). Determínese la información de Fisher $I(\sigma)$ en X.

4. Supóngase que una variable aleatoria X tiene una distribución normal cuya media es 0 y cuya varianza σ^2 es desconocida ($\sigma^2 > 0$). Determínese la información de Fisher $I(\sigma^2)$ en X. Obsérvese que en este ejercicio el parámetro es la varianza σ^2, mientras que en el ejercicio 3 el parámetro es la desviación típica σ.

5. Supóngase que X es una variable aleatoria cuya f.d.p. o f.p. es $f(x|\theta)$, donde el valor del parámetro θ es desconocido, pero debe estar en un intervalo abierto Ω. Sea $I_0(\theta)$ la información de Fisher en X. Supóngase ahora que el parámetro θ se reemplaza por un nuevo parámetro μ, donde $\theta = \psi(\mu)$ y ψ es una función diferenciable. Sea $I_1(\mu)$ la información de Fisher en X cuando el parámetro se considera μ. Demuéstrese que

$$I_1(\mu) = [\psi'(\mu)]^2\, I_0[\psi(\mu)].$$

6. Supóngase que $X_1, \ldots, X_n$ constituyen una muestra aleatoria de una distribución de Bernoulli cuyo parámetro p es desconocido. Demuéstrese que $\overline{X}_n$ es un estimador eficiente de p.

7. Supóngase que $X_1, \ldots, X_n$ constituyen una muestra aleatoria de una distribución normal cuya media μ es desconocida y cuya varianza σ^2 es conocida. Demuéstrese que $\overline{X}_n$ es un estimador eficiente de μ.

8. Supóngase que se selecciona una sola observación X de una distribución normal cuya media es 0 y cuya desviación típica σ es desconocida. Determínese un estimador insesgado de σ, determínese su varianza y demuéstrese que es mayor que $1/I(\sigma)$ para todo valor de $\sigma > 0$. Obsérvese que el valor de $I(\sigma)$ fue calculado en el ejercicio 3.

9. Supóngase que $X_1, \ldots, X_n$ constituyen una muestra aleatoria de una distribución normal cuya media es 0 y cuya desviación típica σ es desconocida ($\sigma > 0$). Determínese la cota inferior especificada por la desigualdad de la información para la varianza de cualquier estimador insesgado de $\log \sigma$.

10. Supóngase que $X_1, \ldots, X_n$ constituyen una muestra aleatoria de una familia exponencial cuya f.d.p. o f.p. $f(x|\theta)$ es como se indica en el ejercicio 11 de la sección 6.7. Supóngase también que el valor desconocido de θ debe pertenecer a un intervalo abierto Ω de la recta real. Demuéstrese que el estimador $T = \sum_{i=1}^{n} d(X_i)$ es un estimador eficiente. *Sugerencia*: Demuéstrese que T se puede representar en la forma descrita por la ecuación (25).

11. Supóngase que $X_1, \ldots, X_n$ constituyen una muestra aleatoria de una distribución normal cuya media es conocida y cuya varianza es desconocida. Constrúyase un estimador eficiente que no sea idénticamente igual a una constante y determínense la esperanza y la varianza de este estimador.

12. Determínese el error en el siguiente argumento: Supóngase que la variable aleatoria X tiene una distribución uniforme sobre el intervalo $(0, \theta)$, donde el valor de θ es desconocido ($\theta > 0$). Entonces, $f(x|\theta) = 1/\theta$, $\lambda(x|\theta) = -\log\theta$ y $\lambda'(x|\theta) = -(1/\theta)$. Por tanto,

$$I(\theta) = E_\theta\{[\lambda'(X|\theta)]^2\} = \frac{1}{\theta^2}.$$

Puesto que $2X$ es un estimador insesgado de θ, la desigualdad de la información afirma que

$$\text{Var}(2X) \geq \frac{1}{I(\theta)} = \theta^2.$$

Pero,

$$\text{Var}(2X) = 4\ \text{Var}(X) = 4 \cdot \frac{\theta^2}{12} = \frac{\theta^2}{3} < \theta^2.$$

Por tanto, la desigualdad de la información no es correcta.

13. Supóngase que $X_1, \ldots, X_n$ constituyen una muestra aleatoria de una distribución gamma con parámetro α desconocido y parámetro β conocido. Demuéstrese que si n es grande, la distribución del E.M.V. de α será aproximadamente una distribución normal con media α y varianza

$$\frac{[\Gamma(\alpha)]^2}{n\{\Gamma(\alpha)\Gamma''(\alpha) - [\Gamma'(\alpha)]^2\}}.$$

14. Supóngase que $X_1, \ldots, X_n$ constituyen una muestra aleatoria de una distribución normal cuya media μ es desconocida y cuya varianza σ^2 es conocida y que la f.d.p. inicial de μ es una función positiva y diferenciable sobre la recta real. Demuéstrese que si n es grande, la distribución final de μ dado que $X_i = x_i$ ($i = 1, \ldots, n$) será aproximadamente una distribución normal con media $\overline{x}_n$ y varianza σ^2/n.

15. Supóngase que $X_1, \ldots, X_n$ constituyen una muestra aleatoria de una distribución de Bernoulli con parámetro p desconocido y que la f.d.p. inicial de p es una función positiva y diferenciable sobre el intervalo $0 < p < 1$. Supóngase, además, que n es grande, que los valores observados de $X_1, \ldots, X_n$ son $x_1, \ldots, x_n$ y que $0 < \overline{x}_n < 1$. Demuéstrese que la distribución final de p será aproximadamente una distribución normal con media $\overline{x}_n$ y varianza $\overline{x}_n(1 - \overline{x}_n)/n$.

16. Supóngase que $X_1, \ldots, X_n$ constituyen una muestra aleatoria de una distribución normal con media θ y varianza σ^2 desconocidas. Suponiendo que $\theta \neq 0$, determínese la distribución asintótica de $\overline{X}_n^3$.

17. Considérense de nuevo las condiciones del ejercicio 3. Determínese la distribución asintótica del estadístico $\left(\frac{1}{n}\sum_{i=1}^n X_i^2\right)^{-1}$.

7.9 EJERCICIOS COMPLEMENTARIOS

1. Demuéstrese que si X tiene una distribución t con un grado de libertad, entonces $1/X$ también tendrá una distribución t con un grado de libertad.

2. Supóngase que U y V son variables aleatorias independientes y que cada una de ellas tiene una distribución normal tipificada. Demuéstrese que $U/V, U/|V|$ y $|U|/V$ tienen una distribución t con un grado de libertad.

3. Supóngase que X_1 y X_2 son variables aleatorias independientes y que cada una tiene una distribución normal con media 0 y varianza σ^2. Demuéstrese que la variable aleatoria $(X_1 + X_2)/(X_1 - X_2)$ tiene una distribución t con un grado de libertad.

4. Supóngase que $X_1, \ldots, X_n$ constituyen una muestra aleatoria de una distribución exponencial con parámetro β. Demuéstrese que $2\beta\sum_{i=1}^n X_i$ tiene una distribución χ^2 con $2n$ grados de libertad.

5. Supóngase que $X_1, \ldots, X_n$ constituyen una muestra aleatoria de una distribución de probabilidad desconocida P sobre la recta real. Sea A un conjunto dado de la recta real y sea $\theta = P(A)$. Constrúyase un estimador insesgado de θ y especifíquese su varianza.

6. Supóngase que $X_1, \ldots, X_m$ constituyen una muestra aleatoria de una distribución normal con media μ_1 y varianza σ^2 y que $Y_1, \ldots, Y_n$ constituyen una muestra aleatoria de una distribución normal con media μ_2 y varianza $2\sigma^2$. Sean $S_X^2 = \sum_{i=1}^m (X_i - \overline{X}_m)^2$ y $S_Y^2 = \sum_{i=1}^n (Y_i - \overline{Y}_n)^2$.

   (a) ¿Para qué par de valores de α y β es $\alpha S_X^2 + \beta S_Y^2$ un estimador insesgado de σ^2?

   (b) Determínense los valores de α y β para los que $\alpha S_X^2 + \beta S_Y^2$ proporcionan un estimador insesgado con varianza mínima.

7. Supóngase que $X_1, \ldots, X_{n+1}$ constituyen una muestra aleatoria de una distribución normal y sea $\overline{X}_n = n^{-1} \sum_{i=1}^{n} X_i$ y $T_n = \left[n^{-1} \sum_{i=1}^{n} (X_i - \overline{X}_n)^2\right]^{1/2}$. Determínese el valor de una constante k tal que la variable aleatoria $k(X_{n+1} - \overline{X}_n)/T_n$ tenga una distribución t.

8. Supóngase que $X_1, \ldots, X_n$ constituyen una muestra aleatoria de una distribución normal con media μ y varianza σ^2 y que Y es una variable aleatoria independiente que tiene una distribución normal con media 0 y varianza $4\sigma^2$. Determínese una función de $X_1, \ldots, X_n$ e Y que no involucre μ ni a σ^2 pero que tenga una distribución t con $n - 1$ grados de libertad.

9. Supóngase que $X_1, \ldots, X_n$ constituyen una muestra aleatoria de una distribución normal con media μ y varianza σ^2 desconocidas. Constrúyase un intervalo de confianza para μ con un coeficiente de confianza 0.90. Determínese el menor valor de n tal que el valor esperado del cuadrado de la longitud cuadrada esperada de este intervalo sea menor que $\sigma^2/2$.

10. Supóngase que $X_1, \ldots, X_n$ constituyen una muestra aleatoria de una distribución normal cuyas media μ y varianza σ^2 son desconocidas. Constrúyase un límite inferior de confianza $L(X_1, \ldots, X_n)$ para μ tal que

$$\Pr\left[\mu > L(X_1, \ldots, X_n)\right] = 0.99.$$

11. Considérense de nuevo las condiciones del ejercicio 10. Constrúyase un límite superior de confianza $U(X_1, \ldots, X_n)$ para σ^2 tal que

$$\Pr\left[\sigma^2 < U(X_1, \ldots, X_n)\right] = 0.99.$$

12. Supóngase que $X_1, \ldots, X_n$ constituyen una muestra aleatoria de una distribución normal con media θ desconocida y varianza σ^2 conocida. Supóngase, además, que la distribución inicial de θ es una distribución normal con media μ y varianza ν^2.
    (a) Determínese el menor intervalo I tal que $\Pr(\theta \in I | x_1, \ldots, x_n) = 0.95$, donde la probabilidad se calcula respecto a la distribución final de θ, como se indica.
    (b) Demuéstrese que cuando $\nu^2 \to \infty$, el intervalo I converge a un intervalo I^* que es un intervalo de confianza para θ con un coeficiente de confianza 0.95.

13. Supóngase que $X_1, \ldots, X_n$ constituyen una muestra aleatoria de una distribución de Poisson con media θ desconocida y sea $Y = \sum_{i=1}^{n} X_i$.
    (a) Determínese el valor de una constante c tal que el estimador e^{-cY} sea un estimador insesgado de $e^{-\theta}$.
    (b) Utilícese la desigualdad de la información para obtener una cota inferior para la varianza del estimador insesgado hallado en el apartado (a).

14. Supóngase que $X_1, \ldots, X_n$ consituyen una muestra aleatoria de una distribución cuya f.d.p. es la siguiente:

$$f(x|\theta) = \begin{cases} \theta x^{\theta - 1} & \text{para } 0 < x < 1, \\ 0 & \text{en otro caso,} \end{cases}$$

donde el valor de θ es desconocido ($\theta > 0$). Determínese la distribución asintótica del E.M.V. de θ. (*Nota*: El E.M.V. se calculó en el ejercicio 8 de la sección 6.5)

15. Supóngase que una variable aleatoria X tiene una distribución exponencial con parámetro β desconocido ($\beta > 0$). Determínese la información de Fisher $I(\beta)$ en X.

16. Supóngase que $X_1, \ldots, X_n$ constituyen una muestra aleatoria de una distribución de Bernoulli cuyo parámetro p es desconocido. Demuéstrese que la varianza de cualquier estimador insesgado de $(1-p)^2$ debe ser al menos $4p(1-p)^3/n$.

17. Supóngase que $X_1, \ldots, X_n$ constituyen una muestra aleatoria de una distribución exponencial cuyo valor del parámetro β es desconocido. Constrúyase un estimador eficiente que no sea idénticamente igual a una constante, y determínense la esperanza y la varianza de este estimador.

18. Supóngase que $X_1, \ldots, X_n$ constituyen una muestra aleatoria de una distribución exponencial cuyo parámetro β es desconocido. Demuéstrese que si n es grande, la distribución del E.M.V. de β será aproximadamente una distribución normal con media β y varianza β^2/n.

19. Considérense de nuevo las condiciones del ejercicio 18 y sea $\hat{\beta}_n$ el E.M.V. de β.
    (a) Utilícese el método delta para determinar la distribución asintótica de $1/\hat{\beta}_n$.
    (b) Demuéstrese que $1/\hat{\beta}_n = \overline{X}_n$ y utilícese el teorema del límite central para determinar la distribución asintótica de $1/\hat{\beta}_n$.

Contraste de hipótesis

8

8.1 PROBLEMAS DE CONTRASTE DE HIPÓTESIS

Hipótesis nula y alternativa

En este capítulo se considerarán de nuevo los problemas estadísticos que involucran un parámetro θ cuyo valor es desconocido, pero que debe pertenecer a un cierto espacio paramétrico Ω. Supóngase ahora, sin embargo, que Ω se puede descomponer en dos subconjuntos disjuntos Ω_0 y Ω_1 y que el estadístico debe decidir si el valor desconocido de θ pertenece a Ω_0 o a Ω_1.

Se definirá H_0 como la hipótesis de que $\theta \in \Omega_0$ y H_1 como la hipótesis de que $\theta \in \Omega_1$. Puesto que los subconjuntos Ω_0 y Ω_1 son disjuntos y $\Omega_0 \cup \Omega_1 = \Omega$, exactamente una de las hipótesis, H_0 y H_1, debe ser cierta. El estadístico debe decidir si aceptar la hipótesis H_0 o aceptar la hipótesis H_1. Un problema de este tipo, en el cual existen sólo dos decisiones posibles, se denomina un problema de *contraste de hipótesis*. Si el estadístico toma una decisión errónea sufrirá una cierta pérdida o pagará un cierto coste. En muchos problemas, podrá hacer algunas observaciones antes de tomar su decisión, y los valores observados le proporcionarán información acerca del valor de θ. Un procedimiento para decidir si aceptar la hipótesis H_0 o aceptar la hipótesis H_1 se denomina *procedimiento de contraste* o simplemente *contraste*.[1]

En la exposición hasta este punto, se han tratado de la misma forma las hipótesis H_0 y H_1. Sin embargo, en la mayoría de los problemas, las dos hipótesis se tratan de forma totalmente distinta. Para distinguir entre ellas, la hipótesis H_0 se denomina *hipótesis nula* y la hipótesis H_1 se denomina *hipótesis alternativa*. Se utilizará esta terminología en todos

[1] Otras aceptaciones castellanas de "hypothesis Testing" son "pruebas de hipótesis" y "docimasia de hipótesis" (*N. del T.*)

los problemas de contraste de hipótesis que se expondrán en las siguientes secciones de este capítulo y en el resto del libro.

Una manera de describir las decisiones de que el estadístico dispone es que puede aceptar tanto H_0 como H_1. Sin embargo, puesto que sólo hay dos decisiones posibles, aceptar H_0 equivale a rechazar H_1 y aceptar H_1 equivale a rechazar H_0. En este libro se utilizarán indistintamente todas estas descripciones.

Región crítica

Considérese ahora un problema en el que se contrastarán hipótesis que tienen la forma siguiente:

$$\begin{aligned} H_0 &: \quad \theta \in \Omega_0, \\ H_1 &: \quad \theta \in \Omega_1. \end{aligned}$$

Supóngase que antes de que el estadístico tenga que decidir qué hipótesis aceptar, puede observar una muestra aleatoria $X_1, \ldots, X_n$ seleccionada de una distribución con parámetro desconocido θ. Se definirá S como el espacio muestral del vector aleatorio n-dimensional $\boldsymbol{X} = (X_1, \ldots, X_n)$. En otras palabras, S es el conjunto de todos los resultados posibles de la muestra aleatoria.

En un problema de este tipo, el estadístico especifica un procedimiento de contraste dividiendo el espacio muestral S en dos subconjuntos. Un subconjunto contiene los valores de $\boldsymbol{X}$ para los cuales aceptará H_0 y el otro conjunto contiene los valores de $\boldsymbol{X}$ para los cuales rechazará H_0 y, por tanto, aceptará H_1. El subconjunto para el cual H_0 sería rechazada se denomina *región crítica* del contraste. En resumen, un procedimiento de contraste se determina especificando la región crítica del contraste. El complemento de la región crítica debe contener entonces todos los resultados para los cuales H_0 será aceptada.

Función de potencia

Las características de un procedimiento de contraste se pueden describir especificando, para cada valor de $\theta \in \Omega$, la probabilidad $\pi(\theta)$ de que el procemiento conducirá al rechazo de H_0, o la probabilidad $1 - \pi(\theta)$ de que conducirá a la aceptación de H_0. La función $\pi(\theta)$ se denomina *función de potencia* del contraste. Por tanto, si C denota la región crítica del contraste, entonces la función de potencia $\pi(\theta)$ se determina por la relación

$$\pi(\theta) = \Pr(\boldsymbol{X} \in C|\theta) \qquad \text{para } \theta \in \Omega. \tag{1}$$

Puesto que la función de potencia $\pi(\theta)$ especifica para cada valor posible del parámetro θ la probabilidad de que H_0 sea rechazada, resulta que la función de potencia ideal sería una para la cual $\pi(\theta) = 0$ para todo valor de $\theta \in \Omega_0$ y $\pi(\theta) = 1$ para todo valor de $\theta \in \Omega_1$. Si la función de potencia de un contraste tuviera realmente estos valores, entonces, independientemente del verdadero valor de θ, el contraste conduciría a la decisión correcta con probabilidad 1. En un problema práctico, sin embargo, rara vez podría existir un procedimiento de contraste que tuviera esta función de potencia ideal.

Para cualquier valor de $\theta \in \Omega_0$, la decisión de rechazar H_0 es una decisión incorrecta. Por tanto, si $\theta \in \Omega_0, \pi(\theta)$ es la probabilidad de que el estadístico tome una decisión incorrecta. En muchos problemas, un estadístico especificará una cota superior α_0 para esta probabilidad $(0 < \alpha_0 < 1)$ y considerará únicamente contrastes para los que $\pi(\theta) \leq \leq \alpha_0$ para todo valor de $\theta \in \Omega_0$. Una cota superior α_0 que se especifica de esta forma se denomina *nivel de significación* de los contrastes que se consideran.

El *tamaño* α de un contraste concreto se define como sigue:

$$\alpha = \sup_{\theta \in \Omega_0} \pi(\theta). \tag{2}$$

En palabras, el tamaño de un contraste es la máxima probabilidad de tomar una decisión incorrecta entre todos los valores de θ que satisfacen la hipótesis nula.

La relación entre el nivel de significación y el tamaño se puede resumir como sigue: Si un estadístico especifica un cierto nivel de significación α_0 en un problema dado de contraste de hipótesis, entonces considerará únicamente contrastes para los que el tamaño α es tal que $\alpha \leq \alpha_0$.

Ejemplo 1: Contraste de hipótesis en una distribución uniforme. Supóngase que se selecciona una muestra aleatoria $X_1, \ldots, X_n$ de una distribución uniforme sobre el intervalo $(0, \theta)$, donde el valor de θ es desconocido $(\theta > 0)$, y supóngase, también, que se desea contrastar las siguientes hipótesis:

$$\begin{aligned} H_0 &: \quad 3 \leq \theta \leq 4, \\ H_1 &: \quad \theta < 3 \quad \text{o} \quad \theta > 4. \end{aligned} \tag{3}$$

Por la sección 6.5 se sabe que el E.M.V. de θ es $Y_n = \max(X_1, \ldots, X_n)$. Aunque Y_n debe ser menor que θ, hay una probabilidad alta de que Y_n esté cerca de θ si el tamaño muestral n es suficientemente grande. A efectos ilustrativos, supóngase que la hipótesis H_0 se aceptará si el valor observado de Y_n pertenece al intervalo $2.9 \leq Y_n \leq 4$ y que H_0 se rechazará si Y_n no pertenece a este intervalo. Por tanto, la región crítica del contraste contiene todos los valores de $X_1, \ldots, X_n$ para los cuales $Y_n < 2.9$ o $Y_n > 4$.

La función de potencia del contraste está dada por la relación

$$\pi(\theta) = \Pr(Y_n < 2.9|\theta) + \Pr(Y_n > 4|\theta).$$

Si $\theta \leq 2.9$, entonces $\Pr(Y_n < 2.9|\theta) = 1$ y $\Pr(Y_n > 4|\theta) = 0$. Por tanto, $\pi(\theta) = 1$. Si $2.9 < \theta \leq 4$, entonces $\Pr(Y_n < 2.9|\theta) = (2.9/\theta)^n$ y $\Pr(Y_n > 4|\theta) = 0$. En este caso, $\pi(\theta) = (2.9/\theta)^n$. Finalmente, si $\theta > 4$, entonces $\Pr(Y_n < 2.9|\theta) = (2.9/\theta)^n$ y $\Pr(Y_n > 4|\theta) = 1 - (4/\theta)^n$. En este caso, $\pi(\theta) = (2.9/\theta)^n + 1 - (4/\theta)^n$. La función de potencia $\pi(\theta)$ está representada en la figura 8.1.

De la ecuación (2), el tamaño del contraste es $\alpha = \sup_{3 \leq \theta \leq 4} \pi(\theta)$. Se puede observar de la figura 8.1 y de los cálculos anteriores que $\alpha = \pi(3) = (29/30)^n$. En particular, si el tamaño muestral es $n = 68$, entonces el tamaño del contraste es $(29/30)^{68} = 0.100$. ◁

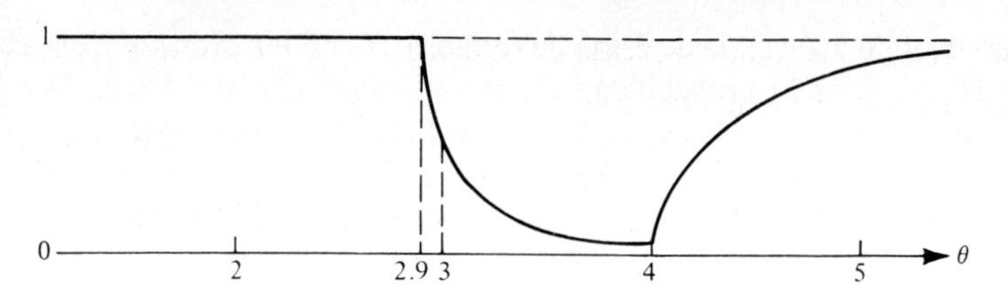

Figura 8.1 La función de potencia $\pi\ (\theta)$

Hipótesis simples y compuestas

Supóngase que $X_1, \ldots, X_n$ constituyen una muestra aleatoria de una distribución cuya f.d.p. o f.p. es $f(x|\theta)$, donde el valor del parámetro θ debe pertenecer al espacio paramétrico Ω, que Ω_0 y Ω_1 son conjuntos disjuntos con $\Omega_0 \cup \Omega_1 = \Omega$ y que se desea contrastar las siguientes hipótesis:

$$\begin{aligned} H_0 &: \quad \theta \in \Omega_0, \\ H_1 &: \quad \theta \in \Omega_1. \end{aligned}$$

Si el conjunto Ω_i sólo puede contener un valor de θ, se dice entonces que la hipótesis H_i es una *hipótesis simple.* Si el conjunto Ω_i contiene más de un valor de θ, entonces se dice que la hipótesis H_i es una *hipótesis compuesta.* Con una hipótesis simple, la distribución de las observaciones queda completamente especificada. Con una hipótesis compuesta, sólo se especifica que la distribución de las observaciones pertenece a cierta clase. Por ejemplo, supóngase que en un problema dado la hipótesis nula H_0 tiene la forma

$$H_0 : \quad \theta = \theta_0.$$

Puesto que esta hipótesis es simple, de la ecuación (2) resulta que el tamaño de cualquier procedimiento de contraste será precisamente $\pi(\theta_0)$.

EJERCICIOS

1. Supóngase que $X_1, \ldots, X_n$ constituyen una muestra aleatoria de una distribución uniforme sobre el intervalo $(0, \theta)$ y que se han de contrastar las siguientes hipótesis:

$$\begin{aligned} H_0 &: \quad \theta \geq 2, \\ H_1 &: \quad \theta < 2. \end{aligned}$$

Sea $Y_n = \max(X_1, \ldots, X_n)$ y considérese un procedimiento de contraste tal que la región crítica contenga todos los resultados para los cuales $Y_n \leq 1.5$.

(a) Determínese la función de potencia del contraste.

(b) Determínese el tamaño del contraste.

2. Supóngase que se desconoce la proporción p de artículos defectuosos en una gran población de artículos y que se desea contrastar las siguientes hipótesis:

$$H_0: \quad p = 0.2,$$
$$H_1: \quad p \neq 0.2.$$

Supóngase, también, que se selecciona una muestra aleatoria de 20 artículos de la población. Sea Y el número de artículos defectuosos en la muestra y considérese un procedimiento de contraste tal que la región crítica contenga todos los resultados para los cuales $Y \geq 7$ o $Y \leq 1$.

(a) Determínese el valor de la función de potencia $\pi(p)$ en los puntos $p = 0, 0.1, 0.2, 0.3, 0.4, 0.5, 0.6, 0.7, 0.8, 0.9$ y 1, y represéntese la función de potencia.

(b) Determínese el tamaño del contraste.

3. Supóngase que $X_1, \ldots, X_n$ constituyen una muestra aleatoria de una distribución normal cuya media μ es desconocida y cuya varianza es 1. Supóngase, además, que μ_0 es un número específico y que se han de contrastar las siguientes hipótesis:

$$H_0: \quad \mu = \mu_0,$$
$$H_1: \quad \mu \neq \mu_0.$$

Finalmente, supóngase que el tamaño muestral n es 25 y considérese un procedimiento de contraste tal que se acepte H_0 cuando $|\overline{X}_n - \mu_0| < c$. Determínese el valor de c tal que el tamaño del contraste sea 0.05.

4. Supóngase que $X_1, \ldots, X_n$ constituyen una muestra aleatoria de una distribución normal con media μ y varianza σ^2 desconocidas. Clasifíquense las siguientes hipótesis como simples o compuestas:

(a) $H_0: \quad \mu = 0 \quad \text{y} \quad \sigma = 1.$

(b) $H_0: \quad \mu > 3 \quad \text{y} \quad \sigma < 1.$

(c) $H_0: \quad \mu = -2 \quad \text{y} \quad \sigma^2 < 5.$

(d) $H_0: \quad \mu = 0.$

5. Supóngase que se va a seleccionar una observación X de una distribución uniforme sobre el intervalo $\left(\theta - \frac{1}{2}, \theta + \frac{1}{2}\right)$ y supóngase que se han de contrastar las siguientes hipótesis:

$$H_0: \quad \theta \leq 3,$$
$$H_1: \quad \theta \geq 4.$$

Constrúyase un procedimiento de contraste para el cual la función de potencia tenga los siguientes valores: $\pi(\theta) = 0$ para $\theta \leq 3$ y $\pi(\theta) = 1$ para $\theta \geq 4$.

8.2 CONTRASTE DE HIPÓTESIS SIMPLES

Dos tipos de errores

En esta sección se considerarán problemas de contraste de hipótesis en los que se selecciona una muestra aleatoria de una de dos posibles distribuciones y el estadístico debe decidir de qué distribución proviene realmente la muestra. En este tipo de problemas, el espacio paramétrico Ω contiene exactamente dos puntos y ambas hipótesis, la nula y la alternativa, son hipótesis simples.

Específicamente, se supondrá que las variables $X_1, \ldots, X_n$ constituyen una muestra aleatoria de una distribución cuya f.d.p. o cuya f.p. es $f(x|\theta)$ y también se supondrá que $\theta = \theta_0$ o $\theta = \theta_1$, donde θ_0 y θ_1 son dos valores específicos de θ. Se han de contrastar las siguientes hipótesis simples:

$$\begin{aligned} H_0 &: \quad \theta = \theta_0, \\ H_1 &: \quad \theta = \theta_1. \end{aligned} \tag{1}$$

Para $i = 0$ o $i = 1$, se define

$$f_i(\boldsymbol{x}) = f(x_1|\theta_i)f(x_2|\theta_i)\cdots f(x_n|\theta_i). \tag{2}$$

Por tanto, $f_i(\boldsymbol{x})$ representa la f.d.p. conjunta o la f.p. conjunta de las observaciones de la muestra si la hipótesis H_i es cierta $(i = 0, 1)$.

Cuando se lleva a cabo un contraste de las hipótesis (1), se deben considerar dos tipos posibles de error. En primer lugar, el contraste puede resultar en el rechazo de la hipótesis H_0 cuando, de hecho, H_0 es cierta. Tradicionalmente, este resultado se denomina error del tipo 1, o error del primer tipo. En segundo lugar, el contraste puede resultar en la aceptación de la hipótesis nula H_0 cuando, de hecho, la hipótesis alternativa H_1 es cierta. Este resultado se denomina error de tipo 2, o error del segundo tipo. Además, para cualquier procedimiento de contraste δ, se denotará por $\alpha(\delta)$ la probabilidad del error del tipo 1 y se denotará por $\beta(\delta)$ la probabilidad del error del tipo 2. Por tanto,

$$\begin{aligned} \alpha(\delta) &= \Pr(\text{Rechazar } H_0|\theta = \theta_0), \\ \beta(\delta) &= \Pr(\text{Aceptar } H_0|\theta = \theta_1). \end{aligned}$$

Es deseable hallar un procedimiento de contraste para el cual las probabilidades $\alpha(\delta)$ y $\beta(\delta)$ de los dos tipos de error sean pequeñas. Es fácil construir un procedimiento para el que $\alpha(\delta) = 0$ utilizando un procedimiento que siempre acepte H_0. Sin embargo, para este procedimiento, $\beta(\delta) = 1$. Análogamente, es fácil construir un procedimiento de contraste para el que $\beta(\delta) = 0$, pero $\alpha(\delta) = 1$. Para un tamaño muestral dado, generalmente no es posible hallar un procedimiento de contraste para el que ambas, $\alpha(\delta)$ y $\beta(\delta)$, sean arbitrariamente pequeñas. Por tanto, se describirá ahora la forma de construir un procedimiento para el que el valor de una combinación lineal específica de α y β sea mínimo.

Pruebas óptimas

Minimización de una combinación lineal. Supóngase que a y b son constantes positivas específicas y que se desea hallar un procedimiento δ para el que $a\alpha(\delta)+b\beta(\delta)$ sea mínimo. El siguiente resultado demuestra que un procedimiento que es óptimo en este sentido tiene una forma muy sencilla.

Teorema 1. *Sea δ^* un procedimiento de contraste tal que la hipótesis H_0 se acepta si $af_0(\mathbf{x}) > bf_1(\mathbf{x})$ y la hipótesis H_1 se acepta si $af_0(\mathbf{x}) < bf_1(\mathbf{x})$. Cualquiera de las dos hipótesis H_0 o H_1 puede ser aceptada si $af_0(\mathbf{x}) = bf_1(\mathbf{x})$. Entonces, para cualquier otro procedimiento δ,*

$$a\alpha(\delta^*) + b\beta(\delta^*) \leq a\alpha(\delta) + b\beta(\delta). \tag{3}$$

Demostración. Por conveniencia, se presentará la demostración para un problema en el que la muestra aleatoria $X_1, \ldots, X_n$ se selecciona de una distribución discreta. En este caso, $f_i(\mathbf{x})$ representa la f.p. conjunta de las observaciones de la muestra cuando H_i es cierta $(i = 0, 1)$. Si la muestra proviene de una distribución continua, en cuyo caso $f_i(\mathbf{x})$ es una f.d.p. conjunta, entonces cada una de las sumas que aparecerán en esta demostración se reemplazaría por una integral n-dimensional.

Si se define R como la región crítica de un procedimiento de contraste arbitrario δ, entonces R contiene los resultados muestrales $\mathbf{x}$ para los que δ especifica que H_0 debería ser rechazada, y R^c contiene los resultados $\mathbf{x}$ para los que H_0 debería ser aceptada. Por tanto,

$$\begin{aligned} a\alpha(\delta) + b\beta(\delta) &= a \sum_{\mathbf{x} \in R} f_0(\mathbf{x}) + b \sum_{\mathbf{x} \in R^c} f_1(\mathbf{x}) \\ &= a \sum_{\mathbf{x} \in R} f_0(\mathbf{x}) + b \left[1 - \sum_{\mathbf{x} \in R} f_1(\mathbf{x})\right] \\ &= b + \sum_{\mathbf{x} \in R} [af_0(\mathbf{x}) - bf_1(\mathbf{x})]. \end{aligned} \tag{4}$$

De la ecuación (4) se deduce que el valor de la combinación lineal $a\alpha(\delta) + b\beta(\delta)$ será mínimo si la región crítica R se elige de forma que el valor de la última suma de la ecuación (4) sea mínimo. Además, el valor de esta suma será mínimo si la suma incluye todos los puntos $\mathbf{x}$ para los que $af_0(\mathbf{x}) - bf_1(\mathbf{x}) < 0$ y no incluye los puntos $\mathbf{x}$ para los que $af_0(\mathbf{x}) - bf_1(\mathbf{x}) > 0$. En otras palabras, $a\alpha(\delta) + b\beta(\delta)$ será mínimo si la región crítica R se elige de forma que incluya los puntos $\boldsymbol{x}$ tales que $af_0(\boldsymbol{x}) - bf_1(\boldsymbol{x}) < 0$ y excluya los puntos $\boldsymbol{x}$ para los que se verifica la desigualdad contraria. Si para algún punto $\boldsymbol{x}$ $af_0(\boldsymbol{x}) - bf_1(\boldsymbol{x}) = 0$, entonces es irrelevante si $\boldsymbol{x}$ pertenece a R, puesto que el término correspondiente contribuye con cero a la última suma de la ecuación (4). Es obvio que esta descripción de la región crítica corresponde a la descripción del procedimiento de contraste δ^* enunciado en el teorema. ◁

El cociente $f_1(\boldsymbol{x})/f_0(\boldsymbol{x})$ se denomina cociente de verosimilitudes de la muestra. Por tanto, el teorema 1 afirma que un procedimiento de contraste para el cual el valor de $a\alpha(\delta) + b\beta(\delta)$ es mínimo, rechaza H_0 cuando el cociente de verosimilitudes es superior a a/b y acepta H_0 cuando el cociente de verosimilitudes es menor que a/b.

Minimización de la probabilidad de un error del tipo 2. Ahora supóngase que no se permite que la probabilidad $\alpha(\delta)$ de un error del tipo 1 sea mayor que un determinado nivel de significación y que se desea hallar un procedimiento δ para el cual $\beta(\delta)$ sea mínimo. En este problema se puede aplicar el siguiente resultado, que está muy relacionado con el teorema 1, y que se conoce como *lema de Neyman-Pearson* en honor a los estadísticos J. Neyman y E.S. Pearson que desarrollaron estas ideas en 1933.

Lema de Neyman-Pearson. *Supóngase que δ^* es un procedimiento de contraste que tiene la siguiente forma para una constante $k > 0$: Se acepta la hipótesis H_0 si $f_0(\boldsymbol{x}) > kf_1(\boldsymbol{x})$ y se acepta la hipótesis H_1 si $f_0(\boldsymbol{x}) < kf_1(\boldsymbol{x})$. Cualquiera de las dos hipótesis, H_0 o H_1, puede ser aceptada si $f_0(\boldsymbol{x}) = kf_1(\boldsymbol{x})$. Si δ es cualquier otro procedimiento de contraste tal que $\alpha(\delta) \leq \alpha(\delta^*)$, entonces resulta que $\beta(\delta) \geq \beta(\delta^*)$. Además, si $\alpha(\delta) < \alpha(\delta^*)$, entonces $\beta(\delta) > \beta(\delta^*)$.*

Demostración. De la descripción del procedimiento δ^* y del teorema 1, resulta que para cualquier otro procedimiento δ,

$$\alpha(\delta^*) + k\beta(\delta^*) \leq \alpha(\delta) + k\beta(\delta). \tag{5}$$

Si $\alpha(\delta) \leq \alpha(\delta^*)$, entonces de la relación (5) resulta que $\beta(\delta) \geq \beta(\delta^*)$. Además, si $\alpha(\delta) < \alpha(\delta^*)$, entonces se deduce que $\beta(\delta) > \beta(\delta^*)$. ◁

Para ilustrar el uso del lema de Neyman-Pearson, supóngase que un estadístico desea utilizar un procedimiento de contraste para el cual $\alpha(\delta) = 0.05$ y $\beta(\delta)$ es mínimo. De acuerdo con el lema, debería tratar de obtener un valor de k para el que $\alpha(\delta^*) = 0.05$. El procedimiento δ^* tendrá entonces el menor valor posible de $\beta(\delta)$. Si la distribución de la que se extrae la muestra aleatoria es continua, entonces es usualmente (pero no siempre) posible obtener un valor de k tal que $\alpha(\delta^*)$ sea igual a un valor específico como 0.05. Sin embargo, si la distribución de la que se extrae la muestra aleatoria es discreta, entonces no es posible, en general, elegir k de forma que $\alpha(\delta^*)$ sea igual a un valor determinado. Estas consideraciones se ampliarán en los siguientes ejemplos y en los ejercicios de esta sección.

Ejemplo 1: Muestreo de una distribución normal. Supóngase que $X_1, \ldots, X_n$ constituyen una muestra aleatoria de una distribución normal con media θ desconocida y varianza 1, y que se van a contrastar las siguientes hipótesis:

$$\begin{aligned} H_0 &: \quad \theta = 0, \\ H_1 &: \quad \theta = 1. \end{aligned} \tag{6}$$

Se empezará por determinar un procedimiento de contraste para el cual $\beta(\delta)$ sea mínimo entre todos los procedimientos de contraste para los cuales $\alpha(\delta) \leq 0.05$.

Cuando H_0 es cierta, las variables $X_1, \ldots, X_n$ constituyen una muestra aleatoria de una distribución normal tipificada. Cuando H_1 es cierta, estas variables constituyen una muestra aleatoria de una distribución normal con media y varianza 1. Por tanto,

$$f_0(\boldsymbol{x}) = \frac{1}{(2\pi)^{n/2}} \exp\left(-\frac{1}{2}\sum_{i=1}^{n} x_i^2\right), \tag{7}$$

$$f_1(\boldsymbol{x}) = \frac{1}{(2\pi)^{n/2}} \exp\left[-\frac{1}{2}\sum_{i=1}^{n}(x_i - 1)^2\right]. \tag{8}$$

Después de algunos cálculos algebraicos, el cociente de verosimilitudes $f_1(\boldsymbol{x})/f_0(\boldsymbol{x})$ se puede escribir de la forma

$$\frac{f_1(\boldsymbol{x})}{f_0(\boldsymbol{x})} = \exp\left[n\left(\overline{x}_n - \frac{1}{2}\right)\right]. \tag{9}$$

De la ecuación (9) resulta ahora que rechazar la hipótesis H_0 cuando el cociente de verosimilitudes es mayor que una constante positiva específica k equivale a rechazar H_0 cuando la media muestral $\overline{x}_n$ es mayor que $(1/2) + (1/n) \log k$.

Sea $k' = (1/2) + (1/n) \log k$ y supóngase que se puede obtener un valor de k' tal que

$$\Pr(X_n > k' | \theta = 0) = 0.05. \tag{10}$$

Entonces el procedimiento δ^* que rechaza H_0 cuando $X_n > k'$ será tal que $\alpha(\delta^*) = 0.05$. Además, por el lema de Neyman-Pearson, δ^* será un procedimiento óptimo en el sentido de minimizar el valor de $\beta(\delta)$ entre todos los procedimientos para los cuales $\alpha(\delta) \leq 0.05$.

Es fácil obtener un valor de k' que satisfaga la ecuación (10). Cuando $\theta = 0$, la distribución de $\overline{X}_n$ será una distribución normal con media 0 y varianza $1/n$. Por tanto, si se define $Z = n^{1/2}\overline{X}_n$, entonces Z tendrá una distribución normal tipificada y la ecuación (10) se puede reescribir de la forma

$$\Pr(Z > n^{1/2}k') = 0.05. \tag{11}$$

En una tabla de la distribución normal, se encuentra que la ecuación (11) se verificará y, por tanto, la ecuación (10) también se verificará cuando $n^{1/2}k' = 1.645$ o, equivalentemente, cuando $k' = 1.645n^{-1/2}$.

En resumen, entre todos los procedimientos de contraste para los cuales $\alpha(\delta) \leq 0.05$, el procedimiento que rechaza H_0 cuando $\overline{X}_n > 1.645n^{-1/2}$ es óptimo.

A continuación, se determinará la probabilidad $\beta(\delta^*)$ de un error del tipo 2 para este procedimiento δ^*. Puesto que $\beta(\delta^*)$ es la probabilidad de aceptar H_0 cuando H_1 es cierta,

$$\beta(\delta^*) = \Pr(\overline{X}_n < 1.645n^{-1/2} | \theta = 1). \tag{12}$$

Cuando $\theta = 1$, la distribución de $\overline{X}_n$ será una distribución normal con media 1 y varianza $1/n$. Si se define $Z' = n^{1/2}(\overline{X}_n - 1)$, entonces Z' tendrá una distribución normal tipificada. Por tanto,

$$\beta(\delta^*) = \Pr(Z' < 1.645 - n^{1/2}). \tag{13}$$

Por ejemplo, cuando $n = 9$, se encuentra a partir de una tabla de la distribución normal tipificada que

$$\beta(\delta^*) = \Pr(Z' < -1.355) = 1 - \Phi(1.355) = 0.0877. \tag{14}$$

Finalmente, para esta misma muestra aleatoria y las mismas hipótesis (6), se determinará el procedimiento de contraste δ_0 para el cual el valor de $2\alpha(\delta) + \beta(\delta)$ sea mínimo, y se calculará el valor de $2\alpha(\delta_0) + \beta(\delta_0)$ cuando $n = 9$.

Del teorema 1 resulta que el procedimiento δ_0 para el cual $2\alpha(\delta_0) + \beta(\delta_0)$ es un mínimo rechaza H_0 cuando el cociente de verosimilitudes es mayor que 2. Por la ecuación (9), este procedimiento es equivalente a rechazar H_0 cuando $\overline{X}_n > (1/2)+$ $+(1/n)\log 2$. Por tanto, cuando $n = 9$, el procedimiento óptimo δ_0 rechaza H_0 cuando $\overline{X}_n > 0.577$. Por este procedimiento resulta que

$$\beta(\delta_0) = \Pr(\overline{X}_n > 0.577 | \theta = 0), \tag{15}$$

$$\beta(\delta_0) = \Pr(\overline{X}_n < 0.577 | \theta = 1). \tag{16}$$

Si Z y Z' se definen como antes en este ejemplo, entonces se encuentra que

$$\alpha(\delta_0) = \Pr(Z > 1.731) = 0.0417, \tag{17}$$

$$\beta(\delta_0) = \Pr(Z' < -1.269) = 1 - \Phi(1.269) = 0.1022. \tag{18}$$

El valor mínimo de $2\alpha(\delta) + \beta(\delta)$ es, por tanto,

$$2\alpha(\delta_0) + \beta(\delta_0) = 2(0.0417) + (0.1022) = 0.1856. \quad \triangleleft \tag{19}$$

Ejemplo 2: Muestreo de una distribución de Bernoulli. Supóngase que $X_1, \ldots, X_n$ constituyen una muestra aleatoria de una distribución de Bernoulli con parámetro p desconocido y que se van a contrastar las siguientes hipótesis:

$$\begin{aligned} H_0 &: \quad p = 0.2, \\ H_1 &: \quad p = 0.4. \end{aligned} \tag{20}$$

Se desea hallar un procedimiento de contraste para el cual $\alpha(\delta) = 0.05$ y $\beta(\delta)$ sea mínimo.

En este ejemplo, cada valor observado x_i debe ser 0 ó 1. Si se define $y = \sum_{i=1}^{n} x_i$, entonces la f.p. conjunta de $X_1, \ldots, X_n$ cuando $p = 0.2$ es

$$f_0(\boldsymbol{x}) = (0.2)^y(0.8)^{n-y} \tag{21}$$

y la f.p. conjunta cuando $p = 0.4$ es

$$f_1(\boldsymbol{x}) = (0.4)^y(0.6)^{n-y}. \tag{22}$$

Por tanto, el cociente de verosimilitud es

$$\frac{f_1(\boldsymbol{x})}{f_0(\boldsymbol{x})} = \left(\frac{3}{4}\right)^n \left(\frac{8}{3}\right)^y. \tag{23}$$

Consecuentemente, rechazar H_0 cuando el cociente de verosimilitudes es mayor que una constante positiva específica k es equivalente a rechazar H_0 cuando y es mayor que k', donde

$$k' = \frac{\log k + n\log(4/3)}{\log(8/3)}. \tag{24}$$

Para hallar un procedimiento de contraste para el cual $\alpha(\delta) = 0.05$ y $\beta(\delta)$ sea mínimo, se utilizará el lema de Neyman-Pearson. Si se define $Y = \sum_{i=1}^{n} X_i$ se trataría de hallar un valor de k' tal que

$$\Pr(Y > k'|p = 0.2) = 0.05. \tag{25}$$

Cuando la hipótesis H_0 es cierta, la variable aleatoria Y tendrá una distribución binomial con parámetros n y $p = 0.2$. Sin embargo, debido a que esta distribución es discreta, generalmente no será posible obtener un valor de k' para el cual se satisfaga la ecuación (25). Por ejemplo, supóngase que $n = 10$. Entonces se obtiene a partir de una tabla de la distribución binomial que $\Pr(Y > 4|p = 0.2) = 0.0328$ y, además, que $\Pr(Y > 3|p = 0.2) = 0.1209$. Por tanto, no existe una región crítica de la forma deseada tal que $\alpha(\delta) = 0.05$. Si se desea utilizar un contraste δ basado en el cociente de verosimilitudes como indica el lema de Neyman-Pearson, entonces $\alpha(\delta)$ debe ser 0.0328 ó 0.1209. ◁

Contrastes aleatorizados. Algunos estadísticos han subrayado que $\alpha(\delta)$ puede ser exactamente 0.05 en el ejemplo 2 si se utiliza un procedimiento de contraste *aleatorizado.* Tal procedimiento se describe como sigue: Cuando la región crítica del procedimiento de contraste contiene todos los valores de y mayores que 4, se obtiene en el ejemplo 2 que el tamaño del contraste es $\alpha(\delta) = 0.0328$. Además, cuando se añade el punto $y = 4$ a esta región crítica, entonces el valor de $\alpha(\delta)$ se incrementa a 0.1209. Supóngase, sin embargo, que en lugar de incluir siempre el punto $y = 4$ en la región crítica o excluir siempre ese punto, se puede utilizar una aleatorización auxiliar para decidir qué hipótesis aceptar cuando $y = 4$. Por ejemplo, se puede lanzar una moneda o hacer girar una ruleta para llegar a esta decisión. Entonces, eligiendo probabilidades apropiadas para esta aleatorización, se puede hacer que $\alpha(\delta)$ sea exactamente 0.05.

Específicamente, considérese el siguiente procedimiento de contraste: La hipótesis H_0 se rechaza siempre que $y > 4$ y H_0 se acepta siempre que $y < 4$. Sin embargo, si $y = 4$, se lleva a cabo una aleatorización auxiliar en la cual H_0 será rechazada con probabilidad 0.195 y H_0 será aceptada con probabilidad 0.805. El tamaño $\alpha(\delta)$ de este contraste será entonces

$$\begin{aligned}\alpha(\delta) &= \Pr(Y > 4|p = 0.2) + (0.195)\Pr(Y = 4|p = 0.2) \\ &= 0.0328 + (0.195)(0.0881) = 0.05.\end{aligned} \tag{26}$$

Los contrastes aleatorizados no parecen tener lugar en las aplicaciones prácticas de la estadística. No parece razonable para un estadístico decidir que hipótesis aceptará lanzando una moneda o desarrollando otro tipo de aleatorización con el propósito de obtener un valor de $\alpha(\delta)$ que sea igual a un valor arbitrario específico tal como 0.05. El objetivo central del estadístico es utilizar un procedimiento de contraste no aleatorizado δ^* que tenga la forma indicada en el lema de Neyman-Pearson. La demostración del teorema 1 se puede extender para demostrar que δ^* será óptimo, en el sentido del lema de Neyman-Pearson, entre todos los procedimientos de contraste, sin importar si son o no aleatorizados.

Además, en lugar de fijar un tamaño específico $\alpha(\delta)$ y tratar de minimizar $\beta(\delta)$, es más razonable para el estadístico minimizar una combinación lineal de la forma $a\alpha(\delta)+$ $+b\beta(\delta)$. Como se ha visto en el teorema 1, tal minimización siempre se puede efectuar sin recurrir a una aleatorización auxiliar. Se presentará ahora otro argumento que indica por qué es más razonable minimizar una combinación lineal de la forma $a\alpha(\delta) + b\beta(\delta)$ que especificar un valor de $\alpha(\delta)$ y luego minimizar $\beta(\delta)$.

Selección del nivel de significación

En muchas aplicaciones estadísticas, es habitual que el experimentador especifique un nivel de significación α_0 y luego determine un procedimiento para el cual $\beta(\delta)$ sea mínimo entre todos los procedimientos para los cuales $\alpha(\delta) \leq \alpha_0$. El lema de Neyman-Pearson describe explícitamente cómo construir dicho procedimiento. Además, ya es tradicional en estas aplicaciones elegir el nivel de significación α_0 como $0.10, 0.05$ ó 0.01. El nivel elegido depende de lo serias que se juzguen las consecuencias de un error del tipo 1. El valor de α_0 más comúnmente utilizado es 0.05. Si las consecuencias del error del tipo 1 se juzgan relativamente poco importantes en un problema particular, el experimentador puede elegir α_0 como 0.10. Por otro lado, si estas consecuencias se juzgan especialmente serias, el experimentador puede elegir α_0 como 0.01.

Debido a que estos valores de α_0 ya son habituales en la práctica estadística, la elección de $\alpha_0 = 0.01$ se hace a veces por un experimentador que desea utilizar un procedimiento de contraste conservador, o uno que no rechaza H_0 a menos que los datos muestrales proporcionen fuerte evidencia de que H_0 no es cierta. Se demostrará ahora, sin embargo, que cuando el tamaño muestral n es grande, la elección de $\alpha_0 = 0.01$

puede conducir realmente a un procedimiento de contrastes que rechazará H_0 para ciertas muestras que, de hecho, proporcionan fuerte evidencia de que H_0 es cierta.

Para ilustrar esta propiedad, supóngase de nuevo, como en el ejemplo 1, que se selecciona una muestra aleatoria de una distribución normal cuya media θ es desconocida y cuya varianza es 1, y que se van a contrastar las hipótesis (6). De la exposición del ejemplo 1 se deduce que, entre todos los procedimientos de contraste para los cuales $\alpha(\delta) \leq 0.01$, el valor de $\beta(\delta)$ será mínimo para el procedimiento δ^* que rechaza H_0 cuando $\overline{X}_n > k'$, donde k' se elige de forma que $\Pr(\overline{X}_n > k'|\theta = 0) = 0.01$. Cuando $\theta = 0$, la variable aleatoria $\overline{X}_n$ tiene una distribución normal con media 0 y varianza $1/n$. Por tanto, se puede obtener a partir de una tabla de la distribución normal tipificada que $k' = 2.326n^{-1/2}$.

Además, de la ecuación (9) resulta que este procedimiento δ^* es equivalente a rechazar H_0 cuando $f_1(\boldsymbol{x})/f_0(\boldsymbol{x}) > k$, donde $k = \exp(2.326n^{-1/2} - 0.5n)$. La probabilidad de un error de tipo 1 será $\alpha(\delta^*) = 0.01$. También, por un argumento análogo al de la ecuación (13), la probabilidad de un error de tipo 2 será $\beta(\delta^*) = \Phi(2.326 - n^{1/2})$, donde Φ denota la f.d. de una distribución normal tipificada. Para $n = 1, 25$ y 100, los valores de $\beta(\delta^*)$ y k son los siguientes:

n	$\alpha(\delta^*)$	$\beta(\delta^*)$	k
1	0.01	0.91	6.21
25	0.01	0.0038	0.42
100	0.01	8×10^{-15}	2.5×10^{-12}

En esta tabla se puede observar que cuando $n = 1$, la hipótesis nula H_0 se rechazará sólo si el cociente de verosimilitudes $f_1(\boldsymbol{x})/f_0(\boldsymbol{x})$ es superior al valor $k = 6.21$. En otras palabras, H_0 no se rechazará a menos que los valores observados $x_1, \ldots, x_n$ de la muestra sean al menos 6.21 veces tan probables con H_1 como lo son con H_0. En este caso, el procedimiento δ^* satisface, por tanto, el deseo del experimentador de utilizar un contraste que sea conservador respecto a rechazar H_0.

Si $n = 100$, sin embargo, el procedimiento δ^* rechazará H_0 siempre que el cociente de verosimilitud exceda al valor $k = 2.5 \times 10^{-12}$. Por tanto, H_0 se rechazará para ciertos valores $x_1, \ldots, x_n$ que son realmente millones de veces más probables bajo H_0 que bajo H_1. La razón de este resultado es que el valor de $\beta(\delta^*)$, que se puede alcanzar cuando $n = 100$, esto es 8×10^{-15}, es extremadamente pequeño en relación con el valor $\alpha_0 = 0.01$. Por tanto, δ^* es en realidad mucho más conservador respecto a un error de tipo 2 que respecto a un error de tipo 1. Se puede deducir de esta exposición que un valor de α_0 que es apropiado para un valor pequeño de n podría ser innecesariamente grande para un valor grande de n.

Supóngase ahora que el experimentador considera que un error de tipo 1 es mucho más serio que un error de tipo 2 y que por tanto desea utilizar un procedimiento de contraste para el cual el valor de la combinación lineal $100\alpha(\delta) + \beta(\delta)$ sea mínimo. Entonces, del teorema 1 resulta que podría rechazar H_0 si, y sólo si, el cociente de verosimilitud excede al valor $k = 100$, independientemente del tamaño muestral n. En otras palabras, el procedimiento que minimiza el valor de $100\alpha(\delta) + \beta(\delta)$ no rechazará

H_0 a menos que los valores observados $x_1, \ldots, x_n$ sean al menos 100 veces tan probables con H_1 como con H_0.

De esta exposición parece más razonable que el experimentador minimice el valor de una combinación lineal de la forma $a\alpha(\delta) + b\beta(\delta)$, en lugar de fijar un valor de $\alpha(\delta)$ y minimizar $\beta(\delta)$. De hecho, la siguiente exposición demuestra que, desde el punto de vista bayesiano, es natural tratar de minimizar una combinación lineal de esta forma.

Procedimientos de contraste Bayes

Considérese un problema general en el que $X_1, \ldots, X_n$ constituyen una muestra aleatoria de una distribución cuya f.d.p. o f.p. es $f(x|\theta)$ y se desea contrastar las siguientes hipótesis simples:

$$\begin{aligned} H_0 &: \quad \theta = \theta_0, \\ H_1 &: \quad \theta = \theta_1. \end{aligned}$$

Se definirá d_0 como la decisión de aceptar la hipótesis H_0 y d_1 como la decisión de aceptar la hipótesis H_1. Además, supóngase que la pérdida resultante al elegir una decisión incorrecta es como sigue: Si se elige la decisión d_1 cuando H_0 es realmente la hipótesis cierta, entonces la pérdida es w_0 unidades, y si se elige la decisión d_0 cuando H_1 es realmente la hipótesis cierta, entonces la pérdida es w_1 unidades. Si se elige la decisión d_0 cuando H_0 es la hipótesis verdadera o si se elige d_1 cuando la hipótesis H_1 es la hipótesis verdadera, entonces se ha tomado la decisión correcta y la pérdida es 0. Por tanto, para $i = 0, 1$ y $j = 0, 1$, la pérdida $L(\theta_i, d_j)$ que se produce cuando θ_i es el verdadero valor de θ y se elige la decisión d_j está dada por la siguiente tabla:

	d_0	d_1
θ_0	0	w_0
θ_1	w_1	0

Supóngase ahora que la probabilidad inicial de que H_0 sea cierta es ξ_0 y que la probabilidad inicial de que H_1 sea cierta es $\xi_1 = 1 - \xi_0$. Por tanto, la pérdida esperada $r(\delta)$ de cualquier procedimiento de contraste δ será

$$r(\delta) = \xi_0 E(\text{ Pérdida } |\theta = \theta_0) + \xi_1 E(\text{ Pérdida } |\theta = \theta_1). \tag{27}$$

Si $\alpha(\delta)$ y $\beta(\delta)$ denotan de nuevo las probabilidades de los dos tipos de errores para el procedimiento δ y si se utiliza la tabla de pérdidas que se acaba de mencionar, resulta que

$$\begin{aligned} E(\text{ Pérdida } |\theta = \theta_0) &= w_0 \Pr(\text{ Elegir } d_1|\theta = \theta_0) = w_0\alpha(\delta). \\ E(\text{ Pérdida } |\theta = \theta_1) &= w_1 \Pr(\text{ Elegir } d_0|\theta = \theta_1) = w_1\beta(\delta). \end{aligned} \tag{28}$$

Por tanto,

$$r(\delta) = \xi_0 w_0 \alpha(\delta) + \xi_1 w_1 \beta(\delta). \tag{29}$$

Un procedimiento en el cual se minimiza esta pérdida esperada $r(\delta)$ se denomina *procedimiento de contraste Bayes.*

Puesto que $r(\delta)$ es simplemente una combinación lineal de la forma $a\alpha(\delta) + b\beta(\delta)$ con $a = \xi_0 w_0$ y $b = \xi_1 w_1$, se puede determinar de forma inmediata a partir del teorema 1 un procedimiento de contraste Bayes. Por tanto, un procedimiento de Bayes aceptará H_0 siempre que $\xi_0 w_0 f_0(\boldsymbol{x}) > \xi_1 w_1 f_1(\boldsymbol{x})$, y aceptará H_1 siempre que $\xi_0 w_0 f_0(\boldsymbol{x}) < \xi_1 w_1 f_1(\boldsymbol{x})$. Cualquiera de las dos hipótesis H_0 o H_1 puede ser aceptada si $\xi_0 w_0 f_0(\boldsymbol{x}) = \xi_1 w_1 f_1(\boldsymbol{x})$.

EJERCICIOS

1. Considérense dos f.d.p. $f_0(x)$ y $f_1(x)$ que se definen como sigue:

$$f_0(x) = \begin{cases} 1 & \text{para } 0 \leq x \leq 1, \\ 0 & \text{en otro caso,} \end{cases}$$

y

$$f_1(x) = \begin{cases} 2x & \text{para } 0 \leq x \leq 1, \\ 0 & \text{en otro caso.} \end{cases}$$

Supóngase que se selecciona una observación X de una distribución cuya f.d.p. $f(x)$ es $f_0(x)$ o $f_1(x)$ y que se han de contrastar las siguientes hipótesis simples:

$$H_0: \quad f(x) = f_0(x),$$
$$H_1: \quad f(x) = f_1(x).$$

(a) Descríbase un procedimiento de contraste para el que el valor de $\alpha(\delta) + 2\beta(\delta)$ sea mínimo.

(b) Determínese el valor mínimo de $\alpha(\delta) + 2\beta(\delta)$ alcanzado por ese procedimiento.

2. Considérense de nuevo las condiciones del ejercicio 1, pero supóngase ahora que se desea hallar un procedimiento de contraste para el que el valor de $3\alpha(\delta) + \beta(\delta)$ sea mínimo.

(a) Descríbase el procedimiento.

(b) Determínese el valor mínimo de $3\alpha(\delta) + \beta(\delta)$ alcanzado por ese procedimiento.

3. Considérense de nuevo las condiciones del ejercicio 1, pero supóngase ahora que se desea hallar un procedimiento de contraste para el que el valor de $\alpha(\delta) \leq 0.1$ y para el que el valor de $\beta(\delta)$ sea mínimo.

(a) Descríbase el procedimiento.

(b) Determínese el valor mínimo de $\beta(\delta)$ alcanzado por el procedimiento.

4. Supóngase que $X_1, \ldots, X_n$ constituyen una muestra aleatoria de una distribución normal cuya media θ es desconocida y cuya varianza es 1, y que se han de contrastar las siguientes hipótesis:

$$\begin{aligned} H_0 &: \quad \theta = 3.5, \\ H_1 &: \quad \theta = 5.0. \end{aligned}$$

   (a) Entre todos los procedimientos de contraste para los cuales $\beta(\delta) \leq 0.05$, descríbase un procedimiento para el que $\alpha(\delta)$ sea un mínimo.
   (b) Para $n = 4$, encuéntrese el valor mínimo de $\alpha(\delta)$ alcanzado por el procedimiento descrito en la parte (a).

5. Supóngase que $X_1, \ldots, X_n$ constituyen una muestra aleatoria de una distribución de Bernoulli con parámetro p desconocido. Sean p_0 y p_1 valores específicos tales que $0 < p_1 < p_0 < 1$ y supóngase que se desea contrastar las siguientes hipótesis simples:

$$\begin{aligned} H_0 &: \quad p = p_0, \\ H_1 &: \quad p = p_1. \end{aligned}$$

   (a) Demuéstrese que un procedimiento de contraste para el cual $\alpha(\delta) + \beta(\delta)$ es mínimo rechaza H_0 cuando $\overline{X}_n < c$.
   (b) Encuéntrese el valor de la constante c.

6. Supóngase que $X_1, \ldots, X_n$ constituyen una muestra aleatoria de una distribución normal cuya media μ es conocida y cuya varianza σ^2 es desconocida, y que se han de contrastar las siguientes hipótesis:

$$\begin{aligned} H_0 &: \quad \sigma^2 = 2, \\ H_1 &: \quad \sigma^2 = 3. \end{aligned}$$

   (a) Demuéstrese que entre todos los procedimientos de contraste para los cuales $\alpha(\delta) \leq 0.05$, el valor de $\beta(\delta)$ se minimiza por un procedimiento que rechaza H_0 cuando $\sum_{i=1}^{n}(X_i - \mu)^2 > c$.
   (b) Para $n = 8$, encuéntrese el valor de la constante c que aparece en la parte (a).

7. Supóngase que se selecciona una observación X de una distribución uniforme sobre el intervalo $(0, \theta)$, donde el valor de θ es desconocido y que se han de contrastar las siguientes hipótesis:

$$\begin{aligned} H_0 &: \quad \theta = 1, \\ H_1 &: \quad \theta = 2. \end{aligned}$$

   (a) Demuéstrese que existe un procedimiento de contraste para el cual $\alpha(\delta) = 0$ y $\beta(\delta) < 1$.

(b) Entre todos los procedimientos de contraste para los cuales $\alpha(\delta) = 0$, hállese uno para el cual $\beta(\delta)$ sea mínimo.

8. Supóngase que se selecciona una muestra aleatoria $X_1, \ldots, X_n$ de una distribución uniforme sobre el intervalo $(0, \theta)$ y considérese de nuevo el problema de contrastar las hipótesis simples descrito en el ejercicio 7. Obténgase el valor mínimo que puede alcanzar $\beta(\delta)$ entre todos los procedimientos de contraste para los cuales $\alpha(\delta) = 0$.

9. Supóngase que $X_1, \ldots, X_n$ constituyen una muestra aleatoria de una distribución de Poisson con media λ desconocida. Sean λ_0 y λ_1 valores dados tales que $\lambda_1 > \lambda_0 > 0$ y supóngase que se desea contrastar las siguientes hipótesis simples:

$$
\begin{aligned}
H_0 &: \quad \lambda = \lambda_0, \\
H_1 &: \quad \lambda = \lambda_1.
\end{aligned}
$$

(a) Demuéstrese que el valor de $\alpha(\delta) + \beta(\delta)$ se minimiza por un procedimiento que rechaza H_0 cuando $\overline{X}_n > c$.

(b) Encuéntrese el valor de c.

(c) Para $\lambda_0 = 1/4, \lambda_1 = 1/2$ y $n = 20$, determínese el valor mínimo de $\alpha(\delta) + \beta(\delta)$ que se puede alcanzar.

10. Supóngase que $X_1, \ldots, X_n$ constituyen una muestra aleatoria de una distribución normal cuya media μ es desconocida y cuya desviación típica es 2, y que se han de contrastar las siguientes hipótesis simples:

$$
\begin{aligned}
H_0 &: \quad \mu = -1, \\
H_1 &: \quad \mu = 1.
\end{aligned}
$$

Determínese el valor mínimo de $\alpha(\delta) + \beta(\delta)$ que se puede alcanzar para cada uno de los siguientes valores del tamaño muestral n:

(a) $n = 1$, (b) $n = 4$, (c) $n = 16$, (d) $n = 36$.

11. Se va a seleccionar una observación X de una distribución continua cuya f.d.p es f_0 o f_1, donde

$$
f_0(x) = \begin{cases} 1 & \text{para } 0 < x < 1, \\ 0 & \text{en otro caso,} \end{cases}
$$

$$
f_1(x) = \begin{cases} 4x^3 & \text{para } 0 < x < 1, \\ 0 & \text{en otro caso.} \end{cases}
$$

A partir de la observación X, se debe decidir si f_0 o f_1 es la f.d.p. correcta. Supóngase que la probabilidad inicial de que f_0 sea correcta es $2/3$ y la probabilidad inicial de que f_1 sea correcta es $1/3$. Supóngase, además, que la pérdida de elegir la decisión correcta es 0, que la pérdida de decidir que f_1 es correcta cuando de hecho f_0 es correcta es 1 unidad, y que la pérdida de decidir que f_0 es correcta cuando de hecho f_1 es correcta es 4 unidades. Si se va a minimizar la pérdida esperada, ¿para qué valores de X se debería decidir que f_0 es correcta?

12. Supóngase que cierto proceso industrial puede estar controlado o fuera de control y que en cualquier momento la probabilidad inicial de que esté controlado es 0.9 y la de que esté fuera de control es 0.1. Se va a seleccionar una observación X del resultado del proceso y se debe decidir de inmediato si el proceso está controlado o fuera de control. Si el proceso está controlado, entonces X tendrá una distribución normal con media 50 y varianza 1. Si el proceso está fuera de control entonces X tendrá una distribución normal con media 52 y varianza 1. Si se decide que el proceso está fuera de control cuando de hecho esta controlado, entonces la pérdida de detener innecesariamente el proceso será 1000 dólares. Si se decide que el proceso está controlado cuando de hecho está fuera de control, entonces la pérdida de continuar el proceso será $18\,000$ dólares. Si se toma una decisión correcta, entonces la pérdida será 0. Se desea hallar un procedimiento de contraste para el que la pérdida esperada sea mínima. ¿Para qué valores de X se debería decidir que el proceso está fuera de control?

13. Supóngase que la proporción de artículos defectuosos p en un gran lote manufacturado es desconocida y que se desea contrastar las siguientes hipótesis simples:

$$\begin{aligned} H_0 &: \quad p = 0.3, \\ H_1 &: \quad p = 0.4. \end{aligned}$$

Supóngase que la probabilidad inicial de que $p = 0.3$ es $1/4$ y la probabilidad inicial de que $p = 0.4$ es $3/4$; supóngase además que la pérdida de elegir una decisión incorrecta es 1 unidad y que la pérdida de elegir una correcta es 0. Supóngase que se selecciona una muestra aleatoria de n artículos del lote. Demuéstrese que el procedimiento de contraste Bayes rechaza H_0 si, y sólo si, la proporción de artículos defectuosos en la muestra es mayor que

$$\frac{\log\left(\frac{7}{6}\right) + \frac{1}{n}\log\left(\frac{1}{3}\right)}{\log\left(\frac{14}{9}\right)}.$$

14. Supóngase que un sistema electrónico se puese producir un fallo debido a un defecto menor o a un defecto mayor. Supóngase, además, que el 80% de los fallos son causados por defectos menores, y el 20% por defectos mayores. Cuando se produce un fallo, se hacen n sondeos independientes $X_1, \ldots, X_n$, del sistema. Si el fallo fue causado por un defecto menor, estos sondeos constituyen una muestra aleatoria de una distribución de Poisson cuya media es 3. Si el fallo fue causado por un defecto mayor, estos sondeos constituyen una muestra aleatoria de una distribución de Poisson con media 7. El costo de decidir que el fallo fue causado por un defecto mayor cuando realmente fue causado por un defecto menor es 400 dólares. El costo de decidir que el fallo fue causado por un defecto menor cuando realmente fue causado por un

defecto mayor es 2500 dólares. El costo de elegir una decisión correcta es 0. Para un conjunto dado de valores observados de $X_1, \ldots, X_n$, ¿qué decisión minimiza el costo esperado?

*8.3 PROBLEMAS DE DECISIÓN MÚLTIPLE

Número finito de valores de parámetros y número finito de decisiones

En un problema de contrastar un par de hipótesis simples, existen sólo dos valores posibles del parámetro θ y sólo dos decisiones posibles para el experimentador, aceptar H_0 o aceptar H_1. Este problema, por tanto, pertenece a la clase de problemas en los que hay un número finito de valores posibles del parámetro θ y un número finito de decisiones posibles. Dichos problemas se denominan *problemas de decisión múltiple.*

Para un problema de decisión múltiple general se definirán $\theta_1, \ldots, \theta_k$ como los k valores posibles de θ, y $d_1, \ldots, d_m$ serán las m decisiones posibles que se pueden elegir. Además, para $i = 1, \ldots, k$ y $j = 1, \ldots, m$, sea w_{ij} la pérdida sufrida por el experimentador cuando $\theta = \theta_i$ y se elige la decisión d_j. Finalmente, para $i = 1, \ldots, k$, sea ξ_i la probabilidad inicial de que $\theta = \theta_i$. Por tanto, $\xi_i \geq 0$ y $\xi_1 + \cdots + \xi_k = 1$.

Si el experimentador debe elegir una de las decisiones $d_1, \ldots, d_m$ sin poder observar ningún dato muestral relevante, entonces la pérdida esperada o *riesgo* ρ_j de seleccionar la decisión d_j será $\rho_j = \sum_{i=1}^{k} \xi_i w_{ij}$. Una decisión para la cual el riesgo es mínimo se denomina *decisión Bayes.*

Ejemplo 1: Obtención de una decisión Bayes. Considérese un problema de decisión múltiple en el cual $k = 3$ y $m = 4$, y las pérdidas w_{ij} están dadas por la siguiente tabla:

	d_1	d_2	d_3	d_4
θ_1	1	2	3	4
θ_2	3	0	1	2
θ_3	4	2	1	0

De esta tabla se deduce que los riesgos de las cuatro decisiones posibles son los siguientes:

$$
\begin{aligned}
\rho_1 &= \xi_1 + 3\xi_2 + 4\xi_3, \\
\rho_2 &= 2\xi_1 + 2\xi_3, \\
\rho_3 &= 3\xi_1 + \xi_2 + \xi_3, \\
\rho_4 &= 4\xi_1 + 2\xi_2.
\end{aligned}
\tag{1}
$$

Para cualesquiera probabilidades iniciales ξ_1, ξ_2 y ξ_3, una decisión Bayes se encuentra determinando simplemente la decisión para la cual el riesgo es mínimo. A modo de ilustración, si $\xi_1 = 0.5, \xi_2 = 0.2$ y $\xi_3 = 0.3$, entonces $\rho_1 = 2.3, \rho_2 = 1.6, \rho_3 = 2.0$ y $\rho_4 = 2.4$. Por tanto, d_2 es la única decisión Bayes. Si $\theta = \theta_1$, se puede observar en la primera fila de la tabla de pérdidas que d_1 tiene la menor pérdida entre las cuatro decisiones. Por tanto, si la probabilidad inicial ξ_1 está suficientemente cerca de 1, entonces d_1 será la decisión Bayes. Análogamente, si $\theta = \theta_2$, entonces d_2 tendrá la menor pérdida entre las cuatro decisiones. Por tanto, si ξ_2 está suficientemente cerca de 1, entonces d_2 será la decisión Bayes. Finalmente, si $\theta = \theta_3$, entonces d_4 tiene la menor pérdida entre las cuatro decisiones. Por tanto, si ξ_3 está suficientemente cerca de 1, entonces d_4 será la decisión Bayes. Se determinará ahora si existen probabilidades iniciales ξ_1, ξ_2 y ξ_3, para las cuales d_3 sea una decisión Bayes.

Los siguientes resultados se pueden obtener de las relaciones (1): $\rho_2 < \rho_3$ si, y sólo si, $\xi_1 + \xi_2 > \xi_3$, y $\rho_4 < \rho_3$ si, y sólo si, $\xi_1 + \xi_2 < \xi_3$. Por tanto, la única condición para la cual d_3 podría ser una decisión Bayes es cuando $\xi_1 + \xi_2 = \xi_3$. Pero, si $\xi_1 + \xi_2 = \xi_3$, entonces se deduce que $\xi_1 + \xi_2 = 1/2$ y $\xi_3 = 1/2$, y se puede verificar de las relaciones (1) que $\rho_2 = \rho_3 = \rho_4 = 1 + 2\xi_1$ y $\rho_1 = (5/2) + 2\xi_2 > 1 + 2\xi_1$. Se puede concluir de esta exposición que d_3 es una decisión Bayes únicamente si $\xi_1 + \xi_2 = 1/2$ y $\xi_3 = 1/2$. Sin embargo, en este caso d_2 y d_4 son también decisiones Bayes y podría elegirse cualquiera de estas tres decisiones. ◁

Regla de decisión Bayes

Considérese un problema de decisión múltiple general sujeto a las siguientes condiciones: Existen k valores posibles del parámetro θ, hay m decisiones posibles, la pérdida que resulta de elegir la decisión d_j cuando $\theta = \theta_i$ es w_{ij} para $i = 1, \dots, k$ y $j = 1, \dots, m$, y la probabilidad inicial de que $\theta = \theta_i$ es ξ_i para $i = 1, \dots, k$. Supóngase ahora, sin embargo, que antes de que el experimentador elija una decisión d_j, puede observar los valores de una muestra aleatoria $X_1, \dots, X_n$ seleccionada de una distribución que depende del parámetro θ.

Para $i = 1, \dots, k$, se define $f_n(\boldsymbol{x}|\theta_i)$ como la f.d.p. conjunta o la f.p. conjunta de las observaciones $X_1, \dots, X_n$ cuando $\theta = \theta_i$. Después de haber observado el vector $\boldsymbol{x}$ de valores en la muestra, la probabilidad final $\xi_i(\boldsymbol{x})$ de que $\theta = \theta_i$ será

$$\xi_i(\boldsymbol{x}) = \Pr(\theta = \theta_i|\boldsymbol{x}) = \frac{\xi_i f_n(\boldsymbol{x}|\theta_i)}{\sum_{t=1}^{k} \xi_t f_n(\boldsymbol{x}|\theta_t)} \qquad \text{para } i = 1, \dots, k. \tag{2}$$

Por tanto, después de haber observado el vector $\boldsymbol{x}$ de valores de la muestra, el riesgo $\rho_j(\boldsymbol{x})$ de seleccionar la decisión d_j será

$$\rho_j(\boldsymbol{x}) = \sum_{i=1}^{k} \xi_i(\boldsymbol{x}) w_{ij} \qquad \text{para } j = 1, \dots, m. \tag{3}$$

Después de haber observado $\boldsymbol{x}$, se deduce que una decisión Bayes será una decisión para la cual el riesgo de la ecuación (3) es un mínimo. Dicha decisión se denomina *decisión Bayes respecto a la distribución final de* θ.

En un problema de decisión múltiple de este tipo, una *regla de decisión* se define como una función δ que especifica, para cada vector posible $\boldsymbol{x}$, la decisión $\delta(\boldsymbol{x})$ que se va a elegir si el vector observado es $\boldsymbol{x}$. Por tanto, para cada vector $\boldsymbol{x}$, $\delta(\boldsymbol{x})$ debe ser una de las m decisiones posibles $d_1, \ldots, d_m$.

Una regla de decisión δ se denomina *regla de decisión Bayes* si, para cada vector posible $\boldsymbol{x}$, la decisión $\delta(\boldsymbol{x})$ es una decisión Bayes respecto a la distribución final de θ. En otras palabras, cuando se utiliza una regla de decisión Bayes, la decisión que se elige después de haber observado el vector $\boldsymbol{x}$ siempre es una decisión para la cual el riesgo $\rho_j(\boldsymbol{x})$ es un mínimo.

Antes de seleccionar las observaciones, el riesgo que el experimentador afronta por utilizar una regla de decisión específica δ se puede calcular como sigue: Para $j = 1, \ldots, m$, sea A_j el conjunto de todos los resultados $\boldsymbol{x}$ para los cuales $\delta(\boldsymbol{x}) = d_j$, esto es, para el que se elegirá la decisión d_j. Por conveniencia, supóngase que las observaciones $X_1, \ldots, X_n$ tienen una distribución discreta y que $f_n(\boldsymbol{x}|\theta_i)$ representa su f.p. conjunta cuando $\theta = \theta_i$. Si $f_n(\boldsymbol{x}|\theta_i)$ es realmente una f.d.p. conjunta, entonces las sumas sobre valores de $\boldsymbol{x}$ que aparecen en el desarrollo dado aquí se deben reemplazar por integrales.

Si $\theta = \theta_i$, el riesgo $\rho(\delta|\theta = \theta_i)$ de utilizar la regla δ es

$$\begin{aligned}\rho(\delta|\theta = \theta_i) &= \sum_{j=1}^{m} w_{ij} \Pr[\delta(\boldsymbol{x}) = d_j|\theta = \theta_i] \\ &= \sum_{j=1}^{m} w_{ij} \sum_{x \in A_j} f_n(\boldsymbol{x}|\theta_i).\end{aligned} \tag{4}$$

Puesto que la probabilidad inicial de que $\theta = \theta_i$ es ξ_i, el riesgo global $\rho(\delta)$ de utilizar la regla δ será

$$\rho(\delta) = \sum_{i=1}^{k} \xi_i \rho(\delta|\theta = \theta_i) = \sum_{i=1}^{k} \sum_{j=1}^{m} \sum_{x \in A_j} \xi_i w_{ij} f_n(\boldsymbol{x}|\theta_i). \tag{5}$$

Este riesgo $\rho(\delta)$ se minimiza cuando δ es una regla de decisión Bayes.

Ejemplo 2: Determinación de una regla de decisión Bayes. Supóngase que en un gran cargamento de frutas, los únicos tres valores posibles de la proporción θ de piezas dañadas son 0.1, 0.3 y 0.5 y que hay tres decisiones posibles d_1, d_2 y d_3. Supóngase, además, que las pérdidas de estas decisiones son las siguientes:

	d_1	d_2	d_3
$\theta = 0.1$	0	1	3
$\theta = 0.3$	2	0	2
$\theta = 0.5$	3	1	0

Supóngase, además, que teniendo en cuenta cargamentos anteriores del mismo distribuidor, se cree que las probabilidades iniciales de los tres valores posibles de θ son las siguientes:

$$\begin{aligned} \Pr(\theta = 0.1) &= 0.5, \\ \Pr(\theta = 0.3) &= 0.3, \\ \Pr(\theta = 0.5) &= 0.2. \end{aligned} \tag{6}$$

Finalmente, supóngase que se puede observar el número Y de piezas de fruta dañadas en una muestra aleatoria de 20 piezas seleccionadas del cargamento. Se determinará una regla de decisión Bayes y se calculará el riesgo de esta regla.

Tabla 8.1

y	$\Pr(\theta = 0.1 \mid Y = y)$	$\Pr(\theta = 0.3 \mid Y = y)$	$\Pr(\theta = 0.5 \mid Y = y)$
0	0.9961	0.0039	0.0000
1	0.9850	0.0150	0.0000
2	0.9444	0.0553	0.0002
3	0.8141	0.1840	0.0019
4	0.5285	0.4606	0.0109
5	0.2199	0.7393	0.0408
6	0.0640	0.8294	0.1066
7	0.0151	0.7575	0.2273
8	0.0031	0.5864	0.4105
9	0.0005	0.3795	0.6200
10	0.0001	0.2078	0.7921
11	0.0000	0.1011	0.8989
12	0.000	0.046	0.954
13	0.000	0.020	0.980
14	0.000	0.009	0.991
15	0.000	0.004	0.996
16	0.000	0.000	1.000
17	0.000	0.000	1.000
18	0.000	0.000	1.000
19	0.000	0.000	1.000
20	0.000	0.000	1.000

Cuando $\theta = 0.1$, la distribución de Y es una distribución binomial con parámetros 20 y 0.1. La f.p. $g(y|\theta = 0.1)$ es la siguiente:

$$g(y|\theta = 0.1) = \binom{20}{y}(0.1)^y(0.9)^{20-y} \qquad \text{para } y = 0, 1, \ldots, 20. \tag{7}$$

Cuando $\theta = 0.3$ o $\theta = 0.5$ la distribución de Y es una distribución binomial análoga y las expresiones para $g(y|\theta = 0.3)$ y $g(y|\theta = 0.5)$ tendrán una forma similar a la ecuación (7). Los valores de estas f.p. para valores específicos de y se pueden obtener a partir de la tabla de la distribución binomial al final de este libro.

De la ecuación (2) se deduce que después de haber observado el valor de $Y = y$, la probabilidad final de que $\theta = 0.1$ será

$$\Pr(\theta = 0.1|Y = y) = \\ = \frac{(0.5)\, g(y|\theta = 0.1)}{(0.5)\, g(y|\theta = 0.1) + (0.3)\, g(y|\theta = 0.3) + (0.2)\, g(y|\theta = 0.5)}. \quad (8)$$

Se pueden escribir expresiones análogas para las probabilidades finales de que $\theta = 0.3$ y $\theta = 0.5$. Estas probabilidades finales, para cada valor posible de y, se encuentran en la tabla 8.1.

Después de haber observado el valor de y, el riesgo $\rho_j(y)$ de cada decisión posible d_j $(j = 1, 2, 3)$ se puede calcular aplicando la ecuación (3) y utilizando estas probabilidades finales y la tabla de pérdidas dada al principio de este ejemplo. Por tanto, el riesgo $\rho_1(y)$ de elegir la decisión d_1 será

$$\rho_1(y) = 2\Pr(\theta = 0.3|Y = y) + 3\Pr(\theta = 0.5|Y = y),$$

Tabla 8.2

y	$\rho_1(y)$	$\rho_2(y)$	$\rho_3(y)$
0	0.0078	0.9961	2.9961
1	0.0300	0.9850	2.9850
2	0.1124	0.9446	2.9430
3	0.3737	0.8160	2.8103
4	0.9539	0.5394	2.5067
5	1.6010	0.2607	2.1383
6	1.9786	0.1706	1.8508
7	2.1969	0.2428	1.5603
8	2.4043	0.4136	1.1821
9	2.6190	0.6205	0.7605
10	2.7919	0.7922	0.4159
11	2.8989	0.8989	0.2022
12	2.954	0.954	0.092
13	2.980	0.980	0.040
14	2.991	0.991	0.018
15	2.996	0.996	0.008
16	3.00	1.00	0.00
17	3.00	1.00	0.00
18	3.00	1.00	0.00
19	3.00	1.00	0.00
20	3.00	1.00	0.00

el riesgo de elegir d_2 será

$$\rho_2(y) = \Pr(\theta = 0.1|Y = y) + \Pr(\theta = 0.5|Y = y),$$

y el riesgo de elegir d_3 será

$$\rho_3(y) = 3\,\Pr(\theta = 0.1|Y = y) + 2\,\Pr(\theta = 0.3|Y = y).$$

Los valores de estos riesgos para cada valor posible de y y cada decisión posible se indican en la tabla 8.2.

De los valores tabulados se pueden deducir las siguientes conclusiones: Si $y \leq 3$, entonces la decisión Bayes es d_1, si $4 \leq y \leq 9$, entonces la decisión Bayes es d_2 y si $y \geq 10$, entonces la decisión Bayes es d_3. En otras palabras, la regla de decisión Bayes δ se define como sigue:

$$\delta(y) = \begin{cases} d_1 & \text{si } y = 0, 1, 2, 3, \\ d_2 & \text{si } y = 4, 5, 6, 7, 8, 9, \\ d_3 & \text{si } y = 10, 11, \ldots, 20. \end{cases} \tag{9}$$

De la ecuación (5) resulta ahora que el riesgo $\rho(\delta)$ de utilizar la regla δ es

$$\begin{aligned} \rho(\delta) = {} & (0.5)\sum_{y=4}^{9} g(y|\theta = 0.1) + (1.5)\sum_{y=10}^{20} g(y|\theta = 0.1) + \\ & + (0.6)\sum_{y=0}^{3} g(y|\theta = 0.3) + (0.6)\sum_{y=10}^{20} g(y|\theta = 0.3) + \\ & + (0.6)\sum_{y=0}^{3} g(y|\theta = 0.5) + (0.2)\sum_{y=4}^{9} g(y|\theta = 0.5) \\ = {} & 0.2423. \end{aligned} \tag{10}$$

Por tanto, el riesgo de la regla de decisión Bayes es $\rho(\delta) = 0.2423$. ◁

Ejemplo 3: El valor de la información muestral. Supóngase ahora que fue necesario elegir una de las tres decisiones d_1, d_2 o d_3 en el ejemplo 2 sin haber observado el número de piezas dañadas en una muestra aleatoria. En este caso, se encuentra a partir de la tabla de pérdidas w_{ij} y de las probabilidades iniciales (6) que los riesgos ρ_1, ρ_2 y ρ_3 de seleccionar cada una de las decisiones d_1, d_2 y d_3 son los siguientes:

$$\begin{aligned} \rho_1 &= 2(0.3) + 3(0.2) = 1.2, \\ \rho_2 &= (0.5) + (0.2) = 0.7, \\ \rho_3 &= 3(0.5) + 2(0.3) = 2.1. \end{aligned} \tag{11}$$

Por tanto, la decisión Bayes sin ninguna observación sería d_2 y el riesgo de la decisión sería 0.7.

Por el hecho de poder observar el número de piezas dañadas en una muestra aleatoria de 20 piezas, se puede reducir el riesgo de 0.7 a 0.2423. ◁

EJERCICIOS

1. Supóngase que un mal funcionamiento que provoca el fallo de un sistema haciéndolo inoperante, puede ocurrir en dos partes distintas del sistema, la parte A o la parte B. Supóngase, también, que cuando el sistema se vuelve inoperante, se sabe inmediatamente si el mal funcionamiento causante del fallo ha ocurrido en la parte A o en la parte B. Se supone que el procedimiento de reparación es totalmente distinto para las dos partes. Por tanto, cuando se produce un fallo en el sistema, se debe tomar una de las siguientes decisiones:

   Decisión d_1: El procedimiento de reparación de una avería en la parte A se activa inmediatamente. Si el mal funcionamiento que causa la avería realmente ocurre en la parte B, entonces el costo de esta decisión, en función del trabajo innecesario y la pérdida de tiempo, es 1000 dólares. Si el mal funcionamiento realmente ocurre en la parte A, entonces esta decisión conduce a la reparación del fallo de la manera más eficiente y el costo se considera cero.

   Decisión d_2: El procedimiento de reparación de una avería en la parte B se activa inmediatamente. Si el fallo realmente ocurre en la parte A, entonces el costo de esta decisión es 3000 dólares. Si el fallo ocurre en la parte B, entonces el costo de nuevo se considera cero.

   Decisión d_3: Se aplica una prueba al sistema que determinará con certeza donde ha ocurrido el fallo, si en la parte A o en la parte B. El costo de aplicar esta prueba es 300 dólares.

   (a) Si el 75% de los fallos ocurren en la parte A y sólo el 25% ocurren en la parte B, ¿cuál es la decisión Bayes cuando falla el sistema?

   (b) Supóngase que la avería del sistema siempre es causada por un defecto en uno de los 36 componentes análogos, todos con la misma probabilidad de ser defectuosos. Si 4 de estos componentes se utilizan en la parte A y los otros 32 en la parte B, ¿cuál es la decisión Bayes cuando falla el sistema?

2. Considérese un problema de decisión múltiple en el cual θ puede tomar sólo dos valores, existen cuatro decisiones posibles y las pérdidas son las indicadas en la siguiente tabla:

	d_1	d_2	d_3	d_4
θ_1	0	10	1	6
θ_2	10	0	8	6

   Para $i = 1$ ó 2, sea ξ_i la probabilidad inicial de que $\theta = \theta_i$.

   (a) Demuéstrese que d_4 nunca es una decisión Bayes, cualesquiera que sean los valores de ξ_1 y ξ_2.

   (b) ¿Para qué valores de ξ_1 y ξ_2 no es única la decisión Bayes?

3. Supóngase que se va a lanzar un cohete sin tripulación y que en el momento del lanzamiento un componente electrónico puede estar en funcionamiento o no. En el centro de control hay una luz de alarma que no es totalmente fiable. Si el componente electrónico no está funcionando, la luz de alarma se enciende con probabilidad $1/2$, si el componente funciona, la luz de alarma se enciende con probabilidad $1/3$. En el momento del lanzamiento, un observador ve si la luz esta encendida o apagada. Entonces, se debe decidir inmediatamente si se lanza o no el cohete. Supóngase que las pérdidas, en millones de dólares, son las siguientes:

	Lanzamiento del cohete	No lanzamiento del cohete
Componente funcionando	0	2
Componente no funcionando	5	0

   (a) Supóngase que la probabilidad inicial de que el componente no funcione es $\xi = 2/5$. Si la luz de alarma no se enciende, ¿la decisión Bayes será lanzar el cohete o no lanzarlo?

   (b) ¿Para qué valores de la probabilidad inicial ξ la decisión Bayes será lanzar el cohete, aunque se encienda la luz de alarma?

4. Supóngase que el 10% de los empleados de cierto tipo de fábricas padecen una enfermedad pulmonar. Supóngase, también, que disponen de una prueba para ayudarles a determinar si tienen la enfermedad y que el resultado de esta prueba es una variable aleatoria X con la siguiente distribución: Si el empleado tiene la enfermedad, entonces X tiene una distribución normal con media 50 y varianza 1. Si el empleado no tiene la enfermedad, entonces X tiene una distribución normal con media 52 y varianza 1. Como consecuencia del resultado X, un empleado puede requerir un examen médico completo. Supóngase que la pérdida por requerir un examen cuando el empleado no tiene la enfermedad es 100 dólares, que la pérdida por no requerir un examen cuando el empleado tiene la enfermedad es 2000 dólares y que en otro caso la pérdida es 0. Si se realiza la prueba a un empleado seleccionado al azar de una fábrica de este tipo, ¿para qué valores de X la decisión Bayes es requerir un examen médico completo?

5. En un día cualquiera, un sistema de producción puede funcionar a nivel bajo w_1, a nivel medio w_2 o a nivel alto w_3. El resultado del sistema durante la primera hora de un día se mide como un número X entre 0 y 2. A partir del valor observado de X, se debe decidir a cuál de estos tres niveles, w_1, w_2 o w_3, está funcionando el sistema en ese día. Cuando el sistema está funcionando a nivel bajo, la f.d.p. de X es

$$f(x|w_1) = \frac{1}{2} \qquad \text{para } 0 \leq x \leq 2.$$

Cuando el sistema está funcionando a nivel medio, la f.d.p. es

$$f(x|w_2) = \frac{1}{2}x \qquad \text{para } 0 \leq x \leq 2.$$

Cuando el sistema está funcionando a nivel alto, la f.d.p. es

$$f(x|w_3) = \frac{3}{8}x^2 \qquad \text{para } 0 \le x \le 2.$$

Supóngase que el sistema funciona a nivel bajo el 10% de los días, a nivel medio el 70% de los días y a nivel alto el 20% de los días. Supóngase, finalmente, que la pérdida de una decisión incorrecta es 1 unidad y que la pérdida de una decisión correcta es 0.

(a) Determínese un procedimiento de decisión Bayes en función de X y calcúlese su riesgo.

(b) Compárese este riesgo con el riesgo mínimo que se podría alcanzar si se tuviera que tomar una decisión sin disponer de la observación X.

6. Supóngase que se sabe que la probabilidad p de obtener cara cuando se lanza una moneda es 0.3 ó 0.4, y que un experimentador debe decidir cual es el valor correcto de p después de observar el resultado, cara o cruz, de un único lanzamiento de la moneda. Supóngase, también, que las probabilidades iniciales son las siguientes:

$$\Pr(p = 0.3) = 0.8 \qquad \text{y} \qquad \Pr(p = 0.4) = 0.2.$$

Finalmente, supóngase que la pérdida de una decisión incorrecta es 1 unidad y la pérdida de una decisión correcta es 0. Demuéstrese que, en este problema, observar el resultado de un solo lanzamiento no tiene ningún valor, porque el riesgo de la regla de decisión Bayes basado en la observación es tan grande como el riesgo de tomar una decisión Bayes sin la observación.

7. Supóngase que las variables $X_1, \dots, X_n$ constituyen una muestra aleatoria de una distribución normal con media θ y varianza 1. Supóngase que se sabe que $\theta = 0$ o $\theta = 1$ y que las probabilidades iniciales son $\Pr(\theta = 0) = \Pr(\theta = 1) = 1/2$. Supóngase, también, que se debe elegir una de las tres decisiones d_1, d_2 y d_3 y que las pérdidas de estas decisiones son las siguientes:

	d_1	d_2	d_3
$\theta = 0$	0	1	5
$\theta = 1$	5	1	0

(a) Demuéstrese que una regla de decisión Bayes tiene la forma siguiente: Elegir la decisión d_1 si $\overline{X}_n \le c_1$, elegir la decisión d_2 si $c_1 < \overline{X}_n < c_2$ y elegir la decisión d_3 si $\overline{X}_n \ge c_2$. Determínense los valores de c_1 y c_2.

(b) Determínese el riesgo de la regla de decisión Bayes cuando el tamaño muestral es $n = 4$.

8.4 CONTRASTES UNIFORMEMENTE MÁS POTENTES

Definición de un contraste uniformemente más potente

Considérese de nuevo el problema general de contraste de hipótesis y supóngase que las variables aleatorias $X_1, \ldots, X_n$ constituyen una muestra aleatoria de una distribución cuya f.d.p. o f.p. es $f(x|\theta)$, donde el valor del parámetro θ es desconocido pero debe pertenecer a un espacio paramétrico específico Ω. En esta sección, se supondrá que el valor desconocido de θ es un número real y que el espacio paramétrico Ω es, por tanto, un subconjunto de la recta real. Como es usual, se supondrá que Ω_0 y Ω_1 son subconjuntos disjuntos de Ω y que se van a contrastar las hipótesis

$$\begin{aligned} H_0: &\quad \theta \in \Omega_0, \\ H_1: &\quad \theta \in \Omega_1. \end{aligned} \tag{1}$$

Supóngase que el subconjunto Ω_1 contiene al menos dos valores distintos de θ, en cuyo caso la hipótesis alternativa H_1 es compuesta. La hipótesis nula H_0 puede ser simple o compuesta.

Supóngase, también, que se desea contrastar las hipótesis (1) a un determinado nivel de significación α_0, donde α_0 es un número en el intervalo $0 < \alpha_0 < 1$. En otras palabras, considérense únicamente procedimientos en los cuales Pr(Rechazar $H_0|\theta) \leq \alpha_0$ para todo valor de $\theta \in \Omega_0$. Si $\pi(\theta|\delta)$ denota la función de potencia de un procedimiento de contraste δ, este requisito se puede escribir simplemente como

$$\pi(\theta|\delta) \leq \alpha_0 \qquad \text{para } \theta \in \Omega_0. \tag{2}$$

De forma similar, si $\alpha(\delta)$ denota el tamaño de un procedimiento de contraste δ, definido en la ecuación (2) de la sección 8.1, entonces el requisito (2) se puede expresar también por medio de la relación

$$\alpha(\delta) \leq \alpha_0. \tag{3}$$

Se debe hallar un procedimiento de contraste que satisfaga el requisito (3), para el que el valor de $\pi(\theta|\delta)$ sea lo más grande posible para todo valor de $\theta \in \Omega_1$.

Puede suceder que no sea posible satisfacer este criterio. Si θ_1 y θ_2 son dos valores distintos de θ en Ω_1, entonces el procedimiento de contraste para el cual el valor de $\pi(\theta_1|\delta)$ es un máximo, puede ser distinto del procedimiento de contraste para el cual el valor de $\pi(\theta_2|\delta)$ es un máximo. En otras palabras, puede no haber un procedimiento de contraste δ que maximice la función potencia $\pi(\theta|\delta)$ simultáneamente para todo valor de θ en Ω_1. En algunos problemas, sin embargo, existirá un procedimiento de contraste que satisfaga este criterio. Dicho procedimiento, cuando existe, se denomina contraste *uniformemente más potente* o, abreviando, contraste UMP. La definición formal de contraste UMP es como sigue:

Un procedimiento de contraste δ^* es un contraste UMP de las hipótesis (1) al nivel de significación α_0 si $\alpha(\delta^*) \leq \alpha_0$ y, para cualquier otro procedimiento de contraste δ tal que $\alpha(\delta) \leq \alpha_0$, se verifica que

$$\pi(\theta|\delta) \leq \pi(\theta|\delta^*) \qquad \text{para todo valor de } \theta \in \Omega_1. \tag{4}$$

En esta sección se demostrará que existe un contraste UMP en muchos problemas en los que la muestra aleatoria proviene de una de las familias de distribuciones tipificadas consideradas en este libro.

Cociente de verosimilitudes monótono

Como es usual, se define $f_n(\boldsymbol{x}|\theta)$ como la f.d.p. conjunta de la f.p. conjunta de las observaciones $X_1, \ldots, X_n$. Considérese ahora un estadístico $T = r(\boldsymbol{X})$, que es una función particular del vector $\boldsymbol{X} = (X_1, \ldots, X_n)$. Se dice que $f_n(\boldsymbol{x}|\theta)$ tiene un *cociente de verosimilitudes monótono en el estadístico* T si se satisface la siguiente propiedad: Para dos valores cualesquiera $\theta_1 \in \Omega$ y $\theta_2 \in \Omega$, con $\theta_1 < \theta_2$, el cociente $f_n(\boldsymbol{x}|\theta_2)/f_n(\boldsymbol{x}|\theta_1)$ depende del vector $\boldsymbol{x}$ sólo a través de la función $r(\boldsymbol{x})$, y este cociente es una función creciente de $r(\boldsymbol{x})$ sobre la serie de valores posibles de $r(\boldsymbol{x})$.

Ejemplo 1: Muestreo de una distribución de Bernoulli. Supóngase que $X_1, \ldots, X_n$ constituyen una muestra aleatoria de una distribución de Bernoulli cuyo parámetro p es desconocido $(0 < p < 1)$. Si se define $y = \sum_{i=1}^n x_i$, entonces la f.p. conjunta $f_n(\boldsymbol{x}|p)$ es la siguiente:

$$f_n(\boldsymbol{x}|p) = p^y(1-p)^{n-y}. \tag{5}$$

Por tanto, para dos valores cualesquiera p_1 y p_2 tales que $0 < p_1 < p_2 < 1$,

$$\frac{f_n(\boldsymbol{x}|p_2)}{f_n(\boldsymbol{x}|p_1)} = \left[\frac{p_2(1-p_1)}{p_1(1-p_2)}\right]^y \left(\frac{1-p_2}{1-p_1}\right)^n. \tag{6}$$

De la ecuación (6) se puede observar que el cociente $f_n(\boldsymbol{x}|p_2)/f_n(\boldsymbol{x}|p_1)$ depende del vector $\boldsymbol{x}$ únicamente a través del valor de y y que este cociente es una función creciente de y. Por tanto, $f_n(\boldsymbol{x}|p)$ tiene un cociente de verosimilitudes monótono en el estadístico $Y = \sum_{i=1}^n X_i$. ◁

Ejemplo 2: Muestreo de una distribución normal. Supóngase que $X_1, \ldots, X_n$ constituyen una muestra aleatoria de una distribución normal con media μ desconocida $(-\infty < < \mu < \infty)$ y varianza σ^2 conocida. La f.d.p. conjunta $f_n(\boldsymbol{x}|\mu)$ es la siguiente:

$$f_n(\boldsymbol{x}|\mu) = \frac{1}{(2\pi)^{n/2}\sigma^n} \exp\left[-\frac{1}{2\sigma^2}\sum_{i=1}^n (x_i - \mu)^2\right]. \tag{7}$$

Por tanto, para dos valores cualesquiera μ_1 y μ_2 tales que $\mu_1 < \mu_2$,

$$\frac{f_n(\boldsymbol{x}|\mu_2)}{f_n(\boldsymbol{x}|\mu_1)} = \exp\left\{\frac{n(\mu_2 - \mu_1)}{\sigma^2}\left[\overline{x}_n - \frac{1}{2}(\mu_2 + \mu_1)\right]\right\}. \tag{8}$$

De la ecuación (8) se puede observar que el cociente $f_n(\boldsymbol{x}|\mu_2)/f_n(\boldsymbol{x}|\mu_1)$ depende del vector $\boldsymbol{x}$ únicamente a través del valor de $\overline{x}_n$ y que este cociente es una función creciente de $\overline{x}_n$. Por tanto, $f_n(\boldsymbol{x}|\mu)$ tiene cociente de verosimilitudes monótono en el estadístico $\overline{X}_n$. ◁

Alternativas unilaterales

Supóngase que θ_0 es un valor particular del espacio paramétrico Ω y considérense las siguientes hipótesis:

$$\begin{aligned} H_0 &: \quad \theta \leq \theta_0, \\ H_1 &: \quad \theta > \theta_0. \end{aligned} \tag{9}$$

Se demostrará ahora que si la f.d.p. conjunta o la f.p. conjunta $f_n(\boldsymbol{x}|\theta)$ de las observaciones de una muestra aleatoria tiene un cociente de verosimilitudes monótono en el estadístico T, entonces existen contrastes UMP de las hipótesis (9). Además (véase Ejercicio 11), existen contrastes UMP de las hipótesis obtenidas cambiando las desigualdades de H_0 y H_1 en (9).

Teorema 1. *Supóngase que $f_n(\boldsymbol{x}|\theta)$ tiene un cociente de verosimilitudes en el estadístico $T = r(\boldsymbol{X})$ y sea c una constante tal que*

$$\Pr(T \geq c|\theta = \theta_0) = \alpha_0. \tag{10}$$

Entonces, el procedimiento de contraste que rechaza H_0 si $T \geq c$ es un contraste UMP de las hipótesis (9) al nivel de significación α_0.

Demostración. Sea θ_1 un valor específico de θ tal que $\theta_1 > \theta_0$. Además, para cualquier procedimiento de contraste δ, sea

$$\alpha(\delta) = \Pr(\text{Rechazar } H_0|\theta = \theta_0) = \pi(\theta_0|\delta)$$

y sea

$$\beta(\delta) = \Pr(\text{Aceptar } H_0|\theta = \theta_1) = 1 - \pi(\theta_1|\delta).$$

Del lema de Neyman-Pearson se deduce que entre todos los procedimientos para los cuales $\alpha(\delta) \leq \alpha_0$, el valor de $\beta(\delta)$ será minimizado por un procedimiento que rechaza H_0 cuando $f_n(\boldsymbol{x}|\theta_1)/f_n(\boldsymbol{x}|\theta_0) \geq k$. La constante k se debe elegir de manera que

$$\Pr(\text{Rechazar } H_0|\theta = \theta_0) = \alpha_0.$$

Sin embargo, de las hipótesis del teorema resulta que el cociente $f_n(\boldsymbol{x}|\theta_1)/f_n(\boldsymbol{x}|\theta_0)$ es una función creciente de $r(\boldsymbol{x})$. Por tanto, un procedimiento que rechaza H_0 cuando este cociente es al menos igual a k será equivalente al procedimiento que rechaza H_0 cuando $r(\boldsymbol{x})$ es al menos igual a otra constante c. El valor de c se debe elegir de manera que Pr(Rechazar $H_0|\theta = \theta_0) = \alpha_0$ o, en otras palabras, de forma que se verifique la ecuación (10).

En resumen, se ha establecido el siguiente resultado: Si la constante c se elige de forma que la ecuación (10) se satisfaga, entonces para cualquier valor de $\theta_1 > \theta_0$, el procedimiento δ^* que rechaza H_0 cuando $T \geq c$ minimizará el valor de $\beta(\delta) = 1 - \pi(\theta_1|\delta)$ entre todos los procedimientos para los cuales $\alpha(\delta) = \pi(\theta_0|\delta) \leq \alpha_0$. En otras palabras, entre todos los procedimientos para los cuales $\pi(\theta_0|\delta) \leq \alpha_0$, el procedimiento δ^* maximiza el valor de $\pi(\theta|\delta)$ para todo valor de $\theta > \theta_0$. Por tanto, se puede afirmar que δ^* es un contraste UMP entre todos los procedimientos para los cuales $\pi(\theta_0|\delta) \leq \alpha_0$. Sin embargo, para completar la demostración del teorema se debe establecer que δ^* es un contraste UMP, no sólo en la clase $\mathcal{C}$ de todos los procedimientos para los cuales $\pi(\theta_0|\delta) \leq \alpha_0$ sino en la clase $\mathcal{C}'$ de todos los procedimientos para los cuales $\pi(\theta|\delta) \leq \alpha_0$ para todo valor de $\theta \leq \theta_0$.

Para establecer este resultado, debe observarse en primer lugar que $\mathcal{C}' \subset \mathcal{C}$. Esta relación es cierta porque si δ es un procedimiento para el cual $\pi(\theta|\delta) \leq \alpha_0$ para todo valor de $\theta \leq \theta_0$, entonces, en particular, $\pi(\theta_0|\delta) \leq \alpha_0$. Por tanto, si un procedimiento que pertenece a la clase menor $\mathcal{C}'$ es realmente un contraste UMP entre todos los procedimientos de la mayor clase $\mathcal{C}$, entonces el procedimiento también será ciertamente un contraste UMP entre todos los procedimientos en $\mathcal{C}'$. Para completar la demostración del teorema se deduce que únicamente se necesita demostrar que el procedimiento δ^* realmente pertenece a la clase $\mathcal{C}'$.

Sean θ' y θ'' dos valores cualesquiera de θ tales que $\theta' < \theta''$. Se demostrará ahora que $\pi(\theta'|\delta^*) \leq \pi(\theta''|\delta^*)$. Sea $\alpha = \pi(\theta'|\delta^*)$ y considérese la clase de todos los procedimientos, aleatorizados o no aleatorizados, para los cuales $\pi(\theta'|\delta^*) = \alpha$. De la exposición en la primera parte de esta demostración resulta que entre todos esos procedimientos, el valor de $\pi(\theta''|\delta^*)$ será maximizado por el procedimiento δ^*. En particular, si δ_0 es un procedimiento para el cual $\pi(\theta|\delta_0) = \alpha$ para todo valor de $\theta \in \Omega$ (véase Ejercicio 6 de esta sección), entonces $\pi(\theta''|\delta^*) \geq \pi(\theta''|\delta_0)$. Pero,

$$\pi(\theta''|\delta_0) = \pi(\theta'|\delta_0) = \alpha = \pi(\theta'|\delta^*).$$

Por tanto, $\pi(\theta'|\delta^*) \leq \pi(\theta''|\delta^*)$.

De esta deducción resulta que la función de potencia $\pi(\theta|\delta^*)$ del procedimiento δ^* es una función no creciente de θ. Por tanto, $\pi(\theta|\delta^*) \leq \pi(\theta_0|\delta^*)$ si $\theta \leq \theta_0$. Puesto que $\pi(\theta_0|\delta^*) \leq \alpha_0$, se concluye que $\pi(\theta|\delta^*) \leq \alpha_0$ para todo valor de $\theta \leq \theta_0$. Esta afirmación significa que δ^* pertenece a la clase $\mathcal{C}'$. Consecuentemente, se ha demostrado que δ^* es un contraste UMP entre todos los procedimientos de la clase $\mathcal{C}'$. ◁

Ejemplo 3: Contraste de hipótesis de la proporción de artículos defectuosos. Supóngase que la proporción p de artículos defectuosos en un gran lote manufacturado es desconocida, que se seleccionan al azar y se inspeccionan 20 artículos del lote, y que se van a contrastar las siguientes hipótesis:

$$\begin{aligned} H_0 &: \quad p \leq 0.1, \\ H_1 &: \quad p > 0.1. \end{aligned} \tag{11}$$

Se demostrará en primer lugar que existen contrastes UMP de las hipótesis (11). Se determinará, entonces, la forma de estos contrastes y se expondrán los distintos niveles de significación que se pueden alcanzar con contrastes no aleatorizados.

Sean $X_1, \dots, X_{20}$ las 20 observaciones de la muestra. Entonces $X_1, \dots, X_{20}$ constituyen una muestra aleatoria de tamaño 20 de una distribución de Bernoulli con parámetro p y se sabe por el ejemplo 1 que la f.p. conjunta de $X_1, \dots, X_{20}$ tiene un cociente de verosimilitudes monótono en el estadístico $Y = \sum_{i=1}^{20} X_i$. Por tanto, por el teorema 1, un procedimiento de contraste que rechaza H_0 cuando $Y \geq c$ será un contraste UMP de las hipótesis (11).

Para cualquier elección específica de la constante c, el nivel de significación α_0 del contraste UMP será $\alpha_0 = \Pr(Y \geq c|p = 0.1)$. Cuando $p = 0.1$, la variable aleatoria Y tiene una distribución binomial con parámetros $n = 20$ y $p = 0.1$. Puesto que Y tiene una distribución discreta y puede tomar únicamente un número finito de distintos valores posibles, se deduce que sólo hay un número finito de distintos valores posibles para α_0. Para ilustrar este resultado, se encuentra a partir de la tabla de la distribución binomial que si $c = 7$, entonces $\alpha_0 = \Pr(Y \geq 7|p = 0.1) = 0.0024$, y si $c = 6$, entonces $\alpha_0 = \Pr(Y \geq 6|p = 0.1) = 0.0113$. Por tanto, si un experimentador desea utilizar un nivel de significación que sea aproximadamente 0.01, podría elegir $c = 7$ y $\alpha_0 = 0.0024$ o $c = 6$ y $\alpha_0 = 0.0113$.

Si el experimentador desea utilizar un contraste para el cual el nivel de significación sea exactamente 0.01, entonces puede utilizar un procedimiento aleatorizado del tipo descrito en la sección 8.2. Sin embargo, parece más razonable que el experimentador utilice uno de los niveles de significación que se pueden alcanzar con un contraste no aleatorizado UMP a que emplee una aleatorización con el único objeto de alcanzar un nivel de significación específico como 0.01. ◁

Ejemplo 4: Contraste de hipótesis sobre la media de una distribución normal. Supóngase que $X_1, \dots, X_n$ constituyen una muestra aleatoria de una distribución normal con media μ desconocida y varianza σ^2 conocida. Sea μ_0 un número específico y supóngase que se van a contrastar las siguientes hipótesis:

$$\begin{aligned} H_0 &: \quad \mu \leq \mu_0, \\ H_1 &: \quad \mu > \mu_0. \end{aligned} \tag{12}$$

Se demostrará, en primer lugar, que para cualquier nivel de significación específico $\alpha_0 (0 < < \alpha_0 < 1)$, existe un contraste UMP de las hipótesis (12). Se determinará ahora la función de potencia del contraste UMP.

Por el ejemplo 2 se sabe que la f.d.p. conjunta de $X_1, \dots, X_n$ tiene un cociente de verosimilitudes monótono en el estadístico $\overline{X}_n$. Por tanto, por el teorema 1, un procedimiento de contraste δ_1 que rechaza H_0 cuando $\overline{X}_n \geq c$ será un contraste UMP de las hipótesis (12). El nivel de significación de este contraste será $\alpha_0 = \Pr(\overline{X}_n \geq c|\mu = = \mu_0)$.

Sea Z una variable aleatoria que tiene una distribución normal tipificada y para cualquier valor específico de α_0, sea ζ_{α_0} el número tal que $\Pr(Z \geq \zeta_{\alpha_0}) = \alpha_0$. Por ejemplo, si $\alpha_0 = 0.05$, entonces $\zeta_{\alpha_0} = 1.645$. Cuando $\mu = \mu_0$, la variable aleatoria $Z = n^{1/2}(\overline{X}_n - \mu_0)/\sigma$ tendrá una distribución normal tipificada y

$$\Pr(\overline{X}_n \geq c|\mu = \mu_0) = \Pr\left[Z \geq \frac{n^{1/2}(c - \mu_0)}{\sigma}\right].$$

Si la probabilidad anterior es igual a α_0, entonces se debe verificar que $n^{1/2}(c-\mu_0)/\sigma = \zeta_{\alpha_0}$ y, por lo tanto,

$$c = \mu_0 + \zeta_{\alpha_0}\sigma n^{-1/2}. \tag{13}$$

Se determinará ahora la función de potencia $\pi(\mu|\delta_1)$ del contraste UMP. Por definición,

$$\pi(\mu|\delta_1) = \Pr(\text{Rechazar } H_0|\mu) = \Pr\left(\overline{X}_n \geq \mu_0 + \zeta_{\alpha_0}\sigma n^{-1/2}|\mu\right). \tag{14}$$

Para cualquier valor específico de μ, la variable aleatoria $Z' = n^{1/2}(\overline{X}_n - \mu)/\sigma$ tendrá una distribución normal tipificada. Por tanto, si Φ denota la f.d. de la distribución normal tipificada, entonces

$$\begin{aligned}\pi(\mu|\delta_1) &= \Pr\left[Z' \geq \zeta_{\alpha_0} + \frac{n^{1/2}(\mu_0 - \mu)}{\sigma}\right] \\ &= 1 - \Phi\left[\zeta_{\alpha_0} + \frac{n^{1/2}(\mu_0 - \mu)}{\sigma}\right] = \Phi\left[\frac{n^{1/2}(\mu - \mu_0)}{\sigma} - \zeta_{\alpha_0}\right].\end{aligned} \tag{15}$$

La función de potencia $\pi(\mu|\delta_1)$ está representada en la figura 8.2. ◁

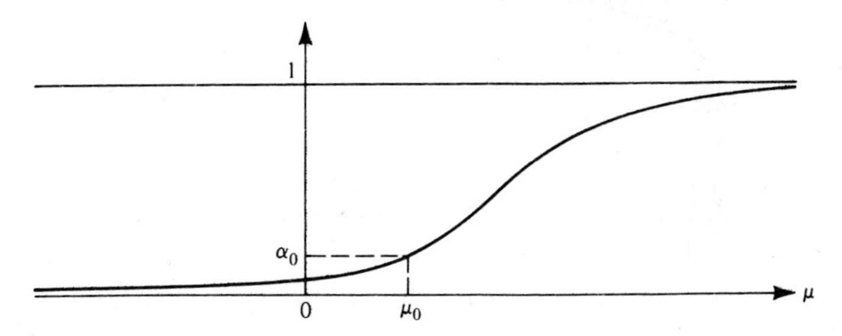

Figura 8.2. La función de potencia $\pi(\mu|\delta_1)$ para contrastes UMP de las hipótesis (12).

En cada uno de los pares de hipótesis (9), (11) y (12), la hipótesis alternativa H_1 se denomina *alternativa unilateral*, porque el conjunto de valores posibles del parámetro bajo H_1 se encuentra a un sólo lado del conjunto de valores posibles bajo la hipótesis nula H_0. En particular, para las hipótesis (9), (11) o (12), todo valor posible de los parámetros bajo H_1 es mayor que todo valor posible bajo H_0.

Supóngase ahora que en lugar de contrastar las hipótesis (12) del ejemplo 4, interesa contrastar las siguientes hipótesis:

$$\begin{aligned} H_0 &: \quad \mu \geq \mu_0, \\ H_1 &: \quad \mu < \mu_0. \end{aligned} \tag{16}$$

En este caso, la hipótesis H_1 de nuevo es una alternativa de una sola cola y se puede demostrar (véase Ejercicio 11) que existe un contraste UMP de las hipótesis (16) para cualquier nivel de significación específico α_0 $(0 < \alpha_0 < 1)$. Por analogía con la ecuación (13), el contraste UMP δ_2 rechaza H_0 cuando $\overline{X}_n \leq c$, donde

$$c = \mu_0 - \zeta_{\alpha_0}\sigma n^{-1/2}. \tag{17}$$

La función de potencia $\pi(\mu|\delta_2)$ del contraste δ_2 será

$$\pi(\mu|\delta_2) = \Pr(\overline{X}_n \leq c|\mu) = \Phi\left[\frac{n^{1/2}(\mu_0 - \mu)}{\sigma} - \zeta_{\alpha_0}\right]. \tag{18}$$

Esta función se representa en la figura 8.3.

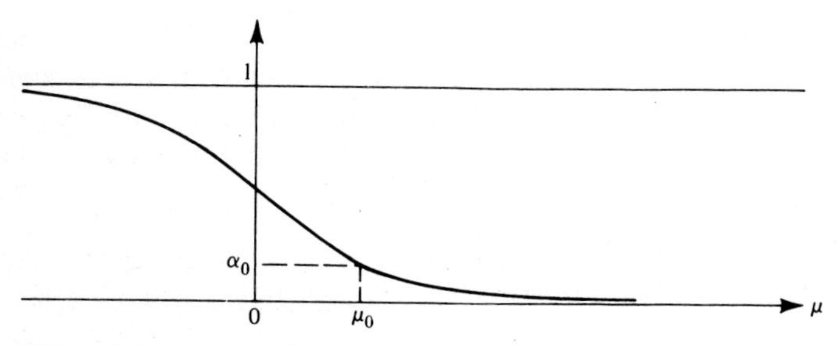

Figura 8.3 La función de potencia $\pi(\mu|\delta_2)$ para el contraste UMP de las hipótesis (16).

Alternativas bilaterales

Supóngase, finalmente, que en lugar de contrastar las hipótesis (12) del ejemplo 4 o las hipótesis (16), interesan las siguientes hipótesis:

$$\begin{aligned} H_0 &: \quad \mu = \mu_0, \\ H_1 &: \quad \mu \neq \mu_0. \end{aligned} \tag{19}$$

En este caso, H_0 es una hipótesis simple y H_1 es una alternativa bilateral. Puesto que H_0 es una hipótesis simple, el nivel de significación α_0 de cualquier procedimiento de contraste δ simplemente será igual al valor $\pi(\mu_0|\delta)$ de la función de potencia en el punto $\mu = \mu_0$.

De la exposición en esta sección se deduce que no existirá un contraste UMP para las hipótesis (19) para cualquier nivel de significación dado α_0 $(0 < \alpha_0 < 1)$. De hecho, para cualquier valor de μ tal que $\mu > \mu_0$, el valor de $\pi(\mu|\delta)$ será maximizado por el procedimiento de contraste δ_1, mientras que para cualquier valor particular de μ tal que $\mu < \mu_0$, el valor de $\pi(\mu|\delta)$ será maximizado por el procedimiento de contraste δ_2. En la siguiente sección, se expondrá la selección de un procedimiento de contraste apropiado a este problema, en el que no existe un contraste UMP.

EJERCICIOS

1. Supóngase que $X_1, \ldots, X_n$ constituyen una muestra aleatoria de una distribución de Poisson con media λ desconocida $(\lambda > 0)$. Demuéstrese que la f.p. conjunta de $X_1, \ldots, X_n$ tiene cociente de verosimilitudes monótono en el estadístico $\sum_{i=1}^n X_i$.

2. Supóngase que $X_1, \ldots, X_n$ constituyen una muestra aleatoria de una distribución normal con media μ conocida y varianza σ^2 desconocida $(\sigma^2 > 0)$. Demuéstrese que la f.d.p. conjunta de $X_1, \ldots, X_n$ tiene cociente de verosimilitudes monótono en el estadístico $\sum_{i=1}^n (X_i - \mu)^2$.

3. Supóngase que $X_1, \ldots, X_n$ constituyen una muestra de una distribución gamma con parámetro α desconocido $(\alpha > 0)$ y parámetro β conocido. Demuéstrese que la f.d.p. conjunta de $X_1, \ldots, X_n$ tiene cociente de verosimilitudes monótono en el estadístico $\Pi_{i=1}^n X_i$.

4. Supóngase que $X_1, \ldots, X_n$ constituyen una muestra aleatoria de una distribución gamma con parámetro α conocido y parámetro β desconocido $(\beta > 0)$. Demuéstrese que la f.d.p. conjunta de $X_1, \ldots, X_n$ tiene cociente de verosimilitudes monótono en el estadístico $-\overline{X}_n$.

5. Supóngase que $X_1, \ldots, X_n$ constituyen una muestra aleatoria de una distribución que pertenece a una familia exponencial, definida en el ejercicio 11 de la sección 6.7, y que la f.d.p. o la f.p. de esta distribución es $f(x|\theta)$, como se indicó en ese ejercicio. Supóngase, además, que $c(\theta)$ es una función estrictamente creciente de θ. Demuéstrese que la f.d.p. conjunta o la f.p. de $X_1, \ldots, X_n$ tiene cociente de verosimilitudes monótono en el estadístico $\sum_{i=1}^n d(X_i)$.

6. Supóngase que $X_1, \ldots, X_n$ constituyen una muestra aleatoria de una distribución con parámetro θ cuyo valor es desconocido y supóngase que se desea contrastar las siguientes hipótesis:

$$
\begin{aligned}
H_0 &: \quad \theta \leq \theta_0, \\
H_1 &: \quad \theta > \theta_0.
\end{aligned}
$$

Supóngase, además, que el procedimiento de contraste que se va a utilizar ignora los valores observados en la muestra y, en vez de ello, depende únicamente de una aleatorización auxiliar en la que se lanza una moneda desequilibrada de forma que se obtendrá una cara con probabilidad 0.05 y una cruz con probabilidad 0.95. Si se obtiene una cara, entonces se rechaza H_0, y si se obtiene una cruz, entonces se acepta H_0. Descríbase la función de potencia de este procedimiento de contraste aleatorizado.

7. Supóngase que $X_1, \ldots, X_n$ constituyen una muestra aleatoria de una distribución normal con media 0 y varianza σ^2 desconocida y supóngase que se desea contrastar las siguientes hipótesis:

$$H_0: \quad \sigma^2 \leq 2,$$
$$H_1: \quad \sigma^2 > 2.$$

Demuéstrese que existe un contraste UMP de estas hipótesis para cualquier nivel de significación α_0 $(0 < \alpha_0 < 1)$.

8. Demuéstrese que el contraste UMP del ejercicio 7 rechaza H_0 cuando $\sum_{i=1}^{n} X_i^2 \geq c$ y determínese el valor de c cuando $n = 10$ y $\alpha_0 = 0.05$.

9. Supóngase que $X_1, \ldots, X_n$ constituyen una muestra aleatoria de una distribución de Bernoulli cuyo parámetro p es desconocido y supóngase que se desea contrastar las siguientes hipótesis:

$$H_0: \quad p \leq \frac{1}{2},$$
$$H_1: \quad p > \frac{1}{2}.$$

Demuéstrese que si el tamaño muestral es $n = 20$, entonces existe un contraste no aleatorizado UMP de estas hipótesis a los niveles de significación $\alpha_0 = 0.0577$ y $\alpha_0 = 0.0207$.

10. Supóngase que $X_1, \ldots, X_n$ constituyen una muestra aleatoria de una distribución de Poisson con media λ desconocida y supóngase que se desea contrastar las siguientes hipótesis:

$$H_0: \quad \lambda \leq 1,$$
$$H_1: \quad \lambda > 1.$$

Demuéstrese que si el tamaño muestral es $n = 10$, entonces existe un contraste no aleatorizado UMP de estas hipótesis al nivel de significación $\alpha_0 = 0.0143$.

11. Supóngase que $X_1, \ldots, X_n$ constituyen una muestra aleatoria de una distribución con parámetro θ cuyo valor es desconocido y que la f.d.p. conjunta o la f.p. conjunta $f_n(\boldsymbol{x}|\theta)$ tiene cociente de verosimilitudes monótono en el estadístico $T = r(\boldsymbol{X})$. Sea θ_0 un valor específico de θ y supóngase que se deben de contrastar las siguientes hipótesis:

$$H_0: \quad \theta \geq \theta_0,$$
$$H_1: \quad \theta < \theta_0.$$

Sea c una constante tal que $\Pr(T \leq c|\theta = \theta_0) = \alpha_0$. Demuéstrese que el procedimiento de contraste que rechaza H_0 si $T \leq c$ es un contraste UMP al nivel de significación α_0.

12. Supóngase que se seleccionan al azar cuatro observaciones de una distribución normal con media μ desconocida y varianza 1. Supóngase, además, que se han de contrastar las siguientes hipótesis:

$$\begin{aligned} H_0 &: \quad \mu \geq 10, \\ H_1 &: \quad \mu < 10. \end{aligned}$$

    (a) Determínese un contraste UMP al nivel de significación $\alpha_0 = 0.1$.
    (b) Determínese la función de potencia de este contraste cuando $\mu = 9$.
    (c) Determínese la probabilidad de aceptar H_0 si $\mu = 11$.

13. Supóngase que $X_1, \ldots, X_n$ constituyen una muestra aleatoria de una distribución de Poisson con media λ desconocida y supóngase que se desea contrastar las siguientes hipótesis:

$$\begin{aligned} H_0 &: \quad \lambda \geq 1, \\ H_1 &: \quad \lambda < 1. \end{aligned}$$

    Supóngase, además, que el tamaño muestral es $n = 10$. ¿Para qué niveles de significación α_0 en el intervalo $0 < \alpha_0 < 0.03$ existen contrastes no aleatorizados UMP?

14. Supóngase que $X_1, \ldots, X_n$ constituyen una muestra aleatoria de una distribución exponencial con parámetro β desconocido y supóngase que se desea contrastar las siguientes hipótesis:

$$\begin{aligned} H_0 &: \quad \beta \geq \frac{1}{2}, \\ H_1 &: \quad \beta < \frac{1}{2}. \end{aligned}$$

    Demuéstrese que para cualquier nivel de significación α_0 $(0 < \alpha_0 < 1)$, existe un contraste UMP que rechaza H_0 cuando $\overline{X}_n > c$, para una constante c.

15. Considérense de nuevo las condiciones del ejercicio 14 y supóngase que el tamaño muestral es $n = 10$. Determínese el valor de la constante c que define el contraste UMP al nivel de significación $\alpha_0 = 0.05$. *Sugerencia*: Utilícese la tabla de la distribución χ^2.

16. Considérese una observación X de una distribución de Cauchy con un parámetro de localización desconocido θ, esto es, de una distribución cuya f.d.p. $f(x|\theta)$ es la siguiente:

$$f(x|\theta) = \frac{1}{\pi\,[1 + (x - \theta)^2]} \qquad \text{para } -\infty < x < \infty.$$

Supóngase que se desea contrastar las siguientes hipótesis:

$$H_0: \quad \theta = 0,$$
$$H_1: \quad \theta > 0.$$

Demuéstrese que no existe un contraste UMP de estas hipótesis a ningún nivel de significación α_0 $(0 < \alpha_0 < 1)$.

17. Supóngase que $X_1, \ldots, X_n$ constituyen una muestra aleatoria de una distribución normal con media μ desconocida y varianza 1. Supóngase, además, que se desea contrastar las siguientes hipótesis:

$$H_0: \quad \mu \leq 0,$$
$$H_1: \quad \mu > 0.$$

Sea δ^* el contraste UMP de estas hipótesis al nivel de significación $\alpha_0 = 0.025$ y sea $\pi(\mu|\delta^*)$ la función de potencia de δ^*.

(a) Determínese el menor valor del tamaño muestral n para el que $\pi(\mu|\delta^*) \geq 0.9$ siempre que $\mu \geq 0.5$.

(b) Determínese el menor valor de n tal que $\pi(\mu|\delta^*) \leq 0.001$ siempre que $\mu \leq -0.1$.

8.5 SELECCIÓN DE UN PROCEDIMIENTO DE CONTRASTE

Forma general del procedimiento

Se supondrá aquí, como al final de la sección 8.4, que las variables $X_1, \ldots, X_n$ constituyen una muestra aleatoria de una distribución normal cuya media μ es desconocida y cuya varianza σ^2 es conocida y que se desea contrastar las siguientes hipótesis:

$$\begin{aligned} H_0: &\quad \mu = \mu_0, \\ H_1: &\quad \mu \neq \mu_0. \end{aligned} \tag{1}$$

Al final de la sección 8.4 se demostró que no existe un contraste UMP de las hipótesis (1) a ningún nivel de significación α_0 $(0 < \alpha_0 < 1)$. Ni el procedimiento de contraste δ_1 ni el procedimiento δ_2 descritos en la sección 8.4 son apropiados para contrastar las hipótesis (1), puesto que estos procedimientos están diseñados para alternativas unilaterales y la hipótesis alternativa H_1 considerada aquí es bilateral. Sin embargo, las propiedades de los procedimientos δ_1 y δ_2 descritas en la sección 8.4 y el hecho de que la media muestral $\overline{X}_n$ es el E.M.V. de μ sugieren que un contraste razonable para las hipótesis (1) podría aceptar H_0 si $\overline{X}_n$ está suficientemente cerca de μ_0 y rechazar H_0

si $\overline{X}_n$ está lejos de μ_0. En otras palabras, parece razonable utilizar un procedimiento de contraste δ que rechaze H_0 si $\overline{X}_n \leq c_1$ o $\overline{X}_n \geq c_2$, donde c_1 y c_2 son dos constantes convenientemente elegidas.

Si el tamaño del contraste es α_0, entonces los valores de c_1 y c_2 se deben elegir de manera que satisfagan la siguiente relación:

$$\Pr(\overline{X}_n \leq c_1|\mu = \mu_0) + \Pr(\overline{X}_n \geq c_2|\mu = \mu_0) = \alpha_0. \tag{2}$$

Existe un número infinito de parejas de valores de c_1 y c_2 que satisfacen la ecuación (2). Cuando $\mu = \mu_0$, la variable aleatoria $n^{1/2}(\overline{X}_n - \mu_0)/\sigma$ tiene una distribución normal tipificada. Si, como es usual, se define Φ como la f.d. de la distribución normal tipificada, entonces resulta que la ecuación (2) es equivalente a la siguiente relación:

$$\Phi\left[\frac{n^{1/2}(c_1 - \mu_0)}{\sigma}\right] + 1 - \Phi\left[\frac{n^{1/2}(c_2 - \mu_0)}{\sigma}\right] = \alpha_0. \tag{3}$$

Para cada par de números positivos α_1 y α_2 tales que $\alpha_1 + \alpha_2 = \alpha_0$, existe un par de números c_1 y c_2 tales que $\Phi[n^{1/2}(c_1 - \mu_0)/\sigma] = \alpha_1$ y $1 - \Phi[n^{1/2}(c_1 - \mu_0)/\sigma] = \alpha_2$. Tales valores c_1 y c_2 verificarán la ecuación (2).

Por ejemplo, supóngase que $\alpha_0 = 0.05$. Entonces, la elección de $\alpha_1 = 0.025$ y de $\alpha_2 = 0.025$ proporciona un procedimiento de contraste δ_3 definido por los valores $c_1 = \mu_0 - 1.96\sigma n^{-1/2}$ y $c_2 = \mu_0 + 1.96\sigma n^{-1/2}$. Además, la elección de $\alpha_1 = 0.01$ y de $\alpha_2 = 0.04$ proporciona un procedimiento de contraste δ_4 definido por los valores $c_1 = \mu_0 - 2.33\sigma n^{-1/2}$ y $c_2 = \mu_0 + 1.75\sigma n^{-1/2}$. Las funciones de potencia $\pi(\mu|\delta_3)$ y $\pi(\mu|\delta_4)$ de estos procedimientos de contraste δ_3 y δ_4 están representadas en la figura 8.4, junto con las funciones de potencia $\pi(\mu|\delta_1)$ y $\pi(\mu|\delta_2)$ que ya habían sido representadas en las figuras 8.2 y 8.3.

Cuando los valores de c_1 y c_2 de las ecuaciones (2) y (3) disminuyen, la función de potencia $\pi(\mu|\delta)$ se hará menor para $\mu < \mu_0$ y mayor para $\mu > \mu_0$. Para $\alpha_0 = 0.05$, el caso límite se obtiene eligiendo $c_1 = -\infty$ y $c_2 = \mu_0 + 1.645\sigma n^{-1/2}$. El procedimiento de contraste definido por estos valores es precisamente el procedimiento δ_1. Análogamente, cuando los valores de c_1 y c_2 de las ecuaciones (2) y (3) aumentan, la función de potencia $\pi(\mu|\delta)$ se hará mayor para $\mu < \mu_0$ y menor para $\mu > \mu_0$. Para $\alpha_0 = 0.05$, el caso límite se obtiene eligiendo $c_2 = \infty$ y $c_1 = \mu_0 - 1.645\sigma n^{-1/2}$. El procedimiento de contraste definido por estos valores es precisamente el procedimiento δ_2.

Selección del procedimiento de contraste

Para un tamaño muestral dado n, los valores de las constantes c_1 y c_2 de la ecuación (2) se deberían elegir de tal manera que el tamaño y forma de la función de potencia fueran apropiados para el problema a resolver. En algunos problemas es importante no rechazar la hipótesis nula a menos que los datos indiquen claramente que μ difiere mucho de μ_0. En dichos problemas, se debería utilizar un valor pequeño de α_0. En otros problemas, aceptar la hipótesis nula H_0 cuando μ es algo mayor que μ_0 es un error más serio que aceptar H_0 cuando μ es algo menor que μ_0. Entonces es mejor seleccionar un contraste que tenga una función de potencia como $\pi(\mu|\delta_4)$ de la figura 8.4 que seleccionar un contraste que tenga una función simétrica como $\pi(\mu|\delta_3)$.

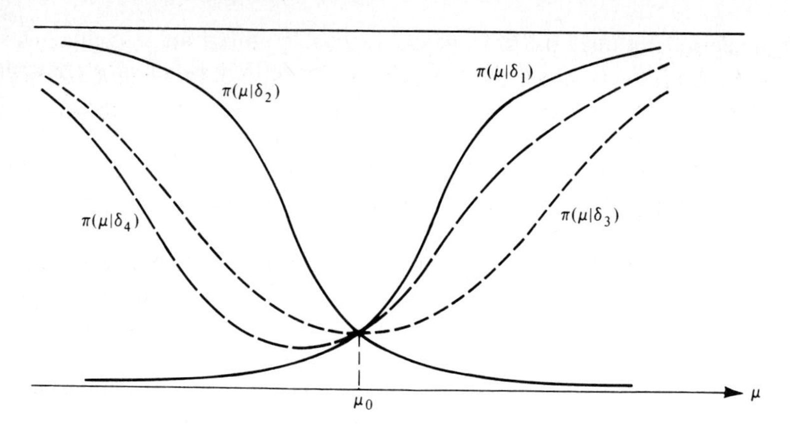

Figura 8.4 La función de potencia de cuatro procedimientos de contraste.

En general, la selección de un procedimiento de contraste particular en un problema concreto debería estar basada en el costo de rechazar H_0 cuando $\mu = \mu_0$ y en el costo, para cada valor posible de μ, de aceptar H_0 cuando $\mu \neq \mu_0$. Además, cuando se selecciona un contraste, se debería considerar la verosimilitud relativa de distintos valores de μ. Por ejemplo, si es más verosímil que μ sea mayor que μ_0 a que μ sea menor que μ_0, entonces es mejor seleccionar un contraste cuya función de potencia sea grande cuando $\mu > \mu_0$ y no tan grande cuando $\mu < \mu_0$, que seleccionar uno para el cual se verifiquen las relaciones contrarias.

Hipótesis nulas compuestas

Desde cierto punto de vista, no tiene sentido llevar a cabo un contraste de las hipótesis (1) en el que la hipótesis nula especifica sólo un valor μ_0 para el parámetro μ. Puesto que es inconcebible que μ sea *exactamente* igual a μ_0 en un problema real, se sabe que la hipótesis H_0 no puede ser cierta. Por tanto, H_0 se debería rechazar tan pronto como se ha formulado.

Esta crítica es válida cuando se interpreta literalmente. En muchos problemas, sin embargo, el experimentador está interesado en contrastar la hipótesis nula H_0 cuyo valor de μ esta cerca de algún valor específico μ_0 frente a la hipótesis alternativa de que μ no está cerca de μ_0. En algunos de estos problemas, la hipótesis simple H_0 de que $\mu = \mu_0$ se puede utilizar como una idealización o simplificación orientada a tomar una decisión. En otras ocasiones, es mejor utilizar una hipótesis nula compuesta más realista que especifique que μ pertenece a un intervalo explícito alrededor del valor μ_0. Considérense ahora las hipótesis de este tipo.

Supóngase que $X_1, \ldots, X_n$ constituyen una muestra aleatoria de una distribución normal cuya media μ es desconocida y cuya varianza σ^2 es 1 y supóngase que se van a contrastar las siguientes hipótesis:

$$\begin{aligned} H_0 &: \quad 9 \leq \mu \leq 10, \\ H_1 &: \quad \mu < 9 \text{ o } \mu > 10. \end{aligned} \tag{4}$$

Puesto que la hipótesis alternativa H_1 es bilateral, de nuevo es apropiado utilizar un procedimiento de contraste δ que rechaze H_0 si $\overline{X}_n \leq c_1$ o si $\overline{X}_n \geq c_2$. Se determinarán los valores de c_1 y c_2 para los cuales la probabilidad de rechazar H_0, cuando $\mu = 9$ o $\mu = 10$, sea 0.05.

Sea $\pi(\mu|\delta)$ la función de potencia de δ. Cuando $\mu = 9$, la variable aleatoria definida por $n^{1/2}(\overline{X}_n - 9)$ tiene una distribución normal tipificada. Por tanto,

$$\begin{aligned}\pi(9|\delta) &= \Pr(\text{Rechazar } H_0|\mu = 9) = \Pr(\overline{X}_n \leq c_1|\mu = 9) + \Pr(\overline{X}_n \geq c_2|\mu = 9) \\ &= \Phi\left[n^{1/2}(c_1 - 9)\right] + 1 - \Phi\left[n^{1/2}(c_2 - 9)\right].\end{aligned} \tag{5}$$

Análogamente, cuando $\mu = 10$, la variable aleatoria $n^{1/2}(\overline{X}_n - 10)$ tiene una distribución normal tipificada y

$$\pi(10|\delta) = \Phi\left[n^{1/2}(c_1 - 10)\right] + 1 - \Phi\left[n^{1/2}(c_2 - 10)\right]. \tag{6}$$

Tanto $\pi(9|\delta)$ como $\pi(10|\delta)$ deben ser iguales a 0.05. Debido a la simetría de la distribución normal, resulta que si los valores de c_1 y c_2 se eligen simétricamente respecto al valor 9.5, entonces la función de potencia $\pi(\mu|\delta)$ será simétrica respecto al punto $\mu = 9.5$. En particular, se verificará entonces que $\pi(9|\delta) = \pi(10|\delta)$.

De acuerdo con esto, sea $c_1 = 9.5 - c$ y $c_2 = 9.5 + c$. Por tanto, de las ecuaciones (5) y (6) resulta que

$$\pi(9|\delta) = \pi(10|\delta) = \Phi\left[n^{1/2}(0.5 - c)\right] + 1 - \Phi\left[n^{1/2}(0.5 + c)\right]. \tag{7}$$

El valor de c se debe elegir de manera que $\pi(9|\delta) = \pi(10|\delta) = 0.05$. Por tanto, c se debe elegir de manera que

$$\Phi\left[n^{1/2}(0.5 - c)\right] - \Phi\left[n^{1/2}(0.5 - c)\right] = 0.95. \tag{8}$$

Para cualquier valor dado de n, el valor de c que satisface la ecuación (8) se puede encontrar mediante prueba y error a partir de una tabla de la distribución normal tipificada.

Por ejemplo, si $n = 16$, entonces c se debe elegir de forma que

$$\Phi\,(2 + 4c) - \Phi\,(2 - 4c) = 0.95. \tag{9}$$

Después de probar varios valores de c, se encuentra que la ecuación (9) se verificará cuando $c = 0.911$. Por tanto,

$$c_1 = 9.5 - 0.911 = 8.589 \quad \text{y} \quad c_2 = 9.5 + 0.911 = 10.411$$

Por tanto, cuando $n = 16$, el procedimiento δ rechaza H_0 cuando $\overline{X}_n \leq 8.589$ o cuando $\overline{X}_n \geq 10.411$. Este procedimiento tiene una función de potencia $\pi(\mu|\delta)$ que es simétrica respecto al punto $\mu = 9.5$ y para la cual $\pi(9|\delta) = \pi(10|\delta) = 0.05$. Además, se verifica que $\pi(\mu|\delta) < 0.05$ para $9 < \mu < 10$ y $\pi(\mu|\delta) > 0.05$ para $\mu < 9$ o $\mu > 10$. La función $\pi(\mu|\delta)$ está representada en la figura 8.5.

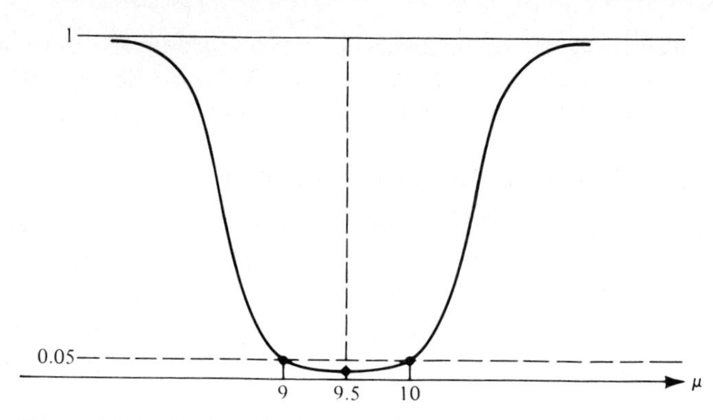

Figura 8.5. La función de potencia $\pi(\mu|\delta)$ para un contraste de hipótesis (4).

Contrastes insesgados

Considérese el problema general de contraste de las siguientes hipótesis:

$$
\begin{aligned}
H_0 &: \quad \theta \in \Omega_0, \\
H_1 &: \quad \theta \in \Omega_1.
\end{aligned}
$$

Como es usual, sea $\pi(\theta|\delta)$ la función de potencia de un procedimiento de contraste arbitrario δ. Se dice que el procedimiento δ es *insesgado* si, para todo par de valores del parámetro θ y θ' tales que $\theta \in \Omega_0$ y $\theta' \in \Omega_1$, se verifica que

$$
\pi(\theta|\delta) \leq \pi(\theta'|\delta). \tag{10}
$$

En otras palabras, δ es insesgado si su función de potencia a lo largo de Ω_1 es al menos tan grande como en Ω_0.

La noción de un procedimiento insesgado es atrayente. Puesto que el objetivo de un procedimiento de contraste es aceptar H_0 cuando $\theta \in \Omega_0$ y rechazar H_0 cuando $\theta \in \Omega_1$, parece deseable que la probabilidad de rechazar H_0 cuando $\theta \in \Omega_1$ debería ser al menos tan grande como cuando $\theta \in \Omega_0$. Se puede observar que este procedimiento δ para el cual la función de potencia está representada en la figura 8.5 es un procedimiento insesgado de las hipótesis (4). Además, entre los cuatro procedimientos cuyas funciones de potencia están representadas en la figura 8.4, únicamente δ_3 es un contraste insesgado de las hipótesis (1).

El requisito de que un contraste sea insesgado en algunas ocasiones puede reducir la selección de un procedimiento de contraste. Sin embargo, los procedimientos insesgados únicamente se deberían exigir en circunstancias relativamente especiales. Por ejemplo, cuando se contrastan las hipótesis (4), el estadístico debería utilizar el procedimiento insesgado δ representado en la figura 8.5 únicamente en las siguientes condiciones: Si cree que, para cualquier valor $a > 0$, es tan importante rechazar H_0 cuando $\theta = 10 + a$ como rechazar H_0 cuando $\theta = 9 - a$ y cree también que estos dos valores de θ son igualmente probables. En la práctica, el estadístico puede muy bien renunciar a utilizar un contraste insesgado para utilizar un contraste sesgado que tenga mayor potencia en ciertas regiones de Ω_1 y que considera como particularmente importantes o a las que supone una mayor probabilidad de contener al verdadero valor de θ.

Equivalencia entre conjuntos de confianza y contrastes

Supóngase de nuevo que se va a seleccionar una muestra aleatoria $X_1, \ldots, X_n$ de una distribución cuya f.d.p. es $f(x|\theta)$, donde el valor del parámetro θ es desconocido pero que debe pertenecer a un espacio paramétrico específico Ω. El parámetro θ puede ser un número real o un vector. El concepto de conjunto de confianza para θ, que se introducirá ahora, es una generalización del concepto de intervalos de confianza introducidos en la sección 7.5.

En un problema de estimación, después de observar los valores de $X_1, \ldots, X_n$, se elige un sólo punto del espacio paramétrico Ω como estimación de θ. En la presente exposición, en lugar de elegir sólo un punto, se elige un subconjunto de Ω en el cual se cree probable que esté θ. Se define $\omega(X_1, \ldots, X_n)$ como el subconjunto de Ω que se elige después de haber observado los valores $x_1, \ldots, x_n$.

Antes de observar los valores de $X_1, \ldots, X_n$, se puede considerar $\omega(X_1, \ldots, X_n)$ como un subconjunto aleatorio de Ω. Para cualquier valor dado $\theta_0 \in \Omega$, se puede calcular la probabilidad de que el subconjunto $\omega(X_1, \ldots, X_n)$ contenga el punto θ_0 cuando θ_0 es el verdadero valor de θ. Supóngase que esta probabilidad tiene el mismo valor para todo punto $\theta_0 \in \Omega$, esto es, supóngase que existe un número γ $(0 < \gamma < 1)$ tal que, para todo punto $\theta_0 \in \Omega$,

$$\Pr[\theta_0 \in \omega(X_1, \ldots, X_n)|\theta = \theta_0] = \gamma. \tag{11}$$

En este caso, después de haber observado los valores $x_1, \ldots, x_n$, se dice que el subconjunto particular $\omega(x_1, \ldots, x_n)$ determinado por estos valores es un *conjunto de confianza* para θ con un coeficiente de confianza γ.

Se indica ahora por qué la teoría de conjuntos de contraste y la teoría de pruebas de hipótesis son teorías esencialmente equivalentes. Para cualquier punto dado $\theta_0 \in \Omega$, considérense las siguientes hipótesis:

$$\begin{aligned} H_0 &: \quad \theta = \theta_0, \\ H_1 &: \quad \theta \neq \theta_0. \end{aligned} \tag{12}$$

Supóngase que para todo punto $\theta_0 \in \Omega$ y para todo valor α $(0 < \alpha < 1)$, se puede construir un contraste $\delta(\theta_0)$ de las hipótesis (12) cuyo tamaño es α, esto es, se puede construir un contraste $\delta(\theta_0)$ tal que

$$\Pr[\text{Rechazar } H_0 \text{ cuando se utiliza el contraste } \delta(\theta_0)|\theta = \theta_0] = \alpha. \tag{13}$$

Para cada conjunto posible de valores $x_1, \ldots, x_n$ que se pueden observar en la muestra aleatoria, sea $\omega(x_1, \ldots, x_n)$ el conjunto de todos los puntos $\theta_0 \in \Omega$ para los cuales el contraste $\delta(\theta_0)$ especifica aceptar la hipótesis H_0 cuando los valores observados son $x_1, \ldots, x_n$. Se demostrará ahora que el conjunto $\omega(x_1, \ldots, x_n)$ es un conjunto de confianza para θ con un coeficiente de confianza $1 - \alpha$.

Se debe demostrar que si se define $\gamma = 1 - \alpha$, entonces la ecuación (11) se verifica para todo punto $\theta_0 \in \Omega$. Por la definición de $\omega(X_1, \ldots, X_n)$, un punto dado θ_0 pertenecerá al subconjunto $\omega\ (x_1, \ldots, x_n)$ si, y sólo si, los valores observados $x_1, \ldots, x_n$ conducen a la aceptación de la hipótesis de que $\theta = \theta_0$ cuando se utiliza el contraste $\delta(\theta_0)$. Por tanto, por la ecuación (13)

$$\begin{aligned}&\Pr[\theta_0 \in \omega(X_1, \ldots, X_n)|\theta = \theta_0]\\&\quad = \Pr[\text{Aceptar } H_0 \text{ cuando se utiliza el contraste } \delta(\theta_0)|\theta = \theta_0] = 1 - \alpha.\end{aligned} \tag{14}$$

Recíprocamente, supóngase que $\omega\ (x_1, \ldots, x_n)$ es un conjunto de confianza para θ con un coeficiente de confianza γ. Entonces, para cualquier punto $\theta_0 \in \Omega$, se puede demostrar que el procedimiento de contraste que acepta la hipótesis H_0 si, y sólo si, $\theta_0 \in \omega(x_1, \ldots, x_n)$ tendrá tamaño $1 - \gamma$.

Se acaba de demostrar que construir un conjunto de confianza para θ con un coeficiente de confianza γ equivale a construir una familia de contrastes de las hipótesis (12) tal que existe un contraste para cada valor de $\theta_0 \in \Omega$ y cada contraste tiene tamaño $1 - \gamma$.

EJERCICIOS

1. Supóngase que $X_1, \ldots, X_n$ constituyen una muestra aleatoria de una distribución normal cuya media μ es desconocida y cuya varianza es 1, y que se desea contrastar las siguientes hipótesis para un número dado μ_0:

$$\begin{aligned}H_0 &: \quad \mu = \mu_0,\\ H_1 &: \quad \mu \neq \mu_0.\end{aligned}$$

Considérese un procedimiento de contraste δ tal que la hipótesis H_0 se rechaza si $\overline{X}_n \leq c_1$ o $\overline{X}_n \geq c_2$ y sea $\pi(\mu|\delta)$ la función de potencia de δ. Determínense los valores de las constantes c_1 y c_2 tales que $\pi(\mu_0|\delta) = 0.10$ y tales que la función de potencia $\pi(\mu|\delta)$ sea simétrica respecto al punto $\mu = \mu_0$.

2. Considérense de nuevo las condiciones del ejercicio 1. Determínense los valores de las constantes c_1 y c_2 tales que $\pi(\mu_0|\delta) = 0.10$ y δ sea insesgado.

3. Considérense de nuevo las condiciones del ejercicio 1 y supóngase que

$$c_1 = \mu_0 - 1.96n^{-1/2}.$$

Determínese el valor de c_2 tal que $\pi(\mu_0|\delta) = 0.10$.

4. Considérense de nuevo las condiciones del ejercicio 1 y el procedimiento de contraste descrito en ese ejercicio. Determínese el menor valor de n para el cual $\pi(\mu_0|\delta) = 0.10$ y $\pi(\mu_0 + 1|\delta) = \pi(\mu_0 - 1|\delta) \geq 0.95$.

5. Supóngase que $X_1, \ldots, X_n$ constituyen una muestra aleatoria de una distribución normal cuya media μ es desconocida, la varianza es 1 y supóngase que se desea contrastar las siguientes hipótesis:

$$\begin{aligned} H_0 &: \quad 0.1 \leq \mu \leq 0.2, \\ H_1 &: \quad \mu < 0.1 \text{ o } \mu > 0.2. \end{aligned}$$

Considérese un procedimiento de contraste δ tal que la hipótesis H_0 se rechaza si $\overline{X}_n \leq c_1$ o si $\overline{X}_n \geq c_2$ y sea $\pi(\mu|\delta)$ la función de potencia de δ. Supóngase que el tamaño muestral es $n = 25$. Determínense los valores de las constantes c_1 y c_2 tales que $\pi(0.1|\delta) = \pi(0.2|\delta) = 0.07$.

6. Considérense de nuevo las condiciones del ejercicio 5 y supóngase, además, que $n = 25$. Determínense los valores de las constantes c_1 y c_2 tales que $\pi(0.1|\delta) = 0.02$ y $\pi(0.2|\delta) = 0.05$.

7. Supóngase que $X_1, \ldots, X_n$ constituyen una muestra aleatoria de una distribución uniforme sobre el intervalo $(0, \theta)$, donde el valor de θ es desconocido y que se desea contrastar las siguientes hipótesis:

$$\begin{aligned} H_0 &: \quad \theta \leq 3, \\ H_1 &: \quad \theta > 3. \end{aligned}$$

   (a) Demuéstrese que para cualquier nivel de significación α_0 $(0 \leq \alpha_0 < 1)$, existe un contraste UMP que especifica que H_0 se debe rechazar si $\max(X_1, \ldots, X_n) \geq c$.

   (b) Determínese el valor de c para cada valor posible de α_0.

8. Para un tamaño muestral dado n y un valor dado de α_0, represéntese la función de potencia del contraste UMP obtenido en el ejercicio 7.

9. Supóngase que $X_1, \ldots, X_n$ constituyen una muestra aleatoria de la distribución uniforme descrita en el ejercicio 7, pero supóngase ahora que se desea contrastar las siguientes hipótesis:

$$\begin{aligned} H_0 &: \quad \theta \geq 3, \\ H_1 &: \quad \theta < 3. \end{aligned}$$

   (a) Demuéstrese que para cualquier nivel de significación α_0 $(0 < \alpha_0 < 1)$, existe un contraste UMP que especifica que H_0 se debería rechazar si $\max(X_1, \ldots, X_n) \leq c$.

   (b) Determínese el valor de c para cada valor posible de α_0.

10. Para un tamaño muestral dado n y un valor dado de α_0, represéntese la función de potencia del contraste UMP obtenido en el ejercicio 9.

11. Supóngase que $X_1, \ldots, X_n$ constituyen una muestra aleatoria de la distribución uniforme descrita en el ejercicio 7, pero supóngase ahora que se desea contrastar las siguientes hipótesis:

$$\begin{aligned} H_0 &: \quad \theta = 3, \\ H_1 &: \quad \theta \neq 3. \end{aligned}$$

Considérese un procedimiento de contraste δ tal que la hipótesis H_0 se rechaza si $\max(X_1, \ldots, X_n) \leq c_1$ o si $\max(X_1, \ldots, X_n) \geq c_2$ y sea $\pi(\theta|\delta)$ la función de potencia de δ. Determínense los valores de las constantes c_1 y c_2 para que $\pi(3|\delta) =$ $= 0.05$ y δ sea insesgado.

8.6 EL CONTRASTE t

Contraste de hipótesis sobre la media de una distribución normal con varianza desconocida

En esta sección se trata el problema de contrastar hipótesis sobre la media de una distribución normal cuando ambas, la media y la varianza, son desconocidas. Específicamente, supóngase que las variables $X_1, \ldots, X_n$ constituyen una muestra aleatoria de una distribución normal con media μ y varianza σ^2 desconocidas y considérese el contraste de las siguientes hipótesis:

$$\begin{aligned} H_0 &: \quad \mu \leq \mu_0, \\ H_1 &: \quad \mu > \mu_0. \end{aligned} \tag{1}$$

El espacio paramétrico Ω en este problema comprende todo vector bidimensional (μ, σ^2), donde $-\infty < \mu < \infty$ y $\sigma^2 > 0$. La hipótesis nula H_0 especifica que el vector (μ, σ^2) pertenece al subconjunto Ω_0 de Ω, que comprende todos los vectores para los cuales $\mu \leq \mu_0$ y $\sigma^2 > 0$, como se ilustra en la figura 8.6. La hipótesis alternativa H_1 especifica que (μ, σ^2) pertenece al subconjunto Ω_1 de Ω, que comprende todos los vectores que no pertenecen a Ω_0.

Si se desea contrastar las hipótesis (1) a un nivel de significación α_0 $(0 < \alpha_0 < 1)$, entonces se trata de hallar un procedimiento de contraste δ cuya función de potencia $\pi(\mu, \sigma^2|\delta)$ cumpla los dos requisitos siguientes: En primer lugar,

$$\pi(\mu, \sigma^2|\delta) \leq \alpha_0 \qquad \text{para todo punto}\,(\mu, \sigma^2) \in \Omega_0. \tag{2}$$

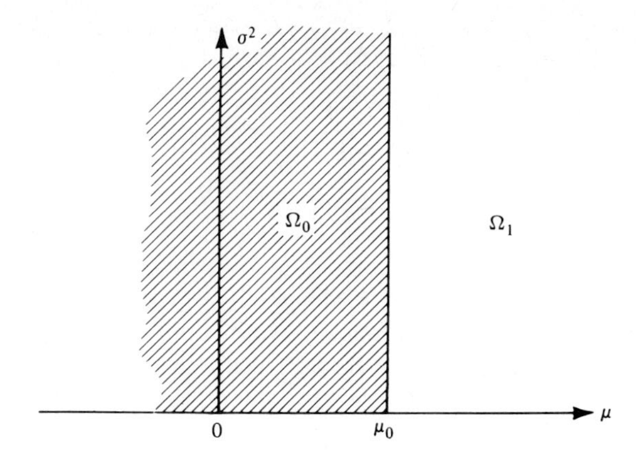

Figura 8.6 Los subconjuntos Ω_0 y Ω_1 del espacio paramétrico Ω para las hipótesis (1).

En segundo lugar, $\pi(\mu, \sigma^2|\delta)$ debería ser lo más grande posible para todo punto $(\mu, \sigma^2) \in \Omega_1$. Para $\alpha_0 < 1/2$, sin embargo, se puede demostrar que entre todos los procedimientos de contraste que satisfacen la relación (2) no existe un sólo procedimiento para el cual $\pi(\mu, \sigma^2|\delta)$ se maximice en cualquier punto $(\mu, \sigma^2) \in \Omega_1$. En otras palabras, para $\alpha_0 <$ $< 1/2$, no existe un contraste UMP de las hipótesis (1) al nivel de significación α_0.

Aunque no existe un contraste UMP en este problema, es práctica común utilizar un procedimiento particular, llamado contraste t. El contraste t, que se deducirá ahora, satisface la relación (2) y, además, tiene las cinco propiedades siguientes:

(1) $\pi(\mu, \sigma^2|\delta) = \alpha_0$ cuando $\mu = \mu_0$,

(2) $\pi(\mu, \sigma^2|\delta) < \alpha_0$ cuando $\mu < \mu_0$,

(3) $\pi(\mu, \sigma^2|\delta) > \alpha_0$ cuando $\mu > \mu_0$,

(4) $\pi(\mu, \sigma^2|\delta) \to 0$ cuando $\mu \to -\infty$,

(5) $\pi(\mu, \sigma^2|\delta) \to 1$ cuando $\mu \to \infty$.

De las propiedades (1), (2) y (3) se deduce que el contraste t es un contraste insesgado, como se definió en la ecuación (10) de la sección 8.5. Además, se puede demostrar que el contraste t es realmente un contraste UMP dentro de la clase de contrastes insesgados. Finalmente, se puede demostrar que para cualquier nivel de significación $\alpha_0 \geq 1/2$, el contraste t es un contraste UMP entre todos los procedimientos, tanto insesgados como sesgados. Las demostraciones de estas dos últimas afirmaciones están fuera de los límites de este libro y no se presentarán aquí [véase Lehmann (1959)]. Como es lógico, en cualquier problema práctico el nivel de significación α_0 generalmente es mucho menor que $1/2$.

Obtención del contraste *t*

Después de haber observado los valores $x_1, \ldots, x_n$, la función de verosimilitud es

$$f_n(\boldsymbol{x}|\mu, \sigma^2) = \frac{1}{(2\pi\sigma^2)^{n/2}} \exp\left[-\frac{1}{2\sigma^2}\sum_{i=1}^{n}(x_i - \mu)^2\right]. \tag{3}$$

Un procedimiento razonable para decidir si aceptar H_0 o aceptar H_1, es comparar los dos valores siguientes: el valor máximo alcanzado por la función de verosimilitud (3) cuando el punto (μ, σ^2) varía sobre todos los valores de Ω_0 y el valor máximo alcanzado por la función de verosimilitud cuando (μ, σ^2) varía sobre todos los valores de Ω_1. Por tanto, considérese el siguiente cociente:

$$r(\boldsymbol{x}) = \frac{\sup_{(\mu,\sigma^2) \in \Omega_1} f_n(\boldsymbol{x}|\mu, \sigma^2)}{\sup_{(\mu,\sigma^2) \in \Omega_0} f_n(\boldsymbol{x}|\mu, \sigma^2)}. \tag{4}$$

El procedimiento que se va a utilizar especifica que H_0 se debería rechazar si $r(\boldsymbol{x}) \geq k$, donde k es una constante elegida, y que H_0 se debería aceptar si $r(\boldsymbol{x}) < k$. Un procedimiento de contraste deducido de esta manera se denomina *procedimiento de contraste de cociente de verosimilitudes.* Se determinará ahora más explícitamente la forma del procedimiento en este problema.

Como en la sección 6.5, se definen $\hat{\mu}$ y $\hat{\sigma}^2$ como los E.M.V. de μ y σ^2 cuando se sabe únicamente que el punto (μ, σ^2) pertenece al espacio paramétrico Ω. Se demostró en el ejercicio 3 de la sección 6.5 que

$$\hat{\mu} = \overline{x}_n \qquad \text{y} \qquad \hat{\sigma}^2 = \frac{1}{n}\sum_{i=1}^{n}(x_i - \overline{x}_n)^2.$$

Análogamente, se definen $\hat{\mu}_0$ y $\hat{\sigma}_0^2$ como los E.M.V. de μ y σ^2 cuando el punto (μ, σ^2) se restringe al subconjunto Ω_0, y se definen $\hat{\mu}_1$ y $\hat{\sigma}_1^2$ como los E.M.V. cuando el punto (μ, σ^2) se restringe al subconjunto Ω_1. Resulta que

$$\sup_{(\mu,\sigma^2) \in \Omega_0} f_n(\boldsymbol{x}|\mu, \sigma^2) = f_n(\boldsymbol{x}|\hat{\mu}_0, \hat{\sigma}_0^2), \tag{5}$$

$$\sup_{(\mu,\sigma^2) \in \Omega_1} f_n(\boldsymbol{x}|\mu, \sigma^2) = f_n(\boldsymbol{x}|\hat{\mu}_1, \hat{\sigma}_1^2). \tag{6}$$

Supóngase, en primer lugar, que los valores muestrales observados son tales que $\overline{x}_n > \mu_0$. Entonces, el punto $(\hat{\mu}, \hat{\sigma}^2)$ pertenece a Ω_1. Puesto que este punto maximiza el valor de $f_n(\boldsymbol{x}|\mu, \sigma^2)$ entre todos lo puntos $(\mu, \sigma^2) \in \Omega$, ciertamente maximiza el valor de $f_n(\boldsymbol{x}|\mu, \sigma^2)$ entre todos los puntos (μ, σ^2) en el subconjunto Ω_1. Por tanto $\hat{\mu}_1 = \hat{\mu}$ y $\hat{\sigma}_1^2 = \hat{\sigma}^2$.

Además, cuando $\overline{x}_n > \mu_0$, se puede demostrar que $f_n(\boldsymbol{x}|\mu, \sigma^2)$ alcanza su valor máximo entre todos los puntos $(\mu, \sigma^2) \in \Omega_0$ si μ se elige lo más cerca posible de $\overline{x}_n$. El valor de μ más cercano a $\overline{x}_n$ entre todos los puntos del subconjunto Ω_0 es $\mu = \mu_0$. Por tanto, $\hat{\mu}_0 = \mu_0$. Entonces, se puede demostrar, como en el ejemplo 3 de la sección 6.5, que el E.M.V. de σ^2 será

$$\hat{\sigma}_0^2 = \frac{1}{n}\sum_{i=1}^{n}(x_i - \hat{\mu}_0)^2 = \frac{1}{n}\sum_{i=1}^{n}(x_i - \mu_0)^2.$$

Substituyendo los valores de $\hat{\mu}_0$, $\hat{\sigma}_0^2$, $\hat{\mu}_1$ y $\hat{\sigma}_1^2$ que se acaban de obtener en las ecuaciones (3) a (6), se tiene que

$$r(\boldsymbol{x}) = \left(\frac{\hat{\sigma}_0^2}{\hat{\sigma}_1^2}\right)^{n/2}. \tag{7}$$

Si se utiliza la relación

$$\sum_{i=1}^{n}(x_i - \mu_0)^2 = \sum_{i=1}^{n}(x_i - \overline{x}_n)^2 + n(\overline{x}_n - \mu_0)^2,$$

entonces $r(\boldsymbol{x})$ se puede escribir como sigue:

$$r(\boldsymbol{x}) = \left[1 + \frac{n(\overline{x}_n - \mu_0)^2}{\sum_{i=1}^{n}(x_i - \overline{x}_n)^2}\right]^{n/2}. \tag{8}$$

Considérese ahora cualquier constante específica $k > 1$. De la ecuación (8) resulta que $r(\boldsymbol{x}) \geq k$ si, y sólo si,

$$\frac{n(\overline{x}_n - \mu_0)^2}{\sum_{i=1}^{n}(x_i - \overline{x}_n)^2} \geq k', \tag{9}$$

donde k' es otra constante cuyo valor se puede deducir de k. Finalmente, para $\overline{x}_n > \mu_0$, la relación (9) es equivalente a la relación

$$\frac{n^{1/2}(\overline{x}_n - \mu_0)}{\left[\dfrac{\sum_{i=1}^{n}(x_i - \overline{x}_n)^2}{n-1}\right]^{1/2}} \geq c, \tag{10}$$

donde $c = [(n-1)k']^{1/2}$.

Análogamente, si los valores muestrales obsevados son tales que $\overline{x}_n < \mu_0$ y si $k < 1$, entonces de nuevo se puede demostrar que $r(\boldsymbol{x}) \geq k$ si, y sólo si, se satisface la relación (10), donde c es una constante cuyo valor se puede deducir del valor de k.

Como en la sección 7.4, se define $S_n^2 = \sum_{i=1}^{n}(X_i - \overline{X}_n)^2$ y sea U el siguiente estadístico:

$$U = \frac{n^{1/2}(\overline{X}_n - \mu_0)}{\left[\dfrac{S_n^2}{n-1}\right]^{1/2}}. \tag{11}$$

El procedimiento del contraste del cociente de verosimilitudes que se acaba de deducir especifica que la hipótesis H_0 se debería rechazar si $U \geq c$ y que H_0 se debería aceptar si $U < c$. En este problema, este procedimiento se denomina contraste t, por las razones que se explicarán ahora.

Propiedades del contraste *t*

Cuando $\mu = \mu_0$, de la sección 7.4 resulta que la distribución del estadístico U definido por la ecuación (11) será una distribución t con $n - 1$ grados de libertad, independientemente del valor de σ^2. Por tanto, cuando $\mu = \mu_0$, es posible utilizar una tabla de la distribución t para elegir una constante c tal que $\Pr(U \geq c) = \alpha_0$, independientemente del valor de σ^2.

Ahora supóngase que $\mu < \mu_0$ y sean

$$U^* = \frac{n^{1/2}(\overline{X}_n - \mu)}{\left[\dfrac{S_n^2}{n-1}\right]^{1/2}} \quad \text{y} \quad W = \frac{n^{1/2}(\mu_0 - \mu)}{\left[\dfrac{S_n^2}{n-1}\right]^{1/2}}.$$

Entonces, la variable aleatoria U^* tendrá una distribución t con $n - 1$ grados de libertad y el valor de la variable aleatoria W será positivo. Además, se puede observar de la ecuación (11) que $U = U^* - W$. Por tanto, para cualesquiera valores dados de μ y σ^2 tales que $\mu < \mu_0$,

$$\Pr(U \geq c) = \Pr(U^* - W \geq c) = \Pr(U^* \geq c + W) < \Pr(U^* \geq c) = \alpha_0.$$

Entonces, cuando $\mu < \mu_0$, se puede ver que $\Pr(U \geq c) < \alpha_0$, independientemente del valor de σ^2. Resulta que el tamaño de este contraste, que rechaza H_0 cuando $U \geq c$, es α_0 y la función de potencia de este contraste satisface la relación (2).

Además, un argumento análogo al que se acaba de dar demuestra que $\mu > \mu_0$ cuando $\Pr(U \geq c) > \alpha_0$, independientemente del valor de σ^2.

Finalmente, cuando μ es muy grande, el numerador de U tenderá a ser muy grande y la probabilidad de rechazar H_0 estará cerca de 1. Formalmente, se puede demostrar que para cualquier valor de $\sigma^2 > 0$,

$$\lim_{\mu \to \infty} \pi(\mu, \sigma^2 | \delta) = 1.$$

Análogamente, se puede demostrar que para cualquier valor de $\sigma^2 > 0$,

$$\lim_{\mu \to -\infty} \pi(\mu, \sigma^2 | \delta) = 0.$$

Ejemplo 1: Longitudes de fibras. Supóngase que las longitudes, en milímetros, de fibras de metal fabricadas mediante cierto proceso tienen una distribución normal con media μ y varianza σ^2 desconocidas, y que se van a contrastar las siguientes hipótesis:

$$\begin{aligned} H_0 &: \quad \mu \leq 5.2, \\ H_1 &: \quad \mu > 5.2. \end{aligned} \tag{12}$$

Supóngase que se miden las longitudes de 15 fibras seleccionadas al azar y se encuentra que la media muestral $\overline{X}_{15}$ es 5.4 y que $S_{15}^2 = \sum_{i=1}^{15}(X_i - \overline{X}_{15})^2 = 2.5$. Basándose en estos valores, se llevará a cabo un contraste t al nivel de significación $\alpha_0 = 0.05$.

Puesto que $n = 15$ y $\mu_0 = 5.2$, el estadístico U definido por la ecuación (11) tendrá una distribución t con 14 grados de libertad cuando $\mu = 5.2$. En la tabla de la distribución t se encuentra que $\Pr(U \geq 1.761) = 0.05$. Por tanto, la hipótesis nula H_0 se debería rechazar si $U \geq 1.761$. Puesto que el valor numérico de U, calculado a partir de la ecuación (11), es 1.833, H_0 se debería rechazar. ◁

Contrastes con alternativas bilaterales

Se continuará suponiendo que las variables $X_1, \ldots, X_n$ constituyen una muestra aleatoria de una distribución normal con media μ y varianza σ^2 desconocidas, pero supóngase que se van a contrastar las siguientes hipótesis:

$$\begin{aligned} H_0 &: \quad \mu = \mu_0, \\ H_1 &: \quad \mu \neq \mu_0. \end{aligned} \tag{13}$$

Aquí, la hipótesis alternativa H_1 es bilateral.

Por analogía con el contraste t que se ha deducido para una alternativa unilateral, el procedimiento estándar para contrastar las hipótesis (13) es rechazar H_0 si $U \leq c_1$ o $U \geq c_2$, donde c_1 y c_2 son constantes elegidas apropiadamente.

Para cualesquiera valores dados de μ y σ^2 que satisfacen la hipótesis nula H_0, esto es, para $\mu = \mu_0$ y $\sigma^2 > 0$, el estadístico U tiene una distribución t con $n - 1$ grados de libertad. Por tanto, utilizando la tabla de esta distribución, es posible elegir $c_1 < 0$ y $c_2 > 0$ tales que, cuando H_0 es cierta,

$$\Pr(U < c_1) + \Pr(U > c_2) = \alpha_0. \tag{14}$$

Como se expuso en la sección 8.5, existirán muchos pares de valores de c_1 y c_2 que satisfagan la ecuación (14). En la mayoría de los experimentos, es conveniente elegir c_1 y c_2 simétricamente respecto a 0. Para esta elección, $c_1 = -c$ y $c_2 = c$, y cuando H_0 es cierta,

$$\Pr(U < -c) = \Pr(U > c) = \frac{1}{2}\alpha_0. \tag{15}$$

Para esta elección simétrica, el contraste t será un contraste insesgado de las hipótesis (13).

Ejemplo 2: Longitudes de fibras. Considérese de nuevo el problema del ejemplo 1, pero supóngase ahora que, en lugar de las hipótesis (12), se van a contrastar las siguientes hipótesis:

$$\begin{aligned} H_0 &: \quad \mu = 5.2, \\ H_1 &: \quad \mu \neq 5.2. \end{aligned} \tag{16}$$

Supóngase de nuevo que se miden las longitudes de las 15 fibras y que el valor de U, calculado de los valores observados, es 1.833. Se contrastarán las hipótesis (16) al nivel de significación $\alpha_0 = 0.05$ utilizando un contraste simétrico t del tipo indicado en la ecuación (15).

Puesto que $\alpha_0 = 0.05$, cada cola de la región crítica va a tener una probabilidad 0.25. Por tanto, utilizando la columna correspondiente a $p = 0.975$ de la tabla de la distribución t con 14 grados de libertad, se obtiene que el contraste t especifica el rechazo de H_0 si $U < -2.145$ o $U > 2.145$. Puesto que $U = 1.833$, la hipótesis H_0 se debería aceptar. ◁

Los valores númericos de los ejemplos 1 y 2 resaltan la importancia de decidir si la hipótesis alternativa apropiada en un problema concreto es unilateral o bilateral. Cuando se contrastaron las hipótesis (12) al nivel de significación 0.05, la hipótesis H_0 de que $\mu \leq 5.2$ fue rechazada. Cuando se contrastaron las hipótesis (16) al mismo nivel de significación y se utilizaron los mismos datos, la hipótesis H_0 de que $\mu = 5.2$ fue aceptada.

Intervalos de confianza para el contraste *t*

Se puede obtener un intervalo de confianza para μ del contraste t desarrollado para las hipótesis (13) utilizando el método descrito al final de la sección 8.5. El intervalo de confianza para μ que se podría obtener por este método es el mismo que el intervalo de confianza para μ que se dió en la sección 7.5. Por tanto, no será necesario proseguir este tema.

EJERCICIOS

1. Supóngase que se seleccionan al azar nueve observaciones de una distribución normal con media μ y varianza σ^2 desconocidas y que para estas nueve observaciones se encuentra que $\overline{X}_n = 22$ y $S_n^2 = 72$.

   (a) Llévese a cabo a un contraste de las siguientes hipótesis al nivel de significación 0.05:

   $$H_0: \quad \mu \leq 20,$$
   $$H_1: \quad \mu > 20.$$

   (b) Llévese a cabo un contraste de las siguientes hipótesis al nivel de significación 0.05 utilizando un contraste simétrico con probabilidad 0.25 en cada cola:

   $$H_0: \quad \mu = 20,$$
   $$H_1: \quad \mu \neq 20.$$

   (c) A partir de los datos, constrúyase un intervalo de confianza para μ con un coeficiente de confianza 0.95.

2. El fabricante de cierto tipo de automóvil afirma que en las condiciones normales de conducción en ciudad, el automóvil recorrerá, en promedio, un mínimo de 20 millas por galón de gasolina. El propietario de un automóvil de este tipo registra las distancias que ha recorrido en sus trayectos urbanos después de haber llenado el depósito de gasolina en nueve ocasiones. Encuentra que los resultados, en millas por galón, son los siguientes: $15.6, 18.6, 18.3, 20.1, 21.5, 18.4$, $19.1, 20.4$ y 19.0. Compruébese la afirmación del fabricante efectuando un contraste a un nivel de significación $\alpha_0 = 0.05$. Enúnciese cuidadosamente las hipótesis oportunas.

3. Supóngase que se seleccionan al azar ocho observaciones $X_1, \ldots, X_8$ de una distribución normal con media μ y varianza σ^2 desconocidas y que se han de contrastar las siguientes hipótesis:

$$\begin{aligned} H_0 &: \quad \mu = 0, \\ H_1 &: \quad \mu \neq 0. \end{aligned}$$

   Supóngase, además, que los datos muestrales son tales que $\sum_{i=1}^{8} X_i = -11.2$ y $\sum_{i=1}^{8} X_i^2 = 43.7$. Si se lleva a cabo un contraste simétrico t al nivel de significación 0.10, de manera que cada cola de la región crítica tenga probabilidad 0.05, ¿se debería aceptar o rechazar la hipótesis H_0?

4. Considérense de nuevo las condiciones del ejercicio 3 y supóngase de nuevo que se va a desarrollar un contraste t al nivel de significación 0.10. Supóngase ahora, sin embargo, que el contraste no es simétrico y que la hipótesis H_0 se va a rechazar si el estadístico U es tal que $U < c_1$ o $U > c_2$, donde $\Pr(U < c_1) = 0.01$ y $\Pr(U > c_2) = 0.09$. Para los datos muestrales especificados en el ejercicio 3, ¿se debe aceptar o rechazar H_0?

5. Supóngase que las variables $X_1, \ldots, X_n$ constituyen una muestra aleatoria de una distribución normal cuya media μ y varianza σ^2 son desconocidas y que se llevará a cabo un contraste t a un nivel de significación α_0 para contrastar las siguientes hipótesis:

$$\begin{aligned} H_0 &: \quad \mu \leq \mu_0, \\ H_1 &: \quad \mu > \mu_0. \end{aligned}$$

   Sea $\pi(\mu, \sigma^2|\delta)$ la función de potencia de este contraste t y supóngase que (μ_1, σ_1^2) y (μ_2, σ_2^2) son valores de los parámetros tales que

$$\frac{\mu_1 - \mu_0}{\sigma_1} = \frac{\mu_2 - \mu_0}{\sigma_2}.$$

   Demuéstrese que $\pi(\mu_1, \sigma_1^2|\delta) = \pi(\mu_2, \sigma_2^2|\delta)$.

6. Considérese una distribución normal con media μ y varianza σ^2 desconocidas y supóngase que se desea contrastar las siguientes hipótesis:

$$H_0: \quad \mu \leq \mu_0,$$
$$H_1: \quad \mu > \mu_0.$$

Supóngase que sólo es posible observar un valor X de esta distribución, pero que se dispone de una muestra aleatoria de n observaciones $Y_1, \ldots, Y_n$ de otra distribución normal cuya varianza también es σ^2 y de la que se sabe que la media es 0. Detállese cómo realizar un contraste de las hipótesis H_0 y H_1 basado en la distribución t con n grados de libertad.

7. Supóngase que las variables $X_1, \ldots, X_n$ constituyen una muestra aleatoria de una distribución normal con media μ y varianza σ^2 desconocidas. Sea σ_0^2 un número positivo dado y supóngase que se desea contrastar las siguientes hipótesis al nivel de significación específico α_0 $(0 < \alpha_0 < 1)$:

$$H_0: \quad \sigma^2 \leq \sigma_0^2,$$
$$H_1: \quad \sigma^2 > \sigma_0^2.$$

Sea $S_n^2 = \sum_{i=1}^n (X_i - \overline{X}_n)^2$ y supóngase que el procedimiento de contraste que se va a utilizar especifica que H_0 se debería rechazar si $S_n^2/\sigma_0^2 \geq c$. Además, sea $\pi(\mu, \sigma^2|\delta)$ la función de potencia de este procedimiento. Explíquese como elegir la constante c de manera que, independientemente del valor de μ, se verifiquen los siguientes requisitos: $\pi(\mu, \sigma^2|\delta) < \alpha_0$ si $\sigma^2 < \sigma_0^2$, $\pi(\mu, \sigma^2|\delta) = \alpha_0$ si $\sigma^2 = \sigma_0^2$ y $\pi(\mu, \sigma^2|\delta) > \alpha_0$ si $\sigma^2 > \sigma_0^2$.

8. Supóngase que se selecciona una muestra aleatoria de 10 observaciones $X_1, \ldots, X_{10}$ de una distribución normal con media μ y varianza σ^2 desconocidas y que se desea contrastar las siguientes hipótesis:

$$H_0: \quad \sigma^2 \leq 4,$$
$$H_1: \quad \sigma^2 > 4.$$

Supóngase que se va a realizar un contraste de la forma descrita en el ejercicio 7 al nivel de significación $\alpha_0 = 0.05$. Si el valor observado de S_n^2 es 60, ¿se debería aceptar o rechazar H_0?

9. Supóngase de nuevo, como en el ejercicio 8, que se selecciona una muestra aleatoria de 10 observaciones de una distribución normal con media μ y varianza σ^2 desconocidas, pero supóngase ahora que se deben contrastar las siguientes hipótesis:

$$H_0: \quad \sigma^2 = 4,$$
$$H_1: \quad \sigma^2 \neq 4.$$

Supóngase que la hipótesis nula H_0 va a ser rechazada si $S_n^2 \leq c_1$ o $S_n^2 \geq c_2$, donde las constantes c_1 y c_2 se eligen de manera que, cuando la hipótesis H_0 es cierta,

$$\Pr(S_n^2 \leq c_1) = \Pr(S_n^2 \geq c_2) = 0.025.$$

Determínense los valores de c_1 y c_2.

8.7 DISCUSIÓN SOBRE METODOLOGÍA DE CONTRASTE DE HIPÓTESIS

En muchos aspectos, la teoría de contraste de hipótesis, tal como ha sido desarrollada en la metodología estadística, es engañosa. De acuerdo con esta teoría, en un problema de contraste de hipótesis el experimentador dispone únicamente de dos decisiones. Debe aceptar la hipótesis nula H_0 o rechazarla. Es verdad que existen realmente en la práctica problemas de este tipo y la teoría de contraste de hipótesis puede ser correctamente aplicada y de gran utilidad en tales problemas. También es cierto, sin embargo, que la metodología de contraste de hipótesis se aplica en muchas situaciones en las que el experimentador está principalmente interesado en determinar la verosimilitud de que la hipótesis H_0 sea cierta y en las que no necesariamente tiene que elegir una de dos decisiones. En esta sección se expondrá la *metodología* de contraste de hipótesis según se aplica comúnmente en varios campos de la estadística, como contraposición a la *teoría* de contraste de hipótesis que se presenta en el resto de este capítulo.

Áreas de la cola

Para facilitar la exposición en esta sección, considérese de nuevo el ejemplo 1 de la sección 8.6, en el que las hipótesis (12) van a ser contrastadas utilizando un contraste t de una cola basado en el estadístico U. Supóngase que los datos muestrales son los del ejemplo.

En este ejemplo, el experimentador reconocerá generalmente que la simple comunicación de si la hipótesis H_0 fue aceptada o rechazada por el contraste t con un nivel de significación 0.05, no transmite toda la información contenida en los datos muestrales relativa a la verosimilitud de que H_0 sea cierta. Si comunica únicamente que H_0 fue rechazada, está afirmando simplemente que el valor observado de U fue mayor que el valor crítico 1.761. El resultado del contraste sería más útil si indica que este valor observado fue sólo ligeramente mayor que 1.761 o mucho mayor que 1.761.

Además, la decisión de aceptar o rechazar H_0 en un problema determinado depende obviamente del nivel de significación utilizado en el problema. En la mayoría de las aplicaciones, α_0 se elige como 0.05 ó 0.01, pero aparte de la tradición no hay ninguna otra razón de peso para usar uno de estos valores particulares. En nuestro ejemplo, se supuso que $\alpha_0 = 0.05$ y H_0 fue rechazada. Si se hubiera utilizado el valor $\alpha_0 = 0.01$, en lugar de 0.05, entonces se hubiera aceptado H_0.

Por estas razones, un experimentador no elige generalmente un valor de α_0 antes del experimento y se limita luego a indicar si H_0 fue aceptada o rechazada a partir del valor observado de U. En muchas áreas de aplicación se ha convertido en práctica usual indicar el valor observado de U y *todos* los valores de α_0 para los que este valor observado de U conduciría al rechazo de H_0. Así, si el valor observado de U es 1.833, como en nuestro ejemplo, se obtiene de la tabla de la distribución t al final del libro que la hipótesis H_0 sería rechazada para cualquier nivel de significación $\alpha_0 \geq 0.05$ y que H_0 no sería rechazada para cualquier valor de $\alpha_0 \leq 0.025$.

A partir de una tabla de la distribución t más completa que la de este libro, se puede encontrar que la probabilidad a la derecha del valor 1.833 en la cola de la distribución t con 14 grados de libertad es 0.044. En otras palabras, si Z denota una variable aleatoria que tiene una distribución t con 14 grados de libertad, entonces $\Pr(Z \geq 1.833) = 0.044$. El valor 0.044 se llama *área de la cola* o *valor p* correspondiente al valor observado del estadístico U. De esta forma, si el valor observado de U es 1.833, la hipótesis H_0 se debería rechazar para cualquier valor de $\alpha_0 > 0.044$ y se debería aceptar para cualquier valor de $\alpha_0 < 0.044$.

Un experimentador, al analizar este experimento, indicaría en general que el valor de U fue 1.833 y que el área correspondiente en la cola es 0.044. Se dice entonces que el valor observado de U es exactamente significativo al nivel de significación 0.044. Una ventaja para el experimentador, cuando comunica sus resultados experimentales de esta manera, es que no tiene que elegir de antemano un nivel de significación arbitrario α_0 para el contraste t. Así mismo, cuando un lector del informe del experimentador sabe que el valor observado de U era exactamente significativo al nivel de significación 0.044, sabe de inmediato que H_0 se debería rechazar para cualquier valor mayor de α_0 y no se debería rechazar para cualquier valor menor.

Áreas en la cola para hipótesis alternativas bilaterales

Considérese ahora el ejemplo 2 de la sección 8.6 en el que se van a contrastar las hipótesis (16) utilizando un contraste t simétrico bilateral basado en el estadístico U. En este ejemplo, la hipótesis H_0 se rechaza si $U \leq -c$ o $U \geq c$. Si el contraste se va a realizar al nivel de significación 0.05, el valor de c se elige como 2.145, porque $\Pr(U \leq -2.145) + \Pr(U \geq 2.145) = 0.05$.

Debido a que el procedimiento de contraste apropiado en este ejemplo es un contraste t bilateral, el área en la cola correspondiente al valor observado de $U = 1.833$ será la suma de las dos probabilidades siguientes: (1) la probabilidad a la derecha de 1.833 en la cola de la parte derecha de la distribución t y (2) la probabilidad a la izquierda de -1.833 en la cola del lado izquierdo de esta distribución. Debido a la simetría de la distribución t, estas dos probabilidades son iguales. Por tanto, el área de la cola correspondiente al valor observado $U = 1.833$ es $2(0.044) = 0.088$.

En otras palabras, el valor observado U es exactamente significativo al nivel de significación 0.088. La hipótesis $H_0 : \mu = 5.2$ se debería rechazar para cualquier nivel de significación $\alpha_0 > 0.088$ y se debería aceptar para cualquier nivel de significación $\alpha_0 < 0.088$.

Cabe resaltar que cuando se acepta la hipótesis nula H_0 a un nivel de significación específico, esto no significa necesariamente que el experimentador está convencido de que H_0 es cierta. Más bien, significa que los datos no proporcionan una fuerte evidencia de que H_0 sea falsa.

Resultados estadísticamente significativos

Se continuará considerando el ejemplo 2 de la sección 8.6, en el que las hipótesis (16) van a ser contrastadas. Cuando el valor del área de la cola correspondiente al valor observado de U decrece, se considera que aumenta el peso de la evidencia contra la hipótesis H_0. Por tanto, si se ha encontrado que el valor observado de U fue exactamente significativo al nivel de significación 0.00088, en lugar de al nivel 0.088, entonces se podría considerar que la muestra proporciona una evidencia mucho más fuerte contra H_0. A menudo se dice que un valor observado de U es *estadísticamente significativo* si el área de la cola correspondiente es menor que los valores tradicionales 0.05 ó 0.01. Aunque un experimentador no sabe con certeza si la hipótesis H_0 es cierta en un problema concreto, concluiría que un valor observado de U estadísticamente significativo proporciona, como mínimo, fuerte evidencia contra H_0.

Es de enorme importancia para el experimentador distinguir entre un valor observado de U que es estadísticamente significativo y un valor real del parámetro μ que es significativamente distinto del valor $\mu = 5.2$ especificado por la hipótesis nula H_0. Aunque un valor observado de U estadísticamente significativo proporciona fuerte evidencia de que μ no es igual a 5.2, no proporciona necesariamente fuerte evidencia de que el verdadero valor de μ sea *significativamente* distinto de 5.2. En un problema determinado, el área de la cola correspondiente al valor observado de μ podría ser muy pequeña y aun así el verdadero valor de μ podría estar tan cerca de 5.2 que, a efectos prácticos, el experimentador no consideraría a μ como significativamente distinto de 5.2.

La situación que se acaba de describir puede aparecer cuando el estadístico U está basado en una muestra muy grande. Así, supóngase que en el ejemplo 2 de la sección 8.6 se miden las longitudes de 20 000 fibras de una muestra aleatoria, en lugar de las de sólo 15 fibras. Para un nivel de significación específico, por ejemplo, $\alpha_0 = 0.05$, sea $\pi(\mu, \sigma^2|\delta)$ la función de potencia del contraste t basado en estas 20 000 observaciones. Entonces, $\pi(5.2, \sigma^2|\delta) = 0.05$ para todo valor de $\sigma^2 > 0$. Sin embargo, debido al gran número de observaciones en los que se basa el contraste, la potencia $\pi(\mu, \sigma^2|\delta)$ estará muy cerca de 1 para cualquier valor de μ que difiera ligeramente de 5.2 y para valores moderados de σ^2. En otras palabras, aun cuando el valor de μ difiera sólo ligeramente de 5.2, la probabilidad de que el valor observado de U sea estadísticamente significativo está cerca de 1.

Como se explicó en la sección 8.5, es inconcebible que la longitud promedio μ de todas las fibras de la población completa sea exactamente 5.2. Sin embargo, μ puede estar muy cerca de 5.2, y cuando esto sucede, el experimentador querrá aceptar la hipótesis nula H_0. No obstante, es muy probable que el contraste t basado en la muestra de 20 000 fibras conduzca a un valor de U estadísticamente significativo. Por tanto, cuando un experimentador analiza un contraste potente basado en una muestra muy grande, debe tener cuidado al interpretar el verdadero significado de un resultado "estadísticamente significativo", pues sabe de antemano que hay una probabilidad alta de rechazar H_0 aun cuando el verdadero valor de μ difiera ligeramente del valor 5.2 especificado en H_0.

Una manera de manejar esta situación, como se expuso en la sección 8.2, es reconocer que el nivel de significación apropiado para un problema con un tamaño muestral grande es mucho menor que el valor tradicional de 0.05 ó 0.01. Otra forma, es considerar el problema estadístico como de estimación y no como de contraste de hipótesis.

Cuando se dispone de una muestra aleatoria grande, la media muestral y la varianza muestral serán excelentes estimadores de los parámetros μ y σ^2. Antes de que el experimentador elija una decisión que involucre los valores desconocidos de μ y σ^2, debería calcular y considerar los valores de estos estimadores, así como el valor del estadístico U.

El enfoque bayesiano

Cuando un experimentador o un estadístico está contrastando hipótesis, está principalmente interesado en el uso de los datos muestrales para determinar la probabilidad de que H_0 sea cierta. Debe subrayarse que esta probabilidad no se puede calcular mediante la metodología de contraste de hipótesis que se ha tratado en esta sección. El área de la cola o el valor p que se calcula a partir de la muestra observada no proporciona, por sí misma, una idea de la probabilidad de que H_0 sea cierta, aunque en ocasiones el valor p se malinterpreta de esta manera. De hecho, los experimentadores afirman, a veces incorrectamente, que el rechazo de H_0 con un nivel de significación específico α_0 indica que la probabilidad de que H_0 sea cierta es menor que α_0.

Dicha interpretación no es correcta. Para poder determinar la probabilidad de que H_0 sea cierta, el experimentador debe adoptar un enfoque bayesiano. Si se asigna una distribución inicial al parámetro θ que se va a contrastar, es posible calcular la distribución final de θ, dados los datos muestrales, y de esta manera se puede determinar Pr(H_0 es cierta) $=$ Pr$(\theta \in \Omega_0)$ a partir de esta distribución final.

Aunque aquí se haya presentado la exposición de la metodología de contraste de hipótesis, en el contexto del contraste t, cabe destacar que esta exposición se aplica de forma general a todos los problemas de contraste de hipótesis.

EJERCICIOS

1. Supóngase que se va a seleccionar una muestra aleatoria $X_1, \ldots, X_n$ de una distribución normal con media μ y varianza σ^2 desconocidas y que deben contrastar las siguientes hipótesis:

$$\begin{aligned} H_0 &: \quad \mu \leq 3, \\ H_1 &: \quad \mu > 3. \end{aligned}$$

Supóngase, además, que el tamaño muestral n es 17 y se obtiene a partir de los valores observados en la muestra que $\overline{X}_n = 3.2$ y $(1/n)\sum_{i=1}^{n}(X_i - \overline{X}_n)^2 = 0.09$. Calcúlese el valor del estadístico U y encuéntrese el valor del área de la cola correspondiente.

2. Considérense de nuevo las condiciones del ejercicio 1, pero supóngase ahora que el tamaño muestral es 170 y que de nuevo se encuentra por los valores observados en la muestra que $\overline{X}_n = 3.2$ y $(1/n)\sum_{i=1}^n (X_i - \overline{X}_n)^2 = 0.09$. Calcúlese el valor del estadístico U y encuéntrese el valor del área de la cola correspondiente.

3. Considérense de nuevo las condiciones del ejercicio 1, pero supóngase ahora que se han de contrastar las siguientes hipótesis:

$$
\begin{aligned}
H_0 &: \quad \mu = 3.1, \\
H_1 &: \quad \mu \neq 3.1.
\end{aligned}
$$

Supóngase, como en el ejercicio 1, que el tamaño muestral n es 17 y de los valores observados en la muestra resulta que $\overline{X}_n = 3.2$ y $(1/n)\sum_{i=1}^n (X_i - \overline{X}_n)^2 = 0.09$. Calcúlese el valor del estadístico U y encuéntrese el valor del área de la cola correspondiente.

4. Considérense de nuevo las condiciones del ejercicio 3, pero supóngase ahora que el tamaño muestral es 170 y que de nuevo, de los valores observados, resulta que $\overline{X}_n = 3.2$ y $(1/n)\sum_{i=1}^n (X_i - \overline{X}_n)^2 = 0.09$. Calcúlese el valor del estadístico U y obténgase el valor del área de la cola correspondiente.

5. Considérense de nuevo las condiciones del ejercicio 3. Supóngase, como en el ejercicio 3, que el tamaño muestral n es 17, pero supóngase ahora que de los datos observados en la muestra resulta que $\overline{X}_n = 3.0$ y $(1/n)\sum_{i=1}^n (X_i - \overline{X}_n)^2 = 0.09$. Calcúlese el valor del estadístico U y determínese el valor del área de la cola correspondiente.

6. Supóngase que se selecciona una observación X de una distribución normal con media μ desconocida y varianza 1. Supóngase que se sabe que el valor de μ debe ser $-5, 0$ ó 5 y que se desea contrastar las siguientes hipótesis al nivel de significación 0.05:

$$
\begin{aligned}
H_0 &: \quad \mu = 0, \\
H_1 &: \quad \mu = -5 \text{ o } \mu = 5.
\end{aligned}
$$

Supóngase, además, que el procedimiento de contraste que se va a utilizar rechaza H_0 cuando $|X| > c$, donde la constante c se elige de manera que $\Pr(|X| > c|\mu = 0) = 0.05$.

(a) Determínese el valor de c y demuéstrese que si $X = 2$, entonces se rechazará H_0.

(b) Demuéstrese que si $X = 2$, entonces el valor de la función de verosimilitud en $\mu = 0$ es 12.2 veces más grande que su valor en $\mu = 5$, y es 5.9×10^9 veces más grande que su valor en $\mu = -5$.

7. Supóngase que se selecciona una muestra aleatoria de 10 000 observaciones de una distribución normal con media μ desconocida y varianza 1 y que se desea contrastar las siguientes hipótesis al nivel de significación 0.05:

$$H_0: \quad \mu = 0,$$
$$H_1: \quad \mu \neq 0.$$

Supóngase, además, que el procedimiento de contraste indica rechazar H_0 cuando $|\overline{X}_n| > c$, donde la constante c se elige de manera que $\Pr(|\overline{X}_n| > c|\mu = 0) = 0.05$. Determínese la probabilidad de que el contraste rechace H_0 si (a) el verdadero valor de μ es 0.01 y (b) el verdadero valor de μ es 0.02.

8. Considérense de nuevo las condiciones del ejercicio 7, pero supóngase ahora que se desea contrastar las siguientes hipótesis:

$$H_0: \quad \mu \leq 0,$$
$$H_1: \quad \mu > 0.$$

Supóngase, además, que en la muestra aleatoria de 10 000 observaciones, la media muestral $\overline{X}_n$ es 0.03. ¿A qué nivel de significación es exactamente significativo el resultado?

8.8 LA DISTRIBUCIÓN *F*

Definición de la distribución *F*

En esta sección se introduce una distribución de probabilidad, denominada distribución F, que aparece en muchos problemas importantes de contraste de hipótesis en los que van a ser comparadas dos o más distribuciones normales a partir de muestras aleatorias de cada una de ellas. Se empezará definiendo la distribución F y deduciendo su f.d.p.

Considérense dos variables aleatorias independientes Y y Z tales que Y tiene una distribución χ^2 con m grados de libertad y Z tiene una distribución χ^2 con n grados de libertad, donde m y n son enteros positivos. Se define una nueva variable aleatoria X como sigue:

$$X = \frac{Y/m}{Z/n} = \frac{nY}{mZ}. \tag{1}$$

Entonces, la distribución de X se denomina *distribución F con m y n grados de libertad.*

Se demostrará ahora que si la variable aleatoria X tiene una distribución F con m y n grados de libertad, entonces su f.d.p. $f(x)$ es la siguiente, para $x > 0$:

$$f(x) = \frac{\Gamma\left[\frac{1}{2}(m+n)\right] m^{m/2} n^{n/2}}{\Gamma\left(\frac{1}{2}m\right)\Gamma\left(\frac{1}{2}n\right)} \cdot \frac{x^{(m/2)-1}}{(mx+n)^{(m+n)/2}}. \tag{2}$$

Lógicamente, $f(x) = 0$ para $x \leq 0$.

Puesto que las variables aleatorias Y y Z son independientes, su f.d.p. conjunta $g(y, z)$ será el producto de sus f.d.p. individuales. Además, puesto que Y y Z tienen distribuciones χ^2, de la f.d.p. de la distribución χ^2 especificada en la sección 7.2, resulta que $g(y, z)$ tiene la siguiente forma, para $y > 0$ y $z > 0$:

$$g(y, z) = cy^{(m/2)-1} z^{(n/2)-1} e^{-(y+z)/2}, \tag{3}$$

donde

$$c = \frac{1}{2^{(m+n)/2}\Gamma\left(\frac{1}{2}m\right)\Gamma\left(\frac{1}{2}n\right)}. \tag{4}$$

Realizando ahora un cambio de variables de Y y Z a X y Z, donde X está definida por la ecuación (1). La f.d.p. conjunta $h(x, z)$ de X y Z se obtiene reemplazando en primer lugar y en la ecuación (3) por su expresión en función de x y z y luego multiplicando el resultado por $|\partial y/\partial x|$. De la ecuación (1) resulta que $y = (m/n)xz$ y $\partial y/\partial x = (m/n)z$. Por tanto, la f.d.p. conjunta $h(x, z)$ para $x > 0$ y $z > 0$, tiene la siguiente forma:

$$h(x, z) = c\left(\frac{m}{n}\right)^{m/2} x^{(m/2)-1} z^{[(m+n)/2]-1} \exp\left[-\frac{1}{2}\left(\frac{m}{n}x + 1\right)z\right]. \tag{5}$$

Aquí, la constante c está dada de nuevo por la ecuación (4).

La f.d.p. marginal $f(x)$ de X se puede obtener para cualquier valor de $x > 0$ a partir de la relación

$$f(x) = \int_0^\infty h(x, z)\, dz. \tag{6}$$

De la ecuación (8) de la sección 5.9 se deduce que

$$\int_0^\infty z^{[(m+n)/2]-1} \exp\left[-\frac{1}{2}\left(\frac{m}{n}x + 1\right)z\right] dz = \frac{\Gamma\left[\frac{1}{2}(m+n)\right]}{\left[\frac{1}{2}\left(\frac{m}{n}x + 1\right)\right]^{(m+n)/2}}. \tag{7}$$

De las ecuaciones (4) a (7) se puede concluir que la f.d.p. $f(x)$ tiene la forma dada por la ecuación (2).

Propiedades de la distribución *F*

Cuando se habla de una distribución F con m y n grados de libertad, es importante el orden en que se dan los números n y m, como se puede observar de la definición de X en la ecuación (1). Cuando $m \neq n$, la distribución F con m y n grados de libertad y la distribución F con n y m grados de libertad son dos distribuciones distintas. De hecho, si la variable aleatoria X tiene una distribución con m y n grados de libertad, entonces su recíproco $1/X$ tendrá una distribución F con n y m grados de libertad. Esta afirmación resulta de la representación de X como cociente de dos variables aleatorias, como en la ecuación (1).

La distribución F está relacionada con la distribución t de la siguiente manera: Si una variable aleatoria X tiene una distribución t con n grados de libertad, entonces X^2 tendrá una distribución F con 1 y n grados de libertad. Este resultado se deduce de la representación de X en la ecuación (1) de la sección 7.4.

Al final del libro se presentan dos tablas pequeñas de probabilidades relativas a la distribución F. En estas tablas, se da únicamente el cuantil de orden 0.95 y el cuantil de orden 0.975 para distintos pares de valores posibles m y n. En otras palabras, si G denota la f.d. de la distribución F con m y n grados de libertad, entonces las tablas proporcionan los valores de x_1 y x_2 tales que $G(x_1) = 0.95$ y $G(x_2) = 0.975$. Aplicando la relación entre la distribución F para X y la distribución F para $1/X$, es posible utilizar las tablas para obtener también los cuantiles de órdenes 0.05 y 0.025 de una distribución F.

Ejemplo 1: Determinación del cuantil de orden 0.05 de una distribución F . Supóngase que la variable aleatoria X tiene una distribución F con 6 y 12 grados de libertad. Se determinará el valor de x tal que $\Pr(X < x) = 0.05$.

Si se define $Y = 1/X$, entonces Y tendrá una distribución F con 12 y 6 grados de libertad. Se puede encontrar a partir de la tabla al final de este libro que $\Pr(Y > 4.00) =$ $= 0.05$. Puesto que la relación $Y > 4.00$ es equivalente a la relación $X < 0.25$, resulta que $\Pr(X < 0.25) = 0.05$. Por tanto, $x = 0.25$. ◁

Comparación de las varianzas de dos distribuciones normales

Considérese ahora un problema de contraste de hipótesis que utiliza la distribución F. Supóngase que las variables aleatorias $X_1, \ldots, X_m$ constituyen una muestra aleatoria de m observaciones de una distribución normal con media μ_1 y varianza σ_1^2 desconocidas y también que las variables aleatorias $Y_1, \ldots, Y_n$ constituyen una muestra aleatoria independiente de n observaciones de otra distribución normal con media μ_2 y varianza σ_2^2 desconocidas. Supóngase, finalmente, que se van a contrastar las siguientes hipótesis a un nivel de significación específico α_0 $(0 < \alpha_0 < 1)$:

$$\begin{aligned} H_0 &: \ \sigma_1^2 \leq \sigma_2^2, \\ H_0 &: \ \sigma_1^2 > \sigma_2^2. \end{aligned} \tag{8}$$

Para cualquier procedimiento de contraste δ, se define $\pi(\mu_1, \mu_2, \sigma_1^2, \sigma_2^2|\delta)$ como la función de potencia de δ. Se debe encontrar un procedimiento de contraste δ tal que $\pi(\mu_1, \mu_2, \sigma_1^2, \sigma_2^2 \,|\delta) \leq \alpha_0$ para $\sigma_1^2 \leq \sigma_2^2$ y tal que $\pi(\mu_1, \mu_2, \sigma_1^2, \sigma_2^2|\delta)$ sea lo más grande posible para $\sigma_1^2 > \sigma_2^2$. No existe un contraste UMP de las hipótesis (8), pero es práctica común utilizar un procedimiento particular, denominado contraste F. El contraste F, que se deducirá ahora, tiene el nivel de significación específico α_0 y además tiene las cinco propiedades siguientes:

(1) $\pi(\mu_1, \mu_2, \sigma_1^2, \sigma_2^2|\delta) = \alpha_0$ cuando $\sigma_1^2 = \sigma_2^2$,

(2) $\pi(\mu_1, \mu_2, \sigma_1^2, \sigma_2^2|\delta) < \alpha_0$ cuando $\sigma_1^2 < \sigma_2^2$,

(3) $\pi(\mu_1, \mu_2, \sigma_1^2, \sigma_2^2|\delta) > \alpha_0$ cuando $\sigma_1^2 > \sigma_2^2$,

(4) $\pi(\mu_1, \mu_2, \sigma_1^2, \sigma_2^2|\delta) \to 0$ cuando $\sigma_1^2/\sigma_2^2 \to 0$,

(5) $\pi(\mu_1, \mu_2, \sigma_1^2, \sigma_2^2|\delta) \to 1$ cuando $\sigma_1^2/\sigma_2^2 \to \infty$.

De las propiedades (1), (2) y (3) se deduce inmediatamente que el contraste F es insesgado. Se puede demostrar, además, que el contraste F es realmente un contraste UMP dentro de la clase de todos los contrastes insesgados. La demostración está fuera de los límites de este libro [véase Lehmann (1959)].

Obtención del contraste *F*

Después de haber observado los valores $x_1, \ldots, x_m$ e $y_1, \ldots, y_n$ de las dos muestras, la función de verosimilitud $g(\boldsymbol{x}, \boldsymbol{y}|\mu_1, \mu_2, \sigma_1^2, \sigma_2^2)$ es

$$g(\boldsymbol{x}, \boldsymbol{y}|\mu_1, \mu_2, \sigma_1^2, \sigma_2^2) = f_m(\boldsymbol{x}|\mu_1, \sigma_1^2) f_n(\boldsymbol{y}|\mu_2, \sigma_2^2). \tag{9}$$

Aquí, $f_m(\boldsymbol{x}|\mu_1, \sigma_1^2)$ y $f_n\ (\boldsymbol{y}|\mu_2, \sigma_2^2)$, tienen la forma general dada en la ecuación (3) de la sección 8.6. El procedimiento de contraste del cociente de verosimilitudes está basado en una comparación de los dos valores siguientes: el valor máximo alcanzado por la función de verosimilitud (9) cuando el punto $(\mu_1, \mu_2, \sigma_1^2, \sigma_2^2)$ varía sobre el subconjunto Ω_0 especificado por H_0 y el valor máximo alcanzado por la función de verosimilitud cuando $(\mu_1, \mu_2, \sigma_1^2, \sigma_2^2)$ varía sobre el subconjunto Ω_1 especificado por H_1. Para las hipótesis (8), Ω_0 contiene todo punto $(\mu_1, \mu_2, \sigma_1^2, \sigma_2^2)$ tal que $\sigma_1^2 \leq \sigma_2^2$ y Ω_1 contiene todo punto tal que $\sigma_1^2 > \sigma_2^2$. Considérese pues el siguiente cociente:

$$r(\boldsymbol{x}, \boldsymbol{y}) = \frac{\sup_{(\mu_1, \mu_2, \sigma_1^2, \sigma_2^2) \,\in\, \Omega_1} g(\boldsymbol{x}, \boldsymbol{y}|\mu_1, \mu_2, \sigma_1^2, \sigma_2^2)}{\sup_{(\mu_1, \mu_2, \sigma_1^2, \sigma_2^2) \,\in\, \Omega_0} g(\boldsymbol{x}, \boldsymbol{y}|\mu_1, \mu_2, \sigma_1^2, \sigma_2^2)}. \tag{10}$$

El procedimiento especifica, entonces, que H_0 se debería rechazar si $r(\boldsymbol{x}, \boldsymbol{y}) \geq k$, donde k es una constante elegida, y que H_0 se debería aceptar si $r(\boldsymbol{x}, \boldsymbol{y}) < k$.

Se puede demostrar que por métodos análogos a los de la sección 8.6 que $r(\boldsymbol{x}, \boldsymbol{y}) \geq k$ si, y sólo si,

$$\frac{\sum_{i=1}^{m}(x_i - \overline{x}_m)^2/(m-1)}{\sum_{i=1}^{n}(y_i - \overline{y}_n)^2/(n-1)} \geq c, \tag{11}$$

donde c es otra constante cuyo valor se puede obtener a partir de k. Los detalles de esta deducción no se darán aquí.

Se definirá ahora

$$S_X^2 = \sum_{i=1}^{m}(X_i - \overline{X}_m)^2 \quad \text{y} \quad S_Y^2 = \sum_{i=1}^{n}(Y_i - \overline{Y}_n)^2. \tag{12}$$

Además, de acuerdo con la relación (11), se define el estadístico V mediante la siguiente relación:

$$V = \frac{S_X^2/(m-1)}{S_Y^2/(n-1)}. \tag{13}$$

El procedimiento de contraste del cociente de verosimilitudes que se acaba de describir especifica que la hipótesis H_0 se debería rechazar si $V \geq c$ y que H_0 se debería aceptar si $V < c$. En este problema, este procedimiento se denomina contraste F por razones que se explicarán ahora.

Propiedades del contraste *F*

Por la sección 7.3 se sabe que la variable aleatoria S_X^2/σ_1^2 tiene una distribución χ^2 con $m-1$ grados de libertad y la variable aleatoria S_Y^2/σ_2^2 tiene una distribución χ^2 con $n-1$ grados de libertad. Además, estas dos variables aleatorias serán independientes, puesto que se calculan a partir de dos muestras distintas. Por tanto, la siguiente variable aleatoria V^* tendrá una distribución F con $m-1$ y $n-1$ grados de libertad:

$$V^* = \frac{S_X^2/\left[(m-1)\sigma_1^2\right]}{S_Y^2/\left[(n-1)\sigma_2^2\right]}. \tag{14}$$

De las ecuaciones (13) y (14) se puede observar que $V = (\sigma_1^2/\sigma_2^2)V^*$. Si $\sigma_1^2 = \sigma_2^2$, entonces $V = V^*$. Por tanto, cuando $\sigma_1^2 = \sigma_2^2$ el estadístico V tendrá una distribución F con $m-1$ y $n-1$ grados de libertad. En este caso es posible utilizar una tabla de la distribución F para elegir una constante c tal que $\Pr(V \geq c) = \alpha_0$, independientemente del valor común de σ_1^2 y σ_2^2 y de los valores de μ_1 y μ_2.

Supóngase ahora que $\sigma_1^2 < \sigma_2^2$. Entonces

$$\Pr(V \geq c) = \Pr\left(\frac{\sigma_1^2}{\sigma_2^2}V^* \geq c\right) = \Pr\left(V^* \geq \frac{\sigma_2^2}{\sigma_1^2}c\right) < \Pr(V^* \geq c) = \alpha_0. \tag{15}$$

Por tanto, cuando $\sigma_1^2 < \sigma_2^2$, se observa que $\Pr(V \geq c) < \alpha_0$, independientemente de los valores de μ_1 y μ_2. Resulta que el tamaño de este contraste, que rechaza H_0 cuando $V \geq c$, es α_0.

Además, cuando $\sigma_1^2 > \sigma_2^2$, un argumento análogo al de la ecuación (15) demuestra que $\Pr(V \geq c) > \alpha_0$, independientemente de los valores de μ_1 y μ_2. Este argumento también demuestra que $\Pr(V \geq c) \to 0$ cuando $\sigma_1^2/\sigma_2^2 \to 0$ y que $\Pr(V \geq c) \to 1$ cuando $\sigma_1^2/\sigma_2^2 \to \infty$.

Ejemplo 2: Realización de un contraste F. Supóngase que se van a seleccionar 6 observaciones $X_1, \dots, X_6$ de una muestra aleatoria de una distribución normal con media μ_1 y varianza σ_1^2 desconocidas y que se obtiene que $\sum_{i=1}^{6}(X_i - \overline{X}_6)^2 = 30$. Supóngase, también, que se van a seleccionar 21 observaciones $Y_1, \dots, Y_{21}$ de una muestra aleatoria de otra distribución normal con media μ_2 y varianza σ_2^2 desconocidas y que se obtiene que $\sum_{i=1}^{21}(Y_i - \overline{Y}_{21})^2 = 40$. Se realizará un contraste F de las hipótesis (8).

En este ejemplo, $m = 6$ y $n = 21$. Por tanto, cuando H_0 es cierta, el estadístico V definido por la ecuación (13) tendrá una distribución F con 5 y 20 grados de libertad. De las ecuaciones (12) y (13) resulta que el valor de V para las muestras es

$$V = \frac{30/5}{40/20} = 3.$$

A partir de las tablas del final del libro se encuentra que el cuantil de orden 0.95 de la distribución F con 5 y 20 grados de libertad es 2.71 y el cuantil de orden 0.975 de esa distribución es 3.29. Por tanto, el área de la cola correspondiente al valor $V = 3$ es menor que 0.05 y mayor que 0.025. La hipótesis H_0 de que $\sigma_1^2 \leq \sigma_2^2$ por tanto, se debería rechazar al nivel de significación $\alpha_0 = 0.05$ y H_0 se debería aceptar al nivel de significación $\alpha_0 = 0.025$. ◁

EJERCICIOS

1. Supóngase que una variable aleatoria X tiene una distribución F con 3 y 8 grados de libertad. Determínese el valor de c tal que $\Pr(X > c) = 0.975$.

2. Supóngase que una variable aleatoria X tiene una distribución F con 1 y 8 grados de libertad. Utilícese la tabla de la distribución t para determinar el valor de c tal que $\Pr(X > c) = 0.3$.

3. Supóngase que la variable aleatoria X tiene una distribución F con m y n grados de libertad $(n > 2)$. Demuéstrese que $E(X) = n/(n-2)$. *Sugerencia*: Encuéntrese el valor de $E(1/Z)$, donde Z tiene una distribución χ^2 con n grados de libertad.

4. ¿Cuál es el valor de la mediana de una distribución F con m y n grados de libertad cuando $m = n$?

5. Supóngase que una variable aleatoria X tiene una distribución F con m y n grados de libertad. Demuéstrese que la variable aleatoria $mX/(mX + n)$ tiene una distribución beta con parámetros $\alpha = m/2$ y $\beta = n/2$.

6. Considérense dos distribuciones normales distintas cuyas medias μ_1 y μ_2 y varianzas σ_1^2 y σ_2^2 son desconocidas y supóngase que se desea contrastar las siguientes hipótesis:

$$\begin{aligned} H_0 &: \ \sigma_1^2 \leq \sigma_2^2, \\ H_1 &: \ \sigma_1^2 > \sigma_2^2. \end{aligned}$$

Supóngase, además, que una muestra aleatoria de 16 observaciones de la primera distribución normal proporciona los valores $\sum_{i=1}^{16} X_i = 84$ y $\sum_{i=1}^{16} X_i^2 = 563$ y que una muestra aleatoria independiente de 10 observaciones de la segunda distribución normal proporciona los valores $\sum_{i=1}^{10} Y_i = 18$ y $\sum_{i=1}^{10} Y_i^2 = 72$.

(a) ¿Cuáles son los E.M.V. de σ_1^2 y de σ_2^2?

(b) Si se realiza un contraste F al nivel de significación 0.05, ¿debe aceptarse o rechazarse la hipótesis H_0?

7. Considérense de nuevo las condiciones del ejercicio 6, pero supóngase ahora que se desea contrastar las siguientes hipótesis:

$$\begin{aligned} H_0 &: \quad \sigma_1^2 \leq 3\sigma_2^2, \\ H_1 &: \quad \sigma_1^2 > 3\sigma_2^2. \end{aligned}$$

Descríbase como realizar un contraste F para estas hipótesis.

8. Considérense de nuevo las condiciones del ejercicio 6, pero supóngase ahora que se desea contrastar las siguientes hipótesis:

$$\begin{aligned} H_0 &: \quad \sigma_1^2 = \sigma_2^2, \\ H_1 &: \quad \sigma_1^2 \neq \sigma_2^2. \end{aligned}$$

Supóngase, además, que el estadístico V está definido por la ecuación (13) y se desea rechazar H_0 si $V < c_1$ o $V > c_2$, donde las constantes c_1 y c_2 se eligen de forma que cuando H_0 sea cierta, $\Pr(V < c_1) = \Pr(V > c_2) = 0.025$. Determínense los valores de c_1 y c_2 cuando $m = 16$ y $n = 10$, como en el ejercicio 6.

9. Supóngase que se dispone de una muestra aleatoria de 16 observaciones de una distribución normal con media μ_1 y varianza σ_1^2 desconocidas y que se dispone también de una muestra aleatoria independiente de 10 observaciones de otra distribución normal con media μ_2 y varianza σ_2^2 desconocidas. Para cualquier constante concreta $r > 0$, utilícense los resultados del ejercicio 8 para construir un contraste de las siguientes hipótesis al nivel de significación 0.05:

$$\begin{aligned} H_0 &: \quad \frac{\sigma_1^2}{\sigma_2^2} = r, \\ H_1 &: \quad \frac{\sigma_1^2}{\sigma_2^2} \neq r. \end{aligned}$$

10. Considérense de nuevo las condiciones del ejercicio 9. Utilícense los resultados de ese ejercicio para construir un intervalo de confianza para σ_1^2/σ_2^2 con un coeficiente de confianza 0.95.

11. Supóngase que una variable aleatoria Y tiene una distribución χ^2 con m_0 grados de libertad y sea c una constante tal que $\Pr(Y > c) = 0.05$. Explíquese por qué, en la tabla del cuantil de orden 0.95 de la distribución F, la entrada para $m = m_0$ y $n = \infty$ será igual a c/m_0.

12. La última columna en la tabla del cuantil de orden 0.95 de la distribución F contiene valores para $m = \infty$. Explíquese cómo deducir las entradas de esta columna a partir de una tabla de la distribución χ^2.

8.9 COMPARACIÓN DE LAS MEDIAS DE DOS DISTRIBUCIONES NORMALES

Deducción del contraste *t* para dos muestras

Considérese ahora un problema donde se dispone de muestras aleatorias de dos distribuciones normales con varianza común desconocida y se desea determinar qué distribución tiene mayor media. En especial, supóngase que las variables $X_1, \ldots, X_m$ constituyen una muestra aleatoria de m observaciones de una distribución normal con media μ_1 y varianza σ^2 desconocidas y que las variables aleatorias $Y_1, \ldots, Y_n$ constituyen una muestra aleatoria de n observaciones de otra distribución normal con media μ_2 y varianza σ^2 desconocidas. Supóngase que la varianza σ^2 es la misma para ambas distribuciones, aunque su valor es desconocido.

Supóngase que se desea contrastar las siguientes hipótesis al nivel de significación específico $\alpha_0 (0 < \alpha_0 < 1)$:

$$\begin{aligned} H_0 &: \quad \mu_1 \leq \mu_2, \\ H_1 &: \quad \mu_1 > \mu_2. \end{aligned} \tag{1}$$

Para cualquier procedimiento de contraste δ, se define $\pi(\mu_1, \mu_2, \sigma^2|\delta)$ como la función de potencia de δ. Se debe hallar un procedimiento δ tal que $\pi(\mu_1, \mu_2, \sigma^2|\delta) \leq \alpha_0$ para $\mu_1 \leq \mu_2$ y tal que $\pi(\mu_1, \mu_2, \sigma^2|\delta)$ sea lo más grande posible para $\mu_1 > \mu_2$.

No existe un contraste UMP de las hipótesis (1), pero es práctica común utilizar cierto contraste t. Este contraste t, que se deducirá ahora, tiene el nivel de significación específico α_0, además de las cinco propiedades siguientes:

(1) $\pi(\mu_1, \mu_2, \sigma^2|\delta) = \alpha_0$ cuando $\mu_1 = \mu_2$,

(2) $\pi(\mu_1, \mu_2, \sigma^2|\delta) < \alpha_0$ cuando $\mu_1 < \mu_2$,

(3) $\pi(\mu_1, \mu_2, \sigma^2|\delta) > \alpha_0$ cuando $\mu_1 > \mu_2$,

(4) $\pi(\mu_1, \mu_2, \sigma^2|\delta) \to 0$ cuando $\mu_1 - \mu_2 \to -\infty$,

(5) $\pi(\mu_1, \mu_2, \sigma^2|\delta) \to 1$ cuando $\mu_1 - \mu_2 \to \infty$.

De las propiedades (1), (2) y (3) se deduce inmediatamente que el contraste δ es insesgado. Además, se puede demostrar que δ es realmente UMP dentro de la clase de todos los contrastes insesgados. La demostración está fuera de los límites de este libro [véase Lehmann (1959)].

Después de que los valores de las dos muestras $x_1, \ldots, x_m$ e $y_1, \ldots, y_n$ han sido observados la función de verosimilitud $g(\boldsymbol{x}, \boldsymbol{y}|\mu_1, \mu_2, \sigma^2)$ es

$$g(\boldsymbol{x}, \boldsymbol{y}|\mu_1, \mu_2, \sigma^2) = f_m(\boldsymbol{x}|\mu_1, \sigma^2) f_n(\boldsymbol{y}|\mu_2, \sigma^2). \tag{2}$$

Aquí, $f_m(\boldsymbol{x}|\mu_1, \sigma^2)$ y $f_n(\boldsymbol{y}|\mu_2, \sigma^2)$ tienen la forma de la ecuación (3) de la sección 8.6 y el valor de σ^2 es igual en ambos términos. El procedimiento de contraste del cociente de verosimilitudes está basado en una comparación de los dos valores siguientes: el valor máximo alcanzado por la función de verosimilitud (2) cuando el punto (μ_1, μ_2, σ^2) varía sobre el subconjunto Ω_0 especificado por H_0 y el valor máximo alcanzado por la función de verosimilitud cuando el punto (μ_1, μ_2, σ^2) varía sobre el subconjunto Ω_1 especificado por H_1. Para las hipótesis (1), Ω_0 contiene todo punto (μ_1, μ_2, σ^2) tal que $\mu_1 \leq \mu_2$ y Ω_1 contiene todo punto tal que $\mu_1 > \mu_2$. Consecuentemente, considérese el siguiente cociente:

$$r(\boldsymbol{x}, \boldsymbol{y}) = \frac{\sup_{(\mu_1, \mu_2, \sigma^2) \in \Omega_1} g(\boldsymbol{x}, \boldsymbol{y}|\mu_1, \mu_2, \sigma^2)}{\sup_{(\mu_1, \mu_2, \sigma^2) \in \Omega_0} g(\boldsymbol{x}, \boldsymbol{y}|\mu_1, \mu_2, \sigma^2)}. \tag{3}$$

El procedimiento especifica, entonces, que H_0 se debería rechazar si $r(\boldsymbol{x}, \boldsymbol{y}) \geq k$, donde k es una constante elegida y que H_0 se debería aceptar si $r(\boldsymbol{x}, \boldsymbol{y}) < k$.

Se puede demostrar por métodos análogos a los de la sección 8.6 que $r(\boldsymbol{x}, \boldsymbol{y}) \geq k$ si, y sólo si,

$$\frac{(m+n-2)^{1/2}(\overline{x}_m - \overline{y}_n)}{\left(\dfrac{1}{m} + \dfrac{1}{n}\right)^{1/2} \left[\sum_{i=1}^m (x_i - \overline{x}_m)^2 + \sum_{i=1}^n (y_i - \overline{y}_n)^2\right]^{1/2}} \geq c, \tag{4}$$

donde c es otra constante cuyo valor se puede obtener a partir de k. Los detalles de esta deducción no se darán aquí.

Se definen de nuevo S_X^2 y S_Y^2 como las sumas de cuadrados definidas por la ecuación (12) de la sección 8.8. Además, de acuerdo con la relación (4), se define el estadístico U mediante la siguiente relación:

$$U = \frac{(m+n-2)^{1/2}(\overline{X}_m - \overline{Y}_n)}{\left(\dfrac{1}{m} + \dfrac{1}{n}\right)^{1/2} (S_X^2 + S_Y^2)^{1/2}}. \tag{5}$$

El procedimiento de contraste del cociente de verosimilitudes que se acaba de describir especifica que la hipótesis H_0 se debería rechazar si $U \geq c$ y que H_0 se debería aceptar si $U < c$. En este problema, este procedimiento se denomina contraste t de dos muestras, por razones que se explican ahora.

Propiedades del contraste *t* de dos muestras

Se deduce ahora la distribución del estadístico U cuando $\mu_1 = \mu_2$. Para cualesquiera valores de μ_1, μ_2 y σ^2, la media muestral $\overline{X}_m$ tiene una distribución normal con media μ_1 y varianza σ^2/m y la media muestral $\overline{Y}_n$ tiene una distribución normal con media μ_2 y varianza σ^2/n. Puesto que $\overline{X}_m$ e $\overline{Y}_n$ son independientes, resulta que la diferencia $\overline{X}_m - \overline{Y}_n$ tiene una distribución normal con media $\mu_1 - \mu_2$ y varianza $[(1/m)+(1/n)]\sigma^2$. Por tanto, cuando $\mu_1 = \mu_2$, la siguiente variable aleatoria Z_1 tendrá una distribución normal tipificada:

$$Z_1 = \frac{\overline{X}_m - \overline{Y}_n}{\left(\frac{1}{m} + \frac{1}{n}\right)^{1/2} \sigma}. \tag{6}$$

Además, para cualesquiera valores μ_1, μ_2 y σ^2, la variable aleatoria S_X^2/σ^2 tendrá una distribución χ^2 con $m-1$ grados de libertad la variable aleatoria S_Y^2/σ^2 tendrá una χ^2 con $n-1$ grados de libertad y estas dos variables aleatorias serán independientes. Por tanto, la siguiente variable aleatoria Z_2 tiene una distribución χ^2 con $m+n-2$ grados de libertad:

$$Z_2 = \frac{S_X^2 + S_Y^2}{\sigma^2}. \tag{7}$$

Además, las cuatro variables aleatorias $\overline{X}_m, \overline{Y}_n, S_X^2$ y S_Y^2 son independientes. Este resultado se deduce de los dos hechos siguientes: (1) Si una variable aleatoria es una función sólo de $X_1, \ldots, X_m$ y si otra variable aleatoria es una función sólo de $Y_1, \ldots, Y_n$, entonces estas dos variables aleatorias deben ser independientes. (2) Por el teorema 1 de la sección 7.3, tanto $\overline{X}_m$ y S_X^2 como $\overline{Y}_n$ y S_Y^2 son independientes. Consecuentemente, las dos variables aleatorias Z_1 y Z_2 son independientes. La variable aleatoria Z_1 tiene una distribución normal tipificada cuando $\mu_1 = \mu_2$ y la variable aleatoria Z_2 tiene una distribución χ^2 con $m+n-2$ grados de libertad para valores cualesquiera de μ_1, μ_2 y σ^2. El estadístico U se puede representar de la forma

$$U = \frac{Z_1}{[Z_2/(m+n-2)]^{1/2}}. \tag{8}$$

Por tanto, cuando $\mu_1 = \mu_2$, de la definición de la distribución t dada en la sección 7.4 se deduce que U tendrá una distribución t con $m+n-2$ grados de libertad. Por tanto, cuando $\mu_1 = \mu_2$, es posible utilizar una tabla de esta distribución t para elegir una constante c tal que $\Pr(U \geq c) = \alpha_0$, independientemente del valor común de μ_1 y μ_2 y del valor de σ^2.

Si $\mu_1 < \mu_2$, entonces se puede demostrar por un argumento análogo al de la sección 8.6 que $\Pr(U \geq c) < \alpha_0$, independientemente del valor de σ^2. Resulta que el tamaño de este contraste, que rechaza H_0 cuando $U \geq c$, es α_0. Además, se puede demostrar que si $\mu_1 > \mu_2$, entonces $\Pr(U \geq c) > \alpha_0$, independientemente del valor de σ^2. Además, $\Pr(U \geq c) \to 0$ cuando $\mu_1 - \mu_2 \to -\infty$ y $\Pr(U \geq c) \to 1$ cuando $\mu_1 - \mu_2 \to \infty$.

Ejemplo 1: Realización de un contraste t de dos muestras. Supóngase que se selecciona una muestra de 8 especímenes de mineral localizados en cierta parte de una mina de cobre y que se mide en gramos la cantidad de cobre en cada uno de estos especímenes. Se denotarán estas 8 cantidades por $X_1, \ldots, X_8$, y se supondrá que los valores observados son tales que $\overline{X}_8 = 2.6$ y $S_X^2 = \sum_{i=1}^{8}(X_i - \overline{X}_8)^2 = 0.32$. Supóngase, además, que se selecciona una segunda muestra de 10 especímenes de mineral de otra parte de la mina. Se denotarán las cantidades de cobre en estos especímenes por $Y_1, \ldots, Y_{10}$ y se supondrá que estos valores son tales que $\overline{Y}_{10} = 2.3$ y $S_Y^2 = \sum_{i=1}^{10} (Y_i - \overline{Y}_{10})^2 = 0.22$. Sea μ_1 la cantidad media de cobre en todo el mineral de la primera parte de la mina, sea μ_2 la cantidad media de cobre en todo el mineral de la segunda parte de la mina y supóngase que se van a contrastar las hipótesis (1).

Supóngase que todas las observaciones tienen una distribución normal y que la varianza es igual en ambas partes de la mina, aunque las medias puedan ser distintas. En este ejemplo, los tamaños muestrales son $m = 8$ y $n = 10$ y el valor del estadístico U, definido por la ecuación (5), es 3.442. Además, utilizando una tabla de la distribución con 16 grados de libertad, se encuentra que el área de la cola correspondiente a este valor observado de U es menor que 0.005. Por tanto, la hipótesis nula se rechazará para cualquier nivel de significación específico $\alpha_0 \geq 0.005$. ◁

Alternativas bilaterales y varianzas distintas

El procedimiento basado en el estadístico U que se acaba de describir se puede adaptar fácilmente para contrastar las siguientes hipótesis a un nivel de significación específico α_0:

$$\begin{aligned} H_0 &: \quad \mu_1 = \mu_2, \\ H_1 &: \quad \mu_1 \neq \mu_2. \end{aligned} \tag{9}$$

Puesto que la hipótesis alternativa en este caso es bilateral, el procedimiento de contraste sería rechazar H_0 si $U < c_1$ o $U > c_2$, donde las constantes c_1 y c_2 se eligen de forma que cuando H_0 es cierta, $\Pr(U < c_1) + \Pr(U > c_2) = \alpha_0$.

Además, es posible extender el procedimiento básico a un problema en el que las varianzas de las dos distribuciones normales son distintas, pero cuyo cociente es conocido. Específicamente, supóngase que $X_1, \ldots, X_m$ constituyen una muestra aleatoria de una distribución normal con media μ_1 y varianza σ_1^2, mientras que $Y_1, \ldots, Y_n$ constituyen una muestra aleatoria independiente de otra distribución normal con media μ_2 y varianza σ_2^2. Supóngase, además, que estos valores de μ_1, μ_2, σ_1^2 y σ_2^2 son desconocidos pero que $\sigma_2^2 = k\sigma_1^2$, donde k es una constante positiva conocida. Entonces, se puede demostrar (véase Ejercicio 3 de esta sección) que cuando $\mu_1 = \mu_2$, la siguiente variable aleatoria U tendrá una distribución t con $m + n - 2$ grados de libertad:

$$U = \frac{(m + n - 2)^{1/2}(\overline{X}_m - \overline{Y}_n)}{\left(\dfrac{1}{m} + \dfrac{k}{n}\right)^{1/2} \left(S_X^2 + \dfrac{S_Y^2}{k}\right)^{1/2}}. \tag{10}$$

Por tanto, el estadístico U definido por la ecuación (10) se puede utilizar para contrastar las hipótesis (1) o (9).

Por último, si los valores de los cuatro parámetros μ_1, μ_2, σ_1^2 y σ_2^2 son desconocidos y si el valor del cociente σ_1^2/σ_2^2 también es desconocido, entonces el problema de contrastar las hipótesis (1) o (9) se hace muy difícil. Este problema se conoce como *problema de Behrens-Fisher*. Se han propuesto distintos procedimientos de contraste, pero la mayoría de ellos han sido tema de controversia respecto a su validez o utilidad. No se ha encontrado un procedimiento único que tenga amplia aceptación entre los estadísticos. Este problema no se tratará en este libro.

EJERCICIOS

1. Supóngase que una droga A se administró a ocho pacientes seleccionados al azar y que después de un periodo de tiempo fijo, se midió en las unidades apropiadas la concentración de la droga en ciertas células de cada paciente. Supóngase que estas concentraciones para los ocho pacientes resultaron ser las siguientes:

   $1.23,\ 1.42,\ 1.41,\ 1.62,\ 1.55,\ 1.60$ y 1.76.

   Supóngase, además, que se administró una segunda droga B a seis pacientes distintos seleccionados al azar y que cuando se midió de manera análoga la concentración de la droga B a estos seis pacientes, los resultados fueron los siguientes:

   $1.76,\ 1.41,\ 1.87,\ 1.49,\ 1.67$ y 1.81.

   Suponiendo que todas las observaciones tienen una distribución normal con una varianza común desconocida, contrástense las siguientes hipótesis al nivel de significación 0.10: La hipótesis nula es que la concentración media de la droga A entre todos los pacientes es al menos tan grande como la concentración media de la droga B. La hipótesis alternativa es que la concentración media de la droga B es mayor que la de la droga A.

2. Considérense de nuevo las condiciones del ejercicio 1, pero supóngase ahora que se desea contrastar las siguientes hipótesis: La hipótesis nula es que la concentración media de la droga A entre todos los pacientes es la misma que la concentración media de la droga B. La hipótesis alternativa, que es bilateral, es que las concentraciones medias de las dos drogas son distintas. Supóngase que el procedimiento de contraste especifica el rechazo de H_0 si $U < c_1$ o $U > c_2$, donde U está definida por la ecuación (5) y c_1 y c_2 son elegidas de manera que cuando H_0 es cierta, $\Pr(U < c_1) = \Pr(U > c_2) = 0.05$. Determínense los valores de c_1 y c_2 y determínese si la hipótesis H_0 será aceptada o rechazada cuando los datos muestrales son los del ejercicio 1.

3. Supóngase que $X_1, \dots, X_m$ constituyen una muestra aleatoria de una distribución normal con media μ_1 y varianza σ_1^2 y que $Y_1, \dots, Y_n$ constituyen una muestra aleatoria independiente de una distribución normal con media μ_2 y varianza σ_2^2. Demuéstrese que si $\mu_1 = \mu_2$ y $\sigma_2^2 = k\sigma_1^2$, entonces la variable aleatoria U definida por la ecuación (10) tiene una distribución t con $m + n - 2$ grados de libertad.

4. Considérense de nuevo las condiciones y los valores observados del ejercicio 1. Sin embargo, supóngase ahora que cada observación de la droga A tiene una varianza desconocida σ_1^2 y cada observación de la droga B tiene una varianza desconocida σ_2^2, pero se sabe que $\sigma_2^2 = (6/5)\sigma_1^2$. Contrástense las hipótesis descritas en el ejercicio 1 al nivel de significación 0.10.

5. Supóngase que $X_1, \dots, X_m$ constituyen una muestra aleatoria de una distribución normal con media μ_1 y varianza σ^2 desconocidas y que $Y_1, \dots, Y_n$ constituyen una muestra aleatoria independiente de otra distribución normal con media μ_2 desconocida y la misma varianza desconocida σ^2. Para cualquier constante concreta λ $(-\infty < \lambda < \infty)$, constrúyase un contraste t para las siguientes hipótesis con $m + n - 2$ grados de libertad.

$$
\begin{aligned}
H_0 &: \quad \mu_1 - \mu_2 = \lambda, \\
H_1 &: \quad \mu_1 - \mu_2 \neq \lambda.
\end{aligned}
$$

6. Considérense de nuevo las condiciones del ejercicio 1. Sea μ_1 la media de cada observación de la droga A y sea μ_2 la media de cada observación de la droga B. Se supone, como en el ejercicio 1, que todas las observaciones tienen una varianza común desconocida. Utilícense los resultados del ejercicio 5 para construir un intervalo de confianza para $\mu_1 - \mu_2$ con un coeficiente de confianza 0.90.

8.10 EJERCICIOS COMPLEMENTARIOS

1. Supóngase que se va a realizar una sucesión de pruebas de Bernoulli con una probabilidad de éxito desconocida θ en cada prueba y que se han de contrastar las siguientes hipótesis:

$$
\begin{aligned}
H_0 &: \quad \theta = 0.1, \\
H_1 &: \quad \theta = 0.2.
\end{aligned}
$$

Sea X el número de pruebas requeridas para obtener un éxito y supóngase que H_0 se va a rechazar si $X \leq 5$. Determínense las probabilidades de error tipo 1 y tipo 2.

2. Considérense de nuevo las condiciones del ejercicio 1. Supóngase que las pérdidas de los errores de tipo 1 y 2 son iguales y que las probabilidades iniciales de que H_0 y H_1 sean ciertas son iguales. Determínese un procedimiento de contraste Bayes basado en la observación X.

3. Supóngase que se selecciona una observación X de la siguiente f.d.p.:

$$f(x|\theta) = \begin{cases} 2(1-\theta)x + \theta & \text{para } 0 \leq x \leq 1, \\ 0 & \text{en otro caso,} \end{cases}$$

donde el valor de θ es desconocido $(0 \leq \theta \leq 2)$. Supóngase, además, que se han de contrastar las siguientes hipótesis:

$$H_0: \quad \theta = 2,$$
$$H_1: \quad \theta = 0.$$

Determínese el procedimiento de contraste δ para el cual $\alpha(\delta) + 2\beta(\delta)$ sea mínimo y calcúlese este valor mínimo.

4. Considérense de nuevo las condiciones del ejercicio 3 y supóngase que el valor de α está dado $(0 < \alpha < 1)$. Determínese el procedimiento de contraste δ tal que $\beta(\delta)$ sea mínimo, y calcúlese este valor mínimo.

5. Considérense de nuevo las condiciones del ejercicio 3, pero supóngase ahora que se han de contrastar las siguientes hipótesis:

$$H_0: \quad \theta \geq 1,$$
$$H_1: \quad \theta < 1.$$

   (a) Determínese la función de potencia del procedimiento δ que especifica que H_0 se rechaza si $X > 0.9$.
   (b) ¿Cuál es el tamaño del contraste δ?

6. Considérense de nuevo las condiciones del ejercicio 3. Demuéstrese que la f.d.p. $f(x|\theta)$ tiene cociente de verosimilitudes monótono en el estadístico $r(X) = -X$ y determínese un contraste UMP de las siguientes hipótesis al nivel de significación $\alpha_0 = 0.05$:

$$H_0: \quad \theta \leq 1/2,$$
$$H_1: \quad \theta > 1/2.$$

7. Supóngase que una caja contiene un gran número de circuitos de tres colores distintos, rojo, marrón y azul y que se desea contrastar la hipótesis nula H_0 de que las proporciones de circuitos de los tres colores son iguales contra la hipótesis alternativa H_1 de que esas proporciones son distintas. Supóngase que se seleccionan 3 circuitos al azar de la caja y que H_0 se va a rechazar si, y sólo si, al menos dos de los circuitos son del mismo color.

(a) Determínese el tamaño del contraste.

(b) Determínese la potencia del contraste si $1/7$ de los circuitos son rojos, $2/7$ son marrones y $4/7$ son azules.

8. Supóngase que se va a realizar una observación X de una distribución desconocida P y que se van a contrastar las siguientes hipótesis:

$$\begin{aligned} H_0 &: \quad P \text{ es una distribución uniforme sobre el intervalo } (0,1), \\ H_1 &: \quad P \text{ es una distribución normal tipificada.} \end{aligned}$$

Determínese el contraste más potente de tamaño 0.01 y calcúlese la potencia del contraste cuando H_1 es cierta.

9. Supóngase que 12 observaciones $X_1, \ldots, X_{12}$ constituyen una muestra aleatoria de una distribución normal con media μ y varianza σ^2 desconocidas. Descríbase cómo realizar un contraste t de las siguientes hipótesis al nivel de significación $\alpha_0 = 0.005$:

$$\begin{aligned} H_0 &: \quad \mu \geq 3, \\ H_1 &: \quad \mu < 3. \end{aligned}$$

10. Supóngase que $X_1, \ldots, X_n$ constituyen una muestra aleatoria de una distribución normal con media desconocida θ y varianza 1 y que se desea contrastar las siguientes hipótesis:

$$\begin{aligned} H_0 &: \quad \theta \leq 0, \\ H_1 &: \quad \theta > 0. \end{aligned}$$

Supóngase también que se desea utilizar un contraste UMP cuya potencia es 0.95 cuando $\theta = 1$. Determínese el tamaño de este contraste si $n = 16$.

11. Supóngase que se seleccionan ocho observaciones $X_1, \ldots, X_8$ de una distribución con la siguiente f.d.p.:

$$f(x|\theta) = \begin{cases} \theta x^{\theta-1} & \text{para } 0 < x < 1, \\ 0 & \text{en otro caso.} \end{cases}$$

Supóngase, además, que el valor de θ es desconocido ($\theta > 0$) y que se desea contrastar las siguientes hipótesis:

$$\begin{aligned} H_0 &: \quad \theta \leq 1, \\ H_1 &: \quad \theta > 1. \end{aligned}$$

Supóngase que el contraste UMP al nivel de significación $\alpha_0 = 0.05$ especifica el rechazo de H_0 si $\sum_{i=1}^{8} \log X_i \geq -3.981$.

12. Demuéstrese que $X_1, \ldots, X_n$ constituyen una muestra aleatoria de una distribución χ^2 donde los grados de libertad θ son desconocidos ($\theta = 1, 2, \ldots$) y que se desea contrastar las siguientes hipótesis al nivel de significación α_0 ($0 < \alpha_0 < 1$):

$$H_0: \quad \theta \leq 8,$$
$$H_1: \quad \theta \geq 9.$$

Demuéstrese que existe un contraste UMP y que el contraste especifica rechazar H_0 si $\sum_{i=1}^{n} \log X_i \geq k$ para una constante k apropiada.

13. Supóngase que $X_1, \ldots, X_{10}$ constituyen una muestra aleatoria de una distribución normal cuya media y varianza son desconocidas. Constrúyase un estadístico que no dependa de ningún parámetro desconocido y que tenga una distribución F con 3 y 5 grados de libertad.

14. Supóngase que $X_1, \ldots, X_m$ constituyen una muestra aleatoria de una distribución normal con media μ_1 y varianza σ_1^2 desconocidas, y que $Y_1, \ldots, Y_n$ constituyen una muestra aleatoria independiente de otra distribución normal con media μ_2 y varianza σ_2^2 desconocidas. Supóngase además que se desea contrastar las siguientes hipótesis con el contraste usual F al nivel de significación $\alpha_0 = 0.05$:

$$H_0: \quad \sigma_1^2 \leq \sigma_2^2,$$
$$H_1: \quad \sigma_1^2 > \sigma_2^2.$$

Suponiendo que $m = 16$ y $n = 21$ demuéstrese que la potencia del contraste cuando $\sigma_1^2 = 2\sigma_2^2$ está dada por $\Pr(V^* \geq 1.1)$, donde V^* es una variable aleatoria que tiene una distribución F con 15 y 20 grados de libertad.

15. Supóngase que nueve observaciones $X_1, \ldots, X_9$ constituyen una muestra aleatoria de una distribución normal con media μ_1 y varianza σ^2 desconocidas y que nueve observaciones $Y_1, \ldots, Y_9$ constituyen una muestra aleatoria independiente de otra distribución normal con media desconocida μ_2 y la misma varianza desconocida σ^2. Sea S_X^2 y S_Y^2 definidas por la ecuación (12) de la sección 8.8 (con $m = n = 9$) y sea

$$T = \max\left\{\frac{S_X^2}{S_Y^2}, \frac{S_Y^2}{S_X^2}\right\}.$$

Determínese el valor de la constante c tal que $\Pr(T > c) = 0.05$.

16. Un experimentador deshonesto desea contrastar las siguientes hipótesis:

$$H_0: \quad \theta = \theta_0,$$
$$H_1: \quad \theta \neq \theta_0.$$

Selecciona una muestra aleatoria $X_1, \ldots, X_n$ de una distribución con la f.d.p. $f(x|\theta)$ y realiza un contraste de tamaño α. Si este contraste no rechaza H_0, descarta la muestra, selecciona una nueva muestra aleatoria independiente de n observaciones y repite el contraste basándose en la nueva muestra. Continúa seleccionando nuevas muestras aleatorias independientes de esta manera hasta que obtiene una muestra con la que se rechaza H_0.

(a) ¿Cuál es el tamaño global de este procedimiento de contraste?

(b) Si H_0 es cierta, ¿cuál es el número esperado de muestras que el experimentador tendrá que seleccionar hasta rechazar H_0?

17. Supóngase que $X_1, \ldots, X_n$ constituyen una muestra aleatoria de una distribución normal con media μ y precisión τ desconocidas y que se han de contrastar las siguientes hipótesis:

$$
\begin{aligned}
H_0 &: \quad \mu \leq 3, \\
H_1 &: \quad \mu > 3.
\end{aligned}
$$

Supóngase que la distribución inicial conjunta de μ y τ es una distribución normal-gamma, descrita en el teorema 1 de la sección 7.6, con $\mu_0 = 3$, $\lambda_0 = 1$, $\alpha_0 = 1$ y $\beta_0 = 1$. Supóngase, finalmente, que $n = 17$ y que a partir de los valores observados en la muestra resulta que $\overline{X}_n = 3.2$ y $\sum_{i=1}^{n}(X_i - \overline{X}_n)^2 = 17$. Determínense las probabilidades inicial y final de que H_0 es cierta.

18. Considérese un problema de contraste de hipótesis donde se han de contrastar las siguientes hipótesis sobre un parámetro arbitrario θ.

$$
\begin{aligned}
H_0 &: \quad \theta \in \Omega_0, \\
H_1 &: \quad \theta \in \Omega_1.
\end{aligned}
$$

Supóngase que δ es un procedimiento de contraste δ de tamaño α $(0 < \alpha < 1)$ basado en un vector de observaciones $\boldsymbol{X}$ y sea $\pi(\theta|\delta)$ la función de potencia de δ. Demuéstrese que si δ es insesgado, entonces $\pi(\theta|\delta) \geq \alpha$ para todo punto $\theta \in \Omega_1$.

19. Considérense de nuevo las condiciones del ejercicio 18. Supóngase ahora que θ es un vector bidimensional $\boldsymbol{\theta} = (\theta_1, \theta_2)$, donde θ_1 y θ_2 son parámetros reales. Supóngase, además, que A es un círculo en el plano $\theta_1\theta_2$ y que se van a contrastar las siguientes hipótesis:

$$
\begin{aligned}
H_0 &: \quad \theta \in A, \\
H_1 &: \quad \theta \notin A.
\end{aligned}
$$

Demuéstrese que si el procedimiento de contraste δ es insesgado y de tamaño α y si su función de potencia $\pi(\theta|\delta)$ es una función continua de θ, entonces se debe verificar que $\pi(\theta|\delta) = \alpha$ para cada punto θ en la frontera del círculo A.

20. Considérense de nuevo las condiciones del ejercicio 18. Supóngase ahora que θ es un parámetro real y que se han de contrastar las siguientes hipótesis:

$$H_0 : \quad \theta = \theta_0,$$
$$H_1 : \quad \theta \neq \theta_0.$$

Supóngase que θ_0 es un punto interior del espacio paramétrico Ω. Demuéstrese que si el procedimiento de contraste δ es insesgado y si la función de potencia $\pi(\theta|\delta)$ es una función diferenciable de θ, entonces $\pi'(\theta_0|\delta) = 0$, donde $\pi'(\theta_0|\delta)$ es la derivada de $\pi(\theta_0|\delta)$ evaluada en el punto $\theta = \theta_0$.

21. Supóngase que el brillo diferencial θ de cierta estrella tiene un valor desconocido y que se desea contrastar las siguientes hipótesis simples:

$$H_0 : \quad \theta = 0,$$
$$H_1 : \quad \theta = 10.$$

El estadístico sabe que cuando va al observatorio a medianoche para medir θ existe una probabilidad $1/2$ de que las condiciones meteorológicas sean buenas y pueda obtener una medición X con distribución normal de media θ y varianza 1. Sabe, además, que existe una probabilidad $1/2$ de que las condiciones meteorológicas sean desfavorables y obtenga una medición Y con distribución normal de media θ y varianza 100.

(a) Constrúyase el contraste más potente que tenga un tamaño condicional $\alpha = 0.05$, dadas buenas condiciones meteorológicas, y que tenga un tamaño condicional $\alpha = 0.05$, dadas condiciones meteorológicas desfavorables.

(b) Constrúyase el contraste más potente que tenga un tamaño condicional $\alpha = 0.000001$, dadas buenas condiciones meteorológicas, y que tenga un tamaño condicional $\alpha = 0.099999$, dadas condiciones meteorológicas desfavorables.

(c) Demuéstrese que el tamaño global del contraste encontrado en la parte (a) y el tamaño encontrado en la parte (b) es 0.05, y determínese la potencia de cada uno de estos dos contrastes.

22. Expónganse los méritos relativos de los contrastes encontrados en las partes (a) y (b) del ejercicio 21. En particular, demuéstrese que aunque el contraste encontrado en la parte (b) tiene mayor potencia, viola el principio de verosimilitud. *Sugerencia*: Demuéstrese que la función de verosimilitud para θ, obtenida cuando las condiciones meteorológicas son buenas, es la misma que la función de verosimilitud que se obtendría si el estadístico supiera con certeza de antemano que obtendría una observación X con distribución normal de media θ y varianza 1. Sin embargo, para algunos valores de X, las decisiones especificadas por los contrastes más potentes de tamaño 0.05 serán distintas.

Datos categóricos y métodos no paramétricos

9

9.1 CONTRASTES DE BONDAD DE AJUSTE

Descripción de problemas no paramétricos

En cada uno de los problemas de estimación y contraste de hipótesis que se han considerado en los capítulos 6, 7 y 8 se ha supuesto que las observaciones disponibles para el estadístico provienen de distribuciones cuya forma exacta es conocida, aun cuando los valores de algunos parámetros sean desconocidos. Por ejemplo, se podría suponer que las observaciones constituyen una muestra aleatoria de una distribución de Poisson cuya media es desconocida o que las observaciones provienen de dos distribuciones normales cuyas medias y varianzas son desconocidas. En otras palabras, se ha supuesto que las observaciones provienen de cierta familia *paramétrica* de distribuciones y que se debe hacer una inferencia estadística acerca de los valores de los parámetros que definen dicha familia.

En la mayoría de los problemas que se tratarán en este capítulo, no se supondrá que las observaciones disponibles provienen de una familia paramétrica de distribuciones. En su lugar, se estudiarán inferencias que se pueden producir sobre la distribución de donde provienen los datos, sin hacer suposiciones especiales acerca de la forma de esa distribución. Como ejemplo, se podría suponer simplemente que las observaciones constituyen una muestra aleatoria de una distribución continua, sin especificar la forma de esta distribución con mayor detalle y entonces investigar la posibilidad de que esta distribución sea una distribución normal. Como segundo ejemplo, podría interesar realizar una inferencia acerca del valor de la mediana de la distribución de donde se seleccionó la muestra y se podría suponer únicamente que esta distribución es continua. Como tercer ejemplo, podría interesar investigar la posibilidad de que dos muestras aleatorias independientes realmente provengan de la misma distribución y se podría suponer únicamente que ambas distribuciones son continuas.

Los problemas en donde las posibles distribuciones de las observaciones no se restringen a una familia paramétrica específica se denominan *problemas no paramétricos* y los métodos estadísticos que se aplican en dichos problemas se denominan *métodos no paramétricos.*

Datos categóricos

En esta sección y en las cuatro siguientes se consideran problemas estadísticos basados en datos tales que cada observación se puede clasificar como perteneciente a una de un número finito de categorías o tipos posibles. Observaciones de este tipo se denominan *datos categóricos.* Puesto que sólo existe un número finito de categorías posibles en estos problemas, y puesto que interesa hacer inferencias acerca de las probabilidades de estas categorías, estos problemas realmente involucran un número finito de parámetros. Sin embargo, como se verá, los métodos basados en datos categóricos pueden resultar útiles tanto en problemas paramétricos como en problemas no paramétricos.

Contraste χ^2

Supóngase que una gran población consiste en artículos de k tipos distintos y sea p_i la probabilidad de que un artículo seleccionado al azar sea del tipo i $(i = 1, \ldots, k)$. Se supone que $p_i \geq 0$ para $i = 1, \ldots, k$ y que $\sum_{i=1}^{k} p_i = 1$. Sean $p_1^0, \ldots, p_k^0$ números específicos tales que $p_i^0 > 0$ para $i = 1, \ldots, k$ y $\sum_{i=1}^{k} p_i^0 = 1$, y supóngase que se van a contrastar las siguientes hipótesis:

$$\begin{aligned} H_0 : &\quad p_i = p_i^0 \qquad \text{para } i = 1, \ldots, k, \\ H_1 : &\quad p_i \neq p_i^0 \qquad \text{para al menos un valor de } i. \end{aligned} \tag{1}$$

Supóngase que se va a seleccionar una muestra aleatoria de tamaño n de una población dada. Esto es, se van a tomar n observaciones independientes y existe una probabilidad p_i de que cualquier observación particular sea del tipo i $(i = 1, \ldots, k)$. Partiendo de estas n observaciones, se contrastarán las hipótesis (1).

Para $i = 1, \ldots, k$, se define N_i como el número de observaciones de la muestra aleatoria que son del tipo i. Por tanto, $N_1, \ldots, N_k$ son enteros no negativos tales que $\sum_{i=1}^{k} N_i = n$. Cuando la hipótesis nula es cierta, el número esperado de observaciones del tipo i es np_i^0 $(i = 1, \ldots, k)$. La diferencia entre el número real de observaciones N_i y el número esperado np_i^0 tenderá a ser más pequeña cuando H_0 es cierta que cuando H_0 no es cierta. Parece razonable, por tanto, basar un contraste de las hipótesis (1) en valores de las diferencias $N_i - np_i^0$ para $i = 1, \ldots, k$ y rechazar H_0 cuando las magnitudes de estas diferencias sean relativamente grandes.

En 1900, Karl Pearson propuso el uso del siguiente estadístico:

$$Q = \sum_{i=1}^{k} \frac{(N_i - np_i^0)^2}{np_i^0}. \tag{2}$$

Pearson demostró, además, que si la hipótesis H_0 es cierta, entonces cuando el tamaño muestral $n \to \infty$, la f.d. de Q converge a la f.d. de la distribución χ^2 con $k-1$ grados de libertad. Por tanto, si H_0 es cierta y el tamaño muestral n es grande, la distribución de Q será aproximadamente una distribución χ^2 con $k-1$ grados de libertad. La exposición que se ha presentado indica que H_0 se debería rechazar cuando $Q > c$, donde c es una constante apropiada. Si se desea realizar el contraste al nivel de significación α_0, entonces c se debería elegir de forma que $\Pr(Q > c) = \alpha_0$ cuando Q tenga una distribución χ^2 con $k-1$ grados de libertad. Este contraste se denomina *contraste* χ^2 *de bondad de ajuste.*

Siempre que el valor de cada esperanza np_i^0 $(i = 1, \ldots, k)$ no sea muy pequeño, la distribución χ^2 será una buena aproximación a la verdadera distribución de Q. Específicamente, la aproximación será muy buena si $np_i^0 \geq 5$ para $i = 1, \ldots, k$ y todavía resultaría satisfactoria si $np_i^0 \geq 1.5$ para $i = 1, \ldots, k$.

Se ilustrará ahora el uso del contraste χ^2 de bondad de ajuste considerando dos ejemplos.

Contraste de hipótesis sobre una proporción

Supóngase que la proporción p de artículos defectuosos de una gran población de artículos manufacturados es desconocida y que van a ser contrastadas las siguientes hipótesis:

$$\begin{aligned} H_0 &: \quad p = 0.1, \\ H_1 &: \quad p \neq 0.1. \end{aligned} \tag{3}$$

Supóngase, además, que en una muestra aleatoria de 100 artículos, se encuentran 16 defectuosos. Se contrastarán las hipótesis (3) llevando a cabo un contraste χ^2 de bondad de ajuste.

Puesto que sólo hay dos tipos de artículos en este ejemplo, artículos defectuosos y artículos no defectuosos, se sabe que $k = 2$. Además, si se define p_1 como la proporción desconocida de artículos defectuosos y p_2 como la proporción desconocida de artículos no defectuosos, entonces las hipótesis (3) se pueden reescribir de la siguiente forma:

$$\begin{aligned} H_0 &: \quad p_1 = 0.1 \text{ y } p_2 = 0.9. \\ H_1 &: \quad \text{La hipótesis } H_0 \text{ no es cierta.} \end{aligned} \tag{4}$$

Para el tamaño muestral $n = 100$, el número esperado de artículos defectuosos si H_0 es cierta es $np_1^0 = 10$ y el número esperado de artículos no defectuosos es $np_2^0 = 90$. Sea N_1 el número de artículos defectuosos de la muestra y sea N_2 el número de artículos no defectuosos de la muestra. Entonces, cuando H_0 es cierta, la distribución del estadístico Q definido por la ecuación (2) será aproximadamente una distribución χ^2 con un grado de libertad.

En este ejemplo, $N_1 = 16$ y $N_2 = 84$, y se tiene que el valor de Q es 4. Se puede determinar ahora a partir de una tabla de la distribución χ^2 con un grado de libertad que el área de la cola correspondiente al valor $Q = 4$ está entre 0.025 y 0.05. Por tanto, la hipótesis nula H_0 se debería rechazar al nivel de significación $\alpha_0 = 0.05$, pero se debería aceptar al nivel $\alpha_0 = 0.025$.

Contraste de hipótesis sobre una distribución continua

Considérese una variable aleatoria X que toma valores en el intervalo $0 < X < 1$, pero que tiene una f.d.p. desconocida sobre este intervalo. Supóngase que se toma una muestra aleatoria de 100 observaciones de esta distribución desconocida y que se desea contrastar la hipótesis nula de que la distribución es una distribución uniforme sobre el intervalo $(0, 1)$ frente a la hipótesis alternativa de que la distribución no es uniforme. Este problema es un problema no paramétrico, puesto que la distribución de X podría ser cualquier distribución continua sobre el intervalo $(0, 1)$. Sin embargo, como se demostrará ahora, el contraste χ^2 de bondad de ajuste se puede aplicar a este problema.

Supóngase que se divide el intervalo de 0 a 1 en 20 subintervalos de igual longitud, es decir, el intervalo de 0 a 0.05, el intervalo de 0.05 a 0.10 y así sucesivamente. Si la verdadera distribución es una distribución uniforme, entonces la probabilidad de que cualquier observación particular esté en el subintervalo i-ésimo es $1/20$, para $i = 1, \dots, 20$. Puesto que el tamaño muestral en este ejemplo es $n = 100$, se deduce que el número esperado de observaciones en cada subintervalo es 5. Si N_i denota el número de observaciones de la muestra que realmente están en el i-ésimo subintervalo, entonces el estadístico Q definido por la ecuación (2) se puede reescribir simplemente como sigue:

$$Q = \frac{1}{5}\sum_{i=1}^{20}(N_i - 5)^2. \tag{5}$$

Si la hipótesis nula es cierta y la distribución de donde fueron tomadas las observaciones es ciertamente una distribución uniforme, entonces Q tendrá aproximadamente una distribución χ^2 con 19 grados de libertad.

El método que se ha presentado en este ejemplo obviamente se puede aplicar a cualquier distribución continua. Para contrastar si una muestra aleatoria de observaciones proviene de una distribución particular, se puede adoptar el siguiente procedimiento:

(1) Se divide la recta real, o cualquier intervalo que tenga probabilidad 1, en un número finito k de subintervalos.

(2) Se determina la probabilidad p_i^0 que la distribución hipotética particular asignaría al i-ésimo subintervalo y se calcula el número esperado np_i^0 de observaciones en el i-ésimo subintervalo $(i = 1, \dots, k)$.

(3) Se determina el número N_i de observaciones en la muestra que están dentro del i-ésimo subintervalo $(i = 1, \dots, k)$.

(4) Se calcula el valor de Q definido por la ecuación (2). Si la distribución hipotética es correcta, Q tendrá aproximadamente una distribución χ^2 con $k - 1$ grados de libertad.

Una característica arbitraria del procedimiento que se acaba de describir es la manera en que se eligen los subintervalos. Dos estadísticos trabajando en el mismo problema pueden muy bien elegir los subintervalos de dos maneras distintas. En general, es una buena política elegir los subintervalos de forma que el número esperado de observaciones en los subintervalos individuales sea aproximadamente igual y, además, elegir tantos intervalos como sea posible sin permitir que el número esperado de observaciones en ningún intervalo se haga pequeño.

Exposición del procedimiento de contraste

El contraste χ^2 de bondad de ajuste está sujeto a las críticas de los contrastes de hipótesis que se presentaron en la sección 8.7. En particular, la hipótesis nula H_0 en el contraste χ^2 especifica exactamente la distribución de las observaciones, pero es poco probable que la distribución registrada de las observaciones sea exactamente igual que la de una muestra aleatoria de esta distribución específica. Por tanto, si el contraste χ^2 está basado en un número muy grande de observaciones, se puede estar casi seguro de que el área de la cola correspondiente al valor observado de Q será muy pequeño. Por esta razón, un área de la cola muy pequeña no debería considerarse como evidencia fuerte contra hipótesis H_0 sin un análisis adicional. Antes de que un estadístico concluya que la hipótesis H_0 no es satisfactoria, debería estar seguro de que existen distribuciones alternativas *razonables* para las cuales los valores observados proporcionan un mejor ajuste. Por ejemplo, el estadístico puede calcular los valores del estadístico Q para algunas distribuciones alternativas razonables para tener la seguridad de que, para al menos una de estas distribuciones, el área de la cola correspondiente al valor calculado de Q es sustancialmente mayor que para la distribución especificada por H_0.

Una característica específica del contraste χ^2 de bondad de ajuste es que el procedimiento está diseñado para contrastar la hipótesis nula H_0 de que $p_i = p_i^0$ para $i = 1, \ldots, k$ contra la alternativa general de que H_0 no es cierta. Si se desea utilizar un procedimiento de contraste que sea especialmente efectivo para detectar ciertos tipos de desviaciones de los valores reales de $p_1, \ldots, p_k$ de los valores hipotéticos $p_1^0, \ldots, p_k^0$, entonces el estadístico deberá diseñar contrastes especiales que tengan mayor potencia para estos tipos de alternativas y menor potencia para alternativas de escaso interés. Este tema no se tratará en este libro.

Puesto que las variables aleatorias $N_1, \ldots, N_k$ de la ecuación (2) son discretas, la aproximación χ^2 a la distribución de Q en ocasiones puede ser mejorada introduciendo una corrección por continuidad del tipo descrito en la sección 5.8. Sin embargo, en este libro no se utilizará la corrección.

EJERCICIOS

1. Demuéstrese que si $p_i^0 = 1/k$, para $i = 1, \ldots, k$, entonces el estadístico Q definido por la ecuación (2) se puede escribir de la forma

$$Q = \left(\frac{k}{n}\sum_{i=1}^{k} N_i^2\right) - n.$$

2. Investíguese la "aleatoriedad" de la tabla de dígitos aleatorios incluída al final del libro considerando 200 dígitos de las primeras cinco filas de la tabla como datos muestrales y realícese un contraste χ^2 de la hipótesis de que cada uno de los diez dígitos $0, 1, \ldots, 9$ tiene la misma probabilidad de ocurrir en cada lugar de la tabla.

3. Según un principio genético sencillo, si la madre y el padre de un niño tienen genotipo Aa, entonces existe probabilidad $1/4$ de que el niño tenga genotipo AA, probabilidad $1/2$ de que el niño tenga genotipo Aa y probabilidad $1/4$ de que tenga el genotipo aa. En una muestra aleatoria de 24 niños con ambos padres con genotipo Aa, se encuentra que 10 tienen genotipo AA, 10 tienen genotipo Aa y 4 tienen genotipo aa. Investíguese si el principio genético sencillo es correcto realizando un contraste χ^2 de bondad de ajuste.

4. Supóngase que en una sucesión de n pruebas de Bernoulli, la probabilidad de éxito p de cualquier prueba concreta es desconocida. Supóngase, además, que p_0 es un número dado en el intervalo $0 < p_0 < 1$ y que se desea contrastar las siguientes hipótesis:

$$H_0: \quad p = p_0,$$
$$H_1: \quad p \neq p_0.$$

Sea $\overline{X}_n$ la proporción de éxitos en las n pruebas y supóngase que las hipótesis dadas van a ser contrastadas utilizando un contraste χ^2 de bondad de ajuste.

(a) Demuéstrese que el estadístico Q definido por la ecuación (2) se puede escribir de la forma

$$Q = \frac{n\,(\overline{X}_n - p_0)^2}{p_0(1-p_0)}.$$

(b) Suponiendo que H_0 es cierta, demuéstrese que, cuando $n \to \infty$, la f.d. de Q converge a la f.d. de la distribución χ^2 con un grado de libertad. *Sugerencia*: Demuéstrese que $Q = Z^2$, donde se sabe, por el teorema central del límite, que Z es una variable aleatoria cuya f.d. converge a la f.d. de la distribución normal tipificada.

5. Se sabe que el 30% de las pequeñas barras de acero producidas mediante un proceso estándar se romperán cuando estén sometidas a una carga de 3000 libras. En una muestra aleatoria de 50 barras similares producidas por un nuevo proceso, se encontró que 21 de ellas se rompían cuando se sometían a una carga de 3000 libras. Investíguese la hipótesis de que la tasa de rotura para el nuevo proceso es la misma que la tasa para el proceso anterior realizando un contraste χ^2 de bondad de ajuste.

6. En una muestra aleatoria de 1800 valores observados del intervalo $(0, 1)$, se encontró que 391 valores estaban entre 0 y 0.2, 490 valores estaban entre 0.2 y 0.5, 580 valores estaban entre 0.5 y 0.8, y 339 valores estaban entre 0.8 y 1. Contraste la hipótesis de que la muestra aleatoria fue seleccionada de una distribución uniforme sobre el intervalo $(0, 1)$ realizando un contraste χ^2 de bondad de ajuste al nivel de significación 0.01.

7. Supóngase que la distribución de las estaturas de los hombres que residen en cierta gran ciudad es una normal cuya media es 68 pulgadas y su desviación típica es 1 pulgada. Supóngase, además, que cuando se midieron las estaturas de 500 hombres que residen en cierto barrio de la ciudad, se obtuvo la siguiente distribución:

Estaturas	Número de hombres
Menos de 66 pulgadas	18
Entre 66 y 67.5 pulgadas	177
Entre 67.5 y 68.5 pulgadas	198
Entre 68.5 y 70 pulgadas	102
Más de 70 pulgadas	5

Contrástese la hipótesis de que, en lo que se refiere a la estatura, estos 500 hombres constituyen una muestra aleatoria de todos los hombres que residen en la ciudad.

8. Los 50 valores de la tabla 9.1 se piensa que provienen de una muestra aleatoria de una distribución normal tipificada.
   (a) Realícese un contraste χ^2 de bondad de ajuste dividiendo la recta real en cinco intervalos, cada uno con probabilidad 0.2 según la distribución normal tipificada.
   (b) Realícese un contraste χ^2 de bondad de ajuste dividiendo la recta real en diez intervalos, cada uno con probabilidad 0.1 según la distribución normal tipificada.

Tabla 9.1

−1.28	−1.22	−0.45	−0.35	0.72
−0.32	−0.80	−1.66	1.39	0.38
−1.38	−1.26	0.49	−0.14	−0.85
2.33	−0.34	−1.96	−0.64	−1.32
−1.14	0.64	3.44	−1.67	0.85
0.41	−0.01	0.67	−1.13	−0.41
−0.49	0.36	−1.24	−0.04	−0.11
1.05	0.04	0.76	0.61	−2.04
0.35	2.82	−0.46	−0.63	−1.61
0.64	0.56	−0.11	0.13	−1.81

9.2 BONDAD DE AJUSTE PARA HIPÓTESIS COMPUESTAS

Hipótesis nulas compuestas

Considérese de nuevo una gran población que consta de n artículos de k tipos distintos y de nuevo sea p_i la probabilidad de que un artículo seleccionado al azar sea del tipo i $(i = 1, \dots, k)$. Supóngase ahora, sin embargo, que en lugar de contrastar la hipótesis nula simple de que los parámetros $p_1, \ldots, p_k$ tengan valores específicos, interesa contrastar la hipótesis nula compuesta de que los valores de $p_1, \ldots, p_k$ pertenezcan a cierto subconjunto de valores posibles. En particular, considérense problemas donde la hipótesis nula afirma que los parámetros $p_1, \ldots, p_k$ se pueden representar como funciones de un número menor de parámetros.

Por ejemplo, en ciertos problemas de genética, cada individuo de una población concreta debe tener uno de los tres genotipos posibles y se supone que las probabilidades p_1, p_2 y p_3 de los tres genotipos distintos se pueden representar de la siguiente forma:

$$p_1 = \theta^2, \qquad p_2 = 2\theta(1-\theta), \qquad p_3 = (1-\theta)^2. \tag{1}$$

Aquí, el valor del parámetro θ es desconocido y puede pertenecer a cualquier intervalo $0 < \theta < 1$. Para cualquier valor de θ en este intervalo, se puede observar que $p_i > 0$ para $i = 1, 2$ ó 3 y que $p_1 + p_2 + p_3 = 1$. En este problema, se selecciona una muestra aleatoria de la población y el estadístico debe utilizar los números observados de individuos que tienen cada uno de los tres genotipos para determinar si es razonable creer que p_1, p_2 y p_3 se pueden representar en la forma hipotética (1) para *algún* valor de θ en el intervalo $0 < \theta < 1$.

En otros problemas de genética, cada individuo de la población debe tener uno de seis genotipos distintos y se supone que las probabilidades $p_1, \ldots, p_6$ de los distintos genotipos se pueden representar de la siguiente forma, para *algunos* valores de θ_1 y θ_2 tales que $\theta_1 > 0$, $\theta_2 > 0$ y $\theta_1 + \theta_2 < 1$:

$$\begin{aligned} &p_1 = \theta_1^2, \qquad p_2 = \theta_2^2, \qquad p_3 = (1-\theta_1-\theta_2)^2, \qquad p_4 = 2\theta_1\theta_2, \\ &p_5 = 2\theta_1(1-\theta_1-\theta_2), \qquad p_6 = 2\theta_2(1-\theta_1-\theta_2). \end{aligned} \tag{2}$$

De nuevo, para cualesquiera valores de θ_1 y θ_2 que satisfacen las condiciones requeridas, se puede verificar que $p_i > 0$ para $i = 1, \ldots, 6$ y $\sum_{i=1}^{6} p_i = 1$. A partir de los números observados $N_1, \ldots, N_6$ de individuos que tienen cada genotipo en una muestra aleatoria, el estadístico debe decidir si aceptar o rechazar la hipótesis nula de que las probabilidades $p_1, \ldots, p_6$ se pueden representar de la forma (2) para algunos valores de θ_1 y θ_2.

En términos formales, en un problema del tipo que se acaba de considerar, interesa contrastar la hipótesis de que para $i = 1, \ldots, k$, cada probabilidad p_i se puede representar como una función particular $\pi_i(\boldsymbol{\theta})$ de un vector de parámetros $\boldsymbol{\theta} = (\theta_1, \ldots, \theta_s)$. Se supone que $s < k - 1$ y que una componente del vector no se puede expresar como una función de las restantes $s - 1$ componentes. Se define Ω como el espacio paramétrico s-dimensional de todos los valores posibles de $\boldsymbol{\theta}$. Además, supóngase que las funciones $\pi_1(\boldsymbol{\theta}), \ldots, \pi_k(\boldsymbol{\theta})$ siempre constituyen un conjunto factible de valores de $p_1, \ldots, p_k$ en el sentido de que todo valor de $\boldsymbol{\theta} \in \Omega$, $\pi_i(\boldsymbol{\theta}) > 0$ para $i = 1, \ldots, k$ y $\sum_{i=1}^{k} \pi_i(\boldsymbol{\theta}) = 1$.

Las hipótesis que se van a contrastar se pueden escribir de la siguiente forma:

$$\begin{aligned} H_0 :&\quad \text{Existe un valor de } \boldsymbol{\theta} \in \Omega \text{ tal que} \\ &\qquad p_i = \pi_i(\boldsymbol{\theta}) \text{ para } i = 1, \ldots, k, \\ H_1 :&\quad \text{La hipótesis } H_0 \text{ no es cierta.} \end{aligned} \tag{3}$$

La suposición de que $s < k - 1$ garantiza que la hipótesis H_0 realmente restringe los valores de $p_1, \ldots, p_k$ a un subconjunto propio del conjunto de todos los valores posibles de estas probabilidades. En otras palabras, cuando el vector θ toma valores en el conjunto Ω, el vector $[\pi_1(\theta), \ldots, \pi_k(\theta)]$ únicamente toma valores en un subconjunto propio de los valores posibles de $(p_1, \ldots, p_k)$.

Constraste χ^2 para hipótesis nulas compuestas

Para realizar un contraste χ^2 de bondad de ajuste de las hipótesis (3), se debe modificar el estadístico Q definido por la ecuación (2) de la sección 9.1, porque el número esperado np_i^0 de observaciones de tipo i en una muestra aleatoria de n observaciones no está totalmente especificado por la hipótesis nula H_0. La modificación que se utiliza es simplemente reemplazar np_i^0 por el E.M.V. de este número esperado con la suposición de que H_0 es cierta. En otras palabras si $\hat{\theta}$ denota el E.M.V. del vector de parámetros θ basado en los números observados $N_1, \ldots, N_k$, entonces el estadístico Q se define como sigue:

$$Q = \sum_{i=1}^{k} \frac{\left[N_i - n\pi_i(\hat{\theta})\right]^2}{n\pi_i(\hat{\theta})}. \tag{4}$$

De nuevo, es razonable basar un contraste de las hipótesis (3) en este estadístico Q, rechazando H_0 si $Q > c$, donde c es una constante apropiada. En 1924, R. A. Fisher demostró que si la hipótesis nula H_0 es cierta y se satisfacen ciertas condiciones de regularidad, entonces cuando el tamaño muestral $n \to \infty$, la f.d. de Q converge a la f.d. de la distribución χ^2 con $k - 1 - s$ grados de libertad.

Por tanto, cuando el tamaño muestral n es grande y la hipótesis H_0 es cierta, la distribución de Q será aproximadamente una distribución χ^2. Para determinar el número de grados de libertad, se debe restar s al número $k-1$ utilizado en la sección 9.1, porque se están estimando ahora los s parámetros $\theta_1, \ldots, \theta_s$ cuando se compara el número observado N_i con el número esperado $n\pi_i\,(\hat{\theta})$ para $i = 1, \ldots, k$. Para que este resultado sea correcto, es necesario que se cumplan las siguientes condiciones de regularidad: En primer lugar, el E.M.V. $\hat{\theta}$ del vector θ se debe encontrar de la manera usual tomando las derivadas parciales de la función de verosimilitud respecto a cada uno de los parámetros $\theta_1, \ldots, \theta_s$, igualando cada una de estas s derivadas parciales a cero y luego resolviendo el conjunto de s ecuaciones que resulta para $\hat{\theta}_1, \ldots, \hat{\theta}_s$. Además, estas derivadas parciales deben satisfacer ciertas condiciones del tipo mencionado en la sección 7.8 cuando se expusieron las propiedades asintóticas de los E.M.V.

Para ilustrar el uso del estadístico Q definido por la ecuación (4), considérense de nuevo los dos tipos de problemas de genética descritos antes. En un problema del primer tipo, $k = 3$ y se desea contrastar la hipótesis nula H_0 de que las probabilidades p_1, p_2 y p_3 se puedan representar de la forma (1) contra la alternativa H_1 de que H_0 no es cierta. En este problema, $s = 1$. Por tanto, cuando H_0 es cierta, la distribución del estadístico Q definido por la ecuación (4) será aproximadamente una distribución χ^2 con un grado de libertad.

En un problema del segundo tipo, $k = 6$ y se desea contrastar la hipótesis nula H_0 de que las probabilidades $p_1, \ldots, p_6$ se puedan representar de la forma (2) contra la alternativa H_1 de que H_0 no es cierta. En este problema, $s = 2$. Por tanto, cuando H_0 es cierta, la distribución de Q será aproximadamente una χ^2 con 3 grados de libertad.

Determinación de los estimadores máximo verosímiles

Cuando la hipótesis nula H_0 de (3) es cierta, la función de verosimilitud $L(\boldsymbol{\theta})$ para los números observados $N_1, \ldots, N_k$ será

$$L(\boldsymbol{\theta}) = [\pi_1(\boldsymbol{\theta})]^{N_1} \cdots [\pi_k(\boldsymbol{\theta})]^{N_k}. \tag{5}$$

Por tanto,

$$\log L(\boldsymbol{\theta}) = \sum_{i=1}^{k} N_i \log \pi_i(\boldsymbol{\theta}). \tag{6}$$

El E.M.V. $\hat{\boldsymbol{\theta}}$ será el valor de $\boldsymbol{\theta}$ para el cual $L(\boldsymbol{\theta})$ es un máximo.

Por ejemplo, cuando $k = 3$ y H_0 especifica que las probabilidades p_1, p_2 y p_3 se pueden representar de la forma (1), entonces

$$\begin{aligned}\log L(\theta) &= N_1 \log(\theta^2) + N_2 \log[2\theta(1-\theta)] + N_3 \log\left[(1-\theta)^2\right] \\ &= (2N_1 + N_2)\log\theta + (2N_3 + N_2)\log(1-\theta) + N_2 \log 2.\end{aligned} \tag{7}$$

Se puede encontrar por diferenciación que el valor de θ para el cual log $L(\theta)$ es un máximo es

$$\hat{\theta} = \frac{2N_1 + N_2}{2(N_1 + N_2 + N_3)} = \frac{2N_1 + N_2}{2n}. \tag{8}$$

El valor del estadístico Q definido por la ecuación (4) se puede calcular ahora a partir de los números observados N_1, N_2 y N_3. Como se mencionó antes, cuando H_0 es cierta y n es grande, la distribución de Q será aproximadamente una distribución χ^2 con un grado de libertad. Por tanto, el área de la cola correspondiente al valor observado de Q se puede encontrar de esa distribución χ^2.

Contraste para verificar si una distribución es normal

Considérese ahora un problema donde se selecciona una muestra aleatoria $X_1, \ldots, X_n$ de una distribución continua cuya f.d.p. es desconocida y se desea contrastar la hipótesis nula H_0 de que esta distribución es normal contra la hipótesis alternativa H_1 de que la distribución no es normal. Se puede aplicar un contraste χ^2 de bondad de ajuste a este problema si se divide la recta real en k subintervalos y se cuenta el número N_i de observaciones en la muestra aleatoria que están en el i-ésimo subintervalo $(i = 1, \ldots, k)$.

Si H_0 es cierta y si μ y σ^2 son la media y la varianza desconocidas de la distribución normal, entonces el vector de parámetros $\boldsymbol{\theta}$ es el vector bidimensional $\boldsymbol{\theta} = (\mu, \sigma^2)$. La probabilidad $\pi_i(\boldsymbol{\theta})$, o $\pi_i(\mu, \sigma^2)$, de que una observación esté en el i-ésimo subintervalo es la probabilidad asignada al subintervalo por la distribución normal con media μ y varianza σ^2. En otras palabras, si el i-ésimo subintervalo es el intervalo de a_i a b_i, entonces

$$\pi_i(\mu, \sigma^2) = \int_{a_i}^{b_i} \frac{1}{(2\pi)^{1/2}\sigma} \exp\left[-\frac{(x-\mu)^2}{2\sigma^2}\right] dx. \tag{9}$$

Es importante observar que para calcular el valor del estadístico Q definido por la ecuación (4), los E.M.V. $\hat{\mu}$ y $\hat{\sigma}^2$ se deben encontrar utilizando los números $N_1, \ldots, N_k$ de observaciones de los distintos subintervalos; no se deben encontrar directamente a partir de los valores observados de $X_1, \ldots, X_n$. En otras palabras, $\hat{\mu}$ y $\hat{\sigma}^2$ serán los valores de μ y σ^2 que maximizan la función de verosimilitud

$$L(\mu, \sigma^2) = \left[\pi_1(\mu, \sigma^2)\right]^{N_1} \cdots \left[\pi_k(\mu, \sigma^2)\right]^{N_k}. \tag{10}$$

Debido a la naturaleza complicada de la función $\pi_i(\mu, \sigma^2)$, dada por la ecuación (9), usualmente se requiere un pesado cálculo numérico para determinar los valores de μ y σ^2 que maximizan $L(\mu, \sigma^2)$. Por otro lado, se sabe que los E.M.V. de μ y σ^2 basados en los n valores observados $X_1, \ldots, X_n$ de la muestra original son simplemente la media muestral $\overline{X}_n$ y la varianza muestral S_n^2/n. Además, si los estimadores que maximizan la función de verosimilitud $L(\mu, \sigma^2)$ se utilizan para calcular el estadístico Q, entonces se sabe que cuando H_0 es cierta, la distribución de Q será aproximadamente una distribución χ^2 con $k - 3$ grados de libertad. Por otro lado, si los E.M.V. $\overline{X}_n$ y S_n^2/n basados en los valores observados de la muestra original se utilizan para calcular Q, entonces esta aproximación χ^2 a la distribución de Q no será apropiada. Debido a su naturaleza sencilla, los estimadores $\overline{X}_n$ y S_n^2/n se utilizan para calcular Q; pero se describirá ahora como debe modificarse la distribución de Q debido a su uso.

En 1954, H. Chernoff y E. L. Lehmann establecieron el siguiente resultado: Si los E.M.V. $\overline{X}_n$ y S_n^2/n se utilizan para calcular el estadístico Q y si la hipótesis nula H_0 es cierta cuando $n \to \infty$, la f.d. de Q converge a la f.d. que está entre la f.d. de la χ^2 con $k - 3$ grados de libertad y la f.d. de la χ^2 con $k - 1$ grados de libertad. Consecuentemente si el valor de Q se calcula de esta forma simplificada, entonces el área de la cola correspondiente a este valor de Q es en realidad mayor que el área de la cola encontrada a partir de la tabla de la distribución χ^2 con $k - 3$ grados de libertad. De hecho, el área apropiada está entre el área de la cola calculada a partir de una tabla de la distribución χ^2 con $k - 3$ grados de libertad y del área (mayor) calculada a partir de una tabla de la distribución χ^2 con $k - 1$ grados de libertad. Por tanto, cuando el valor de Q se calcula de esta forma simplificada, el área de la cola correspondiente estará acotada por dos valores que se pueden obtener a partir de una tabla de la distribución χ^2.

Contraste de hipótesis compuestas para una distribución arbitraria

El procedimiento que se acaba de describir se puede aplicar de forma bastante general. Considérese de nuevo un problema donde se selecciona una muestra aleatoria de n observaciones de una distribución continua cuya f.d.p. es desconocida. Supóngase ahora que se desea contrastar la hipótesis nula H_0 de que esta distribución pertenece a una familia de distribuciones generada por el vector de parámetros s-dimensional $\boldsymbol{\theta} = (\theta_1, \ldots, \theta_s)$ frente a la hipótesis alternativa H_1 de que la distribución no pertenece a esa familia. Además, supóngase, como es usual, que la recta real se divide en k subintervalos.

Si la hipótesis nula H_0 es cierta y el vector $\boldsymbol{\theta}$ se estima maximizando la función de verosimilitud $L(\boldsymbol{\theta})$ de la ecuación (5), entonces el estadístico Q tendrá aproximadamente una distribución χ^2 con $k-1$ grados de libertad. Sin embargo, si H_0 es cierta y el E.M.V. de $\boldsymbol{\theta}$ que se encuentra a partir de los n valores observados en la muestra original se utiliza para calcular el estadístico Q, entonces la aproximación apropiada a la distribución de Q es una distribución que está entre una χ^2 con $k - 1 - s$ grados de libertad y una χ^2 con $k - 1$ grados de libertad. Por tanto, para este valor de Q, el área de la cola calculada a partir de una tabla de la distribución χ^2 con $k - 1 - s$ grados de libertad será una cota inferior para el área correcta de la cola, mientras que el área de la cola calculada a partir de una tabla de la distribución χ^2 con $k-1$ grados de libertad será una cota superior para el área correcta de la cola.

El resultado que se acaba de describir también se puede aplicar a distribuciones discretas. Supóngase, por ejemplo, que se selecciona una muestra de n observaciones de una distribución cuyos valores posibles son los enteros no negativos $0, 1, 2, \ldots$. Supóngase, además, que se desea contrastar la hipótesis nula H_0 de que esta distribución es una distribución de Poisson frente a la hipótesis alternativa H_1 de que la distribución no es de Poisson. Finalmente, supóngase que los enteros no negativos $0, 1, 2, \ldots$ se dividen en k clases tales que cada observación está en una de estas clases.

Se sabe del ejercicio 4 de la sección 6.5 que si H_0 es cierta, entonces la media muestral $\overline{X}_n$ es el E.M.V. de la media desconocida θ de la distribución de Poisson basada en los n valores observados en la muestra original. Por tanto, si el estimador $\hat{\theta} = \overline{X}_n$ se utiliza para calcular el estadístico Q definido por la ecuación (4), entonces la distribución aproximada de Q cuando H_0 es cierta está entre una χ^2 con $k - 2$ grados de libertad y una χ^2 con $k - 1$ grados de libertad.

EJERCICIOS

1. Durante el quinto partido de *hockey* de la temporada celebrado en cierto estadio, se preguntó a 200 personas seleccionadas al azar el número de partidos anteriores a los que habían asistido. Los resultados son los de la tabla 9.2. Contrástese la hipótesis de que estos 200 valores observados se pueden considerar como una muestra de una distribución binomial, esto es, que existe un número θ $(0 < \theta < 1)$ tal que las probabilidades son como sigue:

$$p_0 = (1-\theta)^4, \qquad p_1 = 4\theta(1-\theta)^3, \qquad p_2 = 6\theta^2(1-\theta)^2,$$
$$p_3 = 4\theta^3(1-\theta), \qquad p_4 = \theta^4.$$

Tabla 9.2

Número de partidos asistidos	Número de personas
0	33
1	67
2	66
3	15
4	19

2. Considérese un problema de genética en el cual cada individuo de cierta población debe tener uno de seis genotipos y se desea contrastar la hipótesis nula H_0 de que las probabilidades de los seis genotipos se puedan representar de la forma dada por la ecuación (2).
   (a) Supóngase que en una muestra aleatoria de n individuos, los valores observados de individuos que tienen los seis genotipos son $N_1, \ldots, N_6$. Encuéntrense los E.M.V. de θ_1 y θ_2 cuando la hipótesis H_0 es cierta.
   (b) Supóngase que en una muestra aleatoria de 150 individuos, los números observados son los siguientes:
   $$N_1 = 2, \quad N_2 = 36, \quad N_3 = 14, \quad N_4 = 36, \quad N_5 = 20, \quad N_6 = 42.$$
   Determínese el valor de Q y el área de la cola correspondiente.
3. Considérese de nuevo la muestra compuesta por las estaturas de 500 hombres presentada en el ejercicio 7 de la sección 9.1. Supóngase que antes de que se agrupasen estas estaturas en los intervalos utilizados en ese ejercicio, se encontró, que para las 500 estaturas observadas en la muestra original, la media muestral fue $\overline{X} = 67.6$ y la varianza muestral fue $S_n^2/n = 1.00$. Contrástese la hipótesis de que esas estaturas observadas constituyen una muestra aleatoria de una distribución normal.

Tabla 9.3

Número de boletos comprados	Número de personas
0	52
1	60
2	55
3	18
4	8
5 o más	7

4. En una gran ciudad se seleccionaron 200 personas al azar y a cada persona se le preguntó cuántos boletos de lotería había comprado la semana anterior. Los resultados son los de la tabla 9.3. Supóngase que entre las siete personas que han comprado 5 o más boletos, tres personas han comprado exactamente 5 boletos, dos personas han comprado 6 boletos, una persona ha comprado 7 boletos y una persona ha comprado 10 boletos. Contrástese la hipótesis de que estas 200 observaciones constituyen una muestra aleatoria de una distribución de Poisson.

Tabla 9.4

Número de partículas emitidas	Número de periodos de tiempo
0	54
1	143
2	218
3	231
4	174
5	110
6	39
7	20
8	4
9	1
10	3
11	1
12	1
13	0
14	1
15 o más	0
Total	1000

Tabla 9.5

9.69	8.93	7.61	8.12	−2.74
2.78	7.47	8.46	7.89	5.93
5.21	2.62	0.22	−0.59	8.77
4.07	5.15	8.32	6.01	0.68
9.81	5.61	13.98	10.22	7.89
0.52	6.80	2.90	2.06	11.15
10.22	5.05	6.06	14.51	13.05
9.09	9.20	7.82	8.67	7.52
3.03	5.29	8.68	11.81	7.80
16.80	8.07	0.66	4.01	8.64

5. El número de partículas alfa emitidas por cierta masa de radio fue observada para 1000 periodos de tiempo disjuntos, cada uno de ellos de 6 segundos de duración.

Los resultados son los de la tabla 9.4. Contrástese la hipótesis de que estas 1000 observaciones constituyen una muestra aleatoria de una distribución de Poisson.

6. Contrástese la hipótesis de que las 50 observaciones de la tabla 9.5 constituyen una muestra aleatoria de una distribución normal.

7. Contrástese la hipótesis de que las 50 observaciones de la tabla 9.6 constituyen una muestra aleatoria de una distribución exponencial.

Tabla 9.6

0.91	1.22	1.28	0.02	2.33
0.90	0.86	1.45	1.22	0.55
0.16	2.02	1.59	1.73	0.49
1.62	0.56	0.53	0.50	0.24
1.28	0.06	0.19	0.29	0.74
1.16	0.22	0.91	0.04	1.41
3.65	3.41	0.07	0.51	1.27
0.61	0.31	0.22	0.37	0.06
1.75	0.89	0.79	1.28	0.57
0.76	0.05	1.53	1.86	1.28

9.3 TABLAS DE CONTINGENCIA

Independencia en tablas de contingencia

Supóngase que se seleccionan al azar 200 estudiantes de la población total de una gran universidad y que cada estudiante de la muestra se clasifica según la facultad en donde está inscrito y según su preferencia por uno de los candidatos A y B en una próxima elección. Supóngase que los resultados son los de la tabla 9.7.

Tabla 9.7

Facultad	Candidato A	Candidato B	Indecisos	Totales
Ingeniería y ciencias	24	23	12	59
Humanidades y ciencias sociales	24	14	10	48
Bellas artes	17	8	13	38
Administración pública e industrial	27	19	9	55
Totales	92	64	44	

Una tabla en donde cada observación se clasifica de dos o más maneras se denomina *tabla de contingencia.* En la tabla 9.7 únicamente se consideran dos clasificaciones para cada estudiante, la facultad en que está inscrito y el candidato que prefiere. Una tabla de este tipo se denomina tabla de contingencia con *dos criterios de clasificación*.

Cuando un estadístico analiza una tabla de contingencia, a menudo está interesado en contrastar las hipótesis de que las clasificaciones son independientes. Por tanto, para la tabla 9.7, podría estar interesado en contrastar las hipótesis de que la facultad en donde el estudiante se inscribió y el candidato que prefiere son variables independientes. En términos precisos, en este problema, la hipótesis de independencia afirma que si un estudiante se selecciona al azar de la población total de una gran universidad, entonces la probabilidad de que esté inscrito en una facultad particular i y prefiera a cierto candidato j es igual a la probabilidad de que esté inscrito en la facultad i multiplicado por la probabilidad de que prefiera al candidato j.

En general, considérese una tabla de contingencia con dos criterios de clasificación consistente de R filas y C columnas. Para $i = 1, \ldots, R$ y $j = 1, \ldots, C$, sea p_{ij} la probabilidad de que un individuo seleccionado al azar de una población dada se clasifique en la i-ésima fila y la j-ésima columna de la tabla. Además, se define p_{i+} como la probabilidad marginal de que el individuo sea clasificado en la i-ésima fila de la tabla y sea p_{+j} la probabilidad marginal de que el individuo sea clasificado en la j-ésima columna de la tabla. Por tanto,

$$p_{i+} = \sum_{j=1}^{C} p_{ij} \qquad \text{y} \qquad p_{+j} = \sum_{i=1}^{R} p_{ij}. \tag{1}$$

Además, puesto que la suma de las probabilidades de todas las celdas de la tabla debe ser 1, resulta que

$$\sum_{i=1}^{R} \sum_{j=1}^{C} p_{ij} = \sum_{i=1}^{R} p_{i+} = \sum_{j=1}^{C} p_{+j} = 1. \tag{2}$$

Supóngase ahora que se selecciona una muestra aleatoria de n individuos de la población. Para $i = 1, \ldots, R$ y $j = 1, \ldots, C$, se define N_{ij} como el número de individuos que se clasifican en la i-ésima fila y la j-ésima columna de la tabla. Además, se define N_{i+} como el número total de individuos clasificados en la i-ésima fila y N_{+j} como el número total de individuos clasificados en la j-ésima columna. Por tanto,

$$N_{i+} = \sum_{j=1}^{C} N_{ij} \qquad \text{y} \qquad N_{+j} = \sum_{i=1}^{R} N_{ij}. \tag{3}$$

Además,

$$\sum_{i=1}^{R} \sum_{j=1}^{C} N_{ij} = \sum_{i=1}^{R} N_{i+} = \sum_{j=1}^{C} N_{+j} = n. \tag{4}$$

Partiendo de estas observaciones, se van a contrastar las siguientes hipótesis:

$$\begin{aligned} H_0 &: \quad p_{ij} = p_{i+}p_{+j} \qquad \text{para } i = 1, \ldots, R \text{ y } j = 1, \ldots, C, \\ H_1 &: \quad \text{La hipótesis } H_0 \text{ no es cierta} \end{aligned} \tag{5}$$

Contraste χ^2 de independencia

Los contrastes χ^2 descritos en la sección 9.2 se pueden aplicar al problema de contrastar las hipótesis (5). Cada individuo de la población de donde se seleccionó la muestra debe pertenecer a una de las RC celdas de la tabla de contingencia. Bajo la hipótesis nula H_0, las probabilidades desconocidas p_{ij} de estas celdas se han expresado como funciones de los parámetros desconocidos p_{i+} y p_{+j}. Puesto que $\sum_{i=1}^{R} p_{i+} = 1$ y $\sum_{j=1}^{C} p_{+j} = 1$, el número real de parámetros desconocidos que se van a estimar cuando H_0 es cierta viene dado por $(R-1)+(C-1)$ o $R+C-2$.

Para $i = 1, \dots, R$ y $j = 1, \dots, C$, sea $\widehat{E}_{ij}$ el E.M.V., cuando H_0 es cierta, del número esperado de observaciones que se clasificarán en la i-ésima fila y la j-ésima columna de la tabla. En este problema, el estadístico Q definido por la ecuación (4) de la sección 9.2 tendrá la siguiente forma:

$$Q = \sum_{i=1}^{R} \sum_{j=1}^{C} \frac{(N_{ij} - \widehat{E}_{ij})^2}{\widehat{E}_{ij}}. \tag{6}$$

Además, puesto que la tabla de contingencia contiene RC celdas y puesto que se van a estimar $R+C-2$ parámetros cuando H_0 es cierta, se deduce que cuando H_0 es cierta y cuando $n \to \infty$, la f.d. de Q converge a la f.d. de la distribución χ^2 para la cual el número de grados de libertad es $RC-1-(R+C-2) = (R-1)\,(C-1)$.

Considérese ahora la forma del estimador $\widehat{E}_{ij}$. El número esperado de observaciones en la i-ésima fila y la j-ésima columna es simplemente np_{ij}. Cuando la hipótesis nula es cierta, $p_{ij} = p_{i+}p_{+j}$. Por tanto, si $\hat{p}_{i+}$ y $\hat{p}_{+j}$ son los E.M.V. de p_{i+} y p_{+j}, entonces se deduce que $\widehat{E}_{ij} = n\hat{p}_{i+}\hat{p}_{+j}$. Ahora, puesto que p_{i+} es la probabilidad de que una observación sea clasificada en la i-ésima fila, $\hat{p}_{i+}$ es simplemente la proporción de observaciones de la muestra que están clasificadas en la i-ésima fila, esto es, $\hat{p}_{i+} = N_{i+}/n$. Análogamente, $\hat{p}_{+j} = N_{+j}/n$, y resulta que

$$\widehat{E}_{ij} = n\left(\frac{N_{i+}}{n}\right)\left(\frac{N_{+j}}{n}\right) = \frac{N_{i+}N_{+j}}{n}. \tag{7}$$

Si se sustituye este valor de $\widehat{E}_{ij}$ en la ecuación (6), se puede calcular el valor de Q a partir de los valores observados de N_{ij}. La hipótesis nula H_0 se debería rechazar si $Q > c$, donde c es una constante elegida apropiadamente. Cuando H_0 es cierta y el tamaño muestral n es grande, la distribución de Q será aproximadamente una distribución χ^2 con $(R-1)(C-1)$ grados de libertad.

Por ejemplo, supóngase que se desea contrastar las hipótesis (5) basándose en los datos de la tabla 9.7. Utilizando los totales dados en la tabla, se obtiene que $N_{1+} = 59$, $N_{2+} = 48$, $N_{3+} = 38$ y $N_{4+} = 55$ y, además, que $N_{+1} = 92$, $N_{+2} = 64$ y $N_{+3} = 44$. Puesto que $n = 200$, de la ecuación (7) se deduce que la tabla 4×3 de valores de $\widehat{E}_{ij}$ es como se muestra en la tabla 9.8.

Los valores de N_{ij} en la tabla 9.7 se pueden comparar ahora con los valores de $\widehat{E}_{ij}$ en la tabla 9.8. El valor de Q definido por la ecuación (6) resulta ser 6.68. Puesto que

$R = 4$ y $C = 3$, el área correspondiente de la cola se calculará a partir de una tabla de la distribución χ^2 con $(R-1)(C-1) = 6$ grados de libertad. Su valor es mayor que 0.3. Por tanto, en ausencia de otra información, los valores observados no proporcionan evidencia alguna de que H_0 no sea cierta.

Tabla 9.8

27.14	18.88	12.98
22.08	15.36	10.56
17.48	12.16	8.36
25.30	17.60	12.10

EJERCICIOS

1. Demuéstrese que el estadístico Q definido por la ecuación (6) se puede reescribir de la forma

$$Q = \left(\sum_{i=1}^{R} \sum_{j=1}^{C} \frac{N_{ij}^2}{\widehat{E}_{ij}} \right) - n.$$

2. Demuéstrese que si $C = 2$, el estadístico Q definido por la ecuación (6) se puede reescribir de la forma

$$Q = \frac{n}{N_{+2}} \left(\sum_{i=1}^{R} \frac{N_{i1}^2}{\widehat{E}_{i1}} - N_{+1} \right).$$

3. Supóngase que se realiza un experimento para ver si existe alguna relación entre la edad de un hombre y el uso de bigote. Supóngase que se seleccionan al azar 100 hombres de 18 años de edad o mayores y que cada hombre se clasifica de acuerdo a si está o no entre 18 y 30 años de edad y también de acuerdo a si usa o no usa bigote. Los números observados son los de la tabla 9.9. Contrástense las hipótesis de que no hay relación entre la edad de un hombre y el uso de bigote.

Tabla 9.9

	Usa bigote	No usa bigote
Entre 18 y 30	12	28
Más de 30	8	52

4. Supóngase que se seleccionan 300 personas al azar de una gran población y que cada persona de la muestra se clasifica según su tipo de sangre, 0, A, B o AB, y también según si su Rh es positivo o negativo. Los números observados son los de la tabla 9.10. Contrástese la hipótesis de que las dos clasificaciones de tipo de sangre son independientes.

Tabla 9.10

	0	A	B	AB
Rh positivo	82	89	54	19
Rh negativo	13	27	7	9

5. Supóngase que una tienda vende dos marcas distintas A y B, de un cierto tipo de cereal para desayunar. Supóngase que durante un periodo de una semana la tienda observa si cada paquete comprado de este tipo de cereal es de la marca A o de la marca B y además observa si el comprador fue mujer u hombre. (Las compras realizadas por un menor o por un hombre y una mujer juntos no se contabilizaron). Supóngase que se compraron 44 paquetes y que los resultados fueron los que se muestran en la tabla 9.11. Contrástese la hipótesis de que la marca comprada y el sexo del comprador son independientes.

Tabla 9.11

	Marca A	Marca B
Hombres	9	6
Mujeres	13	16

6. Considérese una tabla de contingencia con tres filas y tres columnas. Supóngase que, para $i = 1, 2, 3$ y $j = 1, 2, 3$, la probabilidad p_{ij} de que un individuo seleccionado al azar de una población concreta sea clasificado en la i-ésima fila y la j-ésima columna de la tabla es como se da en la tabla 9.12.

Tabla 9.12

0.15	0.09	0.06
0.15	0.09	0.06
0.20	0.12	0.08

(a) Demuéstrese que las filas y las columnas de esta tabla son independientes verificando que los valores p_{ij} satisfacen la hipótesis nula H_0 de la ecuación (5).

(b) Genérese una muestra aleatoria de 300 observaciones de la población dada eligiendo 300 *pares* de dígitos de una tabla de dígitos aleatorios y clasificando cada par en una celda de la tabla de contingencia de la siguiente manera: Puesto que $p_{11} = 0.15$, clasifíquese un par de dígitos en la primera celda si es uno de los 15 primeros 1 pares $01, 02, \ldots, 15$. Puesto que $p_{12} = 0.09$, clasifíquese un par de dígitos en la segunda celda si es uno de los nueve pares siguientes $16, 17, \ldots, 24$. Continúese de esta manera para las nueve celdas. Por tanto, puesto que la última celda de la tabla tiene probabilidad $p_{33} = 0.08$, un par de dígitos se clasificará en esa celda si es uno de los ocho últimos pares $93, 94, \ldots, 99, 00$.

(c) Considérese la tabla 3×3 de valores observados N_{ij} generados en la parte (b). Supóngase que las probabilidades p_{ij} son desconocidas y contrástense las hipótesis (5).

7. Si todos los estudiantes de una clase realizan el ejercicio 6 independientemente unos de otros y utilizan diferentes conjuntos de dígitos aleatorios, entonces los valores distintos del estadístico Q obtenidos por los estudiantes deberían constituir una muestra aleatoria de una distribución χ^2 con 4 grados de libertad. Si se dispone de los valores de Q para todos los estudiantes de la clase, contrástese la hipótesis de que estos valores constituyen dicha muestra aleatoria.

8. Considérese una tabla de contingencia con tres criterios de clasificación de tamaño $R \times C \times T$. Para $i = 1, \ldots, R$, $j = 1, \ldots, C$ y $k = 1, \ldots, T$, sea p_{ijk} la probabilidad de que un individuo seleccionado al azar de la población dada esté en la celda (i, j, k) de la tabla. Sea

$$p_{i++} = \sum_{j=1}^{C}\sum_{k=1}^{T} p_{ijk}, \qquad p_{+j+} = \sum_{i=1}^{R}\sum_{k=1}^{T} p_{ijk}, \qquad p_{++k} = \sum_{i=1}^{R}\sum_{j=1}^{C} p_{ijk}.$$

Partiendo de la muestra aleatoria de n observaciones de la población dada, constrúyase un contraste para las siguientes hipótesis:

$$\begin{aligned} H_0 &: \quad p_{ijk} = p_{i++}p_{+j+}p_{++k} \qquad \text{para todo valor de } i, j \text{ y } k, \\ H_1 &: \quad \text{La hipótesis } H_0 \text{ no es cierta.} \end{aligned}$$

9. Considérense de nuevo las condiciones del ejercicio 8. Para $i = 1, \ldots, R$ y $j = 1, \ldots, C$, sea

$$p_{ij+} = \sum_{k=1}^{T} p_{ijk}.$$

Partiendo de la muestra aleatoria de n observaciones de la población dada, constrúyase un contraste de las siguientes hipótesis:

$$\begin{aligned} H_0 &: \quad p_{ijk} = p_{ij+}p_{++k} \qquad \text{para todo valor de } i, j \text{ y } k, \\ H_1 &: \quad \text{La hipótesis } H_0 \text{ no es cierta.} \end{aligned}$$

9.4 CONTRASTES DE HOMOGENEIDAD

Muestras de varias poblaciones

Considérese de nuevo el problema descrito al principio de la sección 9.3 en donde cada estudiante de una muestra aleatoria de la población total de una gran universidad se clasifica en una tabla de contingencia de acuerdo con la facultad donde se inscribió y de acuerdo con su preferencia por alguno de los candidatos políticos A y B. Los resultados de una muestra aleatoria de 200 estudiantes fueron presentados en la tabla 9.7.

Supóngase que sigue interesando investigar si existe una relación entre la facultad en donde se inscribe un estudiante y el candidato que prefiere. Supóngase ahora, sin embargo, que en lugar de seleccionar 200 estudiantes al azar de la escuela de esa universidad y clasificarlos en una tabla de contingencia, el experimento se realiza de la siguiente manera:

En primer lugar, se seleccionan 59 estudiantes al azar de todos aquellos que se inscribieron en ingeniería y ciencia y cada uno de estos 59 estudiantes de la muestra aleatoria se clasifica según si se prefiere al candidato A, al candidato B o está indeciso. Supóngase, por conveniencia, que los resultados son de la primera fila de la tabla 9.7. Además, se seleccionan 48 estudiantes al azar de todos aquellos que se inscribieron en humanidades y ciencias sociales. De nuevo, por conveniencia, supóngase que los resultados son los de la segunda fila de la tabla 9.7. Análogamente, se seleccionan 38 estudiantes al azar de todos aquellos que se inscribieron en bellas artes y se seleccionan 55 estudiantes al azar de todos los inscritos administración pública e industrial. Supóngase que los resultados son los de las últimas dos filas de la tabla 9.7.

Se supone, por tanto, que se ha obtenido de nuevo una tabla de valores idéntica a la tabla 9.7, pero se supone ahora que esta tabla se obtuvo seleccionando cuatro muestras aleatorias distintas de las distintas poblaciones de estudiantes definidas por las cuatro filas de la tabla. En este contexto, interesa contrastar la hipótesis de que, en las cuatro poblaciones, la misma proporción de estudiantes prefiere al candidato A, la misma proporción prefiere al candidato B y la misma proporción está indecisa.

En general, considérese un problema donde se seleccionan muestras aleatorias de R poblaciones distintas y cada observación de cada muestra se puede clasificar como uno de C tipos distintos. Por tanto, los datos obtenidos de las R muestras se pueden representar en una tabla $R \times C$. Para $i = 1, \ldots, R$ y $j = 1, \ldots, C$, se define p_{ij} como la probabilidad de que una observación seleccionada al azar de la i-ésima población será del tipo j. Por tanto,

$$\sum_{j=1}^{C} p_{ij} = 1 \qquad \text{para } i = 1, \ldots, R. \tag{1}$$

La hipótesis que se va a contrastar es la siguiente:

$$\begin{aligned} H_0 &: \quad p_{1j} = p_{2j} = \cdots = p_{Rj} \qquad \text{para } j = 1, \ldots, C, \\ H_1 &: \quad \text{La hipótesis } H_0 \text{ no es cierta.} \end{aligned} \tag{2}$$

La hipótesis H_0 en (2) afirma que todas las distribuciones de donde se seleccionan las R muestras distintas son semejantes; esto es, que las R distribuciones son homogéneas. Por esta razón, un contraste de las hipótesis (2) se denomina contraste de homogeneidad de las R distribuciones.

Para $i = 1, \ldots, R$, sea N_{i+} el número de observaciones en la muestra aleatoria de la i-ésima población y para $j = 1, \ldots, C$, se define N_{ij} como el número de observaciones en esta muestra aleatoria que son del tipo j. Por tanto,

$$\sum_{j=1}^{C} N_{ij} = N_{i+} \qquad \text{para } i = 1, \ldots, R. \tag{3}$$

Además, si se define n como el número total de observaciones en las R muestras y N_{+j} como el número total de observaciones del tipo j en las R muestras, entonces todas las relaciones de las ecuaciones (3) y (4) de la sección 9.3 se verificarán de nuevo.

Contraste χ^2 de homogeneidad

Se desarrollará ahora un procedimiento de contraste para las hipótesis (2). Supóngase, de momento, que las probabilidades p_{ij} son conocidas y considérese el siguiente estadístico calculado a partir de las observaciones en la i-ésima muestra:

$$\sum_{j=1}^{C} \frac{(N_{ij} - N_{i+}p_{ij})^2}{N_{i+}p_{ij}}. \tag{4}$$

Este estadístico es precisamente el estadístico χ^2 estándar, introducido en la ecuación (2) de la sección 9.1, para la muestra aleatoria de N_{i+} observaciones de la i-ésima población. Por tanto, cuando el tamaño muestral N_{i+} sea grande, la distribución de este estadístico será aproximadamente una distribución χ^2 con $C - 1$ grados de libertad.

Si se suma este estadístico sobre las R muestras distintas, se obtiene el siguiente estadístico:

$$\sum_{i=1}^{R}\sum_{j=1}^{C} \frac{(N_{ij} - N_{i+}p_{ij})^2}{N_{i+}p_{ij}}. \tag{5}$$

Puesto que las observaciones de las R muestras se seleccionan independientemente, la distribución del estadístico (5) será la distribución de la suma de R variables aleatorias independientes, cada una de las cuales tiene aproximadamente una distribución χ^2 con $C-1$ grados de libertad. Por tanto, la distribución del estadístico (5) será aproximadamente una χ^2 con $R\ (C - 1)$ grados de libertad.

Puesto que en realidad las probabilidades p_{ij} no son conocidas, sus valores se deben estimar de los números observados en las R muestras aleatorias. Cuando la hipótesis nula H_0 es cierta, las R muestras aleatorias proceden de la misma distribución. Por tanto, el E.M.V. de la probabilidad de que una observación en cualquiera de estas muestras sea del tipo j es simplemente la proporción de todas las observaciones en las R muestras que son del tipo j. En otras palabras, el E.M.V. de p_{ij} es el mismo para todos los valores de i $(i = 1, \ldots, R)$ y este estimador es $\hat{p}_{ij} = N_{+j}/n$. Cuando este E.M.V. se sustituye en la ecuación (5), se obtiene el estadístico

$$Q = \sum_{i=1}^{R} \sum_{j=1}^{C} \frac{(N_{ij} - \widehat{E}_{ij})^2}{\widehat{E}_{ij}}, \tag{6}$$

donde

$$\widehat{E}_{ij} = \frac{N_{i+}N_{+j}}{n}. \tag{7}$$

Se puede observar que las ecuaciones (6) y (7) coinciden con las ecuaciones (6) y (7) de la sección 9.3. Por tanto, el estadístico Q utilizado para el contraste de homogeneidad en esta sección es precisamente el mismo que el estadístico Q utilizado para el contraste de independencia en la sección 9.3. Se demostrará ahora que el número de grados de libertad es también el mismo para el contraste de homogeneidad que para el contraste de independencia.

Puesto que las distribuciones de las R poblaciones son iguales cuando H_0 es cierta, y puesto que $\sum_{j=1}^{C} p_{ij} = 1$ para esta ditribución común, se han estimado $C - 1$ parámetros en este problema. Por tanto, el estadístico Q tendrá aproximadamente una distribución χ^2 con $R\,(C-1) - (C-1) = (R-1)\,(C-1)$ grados de libertad. Este número coincide con el de la sección 9.3.

En resumen, considérese de nuevo la tabla 9.7. El análisis estadístico de esta tabla será el mismo para los dos procedimientos siguientes: Las 200 observaciones se seleccionan como una sola muestra de la población completa de la universidad y se realiza un contraste de independencia, o las 200 observaciones se seleccionan como muestras separadas de cuatro grupos distintos de estudiantes y se realiza un contraste de homogeneidad. En ambos casos, en un problema de este tipo con R filas y C columnas, se debería calcular el estadístico Q definido por las ecuaciones (6) y (7) y debe suponerse que esta distribución, cuando H_0 es cierta, es aproximadamente una distribución χ^2 con $(R-1)\,(C-1)$ grados de libertad.

Tabla 9.13

Ciudad	Ven el programa	No ven el programa	Tamaño muestral
1	N_{11}	N_{12}	N_{1+}
2	N_{21}	N_{22}	N_{2+}
$\vdots$	$\vdots$	$\vdots$	$\vdots$
R	N_{R1}	N_{R2}	N_{R+}

Comparación de dos o más proporciones

Considérese un problema donde se desea establecer si la proporción de adultos que ven cierto programa de televisión fue el mismo en R ciudades distintas $(R \geq 2)$. Supóngase que, para $i = 1, \ldots, R$, se selecciona de la ciudad i una muestra aleatoria de N_{i+} adultos, que el número de personas en la muestra que ven el programa es N_{i1} y que el número de los que no ven el programa es $N_{i2} = N_{i+} - N_{i1}$. Estos datos se pueden presentar en una tabla $R \times 2$ como la 9.13. Las hipótesis que se contrastarán tendrán la misma forma que las hipótesis (2). Entonces, cuando la hipótesis H_0 es cierta, esto es, cuando la proporción de adultos que ven el programa es la misma en las R ciudades, el estadístico Q definido por las ecuaciones (6) y (7) tendrá aproximadamente una distribución χ^2 con $R - 1$ grados de libertad.

Tablas 2 x 2 correlacionadas

Se describirá ahora un tipo de problema en donde el uso del contraste de homogeneidad χ^2 no sería apropiado. Supóngase que se seleccionaron 100 personas al azar de cierta ciudad y que a cada persona se le preguntó si piensa que el servicio proporcionado por el departamento de bomberos de la ciudad era satisfactorio. Poco después de realizar esta investigación, ocurrió un gran incendio en la ciudad. Supóngase que después de este incendio, se preguntó de nuevo a las mismas 100 personas si pensaban que el servicio proporcionado por los bomberos era satisfactorio. Los resultados se presentan en la tabla 9.14.

Tabla 9.14

	Satisfactorio	No satisfactorio
Antes del fuego	80	20
Después del fuego	72	28

La tabla 9.14 tiene la misma apariencia general que otras tablas que se han considerado en esta sección. Sin embargo, no sería apropiado realizar un contraste de homogeneidad χ^2 para esta tabla, porque las observaciones tomadas antes y después del incendio no son independientes. Aunque el número total de observaciones de la tabla 9.14 es 200, se preguntó en la investigación únicamente a 100 personas seleccionadas independientemente . Es razonable creer que la opinión de una persona particular antes del incendio y su opinión después del incendio están relacionadas. Por esta razón, la tabla 9.14 se denomina tabla 2×2 correlacionada.

Tabla 9.15

	Satisfactorio después del fuego	No satisfactorio después del fuego
Satisfactorio antes del fuego	70	10
No satisfactorio antes del fuego	2	18

La manera apropiada de desplegar las opiniones de las 100 personas de la muestra aleatoria se presenta en la tabla 9.15. No es posible construir la tabla 9.15 a partir únicamente de los datos de la tabla 9.14. Las entradas de la tabla 9.14 son los totales marginales de la tabla 9.15. Para construir la tabla 9.15, es necesario volver a los datos originales y, para cada persona de la muestra, considerar sus opiniones antes y después del incendio.

Generalmente, no es apropiado realizar un contraste de independencia χ^2 ni un contraste de homogeneidad χ^2 para la tabla 9.15, porque las hipótesis que son contrastadas por estos procedimientos no suelen coincidir con las hipótesis de interés en este tipo de problema. De hecho, un estadístico podría estar básicamente interesado en las respuestas de una o de las dos siguientes preguntas: En primer lugar, ¿qué proporción de personas de la ciudad cambiaron su opinión acerca del departamento de bomberos después de que ocurrió el incendio? En segundo lugar, entre aquellas personas de la ciudad que cambiaron su opinión después del incendio, ¿fueron los cambios en una dirección más que en otra?

La tabla 9.15 proporciona la información concerniente a ambas preguntas. De acuerdo a la tabla 9.15, el número de personas en la muestra que cambiaron su opinión después del incendio fue $10 + 2 = 12$. Además, entre las 12 personas que cambiaron de opinión, 10 de ellas lo hicieron de servicio satisfactorio a no satisfactorio, y 2 cambiaron de no satisfactorio a satisfactorio. A partir de estos estadísticos, es posible hacer inferencias acerca de las proporciones correspondientes a la población total de la ciudad.

En este ejemplo, el E.M.V. $\hat{\theta}$ de la proporción de la población que cambió de opinión después del incendio es 0.12. Además, entre aquellos que cambiaron de opinión, el E.M.V. $\hat{p}_{12}$ de la proporción que cambió de satisfactorio a no satisfactorio es $5/6$. Así pues, si $\hat{\theta}$ es muy pequeño en un determinado problema, entonces el valor de $\hat{p}_{12}$ tiene muy poco interés.

EJERCICIOS

1. A 500 estudiantes de último grado de dos grandes ciudades se les puso un examen y sus calificaciones fueron registradas como baja, media o alta. Los resultados son los de la tabla 9.16. Contrástese la hipótesis de que la distribución de calificaciones entre los estudiantes de último grado en las dos ciudades es la misma.

Tabla 9.16

	Baja	Media	Alta
Ciudad A	103	145	252
Ciudad B	140	136	224

2. Los martes por la tarde, durante el año escolar, cierta universidad invita a un especialista a dar una conferencia sobre algún tema de actualidad. El día anterior a la cuarta conferencia del año, se seleccionaron muestras aleatorias de 70 estudiantes de primer grado, 70 estudiantes de segundo grado, 60 estudiantes de tercer grado y 50 estudiantes de último grado, y a cada uno de los estudiantes se le preguntó a cuántas

conferencias había asistido. Los resultados son los de la tabla 9.17. Contrástese la hipótesis de que asistieron con la misma frecuencia los estudiantes de primero, segundo, tercer y último grado.

Tabla 9.17

	Conferencias asistidas				
	0	1	2	3	4
Primer grado	10	16	27	6	11
Segundo grado	14	19	20	4	13
Tercer grado	15	15	17	4	9
Último grado	19	8	6	5	12

3. Supóngase que 5 personas disparan a un blanco. Supóngase, además, que para $i = 1, \ldots, 5$, la persona i dispara n_i veces y que acierta y_i veces en el blanco, y que los valores de n_i e y_i son los de la tabla 9.18. Contrástese la hipótesis de que las cinco personas son buenos tiradores igualmente.

Tabla 9.18

i	n_i	y_i
1	17	8
2	16	4
3	10	7
4	24	13
5	16	10

Tabla 9.19

	Proveedor 1	Proveedor 2	Proveedor 3
Número de defectos N_i	1	7	7
Número esperado de defectos E_i bajo H_0	5	5	5
$\frac{(N_i - E_i)^2}{E_i}$	$\frac{16}{5}$	$\frac{4}{5}$	$\frac{4}{5}$

4. Una planta manufacturadora tiene contratos de prueba con tres proveedores distintos de máquinas. Cada proveedor envía 15 máquinas, que son utilizadas en la planta durante 4 meses en producción preliminar. Se encontró que una de las máquinas del proveedor 1 estaba defectuosa, que siete de las máquinas enviadas por el proveedor 2 estaban defectuosas y que siete de las máquinas del proveedor 3 estaban defectuosas. El estadístico de la planta decide contrastar la hipótesis nula H_0 de que los tres proveedores proporcionan la misma calidad. Por tanto, constrúyase la tabla 9.19 y realícese un contraste χ^2. Sumando los valores de la última fila de

la tabla 9.19 encuéntrese que el valor del estadístico χ^2 fue 24/5 con 2 grados de libertad. Encuéntrese entonces a partir de una tabla de la distribución χ^2 que H_0 se debería aceptar cuando el nivel de significación es 0.05. Coméntese este procedimiento y proporciónese un análisis significativo de los datos observados.

5. Supóngase que 100 estudiantes de una clase de educación física tiran a un blanco con arco y flechas y que 27 estudiantes aciertan al blanco. Estos 100 estudiantes reciben instrucciones sobre la técnica apropiada para el tiro con arco. Después de la instrucción, tiran de nuevo al blanco. Esta vez, 35 estudiantes aciertan al blanco. Investíguese la hipótesis de que la instrucción sirvió de ayuda. ¿Qué información adicional se necesita?

6. Entre las personas que entran personas en un mitin, se seleccionan n al azar y se les pide que nombren a uno de los dos canditatos políticos que favorecerán en una elección próxima o que digan "indeciso" si no tienen preferencias. Durante el mitin, las personas oyeron un discurso a favor de uno de los candidatos. Después del mitin, se pidió a cada una de las n personas que expresara de nuevo su opinión. Descríbase un método para evaluar la efectividad del orador.

9.5 PARADOJA DE SIMPSON

Comparación de tratamientos

Supóngase que se realiza un experimento para comparar un nuevo tratamiento para cierta enfermedad con el tratamiento estándar para esa enfermedad. En el experimento se tratan 80 individuos que padecen la enfermedad, 40 reciben el nuevo tratamiento y 40 reciben el tratamiento estándar. Después de cierto tiempo, se observa cuántos de los individuos de cada grupo han mejorado y cuántos no. Supóngase que los resultados globales de los 80 pacientes son los de la tabla 9.20.

Tabla 9.20

Todos los pacientes	Mejoran	No mejoran	Porcentaje de mejora
Nuevo tratamiento	20	20	50
Tratamiento estándar	24	16	60

De acuerdo con esta tabla, 20 de los 40 individuos que reciben el nuevo tratamiento mejoraron y 24 de los 40 individuos que recibieron el tratamiento estándar mejoraron. Por tanto, el 50% de los individuos mejoraron con el nuevo tratamiento, mientras que el 60% mejoraron con el tratamiento estándar. A partir de estos resultados, el nuevo tratamiento parece inferior al tratamiento estándar.

Agregación y desagregación

Para investigar la eficacia del nuevo tratamiento más a fondo, se podría comparar con el tratamiento estándar sólo para los hombres de la muestra y, separadamente, sólo para las mujeres de la muestra. Los resultados de la tabla 9.20 se pueden entonces separar en dos tablas, una sólo para los hombres y otra sólo para las mujeres. Este procedimiento de dividir los datos globales en componentes disjuntas pertenecientes a subgrupos distintos de la población se denomina *desagregación.*

Tabla 9.21

Sólo hombres	Mejoran	No mejoran	Porcentaje de mejora
Nuevo tratamiento	12	18	40
Tratamiento estándar	3	7	30

Sólo mujeres	Mejoran	No mejoran	Porcentaje de mejora
Nuevo tratamiento	8	2	80
Tratamiento estándar	21	9	70

Supóngase que, cuando los valores de la tabla 9.20 se desagregan considerando los hombres y las mujeres por separado, los resultados son los de la tabla 9.21. Se puede verificar que cuando se combinan o *agregan* los datos de estas tablas separadas, se puede de nuevo obtener la tabla 9.20. Sin embargo, la tabla 9.21 contiene una gran sorpresa porque el nuevo tratamiento parece ser superior al tratamiento estándar en ambos, hombres y mujeres. Específicamente, el 40% de los hombres (12 de cada 30) que reciben el nuevo tratamiento mejoraron, pero sólo el 30% de los hombres (3 de cada 10) que recibieron el tratamiento estándar mejoraron. Además, el 80% de las mujeres (8 de cada 10) que recibieron el nuevo tratamiento mejoraron, pero sólo el 70% de las mujeres (21 de cada 80) que recibieron el tratamiento estándar mejoraron.

Por tanto, las tablas 9.20 y 9.21 proporcionan juntas algunos resultados anómalos. De acuerdo con la tabla 9.21, el nuevo tratamiento es superior al tratamiento estándar para ambos, hombres y mujeres, pero según la tabla 9.20, el nuevo tratamiento es inferior al tratamiento estándar cuando se agregan todos los sujetos. Este tipo de resultado se conoce como *paradoja de Simpson.*

Ha de subrayarse que la paradoja de Simpson *no* es un fenómeno que ocurre porque se trabaja con muestras pequeñas. Los números pequeños de las tablas 9.20 y 9.21 se utilizaron sólo por convenir a esta explicación. Cada una de las entradas de estas tablas se podría multiplicar por 1000 o por 1 000 000 sin que cambien los resultados.

Explicación de la paradoja

Está claro que la paradoja de Simpson no es realmente una paradoja, sólo es un resultado que sorprende y confunde a quien no lo ha observado o pensado antes. Se puede ver en la tabla 9.21 que en el ejemplo que se considera, las mujeres tienen una tasa de recuperación de la enfermedad mayor que la de los hombres, independientemente del tratamiento que reciban. Además, entre los 40 hombres de la muestra, 30 recibieron el nuevo tratamiento y sólo 10 recibieron el tratamiento estándar, mientras que para las 40 mujeres de la muestra, estos números son justamente al revés. Por tanto, aunque los números de hombres y mujeres en el experimento fueron iguales, una alta proporción de mujeres y una baja proporción de hombres recibieron el tratamiento estándar. Puesto que las mujeres tienen una tasa mucho más alta de recuperación que los hombres, se encuentra en la tabla agregada 9.20 que el tratamiento estándar manifiesta una mayor tasa global de recuperación que el nuevo tratamiento.

La paradoja de Simpson demuestra de una forma drástica los peligros de realizar inferencias a partir de tablas agregadas como la 9.20. Para estar seguro de que la paradoja de Simpson no puede ocurrir en un experimento como el que se acaba de describir, las proporciones relativas de hombres y mujeres entre los individuos que reciben el nuevo tratamiento debe ser la misma, o aproximadamente la misma, así como las proporciones relativas de hombres y mujeres entre los individuos que reciben el tratamiento estándar. *No* es necesario que haya igual número de hombres y mujeres en la muestra.

Se puede expresar la paradoja de Simpson en función de la probabilidad. Sea A el suceso de que el individuo seleccionado para el experimento sea un hombre y sea A^c el suceso de que el individuo sea una mujer. Además, sea B el suceso de que el individuo reciba el nuevo tratamiento y sea B^c el suceso de que el individuo reciba el tratamiento estándar. Finalmente, sea I el suceso de que un individuo mejore. La paradoja de Simpson refleja entonces el hecho de que es posible que las tres siguientes desigualdades se verifiquen simultáneamente:

$$\begin{aligned}
\Pr(I|A,B) &> \Pr(I|A,B^c), \\
\Pr(I|A^c,B) &> \Pr(I|A^c,B^c), \\
\Pr(I|B) &< Pr(I|B^c).
\end{aligned} \tag{1}$$

La exposición que se acaba de hacer en relación con la prevención de la paradoja de Simpson se puede expresar como sigue: Si $\Pr(A|B) = \Pr(A|B^c)$, entonces no es posible que las tres desigualdades de (1) sean ciertas (véase Ejercicio 4).

La posibilidad de la paradoja de Simpson subyace en cualquier tabla de contingencia. Aun cuando se tuviera cuidado al diseñar un experimento particular de forma que no pudiera ocurrir la paradoja de Simpson cuando se desagrega para hombres y mujeres, siempre es posible que exista alguna otra variable, como la edad de los individuos o la intensidad y grado de avance de la enfermedad, con respecto a la cual la desagregación podría conducir a una conclusión directamente opuesta a la indicada por la tabla agregada.

EJERCICIOS

1. Considérense dos poblaciones, I y II. Supóngase que el 80% de los hombres y el 30% de las mujeres de la población I tiene cierta característica y que sólo el 60% de los hombres y el 10% de las mujeres de la población II tienen esa característica.

Explíquese cómo, en estas condiciones, podría ser cierto que la proporción de la población II que tiene la característica sea mayor que la de la población I.

2. Supóngase que A y B son sucesos tales que $0 < \Pr(A) < 1$ y $0 < \Pr(B) < 1$. Demuéstrese que $\Pr(A|B) = \Pr(A|B^c)$ si, y sólo si, $\Pr(B|A) = \Pr(B|A^c)$.

3. Supóngase que a cada adulto de un experimento se le proporciona el tratamiento I o el II. Demuéstrese que la proporción de hombres entre los individuos que reciben el tratamiento I es igual a la proporción de hombres entre los individuos que reciben el tratamiento II si, y sólo si, la proporción de todos los hombres en el experimento que reciben el tratamiento I es igual a la proporción de todas las mujeres que reciben el tratamiento I.

4. Demuéstrese que las tres desigualdades de (1) no pueden satisfacerse si $\Pr(A|B) =$ $= \Pr(A|B^c)$.

5. Se pensaba que cierta universidad había discriminado contra las mujeres en su política de admisión, porque fueron admitidas el 30% de todas las solicitudes masculinas, mientras que se admitió únicamente el 20% de todas las solicitudes femeninas. Para determinar cuál de las cinco facultades de la universidad fue responsable en mayor medida de esta discriminación, se analizaron las tasas de admisión para cada facultad por separado. Sorprendentemente, se encontró que en cada facultad la proporción de solicitudes femeninas admitidas en la facultad fue realmente mayor que la proporción de solicitudes masculinas admitidas. Analícese y explíquese este resultado.

6. En un experimento que comprende 800 individuos, cada sujeto recibe el tratamiento I o el II y es clasificado en una de las cuatro categorías siguientes: Hombres mayores, hombres jóvenes, mujeres mayores y mujeres jóvenes. Al final del experimento, se determina para cada individuo si el tratamiento que recibió fue útil o no. Los resultados para cada una de las cuatro categorías son los de la tabla 9.22.

Tabla 9.22

Hombres mayores	Útil	No
Tratamiento I	120	120
Tratamiento II	20	10

Hombres jóvenes	Útil	No
Tratamiento I	60	20
Tratamiento II	40	10

Mujeres mayores	Útil	No
Tratamiento I	10	50
Tratamiento II	20	50

Mujeres jóvenes	Útil	No
Tratamiento I	10	10
Tratamiento II	160	90

(a) Demuéstrese que el tratamiento II es más útil que el tratamiento I en cada una de las cuatro categorías de individuos.

(b) Demuéstrese que si estas cuatro categorías se agregan únicamente en las categorías de individuos mayores e individuos jóvenes, entonces el tratamiento I es más útil que el tratamiento II en cada una de esas categorías.

(c) Demuéstrese que si las dos categorías de la parte (b) se agregan en una sola categoría que comprenda los 800 individuos, entonces el tratamiento II de nuevo parece más útil que el tratamiento I.

---

*9.6 CONTRASTES DE KOLMOGOROV-SMIRNOV

Función de distribución muestral

Supóngase que las variables aleatorias $X_1, \ldots, X_n$ constituyen una muestra aleatoria de una distribución continua y sean $x_1, \ldots, x_n$ los valores observados de $X_1, \ldots, X_n$. Puesto que las observaciones provienen de una distribución continua, existe una probabilidad 0 de que dos valores observados cualesquiera $x_1, \ldots, x_n$ sean iguales. Por tanto, supóngase por simplicidad que los n valores son distintos. Considérese ahora una función $F_n(x)$ que se construye a partir de los valores $x_1, \ldots, x_n$ de la siguiente manera:

Para cada número x ($-\infty < x < \infty$), el valor de $F_n(x)$ se define como la proporción de valores observados en la muestra que son menores o iguales a x. En otras palabras, si exactamente k de los valores observados en la muestra son menores o iguales que x, entonces $F_n(x) = k/n$. La función $F_n(x)$ definida de esta manera se denomina *función de distribución muestral* o simplemente *f.d. muestral*. En algunas ocasiones, $F_n(x)$ se denomina *f.d. empírica*.

La f.d. muestral $F_n(x)$ se puede considerar como la f.d. de una distribución discreta que asigna probabilidad $1/n$ a cada uno de los n valores $x_1, \ldots, x_n$. Por tanto, $F_n(x)$ será un función escalonada con saltos de magnitud $1/n$ en cada punto x_i ($i = 1, \ldots, n$). Si se definen $y_1 < y_2 < \cdots < y_n$ como los valores de los estadísticos de orden de la muestra, definidos en la sección 6.8, entonces $F_n(x) = 0$ para $x < y_1$, $F_n(x)$ salta al valor $1/n$ en el punto $x = y_1$ y permanece en $1/n$ para $y_1 \leq x < y_2$, $F_n(x)$ salta al valor $2/n$ en el punto $x = y_2$ y permanece en $2/n$ para $y_2 \leq x < y_3$, y así sucesivamente. En la figura 9.1 se representan f.d. muestrales típicas para distintos valores de n.

Se define ahora $F(x)$ como la f.d. de la distribución de donde se seleccionó la muestra aleatoria $X_1, \ldots, X_n$. Para cualquier número x ($-\infty < x < \infty$), la probabilidad de que cualquier observación particular X_i sea menor o igual que x es $F(x)$. Por tanto, de la ley de los grandes números se deduce que cuando $n \to \infty$, la proporción $F_n(x)$ de observaciones de la muestra que son menores o iguales que x converge en probabilidad a $F(x)$. En símbolos,

$$\operatorname*{plim}_{n\to\infty} F_n(x) = F(x) \qquad \text{para } -\infty < x < \infty. \tag{1}$$

La relación (1) expresa el hecho de que en cada punto x, la f.d. muestral $F_n(x)$ convergerá a la verdadera f.d. $F(x)$ de la distribución de donde se seleccionó la muestra aleatoria. Un resultado todavía más fuerte, conocido como lema de Glivenko-Cantelli,

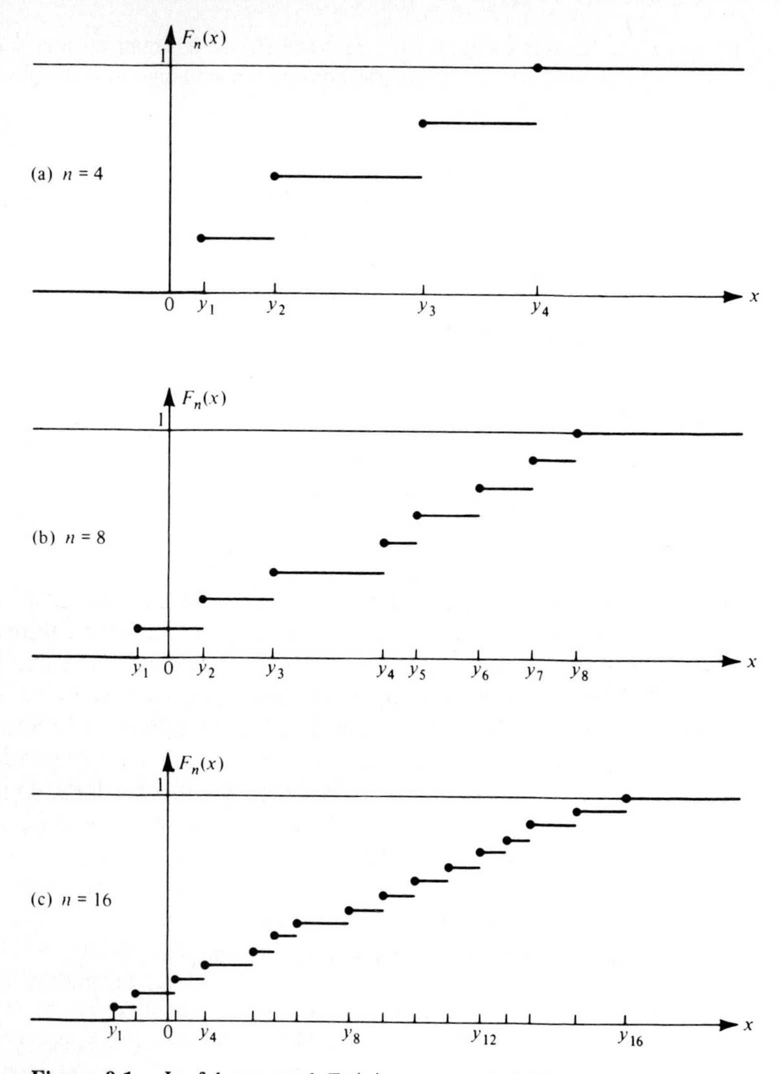

Figura 9.1 La f.d. muestral $F_n(x)$ para $n = 4, 8, 16$.

afirma que $F_n(x)$ convergerá a $F(x)$ uniformemente para todos los valores de x. Más precisamente, sea

$$D_n = \sup_{-\infty < x < \infty} |F_n(x) - F(x)|. \tag{2}$$

En la figura 9.2 se muestra el valor de D_n para un ejemplo típico. Antes de haber observado los valores de $X_1, \ldots, X_n$, el valor de D_n es una variable aleatoria. El lema de Glivenko-Cantelli afirma que

$$\operatorname*{plim}_{n\to\infty} D_n = 0. \tag{3}$$

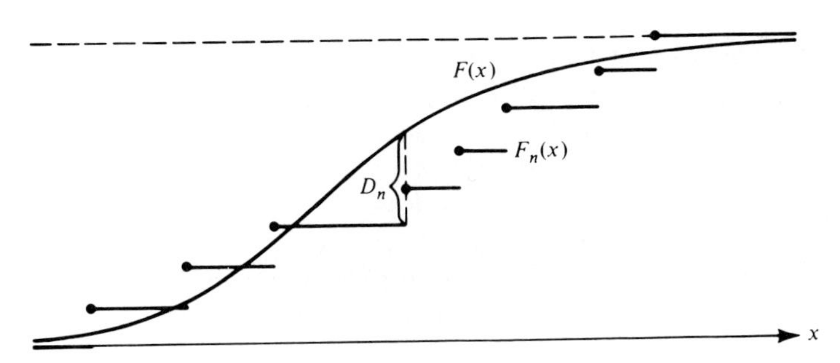

Figura 9.2 El valor de D_n.

La relación (3) implica que cuando el tamaño muestral n es grande, es muy probable que la f.d. muestral $F_n(x)$ esté cerca de la f.d. $F(x)$ para cualquier valor de la recta real. En este sentido, cuando la f.d. $F(x)$ es desconocida, la f.d. muestral $F_n(x)$ se puede considerar un estimador de $F(x)$. En otro sentido, sin embargo, $F_n(x)$ no es un estimador razonable de $F(x)$. Como se explicó antes, $F_n(x)$ será la f.d. de una distribución discreta que se concentra en n puntos, aunque se supone en esta sección que la f.d. desconocida $F(x)$ es la f.d. de una distribución continua. Algún tipo de versión suavizada de $F_n(x)$, en la que los saltos hubieran sido eliminados, proporcionaría un estimador razonable de $F(x)$, pero aquí no se profundizará más en ese tema.

Contraste de Kolmogorov-Smirnov para hipótesis simples

Supóngase ahora que se desea contrastar la hipótesis nula simple de que la f.d. desconocida $F(x)$ es una f.d. continua concreta $F^*(x)$ frente a la alternativa general de que la verdadera f.d. no es $F^*(x)$. En otras palabras, supóngase que se desea contrastar las siguientes hipótesis:

$$\begin{aligned} H_0:&\quad F(x) = F^*(x) \qquad \text{para } -\infty < x < \infty, \\ H_1:&\quad \text{La hipótesis } H_0 \text{ no es cierta.} \end{aligned} \tag{4}$$

Este es un problema no paramétrico, porque la distribución desconocida de donde se toma la muestra puede ser cualquier distribución continua.

En la sección 9.1 se describe cómo se puede utilizar el contraste de bondad de ajuste χ^2 para contrastar las hipótesis que tienen la forma (4). Ese contraste, sin embargo, requiere agrupar las observaciones en un número finito de intervalos de una manera arbitraria. Se describirá ahora un contraste de las hipótesis (4) que no requiere tal agrupación.

Como antes, se denotará por $F_n(x)$ la f.d. muestral. Además, se denotará por D_n^* el siguiente estadístico:

$$D_n^* = \sup_{-\infty<x<\infty} |F_n(x) - F^*(x)|. \tag{5}$$

En otras palabras, D_n^* es la diferencia máxima entre la f.d. muestral $F_n(x)$ y la f.d. hipotética $F^*(x)$. Cuando la hipótesis nula H_0 de (4) es cierta, la distribución de probabilidad de D_n^* será una distribución que es la misma para toda f.d. continua posible $F^*(x)$ y no depende en particular de la f.d. $F^*(x)$ que se estudia en un problema específico. Las tablas de esta distribución, para varios valores del tamaño muestral n, se han desarrollado y publicado en muchas colecciones de tablas estadísticas.

Del lema de Glivenko-Cantelli se deduce que el valor de D_n^* tenderá a ser pequeño si la hipótesis nula H_0 es cierta, y D_n^* tenderá a ser grande si la verdadera f.d. $F(x)$ es distinta de $F^*(x)$. Por tanto, un procedimiento de contraste razonable para las hipótesis (4) es rechazar H_0 si $n^{1/2}D_n^* > c$, donde c es una constante apropiada.

Es conveniente expresar el procedimiento de contraste en función de $n^{1/2}D_n^*$, en lugar de simplemente D_n^*, debido al siguiente resultado, que fue establecido en la década de 1930 por A.N. Kolmogorov y N.V. Smirnov:

Si la hipótesis nula H_0 es cierta, entonces para cualquier valor dado $t > 0$,

$$\lim_{n\to\infty} \Pr\left(n^{1/2}D_n^* \leq t\right) = 1 - 2\sum_{i=1}^{\infty}(-1)^{i-1}e^{-2i^2t^2}. \tag{6}$$

Tabla 9.23

t	$H(t)$	t	$H(t)$
0.30	0.0000	1.20	0.8878
0.35	0.0003	1.25	0.9121
0.40	0.0028	1.30	0.9319
0.45	0.0126	1.35	0.9478
0.50	0.0361	1.40	0.9603
0.55	0.0772	1.45	0.9702
0.60	0.1357	1.50	0.9778
0.65	0.2080	1.60	0.9880
0.70	0.2888	1.70	0.9938
0.75	0.3728	1.80	0.9969
0.80	0.4559	1.90	0.9985
0.85	0.5347	2.00	0.9993
0.90	0.6073	2.10	0.9997
0.95	0.6725	2.20	0.9999
1.00	0.7300	2.30	0.9999
1.05	0.7798	2.40	1.0000
1.10	0.8223	2.50	1.0000
1.15	0.8580		

Por tanto, si la hipótesis nula H_0 es cierta, entonces cuando $n \to \infty$, la f.d. de $n^{1/2}D_n^*$ convergerá a la f.d. dada por la serie infinita de la parte derecha de la ecuación (6). Para cualquier valor $t > 0$, se define $H(t)$ como el valor de la parte derecha de la ecuación (6). Los valores de $H(t)$ aparecen en la tabla 9.23.

Un procedimiento de contraste que rechaza H_0 cuando $n^{1/2}D_n^* > c$ se denomina *contraste de Kolmogorov-Smirnov.* De la ecuación (6) se deduce que cuando el tamaño muestral n es grande, la constante c se puede elegir en la tabla 9.23 para alcanzar, al menos aproximadamente, cualquier nivel de significación α_0 $(0 < \alpha_0 < 1)$. Por ejemplo, se encuentra en la tabla 9.23 que $H(1.36) = 0.95$. Por tanto, si la hipótesis nula H_0 es cierta, entonces $\Pr(n^{1/2}D_n^* > 1.36) = 0.05$. Resulta que el nivel de significación de un contraste Kolmogorov-Smirnov con $c = 1.36$ será 0.05.

Tabla 9.24

i	y_i	$F_n(y_i)$	$\Phi(y_i)$
1	−2.46	0.04	0.0069
2	−2.11	0.08	0.0174
3	−1.23	0.12	0.1093
4	−0.99	0.16	0.1611
5	−0.42	0.20	0.3372
6	−0.39	0.24	0.3483
7	−0.21	0.28	0.4168
8	−0.15	0.32	0.4404
9	−0.10	0.36	0.4602
10	−0.07	0.40	0.4721
11	−0.02	0.44	0.4920
12	0.27	0.48	0.6064
13	0.40	0.52	0.6554
14	0.42	0.56	0.6628
15	0.44	0.60	0.6700
16	0.70	0.64	0.7580
17	0.81	0.68	0.7910
18	0.88	0.72	0.8106
19	1.07	0.76	0.8577
20	1.39	0.80	0.9177
21	1.40	0.84	0.9192
22	1.47	0.88	0.9292
23	1.62	0.92	0.9474
24	1.64	0.96	0.9495
25	1.76	1.00	0.9608

Ejemplo 1: Contraste para verificar si una muestra proviene de una distribución normal tipificada. Supóngase que se desea contrastar la hipótesis de que una muestra aleatoria de 25 observaciones se seleccionó de una distribución normal tipificada frente a la alternativa

de que la muestra aleatoria fue seleccionada de alguna otra distribución continua. Los 25 valores observados de la muestra, en orden de menor a mayor, son $y_1, \ldots, y_{25}$ y están listados en la tabla 9.24. La tabla también incluye el valor $F_n(y_i)$ de la f.d. muestral y el valor $\Phi(y_i)$ de la f.d. de la distribución normal tipificada.

Examinando los valores de la tabla 9.24, se obtiene que D_n^*, que es la mayor diferencia entre $F_n(x)$ y $\Phi(x)$, ocurre cuando se pasa de $i = 4$ a $i = 5$, esto es, cuando x aumenta del punto $x = -0.99$ al punto $x = -0.42$. La comparación de $F_n(x)$ y $\Phi(x)$ sobre este intervalo está representado en la figura 9.3, en la cual se observa que $D_n^* = 0.3372 - 0.16 = 0.1772$. Puesto que en este ejemplo $n = 25$, se deduce que $n^{1/2}D_n^* = 0.886$. De la tabla 9.23, se obtiene que $H(0.886) = 0.6$. Por tanto, el área de la cola correspondiente al valor observado de $n^{1/2}D_n^*$ es 0.4 y se puede concluir que la f.d. muestral $F_n(x)$ está muy cerca de la f.d. hipotética $\Phi(x)$. ◁

Es importante subrayar de nuevo que cuando el tamaño muestral n es grande, un valor pequeño del área de la cola correspondiente al valor observado de $n^{1/2}D_n^*$ no tiene porqué indicar que la f.d. verdadera $F(x)$ sea muy diferente de la f.d. hipotética $\Phi(x)$. Cuando n es grande, una diferencia pequeña entre la f.d. $F(x)$ y la f.d. $\Phi(x)$ sería suficiente para generar un valor grande de $n^{1/2}D_n^*$. Por tanto, antes de que un estadístico rechaze la hipótesis nula, debería estar seguro de que existe una f.d. alternativa apropiada con la cual $F_n(x)$ proporcione un mejor ajuste.

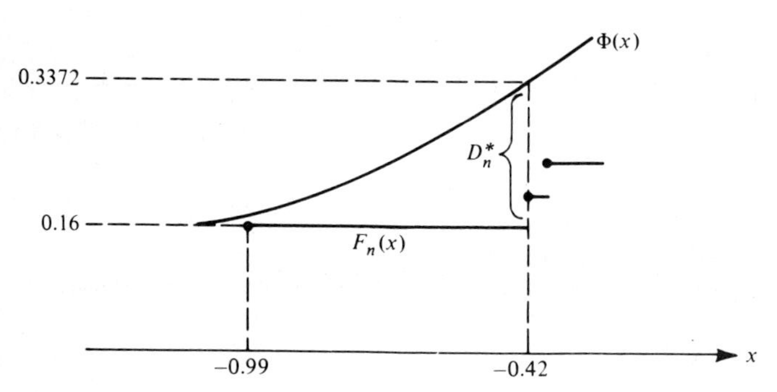

Figura 9.3 El valor de D_n^* en el ejemplo 1.

Contraste de Kolmogorov-Smirnov para dos muestras

Considérese un problema donde se selecciona una muestra aleatoria de m observaciones $X_1, \ldots, X_m$ cuya f.d. $F(x)$ es desconocida y se selecciona una muestra aleatoria independiente de n observaciones $Y_1, \ldots, Y_n$ de otra distribución cuya f.d. $G(x)$ también es desconocida. Supóngase que ambas, $F(x)$ y $G(x)$, son funciones continuas y que se desea contrastar las siguientes hipótesis:

$$\begin{aligned} H_0 &: \quad F(x) = G(x) \quad \text{para} \quad -\infty < x < \infty, \\ H_1 &: \quad \text{La hipótesis } H_0 \text{ no es cierta.} \end{aligned} \tag{7}$$

Se denotará por $F_m(x)$ la f.d. muestral calculada a partir de los valores observados de $X_1, \ldots, X_m$ y por $G_n(x)$ la f.d. muestral calculada de los valores observados de $Y_1, \ldots, Y_n$. Además, considérese el estadístico D_{mn}, que se define como sigue:

$$D_{mn} = \sup_{-\infty<x<\infty} |F_m(x) - G_n(x)|. \tag{8}$$

El valor de D_{mn} está representado en la figura 9.4 para un ejemplo típico con $m = 5$ y $n = 3$.

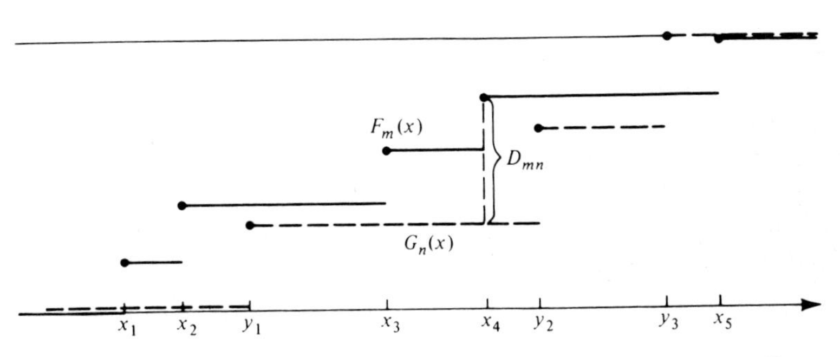

Figura 9.4 Una representación de $F_m(x)$, $G_n(x)$ y D_{mn} para $m = 5$ y $n = 3$.

Cuando la hipótesis nula H_0 es cierta y $F(x)$ y $G(x)$ son funciones idénticas, las f.d. muestrales $F_m(x)$ y $G_n(x)$ tenderán a estar próximas.

De hecho, cuando H_0 es cierta, del lema de Glivenko-Cantelli se deduce que

$$\operatorname*{plim}_{\substack{m\to\infty \\ n\to\infty}} D_{mn} = 0. \tag{9}$$

Parece razonable, por tanto, utilizar un procedimiento de contraste que especifique el rechazo de H_0 cuando

$$\left(\frac{mn}{m+n}\right)^{1/2} D_{mn} > c, \tag{10}$$

donde c es una constante apropiada.

Es conveniente trabajar con el estadístico de la parte izquierda de la relación (10), en lugar de trabajar simplemente con D_{mn}, debido al siguiente resultado:

Para cualquier valor $t > 0$, sea $H(t)$ la parte derecha de la ecuación (6). *Si la hipótesis nula H_0 es cierta, entonces*

$$\lim_{\substack{m \to \infty \\ n \to \infty}} \Pr\left[\left(\frac{mn}{m+n}\right)^{1/2} D_{mn} \leq t\right] = H(t). \tag{11}$$

Un procedimiento de contraste que rechaza H_0 cuando la relación (10) se satisface se denomina *contraste de Kolmogorov-Smirnov para dos muestras.* Los valores de la función $H(t)$ se muestran en la tabla 9.23. Por tanto, cuanao los tamaños muestrales m y n son grandes, la constante c de la relación (10) se puede elegir de la tabla 9.23 para alcanzar, al menos aproximadamente, cualquier nivel de significación específico. Por ejemplo, si m y n son grandes y se realiza el contraste al nivel de significación 0.05, entonces se encuentra en la tabla 9.23 que se debería elegir $c = 1.36$.

EJERCICIOS

1. Supóngase que los valores ordenados de una muestra aleatoria de cinco observaciones son $y_1 < y_2 < y_3 < y_4 < y_5$. Sea $F_n(x)$ la f.d. muestral construida a partir de estos valores, sea $F(x)$ una f.d. continua y sea D_n definida por la ecuación (2). Demuéstrese que el valor mínimo posible de D_n es 0.1 y demuéstrese que $D_n = 0.1$ si, y sólo si, $F(y_1) = 0.1$, $F(y_2) = 0.3$, $F(y_3) = 0.5$, $F(y_4) = 0.7$ y $F(y_5) = 0.9$.
2. Considérense de nuevo las condiciones del ejercicio 1. Demuéstrese que $D_n \leq 0.2$ si, y sólo si, $F(y_1) \leq 0.2 \leq F(y_2) \leq 0.4 \leq F(y_3) \leq 0.6 \leq F(y_4) \leq 0.8 \leq F(y_5)$.
3. Contrástese la hipótesis de que los 25 valores de la tabla 9.25 constituyen una muestra aleatoria de una distribución uniforme sobre el intervalo $(0, 1)$.

Tabla 9.25

0.42	0.06	0.88	0.40	0.90
0.38	0.78	0.71	0.57	0.66
0.48	0.35	0.16	0.22	0.08
0.11	0.29	0.79	0.75	0.82
0.30	0.23	0.01	0.41	0.09

4. Contrástese la hipótesis de que los 25 valores dados en el ejercicio 3 constituyen una muestra aleatoria de una distribución continua cuya f.d.p. $f(x)$ es la siguiente:

$$f(x) = \begin{cases} \dfrac{3}{2} & \text{para } 0 < x \leq \dfrac{1}{2}, \\[2ex] \dfrac{1}{2} & \text{para } \dfrac{1}{2} < x < 1, \\[2ex] 0 & \text{en otro caso.} \end{cases}$$

5. Considérense de nuevo las condiciones de los ejercicios 3 y 4. Supóngase que la probabilidad inicial de que los 25 valores dados en la tabla 9.25 fueran obtenidos de una distribución uniforme sobre el intervalo $(0, 1)$ y que la probabilidad inicial de que fueran obtenidos de una distribución cuya f.d.p. es la del ejercicio 4 es $1/2$. Encuéntrese la probabilidad final de que fueran obtenidos de una distribución uniforme.

6. Contrástese la hipótesis de que los 50 valores de la tabla 9.26 constituyan una muestra aleatoria de una distribución normal cuya media es 26 y cuya varianza es 4.

Tabla 9.26

25.088	26.615	25.468	27.453	23.845
25.996	26.516	28.240	25.980	30.432
26.560	25.844	26.964	23.382	25.282
24.432	23.593	24.644	26.849	26.801
26.303	23.016	27.378	25.351	23.601
24.317	29.778	29.585	22.147	28.352
29.263	27.924	21.579	25.320	28.129
28.478	23.896	26.020	23.750	24.904
24.078	27.228	27.433	23.341	28.923
24.466	25.153	25.893	26.796	24.743

7. Contrástese la hipótesis de que los 50 valores dados en la tabla 9.26 constituyan una muestra aleatoria de una distribución normal de media 24 y varianza 4.

Tabla 9.27

0.61	0.29	0.06	0.59	−1.73
−0.74	0.51	−0.56	−0.39	1.64
0.05	−0.06	0.64	−0.82	0.31
1.77	1.09	−1.28	2.36	1.31
1.05	−0.32	−0.40	1.06	−2.47

Tabla 9.28

2.20	1.66	1.38	0.20
0.36	0.00	0.96	1.56
0.44	1.50	−0.30	0.66
2.31	3.29	−0.27	−0.37
0.38	0.70	0.52	−0.71

8. Supóngase que se seleccionan 25 observaciones al azar de una distribución cuya f.d. $F(x)$ es desconocida y que se obtienen los valores dados en la tabla 9.27. Supóngase,

además, que se seleccionan 20 observaciones al azar de otra distribución cuya f.d. $G(x)$ es desconocida y que los valores obtenidos son los dados en la tabla 9.28. Contrástese la hipótesis de que $F(x)$ y $G(x)$ son funciones idénticas.

9. Considérense de nuevo las condiciones del ejercicio 8. Sea X una variable aleatoria cuya f.d. es $F(x)$ y sea Y una variable aleatoria cuya f.d. es $G(x)$. Contrástese la hipótesis de que las variables aleatorias $X + 2$ e Y tienen la misma distribución.
10. Considérense de nuevo las condiciones de los ejercicios 8 y 9. Contrástese la hipótesis de que las variables aleatorias X y $3Y$ tienen la misma distribución.

*9.7 INFERENCIAS ACERCA DE LA MEDIANA Y DE OTROS CUANTILES

Intervalos de confianza y contrastes para la mediana

Supóngase que las variables aleatorias $X_1, \ldots, X_n$ constituyen una muestra aleatoria de una distribución continua cuya f.d. $F(x)$ es desconocida y sea θ un punto tal que $F(\theta) = 1/2$. En otras palabras, sea θ la mediana de esta distribución. Para muchas distribuciones, habrá un único valor de θ tal que $F(\theta) = 1/2$. Para algunas distribuciones, sin embargo, esta relación se verificará por un intervalo de valores de θ. En este caso, la discusión que se presentará aquí se relaciona con un valor cualquiera de θ tal que $F(\theta) = 1/2$. En esta sección es conveniente considerar a θ como *la* mediana de la distribución, independientemente de si θ es única o no.

Sean $Y_1 < Y_2 < \cdots < Y_n$ los estadísticos de orden de la muestra, de forma que la variable aleatoria Y_1 es el menor valor de las observaciones $X_1, \ldots, X_n$, la variable aleatoria Y_2 es la segunda observación más pequeña de la muestra, y así sucesivamente. Puede observarse que para $r = 1, \ldots, n$, la relación $Y_r < \theta$ se verifica si, y sólo si, al menos r de las observaciones en la muestra aleatoria son menores que θ. Análogamente, para $s = 1, \ldots, n$, la relación $Y_s > \theta$ se verifica si, y sólo si, menos de s observaciones en la muestra son menores que θ. Juntas, estas afirmaciones implican que para $1 \leq r < s \leq n$, la relación $Y_r < \theta < Y_s$ se verificará si, y sólo si, el número de observaciones que son menores que θ es mayor o igual a r pero menor que s.

Puesto que $F(\theta) = 1/2$, la probabilidad de que sólo una observación sea menor que θ es $1/2$. Por tanto, la probabilidad de que exactamente k de las n observaciones sean menores que θ es $\binom{n}{k}\left(\frac{1}{2}\right)^n$. Del desarrollo dado resulta ahora que

$$\Pr(Y_r < \theta < Y_s) = \sum_{k=r}^{s-1} \binom{n}{k} \left(\frac{1}{2}\right)^n. \tag{1}$$

Esta relación revela que independientemente de la distribución de donde fue seleccionada la variable aleatoria, e independientemente del valor de la mediana θ, existe una probabilidad fija de que θ esté entre dos estadísticos cualesquiera de orden Y_r e Y_s y esta probabilidad está dada por la suma de la parte derecha de la ecuación (1).

De la relación (1) se deduce que después de haber observado los valores de los estadísticos de orden $y_1 < y_2 < \cdots < y_n$, el intervalo $y_r < \theta < y_s$ será un intervalo de confianza para θ cuyo coeficiente de confianza está dado por la suma de la parte derecha de la ecuación (1). Distintas elecciones de r y s proporcionan distintos intervalos de confianza para θ y estos intervalos tendrán distintos coeficientes de confianza.

Para cualquier valor dado de n, el valor de la suma de la parte derecha de la ecuación (1) se puede encontrar a partir de una tabla de la distribución binomial para $p = 1/2$. Por ejemplo, si $n = 10$, se encuentra a partir de la tabla incluida al final del libro que $\Pr(Y_3 < \theta < Y_8) = 0.891$. Por tanto, en una muestra aleatoria de 10 observaciones, el intervalo de la tercera observación más pequeña al tercer valor más grande será un intervalo de confianza para θ con un coeficiente de confianza 0.891.

Ahora, sea θ_0 un número específico y supóngase que se desea contrastar las siguientes hipótesis acerca de la mediana θ:

$$\begin{aligned} H_0 &: \quad \theta = \theta_0, \\ H_1 &: \quad \theta \neq \theta_0. \end{aligned} \tag{2}$$

Debido a la equivalencia entre conjuntos de confianza y contrastes descrita en la sección 8.5, los métodos descritos para intervalos de confianza se pueden adaptar a contrastes de las hipótesis (2). Para valores dados de n, r y s, sea γ el valor de la parte derecha de la ecuación (1) y considérese el procedimiento de contraste que acepta H_0 si $Y_r < \theta_0 < Y_s$ y rechaza H_0 en otro caso. Entonces, se deduce de los resultados de la sección 8.5 que el tamaño de este contraste será $1 - \gamma$, esto es, la probabilidad de rechazar H_0 cuando de hecho $\theta = \theta_0$ será $1 - \gamma$.

Por ejemplo, supongase de nuevo que $n = 10$ y que se utiliza un procedimiento de contraste que acepta H_0 si θ_0 pertenece al intervalo $Y_3 < \theta_0 < Y_8$ y rechaza H_0 en otro caso. Entonces, el tamaño de este contraste es 0.109.

Intervalos de confianza y contrastes para cuantiles

Se continuará suponiendo que $X_1, \ldots, X_n$ constituyen una muestra aleatoria de una distribución continua cuya f.d. es $F(x)$. Sea p cualquier número dado en el intervalo $0 < p < 1$ y sea ζ_p un punto tal que $F(\zeta_p) = p$. El punto ζ_p se denomina *cuantil*, o *percentil*, de la distribución. Por ejemplo, si $p = 0.95$, se dice que el punto ζ_p es un cuantil de orden 0.95 o un percentil 95 de la distribución. En esta terminología, una mediana de la distribución es un cuantil de orden 0.5. Para una distribución continua y un valor dado de p, existe un único valor de ζ_p tal que $F(\zeta_p) = p$, o bien esta relación se verifica para todo un intervalo de valores de ζ_p.

La exposición que se acaba de hacer para la mediana se puede extender fácilmente al desarrollo de intervalos de confianza y contrastes para cualquier cuantil ζ_p. Si $Y_1 < Y_2 < \cdots < Y_n$ son de nuevo los estadísticos de orden de la muestra aleatoria, entonces la relación $Y_r < \zeta_p < Y_s$ se verificará si, y sólo si, el número de observaciones que son menores que ζ_p es como mínimo r pero menor que s. Puesto que la probabilidad de que una observación sea menor que ζ_p es p, la probabilidad de que exactamente k de las observaciones sean menores que ζ_p es $\binom{n}{k}p^k(1-p)^{n-k}$. Por tanto,

$$\Pr(Y_r < \zeta_p < Y_s) = \sum_{k=r}^{s-1} \binom{n}{k} p^k(1-p)^{n-k}. \tag{3}$$

Para valores de n, p, r y s dados, el valor de la suma en la parte derecha de la ecuación (3) se puede encontrar a partir de una tabla de la distribución binomial con parámetros n y p. Si el valor de esta suma es γ, entonces después de haber observado los valores de los estadísticos de orden $y_1 < y_2 < \cdots < y_n$, el intervalo de y_r a y_s será un intervalo de confianza para ζ_p con un coeficiente de confianza γ.

Por ejemplo, si $n = 15$ y $p = 0.2$, se encuentra en la tabla de la distribución binomial del final del libro que $\Pr(Y_1 < \zeta_p < Y_6) = 0.90$. Por tanto, el intervalo entre la menor observación Y_1 y la sexta observación más pequeña Y_6 constituyen un intervalo de confianza para el cuantil de orden 0.2 de la distribución con un coeficiente de confianza 0.90.

Esta exposición de intervalos de confianza para ζ_p se puede adaptar fácilmente a la construcción de contrastes de hipótesis acerca del valor de ζ_p.

EJERCICIOS

Nota. En los siguientes ejercicios, se supone que las variables aleatorias $X_1, \ldots, X_n$ constituyen una muestra aleatoria de una distribución continua cuya f.d. $F(x)$ es desconocida, que θ es la mediana de esta distribución y que $Y_1 < Y_2 < \cdots < Y_n$ denotan los estadísticos de orden de la muestra.

1. Determínese la probabilidad de que n observaciones de la muestra aleatoria sean menores que θ.

2. Evalúese (a) $\Pr(Y_1 > \theta)$ y (b) $\Pr(Y_2 > \theta)$.

3. Obténgase el menor valor de n para el que $\Pr(Y_1 < \theta < Y_n) \geq 0.99$.

4. Supóngase que $n = 7$ y que los siete valores observados de la muestra son $7.11, 5.12, 8.44, 7.13, 7.12, 12.96$ y 4.07. Determínense los extremos y el coeficiente de confianza para cada uno de los dos intervalos de confianza siguientes para θ:

   I_1 : El intervalo entre Y_2 e Y_4,
   I_2 : El intervalo entre Y_3 e Y_5.

5. Considérense de nuevo las condiciones del ejercicio 4. Explíquese la interpretación práctica del término "confianza" en este problema, en el cual el coeficiente de confianza para el intervalo I_2 es mayor que el coeficiente de confianza para I_1, pero la longitud de I_1 es 100 veces la longitud de I_2.

6. Encuéntrese la probabilidad de que las n observaciones de la muestra aleatoria sean menores que el cuantil de orden 0.3 de la distribución.

7. Determínese la probabilidad de que las n observaciones estén entre el cuantil de orden 0.3 y el cuantil de orden 0.8 de la distribución.

8. Sea A el cuantil de orden 0.3 de la distribución. Determínese el menor valor de n para el que $\Pr(Y_1 < A < Y_n) \geq 0.95$.

9. Sea B el cuantil de orden 0.7 de la distribución. Determínese el menor valor de n para el que $\Pr(Y_1 < B < Y_n) \geq 0.95$.

10. Supóngase que $n = 20$ y sea B el cuantil de orden 0.7 de la distribución. Evalúese $\Pr(Y_{12} < B < Y_{17})$.

*9.8 ESTIMACIÓN ROBUSTA

Estimación de la mediana

Supóngase que las variables aleatorias $X_1, \ldots, X_n$ constituyen una muestra aleatoria de una distribución continua cuya f.d.p. $f(x)$ es desconocida, pero de la que se puede suponer una forma simétrica respecto a un punto θ desconocido $(-\infty < \theta < \infty)$. Debido a esta simetría, el punto θ será una mediana de la distribución desconocida. Se estimará el valor de θ a partir de las observaciones $X_1, \ldots, X_n$.

Si se sabe que las observaciones realmente provienen de una distribución normal, entonces la media muestral $\overline{X}_n$ será el E.M.V. de θ. Sin una información inicial fuerte que indique que el valor de θ podría ser distinto del valor observado de $\overline{X}_n$, se puede suponer que el valor de $\overline{X}_n$ será un estimador razonable de θ. Supóngase, sin embargo, que las observaciones pueden provenir de una distribución cuya f.d.p. $f(x)$ tenga colas mucho más gruesas que las de la f.d.p. de una distribución normal, esto es, supóngase que cuando $x \to \infty$ o $x \to -\infty$, la f.d.p. $f(x)$ se aproxima a 0 mucho más lentamente que la f.d.p. de una distribución normal. En este caso, la media muestral $\overline{X}_n$ puede ser un estimador poco fiable de θ, porque su E.C.M. puede ser mucho mayor que el de algunos otros estimadores posibles.

Por ejemplo, si la distribución descrita es realmente una distribución de Cauchy con centro en un punto desconocido θ, definida en el ejemplo 3 de la sección 6.6, entonces el E.C.M. de $\overline{X}_n$ será infinito. En este caso, el E.M.V. de θ tendrá un E.C.M. finito y será mucho mejor estimador que $\overline{X}_n$. De hecho, para un valor grande de n, el E.C.M. del E.M.V. es aproximadamente $2/n$, con independencia del verdadero valor de θ. Sin embargo, como se indicó en el ejemplo 3 de la sección 6.6, este estimador es muy complicado y tiene que observarse numéricamente para cada conjunto de observaciones. Un estimador relativamente simple y razonable para este problema es la *mediana muestral*, que se definió en el ejemplo 1 de la sección 6.9. Se puede demostrar que el E.C.M. de la mediana muestral para un valor grande de n es aproximadamente $2.47/n$.

De esta exposición se deduce que si se puede suponer que la distribución descrita es una distribución normal o aproximadamente normal, entonces se podría usar la media muestral como un estimador de θ. Por otro lado, si se cree que la distribución descrita es de Cauchy o aproximadamente de Cauchy, entonces se podría usar la mediana muestral. Sin embargo, comúnmente no se sabe si la distribución descrita es aproximadamente normal, aproximadamente de Cauchy o no corresponde a ninguno de estos tipos de distribuciones. Por esta razón, se debería tratar de encontrar un estimador de θ que tenga un E.C.M. pequeño para varios tipos posibles de distribuciones. Un estimador que funciona bien para varios tipos distintos de distribuciones, aunque pueda no ser el mejor estimador disponible para ningún tipo de distribución, se denomina *estimador robusto*. En esta sección, se define y estudia un tipo especial de estimador robusto conocido como media ajustada. El término *robusto* fue introducido por G. E. P. Box en 1953 y el término *media ajustada* fue introducido por J. W. Tukey en 1962. Sin embargo, el primer tratamiento matemático de medias ajustadas lo proporcionó P. Daniell en 1920.

Medias ajustadas

Se continuará suponiendo que $X_1, \ldots, X_n$ constituyen una muestra aleatoria de una distribución continua cuya f.d.p. $f(x)$ se supone simétrica respecto al punto desconocido θ. Como siempre, sean $Y_1 < Y_2 < \cdots < Y_n$ los estadísticos de orden de la muestra. La media muestral $\overline{X}_n$ es simplemente el promedio de estos n estadísticos de orden. Sin embargo, si se sospecha que la f.d.p. $f(x)$ pudiera tener colas más gruesas que las de una distribución normal, entonces se podría estimar θ utilizando un promedio ponderado de los estadísticos de orden que asigne menor peso a las observaciones extremas Y_1, Y_2, Y_{n-1} e Y_n y asigne mayor peso a las observaciones centrales. La mediana muestral es un ejemplo especial de promedio ponderado. Cuando n es impar, asigna peso cero a toda observación excepto a la del centro. Cuando n es par, asigna peso $1/2$ a cada una de las dos observaciones centrales y peso cero a cualquier otra observación.

Otro estimador que es un promedio ponderado de los estadísticos de orden es la llamada *media ajustada*. Se construye como sigue: Para un entero positivo adecuado k tal que $k < n/2$, las k observaciones menores $Y_1, \ldots, Y_k$ y las k observaciones mayores $Y_n, Y_{n-1}, \ldots, Y_{n-k+1}$ se eliminan de la muestra. El promedio de las restantes $n - 2k$ observaciones intermedias se denomina *media ajustada de nivel* k. Es evidente que la media ajustada de nivel k se puede representar como un promedio ponderado de los estadísticos de orden que tiene la forma

$$\frac{1}{n-2k} \sum_{i=k+1}^{n-k} Y_i. \tag{1}$$

La mediana muestral es un ejemplo de una media ajustada. Cuando n es impar, la mediana muestral es la media ajustada de nivel $[(n-1)/2]$. Cuando n es par, es la media ajustada de nivel $[(n-2)/2]$.

Comparación de los estimadores

Se ha mencionado el deseo de utilizar un estimador como la media ajustada en una situación en donde se sospecha que las observaciones $X_1, \ldots, X_n$ constituyen una muestra aleatoria de una distribución cuyas colas son más gruesas que las colas de una distribución normal. El uso de una media ajustada siempre es deseable cuando algunas de las observaciones de la muestra parecen peculiarmente grandes o pequeñas. En esta situación, un estadístico podría sospechar que la mayoría de las observaciones de la muestra provienen de una distribución normal, mientras que algunas observaciones extremas podrían provenir de una distribución normal distinta con una varianza mucho más grande que la primera. Las observaciones extremas, que se denominan *aberrantes*, afectarán sustancialmente al valor de $\overline{X}_n$ y lo convertirán en un estimador poco fiable de θ. Puesto que los valores de estas observaciones aberrantes se pueden omitir en una media ajustada, la media ajustada será generalmente un estimador más fiable que $\overline{X}_n$.

Se sabe que la media ajustada se comportará mejor que $\overline{X}_n$ en una situación del tipo que se acaba de describir. Sin embargo, si $X_1, \ldots, X_n$ constituyen realmente una muestra aleatoria de una distribución normal, entonces $\overline{X}_n$ se comportará mejor que la media ajustada. Puesto que usualmente no se tiene seguridad de la situación que prevalece en un problema particular, es importante saber cuánto mayor será el E.C.M. de una media ajustada respecto al E.C.M. de $\overline{X}_n$ cuando la verdadera distribución es normal. En otras palabras, es importante saber cuánto se pierde si se utiliza una media ajustada cuando la verdadera distribución es normal. Se considerará ahora esta cuestión.

Tabla 9.29

Estimador	$n = 10$	$n = 20$
Media muestral $\overline{X}_n$	1.00	1.00
Media ajustada ($k = 1$)	1.05	1.02
Media ajustada ($k = 2$)	1.12	1.06
Media ajustada ($k = 3$)	1.21	1.10
Media ajustada ($k = 4$)	1.37	1.14
Mediana muestral	1.37	1.50

Para una distribución normal, el E.C.M. es igual al valor tabulado multiplicado por σ^2/n.

Cuando $X_1, \ldots, X_n$ constituyen una muestra aleatoria de una distribución normal con media θ y varianza σ^2, ambas, la distribución de probabilidad de $\overline{X}_n$ y la distribución de probabilidad de la media ajustada, serán simétricas respecto al valor de θ. Por tanto, la media de cada uno de estos estimadores será θ, el E.C.M. de cada estimador será igual a su varianza y este E.C.M. tendrá cierto valor constante para cada estimador, independientemente del verdadero valor de θ. Los valores de varios de estos E.C.M. para una distribución normal cuando el tamaño muestral n es 10 ó 20, se presentan en la tabla 9.29. Debe subrayarse que cuando $n = 10$, la media ajustada para $k = 4$ y la mediana muestral son el mismo estimador.

Se puede observar en la tabla 9.29 que cuando la distribución es realmente normal, los E.C.M. de las medias ajustadas no son mucho mayores que los E.C.M. de $\overline{X}_n$. De hecho, cuando $n = 20$, el E.C.M. de la media ajustada de segundo nivel ($k = 2$), en donde cuatro de los 20 valores observados de la muestra se omiten, es únicamente 1.06

veces más grande que el E.C.M. de $\overline{X}_n$, mientras que el E.C.M. de la mediana muestral es únicamente 1.5 veces el de $\overline{X}_n$. Estos valores indican que las medias ajustadas se pueden considerar estimadores robustos de θ.

Se considerará ahora la mejora del E.C.M. que se puede alcanzar utilizando una media ajustada cuando la distribución no es normal. Si $X_1, \ldots, X_n$ constituyen una muestra aleatoria de tamaño muestral n de una distribución de Cauchy, entonces el E.C.M. de $\overline{X}_n$ es infinito. Los E.C.M. de las medias ajustadas para la distribución de Cauchy cuando el tamaño muestral n es 10 ó 20 se dan en la tabla 9.30.

Tabla 9.30

Estimador	$n = 10$	$n = 20$
Media muestral $\overline{X}_n$	∞	∞
Media ajustada ($k = 1$)	27.22	23.98
Media ajustada ($k = 2$)	8.57	7.32
Media ajustada ($k = 3$)	3.86	4.57
Media ajustada ($k = 4$)	3.66	3.58
Mediana muestral	3.66	2.88

Para una distribución de Cauchy, el E.C.M. es igual al valor tabulado dividido por n.

Tabla 9.31

Estimador	(1)	(2)
Media muestral $\overline{X}_n$	5.95	10.90
Media ajustada ($k = 1$)	1.23	2.90
Media ajustada ($k = 2$)	1.20	1.46
Media ajustada ($k = 3$)	1.21	1.43
Media ajustada ($k = 4$)	1.24	1.44
Mediana muestral	1.55	1.80

Para una muestra de 20 observaciones, mezcla de ciertas observaciones normales, el E.C.M. es igual al valor tabulado multiplicado por $\sigma^2/20$.

Finalmente, se presentan en la tabla 9.31 los E.C.M. para otras dos situaciones. En la primera situación se supondrá que en una muestra de 20 observaciones independientes, 19 se seleccionan de una distribución normal con media θ y varianza σ^2 y la otra se obtiene de una distribución normal con media θ y varianza $100\sigma^2$. Los E.C.M. de $\overline{X}_n$ y las medias ajustadas de esta situación se muestran en la columna (1) de la tabla 9.31. En la segunda situación, se supondrá que en una muestra de 20 observaciones independientes, 18 se seleccionan de una distribución normal con media θ y varianza σ^2 y las otras dos se obtienen de una distribución normal con media θ y varianza $100\sigma^2$. Los E.C.M. de esta situación son los de la columna (2) de la tabla 9.31.

Se puede observar en las tablas 9.30 y 9.31 que el E.C.M.de una media ajustada puede ser sustancialmente menor que la de $\overline{X}_n$. Cuando se utiliza una media ajustada como un estimador de θ, es evidente que se debe elegir un valor específico de k. No existe una regla general para elegir k que sea mejor en todas las condiciones. Si existe alguna razón para creer que la f.d.p. $f(x)$ es aproximadamente normal, entonces θ se puede estimar utilizando una media ajustada que omita cerca del 10% ó 15% de los valores observados en cada extremo de la muestra ordenada. Si la f.d.p. $f(x)$ pudiera ser muy distinta de una distribución normal o si varias de las observaciones pudieran ser aberrantes, entonces se debería utilizar la mediana muestral para estimar θ.

Propiedades de la mediana muestral en muestras grandes

Se puede demostrar que si $X_1, \ldots, X_n$ constituyen una muestra aleatoria de una distribución continua cuya f.d.p. es $f(x)$ y para la cual existe una sola mediana θ, entonces la distribución de la mediana muestral será aproximadamente una distribución normal. Específicamente, se debe suponer que la f.d.p. $f(x)$ tiene derivada $f'(x)$ continua en el punto θ y que $f(\theta) > 0$.

Sea $\widetilde{X}_n$ la mediana muestral. Entonces, cuando $n \to \infty$, la f.d. de $n^{1/2}(\widetilde{X}_n - \theta)$ converge en probabilidad a la f.d. de una distribución normal con media 0 y varianza $1/\left[2f(\theta)\right]^2$. En otras palabras, cuando n es grande, la distribución de la mediana muestral $\widetilde{X}_n$ será aproximadamente una normal con media θ y varianza $1/\left[4nf^2(\theta)\right]$.

EJERCICIOS

1. Supóngase que una muestra contiene los 14 valores observados de la tabla 9.32. Calcúlense los valores de (a) la media muestral, (b) las medias ajustadas de niveles $k = 1, 2, 3$ y 4 y (c) la mediana muestral.

Tabla 9.32

1.24	0.36	0.23
0.24	1.78	−2.00
−0.11	0.69	0.24
0.10	0.03	0.00
−2.40	0.12	

Tabla 9.33

23.0	21.5	63.0
22.5	2.1	22.1
22.4	2.2	21.7
21.7	22.2	22.9
21.3	21.8	22.1

2. Supóngase que una muestra contiene los 15 valores observados de la tabla 9.33. Calcúlense los valores de (a) la media muestral (b) las medias ajustadas de niveles $k = 1, 2, 3$ y 4 y (c) la mediana muestral.

3. Descríbase como utilizar la tabla de dígitos aleatorios dada al final del libro para obtener una muestra aleatoria de n observaciones de una distribución uniforme sobre el intervalo $(-b, b)$, donde b es un número positivo concreto.

4. Utilícese la tabla de dígitos aleatorios del final del libro para obtener una muestra aleatoria de 15 observaciones independientes en donde 13 de las 15 sean seleccionadas de la distribución uniforme sobre el intervalo $(-1, 1)$ y las otras dos sean seleccionadas de la distribución uniforme sobre el intervalo $(-10, 10)$. Para los 15 valores obtenidos, calcúlense los valores de (a) la media muestral, (b) las medias ajustadas de niveles $k = 1, 2, 3$ y 4 y (c) la mediana muestral. ¿Cuál de estos estimadores está más cerca de 0?

5. Repítase el ejercicio 4 diez veces, utilizando cada vez distintos dígitos aleatorios. En otras palabras, constrúyanse diez muestras aleatorias independientes con 15 observaciones cada una y cada una verificando las condiciones del ejercicio 4.
   (a) Para cada muestra, ¿cuál de los estimadores listados en el ejercicio 4 está más cerca de 0?
   (b) Para cada uno de los estimadores listados en el ejercicio 4, determínese el cuadrado de la distancia entre el estimador y 0 en cada una de las diez muestras, y determínese el promedio de estas diez distancias al cuadrado. ¿Para cuál de los estimadores está más cerca de cero el promedio de las distancias al cuadrado?

6. Supóngase que se toma una muestra aleatoria de 100 observaciones de una distribución normal cuya media θ es desconocida y cuya varianza es 1, y sea $\tilde{X}_n$ la mediana muestral. Determínese el valor de $\Pr(|\tilde{X}_n - \theta| \leq 0.1)$.

7. Supóngase que se selecciona una muestra aleatoria de 100 observaciones de una distribución de Cauchy con centro en el punto θ desconocido y sea $\tilde{X}_n$ la mediana muestral. Determínese el valor de $\Pr(|\tilde{X}_n - \theta| \leq 0.1)$.

8. Sea $f(x)$ la f.d.p. de una distribución normal cuya media θ es desconocida y cuya varianza es 1. Además, sea $g(x)$ la f.d.p. de una distribución normal cuya media tiene el mismo valor desconocido θ y cuya varianza es 4. Finalmente, sea la f.d.p. $h(x)$ definida como sigue:

$$h(x) = \frac{1}{2}[f(x) + g(x)].$$

Supóngase que se seleccionan 100 observaciones al azar de una distribución cuya f.d.p. es $h(x)$. Determínese el E.C.M. de la media muestral y el E.C.M. de la mediana muestral.

*9.9 OBSERVACIONES APAREADAS

Experimentos comparativos y parejas coincidentes

En esta sección y la siguiente se expondrán experimentos en los que se van a comparar dos tratamientos distintos para saber cuál es el mejor o más efectivo. Supóngase, por ejemplo, que dos drogas distintas, A y B, van a ser administradas a pacientes que tienen cierta deficiencia para saber cuál de ellas estimula más la actividad de un tipo particular de enzimas. Supóngase que el experimento se realiza administrando la droga A a n pacientes y la droga B a otros n pacientes, y después de un periodo de tiempo específico se mide la actividad de las enzimas de cada paciente. Esta cantidad para un paciente se denominará su *respuesta* a la droga.

Debido a la gran diferencia entre los pacientes en relación con sus características e historial médico en un experimento de este tipo, usualmente es mejor intentar de seleccionar pacientes para las dos muestras de manera que los dos grupos se parezcan uno a otro al máximo, en lugar de seleccionar simplemente dos muestras aleatorias de la población disponible de pacientes que tengan el mismo tamaño muestral. Si los pacientes que van a recibir cada droga se seleccionan simplemente al azar, es posible que los n pacientes que reciben la droga A sean sistemáticamente distintos de los pacientes que reciben la droga B en relación con alguna característica relacionada con la actividad de la enzima que se estudia. Puede suceder, por ejemplo, que la mayoría de los pacientes de una muestra sean mujeres, mientras que la mayoría de la otra muestra sean hombres, o que una muestra contenga un gran número de pacientes mayores, mientras que la otra contiene una gran proporción de pacientes jóvenes. Dichas diferencias entre las dos muestras pueden conducir a la paradoja de Simpson, como se describió en la sección 9.5, y podrían obviamente viciar cualquier comparación entre las drogas que no tuviera en cuenta estas diferencias.

Además, al margen de si existen diferencias sistemáticas entre las dos muestras, la amplia variación entre pacientes implica que la distribución de probabilidad de la respuesta será distinta para cada paciente de la muestra. Por tanto, cuando se tienen en cuenta las distintas características de los pacientes que aparecen en cada una de las muestras, las respuestas respectivas no se pueden considerar una muestra aleatoria de observaciones de una distribución común. Los métodos estadísticos usuales podrían, por tanto, ser inapropiados y el análisis resultaría difícil.

Las dificultades que se acaban de describir se pueden evitar o reducir en gran medida diseñando el experimento cuidadosamente y eliminando tantos factores de incertidumbre como sea posible. Una manera de diseñar el experimento es seleccionar parejas de pacientes que sean coincidentes al máximo en relación con sus características físicas como edad, sexo, historial médico y condiciones físicas actuales. Si se seleccionan de esta manera n parejas de pacientes las características de los pacientes en cada pareja serán muy similares, aún cuando haya mucha variación en las características de los n pacientes de cada muestra.

En cada pareja, un paciente se trata con la droga A, y el otro, con la B. Puesto que estos dos pacientes no tienen características idénticas, aunque se seleccionen cuidadosamente para ser coincidentes, la elección del paciente que recibe la droga A y del que recibe la droga B, debería ser realizada por un método, como la aleatorización auxiliar, que asegura que el experimentador no introducirá inconscientemente ninguna preferencia o sesgo. Si las drogas son igualmente efectivas, entonces, en cada pareja, el paciente que recibe la droga A y el paciente que recibe la droga B tienen la misma probabilidad de exhibir la respuesta mayor. Más aún, si la droga A es más efectiva que la droga B, entonces en cada pareja el paciente que recibe la droga A tiene más probabilidad de exhibir una respuesta mayor que el paciente que recibe la droga B. El análisis estadístico se debe realizar comparando las respuestas de los dos pacientes de cada una de las n parejas.

En algunos experimentos de este tipo, se puede utilizar el mismo paciente para obtener un par de observaciones. Por ejemplo, si se van a comparar dos tipos de píldoras para dormir, usualmente es posible dar al paciente un tipo de píldora una noche y luego darle al mismo paciente el otro tipo de píldora en condiciones similares otra noche. En este experimento, las n parejas de observaciones se obtendrían sólo de n pacientes distintos. El análisis procedería, sin embargo, precisamente como en un experimento donde hay n parejas coincidentes de pacientes. Cuando se utiliza un diseño de *tablas cruzadas* de este tipo, es importante verificar que las respuestas de un paciente particular a los dos tipos distintos de píldoras no dependan del tipo que recibió primero el paciente.

Contraste de signos

Para $i = 1, \ldots, n$, sea p_i la probabilidad de que en la i-ésima pareja de pacientes, el paciente que recibe la droga A exhiba una respuesta mayor que el paciente que recibe la droga B. Puesto que los pacientes de cada pareja han sido apareados para coincidir al máximo, supóngase que esta probabilidad tiene el mismo valor p para cada una de las n parejas. Supóngase que se desea contrastar la hipótesis nula de que la droga A no es más efectiva que la droga B contra la hipótesis alternativa de que la droga A es más efectiva que la droga B. Estas hipótesis se pueden expresar ahora de la siguiente forma:

$$\begin{aligned} H_0 &: \quad p \leq \frac{1}{2}, \\ H_1 &: \quad p > \frac{1}{2}. \end{aligned} \tag{1}$$

Se supone que la probabilidad de que dos pacientes de cualquier pareja tengan exactamente la misma respuesta es cero, esto es, se supone que en cada pareja una droga o la otra será mejor. Con estas condiciones, las n parejas representan n pruebas de Bernoulli, para cada uno de los cuales existe una probabilidad p de que la droga A proporcione la respuesta mayor. Por tanto, el número de pares X en que la droga A proporciona la respuesta mayor tendrá una distribución binomial con parámetros n y p. Si la hipótesis nula H_0 es cierta, entonces $p \leq 1/2$ y si la hipótesis alternativa H_1 es cierta, entonces $p > 1/2$. De ahí que un procedimiento razonable es rechazar H_0 si $X > c$, donde c es una constante apropiada. Este procedimiento se denomina *contraste de signos*.

En resumen, un contraste de signos se realiza como sigue: Se mide en cada pareja la diferencia entre la respuesta a la droga A y la respuesta a la droga B y se cuenta el número de parejas para las que la diferencia es positiva. La decisión de aceptar o rechazar H_0 está basada entonces únicamente en este número de diferencias positivas.

Por ejemplo, supóngase que el número de parejas es 15 y que se encontró que la droga A proporcionó una mayor respuesta que la droga B en exactamente 11 de las 15 parejas. Entonces, $n = 15$ y $X = 11$. Cuando $p = 1/2$, se encuentra a partir de la tabla de la distribución binomial que el área de la cola correspondiente es 0.0593. Por tanto, la hipótesis nula H_0 se debería rechazar a cualquier nivel de significación mayor que este número.

La única información que utiliza el contraste de signos de cada pareja de observaciones es el signo de la diferencia entre las dos respuestas. Para aplicar el contraste de signos, el experimentador únicamente tiene que poder observar si la respuesta a la droga A es la mayor o si lo es la respuesta a la droga B. No tiene que obtener una medición numérica de la magnitud de las diferencias entre las dos respuestas. Sin embargo, si se puede medir la magnitud de la diferencia para cada pareja, es útil aplicar un procedimiento de contraste que no sólo considere el signo de la diferencia, sino que también reconozca el hecho de que una gran diferencia entre las respuestas es más importante que una diferencia menor. Se describirá ahora un procedimiento basado en las magnitudes relativas de las diferencias.

Contraste de rangos con signo de Wilcoxon

Se continuará suponiendo que las drogas A y B se administran a n parejas coincidentes de pacientes, y supóngase que la respuesta para cada pareja de pacientes se puede medir en unidades apropiadas de alguna escala numérica. Para $i = 1, \dots, n$, sea A_i la respuesta a la droga del paciente de la pareja i que recibe la droga A, sea B_i la respuesta a la droga del paciente en la pareja i que recibe la droga B y sea $D_i = A_i - B_i$.

Puesto que las n diferencias $D_1, \dots, D_n$ pertenecen a parejas distintas de pacientes, estas diferencias serán variables aleatorias independientes. Además, debido a que los pacientes de cada pareja han sido cuidadosamente apareados de forma que sean coincidentes, supóngase que las diferencias $D_1, \dots, D_n$ tienen la misma distribución continua. Finalmente, supóngase que esta distribución es simétrica respecto a un punto θ desconocido. En resumen, supóngase que las diferencias $D_1, \dots, D_n$ son i.i.d. y constituyen una muestra aleatoria de una distribución continua que es simétrica respecto al punto θ.

La hipótesis nula H_0 de que la droga A no es más efectiva que la droga B es equivalente a la afirmación de que $\Pr(D_i \leq 0) \geq 1/2$. Esta afirmación es equivalente, a su vez, a la afirmación de que $\theta \leq 0$. Análogamente, la hipótesis alternativa H_1 de que la droga A es más efectiva que la droga B es equivalente a la afirmación de que $\theta > 0$. Por tanto, se contrastarán las siguientes hipótesis:

$$\begin{aligned} H_0 &: \quad \theta \leq 0, \\ H_1 &: \quad \theta > 0. \end{aligned} \tag{2}$$

Puesto que θ es la mediana de la distribución de cada diferencia D_i, se pueden obtener intervalos de confianza para θ y contrastes de las hipótesis (2) utilizando los métodos descritos en la sección 9.7. Se describirá ahora un procedimiento distinto para contrastar las hipótesis (2) que fue propuesto por F. Wilcoxon en 1945 y se conoce como *contraste de rangos con signo*.

En primer lugar, se ordenan los valores absolutos $|D_1|, \ldots, |D_n|$ del menor valor absoluto al mayor valor absoluto. Se supone que no hay dos de estos valores que sean iguales y que todos son distintos de cero.

En segundo lugar, a cada valor absoluto $|D_i|$ se le asigna el rango correspondiente a su posición en este orden. Por tanto, al menor valor absoluto se le asignará el rango 1, al segundo más pequeño se le asignará el rango 2, y así sucesivamente. Al mayor valor absoluto se le asignará el rango n.

En tercer lugar, a cada uno de los rangos $1, \ldots, n$ se le asigna un signo positivo o un signo negativo, dependiendo de si la diferencia original D_i asociada al rango fue positiva o negativa, respectivamente.

Finalmente, el estadístico S_n se define como la suma de los rangos a los cuales se asignó un signo positivo. El contraste de rangos con signo está basado en el valor del estadítico S_n.

Tabla 9.34

	(1)	(2)	(3)	(4)	(5)	(6)
i	A_i	B_i	D_i	$\lvert D_i\rvert$	Rango	Rango con signo
1	3.84	3.03	0.81	0.81	4	+ 4
2	6.27	4.91	1.36	1.36	7	+ 7
3	8.75	7.65	1.10	1.10	6	+ 6
4	4.39	5.00	−0.61	0.61	3	− 3
5	9.24	7.42	1.82	1.82	10	+10
6	6.59	4.20	2.39	2.39	13	+13
7	9.73	7.21	2.52	2.52	14	+14
8	5.61	7.59	−1.98	1.98	11	−11
9	2.75	3.64	−0.89	0.89	5	− 5
10	8.83	6.23	2.60	2.60	15	+15
11	4.41	4.34	0.07	0.07	1	+ 1
12	3.82	5.27	−1.45	1.45	8	− 8
13	7.66	5.33	2.33	2.33	12	+12
14	2.96	2.82	0.14	0.14	2	+ 2
15	2.86	1.14	1.72	1.72	9	+ 9

Antes de continuar con la descripción del procedimiento para realizar este contraste, se considerará un ejemplo. Supóngase que el número de parejas es 15 y que las respuestas observadas A_i y B_i, para $i = 1, \ldots, 15$, son las de la tabla 9.34. A los valores absolutos $|D_i|$ se les han asignado rangos de 1 a 15 en la columna (5) de la tabla. Entonces, en la columna (6), a cada rango se le ha asignado el mismo signo que corresponde al valor de D_i. El valor del estadístico S_n es la suma de los rangos positivos de la columna (6). En este ejemplo se encontró que $S_n = 93$.

Considérese ahora la distribución del estadístico S_n. Supóngase que la hipótesis nula H_0 es cierta. Si $\theta = 0$, entonces las drogas A y B son igualmente efectivas. En este caso, cada uno de los rangos $1, \ldots, n$ tienen la misma probabilidad de tener un signo positivo o un signo negativo y las n asignaciones de signos positivos y negativos son independientes unas de otras. Además, si $\theta < 0$, entonces la droga A es menos efectiva que la droga B. En este caso, cada rango tiene mayor probabilidad de recibir un signo negativo que un signo positivo y el estadístico S_n tenderá a ser más pequeño de lo que sería si $\theta = 0$.

Por otro lado, si la hipótesis alternativa H_1 es cierta y $\theta > 0$, entonces la droga A es realmente más efectiva que la droga B y cada rango tiene mayor probabilidad de recibir un signo positivo que un signo negativo. En este caso, el estadístico S_n tenderá a ser mayor de lo que sería con la hipótesis H_0. Por esta razón, el contraste de rangos con signo de Wilcoxon especifica rechazar H_0 cuando $S_n \geq c$, donde c se elige apropiadamente.

Cuando $\theta = 0$, la media y la varianza de S_n se pueden deducir como sigue: Para $i = 1, \ldots, n$, sea $W_i = 1$ si el rango i recibe un signo positivo, y sea $W_i = 0$ si el rango i recibe un signo negativo. Entonces el estadístico S_n se puede representar de la forma

$$S_n = \sum_{i=1}^{n} i\, W_i. \tag{3}$$

Si $\theta = 0$, resulta que $\Pr(W_i = 0) = \Pr(W_i = 1) = 1/2$. Por tanto, $E(W_i) = 1/2$ y $\text{Var}(W_i) = 1/4$. Además, las variables aleatorias $W_1, \ldots, W_n$ son independientes. De la ecuación (3) resulta ahora que cuando $\theta = 0$,

$$E(S_n) = \sum_{i=1}^{n} iE(W_i) = \frac{1}{2}\sum_{i=1}^{n} i, \tag{4}$$

y

$$\text{Var}(S_n) = \sum_{i=1}^{n} i^2 \text{Var}(W_i) = \frac{1}{4}\sum_{i=1}^{n} i^2. \tag{5}$$

La última suma de la ecuación (4), que es la suma de los enteros 1 a n, es igual a $(1/2)n(n+1)$. La última suma de la ecuación (5), que es la suma de los cuadrados de los enteros de 1 a n, es igual a $(1/6)n(n+1)(2n+1)$. Por tanto, cuando $\theta = 0$,

$$E(S_n) = \frac{n(n+1)}{4} \quad \text{y} \quad \text{Var}(S_n) = \frac{n(n+1)(2n+1)}{24}. \tag{6}$$

Además, se puede demostrar que cuando el número de parejas $n \to \infty$, la distribución de S_n converge a una distribución normal. Más precisamente, si μ_n y σ_n^2 representan la media y la varianza de S_n dadas por las relaciones (6), entonces cuando $n \to \infty$, la f.d. de $(S_n - \mu_n)/\sigma_n$ converge a la f.d. de la distribución normal tipificada. La interpretación práctica de este resultado es como sigue: Cuando el número de parejas n es grande y $\theta = 0$, la distribución de S_n será aproximadamente una distribución normal cuya media y varianza están dadas por las relaciones (6).

Supóngase que las hipótesis (2) van a ser contrastadas a un nivel de significación específico α_0 $(0 < \alpha_0 < 1)$ y que la constante c se determina de forma que cuando $\theta = 0$,

$\Pr(S_n \geq c) = \alpha_0$. Entonces, el procedimento que rechaza H_0 cuando $S_n \geq c$, satisfará el nivel de significación especificado.

Por ejemplo, considérense de nuevo los datos de la tabla 9.34. En este caso, $n = 15$ y se tiene por las relaciones (6) que $E(S_n) = 60$ y $\text{Var}(S_n) = 310$. Por tanto, la desviación típica de S_n es $\sigma_n = \sqrt{310} = 17.6$. Resulta que cuando $\theta = 0$, la variable aleatoria $Z_n = (S_n - 60)/17.6$ tendrá aproximadamente una distribución normal tipificada. Si se supone que se desea contrastar las hipótesis (2) al nivel de significación 0.05, entonces H_0 se debería rechazar si $Z_n \geq 1.645$.

Para los datos de la tabla 9.34 se encontró que $S_n = 93$. Por tanto, $Z_n = 1.875$ y se deduce que la hipótesis nula H_0 se debería rechazar. De hecho, el área de la cola correspondiente a este valor de S_n puede encontrarse en la tabla de la distribución normal tipificada y resulta ser 0.03.

Para un valor pequeño de n, no es aplicable la aproximación normal. En este caso, la distribución exacta de S_n cuando $\theta = 0$ aparece publicada en muchas colecciones de tablas estadísticas.

Empates

La teoría expuesta está basada en la suposición de que los valores de $D_1, \ldots, D_n$ serán números distintos de cero y distintos entre sí. Sin embargo, puesto que las mediciones en un experimento real se pueden hacer sólo con precisión limitada, realmente habrá empates y ceros entre los valores observados de $D_1, \ldots, D_n$. Supóngase que se va a realizar un contraste de signos y se encuentra que $D_i = 0$ para uno o más valores de i. En este caso, el contraste del signo se debe realizar dos veces. En el primer contraste se debería suponer que cada 0 es realmente una diferencia positiva. En el segundo contraste, cada 0 se debería tratar como una diferencia negativa. Si las áreas de la cola para los dos contrastes son aproximadamente iguales, entonces los ceros son una parte relativamente poco importante de los datos. Si, por otro lado, las áreas de la cola son totalmente distintas, entonces los ceros pueden afectar seriamente a la inferencia que se va a realizar. En este caso, el experimentador debería tratar de obtener mediciones adicionales o mediciones más precisas.

Se pueden hacer comentarios análogos al contraste de rangos con signo de Wilcoxon. Si $D_i = 0$ para uno o más de los valores de i, a estos ceros deberían asignárseles los rangos menores y el contraste se debería realizar dos veces. En el primer contraste, se deberían asignar signos positivos a estos rangos. En el segundo contraste, se les deberían asignar signos negativos. Una pequeña diferencia en las áreas de la cola podría indicar que los ceros son relativamente poco importantes. Una gran diferencia podría indicar que los datos son poco fiables para ser utilizados.

El mismo tipo de razonamiento se puede aplicar a dos diferencias D_i y D_j que tengan distintos signos, pero el mismo valor absoluto. Estos pares ocuparán posiciones sucesivas, por ejemplo k y $k+1$, en la ordenación de los valores absolutos. Sin embargo, puesto que hay un empate, no está claro a cuál de los dos rangos se le debería asignar el signo más. Por tanto, el contraste se debería realizar dos veces. En primer lugar, al rango $k+1$ se le debería asignar el signo positivo y al rango k, el signo negativo. Luego estos signos se deberían intercambiar.

Se han propuesto otros métodos razonables para considerar los empates. Cuando dos o más valores absolutos son iguales, un método simple es considerar los rangos sucesivos que se asignarán a los valores absolutos, y luego asignar el promedio de estos rangos a cada uno de los valores empatados. Los signos positivos y negativos se asignan entonces de la manera usual. Cuando se utiliza este método, el valor de Var(S_n) se debe corregir debido a los empates.

EJERCICIOS

1. En un experimento para comparar dos tipos distintos de navajas de afeitar, A y B, se pidió a 20 hombres que se afeitaran con la navaja de tipo A durante una semana y después con una navaja de tipo B durante otra semana. Al final de este periodo, 15 hombres dijeron que la navaja A daba un afeitado más suave que la navaja B y los restantes 5 hombres dijeron que la navaja B daba un afeitado más suave. Contrástese la hipótesis de que la navaja A no proporciona un afeitado más suave que la hoja B contra la alternativa de que la navaja A proporciona un afeitado más suave que la navaja B.

2. Considérense de nuevo las condiciones del ejercicio 1. Analícese cómo se debe mejorar el diseño de este experimento considerando cómo se deben seleccionar los 20 hombres participantes y considerando, además, el efecto de que cada hombre se afeite primero con la navaja de tipo B y después con la navaja de tipo A.

3. Considérense los datos de la tabla 9.34 y supóngase que las 15 diferencias $D_1, \ldots, D_{15}$ constituyen una muestra aleatoria de una distribución normal cuya media μ y varianza σ^2 son desconocidas. Realícese un contraste t de las siguientes hipótesis:

$$\begin{aligned} H_0 &: \quad \mu \leq 0, \\ H_1 &: \quad \mu > 0. \end{aligned}$$

4. Considérense de nuevo los datos de la tabla 9.34.
   (a) Compárense las áreas de la cola que se obtienen aplicando el contraste de signos, el contraste de rangos con signo de Wilcoxon y el contraste t a las diferencias $D_1, \ldots, D_{15}$.
   (b) Explíquense las suposiciones que se necesitan para aplicar cada uno de estos tres contrastes.
   (c) Explíquese la inferencia que se puede obtener en relación con la efectividad relativa de la droga A y la droga B en vista de que las tres áreas de la cola obtenidas en la parte (a) tienen aproximadamente la misma magnitud, y expónganse las inferencias que se podrían obtener si estas áreas de las colas fueran muy diferentes.

5. En un experimento para comparar dos dietas distintas, A y B, se selecciona un par de cerdos de cada una de 20 camadas distintas. Un cerdo de cada par fue seleccionado al azar y se le proporcionó la dieta A durante un periodo de tiempo fijo, mientras que al otro cerdo del par se le proporcionó la dieta B. Al final de tal periodo, se observó la ganancia en peso de cada cerdo. Los resultados están presentados en la tabla 9.35. Contrástese la hipótesis nula de que los cerdos no tienden a ganar más peso con la dieta A que con la dieta B contra la alternativa de que los cerdos tienden a ganar más peso con la dieta A utilizando (a) el contraste de signos y (b) el contraste de rangos con signo de Wilcoxon.

Tabla 9.35

Par	Ganancia con dieta A	Ganancia con dieta B	Par	Ganancia con dieta A	Ganancia con dieta B
1	21.5	14.7	11	19.0	19.4
2	18.0	18.1	12	18.8	13.6
3	14.7	15.2	13	19.0	19.2
4	19.3	14.6	14	15.8	9.1
5	21.7	17.5	15	19.6	13.2
6	22.9	15.6	16	22.0	16.6
7	22.3	24.8	17	13.1	10.8
8	19.1	20.3	18	16.8	13.3
9	13.3	12.0	19	18.4	15.4
10	19.8	20.9	20	24.9	21.7

6. Considérense de nuevo el experimento descrito en el ejercicio 5 y los datos presentados en la tabla 9.35.

   (a) Contrástese la hipótesis descrita en el ejercicio 5 suponiendo que en cada uno de los 20 pares de cerdos, la diferencia entre la ganancia de la dieta A y la ganancia de la dieta B tiene una distribución normal con una media desconocida μ y una varianza desconocida σ^2.

   (b) Contrástese la hipótesis descrita en el ejercicio 5 suponiendo que la ganancia en peso de cada cerdo al que se le proporciona la dieta A tiene una distribución normal con una media desconocida μ_A y una varianza desconocida σ^2 y que la ganancia en peso de cada cerdo al que se le proporciona la dieta B tiene una distribución normal con una media desconocida μ_B y la misma varianza desconocida σ^2.

   (c) Compárense los resultados obtenidos en las partes (a) y (b) de este ejercicio y las partes (a) y (b) del ejercicio 5, y expóngase la interpretación de estos resultados.

   (d) Analícense métodos para investigar si las suposiciones de la parte (b) de este ejercicio son razonables.

7. En un experimento para comparar dos materiales distintos, A y B, que se deben utilizar para fabricar tacones de zapatos de hombre, se seleccionó a 15 hombres y se les proporcionó un par de zapatos nuevos de los cuales un tacón estaba hecho con el material A y el otro con el material B. Al principio del experimento, cada tacón tenía un grosor de 10 mm. Después de usar los zapatos durante un mes, se midió el grosor restante. Los resultados son los de la tabla 9.36. Contrástese la hipótesis de que el material A no es más duradero que el material B con la alternativa de que el material A es más duradero que el material B, utilizando (a) el contraste de signos y (b) el contraste de rangos con signo de Wilcoxon.

Tabla 9.36

Par	Material A	Material B
1	6.6	7.4
2	7.0	5.4
3	8.3	8.8
4	8.2	8.0
5	5.2	6.8
6	9.3	9.1
7	7.9	6.3
8	8.5	7.5
9	7.8	7.0
10	7.5	6.6
11	6.1	4.4
12	8.9	7.7
13	6.1	4.2
14	9.4	9.4
15	9.1	9.1

8. Considérense de nuevo las condiciones del ejercicio 7 y supóngase que para cada par de zapatos se decidió por una aleatorización auxiliar si el zapato izquierdo o el derecho deberían tener el tacón fabricado con el material A.
   (a) Explíquese este método de diseñar el experimento y considérese en especial la posibilidad de que en cada par de zapatos, el izquierdo tenga el tacón fabricado con el material A.
   (b) Analícense métodos para mejorar el diseño de este experimento. Además de los datos presentados en la tabla 9.36, ¿sería útil saber qué zapato tiene el tacón hecho con el material A y que cada hombre del experimento además usara además un par de zapatos en donde ambos tacones fueran del material A o del material B?

*9.10 RANGOS PARA DOS MUESTRAS

Comparación de dos distribuciones

En esta sección se tratará un problema en el que se selecciona una muestra de m observaciones $X_1, \ldots, X_m$ de una distribución continua cuya f.d.p. $f(x)$ es desconocida y se selecciona una muestra aleatoria independiente de n observaciones $Y_1, \ldots, Y_n$ de otra distribución continua cuya f.d.p. $g(x)$ es también desconocida. Supóngase que la distribución de cada observación Y_i en la segunda muestra es la misma que la de cada observación X_i de la primera muestra, o que existe una constante θ tal que la distribución de cada variable aleatoria $Y_i + \theta$ es la misma que la distribución de cada X_i. En otras palabras, supóngase que $f(x) = g(x)$ para todos los valores de x, o que existe una constante θ tal que $f(x) = g(x - \theta)$ para todos los valores de x. Finalmente, supóngase que se van a contrastar las siguientes hipótesis:

$$\begin{aligned} H_0 &: \quad f(x) = g(x) \quad \text{para} -\infty < x < \infty, \\ H_1 &: \quad \text{Existe una constante } \theta \ (\theta \neq 0) \text{ tal que} \\ &\quad\quad f(x) = g(x - \theta) \quad \text{para} -\infty < x < \infty. \end{aligned} \tag{1}$$

Hay que advertir que la forma común de las f.d.p. $f(x)$ y $g(x)$ no está especificada en la hipótesis H_0 y que el valor de θ no está especificado en la hipótesis H_1.

En este capítulo ya se han propuesto dos métodos para contrastar las hipótesis (1). El primer método es utilizar el contraste de homogeneidad χ^2 descrito en la sección 9.4, que se puede aplicar agrupando las observaciones de cada muestra en C intervalos. El segundo método consiste en utilizar el contraste de Kolmogorov-Smirnov para dos muestras descrito en la sección 9.6. Si se supone, además, que las dos muestras se seleccionan de distribuciones normales, entonces contrastar las hipótesis (1) es lo mismo que contrastar si dos distribuciones normales tienen la misma media cuando se supone que tienen la misma varianza desconocida. Por tanto, según esta suposición, se podría utilizar un contraste t basado en $m + n - 2$ grados de libertad, descrito en la sección 8.9.

En esta sección se presentará otro procedimiento para contrastar las hipótesis (1) que no requiere de ninguna suposición acerca de la forma de las distribuciones de donde provienen las muestras. Este procedimiento, que fue introducido separadamente por F. Wilcoxon, H.B. Mann y D.R. Whitney en la década de 1940, se conoce como *contraste de rangos de Wilcoxon-Mann-Whitney.*

Contraste de rangos de Wilcoxon-Mann-Whitney

En este procedimiento se empezará por ordenar las $m + n$ observaciones de las dos muestras en una sola sucesión del menor valor que aparece en las dos muestras al mayor valor. Puesto que todas las observaciones provienen de distribuciones continuas, se puede suponer que no hay dos de estas $m + n$ observaciones que tengan el mismo valor. Por tanto, se puede obtener una ordenación única de estos $m + n$ valores. A cada observación de esta ordenación se le asigna un rango correspondiente a su posición en la ordenación.

Por tanto, a la menor observación entre las $m + n$ observaciones se le asignará el rango 1 y a la mayor observación se le asignará el rango $m + n$.

El contraste de rangos de Wilcoxon-Mann-Whitney está basado en la propiedad de que si la hipótesis nula H_0 es cierta y las dos muestras son realmente seleccionadas de la misma distribución, entonces las observaciones $X_1, \ldots, X_m$ tenderán a dispersarse entre las $m + n$ observaciones, en lugar de concentrarse entre los valores menores o entre los valores mayores. De hecho, cuando H_0 es cierta, los rangos que se asignan a las m observaciones $X_1, \ldots, X_m$ serán los mismos que si se tratara de una muestra aleatoria de m rangos seleccionados al azar sin reemplazamiento de una urna que contiene los $m + n$ rangos $1, 2, \ldots, m + n$.

Sea S la suma de los rangos asignados a las m observaciones $X_1, \ldots, X_m$. Puesto que el promedio de los rangos $1, 2, \ldots, m+n$ es $(1/2)(m+n+1)$, de la exposición que se acaba de hacer se deduce que cuando H_0 es cierta,

$$E(S) = \frac{m(m+n+1)}{2}. \tag{2}$$

Además, se puede demostrar que cuando H_0 es cierta,

$$\text{Var}(S) = \frac{mn\,(m+n+1)}{12}. \tag{3}$$

Más aún, cuando los tamaños muestrales m y n son grandes y H_0 es cierta, la distribución de S será aproximadamente una distribución normal cuya media y varianza están dadas por las ecuaciones (2) y (3).

Supóngase ahora que la hipótesis alternativa H_1 es cierta. Si $\theta < 0$, entonces las observaciones $X_1, \ldots, X_m$ tenderán a ser menores que las observaciones $Y_1, \ldots, Y_n$. Por tanto, los rangos que se asignan a las observaciones $X_1, \ldots, X_m$ tenderán a estar entre los rangos menores y la variable aleatoria S tenderá a ser menor de lo que sería si H_0 fuera cierta. Análogamente, si $\theta > 0$, entonces los rangos que se asignan a las observaciones $X_1, \ldots, X_m$ tenderían a estar entre los rangos mayores y la variable aleatoria S tendería a ser mayor de lo que sería si H_0 fuera cierta. Debido a estas propiedades, el contraste de rangos de Wilcoxon-Mann-Whitney especifica el rechazo de H_0 si el valor de S se desvía mucho de su valor medio dado por la ecuación (2). En otras palabras, el contraste especifica el rechazo de H_0 si $|S - (1/2)m(m+n+1)| \geq c$, donde c es una constante elegida apropiadamente. En particular, cuando se utiliza la aproximación normal a la distribución de S, la constante c se puede elegir de forma que el contraste se realice a cualquier nivel de significación α_0.

Ejemplo 1: Aplicación de un contraste de rangos de Wilcoxon-Mann-Whitney. Supóngase que el tamaño m de la primera muestra es 20 y que los valores observados son los de la tabla 9.37. Supóngase, además, que el tamaño n de la segunda muestra es 36 y que estos valores observados son los de la tabla 9.38. Se contrastarán las hipótesis (1) por medio de un contraste de rangos de Wilcoxon-Mann-Whitney.

Los 56 valores de las dos muestras están ordenados de menor a mayor en la tabla 9.39. Cada valor observado de la primera muestra se identifica por el símbolo x y cada valor observado de la segunda muestra se identifica con el símbolo y. La suma S de los rangos de los 20 valores observados en la primera muestra resulta ser 494.

Tabla 9.37

0.730	1.033	0.362	0.859	0.911
1.411	1.420	1.073	1.427	1.166
0.039	1.352	1.171	−0.174	1.214
0.247	−0.779	0.477	1.016	0.273

Tabla 9.38

1.520	0.876	1.148	1.633	0.566
0.931	0.664	1.952	0.482	0.279
1.268	1.039	0.912	2.632	1.267
0.756	2.589	1.281	0.274	−0.078
0.542	1.532	−1.079	1.676	0.789
1.705	1.277	0.065	1.733	0.709
−0.127	1.160	1.010	1.428	1.372
0.939				

Puesto que en este ejemplo $m = 20$ y $n = 36$, de las ecuaciones (2) y (3) se deduce que si H_0 es cierta, entonces S tiene aproximadamente una distribución normal con media 570 y varianza 3420. La desviación típica de S es entonces $(3420)^{1/2} = 58.48$. Por tanto, si H_0 es cierta, la variable aleatoria $Z = (S - 570)/(58.48)$ tendrá aproximadamente una distribución normal tipificada. Puesto que en este ejemplo $S = 494$ se deduce que $Z =$ $= -1.300$. En otras palabras, el valor observado de S se encuentra 1.3 desviaciones típicas a la izquierda de su media.

El contraste de rangos de Wilcoxon-Mann-Whitney especifica el rechazo de H_0 si $|Z| > c$, donde c es una constante seleccionada apropiadamente. Por tanto, el área de la cola correspondiente a cualquier valor observado de Z es la suma del área de la distribución normal a la derecha de $|Z|$ y el área de esta distribución a la izquierda de $-|Z|$. El área de la cola correspondiente al valor observado de $Z = -1.3$ se encuentra de esta forma a partir de una tabla de la distribución normal tipificada y es 0.1936. Por tanto, la hipótesis nula H_0 se debería aceptar a cualquier nivel de significación $\alpha_0 < 0.1936$.

◁

Para valores pequeños de m y n, la aproximación normal a la distribución de S no será apropiada. Las tablas de la distribución exacta de S para tamaños muestrales pequeños se encuentran publicadas en muchas colecciones de tablas estadísticas.

Empates

Como se ha supuesto de nuevo que ambas muestras provienen de distribuciones continuas, hay una probabilidad 0 de que dos observaciones cualesquiera sean iguales. Sin embargo, debido a que las mediciones en un problema real se hacen con precisión limitada, se pueden encontrar que algunos de los valores observados sean iguales. Supóngase que un grupo de dos o más valores iguales incluyen al menos una x y una y. Un procedimiento para manejar estos valores es asignar a cada observación del grupo el promedio de los rangos que serían asignados a estas observaciones. Cuando se utiliza este procedimiento, el valor de Var(S) en la ecuación (3) se debe modificar para tener en cuenta los empates existentes en los datos.

Tabla 9.39

Rango	Valor observado	Muestra	Rango	Valor observado	Muestra
1	−1.079	y	29	1.016	x
2	−0.779	x	30	1.033	x
3	−0.174	x	31	1.039	y
4	−0.127	y	32	1.073	x
5	−0.078	y	33	1.148	y
6	0.039	x	34	1.160	y
7	0.065	y	35	1.166	x
8	0.247	x	36	1.171	x
9	0.273	x	37	1.214	x
10	0.274	y	38	1.267	y
11	0.279	y	39	1.268	y
12	0.362	x	40	1.277	y
13	0.477	x	41	1.281	y
14	0.482	y	42	1.352	x
15	0.542	y	43	1.372	y
16	0.566	y	44	1.411	x
17	0.664	y	45	1.420	x
18	0.709	y	46	1.427	x
19	0.730	x	47	1.428	y
20	0.756	y	48	1.520	y
21	0.789	y	49	1.532	y
22	0.859	x	50	1.633	y
23	0.876	y	51	1.676	y
24	0.911	x	52	1.705	y
25	0.912	y	53	1.733	y
26	0.931	y	54	1.952	y
27	0.939	y	55	2.589	y
28	1.010	y	56	2.632	y

No se continuará aquí este procedimiento, sino que se repetirá la recomendación hecha al final de la sección 9.9 en el sentido de que el contraste se realice dos veces. En el primer contraste, los rangos menores de cada grupo de observaciones con empate se asignarían a las x y los rangos mayores se asignarían a las y. En el segundo contraste, estas asignaciones se hacen en sentido contrario. Si la decisión de aceptar o rechazar H_0 es distinta para las dos asignaciones o si las áreas de las colas correspondientes son muy distintas, se debe considerar que los datos no son concluyentes.

EJERCICIOS

1. Considérense de nuevo los datos del ejemplo 1. Contrástense las hipótesis (1) aplicando el contraste para dos muestras de Kolmogorov-Smirnov.

2. Considérense de nuevo los datos del ejemplo 1. Contrástense las hipótesis (1) suponiendo que las observaciones se toman de dos distribuciones normales con la misma varianza y aplicando un contraste t del tipo descrito en la sección 8.9.

3. En un experimento para comparar la efectividad de dos drogas, A y B, para reducir la concentración de glucosa en la sangre, se administra la droga A a 25 pacientes y la droga B a 15 pacientes. Las reducciones de la concentración de glucosa en la sangre para los 25 pacientes que reciben la droga A son las de la tabla 9.40. Las reducciones de concentración para los 15 pacientes que recibieron la droga B son las de la tabla 9.41. Contrástese la hipótesis de que las dos drogas son igualmente efectivas para reducir la concentración de glucosa en la sangre utilizando el contraste de rangos de Wilcoxon-Mann-Whitney.

Tabla 9.40

0.35	1.12	1.54	0.13	0.77
0.16	1.20	0.40	1.38	0.39
0.58	0.04	0.44	0.75	0.71
1.64	0.49	0.90	0.83	0.28
1.50	1.73	1.15	0.72	0.91

Tabla 9.41

1.78	1.25	1.01
1.82	1.95	1.81
0.68	1.48	1.59
0.89	0.86	1.63
1.26	1.07	1.31

4. Considérense de nuevo los datos del ejercicio 3. Contrástense las hipótesis de que las dos drogas son igualmente efectivas aplicando el contraste para dos muestras de Kolmogorov-Smirnov.

5. Considérense de nuevo los datos del ejercicio 3. Contrástense las hipótesis de que las dos drogas son igualmente efectivas suponiendo que se toman las observaciones de dos distribuciones normales con la misma varianza y aplicando un contraste t del tipo descrito en la sección 8.9.

6. Supóngase que $X_1, \ldots, X_m$ constituyen una muestra aleatoria de m observaciones de una distribución continua cuya f.d.p. $f(x)$ es desconocida y que $Y_1, \ldots, Y_n$ constituyen una muestra aleatoria independiente de n observaciones de otra distribución continua cuya f.d.p. $g(x)$ también es desconocida. Supóngase, además, que $f(x) = g(x - \theta)$ para $-\infty < x < \infty$, donde el valor del parámetro θ es desconocido $(-\infty < \theta < \infty)$. Descríbase cómo realizar un contraste de rangos de Wilcoxon-Mann-Whitney unilateral para contrastar las siguientes hipótesis:

$$\begin{aligned} H_0 &: \quad \theta \leq 0, \\ H_1 &: \quad \theta > 0. \end{aligned}$$

7. Considérense de nuevo las condiciones del ejercicio 6. Descríbase el desarrollo del contraste de rangos de Wilcoxon-Mann-Whitney para contrastar las siguientes hipótesis:

$$\begin{aligned} H_0 &: \quad \theta = \theta_0, \\ H_1 &: \quad \theta \neq \theta_0. \end{aligned}$$

8. Considérense de nuevo las condiciones de los ejercicios 6 y 7. Descríbase el desarrollo del contraste de rangos de Wilcoxon-Mann-Whitney para determinar un intervalo de confianza para θ con un coeficiente de confianza γ $(0 < \gamma < 1)$.

9. Considérense de nuevo las condiciones de los ejercicios 6 y 7. Determínese un intervalo de confianza para θ con un coeficiente de confianza 0.90 basado en los valores dados en el ejemplo 1.

10. Sean $X_1, \ldots, X_m$ e $Y_1, \ldots, Y_n$ las observaciones de dos muestras y supóngase que no hay dos valores iguales. Considérese los mn pares

$$\begin{array}{l} (X_1, Y_1), \ldots, (X_1, Y_n), \\ (X_2, Y_1), \ldots, (X_2, Y_n), \\ \quad \vdots \qquad\qquad \vdots \\ (X_m, Y_1), \ldots, (X_m, Y_n). \end{array}$$

Sea U el número de estos pares para los cuales el valor de la componente X es mayor que el valor de la componente Y. Demuéstrese que

$$U = S - \frac{1}{2} m(m+1),$$

donde S es la suma de los rangos asignados a $X_1, \ldots, X_m$, definida en esta sección.

9.11 EJERCICIOS COMPLEMENTARIOS

1. Supóngase que se seleccionan 400 personas al azar de una gran población y que cada persona de la muestra especifica cuál de cinco cereales prefiere. Para $i = 1, \ldots, 5$, sea p_i la proporción de la población que prefiere el cereal i y sea N_i el número de personas de la muestra que prefieren el cereal i. Se desea contrastar las siguientes hipótesis al nivel de significación 0.01:

   H_0 : $p_1 = p_2 = \cdots = p_5$,
   H_1 : La hipótesis H_0 no es cierta.

   ¿Para qué valores de $\sum_{i=1}^{5} N_i^2$ se debería rechazar H_0?

2. Considérese de nuevo una gran población de familias que tienen exactamente tres hijos y supóngase que se desea contrastar la hipótesis nula H_0 de que la distribución del número de hijos varones en cada familia es una distribución binomial con parámetros $n = 3$ y $p = 1/2$ contra la alternativa general H_1 de que H_0 no es cierta. Supóngase, además, que en una muestra aleatoria de 128 familias se encuentra que 26 familias no tienen hijos varones, 32 tienen un hijo varón, 40 tienen dos hijos varones y 30 tienen tres hijos varones. ¿A qué niveles de significación se debería rechazar H_0?

3. Considérense de nuevo las condiciones del ejercicio 2, incluyendo las observaciones de la muestra aleatoria de 128 familias, pero supóngase ahora que se desea contrastar la hipótesis nula compuesta H_0 de que la distribución del número de hijos varones de cada familia es una distribución binomial para la cual $n = 3$ con un valor de p no especificado con la alternativa general H_1 de que H_0 no es cierta. ¿A qué niveles de significación se debería rechazar H_0?

4. Para estudiar la historia genética de tres grandes grupos distintos de nativos americanos, se toma una muestra aleatoria de 50 personas del grupo 1, una muestra aleatoria de 100 personas del grupo 2 y una muestra aleatoria de 200 personas del grupo 3. Se clasifica el tipo de sangre de cada persona de las muestras como A, B, AB o 0 y los resultados se reportan en la tabla 9.42. Contrástese la hipótesis de que la distribución de los tipos de sangre es la misma en los tres grupos al nivel de significación 0.1.

Tabla 9.42

	A	B	AB	0	
Grupo 1	24	6	5	15	50
Grupo 2	43	24	7	26	100
Grupo 3	69	47	22	62	200

5. Considérense de nuevo las condiciones del ejercicio 4. Explíquese cómo cambiar los números de la tabla 9.42 de forma que cada total de fila y cada total de columna permanezcan sin cambios, pero que el valor del estadístico del contraste χ^2 se incremente.

6. Considérese un contraste de independencia χ^2 que se va a aplicar a los elementos de una tabla de contingencia 2×2. Demuéstrese que la cantidad $(N_{ij} - \widehat{E}_{ij})^2$ tiene el mismo valor para cada una de las cuatro celdas de la tabla.

7. Considérense de nuevo las condiciones del ejercicio 6. Demuéstrese que el estadístico Q del contraste χ^2 se puede escribir de la forma

$$Q = \frac{n\,(N_{11}N_{22} - N_{12}N_{21})^2}{N_{1+}N_{2+}N_{+1}N_{+2}}.$$

8. Supóngase que se va a aplicar un contraste de independencia χ^2 al nivel de significación 0.01 a los elementos de una tabla de contingencia 2×2 que contiene $4n$ observaciones y que los datos tienen la forma que se presenta en la tabla 9.43. ¿Para qué valores de a se debería rechazar la hipótesis nula?

9. Supóngase que se va a aplicar un contraste de independencia χ^2 al nivel de significación 0.05 a los elementos de una tabla de contingencia 2×2 que contiene $2n$ observaciones y que los datos tienen la forma dada en la tabla 9.44. ¿Para qué valores de α se debería rechazar la hipótesis nula?

Tabla 9.43

$n + a$	$n - a$
$n - a$	$n + a$

Tabla 9.44

αn	$(1 - \alpha)n$
$(1 - \alpha)n$	αn

10. En un estudio de los efectos de la contaminación en la salud, se encontró que la proporción de la población total de la ciudad A que padecen enfermedades respiratorias fue mayor que la proporción en la ciudad B. Puesto que la ciudad A solía considerarse menos contaminada y más saludable que la ciudad B, este resultado resultó sorprendente. Por tanto, se hicieron investigaciones separadas para la población de menores (menos de 40 años) y para la población de mayores (40 años o más). Se encontró que la proporción de la población de menores que padecen enfermedades respiratorias en la ciudad A fue menor que en la ciudad B y, además, que la proporción de la población de mayores que padecen enfermedades respiratorias en la ciudad A fue menor que en la ciudad B. Analícense y explíquense estos resultados.

11. Supóngase que se aplicó un examen de conocimientos matemáticos a estudiantes de dos escuelas distintas, A y B. Cuando se tabularon los resultados de estos exámenes, se encontró que la calificación promedio para los alumnos de primer curso de la

escuela A fue superior al promedio de los estudiantes de primer curso de la escuela B y que existía la misma relación para los alumnos de segundo curso de las dos escuelas, para los estudiantes de tercer curso y para los estudiantes de último curso. Por otro lado, se encontró, además, que el promedio de calificaciones de todos los estudiantes de la escuela A fue menor que para todos los estudiantes de la escuela B. Analícense y explíquense estos resultados.

12. Una muestra aleatoria de 100 pacientes de hospital que padecen depresión reciben un tratamiento específico durante un periodo de tres meses. Antes de iniciar el tratamiento, cada paciente se clasificó en uno de los cinco niveles de depresión, donde el nivel 1 representa el grado más severo de depresión, y el 5 el menos severo. Al final del tratamiento, cada paciente se clasificó de nuevo según los mismos cinco niveles de depresión. Los resultados son los de la tabla 9.45. Analícese el uso de esta tabla para determinar si el tratamiento ha sido útil para aliviar la depresión.

Tabla 9.45

		Nivel de depresión después del tratamiento				
		1	2	3	4	5
Nivel de	1	7	3	0	0	0
depresión	2	1	27	14	2	0
antes del	3	0	0	19	8	2
tratamiento	4	0	1	2	12	0
	5	0	0	1	1	0

13. Supóngase que se toma una muestra aleatoria de tres observaciones de una distribución con la siguiente f.d.p.:

$$f(x) = \begin{cases} \theta x^{\theta-1} & \text{para } 0 < x < 1, \\ 0 & \text{en otro caso,} \end{cases}$$

donde $\theta > 0$. Determínese la f.d.p. de la mediana muestral.

14. Supóngase que se toma una muestra aleatoria de n observaciones de una distribución cuya f.d.p. es la del ejercicio 13. Determínese la distribución asintótica de la mediana muestral.

15. Supóngase que se toma una muestra aleatoria de n observaciones de una distribución t con α grados de libertad. Demuéstrese que la distribución asintótica de ambas, la media muestral $\overline{X}_n$ y la mediana muestral $\widetilde{X}_n$, son normales y determínense los enteros positivos α para los cuales la varianza de esta distribución asintótica es menor para $\overline{X}_n$ que para $\widetilde{X}_n$.

16. Supóngase que $X_1, \ldots, X_n$ constituyen una muestra aleatoria grande de una distribución cuya f.d.p. es $h(x|\theta) = \alpha f(x|\theta) + (1-\alpha)g(x|\theta)$. Aquí, $f(x|\theta)$ es la f.d.p. de una distribución normal con media desconocida θ y varianza 1, $g(x|\theta)$ es la f.d.p. de una distribución normal con la misma media desconocida θ y varianza σ^2 y $0 \leq \alpha \leq 1$. Sean $\overline{X}_n$ y $\widetilde{X}_n$ la media muestral y la mediana muestral, respectivamente.

    (a) Para $\sigma^2 = 100$, determínense los valores de α para los cuales el E.C.M. de $\widetilde{X}_n$ será menor que el E.C.M. de $\overline{X}_n$.
    (b) Para $\alpha = 1/2$, determínense los valores de σ^2 para los cuales el E.C.M. de $\widetilde{X}_n$ será menor que el E.C.M. de $\overline{X}_n$.

17. Supóngase que $X_1, \ldots, X_n$ constituyen una muestra aleatoria de una distribución con f.d.p. $f(x)$ y sean $Y_1 < Y_2 < \cdots < Y_n$ los estadísticos de orden de la muestra. Demuéstrese que la f.d.p. conjunta de $Y_1, \ldots, Y_n$ es como sigue:

$$g(y_1, \ldots, y_n) = \begin{cases} n! f(y_1) \cdots f(y_n) & \text{para} \quad y_1 < y_2 < \cdots < y_n, \\ 0 & \text{en otro caso.} \end{cases}$$

18. Sean $Y_1 < Y_2 < Y_3$ los estadísticos de orden de una muestra aleatoria de tres observaciones de una distribución uniforme sobre el intervalo $(0, 1)$. Determínese la distribución condicional de Y_2 dado que $Y_1 = y_1$ e $Y_3 = y_3$ $(0 < y_1 < y_3 < 1)$.

19. Supóngase que se toma una muestra aleatoria de 20 observaciones de una distribución continua desconocida y sean $Y_1 < \cdots < Y_{20}$ los estadísticos de orden de la muestra. Además, sea θ el cuantil de orden 0.3 de la distribución y supóngase que se desea obtener un intervalo de confianza para θ que tenga la forma (Y_r, Y_{r+3}). Determínese el valor de r $(r = 1, 2, \ldots, 17)$ para el que este intervalo tenga el mayor coeficiente de confianza γ, y determínese el valor de γ.

20. Supóngase que $X_1, \ldots, X_m$ constituyen una muestra aleatoria de una distribución continua cuya f.d.p. $f(x)$ es desconocida, que $Y_1, \ldots, Y_n$ constituyen una muestra aleatoria independiente de otra distribución continua cuya f.d.p. $f(x)$ también es desconocida y que $f(x) = g(x - \theta)$ para $-\infty < x < \infty$, donde el valor del parámetro θ es desconocido $(-\infty < \theta < \infty)$. Supóngase que se desea realizar un contraste de rangos de Wilcoxon-Mann-Whitney para contrastar las siguientes hipótesis al nivel de significación α $(0 < \alpha < 1)$:

$$\begin{aligned} H_0 &: \quad \theta = \theta_0, \\ H_1 &: \quad \theta \neq \theta_0. \end{aligned}$$

Supóngase que no hay dos observaciones iguales y sea U_{θ_0} el número de pares

(X_i, Y_j) tales que $X_i - Y_j > \theta_0$, donde $i = 1, \ldots, m$ y $j = 1, \ldots, n$. Demuéstrese que para valores grandes de m y n, la hipótesis H_0 se debería aceptar si, y sólo si,

$$\frac{mn}{2} - c\left(1 - \frac{\alpha}{2}\right)\left[\frac{mn(m+n+1)}{12}\right]^{1/2} <$$
$$< U_{\theta_0} < \frac{mn}{2} + c\left(1 - \frac{\alpha}{2}\right)\left[\frac{mn(m+n+1)}{12}\right]^{1/2},$$

donde $c(\gamma)$ es el cuantil γ de la distribución normal tipificada. *Sugerencia*: Véase el ejercicio 10 de la sección 9.10.

21. Considérense de nuevo las condiciones del ejercicio 20. Demuéstrese que un intervalo de confianza para θ con un coeficiente de confianza $1 - \alpha$ se puede obtener con el siguiente procedimiento: Sea k el mayor entero menor o igual que

$$\frac{mn}{2} - c\left(1 - \frac{\alpha}{2}\right)\left[\frac{mn(m+n+1)}{12}\right]^{1/2}.$$

Además, sea A la k-ésima menor de las mn diferencias $X_i - Y_j$, donde $i = 1, \ldots, m$ y $j = 1, \ldots, n$ y sea B la k-ésima mayor de estas mn diferencias. Entonces $A <$ $< \theta < B$ es un intervalo de confianza del tipo requerido.

Modelos estadísticos lineales 10

10.1 EL MÉTODO DE MÍNIMOS CUADRADOS

Ajuste de una línea recta

Supóngase que a cada uno de diez pacientes se le administra primero cierta cantidad de una droga estándar A y posteriormente la misma cantidad de una nueva droga B, y se observa en cada paciente el cambio en la presión sanguínea inducido por cada droga. A este cambio en la presión sanguínea se le llamará *respuesta* del paciente. Para $i = 1, \ldots, 10, x_i$ se define como la respuesta, medida en unidades apropiadas, del i-ésimo paciente cuando recibe la droga A y se define y_i como su respuesta cuando recibe la droga B. Supóngase, además, que los valores observados de las respuestas son los de la tabla 10.1. Los diez puntos (x_i, y_i) para $i = 1, \ldots, 10$ están representados en la figura 10.1.

Supóngase ahora que interesa describir la relación entre la respuesta y de un paciente a la droga B y su respuesta x a la droga A. Para obtener una expresión simple de esta relación, se podría desear ajustar una recta a los diez puntos representados en la figura 10.1. Aunque estos diez puntos obviamente no se encuentran exactamente sobre una línea recta, se podría creer que las desviaciones de la recta se deben al hecho de que el cambio observado en la presión sanguínea de cada paciente no sólo resulta afectado por las dos drogas sino también por otros factores. En otras palabras, se podría creer que si fuera posible controlar todos estos factores, los puntos observados estarían realmente sobre una línea recta. Más aún, se podría creer que si se midiesen las respuestas a las dos drogas para un número muy grande de pacientes, en lugar de para sólo diez pacientes, resultaría que los puntos observados tienden a agruparse a lo largo de una línea recta. Quizá podría también interesar predecir la respuesta y de un futuro paciente a la nueva droga B a partir de su respuesta x a la droga estándar A. Un procedimiento para obtener esta predicción consistiría en ajustar una recta a los puntos de la figura 10.1 y utilizar esta recta para predecir el valor de y correspondiente a cualquier valor dado de x.

Tabla 10.1

i	x_i	y_i
1	1.9	0.7
2	0.8	−1.0
3	1.1	−0.2
4	0.1	−1.2
5	−0.1	−0.1
6	4.4	3.4
7	4.6	0.0
8	1.6	0.8
9	5.5	3.7
10	3.4	2.0

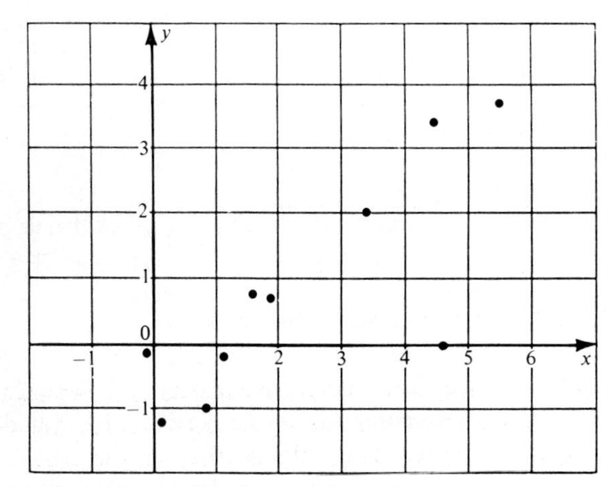

Figura 10.1 Gráfica de los valores observados de la tabla 10.1.

De la figura 10.1 se puede observar que si se ignora el punto $(4.6, 0.0)$, que se obtuvo del paciente para el cual $i = 7$ en la tabla 10.1, entonces los restantes nueve puntos se encuentran aproximadamente sobre una línea recta. En la figura 10.2 se representa una recta arbitraria que se ajusta razonablemente bien a estos nueve puntos. Sin embargo, si se desea ajustar una recta a los diez puntos, no está claro en qué medida deberá modificarse la recta de la figura 10.2 para ajustar el punto anómalo. Se describirá ahora un método para ajustar esta recta.

Recta de mínimos cuadrados

Supóngase que interesa ajustar una línea recta a los puntos representados en la figura 10.1 para obtener una relación matemática simple que exprese la respuesta y de un paciente a la nueva droga B como función de su respuesta x a la droga estándar A. En otras palabras, nuestro objetivo principal es poder predecir con precisión la respuesta y de un paciente a la droga B a partir de su respuesta x a la droga A. Interesa, por tanto, construir una línea recta tal que, para cada respuesta observada x_i, el valor correspondiente de y en la recta se encuentre lo más cerca posible de la verdadera respuesta observada y_i. Las desviaciones verticales de los diez puntos respecto a la recta graficada en la figura 10.2 se muestran en la figura 10.3.

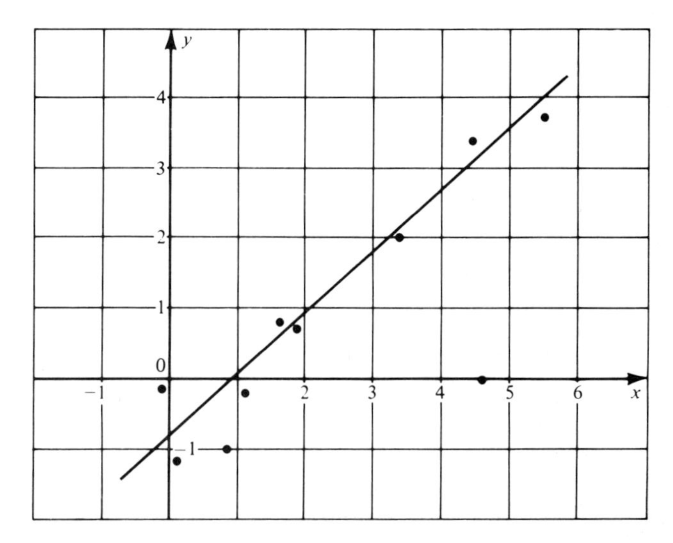

Figura 10.2 Línea recta ajustada a nueve de los puntos de la tabla 10.1.

Un método para construir una línea recta que se ajuste a los valores observados se denomina *método de mínimos cuadrados*. De acuerdo con este método, la recta se debe construir de manera que la suma de los cuadrados de las desviaciones verticales de todos los puntos respecto a la recta sea mínima. Se estudiará ahora este método con mayor detalle.

Considérese una línea recta arbitraria $y = \beta_1 + \beta_2 x$, en donde se van a determinar los valores de las constantes β_1 y β_2. Cuando $x = x_i$, la altura de esta recta es $\beta_1 + \beta_2 x_i$. Por tanto, la distancia vertical entre el punto (x_i, y_i) y la recta es $|y_i - (\beta_1 - \beta_2 x_i)|$. Supóngase que la recta va a ser ajustada a n puntos y sea Q la suma de los cuadrados de las distancias verticales en los n puntos. Entonces,

$$Q = \sum_{i=1}^{n} [y_i - (\beta_1 + \beta_2 x_i)]^2. \tag{1}$$

El método de mínimos cuadrados especifica que los valores de β_1 y β_2 se deben seleccionar de forma que se minimice el valor de Q.

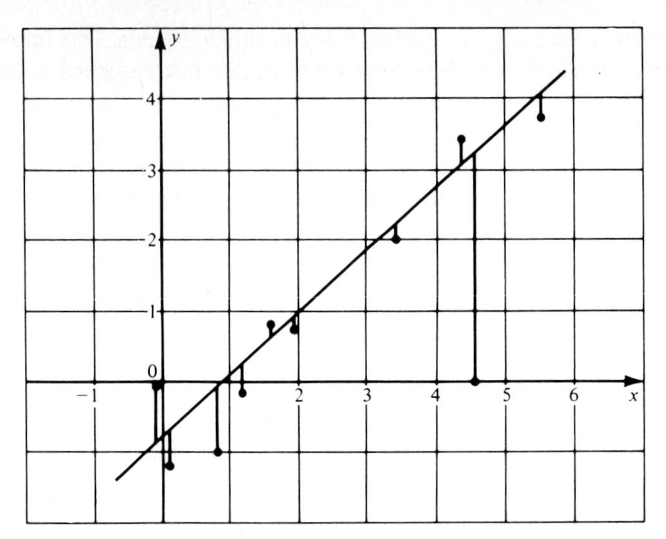

Figura 10.3 Desviaciones verticales de los puntos respecto a la línea recta.

No es difícil minimizar el valor de Q respecto a β_1 y β_2. Derivando parcialmente, se tiene

$$\frac{\partial Q}{\partial \beta_1} = -2\sum_{i=1}^{n}(y_i - \beta_1 - \beta_2 x_i) \tag{2}$$

$$\frac{\partial Q}{\partial \beta_2} = -2\sum_{i=1}^{n}(y_i - \beta_1 - \beta_2 x_i)x_i. \tag{3}$$

Igualando cada una de estas dos derivadas parciales a 0, se obtienen las ecuaciones:

$$\begin{aligned} \beta_1 n + \beta_2 \sum_{i=1}^{n} x_i &= \sum_{i=1}^{n} y_i, \\ \beta_1 \sum_{i=1}^{n} x_i + \beta_2 \sum_{i=1}^{n} x_i^2 &= \sum_{i=1}^{n} x_i y_i. \end{aligned} \tag{4}$$

Las ecuaciones (4) se denominan *ecuaciones normales* para β_1 y β_2. Considerando las derivadas de segundo orden de Q, se puede demostrar que los valores de β_1 y β_2 que satisfacen las ecuaciones normales serán los valores para los cuales la suma de cuadrados Q de la ecuación (1) se minimiza. Si se denotan estos valores por $\hat{\beta}_1$ y $\hat{\beta}_2$, entonces la ecuación de la recta obtenida por el método de mínimos cuadrados será $y = \hat{\beta}_1 + \hat{\beta}_2 x$. Esta recta se denomina *recta de mínimos cuadrados*.

Como es usual, se definen $\overline{x}_n = (1/n)\sum_{i=1}^n x_i$, $\overline{y}_n = (1/n)\sum_{i=1}^n y_i$. Resolviendo las ecuaciones normales (4) para β_1 y β_2, se obtienen los siguientes resultados:

$$\begin{aligned}\hat{\beta}_2 &= \frac{\sum_{i=1}^n x_i y_i - n\overline{x}_n\overline{y}_n}{\sum_{i=1}^n \overline{x}_i^2 - n\overline{x}_n^2}\\ \hat{\beta}_1 &= \overline{y}_n - \hat{\beta}_2\overline{x}_n.\end{aligned} \tag{5}$$

Para los valores de la tabla 10.1, $n = 10$ y utilizando (5) resulta que $\hat{\beta}_1 = -0.786$ y $\hat{\beta}_2 = 0.685$. Por tanto, la ecuación de la recta de mínimos cuadrados es $y = -0.786+$ $+0.685x$. Esta recta está representada en la figura 10.4.

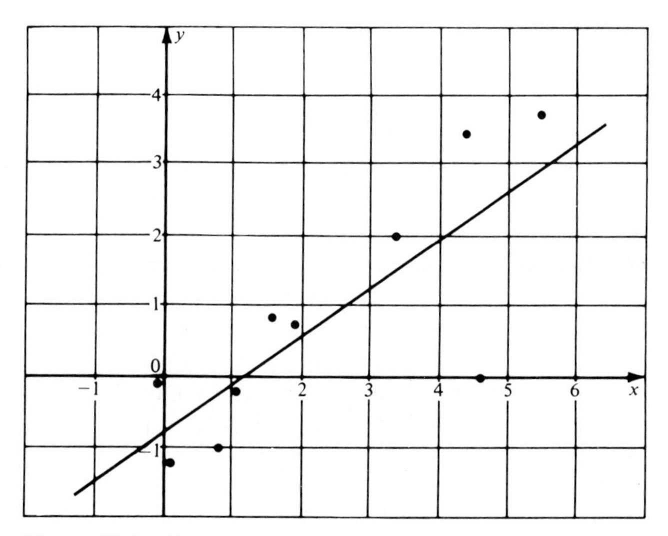

Figura 10.4 Recta de mínimos cuadrados.

Ajuste de un polinomio por el método de mínimos cuadrados

Supóngase ahora que en lugar de ajustar simplemente una línea recta a n puntos, se desea ajustar un polinomio de grado k $(k \geq 2)$. Tal polinomio tendrá la siguiente forma:

$$y = \beta_1 + \beta_2 x + \beta_3 x^2 + \cdots + \beta_{k+1}x^k. \tag{6}$$

El método de mínimos cuadrados establece que las constantes $\beta_1, \ldots, \beta_{k+1}$ se deben seleccionar de forma que la suma Q de cuadrados de las desviaciones verticales de los puntos respecto a la curva sea mínima. En otras palabras, estas constantes se deben seleccionar de forma que se minimice la siguiente expresión para Q:

$$Q = \sum_{i=1}^n \left[y_i - (\beta_1 + \beta_2 x_i + \cdots + \beta_{k+1}x_i^k)\right]^2. \tag{7}$$

Si se calculan las $k+1$ derivadas parciales $\partial Q/\partial\beta_1, \ldots, \partial Q/\partial\beta_{k+1}$ y se iguala cada una de estas derivadas a 0, se obtienen las siguientes $k+1$ ecuaciones lineales que deben satisfacer los $k+1$ valores desconocidos $\beta_1, \ldots, \beta_{k+1}$:

$$\begin{aligned}
&\beta_1 n + \beta_2 \sum_{i=1}^n x_i + \cdots + \beta_{k+1} \sum_{i=1}^n x_i^k = \sum_{i=1}^n y_i, \\
&\beta_1 \sum_{i=1}^n x_i + \beta_2 \sum_{i=1}^n x_i^2 + \cdots + \beta_{k+1} \sum_{i=1}^n x_i^{k+1} = \sum_{i=1}^n x_i y_i, \\
&\qquad\vdots \qquad\qquad\qquad\qquad \vdots \\
&\beta_1 \sum_{i=1}^n x_i^k + \beta_2 \sum_{i=1}^n x_i^{k+1} + \cdots + \beta_{k+1} \sum_{i=1}^n x_i^{2k} = \sum_{i=1}^n x_i^k y_i.
\end{aligned} \tag{8}$$

Como antes, estas ecuaciones se denominan *ecuaciones normales*. Existirá un único conjunto de valores de $\beta_1, \ldots, \beta_{k+1}$ que satisfacen las ecuaciones normales si, y sólo si, el determinante de la matriz $(k+1) \times (k+1)$ formada por los coeficientes de $\beta_1, \ldots, \beta_{k+1}$ no es cero. Si existen al menos $k+1$ valores distintos entre los n valores observados $x_1, \ldots, x_n$ entonces este determinante no será cero y existirá una solución única de las ecuaciones normales. Supóngase que esta condición se cumple. Se puede demostrar por métodos de cálculo avanzado que los únicos valores de $\beta_1, \ldots, \beta_{k+1}$ que satisfacen las ecuaciones normales serán entonces los valores que minimicen el valor de Q dado por la ecuación (7). Si se denotan estos valores por $\hat{\beta}_1, \ldots, \hat{\beta}_{k+1}$, entonces el polinomio de mínimos cuadrados tendrá la forma $y = \hat{\beta}_1 + \hat{\beta}_2 x + \cdots + \hat{\beta}_{k+1} x^k$.

Ejemplo 1: Ajuste de una parábola. Supóngase que se desea ajustar un polinomio de la forma $y = \beta_1 + \beta_2 x + \beta_3 x^2$ (que representa una parábola) a los diez puntos de la tabla 10.1. En este ejemplo, se encuentra que las ecuaciones normales (8) son las siguientes:

$$\begin{aligned}
&10\beta_1 + 23.3\beta_2 + 90.37\beta_3 = 8.1, \\
&23.3\beta_1 + 90.37\beta_2 + 401.0\beta_3 = 43.59, \\
&90.37\beta_1 + 401.0\beta_2 + 1892.7\beta_3 = 204.55.
\end{aligned} \tag{9}$$

Los únicos valores de β_1, β_2 y β_3 que satisfacen estas tres ecuaciones son $\hat{\beta}_1 = -0.744$, $\hat{\beta}_2 = 0.616$ y $\hat{\beta}_3 = 0.013$. Por tanto, la parábola de mínimos cuadrados es

$$y = -0.744 + 0.616x + 0.013x^2. \tag{10}$$

Esta curva está representada en la figura 10.5 junto con la recta de mínimos cuadrados. Debido a que el coeficiente de x^2 en la ecuación (10) es tan pequeño, la parábola de mínimos cuadrados y la recta de mínimos cuadrados están muy cerca una de otra para el rango de valores de la figura 10.5. ◁

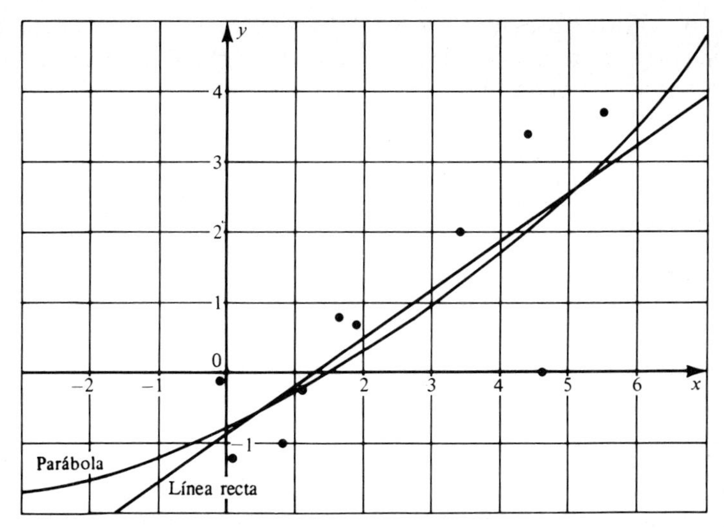

Figura 10.5 La parábola de mínimos cuadrados.

Ajuste de una función lineal de varias variables

Considérese ahora una extensión del ejemplo expuesto al principio de esta sección, en donde interesaba representar la respuesta de un paciente a la nueva droga B como una función lineal de su respuesta a la droga A. Supóngase que se desea representar la respuesta de un paciente a la droga B como una función lineal que comprende no sólo su respuesta a la droga A sino también a otras variables de interés. Por ejemplo, se puede desear representar la respuesta y del paciente a la droga B como una función lineal que considera su respuesta x_1 a la droga A, su ritmo cardíaco x_2 y su presión sanguínea x_3 antes de recibir cualquiera de las drogas, y otras variables de interés $x_4, \ldots, x_k$.

Supóngase que a cada paciente i ($i = 1, \ldots, n$) se le mide su respuesta y_i a la droga B, su respuesta x_{i1} a la droga A y también sus valores $x_{i2}, \ldots, x_{ik}$ para las otras variables. Supóngase, además, que para ajustar estos valores observados de los n pacientes, se desea considerar una función lineal que tenga la forma:

$$y = \beta_1 + \beta_2 x_1 + \cdots + \beta_{k+1} x_k. \tag{11}$$

En este caso, además, los valores de $\beta_1, \ldots, \beta_{k+1}$ se puede determinar por el método de mínimos cuadrados. Para cada conjunto de valores observados $x_{i1}, \ldots, x_{ik}$, considérese de nuevo la diferencia entre la respuesta observada y_i y el valor $\beta_1 + \beta_2 x_{i1} + \cdots + \beta_{k+1} x_{ik}$ de la función lineal dada por la ecuación (11). Como antes, se requiere minimizar la suma Q de los cuadrados de estas diferencias. Aquí,

$$Q = \sum_{i=1}^{n} [y_i - (\beta_1 + \beta_2 x_{i1} + \cdots + \beta_{k+1} x_{ik})]^2 . \tag{12}$$

Se puede obtener de nuevo un conjunto de $k + 1$ ecuaciones normales igualando cada una de las derivadas parciales $\partial Q/\partial \beta_j$ a 0 para $j = 1, \ldots, k + 1$. Estas ecuaciones tendrán la siguiente forma:

$$
\begin{aligned}
&\beta_1 n + \beta_2 \sum_{i=1}^{n} x_{i1} + \cdots + \beta_{k+1} \sum_{i=1}^{n} x_{ik} = \sum_{i=1}^{n} y_i, \\
&\beta_1 \sum_{i=1}^{n} x_{i1} + \beta_2 \sum_{i=1}^{n} x_{i1}^2 + \cdots + \beta_{k+1} \sum_{i=1}^{n} x_{i1}x_{ik} = \sum_{i=1}^{n} x_{i1}y_i, \\
&\qquad \vdots \qquad\qquad\qquad\qquad\qquad \vdots \\
&\beta_1 \sum_{i=1}^{n} x_{ik} + \beta_2 \sum_{i=1}^{n} x_{ik}x_{i1} + \cdots + \beta_{k+1} \sum_{i=1}^{n} x_{ik}^2 = \sum_{i=1}^{n} x_{ik}y_i.
\end{aligned} \tag{13}
$$

Si el determinante de la matriz $(k + 1) \times (k + 1)$ formada por los coeficientes de $\beta_1, \ldots, \beta_{k+1}$ en estas ecuaciones no es cero, entonces existirá una solución única $\hat{\beta}_1$, $\ldots$, $\hat{\beta}_{k+1}$ de las ecuaciones. La función lineal de mínimos cuadrados que se quería determinar será entonces $y = \hat{\beta}_1 + \hat{\beta}_2 x_1 + \cdots + \hat{\beta}_{k+1} x_k$.

Ejemplo 2: Ajuste de una función lineal de dos variables. Supóngase que se incluyen los valores de la tercera columna de la tabla 10.2 en la tabla 10.1. Aquí, para cada paciente $i (i = 1, \ldots, 10), x_{i1}$ denota su respuesta a la droga estándar A; x_{i2} denota su ritmo cardíaco e y_i denota su respuesta a la nueva droga B. Supóngase, además, que se quiere ajustar a estos valores una función lineal que tenga la forma $y = \beta_1 + \beta_2 x_1 + \beta_3 x_2$.

Tabla 10.2

i	x_{i1}	x_{i2}	y_i
1	1.9	66	0.7
2	0.8	62	−1.0
3	1.1	64	−0.2
4	0.1	61	−1.2
5	−0.1	63	−0.1
6	4.4	70	3.4
7	4.6	68	0.0
8	1.6	62	0.8
9	5.5	68	3.7
10	3.4	66	2.0

En este ejemplo, resulta que las ecuaciones normales (13) son las siguientes:

$$
\begin{aligned}
&10\beta_1 + 23.3\beta_2 + 650\beta_3 = 8.1, \\
&23.3\beta_1 + 90.37\beta_2 + 1563.6\beta_3 = 43.59, \\
&650\beta_1 + 1563.6\beta_2 + 42.334\beta_3 = 563.1.
\end{aligned} \tag{14}
$$

Los únicos valores de β_1, β_2 y β_3 que satisfacen estas tres ecuaciones son $\hat{\beta}_1 = -11.4527$, $\hat{\beta}_2 = 0.4503$ y $\hat{\beta}_3 = 0.1725$. Por tanto, la función lineal de mínimos cuadrados es

$$y = -11.4527 + 0.4503x_1 + 0.1725x_2. \quad \triangleleft \tag{15}$$

Debe subrayarse que el problema de ajustar un polinomio de grado k de una variable únicamente, definido por la ecuación (6), se puede considerar como un caso especial del problema de ajustar una función lineal de varias variables, como se definió por la ecuación (11). Para que la ecuación (11) se pueda aplicar al problema de ajuste de un polinomio que tenga la forma dada por la ecuación (6), simplemente se definen las k variables $x_1, \ldots, x_k$ como $x_1 = x, x_2 = x^2, \ldots, x_k = x^k$.

Un polinomio de más de una variable también se puede representar en la forma de la ecuación (11). Por ejemplo, supóngase que se observan los valores de cuatro variables r, s, t e y de varios pacientes y que se desea ajustar a estos valores observados una función que tenga la siguiente forma:

$$y = \beta_1 + \beta_2 r + \beta_3 r^2 + \beta_4 rs + \beta_5 s^2 + \beta_6 t^3 + \beta_7 rst. \tag{16}$$

Se puede considerar la función de la ecuación (16) como una función lineal que tiene la forma dada por la ecuación (11) con $k = 6$ si se definen las seis variables $x_1, \ldots, x_6$ como sigue: $x_1 = r, x_2 = r^2, x_3 = rs, x_4 = s^2, x_5 = t^3$ y $x_6 = rst$.

EJERCICIOS

1. Demuéstrese que el valor de $\hat{\beta}_2$ en la ecuación (5) se puede reescribir de las siguientes tres formas

(a) $$\hat{\beta}_2 = \frac{\sum_{i=1}^n (x_i - \overline{x}_n)(y_i - \overline{y}_n)}{\sum_{i=1}^n (x_i - \overline{x}_n)^2}$$

(b) $$\hat{\beta}_2 = \frac{\sum_{i=1}^n (x_i - \overline{x}_n) y_i}{\sum_{i=1}^n (x_i - \overline{x}_n)^2}$$

(c) $$\hat{\beta}_2 = \frac{\sum_{i=1}^n x_i (y_i - \overline{y}_n)}{\sum_{i=1}^n (x_i - \overline{x}_n)^2}$$

2. Demuéstrese que la recta de mínimos cuadrados $y = \hat{\beta}_1 + \hat{\beta}_2 x$ pasa por el punto $(\overline{x}_n, \overline{y}_n)$.

3. Para $i = 1, \dots, n$, sea $\hat{y}_i = \beta_1 + \beta_2 x_i$. Demuéstrese que $\hat{\beta}_1$ y $\hat{\beta}_2$ en la ecuación (5), son los valores únicos de β_1 y β_2 tales que

$$\sum_{i=1}^{n} (y_i - \hat{y}_i) = 0 \qquad \text{y} \qquad \sum_{i=1}^{n} x_i(y_i - \hat{y}_i) = 0.$$

4. Ajústese una recta a los valores observados de la tabla 10.1 de forma que la suma de los cuadrados de las desviaciones *horizontales* de los puntos respecto a la recta sea mínima. Represéntese en la misma gráfica esta recta y la recta de mínimos cuadrados de la figura 10.4.

5. Supóngase que la recta de mínimos cuadrados y la parábola de mínimos cuadrados fueron ajustadas al mismo conjunto de datos. Explíquese por qué la suma de los cuadrados de las desviaciones de los puntos respecto a la parábola no puede ser mayor que la suma de los cuadrados de las desviaciones de los puntos respecto a la recta.

6. Supóngase que se producen ocho muestras de cierto tipo de aleación a distintas temperaturas y que se observa su durabilidad. Los valores observados son los de la tabla 10.3, donde x_i denota la temperatura (en unidades codificadas) a la que se produce la muestra i e y_i denota la durabilidad (en unidades codificadas) de esa muestra.

Tabla 10.3

i	x_i	y_i
1	0.5	40
2	1.0	41
3	1.5	43
4	2.0	42
5	2.5	44
6	3.0	42
7	3.5	43
8	4.0	42

(a) Ajústese una recta de la forma $y = \beta_1 + \beta_2 x$ a estos valores aplicando el método de mínimos cuadrados.

(b) Ajústese una parábola de la forma $y = \beta_1 + \beta_2 x + \beta_3 x^2$ a estos valores aplicando el método de mínimos cuadrados.

(c) Represéntense en la misma gráfica los ocho puntos, la recta encontrada en el apartado (a) y la parábola encontrada en el apartado (b).

7. Sean (x_i, y_i) para $i = 1, \dots, k+1$, sean $k+1$ puntos sobre el plano xy tales que no haya dos puntos que tengan la misma coordenada x. Demuéstrese que existe un polinomio único que tiene la forma $y = \beta_1 + \beta_2 x + \cdots + \beta_{k+1} x^k$ que pasa por estos $k+1$ puntos.

8. La elasticidad y de cierto plástico se va a representar como función lineal de la temperatura x_1 a la que se produce y el número de minutos x_2 en que se mantiene esa temperatura. Supóngase que se preparan diez piezas de plástico utilizando distintos valores de x_1 y x_2 y que los valores observados en unidades apropiadas son los de la tabla 10.4. Ajústese una función que tenga la forma $y = \beta_1 + \beta_2 x_1 + \beta_3 x_2$ a estos valores observados aplicando el método de mínimos cuadrados.

Tabla 10.4

i	x_{i1}	x_{i2}	y_i
1	100	1	113
2	100	2	118
3	110	1	127
4	110	2	132
5	120	1	136
6	120	2	144
7	120	3	138
8	130	1	146
9	130	2	156
10	130	3	149

9. Considérense de nuevo los valores observados presentados en la tabla 10.4. Ajústese una función que tenga la forma $y = \beta_1 x_1 + \beta_2 x_2 + \beta_3 x_2^2$ a estos valores aplicando el método de mínimos cuadrados.

10. Considérense de nuevo los valores observados de la tabla 10.4 y considérense también las dos funciones que se ajustaron a estos valores en los ejercicios 8 y 9. ¿Cuál de estas dos funciones se ajusta mejor a los datos?

10.2 REGRESIÓN

Funciones de regresión

En esta sección, se describen algunos problemas de estadística en los que se puede utilizar el método de mínimos cuadrados para obtener estimadores de varios parámetros. En particular, se estudian problemas en los que interesa describir la distribución condicional de una variable aleatoria Y para valores dados de algunas otras variables $X_1, \ldots, X_k$. Las variables $X_1, \ldots, X_k$ pueden ser variables aleatorias cuyos valores van a ser observados en un experimento junto con los valores de Y o pueden ser *variables de control* cuyos valores van a ser seleccionados por el experimentador. En general, algunas de estas variables podrían ser aleatorias y otras podrían ser de control. En cualquier caso, se puede estudiar la distribución condicional de Y dadas $X_1, \ldots, X_k$.

A la esperanza condicional de Y dados los valores de $X_1, \ldots, X_k$ se denomina *función de regresión de* Y *sobre* $X_1, \ldots, X_k$, o simplemente *regresión de* Y *sobre* $X_1, \ldots, X_k$. La regresión de Y sobre $X_1, \ldots, X_k$ es una función de los valores $x_1, \ldots, x_k$ de $X_1, \ldots, X_k$. En símbolos, esta función es $E(Y|x_1, \ldots, x_k)$.

Supóngase que la función de regresión $E(Y|x_1, \ldots, x_k)$ es una función lineal que tiene la siguiente forma:

$$E(Y|x_1, \ldots, x_k) = \beta_1 + \beta_2 x_1 + \cdots + \beta_{k+1} x_k. \tag{1}$$

Los coeficientes $\beta_1, \ldots, \beta_{k+1}$ de la ecuación (1) se denominan *coeficientes de regresión*. Supóngase que estos coeficientes de regresión son desconocidos. Por tanto, se consideran como parámetros cuyos valores van a ser estimados. Supóngase, también, que se obtienen n vectores de observaciones. Para $i = 1, \ldots, n$, supóngase que el i-ésimo vector $(x_{i1}, \ldots, x_{ik}, y_i)$ se compone de un conjunto de valores controlados u observados de $X_1, \ldots, X_k$ y el correspondiente valor observado de Y.

Un conjunto de estimadores de los coeficientes de regresión $\beta_1, \ldots, \beta_{k+1}$ que se pueden calcular a partir de estas observaciones es el conjunto de valores $\hat{\beta}_1, \ldots, \hat{\beta}_{k+1}$ que se obtienen con el método de mínimos cuadrados, descrito en la sección 10.1. Estos estimadores se denominan *estimadores de mínimos cuadrados* de $\beta_1, \ldots, \beta_{k+1}$. Se especificarán ahora algunas suposiciones adicionales sobre la distribución condicional de Y dadas $X_1, \ldots, X_k$ para poder determinar con mayor detalle las propiedades de estos estimadores de mínimos cuadrados.

Regresión lineal simple

Considérese en primer lugar un problema en el que se desea estudiar la regresión de Y sobre una sola variable X. Supóngase que para cualquier valor dado $X = x$, la variable aleatoria Y se puede representar de la forma $Y = \beta_1 + \beta_2 x + \epsilon$, donde ϵ es una variable aleatoria que tiene una distribución normal con media 0 y varianza σ^2. De esta suposición se deduce que la distribución condicional de Y dado que $X = x$ será una distribución normal con media $\beta_1 + \beta_2 x$ y varianza σ^2.

Un problema de este tipo se denomina problema de *regresión lineal simple*. Aquí el término *simple* se refiere al hecho de que se está considerando la regresión de Y sobre una sola variable X, en lugar de más de una variable y el término *lineal* se refiere al hecho de que la función de regresión $E(Y|x) = \beta_1 + \beta_2 x$ es una función lineal de x.

Supóngase ahora que se obtienen los n pares de observaciones $(x_1, Y_1), \ldots, (x_n, Y_n)$ y que se hacen las siguientes suposiciones: Para cualesquiera valores $x_1, \ldots, x_n$, las variables aleatorias $Y_1, \ldots, Y_n$ son independientes. Además, para $i = 1, \ldots, n$, la distribución de Y_i es una distribución normal con media $\beta_1 + \beta_2 x_i$ y varianza σ^2. Por tanto, para valores dados del vector $\boldsymbol{x} = (x_1, \ldots, x_n)$ y de los parámetros β_1, β_2 y σ^2, la f.d.p. conjunta de $Y_1, \ldots, Y_n$ será

$$f_n(\boldsymbol{y}|\boldsymbol{x}, \beta_1, \beta_2, \sigma^2) = \frac{1}{(2\pi\sigma^2)^{n/2}} \exp\left[-\frac{1}{2\sigma^2}\sum_{i=1}^{n}(y_i - \beta_1 - \beta_2 x_i)^2\right]. \tag{2}$$

Para cualquier vector observado $y = (y_1, \ldots, y_n)$, esta función será la función de verosimilitud de los parámetros β_1, β_2 y σ^2. Se utilizará ahora esta función de verosimilitud para determinar los E.M.V. de β_1, β_2 y σ^2. De la ecuación (2) se puede observar que, con independencia del valor de σ^2, los valores de β_1 y β_2 que maximizan la función de verosimilitud serán los valores que minimizan la siguiente suma de cuadrados:

$$\sum_{i=1}^{n}(y_i - \beta_1 - \beta_2 x_i)^2. \tag{3}$$

Pero esta suma de cuadrados es precisamente la suma de cuadrados Q dada por la ecuación (1) de la sección 10.1, minimizada por el método de mínimos cuadrados. Por tanto, los E.M.V. de los coeficientes de regresión β_1 y β_2 son precisamente los mismos que los estimadores de mínimos cuadrados de β_1 y β_2. La forma exacta de estos estimadores $\hat{\beta}_1$ y $\hat{\beta}_2$ fue dada por la ecuación (5) de la sección 10.1.

Finalmente, el E.M.V. de σ^2 se puede encontrar reemplazando en primer lugar β_1 y β_2 en la ecuación (2) por sus E.M.V. $\hat{\beta}_1$ y $\hat{\beta}_2$ y luego maximizando la expresión que resulta respecto a σ^2. El resultado (véase Ejercicio 1 de esta sección) es

$$\hat{\sigma}^2 = \frac{1}{n}\sum_{i=1}^{n}(y_i - \hat{\beta}_1 - \hat{\beta}_2 x_i)^2. \tag{4}$$

Además de suponer que la regresión de Y sobre X es una función lineal que tiene la forma $E(Y|x) = \beta_1 + \beta_2 x$, se han hecho tres suposiciones más sobre la distribución conjunta de $Y_1, \ldots, Y_n$ para cualesquiera valores dados de $x_1, \ldots, x_n$. Estas suposiciones se pueden resumir como sigue:

(1) *Normalidad.* Se ha supuesto que cada variable Y_i tiene una distribución normal.

(2) *Independencia.* Se ha supuesto que las variables $Y_1, \ldots, Y_n$ son independientes.

(3) *Homocedasticidad.* Se ha supuesto que las variables $Y_1, \ldots, Y_n$ tienen la misma varianza σ^2. Esta suposición se denomina de *homocedasticidad.* En general, se dice que las variables aleatorias que tengan la misma varianza son *homocedásticas* y las variables aleatorias que tengan varianzas distintas son *heterocedásticas.*

Partiendo de estas suposiciones se ha demostrado que los E.M.V. de β_1 y β_2 están dados por la ecuación (5) de la sección 10.1 y que el E.M.V. de σ^2 está dado por la ecuación (4) de esta sección.

Distribución de los estimadores de mínimos cuadrados

Se expondrá ahora la distribución conjunta de los estimadores $\hat{\beta}_1$ y $\hat{\beta}_2$ cuando se consideran funciones de las variables aleatorias $Y_1, \ldots, Y_n$ para valores dados de $x_1, \ldots, x_n$. Ha de tenerse en cuenta que si se cumplen las tres suposiciones que se acaban de describir, el análisis presentado aquí es correcto tanto en un problema donde los valores de $x_1, \ldots, x_n$ son realmente seleccionados por el experimentador como en un problema donde los valores de $x_1, \ldots, x_n$ son observados junto con los valores de $Y_1, \ldots, Y_n$.

Para determinar la distribución de $\hat{\beta}_2$, es conveniente escribir $\hat{\beta}_2$ como sigue (véase Ejercicio 1 de la sección 10.1):

$$\hat{\beta}_2 = \frac{\sum_{i=1}^n (x_i - \overline{x}_n) Y_i}{\sum_{i=1}^n (x_i - \overline{x}_n)^2}. \tag{5}$$

De la ecuación (5) se puede observar que $\hat{\beta}_2$ es una función lineal de $Y_1, \ldots, Y_n$. Puesto que las variables aleatorias $Y_1, \ldots, Y_n$ son independientes y cada una tiene una distribución normal, se deduce que $\hat{\beta}_2$ tendrá también una distribución normal. Además, la media de esta distribución será

$$E(\hat{\beta}_2) = \frac{\sum_{i=1}^n (x_i - \overline{x}_n) E(Y_i)}{\sum_{i=1}^n (x_i - \overline{x}_n)^2}. \tag{6}$$

Puesto que $E(Y_i) = \beta_1 + \beta_2 x_i$ para $i = 1, \ldots, n$, se puede encontrar ahora (véase Ejercicio 2 de esta sección) que

$$E(\hat{\beta}_2) = \beta_2. \tag{7}$$

Por tanto, $\hat{\beta}_2$ es un estimador insesgado de β_2.

Además, puesto que las variables aleatorias $Y_1, \ldots, Y_n$ son independientes y puesto que cada una tiene varianza σ^2, de la ecuación (5) se deduce que

$$\begin{aligned} \text{Var}(\hat{\beta}_2) &= \frac{\sum_{i=1}^n (x_i - \overline{x}_n)^2 \text{Var}(Y_i)}{\left[\sum_{i=1}^n (x_i - \overline{x}_n)^2\right]^2} \\ &= \frac{\sigma^2}{\sum_{i=1}^n (x_i - \overline{x}_n)^2}. \end{aligned} \tag{8}$$

Se considerará ahora la distribución de $\hat{\beta}_1$. Por la ecuación (5) de la sección 10.1 se sabe que $\hat{\beta}_1 = \overline{Y}_n - \hat{\beta}_2 \overline{x}_n$. Puesto que $\overline{Y}_n$ y $\hat{\beta}_2$ son funciones lineales de $Y_1, \ldots, Y_n$, se deduce que $\hat{\beta}_1$ es también una función lineal de $Y_1, \ldots, Y_n$. Entonces $\hat{\beta}_1$ tendrá una distribución normal. La media de $\hat{\beta}_1$ se puede determinar a partir de la relación $E(\hat{\beta}_1) = E(\overline{Y}_n) - \overline{x}_n E(\hat{\beta}_2)$. Se puede demostrar (véase Ejercicio 3) que

$$E(\hat{\beta}_1) = \beta_1. \tag{9}$$

Por tanto, $\hat{\beta}_1$ es un estimador insesgado de β_1.

Además, se puede demostrar (véase Ejercicio 4) que

$$\text{Var}(\hat{\beta}_1) = \frac{\left(\sum_{i=1}^n x_i^2\right) \sigma^2}{n \sum_{i=1}^n (x_i - \overline{x}_n)^2}. \tag{10}$$

Se considerará ahora la covarianza de $\hat{\beta}_1$ y $\hat{\beta}_2$. Se puede demostrar (véase Ejercicio 5) que el valor de esta covarianza es el siguiente:

$$\text{Cov}(\hat{\beta}_1, \hat{\beta}_2) = -\frac{\overline{x}_n \sigma^2}{\sum_{i=1}^{n} (x_i - \overline{x}_n)^2}. \tag{11}$$

Para completar la descripción de la distribución conjunta de $\hat{\beta}_1$ y $\hat{\beta}_2$, se puede demostrar que esta distribución conjunta es una distribución normal bivariante con medias $E(\hat{\beta}_1)$ y $E(\hat{\beta}_2)$, varianzas $\text{Var}(\hat{\beta}_1)$ y $\text{Var}(\hat{\beta}_2)$ y covarianza $\text{Cov}(\hat{\beta}_1, \hat{\beta}_2)$ definidas por las ecuaciones (7) a (11).

Teorema de Gauss-Markov para regresión lineal simple

Se puede demostrar, aunque no se hará en este libro, que entre todos los estimadores insesgados del coeficiente de regresión β_1, el estimador de mínimos cuadrados $\hat{\beta}_1$ tiene la menor varianza para todos los valores posibles de los parámetros β_1, β_2 y σ^2. Además, entre todos los estimadores insesgados del coeficiente de regresión β_2, el estimador de mínimos cuadrados $\hat{\beta}_2$ tiene la menor varianza para todos los valores posibles de β_1, β_2 y σ^2.

De hecho, se puede establecer un resultado un poco más fuerte. Supóngase que se desea estimar el valor de una combinación lineal particular de los parámetros β_1 y β_2 que tiene la forma $\theta = c_1\beta_1 + c_2\beta_2 + c_3$, donde c_1, c_2 y c_3 son constantes dadas. Puesto que $\hat{\beta}_1$ y $\hat{\beta}_2$ son estimadores insesgados de β_1 y β_2, entonces $\hat{\theta} = c_1\hat{\beta}_1 + c_2\hat{\beta}_2 + c_3$ será un estimador insesgado de θ. Se puede demostrar, de hecho, que entre todos los estimadores insesgados de θ, el estimador $\hat{\theta}$ tiene la menor varianza para todos los valores posibles de β_1, β_2 y σ^2.

Un resultado análogo, conocido como *teorema de Gauss-Markov*, se puede establecer aun sin suponer que las observaciones $Y_1, \dots, Y_n$ tienen distribuciones normales. Especificamente, supóngase que para cualesquiera valores $x_1, \dots, x_n$, las observaciones $Y_1, \dots, Y_n$ no están correlacionadas y para $i = 1, \dots, n$, $E(Y_i) = \beta_1 + \beta_2 x_i$ y $\text{Var}(Y_i) = \sigma^2$. No se requieren más suposiciones sobre la distribución de $Y_1, \dots, Y_n$. Partiendo de estas condiciones, el teorema de Gauss-Markov se puede enunciar como sigue:

> *Sea $\theta = c_1\beta_1 + c_2\beta_2 + c_3$, donde c_1, c_2 y c_3 son constantes dadas. Entonces, entre todos los estimadores insesgados de θ que son combinaciones lineales de las observaciones $Y_1, \dots, Y_n$, el estimador $\hat{\theta} = c_1\hat{\beta}_1 + c_2\hat{\beta}_2 + c_3$ tiene la menor varianza para todos los valores posibles de los parámetros β_1, β_2 y σ^2.*

Debe observarse con atención la diferencia entre el teorema de Gauss-Markov y el resultado descrito antes. Cuando únicamente se supone que las observaciones $Y_1, \dots, Y_n$ no están correlacionadas, como en el teorema de Gauss-Markov, se puede concluir solamente que $\hat{\theta}$ tiene la menor varianza entre todos los estimadores *lineales* insesgados de θ. Cuando se supone, además, que las observaciones $Y_1, \dots, Y_n$ son independientes y que tienen distribuciones normales, se puede concluir que $\hat{\theta}$ tiene la menor varianza entre *todos* los estimadores insesgados de θ.

La varianza de $\hat{\theta}$ se puede encontrar sustituyendo los valores de $\text{Var}(\hat{\beta}_1)$, $\text{Var}(\hat{\beta}_2)$ y $\text{Cov}(\hat{\beta}_1, \hat{\beta}_2)$ dados por las ecuaciones (10), (8) y (11) en la siguiente relación:

$$\text{Var}(\hat{\theta}) = c_1^2 \text{Var}(\hat{\beta}_1) + c_2^2 \text{Var}(\hat{\beta}_2) + 2c_1c_2 \text{Cov}(\hat{\beta}_1, \hat{\beta}_2). \tag{12}$$

Una vez realizadas estas sustituciones, el resultado se puede escribir de la siguiente forma:

$$\text{Var}(\hat{\theta}) = \frac{\sum_{i=1}^{n}(c_1 x_i - c_2)^2}{n \sum_{i=1}^{n}(x_i - \overline{x}_n)^2} \sigma^2. \tag{13}$$

Cuando $c_1 = 1$ y $c_2 = c_3 = 0$, resulta que $\hat{\theta} = \hat{\beta}_1$. En este caso, se puede ver que el valor de $\text{Var}(\hat{\theta})$ dado por la ecuación (13) se reduce al valor de $\text{Var}(\hat{\beta}_1)$ dado por la ecuación (10). Análogamente, cuando $c_2 = 1$ y $c_1 = c_3 = 0$, resulta que $\hat{\theta} = \hat{\beta}_2$ y se puede ver que el valor de $\text{Var}(\hat{\theta})$ se reduce al valor de $\text{Var}(\hat{\beta}_2)$ dado por la ecuación (8).

Diseño del experimento

Considérese el problema de una regresión lineal simple en donde la variable X es una variable de control cuyos valores $x_1, \ldots, x_n$ pueden ser seleccionados por el experimentador. Se expondrán métodos para seleccionar estos valores de forma que se obtengan buenos estimadores de los coeficientes de regresión β_1 y β_2.

Supóngase en primer lugar que los valores $x_1, \ldots, x_n$ van a ser seleccionados para minimizar el E.C.M. del estimador de mínimos cuadrados $\hat{\beta}_1$. Puesto que $\hat{\beta}_1$ es un estimador insesgado de β_1, el E.C.M. de $\hat{\beta}_1$ es igual a $\text{Var}(\hat{\beta}_1)$, dado por la ecuación (10). Además, puesto que $\sum_{i=1}^{n} x_i^2 \geq \sum_{i=1}^{n}(x_i - \overline{x}_n)^2$ para valores cualesquiera $x_1, \ldots, x_n$ y existe igualdad en esta relación si, y sólo si, $\overline{x}_n = 0$, de la ecuación (10) se deduce que $\text{Var}(\hat{\beta}_1) \geq \sigma^2/n$ para valores cualesquiera $x_1, \ldots, x_n$ y que existirá igualdad en esta relación si, y sólo si, $\overline{x}_n = 0$. Por tanto, $\text{Var}(\hat{\beta}_1)$ alcanzará su valor mínimo σ^2/n para valores cualesquiera $x_1, \ldots, x_n$ tales que $\overline{x}_n = 0$.

Supóngase ahora que los valores $x_1, \ldots, x_n$ van a ser seleccionados para minimizar el E.C.M. del estimador $\hat{\beta}_2$. De nuevo, el E.C.M. de $\hat{\beta}_2$ será igual a $\text{Var}(\hat{\beta}_2)$, dada por la ecuación (8). De la ecuación (8) se puede ver que $\text{Var}(\hat{\beta}_2)$ se minimizará seleccionando los valores $x_1, \ldots, x_n$ tales que se maximice el valor de $\sum_{i=1}^{n}(x_i - \overline{x}_n)^2$. Si los valores $x_1, \ldots, x_n$ se deben seleccionar de un intervalo acotado (a, b) sobre la recta real y si n es un entero par, entonces el valor de $\sum_{i=1}^{n}(x_i - \overline{x}_n)^2$ se maximizará seleccionando $x_i = a$ para exactamente $n/2$ valores y seleccionando $x_i = b$ para los otros $n/2$ valores. Si n es un entero impar, todos los valores se deberían seleccionar de nuevo en los extremos a y b, pero un extremo debe recibir ahora una observación más que el otro extremo.

De esta exposición se deduce que si el experimento va a ser diseñado de forma que se minimicen el E.C.M. de $\hat{\beta}_1$ y el E.C.M. de $\hat{\beta}_2$, entonces los valores $x_1, \ldots, x_n$ se deberían seleccionar de manera que exactamente, o aproximadamente, $n/2$ valores sean iguales a un número c que sea lo más grande posible en el experimento dado y los valores restantes sean iguales a su valor simétrico $-c$. De esta manera, el valor de $\overline{x}_n$ será exactamente, o aproximadamente, igual a 0 y el valor de $\sum_{i=1}^n (x_i - \overline{x}_n)^2$ será lo más grande posible.

Finalmente, supóngase que se va a estimar la combinación lineal $\theta = c_1\beta_1 + c_2\beta_2 + c_3$, donde $c_1 \neq 0$, y que el experimento va a ser diseñado para minimizar el E.C.M. de $\hat{\theta}$, esto es, para minimizar Var($\hat{\theta}$). De la ecuación (13) se deduce que se puede escribir Var($\hat{\theta}$) de la siguiente forma:

$$\text{Var}(\hat{\theta}) = \frac{\sum_{i=1}^n \left(x_i - \dfrac{c_2}{c_1}\right)^2}{\sum_{i=1}^n (x_i - \overline{x}_n)^2} \cdot \frac{c_1^2\sigma^2}{n}. \tag{14}$$

Puesto que $\sum_{i=1}^n [x_i - c_2/c_1)]^2 \geq \sum_{i=1}^n (x_i - \overline{x}_n)^2$ para valores cualesquiera $x_1, \ldots, x_n$ y puesto que existe igualdad en esta relación si, y sólo si, $\overline{x}_n = c_2/c_1$, resulta que Var($\hat{\theta}$) alcanzará su valor mínimo $c_1^2\sigma^2/n$ si, y sólo si, los valores $x_1, \ldots, x_n$ se seleccionan de forma que $\overline{x}_n = c_2/c_1$.

En la práctica un estadístico con experiencia generalmente no seleccionaría los valores $x_1, \ldots, x_n$ en un sólo punto o sólo en los dos puntos extremos del intervalo (a, b), de acuerdo con los diseños óptimos que se han descrito. La razón es que cuando se seleccionan las n observaciones sólo en uno o dos valores de X, el experimento no proporciona posibilidad alguna de comprobar la hipótesis de que la regresión de Y sobre X es una función lineal. Para comprobar esta hipótesis sin incrementar excesivamente el E.C.M de los estimadores de mínimos cuadrados, muchos de los valores $x_1, \ldots, x_n$ se deberían seleccionar en los puntos extremos a y b, pero al menos algunos de los valores se deberían seleccionar en unos cuantos puntos interiores del intervalo. Entonces, la linealidad se puede comprobar por inspección visual de los puntos representados y el ajuste de un polinomio de grado mayor o igual a dos.

Predicción

Supóngase que en un problema de regresión lineal simple se van a obtener n pares de observaciones $(x_1, Y_1), \ldots, (x_n, Y_n)$ y que a partir de estos n pares, es necesario predecir el valor de la observación independiente Y que se obtendrá cuando se asigne a la variable de control un cierto valor específico x. Puesto que la observación Y tendrá una distribución normal con media $\beta_1 + \beta_2 x$ y varianza σ^2, es natural utilizar el valor $\hat{Y} = \hat{\beta}_1 + \hat{\beta}_2 x$ como la predicción de Y. Se determinará ahora el E.C.M. $E[(\hat{Y} - Y)^2]$ de esta predicción, donde tanto $\hat{Y}$ como Y son variables aleatorias.

En este problema, $E(\hat{Y}) = E(Y) = \beta_1 + \beta_2 x$. Por tanto, si se define $\mu = \beta_1 + \beta_2 x$, entonces

$$\begin{aligned} E\left[(\hat{Y} - Y)^2\right] &= E\left\{[(\hat{Y} - \mu) - (Y - \mu)]^2\right\} \\ &= \text{Var}(\hat{Y}) + \text{Var}(Y) - 2\text{Cov}(\hat{Y}, Y). \end{aligned} \tag{15}$$

Sin embargo, las variables aleatorias $\hat{Y}$ e Y son independientes, puesto que $\hat{Y}$ es una función de los primeros n pares de observaciones e Y es una observación independiente.

Por tanto, $\text{Cov}(\hat{Y}, Y) = 0$ y resulta que

$$E\left[(\hat{Y} - Y)^2\right] = \text{Var}(\hat{Y}) + \text{Var}(Y). \tag{16}$$

Finalmente, puesto que $\hat{Y} = \hat{\beta}_1 + \hat{\beta}_2 x$, el valor de $\text{Var}(\hat{Y})$ está dado por la ecuación (13) con $c_1 = 1$ y $c_2 = x$. Puesto que $\text{Var}(Y) = \sigma^2$, resulta que

$$E\left[(\hat{Y} - Y)^2\right] = \left[\frac{\sum_{i=1}^{n}(x_i - x)^2}{n\sum_{i=1}^{n}(x_i - \overline{x}_n)^2} + 1\right]\sigma^2. \tag{17}$$

EJERCICIOS

1. Demuéstrese que el E.M.V. de σ^2 está dado por la ecuación (4).
2. Demuéstrese que $E(\hat{\beta}_2) = \beta_2$.
3. Demuéstrese que $E(\hat{\beta}_1) = \beta_1$.
4. Demuéstrese que $\text{Var}(\hat{\beta}_1)$ está dada por la ecuación (10).
5. Demuéstrese que $\text{Cov}(\hat{\beta}_1, \hat{\beta}_2)$ está dada por la ecuación (11).
6. Demuéstrese que en un problema de regresión lineal simple, los estimadores $\hat{\beta}_1$ y $\hat{\beta}_2$ serán independientes si $\overline{x}_n = 0$.
7. Considérese un problema de regresión lineal simple en donde la respuesta Y de un paciente a la nueva droga B va a ser relacionada con su respuesta X a la droga estándar A. Supóngase que se obtienen los 10 pares de valores observados de la tabla 10.1. Determínense los valores de los E.M.V. $\hat{\beta}_1, \hat{\beta}_2$ y $\hat{\sigma}^2$ y también los valores de $\text{Var}(\hat{\beta}_1)$ y $\text{Var}(\hat{\beta}_2)$.
8. Bajo las condiciones del ejercicio 7, determínese el valor de la correlación de $\hat{\beta}_1$ y $\hat{\beta}_2$.
9. Considérense de nuevo las condiciones del ejercicio 7 y supóngase que se desea estimar el valor de $\theta = 3\beta_1 - 2\beta_2 + 5$. Sea $\hat{\theta}$ el estimador insesgado de θ que tiene la menor varianza entre todos los estimadores insesgados. Determínense el valor de $\hat{\theta}$ y el E.C.M. de $\hat{\theta}$.
10. Considérense de nuevo las condiciones del ejercicio 7 y sea $\theta = 3\beta_1 + c_2\beta_2$, donde c_2 es una constante. Sea $\hat{\theta}$ el estimador insesgado de θ que tiene la menor varianza entre todos los estimadores insesgados. ¿Para qué valor de c_2 será menor el E.C.M de $\hat{\theta}$?
11. Considérense de nuevo las condiciones del ejercicio 7. Si la respuesta de un paciente particular a la droga A tiene el valor $x = 2$, ¿cuál es la predicción de su respuesta a la droga B y cuál es el E.C.M. de esta predicción?

12. Considérense de nuevo las condiciones del ejercicio 7. ¿Para qué valor x de la respuesta de un paciente a la droga A se puede predecir su respuesta a la droga B con el menor E.C.M.?

13. Considérese un problema de regresión lineal simple en donde se va a relacionar la durabilidad Y de cierta aleación con la temperatura X a que se produce. Supóngase que se obtuvieron los ocho pares de valores observados en la tabla 10.3. Determínense los valores de los E.M.V. $\hat{\beta}_1, \hat{\beta}_2$ y $\hat{\sigma}^2$ y los valores de Var($\hat{\beta}_1$) y Var($\hat{\beta}_2$).

14. Bajo las condiciones del ejercicio 13, determínese el valor de la correlación de $\hat{\beta}_1$ y $\hat{\beta}_2$.

15. Considérense de nuevo las condiciones del ejercicio 13 y supóngase que se desea estimar el valor de $\theta = 5 - 4\beta_1 + \beta_2$. Sea $\hat{\theta}$ el estimador insesgado de θ que tiene la menor varianza entre todos los estimadores insesgados. Determínense el valor de $\hat{\theta}$ y el E.C.M. de $\hat{\theta}$.

16. Considérense de nuevo las condiciones del ejercicio 13 y sea $\theta = c_2\beta_2 - \beta_1$, donde c_2 es una constante. Sea $\hat{\theta}$ el estimador insesgado de θ que tiene la menor varianza entre todos los estimadores insesgados. ¿Para qué valor de c_2 será menor el E.C.M. de $\hat{\theta}$?

17. Considérense de nuevo las condiciones del ejercicio 13. Si se va a producir una muestra de la aleación a una temperatura $x = 3.25$, ¿cuál es la predicción de la durabilidad de la muestra y cuál es el E.C.M. de esta predicción?

18. Considérense de nuevo las condiciones del ejercicio 13. ¿Para qué valor de la temperatura x se puede predecir la durabilidad de una muestra de la aleación con el menor E.C.M.?

10.3 CONTRASTES DE HIPÓTESIS E INTERVALOS DE CONFIANZA EN REGRESIÓN LINEAL SIMPLE

Distribución conjunta de los estimadores

En la sección 10.2 se afirmó que en un problema de regresión lineal simple, la distribución conjunta de los E.M.V. $\hat{\beta}_1$ y $\hat{\beta}_2$ será una distribución normal bivariante cuyas medias, varianzas y covarianza están dadas por las ecuaciones (8) a (11). En esta sección se considerará también el E.M.V. $\hat{\sigma}^2$, dado por la ecuación (4) de la sección 10.2 y se deducirá la distribución conjunta de $\hat{\beta}_1, \hat{\beta}_2$ y $\hat{\sigma}^2$. En particular, se demostrará que el estimador $\hat{\sigma}^2$ es independiente de los estimadores $\hat{\beta}_1$ y $\hat{\beta}_2$.

Para valores dados $x_1, \ldots, x_n (n \geq 3)$, supóngase de nuevo que las observaciones $Y_1, \ldots, Y_n$ son independientes y que Y_i tiene una distribución normal con media $\beta_1 + \beta_2 x_i$ y varianza σ^2. La obtención de la distribución conjunta de $\hat{\beta}_1, \hat{\beta}_2$ y $\hat{\sigma}^2$ que se presenta está basada en las propiedades de matrices ortogonales, descritas en la sección 7.3.

Por conveniencia de notación, sea

$$s_x = \left[\sum_{i=1}^{n}(x_i - \overline{x}_n)^2\right]^{1/2}. \tag{1}$$

Además, sean $\boldsymbol{a}_1 = (a_{11}, \ldots, a_{1n})$ y $\boldsymbol{a}_2 = (a_{21}, \ldots, a_{2n})$ vectores n-dimensionales que se definen como sigue:

$$a_{1j} = \frac{1}{n^{1/2}} \qquad \text{para } j = 1, \ldots, n, \tag{2}$$

$$a_{2j} = \frac{1}{s_x}(x_j - \overline{x}_n) \qquad \text{para } j = 1, \ldots, n. \tag{3}$$

Es fácil comprobar que $\sum_{j=1}^{n} a_{1j}^2 = 1, \sum_{j=1}^{n} a_{2j}^2 = 1$ y $\sum_{j=1}^{n} a_{1j}a_{2j} = 0$.

Debido a que los vectores $\boldsymbol{a}_1$ y $\boldsymbol{a}_2$ tienen estas propiedades, es posible construir una matriz ortogonal $\boldsymbol{A}n \times n$ tal que las componentes de $\boldsymbol{a}_1$ constituyan la primera fila de $\boldsymbol{A}$ y las componentes de $\boldsymbol{a}_2$ constituyan la segunda fila de $\boldsymbol{A}$. Supóngase que tal matriz $\boldsymbol{A}$ ha sido construida:

$$\boldsymbol{A} = \begin{bmatrix} a_{11} \cdots a_{1n} \\ a_{21} \cdots a_{2n} \\ \vdots \quad \vdots \\ a_{n1} \cdots a_{nn} \end{bmatrix}. \tag{4}$$

Se definirá ahora un nuevo vector aleatorio $\boldsymbol{Z}$ por medio de la relación $\boldsymbol{Z} = \boldsymbol{A}\boldsymbol{Y}$, donde

$$\boldsymbol{Y} = \begin{bmatrix} Y_1 \\ \vdots \\ Y_n \end{bmatrix} \quad \text{y} \quad \boldsymbol{Z} = \begin{bmatrix} Z_1 \\ \vdots \\ Z_n \end{bmatrix}. \tag{5}$$

La distribución conjunta de $Z_1, \ldots, Z_n$ se puede encontrar a partir del siguiente teorema, que es una extensión del teorema 2 de la sección 7.3.

Teorema 1. *Supóngase que las variables aleatorias $Y_1, \ldots, Y_n$ son independientes y que cada una tiene una distribución normal con la misma varianza σ^2. Si $\boldsymbol{A}$ es una matriz ortogonal $n \times n$ y $\boldsymbol{Z} = \boldsymbol{A}\boldsymbol{Y}$, entonces las variables aleatorias $Z_1, \ldots, Z_n$ también son independientes y cada una tiene una distribución normal con varianza σ^2.*

Demostración. Sea $E(Y_i) = \mu_i$ para $i = 1, \ldots, n$ (no se supone en el teorema que $Y_1, \ldots, Y_n$ tengan la misma media) y sea

$$\boldsymbol{\mu} = \begin{bmatrix} \mu_1 \\ \vdots \\ \mu_n \end{bmatrix}.$$

Además, sea $\boldsymbol{X} = (1/\sigma)(Y - \boldsymbol{\mu})$. Puesto que se supone que las componentes del vector aleatorio $\boldsymbol{Y}$ son independientes, entonces las componentes del vector aleatorio $\boldsymbol{X}$ también serán independientes. Además, cada componente de $\boldsymbol{X}$ tendrá una distribución normal tipificada. Por tanto, del teorema 2 de la sección 7.3 resulta que las componentes del vector aleatorio n-dimensional $\boldsymbol{AX}$ también serán independientes y cada una tendrá una distribución normal tipificada.

Pero

$$\boldsymbol{AX} = \frac{1}{\sigma}\boldsymbol{A}(\boldsymbol{Y} - \boldsymbol{\mu}) = \frac{1}{\sigma}\boldsymbol{Z} - \frac{1}{\sigma}\boldsymbol{A\mu}.$$

Por tanto,

$$\boldsymbol{Z} = \sigma\boldsymbol{AX} + \boldsymbol{A\mu}. \tag{6}$$

Puesto que las componentes del vector aleatorio $\boldsymbol{AX}$ son independientes y cada una tiene una distribución normal tipificada, entonces las componentes del vector aleatorio $\sigma\boldsymbol{AX}$ también serán independientes y cada una tendrá una distribución normal con media 0 y varianza σ^2. Cuando el vector $\boldsymbol{A\mu}$ se agrega al vector aleatorio $\sigma\boldsymbol{AX}$, la media de cada componente será trasladada, pero las componentes permanecerán independientes y la varianza de cada componente no cambiará. De la ecuación (6) resulta que las componentes del vector aleatorio $\boldsymbol{Z}$ serán independientes y cada una tendrá una distribución normal con varianza σ^2. ◁

En un problema de regresión lineal simple, las observaciones $Y_1, \ldots, Y_n$ satisfarán las condiciones del teorema 1. Por tanto, las componentes del vector aleatorio $\boldsymbol{Z} = \boldsymbol{AY}$ serán independientes y cada una tendrá una distribución normal con varianza σ^2.

Las dos primeras componentes Z_1 y Z_2 del vector aleatorio $\boldsymbol{Z}$ se pueden obtener fácilmente. La primera componente es

$$Z_1 = \sum_{j=1}^{n} a_{1j}Y_j = \frac{1}{n^{1/2}}\sum_{j=1}^{n} Y_j = n^{1/2}\overline{Y}_n. \tag{7}$$

Puesto que $\hat{\beta}_1 = \overline{Y}_n - \overline{x}_n\hat{\beta}_2$, también se puede escribir

$$Z_1 = n^{1/2}(\hat{\beta}_1 + \overline{x}_n\hat{\beta}_2). \tag{8}$$

La segunda componente es

$$Z_2 = \sum_{j=1}^{n} a_{2j}Y_j = \frac{1}{s_x}\sum_{j=1}^{n}(x_j - \overline{x}_n)Y_j. \tag{9}$$

Por la ecuación (5) de la sección 10.2, también se puede escribir

$$Z_2 = s_x\hat{\beta}_2. \tag{10}$$

Considérese ahora la variable aleatoria S^2 definida como sigue:

$$S^2 = \sum_{i=1}^{n}(Y_i - \hat{\beta}_1 - \hat{\beta}_2 x_i)^2. \tag{11}$$

Se demostrará que S^2 y el vector aleatorio $(\hat{\beta}_1, \hat{\beta}_2)$ son independientes. Puesto que $\hat{\beta}_1 = \overline{Y}_n - \overline{x}_n\hat{\beta}_2$, el valor de S^2 se puede reescribir como sigue:

$$\begin{aligned} S^2 &= \sum_{i=1}^{n}[Y_i - \overline{Y}_n - \hat{\beta}_2(x_i - \overline{x}_n)]^2 \\ &= \sum_{i=1}^{n}(Y_i - \overline{Y}_n)^2 - 2\hat{\beta}_2\sum_{i=1}^{n}(x_i - \overline{x}_n)(Y_i - \overline{Y}_n) + \hat{\beta}_2^2 s_x^2. \end{aligned} \tag{12}$$

Del ejercicio 1(a) de la sección 10.1, resulta ahora que

$$S^2 = \sum_{i=1}^{n} Y_i^2 - n\overline{Y}_n^2 - s_x^2\hat{\beta}_2^2. \tag{13}$$

Puesto que $\boldsymbol{Z} = \boldsymbol{AY}$, donde $\boldsymbol{A}$ es una matriz ortogonal, de la sección 7.3 se sabe que $\sum_{i=1}^{n} Y_i^2 = \sum_{i=1}^{n} Z_i^2$. Utilizando este hecho, se puede obtener ahora la siguiente relación a partir de las ecuaciones (7), (10) y (13):

$$S^2 = \sum_{i=1}^{n} Z_i^2 - Z_1^2 - Z_2^2 = \sum_{i=3}^{n} Z_i^2. \tag{14}$$

Las variables $Z_1, \ldots, Z_n$ son independientes y se ha demostrado que S^2 es unicamente igual a la suma de los cuadrados de las variables $Z_1, \ldots, Z_n$. Por tanto, se deduce que S^2 y el vector aleatorio (Z_1, Z_2) son independientes, pero $\hat{\beta}_1$ y $\hat{\beta}_2$ son funciones de Z_1 y Z_2 únicamente. De hecho, a partir de las ecuaciones (8) y (10),

$$\hat{\beta}_1 = \frac{Z_1}{n^{1/2}} - \frac{\overline{x}_n Z_2}{s_x} \quad \text{y} \quad \hat{\beta}_2 = \frac{Z_2}{s_x}.$$

Por tanto, S^2 y el vector aleatorio $(\hat{\beta}_1, \hat{\beta}_2)$ son independientes.

Se obtendrá ahora la distribución de S^2. Para $i = 3, \ldots, n$, resulta que $Z_i = \sum_{j=1}^{n} a_{ij}Y_j$. Por tanto,

$$\begin{aligned} E(Z_i) &= \sum_{j=1}^{n} a_{ij}E(Y_j) = \sum_{j=1}^{n} a_{ij}(\beta_1 + \beta_2 x_j) \\ &= \sum_{j=1}^{n} a_{ij}\,[\beta_1 + \beta_2\overline{x}_n + \beta_2(x_j - \overline{x}_n)] \\ &= (\beta_1 + \beta_2\overline{x}_n)\sum_{j=1}^{n} a_{ij} + \beta_2\sum_{j=1}^{n} a_{ij}(x_j - \overline{x}_n). \end{aligned} \tag{15}$$

Puesto que la matriz $\boldsymbol{A}$ es ortogonal, la suma de los productos de los correspondientes términos en dos filas distintas cualesquiera debe ser cero. En particular, para $i = 3, \dots, n$,

$$\sum_{j=1}^{n} a_{ij} a_{1j} = 0 \quad \text{y} \quad \sum_{j=1}^{n} a_{ij} a_{2j} = 0.$$

De las expresiones para a_{1j} y a_{2j} dadas por las ecuaciones (2) y (3) se deduce que para $i = 3, \dots, n$,

$$\sum_{j=1}^{n} a_{ij} = 0 \quad \text{y} \quad \sum_{j=1}^{n} a_{ij}(x_j - \overline{x}_n) = 0. \tag{16}$$

Cuando se sustituyen estos valores en la ecuación (15), se encuentra que $E(Z_i) = 0$ para $i = 3, \dots, n$.

Se sabe ahora que las $n - 2$ variables aleatorias $Z_3, \dots, Z_n$ son independientes y que cada una tiene una distribución normal con media 0 y varianza σ^2. Puesto que $S^2 = \sum_{j=3}^{n} Z_i^2$, resulta que la variable aleatoria S^2/σ^2 tendrá una distribución χ^2 con $n-2$ grados de libertad.

Considérese ahora el E.M.V. $\hat{\sigma}^2$. Puesto que $\hat{\sigma}^2 = S^2/n$, de los resultados que se acaban de obtener se deduce que el estimador $\hat{\sigma}^2$ es independiente de los estimadores $\hat{\beta}_1$ y $\hat{\beta}_2$ y que la distribución de $n\hat{\sigma}^2/\sigma^2$ es una distribución χ^2 con $n-2$ grados de libertad.

Contrastes de hipótesis sobre coeficientes de regresión

Contrastes de hipótesis sobre β_1. Sea β_1^* un número específico ($-\infty < \beta_1^* < \infty$) y supóngase que se desea contrastar las siguientes hipótesis sobre el coeficiente de regresión β_1:

$$\begin{aligned} H_0 &: \quad \beta_1 = \beta_1^*, \\ H_1 &: \quad \beta_1 \neq \beta_1^*. \end{aligned} \tag{17}$$

Se construirá un contraste t para estas hipótesis que rechace H_0 cuando el estimador de mínimos cuadrados $\hat{\beta}_1$ esté lejos del valor hipotético β_1^* y acepte H_0 en otro caso.

De las ecuaciones (9) y (10) de la sección 10.2 resulta que cuando la hipótesis nula H_0 es cierta, la siguiente variable aleatoria W_1 tendrá una distribución normal tipificada:

$$W_1 = \left[\frac{n \sum_{i=1}^{n} (x_i - \overline{x}_n)^2}{\sum_{i=1}^{n} x_i^2} \right]^{1/2} \left(\frac{\hat{\beta}_1 - \beta_1^*}{\sigma} \right). \tag{18}$$

Puesto que el valor de σ es desconocido, un contraste de las hipótesis (17) no se puede basar simplemente en la variable aleatoria W_1. Sin embargo, la variable aleatoria S^2/σ^2 tiene una distribución χ^2 con $n - 2$ grados de libertad para todos los valores posibles de los parámetros β_1, β_2 y σ^2. Más aún, puesto que $\hat{\beta}_1$ y S^2 son variables aleatorias independientes, resulta que W_1 y S^2 también son independientes. Por tanto, cuando la hipótesis H_0 es cierta, la siguiente variable aleatoria U_1 tendrá una distribución t con $n-2$ grados de libertad:

$$U_1 = \frac{W_1}{\left[\left(\frac{1}{n-2}\right)\left(\frac{S^2}{\sigma^2}\right)\right]^{1/2}}$$

es decir,

$$U_1 = \left[\frac{n(n-2)\sum_{i=1}^n (x_i - \overline{x}_n)^2}{\sum_{i=1}^n x_i^2}\right]^{1/2} \frac{(\hat{\beta}_1 - \beta_1^*)}{\left[\sum_{i=1}^n (Y_i - \hat{\beta}_1 - \hat{\beta}_2 x_i)^2\right]^{1/2}}. \tag{19}$$

De la ecuación (19) se puede observar que la variable aleatoria U_1 es un estadístico, puesto que es una función de las observaciones $(x_1, Y_1), \ldots, (x_n, Y_n)$ únicamente y no una función de los parámetros β_1, β_2 y σ^2. Por tanto, un contraste razonable para las hipótesis (17) especifica el rechazo de H_0 si $|U_1| > c_1$, donde c_1 es una constante apropiada cuyo valor se puede elegir para obtener cualquier nivel de significación α_0 $(0 <$ $< \alpha_0 < 1)$.

Este mismo procedimiento de contraste será además el procedimiento de contraste del cociente de verosimilitud para las hipótesis (17). Después de haber observado los valores $x_1, y_1, \ldots, x_n, y_n$, la función de verosimilitud $f_n(\boldsymbol{y}|\boldsymbol{x}, \beta_1, \beta_2, \sigma^2)$ viene dada por la ecuación (2) de la sección 10.2. El procedimiento de contraste del cociente de verosimilitud es para comparar los dos valores siguientes: el máximo valor alcanzado por esta función de verosimilitud cuando β_2 y σ^2 varían sobre todos sus posibles valores pero β_1 únicamente puede tomar el valor β_1^*, y el valor máximo alcanzado por la función de verosimilitud cuando los tres parámetros β_1, β_2 y σ^2 varían sobre todos sus valores posibles. Por tanto, considérese el siguiente cociente:

$$r(\boldsymbol{y}|\boldsymbol{x}) = \frac{\sup_{\beta_1, \beta_2, \sigma^2} f_n(\boldsymbol{y}|\boldsymbol{x}, \beta_1, \beta_2, \sigma^2)}{\sup_{\beta_2, \sigma^2} f_n(\boldsymbol{y}|\boldsymbol{x}, \beta_1^*, \beta_2, \sigma^2)}. \tag{20}$$

Entonces el procedimiento especifica que H_0 se debería rechazar si $r(\boldsymbol{y}|\boldsymbol{x} > k$, donde k es una constante elegida y que H_0 se debería aceptar si $r(\boldsymbol{y}|\boldsymbol{x}) \leq k$. Se puede demostrar que este procedimiento es equivalente al procedimiento que especifica el rechazo de H_0 si $|U_1| > c_1$. La deducción de este resultado no se dará.

A modo de ilustración del uso de este procedimiento de contraste, supóngase que en un problema de regresión lineal simple interesa contrastar la hipótesis nula de que la recta de regresión $y = \beta_1 + \beta_2 x$ pasa por el origen frente a la hipótesis alternativa de que la recta no pasa por el origen. Estas hipótesis se pueden enunciar de la siguiente forma:

$$\begin{aligned} H_0 &: \quad \beta_1 = 0, \\ H_1 &: \quad \beta_1 \neq 0. \end{aligned} \tag{21}$$

Aquí el valor hipotético β_1^* es 0.

Sea u_1 el valor de U_1 calculado a partir de un conjunto dado de valores observados (x_i, y_i) para $i = 1, \ldots, n$. Entonces el área de la cola correspondiente a este valor es el área de las dos colas

$$\Pr(U_1 > |u_1|) + \Pr(U_1 < -|u_1|). \tag{22}$$

Por ejemplo, supóngase que $n = 20$ y que el valor calculado de U_1 es 2.1. En una tabla para la distribución t con 18 grados de libertad se encuentra que el área de la cola correspondiente es 0.05. Por tanto, la hipótesis nula H_0 se debería aceptar a cualquier nivel de significación $\alpha_0 < 0.05$ y se debería rechazar a cualquier nivel de significación $\alpha_0 > 0.05$.

Contraste de hipótesis sobre β_2. Sea β_2^* un número específico $(-\infty < \beta_2^* < \infty)$ y supóngase que se desea contrastar las siguientes hipótesis sobre el coeficiente de regresión β_2:

$$\begin{aligned} H_0 &: \quad \beta_2 = \beta_2^*, \\ H_1 &: \quad \beta_2 \neq \beta_2^*. \end{aligned} \tag{23}$$

De las ecuaciones (7) y (8) de la sección 10.2 resulta que cuando H_0 es cierta, la siguiente variable aleatoria W_2 tendrá una distribución normal tipificada:

$$W_2 = \left[\sum_{i=1}^{n} (x_i - \overline{x}_n)^2\right]^{1/2} \left(\frac{\hat{\beta}_2 - \beta_2^*}{\sigma}\right). \tag{24}$$

Puesto que W_2 y S^2 son independientes, resulta que cuando H_0 es cierta, la siguiente variable aleatoria U_2 tendrá una distribución t con $n - 2$ grados de libertad:

$$U_2 = \frac{W_2}{\left[\left(\frac{1}{n-2}\right)\left(\frac{S^2}{\sigma^2}\right)\right]^{1/2}}$$

y, por tanto,

$$U_2 = \left[\frac{(n-2)\sum_{i=1}^{n}(x_i - \overline{x}_n)^2}{\sum_{i=1}^{n}(Y_i - \hat{\beta}_1 - \hat{\beta}_2 x_i)^2}\right]^{1/2} (\hat{\beta}_1 - \beta_2^*). \tag{25}$$

El contraste de las hipótesis (23) especifica que la hipótesis nula H_0 se debería rechazar si $|U_2| > c_2$, donde c_2 es una constante apropiada cuyo valor se puede elegir para obtener cualquier nivel de significación α_0 $(0 < \alpha_0 < 1)$.

De nuevo, se puede demostrar que este contraste también será un procedimiento de contraste del cociente de verosimilitud para las hipótesis (23). La deducción no se dará aquí.

A modo de ilustración del uso de este procedimiento de contraste, supóngase que en un problema de regresión lineal simple interesa contrastar la hipótesis de que las variables Y y X no están correlacionadas. Bajo las hipótesis de normalidad y homocedasticidad descritas en la sección 10.2, esta hipótesis es equivalente a la hipótesis de que la función de regresión $E(Y|x)$ es constante y no depende de x. Puesto que se supone que la función de regresión tiene la forma lineal $E(Y|x) = \beta_1 + \beta_2 x$, esta hipótesis es equivalente a la hipótesis de que $\beta_2 = 0$. Entonces, el problema es contrastar las siguientes hipótesis:

$$\begin{aligned} H_0 &: \quad \beta_2 = 0, \\ H_1 &: \quad \beta_2 \neq 0. \end{aligned} \tag{26}$$

Aquí, el valor hipotético β_2^* es 0.

Sea u_2 el valor de U_2 calculado a partir de un conjunto dado de valores observados (x_i, y_i) para $i = 1, \ldots, n$. Entonces el área de la cola correspondiente a este valor es el área de las dos colas

$$\Pr(U_2 > |u_2|) + \Pr(U_2 < -|u_2|). \tag{27}$$

Contraste de hipótesis sobre una combinación lineal de β_1 y β_2. Sean a_1, a_2 y b números específicos, donde $a_1 \neq 0$ y $a_2 \neq 0$, y supóngase que interesa contrastar las siguientes hipótesis:

$$\begin{aligned} H_0 &: \quad a_1\beta_1 + a_2\beta_2 = b, \\ H_1 &: \quad a_1\beta_1 + a_2\beta_2 \neq b. \end{aligned} \tag{28}$$

En general,

$$E(a_1\hat{\beta}_1 + a_2\hat{\beta}_2) = a_1\beta_1 + a_2\beta_2,$$

$$\text{Var}(a_1\hat{\beta}_1 + a_2\hat{\beta}_2) = a_1^2\text{Var}(\hat{\beta}_1) + a_2^2\text{Var}(\hat{\beta}_2) + 2a_1a_2\text{Cov}(\hat{\beta}_1, \hat{\beta}_2).$$

El valor de $\text{Var}(a_1\hat{\beta}_1 + a_2\hat{\beta}_2)$ se puede obtener a partir de la ecuación (13) de la sección 10.2 simplemente reemplazando c_1 y c_2 en esa expresión por a_1 y a_2. Por tanto, cuando H_0 es cierta, la siguiente variable aleatoria W_{12} tendrá una distribución normal tipificada:

$$W_{12} = \left[\frac{n\sum_{i=1}^n (x_i - \overline{x}_n)^2}{\sum_{i=1}^n (a_1 x_i - a_2)^2}\right]^{1/2} \left(\frac{a_1\hat{\beta}_1 + a_2\hat{\beta}_2 - b}{\sigma}\right). \tag{29}$$

Cuando H_0 es cierta, resulta que la siguiente variable aleatoria U_{12} tendrá una distribución t con $n-2$ grados de libertad:

$$U_{12} = \frac{W_{12}}{\left[\left(\frac{1}{n-2}\right)\left(\frac{S^2}{\sigma^2}\right)\right]^{1/2}}$$

y, por tanto,

$$U_{12} = \left[\frac{n(n-2)\sum_{i=1}^{n}(x_i - \overline{x}_n)^2}{\sum_{i=1}^{n}(a_1 x_i - a_2)^2} \right]^{1/2} \frac{(a_1\hat{\beta}_1 + a_2\hat{\beta}_2 - b)}{\left[\sum_{i=1}^{n}(Y_i - \hat{\beta}_1 - \hat{\beta}_2 x_i)^2\right]^{1/2}}. \tag{30}$$

El contraste de las hipótesis (28) especifica que la hipótesis nula H_0 se debería rechazar si $|U_{12}| > c_{12}$, donde c_{12} es una constante apropiada cuyo valor se puede elegir para obtener cualquier nivel de significación α_0 $(0 < \alpha_0 < 1)$.

Como antes, se puede demostrar que este mismo procedimiento de contraste también será el procedimiento de contraste del cociente de verosimilitud para las hipótesis (28). De nuevo, la deducción se omite.

A modo de ilustración del uso de este procedimiento de contraste, supóngase que interesa contrastar la hipótesis de que la recta de regresión $y = \beta_1 + \beta_2 x$ pasa por un punto particular (x^*, y^*), donde $x^* \neq 0$. En otras palabras, supóngase que interesa contrastar las siguientes hipótesis:

$$\begin{aligned} H_0 &: \quad \beta_1 + \beta_2 x^* = y^*, \\ H_1 &: \quad \beta_1 + \beta_2 x^* \neq y^*. \end{aligned} \tag{31}$$

Estas hipótesis tienen la misma forma que las hipótesis (28) con $a_1 = 1$, $a_2 = x^*$ y $b = y^*$. Por tanto, se pueden contrastar realizando un contraste t con $n - 2$ grados de libertad que está basado en el estadístico W_{12}.

Contraste de hipótesis sobre β_1 y β_2. Supóngase ahora que β_1^* y β_2^* son números dados y que interesa contrastar las siguientes hipótesis sobre los valores de β_1 y β_2:

$$\begin{aligned} H_0 &: \quad \beta_1 = \beta_1^* \ \text{ y } \ \beta_2 = \beta_2^*, \\ H_1 &: \quad \text{La hipótesis } H_0 \text{ no es cierta.} \end{aligned} \tag{32}$$

Se obtendrá el procedimiento de contraste del cociente de verosimilitud para las hipótesis (32).

La función de verosimilitud $f_n(\boldsymbol{y}|\boldsymbol{x}, \beta_1, \beta_2, \sigma^2)$ está dada por la ecuación (2) de la sección 10.2. Cuando la hipótesis nula H_0 es cierta, los valores de β_1 y β_2 deben ser β_1^* y β_2^*, respectivamente. Para estos valores de β_1 y β_2, el valor máximo de $f_n(\boldsymbol{y}|\boldsymbol{x}, \beta_1^*, \beta_2^*)$ sobre todos los valores posibles de σ^2 se alcanzará cuando σ^2 tenga el siguiente valor $\hat{\sigma}_0^2$:

$$\hat{\sigma}_0^2 = \frac{1}{n}\sum_{i=1}^{n}(y_i - \beta_1^* - \beta_2^* x_i)^2. \tag{33}$$

Cuando la hipótesis alternativa H_1 es cierta, de la sección 10.2 se sabe que la función de verosimilitud $f_n(\boldsymbol{y}|\boldsymbol{x}, \beta_1, \beta_2, \sigma^2)$ alcanzará su valor máximo cuando β_1, β_2 y σ^2 sean iguales los E.M.V. $\hat{\beta}_1, \hat{\beta}_2$ y $\hat{\sigma}^2$, dados por la ecuación (5) de la sección 10.1 y la ecuación (4) de la sección 10.2.

Considérese ahora el estadístico

$$r(\boldsymbol{y}|\boldsymbol{x}) = \frac{\sup_{\beta_1,\beta_2,\sigma^2} f_n(\boldsymbol{y}|\boldsymbol{x},\beta_1,\beta_2,\sigma^2)}{\sup_{\sigma^2} f_n(\boldsymbol{y}|\boldsymbol{x},\beta_1^*,\beta_2^*,\sigma^2)}. \tag{34}$$

Utilizando los resultados que se acaban de describir, se puede demostrar que

$$r(\boldsymbol{y}|\boldsymbol{x}) = \left(\frac{\hat{\sigma}_0^2}{\hat{\sigma}^2}\right)^{n/2} = \left[\frac{\sum_{i=1}^n (y_i - \beta_1^* - \beta_2^* x_i)^2}{\sum_{i=1}^n (y_i - \hat{\beta}_1 - \hat{\beta}_2 x_i)^2}\right]^{n/2}. \tag{35}$$

El numerador de la última expresión de la ecuación (35) se puede reescribir como sigue:

$$\begin{aligned}\sum_{i=1}^n (y_i - \beta_1^* - \beta_2^* x_i)^2 &= \\ &= \sum_{i=1}^n \left[(y_i - \hat{\beta}_1 - \hat{\beta}_2 x_i) + (\hat{\beta}_1 - \hat{\beta}_1^*) + (\hat{\beta}_2 - \hat{\beta}_2^*)x_i\right]^2.\end{aligned} \tag{36}$$

Para simplificar más esta expresión, sea el estadístico S^2 definido por la ecuación (11) y sea el estadístico Q^2 definido como sigue:

$$Q^2 = n(\hat{\beta}_1 - \beta_1^*)^2 + \left(\sum_{i=1}^n x_i^2\right)\left(\hat{\beta}_2 - \beta_2^*\right)^2 + 2n\overline{x}_n(\hat{\beta}_1 - \beta_1^*)(\hat{\beta}_2 - \beta_2^*). \tag{37}$$

Se generalizará ahora la parte derecha de la ecuación (36) y se utilizarán las siguientes relaciones, que fueron establecidas en el ejercicio 3 de la sección 10.1:

$$\sum_{i=1}^n (y_i - \hat{\beta}_1 - \hat{\beta}_2 x_i) = 0 \quad \text{y} \quad \sum_{i=1}^n x_i(y_i - \hat{\beta}_1 - \hat{\beta}_2 x_i) = 0.$$

Se obtiene entonces la relación

$$\sum_{i=1}^n (y_i - \beta_1^* - \beta_2^* x_i)^2 = S^2 + Q^2. \tag{38}$$

De la ecuación (35) se deduce que

$$r(\boldsymbol{y}|\boldsymbol{x}) = \left(\frac{S^2 + Q^2}{S^2}\right)^{n/2} = \left(1 + \frac{Q^2}{S^2}\right)^{n/2}. \tag{39}$$

El procedimiento de contraste del cociente de verosimilitud especifica el rechazo de H_0 cuando $r(\boldsymbol{y}|\boldsymbol{x}) \geq k$. De la ecuación (39) se puede observar que este procedimiento es equivalente a rechazar H_0 cuando $Q^2/S^2 \geq k'$, donde k' es una constante apropiada.

Para presentar este procedimiento en forma más usual, se define el estadístico U^2 como sigue:

$$U^2 = \frac{\frac{1}{2}Q^2}{\left(\frac{1}{n-2}\right)S^2}. \tag{40}$$

Entonces el procedimiento de contraste del cociente de verosimilitud especifica rechazar H_0 cuando $U^2 > \gamma$, donde γ es una constante apropiada.

Se determinará ahora la distribución del estadístico U^2 cuando la hipótesis H_0 es cierta. Se puede demostrar (véanse Ejercicios 8 y 9) que cuando H_0 es cierta, la variable aleatoria Q^2/σ^2 tendrá una distribución χ^2 con dos grados de libertad. Además, puesto que la variable aleatoria S^2 y el vector aleatorio $(\hat{\beta}_1, \hat{\beta}_2)$ son independientes y puesto que Q^2 es una función de $\hat{\beta}_1$ y $\hat{\beta}_2$, se deduce que las variables aleatorias Q^2 y S^2 son independientes. Finalmente, se sabe que S^2/σ^2 tiene una distribución χ^2 con $n-2$ grados de libertad. Por tanto, cuando H_0 es cierta, el estadístico U^2 definido por la ecuación (40) tendrá una distribución F con 2 y $n-2$ grados de libertad. Puesto que la hipótesis nula H_0 va a ser rechazada si $U^2 > \gamma$, el valor de γ correspondiente a cualquier nivel de significación específico α_0 $(0 < \alpha_0 < 1)$ se puede determinar a partir de una tabla de esta distribución F.

Intervalos de confianza y conjuntos de confianza

Se puede obtener un intervalo de confianza para β_1 a partir del contraste de las hipótesis (17) basado en el estadístico U_1 definido por la ecuación (19). Se explicó en la sección 8.5 que para cualesquiera valores dados (x_i, y_i), para $i = 1, \ldots, n$, el conjunto de todos los valores de β_1^* para los cuales la hipótesis nula H_0 de (17) sería aceptada al nivel de significación α_0 constituirían un intervalo de confianza para β_1 con un coeficiente de confianza $1 - \alpha_0$. Específicamente, sea $g_{n-2}(x)$ la f.d.p. de la distribución t con $n-2$ grados de libertad y sea c una constante tal que

$$\int_{-c}^{c} g_{n-2}(x)dx = 1 - \alpha_0. \tag{41}$$

Entonces el conjunto de todos los valores de β_1^* tales que $|U_1| < c$ constituirá un intervalo de confianza para β_1 con un coeficiente de confianza $1 - \alpha_0$.

Análogamente, si U_2 está definida por la ecuación (25) y si c satisface la ecuación (41), entonces el conjunto de todos los valores de β_2^* tales que $|U_2| < c$ constituyen un intervalo de confianza para β_2 con un coeficiente de confianza $1 - \alpha_0$.

Un intervalo de confianza para una combinación lineal particular que tenga la forma $a_1\beta_1 + a_2\beta_2$ se puede construir de la misma forma a partir del estadístico U_{12} definido por la ecuación (30). Específicamente, supóngase que se desea construir un intervalo de confianza para el valor $b = \beta_1 + \beta_2 x$ de la recta de regresión en un punto dado x. Si se definen $a_1 = 1$ y $a_2 = x$ en la ecuación (30), entonces el conjunto de todos los valores de b tales que $|U_{12}| < c$ constituirá un intervalo de confianza para b con un coeficiente de confianza $1 - \alpha_0$. Después de algunos cálculos algebraicos se deduce que para cada valor de x, los límites superior e inferior de este intervalo de confianza se situarán sobre las curvas definidas por las siguientes relaciones (veáse el signo $\pm$ antes de c):

$$y = \hat{\beta}_1 + \hat{\beta}_2 x \pm c \left[\frac{S^2}{n(n-2)} \cdot \frac{\sum_{i=1}^{n}(x_i - x)^2}{\sum_{i=1}^{n}(x_i - \overline{x}_n)^2} \right]^{1/2}, \tag{42}$$

donde c y S^2 están definidas por las ecuaciones (41) y (11). En otras palabras, con un coeficiente de confianza $1 - \alpha_0$ para cualquier valor de x, el verdadero valor $\beta_1 + \beta_2 x$ de la recta de regresión estará entre el valor obtenido utilizando el signo más de (42) y el valor obtenido utilizando el signo menos.

Considérese ahora el problema de construir un conjunto de confianza para el par de coeficientes de regresión desconocidos β_1 y β_2. Dicho conjunto de confianza se puede obtener a partir del estadístico U^2 definido por la ecuación (40), que fue utilizada para contrastar las hipótesis (32). Específicamente, sea $h_{2,n-2}(x)$ la f.d.p. de la distribución F con 2 y $n-2$ grados de libertad y sea γ una constante tal que

$$\int_0^{\gamma} h_{2,n-2}(x)dx = 1 - \alpha_0. \tag{43}$$

Entonces el conjunto de todos los pares de valores de β_1^* y β_2^* tales que $U^2 < \gamma$ constituirá un conjunto de confianza para el par β_1 y β_2 con un coeficiente de confianza $1 - \alpha_0$. Se puede demostrar (véase Ejercicio 17) que este conjunto de confianza contendrá todos los puntos (β_1, β_2) dentro de cierta elipse en el plano $\beta_1\beta_2$. En otras palabras, este conjunto de confianza será realmente una elipse de confianza.

La elipse de confianza que se acaba de deducir para β_1 y β_2 se puede utilizar para construir un conjunto de confianza para la recta de regresión completa $y = \beta_1 + \beta_2 x$. Correspondiente a cada punto (β_1, β_2) dentro de la elipse, se puede seleccionar una recta $y = \beta_1 + \beta_2 x$ en el plano xy. La colección de todas estas rectas correspondientes a todos los puntos (β_1, β_2) dentro de la elipse será un conjunto de confianza con un coeficiente de confianza $1 - \alpha_0$ para la verdadera recta de regresión. Un análisis más cuidadoso y detallado, que no se presenta aquí [véase Kendall y Stuart (1973)], demuestra que los límites superior e inferior de este conjunto de confianza son las curvas definidas por las siguientes relaciones:

$$y = \hat{\beta}_1 + \hat{\beta}_2 x \pm \left[\frac{2\gamma S^2}{n(n-2)} \cdot \frac{\sum_{i=1}^{n}(x_i - x)^2}{\sum_{i=1}^{n}(x_i - \overline{x}_n)^2} \right]^{1/2}. \tag{44}$$

donde γ y S^2 están definidas por las ecuaciones (43) y (11). En otras palabras, con un coeficiente de confianza $1 - \alpha_0$, la verdadera recta de regresión $y = \beta_1 + \beta_2 x$ estará entre la curva obtenida utilizando el signo más de (44) y la curva obtenida utilizando el signo menos de (44). La región entre estas curvas suele denominarse *banda de confianza o franja de confianza* de la recta de regresión.

Es interesante comparar los límites de confianza definidos en (44) de la recta de regresión completa con los límites definidos en (42) que son apropiados cuando se desea un intervalo de confianza para un punto particular x. Se puede ver que las curvas definidas por (44) tienen la misma forma que las definidas en (42). La única diferencia es que la constante c en (42) está reemplazada por la constante $(2\gamma)^{1/2}$ en (44). De la ecuación (41) se deduce que c es el cuantil de orden $1 - (1/2)\alpha_0$ de la distribución t con $n-2$ grados de libertad y de la ecuación (43) se deduce que γ es el cuantil de orden $1-\alpha_0$ de la distribución F con 2 y $n-2$ grados de libertad. En la tabla 10.5 se encuentran algunos valores de c y $(2\gamma)^{1/2}$. Se puede observar en la última columna de esta tabla que para $\alpha_0 = 0.05$, la anchura de la franja de confianza para la recta de regresión completa en cualquier punto x tan sólo es mayor en un 25% ó 30% que la anchura del intervalo de confianza para el valor de la recta de regresión en ese punto particular. Para $\alpha_0 = 0.025$, el cociente de estas anchuras es aún menor.

Tabla 10.5

α_0	$n-2$	c	$(2\gamma)^{1/2}$	$(2\gamma)^{1/2}/c$
0.05	2	4.30	6.16	1.43
	5	2.57	3.40	1.32
	10	2.23	2.86	1.29
	20	2.09	2.64	1.26
	60	2.00	2.51	1.25
	120	1.98	2.48	1.25
	∞	1.96	2.45	1.25
0.025	2	6.21	8.83	1.42
	5	3.16	4.11	1.30
	10	2.63	3.30	1.25
	20	2.42	2.99	1.24
	60	2.30	2.80	1.22
	120	2.27	2.76	1.22
	∞	2.24	2.72	1.21

Análisis de residuos

Siempre que se realiza un análisis estadístico, es importante comprobar que los datos observados parecen satisfacer las hipótesis en que se basa el análisis. Por ejemplo, en el análisis estadístico de un problema de regresión lineal simple, se ha supuesto que la regresión de Y sobre X es una función lineal y que las observaciones $Y_1, \ldots, Y_n$ son independientes. Los estimadores de β_1 y β_2 y los contrastes de hipótesis sobre β_1 y β_2 fueron desarrollados a partir de estas hipótesis, pero no se examinaron los datos para verificar si estas hipótesis eran razonables.

Una forma rápida e informal de verificar estas hipótesis es examinar los valores observados de los *residuos* $z_1, \ldots, z_n$, que se definen como sigue:

$$z_i = y_i - \hat{\beta}_1 - \hat{\beta}_2 x_i \qquad \text{para } i = 1, \ldots, n. \tag{45}$$

Específicamente, supóngase que los n puntos (x_i, z_i), para $i = 1, \ldots, n$ están representados en el plano xz. Se debe verificar (véase Ejercicio 3 de la sección 10.1) que $\sum_{i=1}^{n} z_i = 0$ y $\sum_{i=1}^{n} x_i z_i = 0$. Sin embargo, sujetos a estas restricciones, los residuos positivos y negativos deberían estar representados aleatoriamente entre los puntos (x_i, z_i). Si los residuos positivos z_i tienden a concentrarse en los valores menores de x_i o en los valores mayores de x_i, entonces la suposición de que la regresión de Y sobre X es una función lineal o la suposición de que las observaciones $Y_1, \ldots, Y_n$ son independientes puede haber sido violada. De hecho, si la gráfica de los puntos (x_i, z_i) exhibe algún tipo de patrón regular, las hipótesis mencionadas pueden haber sido violadas.

EJERCICIOS

1. Determínese un valor de c tal que en un problema de regresión lineal simple, el estadístico $c\sum_{i=1}^{n}(Y_i - \hat{\beta}_1 - \hat{\beta}_2 x_i)^2$ sea un estimador insesgado de σ^2.

2. Supóngase que en un problema de regresión lineal simple, se obtienen los diez pares de valores observados de x_i e y_i de la tabla 10.6. Contrástense las siguientes hipótesis al nivel de significación 0.05:

$$H_0: \quad \beta_1 = 0.7,$$
$$H_1: \quad \beta_1 \neq 0.7.$$

Tabla 10.6

i	x_i	y_i	i	x_i	y_i
1	0.3	0.4	6	1.0	0.8
2	1.4	0.9	7	2.0	0.7
3	1.0	0.4	8	−1.0	−0.4
4	−0.3	−0.3	9	−0.7	−0.2
5	−0.2	0.3	10	0.7	0.7

3. Para los datos de la tabla 10.6, contrástese la hipótesis de que la recta de regresión pasa por el origen en el plano xy al nivel de significación 0.05.

4. Para los datos de la tabla 10.6, contrástese la hipótesis de que la pendiente de la recta de regresión es 1 al nivel de significación 0.05.

5. Para los datos de la tabla 10.6, contrástese la hipótesis de que la recta de regresión es horizontal al nivel de significación 0.05.

6. Para los datos de la tabla 10.6, contrástense las siguientes hipótesis al nivel de significación 0.10:

$$H_0: \quad \beta_2 = 5\beta_1,$$
$$H_1: \quad \beta_2 \neq 5\beta_1.$$

7. Para los datos de la tabla 10.6, contrástese la hipótesis de que cuando $x = 1$, la altura de la recta de regresión es $y = 1$ al nivel de significación 0.01.

8. En un problema de regresión lineal simple, sea $D = \hat{\beta}_1 + \hat{\beta}_2 \overline{x}_n$. Demuéstrese que las variables aleatorias $\hat{\beta}_2$ y D no están correlacionadas y explíquese por qué $\hat{\beta}_2$ y D, por tanto, deben ser independientes.

9. Sea la variable aleatoria D definida en el ejercicio 8 y sea la variable aleatoria Q^2 definida por la ecuación (37) en esta sección.

   (a) Demuéstrese que

$$\frac{Q^2}{s^2} = \frac{(\hat{\beta}_2 - \beta_2^*)^2}{\mathrm{Var}(\hat{\beta}_2)} + \frac{(D - \beta_1^* - \beta_2^* \overline{x}_n)^2}{\mathrm{Var}(D)}.$$

   (b) Explíquese por qué la variable aleatoria Q^2/σ^2 tendrá una distribución χ^2 con dos grados de libertad cuando la hipótesis H_0 de (32) sea cierta.

10. Para los datos de la tabla 10.6, contrástense las siguientes hipótesis al nivel de significación 0.05:

H_0 : $\beta_1 = 0$ y $\beta_2 = 1$,

H_1 : Al menos uno de los valores $\beta_1 = 0$ y $\beta_2 = 1$ es incorrecto.

11. Para los datos de la tabla 10.6, constrúyase un intervalo de confianza para β_1 con un coeficiente de confianza 0.95.

12. Para los datos de la tabla 10.6, constrúyase un intervalo de confianza para β_2 con un coeficiente de confianza 0.95.

13. Para los datos de la tabla 10.6, constrúyase un intervalo de confianza para $5\beta_1 - \beta_2 + 4$ con un coeficiente de confianza 0.90.

14. Para los datos de la tabla 10.6, constrúyase un intervalo de confianza para la altura de la recta de regresión en el punto $x = 1$ con un coeficiente de confianza 0.99.

15. Para los datos de la tabla 10.6, constrúyase un intervalo para la altura de la recta de regresión en el punto $x = 0.42$ con un coeficiente de confianza 0.99.

16. Supóngase que en un problema de regresión lineal simple, se contruyó un intervalo de confianza para la altura de la recta de regresión en el punto x con un coeficiente de confianza $1 - \alpha_0$ $(0 < \alpha_0 < 1)$. Demuéstrese que la longitud de este intervalo de confianza es menor cuando $x = \overline{x}_n$.

17. Sea el estadístico U^2 definido por la ecuación (40) y sea γ cualquier constante fija positiva. Demuéstrese que para cualesquiera valores observados (x_i, y_i), para $i = 1, \ldots, n$, el conjunto de puntos (β_1^*, β_2^*) tales que $U^2 < \gamma$ es el interior de una elipse en el plano $\beta_1^* \beta_2^*$.

18. Para los datos de la tabla 10.6, constrúyase una elipse de confianza para β_1 y β_2 con un coeficiente de confianza 0.95.

19. (a) Para los datos de la tabla 10.6, represéntese una banda de confianza en el plano xy para la recta de regresión con un coeficiente de confianza 0.95.

    (b) En la misma gráfica, represéntense las curvas que especifican los límites en cada punto x de un intervalo de confianza con un coeficiente de confianza 0.95 para el valor de la recta de regresión en el punto x.

10.4 LA FALACIA DE LA REGRESIÓN

Uso del término "regresión"

El uso del término "regresión" en las secciones 10.2 y 10.3 para describir la metodología del ajuste de rectas a datos estadísticos es una reminiscencia de las primeras aplicaciones de esta metodología debidas a Francis Galton, quien estudió la herencia de las características físicas a finales de la década de 1880. En particular, Galton encontró que los hijos de padres altos tienden a ser más altos que el promedio, pero además tienden a ser más bajos que sus padres. Así, las estaturas de los hijos se aproximan a la estatura media de la población. Análogamente, encontró que los hijos de padres de baja estatura tienden a ser más bajos que el promedio, pero además tienden a ser más altos que sus padres. Así, las estaturas de estos hijos también se aproximan a la estatura media de la población. A partir de estas observaciones, se podría concluir que la variabilidad de la estatura decrece en generaciones sucesivas, tanto las personas altas como las bajas tienden a desaparecer y la población "regresa" a una estatura promedio. Esta conclusión es un ejemplo de *falacia de la regresión*, que se expondrá con cierto detalle en esta sección.

Otro ejemplo de falacia de la regresión proviene de deportes profesionales. Se ha encontrado que los atletas que se desarrollan muy bien durante su primer año en una liga superior tienden a no desarrollarse tan bien durante su segundo año. Este fenómeno se denomina a veces "mal de los estudiantes". Se ha encontrado también que los atletas que no se desarrollan tan bien durante su primer año, pero que continúan un segundo año, tienden a desarrollarse mejor durante el segundo año. De nuevo, esto parecería ser una regresión de la población hacia un nivel medio de desarrollo.

Una forma de entender porque estas conclusiones pueden ser falaciosas es considerar hijos inusualmente altos y bajos. Para dichos hombres se encuentra que las estaturas de sus padres tienden a estar cerca del promedio, por lo que se podría llegar a la conclusión opuesta de que la variabilidad de las estaturas se incrementa en generaciones sucesivas. Análogamente, si se consideran atletas que se desarrollan muy bien o muy mal durante su segundo año, se encuentra que sus desarrollos durante su primer año tienden a estar más cerca del promedio. El siguiente ejemplo numérico ilustra estos conceptos.

Ejemplo 1: Calificaciones. Supóngase que los estudiantes de cierta clase realizan dos exámenes durante un semestre. Supóngase que los resultados del primer examen fueron las siguientes: un tercio de los estudiantes alcanzó una calificación de 90, otro tercio fue la de 60 y la del resto fue 30. Por tanto, la calificación promedio fue 60. Los resultados del segundo examen fueron los siguientes: Entre los estudiantes con 90 de calificación en el primer examen, dos terceras partes obtuvieron de nuevo 90 y la otra tercera parte obtuvo 60, entre los estudiantes que obtuvieron 60 de calificación en el primer examen, un tercio obtuvo 90, otro tercio obtuvo 60 y el resto 30, y entre los estudiantes que obtuvieron 30 de calificación en el primer examen, un tercio obtuvo 60 y las otras dos terceras partes obtuvieron de nuevo 30.

Si se denota por X_1 la calificación del primer examen y por X_2 la calificación del segundo examen, entonces la distribución conjunta de los valores de X_1 y X_2 que se acaba de describir se puede representar como sigue:

$$\Pr(X_1 = 90) = \Pr(X_1 = 60) = \Pr(X_1 = 30) = \frac{1}{3}, \tag{1}$$

y

$$\begin{aligned}
&\Pr(X_2 = 90|X_1 = 90) = \frac{2}{3}, \qquad \Pr(X_2 = 60|X_1 = 90) = \frac{1}{3}, \\
&\Pr(X_2 = 90|X_1 = 60) = \Pr(X_2 = 60|X_1 = 60) \\
&\qquad\qquad\qquad\qquad\;\; = \Pr(X_2 = 30|X_1 = 60) = \frac{1}{3}, \\
&\Pr(X_2 = 60|X_1 = 30) = \frac{1}{3}, \qquad \Pr(X_2 = 30|X_1 = 30) = \frac{2}{3}.
\end{aligned} \tag{2}$$

De las probabilidades condicionales (2) resulta que

$$\begin{aligned}
E(X_2|X_1 = 90) &= 80, \\
E(X_2|X_1 = 60) &= 60, \\
E(X_2|X_1 = 30) &= 40.
\end{aligned} \tag{3}$$

Por tanto, entre aquellos estudiantes con una calificación alta $(X_1 = 90)$ o una calificación baja $(X_1 = 30)$ en el primer examen, las calificaciones del segundo examen tendieron a estar más cerca del promedio. Para aquellos cuya calificación promedio fue 60 en el primer examen, la calificación promedio en el segundo fue de nuevo 60.

Como indican estos comentarios, las esperanzas condicionales (3) reflejan las condiciones en las cuales puede presentarse la falacia de la regresión. Específicamente, se podría concluir a partir de (3) que las calificaciones X_2 del segundo examen están más concentradas alrededor del valor 60 que las calificaciones X_1 del primer examen. Sin embargo, esta conclusión es errónea. De las ecuaciones (1) y (2) se deduce que la distribución marginal de X_2 es como sigue:

$$\Pr(X_2 = 90) = \Pr(X_2 = 60) = \Pr(X_2 = 30) = \frac{1}{3}. \tag{4}$$

En otras palabras, la distribución de X_2 es exactamente la misma que la distribución de X_1. ◁

Distribución normal

Se demostrará ahora que si la distribución conjunta de las estaturas X_1 de los padres y las estaturas X_2 de sus hijos es una distribución normal bivariante, entonces la esperanza condicional $E(X_2|X_1)$ será tal que puede producirse la falacia de la regresión. De acuerdo con lo anterior, supóngase que X_1 y X_2 son variables aleatorias que tienen una distribución normal bivariante con medias μ_1 y μ_2, varianzas σ_1^2 y σ_2^2 y correlación $\rho(0 < \rho < 1)$, descrita en la sección 5.12. Entonces, por la ecuación (6) de la sección 5.12,

$$\frac{E(X_2|X_1) - \mu_2}{\sigma_2} = \rho\left(\frac{(X_1 - \mu_1)}{\sigma_1}\right). \qquad (5)$$

Puesto que $0 < \rho < 1$, de la ecuación (5) resulta que $E(X_2|X_1)$ es mayor que su media μ_2 si, y sólo si, X_1 es mayor que su media μ_1. Por tanto, si un padre es más alto que el promedio, entonces puede esperar que su hijo también sea más alto que el promedio, aunque la estatura promedio μ_2 de la población de hijos sea distinta de la media μ_1 de la población de padres.

Considérese el caso especial donde $\sigma_1 = \sigma_2$. Puesto que $0 < \rho < 1$, de la ecuación (5) se puede ver que en este caso $E(X_2|X_1)$ siempre estará más cerca de su media μ_2 que X_1 de su media μ_1. Por tanto, independientemente de la estatura X_1 del padre, puede esperarse que la estatura del hijo esté más cerca del promedio de lo que estuvo su propia estatura.

La falacia de la regresión podría llevar a la conclusión de que la varianza de la población de hijos debe ser menor que la varianza de la población de padres. Sin embargo, la suposición de que $\sigma_1 = \sigma_2$ es precisamente la suposición de que la varianza es igual en estas dos poblaciones.

10.5 REGRESIÓN MÚLTIPLE

Modelo lineal general

En esta sección, se estudiarán problemas de regresión en los cuales las observaciones $Y_1, \ldots, Y_n$ de nuevo satisfacen las suposiciones de normalidad, independencia y homocedasticidad que se hicieron en las secciones 10.2 y 10.3. En otras palabras, supóngase de nuevo que cada observación Y_i tiene una distribución normal, que las observaciones $Y_1, \ldots, Y_n$ son independientes y que las observaciones $Y_1, \ldots, Y_n$ tienen la misma varianza σ^2. Además, supóngase que la media de cada observación Y_i es una combinación lineal de p parámetros desconocidos $\beta_1, \ldots, \beta_p$. Específicamente, para $i = 1, \ldots, n$, supóngase que $E(Y_i)$ tiene la siguiente forma:

$$E(Y_i) = z_{i1}\beta_1 + z_{i2}\beta_2 + \cdots + z_{ip}\beta_p. \qquad (1)$$

Aquí, $z_{i1}, \ldots, z_{ip}$ son números conocidos. Cualquier valor z_{ij} puede ser elejido por el experimentador antes de iniciar el experimento o puede ser observado en el experimento junto con el valor de Y_i.

La forma de $E(Y_i)$ dada en la ecuación (1) es suficientemente general para incluir muchos tipos de problemas de regresión distintos. Por ejemplo, en un problema de regresión lineal simple, $E(Y_i) = \beta_1 + \beta_2 x_i$ para $i = 1, \ldots, n$. Esta esperanza se puede representar en la forma dada por la ecuación (1), con $p = 2$, definiendo $z_{i1} = 1$ y $z_{i2} = x_i$ para $i = 1, \ldots, n$. Análogamente, si la regresión de Y sobre X es un polinomio de grado k, entonces, para $i = 1, \ldots, n$,

$$E(Y_i) = \beta_1 + \beta_2 x_i + \cdots + \beta_{k+1} x_i^k. \tag{2}$$

En este caso, $p = k + 1$ y $E(Y_i)$ se puede representar en la forma dada por la ecuación (1) definiendo $z_{ij} = x_i^{j-1}$ para $j = 1, \ldots, k + 1$.

Como último ejemplo, considérese un problema donde la regresión de Y sobre k variables $X_1, \ldots, X_k$ es una función lineal como la dada por la ecuación (1) de la sección 10.2. Un problema de este tipo se denomina de *regresión lineal múltiple* porque se considera la regresión de Y sobre k variables $X_1, \ldots, X_k$, en lugar de trabajar con una sola variable X y se supone, además, que esta regresión es una función lineal de los valores $X_1, \ldots, X_k$. En un problema de regresión lineal múltiple, se obtienen n vectores de observaciones $(x_{i1}, \ldots, x_{ik}, Y_i)$, para $i = 1, \ldots, n$ y $E(Y_i)$ está dada por la relación

$$E(Y_i) = \beta_1 + \beta_2 x_{i1} + \cdots + \beta_{k+1} x_{ik}. \tag{3}$$

Esta esperanza también se puede representar en la forma dada por la ecuación (1), con $p = k + 1$, definiendo $z_{i1} = 1$ y $z_{ij} = x_{i,j-1}$ para $j = 2, \ldots, k + 1$.

El modelo estadístico que se considera en esta sección, en donde las observaciones $Y_1, \ldots, Y_n$ satisfacen las suposiciones de normalidad, independencia y homocedasticidad y en donde sus esperanzas tienen la forma dada por la ecuación (1), generalmente se denomina *modelo lineal general.* Aquí, el término *lineal* se refiere al hecho de que la esperanza de cada observación Y_i es una función lineal de los parámetros desconocidos $\beta_1, \ldots, \beta_p$. La exposición ha indicado que el modelo lineal general es suficientemente general para incluir problemas de regresión lineal simple y múltiple, problemas donde la función de regresión es un polinomio, problemas donde la función de regresión tiene la forma dada por la ecuación (16) de la sección 10.1 y muchos otros.

Dos libros dedicados a la regresión y a otros modelos lineales son Draper y Smith (1980) y Guttman (1982).

Estimadores máximo verosímiles

Se describirá ahora un procedimiento para determinar los E.M.V. de $\beta_1, \ldots, \beta_p$ en el modelo lineal general. Puesto que $E(Y_i)$ está dada por la ecuación (1) para $i = 1, \ldots, n$, la función de verosimilitud para cualesquiera valores observados $y_1, \ldots, y_n$ tendrá la siguiente forma:

$$\frac{1}{(2\pi\sigma^2)^{n/2}} \exp\left[-\frac{1}{2\sigma^2}\sum_{i=1}^{n}(y_i - z_{i1}\beta_1 - \cdots - z_{ip}\beta_p)^2\right]. \tag{4}$$

Puesto que los E.M.V. son los valores que maximizan la función de verosimilitud (4), se puede observar que los estimadores $\hat{\beta}_1, \ldots, \hat{\beta}_p$ serán los valores de $\beta_1, \ldots, \beta_p$ que minimizan la siguiente suma de cuadrados Q:

$$Q = \sum_{i=1}^{n} (y_i - z_{i1}\beta_1 - \cdots - z_{ip}\beta_p)^2. \tag{5}$$

Puesto que Q es la suma de cuadrados de las desviaciones de los valores observados a partir de la función lineal dada por la ecuación (1), se deduce que los E.M.V. $\hat{\beta}_1, \ldots, \hat{\beta}_p$ serán los mismos que los estimadores de mínimos cuadrados.

Para determinar los valores de $\hat{\beta}_1, \ldots, \hat{\beta}_p$, se pueden calcular las p derivadas parciales $\partial Q / \partial \beta_j$ para $j = 1, \ldots, p$ y se puede igualar a 0 cada una de estas derivadas. Las p ecuaciones resultantes, que se denominan *ecuaciones normales*, constituyen un conjunto de p ecuaciones lineales en $\beta_1, \ldots, \beta_p$. Supóngase que la matriz $p \times p$ formada por los coeficientes de $\beta_1, \ldots, \beta_p$ en las ecuaciones normales es no singular. Entonces estas ecuaciones tendrán una solución única $\hat{\beta}_1, \ldots, \hat{\beta}_p$, y $\hat{\beta}_1, \ldots, \hat{\beta}_p$ serán los E.M.V. y los estimadores de mínimos cuadrados de $\beta_1, \ldots, \beta_p$.

Para un problema de regresión polinomial en donde $E(Y_i)$ está dada por la ecuación (2), las ecuaciones normales son las relaciones (8) de la sección 10.1. Para un problema de regresión lineal múltiple en donde $E(Y_i)$ está dada por la ecuación (3), las ecuaciones normales son las relaciones (13) de la sección 10.1.

Finalmente, se puede demostrar (véase Ejercicio 1 de esta sección) que el E.M.V. de σ^2 en el modelo lineal general será

$$\hat{\sigma}^2 = \frac{1}{n} \sum_{i=1}^{n} \left(Y_i - z_{i1}\hat{\beta}_1 - \cdots - z_{ip}\hat{\beta}_p \right)^2. \tag{6}$$

Forma explícita de los estimadores

Para obtener la forma explícita y las propiedades de los estimadores $\hat{\beta}_1, \ldots, \hat{\beta}_p$, es conveniente utilizar la notación y técnicas de vectores y matrices. Se define la matriz $Z n \times p$ como sigue:

$$\boldsymbol{Z} = \begin{bmatrix} z_{11} \cdots z_{1p} \\ z_{21} \cdots z_{2p} \\ \vdots \quad \vdots \\ z_{n1} \cdots z_{np} \end{bmatrix}. \tag{7}$$

Esta matriz $\boldsymbol{Z}$ distingue un problema de regresión de otro, porque los elementos de $\boldsymbol{Z}$ determinan las combinaciones lineales particulares de los parámetros desconocidos $\beta_1, \ldots, \beta_p$ que son relevantes en un problema dado. La matriz $\boldsymbol{Z}$ para un problema particular se denomina frecuentemente *matriz de diseño* del problema, porque las entradas de Z son generalmente seleccionadas por el experimentador para lograr un experimento bien diseñado. Hay que recordar, sin embargo, que algunos o todos los elementos de Z podrían ser simplemente valores observados de ciertas variables y podrían no estar realmente controladas por el experimentador.

Se define también y como el vector $n \times 1$ de valores observados de $Y_1, \ldots, Y_n$, sea β el vector $p \times 1$ de parámetros y sea $\hat{\beta}$ el vector $p \times 1$ de estimaciones. Estos vectores se pueden representar como sigue:

$$y = \begin{bmatrix} y_1 \\ \vdots \\ y_n \end{bmatrix}, \qquad \beta = \begin{bmatrix} \beta_1 \\ \vdots \\ \beta_p \end{bmatrix}, \qquad \text{y} \quad \hat{\beta} = \begin{bmatrix} \hat{\beta}_1 \\ \vdots \\ \hat{\beta}_p \end{bmatrix}. \tag{8}$$

La transpuesta de cualquier vector o matriz v se denotará por v'.

La suma de cuadrados Q dada por la ecuación (5) se puede escribir ahora de la siguiente forma:

$$Q = (y - Z\beta)'(y - Z\beta). \tag{9}$$

Además, se puede demostrar que el conjunto de p ecuaciones normales se puede escribir en forma de matriz como sigue:

$$Z'Z\beta = Z'y. \tag{10}$$

Puesto que se supone que la matriz $Z'Z$ $p \times p$ es no singular, el vector de estimaciones $\hat{\beta}$ será la única solución de la ecuación (10). Para que $Z'Z$ sea no singular, el número de observaciones n debe ser al menos p y deben existir al menos p filas linealmente independientes en la matriz Z. Cuando se cumple esta suposición, de la ecuación (10) se deduce que $\hat{\beta} = (Z'Z)^{-1}Z'y$. Por tanto, si se reemplaza el vector y de valores observados por el vector Y de variables aleatorias, la forma del vector de estimadores $\hat{\beta}$ será

$$\hat{\beta} = (Z'Z)^{-1}Z'Y. \tag{11}$$

De la ecuación (11) se deduce que cada uno de los estimadores $\hat{\beta}_1, \ldots, \hat{\beta}_p$ será una combinación lineal de las componentes $Y_1, \ldots, Y_n$ del vector Y. Puesto que cada una de estas componentes tienen una distribución normal, resulta que cada estimador $\hat{\beta}_j$ también tendrá una distribución normal. Se obtendrán ahora las medias, varianzas y covarianzas de estos estimadores.

Vector de medias y matriz de covarianzas

Supóngase que Y es un vector aleatorio n-dimensional con componentes $Y_1, \ldots, Y_n$. Por tanto,

$$Y = \begin{bmatrix} Y_1 \\ \vdots \\ Y_n \end{bmatrix}. \tag{12}$$

La esperanza $E(\boldsymbol{Y})$ de este vector aleatorio se define como el vector n-dimensional cuyas componentes son las esperanzas de las componentes individuales de $\boldsymbol{Y}$. Por tanto,

$$E(\boldsymbol{Y}) = \begin{bmatrix} E(Y_1) \\ \vdots \\ E(Y_n) \end{bmatrix}. \tag{13}$$

El vector $E(\boldsymbol{Y})$ se denomina *vector de medias de* $\boldsymbol{Y}$.

La *matriz de covarianzas* del vector aleatorio $\boldsymbol{Y}$ se define como la matriz $n \times n$ tal que, para $i = 1, \ldots, n$ y $j = 1, \ldots, n$, el elemento de la i-ésima fila y j-ésima columna sea $\text{Cov}(Y_i, Y_j)$. Se define $\text{Cov}(\boldsymbol{Y})$ como esta matriz de covarianzas. Por tanto, si $\text{Cov}(Y_i, Y_j) = \sigma_{ij}$, entonces

$$\text{Cov}(\boldsymbol{Y}) = \begin{bmatrix} \sigma_{11} \cdots \sigma_{1n} \\ \vdots \quad\quad \vdots \\ \sigma_{n1} \cdots \sigma_{nn} \end{bmatrix}. \tag{14}$$

Para $i = 1, \ldots, n$, $\text{Var}(Y_i) = \text{Cov}(Y_i, Y_i) = \sigma_{ii}$. Por tanto, los n elementos de la diagonal de la matriz $\text{Cov}(\boldsymbol{Y})$ son las varianzas de $Y_1, \ldots, Y_n$. Además, puesto que $\text{Cov}(Y_i, Y_j) = \text{Cov}(Y_j, Y_i)$, entonces $\sigma_{ij} = \sigma_{ji}$. Por tanto, la matriz $\text{Cov}(\boldsymbol{Y})$ debe ser simétrica.

El vector de medias y la matriz de covarianzas del vector aleatorio $\boldsymbol{Y}$ del modelo lineal general se pueden determinar fácilmente. De la ecuación (1) resulta que

$$E(\boldsymbol{Y}) = \boldsymbol{Z\beta}. \tag{15}$$

Además, las componentes $Y_1, \ldots, Y_n$ de $\boldsymbol{Y}$ son independientes y la varianza de cada una de estas componentes es σ^2. Por tanto,

$$\text{Cov}(\boldsymbol{Y}) = \sigma^2 \boldsymbol{I}, \tag{16}$$

donde $\boldsymbol{I}$ es la matriz identidad $n \times n$.

Teorema 1. *Supóngase que* $\boldsymbol{Y}$ *es un vector aleatorio* n*-dimensional, como el dado por la ecuación* (12), *para el cual existen el vector de medias* $E(\boldsymbol{Y})$ *y la matriz de covarianzas* $\text{Cov}(\boldsymbol{Y})$. *Supóngase también que* $\boldsymbol{A}$ *es una matriz* $p \times n$ *cuyos elementos son constantes y que* $\boldsymbol{W}$ *es un vector aleatorio* n*-dimensional definido por la relación* $\boldsymbol{W} = \boldsymbol{AY}$. *Entonces* $E(\boldsymbol{W}) = \boldsymbol{A}E(\boldsymbol{Y})$ *y* $\text{Cov}(\boldsymbol{W}) = \boldsymbol{A}\,\text{Cov}(\boldsymbol{Y})\boldsymbol{A}'$.

Demostración. Sean los elementos de la matriz $\boldsymbol{A}$ los siguientes:

$$\boldsymbol{A} = \begin{bmatrix} a_{11} \cdots a_{1n} \\ \vdots \quad\quad \vdots \\ a_{p1} \cdots a_{pn} \end{bmatrix}. \tag{17}$$

Entonces la i-ésima componente del vector $E(\boldsymbol{W})$ es

$$E(W_i) = E\left(\sum_{j=1}^{n} a_{ij} Y_j\right) = \sum_{j=1}^{n} a_{ij} E(Y_j). \tag{18}$$

Se puede observar que la última suma de la ecuación (18) es la i-ésima componente del vector $\boldsymbol{A}E(\boldsymbol{Y})$. Por tanto, $E(\boldsymbol{W}) = \boldsymbol{A}E(\boldsymbol{Y})$.

Ahora, para $i = 1, \ldots, p$ y $j = 1, \ldots, p$, el elemento de la i-ésima fila y j-ésima columna de la matriz Cov($\boldsymbol{W}$) de tamaño $p \times p$ es

$$\text{Cov}(W_i, W_j) = \text{Cov}\left(\sum_{r=1}^{n} a_{ir} Y_r, \sum_{s=1}^{n} a_{js} Y_s\right). \tag{19}$$

Por tanto, por el ejercicio 7 de la sección 4.6,

$$\text{Cov}(W_i, W_j) = \sum_{r=1}^{n} \sum_{s=1}^{n} a_{ir} a_{js} \text{Cov}(Y_r, Y_s). \tag{20}$$

Se puede verificar que la parte derecha de la ecuación (20) es el elemento de la i-ésima fila y j-ésima columna de la matriz $p \times p$ $\boldsymbol{A}\text{Cov}(\boldsymbol{Y})\boldsymbol{A}'$. Por tanto, $\text{Cov}(\boldsymbol{W}) = \boldsymbol{A}\ \text{Cov}(\boldsymbol{Y})\boldsymbol{A}'$. ◁

Las medias, varianzas y covarianzas de los estimadores $\hat{\beta}_1, \ldots, \hat{\beta}_p$ se pueden obtener aplicando el teorema 1. De la ecuación (11) se sabe que $\hat{\boldsymbol{\beta}}$ se puede representar en la forma $\hat{\boldsymbol{\beta}} = \boldsymbol{A}\boldsymbol{Y}$, donde $\boldsymbol{A} = (\boldsymbol{Z}'\boldsymbol{Z})^{-1}\boldsymbol{Z}'$. Por tanto, del teorema 1 y la ecuación (15) se deduce que

$$E(\hat{\boldsymbol{\beta}}) = (\boldsymbol{Z}'\boldsymbol{Z})^{-1}\boldsymbol{Z}'E(\boldsymbol{Y}) = (\boldsymbol{Z}'\boldsymbol{Z})^{-1}\boldsymbol{Z}'\boldsymbol{Z}\boldsymbol{\beta} = \boldsymbol{\beta}. \tag{21}$$

En otras palabras, $E(\hat{\beta}_j) = \beta_j$ para $j = 1, \ldots, p$.

Además, del teorema 1 y la ecuación (16) se deduce que

$$\begin{aligned} \text{Cov}(\hat{\boldsymbol{\beta}}) &= (\boldsymbol{Z}'\boldsymbol{Z})^{-1}\boldsymbol{Z}'\text{Cov}(\boldsymbol{Y})\boldsymbol{Z}(\boldsymbol{Z}'\boldsymbol{Z})^{-1} \\ &= (\boldsymbol{Z}'\boldsymbol{Z})^{-1}\boldsymbol{Z}'(\sigma^2\boldsymbol{I})\boldsymbol{Z}(\boldsymbol{Z}'\boldsymbol{Z})^{-1} \\ &= \sigma^2(\boldsymbol{Z}'\boldsymbol{Z})^{-1}. \end{aligned} \tag{22}$$

Por tanto, para $j = 1, \ldots, n$, $\text{Var}(\hat{\beta}_j)$ será igual a σ^2 veces la j-ésima entrada de la diagonal de la matriz $(\boldsymbol{Z}'\boldsymbol{Z})^{-1}$. Además, para $i \neq j$, $\text{Cov}(\hat{\beta}_i, \hat{\beta}_j)$ será igual a σ^2 veces la entrada de la i-ésima fila y j-ésima columna de la matriz $(\boldsymbol{Z}'\boldsymbol{Z})^{-1}$.

Teorema de Gauss-Markov para el modelo lineal general

Supóngase que las observaciones $Y_1, \ldots, Y_n$ no están correlacionadas, que $E(Y_i)$ está dada por la ecuación (1), que $\text{Var}(Y_i) = \sigma^2$ para $i = 1, \ldots, n$ y que no se hacen más suposiciones sobre la distribución de $Y_1, \ldots, Y_n$. En particular, no se supone que $Y_1, \ldots, Y_n$ tengan necesariamente distribuciones normales. Supóngase, además, que se desea estimar el valor de $\theta = c_1\beta_1 + \cdots + c_p\beta_p + c_{p+1}$, donde $c_1, \ldots, c_{p+1}$ son constantes dadas y considérese el estimador $\hat{\theta} = c_1\hat{\beta}_1 + \cdots + c_p\hat{\beta}_p + c_{p+1}$. En este caso, igual que en el problema de regresión lineal simple expuesto en la sección 10.2, se puede establecer el siguiente resultado, que se conoce como teorema de Gauss-Markov:

Entre todos los estimadores insesgados de θ que son combinaciones lineales de las observaciones $Y_1, \ldots, Y_n$, el estimador $\hat{\theta}$ tiene la menor varianza para todos los valores posibles de $\beta_1, \ldots, \beta_p$ y σ^2.

En particular, para $j = 1, \ldots, p$, el estimador de mínimos cuadrados $\hat{\beta}_j$ tendrá la menor varianza entre todos los estimadores lineales insesgados de β_j.

Además, si se supone que las observaciones $Y_1, \ldots, Y_n$ son independientes y que tienen distribuciones normales, como en el modelo lineal general, entonces $\hat{\theta}$ tendrá la menor varianza entre *todos* los estimadores de θ, incluyendo los estimadores insesgados que no son funciones lineales de $Y_1, \ldots, Y_n$.

Distribución conjunta de los estimadores

Se definen los elementos de la matriz $p \times p$ simétrica $(Z'Z)^{-1}$ como sigue:

$$(Z'Z)^{-1} = \begin{bmatrix} \zeta_{11} \cdots \zeta_{1p} \\ \vdots \quad\quad \vdots \\ \zeta_{p1} \cdots \zeta_{pp} \end{bmatrix}. \tag{23}$$

Se ha demostrado antes en esta sección que la distribución conjunta de los estimadores $\hat{\beta}_1, \ldots, \hat{\beta}_p$ tiene las siguientes propiedades: Para $j = 1, \ldots, n$, el estimador $\hat{\beta}_j$ tiene una distribución normal con media β_j y varianza $\zeta_{jj}\sigma^2$. Además, para $i \neq j$, resulta que $\text{Cov}(\hat{\beta}_i, \hat{\beta}_j) = \zeta_{ij}\sigma^2$.

Para $i = 1, \ldots, n$, se define $\hat{Y}_i$ como el E.M.V. de $E(Y_i)$. De la ecuación (1) se deduce que

$$\hat{Y}_i = z_{i1}\hat{\beta}_1 + \cdots + z_{ip}\hat{\beta}_p. \tag{24}$$

Además, se define la variable aleatoria S^2 como sigue:

$$S^2 = \sum_{i=1}^{n}(Y_i - \hat{Y}_i)^2. \tag{25}$$

Esta suma de cuadrados S^2 también se puede representar de la siguiente forma:

$$S^2 = (\boldsymbol{Y} - \boldsymbol{Z}\hat{\boldsymbol{\beta}})'(\boldsymbol{Y} - \boldsymbol{Z}\hat{\boldsymbol{\beta}}). \tag{26}$$

Se puede demostrar por métodos que están fuera del alcance de este libro que la variable aleatoria S^2/σ^2 tiene una distribución χ^2 con $n-p$ grados de libertad. Además, se puede demostrar que la variable aleatoria S^2 y el vector aleatorio $\hat{\boldsymbol{\beta}}$ son independientes.

De la ecuación (6), se puede observar que $\hat{\sigma}^2 = S^2/n$. Por tanto, la variable aleatoria $n\hat{\sigma}^2/\sigma^2$ tiene una distribución χ^2 con $n-p$ grados de libertad y los estimadores $\hat{\sigma}^2$ y $\hat{\boldsymbol{\beta}}$ son independientes. La descripción de la distribución conjunta de los estimadores $\hat{\beta}_1, \ldots, \hat{\beta}_p$ y $\hat{\sigma}^2$ ha sido así terminada.

Contraste de hipótesis

Supóngase que se desea contrastar la hipótesis de que uno de los coeficientes de regresión β_j tiene un valor particular β_j^*. En otras palabras, supóngase que se desea contrastar las siguientes hipótesis:

$$\begin{aligned} H_0 &: \quad \beta_j = \beta_j^*, \\ H_1 &: \quad \beta_j \neq \beta_j^*. \end{aligned} \tag{27}$$

Puesto que $\mathrm{Var}(\hat{\beta}_j) = \zeta_{jj}\sigma^2$, resulta que cuando H_0 es cierta, la siguiente variable aleatoria W_j tendrá una distribución normal tipificada:

$$W_j = \frac{\left(\hat{\beta}_j - \beta_j^*\right)}{\zeta_{jj}^{1/2}\sigma} \tag{28}$$

Además, puesto que la variable aleatoria S^2/σ^2 tiene una distribución χ^2 con $n-p$ grados de libertad y puesto que S^2 y $\hat{\beta}_j$ son independientes, resulta que cuando H_0 es cierta, la siguiente variable aleatoria U_j tendrá una distribución t con $n-p$ grados de libertad:

$$U_j = \frac{W_j}{\left[\dfrac{1}{n-p}\left(\dfrac{S^2}{\sigma^2}\right)\right]^{1/2}}$$

y, por tanto,

$$U_j = \left(\frac{n-p}{\zeta_{jj}}\right)^{1/2} \frac{\left(\hat{\beta}_j - \beta_j^*\right)}{\left[(\boldsymbol{Y} - \boldsymbol{Z}\hat{\boldsymbol{\beta}})'(\boldsymbol{Y} - \boldsymbol{Z}\hat{\boldsymbol{\beta}})\right]^{1/2}}. \tag{29}$$

El contraste de las hipótesis (27) especifica que la hipótesis nula H_0 se debería rechazar si $|U_j| > c$, donde c es una constante apropiada cuyo valor se puede elegir para obtener cualquier nivel de significión α_0 $(0 < \alpha_0 < 1)$. Por tanto, si u es el valor de U_j observado en un problema dado, el área de la cola correspondiente viene dada por

$$\Pr(U_j > |u|) + \Pr(U_j < -|u|). \tag{30}$$

En los ejercicios 16 a 20 de esta sección se exponen poblemas de contraste de hipótesis que especifican los valores de dos coeficientes β_i y β_j.

Regresión lineal múltiple

En un problema de regresión lineal múltiple, donde la regresión de Y sobre las k variables $X_1, \ldots, X_k$ está dada por la ecuación (4) de la sección 10.2, la media $E(Y_i)$, para $i =$ $= 1, \ldots, n$, está dada por la ecuación (3) de esta sección. A menudo interesa contrastar la hipótesis de que una de las variables $X_1, \ldots, X_k$ realmente no aparece en la función de regresión. En otras palabras, a menudo interesa contrastar las siguientes hipótesis para algunos valores particulares de $j (j = 2, \ldots, k+1)$:

$$\begin{aligned} H_0 &: \quad \beta_j = 0, \\ H_1 &: \quad \beta_j \neq 0. \end{aligned} \tag{31}$$

Debido a este interés en saber si $\beta_j = 0$, es práctica común en el análisis de un problema de regresión lineal múltiple presentar no sólo los E.M.V. $\hat{\beta}_1, \ldots, \hat{\beta}_{k+1}$, sino también los valores de los estadísticos $U_2, \ldots, U_{k+1}$ y las áreas de las colas correspondientes que se obtienen de la expresión (30).

Además, en un problema de regresión lineal múltiple, generalmente interesa determinar el nivel al que las variables $X_1, \ldots, X_k$ explican la variación observada en la variable aleatoria Y. La variación entre los n valores observados $y_1, \ldots, y_n$ de Y se puede medir por el valor de $\sum_{i=1}^{n}(y_i - \overline{y}_n)^2$, que es la suma de los cuadrados de las desviaciones de $y_1, \ldots, y_n$ respecto al promedio $\overline{y}_n$. Análogamente, después de que la regresión de Y sobre $X_1, \ldots, X_k$ se ha ajustado a partir de los datos, la variación entre los n valores observados de Y que aún están presentes se puede medir mediante la suma de cuadrados de las desviaciones de $y_1, \ldots, y_n$ respecto a la regresión ajustada. Esta suma de cuadrados será igual al valor de S^2 calculado a partir de los valores observados. Se puede escribir en la forma $(\boldsymbol{y} - \boldsymbol{Z}\hat{\boldsymbol{\beta}})'(\boldsymbol{y} - \boldsymbol{Z}\hat{\boldsymbol{\beta}})$.

Se deduce ahora que la proporción de la variación entre los valores observados $y_1, \ldots, y_n$ que permanece sin explicar por el ajuste de la regresión es

$$\frac{(\boldsymbol{y} - \boldsymbol{Z}\hat{\boldsymbol{\beta}})'(\boldsymbol{y} - \boldsymbol{Z}\hat{\boldsymbol{\beta}})}{\sum_{i=1}^{n}(y_i - \overline{y}_n)^2}. \tag{32}$$

La proporción de la variación entre los valores observados $y_1, \ldots, y_n$ que *se explica* por el ajuste de la regresión está dada por el siguiente valor R^2:

$$R^2 = 1 - \frac{(\boldsymbol{y} - \boldsymbol{Z}\hat{\boldsymbol{\beta}})'(\boldsymbol{y} - \boldsymbol{Z}\hat{\boldsymbol{\beta}})}{\sum_{i=1}^{n}(y_i - \overline{y}_n)^2}. \tag{33}$$

El valor de R^2 debe pertenecer al intervalo $0 \leq R^2 \leq 1$. Cuando $R^2 = 0$, los estimadores de mínimos cuadrados tienen los valores $\hat{\beta}_1 = \overline{y}_n$ y $\hat{\beta}_2 = \cdots = \hat{\beta}_{k+1} = 0$. En este caso, la función de regresión ajustada es precisamente la función constante $y = \overline{y}_n$. Cuando R^2 está cerca de 1, la variación de los valores observados de Y alrededor de la función de regresión ajustada es mucho menor que su variación alrededor de $\overline{y}_n$.

Selección de las ecuaciones de regresión

Una práctica común en muchas áreas de aplicación es la siguiente:

(1) Empezar con un número grande de variables $X_1, \ldots, X_k$.

(2) Calcular la regresión de Y sobre $X_1, \ldots, X_k$.

(3) Eliminar toda variable X_i para la cual el estimador de la regresión $\hat{\beta}_i$ es relativamente pequeño.

(4) Volver a calcular la regresión de Y únicamente sobre las variables restantes.

Según este procedimiento de dos etapas, el vector $\hat{\beta}$ de estimadores en la segunda etapa no puede considerarse que tenga el vector de medias y la matriz de covarianzas desarrolladas en esta sección. Si las hipótesis (31) se contrastan utilizando el contraste usual t de tamaño α, entonces la probabilidad de rechazar H_0, de hecho, será mayor que α, aun si Y y $X_1, \ldots, X_k$ son independientes.

Un comentario análogo se aplica a la práctica común de tratar varias formas distintas para la regresión múltiple. En general, un primer paso podría ser incluir X_i^2 y X_i^3, además de X_i, o reemplazar X_i por log X_i. El paso final es dar la ecuación de regresión que proporciona el "mejor ajuste" en algún sentido. Si se aplica el contraste usual t de las hipótesis (31) a un coeficiente de regresión en la ecuación que se selecciona al final, la probabilidad de rechazar H_0 de nuevo será mayor que el tamaño nominal α del contraste, aun cuando Y y $X_1, \ldots, X_k$ sean independientes. En resumen, si se seleccionan varias ecuaciones de regresión distintas que involucren Y y $X_1, \ldots, X_k$ y si se selecciona una ecuación que proporcione un buen ajuste, entonces esta ecuación generalmente sugerirá que existe una relación mucho más fuerte entre Y y $X_1, \ldots, X_k$ de la que realmente existe.

EJERCICIOS

1. Demuéstrese que el E.M.V. de σ^2 en el modelo lineal general está dado por la ecuación (6).

2. Considérese un problema de regresión donde, para cualquier valor dado x de cierta variable X, la variable aleatoria Y tiene una distribución normal con media βx y varianza σ^2, donde los valores de β y σ^2 son desconocidos. Supóngase que se obtienen los n pares de observaciones independientes (x_i, Y_i). Demuéstrese que el E.M.V. de β viene dado por

$$\hat{\beta} = \frac{\sum_{i=1}^{n} x_i Y_i}{\sum_{i=1}^{n} x_i^2}.$$

3. Bajo las condiciones del ejercicio 2, demuéstrese que $E(\hat{\beta}) = \beta$ así como que $\text{Var}(\hat{\beta}) = \sigma^2/(\sum_{i=1}^{n} x_i^2)$.

4. Supóngase que cuando una cantidad pequeña x de una preparación de insulina se inyecta en un conejo, el porcentaje decreciente Y de azúcar en la sangre tiene una distribución normal con media βx y varianza σ^2, donde los valores de β y σ^2 son desconocidos. Supóngase que cuando se hacen observaciones independientes de diez conejos distintos, los valores observados de x_i e Y_i para $i = 1, \ldots, 10$ son los de la tabla 10.7. Determínense los valores de los E.M.V. $\hat{\beta}$ y $\hat{\sigma}^2$ y el valor de $\text{Var}(\hat{\beta})$.

5. Bajo las condiciones del ejercicio 4 y con los datos de la tabla 10.7, realícese un contraste de las siguientes hipótesis:

$$H_0: \quad \beta = 10,$$
$$H_1: \quad \beta \neq 10.$$

Tabla 10.7

i	x_i	y_i	i	x_i	y_i
1	0.6	8	6	2.2	19
2	1.0	3	7	2.8	9
3	1.7	5	8	3.5	14
4	1.7	11	9	3.5	22
5	2.2	10	10	4.2	22

6. Considérese un problema de regresión en donde la respuesta de un paciente Y a una nueva droga B va a ser relacionada con su respuesta X a una droga estándar A. Supóngase que para cualquier valor dado x de X, la función de regresión es un polinomio de la forma $E(Y) = \beta_1 + \beta_2 x + \beta_3 x^2$. Supóngase, además, que diez pares de valores observados son los de la tabla 10.1. Partiendo de las hipótesis usuales de normalidad, independencia y homocedasticidad de las observaciones, determínense los valores de los E.M.V. $\hat{\beta}_1, \hat{\beta}_2, \hat{\beta}_3$ y $\hat{\sigma}^2$.

7. Bajo las condiciones del ejercicio 6 y los datos de la tabla 10.1, determínense los valores de Var($\hat{\beta}_1$), Var($\hat{\beta}_2$), Var($\hat{\beta}_3$), Cov($\hat{\beta}_1, \hat{\beta}_2$), Cov($\hat{\beta}_1, \hat{\beta}_3$) y Cov($\hat{\beta}_2, \hat{\beta}_3$).

8. Para las condiciones del ejercicio 6 y los datos de la tabla 10.1, realícese un contraste de las siguientes hipótesis:

$$H_0: \quad \beta_3 = 0,$$
$$H_1: \quad \beta_3 \neq 0.$$

9. Bajo las condiciones del ejercicio 6 y con los datos de la tabla 10.1, realícese un contraste de las siguientes hipótesis:

$$H_0: \quad \beta_2 = 4,$$
$$H_1: \quad \beta_2 \neq 4.$$

10. Bajo las condiciones del ejercicio 6 y con los datos de la tabla 10.1, determínese el valor de R^2, definido por la ecuación (33).

11. Considérese un problema de regresión lineal múltiple en donde la respuesta de un paciente Y a una nueva droga B va a ser relacionada con su respuesta X_1 a una droga estándar A y con su ritmo cardíaco X_2. Supóngase que para cualesquiera valores dados $X_1 = x_1$ y $X_2 = x_2$, la función de regresión tiene la forma $E(Y) = \beta_1 + \beta_2 x_1 + \beta_3 x_2$ y que los valores de diez conjuntos de observaciones (x_{i1}, x_{i2}, Y_i) son los de la tabla 10.2. Partiendo de las hipótesis usuales en regresión lineal múltiple, determínense los valores de los E.M.V. $\hat{\beta}_1, \hat{\beta}_2, \hat{\beta}_3$ y $\hat{\sigma}^2$.

12. Bajo las condiciones del ejercicio 11 y con los datos de la tabla 10.2, determínense los valores de $\text{Var}(\hat{\beta}_1)$, $\text{Var}(\hat{\beta}_2)$, $\text{Var}(\hat{\beta}_3)$, $\text{Cov}(\hat{\beta}_1, \hat{\beta}_2)$, $\text{Cov}(\hat{\beta}_1, \hat{\beta}_3)$ y $\text{Cov}(\hat{\beta}_2, \hat{\beta}_3)$.

13. Bajo las condiciones del ejercicio 11 y con los datos de la tabla 10.2, realícese un contraste de las siguientes hipótesis:

$$\begin{aligned} H_0 &: \quad \beta_2 = 0, \\ H_1 &: \quad \beta_2 \neq 0. \end{aligned}$$

14. Bajo las condiciones del ejercicio 11 y con los datos de la tabla 10.2, realícese un contraste de las siguientes hipótesis:

$$\begin{aligned} H_0 &: \quad \beta_3 = -1, \\ H_1 &: \quad \beta_3 \neq -1. \end{aligned}$$

15. Bajo las condiciones del ejercicio 11 y con los datos de la tabla 10.2, determínese el valor de R^2, definido por la ecuación (33).

16. Considérese el modelo lineal general en donde las observaciones $Y_1, \ldots, Y_n$ son independientes y tienen distribuciones normales con la misma varianza σ^2 y en donde $E(Y_i)$ está dada por la ecuación (1). Sea la matriz $(\mathbf{Z}'\mathbf{Z})^{-1}$ definida por la ecuación (23). Para valores cualesquiera de i y j tales que $i \neq j$, sea la variable aleatoria A_{ij} definida como sigue:

$$A_{ij} = \hat{\beta}_i - \frac{\zeta_{ij}}{\zeta_{jj}} \hat{\beta}_j.$$

Demuéstrese que $\text{Cov}(\hat{\beta}_j, A_{ij}) = 0$ y explíquese por qué $\hat{\beta}_j$ y A_{ij} son, por tanto, independientes.

17. Para las condiciones del ejercicio 16, demuéstrese que $\text{Var}(A_{ij}) = [\zeta_{ii} - \zeta_{ij}^2/\zeta_{jj})]\sigma^2$. Además, demuéstrese que la siguiente variable aleatoria W^2, definida como sigue, tiene una distribución χ^2 con dos grados de libertad:

$$W^2 = \frac{\zeta_{jj}(\hat{\beta}_i - \beta_i)^2 + \zeta_{ii}(\hat{\beta}_j - \beta_j)^2 - 2\zeta_{ij}(\hat{\beta}_i - \beta_i)(\hat{\beta}_j - \beta_j)}{(\zeta_{ii}\zeta_{jj} - \zeta_{ij}^2)\sigma^2}.$$

Sugerencia: Demuéstrese que

$$W^2 = \frac{(\hat{\beta}_j - \beta_j)^2}{\zeta_{jj}\sigma^2} + \frac{[A_{ij} - E(A_{ij})]^2}{\text{Var}(A_{ij})}.$$

18. Considérense de nuevo las condiciones de los ejercicios 16 y 17 y sea la variable aleatoria S^2 definida por la ecuación (26).

(a) Demuéstrese que la variable aleatoria $(n-p)\sigma^2 W^2/(2S^2)$ tiene una distribución F con 2 y $n-p$ grados de libertad.

(b) Para dos números dados β_i^* y β_j^*, descríbase como realizar un contraste de las siguientes hipótesis:

$$\begin{aligned} H_0 &: \quad \beta_i = \beta_i^* \text{ y } \beta_j = \beta_i^*, \\ H_1 &: \quad \text{La hipótesis } H_0 \text{ no es cierta.} \end{aligned}$$

19. Bajo las condiciones del ejercicio 6 y con los datos de la tabla 10.1, realícese un contraste de las siguientes hipótesis:

$$\begin{aligned} H_0 &: \quad \beta_2 = \beta_3 = 0, \\ H_1 &: \quad \text{La hipótesis } H_0 \text{ no es cierta.} \end{aligned}$$

20. Bajo las condiciones del ejercicio 11 y con los datos de la tabla 10.2, realícese un contraste de las siguientes hipótesis:

$$\begin{aligned} H_0 &: \quad \beta_2 = 1 \text{ y } \beta_3 = 0, \\ H_1 &: \quad \text{La hipótesis } H_0 \text{ no es cierta.} \end{aligned}$$

21. Considérese un problema de regresión lineal simple como el descrito en la sección 10.2 y sea R^2 definido por la ecuación (33) de esta sección. Demuéstrese que

$$R^2 = \frac{\left[\sum_{i=1}^n (x_i - \overline{x}_n)(y_i - \overline{y}_n)\right]^2}{\left[\sum_{i=1}^n (x_i - \overline{x}_n)^2\right]\left[\sum_{i=1}^n (y_i - \overline{y}_n)^2\right]}.$$

22. Supóngase que $\boldsymbol{X}$ e $\boldsymbol{Y}$ son vectores aleatorios n-dimensionales cuyos vectores de medias $E(\boldsymbol{X})$ y $E(\boldsymbol{Y})$ existen. Demuéstrese que $E(\boldsymbol{X}+\boldsymbol{Y}) = E(\boldsymbol{X}) + E(\boldsymbol{Y})$.

23. Supóngase que $\boldsymbol{X}$ e $\boldsymbol{Y}$ son vectores aleatorios n-dimensionales independientes cuyas matrices de covarianzas $\text{Cov}(\boldsymbol{X})$ y $\text{Cov}(\boldsymbol{Y})$ existen. Demuéstrese que $\text{Cov}(\boldsymbol{X}+\boldsymbol{Y}) = \text{Cov}(\boldsymbol{X}) + \text{Cov}(\boldsymbol{Y})$.

24. Supóngase que $\boldsymbol{Y}$ es un vector aleatorio tridimensional con componentes Y_1, Y_2 e Y_3 y supóngase que la matriz de covarianza de $\boldsymbol{Y}$ es la siguiente:

$$\text{Cov}\,\boldsymbol{Y} = \begin{bmatrix} 9 & -3 & 0 \\ -3 & 4 & 0 \\ 0 & 0 & 5 \end{bmatrix}$$

Determínese el valor de $\text{Var}(3Y_1 + Y_2 - 2Y_3 + 8)$.

10.6 ANALISIS DE LA VARIANZA

Un criterio de clasificación

En esta sección y en el resto del libro, se estudiará un tema conocido como *análisis de varianza*, cuya abreviatura inglesa es ANOVA (*analysis of variance*). Los problemas del análisis de la varianza son en realidad problemas de regresión múltiple donde la matriz de diseño $\boldsymbol{Z}$ tiene una forma muy especial. En otras palabras, el estudio del análisis de la varianza puede ubicarse dentro de la estructura del modelo lineal general y las suposiciones básicas para un modelo de este tipo son las mismas: Las observaciones que se obtienen son independientes y se distribuyen normalmente; todas estas observaciones tienen la misma varianza σ^2 y la media de cada una se puede expresar como una combinación lineal de ciertos parámetros desconocidos. La teoría y metodología del análisis de la varianza fue desarrollada principalmente por R. A. Fisher durante la década de 1920.

Se iniciará el estudio del análisis de la varianza considerando un problema conocido como modelo con un criterio de clasificación. En este problema se supone que se dispone de muestras aleatorias de p distribuciones con distribución normal, que todas estas distribuciones tienen la misma varianza σ^2 y que se van a comparar las medias de las p distribuciones a partir de los valores observados de la muestra. Este problema fue considerado para dos poblaciones $(p = 2)$ en la sección 8.9 y los resultados que se van a presentar aquí para un valor arbitrario de p generalizarán los presentados en la sección 8.9. Específicamente, se hará la siguiente suposición: Para $i = 1, \dots, p$, las variables aleatorias $Y_{i1}, \dots, Y_{in_i}$ constituyen una muestra aleatoria de n_i observaciones de una distribución normal con media β_i y varianza σ^2 y los valores de $\beta_1, \dots, \beta_p$ y σ^2 son desconocidos.

En este problema, los tamaños muestrales $n_1, \dots, n_p$ no son necesariamente iguales. Se define $n = \sum_{i=1}^{p} n_i$ como el número total de observaciones en las p muestras y se supone que las n observaciones son independientes.

De las hipótesis que se acaban de hacer se deduce que para $j = 1, \dots, n_i$ e $i = 1, \dots, p$, resulta que $E(Y_{ij}) = \beta_i$ y $\text{Var}(Y_{ij}) = \sigma^2$. Puesto que la esperanza $E(Y_{ij})$ de cada observación es igual a uno de los p parámetros $\beta_1, \dots, \beta_p$, es obvio que cada una de estas esperanzas se pueda considerar como una combinación lineal de $\beta_1, \dots, \beta_p$. Además, se puede considerar que las n observaciones Y_{ij} son los elementos de un vector n-dimensional $\boldsymbol{Y}$ que se puede escribir como sigue:

$$\boldsymbol{Y} = \begin{bmatrix} Y_{11} \\ \vdots \\ Y_{1n_1} \\ \vdots \\ Y_{p1} \\ \vdots \\ Y_{pn_p} \end{bmatrix} \tag{1}$$

Este modelo con un criterio de clasificación, por tanto, satisface las condiciones del modelo lineal general. La matriz $n \times p$ de diseño $\boldsymbol{Z}$, definida por la ecuación (7) de la sección 10.5 tendrá la siguiente forma:

$$\boldsymbol{Z} = \begin{bmatrix} 1 & 0 & \cdots & 0 \\ \vdots & \vdots & & \vdots \\ 1 & 0 & \cdots & 0 \\ \vdots & \vdots & & \vdots \\ 0 & 0 & \cdots & 1 \\ \vdots & \vdots & & \vdots \\ 0 & 0 & \cdots & 1 \end{bmatrix} \begin{matrix} \left.\begin{matrix} \\ \\ \\ \end{matrix}\right\} n_1 \text{ filas} \\ \\ \\ \left.\begin{matrix} \\ \\ \\ \end{matrix}\right\} n_p \text{ filas} \end{matrix} \tag{2}$$

Para $i = 1, \ldots, p$, se define $\overline{Y}_{i+}$ como la media de las n_i observaciones en la i-ésima muestra. Por tanto,

$$\overline{Y}_{i+} = \frac{1}{n_i} \sum_{j=1}^{n_i} Y_{ij}. \tag{3}$$

Se puede demostrar (véase Ejercicio 1) que $\overline{Y}_{i+}$ es el E.M.V., o estimador de mínimos cuadrados, de β_i para $i = 1, \ldots, p$. Además, el E.M.V. para σ^2 es

$$\hat{\sigma}^2 = \frac{1}{n} \sum_{i=1}^{p} \sum_{j=1}^{n_i} (Y_{ij} - \overline{Y}_{i+})^2. \tag{4}$$

Partición de una suma de cuadrados

En un modelo con un criterio de clasificación, generalmente interesa contrastar la hipótesis de que las p distribuciones de donde se seleccionaron las n muestras son realmente iguales, esto es, se desea contrastar las siguientes hipótesis:

$$\begin{aligned} H_0 &: \quad \beta_1 = \cdots = \beta_p, \\ H_1 &: \quad \text{La hipótesis } H_0 \text{ no es cierta.} \end{aligned} \tag{5}$$

Antes de desarrollar un procedimiento de contraste apropiado, se realizarán algunos cálculos algebraicos preparatorios en donde la suma de cuadrados $\sum_{i=1}^{p} \sum_{j=1}^{n_i} (Y_{ij} - \beta_i)^2$ se representará a su vez como la suma de varias sumas de cuadrados. Cada una de estas sumas se puede asociar con un cierto tipo de variación entre las n observaciones. El contraste de las hipótesis (5) que se desarrollará, estará basado en el análisis de los distintos tipos de variaciones, esto es, en una comparación de estas sumas de cuadrados.

Por esta razón, se ha aplicado el nombre de *análisis de varianza* a este problema y a otros relacionados.

Si se consideran únicamente las n_i observaciones de la muestra i, entonces la suma de cuadrados para estos valores se puede escribir como sigue:

$$\sum_{j=1}^{n_i} \frac{(Y_{ij} - \beta_i)^2}{\sigma^2} = \sum_{j=1}^{n_i} \frac{(Y_{ij} - \overline{Y}_{i+})^2}{\sigma^2} + \frac{n_i(\overline{Y}_{i+} - \beta_i)^2}{\sigma^2}. \tag{6}$$

La suma de la parte izquierda de la ecuación (6) es la suma de cuadrados de n_i variables aleatorias independientes, cada una con una distribución normal. Esta suma, por tanto, tiene una distribución χ^2 con n_i grados de libertad. Además, del teorema 1 de la sección 7.3 se deduce que la suma que constituye el primer término de la parte derecha de la ecuación (6) tiene una distribución χ^2 con $n_i - 1$ grados de libertad, que el otro término de la parte derecha de la ecuación (6) tiene una distribución χ^2 con un grado de libertad y que estos dos términos de la parte derecha son independientes.

Si se suma ahora cada uno de los términos de la ecuación (6) sobre los valores de i, se obtiene la relación

$$\sum_{i=1}^{p}\sum_{j=1}^{n_i} \frac{(Y_{ij} - \beta_i)^2}{\sigma^2} = \sum_{i=1}^{p}\sum_{j=1}^{n_i} \frac{(Y_{ij} - \overline{Y}_{i+})^2}{\sigma^2} + \sum_{i=1}^{p} \frac{n_i(\overline{Y}_{i+} - \beta_i)^2}{\sigma^2}. \tag{7}$$

Puesto que todas las observaciones de las p muestras son independientes, cada una de las tres sumas desde $i = 1$ hasta $i = p$ de la ecuación (7) es la suma de p variables aleatorias independientes que tienen distribuciones χ^2. Por tanto, cada suma de la ecuación (7) tendrá una distribución χ^2. En particular, la suma de la parte izquierda tendrá una distribución χ^2 con $\sum_{i=1}^{p} n_i = n$ grados de libertad. Además, la primera suma de la parte derecha de la ecuación 7 tendrá una distribución χ^2 con $\sum_{i=1}^{p}(n_i - 1) = n - p$ grados de libertad y la segunda suma de la parte derecha tendrá una distribución χ^2 con p grados de libertad. Además, las dos sumas de la parte derecha siguen siendo independientes.

Si se definen Q_1, Q_2 y Q_3 como las tres sumas que aparecen en la ecuación (7), entonces $Q_1 = Q_2 + Q_3$. La variable Q_1 es la suma sobre n observaciones de las desviaciones al cuadrado de cada observación Y_{ij} respecto a su media β_i. Por tanto, Q_1 se puede considerar como la variación total de las observaciones alrededor de sus medias. Análogamente, Q_2 se puede considerar como la variación total de las observaciones alrededor de las medias muestrales, o la variación total de los residuos dentro de las muestras. Además Q_3 se puede considerar como la variación total de las medias muestrales alrededor de las medias reales. Por tanto, la variación total Q_1 ha sido descompuesta en dos componentes, Q_2 y Q_3, que representan distintos tipos de variaciones. Ahora se seguirá descomponiendo Q_3.

Se denotará por $\overline{Y}_{++}$ al promedio de las n observaciones. Entonces,

$$\overline{Y}_{++} = \frac{1}{n}\sum_{i=1}^{p}\sum_{j=1}^{n_i} Y_{ij} = \frac{1}{n}\sum_{i=1}^{p} n_i \overline{Y}_{i+}. \tag{8}$$

Además, se define β como sigue:

$$\beta = E(\overline{Y}_{++}) = \frac{1}{n}\sum_{i=1}^{p}\sum_{j=1}^{n_i} E(Y_{ij}) = \frac{1}{n}\sum_{i=1}^{p} n_i\beta_i. \tag{9}$$

Finalmente, se define

$$\alpha_i = \beta_i - \beta \qquad \text{para } i = 1, \ldots, p. \tag{10}$$

El parámetro α_i se denomina *efecto* de la i-ésima distribución. De las ecuaciones (9) y (10) se deduce que $\sum_{i=1}^{p} n_i\alpha_i = 0$. Además, las hipótesis (5) se pueden escribir ahora como sigue:

$$\begin{aligned} H_0 &: \quad \alpha_i = 0 \qquad \text{para } i = 1, \ldots, p, \\ H_1 &: \quad \text{La hipótesis } H_0 \text{ no es cierta.} \end{aligned} \tag{11}$$

Para $i = 1, \ldots, p$, el estimador de mínimos cuadrados del efecto α_i será $\hat{\alpha}_i = \overline{Y}_{i+} - \overline{Y}_{++}$.

Si se reemplaza $\overline{Y}_{i+} - \beta_i$ por $(\overline{Y}_{i+} - \overline{Y}_{++} - \alpha_i) + (\overline{Y}_{++} - \beta)$ en la expresión de la suma de cuadrados Q_3, entonces Q_3 se puede escribir como sigue (véase Ejercicio 2):

$$\sum_{i=1}^{p} \frac{n_i(\overline{Y}_{i+} - \beta_i)^2}{\sigma^2} = \sum_{i=1}^{p} \frac{n_i(\overline{Y}_{i+} - \overline{Y}_{++} - \alpha_i)^2}{\sigma^2} + \frac{n(\overline{Y}_{++} - \beta)^2}{\sigma^2}. \tag{12}$$

Si se denotan los dos términos de la parte derecha de la ecuación (12) por Q_4 y Q_5, entonces $Q_3 = Q_4 + Q_5$. Se puede demostrar que las variables aleatorias Q_4 y Q_5 son independientes, que Q_4 tiene una distribución χ^2 con $p - 1$ grados de libertad y que Q_5 tiene una distribución χ^2 con un grado de libertad. Por tanto, se ha expresado la suma de cuadrados Q_3, que tiene una distribución χ^2 con p grados de libertad, como la suma de dos variables aleatorias independientes, cada una con distribución χ^2. Puesto que la suma de cuadrados Q_4 es igual $\sum_{i=1}^{p} n_i(\hat{\alpha}_i - \alpha_i)^2/\sigma^2$, esta suma se puede interpretar como la variación total entre los estimadores de los efectos. Más aún, Q_5 se puede considerar como la variación de la media muestral global $\overline{Y}_{++}$ respecto a la verdadera media global β.

Combinando las ecuaciones (7) y (12), se obtiene una relación que tiene la forma $Q_1 = Q_2 + Q_4 + Q_5$. Aquí, la variación total Q_1 de las observaciones alrededor de sus medias, que tiene una distribución χ^2 con n grados de libertad, ha sido expresada como la suma de tres variables aleatorias independientes, cada una con una distribución χ^2. Esta partición generalmente se presenta en una tabla que se denomina tabla de análisis de la varianza para un criterio de clasificación y se presenta aquí en la tabla 10.8.

Esta tabla difiere de las tablas de análisis de la varianza que se presentan en la mayoría de los libros de texto, porque los parámetros β y $\alpha_1, \ldots, \alpha_p$ aparecen en las sumas de cuadrados de la tabla. En la mayoría de las tablas de análisis de la varianza, los valores de todos los parámetros se toman como 0 en las sumas de cuadrados. Debido a esta diferencia, la tabla 10.8 es más general que la mayoría de las tablas de análisis de la varianza y es más flexible para contrastar hipótesis sobre los parámetros.

Tabla 10.8

Fuente de variación	Grados de libertad	Suma de cuadrados
Media global	1	$n(\overline{Y}_{++} - \beta)^2$
Efectos	$p-1$	$\sum_{i=1}^{p} n_i(\overline{Y}_{i+} - \overline{Y}_{++} - \alpha_i)^2$
Residuos	$n-p$	$\sum_{i=1}^{p}\sum_{j=1}^{n_i}(Y_{ij} - \overline{Y}_{i+})^2$
Total	n	$\sum_{i=1}^{p}\sum_{j=1}^{n_i}(Y_{ij} - \beta_i)^2$

Contraste de hipótesis

Ahora se describirá un contraste de las hipótesis (5) o, equivalentemente, de las hipótesis (11). Si la hipótesis nula H_0 es cierta y $\alpha_i = 0$ para $i = 1, \dots, p$, entonces de los resultados dados aquí se deduce que Q_4 tiene la forma

$$Q_4^0 = \sum_{i=1}^{p} n_i \frac{(\overline{Y}_{i+} - \overline{Y}_{++})^2}{\sigma^2},$$

y que Q_4^0 tiene una distribución χ^2 con $p-1$ grados de libertad. Más aún, independientemente de si H_0 es cierta, Q_2 tiene una distribución χ^2 con $n-p$ grados de libertad y Q_4^0 y Q_2 son independientes. Por tanto, resulta que cuando H_0 es cierta, la siguiente variable aleatoria U^2 tendrá una distribución F con $p-1$ y $n-p$ grados de libertad:

$$U^2 = \frac{Q_4^0/(p-1)}{Q_2/(n-p)} \tag{13}$$

y, por tanto,

$$U^2 = \frac{(n-p)\sum_{i=1}^{p} n_i(\overline{Y}_{i+} - \overline{Y}_{++})^2}{(p-1)\sum_{i=1}^{p}\sum_{j=1}^{n_i}(Y_{ij} - \overline{Y}_{i+})^2}. \tag{14}$$

Cuando la hipótesis H_0 es cierta y el valor de $\alpha_i = E(\overline{Y}_{i+} - \overline{Y}_{++})$ es distinto de 0 para al menos un valor de i, entonces la esperanza del numerador de U^2 será mayor de lo que sería si H_0 fuese cierta. La distribución del denominador de U^2 permanece igual, independientemente de si H_0 es cierta o no. Se puede demostrar que el procedimiento de contraste del cociente de verosimilitud para las hipótesis (11) especifica el rechazo de

H_0 si $U^2 > c$, donde c es una constante apropiada cuyo valor se puede determinar para cualquier nivel de significación a partir de la tabla F con $p-1$ y $n-p$ grados de libertad.

En algunos problemas, una expresión útil del estadístico U^2 a efectos de cálculo es la siguiente (véanse Ejercicios 3 y 4):

$$U^2 = \frac{(n-p)\left(\sum_{i=1}^{p} n_i \overline{Y}_{i+}^2 - n\overline{Y}_{++}^2\right)}{(p-1)\left(\sum_{i=1}^{p}\sum_{j=1}^{n_i} Y_{ij}^2 - \sum_{i=1}^{p} n_i \overline{Y}_{i+}^2\right)}. \tag{15}$$

EJERCICIOS

1. En un modelo con un criterio de clasificación, demuéstrese que $\overline{Y}_{i+}$ es el estimador de mínimos cuadrados de β_i demostrando que la i-ésima componente del vector $(\boldsymbol{Z}'\boldsymbol{Z})^{-1}\boldsymbol{Z}'\boldsymbol{Y}$ es $\overline{Y}_{i+}$ para $i = 1, \ldots, p$.
2. Verifíquese la ecuación (12).
3. Demuéstrese que

$$\sum_{i=1}^{p} n_i(\overline{Y}_{i+} - \overline{Y}_{++})^2 = \sum_{i=1}^{p} n_i \overline{Y}_{i+}^2 - n\overline{Y}_{++}^2.$$

4. Demuéstrese que

$$\sum_{i=1}^{p}\sum_{j=1}^{n_i}(Y_{ij} - \overline{Y}_{i+})^2 = \sum_{i=1}^{p}\sum_{j=1}^{n_i} Y_{ij}^2 - \sum_{i=1}^{p} n_i \overline{Y}_{i+}^2.$$

5. Se analizaron muestras de leche tomadas en lecherías de tres distritos distintos y se midió en cada muestra la concentración del isótopo radiactivo estroncio 90. Supóngase que las muestras se obtuvieron de cuatro lecherías en el primer distrito, de seis lecherías en el segundo distrito y de tres en el tercero, y que los resultados medidos en picocuries por litro fueron los siguientes:

Distrito 1 : $6.4, 5.8, 6.5, 7.7,$

Distrito 2 : $7.1, 9.9, 11.2, 10.5, 6.5, 8.8,$

Distrito 3 : $9.5, 9.0, 12.1.$

(a) Supóngase que la varianza de la concentración de estroncio 90 es la misma para las lecherías en los tres distritos, determínense el E.M.V. de la concentración media en cada distrito y el E.M.V. de la varianza común.

(b) Contrástese la hipótesis de que los tres distritos tienen la misma concentración de estroncio 90.

6. Se seleccionó una muestra aleatoria de 10 estudiantes de último grado en cada una de cuatro grandes institutos y se observó la calificación de cada uno de estos 40 estudiantes en un cierto examen de matemáticas. Supóngase que para los 10 estudiantes de cada escuela, la media muestral y la varianza muestral de las calificaciones fueron las de la tabla 10.9. Contrástese la hipótesis de que los estudiantes de último grado de las cuatro grandes escuelas realizaron igualmente bien este examen. Expóngase detalladamente las suposiciones necesarias para realizar este contraste.

Tabla 10.9

Instituto	Media muestral	Varianza muestral
1	105.7	30.3
2	102.0	54.4
3	93.5	25.0
4	110.8	36.4

7. Supóngase que se selecciona una muestra aleatoria de tamaño muestral n de una distribución normal con media μ y varianza σ^2 y que la muestra se divide en p grupos de observaciones de tamaños $n_1, \ldots, n_p$, donde $n_i \geq 2$ para $i = 1, \ldots, p$ y $\sum_{i=1}^{p} n_i = n$. Para $i = 1, \ldots, p$, sea Q_i la suma de cuadrados de las desviaciones de las n_i observaciones del i-ésimo grupo respecto a la media muestral de estas n_i observaciones. Determínense la distribución de la suma $Q_1 + \cdots + Q_p$ y la distribución del cociente Q_1/Q_p.

8. Verifíquese que el contraste t presentado en la sección 8.9 para comparar las medias de dos distribuciones normales es el mismo que el contraste presentado en esta sección para un modelo con un criterio de clasificación con $p = 2$, demostrando que si U está definido por la ecuación (5) de la sección 8.9, entonces U^2 es igual a la expresión dada por la ecuación (14) de esta sección.

9. Demuéstrese que en un modelo con un criterio de clasificación el siguiente estadístico es un estimador insesgado de σ^2:

$$\frac{1}{n-p}\sum_{i=1}^{p}\sum_{j=1}^{n_i}(Y_{ij} - \overline{Y}_{i+})^2.$$

10. En un modelo con un criterio de clasificación, demuéstrese que para valores de i, i' y j, donde $j = 1, \ldots, n_i$, $i = 1, \ldots, p$ y donde $i' = 1, \ldots, p$, las tres variables aleatorias W_1, W_2 y W_3, definidas a continuación no están correlacionadas unas con otras.

$$W_1 = Y_{ij} - \overline{Y}_{i+}, \qquad W_2 = \overline{Y}_{i'+} - \overline{Y}_{++}, \qquad W_3 = \overline{Y}_{++}.$$

10.7 DOS CRITERIOS DE CLASIFICACIÓN

Dos criterios de clasificación con una observación en cada celda

Considérense ahora problemas del análisis de la varianza en donde el valor de la variable aleatoria que va a ser observada está afectada por dos factores. Por ejemplo, supóngase que en un experimento para medir la concentración de un cierto isótopo radiactivo en la leche, se obtienen muestras de cuatro lecherías distintas y la concentración del isótopo se mide en cada muestra por tres métodos distintos. Si se define Y_{ij} como la medición que se hizo para la muestra de la i-ésima lechería utilizando el j-ésimo método, para $i = 1, 2, 3, 4$ y $j = 1, 2, 3$, entonces en este ejemplo habrá un total de 12 mediciones. Un problema de este tipo se denomina modelo con dos criterios de clasificación.

En un modelo general con dos criterios de clasificación, existen dos factores, que se denominan A y B. Supóngase que hay I valores distintos posibles, o *niveles* distintos, del factor A y hay J valores distintos posibles, o *niveles* distintos, del factor B. Para $i = 1, \dots, I$ y $j = 1, \dots, J$, se obtiene una observación Y_{ij} de la variable que va a ser estudiada cuando el factor A tiene el valor i y el factor B tiene el valor j. Si las IJ observaciones forman una matriz como en la tabla 10.10, entonces Y_{ij} es la observación en la celda (i, j) de la matriz.

Tabla 10.10

		Factor B			
		1	2	$\cdots$	J
Factor A	1	Y_{11}	Y_{12}	$\cdots$	Y_{1J}
	2	Y_{21}	Y_{22}	$\cdots$	Y_{2J}
	$\vdots$	$\vdots$	$\vdots$		$\vdots$
	I	Y_{I1}	Y_{I2}	$\cdots$	Y_{IJ}

Se continuará con las tres suposiciones usuales de independencia, normalidad y homocedasticidad de las observaciones para un modelo con dos criterios de clasificación. Esto es, supóngase que todas las observaciones Y_{ij} son independientes, que cada observación tiene una distribución normal y que todas las observaciones tienen la misma varianza σ^2. Además, se hará la siguiente suposición especial sobre la media $E(Y_{ij})$: Supóngase que no sólo $E(Y_{ij})$ depende de los valores i y j de los dos factores, sino también que existen números $\theta_1, \dots, \theta_I$ y $\psi_1, \dots, \psi_J$ tales que

$$E(Y_{ij}) = \theta_i + \psi_j \quad \text{para } i = 1, \dots, I \quad \text{y } j = 1, \dots, J. \tag{1}$$

De esta forma, la ecuación (1) afirma que el valor de $E(Y_{ij})$ es la suma de los dos siguientes efectos: un efecto θ_i debido al factor A que tiene el valor i y un efecto ψ_j

debido al factor B que tiene el valor j. Por esta razón, la hipótesis de que $E(Y_{ij})$ tiene la forma descrita en la ecuación (1) se denomina hipótesis de *aditividad* de los efectos de los factores.

El significado de la hipótesis de aditividad se puede aclarar con el siguiente ejemplo. Considérense las ventas de I revistas distintas en J tiendas distintas. Supóngase que una tienda particular vende en promedio 30 copias más por semana de la revista 1 que de la revista 2. Entonces, por la hipótesis de aditividad, debe ser cierto además que cada una de las $J-1$ tiendas restantes vende en promedio 30 copias más por semana de la revista 1 que de la revista 2. Análogamente, supóngase que las ventas de una revista particular son en promedio 50 copias más por semana en la tienda 1 que en la tienda 2. Entonces por la suposición de aditividad, siempre debe ser cierto además que las ventas de cada una de las $I-1$ revistas restantes son en promedio 50 copias más por semana en la tienda 1 que en la tienda 2. La suposición de aditividad es una suposición muy estricta porque no permite la posibilidad de que una revista particular pueda venderse bien en una tienda particular.

Aun cuando se supone en el modelo con dos criterios de clasificación general que los efectos de los factores A y B son aditivos, los números θ_1 y ψ_j que satisfacen la ecuación (1) no están definidos de forma única. Se puede agregar una constante arbitraria c a cada uno de los números $\theta_1, \ldots, \theta_I$ y restar la misma constante c a cada uno de los números $\psi_1, \ldots, \psi_J$ sin cambiar el valor de $E(Y_{ij})$ para cualesquiera de las IJ observaciones. Por tanto, no tiene sentido tratar de estimar el valor de θ_i ni el de ψ_j de las observaciones dadas, puesto que ni θ_i ni ψ_j están definidas de forma única. Para evitar esta dificultad, se expresará $E(Y_{ij})$ en términos de parámetros distintos. La siguiente hipótesis es equivalente a la hipótesis de aditividad.

Supóngase que existen números $\mu, \alpha_1, \ldots, \alpha_I$ y $\beta_1, \ldots, \beta_J$ tales que

$$\sum_{i=1}^{I} \alpha_i = 0 \quad \text{y} \quad \sum_{j=1}^{J} \beta_j = 0, \tag{2}$$

$$E(Y_{ij}) = \mu + \alpha_i + \beta_j \qquad \text{para } i = 1, \ldots, I \text{ y } j = 1, \ldots, J. \tag{3}$$

Expresar $E(Y_{ij})$ de esta forma tiene una ventaja. Si los valores de $E(Y_{ij})$ para $i =$ $= 1, \ldots, I$ y $j = 1, \ldots, J$ son un conjunto de números que satisfacen la ecuación (1) para *algún* conjunto de valores de $\theta_1, \ldots, \theta_I$ y $\psi_1, \ldots, \psi_J$, entonces existe un conjunto *único* de valores de $\mu, \alpha_1, \ldots, \alpha_I$ y $\beta_1, \ldots, \beta_J$ que satisface las ecuaciones (2) y (3) (véase Ejercicio 2).

El parámetro μ se denomina *media global*, o *gran media*, puesto que de las ecuaciones (2) y (3) se deduce que

$$\mu = \frac{1}{IJ} \sum_{i=1}^{I} \sum_{j=1}^{J} E(Y_{ij}). \tag{4}$$

Los parámetros $\alpha_1, \ldots, \alpha_I$ se denominan *efectos del factor* A y los parámetros $\beta_1, \ldots,$ β_J se denominan *efectos del factor* B.

De la ecuación (2) se deduce que $\alpha_I = -\sum_{i=1}^{I-1} \alpha_i$ y $\beta_J = -\sum_{j=1}^{J-1} \beta_j$. Entonces, cada esperanza $E(Y_{ij})$ de la ecuación (3) se puede expresar como una combinación lineal específica de los $I + J$ parámetros $\mu, \alpha_1, \ldots, \alpha_{I-1}$ y $\beta_1, \ldots, \beta_{J-1}$. Por tanto, si se consideran los IJ elementos como un vector de dimensión IJ, entonces el modelo con dos criterios de clasificación satisface las condiciones del modelo lineal general. En un problema práctico, sin embargo, no es conveniente reemplazar α_I y β_J por sus expresiones en función de las restantes α_i y β_j, porque esta sustitución acabaría con la simetría que se presenta en el experimento entre los distintos niveles de cada factor.

Estimación de los parámetros

Se definen

$$\begin{aligned}
\overline{Y}_{i+} &= \frac{1}{J}\sum_{j=1}^{J} Y_{ij} \qquad \text{para } i = 1, \ldots, I, \\
\overline{Y}_{+j} &= \frac{1}{I}\sum_{i=1}^{I} Y_{ij} \qquad \text{para } j = 1, \ldots, J, \\
\overline{Y}_{++} &= \frac{1}{IJ}\sum_{i=1}^{I}\sum_{j=1}^{J} Y_{ij} = \frac{1}{I}\sum_{i=1}^{I}\overline{Y}_{i+} = \frac{1}{J}\sum_{j=1}^{J}\overline{Y}_{+j}.
\end{aligned} \tag{5}$$

Se puede demostrar que los E.M.V. o estimadores de mínimos cuadrados de $\mu, \alpha_1, \ldots, \alpha_I$ y $\beta_1, \ldots, \beta_J$ son los siguientes:

$$\begin{aligned}
\hat{\mu} &= \overline{Y}_{++}, \\
\hat{\alpha}_i &= \overline{Y}_{i+} - \overline{Y}_{++} \qquad \text{para } i = 1, \ldots, I, \\
\hat{\beta}_j &= \overline{Y}_{+j} - \overline{Y}_{++} \qquad \text{para } j = 1, \ldots, J.
\end{aligned} \tag{6}$$

Es fácil verificar (véase Ejercicio 5) que $\sum_{i=1}^{I} \hat{\alpha}_i = \sum_{j=1}^{J} \hat{\beta}_j = 0$; que $E(\hat{\mu}) = \mu$, que $E(\hat{\alpha}_i) = \alpha_i$ para $i = 1, \ldots, I$ y que $E(\hat{\beta}_j) = \beta_j$ para $j = 1, \ldots, J$.

Finalmente, el E.M.V. de σ^2 será

$$\hat{\sigma}^2 = \frac{1}{IJ}\sum_{i=1}^{I}\sum_{j=1}^{J}(Y_{ij} - \hat{\mu} - \hat{\alpha}_i - \hat{\beta}_j)^2$$

o, equivalentemente,

$$\hat{\sigma}^2 = \frac{1}{IJ}\sum_{i=1}^{I}\sum_{j=1}^{J}(Y_{ij} - \overline{Y}_{i+} - \overline{Y}_{+j} + \overline{Y}_{++})^2. \tag{7}$$

Partición de la suma de cuadrados

Considérese ahora la siguiente suma Q_1:

$$Q_1 = \sum_{i=1}^{I} \sum_{j=1}^{J} \frac{(Y_{ij} - \mu - \alpha_i - \beta_j)^2}{\sigma^2}. \tag{8}$$

Puesto que Q_1 es la suma de cuadrados de IJ variables aleatorias independientes, cada una de las cuales tiene una distribución normal tipificada, entonces Q_1 tiene una distribución χ^2 con IJ grados de libertad. La suma de cuadrados Q_1 puede expresarse a su vez como la suma de varias sumas de cuadrados. Cada una de estas sumas de cuadrados se asociará a cierto tipo de variación entre las observaciones Y_{ij}. Cada una tendrá una distribución χ^2 y serán mutuamente independientes. Por tanto, al igual que en un modelo con un criterio de clasificación, se pueden construir contrastes de varias hipótesis basadas en el análisis de varianza, esto es, en un análisis de estos tipos distintos de variaciones.

Se empezará por reescribir Q_1 como sigue:

$$Q_1 = \frac{1}{\sigma^2} \sum_{i=1}^{I} \sum_{j=1}^{J} \left[(Y_{ij} - \hat{\mu} - \hat{\alpha}_i - \beta_j) + (\hat{\mu} - \mu) + (\hat{\alpha}_i - \alpha_i) + (\hat{\beta}_j - \beta_j)\right]^2 \tag{9}$$

Desarrollando la suma de la parte derecha de la ecuación (9), se obtiene la relación (véase Ejercicio 7)

$$\begin{aligned} Q_1 = &\sum_{i=1}^{I} \sum_{j=1}^{J} \frac{(Y_{ij} - \hat{\mu} - \hat{\alpha}_i - \hat{\beta}_j)^2}{\sigma^2} + \frac{IJ(\hat{\mu} - \mu)^2}{\sigma^2} + J \sum_{i=1}^{I} \frac{(\hat{\alpha}_i - \alpha_i)^2}{\sigma^2} \\ &+ I \sum_{j=1}^{J} \frac{(\hat{\beta}_j - \beta_j)^2}{\sigma^2}. \end{aligned} \tag{10}$$

Si se denotan los cuatro términos de la parte derecha de la ecuación (10) por Q_2, Q_3, Q_4 y Q_5, entonces $Q_1 = Q_2 + Q_3 + Q_4 + Q_5$. Cuando se utilizan las expresiones para $\hat{\mu}$, $\hat{\alpha}_i$ y $\hat{\beta}_j$ dadas en las relaciones (6), se obtienen las siguientes formas:

$$\begin{aligned} Q_2 = &\sum_{i=1}^{I} \sum_{j=1}^{J} \frac{(Y_{ij} - \overline{Y}_{i+} - \overline{Y}_{+j} + \overline{Y}_{++})^2}{\sigma^2}, \\ Q_3 = &\frac{IJ(\overline{Y}_{++} - \mu)^2}{\sigma^2}, \\ Q_4 = &J \sum_{i=1}^{I} \frac{(\overline{Y}_{i+} - \overline{Y}_{++} - \alpha_i)^2}{\sigma^2}, \\ Q_5 = &I \sum_{j=1}^{J} \frac{(\overline{Y}_{+j} - \overline{Y}_{++} - \beta_j)^2}{\sigma^2}. \end{aligned} \tag{11}$$

Se puede demostrar que las variables aleatorias Q_2, Q_3, Q_4 y Q_5 son independientes (véase en Ejercicio 8 un resultado relacionado). Además, se puede demostrar que Q_2 tiene una distribución χ^2 con $IJ - (I + J - 1) = (I - 1)(J - 1)$ grados de libertad, que Q_3 tiene una distribución χ^2 con un grado de libertad, que Q_4 tiene una distribución χ^2 con $I - 1$ grados de libertad y que Q_5 tiene una distribución χ^2 con $J - 1$ grados de libertad. Por tanto, se ha expresado la suma de cuadrados Q_1, que tiene una distribución χ^2 con IJ grados de libertad, como la suma de cuatro variables aleatorias independientes, cada una de las cuales tiene una distribución χ^2 y cada una de las cuales se puede asociar con un tipo de variación particular, como se puede ver en las ecuaciones (9) o (10). Estas propiedades se resumen en la tabla 10.11, que es la tabla de análisis de la varianza para el modelo con dos criterios de clasificación. Como se expuso en la sección 10.6, esta tabla es distinta y más flexible que las tablas de análisis de la varianza presentadas en la mayoría de los libros de texto, debido a que los parámetros están incluídos en las sumas de cuadrados de esta tabla.

Tabla 10.11

Fuente de variación	Grados de libertad	Suma de cuadrados
Media global	1	$IJ(\overline{Y}_{++} - \mu)^2$
Efectos del factor A	$I - 1$	$J\sum_{i=1}^{I}(\overline{Y}_{i+} - \overline{Y}_{++} - \alpha_i)^2$
Efectos del factor B	$J - 1$	$I\sum_{i=1}^{J}(\overline{Y}_{+j} - \overline{Y}_{++} - \beta_j)^2$
Residuos	$(I - 1)(J - 1)$	$\sum_{i=1}^{I}\sum_{j=1}^{J}(Y_{ij} - \overline{Y}_{i+} - \overline{Y}_{+j} + \overline{Y}_{++})^2$
Total	IJ	$\sum_{i=1}^{I}\sum_{j=1}^{J}(Y_{ij} - \mu - \alpha_i - \beta_j)^2$

Contraste de hipótesis

En un problema que implica dos criterios de clasificación, suele interesar contrastar la hipótesis de que uno de los factores no tiene efecto en la distribución de las observaciones. En otras palabras, generalmente interesa contrastar la hipótesis de que cada uno de los efectos $\alpha_1, \ldots, \alpha_I$ del factor A es igual a 0, o contrastar la hipótesis de que cada uno de los efectos $\beta_1, \ldots, \beta_J$ del factor B es igual a 0. Por ejemplo, considérese de nuevo el problema descrito al inicio de esta sección, en donde se recogieron muestras de leche de cuatro lecherías distintas y se midió la concentración de un isótopo radiactivo en cada muestra por tres métodos distintos. Si se considera la lechería como el factor A y el método como el factor B, entonces la hipótesis de que $\alpha_i = 0$ para $i = 1, \ldots, I$ significa que para cualquier método de medición, la concentración del isótopo tiene la misma distribución para las cuatro lecherías. En otras palabras, no existen diferencias entre las lecherías. Análogamente, la hipótesis de que $\beta_j = 0$ para $j = 1, \dots, J$, significa que para cada lechería, los tres métodos de medición proporcionan la misma distribución de la concentración del isótopo. Sin embargo, estas hipótesis no afirman que independientemente de cual de los tres métodos distintos se aplique a una muestra particular de leche, se podría obtener el mismo valor. Debido a esta variabilidad inherente de las mediciones, las hipótesis afirman únicamente que los valores proporcionados por los tres métodos tienen la misma distribución normal.

Considérense ahora las siguientes hipótesis:

$$\begin{aligned} H_0 &: \quad \alpha_i = 0 \qquad \text{para } i = 1, \dots, I, \\ H_1 &: \quad \text{La hipótesis } H_0 \text{ no es cierta.} \end{aligned} \tag{12}$$

Por la ecuación (11) se puede observar que cuando la hipótesis nula H_0 es cierta, la variable aleatoria Q_4 tiene la forma $Q_4^0 = J\sum_{i=1}^{I}(\overline{Y}_{i+} - \overline{Y}_{++})^2/\sigma^2$ y Q_4^0 tiene una distribución χ^2 con $I-1$ grados de libertad. De la exposición anterior a la tabla 10.11, se deduce que cuando H_0 es cierta, la siguiente variable aleatoria U_A^2 tendrá una distribución F con $I-1$ y $(I-1)(J-1)$ grados de libertad:

$$U_A^2 = \frac{Q_4^0/(I-1)}{Q_2/[(I-1)(J-1)]} = \frac{(J-1)Q_4^0}{Q_2} \tag{13}$$

y, por lo tanto

$$U_A^2 = \frac{J(J-1)\sum_{i=1}^{I}(\overline{Y}_{i+} - \overline{Y}_{++})^2}{\sum_{i=1}^{I}\sum_{j=1}^{J}(Y_{ij} - \overline{Y}_{i+} - \overline{Y}_{+j} + \overline{Y}_{++})^2}. \tag{14}$$

Cuando la hipótesis nula H_0 no es cierta, el valor de $\alpha_i = E(\overline{Y}_{i+} - \overline{Y}_{++})$ no es cero para, al menos, un valor de i. Entonces, la esperanza del numerador de U_A^2 será mayor de lo que sería cuando H_0 es cierta. La distribución del denominador de U_A^2 permanece igual, independientemente de si H_0 es cierta o no. Se puede demostrar que el procedimiento de contraste del cociente de verosimilitud para las hipótesis (12) especifica el rechazo de H_0 si $U_A^2 > c$, donde c es una constante apropiada cuyo valor se puede determinar para cualquier nivel de significación a partir de una tabla de la distribución F con $I-1$ y $(I-1)(J-1)$ grados de libertad.

En algunos problemas, una forma del estadístico U_A^2 que es útil para propósitos de cálculo es la siguiente (véanse Ejercicios 9 y 10):

$$U_A^2 = \frac{J(J-1)\left(\sum_{i=1}^{I}\overline{Y}_{i+}^2 - I\overline{Y}_{++}^2\right)}{\sum_{i=1}^{I}\sum_{j=1}^{J}Y_{ij}^2 - J\sum_{i=1}^{I}\overline{Y}_{i+}^2 - I\sum_{j=1}^{J}\overline{Y}_{+j}^2 + IJ\overline{Y}_{++}^2}. \tag{15}$$

Análogamente, supóngase ahora que se van a contrastar las siguientes hipótesis:

$$\begin{aligned} H_0 &: \quad \beta_j = 0 \qquad \text{para } j = 1, \dots, J, \\ H_1 &: \quad \text{La hipótesis } H_0 \text{ no es cierta.} \end{aligned} \tag{16}$$

Cuando la hipótesis nula H_0 es cierta, el siguiente estadítico U_B^2 tendrá una distribución F con $J-1$ y $(I-1)(J-1)$ grados de libertad:

$$U_B^2 = \frac{I(I-1)\sum_{j=1}^{J}(\overline{Y}_{+j} - \overline{Y}_{++})^2}{\sum_{i=1}^{I}\sum_{j=1}^{J}(Y_{ij} - \overline{Y}_{i+} - \overline{Y}_{+j} + \overline{Y}_{++})^2}. \tag{17}$$

La hipótesis H_0 se debería rechazar si $U_B^2 > c$, donde c es una constante apropiada. Una expresión análoga a la de la ecuación (15) se puede obtener también para U_B^2.

Ejemplo 1: Estimación de los parámetros. Supóngase que en el problema que se ha estado exponiendo en esta sección, las concentraciones del isótopo radiactivo medidas en picocuries por litro mediante los tres métodos distintos en muestras de leche de cuatro lecherías son las de la tabla 10.12. Se obtiene a partir de la tabla 10.12 que los promedios de fila son $\overline{Y}_{1+} = 5.5, \overline{Y}_{2+} = 8.8, \overline{Y}_{3+} = 8.3$ e $Y_{4+} = 7.6$, que los promedios de columnas son $\overline{Y}_{+1} = 8.25, \overline{Y}_{+2} = 5.65$ e $\overline{Y}_{+3} = 8.75$ y que el promedio de todas las observaciones es $\overline{Y}_{++} = 7.55$. Por tanto, de la ecuación (16), los valores de los E.M.V. son $\hat{\mu} = 7.55, \hat{\alpha}_1 = -2.05, \hat{\alpha}_2 = 1.25, \hat{\alpha}_3 = 0.75, \hat{\alpha}_4 = 0.05, \hat{\beta}_1 = 0.70, \hat{\beta}_2 = -1.90$ y $\hat{\beta}_3 = 1.20$.

Tabla 10.12

		Método		
		1	2	3
Lechería	1	6.4	3.2	6.9
	2	8.5	7.8	10.1
	3	9.3	6.0	9.6
	4	8.8	5.6	8.4

Tabla 10.13

		Método		
		1	2	3
Lechería	1	6.2	3.6	6.7
	2	9.5	6.9	10.0
	3	9.0	6.4	9.5
	4	8.3	5.7	8.8

Debido a que $E(Y_{ij}) = \mu + \alpha_i + \beta_j$, el estándar máximo verosímil de $E(Y_{ij})$ es $\overline{Y}_{i+} + \overline{Y}_{+j} - \overline{Y}_{++} = \hat{\mu} + \hat{\alpha}_i + \hat{\beta}_j$. Los valores de estos estimadores se dan en la tabla 10.13. Comparando los valores observados de la tabla 10.12 con las esperanzas estimadas de la tabla 10.13, se observa que las diferencias entre los términos correspondientes son generalmente pequeñas. Estas pequeñas diferencias indican que el modelo utilizado con dos criterios de clasificación, que supone aditividad de los efectos de los dos factores, proporciona un buen ajuste para los valores observados. Finalmente, de las tablas 10.12 y 10.13 se encuentra que

$$\sum_{i=1}^{I}\sum_{j=1}^{J}(Y_{ij} - \overline{Y}_{i+} - \overline{Y}_{+j} + \overline{Y}_{++})^2 = 2.74.$$

Por tanto, por la ecuación (7), $\hat{\sigma}^2 = 2.74/12 = 0.228$. ◁

Ejemplo 2: Contraste de diferencias entre las lecherías. Supóngase ahora que se desea utilizar los valores observados de la tabla 10.12 para contrastar la hipótesis de que no existen diferencias entre las lecherías, esto es, contrastar las hipótesis (12). En este ejemplo, el estadístico U_A^2 definido por la ecuación (14) tiene una distribución F con 3 y 6 grados de libertad. Resulta que $U_A^2 = 13.86$. Puesto que el área de la cola correspondiente es mucho menor que 0.025, la hipótesis de que no existen diferencias entre las lecherías se debería rechazar a un nivel de significación 0.025 o mayor. ◁

Ejemplo 3: Contraste de diferencias entre los métodos de medición. Supóngase ahora que se desea utilizar los valores observados de la tabla 10.12 para contrastar la hipótesis de que cada uno de los efectos de los distintos métodos de medición es igual a 0, esto es, contrastar las hipótesis (16). En este ejemplo, el estadístico U_B^2 definido por la ecuación (17) tiene una distribución F con 2 y 6 grados de libertad. Resulta que $U_B^2 = 24.26$. Puesto que el área de la cola correspondiente es de nuevo mucho menor que 0.025, la hipótesis de que no existen diferencias entre los métodos se debería rechazar a un nivel de significación 0.025 o mayor. ◁

EJERCICIOS

1. Considérese un modelo con dos criterios de clasificación en donde los valores de $E(Y_{ij})$ para $i = 1, \dots, I$ y $j = 1, \dots, J$ son los que se presentan en cada una de las cuatro matrices siguientes. Para cada matriz, determínese si los efectos de los factores son aditivos.

(a)

		Factor B 1	2
Factor A	1	5	7
	2	10	14

(b)

		Factor B 1	2
Factor A	1	3	6
	2	4	7

(c)

		Factor B			
		1	2	3	4
Factor A	1	3	−1	0	3
	2	8	4	5	8
	3	4	0	1	4

(d)

		Factor B			
		1	2	3	4
Factor A	1	1	2	3	4
	2	2	4	6	8
	3	3	6	9	12

2. Demuéstrese que si los efectos de los factores en dos criterios de clasificación son aditivos,. entonces existen números únicos $\mu, \alpha_1, \ldots, \alpha_I$ y $\beta_1, \ldots, \beta_J$ que satisfacen las ecuaciones (2) y (3).

3. Supóngase que en dos criterios de clasificación, con $I = 2$ y $J = 2$, los valores de $E(Y_{ij})$ son los de la parte (b) del ejercicio 1. Determínense los valores de $\mu, \alpha_1, \alpha_2, \beta_1$ y β_2 que satisfacen las ecuaciones (2) y (3).

4. Supóngase que en un modelo con dos criterios de clasificación, con $I = 3$ y $J = 4$, los valores de $E(Y_{ij})$ son los de la parte (c) del ejercicio 1. Determínense los valores de $\mu, \alpha_1, \alpha_2, \alpha_3$ y $\beta_1, \ldots, \beta_4$ que satisfacen las ecuaciones (2) y (3).

5. Verifíquese que si $\hat{\mu}, \hat{\alpha}_i$ y $\hat{\beta}_j$ están definidos por la ecuación (6), entonces $\sum_{i=1}^{I} \hat{\alpha}_i = \sum_{j=1}^{I} \hat{\beta}_j = 0; E(\hat{\mu}) = \mu, E(\hat{\alpha}_i) = \alpha_i$ para $i = 1, \ldots, I$ y $E(\hat{\beta}_j) = \beta_j$ para $j = 1, \ldots, J$.

6. Demuéstrese que si $\hat{\mu}, \hat{\alpha}_i$ y $\hat{\beta}_j$ están definidos por la ecuación (6), entonces

$$\begin{aligned}
\text{Var}(\hat{\mu}) &= \frac{1}{IJ}\sigma^2, \\
\text{Var}(\hat{\alpha}_i) &= \frac{I-1}{IJ}\sigma^2 \qquad \text{para } i = 1, \ldots, I, \\
\text{Var}(\hat{\beta}_j) &= \frac{J-1}{IJ}\sigma^2 \qquad \text{para } j = 1, \ldots, J.
\end{aligned}$$

7. Demuéstrese que las partes del lado derecho de las ecuaciones (9) y (10) son iguales.

8. Demuéstrese que en un modelo con dos criterios de clasificación, para cualesquiera valores de i, j, i' y j' (i e $i' = 1, \ldots, I; j$ y $j' = 1, \ldots, J$), las cuatro variables aleatorias siguientes W_1, W_2, W_3 y W_4 no están correlacionadas entre sí.

$$\begin{aligned}
&W_1 = Y_{ij} - \overline{Y}_{i+} - \overline{Y}_{+j} + \overline{Y}_{++}, \\
&W_2 = \overline{Y}_{i'+} - \overline{Y}_{++}, \qquad W_3 = \overline{Y}_{+j'} - \overline{Y}_{++}, \\
&W_4 = \overline{Y}_{++}.
\end{aligned}$$

9. Demuéstrese que

$$\sum_{i=1}^{I}(\overline{Y}_{i+} - \overline{Y}_{++})^2 = \sum_{i=1}^{I}\overline{Y}_{i+}^2 - I\overline{Y}_{++}^2,$$

$$\sum_{j=1}^{J}(\overline{Y}_{+j} - \overline{Y}_{++})^2 = \sum_{j=1}^{J}\overline{Y}_{+j}^2 - J\overline{Y}_{++}^2.$$

10. Demuéstrese que

$$\sum_{i=1}^{I}\sum_{j=1}^{J}(Y_{ij} - \overline{Y}_{i+} - \overline{Y}_{+j} + \overline{Y}_{++})^2 =$$

$$= \sum_{i=1}^{I}\sum_{j=1}^{J}Y_{ij}^2 - J\sum_{i=1}^{I}\overline{Y}_{i+}^2 - I\sum_{j=1}^{J}\overline{Y}_{+j}^2 + IJ\overline{Y}_{++}^2.$$

11. En un estudio para comparar las propiedades reflectantes de varias pinturas y superficies plásticas, se aplicaron tres tipos de pintura a muestras de cinco tipos distintos de superficies plásticas. Supóngase que los resultados observados en unidades codificadas son como se muestra en la tabla 10.14. Determínense los valores de $\hat{\mu}, \hat{\alpha}_1, \hat{\alpha}_2, \hat{\alpha}_3$ y $\hat{\beta}_1, \ldots, \hat{\beta}_5$.

Tabla 10.14

		Tipo de superficie				
		1	2	3	4	5
Tipo de pintura	1	14.5	13.6	16.3	23.2	19.4
	2	14.6	16.2	14.8	16.8	17.3
	3	16.2	14.0	15.5	18.7	21.0

12. Bajo las condiciones del ejercicio 11 y con los datos de la tabla 10.14, determínese el valor del estimador de mínimos cuadrados de $E(Y_{ij})$ para $i = 1, 2, 3$ y $j = 1, \ldots, 5$ y determínese el valor de $\hat{\sigma}^2$.

13. Bajo las condiciones del ejercicio 11 y con los datos de la tabla 10.14, contrástese la hipótesis de que las propiedades reflectantes de los tres tipos distintos de pintura son iguales.

14. Bajo las condiciones del ejercicio 11 y con los datos de la tabla 10.14, contrástese la hipótesis de que las propiedades reflectantes de los cinco tipos distintos de superficies plásticas son iguales.

10.8 DOS CRITERIOS DE CLASIFICACIÓN CON REPETICIONES

Dos criterios de clasificación con *K* observaciones en cada celda

Se continuarán considerando problemas de análisis de la varianza con dos criterios de clasificación. Ahora, sin embargo, en lugar de tener sólo una observación Y_{ij} para cada combinación de i y j, se tienen K observaciones independientes Y_{ijk} para $k = 1, \dots, K$. En otras palabras, en lugar de tener sólo una observación en cada celda de la tabla 10.10, se tienen K observaciones i.i.d. Las K observaciones en cada celda se obtienen en condiciones experimentales similares y se denominan *repeticiones.* El número total de observaciones en un modelo con dos criterios de clasificación con repeticiones es IJK. Se seguirá suponiendo que todas las observaciones son independientes, que cada observación tiene una distribución normal y que todas las observaciones tienen la misma varianza σ^2.

Se define θ_{ij} como la media de cada una de las K observaciones en la celda (i, j). Por tanto, para $i = 1, \dots, I$, $j = 1, \dots, J$ y $k = 1, \dots, K$, resulta que

$$E(Y_{ijk}) = \theta_{ij}. \tag{1}$$

En un modelo con dos criterios de clasificación con repeticiones, no es necesario suponer, como en la sección 10.7, que los efectos de los dos factores son aditivos. Aquí se puede suponer que las esperanzas θ_{ij} son números arbitrarios. Como se verá más adelante en esta sección, se puede entonces contrastar la hipótesis de que los efectos son aditivos.

Es fácil verificar que el E.M.V., o el estimador de mínimos cuadrados, de θ_{ij} es simplemente la media muestral de las K observaciones en la celda (i, j). Por tanto,

$$\hat{\theta}_{ij} = \frac{1}{K}\sum_{k=1}^{K} Y_{ijk} = \overline{Y}_{ij+}. \tag{2}$$

El E.M.V. de σ^2 es por tanto,

$$\hat{\sigma}^2 = \frac{1}{IJK}\sum_{i=1}^{I}\sum_{j=1}^{J}\sum_{k=1}^{K}(Y_{ijk} - \overline{Y}_{ij+})^2. \tag{3}$$

Para identificar y exponer los efectos de los dos factores y examinar la posibilidad de que estos efectos sean aditivos, es conveniente reemplazar los parámetros θ_{ij}, para

$i = 1, \dots, I$ y $j = 1, \dots, J$, por un nuevo conjunto de parámetros μ, α_i, β_j y γ_{ij}. Estos nuevos parámetros están definidos por las siguientes relaciones:

$$\theta_{ij} = \mu + \alpha_i + \beta_j + \gamma_{ij} \quad \text{para } i = 1, \dots, I \text{ y } j = 1, \dots, J, \tag{4}$$

$$\begin{aligned} &\sum_{i=1}^{I} \alpha_i = 0, \quad \sum_{j=1}^{J} \beta_j = 0, \\ &\sum_{i=1}^{I} \gamma_{ij} = 0 \quad \text{para } j = 1, \dots, J, \\ &\sum_{j=1}^{J} \gamma_{ij} = 0 \quad \text{para } i = 1, \dots, I. \end{aligned} \tag{5}$$

Se puede demostrar (véase Ejercicio 1) que para todo conjunto de números θ_{ij} con $i =$ $= 1, \dots, I$ y $j = 1, \dots, J$, existen números únicos μ, α_i, β_j y γ_{ij} que satisfacen las ecuaciones (4) y (5).

El parámetro μ se denomina *media global* o *gran media*. Los parámetros $\alpha_1, \dots, \alpha_I$ se denominan *efectos principales del factor A* y los parámetros $\beta_1, \dots, \beta_J$ se denominan *efectos principales del factor B*. Los parámetros γ_{ij}, para $i = 1, \dots, I$ y $j = 1, \dots, J$, se denominan *interacciones*. Se puede ver por las ecuaciones (1) y (4) que los efectos de los factores A y B son aditivos si, y sólo si, todas las interacciones son cero, esto es, si, y sólo si, $\gamma_{ij} = 0$ para toda combinación de valores de i y j.

La notación que se ha desarrollado en las secciones 10.6 y 10.7 se utilizará de nuevo aquí. Se reemplazará un subíndice de Y_{ijk} por un signo positivo para indicar que se han sumado los valores de Y_{ijk} sobre todos los valores posibles de ese subíndice. Si se realizan dos o tres sumas, se utilizarán dos o tres signos positivos. Se pondrá entonces una barra sobre Y para indicar que se ha dividido esta suma por el número de términos en la suma y que por tanto, se ha obtenido un promedio de los valores de Y_{ijk} para el subíndice o subíndices involucrados en la suma. Por ejemplo,

$$\overline{Y}_{i+k} = \frac{1}{J} \sum_{j=1}^{J} Y_{ijk},$$

$$\overline{Y}_{+j+} = \frac{1}{IK} \sum_{i=1}^{I} \sum_{k=1}^{K} Y_{ijk},$$

mientras que $\overline{Y}_{+++}$ denota el promedio de las IJK observaciones.

Se puede demostrar que los E.M.V., o los estimadores mínimo cuadráticos, de μ, α_i y β_j son los siguientes:

$$\begin{aligned} &\hat{\mu} = \overline{Y}_{+++}, \\ &\hat{\alpha}_i = \overline{Y}_{i++} - \overline{Y}_{+++} \quad \text{para } i = 1, \dots, I, \\ &\hat{\beta}_j = \overline{Y}_{+j+} - \overline{Y}_{+++} \quad \text{para } j = 1, \dots, J. \end{aligned} \tag{6}$$

Además, para $i = 1, \ldots, I$ y $j = 1, \ldots, J$,

$$\begin{aligned} \hat{\gamma}_{ij} &= \overline{Y}_{ij+} - (\hat{\mu} + \hat{\alpha}_i + \hat{\beta}_j) \\ &= \overline{Y}_{ij+} - \overline{Y}_{i++} - \overline{Y}_{+j+} + \overline{Y}_{+++}. \end{aligned} \tag{7}$$

Para todos los valores de i y j, entonces se puede verificar (véase Ejercicio 3) que $E(\hat{\mu}) = \mu$, $E(\hat{\alpha}_i) = \alpha_i$, $E(\hat{\beta}_j) = \beta_j$ y $E(\hat{\gamma}_{ij}) = \gamma_{ij}$.

Partición de la suma de cuadrados

Considérese ahora la siguiente suma Q_1:

$$Q_1 = \sum_{i=1}^{I} \sum_{j=1}^{J} \sum_{k=1}^{K} \frac{(Y_{ijk} - \mu - \alpha_i - \beta_j - \gamma_{ij})^2}{\sigma^2}. \tag{8}$$

Puesto que Q_1 es la suma de cuadrados de IJK variables aleatorias independientes, cada una de las cuales tiene una distribución normal tipificada, entonces Q_1 tiene una distribución χ^2 con IJK grados de libertad. Se indicará ahora como Q_1 se puede representar a su vez como la suma de cinco sumas de cuadrados, cada una de las cuales tiene una distribución χ^2 y tiene asociado un tipo particular de variación entre todas las observaciones.

Estas sumas de cuadrados se definen como sigue:

$$\begin{aligned} Q_2 &= \frac{1}{\sigma^2} \sum_{i=1}^{I} \sum_{j=1}^{J} \sum_{k=1}^{K} (Y_{ijk} - \hat{\mu} - \hat{\alpha}_i - \hat{\beta}_j - \hat{\gamma}_{ij})^2, \\ Q_3 &= \frac{IJK}{\sigma^2} (\hat{\mu} - \mu)^2, \\ Q_4 &= \frac{JK}{\sigma^2} \sum_{i=1}^{I} (\hat{\alpha}_i - \alpha_i)^2, \\ Q_5 &= \frac{IK}{\sigma^2} \sum_{j=1}^{J} (\hat{\beta}_j - \beta_j)^2, \\ Q_6 &= \frac{K}{\sigma^2} \sum_{i=1}^{I} \sum_{j=1}^{J} (\hat{\gamma}_{ij} - \gamma_{ij})^2. \end{aligned} \tag{9}$$

Se puede demostrar (véase Ejercicio 6) que

$$Q_1 = Q_2 + Q_3 + Q_4 + Q_5 + Q_6. \tag{10}$$

Cada variable aleatoria Q_i tiene una distribución χ^2. Puesto que $\hat{\mu}$ tiene una distribución normal con media μ y varianza $\sigma^2/(IJK)$, resulta que Q_3 tiene un grado de libertad. Además, Q_4 tiene $I - 1$ grados de libertad y Q_5 tiene $J - 1$ grados de libertad.

El número de grados de libertad de Q_6 se puede determinar como sigue: Aunque hay IJ estimadores $\hat{\gamma}_{ij}$ de las interacciones, estos estimadores satisfacen las siguientes $I+J$ ecuaciones (véase Ejercicio 3):

$$\sum_{j=1}^{J} \hat{\gamma}_{ij} = 0 \qquad \text{para } i = 1, \ldots, I,$$

$$\sum_{i=1}^{I} \hat{\gamma}_{ij} = 0 \qquad \text{para } j = 1, \ldots, J.$$

Sin embargo, si cualquiera $I+J-1$ de estas $I+J$ ecuaciones se cumple, entonces la ecuación restante también se debe cumplir. Por tanto, puesto que los IJ estimadores $\hat{\gamma}_{ij}$ realmente deben satisfacer $I+J-1$ restricciones, de hecho, se estiman únicamente $IJ-(I+J-1)=(I-1)\,(J-1)$ interacciones. Se puede demostrar que Q_6 tiene una distribución χ^2 con $(I-1)\,(J-1)$ grados de libertad.

Quedan por determinar los grados de libertad de Q_2. Puesto que Q_1 tiene IJK grados de libertad y la suma de los grados de libertad de Q_3, Q_4, Q_5 y Q_6 es IJ, cabe esperar que los grados de libertad restantes para Q_2 sean $IJK-IJ=IJ(K-1)$. Se puede demostrar por métodos que quedan fuera del alcance de este libro que, como se esperaba, Q_2 tiene una distribución χ^2 con $IJ\,(K-1)$ grados de libertad.

Finalmente, se puede demostrar que las variables aleatorias Q_2, Q_3, Q_4, Q_5 y Q_6 son independientes (véase en Ejercicio 7 un resultado relacionado).

Tabla 10.15

Fuente de variación	Grados de libertad	Suma de cuadrados
Media global	1	$IJK(\overline{Y}_{+++}-\mu)^2$
Efectos del factor A	$I-1$	$JK\sum_{i=1}^{I}(\overline{Y}_{++}-\overline{Y}_{+++}-\alpha_i)^2$
Efectos del factor B	$J-1$	$IK\sum_{i=1}^{J}(\overline{Y}_{+j+}-\overline{Y}_{+++}-\beta_j)^2$
Interacciones	$(I-1)(J-1)$	$K\sum_{i=1}^{I}\sum_{j=1}^{J}(\overline{Y}_{ij+}-\overline{Y}_{i++}-\overline{Y}_{+j++}+\overline{Y}_{+++}-\gamma_{ij})^2$
Residuos	$IJ(K-1)$	$\sum_{i=1}^{I}\sum_{j=1}^{J}\sum_{k=1}^{K}(Y_{ijk}-\overline{Y}_{ij+})^2$
Total	IJK	$\sum_{i=1}^{I}\sum_{j=1}^{J}\sum_{k=1}^{K}(Y_{ijk}-\mu-\alpha_i-\beta_j-\gamma_{ij})^2$

Estas propiedades se resumen en la tabla 10.15, que es la tabla de análisis de la varianza para un modelo con dos criterios de clasificación con K observaciones por celda. Como se expuso en la sección 10.6, esta tabla es distinta y más flexible que las tablas de análisis de la varianza presentadas en la mayoría de los libros de texto, porque se incluyen los parámetros en las sumas de cuadrados de la tabla.

Contraste de hipótesis

Como se mencionó antes, los efectos de los factores A y B son aditivos si, y sólo si, todas las interacciones γ_{ij} son cero. Por tanto, para contrastar si los efectos de los factores son aditivos, se deben contrastar las siguientes hipótesis:

$$\begin{aligned} H_0 &: \quad \gamma_{ij} = 0 \quad \text{para } i = 1, \ldots, I \quad \text{y} \quad j = 1, \ldots, J, \\ H_1 &: \quad \text{La hipótesis } H_0 \text{ no es cierta.} \end{aligned} \tag{11}$$

De la tabla 10.15 y la exposición anterior se deduce que cuando la hipótesis nula H_0 es cierta, la variable aleatoria $K\sum_{i=1}^{I}\sum_{j=1}^{J}\hat{\gamma}_{ij}^2/\sigma^2$ tiene una distribución χ^2 con $(I-1)$ $(J-1)$ grados de libertad. Además, con independencia de si H_0 es cierta, la variable aleatoria independiente

$$\frac{\sum_{i=1}^{I}\sum_{j=1}^{J}\sum_{k=1}^{K}(Y_{ijk} - Y_{ij+})^2}{\sigma^2}$$

tiene una distribución χ^2 con $IJ(K-1)$ grados de libertad. Entonces, cuando H_0 es cierta, la siguiente variable aleatoria U_{AB}^2 tiene una distribución F con $(I-1)$ $(J-1)$ e $IJ(K-1)$ grados de libertad:

$$U_{AB}^2 = \frac{IJK(K-1)\sum_{i=1}^{I}\sum_{j=1}^{J}(\overline{Y}_{ij+} - \overline{Y}_{i++} - \overline{Y}_{+j+} + \overline{Y}_{+++})^2}{(I-1)(J-1)\sum_{i=1}^{I}\sum_{j=1}^{J}\sum_{k=1}^{K}(Y_{ijk} - \overline{Y}_{ij+})^2}. \tag{12}$$

La hipótesis nula H_0 se debería rechazar si $U_{AB}^2 > c$, donde c es una constante apropiada que se elige para obtener cualquier nivel de significación específico. Una forma alternativa para U_{AB}^2 que en ocasiones es útil para efectos de cálculo es (véase Ejercicio 8):

$$U_{AB}^2 = \frac{IJK(K-1)\left(\sum_{i=1}^{I}\sum_{j=1}^{J}\overline{Y}_{ij+}^2 - J\sum_{i=1}^{I}\overline{Y}_{i++}^2 - I\sum_{j=1}^{J}\overline{Y}_{+j+}^2 + IJ\overline{Y}_{+++}^2\right)}{(I-1)(J-1)\left(\sum_{i=1}^{I}\sum_{j=1}^{J}\sum_{k=1}^{K}(Y_{ijk}^2 - K\sum_{i=1}^{I}\sum_{j=1}^{J}\overline{Y}_{ij+}^2\right)}. \tag{13}$$

Si la hipótesis nula H_0 de (11) se rechaza, entonces se concluye que al menos algunas de las interacciones γ_{ij} no son 0. Por tanto, las medias de las observaciones para ciertas combinaciones de i y j serán mayores que las medias de las observaciones para otras combinaciones y los factores A y B afectan a estas medias. En este caso, puesto que los factores A y B afectan a las medias de las observaciones, no suele existir interés adicional alguno en contrastar si los efectos principales $\alpha_1, \ldots, \alpha_I$, o los efectos principales $\beta_1, \ldots, \beta_J$, son cero.

Por otro lado, si la hipótesis nula H_0 de (11) no se rechaza, entonces es posible que todas las interacciones sean 0. Si, además, todos los efectos principales $\alpha_1, \ldots, \alpha_I$ fueran 0, entonces el valor medio de cada observación podría no depender de ninguna manera del valor de i. En este caso, el factor A podría no tener efecto en las observaciones. Por tanto, si la hipótesis nula H_0 de (11) no se rechaza, podría interesar contrastar las siguientes hipótesis:

$$\begin{aligned} H_0 &: \quad \alpha_i = 0 \text{ y } \gamma_{ij} = 0 \quad \text{para } i = 1, \ldots, I \text{ y } j = 1, \ldots, J, \\ H_1 &: \quad \text{La hipótesis } H_0 \text{ no es cierta.} \end{aligned} \tag{14}$$

De la tabla 10.15 y la exposición anterior se deduce que cuando H_0 es cierta, la siguiente variable aleatoria tendrá una distribución χ^2 con $(I-1)+(I-1)(J-1) = (I-1)J$ grados de libertad:

$$\frac{JK \sum_{i=1}^{I} \hat{\alpha}_i^2 + K \sum_{i=1}^{I} \sum_{j=1}^{J} \hat{\gamma}_{ij}^2}{\sigma^2}. \tag{15}$$

Además, independientemente de si H_0 es cierta o no, la variable aleatoria independiente $\sum_{i=1}^{I} \sum_{j=1}^{J} \sum_{k=1}^{K} (Y_{ijk} - Y_{ij+})^2/\sigma^2$ tendrá una distribución χ^2 con $IJ\,(K-1)$ grados de libertad. Por tanto, cuando H_0 es cierta, la siguiente variable aleatoria U_A^2 tiene una distribución F con $(I-1)J$ e $IJ(K-1)$ grados de libertad:

$$U_A^2 = \frac{IK(K-1)\left[J \sum_{i=1}^{I} (\overline{Y}_{i++} - \overline{Y}_{+++})^2 + \sum_{i=1}^{I} \sum_{j=1}^{J} (\overline{Y}_{ij+} - \overline{Y}_{i++} - \overline{Y}_{+j+} + \overline{Y}_{+++})^2\right]}{(J-1) \sum_{i=1}^{I} \sum_{j=1}^{J} \sum_{k=1}^{K} (Y_{ijk} - \overline{Y}_{ij+})^2}. \tag{16}$$

La hipótesis nula H_0 se debería rechazar si $U_A^2 > c$, donde c es una constante apropiada.

Análogamente, se puede querer determinar si todos los efectos principales del factor B, además de las interacciones, son 0. En este caso, se contrastarían las siguientes hipótesis:

$$\begin{aligned} H_0 &: \quad \beta_j = 0 \text{ y } \gamma_{ij} = 0 \quad \text{para } i = 1, \ldots, I \text{ y } j = 1, \ldots, J, \\ H_1 &: \quad \text{La hipótesis } H_0 \text{ no es cierta.} \end{aligned} \tag{17}$$

Por analogía con la ecuación (16), resulta que cuando H_0 es cierta, la siguiente variable aleatoria U_B^2 tiene una distribución F con $I(J-1)$ e $IJ(K-1)$ grados de libertad:

$$U_B^2 = \frac{JK(K-1)\left[I\sum_{j=1}^{J}(\overline{Y}_{+j+}-\overline{Y}_{+++})^2+\sum_{i=1}^{I}\sum_{j=1}^{J}(\overline{Y}_{ij+}-\overline{Y}_{i++}-\overline{Y}_{+j+}+\overline{Y}_{+++})^2\right]}{(J-1)\sum_{i=1}^{I}\sum_{j=1}^{J}\sum_{k=1}^{K}(Y_{ijk}-\overline{Y}_{ij+})^2}. \tag{18}$$

De nuevo, se debería rechazar la hipótesis H_0 si $U_B^2 > c$.

En un problema dado, si no se rechaza la hipótesis nula (11) y se rechazan las hipótesis nulas de (14) y (17), entonces se podría proseguir con estudios y experimentación adicionales utilizando un modelo en donde se suponga que los efectos de los factores A y B sean aproximadamente aditivos y los efectos de ambos factores sean importantes.

Se debe resaltar una consideración adicional. Supóngase que las hipótesis (14) o las (17) son contrastadas después de haber aceptado la hipótesis nula (11) a un nivel de significación específico α_0. Entonces el tamaño de este segundo contraste ya no debería ser considerado simplemente como el valor usual α elegido por el experimentador. Ahora sería más apropiado considerar el tamaño como la probabilidad *condicional* de que la H_0 de (14) o (17) sea rechazada por un procedimiento de contraste de tamaño nominal α, dado que H_0 es cierta y los datos muestrales son tales que la hipótesis nula de (11) fue aceptada por el primer contraste.

Tabla 10.16

	Modelo pequeño	Modelo intermedio	Modelo estándar
Con dispositivo	8.3	9.2	11.6
	8.9	10.2	10.2
	7.8	9.5	10.7
	8.5	11.3	11.9
	9.4	10.4	11.0
Sin dispositivo	8.7	8.2	12.4
	10.0	10.6	11.7
	9.7	10.1	10.0
	7.9	11.3	11.1
	8.4	10.8	11.8

Ejemplo 1: Estimación de los parámetros en un modelo con dos criterios de clasificación con repeticiones. Supóngase que un fabricante de automóviles realiza un experimento para investigar si cierto dispositivo, instalado en el carburador de un automóvil, afecta a la cantidad de gasolina consumida. El fabricante produce tres modelos de automóviles distintos, un modelo pequeño, un modelo intermedio y un modelo estándar. Cinco coches

de cada modelo, equipados con este dispositivo, fueron conducidos por una ruta fija de tráfico urbano y se midió el consumo de gasolina de cada uno de ellos. Además, cinco coches de cada modelo, que no estaban equipados con este dispositivo, fueron conducidos por la misma ruta y se midió el consumo de gasolina de cada uno de estos coches. Los resultados, en litros de gasolina consumida, son los de la tabla 10.16.

En este ejemplo, $I = 2$, $J = 3$ y $K = 5$. El valor promedio $\overline{Y}_{ij+}$ para cada una de las seis celdas de la tabla 10.16 se presenta en la tabla 10.17, que también proporciona los valores promedio $\overline{Y}_{i++}$ de cada una de las dos filas, el valor promedio $\overline{Y}_{+j+}$ de cada una de las tres columnas y el valor promedio $\overline{Y}_{+++}$ de las 30 observaciones.

Tabla 10.17

	Modelo pequeño	Modelo intermedio	Modelo estándar	Media de la fila
Con dispositivo	$\overline{Y}_{11+} = 8.58$	$\overline{Y}_{12+} = 10.12$	$\overline{Y}_{13+} = 11.08$	$\overline{Y}_{1++} = 9.9267$
Sin dispositivo	$\overline{Y}_{21+} = 8.94$	$\overline{Y}_{22+} = 10.20$	$\overline{Y}_{23+} = 11.40$	$\overline{Y}_{2++} = 10.1800$
Media de la columna	$\overline{Y}_{+1+} = 8.76$	$\overline{Y}_{+2+} = 10.16$	$\overline{Y}_{+3+} = 11.24$	$\overline{Y}_{+++} = 10.0533$

De la tabla 10.17 y de las ecuaciones (6) y (7) se deduce que los valores de los E.M.V., o estimadores de mínimos cuadrados, resultan ser:

$$\begin{array}{lll}
\hat{\mu} = 10.0533, & \hat{\alpha}_1 = -0.1267, & \hat{\alpha}_2 = 0.1267, \\
\hat{\beta}_1 = -1.2933, & \hat{\beta}_2 = 0.1067, & \hat{\beta}_3 = 1.1867, \\
\hat{\gamma}_{11} = -0.0533, & \hat{\gamma}_{12} = 0.0867, & \hat{\gamma}_{13} = -0.0333, \\
\hat{\gamma}_{21} = 0.0533, & \hat{\gamma}_{22} = -0.0867, & \hat{\gamma}_{23} = 0.0333.
\end{array}$$

En este ejemplo, las estimaciones de las interacciones $\hat{\gamma}_{ij}$ son pequeñas para todos los valores de i y j. ◁

Ejemplo 2: Contraste de aditividad. Supóngase ahora que se desea utilizar los valores observados de la tabla 10.16 para contrastar la hipótesis nula de que los efectos de equipar un coche con el dispositivo y utilizar un modelo particular son aditivos, frente a la alternativa de que estos efectos no son aditivos. En otras palabras, supóngase que se desea contrastar las hipótesis (11). Por la ecuación (12) se encuentra que $U_{AB}^2 = 0.076$. El área de la cola correspondiente, encontrada a partir de la tabla de la distribución F con 2 y 24 grados de libertad, es mucho mayor que 0.05. Por tanto, la hipótesis nula de que los efectos son aditivos no se debería rechazar a los niveles de significación usuales. ◁

Ejemplo 3: Contraste del efecto del consumo de gasolina. Supóngase a continuación que se desea contrastar la hipótesis nula de que el dispositivo no tiene efecto en el consumo de gasolina en ninguno de los modelos probados, frente a la alternativa de que el dispositivo afecta el consumo de gasolina. En otras palabras, supóngase que se desea contrastar las hipótesis (14). De la ecuación (16) se encuentra que $U_A^2 = 0.262$. El área de la cola correspondiente, encontrada a partir de la tabla de la distribución F con 3 y 24 grados de libertad, es mucho mayor que 0.05. Por tanto, la hipótesis nula no se debería rechazar a los niveles de significación usuales. Naturalmente, este análisis no tiene en cuenta el efecto condicional, descrito justo antes del ejemplo 1, de contrastar las hipótesis (14) después de contrastar primero las hipótesis (11) con los mismos datos. ◁

Los resultados obtenidos en el ejemplo 3 no proporcionan ninguna indicación de que el dispositivo sea efectivo. Sin embargo, en la tabla 10.17 se puede ver que, para cada uno de los tres modelos, el consumo promedio de gasolina para los coches equipados con el dispositivo es menor que el consumo promedio para los coches que no fueron equipados. Si se supone que los efectos del dispositivo y el modelo del automóvil son aditivos, entonces, independientemente del modelo del automóvil que se utiliza, el E.M.V. de la reducción del consumo de gasolina que se alcanza en la ruta dada por equipar un automóvil con el dispositivo es $\hat{\alpha}_2 - \hat{\alpha}_1 = 0.2534$ litros.

Dos criterios de clasificación con distinto número de observaciones en cada celda

Considérese de nuevo un modelo con dos criterios de clasificación con I filas y J columnas, pero supóngase ahora que en lugar de tener K observaciones en cada celda, algunas celdas tengan más observaciones que otras. Para $i = 1, \ldots, I$ y $j = 1, \ldots, J$, se define K_{ij} como el número de observaciones en la celda (i, j). Por tanto, el número total de observaciones es $\sum_{i=1}^{I} \sum_{j=1}^{J} K_{ij}$. Supóngase que cada celda contiene al menos una observación y sea de nuevo Y_{ijk} la k-ésima observación en la celda (i, j). Para valores cualesquiera de i y j, los valores del subíndice k son $1, \ldots, K_{ij}$. Supóngase, además, como antes, que todas las observaciones Y_{ijk} son independientes, que cada una tiene una distribución normal, que $\text{Var}(Y_{ijk}) = \sigma^2$ para todos los valores de i, j y k y que $E(Y_{ijk}) = \mu + \alpha_i + \beta_j + \gamma_{ij}$, donde estos parámetros satisfacen las condiciones dadas por la ecuación (5).

Como es usual, se define $\overline{Y}_{ij+}$ como el promedio de todas las observaciones de la celda (i, j). Se puede demostrar entonces que para $i = 1, \ldots, I$ y $j = 1, \ldots, J$, los E.M.V., o estimadores de mínimos cuadrados, resultan ser

$$\begin{aligned} \hat{\mu} &= \frac{1}{IJ} \sum_{i=1}^{I} \sum_{j=1}^{J} \overline{Y}_{ij+}, & \hat{\alpha}_i &= \frac{1}{J} \sum_{j=1}^{J} \overline{Y}_{ij+} - \hat{\mu}, \\ \hat{\beta}_j &= \frac{1}{I} \sum_{i=1}^{I} \overline{Y}_{ij+} - \hat{\mu}, & \hat{\gamma}_{ij} &= \overline{Y}_{ij+} - \hat{\mu} - \hat{\alpha}_i - \hat{\beta}_j, \end{aligned} \tag{19}$$

que son intuitivamente razonables y similares a los de las ecuaciones (6) y (7).

Supóngase ahora, sin embargo, que se desea contrastar hipótesis como (11), (14) o (17). La construcción de contrastes apropiados resulta algo más difícil, porque, en general, las sumas de cuadrados análogas a las dadas por la ecuación (9) no serán independientes cuando exista un número desigual de observaciones en las distintas celdas. Por tanto, los procedimientos de contraste presentados antes en esta sección no se pueden extender directamente. Es necesario desarrollar otras sumas de cuadrados que sean independientes y reflejen los distintos tipos de variación de los datos que interesan. En este libro no se tratará este problema con mayor amplitud. Este problema y otros de análisis de la varianza se describen en el libro avanzado de Scheffé (1959).

EJERCICIOS

1. Demuéstrese que para cualquier conjunto dado de números θ_{ij} $(i = 1, \ldots, I$ y $j = 1, \ldots, J)$, existe un conjunto único de números μ, α_i, β_j y γ_{ij} $(i = 1, \ldots, I$ y $j = 1, \ldots, J)$ que satisfacen las ecuaciones (4) y (5).

2. Supóngase que en un modelo con dos criterios de clasificación, los valores de θ_{ij} son los dados en cada una de las cuatro matrices presentadas en los apartados (a), (b), (c) y (d) del ejercicio 1 de la sección 10.7. Para cada matriz, determínense los valores de μ, α_i, β_j y γ_{ij} que satisfacen las ecuaciones (4) y (5).

3. Verifíquese que si $\hat{\alpha}_i, \hat{\beta}_j$ y $\hat{\gamma}_{ij}$ son los dados por las ecuaciones (6) y (7), entonces $\sum_{i=1}^{I} \hat{\alpha}_i = 0$; $\sum_{j=1}^{J} \hat{\beta}_j = 0$; $\sum_{i=1}^{I} \hat{\gamma}_{ij} = 0$ para $j = 1, \ldots, J$ y $\sum_{j=1}^{J} \hat{\gamma}_{ij} = 0$ para $i = 1, \ldots, I$.

4. Verifíquese que si $\hat{\mu}, \hat{\alpha}_i, \hat{\beta}_j$ y $\hat{\gamma}_{ij}$ son los dados por las ecuaciones (6) y (7), entonces $E(\hat{\mu}) = \mu$; $E(\hat{\alpha}_i) = \alpha_i$; $E(\hat{\beta}_j) = \beta_j$ y $E(\hat{\gamma}_{ij}) = \gamma_{ij}$ para todos los valores de i y j.

5. Demuéstrese que si $\hat{\mu}, \hat{\alpha}_i, \hat{\beta}_j$ y $\hat{\gamma}_{ij}$ son los dados por las ecuaciones (6) y (7), entonces son ciertos los siguientes resultados para todos los valores de i y j:

$$\text{Var}(\hat{\mu}) = \frac{I}{IJK}\sigma^2, \qquad \text{Var}(\hat{\alpha}_i) = \frac{(I-1)}{IJK}\sigma^2,$$
$$\text{Var}(\hat{\beta}_j) = \frac{(J-1)}{IJK}\sigma^2, \qquad \text{Var}(\hat{\gamma}_{ij}) = \frac{(I-1)(J-1)}{IJK}\sigma^2.$$

6. Verifíquese la ecuación (10).

7. En un modelo con dos criterios de clasificación con K observaciones en cada celda, demuéstrese que para cualesquiera valores de i, i_1, i_2, j, j_1, j_2 y k, las cinco variables aleatorias siguientes no están correlacionadas entre sí:

$$Y_{ijk} - \overline{Y}_{ij+}, \hat{\alpha}_{j1}, \hat{\beta}_{j1}, \hat{\gamma}_{i_2 j_2} \text{ y } \hat{\mu}.$$

8. Verifíquese el hecho de que las partes del lado derecho de las ecuaciones (12) y (13) son iguales.

9. Supóngase que en un estudio experimental para determinar los efectos combinados de recibir un estimulante y un tranquilizante, se administran a un grupo de conejos, tres tipos distintos de estimulantes y cuatro tipos distintos de tranquilizantes. Cada conejo del experimento recibe uno de los estimulantes y después, 20 minutos más tarde, recibe uno de los tranquilizantes. Al cabo de una hora, se mide la respuesta del conejo en unidades apropiadas. Para que cada par de drogas se pueda administrar a dos conejos distintos, en el experimento se utilizan 24 conejos. Las respuestas de estos 24 conejos son las de la tabla 10.18. Determínense los valores de $\hat{\mu}, \hat{\alpha}_i, \hat{\beta}_j$ y $\hat{\gamma}_{ij}$ para $i = 1, 2, 3$ y $j = 1, 2, 3, 4$ y determínese también el valor de $\hat{\sigma}^2$.

Tabla 10.18

		Tranquilizante			
		1	2	3	4
Estimulante	1	11.2	7.4	7.1	9.6
		11.6	8.1	7.0	7.6
	2	12.7	10.3	8.8	11.3
		14.0	7.9	8.5	10.8
	3	10.1	5.5	5.0	6.5
		9.6	6.9	7.3	5.7

10. Bajo las condiciones del ejercicio 9 y con los datos de la tabla 10.18, contrástese la hipótesis de que todas las interacciones entre un estimulante y un tranquilizante son 0.

11. Bajo las condiciones del ejercicio 9 y con los datos de la tabla 10.18, contrástese la hipótesis de que los tres estimulantes proporcionan las mismas respuestas.

12. Bajo las condiciones del ejercicio 9 y con los datos de la tabla 10.18, contrástese la hipótesis de que los cuatro tranquilizantes proporcionan las mismas respuestas.

13. Bajo las condiciones del ejercicio 9 y con los datos de la tabla 10.18, contrástense las siguientes hipótesis:

$$H_0: \quad \mu = 8,$$
$$H_1: \quad \mu \neq 8.$$

14. Bajo las condiciones del ejercicio 9 y con los datos de la tabla 10.18, contrástense las siguientes hipótesis:

$$H_0: \quad \alpha_2 \leq 1,$$
$$H_1: \quad \alpha_2 > 1.$$

15. En un modelo con dos criterios de clasificación con distinto número de observaciones en las celdas, demuéstrese que si $\hat{\mu}, \hat{\alpha}_i, \hat{\beta}_j$ y $\hat{\gamma}_{ij}$ están dados por la ecuación (19), entonces $E(\hat{\mu}) = \mu$, $E(\hat{\alpha}_i) = \alpha_i$, $E(\hat{\beta}_j) = \beta_j$ y $E(\hat{\gamma}_{ij}) = \gamma_{ij}$ para todos los valores de i y j.

16. Verifíquese que si $\hat{\mu}, \hat{\alpha}_i, \hat{\beta}_j$ y $\hat{\gamma}_{ij}$ están dados por la ecuación (19), entonces $\sum_{i=1}^{I} \hat{\alpha}_i = 0$; $\sum_{j=1}^{J} \hat{\beta}_j = 0$; $\sum_{i=1}^{I} \hat{\gamma}_{ij} = 0$ para $j = 1, \ldots, J$ y $\sum_{j=1}^{J} \hat{\gamma}_{ij} = 0$ para $i = 1, \ldots, I$.

17. Demuéstrese que si $\hat{\mu}$ y $\hat{\alpha}_i$ están dados por la ecuación (19), entonces para $i =$ $= 1, \ldots, I$,

$$\text{Cov}(\hat{\mu}, \hat{\alpha}_i) = \frac{\sigma^2}{IJ^2}\left[\sum_{j=1}^{J} \frac{1}{K_{ij}} - \frac{1}{I}\sum_{r=1}^{I}\sum_{j=1}^{J} \frac{1}{K_{rj}}\right].$$

10.9 EJERCICIOS COMPLEMENTARIOS

1. Supóngase que $(X_i, Y_i), i = 1, \ldots, n$, constituyen una muestra aleatoria de tamaño n de una distribución normal bivariante con medias μ_1 y μ_2, varianzas σ_1^2 y σ_2^2 y coeficiente de correlación ρ, y sean $\hat{\mu}_i$, $\hat{\sigma}_i^2$ y $\hat{\rho}$ sus E.M.V. Sea, además, $\hat{\beta}_2$ el E.M.V. de β_2 en la regresión de Y sobre X. Demuéstrese que

$$\hat{\beta}_2 = \frac{\hat{\rho}\hat{\sigma}^2}{\hat{\sigma}_1}.$$

Sugerencia: Véase el ejercicio 13 de la sección 6.5.

2. Supóngase que $(X_i, Y_i), i = 1, \ldots, n$, constituyen una muestra aleatoria de tamaño n de una distribución normal bivariante con medias μ_1 y μ_2, varianzas σ_1^2 y σ_2^2 y coeficiente de correlación ρ. Determínense la media y la varianza del siguiente estadístico T, dados los valores observados $X_1 = x_1, \ldots, X_n = x_n$:

$$T = \frac{\sum_{i=1}^{n}(x_i - \overline{x}_n)Y_i}{\sum_{i=1}^{n}(x_i - \overline{x}_n)^2}.$$

3. Sean θ_1, θ_2 y θ_3 los ángulos desconocidos de un triángulo, medidos en grados ($\theta_i > 0$ para $i = 1, 2, 3$ y $\theta_1 + \theta_2 + \theta_3 = 180$). Supóngase que cada ángulo se mide con un instrumento que está sujeto a error y que los valores medidos de θ_1, θ_2 y θ_3 resultan $y_1 = 83$, $y_2 = 47$ e $y_3 = 56$, respectivamente. Determínense los estimadores de mínimos cuadrados de θ_1, θ_2 y θ_3.

4. Supóngase que se va a ajustar una recta a n puntos $(x_1, y_1), \ldots, (x_n, y_n)$ tales que $x_2 = x_3 = \cdots = x_n$ pero $x_1 \neq x_2$. Demuéstrese que la recta de mínimos cuadrados pasa por el punto (x_1, y_1).

5. Supóngase que se ajusta una recta de mínimos cuadrados a n puntos $(x_1, y_1), \ldots, (x_n, y_n)$ en la forma usual, minimizando la suma de cuadrados de las desviaciones verticales de los puntos a la recta y que se ajusta otra recta de mínimos cuadrados minimizando la suma de cuadrados de las desviaciones horizontales de los puntos a la recta. ¿En qué condiciones coincidirán estas dos rectas?

6. Supóngase que se va a ajustar una recta $y = \beta_1 + \beta_2 x$ a n puntos $(x_1, y_1), \ldots, (x_n, y_n)$ de forma que la suma de cuadrados de las distancias perpendiculares (u ortogonales) de los puntos a la recta sea mínima. Determínense los valores óptimos de β_1 y β_2.

7. Supóngase que dos hermanas gemelas se van a presentar a cierto examen de matemáticas. Saben que las calificaciones que van a obtener en el examen tendrán la misma media μ, la misma varianza σ^2 y correlación positiva ρ. Suponiendo que sus calificaciones tienen una distribución normal bivariante, demuéstrese que cuando cada gemela sabe su propia calificación, espera que la calificación de su hermana esté más cerca de μ.

8. Supóngase que una muestra de n observaciones está constituida por k submuestras que contienen $n_1, \ldots, n_k$ observaciones $(n_1 + \cdots + n_k = n)$. Sean x_{ij} $(j = 1, \ldots, n_i)$ las observaciones en la i-ésima submuestra y sean $\overline{x}_{i+}$ y v_i^2 la media muestral y la varianza muestral de esa submuestra, respectivamente:

$$\overline{x}_{i+} = \frac{1}{n_i} \sum_{j=1}^{n_i} x_{ij}, \qquad v_i^2 = \frac{1}{n_i} \sum_{j=1}^{n_i} (x_{ij} - \overline{x}_{i+})^2.$$

Finalmente, sean $\overline{x}_{++}$ y v^2 la media muestral y la varianza muestral de la muestra completa de n observaciones:

$$\overline{x}_{++} = \frac{1}{n} \sum_{i=1}^{k} \sum_{j=1}^{n_i} x_{ij}, \qquad v^2 = \frac{1}{n} \sum_{i=1}^{n} \sum_{j=1}^{n_i} (x_{ij} - \overline{x}_{++})^2.$$

Determínese una expresión para v^2 en términos de $\overline{x}_{++}$, $\overline{x}_{i+}$ y v_i^2 $(i = 1, \ldots, k)$.

9. Considérese el modelo de regresión lineal

$$Y_i = \beta_1 w_i + \beta_2 x_i + \epsilon_i \qquad \text{para } i = 1, \ldots, n,$$

donde $(w_1, x_1), \ldots, (w_n, x_n)$ son parejas de constantes dadas y $\epsilon_1, \ldots, \epsilon_n$ son variables aleatorias i.i.d., cada una con distribución normal con media 0 y varianza σ^2. Determínense explícitamente los E.M.V. de β_1 y β_2.

10. Determínese un estimador insesgado de σ^2 en un modelo con dos criterios de clasificación con K observaciones en cada celda ($K \geq 2$).

11. Para un modelo con dos criterios de clasificación con una observación en cada celda, desarróllese un contraste para la hipótesis nula de que todos los efectos principales de los factores A y B son 0.

12. Para un modelo con dos criterios de clasificación con K observaciones en cada celda ($K \geq 2$), desarróllese un contraste para la hipótesis nula de que todos los efectos principales para los factores A y B, y también todas las interacciones, son 0.

13. Supónganse dos variedades distintas de maíz cada una tratada con dos tipos distintos de fertilizantes para comparar la producción, y supóngase que se realizan K repeticiones independientes para cada una de las cuatro combinaciones. Sea X_{ijk} la producción en la k-ésima repetición de la combinación de la variedad i con el fertilizante j ($i = 1, 2$; $j = 1, 2$; $k = 1, \ldots, K$). Supóngase que todas las observaciones son independientes y que se distribuyen normalmente, que cada distribución tiene la misma varianza y que $E(X_{ijk}) = \mu_{ij}$ para $k = 1, \ldots, K$. Descríbase la forma de realizar un contraste de las siguientes hipótesis:

$$
\begin{aligned}
H_0 &: \quad \mu_{11} - \mu_{12} = \mu_{21} - \mu_{22}, \\
H_1 &: \quad \text{La hipótesis } H_0 \text{ no es cierta.}
\end{aligned}
$$

14. Supóngase que W_1, W_2 y W_3 son variables aleatorias independientes, cada una con una distribución normal con las siguientes media y varianza:

$$
\begin{aligned}
E(W_1) &= \theta_1 + \theta_2, & \text{Var}(W_1) &= \sigma^2, \\
E(W_2) &= \theta_1 + \theta_2 - 5, & \text{Var}(W_2) &= \sigma^2, \\
E(W_3) &= 2\theta_1 - 2\theta_2, & \text{Var}(W_3) &= 4\sigma^2.
\end{aligned}
$$

Determínense los E.M.V. de θ_1, θ_2 y σ^2 y determínese también la distribución conjunta de estos tres estimadores.

15. Supóngase que se desea ajustar una curva de la forma $y = \alpha x^{\beta}$ a un conjunto dado de n puntos (x_i, y_i) con $x_i > 0$ e $y_i > 0$ para $i = 1, \ldots, n$. Explíquese como se puede ajustar esta curva aplicando directamente el método de mínimos cuadrados o transformando primero el problema en el de ajustar una recta a los n puntos $(\log x_i, \log y_i)$ y luego aplicando el método de mínimos cuadrados. Expóngase en qué condiciones es apropiado cada uno de estos métodos.

16. Considérese un problema de regresión lineal simple y sea $Z_i = Y_i - \hat{\beta}_1 - \hat{\beta}_2 x_i$ el residuo de la observación Y_i ($i = 1, \ldots, n$), definido por la ecuación (45) de la sección 10.3. Evalúese $\text{Var}(Z_i)$ para valores dados de $x_1, \ldots, x_n$ y demuéstrese que es una función decreciente de la distancia entre x_i y $\overline{x}_n$.

17. Considérese un modelo lineal general con una matriz $n \times p$ de diseño $\boldsymbol{Z}$ y sea $\boldsymbol{W} = \boldsymbol{Z}\hat{\boldsymbol{\beta}}$ el vector de residuos. (En otras palabras, la componente i-ésima de $\boldsymbol{W}$ es $Y_i - \hat{Y}_i$, donde $\hat{Y}_i$ está dada por la ecuación (24) de la sección 10.5).
    (a) Demuéstrese que $\boldsymbol{W} = \boldsymbol{D}\boldsymbol{Y}$, donde

$$\boldsymbol{D} = \boldsymbol{I} - \boldsymbol{Z}(\boldsymbol{Z}'\boldsymbol{Z})^{-1}\boldsymbol{Z}'.$$

    (b) Demuéstrese que la matriz $\boldsymbol{D}$ es *idempotente*; esto es, $\boldsymbol{D}\boldsymbol{D} = \boldsymbol{D}$.
    (c) Demuéstrese que $\text{Cov}(\boldsymbol{W}) = \sigma^2 \boldsymbol{D}$.

18. Considérese un modelo con dos criterios de clasificación en donde los efectos de los factores son aditivos, de forma que se satisface la ecuación (1) de la sección 10.7 y sean $v_1, \ldots, v_I$ y $w_1, \ldots, w_J$ números positivos arbitrarios. Demuéstrese que existen números únicos μ, $\alpha_1, \ldots, \alpha_I$ y $\beta_1, \ldots, \beta_J$ tales que

$$\sum_{i=1}^{I} v_i\alpha_i = \sum_{j=1}^{J} w_j\beta_j = 0,$$

$$E(Y_{ij}) = \mu + \alpha_i + \beta_j \qquad \text{para } i = 1, \ldots, I \text{ y } j = 1, \ldots, J.$$

19. Considérese un modelo con dos criterios de clasificación donde los efectos de los factores sean aditivos, como en el ejercicio 18, y supóngase que existen K_{ij} observaciones por celda, donde $K_{ij} > 0$ para $i = 1, \ldots, I$ y $j = 1, \ldots, J$. Sea $v_i = K_{i+}$ para $i = 1, \ldots, I$ y $w_j = K_{+j}$ para $j = 1, \ldots, J$. Supóngase que $E(Y_{ijk}) = \mu + \alpha_i + \beta_j$ para $k = 1, \ldots, K_{ij}$, $i = 1, \ldots, j$ y $j = 1, \ldots, J$, donde $\sum_{i=1}^{I} v_i\alpha_i = \sum_{j=1}^{J} w_j\beta_j = 0$, como en el ejercicio 18. Verifíquese que los estimadores de mínimos cuadrados de μ, α_i y β_j son los siguientes:

$$\hat{\mu} = \overline{Y}_{+++},$$

$$\hat{\alpha}_i = \frac{1}{K_{i+}}Y_{i++} - \overline{Y}_{+++} \qquad \text{para } i = 1, \ldots, I,$$

$$\hat{\beta}_j = \frac{1}{K_{+j}}Y_{+j+} - \overline{Y}_{+++} \qquad \text{para } j = 1, \ldots, J.$$

20. Considérense de nuevo las condiciones de los ejercicios 18 y 19 y sean los estimadores $\hat{\mu}$, $\hat{\alpha}_i$ y $\hat{\beta}_j$ los del ejercicio 19. Demuéstrese que $\text{Cov}(\hat{\mu}, \hat{\alpha}_i) = \text{Cov}(\hat{\mu}, \hat{\beta}_j) = 0$.

21. Considérense de nuevo las condiciones de los ejercicios 18 y 19 y supóngase que los números K_{ij} tienen las siguientes propiedades de proporcionalidad:

$$K_{ij} = \frac{K_{i+}K_{+j}}{n} \qquad \text{para } i = 1, \ldots, I \text{ y } j = 1, \ldots, J.$$

Demuéstrese que $\text{Cov}(\hat{\alpha}_i, \hat{\beta}_j) = 0$, donde los estimadores $\hat{\alpha}_i$ y $\hat{\beta}_j$ son los del ejercicio 19.

22. En un modelo con tres criterios de clasificación con una observación en cada celda, las observaciones Y_{ijk} $(i = 1,\ldots,I;\ j = 1,\ldots,J;\ k = 1,\ldots,K)$ se suponen independientes y con distribución normal, con una varianza común σ^2. Supóngase que $E(Y_{ijk}) = \theta_{ijk}$. Demuéstrese que para cualquier conjunto de números θ_{ijk}, existe un conjunto único de números μ, α_i^A, α_j^B, α_k^C, β_{ij}^{AB}, β_{ik}^{AC}, β_{jk}^{BC} y γ_{ijk} $(i = = 1,\ldots,I;\ j = 1,\ldots,J;\ k = 1,\ldots,K)$ tales que

$$\alpha_+^A = \alpha_+^B = \alpha_+^C = 0,$$

$$\beta_{i+}^{AB} = \beta_{+j}^{AB} = \beta_{i+}^{AC} = \beta_{+k}^{AC} = \beta_{j+}^{BC} = \beta_{+k}^{BC} = 0,$$

$$\gamma_{ij+} = \gamma_{i+k} = \gamma_{+jk} = 0,$$

$$\theta_{ijk} = \mu + \alpha_i^A + \alpha_j^B + \alpha_k^C + \beta_{ij}^{AB} + \beta_{ik}^{AC} + \beta_{jk}^{BC} + \gamma_{ijk}$$

para todos los valores de i, j y k.

Referencias

Bickel, P. J. y Doksum, K. A. *Mathematical Statistics: Basic Ideas and Selected Topics.* Holden - Day, San Francisco, 1977.

Brunk, H. D. *An Introduction to Mathematical Statistics*, tercera edición. Xerox College Publishing, Lexington, Massachusetts, 1975.

Cramér, H. *Mathematical Methods of Statistics.* Princeton University Press, Princeton, Nueva Jersey, 1946.

David, F. N. *Games, Gods, and Gambling.* Hafner Publishing Co., Nueva York, 1962.

DeGroot, M. H. *Optimal Statistical Decisions.* McGraw-Hill Book Co., Inc., Nueva York, 1970.

Devore, J. L. *Probability and Statistics for Engineering and the Sciences.* Brooks/Cole Publishing Co., Monterey, California, 1982.

Draper, N. R. y Smith, H. *Applied Regression Analysis*, segunda edición. John Wiley and Sons, Inc., Nueva York, 1980.

Feller, W. *An Introduction to Probability Theory and Its Applications*, Vol. 1, tercera edición. John Wiley and Sons, Inc., Nueva York, 1968.

Ferguson, T. S. *Mathematical Statistics: A Decision Theoretic Approach.* Academic Press, Inc., Nueva York, 1967.

Fraser, D. A. S. *Probability and Statistics.* Duxbury Press, Boston, 1976.

Freund, J. E. y Walpole, R. E. *Mathematical Statistics*, tercera edición. Prentice-Hall, Inc., Englewood Cliffs, Nueva Jersey, 1980.

Guttman, I. *Linear Models: An Introduction.* John Wiley and Sons, Inc., Nueva York, 1982.

Hoel, P. G., Port, S. y Stone, C. L. *Introduction to Probability Theory.* Houghton-Mifflin, Inc., Boston, 1971.

Hogg, R. V. y Craig, A. T. *Introduction to Mathematical Statistics*, cuarta edición. The Macmillan Co., Nueva York, 1978.

Kempthorne, O. y Folks, L. *Probability, Statistics, and Data Analysis.* Iowa State University Press, Ames, Iowa, 1971.

Kendall, M. G. y Stuart, A. *The Advanced Theory of Statistics*, Vol 2, tercera edición. Hafner Publishing Co., Nueva York, 1973.

Kennedy, W. J., Jr. y Gentle, J. E. *Statistical Computing*. Marcel Dekker, Inc., Nueva York, 1980.

Larson, H. J. *Introduction to Probability Theory and Statistical Inference*, segunda edición. John Wiley and Sons, Inc., Nueva York, 1974.

Lehmann, E. L. *Testing Statistical Hypotheses*. John Wiley and Sons, Inc., Nueva York, 1959.

Lehmann, E. L. *Theory of Point Estimation*. John Wiley and Sons, Inc., Nueva York, 1983.

Lindgren, B. W. *Statistical Theory*, tercera edición. The Macmillan Co., Nueva York, 1976.

Mendenhall, W., Scheaffer, R. L. y Wackerly, D. D. *Mathematical Statistics with Applications*, segunda edición. Duxbury Press, Boston, 1981.

Meyer, P. L. *Probabilidad y aplicaciones estadísticas*, Addison-Wesley Iberoamericana, México, D. F., 1973.

Mood, A. M., Graybill, F. A. y Boes, D. C. *Introduction to the Theory of Statistics*, tercera edición. McGraw-Hill Book Co., Nueva York, 1974.

Olkin, I., Gleser, L. J. y Derman, C. *Probability Models and Applications*. The Macmillan Co., Nueva York, 1980.

Ore, O. Pascal and the invention of probability theory. *American Mathematical Monthly*, Vol 67, págs. 409–419, 1960.

Rao, C. R. *Linear Statistical Inference and Its Applications*, segunda edición. John Wiley and Sons, Inc., Nueva York, 1973.

Rohatgi, V. K. *An Introduction to Probability Theory and Mathematical Statistics*. John Wiley and Sons, Inc., Nueva York, 1976.

Rubinstein, R. Y. *Simulation and the Monte Carlo Method*. John Wiley and Sons, Inc., Nueva York, 1981.

Scheffé, H. *The Analysis of Variance*. John Wiley and Sons, Inc., Nueva York, 1959.

Todhunter, I. *A History of the Mathematical Theory of Probability from the Time of Pascal to That of Laplace*. Reimpreso por G. E. Stechert and Co., Nueva York, 1931, 1865.

Zacks, S. *The Theory of Statistical Inference*. John Wiley and Sons, Inc., Nueva York, 1971.

Zacks, S. *Parametric Statistical Inference*. Pergamon Press, Nueva York, 1981.

Tablas

Tabla de probabilidades binomiales 648

Tabla de dígitos aleatorios 651

Tabla de probabilidades de Poisson 654

Tabla de la función de distribución normal tipificada 655

Tabla de la distribución χ^2 656

Tabla de la distribución t 658

Tabla del cuantil de orden 0.95 de la distribución F 660

Tabla del cuantil de orden 0.975 de la distribución F 661

Tabla de probabilidades binomiales

$$\Pr(X = k) = \binom{n}{k} p^k (1-p)^{n-k}$$

n	k	$p = 0.1$	$p = 0.2$	$p = 0.3$	$p = 0.4$	$p = 0.5$
2	0	.8100	.6400	.4900	.3600	.2500
	1	.1800	.3200	.4200	.4800	.5000
	2	.0100	.0400	.0900	.1600	.2500
3	0	.7290	.5120	.3430	.2160	.1250
	1	.2430	.3840	.4410	.4320	.3750
	2	.0270	.0960	.1890	.2880	.3750
	3	.0010	.0080	.0270	.0640	.1250
4	0	.6561	.4096	.2401	.1296	.0625
	1	.2916	.4096	.4116	.3456	.2500
	2	.0486	.1536	.2646	.3456	.3750
	3	.0036	.0256	.0756	.1536	.2500
	4	.0001	.0016	.0081	.0256	.0625
5	0	.5905	.3277	.1681	.0778	.0312
	1	.3280	.4096	.3602	.2592	.1562
	2	.0729	.2048	.3087	.3456	.3125
	3	.0081	.0512	.1323	.2304	.3125
	4	.0005	.0064	.0284	.0768	.1562
	5	.0000	.0003	.0024	.0102	.0312
6	0	.5314	.2621	.1176	.0467	.0156
	1	.3543	.3932	.3025	.1866	.0938
	2	.0984	.2458	.3241	.3110	.2344
	3	.0146	.0819	.1852	.2765	.3125
	4	.0012	.0154	.0595	.1382	.2344
	5	.0001	.0015	.0102	.0369	.0938
	6	.0000	.0001	.0007	.0041	.0156
7	0	.4783	.2097	.0824	.0280	.0078
	1	.3720	.3670	.2471	.1306	.0547
	2	.1240	.2753	.3176	.2613	.1641
	3	.0230	.1147	.2269	.2903	.2734
	4	.0026	.0287	.0972	.1935	.2734
	5	.0002	.0043	.0250	.0774	.1641
	6	.0000	.0004	.0036	.0172	.0547
	7	.0000	.0000	.0002	.0016	.0078

Tabla de probabilidades binomiales (*continuación*)

n	k	$p = 0.1$	$p = 0.2$	$p = 0.3$	$p = 0.4$	$p = 0.5$
8	0	.4305	.1678	.0576	.0168	.0039
	1	.3826	.3355	.1977	.0896	.0312
	2	.1488	.2936	.2965	.2090	.1094
	3	.0331	.1468	.2541	.2787	.2188
	4	.0046	.0459	.1361	.2322	.2734
	5	.0004	.0092	.0467	.1239	.2188
	6	.0000	.0011	.0100	.0413	.1094
	7	.0000	.0001	.0012	.0079	.0312
	8	.0000	.0000	.0001	.0007	.0039
9	0	.3874	.1342	.0404	.0101	.0020
	1	.3874	.3020	.1556	.0605	.0176
	2	.1722	.3020	.2668	.1612	.0703
	3	.0446	.1762	.2668	.2508	.1641
	4	.0074	.0661	.1715	.2508	.2461
	5	.0008	.0165	.0735	.1672	.2461
	6	.0001	.0028	.0210	.0743	.1641
	7	.0000	.0003	.0039	.0212	.0703
	8	.0000	.0000	.0004	.0035	.0176
	9	.0000	.0000	.0000	.0003	.0020
10	0	.3487	.1074	.0282	.0060	.0010
	1	.3874	.2684	.1211	.0403	.0098
	2	.1937	.3020	.2335	.1209	.0439
	3	.0574	.2013	.2668	.2150	.1172
	4	.0112	.0881	.2001	.2508	.2051
	5	.0015	.0264	.1029	.2007	.2461
	6	.0001	.0055	.0368	.1115	.2051
	7	.0000	.0008	.0090	.0425	.1172
	8	.0000	.0001	.0014	.0106	.0439
	9	.0000	.0000	.0001	.0016	.0098
	10	.0000	.0000	.0000	.0001	.0010

Tabla de probabilidades binomiales (*continuación*)

n	k	$p = 0.1$	$p = 0.2$	$p = 0.3$	$p = 0.4$	$p = 0.5$
15	0	.2059	.0352	.0047	.0005	.0000
	1	.3432	.1319	.0305	.0047	.0005
	2	.2669	.2309	.0916	.0219	.0032
	3	.1285	.2501	.1700	.0634	.0139
	4	.0428	.1876	.2186	.1268	.0417
	5	.0105	.1032	.2061	.1859	.0916
	6	.0019	.0430	.1472	.2066	.1527
	7	.0003	.0138	.0811	.1771	.1964
	8	.0000	.0035	.0348	.1181	.1964
	9	.0000	.0007	.0116	.0612	.1527
	10	.0000	.0001	.0030	.0245	.0916
	11	.0000	.0000	.0006	.0074	.0417
	12	.0000	.0000	.0001	.0016	.0139
	13	.0000	.0000	.0000	.0003	.0032
	14	.0000	.0000	.0000	.0000	.0005
	15	.0000	.0000	.0000	.0000	.0000
20	0	.1216	.0115	.0008	.0000	.0000
	1	.2701	.0576	.0068	.0005	.0000
	2	.2852	.1369	.0278	.0031	.0002
	3	.1901	.2054	.0716	.0123	.0011
	4	.0898	.2182	.1304	.0350	.0046
	5	.0319	.1746	.1789	.0746	.0148
	6	.0089	.1091	.1916	.1244	.0370
	7	.0020	.0545	.1643	.1659	.0739
	8	.0003	.0222	.1144	.1797	.1201
	9	.0001	.0074	.0654	.1597	.1602
	10	.0000	.0020	.0308	.1171	.1762
	11	.0000	.0005	.0120	.0710	.1602
	12	.0000	.0001	.0039	.0355	.1201
	13	.0000	.0000	.0010	.0146	.0739
	14	.0000	.0000	.0002	.0049	.0370
	15	.0000	.0000	.0000	.0013	.0148
	16	.0000	.0000	.0000	.0003	.0046
	17	.0000	.0000	.0000	.0000	.0011
	18	.0000	.0000	.0000	.0000	.0002
	19	.0000	.0000	.0000	.0000	.0000
	20	.0000	.0000	.0000	.0000	.0000

Tabla de dígitos aleatorios

2671	4690	1550	2262	2597	8034	0785	2978	4409	0237
9111	0250	3275	7519	9740	4577	2064	0286	3398	1348
0391	6035	9230	4999	3332	0608	6113	0391	5789	9926
2475	2144	1886	2079	3004	9686	5669	4367	9306	2595
5336	5845	2095	6446	5694	3641	1085	8705	5416	9066
6808	0423	0155	1652	7897	4335	3567	7109	9690	3739
8525	0577	8940	9451	6726	0876	3818	7607	8854	3566
0398	0741	8787	3043	5063	0617	1770	5048	7721	7032
3623	9636	3638	1406	5731	3978	8068	7238	9715	3363
0739	2644	4917	8866	3632	5399	5175	7422	2476	2607
6713	3041	8133	8749	8835	6745	3597	3476	3816	3455
7775	9315	0432	8327	0861	1515	2297	3375	3713	9174
8599	2122	6842	9202	0810	2936	1514	2090	3067	3574
7955	3759	5254	1126	5553	4713	9605	7909	1658	5490
4766	0070	7260	6033	7997	0109	5993	7592	5436	1727
5165	1670	2534	8811	8231	3721	7947	5719	2640	1394
9111	0513	2751	8256	2931	7783	1281	6531	7259	6993
1667	1084	7889	8963	7018	8617	6381	0723	4926	4551
2145	4587	8585	2412	5431	4667	1942	7238	9613	2212
2739	5528	1481	7528	9368	1823	6979	2547	7268	2467
8769	5480	9160	5354	9700	1362	2774	7980	9157	8788
6531	9435	3422	2474	1475	0159	3414	5224	8399	5820
2937	4134	7120	2206	5084	9473	3958	7320	9878	8609
1581	3285	3727	8924	6204	0797	0882	5945	9375	9153
6268	1045	7076	1436	4165	0143	0293	4190	7171	7932
4293	0523	8625	1961	1039	2856	4889	4358	1492	3804
6936	4213	3212	7229	1230	0019	5998	9206	6753	3762
5334	7641	3258	3769	1362	2771	6124	9813	7915	8960
9373	1158	4418	8826	5665	5896	0358	4717	8232	4859
6968	9428	8950	5346	1741	2348	8143	5377	7695	0685
4229	0587	8794	4009	9691	4579	3302	7673	9629	5246
3807	7785	7097	5701	6639	0723	4819	0900	2713	7650
4891	8829	1642	2155	0796	0466	2946	2970	9143	6590
1055	2968	7911	7479	8199	9735	8271	5339	7058	2964
2983	2345	0568	4125	0894	8302	0506	6761	7706	4310
4026	3129	2968	8053	2797	4022	9838	9611	0975	2437
4075	0260	4256	0337	2355	9371	2954	6021	5783	2827
8488	5450	1327	7358	2034	8060	1788	6913	6123	9405
1976	1749	5742	4098	5887	4567	6064	2777	7830	5668
2793	4701	9466	9554	8294	2160	7486	1557	4769	2781

Tabla de dígitos aleatorios (*continuación*)

0916	6272	6825	7188	9611	1181	2301	5516	5451	6832
5961	1149	7946	1950	2010	0600	5655	0796	0569	4365
3222	4189	1891	8172	8731	4769	2782	1325	4238	9279
1176	7834	4600	9992	9449	5824	5344	1008	6678	1921
2369	8971	2314	4806	5071	8908	8274	4936	3357	4441
0041	4329	9265	0352	4764	9070	7527	7791	1094	2008
0803	8302	6814	2422	6351	0637	0514	0246	1845	8594
9965	7804	3930	8803	0268	1426	3130	3613	3947	8086
0011	2387	3148	7559	4216	2946	2865	6333	1916	2259
1767	9871	3914	5790	5287	7915	8959	1346	5482	9251
2604	3074	0504	3828	7881	0797	1094	4098	4940	7067
6930	4180	3074	0060	0909	3187	8991	0682	2385	2307
6160	9899	9084	5704	5666	3051	0325	4733	5905	9226
4884	1857	2847	2581	4870	1782	2980	0587	8797	5545
7294	2009	9020	0006	4309	3941	5645	6238	5052	4150
3478	4973	1056	3687	3145	5988	4214	5543	9185	9375
1764	7860	4150	2881	9895	2531	7363	8756	3724	9359
3025	0890	6436	3461	1411	0303	7422	2684	6256	3495
1771	3056	6630	4982	2386	2517	4747	5505	8785	8708
0254	1892	9066	4890	8716	2258	2452	3913	6790	6331
8537	9966	8224	9151	1855	8911	4422	1913	2000	1482
1475	0261	4465	4803	8231	6469	9935	4256	0648	7768
5209	5569	8410	3041	4325	7290	3381	5209	5571	9458
5456	5944	6038	3210	7165	0723	4820	1846	0005	3865
5043	6694	4853	8425	5871	1322	1052	1452	2486	1669
1719	0148	6977	1244	6443	5955	7945	1218	9391	6485
7432	2955	3933	8110	8585	1893	9218	7153	7566	6040
4926	4761	7812	7439	6436	3145	5934	7852	9095	9497
0769	0683	3768	1048	8519	2987	0124	3064	1881	3177
0805	3139	8514	5014	3274	6395	0549	3858	0820	6406
0204	7273	4964	5475	2648	6977	1371	6971	4850	6873
0092	1733	2349	2648	6609	5676	6445	3271	8867	3469
3139	4867	3666	9783	5088	4852	4143	7923	3858	0504
2033	7430	4389	7121	9982	0651	9110	9731	6421	4731
3921	0530	3605	8455	4205	7363	3081	3931	9331	1313
4111	9244	8135	9877	9529	9160	4407	9077	5306	0054
6573	1570	6654	3616	2049	7001	5185	7108	9270	6550
8515	8029	6880	4329	9367	1087	9549	1684	4838	5686
3590	2106	3245	1989	3529	3828	8091	6054	5656	3035
7212	9909	5005	7660	2620	6406	0690	4240	4070	6549

Tabla de dígitos aleatorios (*continuación*)

6701	0154	8806	1716	7029	6776	9465	8818	2886	3547
3777	9532	1333	8131	2929	6987	2408	0487	9172	6177
2495	3054	1692	0089	4090	2983	2136	8947	4625	7177
2073	8878	9742	3012	0042	3996	9930	1651	4982	9645
2252	8004	7840	2105	3033	8749	9153	2872	5100	8674
2104	2224	4052	2273	4753	4505	7156	5417	9725	7599
2371	0005	3844	6654	3246	4853	4301	8886	5217	1153
3270	1214	9649	1872	6930	9791	0248	2687	8126	1501
6209	7237	1966	5541	4224	7080	7630	6422	1160	5675
1309	9126	2920	4359	1726	0562	9654	4182	4097	7493
2406	8013	3634	6428	8091	5925	3923	1686	6097	9670
7365	9859	9378	7084	9402	9201	1815	7064	4324	7081
2889	4738	9929	1476	0785	3832	1281	5821	3690	9185
7951	3781	4755	6986	1659	5727	8108	9816	5759	4188
4548	6778	7672	9101	3911	8127	1918	8512	4197	6402
5701	8342	2852	4278	3343	9830	1756	0546	6717	3114
2187	7266	1210	3797	1636	7917	9933	3518	6923	6349
9360	6640	1315	6284	8265	7232	0291	3467	1088	7834
7850	7626	0745	1992	4998	7349	6451	6186	8916	4292
6186	9233	6571	0925	1748	5490	5264	3820	9829	1335

Tabla de probabilidades de Poisson

$\Pr(X = k) = e^{-\lambda}\lambda^k/k!$

k	$\lambda = .1$	.2	.3	.4	.5	.6	.7	.8	.9	1.0
0	.9048	.8187	.7408	.6703	.6065	.5488	.4966	.4493	.4066	.3679
1	.0905	.1637	.2222	.2681	.3033	.3293	.3476	.3595	.3659	.3679
2	.0045	.0164	.0333	.0536	.0758	.0988	.1217	.1438	.1647	.1839
3	.0002	.0011	.0033	.0072	.0126	.0198	.0284	.0383	.0494	.0613
4	.0000	.0001	.0003	.0007	.0016	.0030	.0050	.0077	.0111	.0153
5	.0000	.0000	.0000	.0001	.0002	.0004	.0007	.0012	.0020	.0031
6	.0000	.0000	.0000	.0000	.0000	.0000	.0001	.0002	.0003	.0005
7	.0000	.0000	.0000	.0000	.0000	.0000	.0000	.0000	.0000	.0001
8	.0000	.0000	.0000	.0000	.0000	.0000	.0000	.0000	.0000	.0000

k	$\lambda = 1.5$	2	3	4	5	6	7	8	9	10
0	.2231	.1353	.0498	.0183	.0067	.0025	.0009	.0003	.0001	.0000
1	.3347	.2707	.1494	.0733	.0337	.0149	.0064	.0027	.0011	.0005
2	.2510	.2707	.2240	.1465	.0842	.0446	.0223	.0107	.0050	.0023
3	.1255	.1804	.2240	.1954	.1404	.0892	.0521	.0286	.0150	.0076
4	.0471	.0902	.1680	.1954	.1755	.1339	.0912	.0573	.0337	.0189
5	.0141	.0361	.1008	.1563	.1755	.1606	.1277	.0916	.0607	.0378
6	.0035	.0120	.0504	.1042	.1462	.1606	.1490	.1221	.0911	.0631
7	.0008	.0034	.0216	.0595	.1044	.1377	.1490	.1396	.1171	.0901
8	.0001	.0009	.0081	.0298	.0653	.1033	.1304	.1396	.1318	.1126
9	.0000	.0002	.0027	.0132	.0363	.0688	.1014	.1241	.1318	.1251
10	.0000	.0000	.0008	.0053	.0181	.0413	.0710	.0993	.1186	.1251
11	.0000	.0000	.0002	.0019	.0082	.0225	.0452	.0722	.0970	.1137
12	.0000	.0000	.0001	.0006	.0034	.0113	.0264	.0481	.0728	.0948
13	.0000	.0000	.0000	.0002	.0013	.0052	.0142	.0296	.0504	.0729
14	.0000	.0000	.0000	.0001	.0005	.0022	.0071	.0169	.0324	.0521
15	.0000	.0000	.0000	.0000	.0002	.0009	.0033	.0090	.0194	.0347
16	.0000	.0000	.0000	.0000	.0000	.0003	.0014	.0045	.0109	.0217
17	.0000	.0000	.0000	.0000	.0000	.0001	.0006	.0021	.0058	.0128
18	.0000	.0000	.0000	.0000	.0000	.0000	.0002	.0009	.0029	.0071
19	.0000	.0000	.0000	.0000	.0000	.0000	.0001	.0004	.0014	.0037
20	.0000	.0000	.0000	.0000	.0000	.0000	.0000	.0002	.0006	.0019
21	.0000	.0000	.0000	.0000	.0000	.0000	.0000	.0001	.0003	.0009
22	.0000	.0000	.0000	.0000	.0000	.0000	.0000	.0000	.0001	.0004
23	.0000	.0000	.0000	.0000	.0000	.0000	.0000	.0000	.0000	.0002
24	.0000	.0000	.0000	.0000	.0000	.0000	.0000	.0000	.0000	.0001
25	.0000	.0000	.0000	.0000	.0000	.0000	.0000	.0000	.0000	.0000

Tabla de la función de distribución normal tipificada

$$\Phi(x) = \int_{-\infty}^{x} (2\pi)^{-1/2} \exp(-u^2/2)\, du$$

x	$\Phi(x)$	x	$\Phi(x)$	x	$\Phi(x)$	x	$\Phi(x)$	x	$\Phi(x)$
0.00	0.5000	0.60	0.7257	1.20	0.8849	1.80	0.9641	2.40	0.9918
0.01	0.5040	0.61	0.7291	1.21	0.8869	1.81	0.9649	2.41	0.9920
0.02	0.5080	0.62	0.7324	1.22	0.8888	1.82	0.9656	2.42	0.9922
0.03	0.5120	0.63	0.7357	1.23	0.8907	1.83	0.9664	2.43	0.9925
0.04	0.5160	0.64	0.7389	1.24	0.8925	1.84	0.9671	2.44	0.9927
0.05	0.5199	0.65	0.7422	1.25	0.8944	1.85	0.9678	2.45	0.9929
0.06	0.5239	0.66	0.7454	1.26	0.8962	1.86	0.9686	2.46	0.9931
0.07	0.5279	0.67	0.7486	1.27	0.8980	1.87	0.9693	2.47	0.9932
0.08	0.5319	0.68	0.7517	1.28	0.8997	1.88	0.9699	2.48	0.9934
0.09	0.5359	0.69	0.7549	1.29	0.9015	1.89	0.9706	2.49	0.9936
0.10	0.5398	0.70	0.7580	1.30	0.9032	1.90	0.9713	2.50	0.9938
0.11	0.5438	0.71	0.7611	1.31	0.9049	1.91	0.9719	2.52	0.9941
0.12	0.5478	0.72	0.7642	1.32	0.9066	1.92	0.9726	2.54	0.9945
0.13	0.5517	0.73	0.7673	1.33	0.9082	1.93	0.9732	2.56	0.9948
0.14	0.5557	0.74	0.7704	1.34	0.9099	1.94	0.9738	2.58	0.9951
0.15	0.5596	0.75	0.7734	1.35	0.9115	1.95	0.9744	2.60	0.9953
0.16	0.5636	0.76	0.7764	1.36	0.9131	1.96	0.9750	2.62	0.9956
0.17	0.5675	0.77	0.7794	1.37	0.9147	1.97	0.9756	2.64	0.9959
0.18	0.5714	0.78	0.7823	1.38	0.9162	1.98	0.9761	2.66	0.9961
0.19	0.5753	0.79	0.7852	1.39	0.9177	1.99	0.9767	2.68	0.9963
0.20	0.5793	0.80	0.7881	1.40	0.9192	2.00	0.9773	2.70	0.9965
0.21	0.5832	0.81	0.7910	1.41	0.9207	2.01	0.9778	2.72	0.9967
0.22	0.5871	0.82	0.7939	1.42	0.9222	2.02	0.9783	2.74	0.9969
0.23	0.5910	0.83	0.7967	1.43	0.9236	2.03	0.9788	2.76	0.9971
0.24	0.5948	0.84	0.7995	1.44	0.9251	2.04	0.9793	2.78	0.9973
0.25	0.5987	0.85	0.8023	1.45	0.9265	2.05	0.9798	2.80	0.9974
0.26	0.6026	0.86	0.8051	1.46	0.9279	2.06	0.9803	2.82	0.9976
0.27	0.6064	0.87	0.8079	1.47	0.9292	2.07	0.9808	2.84	0.9977
0.28	0.6103	0.88	0.8106	1.48	0.9306	2.08	0.9812	2.86	0.9979
0.29	0.6141	0.89	0.8133	1.49	0.9319	2.09	0.9817	2.88	0.9980
0.30	0.6179	0.90	0.8159	1.50	0.9332	2.10	0.9821	2.90	0.9981
0.31	0.6217	0.91	0.8186	1.51	0.9345	2.11	0.9826	2.92	0.9983
0.32	0.6255	0.92	0.8212	1.52	0.9357	2.12	0.9830	2.94	0.9984
0.33	0.6293	0.93	0.8238	1.53	0.9370	2.13	0.9834	2.96	0.9985
0.34	0.6331	0.94	0.8264	1.54	0.9382	2.14	0.9838	2.98	0.9986
0.35	0.6368	0.95	0.8289	1.55	0.9394	2.15	0.9842	3.00	0.9987
0.36	0.6406	0.96	0.8315	1.56	0.9406	2.16	0.9846	3.05	0.9989
0.37	0.6443	0.97	0.8340	1.57	0.9418	2.17	0.9850	3.10	0.9990
0.38	0.6480	0.98	0.8365	1.58	0.9429	2.18	0.9854	3.15	0.9992
0.39	0.6517	0.99	0.8389	1.59	0.9441	2.19	0.9857	3.20	0.9993
0.40	0.6554	1.00	0.8413	1.60	0.9452	2.20	0.9861	3.25	0.9994
0.41	0.6591	1.01	0.8437	1.61	0.9463	2.21	0.9864	3.30	0.9995
0.42	0.6628	1.02	0.8461	1.62	0.9474	2.22	0.9868	3.35	0.9996
0.43	0.6664	1.03	0.8485	1.63	0.9485	2.23	0.9871	3.40	0.9997
0.44	0.6700	1.04	0.8508	1.64	0.9495	2.24	0.9875	3.45	0.9997
0.45	0.6736	1.05	0.8531	1.65	0.9505	2.25	0.9878	3.50	0.9998
0.46	0.6772	1.06	0.8554	1.66	0.9515	2.26	0.9881	3.55	0.9998
0.47	0.6808	1.07	0.8577	1.67	0.9525	2.27	0.9884	3.60	0.9998
0.48	0.6844	1.08	0.8599	1.68	0.9535	2.28	0.9887	3.65	0.9999
0.49	0.6879	1.09	0.8621	1.69	0.9545	2.29	0.9890	3.70	0.9999
0.50	0.6915	1.10	0.8643	1.70	0.9554	2.30	0.9893	3.75	0.9999
0.51	0.6950	1.11	0.8665	1.71	0.9564	2.31	0.9896	3.80	0.9999
0.52	0.6985	1.12	0.8686	1.72	0.9573	2.32	0.9898	3.85	0.9999
0.53	0.7019	1.13	0.8708	1.73	0.9582	2.33	0.9901	3.90	1.0000
0.54	0.7054	1.14	0.8729	1.74	0.9591	2.34	0.9904	3.95	1.0000
0.55	0.7088	1.15	0.8749	1.75	0.9599	2.35	0.9906	4.00	1.0000
0.56	0.7123	1.16	0.8770	1.76	0.9608	2.36	0.9909		
0.57	0.7157	1.17	0.8790	1.77	0.9616	2.37	0.9911		
0.58	0.7190	1.18	0.8810	1.78	0.9625	2.38	0.9913		
0.59	0.7224	1.19	0.8830	1.79	0.9633	2.39	0.9916		

Tabla de la distribución χ^2

Si X tiene una distribución χ^2 con n grados de libertad, esta tabla proporciona el valor de x tal que $\Pr(X \leq x) = p$.

n \ p	.005	.01	.025	.05	.10	.20	.25	.30	.40
1	.0000	.0002	.0010	.0039	.0158	.0642	.1015	.1484	.2750
2	.0100	.0201	.0506	.1026	.2107	.4463	.5754	.7133	1.022
3	.0717	.1148	.2158	.3518	.5844	1.005	1.213	1.424	1.869
4	.2070	.2971	.4844	.7107	1.064	1.649	1.923	2.195	2.753
5	.4117	.5543	.8312	1.145	1.610	2.343	2.675	3.000	3.655
6	.6757	.8721	1.237	1.635	2.204	3.070	3.455	3.828	4.570
7	.9893	1.239	1.690	2.167	2.833	3.822	4.255	4.671	5.493
8	1.344	1.647	2.180	2.732	3.490	4.594	5.071	5.527	6.423
9	1.735	2.088	2.700	3.325	4.168	5.380	5.899	6.393	7.357
10	2.156	2.558	3.247	3.940	4.865	6.179	6.737	7.267	8.295
11	2.603	3.053	3.816	4.575	5.578	6.989	7.584	8.148	9.237
12	3.074	3.571	4.404	5.226	6.304	7.807	8.438	9.034	10.18
13	3.565	4.107	5.009	5.892	7.042	8.634	9.299	9.926	11.13
14	4.075	4.660	5.629	6.571	7.790	9.467	10.17	10.82	12.08
15	4.601	5.229	6.262	7.261	8.547	10.31	11.04	11.72	13.03
16	5.142	5.812	6.908	7.962	9.312	11.15	11.91	12.62	13.98
17	5.697	6.408	7.564	8.672	10.09	12.00	12.79	13.53	14.94
18	6.265	7.015	8.231	9.390	10.86	12.86	13.68	14.43	15.89
19	6.844	7.633	8.907	10.12	11.65	13.72	14.56	15.35	16.85
20	7.434	8.260	9.591	10.85	12.44	14.58	15.45	16.27	17.81
21	8.034	8.897	10.28	11.59	13.24	15.44	16.34	17.18	18.77
22	8.643	9.542	10.98	12.34	14.04	16.31	17.24	18.10	19.73
23	9.260	10.20	11.69	13.09	14.85	17.19	18.14	19.02	20.69
24	9.886	10.86	12.40	13.85	15.66	18.06	19.04	19.94	21.65
25	10.52	11.52	13.12	14.61	16.47	18.94	19.94	20.87	22.62
30	13.79	14.95	16.79	18.49	20.60	23.36	24.48	25.51	27.44
40	20.71	22.16	24.43	26.51	29.05	32.34	33.66	34.87	36.16
50	27.99	29.71	32.36	34.76	37.69	41.45	42.94	44.31	46.86
60	35.53	37.48	40.48	43.19	46.46	50.64	52.29	53.81	56.62
70	43.27	45.44	48.76	51.74	55.33	59.90	61.70	63.35	66.40
80	51.17	53.54	57.15	60.39	64.28	69.21	71.14	72.92	76.19
90	59.20	61.75	65.65	69.13	73.29	78.56	80.62	82.51	85.99
100	67.33	70.06	74.22	77.93	82.86	87.95	90.13	92.13	95.81

Adaptada con permiso de *Biometrika Tables for Statisticians*, Vol. 1, tercera edición, Cambridge University Press, 1966, editada por E.S. Pearson y H.O. Hartley, y de "A new table of percentage points of the chi-square distribution", *Biometrika*, Vol. 51(1964), págs 231–239, por H.L. Harter, Aerospace Research Laboratories.

Tabla de la distribución χ^2 (*continuación*)

.50	.60	.70	.75	.80	.90	.95	.975	.99	.995
.4549	.7083	1.074	1.323	1.642	2.706	3.841	5.024	6.635	7.879
1.386	1.833	2.408	2.773	3.219	4.605	5.991	7.378	9.210	10.60
2.366	2.946	3.665	4.108	4.642	6.251	7.815	9.348	11.34	12.84
3.357	4.045	4.878	5.385	5.989	7.779	9.488	11.14	13.28	14.86
4.351	5.132	6.064	6.626	7.289	9.236	11.07	12.83	15.09	16.75
5.348	6.211	7.231	7.841	8.558	10.64	12.59	14.45	16.81	18.55
6.346	7.283	8.383	9.037	9.803	12.02	14.07	16.01	18.48	20.28
7.344	8.351	9.524	10.22	11.03	13.36	15.51	17.53	20.09	21.95
8.343	9.414	10.66	11.39	12.24	14.68	16.92	19.02	21.67	23.59
9.342	10.47	11.78	12.55	13.44	15.99	18.31	20.48	23.21	25.19
10.34	11.53	12.90	13.70	14.63	17.27	19.68	21.92	24.72	26.76
11.34	12.58	14.01	14.85	15.81	18.55	21.03	23.34	26.22	28.30
12.34	13.64	15.12	15.98	16.98	19.81	22.36	24.74	27.69	29.82
13.34	14.69	16.22	17.12	18.15	21.06	23.68	26.12	29.14	31.32
14.34	15.73	17.32	18.25	19.31	22.31	25.00	27.49	30.58	32.80
15.34	16.78	18.42	19.37	20.47	23.54	26.30	28.85	32.00	34.27
16.34	17.82	19.51	20.49	21.61	24.77	27.59	30.19	33.41	35.72
17.34	18.87	20.60	21.60	22.76	25.99	28.87	31.53	34.81	37.16
18.34	19.91	21.69	22.72	23.90	27.20	30.14	32.85	36.19	38.58
19.34	20.95	22.77	23.83	25.04	28.41	31.41	34.17	37.57	40.00
20.34	21.99	23.86	24.93	26.17	29.62	32.67	35.48	38.93	41.40
21.34	23.03	24.94	26.04	27.30	30.81	33.92	36.78	40.29	42.80
22.34	24.07	26.02	27.14	28.43	32.01	35.17	38.08	41.64	44.18
23.34	25.11	27.10	28.24	29.55	33.20	36.42	39.36	42.98	45.56
24.34	26.14	28.17	29.34	30.68	34.38	37.65	40.65	44.31	46.93
29.34	31.32	33.53	34.80	36.25	40.26	43.77	46.98	50.89	53.67
39.34	41.62	44.16	45.62	47.27	51.81	55.76	59.34	63.69	66.77
49.33	51.89	54.72	56.33	58.16	63.17	67.51	71.42	76.15	79.49
59.33	62.13	65.23	66.98	68.97	74.40	79.08	83.30	88.38	91.95
69.33	72.36	75.69	77.58	79.71	85.53	90.53	95.02	100.4	104.2
79.33	82.57	86.12	88.13	90.41	96.58	101.9	106.6	112.3	116.3
89.33	92.76	96.52	98.65	101.1	107.6	113.1	118.1	124.1	128.3
99.33	102.9	106.9	109.1	111.7	118.5	124.3	129.6	135.8	140.2

Tabla de la distribución *t*

Si X tiene una distribución t con n grados de libertad, la tabla proporciona el valor de x tal que $\Pr(X \leq x) = p$.

n	p = .55	.60	.65	.70	.75	.80	.85	.90	.95	.975	.99	.995
1	.158	.325	.510	.727	1.000	1.376	1.963	3.078	6.314	12.706	31.821	63.657
2	.142	.289	.445	.617	.816	1.061	1.386	1.886	2.920	4.303	6.965	9.925
3	.137	.277	.424	.584	.765	.978	1.250	1.638	2.353	3.182	4.541	5.841
4	.134	.271	.414	.569	.741	.941	1.190	1.533	2.132	2.776	3.747	4.604
5	.132	.267	.408	.559	.727	.920	1.156	1.476	2.015	2.571	3.365	4.032
6	.131	.265	.404	.553	.718	.906	1.134	1.440	1.943	2.447	3.143	3.707
7	.130	.263	.402	.549	.711	.896	1.119	1.415	1.895	2.365	2.998	3.499
8	.130	.262	.399	.546	.706	.889	1.108	1.397	1.860	2.306	2.896	3.355
9	.129	.261	.398	.543	.703	.883	1.100	1.383	1.833	2.262	2.821	3.250
10	.129	.260	.397	.542	.700	.879	1.093	1.372	1.812	2.228	2.764	3.169
11	.129	.260	.396	.540	.697	.876	1.088	1.363	1.796	2.201	2.718	3.106
12	.128	.259	.395	.539	.695	.873	1.083	1.356	1.782	2.179	2.681	3.055
13	.128	.259	.394	.538	.694	.870	1.079	1.350	1.771	2.160	2.650	3.012
14	.128	.258	.393	.537	.692	.868	1.076	1.345	1.761	2.145	2.624	2.977
15	.128	.258	.393	.536	.691	.866	1.074	1.341	1.753	2.131	2.602	2.947
16	.128	.258	.392	.535	.690	.865	1.071	1.337	1.746	2.120	2.583	2.921
17	.128	.257	.392	.534	.689	.863	1.069	1.333	1.740	2.110	2.567	2.898
18	.127	.257	.392	.534	.688	.862	1.067	1.330	1.734	2.101	2.552	2.878
19	.127	.257	.391	.533	.688	.861	1.066	1.328	1.729	2.093	2.539	2.861
20	.127	.257	.391	.533	.687	.860	1.064	1.325	1.725	2.086	2.528	2.845

Tabla de la distribución *t* (*continuación*)

n	p = .55	.60	.65	.70	.75	.80	.85	.90	.95	.975	.99	.995
21	.127	.257	.391	.532	.686	.859	1.063	1.323	1.721	2.080	2.518	2.831
22	.127	.256	.390	.532	.686	.858	1.061	1.321	1.717	2.074	2.508	2.819
23	.127	.256	.390	.532	.685	.858	1.060	1.319	1.714	2.069	2.500	2.807
24	.127	.256	.390	.531	.685	.857	1.059	1.318	1.711	2.064	2.492	2.797
25	.127	.256	.390	.531	.684	.856	1.058	1.316	1.708	2.060	2.485	2.787
26	.127	.256	.390	.531	.684	.856	1.058	1.315	1.706	2.056	2.479	2.779
27	.127	.256	.389	.531	.684	.855	1.057	1.314	1.703	2.052	2.473	2.771
28	.127	.256	.389	.530	.683	.855	1.056	1.313	1.701	2.048	2.467	2.763
29	.127	.256	.389	.530	.683	.854	1.055	1.311	1.699	2.045	2.462	2.756
30	.127	.256	.389	.530	.683	.854	1.055	1.310	1.697	2.042	2.457	2.750
40	.126	.255	.388	.529	.681	.851	1.050	1.303	1.684	2.021	2.423	2.704
60	.126	.254	.387	.527	.679	.848	1.046	1.296	1.671	2.000	2.390	2.660
120	.126	.254	.386	.526	.677	.845	1.041	1.289	1.658	1.980	2.358	2.617
∞	.126	.253	.385	.524	.674	.842	1.036	1.282	1.645	1.960	2.326	2.576

Esta tabla está adaptada de la tabla III del libro de Fisher & Yates: *Statistical Tables for Biological, Agricultural and Medical Research,* publicado por Longman Group Ltd. London (anteriormente publicado por Oliver and Boyd Ltd., Edinburgo) y con permiso de los autores y editores.

Tabla del cuantil de orden 0.95 de la distribución *F*

Si X tiene una distribución F con m y n grados de libertad, la tabla proporciona el valor de x tal que $\Pr(X \leq x) = 0.95$.

n \ m	1	2	3	4	5	6	7	8	9	10	15	20	30	40	60	120	∞
1	161.4	199.5	215.7	224.6	230.2	234.0	236.8	238.9	240.5	241.9	245.9	248.0	250.1	251.1	252.2	253.3	254.3
2	18.51	19.00	19.16	19.25	19.30	19.33	19.35	19.37	19.38	19.40	19.43	19.45	19.46	19.47	19.48	19.49	19.50
3	10.13	9.55	9.28	9.12	9.01	8.94	8.89	8.85	8.81	8.79	8.70	8.66	8.62	8.59	8.57	8.55	8.53
4	7.71	6.94	6.59	6.39	6.26	6.16	6.09	6.04	6.00	5.96	5.86	5.80	5.75	5.72	5.69	5.66	5.63
5	6.61	5.79	5.41	5.19	5.05	4.95	4.88	4.82	4.77	4.74	4.62	4.56	4.50	4.46	4.43	4.40	4.36
6	5.99	5.14	4.76	4.53	4.39	4.28	4.21	4.15	4.10	4.06	3.94	3.87	3.81	3.77	3.74	3.70	3.67
7	5.59	4.74	4.35	4.12	3.97	3.87	3.79	3.73	3.68	3.64	3.51	3.44	3.38	3.34	3.30	3.27	3.23
8	5.32	4.46	4.07	3.84	3.69	3.58	3.50	3.44	3.39	3.35	3.22	3.15	3.08	3.04	3.01	2.97	2.93
9	5.12	4.26	3.86	3.63	3.48	3.37	3.29	3.23	3.18	3.14	3.01	2.94	2.86	2.83	2.79	2.75	2.71
10	4.96	4.10	3.71	3.48	3.33	3.22	3.14	3.07	3.02	2.98	2.85	2.77	2.70	2.66	2.62	2.58	2.54
15	4.54	3.68	3.29	3.06	2.90	2.79	2.71	2.64	2.59	2.54	2.40	2.33	2.25	2.20	2.16	2.11	2.07
20	4.35	3.49	3.10	2.87	2.71	2.60	2.51	2.45	2.39	2.35	2.20	2.12	2.04	1.99	1.95	1.90	1.84
30	4.17	3.32	2.92	2.69	2.53	2.42	2.33	2.27	2.21	2.16	2.01	1.93	1.84	1.79	1.74	1.68	1.62
40	4.08	3.23	2.84	2.61	2.45	2.34	2.25	2.18	2.12	2.08	1.92	1.84	1.74	1.69	1.64	1.58	1.51
60	4.00	3.15	2.76	2.53	2.37	2.25	2.17	2.10	2.04	1.99	1.84	1.75	1.65	1.59	1.53	1.47	1.39
120	3.92	3.07	2.68	2.45	2.29	2.17	2.09	2.02	1.96	1.91	1.75	1.66	1.55	1.50	1.43	1.35	1.25
∞	3.84	3.00	2.60	2.37	2.21	2.10	2.01	1.94	1.88	1.83	1.67	1.57	1.46	1.39	1.32	1.22	1.00

Adaptada con permiso de *Biometrika Tables for Statisticians, Vol.* 1, tercera edición, Cambridge University Press, 1966, editado por E.S. Pearson and H.O. Hartley.

Tabla del cuantil de orden 0.975 de la distribución F

Si X tiene una distribución F con m y n grados de libertad, la tabla proporciona el valor de x tal que $\Pr(X \leq x) = 0.975$.

n \ m	1	2	3	4	5	6	7	8	9	10	15	20	30	40	60	120	∞
1	647.8	799.5	864.2	899.6	921.8	937.1	948.2	956.7	963.3	968.6	984.9	993.1	1001	1006	1010	1014	1018
2	38.51	39.00	39.17	39.25	39.30	39.33	39.36	39.37	39.39	39.40	39.43	39.45	39.46	39.47	39.48	39.49	39.50
3	17.44	16.04	15.44	15.10	14.88	14.73	14.62	14.54	14.47	14.42	14.25	14.17	14.08	14.04	13.99	13.95	13.90
4	12.22	10.65	9.98	9.60	9.36	9.20	9.07	8.98	8.90	8.84	8.66	8.56	8.46	8.41	8.36	8.31	8.26
5	10.01	8.43	7.76	7.39	7.15	6.98	6.85	6.76	6.68	6.62	6.43	6.33	6.23	6.18	6.12	6.07	6.02
6	8.81	7.26	6.60	6.23	5.99	5.82	5.70	5.60	5.52	5.46	5.27	5.17	5.07	5.01	4.96	4.90	4.85
7	8.07	6.54	5.89	5.52	5.29	5.12	4.99	4.90	4.82	4.76	4.57	4.47	4.36	4.31	4.25	4.20	4.14
8	7.57	6.06	5.42	5.05	4.82	4.65	4.53	4.43	4.36	4.30	4.10	4.00	3.89	3.84	3.78	3.73	3.67
9	7.21	5.71	5.08	4.72	4.48	4.32	4.20	4.10	4.03	3.96	3.77	3.67	3.56	3.51	3.45	3.39	3.33
10	6.94	5.46	4.83	4.47	4.24	4.07	3.95	3.85	3.78	3.72	3.52	3.42	3.31	3.26	3.20	3.14	3.08
15	6.20	4.77	4.15	3.80	3.58	3.41	3.29	3.20	3.12	3.06	2.86	2.76	2.64	2.59	2.52	2.46	2.40
20	5.87	4.46	3.86	3.51	3.29	3.13	3.01	2.91	2.84	2.77	2.57	2.46	2.35	2.29	2.22	2.16	2.09
30	5.57	4.18	3.59	3.25	3.03	2.87	2.75	2.65	2.57	2.51	2.31	2.20	2.07	2.01	1.94	1.87	1.79
40	5.42	4.05	3.46	3.13	2.90	2.74	2.62	2.53	2.45	2.39	2.18	2.07	1.94	1.88	1.80	1.72	1.64
60	5.29	3.93	3.34	3.01	2.79	2.63	2.51	2.41	2.33	2.27	2.06	1.94	1.82	1.74	1.67	1.58	1.48
120	5.15	3.80	3.23	2.89	2.67	2.52	2.39	2.30	2.22	2.16	1.94	1.82	1.69	1.61	1.53	1.43	1.31
∞	5.02	3.69	3.12	2.79	2.57	2.41	2.29	2.19	2.11	2.05	1.83	1.71	1.57	1.48	1.39	1.27	1.00

Adaptada con permiso de *Biometrika Tables for Statisticians, Vol.* 1, tercera edición, Cambridge University Press, 1966, editado por E.S. Pearson and H.O. Hartley.

Respuestas a los ejercicios con numeración par

Capítulo 1

Sección 1.4

6. (a) $\{x : x < 1 \text{ o } x > 5\}$; (b) $\{x : 1 \leq x \leq 7\}$; (c) B; (d) $\{x : 0 < x < 1 \text{ o } x > 7\}$;

   (e) $\emptyset$.

Sección 1.5

2. $\frac{2}{5}$. 4. 0.4. 6. (a) $\frac{1}{2}$; (b) $\frac{1}{6}$; (c) $\frac{3}{8}$.

8. 0.4 si $A \subset B$ y 0.1 si $\Pr(A \cup B) = 1$.

10. (a) $1 - \frac{\pi}{4}$; (b) $\frac{3}{4}$; (c) $\frac{2}{3}$; (d) 0.

Sección 1.6

2. $\frac{4}{7}$. 4. $\frac{1}{2}$. 6. $\frac{2}{3}$.

Sección 1.7

2. $5!$. 4. $\frac{5}{18}$. 6. $\frac{20!}{8!\,20^{12}}$. 8. $\frac{(3!)^2}{6!}$.

Sección 1.8

2. Son iguales.

4. Este número es $\binom{4251}{97}$, y por tanto debe ser un entero.

6. $\dfrac{n+1-k}{\binom{n}{k}}$. 8. $\dfrac{n+1}{\binom{2n}{n}}$. 10. $\dfrac{\binom{98}{10}}{\binom{100}{12}}$. 12. $\dfrac{\binom{20}{6}+\binom{20}{10}}{\binom{24}{10}}$.

16. $\dfrac{4\binom{13}{4}}{\binom{52}{4}}$.

Sección 1.9

2. $\dfrac{300!}{5!\,8!\,287!}$. 4. $\dfrac{n!}{6^n n_1!\,n_2!\cdots n_6!}$.

6. $\dfrac{\dfrac{12!}{6!\,2!\,4!}\cdot\dfrac{13!}{4!\,6!\,3!}}{\dfrac{25!}{10!\,8!\,7!}}$. 8. $\dfrac{4!(13!)^4}{52!}$.

Sección 1.10

2. 45%. 4. $\dfrac{9}{24}$.

6. $$1-\frac{1}{\binom{100}{15}}\left\{\left[\binom{90}{15}+\binom{80}{15}+\binom{70}{15}+\binom{60}{15}\right]-\right.$$
$$-\left[\binom{70}{15}+\binom{60}{15}+\binom{50}{15}+\binom{50}{15}+\binom{40}{15}+\binom{30}{15}\right]+$$
$$\left.+\left[\binom{40}{15}+\binom{30}{15}+\binom{20}{15}\right]\right\}.$$

8. $n=10$.

10. $\dfrac{\binom{5}{r}\binom{5}{5-r}}{\binom{10}{5}}$, donde $r=\dfrac{x}{2}$ y $x=0,2,\ldots,10$.

Sección 1.11

4. $1-\dfrac{1}{10^6}$. 6. 0.92. 8. $\dfrac{1}{7}$. 10. $10(0.01)(0.99)^9$.

12. $n > \frac{\log(0.2)}{\log(0.99)}$.

14. $\frac{1}{12}$.

16. $[(0.8)^{10} + (0.7)^{10}] - [(0.2)^{10} + (0.3)^{10}]$.

Sección 1.13

2. No.

4. (a) Si, y sólo si, $A \cup B = S$, (b) Siempre.

6. $\frac{1}{6}$.

8. $1 - \left(\frac{49}{50}\right)^{50}$.

10. (a) 0.93. (b) 0.38.

12. $\binom{6}{3} p^3(1-p)^3$.

14. $\frac{4}{81}$.

16. 0.067.

18. $\frac{1}{\binom{r+w}{r}}$.

20. $\frac{\binom{7}{j}\binom{3}{5-j}}{\binom{10}{5}}$, donde $k = 2j - 2$ y $j = 2, 3, 4, 5$.

22. $p_1 + p_2 + p_3 - p_1p_2 - p_2p_3 - p_1p_3 + p_1p_2p_3$, donde

$$p_1 = \frac{\binom{6}{1}}{\binom{8}{3}}, \; p_2 = \frac{\binom{6}{2}}{\binom{8}{4}}, \; p_3 = \frac{\binom{6}{3}}{\binom{8}{5}}.$$

24. $\Pr(A \text{ gane}) = \frac{4}{7}$; $\Pr(B \text{ gane}) = \frac{2}{7}$; $\Pr(C \text{ gane}) = \frac{1}{7}$.

Capítulo 2

Sección 2.1

2. $\Pr(A)$.

4. $\frac{r(r+k)(r+2k)b}{(r+b)(r+b+k)(r+b+2k)(r+b+3k)}$.

6. $\frac{2}{3}$.

8. $\frac{1}{3}$.

10. (a) $\frac{3}{4}$; (b) $\frac{3}{5}$.

12. (a) $p_2 + p_3 + p_4$, donde $p_j = \binom{4}{j}\left(\frac{1}{4}\right)^j\left(\frac{3}{4}\right)^{4-j}$.

Sección 2.2

2. 0.47.
6. 0.301.
8. $\frac{18}{59}$.
10. (a) $0, \frac{1}{10}, \frac{2}{10}, \frac{3}{10}, \frac{4}{10}$; (b) $\frac{3}{4}$; (c) $\frac{1}{4}$.

Sección 2.3

2. (a) 0.667; (b) 0.666.
4. (a) 0.38; (b) 0.338; (c) 0.3338.
6. (a) 0.632; (b) 0.605.
8. (a) $\frac{1}{8}$; (b) $\frac{1}{8}$.
10. (a) $\frac{40}{81}$; (b) $\frac{41}{81}$.
12.

	HHH	HHT	HTH	THH	TTH	THT	HTT	TTT
HHH	0	1	0	0	0	0	0	0
HHT	0	0	$\frac{1}{2}$	0	0	0	$\frac{1}{2}$	0
HTH	0	0	0	$\frac{1}{2}$	0	$\frac{1}{2}$	0	0
THH	$\frac{1}{2}$	$\frac{1}{2}$	0	0	0	0	0	0
TTH	0	0	0	$\frac{1}{2}$	0	$\frac{1}{2}$	0	0
THT	0	0	$\frac{1}{2}$	0	0	0	$\frac{1}{2}$	0
HTT	0	0	0	0	$\frac{1}{2}$	0	0	$\frac{1}{2}$
TTT	0	0	0	0	1	0	0	0

Sección 2.4

2. Condición (a).
4. $i \geq 198$.
8. $\frac{2}{3}$.

Sección 2.6

4. $\frac{11}{12}$.
6. $\frac{1}{\binom{10}{3}}$.
8. 0.372.
10. (a) 0.659. (b) 0.051.
12. $\dfrac{1-\left(\frac{1}{2}\right)^{n-1}}{1-\left(\frac{1}{2}\right)^{n}}$.
14. (a) $\dfrac{1-p_0-p_1}{1-p_0}$, donde $p_0 = \dfrac{\binom{48}{13}}{\binom{52}{13}}$ y $p_1 = \dfrac{4\binom{48}{12}}{\binom{52}{13}}$.

    (b) $1 - p_1$.

18. $\frac{7}{9}$.

22. (a) La segunda condición. (b) La primera condición.
(c) Igual probabilidad con ambas condiciones.

Capítulo 3

Sección 3.1

2. $f(0) = \frac{1}{6}, f(1) = \frac{5}{18}, f(2) = \frac{2}{9}, f(3) = \frac{1}{6}, f(4) = \frac{1}{9}, f(5) = \frac{1}{18}$.

4. $$f(x) = \begin{cases} \dfrac{\binom{7}{x}\binom{3}{5-x}}{\binom{10}{5}} & \text{para } x = 2, 3, 4, 5, \\ 0 & \text{en otro caso.} \end{cases}$$

6. 0.806.

8. $\frac{6}{\pi^2}$.

Sección 3.2

2. (a) $\frac{1}{2}$; (b) $\frac{13}{27}$; (c) $\frac{2}{27}$.

4. (a) $t = 2$; (b) $t = \sqrt{8}$.

6. $$f(x) = \begin{cases} \dfrac{1}{10} & \text{para } -2 \le x \le 8, \\ 0 & \text{en otro caso,} \end{cases}$$ y la probabilidad es $\frac{7}{10}$.

Sección 3.3

4. (a) 0; (b) 1; (c) 0; (d) 1; (e) $1 - e^{-1}$; (f) $1 - e^{-1}$; (g) 0; (h) e^{-2}; (i) e^{-2};
(j) $e^{-2} - e^{-3}$; (k) $e^{-2} - e^{-3}$; (l) $e^{-2} - e^{-3}$.

6. $$F(x) = \begin{cases} 0 & \text{para } x < -2, \\ \dfrac{1}{10}(x+2) & \text{para } -2 \le x \le 8, \\ 1 & \text{para } x > 8. \end{cases}$$

Sección 3.4

2. (a) $\frac{1}{40}$; (b) $\frac{1}{20}$; (c) $\frac{7}{40}$; (d) $\frac{7}{10}$.

4. (a) $\frac{5}{4}$; (b) $\frac{79}{256}$; (c) $\frac{13}{16}$; (d) 0.

6. (a) 0.55; (b) 0.8.

Sección 3.5

2. (a) $f_1(x) = \begin{cases} \dfrac{1}{2} & \text{para } 0 \leq x \leq 2, \\ 0 & \text{en otro caso.} \end{cases}$ $\quad f_2(y) = \begin{cases} 3y^2 & \text{para } 0 \leq y \leq 1, \\ 0 & \text{en otro caso.} \end{cases}$

   (b) Sí; (c) Sí.

4. (a) $f(x, y) = \begin{cases} p_x\, p_y & \text{para } x = 0, 1, 2, 3 \text{ e } y = 0, 1, 2, 3, \\ 0 & \text{en otro caso.} \end{cases}$

   (b) 0.3; (c) 0.35.

6. Sí.

8. (a) $f(x, y) = \begin{cases} \dfrac{1}{6} & \text{para } (x, y) \in S, \\ 0 & \text{en otro caso.} \end{cases}$

   $$f_1(x) = \begin{cases} \dfrac{1}{2} & \text{para } 0 \leq x \leq 2, \\ 0 & \text{en otro caso.} \end{cases} \qquad f_2(y) = \begin{cases} \dfrac{1}{3} & \text{para } 1 \leq y \leq 4, \\ 0 & \text{en otro caso.} \end{cases}$$

   (b) Sí.

10. $\dfrac{11}{36}$.

Sección 3.6

2. (a) Para $-2 < x < 4$,

   $$g_2(y|x) = \begin{cases} \dfrac{1}{2\,[9 - (x-1)^2]^{1/2}} & \text{para } (y+2)^2 < 9 - (x-1)^2, \\ 0 & \text{en otro caso.} \end{cases}$$

   (b) $\dfrac{2 - \sqrt{2}}{4}$.

4. (a) Para $0 < y < 1, g_1(x|y) = \begin{cases} \dfrac{-1}{(1-x)\log(1-y)} & \text{para } 0 < x < y, \\ 0 & \text{en otro caso.} \end{cases}$

   (b) $\dfrac{1}{2}$.

6. (a) Para $0 < x < 2, g_2(y|x) = \begin{cases} \dfrac{4 - 2x - y}{2(2-x)^2} & \text{para } 0 < y < 4 - 2x, \\ 0 & \text{en otro caso.} \end{cases}$

   (b) $\dfrac{1}{9}$.

8. (a) $f_1(x) = \begin{cases} \dfrac{1}{2}x(2 + 3x) & \text{para } 0 < x < 1, \\ 0 & \text{en otro caso.} \end{cases}$

   (b) $\dfrac{8}{11}$.

Sección 3.7

2. (a) 6; (b) $f_{13}(x_1, x_3) = \begin{cases} 3e^{-(x_1+3x_3)} & \text{para } x_i > 0 (i = 1, 3), \\ 0 & \text{en otro caso.} \end{cases}$ (c) $1 - \frac{1}{e}$.

6. $\sum_{i=k}^{n} \binom{n}{i} p^i (1-p)^{n-i}$, donde $p = \int_a^b f(x)\,dx$.

Sección 3.8

2. $G(y) = 1 - (1-y)^{1/2}$ para $0 < y < 1$;

$$g(y) = \begin{cases} \dfrac{1}{2(1-y)^{1/2}} & \text{para } 0 < y < 1, \\ 0 & \text{en otro caso.} \end{cases}$$

6. (a) $g(y) = \begin{cases} \frac{1}{2} y^{-1/2} & \text{para } 0 < y < 1, \\ 0 & \text{en otro caso.} \end{cases}$

(b) $g(y) = \begin{cases} \frac{1}{3} |y|^{-2/3} & \text{para } -1 < y < 0, \\ 0 & \text{en otro caso.} \end{cases}$

(c) $g(y) = \begin{cases} 2y & \text{para } 0 < y < 1, \\ 0 & \text{en otro caso.} \end{cases}$

8. $Y = 2X^{1/3}$.

Sección 3.9

2. $g(y) = \begin{cases} y & \text{para } 0 < y \leq 1, \\ 2 - y & \text{para } 1 < y < 2, \\ 0 & \text{en otro caso.} \end{cases}$

4. $g(z) = \begin{cases} \frac{1}{3}(z+1) & \text{para } 0 < z \leq 1, \\ \frac{1}{3z^3}(z+1) & \text{para } z > 1, \\ 0 & \text{para } z \leq 0. \end{cases}$

6. $g(y) = \frac{1}{2} e^{-|y|}$ para $-\infty < y < \infty$. 8. $(0.8)^n - (0.7)^n$. 10. $\left(\frac{1}{3}\right)^n + \left(\frac{2}{3}\right)^n$.

12. $f(z) = \begin{cases} \dfrac{n(n-1)}{8} \left(\dfrac{z}{8}\right)^{n-2} \left(1 - \dfrac{z}{8}\right) & \text{para } 0 < z < 8, \\ 0 & \text{en otro caso.} \end{cases}$

Sección 3.11

2. $f(x) = \begin{cases} \frac{2}{5} & \text{para} \quad 0 < x < 1, \\ \frac{3}{5} & \text{para} \quad 1 < x < 2, \\ 0 & \text{en otro caso.} \end{cases}$

4. $\frac{\pi}{4}$.

6. $1 - \frac{2}{n^2}\left(1 - \frac{1}{n^2}\right)$.

8. $\frac{1}{10}$.

10. $Y = 5(1 - e^{-2X})$ o $Y = 5e^{-2X}$.

12. Los conjuntos (c) y (d).

14. 0.3715.

16. $f_2(y) = -9y^2 \log y$ para $0 < y < 1$.

$g_1(x|y) = -\frac{1}{x \log y}$ para $0 < y < x < 1$.

18. $f_1(x) = 3(1 - x)^2$ para $0 < x < 1$,

$f_2(y) = 6y(1 - y)$ para $0 < y < 1$,

$f_3(z) = 3z^2$ para $0 < z < 1$.

20. (a) $g(u, v) = \begin{cases} ve^{-v} & \text{para} \quad 0 < u < 1, v > 0, \\ 0 & \text{en otro caso} \end{cases}$

(b) Sí.

22. $h(y_1|y_n) = \frac{(n-1)(e^{-y_1} - e^{-y_n})^{n-2} e^{-y_1}}{(1 - e^{-y_n})^{n-1}}$ para $0 < y_1 < y_n$.

Capítulo 4

Sección 4.1

2. 18.92.

4. 4.867.

8. $\frac{3}{4}$.

10. $\frac{1}{n+1}$ y $\frac{n}{n+1}$.

Sección 4.2

2. $\frac{1}{2}$.

4. $n \int_a^b f(x)\, dx$.

6. $c\left(\frac{5}{4}\right)^n$.

8. $n(2p - 1)$.

10. $2k$.

Sección 4.3

2. $\frac{1}{12}(b - a)^2$.

6. (a) 6; (b) 39.

Sección 4.4

2. 0.

6. $\mu = \frac{1}{2}, \sigma^2 = \frac{3}{4}\cdot$

8. $E(Y) = c\mu$; $\text{Var}(Y) = c(\sigma^2 + \mu^2)$.

10. $f(1) = \frac{1}{5}$; $f(4) = \frac{2}{5}$; $f(8) = \frac{2}{4}\cdot$

Sección 4.5

2. $m = \log 2$.

4. (a) $\frac{1}{2}(\mu_f + \mu_g)$; (b) Cualquier número m tal que $1 \leq m \leq 2$.

6. (a) $\frac{7}{12}$; (b) $\frac{1}{2}(\sqrt{5} - 1)$.

8. (a) 0.1; (b) 1.

10. Y.

Sección 4.6

10. El valor de $\rho(X, Y)$ sería menor que -1.

12. (a) 11; (b) 51.

14. $n + \frac{n(n-1)}{4}\cdot$

Sección 4.7

4. $1 - \frac{1}{2^n}\cdot$

6. $E(Y|X) = \frac{3X+2}{3(2X+1)}$; $\text{Var}(Y|X) = \frac{1}{36}\left[3 - \frac{1}{(2X+1)^2}\right]$.

8. $\frac{1}{12} - \frac{\log 3}{144}\cdot$

12. (a) $\frac{3}{5}$; (b) $\frac{\sqrt{29} - 3}{4}\cdot$

14. (a) $\frac{18}{31}$; (b) $\frac{\sqrt{5} - 1}{2}\cdot$

Sección 4.8

4. 25.

12. (a) Sí; (b) No.

Sección 4.9

2. Z.

4. $\frac{2}{3}$

6. p.

8. $a = 1$ si $p > \frac{1}{2}$; $a = 0$ si $p < \frac{1}{2}$; a se puede elegir arbitrariamente si $p = \frac{1}{2}\cdot$

12. $b = A$ si $p > \frac{1}{2}$; $b = 0$ si $p < \frac{1}{2}$; b se puede elegir arbitrariamente si $p = \frac{1}{2}\cdot$

14. $x_0 > \frac{4}{(\alpha + 1)^{1/\alpha}}\cdot$

Sección 4.10

4. $a = \pm\frac{1}{\sigma}$, $b = -a\mu$.

6. $\frac{3}{2}\cdot$

10. Una cantidad s tal que

$$\int_0^s f(x)\,dx = \frac{g}{g+c}\cdot$$

12. (a) y (b) $E(Z) = 29$; $\text{Var}(Z) = 109$.
    (c) $E(Z) = 29$; $\text{Var}(Z) = 94$.

16. 1.

20. $-\frac{1}{2}\cdot$

24. (a) 0.1333. (b) 0.1414.

26. $a = pm$.

Capítulo 5

Sección 5.2

4. 0.5000.

6. $\frac{113}{64}\cdot$

8. $\frac{k}{n}\cdot$

10. $n(n-1)p^2$.

Sección 5.3

2. $E(\overline{X}) = \frac{1}{3}$; $\text{Var}(\overline{X}) = \frac{8}{441}\cdot$

6. $\frac{T-1}{2}$ o $\frac{T+1}{2}$ si T es impar, y $\frac{T}{2}$ si T es par.

8. (a) $\dfrac{\binom{0.7T}{10} + 0.3T\binom{0.7T}{9}}{\binom{T}{10}}$; (b) $(0.7)^{10} + 10(0.3)(0.7)^9$.

Sección 5.4

2. 0.0165.

4. $\displaystyle\sum_{x=m}^{n} \binom{n}{x} \left(\sum_{i=k+1}^{\infty} \frac{e^{-\lambda}\lambda^i}{i!}\right)^x \left(\sum_{i=0}^{k} \frac{e^{-\lambda}\lambda^i}{i!}\right)^{n-x}.$

6. $\displaystyle\sum_{x=21}^{\infty} \frac{e^{-30}30^x}{x!}\cdot$

8. Distribución de Poisson con media $p\lambda$.

10. Si λ no es un entero, la moda es el mayor entero menor que λ. Si λ es un entero, las modas son λ y $\lambda - 1$.

12. 0.3476.

Sección 5.5

2. (a) 150; (b) 4350.

8. Distribución geométrica con parámetro $p = 1 - \prod_{i=1}^{n} q_i$.

Sección 5.6

2. Normal con $\mu = 20$ y $\sigma = \dfrac{20}{9}$.

4. $(0.1360)^3$. 6. 0.6826. 8. $n = 1083$. 10. 0.3811.

12. (a) $\dfrac{\exp\left\{-\frac{1}{2}(x-25)^2\right\}}{\exp\left\{-\frac{1}{2}(x-25)^2\right\} + 9\exp\left\{-\frac{1}{2}(x-20)^2\right\}}$; (b) $x > 22.5 + \frac{1}{5}\log 9$.

14. $f(x) = \dfrac{1}{(2\pi)^{1/2}\sigma x}\exp\left\{-\dfrac{1}{2\sigma^2}(\log x - \mu)^2\right\}$ para $x > 0$, y $f(x) = 0$ para $x \le 0$.

Sección 5.7

2. 0.9938. 4. $n \ge 542$. 6. 0.7385.

8. (a) 0.36; (b) 0.7888. 10. 0.9938.

Sección 5.8

2. 0.0012. 4. 0.9938. 6. 0.7539.

Sección 5.9

6. 0.1587. 8. $\dfrac{1}{e}$. 10. $\left(\dfrac{1}{n} + \dfrac{1}{n-1} + \dfrac{1}{n-2}\right)\dfrac{1}{\beta}$.

12. $1 - e^{-5/2}$. 14. $e^{-5/4}$. 16. $1 \cdot 3 \cdot 5 \cdots (2n-1)\sigma^{2n}$.

Sección 5.10

4. $\dfrac{\alpha(\alpha+1)\cdots(\alpha+r-1)\beta(\beta+1)\cdots(\beta+s-1)}{(\alpha+\beta)(\alpha+\beta+1)\cdots(\alpha+\beta+r+s-1)}$.

Sección 5.11

2. $\dfrac{2424}{6^5}$. 4. 0.0501.

Sección 5.12

2. 0.1562. 4. 90 y 36.

6. $\mu_1 = 4$, $\mu_2 = -2$, $\sigma_1 = 1$, $\sigma_2 = 2$, $\rho = -0.3$.

Sección 5.13

2. 0.0404. 6. $3\mu\sigma^2 + \mu^3$. 8. 0.8152.

10. $\frac{15}{7}$. 12. 8.00.

14. (a) Exponencial, parámetro $\beta = 5$.
 (b) Gamma, parámetros $\alpha = k$ y $\beta = 5$.
 (c) $e^{-5(k-1)/3}$.

22. Sin corrección por continuidad, 0.473; con corrección por continuidad, 0.571; probabilidad exacta, 0.571.

24. (a) $\rho(X_i, Y_j) = -\left(\frac{p_i}{1-p_i} \cdot \frac{p_j}{1-p_j}\right)^{1/2}$,
 donde p_i es la proporción de estudiantes en la clase i.
 (b) $i = 1, j = 2$. (c) $i = 3, j = 4$.

26. Normal con $\mu = -3$ y $\sigma^2 = 16$; $\rho(X, Y) = \frac{1}{2}$.

Capítulo 6

Sección 6.2

2. $\xi(1.0|X = 3) = 0.2456$; $\xi(1.5|X = 3) = 0.7544$.
4. La f.d.p. de una distribución beta con parámetros $\alpha = 3$ y $\beta = 6$.
6. Distribución beta con parámetros $\alpha = 4$ y $\beta = 7$.
8. Distribución beta con parámetros $\alpha = 4$ y $\beta = 6$.
10. Distribución uniforme sobre el intervalo $(11.2, 11.4)$.

Sección 6.3

2. Distribución beta con parámetros $\alpha = 5$ y $\beta = 297$.
4. Distribución gamma con parámetros $\alpha = 16$ y $\beta = 6$.
6. Distribución normal con media 69.07 y varianza 0.286.
8. Distribución normal con media 0 y varianza $\frac{1}{5}$.
12. $n \geq 100$.
16. $\xi(\theta|x) = \begin{cases} \frac{6(8^6)}{\theta^7} & \text{para } \theta > 8, \\ 0 & \text{para } \theta \leq 8. \end{cases}$
18. $\frac{\alpha + n}{\beta - \sum_{i=1}^{n} \log x_i}$ y $\frac{\alpha + n}{(\beta - \sum_{i=1}^{n} \log x_i)^2}$.

Sección 6.4

2. (a) 12 ó 13; (b) 0.

4. $\frac{8}{3}$.

8. $n \geq 396$.

12. $\frac{\alpha+n}{\alpha+n-1}\max(x_0, X_1, \ldots, X_n)$.

Sección 6.5

2. $\frac{2}{3}$.

4. (a) $\hat{\theta} = \overline{x}_n$.

6. $\hat{\beta} = \frac{1}{\overline{X}_n}$.

8. $\hat{\theta} = -\frac{n}{\sum_{i=1}^{n}\log X_i}$.

10. $\hat{\theta}_1 = \min(X_1, \ldots, X_n)$; $\hat{\theta}_2 = \max(X_1, \ldots, X_n)$.

12. $\hat{\mu}_1 = \overline{X}_n; \hat{\mu}_2 = \overline{Y}_n$.

Sección 6.6

2. $\hat{m} = \overline{X}_n \log 2$.

4. $\hat{\mu} = \frac{1}{2}[\min\{X_1, \ldots, X_n\} + \max\{X_1, \ldots, X_n\}]$.

6. $\hat{\nu} = \Phi\left(\frac{\hat{\mu}-2}{\hat{\sigma}}\right)$.

8. $\overline{X}_n$.

14. $\hat{\mu} = 6.75$.

16. $\hat{p} = \frac{2}{5}$.

Sección 6.8

8. Sí.

10. No.

12. Sí.

14. Sí.

16. Sí.

Sección 6.9

2. $R(\theta, \delta_1) = \frac{\theta^2}{3n}$.

4. $c^* = \frac{n+2}{n+1}$.

6. $R(\beta, \delta) = (\beta - 3)^2$.

10. $\hat{\theta} = \delta_0$.

12. $\left(\frac{n-1}{n}\right)^T$.

Sección 6.10

2. $\frac{6}{17}$.

4. $\frac{\sigma_2^2 a_1 x_1 + \sigma_1^2 a_2 x_2}{\sigma_2^2 a_1^2 + \sigma_1^2 a_2^2}$.

6. (a) $\frac{1}{3}\left(X_1 + \frac{1}{2}X_2 + \frac{1}{3}X_3\right)$.

   (b) Distribución gamma, parámetros $\alpha + 3$ y $\beta + x_1 + \frac{1}{2}x_2 + \frac{1}{3}x_3$.

8. (a) $x + 1$. (b) $x + \log 2$.

10. $\hat{p} = 2\left(\hat{\theta} - \frac{1}{4}\right)$, donde

$$\hat{\theta} = \begin{cases} \frac{X}{n} \text{ si } \frac{1}{4} \leq \frac{X}{n} \leq \frac{3}{4}, \\ \frac{1}{4} \text{ si } \frac{X}{n} < \frac{1}{4}, \\ \frac{3}{4} \text{ si } \frac{X}{n} > \frac{3}{4}. \end{cases}$$

12. $2^{1/5}$.

14. $\min(X_1, \ldots, X_n)$.

16. $\hat{x}_0 = \min(X_1, \ldots, X_n)$ y $\hat{\alpha} = \left(\frac{1}{n}\sum_{i=1}^{n} \log x_i - \log \hat{x}_0\right)^{-1}$.

18. El menor entero mayor que $\frac{x}{p} - 1$. Si $\frac{x}{p} - 1$ es un entero, ambos, $\frac{x}{p} - 1$ y $\frac{x}{p}$ son E.M.V.

20. 16.

Capítulo 7

Sección 7.1

2. $n \geq 255$.

4. $n = 10$.

6. $n \geq 16$.

Sección 7.2

4. 0.20.

8. Distribución χ^2 con un grado de libertad.

10. $\frac{2^{1/2}\Gamma[(n+1)/2]}{\Gamma(n/2)}$.

Sección 7.3

6. (a) $n = 21$; (b) $n = 13$.

8. Igual para ambas muestras.

Sección 7.4

4. $c = \sqrt{3/2}$.

6. 0.70.

Sección 7.5

2. (a) $6.16\sigma^2$; (b) $2.05\sigma^2$; (c) $0.56\sigma^2$; (d) $1.80\sigma^2$; (e) $2.80\sigma^2$; (f) $6.12\sigma^2$.

Sección 7.6

4. $\mu_0 = -5$; $\lambda_0 = 4$; $\alpha_0 = 2$; $\beta_0 = 4$.

6. Las condiciones implican que $\alpha_0 = \frac{1}{4}$, y $E(\mu)$ existe sólo para $\alpha_0 > \frac{1}{2}$.

8. (a) $(7.084, 7.948)$; (b) $(7.031, 7.969)$. 10. $(0.446, 1.530)$. 12. $(0.724, 3.336)$.

Sección 7.7

2. $\frac{1}{n}\sum_{i=1}^{n} X_i^2 - \frac{1}{n-1}\sum_{i=1}^{n}(X_i - \overline{X}_n)^2$.

4. $\delta(X) = 2^X$.

10. (a) Todos los valores; (b) $\alpha = \frac{m}{m+4n}$.

14. (c) $c_0 = \frac{1}{3}(1+\theta_0)$.

Sección 7.8

2. $I(\theta) = \frac{1}{\theta}$.

4. $I(\sigma^2) = \frac{1}{2\sigma^4}$.

16. Normal con media θ^3 y varianza $\frac{9\theta^4\sigma^2}{n}$.

Sección 7.9

6. (a) Para $\alpha(m-1) + 2\beta(n-1) = 1$. (b) $\alpha = \frac{1}{m+n-2}, \beta = \frac{1}{2(m+n-2)}$.

8. $\dfrac{Y}{2\left[\dfrac{S_n^2}{n-1}\right]^{1/2}}$.

10. $\overline{X}_n - c\left[\dfrac{S_n^2}{n(n-1)}\right]^{1/2}$, donde c es el cuantil de orden 0.99 de la distribución t con $n-1$ grados de libertad.

12. (a) $(\mu_1 - 1.96\nu_1, \mu_1 + 1.96\nu_1)$, donde μ_1 y ν_1 están dadas por las ecuaciones (1) y (2) de la sección 6.3.

14. Normal, con media θ y varianza $\frac{\theta^2}{n}$.

Capítulo 8

Sección 8.1

2. (a) $\pi(0) = 1, \pi(0.1) = 0.3941, \pi(0.2) = 0.1558,$
$\pi(0.3) = 0.3996, \pi(0.4) = 0.7505, \pi(0.5) = 0.9423,$
$\pi(0.6) = 0.9935, \pi(0.7) = 0.9998, \pi(0.8) = 1.0000,$
$\pi(0.9) = 1.0000, \pi(1) = 1.0000$; (b) 0.1558.

4. (a) Simple; (b) Compuesta; (c) Compuesta; (d) Compuesta.

Sección 8.2

2. (b) 1.

4. (a) Rechazar H_0 cuando $\overline{X}_n > 5 - 1.645n^{-1/2}$;
(b) $\alpha(\delta) = 0.0877$.

6. (b) $c = 31.02$.

8. $\beta(\delta) = \left(\frac{1}{2}\right)^n$.

10. (a) 0.6170; (b) 0.3174; (c) 0.0454; (d) 0.0026.

12. $X > 50.653$.

14. Se decide que el fallo fue causado por un defecto mayor si $\sum_{i=1}^{n} X_i > \frac{4n + \log(0.64)}{\log(7/3)}$.

Sección 8.3

2. (b) $\xi_1 = \frac{8}{17}$ y $\xi_2 = \frac{9}{17}$ o $\xi_1 = \frac{2}{3}$ y $\xi_2 = \frac{1}{3}$.

4. $X \leq 51.40$.

Sección 8.4

6. La función de potencia es 0.05 para todo valor de θ.

8. $c = 36.62$.

12. (a) Rechazar H_0 si $\overline{X}_n \leq 9.359$; (b) 0.7636; (c) 0.9995.

Sección 8.5

2. $c_1 = \mu_0 - 1.645n^{-1/2}$ y $c_2 = \mu_0 + 1.645n^{-1/2}$.

4. $n = 11$.

6. $c_1 = -0.424$ y $c_2 = 0.531$.

Sección 8.6

2. Puesto que $U = -1.809$, no rechazar la afirmación.

4. Aceptar H_0.

8. Puesto que $\frac{S_n^2}{4} < 16.92$, aceptar H_0.

Sección 8.7

2. $U = \frac{26}{3}$; el área de la cola correspondiente es muy pequeña.

4. $U = \frac{13}{3}$; el área de la cola correspondiente es muy pequeña.

6. (a) $c = 1.96$.

8. 0.0013.

Sección 8.8

2. $c = 1.228$.

4. 1.

6. (a) $\hat{\sigma}_1^2 = 7.625$ y $\hat{\sigma}_2^2 = 3.96$;
(b) Aceptar H_0.

8. $c_1 = 0.321$ y $c_2 = 3.77$.

10. $0.265V < r < 3.12V$.

Sección 8.9

2. $c_1 = -1.782$ y $c_2 = 1.782$; H_0 se aceptará.

4. Puesto que $U = -1.672$, rechazar H_0.

6. $-0.320 < \mu_1 - \mu_2 < 0.008$.

Sección 8.10

2. Rechazar H_0 para $X \leq 6$.

4. Rechazar H_0 para $X > 1 - \alpha^{1/2}$; $\beta(\delta) = (1 - \alpha^{1/2})^2$.

6. Rechazar H_0 para $X \leq \frac{1}{2}[(1.4)^{1/2} - 1]$.

8. Rechazar H_0 para $X \leq 0.01$ o $X \geq 1$; la potencia es 0.6627.

10. 0.0093.

16. (a) 1. (b) $\frac{1}{\alpha}$.

Capítulo 9

Sección 9.1

2. $Q = 7.4$; el área de la cola correspondiente es 0.6.

6. $Q = 11.5$; rechazar la hipótesis.

8. (a) $Q = 5.4$ y el área de la cola correspondiente es 0.25; (b) $Q = 8.8$ y el área de la cola correspondiente está entre 0.4 y 0.5.

Sección 9.2

2. (a) $\hat{\theta}_1 = \dfrac{2N_1 + N_4 + N_5}{2n}$ y $\hat{\theta}_2 = \dfrac{2N_2 + N_4 + N_6}{2n}$.

   (b) $Q = 4.37$ y el área de la cola correspondiente es 0.226.

4. $\hat{\theta} = 1.5$ y $Q = 7.56$; el área de la cola correspondiente está entre 0.1 y 0.2.

Sección 9.3

4. $Q = 8.6$; el área de la cola correspondiente está entre 0.25 y 0.05.

Sección 9.4

2. $Q = 18.9$; el área de la cola correspondiente está entre 0.1 y 0.05.

4. El valor correcto de Q es 7.2, para el cual el área de la cola correspondiente es menor que 0.05.

Sección 9.5

6. (b)

	Proporción ayudada	
	Individuos mayores	Individuos menores
Tratamiento I	0.433	0.700
Tratamiento II	0.400	0.667

(c)

	Proporción ayudada total de individuos
Tratamiento I	0.500
Tratamiento II	0.600

Sección 9.6

4. $D_n^* = 0.15$; el área de la cola correspondiente es 0.63.

6. $D_n^* = 0.065$; el área de la cola correspondiente es aproximadamente 0.98.

8. $D_{mn} = 0.27$; el área de la cola correspondiente es 0.39.

10. $D_{mn} = 0.50$; el área de la cola correspondiente es 0.008.

Sección 9.7

2. (a) $\left(\frac{1}{2}\right)^n$; (b) $(n+1)\left(\frac{1}{2}\right)^n$.

4. $I_1 = (5.12, 7.12)$ y el coeficiente de confianza es 0.4375;

   $I_2 = (7.11, 7.13)$ y el coeficiente de confianza es 0.5469.

6. $(0.3)^n$.

8. $n = 9$.

10. 0.78.

Sección 9.8

2. (a) 22.17; (b) $20.57, 22.02, 22.00, 22.00$; (c) 22.10.

6. 0.575.

8. E.C.M. $(\overline{X}_n) = 0.025$ y E.C.M. $(\tilde{X}_n) = 0.028$.

Sección 9.9

6. (a) El área de la cola es menor que 0.005; (b) El área de la cola es ligeramente mayor que 0.01.

Sección 9.10

2. $U = -1.341$; el área de las dos colas correspondientes está entre 0.10 y 0.20.
4. $D_{mn} = 0.5333$; el área de la cola correspondiente es 0.010.

Sección 9.11

2. Cualquier nivel mayor que 0.005, la menor probabilidad dada en la tabla de este libro.
4. No rechazar la hipótesis.
8. $|a| > \frac{1}{2}(6.635n)^{1/2}$.
14. Normal, con media $\left(\frac{1}{2}\right)^{1/\theta}$ y varianza $\frac{1}{n\theta^2 4^{1/\theta}}$.
16. (a) $0.031 < \alpha < 0.994$. (b) $\sigma < 0.447$ o $\sigma > 2.237$.
18. Uniforme sobre el intervalo (y_1, y_3).

Capítulo 10

Sección 10.1

4. $y = -1.670 + 1.064x$.
6. (a) $y = 40.893 + 0.548x$; (b) $y = 38.483 + 3.440x - 0.643x^2$.
8. $y = 3.7148 + 1.1013x_1 + 1.8517x_2$.
10. La suma de cuadrados de las desviaciones de los valores observados respecto a la curva ajustada es menor en el ejercicio 9.

Sección 10.2

8. -0.775.
10. $c_2 = 3\overline{x}_n = 6.99$.
12. $x = \overline{x}_n = 2.33$.
14. -0.891.
16. $c_2 = -\overline{x}_n = -2.25$.
18. $x = \overline{x}_n = 2.25$.

Sección 10.3

2. Puesto que $U_1 = -6.695$, rechazar H_0.
4. Puesto que $U_2 = -6.894$, rechazar H_0.
6. Puesto que $|U_{12}| = 0.664$, aceptar H_0.
10. Puesto que $U_2 = 24.48$, rechazar H_0.
12. $0.246 < \beta_2 < 0.624$.
14. $0.284 < y < 0.880$.
18. $10(\beta_1 - 0.147)^2 + 10.16(\beta_2 - 0.435)^2 + 8.4(\beta_1 - 0.147)(\beta_2 - 0.435) < 0.503$.

Sección 10.5

4. $\hat{\beta} = 5.126, \hat{\sigma}^2 = 16.994$ y $\text{Var}(\hat{\beta}) = 0.0150\sigma^2$.

6. $\hat{\beta} = -0.744$, $\hat{\beta}_2 = 0.616$, $\hat{\beta}_3 = 0.013$, $\hat{\sigma}^2 = 0.937$.

8. $U_3 = 0.095$; el área de la cola correspondiente es mayor que 0.90.

10. $R^2 = 0.644$.

12. $\text{Var}(\hat{\beta}_1) = 222.7\sigma^2$, $\text{Var}(\hat{\beta}_2) = 0.1355\sigma^2$, $\text{Var}(\hat{\beta}_3) = 0.0582\sigma^2$, $\text{Cov}(\hat{\beta}_1, \hat{\beta}_2) =$ $= 4.832\sigma^2$, $\text{Cov}(\hat{\beta}_1, \hat{\beta}_3) = -3.598\sigma^2$, $\text{Cov}(\hat{\beta}_2, \hat{\beta}_3) = -0.0792\sigma^2$.

14. $U_3 = 4.319$; el área de la cola correspondiente es menor que 0.01.

20. El valor del estadístico F con 2 y 7 grados de libertad es 1.615; el área de la cola correspondiente es mayor que 0.05.

24. 87.

Sección 10.6

6. $U^2 = 13.09$; el área de la cola correspondiente es menor que 0.025.

Sección 10.7

4. $\mu = 3.25$, $\alpha_1 = -2$, $\alpha_2 = 3$, $\alpha_3 = -1$, $\beta_1 = 1.75$, $\beta_2 = -2.25$, $\beta_3 = -1.25$, $\beta_4 = 1.75$.

12. $\hat{\sigma}^2 = 1.9647$.

14. $U_B^2 = 4.664$; el área de la cola correspondiente está entre 0.05 y 0.025.

Sección 10.8

2. (a) $\mu = 9$, $\alpha_1 = -3$, $\alpha_2 = 3$, $\beta_1 = -1.5$, $\beta_2 = 1.5$, $\gamma_{11} = \gamma_{22} = \frac{1}{2}$, $\gamma_{12} = \gamma_{21} = -\frac{1}{2}$.

   (b) $\mu = 5$, $\alpha_1 = -\frac{1}{2}$, $\alpha_2 = \frac{1}{2}$, $\beta_1 = -\frac{3}{2}$, $\beta_2 = \frac{3}{2}$, $\gamma_{11} = \gamma_{12} = \gamma_{21} = \gamma_{22} = 0$.

   (c) $\mu = 3\frac{1}{4}$, $\alpha_1 = -2$, $\alpha_2 = 3$, $\alpha_3 = -1$, $\beta_1 = 1\frac{3}{4}$, $\beta_2 = -2\frac{1}{4}$, $\beta_3 = -1\frac{1}{4}$, $\beta_4 = 1\frac{3}{4}$, $\gamma_{ij} = 0$ para todos los valores de i y j.

   (d) $\mu = 5$, $\alpha_1 = -2\frac{1}{2}$, $\alpha_2 = 0$, $\alpha_3 = 2\frac{1}{2}$, $\beta_1 = -3$, $\beta_2 = -1$, $\beta_3 = 1$, $\beta_4 = 3$, $\gamma_{11} = 1\frac{1}{2}$, $\gamma_{12} = \frac{1}{2}$, $\gamma_{13} = -\frac{1}{2}$, $\gamma_{14} = -1\frac{1}{2}$, $\gamma_{21} = \gamma_{22} = \gamma_{23} = \gamma_{24} = 0$, $\gamma_{31} = -1\frac{1}{2}$, $\gamma_{32} = -\frac{1}{2}$, $\gamma_{33} = \frac{1}{2}$, $\gamma_{34} = 1\frac{1}{2}$.

10. $U_{AB}^2 = 0.7047$; el área de la cola correspondiente es mucho mayor que 0.05.

12. $U_B^2 = 9.0657$; el área de la cola correspondiente es menor que 0.025.

14. El valor del estadístico apropiado que tiene una distribución t con 12 grados de libertad es 2.8673; el área de la cola correspondiente está entre 0.01 y 0.005.

Sección 10.9

2. $E(T) = \dfrac{\rho\sigma_2}{\sigma_1}$; $\text{Var}(T) = \dfrac{(1-\rho^2)\sigma_2^2}{\sum_{i=1}^n (x_i - \overline{x}_n)^2}$.

6. $$\beta_2 = \frac{\sum_{i=1}^n \left(y_i'^2 - x_i'^2\right) \pm \left\{\left[\sum_{i=1}^n \left(y_i'^2 - x_i'^2\right)\right]^2 + 4\left(\sum_{i=1}^n x_i' y_i'\right)^2\right\}^{1/2}}{2\sum_{i=1}^n x_i' y_i'},$$

   $\beta_1 = \overline{y}_n - \beta_2 \overline{x}_n$, donde $x_i' = x_i - \overline{x}_n$ e $y_i' = y_i - \overline{y}_n$. Se debería utilizar el signo positivo o el signo negativo de β_2 dependiendo de si la recta óptima tiene una pendiente positiva o negativa.

8. $\dfrac{1}{n}\displaystyle\sum_{i=1}^k n_i \left[v_i^2 + (\overline{x}_{i+} - \overline{x}_{++})^2\right]$.

10. $\dfrac{1}{IJ(K-1)}\displaystyle\sum_{i,j,k} (Y_{ijk} - \overline{Y}_{ij+})^2$.

12. Sea $A = JK\displaystyle\sum_i (\overline{Y}_{i++} - \overline{Y}_{+++})^2$,

$$B = IK\sum_j (\overline{Y}_{+j+} - \overline{Y}_{+++})^2,$$

$$C = K\sum_i \sum_j (\overline{Y}_{ij+} - \overline{Y}_{i++} - \overline{Y}_{+j+} + \overline{Y}_{+++})^2,$$

$$R = \sum_i \sum_j \sum_k (Y_{ijk} - \overline{Y}_{ij+})^2,$$

$$U = \frac{IJ(K-1)(A+B+C)}{(IJ-1)R}.$$

   Rechazar H_0 si $U \geq c$. Bajo H_0, U tiene una distribución F con $IJ-1$ e $IJ(K-1)$ grados de libertad.

14. $\hat{\theta}_1 = \dfrac{1}{4}(Y_1 + Y_2) + \dfrac{1}{2}Y_3$,

$$\hat{\theta}_2 = \frac{1}{4}(Y_1 + Y_2) + \frac{1}{2}Y_3,$$

$$\hat{\sigma}^2 = \frac{1}{3}[(Y_1 - \hat{\theta}_1 - \hat{\theta}_2)^2 + (Y_2 - \hat{\theta}_1 - \hat{\theta}_2)^2 + (Y_3 - \hat{\theta}_1 + \hat{\theta}_2)^2],$$

donde $Y_1 = W_1, Y_2 = W_2 - 5, Y_3 = \frac{1}{2}W_3$, $(\hat{\theta}_1, \hat{\theta}_2)$ y $\hat{\sigma}^2$ son independientes; $(\hat{\theta}_1, \hat{\theta}_2)$ tiene una distribución normal bivariante con vector de medias (θ_1, θ_2) y matriz de covarianza

$$\begin{bmatrix} \frac{3}{8} & -\frac{1}{8} \\ -\frac{1}{8} & \frac{3}{8} \end{bmatrix} \sigma^2;$$

$\frac{3\hat{\sigma}^2}{\sigma^2}$ tiene una distribución χ^2 con un grado de libertad.

16. $\text{Var}(Z_i) = \left[1 - \frac{1}{n} - \frac{(x_i - \overline{x}_n)^2}{\sum_{j=1}^n (x_j - \overline{x}_n)^2}\right] \sigma^2.$

18. $\mu = \overline{\theta} + \overline{\psi}$; $\alpha_i = \theta_i - \overline{\theta}$ y $\beta_j = \psi_j - \overline{\psi}$, donde

$$\overline{\theta} = \frac{\sum_{i=1}^I v_i \theta_i}{v_+} \quad \text{y} \quad \overline{\psi} = \frac{\sum_{j=1}^J w_j \psi_j}{w_+}.$$

22. $\mu = \overline{\theta}_{+++}$,

$$\alpha_i^A = \overline{\theta}_{i++} - \overline{\theta}_{+++},$$

$$\alpha_j^B = \overline{\theta}_{+j+} - \overline{\theta}_{+++},$$

$$\alpha_k^C = \overline{\theta}_{++k} - \overline{\theta}_{+++},$$

$$\beta_{ij}^{AB} = \overline{\theta}_{ij+} - \overline{\theta}_{i++} - \overline{\theta}_{+j+} + \overline{\theta}_{+++},$$

$$\beta_{ik}^{AC} = \overline{\theta}_{i+k} - \overline{\theta}_{i++} - \overline{\theta}_{++k} + \overline{\theta}_{+++},$$

$$\beta_{jk}^{BC} = \overline{\theta}_{+jk} - \overline{\theta}_{+j+} - \overline{\theta}_{++k} + \overline{\theta}_{+++},$$

$$\gamma_{ijk} = \theta_{ijk} - \overline{\theta}_{ij+} - \overline{\theta}_{i+k} - \overline{\theta}_{+jk} + \overline{\theta}_{i++} + \overline{\theta}_{+j+} + \overline{\theta}_{++k} - \overline{\theta}_{+++}.$$

Índice de materias*

agregación *(aggregation)*, 522
aleatorización auxiliar
(auxiliary randomization), 340
análisis de la varianza
(analisis of variance), 611-37
análisis de residuos
(residual analisis), 593, 594
con dos criterios de clasificación
(two-way lagout in), 618-37
con repeticiones *(with replications)*, 662-37
con un criterio de clasificación
(one-way layout in), 611, 612
ANVA (véase *análisis de la varianza*)
(ANOVA; see *Analisis of variance)*

Bayes
decisión *(Bayes decision)*, 435
estimador *(Bayes estimator)*, 315-22
como estadístico suficiente
(as sufficient statistic), 350, 351
consistencia del *(consistency of)*, 319
procedimientos de contraste
(Bayes test procedure), 430, 431
regla de decisión
(Bayes decision procedure), 436-40
teorema de *(Bayes, theorem)*, 63
Behrens-Fisher, problema de
(Behrens-Fisher problem), 487
Bernoulli, pruebas de *(Bernoulli trials)*, 232
Bickel, P. J., 299, 645
binomial *(binomial)*,
coeficiente *(coefficient)*, 26-28, 236
teorema *(theorem)*, 26
Blackwell, D., 355
Boes, D. C., 2, 646
bondad de ajuste, contraste de
(test of goodness-of-fit), 497, 502
Borel-Kolmogorov, paradoja de
(Borel-Kolmogorov paradox), 163-66
Box, G. E. P., 538
Brunk, H. D., 2, 645

Cardamo, Girolamo, 1
Chebyshev, desigualdad de
(Chebyshev inequality), 215
Chernoff, H., 505
cerrada bajo el muestreo
(closure under sampling), 308
cociente de verosimilitudes monótono
(monotone likelihood ratio), 445
coeficiente multinomial
(multinomial coefficient), 31-34
coincidencias, problema de
(matching problem), 38-40, 181
cola, área de la *(tail area)*, 471-73
combinaciones *(combinations)*, 25

---

* En la presentación dada a este índice de materias, se ha considerado conveniente que los términos y conceptos, dados entre paréntesis, se correspondan con sus homónimos en inglés, para que el lector conozca la versión del vocabulario utilizado en esta obra. *(Nota del Editor.)*

complementario *(complement)*, 9
confianza, banda de *(confidence band)*, 592
confianza, conjunto de
(confidence set), 459, 460
para la regresión lineal simple
(for simple linear regression), 590
confianza, franja de *(confidence belt)*, 592
confianza, intervalo de
(confidence interval), 382-84
para cuantiles *(for quantile)*, 535
para el contraste t *(from t test)*, 468
para la mediana *(for median)*, 534, 535
para la regresión lineal simple
(for simple linear regression), 590
conjunto vacío *(empty set, null set)*, 7
contingencia, tablas de
(contingency tables), 509
contraste *(test)*, 417
enfoque bayesiano
(bayesian approach), 474
uniformemente más potente
(uniformly most powerful), 444-60
contraste aleatorizado
(randomized test), 427, 428
contraste de hipótesis
(testing hypotheses), 417
contraste de Kolmogorov-Smirnov
(Kolmogorov-Smirnov test), 527-32
de hipótesis simples
(of simple hypothesis), 527-30
para dos muestras
(for two samples), 530-32
contraste de rangos con signo de Wilcoxon
(Wilcoxon signed-ranks test), 545-48
contraste de rangos de Wilcoxon-Mann-Whitney
(Wilcoxon-Mann-Whitney ranks test), 552-54
contraste de signos *(sign test)*, 544, 545
contraste F *(F test)*, 479-82
contraste ji-cuadrado (χ^2)
(chi-square (χ^2) *test)*, 496-519
de bondad de ajuste
(of goodness of fit), 496-506
para hipótesis compuestas
(for composite hypothesis), 501-06
de homogeneidad *(of homogeneity)*, 515-19
de independencia
(of independence), 511, 512
para tablas correlacionadas
(for correlated tables), 518, 519
contraste t *(t test)*, 462-68, 483-85
contrastes insesgados
(unbiased tests), 458, 459
contraste UMP (véase *contraste uniformemente más potente*)
(UMP test, see *uniformly most powerful)*
contraste uniformemente más potente
(uniformly most powerful), 444-50
convergencia *(convergence)*
absoluta *(absolute)*, 171
con probabilidad uno
(with probability one), 219
en distribución *(in distribution)*, 265, 266
en media cuadrática
(in quadratic mean), 221
en probabilidad *(in probability)*, 218
convolución *(convolution)*, 160
correlación *(correlation)*, 202-06
covarianza *(covariance)*, 202-06
Craig, A. T., 2, 645
Cramér, H., 299, 407, 645
Cramér-Rao, desigualdad de
(Cramér-Rao inequality), 407
criterios de clasificación, dos
(two-way layout), 618-37
con distinto número de observaciones
(with unequal numbers of observations), 636, 637
con repeticiones *(with replications)*, 628-37
contrastes de hipótesis en
(test of hypotheses for), 632-36
efectos principales de los factores en
(main effects of factors in), 629
estimadores en *(estimators for)*, 629
interacciones en *(interactions in)*, 624
tabla del análisis de la varianza para
(ANOVA table for), 631
con una observación por celda
(with one observation per cell), 618-37
contrastes de hipótesis en
(test of hypotheses for), 622, 623
efectos de los factores en
(levels of factors in), 618
estimadores en *(estimators in)*, 620, 621
tabla del análisis de la varianza para
(ANOVA table for), 622
criterio de clasificación, un
(one-way layout), 611-16

contrastes de hipótesis,
(test of hypotheses), 615, 616
tabla del análisis de la varianza para
(ANOVA table for), 615
criterio de factorización
(factorization criterion), 341-44
cuantil *(quantile)*, 535
de una distribución F
(of F distribution), 478
dados *(craps)*, 59, 60
Daniell, P., 538
datos categóricos *(categorical data)*, 496
David, F. N., 2, 645
decisión estadística, problema de
(statistical decision problem), 298, 299
decisión múltiple, problema de
(multidecision problem), 435-40
decisión, regla de *(decision procedure)*, 436-40
DeGroot, M. H., 223, 299, 645
Derman, C., 2, 646
desagregación *(disaggregation)*, 522
desigualdad de la información
(information inequality), 406, 407
desigualdad de Schwarz
(Schwarz inequality), 203
desviación típica *(standard deviation)*, 185
Devore, J. L., 2, 645
diagrama de barras *(bar chart)*, 270
diagrama de Venn *(Venn diagram)*, 7
dígitos aleatorios *(random digits)*, 149
diseño de experimentos
(experimental design), 299
diseño de tablas cruzadas
(crossover design), 544
distribución *(distribution)*,
asintótica *(asymptotic)*, 265, 411
bivariante *(bivariate)*, 110
conjunta continua
(continuous joint), 112, 137, 153
conjunta discreta
(discrete joint), 110, 137, 152
continua *(continuous)*, 98, 144
discreta *(discrete)*, 94, 144
final *(posterior)*, 301, 302
inicial *(prior)*, 299-301
marginal *(marginal)*, 120-26, 138, 139
mixta *(mixed)*, 102, 115, 138
muestral *(sampling)*, 365, 366
multivariante *(multivariate)*, 136
distribución acumulativa
(cumulative distribution), 104
distribución beta
(beta distribution), 280, 281
distribución binomial
(binomial distribution), 96, 233
aproximación de Poisson a la
(Poisson approximation to), 243, 244
función generatriz de momentos
(moment-generating function to), 193
media de la *(mean of)*, 181
propiedad aditiva de la
(additive property of), 194
varianza de la *(variance of)*, 188
distribución binomial negativa
(negative binomial distribution), 246-49
inicial conjugada para la
(conjugate prior for), 314
distribución condicional
(conditional distribution), 129-34, 141, 142
ambigüedad de la *(ambiguity of)*, 163-66
distribución de Bernoulli
(Bernoulli distribution), 231, 232
estimador para la *(estimator for)*, 317, 324
inicial conjugada para la
(conjugate prior for), 307, 308
prueba de hipótesis para la
(testing hypotheses about), 426, 427, 447
distribución de Cauchy
(Cauchy distribution), 174, 178
contraste de hipótesis para la
(testing hypotheses about), 453, 454
estimador para la *(estimator for)*, 333
relación con la distribución t de la
(relation to t distribution), 378
distribución de Pareto
(Pareto distribution), 279, 315
distribución de Poisson
(Poisson distribution), 239-44
contraste de hipótesis para la
(testing hypotheses about), 452, 453
estimador para la
(estimator for), 321, 330, 336, 408
inicial conjugada para la
(conjugate prior for), 308, 309
distribución de probabilidad
(probability distribution), 13
de una variable aleatoria
(of a random variable), 94

distribución de Weibull
(Weibull distribution), 280
distribución exponencial
(exponential distribution), 276-78, 367
contraste de hipótesis para la
(testing hypotheses about), 453
estimador para la
(estimator for), 321, 330, 335, 337
inicial conjugada para la
(conjugate prior for), 312
intervalo de confianza para la
(confidence interval for), 385
distribución F *(F distribution)*, 476-81
distribución gamma
(gamma distribution), 272-75, 367
distribución geométrica
(geometric distribution), 247-49
distribución hipergeométrica
(hypergeometric distribution), 235-38
distribución inicial conjugada
(conjugate prior distribution), 307-12
distribución ji (χ) *(chi (χ) distribution)*, 370
distribución ji cuadrado (χ^2)
(chi-square (χ^2) distribution), 367-69
distribución normal
(normal distribution), 251-58
contraste de bondad de ajuste para la
(goodness-of-fit test for), 504, 505
contraste de Kolmogorov-Smirnov para la
(Kolmogorov-Smirnov test for), 529
contraste F para la *(F test for)*, 479-81
contrastes de hipótesis sobre la
(testing hypotheses about), 425, 448, 452, 460
contraste t *(t test for)*,
para comparar dos medias
(for comparing two means), 483-87
estimador Bayes para la media de la
(Bayes estimator for mean of), 318
estimador de máxima verosimilitud para la
(maximum likelihood estimator for), 324-29, 337, 374
estimador para la varianza para la
(estimator for variance of), 396-98
estimador robusto para la
(robust estimator for), 538
inicial conjugada para la
(conjugate prior for), 309-12, 386-88
intervalo de confianza para la
(confidence interval for), 382, 383, 385, 392
precisión de la *(precision of)*, 386
relación con la distribución t de la
(relation to t distribution), 379
distribución normal bivariante
(bivariate normal distribution), 286-90
estimadores para la *(estimators for)*, 331
distribución normal tipificada
(standard normal distribution), 254
distribución T de Student
(T Student's distribution), 377
distribución uniforme *(uniform distribution)*,
contraste de hipótesis para la
(testing hypotheses about), 419, 461
estimador para la
(estimator for), 322, 327, 331, 337
inicial conjugada para la
(conjugate prior for), 315
sobre enteros *(on integers)*, 96
sobre un intervalo *(on an interval)*, 99-102
Doksum, K. A., 299, 645
Draper, N. R., 599, 645

E.A.M. (véase *error absoluto medio*)
(M.A.E.; see *mean absolute error)*
E.C.M. (véase *error cuadrático medio*)
(M.S.E.; see *mean squared error)*
ecuaciones normales *(normal equations)*
para el modelo lineal general
(for general linear model), 600
para una función lineal
(for linear function), 570
para una recta
(for a straight line), 566, 567
para un polinomio *(for polynomiol)*, 568
efectos principales *(main effects)*, 629
E.M.V. (véase *estimador de máxima verosimilitud*)
(M.L.E.; see *maximum likelihood estimator)*
error absoluto medio
(mean absolute error), 199, 200
error cuadrático medio
(mean squared error), 198
error, tipos de *(error types)*, 422, 423
espacio muestral *(sample space)*, 6
partición del *(partition of)*, 62
simple *(simple)*, 18
espacio paramétrico *(parameter space)*, 298

esperanza *(expectation)*, 171
condicional *(conditional)*, 208-12
de una función lineal
(of a linear function), 179
de una suma *(of a sum)*, 178
de un producto *(of a product)*, 182
para una distribución discreta no negativa
(for a non negative discrete distribution),
183
estadísticamente significativo
(statistically significant), 473, 474
estadístico *(statistic)*, 338, 365
estadísticos conjuntamente suficientes
(jointly sufficient stastistic), 346-51
estadísticos de orden *(order statistics)*, 349
estadístico suficiente
(sufficient statistic), 338-44
limitación de *(limitation of)*, 357
estadístico suficiente minimal
(minimal sufficient statistic), 349-350
estado *(state)*, 69
estado inicial *(initial state)*, 69
estimación *(estimate)*, 316
estimación insesgada
(unbiased estimation), 336, 394-400
estimación, problema de
(estimation problem), 315
estimador *(estimator)*, 315, 365
admisible *(admissible)*, 356
Bayes, 316-20
distribución muestral de un
(sampling distribution), 365, 366
dominante *(dominating)*, 356
eficiente *(efficient)*, 407, 408
inadmisible *(inadmissible)*, 356
insesgado *(unbiased)*, 394-400
de varianza mínima
(with minimum variance), 401, 409
máximo verosímil
(maximum likelihood), 323-36
mejora de un *(improvement of)*, 354-57
robusto *(robust)*, 358, 537-41
sesgado *(biased)*, 398
experimento *(experiment)*, 5, 6
comparativo *(comparative)*, 521, 543, 544

factorización, criterio de
(factorization criterion), 341-44
familia exponencial
(exponential family), 345, 352, 451
familia Koopman-Darmois
(Koopman-Darmois family), 345, 352
familia paramétrica *(parametric family)*, 495
f.d.p. (véase *función de densidad de probabilidad*)
(p.d.f.; see *probability density function)*
Feller, W., 2, 645
Ferguson, T. S., 229, 645
Fermat, Pierre, 1
f.g.m. (véase *función generatriz de momentos*)
(m.g.f.; see *moment generating function)*
fiabilidad *(reliability)*, 143
Fisher, R. A., 323, 339, 380, 530, 611
Folks, L., 2, 645
f.p. (véase *función de probabilidad*)
(p.f.; see *probability function)*
fracasos, tasa de *(failure rate)*, 280
Fraser, D. A. S., 2, 645
frecuencia relativa *(relative frequency)*, 2
Freund, J. E., 2, 645
función de azar *(hazard function)*, 280
función de densidad de probabilidad
(probability density function), 98, 146, 147
condicional *(conditional)*, 130-32, 141, 142
conjunta *(joint)*, 112, 131, 137
marginal *(marginal)*, 120, 121, 138
no unicidad de la *(nonuniqueness of)*, 99
función de distribución *(distribution function)*
conjunta *(joint)*, 115, 136
de una variable aleatoria
(of a randon variable), 104
empírica *(empirical)*, 525
marginal *(marginal)*, 138
muestral *(sampling)*, 365, 366
función de pérdida *(loss function)*, 316-19
de error absoluto *(absolute error)*, 318
de error cuadrático *(squared error)*, 317
función de potencia *(power function)*, 418
función de probabilidad
(probability function), 94
condicional *(conditional)*, 129
conjunta *(joint)*, 111, 137
marginal *(marginal)*, 120
función de utilidad
(utility function), 222-25
función de verosimilitud
(likelihood function), 302-04, 324
función digamma *(digamma function)*, 333

función gamma *(gamma function)*, 272-74
función generatriz de momentos
(moment generating function), 191-94
funciones *(functions)*,
de más de una variable aleatoria
(of more than a random variable), 152-61
esperanza de *(expectation)*, 177
de una variable aleatoria
(of one random variable), 144-48
esperanza de *(expectation of)*, 175-176

Galilei, Galileo, 1
ganadores garantizados
(guaranteed winners), 50, 51
Gauss-Markov, teorema de
(Gauss-Markov theorem),
para la regresión lineal simple
(for simple linear regression), 577
para un modelo lineal general
(for general linear model), 603, 604
Gentle, J. E., 151, 646
Gleser, L. J., 2, 646
Glivenko-Cantelli, lema de
(Glivenko-Cantelli, lemma), 525
Gosset, W. S., 377
grados de libertad *(degrees of freedom)*
de la distribución F *(of F distribution)*, 476
de la distribución χ^2
(of χ^2 distribution), 367
de la distribución t
(of t distribution), 377
gran media *(grand mean)*, 619, 629
Graybill, F. A., 2, 646
Guttman, I., 599, 645

Halmos, P. R., 341
heterocedasticidad *(heterocedasticity)*, 575
hipótesis *(hypotheses)*
alternativa(s) *(alternative)*, 417
bilaterales *(two sided)*, 450, 467
unilaterales *(one sided)*, 446-50
compuesta *(composite)*, 420
nula *(null)*, 417
nula compuesta *(null composite)*, 456
simple *(simple)*, 420
histograma *(histogram)*, 270
Hoel, P. G., 2, 645
Hogg, R. V., 2, 645
homocedasticidad *(homocedasticity)*, 575

i.i.d., 139
independencia *(independence)*
de sucesos *(of events)*, , 41-47
de variables aleatorias
(of random variables), 122-26, 133, 139
inferencia estadística
(statistical inference), 297
información de Fisher
(Fisher information), 402-406
información muestral
(sample information), 440
interacción *(interaction)*, 629
intersección *(intersection)*, 8

jacobiano *(jacobian)*, 156
de una transformación lineal
(of linear transformation), 158
juego *(game)*,
de salón *(parlor)*, 88, 89
desfavorable *(unfavorable)*, 79, 81
favorable *(favorable)*, 79

Kempthorne, O., 2, 645
Kendall, M. G., 592, 646
Kennedy, W. J. Jr., 151, 646
Kolmogorov, A. N., 528
Koopman-Darmois, familia de
(Koopman-Darmois family), 345, 352

Larson, H. J., 2, 646
Lehman, E. L., 299, 463, 479, 484, 505, 646
Lévy, P., 261, 263, 265
ley de los grandes números
(law of large numbers), 218, 219
débil *(weak)*, 219
fuerte *(strong)*, , 219
Liapunov, A., 262, 263, 267
lotería, boletos de *(lottery tickets)*, 224, 225

Mann, H. B., 552
Markov,
cadena de *(chain)*, 69-75
desigualdad de *(inequality)*, 215
matriz *(matrix)*
de diseño *(design)*, 600
de transición *(transition)*, 71-74
ortogonal *(orthogonal)*, 371, 372
máximo verosímil, estimador
(maximum likelihood estimator), 323-36

cálculo numérico del
(numerical computation of), 332
como estadístico del
(as sufficient statistic), 350
consistencia del *(consistency of)*, 333, 334
distribución asintótica del
(asymptotic distribution of), 409, 410
invarianza *(invariance of)*, 331
para el modelo lineal general
(for general linear model), 599, 600, 604
media (véase también *esperanza*)
(mean; see also *expectation)*, 172, 198
media ajustada *(trimmed mean)*, 538-41
de nivel k *(k th level)*, 538
como estimador robusto
(as robust estimator), 538-41
media global *(grand mean)*, 619, 629
media muestral *(sample mean)*, 216
distribución de la
(distribution of), 365, 370, 371
media y varianza de la
(mean and variance of), 216
mediana *(median)*, 196-200
intervalo de confianza y contraste para la
(confidence interval and test for), 534-36
mediana muestral *(sample median)*, 357
como estimador robusto
(as robust estimator), 538-41
como media ajustada
(as trimmed mean), 538
propiedades en muestras grandes de la
(large-sample properties), 541
Mendenhall, W., 2, 646
método delta *(delta method)*, 411
método de mínimos cuadrados
(least squared methods), 563-71
para ajustar una función lineal
(for fitting a linear function), 569-71
para ajustar una recta
(for fitting a straight line), 564-67
para ajustar un polinomio
(for fitting a polinomial), 567-69
Meyer, P. L., 2, 646
moda *(mode)*, 235
modelo lineal general
(general linear model), 598, 599
contrastes de hipótesis para el
(test of hypotheses for), 605, 609, 610
ecuaciones normales para el
(normal equations for), 600
estimador máximo verosímil para el
(maximum likelihood estimator for), 599-601, 604
matriz de diseño para el
(design matrix for), 600
teorema de Gauss-Markov para el
(Gauss-Markov theorem for), 603, 604
Moivre, A. de, 261
momento *(moment)*, 189
central *(central)*, 190
Mood, A. M., 2, 646
muestra aleatoria *(random sample)*, 139
muestra estratificada *(stratified sample)*, 401
muestreo *(sampling)*
con reemplazamiento
(with replacement), 22, 181, 188, 238
sin reemplazamiento
(without replacement), 21, 22, 27, 28, 180, 238
multiplicación, regla de
(multiplication rule), 20, 21
para probabilidades condicionales
(for conditional probabilities), 57, 58

Neyman, J., 341, 424
Neyman-Pearson, lema de
(Neyman-Pearson lemma), 424
nivel de significación
(level of significance), 419, 428, 471, 472
números aleatorios *(random numbers)*, 149

observaciones *(observations)*
apareadas *(paired)*, 543-49
empatadas *(tied)*, 548, 554
secuenciales *(sequential)*, 304, 305
Olkin, I., 2, 646
Ore, O., 2, 646

paradoja de Simpson
(Simpson's paradox), 521-23
parámetro *(parameter)*, 297, 298
de la distribución beta
(of beta distribution), 280
de la distribución binomial
(of binomial distribution), 96, 233
de la distribución binomial negativa
(of negative binomial distribution), 246

de la distribución de Pareto
(*of Pareto distribution*), 279
de la distribución de Weibull
(*of Weibull distribution*), 280
de la distribución exponencial
(*of exponential distribution*), 276
de la distribución gamma
(*of gamma distribution*), 274
de la distribución geométrica
(*of geometric distribution*), 247
de la distribución hipergeométrica
(*of hypergeometric distribution*), 235
de la distribución multinomial
(*of multinomial distribution*), 283
en pruebas de Bernoulli
(*of Bernoulli trials*), 232
parejas coincidentes (*matched pairs*), 543, 544
Pascal, Blaise, 1
Pearson, E. S., 424
Pearson, Karl, 496
percentil (*percentile*), 535
permutaciones (*permutations*), 21-23
plan de muestreo (*sampling plan*), 334, 335
Poisson, proceso (*Poisson process*), 241-43
Port, S., 2, 645
precisión (*precision*), 386
predicción (*prediction*), 199, 200, 210, 211
en regresión lineal simple
(*in simple linear regression*), 579, 580
predicciones perfectas
(*perfect forecasts*), 49, 50
principio de verosimilitud
(*likelihood principle*), 335, 336, 399
probabilidad (*probability*)
axiomas de (*axioms of*), 12
condicional (*conditional*), 130, 131, 141, 142
definición matemática de la
(*mathematical definition of*), 12
de transición (*transition*), 70
de una unión (*union*), 35-40
final (*posterior*), 68
historia de la (*history of*), 1, 2
inicial (*prior*), 68
interpretación clásica de la
(*classical interpretation of*), 3, 4
interpretación frecuencialista de la
(*frequency interpretation of*), 2, 3
interpretación subjetiva de la
(*subjetive interpretation of*), 4, 5
propiedad aditiva de la
(*additive property of*), 13
probabilidades de transición estacionarias
(*stationary transition probabilities*), 70
problema (*problem*)
de Behrens-Fisher, 487
de la ruina del jugador
(*gambler's ruin*), 79-82
del coleccionista (*collector's*), 46, 47
del cumpleaños (*birthday*), 23, 24
no paramétrico (*nonparametric*), 496
procedimiento de contraste
(*test procedure*), 417
Bayes, 430, 431
selección del (*selection of*), 455, 456
proceso aleatorio (*random process*), 69
proceso de Poisson (*Poisson process*), 241-43
proceso estacionario (*stationary process*), 242
propiedad sin memoria (*memoryless property*)
de la distribución exponencial
(*of exponential distribution*), 276
de la distribución geométrica
(*of geometric distribution*), 249
proporcionalidad, símbolo de
(*proportionality symbol*), 302
pruebas de duración (*life tests*), 277, 278
pruebas óptimas (*optimal tests*), 423-28

R^2, 606, 610
rango (*range*), 160, 161
rangos (*ranks*), 545
para dos muestras (*for two samples*), 552
Rao, C. R., 299, 355, 407, 646
región crítica (*critical region*), 418
regresión (*regression*), 573-607
falacia de la (*fallacy of*), 596-98
función de (*function of*), 573
múltiple (*multiple*), 598-607
regresión lineal múltiple
(*multiple linear regression*), 598, 605, 606
regresión lineal simple
(*simple linear regression*), 574-80
contrastes de hipótesis en
(*testing hypotheses in*), 585-91
diseño de experimentos para la
(*design of experiments for*), 578, 579
estimadores para la (*estimators for*), 575-77
distribución de los
(*distribution of*), 575-77

intervalos de confianza para la
(*confidence inervals for*), 591, 592
predicción en la (*prediction in*), , 579, 580
suposiciones de la (*assumptions for*), 575
teorema de Gauss-Markov para la
(*Gauss-Markov theorem for*), 577
residuos, análisis de
(*residual analisis*), 593, 594
respuesta aleatorizada
(*randomized response*), 361
resultados igualmente verosímiles
(*equally libely outcomes*), 3
Rohatgi, V. K., 299, 646
Rubinstein, R. V., 151, 646
ruina del jugador, problema de la
(*gambler's ruin problem*), 79-82

Savage, L. J., 341
Scheaffer, R. L., 2, 646
Scheffé, H., 637, 646
Schwarz, desigualdad de
(*Schwarz inequality*), 203
selección del mejor elemento
(*choosing the best*), 83-89
selección óptima (*optimal selection*), 83, 84
significación (*significance*), 471
nivel de (*level of*), 419, 428, 429, 471, 472
signos, contraste de (*sign test*), 544, 545
Simpson, paradoja de
(*Simpson's paradox*), 521-23
Smirnov, N. V., 528
Smith, H., 599, 645
Stone, C. L., 2, 645
Stuart, A., 592, 646
Student, distribución T de
(*T Student's distribution*), 377
sucesos disjuntos (*disjoint events*), 9
sucesos mutuamente excluyentes
(*mutually exclusive eventus*), 9

tabla de dígitos aleatorios
(*table of random digits*), 149-51
tabla 2 × 2 correlacionada
(*correlated 2 × 2 table*), 518, 519
tasa de fracasos (*failure rate*), 280
creciente (*increasing*), 280
decreciente (*decreasing*), 280
tamaño muestral (*sample size*), 139
teorema central del límite
(*central limit theorem*), 261-67
para variables de Bernoulli
(*for Bernoulli variables*), 263, 264
teorema de Gauss-Markov
(*Gauss-Markov theorem*)
para la regresión lineal simple
(*for simple linear regression*), 577
para un modelo lineal general
(*for general linear model*), 603, 604
teorema multinomial
(*multinomial theorem*), 32
teoría de conjuntos (*set theory*), 6-12
tiempo de vida (*lifetime*), 140
Todhunter, I., 2, 646
torneo de tenis (*tennis tournament*), 28, 29
trampas estadísticas
(*statistical swindles*), 49-51
transformaciones lineales
(*linear transformations*), 158, 159
ortogonales (*orthogonal*), 372, 373
transformada integral de probabilidad
(*probability integral transformation*), 148, 149
Tukey, J. W., 538

unión, probabilidad de una
(*union, probability of*), 35-40
utilidad, función de (*utility function*), 222-25

valor esperado (véase también *esperanza*)
(*expected value* see also *expectation*)
variable aleatoria (*random variable*), 93
distribución de una (*distribution of*), 94
variable de control (*control variable*), 573
variación (*variation*)
coeficiente de (*coefficient of*), 314
explicada (*explained*), 606
no explicada (*unexplained*), 606
varianza (*variance*), 185-88
muestral (*sample*), 326
distribución de la
(*distribution of*), 370, 371
propiedades de la (*properties of*), 185-88
vector (*vector*), 137
aleatorio (*random*), 137
de medias (*mean*), 602
de probabilidades (*probability*), 74
de probabilidades iniciales
(*prior probability*), 65, 74

Venn, diagrama de *(Venn diagram)*, 7
verosimilitud *(likelihood)*
  cociente de *(ratio of)*, 424
  función de *(function of)*, 302-304, 324
  monótono *(monotone)*, 445
  principio de *(principle of)*, 335, 336, 399
verosimilitudes, procedimiento de contraste del cociente de *(likelihood ratio test procedure)*
  en regresión lineal simple *(in simple linear regression)*, 586, 587
  para deducir el contraste F *(for deriving F test)*, 479, 480, 589-91
  para deducir el contraste t *(for deriving t test)*, 464-66, 483, 484

Wackerly, D. D., 2, 646
Walpole, R. E., 2, 645
Whitney, D. R., 552
Wilcoxon, F., 545, 552

Zacks, S., 299, 646